bahá'í

中国社会科学院世界宗教研究所巴哈伊研究中心
北京大学巴哈伊原典文献翻译与研究项目
山东大学巴哈伊研究所
广州大学巴哈伊研究中心

联 袂 推 出

巴哈伊文献集成

蔡德贵
卓新平
宗树人
于维雅
雷雨田

主编

Chinese Studies on the Bahá'í Faith: A Comprehensive Collection

第

5

卷

山东大学出版社

目录

从"和而不同"到"多样性之统一"*

——中国传统思想与巴哈伊教比较研究的一个侧面

吴晓群

"和而不同"是一个近年来在中国使用频率很高的概念,作为中华文化的基本精神之一,在这个全球化与本土化相交织的时代,它早已从专治中国古典文化之学者对其的追源、考证、说明,进入了整个学术界、文化界以及大众媒体之中,甚至在政治家们阐述各国间的关系、商人企业家们讨论各自的经济利益时都会提及于此。这仿佛成了一个可以解决一切问题的概念。的确,在中国历史上,这种"和而不同"的精神作为文化交融、碰撞中的一种准则,不仅体现在汉唐时期的文化交流中,也贯穿于两千年来的中华文化之中。在漫长的历史过程中,汉民族曾有过无数次与匈奴、契丹、女真、蒙古、满族以及南方边远部族的冲突与融合的历史记录,如被许多人引以为"国粹"的"京味"文化就有许多满族文化的成分融汇其中。正是有了这种存异而致和的博大胸怀,中华文化才能延续至今仍充满生机;否则,也早已像有些古老的文明一样成为历史的遗迹了。今天,中华文化虽然不再是单一的汉文化,却无人能否认它是真正的中华民族的"民族文化"。

然而,时至今日,这一概念是否仍能充分地适宜时世,并运用于解决当今人类所面临的文化与文明冲突的问题呢?我们对这种看法带有一定的保留性。首先,从史伯(《国语·郑语》)、晏子(《春秋·昭公二十年》)论"和"与"同"的关系始,到孔子及后世儒家先贤们对这一概念的继续阐发,"和而不同",正如孔子所说的,它作为一种君子的行为准则,这种"和"多多少少都带有一种在君临他者时所表现出来的优越感。特别是当它作为异质文化之间相互交流的一个基本原则时,它能保证不同文化间的真正平等吗?早在春秋战国时期,孟子就提出了"夷夏之辨",在孟子看来,华夏文化远远优越于四夷文化,故只能"用夏变夷",而不能"变于夷"(《孟子·滕文公下》)[①]。两千多年来,一代又一代的中国人可以说是毫无反思地承袭了孟子的这一说法,而汉唐的兴盛更加强了这种心态。于是,之后,在中国文化与异质文化相遇之际,就有了一种"泱泱大国"的"汉唐心态"。虽然古圣先贤们一直教导说要"和而不同",但历代先哲所固守的"夷夏之辨"却多少潜在地透露出一种非对称性的消息。事实上,与这种原则伴生的"汉唐心态",在面对异质文化时,从根本上说是很难真正地"承认他们的文化也具有与本文化同等的重要意义"[②]。

因此,这就令我们不得不加以反思:为什么我们在强调"和而不同"的同时,却又强调"夷夏之

* 原载《当代宗教研究》2007 年第 1 期。

① 冯友兰先生说:"从先秦以来,中国人鲜明地区分'中国'或'华夏'与'夷狄',这当然是事实,但是这种区分是从文化上来强调的,不是从种族上来强调的。"(冯友兰:《中国哲学简史》,北京大学出版社 1996 年版,第 162 页)

② [美]露丝·本尼迪克特:《文化模式》,王炜等译,三联书店 1992 年版,第 39 页。

辨”？当然，长期以来我们曾是文化优越者，故不论是讲“和而不同”，还是讲“夷夏之辨”，其中的含义都是不言自明的。但是，其中的矛盾也是显而易见的，只是我们不曾严肃地将它当作一个问题而已。直至20世纪末，西方学者才对此提出了尖锐的质疑，1998年在波士顿召开的世界哲学家大会上，著名汉学家史华慈就向乐黛云先生提出，虽然烧菜的时候，只有油、盐、酱、醋各不相同，合在一起才能成为美味佳肴，但是，到底该由谁来掌勺呢？① 这实际上就是一个文化主导权问题。史华慈问题的实质是，全球化绝决不是一个中性的，每个民族、每种文化都可以同等参与的餐席，而必然要由某个“主权者”来对其加以安排，那么到底谁是这场文化餐席中的主权者呢？这便成为一个争执不下，而谁也不肯放手的问题。虽然，我们今天是以一种平等的姿态再次提出这一概念，但如果我们想要在加入全球化的进程中，使“和而不同”作为其他民族、其他文化也能接受的概念，我们就必须解决当今文化交流中的这个文化主导权问题。应该看到，尽管我们的祖先并没有为我们今天所面临的这一新难题提供预先的答案，但是他们确是为我们提供了一些可供参考的概念。或者，我们是否还能从其他的精神资源中为中国的传统文化找到某种可供借鉴的东西，抑或只是提供一种思考问题的新视角，以补充“和而不同”原则的不足？

回答是肯定的。在此，本文所借鉴的对象是巴哈伊教（the Bahá'í Faith）所倡导的“多样性之统一”（Unity in Diversity，或译作“多样一体性”）的原则。我们将其视作是对“和而不同”传统的一个现代阐释与提升。之所以能将这两个跨越时空的概念放在一起加以考查，是因为它们都共同表现出一种文化宽容与文化共享的情怀，而它们对于“和”这一理想境界的追求也都不是简单的“同一”。它们都认为“和”与“同”是两个不同的概念，“和”是事物发展的前提，所谓的“和”，指的是各种不同事物之间的相互协调配合，取长补短，才能产生最好的效果，如五味调和才能产生美味，六律相和才能产生好的音乐等等。与“和”相反的是“同”，“同”是指事物某方面的单一发展，这样必然使事物失去正常的和谐之序。正所谓“和实生物，同则不继”（《国语·郑语》）。也就是说有“异”，这是前提；而异又可以合为一，即实现统一。所以“和”是众多的统一，“同”则是单一的重复。无异的“一”是“同”，有异的“一”才是“和”。在巴哈伊教中，民族和文化背景的不同，时常被喻为同一个花园里的花朵。只有当花儿呈现出不同的形状和色彩时，花园才是最美丽的。阿博都·巴哈（'Abdu'l-Bahá）形象地说：“想想同一个花园中的花朵，它们虽然种类、颜色、形状不同，但却为同一眼泉水所滋润、为同样的轻风所吹拂、在同一个太阳的照耀下，这种多样性更增加了花儿的美丽与魅力。因此，当统一的力量，即上帝之言产生效力时，种种不同的习俗、观念、性情等等都将为人类世界添姿加色。”②阿博都·巴哈又进一步指出：“这种多样性，这种不同就如同人体自然形成的不同的器官、肢体一样，而每一部分都对整体的美丽、所具有的效能及其完美有所贡献。”③这第二个比喻更为有力地证明了“多样性之统一”的原则，因为，显然没有各个肢体和器官的合作，人体是无法存活、行动的。可见，这种关于“统一”的概念，并不是要求大家千篇一律、一模一样，差异性包含在其中。巴哈伊教欢迎多样化，并深信多样化能够提供新思想、新契机、推动文明的进步。“和而不同”也认为“和”具有创造性，“和”的统一产生

---

① 参见乐黛云：《文化霸权主义与文化割据主义可以对话吗？》，该文系2002年8月“文明对话：东亚现代化的含义”国际研讨会暨中国哈佛—燕京第四届学术研讨会上的发言稿。

② 'Abdu'l-Bahá, *Selections from the Writings of 'Abdu'l-Bahá*, Bahá'i Publishing Trust, Wilmette, p. 290；还可参见'Abdu'l-Bahá, *Paris Talks*, Bahá'i Publishing Trust, Wilmette, p. 51; *The Promalgation of Universal Peace*, Bahá'i Publishing Trust, Wilmette, pp. 24-51, etc.

③ 'Abdu'l-Bahá, *Selections from the Writings of 'Abdu'l-Bahá*, Bahá'i Publishing Trust, Wilmette, p. 290.

新事物,故"和"是发展之本,前进之基,生长之根;而"同"只是同一事物的简单相加,不能产生新事物,故不具有创造性、再生性和持续发展性。

在有着这些共识的基础上,"多样性之统一"的精神又较好地解决了"和而不同"原则所面临的两大难题:一、"多样性之统一"的原则与巴哈伊教另一同样重要的观念"人类一家"结合在一起,克服了各种各样的文化中心论及大文化的心态;二、"多样性之统一"的原则是以接受至高、普世的上帝为前提的,这就解决了文化主导权之争的问题。

当今世界,各种显见或隐含的文化中心论或大文化心态,都是由于认为本文化明显优越于其他文化,因而理所当然地认为应该在文化交流中占据主导地位,这种态度致使文明对话的过程变得困难重重、举步艰难。以我们自身为例,虽然汉唐盛世早已成为历史的遗迹,但大文化的心态仍在不同时期以不同的面目出现。如 20 世纪初梁启超认为可以"东方的精神文明解决西方的物质疲惫",如今又有不少人提出 21 世纪是中国人的世纪等等假说。果真如此吗?其实只要我们稍微打开一些视听,就会发现这些说法多少都有自说自话、一厢情愿之嫌。怎样将我们的文明从"教导的文明"(teaching civilization)转为"学习的文明"(learning civilization),这是克服大文化心态的关键,也是我们既保持自身文化特色,又与其他文化平等交流,共同创造人类新文明的关键。

雅斯贝斯曾毫无保留地宣称,苏格拉底、释迦牟尼、孔子和耶稣都是人类历史中最有影响力的精神文明塑造者。由此,作为一个欧洲的学者,他超越了自身所可能具有的欧洲中心论的立场,而从文明之间应该互相参照、互相学习的心愿出发,为各种文明展开了对话的可能空间。

而早在 150 多年前,巴哈伊教的创始人巴哈欧拉(Bahá'u'lláh)就明确提出,所有世界性宗教的创始人都是上帝的使者,他们也都是人类神圣的教育者(Divine Educators),他们的本质是一样的,所不同的只是他们分别适应了不同时代人类的不同需求而已。[①] 这种观点为各民族、各文化间彻底平等的对话与沟通提供了一个神圣的基础与保证。而巴哈欧拉关于"地球一村,人类一家"("The earth is but one country, and mankind its citizens.")[②]的提法及有关人类文明成熟期的理论。[③] 则明确地将整个人类视为"一个"统一的独特的种族,他形象地将人类比作"一树之果、一枝之叶"[④]。但是,偏见、无知、自大以及对权力的追求阻碍了许多人承认并接受人类的这种一体性。为此,巴哈伊教从根本上反对有史以来人们头脑中关于不同人种、不同文化的种种偏见与歧视。不过,它并不追求人们之间任何的同一性,相反,它将种族的、文化的、语言的以及习惯的不同视作是自然的表达,它在人类

---

① 参见 Bahá'u'lláh, *Gleanings from the Writings of Bahá'u'lláh*, translated by Shoghi Effendi, Bahá'í Publishing Trust, Wilmette, 1976, p. 47, pp. 287-288; *The Kitáb-i-Íqán*, translated by Shoghi Effendi, Bahá'í Publishing Trust, Wilmette, pp. 103—104, 152, 177-178, etc.

② Bahá'u'lláh, *Gleanings from the Writings of Bahá'u'lláh*, p. 250.

③ 巴哈伊教认为,人类作为一个有机的整体,也处于一种不断进化的过程中。如同一个人必然经过其幼年、童年、少年、青年时期而进入其成熟期一样,人类的社会组织也从最初的血缘家庭,逐步经历了氏族部落、各种形式的城邦直至民族国家的崛起,未来则将以地球为单位形成宇宙间的一个基本构成。而今日之人类正在从它的青春期向其集体成熟期过渡。(参见 Shoghi Effendi, *The Promised Day is Come*, Bahá'í Publishing Trust, 1996.)

④ Bahá'u'lláh, *Gleanings from the Writings of Bahá'u'lláh*, p. 288.

中培养其不同的个性①。

“多样性之统一”的思想怀抱着对人类共同命运的关切，一方面接受多元，另一方面坚持通过磋商来取得共识。“它既没有忽视，也没有试图隐瞒那些使世界上各种族、各民族彼此相异的在种族起源、气候、历史、传统、语言、思想与习惯等方面的多样性。然它召呼更广泛的忠诚、更博大的抱负，超越于任何曾经激励过人类的忠诚和抱负。……一方面，它否认过度的集权，而另一方面它又否认一律化的企图。”②这是一种对立统一，而非简单的同一。正是其内在的多元性才使得团结一体性有别于同样性或单一性。这就恰如五味不同，才能组成一桌丰盛的宴席；五音不同，方可构成一篇美妙的乐章。

此外，我们还必须指出的是，“多样性之统一”与文化相对主义之间的差别。文化相对主义将我们的世界变成了一个充满差别、对立、分歧、冲突和歧视的世界。而“多样性之统一”则认为，统一与多样性是同一事物的两个互为补充的方面，多样性是对统一的一种外在的表达方式，实际上，存在于个人、群体及文化之中的多样性正是对人类一体及其根本统一的表现方式。统一的力量使得多样性成为和谐的原因，增强了人类各方面的能力，而不是导致冲突与竞争。“多样性之统一”的思想从根本上反对“多元化”的肤浅概念，因为这种所谓的“多元化”实际上是一种个人主义在群体与文化中的延伸。

而关于文化主导权的问题，恐怕更是文明对话中一个十分重要的问题。当今世界，由于科技、信息、金融、贸易、投资、交通、旅游、移民、生态甚至疾病的传播等等带来了种种全球化的趋势，虽然“地球村”雏形的出现带来了全球生命共同体的曙光，但我们现在所看到的全球化只是一种表面的现象，它没有根基，缺乏文化内涵与精神支撑，所依靠的仅仅是经济的力量以及政治家们的想象。由此，摆在我们眼前的现状便是，全球化并没有促成天下一家的信赖群体、东西南北整合融汇的大同世界更像是一个永远无法抵达的彼岸。而个人与个人、社会与社会、国家与国家、地区与地区、文化与文化之间的分离、差别、冲突与歧视却愈来愈激烈，仿佛“地球村”所象征的不是和谐而是异化、分歧和斗争。而“文明冲突论”（“9·11 事件”之后，“文明冲突论”仿佛更是成为一种世界思潮）则为这些纷争提供了一种理论上的依据。事实上，所有这些矛盾冲突的产生在很大程度上都是因为“文化主导权由谁来掌握”这一问题所带来的。

“文明冲突论”所暗含的观点是，强势文明不可能放弃自身拥有的文化主导权，世界文化多样性的存在所带来的只能是冲突与摩擦，且这种多样性势必为几个相互对峙的强势文明所取代，文明间真正平等对话的可能性根本不存在。“文化相对主义”则以含糊其辞的态度默认了各种纷争存在的合理性及其不可改变性。“和而不同”虽然为我们展示了一幅和谐共存的美好图画，但仍然没能解决

① 这一原则还生动地体现在巴哈伊教的象征性建筑——灵曦堂（The House of Worship）上。目前，在世界上各大洲都建有向所有宗教、所有人种开放的、专供人们祈祷之用的巴哈伊灵曦堂。所有的巴哈伊灵曦堂都有一个圆状穹顶，底座为九边形，有朝向九个方向的九座大门，意即人们可以从任何地方进入。而“九”是最大的奇数，也有多种多样的意思。九个方向的九座门象征着各民族、各文化及各宗教的多样性，但它们又都归向同一个方位，圆状屋顶象征天下一家，所有的人类都在同一个空间中生存。这种建筑文化充分体现了巴哈伊教的开放性和广适性，以及它“多样性之统一”的精神。由此，在这种精神的关照下，根本消除因族群、性别、语言、地域、阶级、年龄和信仰所引发的根源性冲突才成为可能。（杜维明先生在多篇文章及演讲中都将这七类问题称为“根源性问题”，并认为由此而引发的冲突是最难消解的）

② Shoghi Effendi, *The World Order of Bahá'u'lláh*: *Letters* 28 *November* 1931, Bahá'i Publishing Trust, Wilmette, p. 41.

"谁为乐师"、"谁来掌勺"的关键性问题。

而巴哈伊教的"多样性之统一"的原则则以一个至高、普世的上帝解决了文化主导权之争的问题。继之，再以人人心中"神性的自律"使之成为可能。

事实上，巴哈伊教对于"统一"与"多样性"的看法是基于对人类存在的理解的，对巴哈伊信徒而言，造物主是唯一最高的权威，他是以其自身的形象创造了人类，在造物主面前无高低贵贱之分，人人都是平等的，每一个人所反映的都是同一的实质。巴哈欧拉以上帝之口警示世人："你们应当知道：我用同样的泥土塑造了你们，以免有人贬低别人，抬高自己。这一点要时刻牢记！"[①]然而，仅仅是这样的表白仍容易让人产生怀疑，因为这似乎与其他宗教所宣称的一样，而实际上，那些宗教对于不相信其信仰的人却并没有做到一视同仁。但巴哈伊教除此之外，还有一条"宗教同源"的理论[②]，即认为世界各大宗教都是来自于上帝这同一神圣的本源，人们对至高的神（即上帝）虽称谓不同，但指的都是同一个独特的本体。由此，各大宗教有着本质上的一致性。当这种宗教的一致性与人类一体的原则紧密相连时，就使得其信徒能够超越其自身民族的背景，冲破文化及语言等藩篱，而迈向一个更高的境界。当然，要彻底解决这一问题，单靠一种强加式的外力是远远不够的，还需要有自我控制的内力，将信仰与行为结合起来，使之成为一种神性的自律。因此，阿博都·巴哈('Abdu'l-Bahá)力劝巴哈伊信徒应该"以身作则！"("Live the life!")[③]这样，才能在一个唯一最高神的关照之下，以一种更健全更理想的个体生命形态来要求自己提升自己，而不是在其人类同胞之间做无谓的争斗。

这种来自同一上帝及其神性自律的观念似乎有些玄虚，不能够具体落实，不是一种有形的规范，对于无神论者而言，似乎也缺乏理论上的说服力。但实际上正是这种观念，对于消解文化主导权的问题有着一种根本的长远的意义。因为它使来自不同文化背景的人们团结合一的力量并非任何社会或政治的概念，也不是人为的，而是一种精神吁求，一种坚信生命的终极意义需要通过人类的共同努力才能实现的信仰。当然，这项事业之践行异常艰难，很容易使人将之视为畏途。针对人们的种种怀疑，巴哈伊哲学家守基·阿芬第(Shoghi Effendi)坚称："巴哈欧拉所有教义所围绕的轴心——'人类一体'的学说——绝不是无知的激情主义之爆发，也不是模糊的虔诚希望之表达。不应仅仅把这呼吁等同于人类兄弟情谊和友善精神之复苏，它的目的也不仅仅是培育各种族、各民族人民之间的和谐合作。……它的信息不仅仅适用于个人，更主要是关注于必然把所有国家和民族结合为同一个人类大家庭之成员的那些基本关系之本质。……它包含着一种挑战……它代表着人类演进之顶峰。……巴哈欧拉所宣扬的人类一家的原则，强调在伟大的人类进化过程中，达至这最终的阶段不仅是必需的也是不可避免的，它将很快实现，但如果是缺少一种来自上帝的力量，则绝无可能成功地建立起来……"[④]

当然，真正的力量并不仅仅在于用理想化的语言来表达其思想，更在于对行动方案的具体实施及其产生的效果。事实上，"多样性之统一"的原则不仅为我们今天的文化交流提供了一个极好的理论架构，各国的巴哈伊社团也在一百多年的时间里，超越种族、阶级、国家、宗教、文化及性别的界限，

① 巴哈欧拉：《隐言经》，李绍白译，新纪元出版社 1998 年版，第 26 页。

② Bahá'u'lláh, *Gleanings from the Writings of Bahá'u'lláh*, pp. 78-79, 217; 'Abdu'l-Bahá, *Promulgation of Universal Peace*, pp. 41-42, 62, 126-127, 175, 287, 354; Shoghi Effendi, *The Promised Day is Come*, p. 108, etc.

③ 'Abdu'l-Bahá, *The Importance of Deepening*, Bahá'í Publishing Trust, Wilmette, p. 204.

④ Shoghi Effendi, *Call to the Nations*, Bahá'í World Centre, 1977, pp. 30-31.

提供了人类尽管多样性但可在统一的全球社会中生活的实践证明。在此，我们仅举几例为证：

(一)致力于世界和平

1993年1月22日，美国马里兰大学的国际发展与冲突处理学中心(Center for International Development and Conflict Management)和美国巴哈伊社团(American Bahá'í Community)联合创立了"世界和平讲座"(The Bahá'í Chair for World Peace)。该讲座的主要目标是在借鉴巴哈伊社团经验的基础上从事研究、设计课程、组织研讨会以及国际性的会议，以便认识到形成国家之间及国家内部的种族冲突、宗教冲突、文化冲突的原因，从而有助于寻求解决的方法。次年4月，马里兰大学历史系及世界和平讲座教席联合主办了"帝国的没落：宗教、民族与和平的可能性"研讨会，探索宗教与文化如何能增强达到和平的机会。会上，以色列吉他手大卫·布罗萨(David Broza)与巴勒斯坦籍阿拉伯音乐家纳比尔·阿尚(Nabíl-i-A'ẓam)同台演奏，他们共同献演的和谐音乐展示了巴哈伊人士对中东冲突最终获得和平解决的殷切期望。

2000年6月，以巴哈伊教教义为原则创办的瑞士兰德格学院(Landegg Academy of Switzerland)在波黑开展了一项名为"和平教育"(Education for Peace)的项目，旨在打破波西尼亚人(Bosnia)与黑塞哥维那人(Herzegovina)之间种族暴力冲突的恶性循环。一小组兰德格学院的研究生在三个不同种族社区的六所学校中向教师、学生及其家长介绍巴哈伊教关于和平的新概念。这一项目持续两年的时间，覆盖了2000～2001年和2001～2002年两个学年。该项目结束时，不仅在当地学校的师生及家长中收到良好效果，也受到了波西尼亚教育当局及专家们的好评，认为该项目有助于将那些战争的制造者转变为自动的创造和平的人。①

(二)维护文化的多元性，抢救土著文化

圭密族人(the Guaymis)散居在巴拿马西部的科迪勒拉中央山脉，除了拥有共同的语言外，族群间并没有紧密的联系。在巴拿马社会中，他们处于边缘地位，历来都是该国最贫穷的人群。他们的处境也与世界上其他土著民族一样：不断遭受外来文明的冲击，而这种影响往往是有害无益的。结果，有的圭密族人对外界愈来愈不信任，宁可承受艰难的生活，而变得闭目塞听；有的则接受了"拉丁人"的生活方式，迎合外界社会，愈来愈远离本族文化。在过去的三十年间，圭密族的巴哈伊信徒作出了大胆的尝试，以保持圭密族的文化，也帮助圭密族人学会了掌握自己的命运。他们在圭密族人的11个村落开办学习中心、教育儿童、引进新的农业技术、发掘青年人的潜力、赞助圭密族的文化和民俗活动，他们还创办了一家非商业性的电台，以圭密族的母语——恩加贝雷语(Ngabere)——制作、播出节目和新闻。1993年，美国人类学家惠特妮·林·怀特(Whitney Lyn White)花了三个月时间研究重获新生的圭密族人，最后，她得出这样的结论："巴哈伊信仰在其架构中提供了新的领导模式，大大加强了群体归宿感。巴哈伊信仰还提供精神生活的原则，促进群体团结，使大家同舟共济。例如，消除种族和血统歧视的原则，便消除了家庭之间、宗族之间的疏离。"②

---

① "Landegg's Education for Peace Project seeks to break the cycle of violence in Bosnia and Herzegovina", *One Country*, 13.2, July-October 2001, pp.12-13.

② "In Panama, some Guaymis blaze a new path", *One Country*, October-December, 1994, p.14.

（三）大力推广"世界公民"意识

针对"持续性发展"这一全球性课题，巴哈伊国际社团向世界持续发展大会第一次会议提交了一份声明：《世界公民意识——一种持续发展的全球观》（*World Citizenship—A Global Ethic for Sustainable Development*）。在此声明中提出了一种崭新的观点："建议采用'世界公民'这一术语以囊括那些共同的准则、价值、态度及行为。若要持续性发展得以实现，这一原则必须为世界人民所接受。"[①]声明进一步指出："'世界公民'的概念始于人们对'人类一家'及'地球是我们的家园'这种国家间密切联系的认可。尽管它鼓励一种健康的、合理的爱国主义，但它亦坚决要求一种更广泛的忠诚、一种对全人类的爱。然而，这并非意味着要放弃正当的忠诚，要压制文化的多样性，要废除民族的自治，也并非意味着要强力推行统一性。其特征是'多样性之统一'。"[②]声明还就"世界公民"概念的推广实施，从教育和公众意识等方面提供了具体可行的措施。

除了以上几个方面外，巴哈伊社团还将"多样性之统一"的精神运用于泛宗教团结、环境保护、男女平等、国民教育、儿童培养、文化交流以及消除种族歧视等方面，在取得令世人瞩目的成果的同时，也得到了来自各方面的肯定与赞扬。如，1994年10月24日，在有关阿约德赫雅清真寺（Ayodhya Mosque）事件中，印度最高法院以印度巴哈伊社团所提出的"社群和谐"（"communal harmony"）的原则为基础解决了这一起穆斯林与印度教徒之间的宗教冲突，并在宣判书中引用了几段巴哈伊教的教义，如："要维持不同社团间的和谐只能通过承认人类的一体性，并认识到将我们区分开来的种族及宗教划分是毫无基础的。"[③]2002年3月21日英国的巴哈伊新年招待会，时任英国首相布莱尔送来贺信。在信中，他称赞英国的巴哈伊社团在促进多元文化主义及跨宗教对话方面作出了"重大贡献"[④]2003年6月11日至13日，在欧洲议会（the European Parliament）大厅举办了一场特别的展览，它是为了表彰巴哈伊社团在欧洲为促进社会和谐所作出的贡献。展览名为"巴哈伊国际社团：促进全欧洲多样性统一之百年展"（"The Bahá'í International Community: Promoting Unity in Diversity Throughout Europe for over a Century"）。展览包括14个板块，以图片和文字的形式向人们展示了欧洲的巴哈伊社团以各种具体的项目和活动在促进和平、跨文化合作、宗教宽容以及商业伦理等方面所做的工作。[⑤] 这样的事例还有很多。

可以说，在这个由于不同种族、不同宗教或不同文化背景而挑起的连绵不绝的冲突所蹂躏的世界里，巴哈伊社团却是整个地球上最多样化而又最团结的人类组织之一。据《大英百科全书1992年年鉴》统计，巴哈伊教已在205个国家和地区建立了稳定的社团组织，世界各地的巴哈伊社团在基层，以众多的活动和各种项目来促进当地的种族团结、跨文化和谐以及宗教宽容。而其成员则来自2100多个不同种族，巴哈伊社团的这种成员组成反映了人类的多姿多彩，但其社团也是世间最团结

---

① World Citizenship: A Global Ethic for Sustainable Development, Published by the Bahá'í International Community, 2.

② World Citizenship: A Global Ethic for Sustainable Development, Published by the Bahá'í International Community, 2.

③ "Supreme Court of India highlights Bahá'í views on communal intolerance in Ayodhya decision", *One Country*, Volume 7, Issue 1.

④ 引自 Bahá'í World News Service site(LONDON, 11 April 2002)。

⑤ "Exhibition Commemorating the Bahá'ís'Promotion of Unity in Diversity in Europe"，引自 Bahá'í World News Service site(BRUSSELS, 11 June 2003).

的组织之一。多样性与团结统一并存于巴哈伊社团中。他们为世人提供了一个成功的文化模式。[①]

以上,通过对巴哈伊教"多样性之统一"原则从理论到实践的梳理,我们论证了这是一个既充分保证世界文化的多样性,同时又确保全球化进程向健康方向发展的原则。其实,"多样性之统一"这一原则对于中国人而言并不是一个完全陌生、外在的概念。正如我们前面所述,"多样性之统一"与"和而不同"对于人类未来都有着共同的美好设计,它们对于"和"(统一)与"不同"(多样性)也有着许多相似的见解。两种原则都意味着这样一种可能性,即对于不同的民族和文化而言,是有可能在各自保持其自身独特身份的同时实现统一、和睦相处的。总之,两者之间有着十分广阔的对话空间。自古以来,"天人合一"与"大同世界"的理想一直为中国人所向往与追求,儒家先哲就有"四海之内皆兄弟"(《论语·颜渊》)的教导,《礼记·礼运》篇则有"大同"之说,又称"大道之行也,天下为公"。这些观念千百年来作为中国文化的基本精神一直传承不绝,直至近百年来,还有康有为著《大同书》,更有孙中山先生超越满清王朝狭隘的自我中心主义意识形态所提出的"天下为公"的口号,而这一口号既受到基督教博爱思想的启发,又与古代先贤的原初社会理想相契合。近现代以来,在民间信仰与本土文化影响下产生的一贯道,在其现代宗旨中也有"挽世界为清平,化人心为良贤,冀世界为大同"这样的说法。针对当今之世的文化多样性,费孝通先生也提出了"各美其美,美人之美,美美与共,天下大同"[②]的主张。这些理念与巴哈伊教中的"人类一家"、"多样性统一"的概念可说是并行而不相悖的。

或许有学者会认为,巴哈伊教"多样性统一"这一原则将统一的根据诉诸上帝,而儒家所谓的"道"却比较偏重人世的一面,因而两者间相去甚远。的确,儒家之道在某种意义上可理解为人道,但在儒家大贤看来,人道并不是孤立存在的,而是与天道相连通的,或者说,人道的终极意义在于天道。正是在这个意义上,杜维明先生把儒家的问题称为"天人学"(anthropocosmic)的问题。[③] 在不去消弭人道与天道之间的区别及相互关系的前提下,我们可以认为,人道与天道是同源的,甚至是同一个"道"的两个面向。这样,就像"多样性之统一"这一原则所昭示的,我们完全可以为"和而不同"赋以一个终极的根据与关怀,从而也可能把"多样性之统一"的原则视为对"和而不同"的一个现代诠释与提升。由此,"和而不同"便不再是一个静止的、对未来可能出现之新文化模式缺乏预见的概念,它所倡导的文化模式也不是一个单纯地将各种不同的文化拼凑在一起的大杂烩式的文化拼贴画。在"多样性之统一"原则的补充与提升下,我们对"和而不同"原则的理解便成为一种既建立在过去的传统之上,又是对人类的道德、行为、文化及活动所做出的全新诠释。

总而言之,在一个"天下一家"的大同世界里,各民族的文化传统、民族精神都是平等的,他们既

① 我们注意到,20世纪八九十年代兴起于美国的"社群主义"(Communitarianism)关于"多样性"与"统一"的观点与巴哈伊教义有某些相似之处,两者同存在沟通与对话的空间。但因目前流行"社群主义"理论较为复杂且不统一,较难将其作为一种已充分成熟的理论与其他理论加以对比研究。而它与巴哈伊教最显见的区别在于,社群主义理想并不真正具有巴哈伊教所拥有的灵性方面的远见。巴哈伊社团的建立是因为其信徒相信他们的行为是得到了神圣指引的。而社群主义者只是从社会理论的基础上力图重新定义"社群"的含义。社群主义强调地方价值和地方制度的优先性,强调各社群之间的多样性。社群主义不强调在一定地理范围内举行统一的价值、实行统一的制度。社群主义强调不同社群间的多样性,却未必肯定社群内部的多样性。故社群主义的多样性是诸社群的多样性。社群自身的特征则是统一的,而不能是多样的。极端的社群主义者以单一的民族共同体成员的身份,泯灭与压制其他的社会角色,也容易流为扩张性的民族主义。

② 费孝通:《论"和而不同"》,该文为提交"经济全球化与中华文化走向"国际学术研讨会的论文,载2000年11月15日《人民日报(海外版)》。

③ [美]杜维明:《道·学·政》,钱文忠、盛勤译,上海人民出版社2000年版,第1、2页。

无长短之分，更无优劣之辨。无论是东亚、西欧还是南非、北美，都不是世界文明的价值中心或人类文化的终极意义。多样性的世界文化所增添的将是我们这颗星球的丰富与美丽。当我们无条件地承诺这样一个价值公设，即各民族的文化传统、民族精神都是平等的，而全人类都是同一个种族时，我们才能最终告别东西冲突、南北对抗和古今碰撞的纷乱时代，真正跨入和平与发展的新纪元。而一个不断发展的、和谐的全球文明也只有在多种人类文化充满活力的互动中才能出现。

澳洲悉尼巴哈伊灵曦堂

巴拿马巴拿马城巴哈伊灵曦堂

儒学与巴哈伊信仰：和谐社会思想之比较[*]

蔡德贵　牟宗艳

社会发展的转型总会给意识形态领域带来新的动力。新出现的社会问题，需要对原有的社会思想基础进行重新审视，并从中寻求新的理论依据。而20世纪以来，科技文明的胜利和哲学思维的失败构成的矛盾，使人的价值存在成为各种意识形态关注的焦点。怎样在社会现实危机和人的精神危机面前确立人安身立命的场所和精神的归宿，是此时期人文社会科学要解决的根本问题，种种社会思潮的迭起亦源于此。

当今时代的人们，期望的是一种和谐发展的社会状态以及由此而带来的人的精神的提升。于是在西方理论理性的失败中凸显了东方，尤其中国的实践理性及基于此而构建的社会理想的优越性。这就是源于孔孟的儒家道德优先理想主义重新受到关注的原因。自孔孟创说以来，儒家思想就在一种家国天下的使命中构建其“为天地立心，为生民立命，为往圣继绝学，为万世开太平”①的理论大厦，此大厦的基本构成之一部分，就是由对人性的阐述而展开的天下大同的和谐社会思想。和谐理念在中国古老文化之中是一以贯之的优秀传统。天人合一追求的是天人和谐，三纲六纪追求的是人际和谐，修身养性追求的是身心和谐。中国的先秦诸子也都在各自的著述中设想了和谐的社会。从“天下归仁”到“四海之内皆兄弟”，到《礼记·礼运》中描述的：“大道之行也，天下为公，选贤与能，讲信修睦”，“圣人乃以天下为一家，以中国为一人”，从《春秋公羊传》的华夏夷狄互通互变的一统说到康有为继承春秋之旨加以现代意义的发挥（种族不分，天下大同），这种天下一家的大同目标始终是儒家一以贯之的和谐社会理想，是孔孟之后人的治学根本。

而这一目标也是近160年来新兴起的巴哈伊教倡导并着力实现的理想正途，虽然梁漱溟所说：“宗教的真根据，在出世。出世间者，世间之所托。”②但巴哈伊这一新兴宗教在现代社会获得迅速认同的原因正在于它不是把他世，而是把此世作为其关注的目标，把在世间实现其大同的社会理想作为其努力的方向。巴哈伊教义旨在塑造全球一体的秩序，巴哈伊教的使命是要促进人类一家，建立世界和平。巴哈伊的大同社会思想的出发点，也是本着关注人的价值存在的人文情怀，这是它与儒家相通的理想基础。2005年10月，巴哈伊教澳门、香港代表团应国家宗教事务局邀请，日前访问北京和上海。国家宗教事务局叶小文局长在百忙中抽空接待代表团。他一再强调国家主席胡锦涛在年初的讲话就是要构建一个和谐的社会，而宗教是构建这样的社会的其中一个元素。他知道巴哈伊

---

* 原分为上、下两篇连载于《历史教学问题》2007年第1～2期。

① 张载：《近思录拾遗》。

② 梁漱溟：《中国文化要义》，学林出版社1987年版，第88页。

信仰的大原则是团结人类和建设一个和谐的社会，并且充分地肯定这一点。因此基于这一点彼此就有许多可以合作的机会，例如召开研讨会，或在某些专业方面进行交流与合作。①

巴哈伊的教义自其创始人巴哈欧拉宣布天启之日起，经由其本人，其子阿布杜巴哈及"圣护"邵基·阿芬第和现代巴哈伊教的发展，日益丰富而充实，贯穿于其中的主要社会思想就是"地球乃一国，人类皆其民"的观点。巴哈欧拉在其圣典中反复宣告："你们乃是同一棵树上的果实，同一枝干上的叶子"，"除了世界大同，没有任何别的东西可以释放在现代观念支配下出现的巨大生产能量"②。巴哈伊教有三项基本教义：上帝唯一；宗教同源；人类一体。前二者是纯教理上的理论基础，后者则是理想世界模式的基础。尤其是宗教同源为奠定宗教和谐打下了坚实的基础：世界上所有的宗教，不管是犹太教、天主教、基督教、印度教、佛教、道教、伊斯兰教等，均来自同一个本源，原本就是一家，仅是传递上帝信息的信使有所不同。就像大花园中盛开的各种各样花朵，虽然颜色不同，但都是立足大地，面向天空，展现自己的美丽，从而形成人类社会的绚丽多姿，丰富多彩。如果大花园中仅一枝花独放，就是再含露欲滴，婀娜妩媚，也不会令人感到大花园的美丽。阿布杜巴哈详论说："现与昔时相同，真理之灵体如太阳，摩西在东方兴起教导人类，耶稣、穆罕默德亦生于东方，巴哈欧拉与巴布亦生于东方之波斯国，是则灵界之大教师，皆产在东方也。耶稣之太阳，虽出自东方，但其光，在西方亦得见之，其教训之圣光，在西方之荣耀，较其产生之地尤为明显。现今东方各国，需要物质上之进步，而西方需要精神方面的进步。假若彼此交换，东方把精神方面的知识输给西方，西方把科学方面的知识输给东方，那就再好没有了。东西宜联络，如此方能产生真文化，而灵体之精神，亦可在物质中表现之矣。彼此既能交换所长，则太平立致，人类亲密和谐，一切纠纷自免。到此时，世界将如明镜，能反照造物之性质矣。"③一个已有宗教信仰的人如果信仰巴哈伊教，不需放弃原来的信仰，而巴哈伊教徒也可以自由出入各教的庙宇进行崇拜。这些原则为宗教和谐的实现创造了条件。

巴哈伊的这三项基本理论支点，是使它能够获得现代世界的认同的原因。1912 年，阿布杜巴哈正在美国访问，《纽约时报》等各大新闻媒体，都以醒目标题连续报道了阿布杜巴哈的演讲及各种活动，将其概括的巴哈伊教义如独立追求真理、人类一家、消除偏见、宗教同源、宗教和谐、宗教与科学协调、男女平等、普及教育、消除极端贫富、工作即崇拜、社会公道、采用世界通用辅助语言、建立世界联邦、世界和平等原则，普及传播给西方民众，在当时被称为"新时代精神"。巴哈伊教提倡的世界一体，人类一家，宗教和合，文化包容的思想和主张得到很多人的欣赏，以及强调宗教与科学和艺术和谐共存的主张，受到人们的重视。传统宗教在很多人那里只是精神信仰的寄托，是超世的，因而难以获得广泛的认同；另外，中世纪(尤其欧洲)宗教过分干预世俗生活而造成了它在社会生活中的负面影响。这都是宗教在现代社会面临的难题。巴哈伊倡导的人类一体，宗教同源，消除物质主义和自私自利，消除种族主义、军备竞赛，建立世界新秩序等入世而积极的思想，符合现代人的思想倾向，也使得它在 100 多年的时间内成长为分布范围仅次于基督教的第二大宗教。

在中国第一个较系统地介绍巴哈伊教的学者曹云祥那里，该教被译为"大同教"，这是曹云祥根据其教义思想结合中国的范畴而作的解译。由此可以看出，巴哈伊的社会理想和孔孟的理想正途至

---

① 参见《港澳巴哈伊教组团访京》，载 2005 年 10 月 29 日香港《文汇报》。

② 阿布杜巴哈：《世界团结之基础》，马来西亚灵体会 1993 年版，第 1 页。

③ 李绍白：《人类新曙光——巴哈伊信仰》，澳门巴哈伊出版社 1995 年版，第 66～69 页；爱斯孟：《新时代之大同教》，台湾省大同教出版译述委员会 1970 年版，第 113 页。

少从目标的表现形式上是一致的，而对二者深入的研究则可以发现更多的思想上的相似处，这些相似可以表明人类文化的基本价值走向——对人的精神存在和意义存在的关注是共通的，这种共通性为人类文化意识的未来定位提供了一个基本的支点。另一方面，作为哲学或社会思想，总是和宗教有歧异性。而且，由于兴起的时代不同等原因，巴哈伊的社会思想比儒家的社会思想在具体层次的设计上更为现实而可行，因此，它在现实操作中取得了比复兴孔孟理想的新儒家更大的成功，巴哈伊没有把其思想仅仅局限在个人信仰领域和理论探讨领域，这一点，也是非常值得新儒家，以及其他一切正在寻求现代化转折契合点的人文思想借鉴的。我们将在下面的比较中对这些方面的异同作尝试性分析。

一、理论成长中的相通和相异

(一)客观条件——兴起的历史背景的相似处

新的思想的形成，尤其是一种社会思想的出现，往往是基于历史中的社会动荡。孔子处在周室衰微，礼坏乐崩，“天下之无道也久矣”[①]的时代，因“恶紫之夺朱也，恶郑声之乱雅乐也，恶利口之覆邦家者”[②]。而欲复周公之礼以惊醒世人。至孟子之时，时势尤恶，“有理之地，众多居民，王者之不作，未有疏于此时者也。民之憔悴于虐政，未有甚于此时者也”[③]。孟子感于斯世，承孔子之脉络，愤然言道：“尧舜既没，圣人之道衰，暴君代作”，“世道衰微，邪说暴行有作，臣杀其君者有之，子杀其父者有之，孔子惧之，作《春秋》”，[④]而孟子又面临“杨墨之言肆行天下，孔子之道不着”，“邪说诬民，充塞仁义”的局面，故“以此为惧，闲先圣之道，距杨墨”，使“邪说者不得作”，以“正人心”，“承三圣”，[⑤]正是时势的纷乱，促使孔孟家国天下理想的萌生。

对于巴哈伊教兴起的背景，我们可以由其兴起历程的简略追述而知其事。巴哈伊教于19世纪产生于伊朗的卡扎尔王朝(1796～1925)时期，此时是波斯文明全面衰落时期。寇松在《波斯和波斯问题》中写道：“从沙王往下，绝没有任何官员是不接受礼物的……而处刑的方式极其残忍和多样化……在双层压迫之下，人民对政府完全没有责任心，每个人都没有了责任感和廉耻道德。”[⑥]作为社会信仰支柱的宗教也面临错综复杂的分裂和斗争。1844年，巴布宣称他是在这黑暗中的救世主，是新的起点，从此而创立巴布运动。1863年，巴布门徒之一侯赛因·阿利又宣称自己为“上帝之荣耀的使命”，创立了巴哈伊教，他本人则被称为“巴哈欧拉”(上帝的荣耀)。巴哈欧拉之子阿布杜巴哈和“圣护”邵基·阿芬第后来对教义作了展开，尤其是社会理想中吸纳了更多现代的合理的成分，更为具体和可行。其教义发展(尤其社会理想)的新阶段的深化展开，主要是基于阿布杜巴哈面临的世界动乱形势——一战前后。战前，欧洲这个极度自负的文明之摇篮，号称“自由之炬”的高举者以及

---

① 《论语·八佾》。
② 《论语·阳货》。
③ 《孟子·公孙丑上》。
④ 《孟子·滕文公下》。
⑤ 《孟子·滕文公下》。
⑥ 李绍白:《人类新曙光——巴哈伊信仰》,第238页。

世界工商业力量的主流，在可怕的剧变面前也变得束手无策，少数民族问题、失业、军备竞赛等矛盾充斥欧洲，阿布杜巴哈在这种情势下作了一次由欧洲到美洲的周游与和平演讲，在当时局势中，其演讲中阐发出来的现代理性思想获得很多人认同，使巴哈伊获得一种迅速成长的内在契机。

从对其历史背景的分析中，我们看到儒学与巴哈伊教有一点相异之处，即：孔孟认为其著书立说是为了拯救人类道德意识的堕落，是为了恢复曾经有过的上古之德行，因为人类精神文明是退步的，过去的比现有的更美好，而巴哈伊教则认为虽然人类随物质文明的进步伴随着道德实践的堕落，但人类文明的最高形式——神圣文明则是进步的。李绍白写道："循环与更新是演进的两个方面，而又互为一体，这种循环是螺旋式上升的"①，"巴哈伊信仰将演进的理论用于解释宗教，这恐怕是最有特色和最有价值的"②。巴哈欧拉以太阳的升起为例，解释说明太阳（神圣文明）初升时，阳光不可太强，否则会刺伤人的眼睛，随着太阳升高，阳光慢慢增强亮度，以适应人的理性理解能力。尽管儒学与巴哈伊教对自己社会思想理论的定位不同，但这两者都是力图在社会动荡变革中给人们一种可以参考的理论模式。

（二）思想内在生长点——对人类现世存在的关注

孔孟之说和巴哈伊信仰都将对人的现世存在的关注作为基本的价值指归，都力图为人的安身立命提供精神的指引，反对消极避世，这是它们共通的内在理论生长点。

面对西周后期礼坏乐崩的事实，孔子不像同时代的隐士一样力求避世，而是希望为人的生存提供精神指导。虽然他的时代，天、神的概念流传已久，并在人们的头脑中占据支配性的地位，是积淀在人们心中的权威力量的代称。孔子不可能摆脱时代环境的影响而抛开这些已有的观念，孔子讲君子有三畏，首推天命，他说过"天生德于予"。但孔子所言之天只是被借了来指称其伦理体系的一部分，并非宗教意义上的人世的创造者和人间律法的缔造者。在他那里，天是第二位而非第一位的。讲天命不是为了让人事天而是为了更好地事人。对鬼、神、天要敬而远之，将精力投入到此世为人事的服务中。季路问事鬼神，子曰："未能事人，焉能事鬼"，"未知生，焉知死"。③ 孟子则明确将天命规定在人意的层次上，他张扬古书中"天听自我民听，天视自我民视"之观点，认为天不是世物人伦的创造者，人类社会才是德性的发源地，通人情即可知天意，"尽其心者，知其性也。知其性，则知天矣"。故人要做的就是"养其性，所以事天也，寿夭不贰，修身以俟之"。④ 培养美好的品格，就是事天的最好方法，不必像宗教徒那样，以获得上帝的恩宠和来世的天堂为最终极的目标和价值指向。孔孟认为做好此世的事就达到天人合一的状态。因而马克斯·韦伯说："儒教所要求的是对世俗及其秩序与习俗的适应，归根结底，它只不过是为受过教育的世人确立政治准则与社会礼仪的一部大法典。"⑤

与此相似，巴哈伊教作为一种宗教，必然有超越世间的外在追求，但这种被信仰的上帝、天国，是一种精神的、理念的外在，并非像传统宗教认为的是种实体性存在。而且巴哈伊教义认为信徒最应

① 李绍白：《人类新曙光——巴哈伊信仰》，第 18 页。
② 李绍白：《人类新曙光——巴哈伊信仰》，第 19 页。
③ 《论语·先进》。
④ 《孟子·尽心上》。
⑤ ［德］马克斯·韦伯：《儒教与道教》，江苏人民出版社 1995 年版，第 178 页。

关注的是此世的生活，而不是无所作为地期待着来世天堂的幸福，人首先应做好的是现世的事情，期待精神的提升。因而在《亚格达斯经》[①]中巴哈欧拉批驳了印度教中的苦修与隐遁，认为“隐遁或禁欲是上帝不允许的”，应该“放弃隐遁而直接步入敞开的世界”，“为自己和他人的利益而忙碌”。与其他宗教相比，巴哈伊入世性体现得最明显的，就是肯定现世的善恶判断，不期待来世的最后审判。

关心人的现世生活，尤其是关注人的精神生活和价值存在是孔孟和巴哈伊教的社会思想共同的内在生长点。二者都力图建立向里用力之人生和社会。故“君子务本，本立而道生”[②]，本立，则大道可行，若“自天子以至于庶人，壹是皆以修身为本”[③]，则可达到社会状况的根本转变。正如《天下一家》杂志 1992 年第 11 期中《最严峻的挑战》一文所言：“除非人类的心灵受到激发，和那些使个人和大众为地球和全人类的长远利益而同心合作的价值观受到重视，否则这一切都不能实现。”阿布杜巴哈认为：“世界大同是那些重新意识到全人类命运的、复苏了的思想与心灵的相会与融合。”[④]由此可以看出，关注人——作为文化意识精神载体而存在的人，及其世俗生活，是这两种社会思想理论生长的内在动因，是它们近来复苏或传播的原因。因为它们为解决人类社会发展给意识形态，尤其是哲学带来的难题，提供了一种可借鉴的，体现着深刻人文意识的文化价值取向。

二、大同社会思想的构思中体透出来的人文情怀

之所以选择这两种社会理想作为比较的题目，是由于两者在理想社会状态的设计，理论基础生长点以及价值取向、形态的构架等方面，虽细节上有所不同，但对人类一体，天下大同的构思根本有诸多相通之处。对于这两种宗教和非宗教的社会思想之间的共同和歧异，将在下面的论述中逐步展开。

(一)对人性美善的自信是其理想构架的基点

相信人性美善，是孔孟和巴哈伊构思大同理想的基本点，由美善之人性，才可能，也必能生长出美善之社会形态，才能发展出人类社会发展的应然状态、理想正途。两种思想对于此点的论述，是为大同社会形成提供一可能性。

在《论语》中，孔子只讲了一句“性相近，习相远”[⑤]，而未明确说此相近之性为善为恶。朱熹注之：“此所谓性，兼气质而言者也。气质之性，固有美恶之不同矣。”[⑥]程子则认为这是说的气质之性，非言性之本，本性是无不善的。孔子在其他的言论中，表露了对人之美善可能的自信。他说“我欲仁，斯仁至矣”[⑦]，认为道不远人，认为行道德之事是人人力所能及的。这种对人性的自信在孔子之处是隐含着的。而此美善之人性的集中体现就是仁。由仁而爱人，此爱人之心是理想社会的可能性

---

① 《至圣经》。
② 《论语·学而》。
③ 《大学》。
④ 阿布杜巴哈：《世界团结之基础》，第 2 页。
⑤ 《论语·阳货》。
⑥ 朱熹：《论语集注·阳货》。
⑦ 《论语·述而》。

基础。有仁德之君子能够周而不比，将此爱人之心流行天下，虽九夷之陋，若君子居之，则何陋之有？爱人，把人视为目的，由爱人而泛爱众，则可将己之理想推行于天下。但是此爱人之心为人本自然而流露之情，是由人最基本之自然亲情而流露，则血缘亲情是仁之本，“弟子入则孝，出则弟，谨而信，泛爱众”①。由此亲亲之情，推而广之，则可泛爱众人，这是人类社会达到理想之治的可能性根基。《中庸》所言：“仁者，人也”，明确将孔子的“仁”定义为人的本性，并阐发出诚之德，作为物情、天理、人性之根本，“诚者，物之终始”，不诚则无物。天下至诚，则能“尽其性；能尽其性，则能尽人之性；能尽人之性，则能尽物之性；能尽物之性，则可以赞天地之化育”。由人性扩而及宇宙万物之性，相互交汇、赞化，作为宇宙一部分的人类社会，自然也可由此尽性之推演而达到和谐之状态。孟子对此人类基础的论述则更为详尽。他称：“人性之善也，犹水之就下也。人无有不善，水无有不下。”②此善性的具体化就是所谓“恻隐之心”、“羞恶之心”、“辞让之心”、“是非之心”，此四端扩而充之则为“四德”。由此四端之性而有的四德，并不只局限于人之内部，凡“有四端于我者，知皆扩而充之矣，若火之始然(燃)，泉之始达，苟能充之，足以保四海；苟不充之，不足以事父母”③。这四端(美善之性)就像宇宙中一切与人有关之情的火种，是孔子泛爱众人思想的演化。故人性之美善是孔孟社会理想的基点。

在此应着重指出的是，孔孟对于美善人性的最基本，也是最高定位是血缘亲情。“仁之实，事亲是也；义之实，从兄是也”④。故爱人之推广，以亲情首当其冲，对“君子之于物也，爱之而弗仁。于民也，仁之而弗亲”⑤一句，朱熹引程子注曰：“统而言之则皆仁，分而言之则有序”⑥。对人之爱，应有个差等次序：“仁者无不爱也，急亲贤之为务……尧舜之仁，不遍爱人，急亲贤也。”⑦汤因比以同心圆来比喻儒家的爱有差等说：“以自己为圆心，随着向外扩展，爱则逐步减少。这种主张和无差别的普遍的爱相比较……显而易见地易于为人本性所接受”，但尽管有差等，“从爱的范围来看是普遍性的，这是一种把对天下万物的义务和对亲密的家庭关系的义务同等看待的立场”。⑧ 也就是朱熹所讲的人之生本于父母是天使之然的，若推己及人，自有差等。关键是能爱人则人亦爱之，能敬人则人亦敬之，由此而实现社会和谐归一。如梁漱溟在《中国文化要义》中所说：“由亲亲而仁民，以家人父子兄弟之情推于外，构成伦理本位的社会，自动地放大这圈”，这是一种“直从人之所以为人者亦即人之所异乎一般生物的一面出发，这出发点几乎便是终点”。⑨

儒家以人之为人的美善之性而构建社会理想的立场，与巴哈伊教是相通的。巴哈伊教亦认为人有此善性，爱心是天下一家的可能性基础。与基督教不同，巴哈伊教反对原罪的理论。巴哈伊教相信人天生被赋予了主的光辉性，因而人生之初是善的，没有邪恶，唯有美善。“在巴哈伊信仰看来，人类自身具有的一切都是上帝赋予的，一切创造物中没有恶，一切都是善。”⑩巴哈欧拉在《隐言经》中

① 《论语·学而》。
② 《孟子·告子上》。
③ 《孟子·公孙丑上》。
④ 《孟子·离娄上》。
⑤ 《孟子·尽心上》。
⑥ 朱熹：《孟子集注·尽心上》。
⑦ 《孟子·尽心上》。
⑧ 苟春生、朱继征、陈国梁译：《展望二十一世纪——汤因比与池田大作对话录》，国际文化出版公司 1985 年版，第426～427 页。
⑨ 梁漱溟：《中国文化要义》，学林出版社 1987 年版，第 240～241 页。
⑩ 李绍白：《人类新曙光——巴哈伊信仰》，第 83 页。

写道："生命之殿堂乃是我的圣座"①，"你的心乃是我的家园……你的灵魂乃是我的启示之地"②，正如"花藏于苞"，造物之灵藏于心。无论人之外表如何丑陋，皆有是灵。正因人是禀着这种上帝之光辉而生的，故巴哈欧拉要求道："谁都不应该自以为比别人优越，时时在你们心中反省你们是如何被创造的。既然我由同一种物质造生了你们……通过你们的品性行为，由你们的内在生命显现出团结之征象以及超脱之精神，此乃是我对你们的劝诫。"③人是由同一种物质，禀赋了同样美善之光辉而生成的，人在本性上是相通的，人与人是一致的，人类是一体的。"人属于同一类，属于同一类种族。……全人类都是同一树上之果实，同一花园之鲜花，同一海洋之波浪。……地球是一个家，是全人类的故乡：因此，人类应该略去那些人为的区别和界限。"④人类的美善出自造物之美善，人类一体出自造物之一体，故人在本质上的一致性决定了天下大同的可能性和必然性。就如《人权的起源》一文所写："无论你相信人类是用泥土做成的也罢，或是用 DNA 做成的也罢，毕竟所有的人都是用相同的物质做成的。"⑤由于人类是住在这地球上的兄弟，心灵，本性上是共通而一致的，人与人之间的基本关系就是爱与和谐。这种情感也是人性的基本构成之一。《隐言经》中写道："朋友啊！在你的心园里，只栽种爱之玫瑰。紧握着挚爱与祈望之夜莺，不要放松。"⑥在第一卷第五十八节中又写道："冲破你的樊笼，像爱之凤凰翱翔于圣洁的苍穹。"要求人们发挥人性之美善，具有博爱之心胸。阿布杜巴哈曾阐述道："爱是一切物质存在之因……是万物之间的亲密联系。（以元素凝聚力来说明）在人身上，我们还看到更高级的灵性相吸——把人们紧密结合在一起的亲密感，它使人们能友爱地相处。因此人类的最高君王就是爱。"⑦造物以美善之性赋予人，以人类心灵为神性启示地，故人唯以博爱之心性才能反映出这种光辉的辐射。这样做并不是为了对造物有什么好处，而是为了对人自身的发展有好处。爱万物，爱世人，即是爱上帝，因此爱心是服务于人类的。人类相互的爱是世界和平发展的保障，是天下大同达成的人性基础。世界一体，"第一要件（先决条件）就是绝对的爱和统一体成员的和谐。人们必须摆脱相互疏远，在他们自身中展现上帝的唯一性。因为他们是一海之波浪，一条河中之水滴"⑧。尽管同将人性美善以及由此而生发出的爱人之心作为社会理想的根基，作为人类一体的可能性的基础，巴哈伊所讲之爱与孔孟所述有差等之爱还是有区别的。作为一种宗教，无差别的博爱是其爱的基本含义。巴哈伊认为爱是上帝存在在人性中的基本表现形式，人类作为被创造物，是通过爱与上帝联系的。对上帝之爱是爱之情感中最崇高者，是一切爱的基石（这与孔孟将血缘亲情之爱作为最基本的爱有差别）。由于对上帝爱的无差别而造成了人世间爱的无差别，而且对世间万物之爱就是对上帝的爱（这是其关注世俗生活的立场体现），因而具体操作中，最有价值的是对世人之博爱。"上帝的宠爱者必须在挚爱中与陌生人合作，对所有万物展示你的仁慈，不要考虑他们的能力，也不要问他们是否要这种爱。"⑨即使是对你的敌人，也应该以爱对待仇恨，而不是像孔子所

① 《隐言经》第一卷第五十八节，澳门巴哈伊总灵体会 1994 年版。
② 《隐言经》第一卷第五十九节，澳门巴哈伊总灵体会 1994 年版。
③ 《隐言经》第一卷第六十八节，澳门巴哈伊总灵体会 1994 年版。
④ 阿布杜巴哈：《世界团结之基础》，第 23 页。
⑤ 《天下一家》1993 年第 4 期。
⑥ 《隐言经》第二卷第三节，澳门巴哈伊总灵体会 1994 年版。
⑦ 阿布杜巴哈：《世界团结之基础》，第 92～93 页。
⑧ *The Bahá'í Faith—The Emerging Global Faith.*
⑨ *Selections from the Writings of 'Abdu'l-Bahá.*

说的以德报德，以直报怨。博爱是使这个分散的物质世界联结起来的非凡的力量，是驱动万象的动力因。

由这种来自神性的光辉人性为基础而形成的社会，必然强调灵性的统一。在《世界团结之基础》中阿布杜巴哈说："由灵性气息而建立起来的灵性的同胞之爱去团结各国……直到所有国家、民族因为这种由圣灵气息激起的真正的同胞情而团结一致。"[①]这是宗教和非宗教确定的终极价值指向不同而决定的。

由以上对人性论社会基础的论述可以看出，无论是从孔孟的人性善还是从巴哈伊教由神性而辐射至人性的唯一出发，将导致的必然是一种不同于现代国家观念的人类一体观，这是西式的哲学思维开不出的，同时它们也不会生出纯西式的自由民主制度。这两者强调"天下"，"地球乃一国"等观念，已消解了现代国家在地域、政体上的区分：而由道德精神的一体化必会削弱西式的民主、自由的必要性，例如巴哈欧拉强调自由不是无节制的，而是基于服从基础上的，甚至说"自由最终必然导致叛乱。"[②]因为自由是一种自然法则，必须以德性等社会力量约束它。因而人在社会中要做的，不是不断要求民主和自由，而是向里用力，认识、体认人性美善和由此而决定的人类一体的关系。"对于这种关系(人类一体)的认识可以导致一种已被证明的人为力量所不能产生的道德力量，这种道德力量将为大多数人期待已久的全球转变提供动力。"[③]除了科技文明的进步，更重要的是人主观的改造——对人性和人类一体关系的重新认识，两面结合起来，"便造成这圈(人类文化圈)的扩大，一步步放大，最后便到了世界大同天下一家"[④]。由精神提升而达到真正的大同社会与现代国家观念相比，"此种反国家主义，或超国家主义深入人心……盖其结果，常增加中国人之组成分子，而其所谓'天下'之内容，乃日益扩大也"[⑤]。对世界来说，个体意识的转变会增加世界共同体的组成分子，建立起各国、各民族、各种族这无有间隙的世界体制，实现全球文明。正如邵基·阿芬第所说：人类一体的原则，指明了人类社会进化的最终目标，那就是消除国界，消除人类一切纷争，建立天下一家的大同世界。邵基·阿芬第坚称："'人类一家'(Oneness of Mankind)的原则、巴哈欧拉教义所环绕的中轴，不是单单的无知情绪主义的爆发，或是仅仅表达一个模糊和神圣的期望。它的诉求，不能只被视同为，同胞爱和人类间善意精神的复苏，它也不是只针对培养个人和国家间的和谐合作而已。它的义涵更深，它的宣示，比过去所有先知被授意去推动的更伟大。它的信息不仅应用于个人身上，而是主要的关系到，那些连结万国为一家的必要关系之本质。……它义涵着现今社会架构的一个有机改变，一个世界从未经历的改变……它代表着人类演进的顶点。……巴哈欧拉所宣示的人类一家的原则，带来的是一个严正的断言，即要在这巨大演进中，臻至其最终阶段，它不只必要，更是无法避免。而它的具体实现，则快速地在接近，为达成它的建立，造物主没有不能的力量。"[⑥]

在这种以人性为本而致大同的论证和构想思路一致的基础上，作为哲学思想的孔孟之说和作为宗教的巴哈伊亦必然有许多具体的差异。这一点将在下面的论述中进一步展开。

---

① 阿布杜巴哈：《世界团结之基础》，第88～89页。

② *The Most Holy Book*(《至圣经》)，Bahá'í World Center, Haifa.

③ 《地球宪章》，载《天下一家》1992年第9期。

④ 梁漱溟：《中国文化要义》，学林出版社1987年版，第11章。

⑤ 梁启超：《先秦政治思想史》，中华书局1986年版，第1章。

⑥ 邵基·阿芬第：《巴哈欧拉的世界体制》，转引自Paul Lample：《创造新思维》，台湾人德文教发展机构2002年版，第137～138页。

(二)由美善人性而形成理想人格的设定——社会整体的伦理基础

如上所述,这两者倡导的都是一种建立在人性美善自信起点之上的社会思想,此种社会整体必然是建立在德化的理想个体的基础上,因而对理想人格的设定是两种社会思想构成的基础。

由美善之人性而生出美善之品格,进一步生出美善之社会,即由内而开发出外化之理想。两者在对理想品格的设计中有诸多相通之处。

应该说中国哲学的基本点就是讲个做人的学问。而中国哲学构成的主干儒家思想从其源头——孔孟开始,就在设计着成圣成贤的道路。在孔子的思想中,"仁"无可争议地成为其核心,也是理想品德的基本构成,几乎可以涵盖其对个体道德要求的一切内容。孟子则将仁德扩而充之成为仁义礼智四德,论述更为具体而详尽。这些基本品格不单在孔孟那里有,在巴哈伊对道德的规定中亦可发现诸多的相通,大致可由以下几方面概述。

1. **仁爱、宽容**。

孔子之"仁",首先是爱人,此爱人之情的出发点和基本含义就是亲情之爱。"君子务本,本立而道生,孝悌也者,其为人之本与。"①作为一个品格高尚的人,最基本的本性应有孝悌之义,不单是君子,对于普通人这也是首先应具备的,由此可以看出,孔子设计之道德,不是一些矫饰空虚的格言,而是由自然亲情出发的人类情怀,有此情怀之人,必能体贴别人对君能忠,对人能恕。所谓"己所不欲,勿施于人","己欲立而立人,己欲达而达人"。② 品格高尚的人能宽宏大量地对待别人,并能时时将心比心,为他人着想。即孟子所说"老吾老以及人之老,幼吾幼以及人之幼"③。这种"恕"的胸襟,如郭沫若所言:"每一个要把自己当成人,也要把别人当成人,事实是先要把别人当成人,然后自己才能成为人。"④将这种体认他人之心、之情的情怀视为人之为人的标准。由这种仁爱推广出"三纲六纪"就是解决人际关系的准则。如陈寅恪所说:"中国文化之要义,具于《白虎通》三纲六纪之说,其意义为抽象理想最高之境。"⑤"三纲"就是"君为臣纲,父为子纲,夫为妻纲"。"六纪"就是"诸父有善,诸舅有义,族人有序,昆弟有亲,师长有尊,朋友有旧"⑥。这亦是巴哈伊教的金律。巴哈欧拉特别提倡团结的重要性,人类必须"亲密无间,情谊深厚,团结如一人"。⑦ 在巴哈欧拉的教义里,正义是主要的灵性原则之一。团结人类的力量是爱、慈悲和宽容,但团结各国使其成为一个灵性上一统的世界的力量却是正义。⑧ 他指出"所有的人必须协调他们之间的差异,必须和平团结地在上苍的荫庇下、在他仁爱的树下遵守他的训诫。"⑨"上苍的先知须被当作人类的神医。他的工作是扶助世界及人

① 《论语·学而》。

② 《论语·雍也》。

③ 《孟子·梁惠王上》。

④ 郭沫若:《十批判书·孔墨之批判》,东方出版社 1996 年版,第 91 页。

⑤ 吴学昭:《吴宓与陈寅恪》,清华大学出版社 1996 年版,第 53 页。

⑥ 《白虎通·三纲六纪》。

⑦ 朱代强、孙善玲译:《巴哈欧拉圣典选集》,澳门新纪元国际出版社 2004 年版,第 11 页。

⑧ 参见阿迪卜·塔赫萨德:《巴哈欧拉的天启》第 3 卷,李定忠译,载《巴哈欧拉:故事与记录》,新纪元国际出版社 2004 年版,第 312 页。

⑨ 邵基·阿芬第编:《咨浩拉著作拾穗》(英文版),马来西亚巴哈伊出版社 1980 年版,第 2 页。

类，通过一致的精神，治好人类的分裂。"[①]"通过至高的圣笔所启示的书简，爱与团结的门已在人类面前被打开了。我们刚才已宣称——我们的话是真理——'与所有宗教的人友善地交往吧。'通过这启示之言，任何致使人们互相背离，造成分裂、不和的事物都已被废除。"[②]"这个至高至圣的教义，所以出类拔萃、杰出超群，是因为我们一方面把上苍的圣书中造成人类分裂、敌对的篇章涂掉，一方面又铺下了解及团结的要素。"[③]

巴哈欧拉最担心的是人类的分裂，他真心地希望人类"必须如一手之指，一体之各部分"[④]。人类"须面向团结的太阳，让它的光辉照耀着"，"必须集在一起"，为了上苍"决心根除引起纷争的因由"，"世界的居民才能成为一个城市的公民，成为同一个王座的占有者"。[⑤] 在《团结书简》上，巴哈欧拉解释了一些团结的特性。他说首先就是宗教团结，就是人类须接受同一个宗教，也就是今日的巴哈伊教。当一个国家的多数人接受了他的信仰，政府就可以把他的教义付诸实行。团结的第二个层面就是言辞。言辞的分歧会给说话和听话的人剥夺掉上帝的恩典。他也启示道，圣道在用中庸的言语谈论时，会吸引神圣的恩典，如果超过中庸，则会变成灵魂腐朽之因。在这篇书简中，他进一步规劝教友用温和和中庸的方式传教，好让话语能具有牛奶对婴儿般的效果。他也警告教友不要在早期阶段拿太多的细节让听者无所适从。就像给婴儿一顿大餐一样，不但不会有益孩子的生命，说不定会要他的命。团结的第三个层面就是行动。当教友们起来传教并用道德装饰自身，他们的行动就会团结一致。他悲叹过往诸天启的分裂，将之归因于信徒的不团结，就是这个问题，才使得各宗教的基础被破坏。团结的另一个层面就是信徒们的地位。他们的团结可以使上帝圣道的地位在人类当中提高。世人当中有些人自视自己高于他人，因而使得世界陷入可悲的状况。他说那些从他启示之洋深饮的信徒才是真正转脸朝向他崇高地平线的人，他们应视自己如同站在同一阶层上，占有同样的地位。巴哈欧拉宣称，自视自己高人一等的人就是大罪。

巴哈伊行政教务机构里的团结架构，如果因为其中一位委员的自我意识被破坏的话，大考验和试炼就会跟着来。如果这种事发生了，所有的成员就会经历巨大压力和痛苦，那个灵体会就会销蚀。在《团结书简》里，巴哈欧拉说，如果他要完全解释团结的所有层面，他的笔要振笔疾书好几年才行，这势必无可能，因此他再说明另一个层面——人类的团结。他说人类的团结可以经由对上帝的爱和上帝话语的影响力而达到。当人类转向上帝的话语并谨守它，他们就会团结。[⑥] 他相信，"团结之光那么灿烂，它能照亮整个世界。"[⑦]巴哈欧拉又说："你要明白一个真理：凡是要别人公正，而自己却行不义者，都不是属于我的。"[⑧]"只要你自己还是罪人，就别私语别人的罪过。"[⑨]"凡不愿让别人归罪于你的，就不要推诿于他人。"[⑩]高尚的品德，最首要的要素就是严于律己，宽以待人，这同孔孟所讲的

---

① 邵基·阿芬第编：《咨浩拉著作拾穗》（英文版），第37页。

② 邵基·阿芬第编：《咨浩拉著作拾穗》（英文版），第45页。

③ 邵基·阿芬第编：《咨浩拉著作拾穗》（英文版），第46页。

④ 巴哈伊世界中心编：《亚格达斯经律法纲要》，梅寿鸿译，马来西亚出版（无出版年），第12页。

⑤ 邵基·阿芬第编：《咨浩拉著作拾穗》（英文版），第105页。

⑥ 参见阿迪卜·塔赫萨德著：《巴哈欧拉的天启》第3卷，载李定忠译《巴哈欧拉：故事与记录》，新纪元国际出版社2004年版，第434～435页。

⑦ 朱代强、孙善玲译：《巴哈欧拉圣典选集》，澳门新纪元国际出版社2004年版，第188页。

⑧ 《隐言经》第一卷第二十八节，澳门巴哈伊总灵体会1994年版。

⑨ 《隐言经》第一卷第二十七节，澳门巴哈伊总灵体会1994年版。

⑩ 《隐言经》第一卷第二十九节，澳门巴哈伊总灵体会1994年版。

推己及人,己所不欲、勿施于人的原则是一致的。

2. **敏于行而慎于言**。

重行甚于重言是这两种思想都提倡的品德。《论语》里记载"子张问仁于孔子。孔子曰'能行五者于天下为仁矣'。请问之。曰:'恭、宽、信、敏、惠。'"①"仁者,其言也切。"②"刚毅木讷近于仁"③,"君子讷于言而敏于行"④,有德行的人不是以巧言令色之虚浮外表来体现仁,而是重于身体力行,在踏踏实实的践履中实现仁,要"言忠信,行笃敬",切实地去做而不是只说不做,故"古者言之不出,耻躬之不逮也"⑤。堪称楷模的古圣先贤们都是重行甚于重言的。这条原则亦是巴哈伊教的重要教义。

巴哈欧拉在《隐言经》2卷76节中说:"给人引导一向通过语言,而现在却要通过行为。每个人必须表现出纯正而圣洁的行为,因为语言是众人皆有的财富,但纯正而圣洁的行为只属于我们所宠爱者。"巴哈伊教倡导践履重于空谈,而实行这一原则最重要的方式就是以工作事主。"每人都有义务从事某项职业——比如技艺,我们倡导你以工作作为事主的最高表现,不要将你的时间浪费在空洞的祈祷上,应致力于对你和他人都有益的事业。"⑥因此,巴哈伊教禁止施舍,给予乞讨者施舍是被禁止的。这条原则与积极入世的态度结合,是两种思想对品德高尚者的主要要求,也促使孔子、孟子以及巴哈欧拉和阿布杜巴哈都乐此不疲地为推进其社会理想而奋斗,甚至忍受颠沛流离和牢狱之苦。

3. **重义轻利**。

对义利关系的处理是区分高尚和卑下的重要标志,孔子说:"富与贵,是人之所欲也,不以其道得之,不处也。贫与贱,是人之所恶也,不以其道得之,不去也。"⑦故"君子喻于义,小人喻于利"⑧。品格高尚的人不会因不义之财富而放弃自己的原则,正如孟子所言:"富贵不能淫,贫贱不能移,威武不能屈,此之谓大丈夫。"⑨故孟子能受宋、薛之镒而不受之于齐,因为若接受齐之财富,是"无处而馈之,是货之也。岂有君子而可以货取乎?"⑩君子的原则并不是弃绝合理的财富,而是拒取不义之财,"不义而富且贵,于我如浮云","非其道,则一箪食不可受于人,如其道,则舜受尧之天下不以为泰也"⑪。取与不取,全在义与不义,这也是君子,小人之界定的标准。

在巴哈伊的信仰中,同样的原则亦被视为一重要品格。巴哈欧拉说:"你就像一把精炼的剑……

① 《论语·阳货》。
② 《论语·颜渊》。
③ 《论语·子路》。
④ 《论语·里仁》。
⑤ 《论语·里仁》。
⑥ *The Most Holy Book*(《至圣经》),Bahá'í World Center,Haifa.
⑦ 《论语·里仁》。
⑧ 《论语·里仁》。
⑨ 《孟子·滕文公下》。
⑩ 《孟子·公孙丑下》。
⑪ 《孟子·滕文公下》。

只要脱出自私与欲望之鞘，你的价值便可璀璨光辉地显露于世人面前。"[①]自私和贪婪是使人之美好质量变得黑暗的障蔽，摆脱了它可使人之美德显露。当然摆脱自私和贪婪并不是禁欲或苦行。教义并不认为人的物质需求是恶的或坏的，事实上，人的身体和生理能力的发展目的是为了提供精神发展的载体，为了精神的合理发展，物质需求是必需的基础，谋利是人存在的必然要求，只是不能扭曲了人的精神而谋求发展。应该反对的，只是对不义之财的贪求。因此巴哈伊教反对赌博这种无益于身心的金钱游戏，反对放情纵欲。

这种反对过分重视物欲，提倡精神追求的原则，对于改善今天物质文明成为人们关注焦点的社会现状来讲，具有重要的意义。它提醒人们，为了物质而牺牲精神的损失是无法弥补的。

4. **谦逊、诚信与节制**。

在《论语》中，多处描写孔子在祭庙时和在君王之左右时那种恭敬谨慎之态，这是他作为一个君子之德行的外化。《中庸》则着力强调"中"、"和"，并阐发了诚的品格，所谓"至诚如神"、"至诚无息"，唯至诚才立天下之大本，这是君子处世立身的基本原则，尤其是交友中，"不挟长，不挟贵，不挟兄弟而友。友也者，友其德也，不可以有挟也"[②]。以德会友，相互以诚相待，并且与人为善，是君子处世的原则，有品行的人以德立己，以德处人，"无适也，无莫也"，不偏不倚，节制适中，达到极高明而道中庸，正是所谓"过犹不及"之原则的践行。

君子处世还有一重要原则就是要安时处顺，服从而中和。虽然孔子和孟子都积极而投入地推行其德化思想，但是现实的遭遇使他们在修身养性中能做到安时处顺，"用之则行，舍之则藏"，"暴虎冯河，死而无悔者，吾不与也。必也临事而惧，好谋而成者也"。对于逞一时匹夫之勇而舍命的偏激之行，他是不赞成的。君子必做到"天下有道则现，无道则隐"[③]，才能安身立命。保持君子之德固然可贵，但无谓的牺牲亦是不必要的，要善于保护自己，"治则进，乱则退。横政之所出，横民之所止，不忍居也"[④]。为了使德行的载体能安好地保存，不要与暴力作无谓的抗争，要学会在适当的条件下推行自己的教化。而且在具体品德的实现中，亦可因时宜而权变，不应拘泥于繁文缛节。当告子问及嫂溺以手援之与男女授受不亲的关系时，孟子认为："不可枉道求合，言直己守道，所以济时，枉道徇人，徒为失己。"[⑤]由这种安时处顺的品德和权变性可知，人应在社会中各安其位，守其本分，如《中庸》所言"素富贵，行乎富贵；素贫贱，行乎贫贱：素夷狄，行乎夷狄，素患难，行乎患难"。安于其位以行其德，则为君子。若"虽有其德，无其苟位，亦不敢作礼乐焉"。故而孔子看到季孙氏八佾舞于庭，则愤愤然曰："是可忍，孰不可忍？"[⑥]《系辞传下》说："天地之大德曰生，圣人之大宝曰位，何以守位曰仁。"能在世事变迁中安守其位，可保身之全，可安邦定家，可避灾祸。

在巴哈伊教教义中，亦主张处理人际关系本之于中庸。巴哈伊教认为，贫富的两极分化，是不公平和不道德的，是人类和谐的根本障碍。巴哈欧拉曾说：如果一件事实被推至极端，就成为罪恶之源。因此不要越过中庸的界限。与朋友交往中要谦逊有礼，摈弃任何有损团结的言行。比如"除非

---

① 《隐言经》第二卷第七十二节，澳门巴哈伊总灵体会 1994 年版。
② 《孟子・万章下》。
③ 《论语・述而》。
④ 《孟子・万章下》。
⑤ 《孟子・离娄下》。
⑥ 《论语・八佾》。

朋友乐意，谁也不应擅自进入其屋宇：切莫宁随自己的意志而不顾朋友的意愿”①。对朋友要真善，“尚留有一丝嫉妒之残滓的心绝不会达到我永恒的国度”。它还非常强调道德之标准在不同时代有不同变化。有德之人会因地、因时而权变地实践道德原则。巴哈伊教义认为神圣文明本身就是不断进步的，人的言行标准也随之而变。信仰者以及全人类应不断适应这种变化而调整自己，在不同时代接受不同天启。对每个人来讲，不要因贫穷潦倒而悲苦，也不要因荣华富贵而忘形，“即使顺境降临于你，别喜欢，即使屈辱降临于你，也莫忧愁，因为这两者都会烟消云散，不复存在”②。应以超然顺之的态度对待顺、逆，即学会逆来顺受。因而巴哈伊教虽然认为现行制度是不合理的，却从不支持信徒反对政府，“巴哈伊禁止信徒从事任何有可能损害社会的行为，更不能从事任何不忠或颠覆政府的活动”，“信徒必须忠于政府”③。这也是其和平主义的一种重要表现方式。

此外，孔孟和巴哈伊教对于美德的成就都有一种近乎殉道式的执著投入。孔子说：“志士仁人，无求生以害仁，有杀身以求仁。”④虽然应尽量全身保生，但志士仁人至少应有这样一种态度。故孟子说：“天将降大任于斯人也，必先苦其心志，劳其筋骨，饿其体肤，空乏其身，行拂乱其所为，所以动心忍性，增益其所不能。”⑤唯能忍受此种磨难而坚忍不拔，才可成就美德。故孔孟和巴哈欧拉都能忍受颠沛流离之苦而矢志不渝，因为他们相信“真正的热望渴望着苦难”，人对主的爱必因悟性启发不足而备受阻挠，但只要有信仰就不会被压垮。在这种信念下，才能成就个体的修养。

5. 不同的伦理体系。

这种对理想人格的设计，其实也就是对社会个体伦理道德的设计，上述两种伦理虽然有诸多方面的一致性，但它们有一种根本的区别即道德力量的来源不同。它们分属他律道德和自律道德。

孔孟的伦理观是一种自律道德体系。人性善，是人生而具有的，并非是后天增生的。后天的修养给人的，只不过是培养和生发此美善之性的手段。而此德性的种子是内在于人心的，主体成为善的是自为的，而不是他为的。孔子说：“仁远乎哉？我欲仁斯仁至矣。”⑥朱子注曰：“仁者，心之德，非在外也，放而不求，故有以为远者，反而求之，则即此而矣。”⑦此仁性，不是来自天的命令或世间的强权，而是近在人身的，主体的主观性是行仁成德的先决条件，“为仁由己，而由人乎哉？”⑧孔子说：“人能弘道，非道弘人。”⑨朱子注曰：“人外无道，道外无人。”⑩在《论语》中，处处可见此道德主体自律的论述，体现着道德主体自律的自信。《中庸》言：“天命之谓性，率性之谓道，修道之谓教。”人的天然之性的自然流露就是可行之道。就如孟子讲人之四善端是道德的生长点，对此德性之生机的发展、扩充、培养是道德主体决定的，由内而外显的过程，起决定作用的是内部因素。“仁者如射，射者正已而

---

① 《隐言经》第二卷第四十三节，澳门巴哈伊总灵体会 1994 年版。
② 《隐言经》第一卷第五十二节，澳门巴哈伊总灵体会 1994 年版。
③ 李绍白：《人类新曙光——巴哈伊信仰》，第 212～213 页。
④ 《论语·卫灵公》。
⑤ 《孟子·告子下》。
⑥ 《论语·述而》。
⑦ 朱熹：《论语集注·述而》。
⑧ 《论语·颜渊》。
⑨ 《论语·卫灵公》。
⑩ 朱熹：《论语集注·卫灵公》。

后发,发而不中,不怨胜己者,反求诸己而已矣。"①若主体之心端正,则行为必然合乎道义。人见赤子将入井而救之,是内在德性的自然显发而非受着外在的命令。"此善性,非由外铄,我固有之矣。"人能否发此善性而为德行全在于自己,"求则得之,舍则失之,求在我者","万物皆备于我,反身而诚,乐莫大焉"②。此话讲的就是万物之德之生机,皆与吾心之良能良知是相通之理,故不必外求德性。由这种自律道德原则而决定其伦理核心必然是人。道德是为人的,而非为了他在——上帝。故奉此伦理之主体无论做什么都是无所为而自然而然地去做。成仁成德不是为了外在的目的(无论物质的或精神的),只是为了成就此内心的德性,是为人的和自为的。

而作为宗教的巴哈伊则是一种他律的道德体系,由于教义认为每个人的灵性是从主的神性中吹入人体内的,而世界和社会亦是主创造的,则人间法则必是主给予的。对人来说,行善是主规定的,行仁施义是为张显主赋予人的美性以讨主的欢喜。而在上帝之眼的监视下,避免邪恶是因为畏惧上帝的惩罚。阿布杜巴哈说:"神圣的宗教的基本原则是团结和仁爱。假如宗教令人间产生分歧,那么它便是一个破坏者,而非神圣者:因为宗教意味着团结和结合,而非分裂。"③人的最美好的本质,就是灵性本质,是通过圣灵气息输予人的,是永恒的、不可消亡的超自然之本质。这种来自上帝的德性,第一表现当然就是对上帝的信仰和爱,这与孔孟推血缘亲情之德为至高的观点截然不同。虽然在实践的层次巴哈伊主张将精力投注于此世,关注现世的人的生存,但从精神的层次讲他的宗教本性决定它以上帝(主)为形式上的,目的上的最高关注点,从而形成了奠定在他律基础上的伦理体系,人在世间生活的最崇高根源是上帝的美善。因此孔孟之道德是自为的和为自的(为自己的),而巴哈伊的伦理是他为的、为他的(为上帝)。这就决定了它们的道德教化,启发人性、良知的方式上的必然差别。对此下面将展开论述。

(三)由内而开外的理想社会体制实现路径

人格对行为的制约,就是个体通过行为将德行外化的过程。作为行为者的主体,总是在社会中占据一定位置的人。因而理想人格不仅仅,也不可能只具有优越的内在品格而不将之外化(不外化显现则无所谓德与不德),个体必然要自觉地承担好某种社会角色,并在承担角色中发挥个人品性,具有强烈社会责任感的孔孟及其门人和巴哈伊信徒,在实践中将其德行思想外化,形成的就是一个德治社会,这种社会的最理想状态就是天下大同,并且两者对此天下大同社会之达成与体制的构思框架有诸多共通之处。

1. 德治仁政为治世之根本。

有德之人治天下,必以德治为基本手段,这是孔孟最推崇的治国手段。首先就统治者人选的取舍来说,德性的高低是根本的标准。孟子说:"唯仁者,宜在高位,不仁而在高位,是播其恶于众也。"④他敢直言不讳地讲杀桀纣这种暴君非杀君,而是杀一匹夫。因此从根本上来讲,孔孟的思想是反阶级而以德治为根基的社会构想。《论语·为政》曰:"为政以德,譬如北辰,居其所而众星拱

① 《孟子·公孙丑上》。
② 《孟子·尽心上》。
③ 阿布杜巴哈:《世界团结之基础》,第 26 页。
④ 《孟子·离娄上》。

之。"有德之人居位，众人自然就会追随而臣服。孔子曰："道之以政，齐之以刑，民免而耻，道之以德，齐之以礼，有耻且格。"单纯依靠刑法律令，不能从根本上达到治理的目的，唯以德教临之，方可使民心悦而诚服。故统治者为政之先，要"正"，"名不正则言不顺，言不顺则事不成，事不成则礼乐不兴，礼乐不兴则刑罚不中，刑罚不中则民无所措手足。"①只有确立了合乎礼义的政治秩序，才可能使刑罚贯彻。而立名之基本就是君臣父子之义，所谓"立爱自亲始，教民睦也；立敬自长始，教民顺也；教以慈睦，而民贵有亲，教以敬长，而民贵用命。孝以事亲，顺以听命，错诸天下，无所不行"②。由亲亲之义推而广之，则大化天下。而此"仁厚肫挚"之情却只可演化出礼俗，生不出严格意义上的社会法律，无情无义的法律亦不是孔孟赖以治国平天下的措施。统治者要达到真正的天下平治，唯有修德、正身以齐家治国安天下。"上者，为民之表"，"表正则何物不正？"③为政者修好仁德，在万民之前树立起一个品格典范，天下自然而治。如孔子所言"君子之德风，小人之德草，草上之风必偃"④。在上者的典范力量远远大于刑法之制的力量。统治人民能乐以天下，忧以天，则不需借助外在强治措施，就能达到尧舜那样的无为而天下归一。"无为而治者其舜也与？夫何为哉？恭己正南面而已。"⑤当然，这未免有些理想化色彩。

强调德治，必然反对武力战争。当孔孟之世，诸侯争霸，人民备受战乱流离之苦，"今天下之人牧，未有不嗜杀人者也，如有不嗜杀人者，则天下之民皆引领望之"⑥。在这种状况下，"唯不嗜杀人者能一之"。不嗜武力，则可得民心，得民心则得天下，桀纣之失天下，在于失民心，尧舜得天下，在于得民心。若仅靠武力，以力假仁，虽为霸而有大国，民非心服；唯以德服人者，人民心悦而诚服，则王矣。有王德，"行王政，四海之内皆举首而望之"，"故齐楚之大，何畏焉"⑦。孔孟反对非正义战争，但并不否定正义之师的作用。《论语·宪问》章中，说孔子闻陈诚子杀简公，沐浴而朝，请讨之；齐人伐燕，齐宣王问孟子，孟子回答："取之而燕民悦则取之。……取之而燕民不悦，则勿取。"⑧取与不取的标准在义与不义。天下归一的途径在德政而非武力，这亦是巴哈伊教的重要主张。

现代社会中，巴哈伊的反对武力、德治天下的思想主要表现为呼吁精神（尤其是灵性）的统一，弘扬世界和平。《隐言经》中，主对暴虐之徒说："缩回你的暴虐之手，因为我已誓言绝不宽恕任何人的暴行。"⑨在《世界团结之基础》中，阿布杜巴哈指出：在战争重荷之下，这个虚弱厌战的世界痛苦地呻吟着，这些连续不断的危机，其后果积累起来，便使社会的根基动摇了。"和平与友谊是建设与进步的动力。……不同元素和谐地结合在一起，但当诸元素出现不协调互为排斥时，就会出现分解与消亡。"⑩因此对于世界秩序来说，战争就意味着动乱，而且"以往世纪的战争从未达到今天战争的残酷程度，古代时两个国家打起仗来，只会有一两人牺牲，在本世纪一天之内毁掉十万条生命也是可能的"。人类似乎变得越来越残酷，越来越不珍视人的生命存在。但实际上，"人类根本没有必要如此

① 《论语·子路》。
② 《礼记·祭义》。
③ 《孔子家语·王言解》。
④ 《论语·颜渊》。
⑤ 《论语·卫灵公》。
⑥ 《孟子·滕文公下》。
⑦ 《孟子·滕文公下》。
⑧ 《孟子·梁惠王下》。
⑨ 《隐言经》第2卷第64节，澳门巴哈伊总灵体会1994版。
⑩ 阿布杜巴哈：《世界团结之基础》，第18页。

凶残”，除非必要，为了反对恶势力，人们完全应该而且可以避免使用武力，若每一方都避免使用武力，则世界和平就有达成的希望，为了人自身的利益，在国际和平建立以前，如果能将神圣原则在人间广为传播，让全人类都知道战争是人类基础的破坏者，则战争可以避免。

因此，巴哈伊教将对人的精神的教化看作是社会和平稳定的根本。外在的、强制的手段只能控制表层而不能从根本上解决问题，教义认为人类社会有两种惩罚措施，一是法律的，但法律只能阻止明显的犯罪，对隐藏的罪恶则鞭长莫及。理想的措施就是信仰上帝的宗教，既阻止明显的犯罪，也能防范隐恶。

在此，需强调的一点是，虽然孔孟思想和巴哈伊教都主张内治胜于外治，但宗教和非宗教的区别体现的主要一点就在于以德致和的这种理想大同状态是以什么为最根本归宿的。孔孟之思想非宗教，故只讲此世，不讲来世。在社会意识形态领域起根本作用的只是生于此世，长于此世的人的人伦物理。德治是以人之德治人，世界大同的基础是由俗世间产生的人伦道德。而作为宗教的巴哈伊与之不同。

虽然巴哈伊在实践中将现世作为其基本的主要的关注领域，但此俗世的统一基础则是宗教情感的认同。宗教的认同、和谐是世界统一的堡垒，宗教教义的歧异是世界冲突的根本原因。偏见和纷争是阻碍人类和平进程的路障。阿布杜巴哈曾说：“在宗教方面，人类自己炮制的教义及伦理习俗已过时并毫无生命力，不仅如此，确实它已成为人间敌对的原因。……所以我们的责任是在这个灿烂的世纪里，探索神圣宗教的本质，寻找人类世界大同的根本实质。”[①]他们将宗教认识的统一作为改变众人精神、天下大同的基础，对于如何消除宗教偏见，巴哈伊教以其宗教同源理论提供其可能性论证的基础。“现实之阳（灵性真理）只有一个，但破晓的地点不尽相同（即各宗教产生和形成不同），……但太阳还是那同一个太阳。”[②]因此，“神圣的宗教虽然在名称及命名上不同，但实质上是一致的。……真理之言无论由谁说出，一定是神圣的”[③]。如果人类故步自封于传统宗教的偏见，必将给自身造成损失。但如果人类能认识到这种本质，能够去异求同，世界上各教信徒达到和谐之境，这种理想的灵性关系的形成，将人类的心灵团结起来，这样，全人类将得到“升华”。因此，若全世界人人在精神上都皈依到神圣文明的统领之下，则人类社会不必依靠刑法、暴力来维持秩序，可以称得上是无为而治了。

在上帝唯一、宗教同源、人类一体的原则下，形成的理想大同社会必然是宗教统领下的社会。“神圣教义已被揭示”，“除了理想的手段，灵性的力量……显然再没有什么力量可以消除世间的种种弊病”。在世界正义院的《地球宪章》中写道：“能够令全球更正方向，朝着资源可承担的将来发展，其间所需要的改变意味着人类历史上罕见的牺牲精神……宗教的力量能把人的优良质量发展到最高境界。”[④]在这种归宿的设计上，巴哈伊和孔孟之说是不同的。

但无论他们最高理想的本质是什么，他们提倡的这种以德治世、反对暴力、呼吁和平的政治原则对于现在人类世界的良性发展是有借鉴意义的。他们所应解决的，是如何使这种原则在现代社会中得到较好的贯彻，这一点，对于承孔孟之衣钵的新儒家更为重要。

---

① 阿布杜巴哈：《世界团结之基础》，第 16 页。
② 阿布杜巴哈：《世界团结之基础》，第 7 页。
③ 阿布杜巴哈：《世界团结之基础》，第 11 页。
④ 《天下一家》1992 年第 8 期。

2. **和以致异的理想途径**。

《中庸》中开宗明义地写道："中也者，天下之大本也；和也者，天下之达道也。""致中和，天地位焉，万物育焉。"在孔孟的社会理想中，除德治而致大同外，和平反暴力的另一含义是不同个体、不同群体的求同存异，和睦共处。以德化天下蛮夷，以人伦和天下，使天下同归而殊途，殊途而同归，相互谦逊礼让、容忍，所谓"礼之用和为贵"。如梁漱溟所说："有见于人类生命之和谐，人自身是和谐的；人与人是和谐的；以人为中心的整个宇宙是和谐的。""彼此遇到问题，即互相让步，调和折衷以为解决。"[①]这种和谐，不是要人们去掉个体或本民族的个性，而是在协商中达成一致。和不可不有礼，而用礼又不可不和。"君子和而不同，小人同而不和。"[②]朱子注之曰："和者，无乖戾之心。同者，有阿比之意。"[③]"和者"是存异基础上真正达成共识；"同者"，虽表面随比，实质上却是心存二意。故孟子说："夫物之不齐，物之情也。或相倍蓰，或相什伯，或相千万，子比而同之，是乱天下也。"[④]虽然德治天下是一致的，而此德随不齐之物情有不同显现，不必强求同一，只要能认同此理，就达到天下大同的目的了。正所谓："天下何思何虑，天下同归而殊涂，一致而百虑。"[⑤]只要大家都能体认此仁义之心，个体能在群体意识认同中和睦相处就可以达到真正的大同。

这种和以致异正是巴哈伊所倡导的。邵基阿芬第对统一的目标解释说："一方面它否认过度的集权，而另一方面它又否认有一律化的企图。它的口号是'多样性的统一'。……'当多种层次的思想气质和性格由同一种力量的作用和影响联结在一起时，人类的完美才会显露。'"[⑥]正如一座花园里，只有一种花不会构成它的美丽，必须有各种各样的花才能形成花园的美丽。对于世界大同的基础——宗教的统一，巴哈伊教认为只要能"人皆同源，就上帝创生造人时的本意而言，人类原为一体，种族及肤色之别是后来才有的"[⑦]。因此它所倡导的宗教统一是在对宗教同源的认同基础上各教协调，相互宽容，开放，而不是放弃原有的信仰，"他们的统一崇高神圣，仁慈荣耀，是存在于同一本体的一系列不同形式之间的统一"[⑧]。正是由于贯彻这种原则，才使得这种新宗教在传统伊斯兰势力盛行的中东能够成长起来。该教为达到这种和以致异的目的所设计的基本途径之一就是磋商。巴哈伊团体的各种决策通常以集体磋商的形式产生。巴哈欧拉认为磋商可以增进理解，是一盏引路的明灯，能促使人类共识的达成。后来阿布杜巴哈又规定了成员之间绝对友爱并且必须向上帝祈祷等条件。切实将此制度贯彻到巴哈伊集体生活的是邵基阿芬第，他认为作为基本行政法则之一的磋商应适用于巴哈伊一切集体活动，而且该制度的完善也将为人类未来大同世界的形成提供一条切实可行的途径。

在这种和以致异的团体中，奉行的是相互协商和容忍。虽然不要求去除个体和部分的特殊性，但也反对绝对的自由。人与人必须相忍让、宽容，在和中求共存，因此那种无节制的自由是巴哈伊反对

① 梁漱溟：《中国文化要义》，学林出版社1987版，第88页。
② 《论语·子路》。
③ 朱熹：《论语集注·子路》。
④ 《孟子·滕文公上》。
⑤ 《周易·系辞下》。
⑥ 邵基·阿芬第：《巴哈欧拉天启》，澳门巴哈伊出版社1995版，第85～86页。
⑦ 阿布杜巴哈：《世界团结之基础》，第37页。
⑧ 阿布杜巴哈：《世界团结之基础》，第68页。

的。寻求个人极度权利的自由会使人丧失了更多的自由,真正的自由是对自己本能的克制。“奉行这种原则的巴哈伊社团,可以说是整个地球上最多样化的人类组织,但也是世间最团结的组织。多样化与团结——这两个极端并存于巴哈伊社团中。”[①]这种精神也使得两种社会思想更有吸引人之处。

3. **注重教化的社会功能**。

由于将社会理想构建于个体的品性的塑造上,对个体的教化培养必然成为两种社会思想实践的出发点。在此处,用教化比用教育一词更合适,因为两者皆认为对人的品德的培养是教人的根本目的,技能、知识的培养是次要的。

孔子作为中国古代的至圣先师,首创有教无类之举,其目的便是将德行推致天下,通篇《论语》中,充满的都是孔子对其门徒德行上的指点:“子以四教,文、行、忠、信”[②]。因此当有人问及稼穑之事时,孔子曰:“吾不如老圃”[③],不屑于(或不注重)此类问题。他所讲的知,就是知人。他讲:“智者不惑。”其智是对仁义的了解。他讲述自己治学生涯,是为了达到知天命,天命乃天所代表的,体现人伦的道德,知天命就可从心所欲而不逾距。如《中庸》所言:“天命之谓性,率性之谓道,修道之谓教。”终其一生所学所致,都是安身立命的德性之学:其终生所教者,亦是人伦物理,君臣父子之仪。“教化之所以必要,则在启发理性,培植礼俗,而引生自力。”[④]故孔子说要诲人不倦。人虽心中有此良知,良能,但必得思,不思则不得,道德主体的主观努力必不可少,圣人的教化亦非常重要。《孟子·万章上》借伊尹之口说:“天之生此民也,使先知觉后知,使先觉觉后觉也。予,天民之先觉者也。予将以斯道觉斯民也。非予觉之而谁也?”这是对教化之功的认同,也是对圣人的使命的肯定。《公孙丑上》中更是对此大加推重:“见其礼而知其政,闻其乐而知其德,由百世之后,等百世之王,莫之能违也。自生民以来,未有夫子也。”但无论圣人的地位多么重要,其状态多么难以达到,其行迹是可以追随的,其所知不过是人伦物理。由日常琐碎生活体现出来,百姓日用而不知,圣人则先得我心之同然,他们并不是不可企及的神化的个体,只是人类中拔乎其萃者而已,是一个社会道德的典范。

在宗教中,对人的德行质量的教化亦是首位的。巴哈欧拉曾说:“人是至尊之宝。缺少适当的教育,即剥夺了他的天赋”,“人是一座丰富无价的宝藏,唯教育能使其显现珍藏,使人类从中获益。”[⑤]故身为父母者,有义务使子女受教育,若有此能力而不实施此义务,则是不可宽恕的。而且对教育的重点上,巴哈伊也提出:“无论职业训练的需求或其他实用性需求的教育,教育的目标必须较这些需求更长远些,应着重唤醒人对人类天性的潜能的一份感知。”[⑥]而且巴哈伊尤为重视女性教育,因为女性将成为人母,是新生代成长中的第一位导师,对社会的发展起着关键作用。因此应重视女性教育,如果一个家庭中只有一个受教育的机会,应该给女孩。

但是此人类天性的唤醒首要的是对人的灵性的唤醒。巴哈伊教认为知识有一般知识和灵性知识,无疑后者更为根本。“除了我的圣美,你的眼要漠视一切;除了我的圣言,你的耳要罔闻一切;除

---

① 《天下一家》1993年第11期。
② 《论语·述而》。
③ 《论语·子路》。
④ 梁漱溟:《中国文化要义》,第10章。
⑤ 李绍白:《人类新曙光——巴哈伊信仰》,第123页。
⑥ 李绍白:《人类新曙光——巴哈伊信仰》,第128~129页。

了对我的知识，要摒弃你所学的一切。”[①]这种强调有否定人类社会知识的价值之嫌。知识的分别决定了教育也分为物质的，人类的，灵性的。灵性的是最真的，旨在求神的美质，只要人能以自己的圣洁之心去事主，就能够从神圣之光的迹象中得其一瞥。因此，圣使的功用就是点燃人们心中的圣火，促使人不断追求真正的本质。对于圣使（圣人）的启发良知的功能，这两种思想都予以肯定。但是对圣使本身的特质，两者则有不同确定。圣人在孔孟那里是普通人由致知致学达到的理想道德典范，是可望而可即的。但巴哈伊教则认为凡人的教育培养不出圣使，他必须具有天赋的智识，无须依靠求学于学校，靠直觉而不是靠他人的指教而成长起来。而且即便是圣使，也不可能完全认识神圣知识，只能部分地反映其神圣本质的一部分。这种对人认识能力的限制与孔孟对人的理性认知能力的充分自信有着截然不同的取向。

4. **具体层面上的设计**。

在社会理想的设计中，两种思想都有理想化成分，但其鲜明的人世情怀和立足现世生活的生长基点又决定了它们必然关注理想社会的现实基础。

子贡问政事，子曰：“足食、足兵，民信之矣。”[②]统治者有美好的品格固然重要，没有坚实的物质保障如何取信于民呢？对于劳苦大众，必先富之，庶之，然后才可教之。“君子不以口誉人，则民作患，故君子问人之寒，问人之饥。”[③]因为普通民众未具君子之德，君子穷能固守，小人穷则乱。“民无恒产则无恒心，苟无恒心，放辟邪侈，无不为矣。”[④]故王者必使民有恒产。为达到民富国强，孟子劝王者使民不违农时，数罟不入洿池，斧斤以时入山林，则可使天下财富物足。更具体的还有“五亩之宅”，家畜豢养，百亩之田耕作，庠序之教，“贡者较数岁中以为常”等，赋税中“野九一”，“国什一”，按官位不同而分配田亩等。孟子的设计虽比孔子更具体些，亦不过是小农社会的粗线条勾勒而已，他们的时代也决定了他们不可能有合于现代标准的更为详尽的设计。只是他们重视理想社会实现的物质基础的思路虽与巴哈伊一致，但关键是，儒家社会思想没有在现实层面上作出适当调整。

相对来说，由于产生和成长时代背景而决定巴哈伊对于理想社会现实体制和基础的设计更为详致。在许多著作中，都有关于这些问题的论述，而且随时代进步，越后期的巴哈伊著作对此的阐述越合于现代观念，其中很多方面已得到具体实施。

巴哈伊教认为人类社会的演进分几阶段。第一阶段是旧社会崩溃；第二阶段是旧秩序毁坏后局势趋于稳定；第三阶段就是世界大同。大同的理想社会中，消除贫富两极分化，但亦不实行绝对的平均主义，以税收的形式调节社会收入；在企业内部调整劳资关系和利益分配，发展一种新型商品经济。比如巴哈伊社团之一——欧洲巴哈伊商界论坛实施的“东欧服务工程”，就是要采纳以精神价值观为基础的新的商品经济观念，虽然短期内获利不明显，但其长期利益则会远远超出于现在运行的这种商品观之上。在理想社会中应普及教育，提高人的素质，巴哈伊社会本身正广泛地实施这种措施，他们在许多落后国家和地区建立了教育机构、技术培训中心等。强调男女平等，尤其在婚姻制度上主张给予男女一样的婚姻自由权，而且允许教徒与非教徒的结合。主张消除军备竞赛，建立统一

① 《隐言经》第 2 卷第 11 节，澳门巴哈伊总灵体会 1994 版。
② 《论语・颜渊》。
③ 《礼记・表记》。
④ 《孟子・梁惠王上》。

的、能对各国均有威慑力量的世界军事力量；成立高于一切国家之上的世界联邦(世界政府)，关于这种理想体制，他们认为其宗教组织世界正义院可以作为借鉴模式之一，其中正在实施的选举制、磋商制、来自圣启的律法等都可作为初级制度模型加以参考。另外，他们还提出使用一种世界语言，世界货币等，这在中国近代承孔孟之道统的康有为著作中亦有类似设计，目前巴哈伊社团正积极参与世界环保、人权、妇女问题等各种国际焦点问题的解决，到 1996 年，它已成为分布在 20 多个国家和属地，拥有 600 多万信徒的，分布范围仅次于基督教的第二大宗教。

但从巴哈伊教参加国际事务的诸项活动中，我们可以看到，它虽然积极致力于推行其主张，但它却反对参政。这一点与孔孟截然不同。孔子认为："不仕无义。"他说："如有用我者，吾其为东周乎?"[①]他执著地希望能参与到国家政事中去，因而虽屡遭挫折仍坚持知其不可而为。孟子面临的是一种甚于孔子之世的乱世，但他仍极有信心地宣称"如欲平治天下，当今之世，舍我其谁也?"正是这种执著，使他在齐王不为用之际，三宿出昼，才恋恋不舍地离开，还想着："王庶几改之。"他们都在一种伟大使命感的促使下，积极地献身于从政的活动。

而巴哈伊教认为现行的政体是不可取的，参与其中的活动是增加它的恶的功能的发挥。因此"教徒对政治问题应毫不参与，依世界目前的情况来看，宗教的事情不应与政治混在一起"[②]。但是不参政不意味着禁止教徒履行政治义务或从事国际事务，他们主张以非政府组织的形式参与世界活动，近年来巴哈伊在非政府社团的环保、教育，提高妇女地位等方面作出了许多成绩。

三、两种社会思想对意识形态领域未来发展的启发

纵观儒家和巴哈伊的社会思想，两者都以"大同"、"天下一家"为其外在形式的最高表现，推崇的都是一条由内圣而外王的实践路径，但从以上的比较中，我们也可以看出，二者的差别也是很明显的，最根本的差别可以归结为：孔孟代表的理想正途是将现实理想化的模式，而巴哈伊教奉行的，或其主旨所在，是将理想现实化。孔子和孟子是从民众的现实生活出发而设计其社会思想，出发点和归结点虽然都是入世，但其中具体设计和最终归宿设计却又是超现实的理想主义，力图建立的是伦理化的制度模式。"(孔子)认为在他所阐释的这种伦理社会观的原则支配下，存在于当时封建关系中的这种人与人之间的社会关系便可以巩固起来，破绽可以弥补起来。"[③]由人性善而成仁义之人格，再至王道之社会。正是这种基于现实而又力图超越现实，甚至在理论基础上(人性善)也超越现实的理想主义，使得孔子和孟子在其生活的社会中处处碰壁。

巴哈伊教奉行的则是将理想现实化的模式。作为一种宗教，它属于他律的伦理体系，其社会思想的出发点和归宿点是外在的最高存在(尽管它并不是实体性的)。上帝的教义"构成人的生活，促使人们去思考，调整人的品格，并构成人之为人的永久的荣耀的基础"[④]。但是该教立足此世，关心人类现实生活的价值倾向又促使它将对最高存在的爱、景仰和奉献转投到此世的生活中，希望在这

① 《论语·阳货》。

② 李绍白:《人类新曙光——巴哈伊信仰》,第 140 页。

③ 吕振羽:《中国政治思想史》,三联书店 1949 版,第 85 页。

④ *Bahá'í Faith—The Emerging Global Faith*.

里将最高理想现实化，力图在这个地球上，在活生生的人类世界上建立人间的天国。加之该宗教成长的历史背景更接近现代，他们又借鉴了以往宗教的弊端，使其社会思想中理想化、脱离现实的成分减少，代之以更多合于时代特色的、切实可行的具体措施。这种转变，避免了有些宗教现代化过程中，其影响力逐渐缩小到私人领域的趋向。巴哈伊的兴起，代表着一种新趋向：无论是宗教还是一般的人类社会政治思想，要获得生存的契机和发展活力，必须立足现实，冲破传统禁域，寻求新经验，并在思想上实现真正意义上的现代化转变。这正是被重新加以审视的儒家思想面临的问题所在。

儒学复兴的问题和它与现代化接轨的问题提出已久，但除理论界有一些探讨外，对实际社会生活并未产生真正的影响，原因就在于："它没有能够提供一种有利自身现代化发展的现实性内部动力。面对现代化的挑战，儒学的反应首先是消极的。"①理想主义"内在论"（把一切行为最终归结为道德领域内的问题）传统在某种程度上阻碍了儒学向功利主义的现实发展。按约瑟夫·李文森关于儒学的现代化问题的观点，传统儒家的"道"一元论中，未曾有过非人的客观世界，未曾有过功利主义的经济，也未曾有过能发挥职能的社会：一切都融合为一个未分化的整体。即便他的观点有失偏颇，但也提醒儒家学者，儒家的人本主义精神以及由此而衍生的社会思想中的人文原则，对现代人类文化有借鉴意义，但它自身又未能真正实现具体意义上的现代化转变。这样，就增加了现代人对这种思想理解和接受的难度，必须适当调整，吸收现代文明观念，才能成功地与现代化接轨。这是我们探讨儒家社会思想现代化中应认真思考的问题。

通过对两种社会思想的比较，我们可以发现它们的差别。但亦为重要的另一点，则是从其相似的基本精神中得出的启示——以人的精神价值的确立，对人之为人的存在的关注为基本的价值取向，这种基本的相似性是孔孟的安身立命之说为新儒家复活的原因，同时也决定了巴哈伊教近一百年成长为分布范围第二的世界宗教。人本主义，是人类目前发展所需要的，亦是现代社会为文化意识领域确立的价值标准。

从人类社会目前发展的状况来讲，科技文明的过度发展固然带给人前所未有的物质享受，但实践理性却未能成功地给人以精神上的指引，西方传统的主客二分思维方式使人在理论理性的胜利面前感到人之为人的价值的失落。尤其是世界对立格局的结束，使"我们对智慧的追求落空了。……形成了自身真空，并且留下了庸俗的物质主义"②。在这种时候，人类需要对自身的深刻透视，并能由此而寻求强大的精神支柱和继续前进的动力。在西方，虽然康德早已认识到"心中的道德律"和"头上的星空"对人同等重要，但他未能给人在传统的主客二分之间架起合理的桥梁。科技文明在现代的日益胜利使人的生命精神陷入困境。应付这种困境，要求人们关注内在精神生命的确立，需求一种人道及人性的透视，以萌发新的价值观和希望，这是前述两种社会思想价值得以凸显的原因。

牟宗三在《中国文化的特质》一文中说道："这个特有的文化生命（中国文化）的最初表现，是在：它首先把握'生命'；《尚书·大禹谟》里说：'正德利用厚生'。这是中国文化生命里最根源的一个观念形态。"他的话点明中国传统文化的根就在于对人的生命存在——尤指人之为人的精神生命的深刻体透。这个根，自孔孟之处就可发现它的种子。他们讲人的安身立命，不是教人如何生物地或化学地了解生命，而是如何在精神领域心灵世界或价值世界确立人的人格。孟子从根本上出发，认为

① 黄秉泰：《儒学与现代化》，社会科学文献出版社 1995 版，第 16 页。

② 《第一次世界革命》，转引自《天下一家》1992 年第 4 期。

人之异于禽兽者就在于人心内的四善端，失此四端则失去了做人的资格，“人之所以异于禽兽者几希”，这几希之处就在这一点人的精神。因此朱子注曰：“人物之所以分实在于此。众人不知此而去之，则名虽为人，而实无以异于禽兽。”孔孟都力图从人之根本上识人。并由此而生发开去，为人心立其大，树立道德人格。这种路向与自古希腊以来西方形成的、在人客二分的基础上，将人的目光过多地投注到外在世界上，力图从对立的世界中寻找人存在的位置的做法是相对的，中国人希望从自身寻找存在的根据，有些文化生命，则可以体认大全，在精神上自同于大全，这是其他物类达不到的。阿布杜巴哈论述说：

人类在其存在之初，在地球的怀抱中，就像一个在母体中的婴儿一样，逐渐成长发育，经历不同的形态，不同的模样，直到呈现为现在这样的优美、和谐、力量和能力。

人类起初肯定是不具备现在这样的可爱、优美和雅致的。他只是逐渐地形成这种形态，这种模样，这种美丽与优雅的……人类在地球上的成长发展，到他达至现在的完美，就类似于胎儿在母体中的生长发育：两者都是逐渐地从一种状态变化到另一种状态，从一种形式到另一种形式，从一种模样到另一种模样，因为这是宇宙体系和神圣定律所要求的。

也就是说，胎儿经过不同的状态，度过不同的阶段，直至达到这种形态，显现出理智和成熟的迹象，才真正体现出“赞美归于上帝，最善之创造者”这句话的含义。同样地，人类在地球上的存在，从起始到现在，其中必也经历了漫长的岁月，度过了许多不同的阶段。但从生存之初，人类就是一个独特的种类。如同胎儿在母体中，起初是一种很奇怪的形状，然后这胚胎从一种形状变成另一种形状，一种模样变为另一种模样，直至以一种最优美完善的形态诞生于世。但胎儿即使是在母体中形态奇异，与现在完全不同时，也仍是一种高级生命的胚胎，而非动物之胚胎，其种类及本质并未改变。人类的某些器官以前存在，现已消失，但其痕迹依然可见，这并不能用来证明生物种类的不稳定性和非本源性，至多它只能证明人的形状、体态和器官已经进化了。人类始终是一个独特的种类，是人类，而非动物。只因为胎儿在母体中经历了不同的形态，从第一个阶段过渡到第二个阶段时彼此大不相同，就可将其作为种类有了更改的证据吗？难道可以说胎儿起初是动物，由于器官的渐次发育进化，遂成为了人吗？不，绝不是的！这种想法是多么幼稚而无所根据啊！因为人之种类的本源性和人类之本质的稳定性，其证据是明显确凿的。[①]

……人类，在可见的造物中，是最高级的特殊生物体，包含了矿物、植物和动物的质量，加上一种在较下界中绝对没有的理想的天赋，以智慧探索外部世界之奥秘的能力。这种天赋智慧的结晶就是科学。这是人类独有的特征。这种科学的力量可以探索并理解造物及其遵循的法则。此天赋能够发现物质世界的奥秘，是唯有人类才有的能力。因此，人类最高贵最值得称颂的成就就是科学知识和成果。[②]

人之所以能超自然，就在于人的理性精神。虽然作为一种宗教，巴哈伊教强调的是灵性精神，强调的是心灵世界中的信仰，但这种信仰亦有别于传统宗教的实体性信仰。阿布杜巴哈对此有进一步解释，即天国是人之精神的完满状态，指摆脱愚昧之黑暗，得到真理，充满德行；地狱是精神不完满状

---

① 《已答之问题》，马来西亚巴哈伊国家灵体会 1967 版，第 183～184 页。

② 阿布杜巴哈：《世界团结之基础》，马来西亚灵体会 1993 版，第 55 页。

态，沉淹于情欲：灵魂是指人类所有的一切精神与意识特质的总和：复活的观念是与肉体无关的，指的是一种精神的永存。上帝对人的最高的要求就是要求人类精神的提升，灵魂的进步和完善。

> 人的灵魂是超凡的，它不受肉体与心智的弱点的影响。一个生病的人，表现出衰弱的表征，是由于肉体与灵魂之间的联络有了障碍，因为灵魂是不受任何肉体的病痛所影响的。……当灵魂脱离了肉体以后，它将表现得那么高超，它表现的力量那么伟大，没有任何世俗的力量能够跟它匹比。……试想那被云层遮蔽的太阳，你可见到它灿烂的光辉被减弱，然而，实际上它的光源是保持不变的。人的灵魂可比喻作太阳，世界上的物质则应比喻作人的肉体，只要两者之间没有外在的障碍物，肉体将完全地反射着灵魂的光，而且受它的力量支持。但当一块布阻塞在它们两者之间时，那光的强度便显得微弱了。……人体的灵魂便是照耀其肉体的太阳，靠着这灵魂的照耀，肉体便得到扶持。应该这样解释。……当灵魂脱离了肉体以后，它将继续进展到亲临上帝的境界。其状态不受任何岁月及世态变迁的影响，它将与上帝的天国，他的主权，他的统治与威力同垂万古。[①]

目的就是在人间建立人性的天国。曹云祥这样评价："东方（尤指中国）的哲学家们遇有忧虑时便深刻反省，巴哈伊是一种深刻反省的新方式。……整个世界此刻在呼求灵光，目前人们对巴哈伊教义及解释这些教义的书籍显示极大的兴趣，其原因在于此。……严肃的思想家们和正致力于深刻反省人类心灵，并正从上帝寻求精神指导的人们，不妨借鉴并了解一下来自巴哈欧拉的预言的价值。"[②]"人类社会正在迈向现代化，而任何国家民族的现代化都不是孤立的过程。这过程的特征之一，就是全球相互依存的程度极高。"[③]面对这种现实，人们对外界的知识掌握得越来越多，并逐渐成为人认识自身的桎梏，国家与国家在利益对立基础上难以形成深层的沟通。这时，人应将关注的目光转向自身，把人的精神生命的存在看作最高的本质存在。在此点上，东方可以给西方以借鉴。而孔孟为代表的儒家社会思想也正是在这一点上和巴哈伊的社会思想相通，它们共同的对内在文化生命的关注应为现代社会所吸取。任何一种社会思想，必须将对人的价值存在的肯定放在首位，人文情怀是价值取舍的根本标准。借用黄秉泰的话说就是："在这样一个后工业社会中，形式化官僚主义的缺乏人情味的逻辑、技术上的效率和科学的合理主义占了上风，人道主义的以人为中心的儒学文化也许就有可能通过后门进来，以便把缺乏人情味的社会重新人化。"[④]

目前，在对传统思想的挖掘中，人们谈得最多的是天人关系与环境保护的问题。儒学中说的天人合一，与西方哲学中将天、人视为两个对立的主客体的思维传统相反，讲求的是天人之间的和谐。现代新儒家将其发展为与环境保护相一致的理论，对此论述颇多。但这些论述往往只是在学术讨论会的范围内提出，而在解决实际问题的国际国内环保大会上，却很少甚至几乎没有儒家学者的呼吁或提议。而在这类会议上，却时常能听到巴哈伊的声音，有些是非常切合实际的建议，这也正是它备受现代人注意的原因之一。1990 年 8 月，巴哈伊国际社团向联合国环境发展大会筹备会提交了国际环境立法必要的声明。该教还参与组织了 1995 年世界九大宗教与环保会议，参与了"圣文基金会"的环保运动，并且曾在里约热内卢环保会议等国际会议上提交了建设性的建议和章程，建立了和

① 《巴哈欧拉圣言选集》，美国伊利诺伊威尔米特巴哈伊出版社 1983 版，第 153～156 页。

② 李绍白：《人类新曙光——巴哈伊信仰》，第 137～139 页。

③ 杜红：《对宗教与现代化问题的思考》，载《宁夏社会科学》1996 年第 4 期。

④ 黄秉泰：《儒学与现代化》，第 16 页。

平纪念碑，杂志等媒介亦被巴哈伊用来宣传报道世界环保信息。凡此种种活动，都可以让人们切切实实地看到巴哈伊的环保意识和它对现实生活所起的作用。

巴哈伊社团最着力从事的另一事业，是对改善教育和妇女的状况所做的努力。在世界各地，尤其是发展中国家的落后偏远山区，办教育已成为巴哈伊信仰传播的重要方式。他们在印度的村庄创办学校，在南美的穷乡僻壤设立电台，在帮助人们传播信息的同时，对落后部族进行精神启蒙。在澳门办巴哈伊小学，在玻利维亚、哥伦比亚等地办大学，通过这些学校传播巴哈伊的精神。他们以"教育抗衡仇恨"的宗旨得到世人认可，因此在巴哈伊教徒中，既有大量高级知识分子，也有落后部族的土著居民，他们把巴哈伊精神普及到尽可能广泛的层面。而儒学，虽然孔子本人就是大教育家，儒学本身也提倡己欲立而立人的言传身教，可是教育并没有被后来的新儒家很好地利用，作为对世界产生积极影响的途径。

除此而外，一些束缚社会向现代化迈进的儒学传统，也未能得到彻底而有效的改造，一些积极的思想也未能进行成功的现代化转换，于是未能对人们产生更深刻的影响：而巴哈伊恰恰却在呼吁平等、人权及保护妇女儿童权益的实际行动中，使其形象在发展中国家的人们眼中更加光亮，使教义更能吸引人们。

对社会未来发展的路径和实现大同世界的方式，儒学和巴哈伊教都认为和平、求同存异是一种最可取的途径。但是儒学这种精神在现代新儒家那里只是理论上的分析，未见有更多的发挥和形而下层次的推广，更谈不到对现代国际社会生活有什么重大的影响。但这些作为巴哈伊创教之初就已有之的思想，巴哈欧拉和阿布杜巴哈都为贯彻这种精神而四处演讲、呼吁，为推进和平运动，甚至不惜忍受牢狱之苦。更有甚者，提供与其杀人，不如被人杀这种纯和平主义的口号。现代巴哈伊信徒则积极参与联合国非政府组织的和平运动，如积极参与诸如《地球宪章》等文体的制定，并发表《世界和平之承诺》、《人类的繁荣》、《所有国家的转折点》等文体，以实际行动和言论表明他们对人类和平事业的关心，以期对世界和平进程有所贡献。也正是由于这一系列积极的行动，使该教在 150 多年的时间内就成长为分布范围仅次于基督教的世界性宗教。作为一种宗教，它不单是要求一般意义上的人类和平，而是更注重以积极开放的态度去寻求与其他宗教的和解与交融。巴哈伊着力于组织讨论世界环保、人权等问题的会议，通过此类活动拉近与其他宗教的关系。同时，本着求同存异的原则，巴哈伊在其现行的组织机构体系（以世界正义院为核心的各级灵体会）内，着重提倡并推行磋商等原则，使之逐步健全，希望能为未来社会提供一项行之有效的政治原则，不管这种磋商制度适应范围如何，巴哈伊此举的意义是使求同存异在现代社会中有一种可见可行的方式。

通过比较可以看出，儒家思想与巴哈伊教含有诸多与现代化一致，并可对现代化发展提供强有力精神支持的内涵。尤其是有关和谐社会的思想对构建当代和谐社会、和谐地区，乃至和谐世界都有积极意义，尽管韦伯断言精神与工业文明占上风的现代社会相排斥，但东亚特殊经济模式的成功，新兴的巴哈伊教与儒家思想的诸多相似之处，都使我们有理由相信儒学也蕴含着与现代合拍的特质：人文主义精神及由此精神而衍生的一系列社会观。阿布杜巴哈论述说，在过去的宗教周期里，虽然也建立了和谐，但由于缺乏途径，因而未能达成全人类的统一，大陆与大陆之间被遥远的距离所阻隔，甚至同一大陆的各种族人民也几乎不能相互交往或进行思想交流，无法达至统一。今天，交通、通讯的途径已大增，使得地球上的五大洲实质上成了一大洲，人类家庭的所有成员，也越来越变得相互依赖，谁也不再可能自给自足了。因而全人类的统一是可以在今天达成的，具体表现在七个领域的统一:政治领域里的统一,世界性事业中思想的统一,自由的统一,宗教的统一,各民族的统一,人种的统一,语言的统一。[①] 虽然儒学与巴哈伊教给我们提供了和谐社会的思想资源,但是和谐社会、和谐地区乃至和谐世界的建设是一个长期而艰巨的任务,不仅需要思想家的思想资源,更需要实践家的实际行为。巴哈伊社团在这方面作出了很多努力,为儒学思想的实现开出了一条路子,但儒学的和谐思想在根本上则需要全社会实用化去加以推广实现。

① 参见邵基·阿芬第:《新世界体制之目的》,澳门巴哈伊出版社1995版,第81~82页。

“追求内心和谐学术研讨会”举行*

于 光

2007 年 5 月 19 日～20 日，中国社会科学院世界宗教研究所巴哈伊教研究中心和山东大学巴哈伊教研究所等单位主办，青岛大学《东方论坛》编辑部承办的“追求内心和谐学术研讨会”在青岛大学举行。来自北京、山东、福建、广东和港澳地区的学者、研究生近 30 人出席会议，就各宗教关于内心和谐与社会和谐建设的思想与实践发表论文 18 篇，并相互介绍了各自认识和研究巴哈伊教的情况。应山东大学巴哈伊教研究所所长蔡德贵教授邀请，世界宗教研究所巴哈伊教研究中心主任吴云贵研究员委托张新鹰副所长，与该中心代表、伊斯兰教研究室副主任王宇洁博士参加研讨会并发表论文。会议还探讨了今后对巴哈伊教学术研究的思路和设想。

* 原载《世界宗教文化》2007 年第 2 期。

印度面对面(节选)*

刘以林

入机场后整理马尼士送给我的一包东西，内中居然有一份巴哈伊庙的中文说明，读之心中极为震动。巴哈伊是个新兴的年轻宗教，亦称"巴哈教"、"大同教"、"博爱社"、"巴哈社团"等，仅有151年的历史。它的三位创始人巴孛、巴哈欧拉和阿布杜巴哈，一个被迫害而殉道，一个被不停地流放，一个被囚40年之久。巴哈伊称，巴哈伊信仰是一个独立的世界性宗教，它的启示的根本是神圣的，它的教义合乎科学精神和人性。

巴哈伊认为在每一个天启时代，上帝都通过先知赐给人类具有创造力的话语，巴哈伊就是天启时代的产物，是人类创造力的话语。巴哈伊庙在此称为灵曦堂，在世界各地建有七座，印度的这座几乎让我目瞪口呆——目瞪口呆这个词有点平，但确实如此：它看上去像著名的悉尼歌剧院，状如莲花，这与印度精神息息相关(印度国花即为莲花)。它有一种娇媚、鲜丽、腾然欲飞的感觉。它有九个大池环绕四周，碧水倒映蓝天。入其内，更加惊骇不已，这里对奇异大理石的运用，几乎是"站在泰姬陵的肩膀上"进行的，精美之状难以言表。夏天在其中，整个建筑凉凉爽爽。

此前，在我的印象中，巴哈伊教人是那些歪戴了帽子、圆睁怪眼、面色恶狠者，可是，此灵曦堂中文说明对"巴哈伊教义原则"解释为：1.人类一家；2.独立探求真理；3.一切宗教的基础相同；4.科学与宗教有和谐的必要；5.男女平等；6.消除一切偏见；7.普及义务性教育；8.世界和平。它的中心人物巴哈欧拉说："一个人爱自己的国家不值得骄傲，唯爱人类才应得之，地球仅一国，万众皆其民。"巴哈伊的另一些教义则说："只要工作以服务人群的精神去进行，这种工作的精神相等于崇拜上苍。""宗教乃为保卫一切民族及国家的壁垒。"等等。这个宗教正在世界2000多种族中建立团体，教义已译为800多种语言。它的宣传方式是现代的，很贴近现实。

飞机起飞，离开印度了，看着机翼下的印度土地，想想印度的现在和未来，心有点沉甸甸的，但并不悲观，不是像很多人说的印度"已经完了"，实际上，时间历史中的变数，现实中的人是很难预料的。

从一般情况看，一般人的预测力超不过10年。19世纪英国人莫理循从中国的武汉走到云南，写过一本《中国风情》，他看中国的悲悯眼光，可以说与今日人们看印度的悲悯眼光是一样的，甚至有过之而无不及。在他的笔下，那时的中国到处是大烟鬼、花柳病、饥荒、瘟疫，甚至在云南昭通那儿女孩子可以成为市场上一种药品，3～6先令一个女孩，只要买主高兴，可以随便买。彼时的莫理循，以为中国永远溃烂下去永无出头之日了，可是今天的中国现实如何呢？印度的命运，不用担忧，它搞核

* 原载刘以林：《周游世界记》，原载《牡丹》2007年第3～4期。

弹，发卫星，选上世界小姐，民众中的智慧流光溢彩，处处有奇异力量。早有资深人士说，在未来的IT 领域，称霸全球的不是欧美，而是印度人。我们为印度忧，但不用为印度绝望，印度自有自己的光。

还有，人从远方来到印度，再从印度回到远方，会感到印度是个伟大难忘的参照系，因为它的存在。世界显得立体而丰富，世界是平面的，印度是个很深很深的渊潭，使平面世界不再成为平面。再有就是人在印度，有一种一脚就踏进宗教和哲学的感觉，人有一种心思，想成为哲人，尤其成为宗教人，想思考，想走远，想创建一门宗教，实在是非常想创建一门宗教。在别处，人觉得人就是从活着到死，而在印度，感觉可以踩着宗教从活着到生，觉得宗教有一种能托起人生的力量。实际上，在宗教丛生的宗教发源之地，也往往表现为宗教丛生，在已在者的启示下，被启示者的智慧说不定哪天腾地就放出一个火花。这样的事多了。想耶稣因犹太教而创立基督教，穆罕默德因犹太教基督教而创立伊斯兰教，释迦牟尼因婆罗门教而创立佛教，巴哈乌拉等因伊斯兰教和巴布教派而创立巴哈伊教，等等，多了。咱不能久在印度，否则咱不钻到现实上面也会钻到现实的下面，说不定哪天丢下老婆孩子，一溜烟走人，不老老实实在现实中了。

科学、宗教与社会及经济发展*

——巴哈伊教为和谐社会做贡献的思考与实践国际学术研讨会召开

龙飞俊

2007年9月21日至23日，“科学、宗教与社会及经济发展：巴哈伊教为和谐社会做贡献的思考与实践”国际学术研讨会在上海召开。本次研讨会由中国社会科学院世界宗教研究所巴哈伊教研究中心、巴哈伊教澳门总会、全球文明研究中心以及上海社会科学院宗教研究所联合举办。研讨会于9月21日在上海社会科学院举行了隆重的开幕仪式。上海社会科学院宗教研究所所长晏可佳研究员主持会议，上海社会科学院副院长童世骏研究员、上海市民族和宗教事务委员会副主任曹海红先生、中国社会科学院世界宗教研究所巴哈伊教研究中心主任吴云贵研究员、巴哈伊教澳门总会主席江绍发先生，以及全球文明研究中心麦泰伦先生(Tarrant M. Mahony)先后致词。来自中国社会科学院世界宗教研究所、上海社会科学院宗教研究所、复旦大学、上海大学、山东大学等院校的学者与研究人员以及巴哈伊教澳门总会、香港全球文明研究中心及美国、澳大利亚等海外巴哈伊教团体代表，共40余人参加了本次研讨会。9月22日至23日，研讨会主体会议在江苏省周庄进行。

本次研讨会围绕着“科学、宗教与社会及经济发展”的主题，具体分为“巴哈伊教的理念世界及其历史演进”和“巴哈伊教与当代社会”两个组进行研讨，一共进行了八场研讨活动。

在“巴哈伊教的理念世界及其历史演进”这一组的研讨中，与会学者就巴哈伊教的教理思想以及巴哈伊教的发展历史进行了发言与讨论：周国黎研究员《宗教与科学的问题症结》，对“宗教与科学的关系”由来进行了阐述、对结构分类的历史进行了梳理。并提出了有别于对“宗教与科学关系”的传统分类即冲突型、各自型、对话型、整合型四种类型的各自型、对话型、整合型三类，指出现有的学术研究局限为历史研究和相关理论研究不够是主要原因，今后的研究目标，就是将对宗教与科学关系的历史和现象的描述，深化为对宗教与科学关系的理论概念性的分析。王宇洁副研究员《巴哈伊关于社会发展的理论观点及现实意义》，对巴哈伊信仰关于个人发展和关于世界发展的理论与观点进行了阐述，精神特质进行了分析，并对当代巴哈伊团体在社会发展方面的实践及现实意义，从维护人权、提倡男女平等、种族团结等宏观层面，到巴哈伊在实践中充分利用当地资源开展不同活动的微观层面进行了论述。冯今源研究员《关于宗教与科学、理性的思考》从宗教目的论出发，指出宗教与科学都是以“人”为出发点的，宗教是人对自己的认识，科学是对外部世界的认识，把宗教与科学完全对立起来是错误的。在“科教兴国”的今天，宗教人士同样可以为社会做出自己的贡献。但另一方面，

* 原载《世界宗教研究》2007年第4期。

也应该看到宗教与科学之间是有张力的,而这种张力是有益的,它使宗教与科学分别在不同的领域和系统中发挥各自的作用。蔡德贵教授《人类的三种精神和三种教育》,概括了人类科学精神、人文精神、宗教精神,并将三种精神以筷子、刀叉、手指的区别进行形象描述,指出现代的西方文明主要体现为科学精神,而以人文精神为特点的东方人现在受到西方科学精神影响很大。宗教精神与人文精神不完全对立,在现代宗教中越来越强调的人文关怀体现了这一点。联系到巴哈伊教,正是将宗教、科学与人文这三种精神结合的典范。而今天一些地区出现的混乱局面,正是未能将三种精神有益地结束起来,并通过三种精神的教育来提升人的素质。邱文平博士《诸神之战:巴哈伊教纵横谈》,主要从西方的神学体系对宗教信仰发展的历程进行了梳理,分析了各个时期宗教神格的变化,指出后现代的宗教对于之前宗教的一种继承与颠覆的关系。而巴哈伊教的"上帝唯一、人类同源"的信念正是从这一路径发展而来的。李维建博士《巴哈伊教的发展轨迹:壮大、转变、难题(1957～2007)》,对1957年至2007年这半个世纪巴哈伊教所走过的路程和发展轨迹进行了回顾,认为主要可以分为两个阶段:一是巴哈伊教从一个地区性的中东宗教发展成为世界宗教。二是从20世纪50年代开始,巴哈伊教开始向非伊斯兰教国家的第三世界传播。此外,巴哈伊教在发展过程中也经历了,从地区性向世界性宗教的转变、社会基础的重大转变、教内领导权实现由个人向机构的转变、对参与政治运动的态度的转变,以及社会性和实践性逐渐增强、包容性与独立性、排他性的发展等变化。李维建还提出了巴哈伊教在快速发展中面临的一些问题,如文化的融合、组织教主即世界正义院的权威遭遇的挑战、教内自由主义与基要主义之争、巴哈伊教在一些伊斯兰教国家受到限制,以及某些学者对美国巴哈伊教领导人的控制行为的批评等。黄奎博士《意识形态视角中的巴哈伊信仰:兼评其1985年发表的"世界和平的承诺"》,从对巴哈伊教团1985年发表的《世界和平的承诺》的评论,分析了巴哈伊信仰晚近的政治诉求和意识形态特征。王六二博士《科学与宗教关系的几个理论问题》,对科学与宗教的范畴本质、科学与宗教的冲突问题、人的因素在科学与宗教活动中的根本性等理论问题进行了阐述。吴云贵研究员的论文《巴哈伊教与科学发展观》,探讨了包括巴哈伊教在内的宗教与科学发展观,在追求人类幸福的基本目标和认识社会发展潮流方面的一致性,认为科学与宗教是可以协调的,但同时应注意区分二者关系中的方法论与目的论。晏琼英博士《从巴哈伊教关于宗教与科学的论述试谈对宗教现代化的思考》,探讨了宗教与科学关系中,理性尺度的合理性,以及解经方式与经文的真实精神的联系、宗教与科学的互补性。吴晓群副教授《从和而不同到多样性之统一:对文化多样性的一种承诺》,通过挖掘中国传统文化中的"和而不同"的精神,探讨了其在当今世界文化境况中所面临的"文化主导权"问题的局限,从而提出以巴哈伊教所倡导的"多样性之统一"精神作为补充。

在"巴哈伊教与当代社会"这一组的研讨中,学者和巴哈伊团体代表对巴哈伊教在当代社会的活动进行了研讨:宗树人博士(David Palmer)《科学、宗教与构建和谐社会》,运用巴哈伊信仰的一些原则和实践经验,探讨了科学与宗教二者和谐的可能性,以及其对于构建和谐社会的重要意义。罗兰女士(Lori Noguchi)的论文《对社会和经济发展概念框架的探索》,提出根据社会行动框架的四要素说,即对人本质的认识、价值观、工作或行动的原则以及行动的方法,巴哈伊教所进行的社会经济与发展项目正是将上述四要素的适当结合,例如不分贫富,根据各地方及各人的实际情况与能力开展项目、强调团结精神、从较小的项目开始然后自然的发展的方法、强调灵活培养与发展同步的原则。Nima Masroori 先生《建立和谐社会中机构的作用》,强调机构在推进社会和谐进程中的重要作用,并以巴哈伊的教务行政管理机构为例，提出其团结、公正、磋商的管理机制对今天机构建设的借鉴意义。梅瑞女士《对法律在建立和谐社会之贡献的初步思考》，从一名法律工作者的角度，探讨了公法（即国家立法）与精神法（即个人灵性发展的基本原则）的区别，指出和谐社会中公法作用的有限性，并以巴哈伊教关于灵性的原则与观点为例，提倡制定和推广精神法。周燮藩研究员《宗教、科学、灵性》，探讨了科学在现代社会中的作用，指出科学是一把双刃剑，应该处理好宗教、科学和灵性三者关系。花媚女士（May Farid）《建立良好组织机构、致力社会和经济发展》，提出良好的组织机构是社会和经济发展的前提，而良好的组织机构强调的是整体的能力，而非单个人的能力，并以巴哈伊的社会经济发展行动为例，倡导以巴哈伊的精神来增强机构能力。江绍发先生《宗教生活与社会经济发展的关系》，援引巴哈伊的经典，阐述巴哈伊教始终关注社会与经济发展的精神，指出无论是工作、学习或生活，都是巴哈伊精神的体现，或者说巴哈伊的宗教生活就融于日常生活之中，和谐社会需要的正是这样一种精神。吴正选博士《略论巴哈伊教的宗教革新及其对社会发展的积极意义》，以巴哈伊教教义中与传统宗教不同的"渐进启示"、"工作就是崇拜"以及人类文明未来发展前景等思想观点为例，阐述了巴哈伊教的这些宗教革新对全球化时代社会发展可能具有的积极意义。晏可佳研究员《专业的社会工作和宗教的社会服务的有机结合：构建和谐社会的双赢模式》，从社会责任感出发，以西方社会模式为基础，探索了社会工作与宗教服务可能的有益结合，分别探讨了三种服务模式：以专业现代化为特别的德国模式、以竞争中求发展的香港模式，以及政府和社会机构有限合作的美国模式。张玉营博士宣读《知行合一的巴哈伊理念：谈巴哈伊的社会发展观及其实践经验》。

研讨会后，举行了简单而隆重的闭幕仪式，与会学者与代表对本次会议的成功召开给予了肯定。中国社会科学院世界宗教研究所副所长张新鹰先生在总结发言中指出本次研讨会的两个特点：一是对话的特点更突出。与以往会议中对宗教经典思想、历史的研究不同，本次会议中，学者们运用了更为广阔的视角来观察巴哈伊信仰，作出不同的分析与判断，这既是对巴哈伊理念的一种认同，也是对其理念能实现的一种期望。研讨过程中，实现了宗教与学术的对话。二是本次会议讨论的内容的现实性和普世性更加突出。例如许多题目的设计和学者的纷繁各异的文章，使我们今后对巴哈伊的关注有了更广泛的领域。更为重要的是本次研讨会对于宗教学理论发展的意义。因为在一门学科的发展过程中，问题的提出是很必要的。很多内容都涉及了如"宗教是什么"、"科学是什么"、"上帝是什么"，以及是否能准确反映现代性与后现代性的认知，以及对未来宗教存在状况的估量等一系统基本概念与内容。虽然因为时间关系，许多内容未能全部展开，但提供了机会，推进了宗教研究的发展，香港全球文明研究中心主任宗树人先生对本次会议的圆满成功给予肯定，指出巴哈伊所信仰的美好的理想应该如何实现，在本次研讨会中与各位学者及与会代表进行了一次非常有益的交流，希望今后能继续推进交流与合作。上海民族与宗教委员会外事处副处长修彦彬女士对本次会议的成功召开表示祝贺，指出作为政府的职能管理部门，民宗委将继续在法律法规许可的范围内，更好地服务与满足在沪外国人对宗教生活的需求。

保罗的修辞回应(节选)*

[美]杨克勤

新纪元的普世乐观主义与保罗的末世盼望是全然不同的。乐观主义不能接纳人性在空间与时间里的限制，而末世盼望接受人类处境的苦难以及末世的终结和目的。接纳人性的短暂不意味着拥抱消极主义，末世盼望神学肯定人的定位在永恒上帝面前的恩典与信实之下生存，这是真实的盼望。人类欲成为神明或取代上帝是虚幻的梦想。虽然保罗的人论强调灵魂体的整全与新纪元者的看法相似，保罗却不会赞成新纪元的神化人性论。保罗认识基督是主，是审判者、施恩者，这福音批判了一切对神明的文化重构。新纪元的文化重构就是将人类看为神明，包括人的潜能和人性。新纪元者认为人类可能也应该成为神。[①] 保罗的神学认为神在基督里成肉身，他以苦难、受死以及复活为人类带来救恩。

宗教的同元同归论也是虚幻的乌托邦梦想。贝理(Alice Bailey)，这位新纪元多产作家相信在无法透测的"终极合一"(Ultimate Unity)以及人类居住的复杂世界(Multiplex World)之间存在着阶级的神明和半神明，这些神明都有灵与体的合一。[②] 人类的盼望就是当主麦地亚(Master Maitreya)——即耶稣回来时，世界各大宗教将殊途同归、合为一体。这个世代的人无法彼此接纳，人类也看差异为纷争的源头，故同归一体似乎是人类生存的答案。网络和多元主义是新纪元运动的特征，通讯越发达，网络越先进，人类的神明就越多元。保罗时代的神秘宗教与近代的新纪元宗教的神明都是多元的。问题是如此的同归一体论的神学解释是否合理、必要、可行？笔者认为同归一体论犯了一个重大错误：它消灭了殊异的特性，以铲平主义假设所有宗教和神明都平等，都可能归化为一。其实，殊异是所有事物、神明的身份和目的表征，是不应消除的。殊异不是纷争的源头，不彼此尊重才是。和平主义表面是想解决不和的现象，可是它消灭了一切事物和宗教的尊严。同归一体并没有解决宗教纷争的问题，反而制造更多的分裂问题，未能对症下药。没有一个宗教有办法将所有的宗教容纳其内，通一教(Bahá'í)是一个明显的例子：它将世界各大宗教减缩为最低分母。没有一个人或宗教有其超越的能力，将所有宗教的特征尽含在内；不能完全代表另外一个宗教是对其他宗教的羞辱。如果彼此尊重是不同人种、宗教共存的希望，那么，人类可以先进的通信联系地球村，该避免世界成为世界共同体，而应珍惜彼此的差异，彼此尊重共同生存(不是自相残杀)是人类彼此建立信任的起步，随后，人类必须真诚地对真理有开放的心。各大宗教在维持其独特性时不能故步自封，他们应该彼此讨论、学习、建立。宗教对话的过程必须是救赎彰显的时刻。如果真理是存在的，真理必定引导谦卑追求真理的人。对真理的开放再次提醒我们真理的绝对性以及人类的有限性。保罗的末世神学肯定了真理更大的启示是在下一个末世的时间里。

---

* 原载[美]杨克勤：《末世与盼望》，宗教文化出版社 2007 年版。

① 美国女明星 Shirley MacLaine 是一个例子：她自称为神，并教导她的观众如何发现神在他们的内心里。

② Perry, *Gods Within*, p. 24.

巴哈欧拉名言*

李剑桥主编

我们必须研求真理，希望靠它的光辉照透乌云与黑暗。

[波斯]巴哈欧拉:《新园》

凡你自己所不愿的，不要加之于别人，也别谈论你所做不到的事，这是我的诫命，你应遵行。

[波斯]巴哈欧拉:《隐言经》

我圣座之伴侣啊!

不听邪言，不看邪恶。不要自贬人格，也不要叹息或哭泣。不说邪恶之言，别人也将不会以它向你吐露；别彰露他人之错处使自己的过失才不显得大；别期望他人受屈辱，以免使你自己的耻辱显露。你应好好渡过这短暂的一生，你须心无污迹，信念纯正，天性圣洁，这样你才能自由、满足，而无虑地放弃这凡俗之躯，行往那奥秘之天庭，长居于永生之国。

[波斯]巴哈欧拉:《隐言经》

人之子啊!

凡事皆有个表征。爱的表征是在我的命定之下表现刚毅，在我的考验之中显得坚忍。

人之子啊！真诚的爱者，渴望苦难，如同叛徒般望宽恕，罪孽者切望怜悯。

[波斯]巴哈欧拉:《隐言经》

* 原载李剑桥主编:《知识结晶》，辽海出版社 2007 版。标题为编者所加。

两种大同观及对未来世界的意义*

蔡德贵

产生在中国的儒学是一种东方文化，产生在伊朗的巴哈伊教也是一种东方文化。这两种文化有许多共性。比如说都重视精神生活，不排斥其他文化；都是综合型文化，在社会思想方面主张天下一家、世界大同；在伦理思想方面，主张性善论；在方法论方面主张中庸之道，反对走极端，重视教育，提倡仁爱和平……但这两种文化毕竟在时间的纵向上相距 2000 多年，所以生硬地将它们放在一起比较不一定是恰当的。如何处理这两种文化的关系呢？这是摆在儒学和巴哈伊教研究者面前不能不涉及的问题。

季羡林先生在近十几年的许多文章中多次强调，东、西方文化之间的最大差异，在于东方文化是一种综合的思维方式，而西方文化是一种分析的思维方式。此论一出，国内学术界反映强烈。有撰文支持季羡林先生的，也有反对的。在我们看来，季羡林先生是抓住了两种文化的本质特征，确实指出了东、西方文化的本质区别。同属东方文化的儒学与巴哈伊教都是综合思维的产物，它们的综合思维方式也可以叫作“大同观”。儒家的“天人合一”与社会大同，都是“大同观”的表现，而巴哈伊教所表现出的大同观，其范围更广，因此，国内第一位介绍巴哈伊教的学者，前清华大学校长曹云祥就干脆把巴哈伊教意译为“大同教”。“大同教”这一名称，在台湾地区和海外华人圈子里使用的时间非常长，直到 20 世纪 90 年代，才统一使用了巴哈伊教的名称。

“大同观”作为一种思维方式，不同于现代西方社会学界、经济学界的“趋同论”。“趋同论”强调的是随着现代大工业的兴起和普及，各种不同的社会形态及其政治结构、经济模式、文化制度、生活方式等将趋向同一。西方经济学家和社会学家的看法虽然不尽一致，但也有共同之处，那就是都把“趋同”理解为社会主义制度向资本主义制度发生变化，因此，是社会主义趋同于资本主义。所以此说描述了社会主义和资本主义在国民经济运行机制方面的一些相似现象，然而忽视了两种社会经济制度在生产资料所有制及其分配制度方面的本质差别。这就使“趋同论”成为一种机械的拼凑。在西方世界流行过的“混合经济论”，也与此相类似。事实证明，“趋同论”既不能使资本主义摆脱严重的经济危机，也不可能成为一种思维方式。

近些年来，国内中国哲学史界提出了一种“和合论”。如果把“和合论”当作一种思维方式来看待，那就与这里提出的“大同观”相类似。下面我们试图对这两种大同观加以分析。

---

* 原载蔡德贵：《中国和平论：中国和平文化研究》，山东人民出版社 2007 年版。

第一节　儒家的大同观

作为一种思维方式，儒家的“大同观”包括两方面内容：“天人合一”论和社会大同论。

一、天人合一论

“天人合一”论是儒家学派一以贯之的基本理论，但在不同的历史时期有不同的侧重点。这与儒家学派演变的历史是基本一致的。

“天人合一”论是中国古代普遍提倡的一种思维方式，在《黄帝内经》中就有“人与天地相参也，与日月相应也”的话。道家老子、庄子都有“天人合一”论的思想。但是最集中、影响最大且明确标出“天人合一”这四个字的，还是在儒家。在《易经》中有“大人者与天地合其德，与日月合其明，与四时合其序，与鬼神合其吉凶。先天而天弗违，后天而奉天时”。《中庸》有“能尽人之性，则能尽物之性；能尽物之性，则可以赞天地之化育，则可以与天地参矣”。董仲舒有“天人之际，合而为一”的说法。程颢、程颐也有明确的提法。张载是儒家直接使用“天人合一”的思想家，《正蒙·乾称》说：“儒者则因明致诚，因诚致明，故天人合一，致学而可以成圣，得天而未始遗人。”“天人合一”思想这么突出，所以金岳霖把它作为这个哲学最突出的特点，钱穆认为它是中国文化对人类最大的贡献。

马克思说：“任何真正的哲学都是自己时代精神的精华。”[①]在中国长达25个世纪之久的封建社会中，由孔子奠定其基础的儒家哲学，是中国封建社会时代精神的精华。古老的中华民族，在政治、思想、风俗、心理乃至社会生活的各个方面，无不留下了儒家思想传统的深深烙印。儒家哲学为何会产生如此大的力量，适应了封建社会内部一次又一次的朝代更替和历史变迁而历久不衰？或者说，儒家哲学是如何经受着历史的检验，而不断地进行自我调节，不断地充实和改变自己的内容和形态的？这是一个值得认真研究的重要课题。

儒学是整个人类哲学思想的一部分，正像人类哲学思想本身的发展过程一样，儒学也经历了一个自身的发展过程。在这一发展过程中，儒学既要受宗法制社会结构的制约，又要受思想发展规律的制约，它要不断地随着时势的发展进行自我调节。对于这样一个发展过程，哲学史研究是应该把它搞清楚的，以便揭示其内在的规律性，看出它在发展中都经历了哪几个主要的阶段。

儒学从孔子初创开始，经过长时间的演变，逐渐形成为一个发展完备的哲学流派，它包罗极为广泛，从天命观、宇宙观、历史观到人生观、认识论、道德观，在哲学领域的各个方面几乎都有涉及。经过长期历史的选择和沉淀，儒学成为中国封建主义思想体系的核心，成为封建社会的官方哲学。

儒学之成为封建社会官方哲学而昭垂百代的原因是多方面的，但最重要的原因则是由于它为封建社会统治秩序的合法性奠定了比较牢固的思想基础。在封建社会中，帝王将相经常改姓换人，但上下、尊卑、贵贱的等级秩序却不可能有根本的改变；统治者可以不断更换，而统治秩序却不能改变。儒学正是适应了封建社会的这一根本需要，为统治者们作出了哲学论证。作为这种论证的核心部分，是儒学的天命观和道德观。其中天命观是封建统治的精神支柱，它虽然几经变换形态，但目的都

---

① 《马克思恩格斯全集》第1卷，人民出版社1995年版，第121页。

在于说明,封建社会的存在是天意支配和控制的结果,人力无法改变;而道德观则强调人本身的道德修养要符合纲常名教的规定,以不搅乱封建秩序的稳定性。事实上,天命观和道德观是紧紧围绕天与人的关系而展开论述的,这就是儒学的天人哲学。司马迁所说"究天人之际"(《史记·报任安书》),抓住了这一问题的要害。"究天人之际"就是探究天与人之间的关系。

对天人关系,儒学基本上都是主张天人合一的,但随着历史的变化,天和人这对范畴在儒学内部并不完全一致。随着封建社会的发展变化、兴盛衰落,天与人之间在每一时期都有独特的结合方式。具体一点说,儒家天人哲学在含义方面的变化,可以分为三个阶段:孔孟儒学创立初期,主张天人相通,统一的基点在天;董仲舒吸收齐学,第一次改造产生的新儒学,主张天人相类、天人感应,统一的基点也在天,但天的内容与孔孟已有不同;韩愈、周敦颐、程颢、程颐、朱熹、陆九渊、王守仁等人第二次改造产生的理学,可分为两个层次。一是程朱理学,主张天人合一,统一的基点仍是天,但天已有了哲理性;二是陆王心学,主张天人合一,统一的基点是人,人成为主导方面。

儒家哲学每一次的改造,都是为了更好地适应封建社会结构,结果使天人关系形态有所变更,侧重点有所不同。而每一次改造对此前的内容,都是既有肯定,也有否定。没有肯定,就显不出思想的连续性;没有否定,就显不出思想的特殊性。以致发展到最后的心学,对最初的孔孟儒学既进行了较彻底的肯定,又进行了较彻底的否定。这就是儒学哲学内部的自我否定。这个否定的过程又是伴随着封建社会从萌芽、形成、兴盛、衰落这样的过程而展开和进行的。探讨这一过程是一个难度很大的课题,但又是一个很有意义的课题,很值得我们重视。

1. 从孔子到孟子:天人合一论之形成

儒家学派首先由孔子创立。在孔子以前,儒只是一种职业。孔子打破了奴隶主贵族垄断教育、文化的局面,把知识散在民间,逐步使儒成为一个有思想意识、有教养的学派。

孔子所处的春秋末期,是由奴隶制向封建制过渡的阶段。孔子既不代表奴隶主贵族阶级,也不代表新兴的地主阶级,而是代表了正在由奴隶主向地主转化的士阶层的利益。他的思想,是不自觉地为建立和巩固封建地主阶级的统治提供理论根据,其表现就是以礼为核心的天命观和以仁为核心的道德观的结合,这和处在夺权地位的地主阶级的利益是不尽一致的。因为当时地主阶级需要冲破礼的束缚,他们重视人为的努力,认识不到"礼"经过改造照样可以为封建阶级服务。

孔子对殷周以来所流行的奴隶主阶级的天命观进行了修正,不再强调天是一种有意志的人格神,他用所谓"天何言哉?四时行焉,百物生焉。天何言哉"(《论语·阳货》)对此加以说明。但这个天在本质上仍然是一种超自然的力量,它是那样不可抗拒,以致人类社会的吉凶祸福、生死寿夭都是由它所决定的,"死生由命,富贵在天"(《论语·颜渊》),即是其表现。而且人类社会的等级差别,如天地君亲师等也是由天来决定的,这就是"礼"。所以"礼"属于一种来自天命的外部强制,实际上是天命的"物化"。人们只能规规矩矩地服从"礼"的约束,接受天命的制裁。

有人说,孔子的"礼"是"周礼",提倡"克己复礼"就是要恢复奴隶制。其实,奴隶制的"礼"经过改造,是可以成为封建制的"礼"的。孔子就是实现这种改造的人。不过,孔子的理论建立在地主阶级取得政权以前,而当时的地主阶级正是野心勃勃,时刻企图夺取更大的权力,孔子提倡的"礼"在这样的情况下,只能成为束缚他们手脚的繁文缛节,不可能被夺权中的地主阶级所采用,他们需要通过人为的努力来实现夺权的胜利。

事实上，孔子也认识到人的问题，他认为要使天命真正得到贯彻，还要注意德的问题，即在人的方面要通过封建统治阶级加强自己的道德修养来实现巩固统治的目的。为此，孔子提倡"仁"的哲学。"子罕言利，与命与仁。"(《论语·子罕》)"与命与仁"正是天命观和道德观的结合，"仁"是道德范畴，它强调的是统治者本身内心的自觉，用内心自觉来调整人与人之间的关系就是"仁"。孔子用"爱人"来概括"仁"的本质特征。"樊迟问仁。子曰：'爱人。'"(《论语·颜渊》)爱人的内容就是对别人要有同情心，尊重对方，也就是忠恕，其意义是："夫仁者，己欲立而立人，己欲达而达人，能近取譬，可谓仁之方也已。"(《论语·雍也》)但孔子的爱人，绝非爱一切人，而是爱有差等。这一点可以从孔子实现仁的两种方法得到证实，即：一种是主观内向的"由己"的方法，一种是服从外部强制"克己"的方法。"颜渊问仁。子曰：'克己复礼为仁。一日，克己复礼，天下归仁焉。为仁由己，而由人乎哉?"(《论语·颜渊》)

"克己"就是克制自己，对自己的欲望和要求加以约束和限制，使爱人的行为能合乎礼的规定，即符合地主阶级的君君、臣臣、父父、子子的等级制规定。所以克己就是强调要服从外部强制，也就是服从天命。孔子说："不知命无以为君子"(《论语·尧曰》)，又说："君子而不仁者，有矣夫，未有小人而仁者也。"(《论语·宪问》)这是因为只有统治者才配享受到天命的庇护。

"由己"就是从主观愿望出发以求达到的统治阶级对自己阶级意识的一种自觉。"我欲仁，斯仁至矣"(《论语·述而》)，就是强调通过统治者个人的主观意识修养就可以达到这种自觉。

克己和由己是对立的，这种对立是天与人的对立的反映，孔子对这种对立所采取的态度是把人统一于天，即"纳仁入礼"。这样，就把以爱有差等为主要内容的仁和强调等级差别的礼协调起来。由此，孔子基本上就奠定了天人相通的思想模式。

当然，孔子仁的思想也有重视一般人的因素。如他以"博施于民而能济众"为最高理想，以"泛爱众"为弟子修养条目之一，甚至还肯定了一般人的独立意志，说："三军可夺帅也，匹夫不可夺志也。"(《论语·子罕》)而且，他对普通人力也是爱惜的，"厩焚，子退朝，曰：'伤人乎?'不问马。"(《论语·乡党》)这里孔子重视人力的思想，一方面反映了孔子生活的时代一般人在生产过程中自身地位的提高，另一方面也反映了上升时期的地主阶级的进步倾向。但这不能认为是人本主义、人道主义，孔子重视人，在于重视维护宗法等级制基础上的依附关系，人的地位的提高只能在对礼的隶属和依附的外化关系中存在。

孟子对孔子初步奠定的天人相通思想模式进行了补充，使之更加明朗化。

孟子对天命是肯定的。他说："莫之为而为者，天也；莫之致而至者，命也。"(《孟子·万章》上)又说："君子行法以俟命而已矣。"(《孟子·尽心》下)"莫非命也，顺受其正，是故知命者不立乎岩墙之下。尽其道而死者，正命也；桎梏而死者，非正命也。"(《孟子·尽心》上)孟子的天命，其主旨显然是人力所无法达到而全受天意支配的事，这个天是超乎客观物质世界之上的，是万事万物的主宰，因此是超自然的。而超自然的天有类似人的性格，"诚者，天之道也"(《孟子·离娄》上)，这就进一步为天人相通的思想模式铺平了道路。

对于人，孟子则认为有先天的善性，这种善性是来自于天命的。这是因为，首先，人生来就有善端，即善的萌芽，此乃恻隐之心，羞恶之心，恭敬之心，是非之心。这四善端发展扩充就可以成为仁、义、礼、智四德。其次，人有先天的良知良能，"人之所不学而能者，其良能也，所不虑而知者，其良知也。孩提之童，无不知爱其亲也。及其长也，无不知敬其兄也。亲亲，仁也；敬长，义也。"(《孟子·尽心》上）再次，人有先天就有的共同爱好。“心之所同然者，何也？谓理也、义也。圣人先得我心之所同然耳。故理义之悦我心，犹刍豢之悦我口。”（《孟子·告子》上）所以孟子认为天命是人伦道德的根源，而人伦道德又是天命的体现。“存其心，养其性，所以事天也；夭寿不贰，修身以俟之，所以立命也。”（《孟子·尽心》上）这样，就进一步沟通了人与天之间的联系，人性成了天的本质的体现，而知人性也就可以知天了。所以，孟子提倡“尽其心者，知其性也；知其性，则知天矣”（《孟子·尽心》上），归根到底，他崇拜的还是天的权威，人的善性和良知、良能都是来自于天的，人心之上还有天，是天生了人和人心，所以孟子的最高范畴还是天，是把人统一于天。

天的外化是礼义（理义），就是封建社会的等级制，而人的努力则可以导致仁政。孟子的仁政纲领，是建立在统治者的“仁心”的基础上，“先王有不忍人之心，斯有不忍人之政矣”（《孟子·公孙丑》上），而仁心也是来自天命的，和来自天命的礼义殊途同归，都是为了巩固君权，提高君主的权威。所以这是孟子从长远考虑为统治者设计出的一种较高明的统治术。

但孟子生活在动荡和兼并战争盛行的战国中叶，其时，地主阶级正忙于征伐战争，争当共主，统一的地主阶级政权还没有出现。而孟子的理论没有为这种形势作出直接说明，“五百年必有王者兴”的循环论也不能为当时的社会现实服务，因此，人们批评他“迂远而阔于事情”（《史记·孟子荀卿列传》）。而荀子作为孟子之后的儒家代表人物，虽然崇尚礼治，其政治思想符合封建统治的原则，因而可以被封建社会所采用，但荀子在天人关系上采取一条天人相分的路线，结果使地上的王权得不到天上神权的保护，因而其哲学就注定永远不可能成为官方哲学，他本人则被儒家正统视为“大醇而小疵”（韩愈语），在孔庙配享者的队伍中始终没有争到一席之地。这一切都说明，要使天人关系的论证真正成为符合封建统治阶级利益的官方哲学，还需要进一步加工和改造，儒学的内容需要更新，需要吸取新的思想资料。

2.董仲舒的天人感应论

孔孟的天人关系论证，因为一则没有为封建统治提供直接的理论说明，二则被战国时期日益深入人心的自然之天所否定，所以要使儒学真正成为封建社会的官方哲学，必须对孔孟儒学进行修补。这一工作是由董仲舒这位汉代大儒吸收齐学邹衍等人的思想而完成的。

邹衍，被《汉书·艺文志》列为阴阳家，是齐学的典型代表。在天的问题上，邹衍坚持自然之天的说法。这是因为，战国末期，自然之天的观念已深入人心，这和当时哲学与自然科学取得的进步分不开。在天文学方面，已经取得惊人的进步，夏历已普遍推行，岁星纪年法普遍应用，天文历法对日月星辰的运行规律已有了初步认识。齐人甘德所著《天文星占》，精密地记录了黄道附近恒星的位置，以及这些恒星距北极的度数，用来观测木、火、土、金、水五大行星的运行。天文学的进步，对于人们探索大自然的奥秘无疑起到巨大的推动作用。很多哲学家也形成了自然之天的观念，如庄子的自然之天，荀子的制裁天命，都使儒家传统的天命观受到威胁。而本来作为奴隶主统治支柱的有意志的人格神天命也随着奴隶主阶级的覆亡而不能再起作用。这时地主阶级迫切需要一种新的理论来为自己的统治提供理论上的说明。在这种情况下，不少哲学家开始把目光转向自然之天，在自然之天上打主意，企图通过自然之天来为地主阶级统治的合理性、必然性作论证。邹衍是最先较好完成这一任务的哲学家。

邹衍承认，天还是自然之天，广漠的自然界是由五行即水、火、木、金、土五种元素构成的，五行之间既相生又相克，由此推动自然界的变化。自然界遵循阴阳五行变迁递嬗的规律，人类社会也要受五行相克相生规律的制约，这就是他的五德终始说。邹衍认为，在自然界是水克火，而人类社会也应该是水德克火德。他说："五德之次，从所不胜，故虞土，夏木，殷金，周火。"（《淮南子·齐俗训》篇高诱注引《邹子》）这样，邹衍就为当时地主阶级登上政治舞台提供了理论上的说明：地主阶级是受自然界五行相生相克这一必然规律的支配而登上政治舞台，取代奴隶主阶级的统治的，从而是合理的，也是必然的，任何人的意志都不能阻挡。这种思想在当时既是新颖的，又有些突如其来，以至于"王公大人初见其术，惧然顾化"（《史记·孟子荀卿列传》），这说明，当时地主阶级没能马上认识到这种理论的好处，但他们一旦醒悟过来，则马上把邹衍奉若神明。一时间，邹衍受到战国诸侯的恩宠，甚至统治者本人为他"拥篲彗先驱"，拿笤帚扫路为他开道。这种礼遇，与孔子菜色陈蔡、孟子困于齐梁大相径庭。究其原因，就是由于他的理论论证了地主阶级上台进行统治的合理性，难怪南朝齐梁之际的文艺理论家刘勰说"驺（邹）子善政于文"（《文心雕龙·诸子》）。就这样，邹衍用"天人相类"的主线把天与人统一起来，用天（自然界）的规律论证了人间封建统治秩序的合理性，从而使自然之天带上了社会属性。

到董仲舒，邹衍的天人相类被吸收并发展为天人感应论。

董仲舒是将儒家思想改造成为维护中央集权封建专制统治思想体系的代表人物，他罢黜百家、独尊儒术的目的，是为了实现大一统。董仲舒的思想产生在一个封建大一统的汉帝国形成之时，当时自然科学进一步发展，气一元论的唯物主义自然观更为深入人心，封建统治者要利用传统的神权为自己的封建中央集权服务，在理论上需要作出更为系统的说明。为此目的，汉武帝召集贤良文学之士进行策问，希求解决天人之间的关系问题。董仲舒的天人感应论正是在这样的形势下产生的。

董仲舒把邹衍的思想加以系统化，认为天是自然之天，自然之天充满了物质之气。"天地之气，合而为一，分为阴阳，判为四时，列为五行。"（《春秋繁露·五行相生》）人身也充满了物质之气，"天地之间有阴阳之气常渐人者，若水常渐鱼也"（《春秋繁露·天地阴阳》）。构成天地的物质之气，是无处不在、无时不有的客观实在，以物质之气为本原的自然界的运动变化，有固定的秩序，这种秩序是不变的，"天不变，道亦不变"（《汉书·董仲舒传》）。在统一的物质之气的前提下，天与人是一样的，是同类的东西，而同类的东西是会发生感应的，"故气同则会，声比则应，其验皦然也"（《春秋繁露·同类相动》）。在这样的逻辑前提之下，自然之天也就成了与人一样有意志、有感情的了。这样，天的自然属性也就丧失殆尽，完全成为社会性的天，重新成为至上神，"天者，百神之大君"（《春秋繁露·郊语》），成为威临一切的压迫力量。董仲舒把人人仰观苍穹就可见到的自然之天，加以拟人化，达到了神化天的目的，这样的天，欺骗性更大，威力也就更大。

建立起天的绝对权威，目的是建立起地上君主的绝对权威，这才是董仲舒的真实目的所在，"天人之际，合而为一"（《春秋繁露·深察名号》），董仲舒努力建立天与人之间的联系，即神权与王权的联系。他说："唯天子受命于天，天下受命于天子"，"王者承天意以从事"（《春秋繁露·尧舜汤武》），"春秋之法，以人随君，以君随天"（《汉书·董仲舒传》）。天是至高无上的，君主受命于天，所以君主的意志也成为绝对的，不可违抗的。借此，他抬高了皇帝的权威，抬高了封建专制统治的权威，从而使人们对皇帝和封建政权的神圣望而生畏，以便服服帖帖地受其统治。

人要听命于天，但人本身也不能放弃自己的努力。董仲舒的《天人三策》第一策说："孔子曰：'人能弘道，非道弘人也。'故治乱废兴在于己，非天降命，不得可反，其所操持悖谬，失其统也。臣闻天之所大奉使之王者，必有非人力所能致而自至者，此受命之符也。天下之人同心归之，若归父母，故天瑞应诚而至。书曰：'白鱼入于王舟，有火复于王屋，流为乌。'此盖受命之符也。周公曰：'复哉，复哉'，孔子曰'德不孤，必有邻'，皆积善累德之效也。"所以董仲舒既提倡德治教化，也提倡法治刑罚，德威兼施、赏罚并用，这就把法家的法治纳入儒家思想体系之中，使封建统治者既有天上神灵的庇护，又有地上的威慑力量，王权就可以得到巩固了。

董仲舒的天人关系基本上是天人相类，它是在命运之天思想日衰、自然之天思想日盛的情况下，为论证封建统治的合理性而采取的一项重大补救措施。其中不免有牵强附会之处，从这一点出发，后来逐渐演化成谶纬迷信，完全堕落成专讲灾异祥瑞的宗教巫术，因而受到人们的尖锐批评，导致了它的衰落。

3. 理学和心学：天人合一不同的侧重点

汉末农民大起义推翻了汉王朝的统治，儒学也丧失了权威。佛教自汉代传入中国，到魏晋南北朝时，儒、释、道三者鼎足之势形成。何晏王弼用老子哲学解《易》，援道入儒，对汉代儒学独尊的局面进行了否定。到隋唐时期，大乘佛教宣扬一种逆来顺受的思想，这一点与儒学的听天由命并无二致，同样也可以为封建社会效力，但它不事君父，不担税收，又会给封建社会带来离心倾向和经济损失。唐初统治者认识到，对儒、释、道三者不能同等看待，必须大大加强儒学，使之成为适合统治者的新的意识形态。但此时儒学尚未形成完备的理论体系，无法与佛、道精微的理论体系相抗衡，如玄学周密详尽论证的"无"，佛教极力宣扬的"真如"、"空"，都比儒家的天命细密而周详，因此儒家哲学墨守成规远不能适应新的形势对它的要求，它面临着在理论上重整旗鼓的问题，它需要新的加工。韩愈是首先开始这项工作的人，而经过宋、明时期的周敦颐、二程、张载、朱熹、陆九渊、王守仁等人的不断努力，使儒学成为适应新形势需要的理学。

韩愈的功绩，在于建立起以儒学为核心的道统论，把孔孟之道说成是自古以来一脉相承的绝对真理，这种世代相传的孔孟之道，就是"道统"。其主要内容仍然是"三纲五常"即封建伦理纲常，特别是仁和义，但仁和义都被赋予新的含义，仁就是被统治者对统治者要"爱而公，和而平"(《原道》)，要服服帖帖，百般忠诚；义就是一切行为都要符合封建统治的秩序，就是行而宜之。他说："博爱之谓仁，行而宜之之谓义，由是而至焉之谓道。足乎已无待于外之谓德。仁与义为定名，道与德为虚位。"(《原道》)仁义的虚位就是道，而道又与天命相一致。如韩愈说"上天鉴临"(《论佛骨表》)，"贵与贱、祸与福存乎天"(《与卫中行书》)，"人生由命非由他"(《八月十五夜赠张功曹》)，"所谓顺乎在天者，贵贱穷通之来，平吾心而随顺之"(《答陈生书》)……由此看来，韩愈把"道"作为其哲学的最高范畴，在本质上无非是想重新建立起天命的权威，把封建的道德规范仁义加以抽象化，以之与佛、道二教相抗衡。韩愈的"道"成为道学之道的来源，而理学又叫作道学的原因就是本于此。① 这在实际上也就是把天哲理化的开始，为宋明理学的产生奠定了基础。但韩愈在理论上显得单薄，缺乏系统的哲理论证，而且还未能把佛、道的精微理论纳入儒学的体系之中，因而显得苍白无力。

到宋仁宗庆历年间，封建社会暴露出越来越多的弊病，政治上人们纷纷要求改变积贫积弱的局势，各种救弊方案纷纷出笼。为了实现政治上的治平，在哲学上也需要深入细致的天人关系论证，经

① 参见冯友兰：《略论道学的特点、名称和性质》，载《论宋明理学》，浙江人民出版社 1983 年版，第 51 页。

过长期的努力，由周敦颐、二程到朱熹，终于完成了这一任务，一个哲理化的儒学即理学应运而生了。

周敦颐首先将道教的《太极图》加以改造，抛弃了炼丹术的内容，使之变成一个宇宙发生论的图式。无极和太极变成一切的本原，这就是他的《太极图说》的主要内容。周敦颐的《太极图说》保留了道教的"无极"术语，容易被世儒所诟病，这一缺陷由二程和朱熹加以修补，使理学的基本理论臻于完善。程颐把太极变成天理，把天理说成是永恒的绝对，是世界的本原。而程颢则既提出了"天者理也"的命题，又把理合到心中，说："心是理，理是心"(《河南程氏遗书》卷十三)，不过程颢的影响当时不如程颐，加上朱熹后来对程颐的发展，使天理成为至高无上的本体，占着绝对的统治地位。

朱熹把《太极图说》的首句"自无极而为太极"改为"无极而太极"，把无极变为太极，又把太极变为天理。朱熹说："极，是道理之极致，总天地万物之理，便是太极，太极只是一个实理"，"周子所谓无极而太极，非谓太极之上，别有无极也，但言太极非有物耳。"(《周子全书・太极图说・集说》)经过朱熹的改造，封建社会的纲常名教天理就成为宇宙本体的最高范畴，从而取代了传统儒学中天命的地位。而天理和世间万物的关系，则是天理派生万物。朱熹还把佛教的月印万川引入自己的理论体系，建立起理一分殊说。他说："本只是一太极(理)，而万物各有禀受，又自各全具一太极尔。如月在天，只一而已，及散在江湖，则随处可见，不可谓月已分也。"(《朱子语类》卷九)"理只是一个，道理则同，其分不同，君臣有君臣之理，父子有父子之理。"(《朱子语类》卷六)这样，朱熹把"三纲五常"、忠孝节义等封建道德，说成是至高无上的天理，而世间的一切则是天理的不同表现形式，这就是理一分殊。天理比天命高明的地方，在于天命说是把一个人的生死祸福说成是命该如此，把本来带有偶然性的因素夸大为必然性，因此显得有些粗俗，而天理说则直接把人的生死祸福说成是理该如此，直接说成是必然性。这样做的结果，是让人们更自觉地去遵守纲常名教，不然就是伤天害理，会成为名教罪人，会受到天理的惩罚。自此，天理成了杀人的软刀子。

理学对于封建社会的贡献，在于把佛、道的哲理巧妙地融入儒学之中，构筑起一套天理论，代替了原本儒学的天命论，封建宗法的纲常名教被论证为神圣不可改变的"恢恢天理"，三纲五常被论证为超自然的绝对。对绝对的天理，人人都必须遵循，而人的欲望则要被限制。任何与封建社会不一致的思想都被说成是人欲，置于被扼杀、被窒息之列。所以，理学成为吞噬无辜生灵的"吃人礼教"，并不是偶然的。

程朱理学用天理克制人欲，用道心主宰人心，残酷地摧残人性，对封建社会后期的统治起到了一定的维护作用。但程朱只是重视客观的"天理"，而"天理"在实际上是不存在的，因此天理最终无法挽救封建社会风雨飘摇、江河日下的危难局面。要想解决封建社会日益加深的阶级矛盾、民族矛盾和统治集团内部的矛盾，必须另辟蹊径，寻找新的方法，探求新的理论。陆九渊、王守仁的心学就是为此而产生的。陆王把本来不存在的天理先验地置于人心之中，把主观道德修养当作救世的良方，用道德修养来消弭客观世界的一切矛盾。

从陆九渊开始，把心作为最高范畴。但陆九渊并没有完全确立心的唯一本体性，而是往往把心与理并称，认为人心之理是"天所与我"，没能否定心外之理的存在，他说："此理在宇宙间，未尝有所隐遁，天地之所以为天地者，顺此理而无私焉耳。人与天地并立而为三极，安得自私而不顺此理哉?"(《陆九渊集》卷十二)所以陆九渊建立了心这一最高范畴，却没能彻底否定心外之理的存在。

到王守仁，则把"心"上升为"与物无对"的唯一"主宰"的最高本体地位。"心者，天地万物之主宰也。"(《王文成公全书》卷六)他在程颢"心是理"、陆九渊"心即理"的基础上，提出"心外无理，心外无事”(《传习录》上)的命题,认为“心之体,性也,性即理也”(《传习录》中)。他论证了“人”是天地万物的“心”,只有“廓然大公、寂然不动”的“人心”(《传习录》中),才是天命之性即万物本体的所在;把天地万物统一到人心,统一到仁,强调“天地万物一体之仁”(《传习录》下),认为天地万物与人都不是孤立存在,而是相通为一体的,然后又进一步强调封建道德是人人心中固有的先验意识,只要不断地向内心世界探求,就可以完成封建道德修养。他说:“且如事父不成去父上求个孝的理,事君不成去君上求个忠的理,交友、治民不成去友上民上求个信与仁的理,都只在此心。心即理也,此心无私欲之蔽,即是天理,不须外面添一分。以此纯乎天理之心,发之事父便是孝,发之事君便是忠,发之交友、治民便是信与仁,只在此心去人欲、存天理上用功便是。”(《传习录》上)王守仁为了统一心与理,重新提倡孟子的“良知”说,认为良知即是仁、至善,也就是仁、义、礼、智、信等封建纲常。他还精心设计了知行合一说,使之成为补偏救弊的药方,把道德意识和道德行为有机地统一起来,使人人的思想、行为都能自觉地去维护封建社会的纲常名教,从而可以巩固封建统治。

由宋到明,中国封建社会进入后期发展阶段。明中叶,封建专制制度的腐朽性暴露无遗,阶级矛盾、民族矛盾以及统治集团内部的矛盾,更为错综复杂,更为激烈,正如王守仁所说:“今天下波颓风靡,为日已久,何异于病革临绝之时?”(《王文成公全书》卷二十一《答储柴墟》)他虽然想担负起治疗这“沉疴积痿”的重任,挽救大势已去的封建社会,但其救世方案却不能挽救封建社会的灭亡命运了。

而从理论方面来说,王守仁主观唯心主义哲学的彻底性,又孕育了儒学走向自我否定的因素。到王守仁后学泰州学派中就引起了一股“掀翻大地”、“非名教之所能羁络”(《明儒学案·泰州学案》)的异端思潮。这股思潮以伟大的思想家李贽为代表,他用独具一格的童心说和更为彻底的唯心论,推翻了“以孔子之是非为是非”的千古信条,标志着儒学全面自我否定的条件已经逐渐成熟了。李贽不仅否定了孔子的天命观,也否定了以仁为核心的道德观,从而使儒学之作为统治支柱的基础被抽掉了,这也就等于向后人宣告:儒学作为封建社会的官方哲学,已经基本上完成了历史使命,儒学以后的作用不再会是官方哲学了。

清朝末年,有些知识分子还想复兴儒学,从而挽救清王朝的危亡局面,但他们没能认识到封建社会的机体已经腐烂,任何人为的药方都不可能医治它了。随着封建社会的没落,作为封建社会统治思想的儒学,再也不可能以一种新的形态重新成为整个社会的统治思想了。随着新社会的出现,新的统治思想的出现也就不可避免了。五四时期“打倒孔家店”的革命口号的出现,正是这种历史必然性的反映。至于当代新儒家,如牟宗三等人想通过儒学的“自我坎陷”即自我否定重新复兴儒学,那也是不可能的。儒学作为统治哲学的地位一去不返,儒学会继续发挥作用,但不是发挥统治哲学的作用。

4. 对儒家“天人合一”的几点评论

(1)恩格斯指出:“中世纪只知道一种意识形态,即宗教和神学。”又说:“中世纪的世界观本质上是神学的世界观。”[①]这是指欧洲的封建社会而言的。对于中国的封建社会,作为长期起支配作用的意识形态的儒学到底是不是宗教,我国学术界有争论。从以上的分析可以看出,儒学形式上不是宗教,它没有宗教的清规戒律,没有宗教的仪式,没有宗教宣扬的彼岸世界,但在本质上仍然是神学世

---

① 《马克思恩格斯全集》第 21 卷,人民出版社 1995 年版,第 545 页。

界观，其目的是沟通天上的神权和地上的王权的联系，为巩固封建社会作论证。

(2)哲学史上从来没有什么一成不变的学派和学说。人们说孔子影响了中国文化2000多年，又说千古孔子，其实儒学适应着时代的变化，其思想内容也是不断变化的。所谓千古孔子，在每一时代都会以不同的形式出现，孔子的面目也是不断变化的。

(3)封建社会官方哲学的否定过程是与封建社会本身的否定过程同步进行的。随着封建社会的产生、发展、兴盛、衰亡，其统治思想必然也不断地改变着自己的内容，以适应变化了的社会经济结构。封建社会的灭亡，以及其统治思想的否定，是任何人都无法抗拒和阻挡的。封建统治阶级的思想支柱和被用来巩固统治的武器只能是唯心主义，所以儒学在封建社会中虽随社会的变化而有所改变，但改变的只是其形式，而不是其内容和本质。

(4)在封建社会，儒学统治中国社会2000多年而一直未能受到应有的批判，虽然有时偶然受到农民起义的冲击，但时间既短，批判又不力。只有近代史上的五四运动才算是一次认真的批判，但五四运动也有失误之处，批判的锋芒不是针对作为官方哲学的儒学，而是扩大到某些民族优秀的文化传统。至于“文革”中的批孔，纯是极左思潮的产物，被当作政治斗争和夺权的工具，更不可能对中华民族优秀文化遗产进行总结。现代人对儒学的研究，应该实事求是，既要认识到儒学永远也不可能再次上升到全民族统一的指导思想，同时也不能完全否定儒学，要注意到儒学中确有影响了中华民族2000多年的优良传统。

(5)当代新儒家全面复兴儒学只能是一种幻想，因为儒家思想赖以生存和发展的经济土壤已不再存在，但由于儒家伦理道德奠基于人际关系的基本事实，其合理内容影响了中国社会2000多年，就是在今天，也还有一些基本原理，其中有合理因素值得我们继承，如天人合一思想可用来防止环境污染，义利统一的道德经济合一论可以调节市场经济初兴时由于人欲的膨胀而扭曲的道德，甚至管理思想也可以有所作为，但这些绝不会上升为我们时代的统治思想，这是确定无疑的。1988年1月，75位诺贝尔奖得主之一的阿尔文博士在法国巴黎发表的会议宣言中说道：“如果人类要在21世纪生存下去，必须回头到2500年前去汲取孔子的智慧。”我们在引用这句话时，要注意到一点，那就是它号召的是汲取孔子智慧，而不是全面复兴儒学。

二、社会大同论

中国古代的社会大同思想是十分丰富的，大同是对社会中阶级斗争现实的一种对抗，反对阶级对抗，反对剥削制度，主张人人劳动，财产公有，天下一家。研究者认为中国古代的社会大同思想主要有六种类型：(1)依托远古，向往原始社会，用“现有的观念材料”进行加工美化，勾画出大同社会的美妙蓝图。道家的“小国寡民”、“至德之世”以及儒家的《礼记・礼运》等都属这种类型。(2)人间的社会追求采取了非人间的境界。许多宗教家的思想大都采取了这种形式。比如佛家的“净土”、“极乐世界”，道教的“仙境”等。(3)用形象的语言塑造出大同社会的意境。小说家和诗人的作品，如陶渊明的《桃花源记》、王禹偁的《录海人书》、康与之《昨梦录》中的“西山隐处”，以及李汝珍《镜花缘》中的“君子国”等等。(4)政治家、社会改革家和历史学家对社会方案的制订。比如战国时孟子、东汉何休、北宋张载等对井田制的规划，战国农家许行的“君臣并耕”，魏晋鲍敬言的“无君无臣”等社会思想。(5)类似西方空想社会主义者创办“法郎吉”所进行的社会实验。如东汉张鲁举办的“义舍”，明代何心隐创立的“聚合堂”，以及禅宗的“禅门规式”等。(6)农民起义提出的行动纲领和斗争口号。

如唐代黄巢、王仙芝的“均平”、“天补”,宋代方腊、杨幺的“等贵贱,均贫富”。[①] 这里将探讨的是最具典型性的儒家社会大同思想,不探讨别的各种类型的大同思想。

儒家社会大同思想始萌于“五经”中的《尚书》和《诗经》。《尚书·洪范》提出了“王道”:“无偏无党,王道荡荡”,《诗经》中的有些篇章则反映出许多反对剥削、反对罪恶战争、向往乐土的思想,如《伐檀》、《硕鼠》都表现出这样一种倾向。这就是中国儒家经典中最早提出的王道乐土的大同社会理想。

孔子处在周室衰微、礼崩乐坏、“天下之无道也久矣”(《论语·八佾》,以下凡引此书,只注篇名)的时代,因“恶紫之夺朱也,恶郑声之乱雅乐也,恶利口之覆邦家者”(《阳货》),他要恢复周公之礼,并提出了一套“仁”的学说。

“仁”字含义广泛,但最基本的是“克己复礼为仁。一日克己复礼,天下归仁焉”(《颜渊》)。强调的是通过克制自己来调整个人与社会制度(礼)的矛盾,以实现仁。仁是处理个人与国家之间、个人与个人之间关系的最高原则。这一原则的核心是“仁者,爱人”(《颜渊》)。为了实现这一原则,不仅要行五者于天下,即恭、宽、信、敏、惠(《阳货》),而且要“入则孝,出则弟,谨而信,泛爱众”(《学而》),通过调和社会矛盾来实现仁。为了调和社会矛盾,孔子提出了一套“忠恕”之道。

忠恕之道被孔子弟子曾子当作孔学的核心,认为“夫子之道,忠恕而已矣”(《里仁》)。朱熹对此的解释是:“尽己之谓忠,推己之谓恕。而已矣者,竭尽而无余之辞也”(《论语集注·里仁》)。“忠”要求的是积极为人,“己欲立而立人,己欲达而达人”(《雍也》),“己所不欲,勿施于人”(《颜渊》)。孔子认为“我欲仁,斯仁至矣”(《述而》),所以“为仁由己”,只要做到“非礼勿视,非礼勿听,非礼勿言,非礼勿动”(《颜渊》),就不难做到“仁”,实现“忠”。“恕”则要求推己及人。“恕”即“我不欲人之加诸我也,吾亦欲无加诸人”(《公冶长》)。

为了实现“仁”的最高原则,孔子认为还必须调整社会经济结构,这就是他的“均无贫”主张:“丘也闻有国有家者,不患寡而患不均,不患贫而患不安。盖均无贫,和无寡,安无倾”(《季氏》)。朱熹对“均”和“安”注说:“均,谓各得其分;安,谓上下相安”(《论语集注·季氏》)。“均”并不是绝对平均,而是社会中各个等级的人各有自己的所得。做到这一点,孔子认为就可以实现自己的志向:“老者安之,朋友信之,少者怀之”(《公冶长》)。真要实现社会上的所有老年人都能安度自己的晚年,青少年一代普遍得到老一代的关怀,就不是阶级对抗社会所能办到的,这就体透出在孔子的思想中的社会大同思想的因素,这正可以从孔子和子夏的名言中明显表现出来:“有朋自远方来;不亦乐乎?”(《学而》)“四海之内,皆兄弟也”(《颜渊》)。

孟子所处之战国时代,时势更为恶劣,孟子以“如欲平治天下,当今之世,舍我其谁也”(《孟子·公孙丑》下,下引此书,只注篇名)的使命感、责任感,进一步发展了孔子的仁学思想。孟子认为“自生民以来,未有盛于孔子也”,表示“乃所愿,则学孔子也”(《公孙丑》上)。

孟子将孔子的“仁”学发展成一种“仁政”思想,他针对战国“争地以战,杀人盈野,争城以战,杀人盈城”的社会现实,批评说:“庙有肥肉,厩有肥马,民有饥色,野有饿殍,此率兽而食人也。兽相食,且人恶之,为民父母行政,不免于率兽而食人,恶在其为民父母也”。(《梁惠王》上),要改变这种现实的出路只有一条,那就是行王道,施仁政。

王道的基础是“五亩之宅”、“百亩之田”,以保证百姓不饥不寒:“五亩之宅,树之以桑,五十者可

① 参见陈正庞、林其铁:《中国古代大同思想研究》,中华书局香港分局 1988 年版,第 9～10 页。

以衣帛矣。鸡豚狗彘之畜，无失其时，七十者可以食肉矣。百亩之田，勿夺其时，数口之家可以无饥矣。谨庠序之教，申之以孝悌之义，颁白者不负戴于道路矣。七十者衣帛食肉，黎民不饥不寒，然而不王者，未之有也”。(《梁惠王》上)有了五亩、百亩的物质基础，加上庠序之教、精神培养，就会有良好的社会风气，从而实现王天下的目的。

而仁政的基础则是井田制：“夫仁政，必自经界始……方里而井，井九百亩，其中为公田；八家皆私百亩，同养公田，公事毕然后敢治私事”。(《滕文公》上)

“五亩之宅”、“百亩之田”也罢，井田制也罢，只不过是实现王道仁政的手段，王道仁政的根本目的还是要“制民之产”：“是故明君制民之产，必使仰足以事父母，俯足以畜妻子，乐岁终身饱，凶年免于死亡；然后驱而之善，故民之从之也轻”(《梁惠王》上)。在此基础上，将孔子的忠恕之道推广开来，做到“老吾老，以及人之老；幼吾幼，以及人之幼”，即“天下可运于掌”。把好心好意推广到其他人身上，是统治者行仁政的关键；“推恩足以保四海，不推恩无以保妻子。古之人所以大过人者，无他焉，善推其所为而已矣”(《梁惠王》上)。推恩及人的结果，是君王肯定会做到“不嗜杀人”，不嗜杀人的国君就会得到天下人的拥护和跟随，就能统一天下，而天下归于一统，就会使社会安定。显然，孟子虽然没用“大同”的概念，其思想却是属于大同思想的。

儒家集中论述“大同”社会思想的，当推仍《礼记·礼运》篇。学术界一般认为该书成于战国末至秦汉之际的儒家学者之手，属于儒家学者的作品是从来都没有疑问的。该篇论“大同”说：

> 大道之行也，天下为公，选贤与能，讲信修睦。故人不独亲其亲，不独子其子，使老有所终，壮有所用，幼有所长，鳏寡孤独废疾者皆有所养。男有分，女有归。货恶其弃于地也，不必藏于己；力恶其不出于身也，不必为己。是故谋闭而不兴，盗窃乱贼而不作，故外户不闭。是谓大同。

大同的对立面是小康，小康的特征是：

> 今大道既隐，天下为家。各亲其亲，各子其子，货力为己。大人世及以为礼，城郭沟池以为固，礼义以为纪，以正君臣，以笃父子，以睦兄弟，以和夫妇，以设制度，以立田里，以贤勇智，以功为己。故谋用是作，而兵由此起；禹、汤、文、武、成王、周公由此其选也。此六君子者，未有不谨于礼者也。以著其义，以考其信，著有过，刑仁讲让，示民有常。如有不由此者，在执者去，众以为殃。是谓小康。

《礼记·礼运》篇主张“天下为一家，中国为一人”，主张“大同”社会，这种“大同”社会的特点是：以公有制为基础，实行财产公有，财物不必藏于己；各尽所能，为社会做贡献，出力不必为己；进行社会分工，使壮有所有，幼有所长；实行民主，讲究信用，选贤举能；消除私有观念，使人“不独亲其亲，不独子其子”；消除战争，实现和平；社会安定，没有各种刑事犯罪。从《礼记·礼运》篇所形成的“天下一家”、“世界大同”这两个概念，为中国历代著名政治家所重视。近代中国革命先行者孙中山先生还把“天下为公”作为自己终生奋斗的目标，可见其影响之大。

汉代社会大同思想的主要表现形式是“大一统”说和“公羊三世”说。这两种学说都与解释儒家著作《春秋》的著作有关。

解释儒家经典《春秋》的著作称“传”，流传至今的有三传，即《左氏传》、《公羊传》、《谷梁传》。《公羊传》由战国时人公羊高所撰，到汉景帝时，公羊高之玄孙公羊寿和胡毋生将流传五世的《公羊传》著于竹帛而传播于世。其中第一句就阐发“大一统”思想，对“元年春，王正月”发挥说：“何言乎王正月？大一统也。”“大一统”被董仲舒这位汉代大儒誉为“天地之常经，古今之通谊”(《天人三策》)。“大一统”既包括政治上的统一，也包括思想文化上的统一。这种思想从汉代起，便成为中华民族大家庭的共识，坚持统一，反对分裂，一直是志士仁人长期努力奋斗所追求的终极目标。

“三世说”肇端于《公羊传》，董仲舒改造为“三统”、“三正”说。夏是黑统，商是白统，周是赤统，每朝各正一统，三统依次循环，大一统虽然不变，但有改朝换代。这是“三统”说。在改朝换代时，统治者要改变历法，并要在制度礼仪上有所改变，就是改正朔、易服色。“三正”是要求在“改正朔”时，夏朝以寅月（农历正月）为正月，商朝以丑月（农历十二月）为正月，周朝以子月（农历十一月）为正月。由于三代的正月在历法上规定不同，就形成“三正”。

“三统”和“三正”是相互对应的，整个封建社会的历史，虽然保持“大一统”的局面，但又有“三统”、“三正”的无限循环。“三统”的交替，只是表面上和形式上改变，而作为“大一统”的基础，封建社会的根本之“道”是永不改变的，“若其大纲、人伦、道理、政治、教化、习俗、文义尽如故，亦何改哉?”(《春秋繁露·楚庄王》)

董仲舒之后，东汉何休这位经学家又发挥《春秋》中的微言大义，提出了关于历史进化的“三世”说：衰乱世、升平世、太平世，“王所传闻之世，见治起于衰乱之中，用心尚粗粗，故内其国而外诸夏”；“于所传闻之世，见治所升平，内诸夏而外夷狄”；“至所见之世，著治太平，夷狄进至于爵，天下远近大小若一”(《春秋公羊传解诂》卷一)。

《春秋公羊传》这种华夏夷狄互统互变的一统说，被近代改良主义者康有为作为托古改制的基础。康有为结合《礼运》中的小康、大同，对公羊三世说作了新的解释，认为从据乱世进为升平世，就实现了“小康”，再进为“太平世”，就实现了“大同”。“三世”说作为社会进化的规律，有普遍意义，君主制、君主立宪制、民主共和制是这三世的具体体现。这三种制度不能越级进化，处于据乱世的中国，要学习处于升平世的西方，变法维新，以实现远近大小如一的“大同之世”。康有为谨承《公羊传》之旨加以近代意义的发挥，使天下一家的大同目标成为儒家始终如一的最高社会理想，也成为历朝各代儒学家治学的根本所在。

儒家大同观对巴哈伊教有没有影响呢？从我们已有的资料来看，看不出儒学对巴哈伊教有什么影响，但巴哈伊教对儒教有评论。

巴哈伊教的中心人物之一阿布杜巴哈，从世界大同的广义方面立言，认为先知分为两种，一种是独立的先知，人都跟随他、信仰他。因为独立先知是新循环系统的创造者，宗教法律的创立者，所以他一出现，全世界都会如穿新衣，宗教的基础也就奠定，新的真理随之被揭示。独立先知是不需媒介的，他直接领受神圣之真理。另一种则是非独立的先知，只是信人所信，非人所非，他所受之恩泽是从独立先知而来的，他所受之教益，是从世界大同先知即独立先知的指导而来。阿布杜巴哈认为，独立先知如亚伯拉罕、摩西、耶稣、穆罕默德、巴布、巴哈欧拉，非独立先知如所罗门、大卫等人。对于中国，阿布杜巴哈承认孔子是世界大同先知，但儒教没有很好地流传下来，且被偶像化。为了不曲解原意，这里引述一下阿布杜巴哈的原文：

问：佛教与儒教属于何种先知？

答：佛陀与孔子盖亦独立之先知，佛教亦佛陀创立，孔子亦创新道德及古训，改善大众道德，但此二者之创设现今已完全毁灭无存。佛教、孔教之礼仪信仰已不复与其根本之教训相辅而继续传于世。佛教之创立者为一神秘之灵魂信仰。盖唯一神圣之说，自佛祖起。但继后即渐渐失其主义之原有原则，于是一切乡愚之迷信俗礼纷纷无踪而起，增加叠出，直至崇拜偶像，愚不可及而止。

今再试思，基督常言十戒，并坚持须遵守之。十戒之中，其一云："不可崇拜偶像"。但现在之基督教礼拜堂中，常见有多数之图画及偶像存于其间。据此一点，可明知上帝之宗教已不为民间保持其原有之原则，并已逐渐改变至完全消灭失其本来面目矣。因此之故，乃有神圣表现之革新，于是新宗教乃得创立矣。但若原有之宗教未经改变，则无更新宗教之必要也。

在起初之时，树木皆呈美丽之状，满载花朵，但其后终不免变为老树一棵，不复结果，颓败而朽矣。故真实之园工，不得不以同类同花之树再栽培之，乃日日茂盛在神圣之花园中，结出可爱之新果。宗教又何不然，经时代之变迁，已从原来之基础垒出变化，至上帝之宗教真义完全失去，其精神亦不存在，传闻之说纷纷而起，有如无魂灵之身体。故宗教乃有革新之一说也。

此何义乎？盖指佛教与孔教之信徒皆崇拜偶像也。此等信徒完全不知神圣唯一之上帝，反之更如希腊人之信仰幻想之多神。但在任何宗教之初，决不如是，各有其不同之原则及其他规则也。[①]

从阿布杜巴哈对儒教的评论来看，他对儒教的了解并不很多，也并不全面，这与当时处于20世纪初的客观条件有一定的关系，也与这两种大同观之间缺乏沟通有关。

第二节　巴哈伊教的大同观

应该说，相对于儒学来说，巴哈伊教的大同观是一种更为系统的综合思维方式，它不像儒学那样突出表现在天人合一和社会大同思想方面，而是几乎渗透在各个领域，巴哈伊教看问题总是从综合思维方式出发，甚至可以说，大同观是巴哈伊教的世界观，是它对整个世界的看法，因此是一个完整的思想体系。

巴哈伊教基本教义，诸如上帝独一、人类一体、宗教同源、宗教与科学携手、先知连续显现、消除经济上的贫富两极分化、男女平等、普及教育、物质文明与精神文明并举、推行一种辅助性的国际语言，等等，都是其大同观的具体表现。

一、大同观的逻辑前提

在世界宗教中，最看重大同原则的是巴哈伊教。在该教看来，摆在当代人类面前的一个至关重要的课题，就是要寻找出一条能以前所未有的魅力将世界多民族融为一体的大同原则。巴哈伊人士认为，除了世界大同，没有任何别的东西可以释放在现代观念支配下的巨大生产能量，也没有任何别的东西足以取代盛行一时形形色色的种族理想主义，这些主义如今已不是和谐的温床，而是成了冲突的根源。除了世界大同，更没有任何东西可以制止无政府主义的时弊，而无政府主义正在侵蚀着每一个管理有序的国家政体的核心。靠竞争和合作的力量而发展起来的多种多样的相互关系若要持续下去，实际上取决于能否确立一种有机的统一。这种统一既要适应外部生活的现实，更应该符合内心生活的需要。对大同原则的强调，到阿布杜巴哈达到高峰。他认为，世界大同不仅仅是从社会的灵性黑暗期和分裂期所发展起来的旧体制互相联结，而且是那些重新意识到人类命运的、复苏

① 《已答之问题》，马来西亚总灵体会1967年版，第95页。

了的思想与心灵的相会与融合。以至他在整个一生中不再仅仅维护某个国家、某个种族、某个宗教，而是维护着整个人类。①

巴哈伊教这样强调大同的原则，其逻辑前提何在？

应该说，上帝的独一、宇宙万物均来自于这独一的上帝的学说，是大同原则得以确立的必然的和自然的逻辑前提。

巴哈伊教的上帝独一论是巴哈伊教的思想系统的核心。从这种上帝独一论出发，存在之世界，即辽阔无垠的宇宙，而这宇宙就是来自于亘古永存的独一的上帝，万物都起源于上帝，"无疑，万物源于一：一切数字都起源于一而不是二。因此很明显地在起源时只有一种物质，同一物质以不同的面貌出现于每种元素中，于是产生了不同的形态。这些不同的形态在产生时渐渐固定下来，每个元素开始独具特征。但是这种固定并非凝固不变的，要经过相当长时间后才达到圆满和完美的存在"。"经由上帝的智慧和他恒古先存之力量，这些组合与安排，产生于一种自然的组织，而这种组织是依循智慧并按照一个普遍的规律以最大的力量组织结合而成。由此可见这是上帝的杰作，而非偶然的组合与排列。每种生命只能从自然的组合诞生，而不能从随机的组合中生成。"②物质世界的各层次，矿物、植物、动物、人类，无一例外全是来自于独一上帝之创造。

对于人类来说，"人类起源同一，所有成员源自同一家庭。因此，实质上人类同居一家。上帝并未创造任何差别。他创生人类如一体，使得这个家庭可能在完美的幸福与安宁中生活"。"上帝希望全人类同享完美的幸福与安逸。"虽然全人类同属一个家庭，但现实世界"因为缺乏和谐的关系，有一些人尽享安逸，而另一些人却直接受苦受难；有一些人满足了，而另一些却在挨饿；有一些人衣饰名贵，而另一些人还缺衣少食，无处为居"。③ 鉴于这样的现实，巴哈伊教的创始人巴布从传教伊始，就呼吁人类团结，宣称他的教义是为了开启一扇团结和谐的新时代之门。④ 而巴哈欧拉也宣称，促进人类的团结是先知来到世间的最主要使命，"上帝的先知须被当作人类的神医，他的工作是促进世界及人类的福祉，那就是通过精神上的一致，治好人类分裂的痼疾"⑤。他呼吁说："互相竞争的世人啊！你们要面向团结，让团结的光芒照耀你们，你们必须集合一起，为了上帝而决心铲除在你们之中所引起纷争的根源。……毫无疑问地，任何宗教的人们都由同一个灵泉获取灵感，都是同一上帝的臣民。各宗教人民所遵循的宗教教规的差别，乃起因于各宗教所启示的时代背景的不同，因而有不同的需要。所有这些教规，除了极少部分是被人为所歪曲以外，都是由上帝命定的，都反映了上帝的意旨和目标。起来，用信仰的力量武装起来，将在你们之间散播纷争的空想神偶，撕得粉碎。"⑥

二、和谐与中庸之道——大同观的方法论

出于大同观的整体综合思维方式，巴哈伊教提倡一种和谐与中庸之道的方法论。

巴哈欧拉十分重视和谐，在他的名著《七谷书简》中，将"和谐之谷"作为七谷之一。《七谷书简》

---

① 参见《世界团结之基础》前言，马来西亚总灵体会1993年版，第1～2页。
② 《已答之问题》，第180～181页。
③ 《世界团结之基础》，第42～43页。
④ 参见威廉·西尔斯：《释放太阳》，台湾大同教出版社1984年版，第16页。
⑤ 《巴哈欧拉著作精粹集》(*Gleanings of the Writings of Bahá'u'lláh*)，美国1963年英文版，第80页。
⑥ 《巴哈欧拉著作精粹集》(*Gleanings of the Writings of Bahá'u'lláh*)，第217页。

是公认的难读之作，为了不误读或曲解原意，这里引述全文。[①]

和谐之谷

由上苍之杯畅饮，注视着那“合一的显示”。在这境地，他刺穿复性的帘幕，摆脱情欲的境界，升入单一的天庭。他以上苍之耳谛听，以上苍之眼窥见神圣创造的奥秘。他步入“朋友”的内殿，如知己共处于“敬爱者”的篷帐。他从上苍的衣袖伸展出真诚的手，他显示神秘的力量。他无视自己的名字、声誉或地位，发现本身的声誉建立在对上苍的赞颂上，他于他自己名中瞧见上苍之名，对于他“所有颂歌来自君王”，一切的音律来自于上苍。他坐在“说一切来自上苍”之宝座上，并安息于“除上苍外无力量及权能”地毯上。他以和谐之眼观望万物，他瞧见神圣太阳的辉煌光芒，由精粹晨曦之点，普照所有创造物，而那单一之光，反射在所有创造物上。

“卓越者”明了寻求者，在每一阶段的本体意境中，所见的各种异像，是他己身的幻影。我们举出个例子，使这含意更加明确。看那太阳。虽然它由同一日光普照大地万物，依启示君王的意旨，光芒照耀所有的创造物。但对每一个地方的显示和散布的恩宠，要依其潜能而定。例如一面明镜其反映功能，是依照镜子的敏感程度而定。于晶体中它产生火焰，在其他物件上，它仅表现出其反映功能，而非其全部。通过这些作用，依创造者的意旨，它保持每一物体本身的质地，如我们所见到的。

同样的，每一物体所呈现的颜色，是以其质地而定。黄的球体，发出黄色光彩，红的发出红色光彩。这些的变化是因为物体的感受，而非来自普照的光线。如果一个地方，光被墙壁或屋顶隔绝了，它将完全失去色彩，阳光也不能普照其中。

所以那些不健全的人，把智慧的源地，紧闭在自我和欲念之墙内，让无知和盲目的乌云遮蔽着，帘隔了神圣太阳和“永恒敬爱者”的奥秘。他们远离“信使之王”的明确信仰的珍藏智慧，也被拒于“全惠者”圣殿之外，远离那辉煌的“目标”。这些是当代人们拥有的价值！

如果一只夜莺，鸣叫着从泥土中飞起，停留在心之玫瑰丛荫下。以阿拉伯的音律与柔和的伊朗歌曲，唱出上苍的奥秘——仅其中的一句，能使无气息的本体受到鼓舞，唤起新生命的活力，赋予圣灵于这世上的腐朽之骨——你将瞧见千万忌妒之爪，多少忿怒之啄，在追寻她，并倾尽他们的力量，企图毁灭她。

诚然，对一只甲虫来说，清馨是难闻的。一位患有感冒的病人，对清新的芬芳无所感闻。因而，给予无知者的警语是：

清除你脑中之污液，

吸入上苍的新气息。

简而言之，物体的不同本质已清楚说明了。所以当那寻求者注视那现身之处——就是说，当他瞧见五彩缤纷的球体——他仅接受黄、红或白色。这些在人们之中的对立和一些浅见者所散布的黑尘，蒙遮了这个世界。有些人会注视这辉煌之光，有些会沉醉在这统一琼浆中，他们都仅瞧见那太阳的本体而已。

---

① 此处引文由叶灵希译，原刊于《透视》，国际文化出版公司1995年版。

寻求者们对这三种不同的境界，各有其不同的看法。这些对立的因素将继续呈现于世上。那些居于和谐合一的境界的谈论那个世界，另一些居于限制之境界，也有一些在自我的阶段中，而其他的则完全受帘遮了，所以那不曾见晴天圣美光辉的无知者，发表其主见，而在每个新纪元，残害那统一海洋中的人民，那折磨本应是他们自身应得的罪行。“如上苍要责罚那些刚愎自用的人，世上将无再有生命，但依从定约，她暂缓处决他们……”

啊，我的兄弟！一颗纯洁的心如一面明镜，以爱之光擦亮它，除上苍外隔绝其他一切，使那真理的太阳，能在其中光耀着，而永生之晨也破晓了。届时你将清楚地明白：“我的世间，或我的天庭不能容纳我，仅有我那虔诚仆人的内心能容纳。”你将为你所渴望的新的“敬爱者”而牺牲自己。

每当和谐统一君王的启示之光，普照在那心和灵的御座上，她的光辉呈现于四肢和每一细胞之中，那传统的隐秘将从晦暗中闪耀出来：“虔诚的仆人于祷告中临近我，直至我回应他；当我回应他时，我将成为耳朵，而他将有所听闻……”如此，主人重现于她的住家中，屋中所有的支柱反映着她的光辉。这光的作用和意旨是来自“光源赋予者”，所以一切通过她而运行，以她的意志而呈现。这泉源是临近者们畅饮的，如所说的“那是临近上苍者畅饮的灵泉……”

但是，不可让任何人误解这些言论，是考证学，而使上苍的各意境，沦落为物界的欲念。也不可把他们的“超越者”引向类似的假定。上苍，她的精华是神圣，超越一切升与降，进与出，她自亘古超越人类的本质，也将永远这样。无人曾知晓她，没有任何生灵曾觅得通往她本体之路，每一寻找上苍的长老也在远离她的智慧之谷中徒然徘徊着，所有的圣人欲求明了她的精华而迷失方向，她是神圣的，超越智者的悟性，她是崇高的，超越知识的理解成分！道路受到禁止，欲追寻是不虔敬的，她的证明是她的征兆，她的本质是她的形迹。

所以在“敬爱者”之前的情侣们会说：“啊，你的精华是那唯一指向精华之路。她是神圣的，超越任何类似她的物体。”怎能以空无在史前的草原上驰骋，或是以瞬逝之影追赶那永生的太阳？那“朋友”曾说：“如非你，我们不曾晓你。”“敬爱者”也说：“不能得她的光临。”

诚然，这些各境界的阐解，是来描述有关真理太阳所启示的知识，她把她的光投射到明镜上，虽这辉光是在人的内心，却被隐藏在这世间的意志及情势的帘幕下，如铁笼内的蜡烛，只有在除下其笼罩之后，烛光才会照射上来。

在同样的情形下，当你除下心中受幻境缠裹的帘布，和谐统一之光辉将会被启示。

很明显的，那光线，并无去来之分——更何况是那“精华之本体”和那长久所殷望的“奥秘”呢！——啊，我的兄弟，在各境界的旅程应拥有探究的精神，而非盲目依从。一位真诚的寻求者，不畏言论的攻击，或受典故警戒的困惑。

帘幕怎能隔离爱侣和爱恋者呢？

亚历山大的高墙也不能拆散他们！

隐秘重重，异客无数，虽可能仅是一句或一表征，多少的著作也不够容纳“敬爱者”的奥秘，多少页数也未能详述其记载。“知识只是一个点，无知者增加了它。”

在同一原则下，深思各境界不同之处，虽然圣灵的境界无终止之期，有些人还是把它分为四种：时间的世界，它有起源和终止；持续的世界，它有起源，但其终止之时却未被展露；永存的世界，不知其起源，但却知它有个尽头；永恒的世界，它的起源和终止都不可见。虽然对这些观点有很多不同的见解，却难一一去论述。因而有些人说，永存的世界是无起源和尽头的，并称永恒之世界，是无形的坚固的上苍居所。也有的称呼这些世界为天庭，为上苍的天国，为天使之国或世间之国土。

爱的路径可分为四个旅程：由人到“真宰”，“真宰”到人，人与人及“真宰”与“真宰”之间。

在这儿，古代许多奥秘占卜者及巫医们的言论，我们都没提及。既然我不喜欢古代冗长的引证，因为从这些人的摘录，仅证实是学得的知识，并非圣灵的赋惠。我们在这儿的许多摘录，是出于人的习俗的不同和随从朋友们的风俗举止。而且，这些事件是超越这书简的范围。我们不愿列举他们的言论，这并非自满，而是智慧的启示和恩赐的表现。

如“卡诺”曾于海中折毁船只，

在这错误中含有千万个正确。

否则，尽管这“仆人”处于上苍敬爱者之一的身旁，仍认为“本身”是完全的失落和无有。那么在神圣者之前，更会觉得他是如何的微渺了。我崇高至上的主！而且，我们的目的仅是记述寻求者行程的各个阶段，并非要阐明各方奥秘言论的矛盾。

虽然已经举出这“相对世界”及“品质世界”的起源和终期的简易例子。现在再次举例述明，使其含意能完全呈现。举个例子，让“崇高者”细想其本身；你先和你的儿子有关系，后来和你父亲相连。于你外在的形象，你谈论呈现于这神圣创造境界的力量。于你内在的本体，你表露隐藏的奥秘，它是存在你内心的神圣信赖。因而，先和外，后和里，实在是指你的本体。为你讲述这四种状况，你将能明了这四种圣灵的境界。你内心的夜莺，栖息在所有生存的玫瑰树梢上，无论是呈现或隐藏，都须呼喊道：“她是先和后，是明现和隐藏……”

由于人类因素的限制，这些说明是在比较情景中的阐解。其他有些人，一步能跨越这相对及限制的世界，居留于真确的美境，于权与势之世界建立其幕帐——在一闪耀星火中焚毁这些相对性并以一滴露珠抹去这些字语。他们畅游在圣灵的海洋里，翱翔于神圣高空的光境中。因而于这境界，字语怎能来描述“先”和“后”，或描述除了这所瞧见和已描述到的事物！在这境界，先是后的本体，后原本是先。

在你爱的心灵中燃起你的火焰，

焚烧一切思念和所有的话语。

啊，我的朋友！瞧着你自己：你如不育为人之父，或生儿女，就不曾听过这些俗语。如今忘却一切，你可向爱的教长的统一学校中学习，回归上苍，放弃虚无的内在园地而升到你真诚的位置，居留于知识树下的阴影中。

啊，你亲爱的，穷困你自己，使你能进入富有之庭。谦卑你自己，使你能畅饮荣光的溪源，而领悟你所询问诗境的全意。

已经说明，这些境界，要依赖寻求者的洞察力。在每一城市，他将瞧见一世界，在每一“谷”达到一泉源，在每一草原听到歌声。但天庭奥秘之鹰，有许多美妙心灵的欢乐之歌于他的胸膛中，那波斯鸟在他心灵中，隐藏了许多悦耳的阿拉伯音律；但这些都受隐藏，也将继续地隐藏着。

如我宣说，许多心灵将破碎。

如我书写，许多笔杆将折断。

安宁惠临那些完成这崇高的旅程及追随那“真诚者”引导之光。

那寻求者，在横跨过这超凡、高耸的境界的旅程后将进入满足之谷。

在巴哈伊教看来，一群不同颜色的鸽子在一起和谐相处是值得赞扬的，一座不同颜色的鲜花组成的花园和谐相处是值得赞扬的，一个由各色人种组成的人群和谐相处更是值得赞扬的。但是，在人类社会中要实现和谐实非易事，人要为此而有所牺牲，而最为重要的一点，则是不能走极端，要坚守中庸之道。为此，巴哈欧拉告诫说："所有当权者的所作所为都务必要合乎中庸之道，凡是超越中庸之道的行为都不会有好的影响。譬如自由、文明等诸如此类的事件，无论明智的人多么地推崇它们，如果是走向极端，必会带给人类恶性的影响。"①中庸之道不仅对当权者十分重要，对一切坚守正义的人同样十分重要，因此，"坚守正义的人，在任何情况下，都不会践越中庸之道的界限。他靠着明察秋毫的他的指引，看穿一切事物的真理。人类的文明往往被精通艺术与科学的倡导者们所渲染，倘若让它超越了中庸之道的范围，它必会为人类带来极大的邪恶。全知的他如此警告你们。倘若文明走向极端，它将成为邪恶的根源，就如同当文明受中庸之道的约束时，是一切善美的根源一般。"②

中庸如此重要，以致被巴哈欧拉作为处理事务的重要原则，"所有其他的事务都当同样地受此中庸之道的原则的衡量与支配"③。在这一原则的指导下，巴哈伊处理人际关系坚持三条基本的方法：其一是不争论，阿布杜巴哈说："信仰上苍者啊，圣书的原文是：倘若有两个人争论有关属灵的问题，两者都犯了错误。上苍明确法律是：信仰上苍的信徒之中，不应该有互相争辩的事发生，双方应该友爱、和睦地交谈。倘若有些微意见相左，双方必须保持沉默，不可再争辩，须向'阐释者'寻求解答，这是不容反驳的命令。"④其二，要回避无谓的能伤人的空谈，"他绝对不能自命清高，他必须洗除心中所有骄傲与虚荣的念头，必须墨守忍耐与谦逊的美德，必须沉默寡言并且回避无谓的空谈。因为口舌好比燃烧的火焰，过多的言语有如致命的毒药。有形的火焰可以烧伤人体，口舌的火焰侵蚀人的心田与灵魂；前者的力量只能持续一段时间，而后者的影响却能持续一个世纪"⑤。其三，避免背后说人坏话。巴哈欧拉告诫说："探求真理者也应当把背后诽谤视为严重的过失，并且远离它的领域，因为背后诽谤足以扑灭心光，扼杀灵魂的生命。"解决的办法是："他应该以少而满足，并且不存过度的渴望。他应该珍惜那些抛世弃俗者的友谊，并且回避傲慢的俗人。每天清晨，他应当与上帝交谈，全心全意地寻求他所钟爱的上帝。他应该用表扬他慈爱的火焰，烧尽所有恣意妄为的想法，并且如快速的闪电一般，除他之外掠过一切。他应当救济患难者，并且绝不吝啬地施恩给贫穷的人。他应该仁慈地对待动物，更何况是对待赋有语言能力的同类。他应当毫不犹豫地为其所钟爱的上帝献出他的生命，不应为了他人的谴责而背离了真理。不希望发生在自己身上的事，就不应该希望它发生在别人的身上。他不应当许下自己不能履行的诺言。他应该全心全意地避免与恶人交往，并且为赦免他们的罪过而祈祷。他应该原谅犯罪的人。并且绝不轻视他低微的身份，因为没有人能预料自己的结局。"⑥

中庸之道的原则在个人身上的推行，主要是节制人的欲望，每年 19 天的斋月是节制欲望的一种手段。中庸之道的原则在社会的推行，则是均贫富，实现人类平等。这两方面的内容，上面已有论述，兹不涉及。

---

① 《巴哈欧拉圣典选集》，第 51 页。
② 《巴哈欧拉圣典选集》，第 88 页。
③ 《巴哈欧拉圣典选集》，第 87～88 页。
④ 《垦荒圣碟》，马来西亚巴哈伊出版社 1982 年版，第 27 页。
⑤ 《巴哈欧拉圣典选集》，第 60 页。
⑥ 《巴哈欧拉圣典选集》，马来西亚总灵体会 1992 年版，第 60 页。

三、大同观从理想到现实的过渡

巴哈伊教是一种务实的宗教，它确立了世界大同、人类一体的最高理想，对这种理想并未束之高阁，而是一步一步去实行。邵基·阿芬第说过："人类一体化的原则——巴哈欧拉全部教义的核心——不是出自幼稚无知，也不仅仅是表达一种笼统和虔诚的希望……它所包含的信息不仅适合于个人，更主要的是它揭示出将各国和各民族融为一体的基本关系的本质……它还意味着现今社会的结构必须作有机的变革，一种人类至今尚未经历过的变革……这个原则还要求对整个文明世界进行重建和非军事化。"①邵基·阿芬第虽然强调"巴哈欧拉倡导的人类一体化原则包含着一个庄重断言：这个伟大演进历程的最终功德圆满非但是必需的，更是无可避免的；它的实现已指日可待；只有上帝赋予的力量才能成就这项千秋大业"②；但他更注意人的努力，主张"巴哈伊的人生目的就是促进人类一体化，我们的整个人生目的都与全人类的命运紧密相连"③。为此，巴哈伊积极地将人类一体化的大同理想向现实过渡。

在协调人和自然的关系方面，巴哈伊活跃在各种世界性环保活动中。他们的理念是，环境的恶化、资源的匮乏，必将无情地导致一场可怕的大灾难。要真正解决人与自然的关系问题，需要一种崭新的、全面的、对于全球社会的认识，需要新的价值观念的支持。巴哈伊国际社会认为："要重组和管理这个世界，使之如同一个国家，如同全球人类的共同家园，最基本的条件就是接受'人类一家'的观念。""对这种观念的认同，不意味着放弃合理的忠诚，压制文化的多元化，或者废除国家的自主权。它所提倡的是一种更广泛的忠诚，是一种比至今人类所做的努力更高境界的追求。它明确地要求国家利益应当服从大同世界更加迫切的需要。任何追求一律性或者要实现高度集中的尝试都是不协调的做法。正确的目标可用这样一个概念来加以理解，即'存异至和'。"④巴哈伊利用一切机会向世界各国政府首脑和联合国有关机构强调这些观念，以促成全球形成统一的"地球乃一国，万众皆其民"的环保意识。

在宗教的统一方面，巴哈伊呼吁世界各大宗教团结一致，崇奉独一的上帝，而不用强求各大宗教用统一的名称称呼这个上帝。巴哈伊认为国际间不安宁状态的主要原因，"就是宗教的意义被宗教领袖及教士牧师等曲解。他们告诉一班信教的人，只有他们自己所信的教，是上帝唯一所喜欢的，别种宗教的信徒都要遭天谴，都要为全爱的父所厌弃而不能得到他的慈悲和恩典。于是相互间的非议、鄙视、争论、仇恨，就在人们间发生了。如果这种宗教的偏见能够消除，国际间一定可以保持和平。"⑤巴哈伊教本身不持宗教偏见，从不认为本教已是绝对真理，愿意和一切积极的宗教共同合作，在世界宗教同盟里发挥着作用。

巴哈伊教还认为促成世界和平的大步骤之一是设置一种世界语言。巴哈欧拉首先提出，人类要和衷共济，但世界各种语言的不同，使人类的交流成为一个很困难的问题，所以他在《至圣经》中提倡，可以选择一种现成的语言，或创造一种新的语言，作为世界语。阿布杜巴哈也指出，现在世界上

① 《巴哈欧拉之世界秩序》，澳门巴哈伊出版社 1995 年版，第 42 页。

② 《巴哈欧拉之世界秩序》，第 43 页。

③ 转引自威廉·汉切尔、道格拉斯·马丁：《巴哈伊教——一个新崛起的世界宗教》，新加坡巴哈伊总灵体会 1993 年版，第 75 页。

④ 《国际环境立法的必要性》，载《天下一家》1992 年第 1 期。

⑤ 《巴黎片谈》，台湾巴哈伊出版社 1984 年版，第 28 页。

有八百种以上的语言，无论是哪个人都不能够把这些语言通通学会。而“一种世界语言会使各国间的语言无阻碍。如此，一个人就只须懂得两种语，一种是本国语，一种是世界语，后一种能使他与世界任何国家的人民交谈”。这样，第三种语言就不需要了，通过世界语能够和任何国家的人民谈话，“不需要翻译，这对于所有的人是何等的方便和舒适！”“世界语就是因这目的而创成的。它是巧妙的发明和一件宏大的工作，但还需要改良。照现在的情形看起来，世界语对于有些人民还是困难的。”①

为了实现世界大同，更需要推行博爱主义。巴哈欧拉在《隐言经》中说：“朋友啊！在你的心园里，只栽种爱之玫瑰。紧握着挚爱与祈望之夜莺，不要放松。”又说：“冲破你的樊笼，像爱之凤凰翱翔于圣洁的苍穹。”具有博爱之心胸，发挥人性之善美，能把全人类结合在一起。阿布杜巴哈说：“爱是一切物质存在之因，而失去爱就会导致分裂以及生命的消逝。爱是有意识的天赋恩赐，是万物之间的亲密联系。我们首先以感性认识为依据来考证它。我们观察宇宙就会发现万物众生的基本结构都是由互相吸引的元素组成。由于这种吸引力的作用，元素的原子之间存在明显的凝聚现象，从而形成较低级的合成物。矿物界表现出的凝聚力实际上是适应其要求的低层次的‘爱’的体现。……植物界也存在着‘爱’的力量。……动物能感受到某种亲密的伙伴关系。它们本能地选择友伴。这种元素相吸、细胞相联以及有选择的亲密关系正是爱在动物界的体现。……因为人是最高级的造物，爱的荣光在人间更璀璨。在人身上，我们可以看到组成他身体的元素之间的互相吸引，使细胞相联的更大的凝聚力，还有动物所特有的感受。但除这些低级吸引力外，我们还看到更高级的灵性相吸——把人们紧密结合在一起的亲密感，它使人们能友爱地相处。因此统治人类的最高君王就是爱。假如爱的荣光黯淡，吸引力消失，心灵间的亲密关系毁灭，那么人类生命的本质也就失去了。”②在巴哈伊教看来，爱万物，爱世人，就是爱上帝，因为爱心是服务于人类的。人类相互的爱是世界和平发展的保障，是天下大同达成的人性基础。世界一体的第一要件，就是绝对的爱和统一体成员的和谐。全人类都必须摆脱相互疏远，在自身展现上帝的唯一性，因为全人类是一海之波浪，一条河中之水滴。

磋商的原则被巴哈伊教作为实现世界大同的重要原则，且被巴哈伊社团具体实施。至于巴哈伊教的其他一些教义原则，如普及教育、男女平等、科学与宗教和谐等也都与大同观的思想体系相一致。

阿布杜巴哈在一则书简里详尽地论述了他对世界大同的完整看法：

看看你周围的世界：团结一致、相互吸引、聚集一堂可焕发生机，而纷争、冲突则带来死亡。当你认真考虑种种现象时，你将明白每一种造物都是由许多元素融合而存在的，一旦这些元素之集合被分解，各部分和谐被中断，那么，生命的形式也就完结了。

在过去的时代里，人类虽然已达到了某种程度的和谐，但由于缺乏具体的手段，全人类的团结还不能实现。各大洲依旧相互隔离，不，甚至在同一个大洲上的人们，其思想上的交流与联系也几乎是不可能的。因而地球的子孙，全人类的相互往来、理解与团结就不能达到。然而，如今，随着交通工具的不断增加，地球上的五大洲实际上已联为一体。现在一个人可以很容易到

① 《巴黎片谈》，第 122 页。

② 《世界团结之基础》，第 92～93 页。

各地去旅行，与他人往来交流思想，并通过各种出版物去了解全人类的状况、宗教信仰及其思想。同样，人类大家庭的所有成员，无论是各国政府还是各个民族，无论城市还是乡村，他们之间那种相互依赖、相互依存的关系已变得越来越密切了。自给自足已不再可能，因为政治的纽带将所有国家、所有民族联在一起，而教育、工农业及贸易之联结日益增强。因此，在今日，全人类的团结已是可以达到的。这确实是一个美妙的时代，这个辉煌的世界中的一个奇迹！过往时代被剥夺了这一荣耀，而这个世纪——这个光明的世纪——已被赋予独特的、前所未有的荣誉、力量和光明，因此，令人惊叹不已的新鲜事物每天层出不穷。最终，人们将看见其灯烛在民众中燃烧得是多么的明亮。

你看它的光明正在怎样地从世界黑暗的地平线上破晓而出啊！第一盏灯烛是政治领域内的团结，其初期微弱的闪光现已能明显地觉察到了。第二盏灯烛是在世界事务中思想的一致，这不久将得以完全实现。第三盏灯烛是肯定会实现的自由的团结。第四盏灯烛是宗教的统一，这是宗教团结之基础，凭上帝之威力，其光辉将完全显现。第五盏灯烛即国家之团结无疑将在这个世纪建立起来，使世界各国人民将自己视为同一个祖国的公民。第六盏灯烛是种族团结，它使居留在这个地球上的所有人亲如一个民族。第七盏灯烛是语言的统一，能选一种通用的语言以此相互交流。这每一盏灯烛所昭出的一切都必然得以实现，因为上帝王国的力量将助其完成。[①]

第三节　两种大同观异同之比较

综观儒家和巴哈伊的社会思想，两者都以“大同”、“天下一家”为其外在形式的最高表现，推重的都是一条由内圣而外王的实践路径。但从以上的比较中，我们也可以看出，二者的差别也是很明显的，最根本的差别可以归结为：孔孟代表的理想正途是将现实理想化的模式，而巴哈伊教奉行的，或其主旨所在，是将理想现实化。孔子和孟子是从民众的现实生活出发而设计其社会思想，出发点和归结点虽然都是人世，但其中具体设计和最终归宿设计却又是超现实的理想主义，力图建立的是伦理化的制度模式。“（孔子）认为在他所阐释的这种伦理社会观的原则支配下，存在于当时封建关系中的这种人与人之间的社会关系便可以巩固起来，破绽可以弥补起来。”[②]由人性善而成仁义之人格，再至王道之社会。正是这种基于现实而又力图超越现实，甚至在理论基础上（人性善）也超越现实的理想主义，使得孔子和孟子在其生活的社会中处处碰壁。

巴哈伊教奉行的则是将理想现实化的模式。作为一种宗教，它属于他律的伦理体系，其社会思想的出发点和归宿点是外在的最高存在（尽管它并不是实体性的）。上帝的教义“构成人的生活，促使人们去思考，调整人的品格，并构成人之为人的永久的荣耀的基础”[③]。但是该教立足此世、关心人类现实生活的价值倾向又促使它将对最高存在的爱、景仰和奉献转投到此世的生活中，希望在这里将最高理想现实化，力图在这个地球上，在活生生的人类世界上建立人间的天国。加之该宗教成

① 《阿布杜巴哈选集》，世界正义院 1978 年版，第 31～32 页。

② 吕振羽：《中国政治思想史》，三联书店 1949 年版，第 85 页。

③ *The Bahá'í Faith—The Emerging Global Religion*.

长的历史背景更接近现代，他们又借鉴了以往宗教的弊端，使其社会思想中理想化、脱离现实的成分减少，代之以更多合于时代特色的、切实可行的具体措施。这种转变，避免了有些宗教在现代化过程中，其影响力逐渐缩小到私人领域的趋向。巴哈伊的兴起，代表着一种新趋向：无论是宗教还是一般的人类社会政治思想，要获得生存的契机和发展活力，必须立足现实，冲破传统禁域，寻求新经验，并在思想上实现真正意义上的现代化转变。这正是被重新加以审视的儒家思想面临的问题所在。

儒学复兴的问题和它与现代化接轨的问题提出已久，但除理论界有一些探讨外，对实际社会生活并未产生真正的影响，原因就在于："它没有能够提供一种有利自身现代化发展的现实性内部动力。面对现代化的挑战，儒学的反应首先是消极的。"[①]理想主义"内在论"（把一切行为最终归结为道德领域内的问题）传统在某种程度上阻碍了儒学向功利主义的现实发展。按约瑟夫·李文森关于儒学的现代化问题的观点，传统儒家的"道"一元论中，未曾有过非人的客观世界，未曾有过功利主义的经济，也未曾有过能发挥职能的社会：一切都融合为一个未分化的整体。即便他的观点有失偏颇，但也提醒儒家学者，儒家的人本主义精神以及由此而衍生的社会思想中的人文原则，对现代人类文化有借鉴意义，但它自身又未能真正实现具体意义上的现代化转变。这样，就增加了现代人对这种思想理解和接受上的难度，因此，必须适当调整，吸收现代文明观念，才能成功地与现代化接轨。这是我们探讨儒家社会思想现代化中应认真思考的问题。

通过对两种社会思想的比较，我们可以发现它们的差别。但亦为重要的另一点，则是从其相似的基本精神中得出的启示——以人的精神价值的确立，对人之为人的存在的关注为基本的价值取向，这种基本的相似性是孔孟的安身立命之说为新儒家复活的原因，同时也决定了巴哈伊教近 100 年来成长为分布范围第二的世界宗教，人本主义，是人类目前发展所需要的，亦是现代社会为文化意识领域确立的价值标准。

从人类社会目前发展的状况来讲，科技文明的过度发展固然带给人前所未有的物质享受，但实践理性却未能成功地给人以精神上的指引，西方传统的主客二分思维方式使人在理论理性的胜利面前感到人之为人的价值的失落。尤其是世界对立格局的结束，使"我们对智慧的追求落空了……形成了自身真空，并且留下了庸俗的物质主义"[②]。在这种时候，人类需要对自身的深刻透视，并能由此而寻求强大的精神支柱和继续前进的动力。在西方，虽然康德早已认识到"心中的道德律"和"头上的星空"对人同等重要，但他未能给人在传统的主客二分之间架起合理的桥梁。科技文明在现代的日益胜利使人的生命精神陷入困境。应付这种困境，要求人们关注内在精神生命的确立，需求一种人道及人性的透视，以发动新的价值观和希望，这是前述两种社会思想价值得以凸显的原因。

牟宗三在《中国文化的特质》一文中说道："这个特有的文化生命（中国文化）的最初表现，是在：它首先把握'生命'；《尚书·大禹谟》里说：'正德利用厚生'。这是中国文化生命里最根源的一个观念形态。"他的话点明中国传统文化的根就在于对人的生命存在——尤指人之为人的精神生命的深刻体透。这个根，自孔孟之处就可发现它的种子。他们讲人的安身立命，不是教人如何生物地或化学地了解生命，而是如何在精神领域、心灵世界或价值世界确立人的人格。孟子从根本上出发，认为人之异于禽兽者就在于人心内的四善端，失此四端则失去了做人的资格，"人之所以异于禽兽者几

① 黄秉泰：《儒学与现代化》，社会科学出版社 1995 年版，第 16 页。

② 罗马俱乐部：《第一次世界革命》，载《天下一家》1992 年第 4 期。

希”，这几希之处就在这一点人的精神。因此朱子注曰：“人物之所以分实在于此。众人不知此而去之，则名虽为人，而实无以异于禽兽。”（《孟子集注·离娄下》）孔孟都力图从人之根本上识人，并由此而生发开去，为人心立其大，树立道德人格。这种路向与自古希腊以来西方形成的、在人客二分的基础上，将人的目光过多地投注到外在世界上，力图从对立的世界中寻找人存在的位置的做法是相对的，中国人希望从自身寻找存在的根据，有些文化生命，则可以体认大全，在精神上自同于大全，这是其他物类达不到的。

而阿布杜巴哈说：“人类显然是自然界的主宰。自然停滞不前，而人类不断进步，人类有强有力的意志”，“总之人类显然高贵，优越，他是一种超自然的完美力量”①。而人之所以能超自然，就在于人的理性精神。虽然作为一种宗教，它强调的是灵性精神，强调的是心灵世界中的信仰，但这种信仰，亦有别于传统宗教的实体性信仰，阿布杜巴哈对此有进一步解释，即天国是人之精神的完满状态，指摆脱愚昧之黑暗，得到真理，充满德行；地狱是精神不完满状态，沉淹于情欲；灵魂是指人类所有的一切精神与意识特质的总和；复活的观念是与肉体无关的，指的是一种精神的永存。上帝对人的最高的要求就是要求人类精神的提升，灵魂的进步和完善。“人的本性使他倾向超然之境，巴哈伊就是激发并精炼人类的能力，使人类共同达到精神的成就和社会的进步。”②它的目的就是在人间建立人性的天国。曹云祥这样评价：“东方（尤指中国）的哲学家们遇有忧虑时便深刻反省，巴哈伊是一种深刻反省的新方式。……整个世界此刻在呼求灵光，目前人们对巴哈伊教义及解释这些教义的书籍显示极大的兴趣，其原因在于此。……严肃的思想家们现正致力于深刻反省人类心灵，并正从上帝寻求精神指导的人们，不妨借鉴并了解一下来自巴哈欧拉的预言的价值。”③

“人类社会正在迈向现代化，而任何国家民族的现代化都不是孤立的过程。这过程的特征之一，就是全球相互依存的程度极高。”④面对这种现实，人们对外界的知识掌握得越来越多，并逐渐成为人认识自身的桎梏，国家与国家在利益对立基础上难以形成深层的沟通。这时，人应将关注的目光转向自身，把人的精神生命的存在看作最高的本质存在。在此点上，东方可以给西方以借鉴。而孔孟为代表的儒家社会思想也正是在这一点上和巴哈伊的社会思想相通，它们共同的对内在文化生命的关注应为现代社会所吸取。任何一种社会思想，必须将对人的价值存在的肯定放在首位，人文情怀是价值取舍的根本标准。借用黄秉泰的话说就是：“在这样一个后工业社会中，形式化官僚主义的缺乏人情味的逻辑、技术上的效率和科学的合理主义占了上风，人道主义的以人为中心的儒学文化也许就有可能通过后门进来，以便把缺乏人情味的社会重新人化。”⑤

① 《世界团结之基础》，第71页。

② 《世界和平的许诺》，巴哈伊国际出版社1997年版，第6页。

③ 转引自李绍白：《人类新曙光——巴哈伊信仰》，澳门巴哈伊出版社1995年版，第317～319页。

④ 杜红：《对宗教与现代化问题的思考》，载《宁夏社会科学》1996年第4期。

⑤ 黄秉泰：《儒学与现代化》，社会科学出版社1995年版，第16页。

伊朗历（节选）*

[英]霍尔福德-斯特雷文斯著，萧耐园译

类似的闰年法则存在于巴哈[①]历中，它的太阳年包含 19 个由 19 日构成的月份（19 是巴哈教派的象征数字），另加 4 个月份外日期，当春分滞后于 3 月 21 日的日落（这是巴哈教派一日的开端）时再加上第 5 个；但是，在实践中往往遵行格列高利历或伊朗历的闰年。星期开始于星期式纪元从 1844 年起计数。

* 原载[英]霍尔福德-斯特雷文斯：《时间的历史》，萧耐园译，外语教学与研究出版社 2007 年版。

① 巴哈教派（Bahá'í Faith），伊斯兰教的一个教派，由米尔扎・侯赛因・阿里（1817～1892，称号为巴哈・安拉，意为“真主的光辉”）所创立。

巴布派起义*

吴云贵　周燮藩

伊朗什叶派宗教体制的发展主要围绕着宗教学者与国家政权的关系进行。而18世纪的另一股思潮，即以谢赫学派为代表的救世主义倾向，由寻求传达隐遁伊玛目旨意的中介，到第十二位伊玛目即马赫迪的复临，终于在19世纪导致巴布派的产生及全国性的人民起义。巴布派迅速传播而引发的大规模起义，说明19世纪上半叶伊朗社会内部矛盾的尖锐。社会经济的衰落和外国商品的大量涌入，使农业与家庭手工业相结合的自然经济遭到破坏。地主阶级要求以货币代替实物地租，加重了对农民的剥削。商品经济的发展改变了旧有的土地关系，大批农民失去土地而流离失所。手工业者和小商人也在外来商品的竞争下破产，生活每况愈下。加之封建统治者的腐败暴虐和敲诈掠夺，激化了伊朗的社会矛盾。在这种背景下，巴布派由最初的宗教活动转入具有反抗封建压迫和殖民侵略性质的政治斗争。

巴布派的创始人米尔扎·阿里·穆罕默德（1819～1850）出生于伊朗南部设拉子的一个棉布商家庭。青少年时代在某地学习经商五年之久，后赴什叶派圣地卡尔巴拉和纳杰夫朝谒，结识了谢赫学派首领卡里姆·位什提，后成为该学派的忠实信徒，留在卡尔巴拉学习宗教知识。1843年卡里姆·拉什提去世，但未指定继承人。阿里·穆罕默德被谢赫学派部分信徒推举为首领。1844年适值什叶派第十二伊玛目"隐遁"1000年，什叶派穆斯林普遍相信，隐遁的伊玛目会在这一年"复临"人间。阿里·穆罕默德年轻时写《朝觐指南》一书，表达了他对隐遁伊玛目复临人间的期待和渴望。同年5月23日，阿里·穆罕默德得到灵感，在诵读《古兰经优素福章》时，即席写下对该章经文的注释。于是觉得自己已受天命要充当人类与执行真主意旨的伊玛目之间的"门"（巴布）。这种有关"门"的教义是什叶派，尤其是谢赫学派所一直提倡的。据一则经常引用的什叶派圣训说："我（先知）是知识之城，阿里是该城的门（巴布）"。在第十二伊玛目隐遁之初的"小隐遁时期"，有四位相继任命的代理人，成为隐遁伊玛目与信徒保持密切联系的"门"。阿里·穆罕默德宣布自己是"巴布"，就是要重新打开信徒与伊玛目联系之门，他便是将隐遁伊玛目旨意传达给民众的必由之门。1845年，他从麦加朝觐归来便宣称自己是民众翘首盼望的马赫迪，负有铲除人间罪恶、建立"正义之国"的使命。他还断言，真主只信赖一位经由"知识之门"到达"知识之城"者，即接受真主指导而降世的马赫迪，也就是他本人。他传播的启示将随着时代的发展而传遍全世界。他首先选中18名门徒，连同他自己共19人，成为新教派的使徒，分赴各省宣传其主张，吸收大批下层宗教学者和商人成为其追随者，影响日增。在1848年下半年，巴布（即阿里·穆罕默德）及其门徒一直企求争取卡扎尔王朝统治者和宗教

* 原载吴云贵、周燮藩：《近现代伊斯兰教思潮与运动》，社会科学出版社2007年版。

学者接受其关于社会和宗教改革的主张,但反遭压制。什叶派宗教学者则视其为异端,与其决裂。1845年,巴布被拘捕至设拉子受审并关进监牢。6个月后他脱身逃至伊斯法罕,受到当地官员的殷勤招待。巴布派的传播,在各地引发了城市贫民、手工业者和小商人的骚动和起义,使统治者惊恐不安。1847年,一批巴布派教徒被捕入狱,惨遭毒刑。巴布本人也在德黑兰被捕,囚禁于阿塞拜疆的马赫库要塞,1848年转入乌米西亚湖西的切里克要塞囚禁。1850年,巴布派的起义在各地接连不断,狱中的巴布仍对其信徒有巨大影响。为防止巴布派运动继续高涨,巴布被押解至大不里士枪决。

巴布在狱中以惊人的毅力完成了大量的教义著述,其中最著名的是《默示录》,是巴布派及后来的巴哈伊教承认的经典。巴布认为,人类社会是一个时代和又一个时代依次递嬗而发展的。每一时代皆有特定的制度和律法。旧时代的制度和律法随着时代的结束而废止,新的制度和律法则随新时代的来临而生效。但新的制度和律法并非由人类自己制定,只能由真主派遣的先知来颁布。每一时代都有真主派遣的一位新先知,向人类传达真主的启示,制定新的制度和律法,取代旧的经典、制度和律法。摩西和《律法书》、耶稣和《福音书》、穆罕默德和《古兰经》,就是各个时代的先知和经典,并因时代递嬗而依次互代。巴布宣布,现在他是真主拣选而派遣的新先知,《默示录》是高于一切旧经典的新启示。穆罕默德的时代已经过去,《古兰经》应由《默示录》取代,现存的一切制度和律法都要按照《默示录》的精神加以修订。因此,巴布派否认伊斯兰教法规定的宗教义务和行为规范,倡导简化有关礼拜、斋戒、洁净等礼仪,认为每个人可以在方便时就去礼拜,不必在规定的时间或在清真寺举行聚礼。洁净只是嘉许的行为,故可悉听尊便。该派严禁信徒饮酒、赌博和乞讨,不许向乞丐施舍,禁止随意伤害人命、破坏社会治安和违犯社会公德。该派还提出一系列现代主义的改革主张,如宣传一切人皆平等,包括妇女在内。因而对妇女及其权利的尊重大大提高。还提出保障人身自由,承认男女同等的财产继承权,以及偿还债务,支付商业利息,严守商业通信秘密,办好邮政通讯,统一币制等。在教条上,巴布提出真信有七种表征,即前定、注定、意定、意愿、允准、末日和启示;真主借助这七种表征创造了自然界、人类和现象世界。对于数字"19",他们尤为珍视,因为这是"独一者"(瓦哈德)一词的字母数值。因此每年定为19个月,每月定为19天。管理社团的委员会也由19人组成。巴布企望在新时代创建的正义之国里,没有封建压迫,人人过着平等而幸福的生活。这反映了广大农民、手工业者和集市商人的向往。但是,封建统治者和宗教学者不愿抛弃旧制度,因此大地上仍充满不公和倾轧,正义之国迟迟不能建立。

巴布原来打算说服统治者,自上而下地实行他的改革主张。1847年巴布入狱后,其弟子们才转向广大民众宣传。由于穆罕默德·阿里·巴尔福鲁什、侯赛因·布什鲁耶及女教徒库尔拉特·艾恩等的积极宣传,大批对宗教学者的刻板严峻感到厌倦而幻想自由平等、期待马赫迪到来重建正义的人们纷纷加入,使运动迅速波及伊朗各地。各地的骚乱引起统治者惊慌失措,不久便采取镇压措施。1848年9月,巴布派在马赞德兰发动起义,至1849年2月全国起义队伍发展到10万人。1850年,赞詹、尼里士又发生大规模起义。巴布被害后,国王调集重兵对各地起义进行镇压,至1852年春才彻底击破各地起义据点。1852年8月,巴布派刺杀国王未遂,招致更大规模的迫害。大批教徒纷纷逃亡伊拉克。

亡命国外的巴布派教徒由巴布的弟子苏卜赫·艾孔勒("永恒的曙光")领导,坚持原来的教义。1863年其异父兄弟巴哈乌拉("真主的光辉")宣布自己是巴布预言的"真主应许的显观者",从而引起教派分裂。巴哈乌拉放弃巴布派关于社会改革的大部分主张,遵循巴布关于新时期有新先知的宗教改革主张,提出一系列世界主义和和平主义的伦理观,从而使其教派发展成为一个独立的新兴宗教。

《中国伊斯兰百科全书》中相关介绍*

苑耀宾主编

巴布教派起义(Al-Intifádah Al-Bábíyyah)　19世纪中叶伊朗巴布教派穆斯林谋求宗教社会改革、反对封建统治的起义。19世纪初，在卡扎尔王朝统治时，欧洲资本通过对伊朗的商品输出大量涌入，本国民族工商业遭到打击，封建统治集团趁机兼并土地，大批农民流离失所，积怨日深。设拉子商人出身的伊斯兰教谢赫学派领袖米尔扎·阿里·穆罕默德企图通过宗教改革来改造社会，反对封建统治。1844年他自称是通向隐遁伊玛目的"巴布"(即门)，宣称穆斯林唯有通过伊玛目引领之"门"才能认识真主。1845年，他自称"马赫迪"(即救世主)，创立巴布教派。宣称要以他写的《默示录》代替《古兰经》，改革宗教和社会制度，主张新时代的制度和法律保障人身自由和人民财产，保障贸易和商业利益，反对封建压迫；新社会中男女平权，人人平等而幸福。巴布最初企图在伊朗统治集团中传教，通过劝诫使他们接受他提出的宗教社会改革的主张，但未获成功，反遭压制。伊朗国王慑于巴布威望的提高和信徒的大增，1847将巴布捕押。巴布教派的著名毛拉穆罕默德·阿里·巴尔福鲁什和侯赛因·布什鲁耶到伊朗马赞德兰省等地深入群众，宣传巴布教义，并提出废除私有制、财产公有、人人平等的口号，信徒颇众。由于统治阶级派兵镇压，从1848年9月起，各地的巴布教派信徒纷纷举行起义，后全国起义队伍发展到10余万人。起义的主力为农民、手工业者和商人，领导者为巴布派的毛拉、学者和商人。最大的3次起义为：1848～1849年在伊朗北部的马赞德兰起义、1850年在里海西南的赞詹尼起义和同年在伊朗西南的尼里士起义。国王惊恐，于1850年7月9日将巴布处死，并调集重兵对各地起义进行镇压。因力量悬殊，到1852年各地起义据点先后被击破，起义领袖阵亡，无数巴布派信徒惨遭杀害，起义失败。1852年该派谋杀国王未遂，又遭大规模镇压，幸免的信徒转入隐蔽活动，有的亡命异国。巴布教派起义所提出的社会改革的主张，也具有反抗外国殖民者、争取民族独立的性质。(杨克礼)

巴布教派运动　见巴布派

巴布派(Al-Bábíyyah)　近代伊斯教派别。亦称巴布教派运动。19世纪中叶，由伊朗设拉子商人出身的什叶派谢赫学派学者米尔扎·阿里·穆罕默德(1820～1850)创立。因他自称"巴布"(即信仰之门)，故名。巴布派的思想先驱是18世纪初在伊朗产生的什叶派的谢赫学派。阿里·穆罕默德曾到伊拉克卡尔巴拉朝谒侯赛因陵墓，结识了谢赫学派领袖赛义德·卡兹姆·拉西提(?～1843)，成为该学派忠实信徒。1843年被推举为谢赫学派首领。1844年，阿里·穆罕默德提出："第

* 原载宛耀宾主编:《中国伊斯兰百科全书》，四川辞书出版社2007年版。

十二伊玛目和他的信徒之间，存在着中介，这个中介的原型即四道相继的‘巴布’，通过这些门，第十二伊玛目在其隐遁期间保持与其信徒的联系”，并公开宣称自己就是“巴布”，人们通过这座“知识之门”，即可了解期待降临的“马赫迪”的旨意。1845 年，他公开宣称自己为“马赫迪”，其使命是铲除人间不平，建立平等、公正与幸福的“正义王国”。他的传教遂吸引了大批下层毛拉和商人成为其追随者。他派 18 人的传教师到伊朗各省传布其教义，信众日增。阿里·穆罕默德企求通过道德感化的方式，使伊朗卡扎尔王朝统治者接受其关于社会和宗教改革的主张，但未成功，反遭压制。官方什叶派学者则视其教义为“异端”，予以抨击。伊朗国王慑于该派日益增长的势力，于 1847 年将阿里·穆罕默德逮捕囚禁。

1847～1848 年，阿里·穆罕默德在大不里士狱中，仿照《古兰经》用波斯文写成《默示录》(《白彦》，意为“宣言”)。该书系统阐述了巴布派的教义学说、律法、礼仪及宗教社会改革的主张、被该派信徒视为与《古兰经》同样神圣的经典。巴布在该书中宣称，伊斯兰教旧时代已结束，巴布教派开创的新纪元已经到来。认为人类社会各个时期依次按周期循环，当一个旧周期循环结束之时，取而代之的是新周期循环的开始。安拉在每一个历史时期周期循环结束时，派遣一位新先知，引领世人毁灭旧世界，重建一个新世界。每个时代皆有特定的制度和律法。旧的制度和律法必将随着时代的结束而被废止，代之以新的制度和律法。但新的制度和律法不能由“凡人”制定，只能由真主派遣的“新先知”颁布。认为摩西及《旧约全书》、耶稣及《新约全书》、穆罕默德及《古兰经》都曾代表一个时代，但都以相继被取代而成为过去。巴布宣称他即是真主派遣而降世的新先知，《默示录》是高于一切而代替《古兰经》的新经典，现存的一切制度和律法都应按照《默示录》的精神加以修订。巴布教派认为，安拉的本体是绝对存在的、超自然的，它有了 7 种属性，即前定、注定、意定、意愿、允准、末日与启示。安拉利用这 7 种属性，创造自然界、人和现象世界。该派认为，数字“19”是表示神性和圣性的统一的数字，是安拉本体的数量表征。故将每年定为 19 个月，每月为 19 天，每天都用表征安拉德性的 19 个名称命名，并组成 19 人为成员的宣教组织。该派否认伊斯兰教法规定的宗教功课及教律，主张简化教法中有关礼拜、斋戒、净礼等规定，主张不必要在规定的时间或在清真寺举行集体礼拜，各人可在其方便的时候就地礼拜；规定每年只需斋戒 19 天；净礼不属教法规定，仅属于嘉许行为，故可以简便。该派严禁信徒饮酒、赌博和乞讨，禁止向乞丐施舍，禁止随意伤害人命、破坏社会治安和违犯社会公德。允许男女均可离异及再婚，男女有同等财产继承权，废除妇女戴面纱。该派还提出了一系列有关社会改革的主张，如承认贸易和签订合同的绝对自由；允许对赊欠的贷款收取一定利息；废除一切苛捐和劳役；主张消灭私有制，没收统治者财产分给贫民；统一币制等。

1847 年巴布被捕后，更加激起其信徒的反抗斗争。接替他领导巴布派运动的侯赛因·布什鲁耶和穆罕默德·阿里·巴尔福鲁什(？～1849)在波斯各地继续宣传其教义，争取大批支持者，并转入发动武装起义。1848 年 9 月，侯赛因在伊朗北部马赞德兰省比德什特首先发动武装起义，迅速发展到全国。到 1849 年 2 月，各地起义队伍发展到 10 万余人。巴布在狱中仍与外界保持联系，号召信徒为建立神圣的正义王国战斗到最后一滴血，后起义领袖侯赛因、阿里·赞詹尼等相继在战斗中阵亡。1850 年 7 月，巴布在大不里士监狱遇难，大批巴布信徒惨遭杀害。1851 年，各地巴布教派的起义被卡扎尔王朝军队镇压下去。1852 年 8 月，伊朗国王纳希鲁丁·沙被巴布派信徒刺伤，国王遂下令在全国范围内对巴布教徒进行了更大规模的镇压。此间，巴布信徒大批亡命伊拉克。巴布信徒到伊拉克后分裂为两派。一派为阿里派，由米尔扎·叶海亚领导，坚持原来教义，但人数很少；另一派为哈派，由叶海亚之兄米尔扎·侯赛因·阿里领导，后提出不同教义，在巴勒斯坦阿克城另创独立的巴哈教派。1868 年，米尔扎·叶海亚则在塞浦路斯岛另立苏布赫·艾泽里(即永恒的早晨)新派别，作为巴布教派的精神继承者。目前巴布派的教义仍流行于伊朗德黑兰、设拉子、克尔曼和尼里兹等地。在伊拉克、巴基斯坦仍有极少数信徒。（杨克礼）

巴哈派(Al-Bábá'iyyah)　曾为伊斯兰教派之一。"巴哈"系阿拉伯语，意为"光辉"、"荣耀"。是巴布教派中衍生出的世界性伊斯兰教新兴派别。19 世纪中叶伊朗人米尔扎·侯赛因·阿里(1817～1892)所创，他自称"巴哈乌拉"(Bahá'u'lláh，意为"安拉的光辉")故称为"巴哈派"。米尔扎是巴布的最早信徒，1852 年巴布派起义失败被捕，次年被释放后流亡到巴格达，同年 4 月宣布他是巴布所预言的"新使者"。后因与其族弟争夺教权到达土耳其，旋被奥斯曼政府监禁于巴勒斯坦的阿克。1871～1874 年写成阐述其教义的《克塔布·艾格代斯》(*Kitáb-i-Aqdas*)，即《至圣书》，共 472 节，据称可取代《古兰经》和巴布的《默示录》(*al-Bayán*)。该派教义崇拜独一、全知、全能的安拉，认为"一切宗教基础相同"，故无论哪一宗教，信仰的都是安拉，只是其名称不同而已。因此，该派承认伊斯兰教、印度教、犹太教、琐罗亚斯德教、佛教、基督教的创始人和巴布、巴哈都是安拉的使者，一切人都是安拉的"儿女"，因之人类应该统一和谐，实现世界大同。该派也有天园、火狱、灵魂、神迹、永生等说，但阐释不同，如能顺从安拉赋予的法则行事从而获得幸福，便是"天园"，反之产生苦恼即是"火狱"。它也重视今世，其社会、伦理主张主要有：拥护政府的法律和政策，以维护社会秩序和社会发展；发扬各民族文化，以丰富人类新的综合文化；实现男女平等，放弃一切偏见和争斗，提倡个人道德和友爱精神，以维护和平，实现人类大同，建立其"世界新秩序"和"正义王国"；认为宗教和科学并行不悖，主张寻求真理，普及教育。在教仪方面，简化了伊斯兰教的礼仪，如"净礼"只洗手、脸、脚或清水浸浴；"念礼"可诵上述先知或该派的任何经典；礼拜每日只礼晨、晌、霄礼，旅途中甚至只叩一头等。该派将一年分为 19 个月，每月 19 天，另有闰日，每年最后一月为斋月，期满过元旦。此外不主张施舍，反对苦修，提倡生活享受；婚礼可不诵祷词，仅由"灵体会"派人证婚。《至圣书》还制定了遗产法，要求每人必须预立遗嘱，主张自由贸易、开银行、放高利贷、严惩盗窃等。该派还规定信徒必须履行 9 项宗教义务：每日祈祷；斋戒；勤奋工作；传播"安拉的事业"；禁烟禁毒；遵守该派婚姻制；服从政府；不参与政治；不得中伤他人。奉行该派"圣日"，即巴哈受命纪念日、巴布受命纪念日和巴布、巴哈的诞辰与忌日，均称为"灵宴节"。该派的主要经典有：《至圣书》、《默示录》、《意纲经》(Kitáb-i-Íqán)、《隐言经》(*al-Kalimat al-Maknúnah*)和《哈夫·瓦迪》。本世纪 70 年代末，该派宣布为独立宗教。

巴哈派的基层组织为"地方灵体会"，设有国家或地区性的"总灵体会"，均可根据需要设各种委员会。各总灵体会之上为国际性的"世界正义院"或"万国灵体委员会"即中央长老会，均按届选举产生。该派礼拜之所称"灵曦堂"，为九面形建筑，附设有文化教育机构，分 6 所建于亚、欧、非、美、澳五大洲，称各洲"母堂"。巴哈派传播较快、较广。据 1981 年统计，全世界已有总灵体会 132 所，活动中心 111600 个，其中地方灵体会 26100 个，教徒已超过百万人。1954 年，该派在中国台南开始传播，创活动中心或地方灵体会 160 所，信徒 2000 余人，现设有"大同教台湾总灵体会"机构。（冯增烈）

巴哈长老会(Bahá'i Spiritual Assembly)　巴哈教派管理教务的领导机构。19 世纪末由该派创始人巴哈乌拉(1817～1892)创立，国际最高长老会总部设在巴勒斯坦的阿克城。其职责是：主持传教、制定教法、出版书刊、举办教育及社会慈善事业等活动。20 世纪 30 年代，随着巴哈教派在世界各地的广泛传播，长老会分为 3 级：(1)国际性的最高长老会，为该教派的最高领导和权力机构，由 9 人组成，由各国长老会选举产生。宣称长老会成员的权力是由安拉所亲授，具有绝对的决定权和裁判权。它由巴哈教派的领袖(总监事)领导，制定教法，任命各国长老会，管理国际教务。(2)国家一级长老会，由该国地方长老会选举产生，由 9 人组成，领导和协调地方的教务活动。20 世纪 80 年代，这种国家一级的长老会有 130 个。(3)地方性的长老会，规定在 9 人或 9 人以上的巴哈教徒中，可建立地方长老会，为群众性宗教社团组织，80 年代共有地方性的长老会 26000 个左右。国际最高长老会对各国长老会直接行使领导权，各国长老会有独立管理地方教务的权力。各级长老会在每年列德旺节(4 月 21 日～5 月 2 日)期间选派产生。1892 年巴哈乌拉逝世后，国际最高长老会由其子阿卜杜·巴哈(1844～1921)和其外孙邵吉·埃芬迪·拉巴尼(1897～1957)相继行使领导权。1957 年拉巴尼去世后，教权承袭再不下传。从 1963 年起该教派世界范围的领导权由各国长老会所选出的最高长老会行使。其活动经费，国际长老会由所属的企业和金融机构提供，各国及地方长老会由教徒自愿捐献提供。国际长老会总部设有宣教、组织、新闻、出版、电台及慈善等附属机构，免费向各国信徒赠送宣教书籍和报刊。在 40 多个国家和地区设有宣教中心。(杨克礼)

永恒主义哲学（节选）*

安桂清

他引用阿布杜·巴哈（'Abdu'l-Bahá）的话区分了灵魂、心智和精神三个容易混淆的词："（人的存在）是同一种现实，但却依据其表现出来的那种状态而被赋予不同的名称。因为当它控制着躯体的肉体功能时，它是附着于物质和现象世界的，所以被称作为灵魂；当它以一个思想家和分析家的姿态表达自己的存在时，我们就叫它心智；当它翱翔到上帝的氛围之中，到灵性世界去遨游之时，它就被称为精神了。"①赫胥黎把人看作是身体、心理和精神的三位一体，认为人的精神相似于甚至等同于万物之基的神圣精神。由于把人类精神等同于"神圣之基"，人类存在的根本原因就是要获得对神圣之基的整体认知。赫胥黎指出，依据永恒主义哲学，教育的目的在于协调个体与自我、与同类、与整个社会、与自我和社会都是其中之一部分的自由、与自然得以存在于其中的无处不在的超验的精神等之间的关系。

* 原载安桂清：《整体课程论》，华东师范大学出版社 2007 年版。

① 郭永玉：《精神的追寻——超个人心理学及其治疗理论研究》，华中师范大学出版社 2002 年版，第 24 页。

伊朗巴布教派运动*

中国伊斯兰教协会全国经学院统编教材编审委员会编

巴布教派运动是 19 世纪上半叶，在什叶派的伊朗爆发的一次宗教改革运动。其兴起有宗教文化背景，但主要是针对现实，为反对封建主义而宣传和推行的宗教改革，建立人间的正义王国。巴布教派运动的领导者赛义德·阿里·穆罕默德(1819～1850)，出生于棉布商家庭，青少年时代赴纳杰夫和卡尔巴拉(伊拉克境内什叶派圣地)学习宗教知识和阿拉伯文，深受当时流行的什叶派谢赫学派的影响。他撰写的《朝觐指南》，表达了他对什叶派"隐遁伊玛目复临人间"的信仰和期待。1844 年，他提出，在末代"隐遁伊玛目"与信徒之间存在中介，这个中介即 4 道相继出现的"门"(巴布)，伊玛目在"隐遁"时期通过 4 座门与信徒保持密切联系。他还肯定，真主只信赖一位经由"知识之门"到达"知识之门"者，而他本人便是一位受命于真主的马赫迪。按照什叶派"圣训"，真主是"知识之城"，第一位伊玛目阿里则是进入"知识之城"必经的门户。在什叶派的伊朗，巴布之说有深厚的群众基础，故而追随者甚多。信徒被派往各地宣传巴布运动的主张，号召人民铲除人间不平，建立正义之国。巴布希望创建的"正义之国"，反映了伊朗小商人、小手工业者和城市市民的意愿。因为自 19 世纪 30 年代起，欧洲资本通过商品输出涌入伊朗，使伊朗的自然经济受到冲击。商品经济的发展改变了旧有的土地关系，大批农民失去土地，生活没有保障。在外来商品竞争下，手工业者和小商贩也面临破产的威胁。而在巴布宣传的理想国度里，为人们描绘的是没有剥削压迫，没有欺诈，人人平等，过着幸福美满的生活的图画。为此，他提出应保障人身自由，尊重财产所有权和继承权，承认贸易和签订合同的绝对自由，允许对赊欠贷款征收利息，政府不得强迫信徒交纳赋税，以及统一币制、修复交通等。在宗教思想上，他提倡简化宗教礼仪，改革传统伊斯兰教与世俗法，规定每年只需斋戒 19 天，不必在规定的时间和地点进行经常性的礼拜，除葬仪之外，不必举行集体仪式；净礼不是必行之事，仅属嘉许行为；取消妇女戴面纱的规定。1847 年，由于统治者的镇压，一批信徒被捕入狱，阿里·穆罕默德本人也被囚禁在大不里士监狱。他在狱中完成的《默示录》，后来被奉为巴布教派的经典。其核心思想是人类各个时代依次传递向前发展，每一时代皆有特定的制度和律法，旧制和旧法随着时代的结束而被废止，代之以新制和新法。但新的制度和律法并非由人制定，而只能由真主差遣的先知颁布，巴布便是奉真主之命颁布律法的新先知，《默示录》是高于一切旧经典的新圣经。摩西的《旧约全书》、耶稣的《新约全书》、伊斯兰教的《古兰经》，皆须让位给《默示录》，现存的社会制度和律法也

* 原载中国伊斯兰教协会全国经学院统编教材编审委员会编：《世界伊斯兰教发展史简明教程》(试用本)，宗教文化出版社 2007 年版。原文有图，此处未录。

应按《默示录》的精神予以修订。1848年,巴布信徒在后任领导人侯赛因·穆罕默德·巴尔福鲁什领导下,于北部马赞德兰省发动起义,其矛头针对封建统治者、外国殖民者以及附庸于封建统治阶层的宗教上层。次年,义军达10万余人,波及全国。1850年,阿里·穆罕默德在大不里士遇难,大批信徒惨遭杀害。巴布运动在统治者的残酷镇压下宣告失败。

巴布运动失败后,由内部蜕化产生出不同于巴布教派的巴哈伊教。其领导人是巴布早期的信徒米尔扎·侯赛因·阿里·努里,该派得名于他的尊号"巴哈乌拉"。他原为马赞德兰省一封建贵族,因不满朝政而卷入巴布运动。他曾被捕入狱,后又被流放。在长达40年的囚禁生活中,巴哈乌拉埋头写作,钻研巴布教派文献资料,最终创立了巴哈伊教。他与巴布教义的主要分歧在政治与社会原则上,它不提倡武力,主张忠于政府,拥护国家法制,号召以博爱消除贫富差别,实现社会平等,而最终目标是实现人类一体、世界大同。在宗教思想上,提倡普世宗教,主张宗教是一元的,人类是一体的,上帝只有一个,可以有不同的名称,天主、真主、佛祖等等;上帝的旨意通过差遣的诸先知不断显现,犹太教摩西、袄教的琐罗亚斯德、佛教的释迦牟尼、基督教的耶稣以及穆罕默德、巴布、巴哈乌拉,都是体现上帝旨意的先知,而在巴哈乌拉身上显现得最充分,巴哈乌拉相当于犹太教的弥赛亚、基督教的耶稣,他是人们期待的救世主马赫迪。

巴哈伊教以自己独立的经典、教义和礼仪得以发展,今天除伊朗外,在西欧、南北美洲、非洲和澳大利亚等地都有其信徒。该派还在欧亚设有一些专门的国际性机构,参与教育、环保等世界性事务活动,有自己的宣教机构与刊物。它早已不再是伊斯兰教的派别,而被学者们当作一种新兴宗教进行研究。

心灵的净化：巴哈伊莲花（节选）*

萧　默

当代最值得介绍的一座优秀建筑是巴哈伊庙（莲花庙），其突出特点是并不着意于对传统建筑形式上的模仿，而具有鲜明的时代性，同时仍带有印度特色。

巴哈伊庙位于德里东南，是一座风格别致的建筑，既不同于印度教神庙，也不同于伊斯兰礼拜寺，外貌酷似一朵盛开的莲花，故得名。巴哈伊庙建成于 1986 年，是崇尚人类同源，世界同一的巴哈伊教的教庙。巴哈伊教是 1844 年在伊斯兰教巴布教派的基础上创立的，鼻祖是一位名叫巴哈奥拉的伊朗人。巴哈伊教有崇拜的神，但不崇拜偶像，不需要教士，也没有复杂的祭祀仪式。据此教自称，它的宗教理想是融合各种族，国家和宗教，组成一个人类大家庭，建立世界持久和平，扫除各种迷信和偏见，强调科学的作用，主张解放妇女，向往世界大同等，从某种意义上来讲，倒很符合现代精神。经过 100 多年的发展，影响已遍及世界各地，现有教徒 1000 多万人。巴哈伊教创立 30 年后传入印度，到 20 世纪 90 年代，在印度已有 3 万多名教徒。

值得一提的是，在巴哈伊庙居然有中文介绍材料，这在印度还是从来没有过的，就此似乎也体现了它的大同精神。在中文材料上，这座圣殿有一个很好听名字——灵曦堂。看来，命名者绝非凡夫俗子。

巴哈伊教在许多国家如美国、德国、澳大利亚都建有规模颇大的教堂，都称作灵曦堂。符合它的教义，各地灵曦堂的建筑形式都吸收了当地的建筑文化传统。德里的这座教堂是世界第七座，由 9 座水池围绕着中央集中式体量的巨大白色莲花状建筑组成，全部采用白色大理石贴面，直径 70 米，由三层共 27 瓣花瓣组成的巨大的花朵，高达 34 米。九座水池好像九片莲花青叶，托举着一朵白莲，洗练明净，也很有现代感。水池周边围绕红砂石台阶，可以坐在上面休息。印度的许多宗教都尊崇莲花，所以自称包容了一切宗教的巴哈伊教堂就选用了莲花为主题，看来巴哈伊教是很懂得建筑艺术的了。设计人法里布兹・萨哈巴（Fariborz Sahba）是一位定居加拿大的伊朗建筑师，用了三年时间设计完成。教堂内部设置十分简单。只是一个高大空阔的空间，既无神像，也无雕刻、壁画等装饰物件，只是在光滑的地板上安放着一排排白色大理石长椅。白色是巴哈伊庙最主要的色调。进庙的教徒和参观的人也不需要进行什么特殊的仪式，只要脱鞋进殿，走到大理石椅上就座，各照自己的信仰与理解安静沉思，就行了。我也进去了，坐下来，却没有时间沉思，只是四面八方地看。

---

* 原载萧默：《天竺建筑纪行》，生活、读书、新知三联书店 2007 年版。原文有图，此处未录。

印度德里巴哈伊灵曦堂

巴哈伊庙的周围是一大片碧绿的草坪,其间点缀着一簇簇花木。在风和日丽的日子里,走在褐红色的甬道上,抬眼望去,蓝天之下,百花盛开、绿草地上绽放着一朵巨大的白莲花,实在令人叹为观止。

我来到这里时,一位义务服务的姓涂的来自马来西亚的华人姑娘迎上来要为我充当导游,声明并不收费。我感谢她的好意,但我说我主要是来考察建筑的,太阳又快下去了,我得抓紧时间拍照,表示谢绝。她说她可以陪我一面走一面谈,不耽误我的事。从她那里,我得到了许多知识。她说孔子教导人们要爱惜自己的品德,释迦牟尼教导人们护持自己的灵魂,耶稣教人要关爱自己的邻居和原谅敌人,穆罕默德教人要热爱自己的祖国。这些教导原都是不错的,所以他们都是圣人和先知。但这些还都只是一些初级的善行,因为当时的人类还很愚钝,只能教导他们这些。巴哈伊教则教导人们要热爱全人类,热爱全世界,主张和平和世界大同,男女平等,这才是最高的境界。她还说,巴哈伊教不但不排斥任何宗教和学说,反之,它包容一切宗教,是居于一切宗教之上的宗教。她送给我一些小册子,讲的也是这些道理。

后来听中国驻印度大使馆文化参赞罗先生说,巴哈伊教也可以译为"大同教"。

参观完毕后,那位姑娘带我到一个房间,拿出一册专门给中国人留言的签名簿,我写下了一句:"一次心灵的净化。"临别时,涂姑娘说她是一个普通工人,挣了钱,攒下假期,每年都要到这里来,义务为游人服务。

这确实是一次难忘的经历,只是对这座建筑有一点不明白,设计人为什么要采取九角形平面?从设计到施工,不是要比八角形或六角形麻烦得多吗?可能有宗教上的道理吧!后来知道果然是这样,全球9座灵曦堂,虽然形象各异,却都同样是九角形。

按照黑格尔的界定,建筑属象征型艺术,"在象征型艺术里我们所见到的不是内容和形式的统一,而只是内容和形式的某种联系。只是用外在于内容意义的现象去暗示它所应表现的内在意义。这就使得象征型艺术,作为一个基本的艺术类型,所担负的任务是把单纯的客观事物或自然环境提升到成为精神的一种美的艺术外壳,用这种外在事物去暗示精神的内在意义"。以巴哈伊教堂的莲花为例,正完全符合黑格尔的阐释。在这里,莲花已经不只是单纯的自在的客观事物了,而被提升为"精神的一种美的艺术外壳",被赋予了原本外在于它本身的某种人类品质,巴哈伊庙正是借助了这美的外壳和这种品质去暗示某种"精神的内在意义"而成为艺术的。莲花之所以可以充当这种角色,除了它自身具有的可以为人所着意欣赏的形式的美以外,它之能够被赋予某种人类的品质,是因为它的某些自然特质与人们意欲赋予它的品质具有形式上的"某种联系",通过移情作用而完成的。例如佛教说莲花"处染常净","花落莲成",原本不过都是莲花自身的某种自然性质,这些性质经过移情,"处染常净"就转化成了"出污泥而不染"的人格化了的高尚品质;"花落莲成"与狂花无果、华而不实相对,也就具有了如文质相应外美内秀功德圆满等含义,故佛教把莲花列为众花之首,《妙法莲花经》的"莲华"即喻经典的洁白与美丽。巴哈伊教堂可以说是具象的象征,是通过莲花这一具象的形式来表征其教义的纯洁高尚和博爱的,或者照黑格尔的说法,是所谓"单纯的象征型",即黑格尔所说其"外在因素本身就含有意义"的象征型,这里的"外在因素"就是莲花。但绝大多数的建筑应属于抽象的象征,不是以仿生的方式而只是利用点、线、面、体(体形和体量)、空间、群体和环境等原本不具有意义的"外在因素"为依托,运用诸如对称、对位、对比、比例、尺度、均衡、节奏、韵律、虚实、质感、明暗、色彩和光影等形式美的法则和造型手法,"去达到它本身以外的另一目的"即表现建筑艺术的内在精神意义的。至于后者如何通过它们来表现,这是一个很大、也很深邃的题目,这里就不能详细谈了。

印度传统美的模式*

——印度归来话美学之四(节选)

李翔德

莲花寺,中文的意思即莲花灵曦堂,是印度巴哈伊教的寺院。巴哈伊教于1844年创立,崇尚人类同源,世界大同。其教旨是:融合各民族、国家、宗教,并组成一个人类大家庭,建立持久的世界和平,对科学的作用尤为重视。所以又被称为"大同教"。荷花是印度的国花。它的这个寺院造型就像一朵浮在水面、周围由荷叶衬托、含苞欲放的美丽的荷花。这是由著名的伊朗设计大师法里布兹·萨哈巴设计的。这个设计构想真够大胆、宏伟了。

要知道佛教也尚莲,以莲为佛教之花。山西僧人慧远大师曾在江西庐山与陶渊明结"莲社",周敦颐也在离慧远这个"莲社"不远的地方建了一个"爱莲书堂",并写了著名的《爱莲说》。佛学的重要著作《华严经探玄记》则以莲花为喻,对"自性清净"下了四个定义。许多佛堂的观音坐的都是"莲台"。这个"台"当然很小了。这位萨哈巴干脆把它设计成一座伟岸的大庙,高34.27米,底座直径74米。全堂共4层,上面3层为荷花形,由27朵花瓣组成,每层9朵。第一层花瓣开放,第二层半开,最顶层含苞待放。非常富有立体感。底层每片花瓣之间修建了一个个椭圆形的水池,好像莲花兀立池塘之中,很富有诗意。它的外层全部用白色大理石贴面,通体雪白,纯洁无瑕。以此象征宗教的圣洁,超凡脱俗,走向清净的大同境界。猛一看,不以为是寺庙,而像是悉尼歌剧院。它建成于1986年,被称为"20世纪的泰姬陵"、"第二悉尼歌剧院"。它们的建筑形式各异,但都力求美善的统一,而美的最高境界就是幻境。正如泰戈尔所说"艺术就是幻境","就是在有限之中达到无限的欢娱"[①]。

---

* 原载李翔德:《美的哲学》(上),山西人民出版社2007年版。

① 《泰戈尔论文学》,第36页。

巴哈伊*

金　纲

巴哈伊教是 19 世纪中叶由伊朗贵族巴哈欧拉在伊斯兰教巴布教派基础上创立的一个世界性新兴宗教，其称谓得自巴哈欧拉之名，意为“荣耀”。本世纪内获得迅速发展，现在全世界信徒已超过 600 万。巴哈伊教总部设在以色列海法，称“世界正义院”，又称“万国总灵体会”，各国或地区的领导机构称“总灵体会”，基层组织为地方灵体会。各级灵体会均由 9 人组成，民主选举产生，定期换届。巴哈伊教教义的核心思想是上帝唯一，宗教同源，人类一体，天下一家，强调 11 项原则：自主寻求真理，人类团结，宗教应带来友爱和睦，宗教与科学一致，克服宗教、种族或派别的一切偏见，人的生存机会均等，法律面前人人平等，世界和平，宗教不应干预政治，两性平等、妇女应受教育，圣灵的力量是人的灵性发展的原动力。该教规定信徒每年斋戒一次，戒饮酒赌博、偷窃及使用暴力，禁说谎及背后论人是非，不得乞讨，必须工作，效忠政府，服从当地法律，重视婚姻及家庭生活。巴哈伊教提倡生活与信仰一体，没有专门教职人员，信徒“自行祈祷”，每个教徒都有传教义务。

* 原载金纲：《论语鼓吹：圣贤的光荣与漏洞》，天津人民出版社 2007 年版。

基穆关系和解个案的重大意义*

曹　兴

在世界范围内,民族与宗教关系中最严重的冲突是基穆冲突。因此,打通宗教相通性精神通道最难解的纽扣就是基穆关系问题。因此,基穆关系的和解将成为理解宗教相通性精神的关键一环。前面对基穆关系的历史有所分析,后面主要从现代的一个著名现象,即"从美国巴哈伊信仰作为基督宗教与伊斯兰教的成功综合"来阐释宗教相通性精神。

从古代十字军东征到"9·11"事件和美伊战争,许多人存有了一种偏见,多数基督徒和穆斯林也认为,似乎基穆关系是永远的冲突,而不可能有和解的一天,从而误认为"宗教相通性精神"范畴所揭示的原理不具有很大的普遍性。

然而,正当基穆关系"山重水复疑无路"之际,巴哈伊现象却给基穆关系问题的解决展示了"柳暗花明又一村"的可喜景象。巴哈伊教是基穆关系从冲突走向合作并能融为一体的一个很好的范例。虽然它起源并扎根于西亚的伊斯兰世界,后来却在欧美尤其在美国,与基督教产生了奇迹般的结合。

巴哈伊教是巴布教派中的一个分支,源自 19 世纪 60 年代。巴布派是十叶派伊斯兰教中追求救世主的一个宗派,发端于 19 世纪 40 年代的伊朗和伊拉克,并很快在信奉伊斯兰教十叶派的伊朗得到广泛传播。其产生的标志是巴布于 1844 年 5 月 22 日在伊朗发表的宣言。不幸的是,其被正统穆斯林教阶集团视为异端而被迫害和被驱散,巴布本人被囚禁,1850 年惨遭杀害。[①] 伊朗境内政府和教士们联手对巴布教的残酷镇压导致其失败及巴布运动领导人被灭绝。

后来,巴哈欧拉(1817~1892)继承发展了巴布教,并创建了巴哈伊教。他对巴布教进行重新解释。他在流放到奥斯曼帝国各地期间重新塑造了巴布的教义,把巴布信仰发展为一种具有普世的、主张寂静和自由的新宗教。他宣称自己是新的先知。虽然巴哈伊教在中东地区是一个弱小而受迫害的少数派宗教,但在伊朗境内则是最大的(非穆斯林)宗教少数派。

再后来,巴哈伊教逐渐向世界各地传播。20 世纪末,在欧洲和美国都有相当数量的基督徒皈依巴哈信仰,他们将其新宗教作为圣经预言之完成来接受。这就意味着,当巴哈伊教传向欧美后,就与基督教紧密结合起来。在 1894 年,巴哈伊教成为到达西方的第一个宣教性的东方宗教。但在欧美

* 原载曹兴:《民族宗教和谐关系密码:宗教相通性精神中国启示录》,中国政法大学出版社 2007 年版。

① 参见[美]李·安布尼:《和解他者:美国巴哈伊信仰作为基督宗教与伊斯兰教的成功综合》,常新译,载卓新平:《宗教比较与对话》第 1 辑,社会科学文献出版社 2000 年版,第 51 页。

的巴哈伊教徒却有意识地切断了与伊斯兰教的关联。①

目前，巴哈伊信徒有许多是非伊斯兰背景的皈依者。目前在伊朗，由于受到正统派的迫害，巴哈伊教徒从 20 世纪 20 年代的 50 万人锐减到 21 世纪初的约 30 万人。

巴哈伊教最初传入美国似乎事出偶然，而不是有意而为。在美国第一位积极宣讲巴哈伊的信徒易卜拉欣·乔治·哈易拉拉是一位叙利亚的基督徒，他在埃及时皈依巴哈伊信仰。1893 年，美国人在芝加哥热心招聘埃及商人参加哥伦比亚世界博览会。哈易拉拉及其贸易伙伴安东·哈达德旅行到芝加哥，想在博览会上试试运气。结果，他在讲授巴哈伊教中取得巨大成功，成百上千的美国人受到吸引，并皈依其门下。美国的巴哈伊信徒普遍认为，他们作为基督复临而接受的人曾是十叶派穆斯林，但在基督宗教处境中通常会用在穆斯林身上的“异己者”标志在美国巴哈伊社团内已被抹掉，他们认为巴哈欧拉是基督教上帝的先知。

对于巴哈伊教的教义及其内容，由于巴哈伊教对外保持神秘性，外界的人们知之甚微。人们对巴哈伊教的属性的看法有分歧，有的认为是伊斯兰教的一个分支。美国的巴哈伊信徒则否认其属于伊斯兰教，而认为巴哈伊信仰是一种独立的世界性宗教，其与伊斯兰教的关联并不大于其与其他任何世界宗教的关联。李·安东尼认为“美国巴哈伊信徒的实际体验和实践并非仅仅为伊斯兰教处境的不完善反映，而乃伊斯兰教与基督宗教传统和其宗教宣称有机结合起来的一种活生生的宗教。这种交融不是靠强加于其团体的某种人为性、有意性综合来达到，而乃靠巴哈伊信仰在美国的独特历史以及那些将基督宗教之宣称其新信仰的巴哈伊信徒的生动体验。美国巴哈伊信徒并不把其宗教之基本教义或实践本质上作为穆斯林来体验，而是作为基督宗教的扩展和完善。巴哈伊信仰至少在美国看起来乃作为基督宗教与伊斯兰教的成功综合而历史越发展起来：事实上，这可能是这两种传统作为一种活生生之宗教而存在的唯一成功之综合。”他还认为，“既然在基督宗教的西方数百年来关于‘异己者’的最强烈映像乃为‘穆斯林异教徒’，那么可以说巴哈伊团体已实现了一种引人注目的业绩——基督宗教与穆斯林本真之和解。我相信这一经验能够帮助我们理解宗教完成人类生活中主要功能之力量——消解矛盾和使对立者和解。”②

在美国的巴哈伊信仰已克服了基穆冲突的障碍。“美国巴哈伊信徒成功地将基督宗教和伊斯兰教传统加以综合，铸为一种活生生的宗教实践，而这两种信仰的真理和价值则在其中得以清楚确认——这可能是独一无二的成就。有着明显伊斯兰教根源的巴哈伊实践被美国巴哈伊信徒作为基督宗教虔敬性的扩展和基督宗教期待的实现而得以存在、得以体验。除此之外，现代美国巴哈伊信徒已经成功地将至少一部分穆斯林历史及其宣称吸收为其自己所有。在这一历史中，穆斯林不再被体验为‘异己者’，而且已确实成为了‘先驱’。这是对宗教力量在社会意义和历史意义上和解那本不可和解者之令人惊奇的见证。”③

在分析巴哈伊教现象时，有以下几点不可忽视：

第一，巴哈伊教是在伊斯兰教世界正统派极力反对的历史背景下产生的，即它是作为伊斯兰教

① 参见[美]丹尼斯·麦克奥因：《巴哈伊教》，载约翰·R·亨内尔斯编：《现存宗教手册》，企鹅出版社 1984 年版，第 475 页。

② [美]李·安东尼：《和解他者：美国巴哈伊信仰作为基督宗教与伊斯兰教的成功综合》，载卓新平主编：《宗教比较与对话》第 1 辑，第 55 页。

③ [美]李·安东尼：《和解他者：美国巴哈伊信仰作为基督宗教与伊斯兰教的成功综合》，第 69 页。

的非正统身份的异端问世的。巴哈伊教在美国实现的基穆关系的和解是在美国宗教信仰自由的文化背景下达到的，失去这种宗教信仰自由的国情背景条件，实现宗教相通性精神就成为空谈。

第二，从“9·11”事件到美伊战争等许多现象来看，正统的基督教世界和伊斯兰教世界还不具备和解的条件。也就是说，从正统的角度，基穆关系走向和谐、和解的道路还很艰难、很漫长。

第三，我们没有理由走向另一个极端，即认为基穆关系是一种不可调和、和解的姿态是错误的，巴哈伊教现象毕竟已经从个案事实层面向世人展示了基穆关系的相通性精神。

第四，基穆关系还有一个内部与外部的关系问题。在美国哈巴伊教，实现了基穆关系的和解，这种关系的性质属于美国公民内部关系，而“9·11”事件和美伊战争则属于外部关系，即美国与穆斯林之间的关系。

最后，从全球范围内看，目前还根本看不见基穆关系达到和解的曙光，基穆和解的历程还很漫长。只要宗教相通性精神的条件还不具备，实现基穆教际之间的宗教相通性精神就注定是不可能实现的乌托邦梦想。

所以，实现宗教相通性精神还必须把眼光放大到人类历史发展中，去寻找实现宗教相通性精神的规律。

西方殖民统治在中东的确立与阿拉伯世界的反抗(节选)*

李群英

几乎与逊尼派流传地区发生的上述种种社会运动的同时，在什叶派流传的波斯地区也发生了宗教社会运动。19 世纪中叶，波斯兴起巴布派运动。其领导人阿里·穆罕默德原是什叶派的一支谢赫派的成员。谢赫派关于伊玛目为获得安拉的“知识之门”的神学主张，被什叶派乌里玛宣布为“异端”。阿里·穆罕默德进一步发展了这一神学主张。他提出伊玛目和普通信徒之间同样存在着“知识之门”，通过这座“门”(即“巴布”)人们即可了解隐遁伊玛目的旨意，而他本人即是“巴布”，他的追随者由此而得名巴布派。不久，他又自称为“马赫迪”。这不仅引起什叶派乌里玛的仇视，宣布他为“异端”；而且波斯当局对他在中下层群众中的广泛影响极其恐惧，随即将他监禁起来。由此引发巴布派的起义。巴布派由追求“知识之门”的宗教思潮发展为反当局的武装起义斗争，是和“巴布”宣传的理想的正义之国分不开的，因为参加起义的城市贫民和小商人企望的是没有压迫、没有剥削和人人平等的幸福生活；这是巴布教义许诺给他们的。起义遭到官方镇压后，巴布派也随之发生分化，产生了以侯赛因·阿里为首的巴哈派。

* 原载李群英:《全球化背景下的伊斯兰极端主义》，中国政法大学出版社 2007 年版。

拉巴尼夫人*

贵阳市花溪区地方志编纂委员会编

(1989年)10月9日巴哈伊世界中心负责人拉巴尼夫人、华赞先生率领的友好交流访问团一行8人到(贵阳市)花溪乡大寨村访问。

* 原载贵阳市花溪区地方志编纂委员会编:《贵阳市花溪区志》,贵州人民出版社2007年版。

培养青少年成为全球化公民的道德教育*

[新加坡]张泉治著，徐志芳译

品格决定命运。因为行为是品格决定的，而我们的行为创造我们的命运。①

——斯坦伍德·科布(Stanwood Cobb, 1938)

三十年前，新加坡国家教育部部长公开表态，认为学校中的道德教育同获得知识和技能一样重要。当国家日益商业化和都市化，对于那些一不小心就可能走入歧途的青少年来说，物质的诱惑是巨大的。在一个充满残酷竞争的商业社会，更需要包括情感和心灵在内的人性把我们的生活引向一个合作的世界，在这个世界里，服务精神和利他行为推动着我们的商业活动和工作，只有这样，所有人的美好生活才能得以保证。如果一个社会要形成固定的基础稳步地向前发展，那么品德教育就必须成为道德建设和国家建设的基础。

就利他主义而言，它是一种在考虑行为动机时，关注别人比关注我们自己更多的优良品质。当一个社会是由利他的个体组成时，社会就会朝着友爱和善良的方向发展，它是促成分享和关爱的基础。

在一个合作的商业社会里，有着利他行为的合作者更容易受欢迎，因为他们能够帮助合作者扩展他们的关系网络。伴随着利他精神的品质是忠诚和信任。你可以想象与一个真诚的、可以信赖的人一起合作的那种愉悦。那些乐于助人的、真诚的和可信任的商业伙伴也被人们认为具有优良的道德品质，因而是可以信赖和依靠的。

品格确实能形成一个良好的个性特征。它们是潜藏在每个人内心的值得赞扬的属性或特征。品格像血型一样贯穿于所有的种族和文化。一个人的声望来源于他良好的操行。② 另外一些存在于人内心的品质，诸如公平、博学、爱、温柔、宽容和镇定、真诚、责任心、亲和、富有同情心、坚定和勇敢、可信赖的和有活力、拼搏和争取、慷慨大方、忠诚、无私、热情和荣誉感、宽宏大量、对他人权益的关注等等。③

---

* 原载罗结、时龙主编：《新时期青少年德育的探索与创新：北京 2006 年青少年学生公民教育国际论坛文集》，首都师范大学出版社 2007 年版。

① S. Cobb, *Character: A Sequence in Spiritual Psychology*, Washington: The Avalon Press, 1938, p. 31.

② Bahá'u'lláh, *The Summons of the Lord of Hosts*, Australia: Bahá'í Publications, 2002 p. 62.

③ 'Abdu'l-Bahá, *The Secret of Divine Civilization*, Wilmette, Illinois: Bahá'í Publishing Trust, 1990, pp. 37-40.

品格的构成——遗传的，天生的和习得的品格

人的品格可以认为由生物学基因或遗传的、先天的或天生的以及后天习得的品格这三部分构成。品格的发展主要是个体幼儿期之后受许多因素的影响而形成的。这就可以解释为什么幼儿期的许多品格对个体以后的生活只有很弱的影响力和预见性。在《成长的心灵》一书中的图表3.8[①]，普洛明(Plomin，1986)对不同环境中的双生子进行的研究表明，随着年龄的增长，遗传基因的影响越来越大，而环境的影响越来越小。

当儿童还比较幼小的时候，环境(假设在上图中幼儿期和儿童期之间画一条垂直的直线通过三条变化的折线)中的各种因素对行为差异的影响要比遗传的因素和天生的因素的影响要大得多。标有"同样的环境"(shared environment)的点指的是来自于同一个家庭的双生子之间的差异——因此双生子有相似的遗传因素而且他们都是由同样的家庭环境养育的。因此，此时，存在于双胞胎之间的行为差异可以排除相似的遗传基因和环境的因素，主要归因于存在于每个人内部的先天的或是天生的品格。

有关操行问题和基因遗传、环境因素之间的关系，拉特已经指出：

> 有一些行为习性在这种影响变换模式中可能是特别重要的，例如，涉及轻微不良行为或是攻击性行为的行为方式非常普遍地存在儿童中，尤其是男孩。前面已经提及，在这样的问题上，遗传基因可能扮演着一个很不起眼的角色。然而，在成人犯罪和人格偏离中，基因却是一个非常关键的影响因素。因此，它在成年人生活中持续性的行为问题中扮演着很重要的角色，因为当他们中的这种基因持续发生作用时，他们就有可能走向犯罪或是人格偏离。[②]

拉特(Rutter and Rutter，1992)关于个体生命发展中非标准化基因和环境因素对个体心理发展和行为发展影响的个体差异的推断是建立在心理和行为是线性相关的假设基础上的。

品格训练必须在青春期之前进行。

人的成长类似于植物的生长。良好的习惯和品格从个体幼小时就开始形成。如果个体在儿童和青少年时期受到不良习惯的影响，那么成年之后如果想要改掉就需要花费很大的努力来进行个体的教育转化。因此，家长和教师在青少年儿童的品格训练和道德发展中起着至关重要的作用。

> 一旦过了青春期，要想教育个体和改进他的品性就变得十分困难了。因为到了那个时候，个体的经验已经显现出来并发生作用。就是尽一切可能的努力去改变他的一些倾向，也是收效甚微的。也许他在当时会有所改变，但是过了一段时间之后，他又会忘记并回到所习惯的那种思维方式和行为方式中去。因此，必须要在儿童早期就为个体的成长打下一个坚实的基础。当树枝开始变绿发芽，它就很容易长直了。
>
> ——阿布杜·巴哈('Abdu'l-Bahá)

---

① M. Rutter & M. Rutter, *Developing Minds: Challenge and Continuity Across the life Span*, England: Penguin Books, 1992, p. 86.

② M. Rutter & M. Rutter, *Developing Minds: Challenge and Continuity Across the Life Span*, England: Penguin Books, 1992, p. 86.

双胞胎的科学研究结果和思想家的智慧都暗示，理性地认识成人的操行问题要复杂和困难得多。存在于成人中的严重的行为问题更多地归因于他们的基因组成，因此也是不可逆的。要改变成人中已经内化的不良习惯是非常困难的。环境对儿童的影响是可逆的。一旦不利的环境条件得到改善，环境的负面影响就可以得到消除。换一种直观的理解也就是说，在个体早期形成的不良习惯和品性是可以在成人的严格管理、引导和努力下得到改善的。因此，对年轻人进行品格教育或品德培养要比年长后进行更为有利。

因为青春期是个体生理逐渐成熟的时期，是个体从儿童走向成人的关键时期，所以我们在本文中提出道德建设一定要在青春期以前完成——也就是当个体的品格还容易受到外界影响出现变化和改进的时候。

全球化和品德

> 过去300年来科学技术的变革呈指数级快速增长。如此之快，以致知识的传播决定着我们这个时代的命运。科学技术发展得越快，国家就越富强。但是也带来了另外一些东西——智慧——需要忍耐。
>
> ——扎卡里亚(Zakaria，2005)

随着全球化的进程不断推进，人类变得变得越来越聪明，世界变得越来越小，交往日益频繁，超越了物质的和精神的界限，同样，学习也在加快。知识解放人类是因为知识使一切变化和改进成为可能。[①] 当知识给我们带来更好的技术和更好的生活标准时，并没有使我们的心灵也发生同样的变化。

但知识跟智慧不是一码事。相应的，知识也会有意和无意地产生强大的力量来破坏我们的生活。它能够制造仇恨和寻求破坏。知识本身并不能回答古希腊那个古老的问题“美好的生活是什么?”它也不能产生良好的感知、勇气、慷慨和耐力。更为残酷的是，它也不能产生允许我们在这个世界上没有战争、混乱和灾难地在一起生活、在一起成长的远见。因此，我们需要智慧。”[②]

我们注意到，智慧是人类的一种优良品质。越是全球化，我们就越需要明白当今世界相互连通所带来的各种影响。我们呼吸着相同的空气，喝着相同的水，吃着相似的食物，分享着全球化的经济。例如，在新加坡，当印度尼西亚发生森林火灾时，我们也将受到空气污染。如果马来西亚不将他们的溪流和瀑布中的水出售给我们，那我们就必须建设我们自己的淡水加工厂，通过海水淡化来提供用水。当泰国和越南有了禽流感，我们的食物供应中就不再有鸡肉。当欧洲国家发生疯牛病时，我们的牛肉供应就得中断。如果朝鲜发生核爆炸，新加坡也会受到影响。这些都是伴随着全球化带来的不可避免的各种影响和现实。

每一片叶子、每一个指纹、每一片雪花都是不同的，在这个地球上的每一个人也是独特的，即使是双胞胎也是。如果人们是那样的独特和不同，那么他们又怎能一致和谐地生活在一起呢？毕竟，

① F. Zakaria, *The Learning Curve*, Newsweek: Special Edition, 2005. p. 6.

② F. Zakaria, *The Learning Curve*, Newsweek: Special Edition, 2005. p. 6.

没有哪两个人是完全一样的，即使他们是同孪双生子。

尽管每个人都是独特的和不同的，这就产生不同的思想、情感、兴趣爱好如何共存的问题，但是同时我们也要关注人类之间的共通性，如血型、脑电波、快乐、悲伤、推理和诚实。这些属性可能在类型上和程度上存在差异，但是它们都超越了文化和国界。

在人类的共同属性中，品格的组成——不管是基因的构成，天生的或是习得的归因，也是有共同性和普遍的，这一点非常重要。实际上，所有的人都有认知、情感和意志等方面的属性（Danesh，1977）。本文提出的观点是，理性的、逻辑的人都在潜意识里愿意并且选择接受教育去做那些有益的行为，换句话说，人们会对自己选择的行为的结果承担责任。事实上，在这个联系紧密的世界上，所有的人除了选择有利于他们的同伴的行为之外别无选择。因为只有我们的邻居或者我们的邻国是安全和繁荣的，我们才能确定我们自己是安全和繁荣的。当我们的邻居在遭受灾难、陷入战争或是疾病的深渊时，我们也会生活在恐惧中，因为我们知道我们是高度地紧密联系在一起，在很多时候，那种糟糕的情况会像野火一样迅速地不可控地蔓延开来。

美德是人类倾向于做有利于他人和自己的选择的最简单的表现。为了体现有美德，人们会选择友好（而不是不友好）、诚实、关爱和信任等等。本文提出所有的人都要去接受品德教育以发展这种善性（好的倾向），尤其是要对在校上学的青少年和儿童，只有这样，当他们长大后进入另外一个国家学习或工作，他们也会将存在于自身的美德带到那儿，并给他人带来帮助，不管这些人是谁，也不管他们居住在哪儿或是去哪儿旅游。随着全球化的推进，培养负责任的全球性公民变得日益必要和紧迫。

美德是什么？

作为美德研究项目的负责人之一，琳达·凯为琳·波普芙（Linda Kavelin Popov）在她的书籍《神圣瞬间》的序言中解释道，美德是指不同的有趣的行为方式。她说美德是“高尚的本质”、神圣的特质和精神性的体现。由此，她认为美德是反映人生中创造性的属性和特质。她说，美德是人和圣之间的连接。

波普芙给出了一个由6岁小女孩给出的美德的定义，美德简单地说就是“我们人性中美好的东西”，波普芙同意这样的观点。她认为美德就是藏于我们内心真实的自己，当我们在生活中使用美德时，我们就会更好地发展美德并拥有更多更好的美德。由此，波普芙提出，培养美德就是一种生活方式，就是精神生活的一种语言和一个背景。从她的定义中可以得到，生活在一个充满美德的世界中的人们是与人为善的、和平相处的，也是有道德感的。在一个努力培养美德的社会中，每个人在家或是在工作中都会正视人的关系和人的功能。

一些美德的例子

波普芙（2000）在她努力帮助家长和教师创造一种青少年儿童美德的文化的尝试中，提出了一个至少有52种美德的列单。本奈特（Bennett，1993）在他关于美德的书籍中创作了10种美德的道德故事,包括自律、同情心、责任感、友爱、勤奋、勇敢、坚持、诚实、忠诚和承诺。随着全球化的日益推进,新的美德将会应运而生。作者将提出一些基本的美德来例证在全球化背景下发展美德的重要性。以下是一些简单的讨论:

1.(a)诚实:这是所有人类美德中最基本的。没有诚实,所有其他的美德都不能得到发展。可以想象,当一个人说谎时如何保持公平?公平必须建立在事情真实的基础上,而不能有任何的虚假。从本质上来说,所有其他的良好品性都必须以诚实为前提才能得到发展。

(b)追求真实:这不是一种各种不同道德教育或品德教育文化中都有记载的品德。独立地追求真实或者自动知识的获得指的是人类尽可能多地认识事物的方方面面的一种良好个人习惯。随着全球化的到来,每天都有大量新的信息涌入。辨别真假是非是全球化公民都应该去努力追求的一种很有价值的品德。

2.团结:如果把人类比喻成一个世界大花园中不同颜色不同气味的花朵,那么团结就是一个人没有偏见而与他人和平共存的一种品质,不管对方的国家、种族、信仰或是阶级和长幼。这是一种与他人和谐生活以及分工合作的美德,尤其是与那些和我们存在很大差异的人们。在团结的美德中,差异的调和是很自然的。

3.爱:这是一种深藏于人精神层面的无条件的爱护或是利他主义。不管是和我们的家人还是和我们的敌人,当我们关注他们并与他们分享我们的快乐和悲伤时,爱就成为一股强大的吸引力量。爱就是把我们自己放在别人的鞋子里去感受别人穿着时是否合适。当我们觉得自己就是他们时,我们就会去接受他们和爱护他们。

4.公平:它意味着我们平等地去做任何事以及平等地对待自己和他人。它不仅意味着我们不利用他人或者是他人利用我们,也意味着我们犯错时承担责任并进行相应的改正。它还意味着在家里和在工作中给自己和他人以平等的机会,就像我们在平等地分享我们各自的义务和职责一样。公平也意味着一条金牌法则,即我们要像自己要求别人怎样对待我们那样要求自己去对待别人。没有公平,团结几乎不可能产生。公平也体现在法律管理社会的奖励和惩罚中。它意味着,当他应该受到奖励时,就会给予相应的荣誉或财富,同时,当他应该受到惩罚时,根据罪行的轻重就应该进行相应的惩罚。公平意味着同时站在自己和他人的立场,维护自己的权利和他人的权利。它阻止强者侵犯弱者,因而保护了我们每一个人的权利。

5.信任:所有公司、企业和政府的稳定发展都依赖于其中成员之间的相互信任。如果人们承诺某件事情而又从来不履行诺言,那么我们可以想象对方表现出的那种愤怒和失望。当人们相互信任时,你可以依靠他们并把他们答应的事情交付给他们,即使他们在过程中出现了其他情况。

6.超然(放弃):这是一种把可能是快乐的或不快乐的、成功的或失败的事物、财产、人们、感情、思想和结果等等抛之脑后的品德。它能让人们在生活中不断获得进步和迎接更多的挑战。那些懂得放弃的人总是能够很好地控制自己的情感,因此也能自由地去选择他们生活中真正想要的。“放弃”推动和加速着人类的发展。

7.宽恕:没有一个人是完美的,即使是圣人。要想使家庭和社会变得和谐,人们就必须学会为他人或自己时不时犯下的有意或无意的错误,宽恕他人和宽恕自己。宽恕能够让我们以一种成熟的方式来俯瞰另外一个人的过错,就像一位家长对待一个孩子的过错一样。只有当我们变得宽容时,我们才能很平和地对待自己和他人。在家中,在工作中或者在一个国际舞台上,它助长我们的同情心、爱以及延续和发展我们与周围人的友谊和关系。

8. 勇敢：为了改变和提高自己，认识事物的本质，承认自己的错误以及要改革旧的体制制度，我们需要为所有这些必要而且重要的努力付出很大的勇气。勇气是面对恐惧时的勇敢。它就是做应该去做的事情，即使非常困难或者感到惊慌。勇敢就是当我们想要放弃或者停止时仍然勇往直前。尝试新事物也需要勇气，当踌躇着是否要准备再次尝试时需要我们有勇气打起精神，当面临艰难困苦时需要我们有勇气继续坚持。在这个充满挑战的时代，要建设一个新的全球化世界，确实需要我们有很大的勇气。

9. 服务：服务就是付出我们的时间、金钱或者能量来想要使他人的生活发生一点点变化。直接帮助别人或者寻求其他方式来帮助他人都是服务的体现。服务的行为来自于我们的爱、怜悯、同情和仁慈。把别人的需要视为非常重要的事情，就像我们自己有需要一样。当我们服务别人时，我们感到快乐，因为我们对外付出自己最大的努力。像诺贝尔奖这样的许多突出贡献之所以产生，就是源于他们内心要帮助和服务我们的同胞的一种强烈的个人渴望。

10. 快乐：快乐可以带给我们愉悦的体验和能量以及获得更大成功的勇气。快乐的孩子学得更好，快乐的教师教得更好，快乐的家长引导和教育得更好。我们没必要一定要等到庆祝生日或者诞生一个生命的时候才快乐。我们可以在每一个早晨和黄昏快乐，那是我们自己的选择和特权。快乐充满着高兴、平和、爱和安宁的感觉。快乐来源于爱和被爱。它帮助我们度过困难时期，即使是在我们感到很悲伤的时候。

结　论

人性虽然在其构成上既有相同性又有差异性，生活在同一个地球上分享着共同的资源，随着每个国家都在不断地获得和发展核科学以及科学技术的不断进步，核灾难的发生不是没有可能，等到那时一切就都太晚了，在此之前我们就必须学会合作和善良。那些思想纯洁和人性善良而且又聪明和智慧的人们知道有两条途径可以推动社会文明的发展，他们可以创造性地解决已经存在的循环性的老问题，或者通过教育使她的人民成为更有社会责任感和更为成熟地履行他们的义务的全球性公民，选择采取一些预防性措施尽可能地避免和最小化类似于核战争这样人为的灾祸。本文建议应该尽早对当今世界上那些年轻的公民进行教育，在他们还没有长大到难以改变他们的不良习惯之前，就使他们有能力和可能去养成和建立各种美德和良好的生活方式，尤其是通过品德教育——人类教育的一种形式。品德教育就像一个免疫过程。当世界朝着物质主义和全球化发展时，品德教育可以保护青少年儿童和那些容易受影响的人群滑向道德病态和颓废的深渊。

《先知》[①]与阿博都·巴哈[②*]

张宗奇

《先知》是黎巴嫩著名作家纪伯伦最优美、最深刻的作品之一，是他散文诗创作的一个高峰。正是这部作品，给诗人带来了世界声誉，使他当之无愧地跻身于20世纪世界最杰出的诗人之列。纪伯伦创作《先知》时，在他心中是有榜样的。这个榜样，在实际生活中确有其人，这就是巴哈伊信仰的教长阿博都·巴哈。纪伯创作的“先知”这个文学形象，与阿博都·巴哈具有内在紧密联系，阿博都·巴哈是《先知》的真实原型。本文从阿博都·巴哈在西方的旅行、纪伯伦与他的交往、他的著作的结构形式和内容与《先知》结构和思想的关联等方面，论证了这一观点。

冰心先生在为由她翻译的新月书店1931年出版的纪伯伦的《先知》(*The Prophet*)一书写的“序言”中说：“这本书，《先知》，是一九二七年冬天在美国朋友处读到的，那满含着东方气息的超妙的哲理和流利的文词，予我以极深的印象！一九二八年春天，我曾请我的‘习作’班同学，分段移译，以后不知怎么，那译稿竟不曾收集起来。一九三○年三月，病榻无聊，又把它重看了一遍，觉得这本书实在有翻译的价值。”[③]《先知》是黎巴嫩著名作家纪伯伦(Gibran Khalil Gibran)最优美、最深刻的作品之一，是他散文诗创作的一个高峰。《先知》对于纪伯伦，正如《吉檀迦利》对于泰戈尔，正是这部作品，给诗人带来了世界声誉，使他当之无愧地跻身于20世纪世界最杰出的诗人之列。自冰心先生汉译《先知》后，《先知》的思想和艺术打动、影响了一代又一代的中国的读者。这一影响经久不衰，在今天，《先知》依然畅销，依然是读者案头排列的高雅的经典作品。但是，读者中，谁又能知道《先知》的原型呢？纪伯伦创作《先知》时，在他心中是有榜样的。

* 原载宁夏大学回族研究中心编：《中国回族研究论文集》第2卷，宁夏人民出版社2007年版。

① 《先知》：黎巴嫩著名作家纪伯伦(Gibran Khalil Gibran)的散文诗集名称。本书书名及书中“先知”，是作者对伊朗巴哈伊派宗教家阿博都·巴哈的称谓，属文学作品。在伊斯兰教和伊斯兰文化史上，穆斯林只将“先知”一称与伊斯兰教创始人穆罕默德等“圣人”联系在一起。请读者在阅读本文时注意。

② 本文为2006年度国家社会科学基金项目“民族地区宗教和谐问题研究”(批准号：06XMZ049)阶段性成果。

③ 《冰心论创作》，上海文艺出版社1982年版，第157页。

纪伯伦为阿博都·巴哈所画肖像

关于这个榜样，纪伯伦说过："他是我的第二次降生，又是我的第一次洗礼。他是使我成为一个站在太阳面前的自由人的唯一思想。这位先知，在我塑造他之前先塑造了我，在我把握他之前先把握了我，在他站在我面前向我灌输他的情趣、爱好和主张之前，已先让我跟在他后面走了千万里。"这位先知，在实际生活中确有其人，这就是巴哈伊信仰[①]的教长阿博都·巴哈。阿博都·巴哈原名阿巴斯·阿芬第，在阿拉伯语中，阿博都·巴哈是"上苍荣耀之仆人"的意思。阿博都·巴哈('Abdu'l-Bahá)1844 年 5 月 23 日生于波斯(伊朗)德黑兰的一个贵族家庭，其父巴哈欧拉即是全球性巴哈伊信仰的创始人。9 岁时随其父入狱，在监禁、流放中度过了长达 56 年的生活。1908 年土耳其青年革命时获释，从 1911 年起赴欧州、北美访问。由于 56 年的监禁与流放生活，阿博都·巴哈没有受过正式教育，但他的思想却对人类产生了深刻的影响。英国牛津大学的一个图书馆里，至今还挂着他的画像。他生前曾在这里演讲，他的主张被认为是当时人类思想中最杰出的，也只有人类顶尖的思想家才配在这里挂像的荣誉。他一生的著作有 100 余卷，其中著名的已被翻译为数百种语言的有《若干已答之问》(*Some Answered Questions*)、《巴黎片谈》(*Paris Talks*)、《世界团结的基础》(*Foundations of World Unity*)等。

1912 年 4 月 11 日，阿博都·巴哈到达美国纽约，开始了为期 8 个月的横贯东西海岸的旅行，途径美国和加拿大的四五十个主要城市。这次赴美，他预订乘坐泰坦尼克号客轮，后来改变了主意，幸免于难。在巴哈伊信仰者的心目中，这也是阿博都·巴哈的"克拉麦体"(阿拉伯语"神迹之意")之一。在所到美、加之处，他被邀请向无数的大学、协会、基督教和犹太教的著名教堂，以及各种和平组织、新思想中心、妇女俱乐部等等作公开演讲；每天还要会见络绎不绝前来拜访和咨询的形形色色的社会改革家、思想家、艺术家、记者、教授和各宗教领袖，甚至包括英国、荷兰、瑞士、日本、土耳其、埃及、波斯等国的部长、大使、王子等权贵人物。美国数百家报纸和杂志，如《纽约时报》(*New York Times*)，以头版篇幅、数千篇文章，详细地记录了阿博都·巴哈在美国各地的演讲和活动情况。阿博都·巴哈访问纽约和波士顿时，当时的基督徒视其为"耶稣基督的复临"。当时在美国生活并信仰基督教的纪伯伦深受感动，1912 年 6 月，他亲自给阿博都·巴哈画像[②]，并以他为原型，同时结合阿博都·巴哈的活动和思想，用了整整 10 年时间，于 1923 年终于完成了《先知》这部伟大作品的创作。《先知》每篇问答式的结构特点，再现了阿博都·巴哈当时向听众演讲和答问的神貌，也深刻体现了东方学术薪火相传的传统特点。

现在，我们以《巴黎片谈》为例，比较一下其与《先知》在形式上的具体关联，看看阿博都·巴哈作为《先知》的原型，其思想与《先知》内容的联系。1984 年，台湾大同教出版社出版的《巴黎片谈》汉译本，前面有一《著者序》[③]，全文如下：

关于阿博都·巴哈，阿巴斯阿芬第到欧洲的旅行，已经有很多的著作加以叙述了。当他住

---

① 关于巴哈伊信仰，请参见蔡德贵先生的《当代新兴巴哈伊教研究》(修订本，人民出版社 2006 年版)一书。但此书对巴哈伊教的评介，与其真正的历史与现状有些出入。巴哈伊教内认为，人类历史上的宗教，往往引起族群的分裂，为与以前的世界各大宗教区分，他们自称巴哈伊信仰(Bahá'í Faith)，而不是巴哈伊教(Bahá'í Religion)。巴哈伊信仰是在什叶派穆斯林中产生的新的信仰。什叶派认为，他们信从的最后一位伊玛目隐遁了，他将在适当的时候重来人间，给人类带来太平盛世。巴哈伊承认他们信仰的三位伟大中心人物中的巴孛(阿拉伯语"门"的意思)即是什叶派等待的伊玛目。

② 参见《纪伯伦生平著作年表》，原载李琛选编：《先知的使命——纪伯伦诗文集》，冰心等译，中国工人出版社 1992 年版。

③ 实应为"纪录者序"，因为此书的 4 位作者，只是忠实记录了当时阿博都·巴哈的答问讲演。

在巴黎克蒙思斯路四号的时候，他每天早晨向许多聚集在门前渴望着要听他的讲演的人们，作简短的谈话。

这些听众是属于许多国籍和各种思想的人，有学识和无学识的，各种宗教中的，神学家和现实家，物质主义者和精神主义者等等。

阿博都·巴哈用波斯语演讲，由翻译者译成法语。

在这些谈话中，我的两个女儿及我和朋友四个人同时做笔记。

许多朋友劝我们把这些笔记用英文刊出，但是我们总是踌躇着。到最后当阿博都·巴哈亲自叫我们办的时候，我们自然就答应了，虽然我们觉得，以我们的笔去记这种崇高的福音，是力所不逮的。

法语翻译的流畅和简切，我们尽力地在英文本中保持着。

Sara Louisa Blomfield

Mary Esther Blomfield

Rose Ellinor Cecilia Blomfield

Beatrice Marion Platt

1912 年 1 月于威维的蒙脱伯勒林

该著还有一《前言》，开篇即介绍《巴黎片谈》的来历：

这本书是记载阿博都·巴哈在巴黎的片谈。在巴哈伊教教义发展史上，阿博都·巴哈为三个伟大中心人物中的第三个，也是最后一位。他是三人中唯一访问西方的人。这些片谈是在 1912 年 10 月至 12 月他小居巴黎时，向一小群听道者即席发表的。各阶层的人都听他讲道——有些人为了服膺他的圣言而准备牺牲他们的生命，有些则暗中图谋杀害他。少数的友人记录了他的讲词，今天已有数种文字译介它。

文中的"1912 年 10 月至 12 月"应为"1911 年 10 月至 12 月"，同一篇《前言》在介绍到阿博都·巴哈在西方旅行时说："1911 年，阿博都·巴哈以六十七岁高龄首途前往欧洲，于 9 月 10 日在伦敦市的圣堂中，首次向西方的听众发表他的第一次讲词。10 月 3 日他离英赴法并在巴黎停留九个星期，所作之记录即为此书。阿博都·巴哈于 1911 年 12 月 2 日离欧返回埃及并停留至春天再启程二度访问西方，此次系前往美国。"故"1912 年 10 月至 12 月"之说显系作者笔误或校对错误。

从以上提行引用的两段文字，我们知道《巴黎片谈》真实地记录了阿博都·巴哈在巴黎"即席""简短"的演讲。知道了这些情况，再来读纪伯伦的《先知》，可以说，《先知》简直是活脱脱地再现了他老人家的活动和思想。但不同的是，《巴黎片谈》是演讲实录，而《先知》是文学创作，其中，凝聚了纪伯伦个人的"创造"。一个是实在的，一个包含了虚构的成分。《巴黎片谈》记录于 1911 年 10 月至 12 月，1912 年已有了英文译本。阿博都·巴哈是 1912 年春天赴美的，至迟在 1912 年 6 月，纪伯伦为他画像时，应该看到了这个译本。这就是说，《巴黎片谈》在结构形式上也已直接启迪了《先知》的创作。而阿博都·巴哈的另外一部著作《若干已答之问》，是他 1904、1905 和 1906 年期间的谈话录，1908 年在伦敦首次出版英文本，纪伯伦当时也会看到这个译本。而阿博都·巴哈在美国对听众的答问演讲，更丰富地、直观地为纪伯伦创作《先知》提供了灵感和素材。

那么，阿博都·巴哈的思想与《先知》的内容又有哪些联系呢？《巴黎片谈》中有一篇《祈祷》，文字不长，全文如下：

"祈祷应有行为的表示吗?"

阿博都·巴哈说:"是的。在巴哈伊教中,美术、科学和一切技艺都是祈祷。一个人制造一张纸,凭自己的良心,尽其力之所及,求纸张的优美,他就在敬颂上帝。简言之,一个人的努力奋勉,如果是出自他的诚心,而且是为人类服务的最高动机和志愿所发动的,服务人群,处理人们所需这就是崇拜。服务就是祈祷,一个医生诊治病人,温和地,慈祥地,毫无一点偏见,深信人类一致的重要,他就是在赞美上帝。"

"我们生活的目的是什么?"

阿博都·巴哈说:"求德行。我们生于地球,为什么我们从矿物界变化到植物界——又从植物界变化到动物界的形态呢?因为如此,我们可以在每种物类中得到完善的境地,我们可以得到矿物中最好的质分,我们可以得到植物的生长力。我们不但可具有动物的各种官能,如听嗅触味各觉的功能。而且我们可有理解力,创造力及灵力。"

《先知》中有一篇《论工作》的文字,篇幅比较长,其中最精彩的一些片断如下:

于是一个农夫说:请给我们谈工作。

他回答说:

你工作为的是要与大地和大地的精神一同前进。

……

而你在劳力不息的时候,你确在爱了生命。

从工作里爱了生命,就是通彻了生命最深的秘密。

……

当你仁爱地工作的时候,你便与自己、与人类、与上帝联系为一。

怎样才是仁爱地工作呢?

从你的心中抽丝,织成布帛,仿佛你的爱者要来穿此衣裳。

热情地盖造房屋,仿佛你的爱者要住在其中。

温存地播种,喜乐地刈获,仿佛你的爱者要来吃这产物。

这就是用你的灵魂的气息,来充满你所造的一切。

要知道一切受福的古人,是在你上头看视着。

……

只有那用他的爱心,把风声变成甜柔的歌曲的人,是伟大的。

工作是眼能看见的爱。

《论工作》一篇的主旨,完全继承了阿博都·巴哈"一个人的努力奋勉,如果是出自他的诚心,而且是为人类服务的最高动机和志愿所发动的,服务人群,处理人们所需,这就是崇拜。服务就是祈祷"的思想。如果通读了《若干已答之问》《巴黎片谈》等谈话录,再读《先知》,即可清晰地了解《先知》对阿博都·巴哈著作、思想的解读和表达。美国总统罗斯福曾称赞纪伯伦说:"你是东方刮起的头一次风暴,席卷西方,给我们西海岸带来了鲜花。"[①]美国马里兰大学纪伯伦研究项目负责人布沙鲁伊教授指出:"纪伯伦发展了一种超越东西方障碍的独特思想,他的作品传达的信息和塑造的形象,在

① 李琛选编:《先知的使命——纪伯伦诗文集·前言》。

具有不同文化背景的人们中产生了共鸣。""凡是伟大诗人应该传达的信息，纪伯伦都传达到了。""在所有现代作家中很难找到比纪伯伦更加致力推动全球和平文化的人。"[①]纪伯伦并非横空出世的文学英雄，实际上，他是站在圣人肩膀上，成就自己的伟业的。他致力于推动全球和平文化，也直接受到巴哈伊信仰和平理想的影响。

《先知》中，先知的美名叫艾勒·穆斯塔法（Al-Musṭafá），"穆斯塔法"这个名字在阿拉伯语中的原意是"精选的""纯良的"，前面加冠词"艾勒"后，就变为确指或特指，意为被选的，通常指代先知或使者，是伊斯兰教先知穆罕默德的尊称之一。阿博都·巴哈在北美时，被当时当地的基督徒认为是"耶稣基督的复临"，纪伯伦信仰基督教，但《先知》从初稿到定稿始终都是用阿拉伯语写的，他用艾勒·穆斯塔法这个美名，体现了他对祖国阿拉伯文化传统的热爱，其中有很深长的意味。

通过以上分析，我们可以清楚地了解纪伯伦创作的"先知"这个文学形象，与阿博都·巴哈的内在联系，阿博都·巴哈是《先知》的真实原型。

值得一提的是，阿博都·巴哈不但影响了纪伯伦，早在他身陷囹圄的青壮年时代，通过书函，其深邃的思想也影响到了列夫·托尔斯泰。印度著名作家泰戈尔的作品中也时时流露出阿博都·巴哈的影响。美国著名女记者玛莎·露特（Martha Root）受到阿博都·巴哈对人类和平和幸福的宏伟远见的激励，在旅行条件极其艰难的20世纪20～30年代，先后4次周游世界近200个国家，介绍阿博都·巴哈和巴哈欧拉的思想和生活原则。中国革命的伟大先行者孙中山先生曾会见过玛莎·露特，对阿博都·巴哈代表的巴哈伊运动给予了高度评价。原文登在1930年9月23日的《广州市政日报》，同时还刊有阿博都·巴哈的照片。新中国建立后，由于西方世界对中国的封锁等多种原因，早在19～20世纪之交已流传入中国的巴哈伊思想，除在台湾、香港、澳门等地占有一席之地外，在祖国大陆渐渐销声匿迹，至今还有不少中国人不知道什么是巴哈伊信仰。改革开放新时期20多年来，巴哈伊思想又开始流入中国，在海外留过学的一部分学者，国内的一些知识分子，通过接触各种渠道，了解到了这些思想，有的人甚至皈依了巴哈伊信仰。这些人中，还有一部分原信仰伊斯兰教的少数穆斯林，也因为巴哈伊信仰产生于伊斯兰教什叶派的缘故，似乎对巴哈伊信仰有更深刻和准确的理解。但我的了解，总的人数不是很多。巴哈伊信仰与其说是一种新的世界宗教，还不如说是人类的一种新的思想潮流。其中心教义是上帝唯一，宗教同源，人类一体。

《先知》一著恰切地运用阿博都·巴哈这位伟大的宗教思想家的思想观点，特别是《若干已答之问》《巴黎片谈》中关于人类生活各方面的见解，结合作者自己对人生和信仰的理解，出之以美文。其格调高雅，意境深邃，正因为如此，阿拉伯著名文学评论家努埃曼才把它称作"常青树"，说它"深深扎根于人类生活的土壤里，只要人类活着，这株大树就活着"。也有评论家认为，《先知》是东方对西方的最好的礼物。这些评价都是正确的。

---

① 冰心：《纪伯伦散文诗全集·译序》，伊宏译，北京燕山出版社2000年版。

"天下一家"的巴哈伊教*

严安林　盛九元　胡云体编著

巴哈伊教在台湾又译名为"巴海世界教"或"世界巴海信仰"、"巴海大同教",该教在台之中文教名,直至 1992 年 4 月 27 日才被正式更名为"巴哈伊教"。巴哈伊教是台湾新兴宗教中的一股强势的力量。

巴哈伊教 1844 年创立于波斯(伊朗),原名"巴哈依信仰",又名"巴海大同教"。该教是由波斯伊斯兰教什叶派之一,巴孛(The Báb)教派演化而成的独立之世界宗教。该教是目前全球成长最快速的新兴宗教之一,现巴哈伊教信徒(Bahá'í,意为"巴哈欧拉之追随者")已达 500 多万,遍布世界 205 个国家和地区,远超于伊斯兰教和佛教的传播范围。巴哈伊教积极参与推动世界和平、反对贫困、加强环保、普及教育及保护妇幼权益等运动,对各国或地区的政治、社会和文化生态产生了深远的影响。

巴哈伊教创始人是后被尊为该教"先知"的巴哈欧拉(Bahá'u'lláh)。巴哈欧拉是尊称,源于波斯文,意为"上帝的荣耀",原名密尔萨·胡赛因·阿里·努里(Mírzá Ḥusayn-'Alí Núrí),本为波斯贵族。1850 年巴孛教派创始人阿里·穆罕默德(Mírzá 'Alí-Muḥammad,1819～1850)被处死,门徒分为阿里派(领袖叶海亚)和巴哈伊派。密尔萨因涉嫌刺杀国王而被捕并于 1853 年被流放到伊拉克。他在那里宣称自己是上帝派来布教的使者,自称"巴哈欧拉",自此该派被正式称为"巴哈伊教"。1867 年[①]他重申自己就是巴孛所预言要出现的上帝(主)的圣使马赫迪。1892 年逝世于今天以色列的阿卡城。其著译作有《至圣书》、《笃信之道》、《隐言经》、《七山谷书》等计 100 多部。[②]

巴哈伊教教义的核心思想是上帝唯一,宗教同源,人类一体,天下一家,强调 12 项原则:1. 上帝唯一、独一。"上帝"、"耶和华"、"阿拉"都是指那唯一、独一至高的神,他并不专属任何宗教,那唯一的神自始至终都与人类在一起。2. 宗教是同源的、相对的、演进的。所有的正信宗教都来自上帝、各宗教尽管表面不尽相同,但其灵性本质却是完全一致的,因此宗教间不应相互排斥而成为社会分裂之因。3. 每个人应独立追求真理。人类对上帝负有不可推卸的追求真理责任。4. 排除各种偏见。5. 尚云降取。6. 普及教育。7. 科学与宗教并行不悖。8. 遵守法律、服从政府。9. 订定国际间一种共同语言。10. 制定国际间一种共同货币。11. 设立国际间纷争的仲裁机构。12. 用灵性方式解决经济问题。该教的最著名口号是巴哈欧拉之言:"地球乃一国,万众皆其民",显示了其世界主义的思想立场。该教规定信徒每年斋戒一次,戒饮酒,赌博、偷窃及使用暴力,禁说谎及背后论人是非,不得乞

---

* 原载严安林、盛九元、胡云体编著:《台湾神灵》,九州出版社 2007 年版。原文有图,此处未录。

① 应为 1863 年。——编者注

② www. chinataiwan. org.

讨，必须工作，效忠政府，服从当地法律，重视婚姻及家庭生活。[①]

巴哈伊教提倡生活与信仰一体，没有专门教职人员，信徒"自行祈祷"，每个教徒都有传教义务。信徒的生活原则为"工作就是崇拜、服务就是祈祷"，信徒每日祈祷，每年斋戒 19 天，要以礼待人，保持清洁，教育儿童，重视婚姻及家庭生活，禁止赌博、饮酒、乞讨、使用暴力、说谎及偷窃。教内不设专职传教人员，每位教徒都有义务传教。

巴哈伊教传入中国甚早，最初的译名为"巴哈的主义"，后译为"大同教"。据载，1862 年就有外籍信徒（巴哈伊教无职业传教士、每位教友都应有尽力宏教之义务）到上海经商。早期的中国教徒多为留学人员。1924 年，曾任广东省蚕丝改良局局长的留学生廖崇真（1921 年入教）将美籍教友马莎·路特（Martha Root）引荐给孙中山，扩大巴哈伊教在中国大陆的影响。[②]

20 世纪 30 年代，前清华大学校长曹云祥加入巴哈伊教，在上海成立了"大同教社"，专门翻译出版该教的典籍。他认为巴哈伊教同中国传统的"大同"思想及孙中山的"世界大同"主张有相契之处，故将之译为"大同教"。唯信奉者较少，再加上政局的动荡，巴哈伊教在中国大陆流传并不广，影响力也不大。1949 年 10 月中华人民共和国成立，巴哈伊教就几近销声匿迹了。改革开放后，中国大陆的巴哈伊教信徒又呈逐渐上升趋势。

将巴哈伊教带入台湾的第一人是民国时期在上海经商和传教的胡珊·欧士哥利（Husayn Uskuli）。第二次世界大战结束后，一些在美入教的中国巴哈伊教信徒返回中国，他们中的一部分人以及原来在上海、南京等地之该教信徒，亦在 1949 年入台，这可能是台湾最早的一批中国巴哈伊教徒。他们常为后来入台传教的外籍教友同台湾人的联络穿针引线，有的成为早期传布巴哈伊教的核心力量，如朱耀龙、张天立、袁冕先、阮绪苌、王之南等。其中朱耀龙被认为是台湾第一位巴哈信仰者（1947 年在美入教）。总的来说，自 1953 年后，台湾依然只有零星的巴哈伊教信徒，谈不上有任何组织性的传教活动。

50 年代初，"圣护"沙基·阿芬迪制定了"十年东征"（1953～1963）计划，其中要求"美国巴哈伊教总灵体会"负责在亚洲的日本、韩国、菲律宾、澳门、中国台湾的传教活动，"英国巴哈伊教总灵体会"则负责香港的传教工作。为达成"圣护"交付的使命，始有一批批外籍教友来台从事传教活动。这些传教者大抵可归为三类：

（1）代表"圣护"短期来台指导教务的"圣辅"。圣辅们大多来台多次，他们积极宣传巴哈伊的教义和社会主张，解决教友信徒中遇到的问题，参加各种弘教活动，并亲自发展教徒，从而有力地推动了台湾巴哈伊教的发展。如卡哈登是首位来台的圣辅，曾发展了洪黎明（第一位本省籍巴哈伊教信徒）、左利时（大学教授）、汪厚仁等台湾第一批的巴哈伊信徒。爱丽珊达早在 1923 年就随路特到中国，堪称中国通。穆哈嘉来台次数最多，曾亲自到原住民地区传教，并鼓励教友到乡村去宣传巴哈伊信仰。

（2）短期的旅行性质的传教者。因美国总灵体会负有对台传教责任，故来台之美籍人士较多。这些传教人士常到台湾的大专院校宣讲巴哈伊的教义、社会主张，并亲自到偏远的原住民地区传教。

（3）受其他巴哈伊教总灵体会指派，专门来台的"拓荒者"。美籍传教人士还是占多数。这些拓荒者呆得较长时间（有的在台任外教），有些是地方灵体会和总灵体会的负责人，是台湾巴哈伊教早

① www.bahai.org.

② 参见雷雨田：《孙中山与大同教》，载《世界宗教文化系》1999 年 1 期。

期传教的中坚力量，特别是苏洛曼夫妇，系在"圣护"之所订目标的激励下来台的（1954 年 11 月入台），他们参与和领导了台湾巴哈伊教各级组织的建立和教务的拓展，将毕生精力献给了台湾的巴哈伊信仰。[①]

外籍教友在台湾的传教，标志着该教的传教事业开始走上组织化和规范化的轨道，并为 1970 年代后该教的繁盛期奠定坚实的基础。"圣护"沙基所订立的 10 年目标（1953～1963）以及"世界正义院"规划的九年计划（1964～1973）阶段，堪称台湾巴哈伊教的"外籍人士传教时代"。

巴哈伊教是一种世界性的独立宗教，最高教务机构为"世界正义院"（Universal House of Justice），又称"万国总灵体会"，设在以色列海法。各国或地区的领导机构称"总灵体会"（National Spiritual Assembly），基层组织为地方灵体会（Local Spiritual Assembly）。各级灵体会均由 9 人组成，民主选举产生，定期换届。台湾总灵体会隶属于设在日本的东北区总灵体会。巴哈伊教的组织体系，堪称一种接近科层式的，集管理和传教为一体的体制，很便于教团的统一领导。苏洛曼夫妇入台后，就积极筹组台湾的地方灵体会和总灵体会，并争取当局承认巴哈伊教为合法之宗教。

1954 年，台湾已有了一个由 10 位巴哈伊信徒构成的小组，由于他们分散在台南、台北、桃园、左营和嘉义等地，还不够资格组成地方灵体会。苏洛曼夫妇先后约见了这些教友，并举办了一个研究班，以便他们能深入了解巴哈伊教义，同时进一步吸纳新信徒。至 1955 年，台湾的巴哈伊教信徒已达到 21 位，1956 年，台南的教友已有了 10 位，初步达到了筹建地方灵体会的规定人数。为了能有资格派代表参加 1957 年"东北亚区巴哈伊教总体灵会"选举，1956 年 4 月 21 日，首个"巴海大同教地方灵体会"在台南成立，并选举杜光昭女士为参加 1957 年会议的代表。该会先由"东北亚区巴哈伊教总灵体会"直接管辖和指导。这为日后台湾其他地方灵体会及总灵体会的成立奠定了组织基础。台南地方灵体会成立后，一直争取当局承认巴哈伊信仰。

1956 年 12 月他们向"内政部"提出了登记申请，1957 年，"圣辅"嘉拉勒・卡哈真专程来台，同苏洛曼去"内政部"申请承认巴哈伊教为宗教，皆被婉拒。但卡哈真指示：尽管巴哈伊教友尚少，但地方灵体会应继续运作。1958 年 4 月 11 日，恺施・科莱格夫妇亦来台传教，他们同王溥徵等促成了台北地方灵体会的诞生。这是在台湾成立的第二个地方灵体会。1967 年 3 月，台北地方灵体会经由市政府核准，并报由"内政部"核备有案。"可谓开启了巴哈伊教受当局承认的一扇窗"[②]。

由于东北亚区总体灵会远离台湾本土，管理不便，1965 年，台湾巴哈伊教"总管理委员会"获准成立，主要负责处理台湾的教务活动，以为日后成立总灵体会作准备。该会开展了行之有效的工作，至 1966 年底，台湾的登记的教友数猛增至 488 人（青年和成年教友），教区扩大到达 47 个，屏东、花莲两地方灵体会亦相继成立。1967 年 4 月，"大同教台湾总灵体会"终于组成，苏洛曼夫妇各被选为董事。这是在中国国土上的首个总灵体会。

1968 年 3 月间，"财团法人台湾省台南市巴海大同教地方灵体会"获准登记，董事长为连清榜。1970 年 12 月，"财团法人大同教台湾省总灵体会"亦终获准登记，苏洛曼任首届之董事长，巴哈伊教获准登记并成为合法宗教之时，也正是台湾经济起飞之时，该教终于步入一个发展速较快的时期。

但巴哈伊教在台湾早期的组织建设，亦存在着一些问题。一是一些地方灵体会的领导出现断

① 参见瞿海源：《重修台湾省通志・住民志・宗教篇》，台湾省文献委员会 1992 年版。

② 何风娇编：《外来宗教的查禁与取缔(二)壹，大同教》，载《台湾省警务档案汇编——民俗宗教篇》，台湾"国史馆"1996 年版。

层，无法有效地开展组织活动。二是地方灵体会缺少传教经费，组织管理能力也不足。台湾地方灵体会的活动经费，主要来源为"世界正义院"之拨补，次为"美国大同教国家灵体会"与"东北亚（日本）国家灵体会"之资助及教友之捐献，但毕竟是杯水车薪。三是在"戒严"体制下，由于巴哈伊教尚未受各方普遍了解，老百姓或教友都怕惹祸，引发了教团组织的不稳定。

在建立和健全地方灵体会和总灵体会等机构的同时，台湾的巴哈伊教徒运用各种灵活有效的策略，开展各种宣教活动，以提高巴哈伊教的地位，扩大巴哈伊教的影响。

(一)举办各种传教会和夏令营

台南地方灵体会成立后，就积极开展各式教务活动。1956 年 11 月 11 日，该会举办了全台第一次传教会议，并邀请当时还是"辅委"的爱丽珊达小姐作该教在中国之发展史的主题演讲。此后，几乎每年台湾巴哈伊教都会举行各种主题的教务会议，同时还注重利用各种媒体加大巴哈伊教的宣传力度。如 1967 年 11 月，"巴哈欧拉诞辰 150 周年"举行活动，有 100 多人参加，台湾的报纸和电台都不同程度地作了简要的报道。在举办教务会议的同时，台湾巴哈伊教在 1957 年 9 月 28～30 日，举办了首届台湾巴哈伊夏令营活动，有来自台北、台南、左营和嘉义的教友近 20 名参加了活动。夏令营的活动内容，包括进行中、英和波斯文祈祷，宣讲巴哈伊教之教义及历史等。此后每年都举行，而且参加的人数规模日益扩大。传教会和夏令营活动的举办，既加深了教友对巴哈伊信仰的理解，提高了灵体会凝聚力，也扩大该教在台湾地区及其他国家兄弟灵体会的影响。[①]

(二)积极向知识阶层、青年及原住民传教

在巴哈伊教发展的早期阶段，台湾的巴哈伊信徒不多，但大多是知识阶层。知识阶层和青年之所以构成该教信徒的主体，一是该教教义较易引发他们的共鸣。譬如该教强调人类必须独立追求真理，提倡普及教育，反对科学与宗教之对立，反对暴力和犯罪，关心伦理道德之建设，并鼓吹其宗旨与中国传统之大同思想相符合。这都较易获认同。二是与倾向性的传教策略有关。如 1967 年 12 月 17 日，台湾总灵体会召开会议，"决议以各机关、社团、学校为对象"。机关、社团、学校正是知识分子和青年较为集中的地方，外籍传教士亦以学校师生为传教对象。部分外籍人士从事外语教学，亦吸引不少知识青年。

为了进一步扩大巴哈伊教的影响，1967 年世界正义院给台湾总灵体会所定的传教目标之一，即在台所有各村落建"大同村"，使该教在台能普及并发扬光大。花莲和屏东是山胞（原住民）较聚集的地区，也是巴哈伊教早期传教的重心之一。巴哈伊教反对种族偏见，反对歧视，反对贫困，关心人权及妇幼的权益，宣扬一切宗教同源、平等等主张，较易为那些长期处在社会生活边缘的山胞接受。特别是该教"准许教友参加其他宗教"，不排拒其他宗教徒参加本教的立场，对于有相对固定信仰的山地人（如基督教和本族原始宗教）而言，亦具一定吸引力。其次原住民大多住在边远乡村，教育程度普遍较低，传教者在不畏艰难传教的同时，主要实施城乡差别对待的策略，只要他们认可接受即可。再者，由于受日本的文化殖民的影响，台湾许多乡村老人及原住民，只会讲日语而不懂国语，针对这种情况，传教者向他们赠送该教的日文小册子，用日语布道。

① 参见李桂玲：《台港澳宗教概述》，东方出版社 1996 年版。

(三)翻译和出版巴哈伊教文献

随着巴哈伊教的扩展,翻译和出版该教的文献显得相当迫切和必要。为此,1958 年东北亚区总灵体会任命一个“译审委员会”,对该教的重要文献典籍进行编印发行。如《新时代之大同教》、《巴哈教(大同教)》、《大同教问答》、《拱心石》、《大同教之基本事实》、《巴海传教指南》、《巴黎片谈》、《新园》、《一个世界性之信仰》等。该教的日文月刊及日文祈祷词等亦在乡间流布。1972 年,台湾巴哈伊教出版社成立。巴哈伊中文文献的印刷出版,不仅使教友能深入地领会教义,也使得社会对该教有了相对准确的认识。[①]

(四)兴建传教中心和灵曦堂

为了拓展教务活动,须有相应的活动场所。灵曦堂(《阿格达斯经》称之 Mashriqu'l-Adhkár,意为“在拂晓时赞颂上帝的场所”)则是巴哈伊教的宗教象征。一般底座为九边形,设九门,象征对世界各宗教之信徒开放。灵曦堂是教徒祈祷、礼拜和沉思的场所。巴哈伊教主张服务须以礼拜为中心,而礼拜则须表现于服务。故灵曦堂不仅是巴哈伊教的宗教中心,也是服务社会,造福人群的场所。在这意义上,建造灵曦堂堪称是教徒的神圣的宗教义务。1972 年,台湾总灵体会在台北林口购买了土地,为后来兴建灵曦堂奠定了基础。自此,巴哈伊教迈入了一个相对快速发展的阶段。

(五)积极加强同巴哈伊教总部及其他地区灵体会的良性互动

一是主动接受世界正义院及其他地区“总灵体会”(主要是美国巴哈伊“总灵体会”和“东北亚区总灵体”)的管辖或指导,如大批“圣辅”或“辅委”来台指导。二是派代表积极参加有关巴哈伊教的国际活动,主动邀请外籍人士来台协助传教等。这些层面的互动,推动了巴哈伊教在台的良性发展。

1990 年底,全台湾有地方灵体会 40 个,教徒活动中心 12 个,活动点 203 处;1994 年,地方灵体会增至 62 个;1991 年 11 月,“大同教”正名为“巴哈伊教”(1993 年 4 月正式使用);截至 1995 年底,大同教在台湾的信徒约有 1.5 万人,有 2 个聚会和 1 家出版社。

按照规定,台湾巴哈伊教每年在 4 月 21 日至 5 月 2 日之间召开代表大会,选出 9 位总灵体会委员,台湾巴哈伊教与国际巴哈伊教组织和人士有着频繁的联系和来往,与以华人教徒为主的港、澳、马、新等总灵体会多次举行有关传教活动的联合会议。1990 年台湾总体会还组织了完全由中国人组成的朝圣团前往海法朝觐巴哈欧拉故居。

围绕着“天下一家”的核心教义,台湾总灵体会下特设了“环保处”,开展环保问题的一系列教育活动,推出了“自然教官”儿童户外教学课程,并制作环保短剧,向全台中小学生广播,还举办了“国际儿童环保艺术展”,受到公众舆论的广泛注意;该教还经常举办深造班、夏令营、冬令营等活动,以密切教徒之间的关系。另外,利用设立基金会的形式,参与社会服务。他们每年都要参加国民党的“双十节”大会与游行活动。大同教台湾区与世界其他国家和地区,尤其是港澳地区的大同教组织保持着密切联系。

台湾其他形形色色的宗教尚有很多,比如犹太教、东正教,另外还有信仰外星人的雷尔教,类似武侠小说中的昆仑仙宗、茅山道、“中华灵乩协会”、天王堂及亥子道等各种奇特、怪异类宗教信仰。

---

① www.bahai.org.

但论起社会影响以及完整的组织不外乎以上所提到的诸种。

从上述诸种宗教的发展状况及基本教义上看，大致有两种明显的趋向，一是强调本土化，强调万教同源；二是世俗化的程度不断提高。尽管有些宗教取得了比较快的发展，但也只能在局部扩张影响力，增加信徒，难以对前五大宗教的地位产生冲击。随着台湾社会经济的不断发展，人们对精神生活需求的要求日益提高，岛内各宗教仍有一定的发展空间，是否会出现新的宗教，也未可知，但宗教的日益复兴，却是一个有目共睹的事实，说台湾是一个“宗教之岛”也是名副其实的！

伊朗巴布教徒起义*

蔡磊主编

19 世纪中叶，伊朗处在卡扎尔王朝的统治之下。虽然在首都德黑兰有一个国王和中央政府，但实际上全国没有行之有效的统一号令，封建割据十分严重。各省、州的总督和州长，事实上是独立的诸侯，拥兵称霸，国王无法驾驭。各地封建主彼此之间混战不休。还应当指出，游牧部落占伊朗人口的 1/3。游牧部落贵族一向反对中央集权，甚至名义上也不承认王权。他们经常互相掠夺，袭击农业居民和商队。封建割据严重地阻碍伊朗社会经济的发展。

19 世纪初，俄、英、法、美等国先后强迫伊朗签订不平等条约。1828 年，俄国强迫伊朗签订不平等的《土库曼彻条约》。俄国吞并格鲁吉亚、亚美尼亚、北阿塞拜疆，伊朗赔款二千万卢布，俄国取得领事裁判权，俄国商人有权在伊朗境内自由贸易，输入伊朗的俄国商品只抽百分之五的关税，豁免国内关卡杂税。1841 年，英国也强迫伊朗签订内容大致相同的不平等条约，并在大不里士、德黑兰、班达尔一布什尔设商业代办处。法、美、奥等国也援例签订类似条约。从此，伊朗变成半殖民地半封建国家。

随着不平等条约的签订，外国商品，尤其是英国商品，倾销伊朗市场。外国商品的倾销，破坏伊朗的农业和手工业相结合的封建自然经济，扼杀处于萌芽状态的伊朗资本主义手工业工场，导致大批手工业者和中小商人破产。商品货币经济的发展，加深了伊朗封建制度的危机。封建地主阶级需要大量货币以供挥霍，因此强迫交纳更多的货币地租，大大增加农民的负担。国王、总督、州长、高级阿訇为获取大量金钱，高价出卖官爵。买得官爵的人，在任期内疯狂地掠夺农民。贵族和官吏还把封建军事采邑出卖给商人高利贷者，促使封建土地私有制日益盛行，新地主人数激增。伊朗的半殖民地化使阶级矛盾和民族矛盾急剧尖锐化，农民阶级和封建地主阶级之间的矛盾尤为激烈。

封建割据，连年混战，封建主的横暴勒索和抢劫，关卡林立，没有统一的货币和度量衡，封建主的商业垄断，封建统治集团的卖国政策，人民生命财产毫无保障，这一切引起中小商人、手工业者和低级阿訇的强烈不满。他们迫切要求改变现状。有些低级阿訇社会经济地位低下，生活日益恶化。他们比较了解下层人民群众的疾苦，成为人民群众反对封建专制统治的喉舌。

19 世纪上半期，饥馑、鼠疫、霍乱等天灾人祸频仍，南阿塞拜疆地区有一半人口死亡。它对人民起义军起了催化剂的作用。在巴布教徒起义之前，赞兼、伊斯法罕、大不里士、亚兹德等地相继发生了零散暴动和起义。到了 1848 年，这些起义发展成为规模较大的巴布教徒起义。

* 原载蔡磊主编：《世界历史必读知识全书》十七，中国戏剧体育出版社 2007 年版。

巴布教的创始人是赛义德·阿里·穆罕默德(1820～1850)。他出身于布商家庭，本人曾经经商五年。后来他研究伊斯兰教的神秘学说。1844 年，他自称“巴布”。巴布的意思是“门”，表示即降临人世的马赫迪(救世主)的意志通过此门传达于人民。1847 年，他干脆自称为马赫迪，写了一部《默示录》，论述自己的学说。

巴布教徒分成两派。

一派以巴布为首，代表城市商人和新地主的利益。这一派幻想建立一个没有封建暴政和外国资本家剥削的、人人过着平等幸福生活的“正义王国”。巴布主张把封建统治者和外国资本家和财产分配给巴布教徒，按巴布教徒财产的多少进行分配，即财产多者多分，财产少者少分。他要求废除一切刑法和苛捐杂税，保护私有财产(凡信奉巴布教者，不论地主、贵族、商人、其财产一律受保护)，保障人身自由，严守商业通信秘密，用法律规定借贷利息，改良邮政、统一币制。但巴布反对使用暴力，企图通过宣传、感化等和平手段，说服封建统治者采纳他的改良主义主张。然而，反动统治集团却用迫害来回答巴布的要求。1847 年，巴布被捕入狱。

另一派是人民派，以农民出身的穆罕默德·阿里·巴尔福鲁什为首，代表贫苦农民和手工业者的利益。这一派主张用暴力推翻封建统治，建立一个新的“幸福王国”，在这个王国里，没有压迫和剥削，没有私有财产，人人平等，一切平均分配。

1848 年 9 月，穆罕默德·阿里·巴尔福鲁什领导巴布教徒在伊朗北部的马赞德兰省发动武装起义。两万起义者以塞克·塔别尔西陵墓为基地，修建城堡，开始在群众中平分财产，实行共餐制。王军用武力进攻失败后，改用欺骗手段诱使起义者放下武器，然后加以屠杀。

王军的血腥屠杀未能遏制巴布教徒起义。1849 年 2 月，全国的巴布教徒发展到十多万人。1850 年 5 月，巴布教徒又在赞兼举行起义。起义者在城里修筑街垒和工事，建立兵工厂。起义者奋勇抗敌，消灭敌军 8000 人。1850 年 12 月，王军炮轰赞兼城，把起义淹没在血泊中。

1850 年 6 月，尼里兹爆发巴布教徒起义。同年 7 月，为防止起义蔓延，国王下令处死巴布。虽然遭到各种挫折和打击，巴布教徒的武装斗争一直坚持到 1851 年。大规模的起义被镇压后，巴布教徒转而采取隐蔽恐怖活动。1852 年 8 月，巴布教徒在德黑兰谋杀国王未遂，首都数百巴布教徒被残杀，接着在全国范围内大肆屠杀巴布教徒。

巴布教徒起义的主要锋芒针对封建王朝，但伊朗封建王朝已成为外国资本主义国家的走狗，因此它在客观上也具有反抗外国殖民者、争取民族独立的性质。巴布教徒起义披着宗教外衣，实际上是一次反封建、反殖民主义的农民起义。

这次起义的失败不是偶然的。起义的主要动力是手工业者、城市贫民和一部分郊区农民。起义只发生在几个城市及郊区，而没有涉及广大农村。掌握起义领导权的商人和低级阿訇，始终没有提出解决土地问题的纲领口号，因此未能广泛发动农民。伊朗的封建割据状态，以及起义组织不够严密，各地起义互不通气，各自为战，使反动派有可能各个击破。起义者在战略上犯了错误，只是消极防守，没有进行灵活的游击战，使起义处于被动挨打的地位。起义者往往轻信封建主的伪善诺言，自动放下武器，结果惨遭杀害。

塔别尔西陵墓的“幸福王国”

塔别尔西陵墓的“幸福王国”,发生在历史上伊朗北部的马赞德兰省。

伊朗,古称波斯,它是个带有神奇色彩的国家。这里古老的地毯,清真寺的尖顶,漫步沙漠的骆驼队以及它那清脆的驼铃,交织在一起,构成一幅令人陶醉的图画。

然而,在一百多年前,就是在这块古老而迷人的土地上,同欧洲的法国、德国一样,也曾经发生过巨大的历史动荡。

19 世纪中期,伊朗正处于卡扎尔王朝的统治之下。虽然在德黑兰也有国王和中央政府,但政令不行,省督州长,拥兵称霸,割据一方,国王根本无法驾驭。各地封建主之间,更是连年混战,弄得民不聊生。总之,长时期的封建割据,阻碍了伊朗国家社会经济的发展。

伊朗国家的落后,招致了欧洲列强的入侵,英、法、俄等国乘虚而入。1828 年,俄国强迫伊朗同它签订《土库曼彻条约》。俄国不仅吞并了格鲁吉亚、亚美尼亚和北阿塞拜疆,而且还夺得了赔款二千万卢布以及其他特权。1841 年,英国也强迫伊朗与之签订内容与俄国大致相同的不平等条约。随后,法、美、奥诸国接踵而来,使伊朗主权遭到严重破坏,沦落成为半殖民地半封建国家。

到 40 年代中期,人民生活越发贫困不堪。加以饥馑、鼠疫、霍乱频仍,就更加重了人民群众的灾难。天灾人祸像一种速效的催化剂,把原来分散在各地的零散暴动,汇合在一起,终于形成一股强大的起义风暴,它正在以排山倒海之势,冲击着伊朗的封建统治。

1844 年,一个年轻的伊斯兰教徒,名叫赛义德·阿里·穆罕默德,迎合了广大人民群众、盼望改变现实生活、建立平等“正义的王国”的心理和要求,自称“巴布”,在伊朗各地传教。“巴布”在阿拉伯语中是“门”的意思,是说救世主马赫迪的意志,将通过此门传达给人民。

巴布用宗教的语言,给人们描绘出一幅“正义的王国”的美好蓝图。在这个王国里,人人平等,没有欺压,大家都在过着快乐、幸福的生活。巴布的宣传活动,吸引了千百万伊朗人民,于是形成了巴布教。

巴布传教活动的初期,主要是在宫廷、官吏中进行。他希望这些王公大臣,能够赞助和支持实现自己的理想世界。但他没有料到,这群统治者一向是不顾人民死活的,他们不仅不去理睬巴布的说教,反而把他的教义说成是妖门邪道的异端,而把他抓了起来,囚禁在马库要塞。那些曾经追随过他的巴布教徒,也被就地缉捕查办。这件事发生在 1847 年。

巴布教徒从失败中醒悟过来以后,开始深入群众,扎根到城乡的广大贫民当中。1848 年年中,农民出身的穆罕默德·阿里·巴尔福鲁什,同其他宣传者一起,聚集在别达什特镇,向当地广大农民和贫民,传播教义。他们宣称,新先知即将降临,古兰经与教典都已失败,所以,人民没有必要再向统治者纳税服役。他们宣布:废除封建特权和私有制,一切财产归大家所有,每人只得其中的一份。他们还提出了男女平等的主张。自此以后,巴布教运动走向了新阶段,逐渐发展成为替穷苦群众说话的人民群众的代言人。

别达什特镇的传教活动,唤醒了群众,吓坏了统治阶级。伊朗政府急忙调动军队、驱赶教徒,巴布教徒迅速转移,奔赴各地。1848 年 9 月,伊朗国王死去,巴布教徒决定利用统治阶级内部争权夺利的时机，来实现自己的理想。10月，聚集在伊朗北部马赞德兰省巴尔福鲁什市的七百名巴布教徒，分开举行武装起义。他们打败当地驻军以后，胜利的转移到市东南20公里的塞克·塔别尔西陵墓附近的森林里。

按照伊朗的古老传统，塔别尔西陵墓是一块不可侵犯的圣地，即使里面藏着犯人，也不能加以逮捕。起义者来到这里之后，按照他们的理想，开始营建自己的“幸福王国”。他们在陵区修筑了一个八角形城堡，每个角都建有一个砖砌塔楼，城堡周围环以壕沟，城墙与壕沟之间还设置许多陷阱。城堡里面建造了许多木房，给教徒们居住使用。聚集在这里的教徒们，实行资财公有，平均享用，实行共餐制。消息一经传开，附近的农民，都带着自己的妻子儿女、粮食和牲畜，纷纷前来加入“王国”，手工业者帮助打制武器，一些寻求幸福的人，也千里迢迢地来到这里，分享这里的“幸福”与快乐，塔别尔西陵墓的起义队伍，很快就发展到两千人。

伊朗国王得知了这一切之后，立即命令王军进行镇压。于是，一场围剿和反围剿的斗争，揭开了帷幕。初起，主要是由地方军队担任进攻。但他们根本不是起义者的对手，几次较量，连连败北，溃退而归。当国王看到大事不妙，地方军抵抗不住的时候，不得不让他的叔叔马赫迪·古里亲临战场，指挥这场军事围剿。马赫迪·古里接到命令之后，率领王军精壮，开始向起义者的根据地进发了。

起义者们在广大农民的支持下，在反围剿战斗中，表现得非常沉着、机智和勇敢。他们在敌强我弱的形势下，发挥了奇袭、智取的作用。有一天，起义者们接到情报，得知一部分王军，进驻到陵墓附近的阿弗拿村。他们决定要拔掉这根钉子，怎么打呢？他们根据敌我双方情况，决定采用奇袭战术，出其不意地打击敌人。当天深夜，正当疲倦的王军官兵刚刚进入梦乡、沉沉酣睡的时候，起义军的一支小分队，由侯赛因带领，悄悄进入阿弗拿，“冲啊！”突然一声呐喊，起义军已经冲进村口，顿时人喊马叫，杀声震天。王军官兵惊醒之后，还没弄清是怎么回事，就呆头呆脑地钻出营帐，仓皇溃逃，乱成一团。起义军当场击毙王军指挥官一名，杀死官兵一百多人。

王军战败的消息传到京城以后，朝廷上下一片惊恐。在这个紧急关头，王叔马赫迪·古里不能不亲自出征了。他点得精兵八千，昼夜兼程，向陵墓一面杀来。说来也巧，这天晚上，天不作美，空中阴云密布，天气十分寒冷，黑得伸手不见五指，对面看不清东西。不得已，王军只好就地安宫扎寨了。当他们还没有站稳脚跟的时候，突然一声尖叫，只见侯赛因和他的三百突击队员，有如神兵天降，出现在王军营地周围，顿时杀声四起，火光冲天。作为统帅的王叔，从来没有见过这种场面，早已吓得魂不附体，魄飞九霄云外。他顾不得一切，只身躲进附近的森林，以求保全生命。最可怜的是那两个随军出征的王子，在他们还没有来得及躲藏的时候，早已葬身火海，被活活烧死在军营里。这时候，周围的王军官兵，早已逃得一干二净，无影无踪了。侯赛因的奇袭战术，再次取得了胜利。

武装斗争的胜利，不仅巩固了起义根据地，而且赢得了更多的信徒。据官方统计。当时伊朗全境的巴布教徒已经达到十万人。这种形势使伊朗王室更加恐惧。他们急令王叔重整旗鼓，并给他增兵七千，让他奋力进剿起义军。于是，马赫迪·古里重新集结军队，把塔别尔西陵墓城堡紧紧包围起来。

怎么办？起义者们正确地认识到：力量悬殊，正面出击不行，还是要“奇袭！”而且要来得更隐蔽、更突然。

一个寒冷的清晨，侯赛因带领四百勇士，走向城堡。他们用厚厚的布裹起马蹄，勇士们脱掉鞋袜，赤脚前进，敏捷、隐蔽的深入敌营，四散点着随身携带的火把，刹那间烧成一片火海，王军仓皇迎战。起义军手执刀枪，跨上战马，猛砍猛杀，越战越勇，到天亮时分，军营内外，倒下的王军尸体多达四百余具，其中有三十五名军官！此外，还有一千多人受伤，营地烧成了一片灰烬。王军再也不敢靠前，只有躲在阴暗的角落里打冷枪。突然，一颗子弹中了侯赛因的胸膛，勇士们抱着他的尸体，不得已撤出了战斗。

起义者们在反围剿的战斗中，付出了巨大的代价，处境日趋困难。几个月以后，城堡里剩下的起义者不过二百五十人，由于敌人把城堡围得水泄不通，断绝了同农村的联系，粮食弹药消耗净尽，起义者们已经没有饭吃。但一万多王军仍然不敢正面进攻。

1849 年 5 月，王叔手捧《古兰经》，对城堡里的巴布教徒大声发誓："虔诚的教徒们，只要你们放下武器，离开城堡，你们的生命和自由一定会有保障！"当这些善良的人轻信了他的鬼话。放下武器，走出城堡以后，他们立即撤下面具，凶相毕露地宣布说："真主已经下了命令，要惩罚这伙伊斯兰的叛逆！"话音未落，一群刽子手冲上前去，砍下了每一个起义者的头颅。霎时尸横遍野，血染大地，城堡被摧毁了，塔别尔西陵墓的战斗，被淹没在血泊中，"幸福王国"终于演成一幕壮烈的悲剧。

1850 年 7 月，伊朗国王下令处决关押在监狱里的巴布。临刑这一天，当巴布戴着手铐和脚镣被押进广场的时候，站在周围的人群里，发出一片低低的抽泣声、咽喉哽塞声……这幅悲壮的画面，有力地告诉人们：巴布和他的思想，以及他的"幸福王国"，早已深入人心，而永远不能磨灭！

伊朗人民大起义

1848 年 9 月，国王穆罕默德·弥尔查去世。统治阶级内部争权夺利，倾轧不已。在呼罗珊、伊斯法罕、克尔曼、设拉子和伊斯得等省市，纷纷爆发城市居民和农民的起义。局势对巴布教徒有利。

10 月，聚集于马赞德兰省巴尔福鲁什市的七百名巴布教徒，在穆罕默德·阿里领导下揭竿而起。在击溃了当地的驻军之后，起义者占领了距该市东南 20 公里的希赫·塔别尔西陵地。

塔别尔西陵地是一座古圣墓。按照伊朗的古老传统，它是神圣不可侵犯的禁地，即使里面藏有犯人，当局也不能搜捕。起义者决定在这里长期坚守。他们筑起有 12 座塔楼的城堡，四周围上土堤和水壕，在八角形堡垒里又修盖了一座座木头房子，四出进行宣传活动。不久，起义队伍发展到两千人。新参加起义的大都是备受压迫的农民和手工业者。他们有的来自附近村镇，有的则从邻近各州远道而来。四乡农民赶来了牲畜，运来了粮食和饲料；手工业者生产军需品和打造武器，制造劳动工具和缝制衣物等等。一时，肃穆清静的希赫·塔别尔西陵墓地区变成了热闹异常的劳动者大家庭。

在穆罕默德·阿里和胡赛因的领导下，起义者将自己的社会理想付诸实践。他们将其所有的及所获得的财产都宣布为公产，平分共享。粮食和其他物资悉归公共仓库，由专门选派的人员管理和负责分配。实行共餐制，由专管伙食的炊事员按钵子给食，大家兄弟般地围成圆圈席地而坐，共同进餐。巴布教徒理想的正义王国俨然在地上建立起来了。

希赫·塔别尔西陵地的"叛逆"，使德黑兰宫廷大为震惊。新国王纳歇尔丁的首相密尔札·达吉汗命令地方武装进行镇压，但马赞德兰诸汗的军队经不住起义者的夜袭，连连败阵。1848 年底，国王特派其叔父密尔札·马赫底·古里率领两千王军，从德黑兰出发前往"讨伐"。起义者又发动夜袭，出奇制胜。在 1849 年 1 月的一次夜袭中，起义者烧死了两个亲王，敌人为之丧胆。1849 年 2 月

3 日夜，被围的巴布教徒又组织了四百人的部队出击，再次击溃了政府“讨伐军”。

起义军大捷振奋人心。巴布教派的影响不断扩大，信徒日益增加。1849 年 2 月，达吉汗首相告诉驻德黑兰的俄国公使朵尔哥鲁基说，据他看，这时伊朗全境的巴布教徒已有十万余人。而这位被 1848 年欧洲革命吓破了胆的、视科学共产主义如洪水猛兽的俄国公使，更进一步说，巴布教徒是“用武力传播共产主义”。其实，巴布教徒所传播的不过是原始的空想的共产主义而已。

国王决定加强镇压，迅速调派七千精锐王军和一些高级阿訇开赴希赫・塔别尔西陵地。得到增援的王叔马赫底・古里又气势汹汹地向起义者扑来。他们先是用直接冲击的办法，企图一举攻占起义者的阵地，但失败了。于是，王军便封锁了巴布教徒据守的堡垒，调来大炮，疯狂地轰击。同时，由高级阿訇出面煽动，号召向被视为“异端”的巴布教徒进行“圣战”。

在强大的反动势力面前，起义者又缺少火枪，但他们仍顽强地战斗着。他们高举自制的大刀、长矛和短剑，以密集的队形发动冲锋。经过一场短兵相接的白刀战，敌人又一次溃退了。

但是，起义者由于被包围而陷入孤立无援的境地。粮食吃完了，弹药用尽了，激战与饥饿使起义者的伤亡人数急剧增加，英勇的胡赛因也在一次出击中壮烈牺牲。堡垒的保卫者已经不足二百五十人了，而包围堡垒的王军却达一万多人；力量对比是如此悬殊，平均每个起义战士要抵抗四十个以上的敌人。但是，巴布教徒们誓不投降，决心与堡垒共存亡。王军无可奈何。他们十分清楚，如果用武力强占堡垒，必将付出更惨重的代价。

1849 年 5 月初，阴险狡诈的马赫底・古里布下一场大骗局。他在圣墓前捧着《古兰经》发誓许愿：只要起义军放下武器，离开堡垒，就可以保全生命和自由。起义者信以为真，便停止了抵抗。但是，当他们放下武器，走出堡垒时，背信弃义的屠杀便开始了。堡垒的所有保卫者被杀死。巴布教徒的领袖穆罕默德・阿里等人被戴上镣铐，押解到巴尔福鲁什，经过严刑拷打后，于 1849 年 8 月当众杀害。刽子手们还把起义者兴建的、在炮火下残存的堡垒和房舍拆除殆尽，充分表现其对人民和人民起义的刻骨仇恨与内心恐惧。

为了替希赫・塔别尔西陵地的死难者报仇，1850 年 2 月，巴布教徒的秘密组织打算刺杀国王、首相和一些高级阿訇。但不幸事机泄露，密谋被破获，四十名秘密组织成员被捕。达吉汗胁迫被捕者当众咒骂巴布，结果，七名拒绝咒骂巴布的教徒惨遭杀害。

现代主义在 20 世纪七八十年代的*继续发展及后现代主义建筑(节选)

萧　默

1986 年在印度新德里建成的巴哈伊教灵曦堂，是由一位定居加拿大的伊朗建筑师法里布兹·萨哈巴设计的，也堪称为当代建筑艺术的杰作。它由九座水池围绕中央巨大白色莲花状的集中式体量组成，全部采用白色大理石贴面，直径 70 米，有三层共 45 片花瓣，高达 34 米。九座水池好像九片莲花青叶，托举着一朵白莲，洗练明净，很有现代感。印度的许多宗教都尊崇莲花，所以这座建筑选用了莲花为主题。内部只是一个高大的空间，谁都可以进去，不分宗教和男女。进去的人也无须进行什么仪式，只需按照自己的信仰与理解安静沉思。建筑并不着意在传统建筑符号的应用，而重要在传统文化的象征，以莲花来体现，手法与悉尼歌剧院相近，属于具象象征主义。

巴哈伊教是 1844 年在伊朗的伊斯兰教巴布教派的基础上创立的，其理想是融合各个民族、国家和宗教，组成一个人类大家庭，建立持久和平、破除迷信，强调科学，解放妇女，倒很符合现代精神。巴哈伊教在许多国家如美国、德国、澳大利亚都建有规模甚大的教堂，全球共有 9 座，都称灵曦堂，总平面也都是九角形，并都吸收了当地的文化传统。

但有人把它归为“后现代”，不知道根据什么理由。它是如此的高贵、典雅，怎么可以与伧俗的后现代相提并论。

* 原载萧默:《伟大的建筑革命:西方近代、现代与当代建筑》，机械工业出版社 2007 年版。

近代伊斯兰教改革运动是怎么一回事（节选）*

秦学颀编著

19 世纪中叶，在伊朗又爆发了反对封建压迫和外国殖民侵略的巴布派革命运动。“巴布”意思是通往认识真主的真理之门。巴布教的创始人密尔扎·阿里·穆罕默德，鼓吹要建立一个理想世界，没有人压迫人，实行人人平等。巴布教派还提出了保障人身自由、保护私有财产继承权的主张和许多符合小商人利益的要求等。广大贫苦农民、商人和手工业者迅速行动起来，紧密地团结在巴布派周围，形成了一股强大的革命力量，爆发了声势浩大的武装起义。巴布派运动虽然最后被镇压下去了，但是这场革命运动震撼了伊朗封建统治制度，打击了外国侵略者的利益，在伊朗人民近代民族斗争史上写下了光辉的一页。

19 世纪后半叶，又相继爆发了白哈派的“新教”运动、苏丹“马赫迪运动”，以及埃及维新派的宗教改革运动。白哈派，是 19 世纪后半叶从巴布派中分化出来的一个新支派。白哈派鼓吹建立一个囊括一切宗教的世界主义的新教。他们主张废除伊斯兰教的一切禁规，让“理智”代替伊斯兰法律的裁决。19 世纪末，苏丹处在英国人、土耳其人和埃及人的统治之下。苏丹人民迫切要求推翻异族统治的民族斗争情绪空前高涨。这时，在广大穆斯林中间广泛流传着“世界末日即将到来”和“人类救世主马赫迪就要出现”的预言。1881 年，苏丹人民在穆罕默德·艾哈迈尔的领导下，爆发了波澜壮阔的马赫迪运动。这是阿拉伯的苏丹民族大起义。

* 原载秦学颀编著：《宗教文化赏析》，旅游教育出版社 2007 年版。

创造力的启示*

潘石屹

《道德经》是上天给中华民族漫长历史发展初期的最好赠礼，它的核心就是中华民族在启蒙时期如何掌握平衡。

像老子在《道德经》中启示了“平衡”一样，基督在《圣经》中启示了“爱”。当今时代，新的人类教育者巴哈欧拉，在他的《亚格达斯》经中启示，人类当今所需要具备的最重要的品质是“团结”。

说到《道德经》产生的历史，历朝历代都有许多学者做了认真的研究，也有很多考古学上的发现。在民间也存在着各种各样的传说，类似神话般的传说。如果仔细推敲这些传说，会发觉大多只是《道德经》的一些花絮，有许多是不可靠的，也是没有逻辑的。我想这些传说也主要是为了在民间更广泛地传播《道德经》吧。就《道德经》五千言本身而言，它一定是中国古代曾受到神圣启示的智者、教育者的作品。《道德经》的作者老子就是中国历史上最早的显圣者和先知。

远古时期，交通和信息都非常不发达，人类文明要不断地进步，不仅是依靠达尔文“优胜劣汰”的竞争法则来推动，更重要的是有一推动文明不断发展的创造力，在这种神圣创造力的启示下，在世界各地，乃至各个角落都有受到启示的智者，由这些智者来教育人类从精神和物质两个方面不断推动人类的演进。越是在远古时期，越是交通和信息不发达，这些受到启示的智者越多，因为世界太大了，不可能靠一两个人漂洋过海地进行传播和教育。人类文明的演进正是在“这种创造力”的启示下，同时，依靠人世间的智者不断往前推进的。“这种创造力”在世界各个民族中的叫法也各有不同，例如西方就叫“上帝”、“神”；而我们中华民族更多地叫它“天”，“上天”，“老天爷”，“道”。在不同的年代，“道”也启示了许多显圣者、人类的教育者。如基督耶稣、摩西、阿伯拉罕、老子、琐罗亚斯德、穆罕默德、佛陀、巴哈欧拉等等。《古兰经》曾经说过，在穆罕默德出现之前，世界上已经有十多万个受到这种力量启示的显圣者。

老子的《道德经》到底给我们启示了什么呢？在中华民族的发展处在孩童时期时，最需要的又是什么呢？

《道德经》启示的核心是“平衡”。它一共分为上、下两篇，这两篇从头到尾贯穿了平衡的思想。人类的发展与成长，和个人成长一样，会经历幼儿期、童年期、青春期、成熟期等。当人类刚刚进入幼年期时，就像一个幼儿刚学会走路、做事，此时平衡是最重要的。只有掌握了平衡才能站立，才能行走，才可能去做事情。在《道德经》中把各种各样的平衡都归纳成阴阳平衡。老子《道德经》中平衡的

* 原载《和谐世界　以道相通》编委会：《和谐世界　以道相通：国际道德经论坛论文集》续卷，宗教文化出版社 2007 年版。

思想影响了中华民族文化的各个方面。如绘画、音乐，包括建筑艺术。在中国的建筑艺术中平衡的思想表现为对称美，在建筑、家具和城市的规划中强调对称。

上篇“道”启示了“这种创造力”的大计划。道是自然规律，是人类所不能及的，人类只能顺从它，遵循它，这是上天的力量，是上帝的力量，也是上天和上帝在用心所做的事情。下篇“德”启示了“这种创造力”的小计划，以及人类要做的事情，人类要遵守的法则，人类应该具有的美德。时间过去了两千多年，“这种创造力”的大计划和小计划并没有改变，只是不同的显圣者的表达方式不同而已。这种创造力的两个计划，又是不能截然分开的，它们互为补充，互为促进。所以在上篇“道”中虽讲的是上天的大计划，但也谈到了小计划。

《道》教我们的是顺其自然，“上善若水，无为而治”。而社会的和谐则来自于它的统一，不要进行人为的高低、好坏划分。反对英雄，反对个人崇拜，重视天的力量，如“大道废，有仁义，智慧出，有大伪”，“不尚贤，使民不争”等等。它告诉我们，世界上本身没有坏人，也没有好坏之分，太阳照耀在每个人的身上，我们每个人同样受到上天的惠泽。受《道德经》的影响，在佛教传到中国时，禅宗三祖僧璨也强调了同样的道理，他的《信心铭》开篇就说“至道无难，唯嫌拣择”。对那些没有偏好的人来讲，伟大的道并不困难。只有成熟的人和不成熟的人。不成熟的人就需要成长，需要知识，需要受到教育，从而让他们变成成熟的人。世界上还有健康的人和病人之区别，病人就需要我们去帮助他们医治疾病，需要我们的扶助。人们应该和谐相处，如果处在天天搞阶级斗争，天天抓坏人的年代，和谐社会就会远离我们而去，与伟大的道相悖。《德》讲的是美德，人的美德，国家的美德，民族的美德。《道德经》教给我们的第一个美德就是“超脱”：从困难中超脱，也从物质世界中超脱出来。

在我们做事遇到困难时，先要想一想是不是符合了“道”这种创造力的大计划，如果不符合，我们再多的努力都是徒劳的，都是没有结果的。如果我们做的事符合了“道”这种创造力的大计划，就一定会有更强大的力量来帮助我们完成。我们每个人都是渺小的，都是微不足道的，最好的状态是把自己变成婴儿的状态，空心竹子的状态，是水一样的状态。让周围的力量和创造力之水像穿过空心竹子一样流淌过我们，顺其自然，无为而治。

“德”篇强调拒绝一切的欺骗、花言巧语，如“信言不美，美言不信”，没有诚实就没有了一切，所有的“德”都是建立在“信”的基础之上。“德”篇还指出了人要保持物质世界和精神世界的平衡，如“天之道，利而不害；人之道，为而不争”。天的法则是利于万物而不加伤害，人的法则是奉献而不与人争夺。

“小邦寡民”是老子设想的理想世界、桃花源，这与我们现在所说的“小的是美好”的思想不谋而合。

“道”篇则讲的是上天的事情，上帝的事情，充满着神秘。

《道德经》是上天给中华民族漫长历史的发展初期的最好赠礼，它的核心就是中华民族在启蒙时如何掌握平衡。

当人类继续成长，人类文明继续演进，人类的发展迈过她的幼儿期，进入童年和青年期，上天又不断地给我们新的启示，像老子在《道德经》中启示了“平衡”一样，基督在《圣经》中启示了“爱”。当今时代，新的人类教育者巴哈欧拉，他在《亚格达斯》经中启示，人类当今所需要具备的最重要的品质是“团结”。在一个全球化、国际化的时代，离开了团结和合作，我们人类将寸步难行。我们在以团结和合作为主要特征的时代想要生存和发展，就离不开诚实和磋商，没有了诚实的品德和磋商的态度，长久的团结是无法建立的。在老子启示《道德经》的年代，人类活动的范围比较小，人与人之间的联系也很松散，只要人类能掌握平衡的思想，就可以生存和发展下去。但当今时代人类的活动范围大大地扩展了，人和人的联系越来越紧密了。看一看我们现在吃的、穿的、住的、用的无一不是别人提供，我们只考虑小范围内的平衡已经不能解决当下的问题。科技的发展使现代的战争越来越对人类具有毁灭性的威力，团结和磋商显得尤为重要，以磋商的方式解决矛盾和冲突已经成为人类发展和和平的需要。团结和合作，为别人提供服务，同时也接受别的服务，成为了这个时代最需要的精神和品德。

“团结之光是如此强大，它将照亮整个地球。”

人类即将进入成熟期*

潘石屹

小时候看电影，总是想先分清电影中的人物哪个是好人，哪个是坏人，但电影的故事情节设计中总有一些隐藏起来的坏人，到电影结尾时才会暴露出来。这让我们在看的过程中很着急，常常问大人这人到底是好人还是坏人，随着年龄慢慢成长，才发现这个世界并不是非黑即白，非好即坏的。

最近在读一些圣人的文章，如巴哈欧拉、索罗亚斯德，这些圣人有一个共同的认识就是：把人类社会的成长比喻成个人的成长。就是说人类社会也是呈周期性变化的，在一个大的周期中基本分三个阶段，也有人称为“三际”。

第一阶段是混沌状态。人们在认识上、价值观上，以及宗教信仰上都非常模糊，就如同刚出生的婴儿懵懵懂懂。人类社会在这个时期的一些特征，在《圣经》中，在老子的《道德经》中都有过详细地描述，我在这里就不引经据典了。

第二阶段进入典型的二元论阶段——非好即坏。不是天堂，就是地狱；不是朋友，就是敌人；不是反恐的国家，就是恐怖主义国家……在拜火教中就被称为“光明之神”阿胡拉和“黑暗之神”安哥拉。这是一种不成熟的心理特征，而个人的成长在儿童期时就常常表现出这种不成熟的心理。

人类社会进入第三个阶段也就是人类大周期中的成熟期，统一、合作、团结是成熟期最主要的标志。“天下大同”、“人类一家”、“同一世界、同一梦想”就是人类成熟期的主旋律。那些停留在第二阶段的思维习惯、价值观和那些过了时的迷信，都会放慢和阻碍我们人类进入成熟期。人类成熟期的特征在巴哈欧拉的著作中也有过详细的描述。但在当下，现实生活的各个方面都表现出来，全球的一体化就是走向成熟期正面的推动力量，而各个国家的贸易保护主义及相互的制裁则是阻碍走向成熟期的力量。人类一家，互相关爱是这个成熟期进步的力量，而极端的民族主义则是阻碍成熟期反动的力量。但无论眼下在人们进入成熟期过程中遇到多少困难，人类进入成熟期的大趋势是阻挡不了的，就像小孩子一定会慢慢长大一样。

* 原载《南方》2008年第2期。

纪伯伦与阿布杜巴哈*

许　宏

纪伯伦·哈利勒·纪伯伦(Gibran Khalil Gibran)(1883～1931),黎巴嫩著名诗人、散文作家、画家,被称作20世纪与泰戈尔比肩的东方文学大师。他早年受尼采哲学影响,以西方文化来审视东方民族的传统,从而获得前期的深刻民族自省。在后期,他试图超越东西方文化,站在“宗教同源”、“人类一体”的立场上来思考人类的普遍问题。其思想变化与宗教思想家阿布杜巴哈有着密切关系。

纪伯伦的多元宗教文化背景

纪伯伦出生在基督教、伊斯兰教以及犹太教等多种宗教并存的神秘国度——黎巴嫩。由于父母都信仰基督教,纪伯伦受家庭的熏陶很小就接受了基督的启示,把圣经当作灵性和道德真理的宝库。他后来曾向女友玛丽·哈斯凯勒这样介绍自己:“我出生在上帝的杉树下,在神圣山谷的山坡上,那小镇叫卜舍里。”对耶稣的信仰成为纪伯伦创作的灵感之源,他的艺术作品中也始终饱藏着基督教的种子。

纪伯伦不是穆斯林,但骨子里却受到了伊斯兰教的影响。纪伯伦信仰的基督教马龙派,与天主教、东正教、新教并称为基督四大教派,该派有别于其他宗派之处便是明显地受到伊斯兰教影响,保持着古代叙利亚教会的传统礼仪,并使用叙利亚语和阿拉伯语。特殊的家庭出身和宗教文化背景,使纪伯伦的思想早早便打上了基督教和伊斯兰教的双重印记。在贝鲁特读书时,纪伯伦曾为贝鲁特剧院的房子作了一个规划草图,设计的建筑包含有两个圆顶,标志着基督教和伊斯兰教的和谐相处。尽管他的计划在当时没能付诸实现,但他的作品多年来都反映了苏菲派穆斯林传统与他个人的基督教神秘主义背景的结合。最终这个梦想在他以诗歌形式描绘一个伟大先知“亚墨斯达法”时实现了。“亚墨斯达法”这位基督教人物和穆斯林文明的统一,代表了东西方灵性传统的文学和哲学的结合点。

纪伯伦的多元宗教情怀与他多年来一直坚持的宗教同一、人类一体观是紧密相连的。尽管他有着浓厚的基督教情怀,但他不能接受基督教是唯一宗教的观点,坚信各种宗教同一、人类一体,以至于他把热情和注意力最后都转向了世界一体性。他的信条涉及多种信仰,不仅接受了叙利亚的柏拉

* 原载《世界宗教文化》2008年第4期。

图主义，基督教的神秘主义，伊斯兰教的苏菲主义，还以极大的兴趣接受了巴哈伊教所宣扬的普遍的爱和宗教同源、人类同一的教义。

纽约之会

追溯纪伯伦宗教同一、人类一体思想的成因，除了他个人的生活经历和宗教情缘外，更重要的是他受到一位著名宗教家——阿布杜巴哈的影响。作为巴哈伊教第三代领袖，阿布杜巴哈这位来自波斯的圣哲，被誉为超脱的“完美典范”。他的人格魅力、他的思想、他富有魅力的演讲，特别是他与纪伯伦的“纽约之会”深深地影响了纪伯伦这个艺术天才。

1910 年，纪伯伦从欧洲来到美国纽约定居。通过一位叫朱丽叶·汤普森的巴哈伊信徒，他开始了解阿布杜巴哈及其思想，特别是有关宗教同一、人类一体等教义和理念，这与纪伯伦内心久已萌生的信仰非常契合。1912 年 4 月，阿布杜巴哈来美国纽约等地作了一系列关于“基督和巴哈欧拉对精神力量的重视”的演讲。针对欧洲开始萌生的狂热民族主义，他强调世界需要全球性的团结和睦，但是种族差别和爱国偏见，阻碍了这种团结。阿布杜巴哈访问美国发生在第一次世界大战爆发之前，他提前预测到了社会的大变动：“目前欧洲是一个火药库，一个火花将会点燃整个地球”，提醒美国人要提升“国际和平的标准”。阿布杜巴哈的演讲在当时的美国产生了很大轰动，《纽约时报》、《芝加哥日报》等各大新闻媒体都以醒目标题纷纷报道，这也引起纪伯伦对他的好奇与关注，并由此逐渐产生了深深的敬仰和崇拜。

1912 年 1 月 19 日，在一个特殊的安排下，纪伯伦终于有幸与阿布杜巴哈相见，并为这位他仰慕已久的伟大人物画像。那时纽约的人们刚刚得到“泰坦尼克”号沉没的噩耗。而在阿布杜巴哈准备启程到美国之前，曾有朋友为他筹集了足够的资金让他乘坐这艘处女航的豪华巨轮，但他没有接受，并选择了较慢的“雪得利克”号。“泰坦尼克”号的沉没，在某种程度上给阿布杜巴哈增添了许多神秘的色彩。面对这样一位传奇人物，纪伯伦完成了阿布杜巴哈的画像，当时很多围观的巴哈伊信徒们惊叹地声称纪伯伦已经看到教主的灵魂。这幅阿布杜巴哈的画像，也一度成为当时纽约和巴黎等城市著名的系列画展中的一部分。纪伯伦公开声称这幅肖像画是他最喜欢的作品，阿布杜巴哈是他最喜爱的素材，他把阿布杜巴哈的微笑描述为“带有叙利亚、阿拉伯和波斯的神秘”。在纪伯伦眼里，“他是一个伟大人物，是完美的典型。在他的灵魂里有整个世界。”甚至他认为阿布杜巴哈是上帝的显现者，是一位先知，为他打开了一扇门。尽管对于他的这种评价阿布杜巴哈后来是给予否定的。

纪伯伦的“先知”与阿布杜巴哈

《先知》被认为是纪伯伦步入世界文坛的顶峰之作的代表作，它的出版轰动了全世界。在这部作品中，纪伯伦塑造了一个充满挚爱和睿智的东方哲人的形象。对于这位“先知”，纪伯伦说过，“他是我的第二次降生，又是我的第一次洗礼。他是使我成为一个站在太阳面前的自由人的唯一思想。这位先知，在我塑造他之前先塑造了我，在我把握他之前先把握了我，在他站在我面前向我灌输他的情趣、爱好和主张之前，已先让我跟在他后面走了千万里”。尽管纪伯伦并没有明确说明他所描述的这位“先知”就是阿布杜巴哈，但有一点可以确定，纪伯伦借这位先知之口所表述的许多深刻的宗教或哲学思想与阿布杜巴哈的思想有着惊人的相似。比如当谈论善恶问题时，阿布杜巴哈否认恶的存在，认为“人的一切品质和可赞的完美都存在着，是纯善的，而恶则不存在”，只不过是“善的缺乏”。纪伯伦的“先知”也这样教诲人们：“我能谈你们的善性，却不能谈你们的恶性。因为，什么是恶，不只是善被自身的饥渴所困苦么？的确，当善饿了，它甚至会到黑暗的洞穴中寻找食物；当它渴了，它甚至会从死水中取饮。”

而在他的另一部著名作品《人子耶稣》中，我们更容易看到阿布杜巴哈的影子。纪伯伦笔下的耶稣是“寄居于人的精神之中的上帝的光明”，从他的眼中可以看到“上帝的光”，从他的嘴上可以看到“上帝的微笑”。纪伯伦曾道出，他对耶稣的描绘，其唯一模板是在 1912 年与阿布杜巴哈的相见所给予的灵感。阿布杜巴哈这样一个特殊人物的出现，极大地震撼了纪伯伦，他感叹道：“我第一次看到如此高贵足以作为圣灵的储藏所。”与阿布杜巴哈的相见给这位诗人留下了不可磨灭的印象。在巴哈伊作家玛芝·盖尔(Marzieh Gail)所写的《朱丽叶回忆纪伯伦》中也谈到阿布杜巴哈对纪伯伦作品的影响：“纪伯伦对阿布杜巴哈充满崇敬之情，他从对阿布杜巴哈的回忆中得到灵感而写成《人子耶稣》。他还想要写另一本书，关于中心人物阿布杜巴哈及同时代的人，但是在写之前他就去世了。”的确，在很多问题的认识上，纪伯伦都和阿布杜巴哈产生了共鸣。如在男女关系上，阿布杜巴哈曾声称，如果人类要进步的话，男人和女人一定要平等地对待，在《人子耶稣》里，纪伯伦把男女平等这一思想作为其所表达的一个主题，认为夫妇之间“彼此相爱，却不要做成爱的系链。只让它在你们灵魂的沙岸中间，做一个流动的海。彼此斟满了杯，却不要在同一杯中吸饮。彼此递赠着面包，却不要在同一块上取食……要站在一处，却不要太密迩，因为殿里的柱子，也是分立在两旁，橡树和松柏，也不在彼此的荫中生长”。这种对于男女关系的理解是非常现代的，阿布杜巴哈的影子也是隐约可见的。

构建“爱与和谐”的世界

苏赫尔·布舍瑞(Soheil Bushrui)在他所著的《哈利勒·纪伯伦：人与诗人》中这样说：“关于纪伯伦，最值得注意的是他能调和不同的文化。他 12 岁就开始接受西方文化，但却没有放弃自己的价值观。通过一种文化与另一种文化的结合，在各自特定的意义上接受，从各自的力量上延伸，在这个过程中纪伯伦能产生‘爱与和谐’的(绝对)真理。”

在与纪伯伦会面后不久，阿布杜巴哈在哥伦比亚大学做了一次著名的演讲，他说：“所有神圣的显圣者已经声称宗教同一、人类一体。显圣者启示的基本真理是和平，这是所有宗教、所有正义的基础”。他还认为“真正的宗教是人间爱与和谐的源泉”，“所有的人都是同一个上帝的仆人，同一个上帝统治全世界各国，并为他的所有孩子而喜悦。全人类是一个大家庭；每一个人的头上都戴着人类的桂冠。”对于阿布杜巴哈的这种“地球乃一国，万众皆其民”的主张，纪伯伦是非常赞同的。他动情地说：“整个地球都是我的祖国，所有的人类都是我的乡亲”，“我爱故乡，爱祖国，更爱大地”。在宗教同源、人类一体的基础上，纪伯伦开始精心构建自己“爱与和谐”的世界。他呼吁“雅典的女儿”、“罗马的姐妹”、“摩西的女友”、“穆罕默德的妻子”、“耶稣的新娘”，团结起来，携手共进。

纪伯伦的很多作品中，都流露着对和平的热爱、对战争的憎恶。在《泪与笑》中，他写到一条美人鱼发现一具死于战争的青年的尸体："不是大海动怒，发了脾气，而是人类——他们自称为神的后裔——在进行残酷的战争，流淌的鲜血把海水都染成一片猩红。"为了拯救人类，纪伯伦提倡爱与美的人生，认为生命作为社会中的个体而存在，就应当以互相付出和给予为前提，因为没有人能拒绝他人的施舍而独自生活，而给予的机会属于你自己而不属于你的后人。纪伯伦理想的人生境界是爱与美的统一，在他的思想中充分表达出了人类和谐、世界大同的愿望。

中东地区宗教中的少数派(节选)*

王 联

目前,伊朗广受西方世界批评的是其对巴哈伊教所采取的敌视、打压政策。尽管巴哈伊教是伊朗除伊斯兰教以外最大的少数派宗教,但是巴哈伊教却没有任何法律和社会地位。巴哈伊教是19世纪从伊斯兰教中演化出来的一种宗教,据其官方网站称,巴哈伊教现有教徒500多万,分布在世界上每一个国家,成为仅次于基督教的分布第二广的宗教。巴哈伊教的核心教旨有三条:上帝唯一、宗教同源、人类一家。其创始人是波斯人米尔扎·侯赛因·阿里,后来被巴哈伊教信徒们称为巴哈欧拉,意为"真主的荣耀",巴哈伊教的名字也由此而来。由于巴哈伊教自称是在伊斯兰教等宗教的基础上发展起来的,巴哈伊本人也被宣传为上帝派来的最近的使者,这些都被传统伊斯兰势力视为一种挑战和破坏。因此,巴哈伊教在伊朗历届政府中都得不到承认,同时还遭到严厉打击。

* 原载《国际资料信息》2008年第10期。

以色列巴哈伊圣地被列入《世界遗产名录》相关报道*

联合国教科文组织世界遗产委员会近日新增27处世界遗产地，以色列海法和西加利利巴哈伊圣地被列入《世界遗产名录》，成为新的世界文化遗产地。

以色列海法巴哈伊圣地被列入《世界遗产名录》

* 该新闻载于2008年7月16日《北京青年报》、《松江报》、《鞍山时报》、《安徽日报》、《深圳特区报》、《淮安日报》诸报，内容略有不同，不再赘录。

灵魂的台阶*

Evan

音乐是灵魂的食粮

程琳出生于河南洛阳的一个艺术家庭，父母从事豫剧表演，是洛阳艺术学校的始创人，受到家庭良好艺术氛围的熏陶，程琳自幼酷爱音乐，6 岁即开始从师二胡名家学艺，8 岁登台演出，一份海军政治部直接签发的入伍通知书让年仅 12 岁的程琳走进了海政歌舞团，担任二胡独奏。不久，13 岁的程琳又以歌手的身份在音乐会上亮相，以清新纯美的歌声在一夜之间迅速红遍大江南北，成为中国歌坛上年龄最小的第一代歌手。

“长大之后的很长时间，我都对童年抱有很多的幻想，甚至到现在我也经常会跟一些小朋友在一起玩儿得很开心，好像在弥补那段美好的童年时光。所以我认为，人一生的经历一定是一二三四五六七这样一步步排上去的，如果你从第一步跳到第十步，你早晚还得从第二步再走起，二三四五六，没有可以失去的年代。”

在《信天游》给中国大地刮起一片“西北风”的时候，程琳选择了前往美国修学。“加州的阳光非常温和，中午困了，在校园的草坪上，随手拿件衣服一铺就可以睡上一觉。在街上会经常见到很多孩子在跳舞，有时情绪来了，我就走上前学两招，一块儿跳起来、唱起来，常常会引来一大堆人围看，那种快乐是从心底生出来的。”说到这里，程琳的嘴角不自觉地向上漾开来，眼神迷蒙，似乎无比怀念。

作为杰克逊和麦当娜的老师萨斯瑞格斯唯一的中国入室弟子，程琳对演唱作了很多系统而精细的研究，甚至有时候会去教堂里吸收美妙的音乐，再和中国元素完美地结合起来，“我知道自己要做一个音乐工作者，而不只是明星。”只是程琳这一做，就是十多年。

2008 年，程琳与多届格莱美奖获得者、著名音乐制作人及歌唱家 KC Porter 合作，携带单曲《比金更重》全新归来。该单曲由程琳和 Porter 共同担纲作曲，将民族音乐的古典细腻与西方时尚的音乐元素紧密融合，时而柔情婉转，时而气势磅礴，着重展现了心灵升华的主题。该单曲收录在程琳即将发售的灵性专辑——《天堂与人间》之中，程琳将与众多世界顶级音乐艺术家们联袂，在新专辑中通过音乐、艺术和教育来促进世界和平、人类一家。更值得一提的是，中国乐坛教父崔健也将与程琳联手，合作一曲《迷失的季节》，呈现给大众更多的感动与共鸣。

* 原载《北方音乐》2008 年第 12 期。

"其实女人在每个年龄阶段都有各自的魅力,成熟的女人,有着个性上的成熟和对生命最认真的体验。音乐也是这样,年轻的音乐有它吸引人的地方,但是音乐越深沉越能打动人。所以对我来说,现在的年轻人知不知道我,不重要,我的作品一直在流传,这就足够了。而且更为重要的是我能够在力所能及的情况下把我的音乐潜质完全挖掘出来,传承那些灵魂上的启迪意义。"

适逢四川大地震,死伤惨重,很多人的心灵都受到了极大的创伤,作为巴哈伊信仰者的程琳将自己新专辑中的一首《二泉映月》重新填词,写就了一曲《天堂路上》,希望可以抚慰人们心灵的伤口,同时相信这束"灵魂之光"会指引更多的人找到心灵温暖的港湾。

天使的翅膀

程琳的全新专辑里有一首歌名为《天使》,歌词这样写道:你从我的灵魂深处来,上帝知道我在等待,你是那颗星最亮的星星,你是天使飞下来,每天看着你的脸,就像看见了天堂,你是我心中的祈祷和希望,就像爱的梦插上美丽的翅膀……曲名的下面有这样的一行字:为天下所有不幸的儿童,敞开爱的怀抱。作为幸福快乐的母亲,程琳对于儿童的成长倾注了更多的关怀和体恤。

2005年5月23日,对程琳来说,这是永生难忘的日子。这一天,出生大约5周的"可儿"依偎在程琳的怀抱中,从孤儿院飞到了北京,成了这个家庭中最为重要的成员。"孩子是家庭产生凝聚力的核心。我们给予孩子爱,她会回报我们更多的幸福。我确信,所有的孩子在受孕那一刻,灵魂就诞生了,一个受过磨难的小灵魂会更加富于同情心,更加懂事。"

为了更好地教育女儿,程琳除了自己摸索,还会邀请国外的教育家来自己家里讲课,学习怎样教育宝贝的心灵大餐。程琳认为一个人最本质的东西是精神和灵魂,她不主张给孩子过多的物质享受,而是特别崇尚对宝贝进行灵性教育,通过这种灵性的教育让他们的精神和灵魂得到磨炼与提升,让他们将来成为品格高尚、有服务人类的精神的人。

"我希望每个家庭给予孩子的都是健康的环境。"有了可儿的程琳是一位幸福快乐的母亲,因为爱女,她开始致力于扶助儿童的慈善事业,并进入用音乐进行灵性教育的艺术领域,担负起比母爱更宽广的社会责任;美德工程大使,程琳花了一整年的时间,与国际团队合作,灌制了三张中英文儿童唱片,并辅佐了一系列教育课程,从实际入手,使孩子成为一个拥有52种基本美德的优秀品质的人。

"孩子不是我们的私有财产,是上天给我们的礼物,他的灵魂属于天地之间,我们只是有幸能够陪他走这一段路,这是我们人生最伟大的恩赐,所以我们要用真、善、美来浇灌这棵'小树',这样,这个世界的未来才充满了无限美好的可能,孩子给一个家庭带来的是爱与欢乐,是整个世界的和谐。"

教育家阿布杜巴哈说过,人类的第一个教师就是母亲。母爱之所以伟大是因为它最为纯洁无私。"在巴哈伊的家庭里,如果只有一个可以接受教育的名额,那么一定是女孩,因为她以后要成为母亲,一个小孩子的学前教育是影响一生的,而这些都是只有母亲才能给予的。"为了女儿可以付出一切名利、时间、金钱,甚至生命的程琳,把母爱所包含的深切、细腻,忘我的伟大情感发挥得淋漓尽致,让自己"用灵魂生育的女儿"用内在的眼睛看到了灵性世界的美好。

用内在的眼睛看世界

“为了要学会爱人，我们必须先学会爱自己。这不是我们迷恋自己的眼睛或颜色，身材或个人气质，而是正确地认识到，我们渴望每一刹那的生存都是具有意义而且充实 。爱自己就是爱生命，我们必须了解，当我们令他人快乐时，就能令自己快乐。真实的快乐来自根本的善。”问及现在的生活状态，程琳一脸满足地说是幸福而快乐的，而关于幸福和快乐，她做了如上的注释。现在的程琳生活得很惬意，经常到世界各地走走，会会老朋友，心态自然而平和。

“在巴哈伊信仰者的世界里，物质和精神好比一只小鸟的两只翅膀，是缺一不可的，物质上的极致会带来精神上的部分满足，会有足够的空间让你去探索心灵上的慈悯，要想飞得更高更远，只有并肩前行。”因为成名太早，很小的时候，程琳就过上了精致的生活，她是第一个去奔驰工厂买车的中国公民，但是她也很快地明白物质上的丰富满足不了精神上的需要，成为巴哈伊之信仰者之后，她的生命有了方向。

“奢华不是用金银珠宝堆砌出来的，华丽的是灵魂之中的震颤和感动，精神上的奢华就是爱，信仰在拉丁文当中是团结的意思，宗教，宗是根本，教是教育。根本的教育有三种：人文、物质、精神，教育可以从根本上改变或成就一个人。所以，物质和精神都要有，我们的追求、工作是一种祈祷，物质不是目的，只是一种过程，来服务于我们精神上的成长，如果我们所做的事情能够服务于社会，建设更为美好的精神家园，这才是最重要的。”程琳相信，人不是因为血缘关系才相爱，而是因为爱，才聚在一起，成为家人。

“当有恨念萌起时，要用更大的爱念去战胜它，当有战争兴起时，要用更大的和平去对抗它。”说到这里，程琳一脸虔诚，恍惚间，你也会一起笃定那些信仰的光辉。

说到朋友们关心的情感，程琳依旧坦然而诚恳，她认为：“爱情是很美好的，对我来说，我希望有一个终身伴侣，两个人有共同的语言，不一定要同行，但他要很善良，要理解别人，同时一个女孩子在当今社会要学会独立，不能把感情和生活依附在男人身上。”

稍微顿了一下，像是想起了什么，程琳又微笑着说：“爱情和音乐、艺术一样，是全人类的。无论种族，我们俩相爱了，有足够的信心使之美满，这又有什么问题呢？世界只有互相来往、理解、接受和欣赏，才能和谐地共同生存。我相信这个人会出现的，一切只是时间问题。”阳光下的程琳，从容、随意而愉快，让人不由地也在她的心情中也感受着一种同样灿烂、温暖的光芒。

在这个斜晖徐徐的傍晚，和程琳坐一起在紫云轩的卧榻上，喝一点茶，边聊天边不时地听听她最新的一些作品，眼前的一切像一个既遥远又真切的梦。尽管岁月不可能无痕，但那双黑亮的大眼睛却依旧闪动着灵性和聪慧，只是举手投足间流露出的沉静、淡定，告诉我这已是几度关山飞越的另外一个她了，摄影师在我耳边悄悄地说，他仿佛找回了青葱岁月的感觉。

主张世界大同的巴哈伊教*

陈来元

以色列是基督教、犹太教和伊斯兰教世界三大宗教的发祥地，耶路撒冷是世界著名的宗教圣城，这已成为人们的常识。但正如我到以色列工作之前一样，许多人恐怕还不知道，世界巴哈伊教的总部也在以色列，该教的圣地就在以色列北部的海法市和阿卡市。为了了解巴哈伊教，我不止一次地到该教的海法和阿卡总部实地参观考察，与该教的负责人和有关工作人员也有过多次接触和相互交流。

巴哈伊教的教义

巴哈伊教又叫巴哈伊信仰(Bahá'i Faith)，旧时在中国取其“天下大同”的教义，又被称为“大同教”。目前，世界上巴哈伊教徒有600万以上，分布在200多个国家和地区，遍及世界上2000多个民族。巴哈伊教创立于1844年5月，是世界上所有宗教中最年轻的一员。

巴哈伊教教义的精髓可用下列几句话来概括，即“天下是一家，人类为一族”，“地球乃一国，万众皆其民”。具体说来，它的教义主要包括如下方面的内容：(1)宗教同源。天地的创造者只有一个，即上帝，各种宗教均来自这同一灵源。但宗教真理是相对的，不是绝对的。(2)人类的一致。人皆上帝的子女，都是兄弟姐妹和人类大家庭中的一员。因此，万民团结是历史必然，统合人类大家庭并在全球建立一个和平的社会——世界联邦，是可以实现的。(3)消除偏见。人类要友爱、和睦，放弃偏见，不管这些偏见是否有利于国家、种族，也不管是否有利于宗教。若坚持偏见，世界就不会有和平。(4)寻求真理。摒弃迷信，独立寻求真理是每个教徒的责任。(5)创立世界语文。需要有一种共同的世界语文来进行人类的相互沟通，联合世人。(6)男女平等。在上帝眼里，男女没有差别，妇女应享有与男子平等的权利、地位和机会。实行一夫一妻制。婚姻是神圣的，离婚应受到反对。(7)普及教育。父母应对上帝负责，确保每个儿童都获得受教育的机会。(7)消灭贫富悬殊。应努力消除贫困，使每个人都能分享安适和幸福。(9)宗教与科学并行不悖，相辅相成。认为只肯定科学而否定宗教或只肯定宗教而否定科学都不正确，都会遇到困扰，招来严重问题。为了人类的进步，二者应当携手并进，以求殊途同归。(10)人的永生。死亡是精神趋向上帝旅程的发轫，是精神的重生，而不是终结。

上述教义是巴哈伊教的经典部分，在世界上已被翻译成上百种文字。

* 原载陈来元：《中东非洲不了情》，东方出版中心2008年版。原文有图，此处未录。

巴哈伊教历史上的四大领袖人物

在巴哈伊教创立、发展的历史上，出现了四大领袖人物。他们是：巴孛（The Báb）、巴哈欧拉（Bahá'u'lláh）、阿博都·巴哈（'Abdu'l-Bahá）和守基·阿芬第（Shoghi Effendi）。

巴孛是巴哈伊教创立者的先驱，其名原意是“门”的意思，此门即通往新国——地球上的上帝之国的大门。巴孛 1819 年 10 月 20 日生于伊朗南部一座叫希拉兹的城市。他于 1844 年开始传播上帝的福音，同年 5 月 23 日宣布自己是上帝的使者，并以其当众即席写作的圣诗证明自己是上帝的显示者。于是，巴哈伊教教历便从这一年开始了。

巴孛宣示后不久，当时当权的伊斯兰教当局就下令逮捕了他，并对他进行了长期监禁和残酷迫害，直至 1850 年 7 月 9 日将其杀害，时年 31 岁。据传，行刑时士兵们一齐向他开枪，但枪击的烟云散去后，却不见了巴孛。行刑队最后在他原来被囚禁的狱中找到了他，发现他正坐在那里继续讲述他赴刑场前尚未讲完的话。他讲完后，微笑着称他的使命已完成，随后跟行刑队重新走进刑场。但这次行刑队不愿再向这个善良的、与众不同的年轻人开枪，拒绝执行命令。当局只好调来另一队士兵开枪行刑。

巴孛死后，其遗体最终于 1909 年被运到以色列的海法市，葬在该市的卡梅尔山上。巴孛陵殿现已成为巴哈伊教的一座圣殿，是该教教徒十分崇敬和向往的地方。

巴哈欧拉于 1817 年 11 月 12 日出生于伊朗德黑兰的一个贵族家庭。他是巴孛的忠实追随者，也是巴哈伊教的创启者之一。他因追随巴孛被没收家产，随后被捕入狱，并遭到严刑拷打，继而被流放到巴格达。1863 年 4 月 21 日，他在巴格达宣告，他就是巴孛所预示的圣使。后来，他又先后被流放到君士坦丁堡（土耳其伊斯坦布尔的旧称）和阿德里安堡（土耳其埃迪尔内的旧称），最后于 1868 年被流放到以色列北部的阿卡，1892 年 5 月 29 日在阿卡城外的巴基去世。巴哈欧拉在被流放和监禁的岁月里，扬起了四海一家、世界和平的旗帜，向世界宣传他对人类大同终将实现和世界文明终将高度发展的信念，呼吁各国统治者放弃纷争，裁减军备，以建立世界和平。巴哈欧拉去世后葬于巴基，他的陵殿也被巴哈伊教教徒视为最神圣的地方之一。

如果说巴哈欧拉是人类和平、统一宏伟蓝图的设计师的话，他的长子阿博都·巴哈则是实施这一蓝图的建筑师。阿博都·巴哈生于 1844 年 5 月 23 日，与巴哈伊教历起始日正巧相同。他的名字意为“光之仆”或“巴哈伊之仆”。他被巴哈欧拉指定为其继任人和圣约的中心。他是巴哈欧拉著作的阐述者和巴哈伊教教义的唯一权威诠释人，也是执行他自己训诲的典范。巴哈欧拉称他为“上帝的奥秘”。阿博都·巴哈也受过牢狱之苦，于 1908 年获释后，游历欧美，一路上宣传巴哈伊教教义，使巴哈伊教在许多国家得到广泛传播，并迅速发展起来。阿博都·巴哈掌理教务 30 年，于 1921 年 11 月 28 日去世，死后葬于巴孛陵殿附近。

守基·阿芬第是巴孛和阿博都·巴哈两大家族联姻出生的后代。阿博都·巴哈谢世后，他担起了巴哈伊教护卫者的重任，从此孜孜矻矻护教 36 年，于 1957 年 11 月 4 日在伦敦去世。

巴哈伊教的组织与管理

巴哈伊教的基层组织是从城镇、村落为单位成立起来的地方灵体会。按巴哈伊教规定，凡成年教友达到9人的地方，就要成立基层灵体会。灵体会领导成员一般包括主席和副主席、会计、秘书各一名，其他委员视具体情况而定，均由无记名投票方式选举产生。地方灵体会每年选举一次，必须在4月21日，即巴哈欧拉宣示的纪念日举行，凡年龄达到21岁的教友均有选举权和被选举权。对被选举人的要求主要是：一有奉献精神，二有服务能力。

地方灵体会的主要任务是宣讲、传播巴哈伊教教义，照顾教友利益，帮助老弱病残，组织安排灵宴日和纪念日的聚会活动。巴哈伊教规定每19天过一个灵宴日。该教教历将每年分为19个月，一个月为19天。教徒每月过一个灵宴日，并在灵宴日举行宴会。这一规定是经巴孛提出，最后由巴哈欧拉认定的。其目的是在教友间加强互惠互助，增进友爱，以达和谐一致。灵宴会由灵体会主持，活动包括祈祷、朗诵圣书、秘书作教务报告、教友对教务活动提出意见和建议、品尝餐点及唱歌、讲故事等娱乐活动。

地方灵体会的上级机关是全国或全地区的总灵体会。总灵体会是一国或一个地区巴哈伊教的最高权力机构，每年召开一次全国或地区代表大会，主要议程包括选举新委员，讨论教务，安排工作任务和交流工作经验等。

世界正义院(The Universal House of Justice)是巴哈伊教的最高行政领导机构，也是该教的精神和立法机构，还是该教世界中心所在地一切产业的管理机构。它成立于1963年4月，有9名领导成员，均由各国、各地区总灵体会的代表在每5年举行一次的巴哈伊教国际代表大会上，以无记名投票方式选举产生。世界正义院不能改变巴哈伊教经典中固有的法规、教义和基本原则，也不能改变巴哈欧拉所启示的一切和阿博都·巴哈及守基·阿芬第所解释和护卫的一切，但可随着时代的变化制定其他适合时代发展需要的规章，也可更改自己以前所做出的决定。

巴哈伊教对教徒的基本要求

巴哈伊教对教徒有严格要求，主要包括：(1)切实担负起传播福音、研究和实践教义的责任。(2)每天早晚两次祈祷，吟诵经典，以此与上帝对话。(3)在巴哈伊教历19月(即阿拉月或崇月)初开始斋戒19天，直至巴哈伊教教历年底。公历3月21日是巴哈伊教历1月1日(即博爱月或荣月1日)，为巴哈伊教元旦，教徒在这一天结束斋戒，庆贺巴哈伊教的诺露兹——新年。(4)人人必须工作。“工作就是崇拜，崇拜就是祈祷”。乞讨和游惰是罪恶，为巴哈伊教所不容。但一年中在9个圣日不能工作，其中7天是巴哈伊教有特殊意义的灵宴节，另两天是巴孛殉教日和巴哈欧拉升天日。(5)必须讲卫生，以洁净的身体净化自己的灵魂。(6)不得饮酒，不得服用麻醉性药物。(7)必须忠于自己国家的政府，拥护政府的法律、法规和政策。忠于政府是巴哈伊教徒必须遵守的一条最主要的精神和社会原则，任何不忠于政府的行为都是罪恶，都被视作是对巴哈伊教的不忠。

巴哈伊教的一些独特之处

巴哈伊教除教义有其独特之处以外，与别的宗教相比，在其他方面也有许多不同或不尽相同之处。

巴哈伊教不像佛教徒里有比丘、伊斯兰教徒里有阿訇、基督教徒里有牧师及印度教徒里有婆罗门那样，其教徒中没有职业的传教士，所以没有教士负责社区的宗教事务，故被称为没有传教士的宗教。巴哈伊教的每个教徒都必须自行祈祷，没有人有阐释巴哈欧拉经典的权利。

巴哈伊教在教务管理及社团生活中实行磋商制度，人人都可以对教务及对社区的社会、经济发展自由地、真诚地发表意见，最后经磋商达成一致，达不成一致则服从多数人的意见。

巴哈伊教的全部经费来自教徒的自愿奉献。由于向巴哈伊教基金作奉献是每个教徒的责任和特权，该教不接受教外任何部门、团体或个人的捐赠。由于广大教徒的积极奉献，巴哈伊教在世界各地，尤其在发展中国家兴办了许多学校、医院、诊所和农村发展项目。

巴哈伊教教徒入教不洗礼，不举行仪式，入教后也不更改姓名。该教认为非教徒有了信仰才会入教，而信仰是不需要仪式的。总之，“凡是依照巴哈伊教的教训去生活的人，就已经是一个巴哈伊教徒了”。

巴哈伊教在五大洲均建有灵曦堂，不仅供巴哈伊教徒，而且供各宗教的教徒和所有世人在此崇拜上帝。灵曦堂建筑均为圆顶，有 9 面墙和 9 扇门。圆顶象征着人类本质的合一，9 面墙和 9 扇门象征着世界 9 大宗教，圆顶和 9 墙 9 门合为一体则显示了巴哈伊教关于宗教同源的教义。此外，各门不分前后，以此显示世界各宗教一律平等。灵曦堂还是巴哈伊教公共福利机构的所在地，里面设有学校、医院和孤儿院等。

巴哈伊教认为联合国有助于促进世界联合，故支持联合国的工作。该教国际团体也享有联合国经社理事会和儿童基金会授予的磋商地位，它在纽约和日内瓦的办事处及许多信徒也都积极参与联合国有关问题的磋商，如关于民族权利、妇女地位、儿童福利、防止犯罪、监管麻醉品甚至国际裁军等问题，他们都积极参加讨论。

巴哈伊教与以色列的关系

据称，总部设在以色列的巴哈伊教与以色列有关当局签有协议。根据协议，该教的世界中心虽在以色列，但该教不在以色列发展教徒，故对以色列国内的意识形态没有影响，更无威胁。以色列方面也支持该教的建设，对其尽可能提供一些方便和优待。另一方面，每年都有大批巴哈伊教教徒从世界各地拥向以色列朝觐巴哈伊教圣地，加之坐落在海法和阿卡两地的巴哈伊教总部花园中殿堂壮观，花土繁茂，环境优美，景色宜人，是以色列十分有特色的旅游胜地之一，吸引了大批国内外游客前来观光游览，这对促进以色列旅游业的发展是大有贡献的。

有《五律》一首记之：

海法与阿卡，圣地巴哈伊。世界要大同，天下趋归一。

提倡做奉献，反对把人欺。不需多说教[①]，只要心皈依。

① 不需多说教：指巴哈伊教没有传教士。

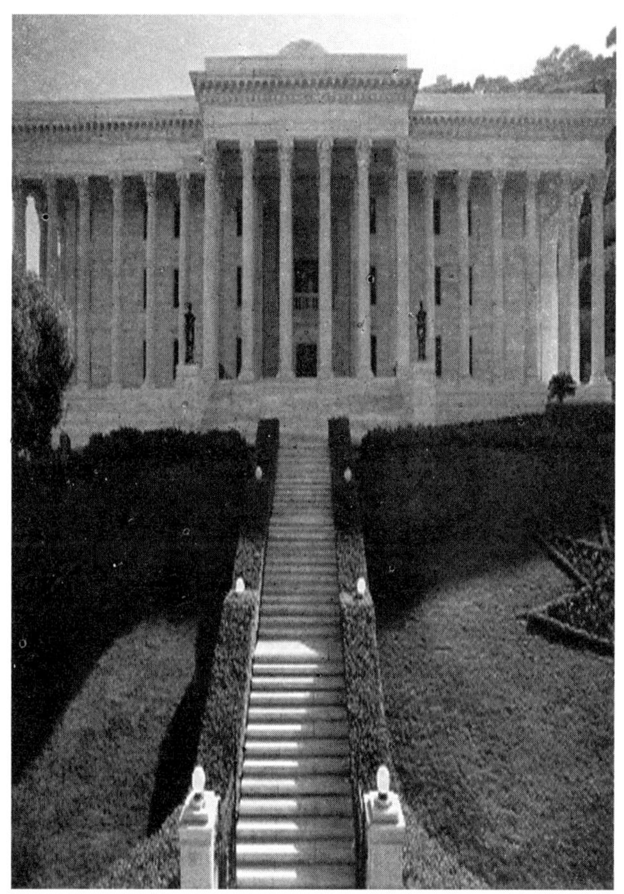

座落于海法巴哈伊世界中心的世界正义院大楼

亚洲对托尔斯泰的反响（节选）*

[法]罗曼·罗兰著，邓金玉译

受巴布主义运动的吸引，托尔斯泰经常同这派人物通信。他同某些巴布主义者保持私交，例如从埃及写信（1901 年）给他的神秘人物加布里埃尔·塞西，据说他是阿拉伯人，改奉了基督教，后加入巴布主义运动。塞西向托尔斯泰陈述了自己的主张。

托尔斯泰回信（1901 年 8 月 10 日）说，"我对巴布主义早就感兴趣了，而且读过能弄到的有关这一题材的书籍"，他对于它的神秘依据及其理论并不看重，但他相信它将来在东方的道德教育中很有前途："巴布主义迟早将同基督教的无政府主义融为一体。"

托尔斯泰还给那个给他寄了一本有关巴布主义的书的俄罗斯人写信，说他坚信"现在正从各个不同教派——婆罗门教、佛教、犹太教、基督教——中出现的理性宗教的全部教义必将取胜"。他看见这些教派全都在"向着唯一的普遍适用于人类的一种宗教汇聚"。

托尔斯泰高兴地获悉巴布主义已深入俄罗斯，影响着喀山的鞑靼人，而且他还邀请鞑靼人的头领沃伊索夫到他家里，与他谈了很久，此事有记载可考。

1908 年，伊斯兰教派加尔各答的法学家作为代表，他名叫阿卜杜拉—阿勒—玛姆—苏赫拉瓦尔迪，他的文章把托尔斯泰称颂为一座伟大的丰碑。苏赫拉瓦尔迪称托尔斯泰为瑜伽僧，认为他的非暴力观点与穆罕默德的教诲并不矛盾，但是，"必须如同托尔斯泰读《圣经》一样，在真理的光辉之下而不是在迷信的浓雾中去读《古兰经》"。

苏赫拉瓦尔迪称颂托尔斯泰不是超人，而是所有人的兄弟；不是西方或东方的光辉，而是神的光辉，是照耀众人的光辉。

* 原载[法]罗曼·罗兰：《名人传》，邓金玉译，新世界出版社 2009 年版。

光是美好的*

[美]查尔斯·哈尼尔著，覃益群　王秋洁译

光是美好的
不管它在哪一盏灯中燃亮
玫瑰是美丽的
不管它在哪个花园中绽放
星星散发着同样的光辉
不管它是在东边还是西边闪烁
——阿博都·巴哈

* 原载[美]查尔斯·哈尼尔：《硅谷禁书IV：你的秘密》，覃益群、王秋洁译，中国华侨出版社2008年版。

中国文化视野中的人与动物关系问题*

——以异种移植为例(节选)

雷瑞鹏

在不同的文化中,就如何对待动物而言存在各种不同的观点。例如:基督教文化强调上帝创造了人和自然界,人又是上帝的最高创造物,有主宰和统治自然万物的权利,人类被赋予了统治万物包括动物的权威,因此在西方传统中一直不重视动物的地位问题,认为动物是没有意识的"自动机"。在人与动物的关系上,一味强调人的主体地位。印度教强调轮回,因此要保持身体的完整进入来世。接受动物的器官是个人的选择,而不是普遍可接受的。在印度教中,牛是神圣的,将猪和羊用作异种移植的器官或组织供源是可接受的。犹太教中超越一切的价值是拯救生命,这个价值可以超越不许食用猪肉的禁令,可以将猪的器官或组织用于异种移植。同时也对动物的痛苦和对自然秩序的干预表示关注。伊斯兰教与犹太教一样都强调生命的保全,因此将动物用作人类的器官或组织供源是可接受的,但同时强调要将动物的痛苦降至最低。巴哈大同教认为人类与动物是有区别的并且是高于动物的存在,用动物为人提供可供移植的器官和组织是可接受的,但要避免动物可能遭受的不必要的痛苦。

* 原载单继刚、甘绍平、容敏德主编:《应用伦理:经济、科技与文化》,人民出版社 2008 年版。

新兴宗教研究*

卓新平

“新兴宗教”指19世纪末、20世纪以来产生的各种宗教组织及相关宗教思潮。这一领域的研究在中国大陆学术界起步较晚，在1978年以后才得到充分重视。在研究新兴宗教的科研力量和学术成果上，中国社会科学院世界宗教研究所和上海社会科学院宗教研究所比较突出，有其整体优势。目前，这一研究已引起整个中国学术界的关注和重视。

关于新兴宗教的研究，在20世纪初曾有少数学者进行过译介活动，如对巴哈伊教的翻译、评说，对其作为“大同教”的理解等，但对这一探讨后来长期中断。在中国改革开放的初期，人们对新兴宗教的兴趣和研究主要是观察和分析国外新兴宗教的情况，如巴哈伊教、创价学会、立正佼成会、摩门教、耶和华见证会、灵仙真佛宗等；而随着1978年出现美国人民圣殿教在圭亚那集体自杀事件，中国学术界亦开始注意所谓“膜拜团体”(Cult) 和反主流“教派”(Sect)问题，包括人民圣殿教、大卫教派、太阳圣殿教、统一教会、科学学派、上帝的儿女以及日本的奥姆真理教等。与中国当代社会出现的各种神秘膜拜团体、假借“气功”或“练功”之名而形成的教主崇拜团体相关联，这种研究视域亦扩大到对所谓“邪教”问题的探讨。自20世纪80年代以来，中国学术界还观察到流行欧美的“新时代”(New Age，也译“新世纪”或“新纪元”)运动及其宗教倾向，由此使新兴宗教的研究内容日趋丰富和复杂。

中国大陆学术界研究新兴宗教的著译不是很多，近30年来出版的涉及新兴宗教、“邪教”、“新时代”宗教等内容的著作包括陈训明著《当代西方邪教》(四川人民出版社，1992)，段琦著《美国宗教嬗变论》(今日中国出版社，1993)，何劲松著《创价学会的理念与实践》(中国社会科学出版社，1995)，邢东田著《当今世界宗教热》(华夏出版社，1995)，何劲松著《日莲论》(东方出版社，1995)，于长洪、张义敏著《世纪末的疯狂——西方邪教透视》(世界知识出版社，1996)，于红雨等编《奥姆真理教的覆灭》(国际文化出版公司，1996)，赵志恩编《坚持真理，抵制异端》(中国基督教三自爱国会与基督教协会，1996)，钟科文著《气功与特异功能解析》(当代中国出版社，1996)，植荣、边吉等编著《东京大劫难——日本奥姆真理教内幕》(中国社会出版社 1997)，戴康生主编《当代新兴宗教》(东方出版社，1999)，罗伟虹著《世纪末逆流》(科学普及出版社，1999)，罗伟虹著《漫谈当代邪教》(湖南人民出版社，1999)，徐长银主编《精神鸦片：罪恶的世界邪教》(辽宁人民出版社，1999)，张晖、廖臣伟编著《不醒的噩梦：世界各国反邪教实录》(海天出版社，1999)，李昭主编

* 原载卓新平主编：《中国宗教学30年(1978～2008)》，中国社会科学出版社2008年版。

《邪教·会道门·黑社会》(群众出版社,1999),世言编著《阳光下的罪恶:当代国外邪教实录》(人民出版社,2000),王跃主编《世界邪教:人类的公敌》(珠海出版社,2000),高师宁著《新兴宗教初探》(香港道风书社,2001),蔡德贵著《当代新兴巴哈伊教研究》(人民出版社,2001),孔庆峒编著《人类文明的黑洞:透析邪教》(青岛海洋大学出版社,2001),罗德里格斯著、石灵译《痴迷邪教》(新华出版社,2001),哈桑著、杨菲译《走出邪教》(安徽文艺出版社,2001),罗伟虹著《世界邪教与反邪教研究》(宗教文化出版社,2002),上海社会科学院宗教研究所编《世界新兴宗教100种》(2002),金勋著《现代日本的新宗教》(宗教文化出版社,2003)和《韩国新宗教的源流与嬗变》(宗教文化出版社,2006),蔡德贵著《当代新兴巴哈伊教研究》(修订本)(人民出版社,2006),何劲松著《池田大作的佛学思想》(宗教文化出版社,2006)等。从新兴宗教的思想嬗变及其与传统宗教的复杂关联来看,中国当代学者认为新兴宗教可以分为五大种类:"一为嬗变于基督新教传统的崇拜团体","二为脱胎于伊斯兰教的新兴教派","三为带有东方宗教沉思默想之特色、与印度教、锡克教等相关的神秘主义团体","四为从佛教、神道教中分化而成的新兴宗教","五为融合东方神秘主义和现代心理学因素、以信仰治疗为主的新兴团体"。关于新兴宗教的性质及其定义上的复杂与困难,晏可佳曾指出,"新兴宗教是有特定范围的,它是一个中性的不带贬抑性质的术语……这一术语主要流行于西方社会学家,因而人们往往把新兴宗教当作一种社会现象,用社会学的方法加以研究的。……在大多数情况下,新兴宗教这一术语乃是一个集合名词,其内涵甚广,包含了各种性质上几乎完全不同的宗教现象,不可一概而论。正是由于新兴宗教这个术语的歧义性,有些新产生的宗教并不承认自己是新兴宗教。如巴哈伊教,它更喜欢被称作世界宗教而不是新兴宗教"。与传统宗教不同,新兴宗教的典型特点为"新兴",即其在时间、地点上有"兴起"之"新",具有"现在"、"当下"、"此刻"等意义,正如戴康生所言:"新兴宗教是一些随着世界现代化进程而出现的,脱离传统宗教的常规并提出了某些新的教义或礼仪的宗教运动和宗教团体。"这样,按照传统宗教的标准,新兴宗教乃"发生中"、"未定型"的宗教。对此,业露华指出:"新兴宗教是一种'处于发生期的宗教',因此其组织形式、教义思想、仪式制度等往往还不完备,与我们平时所说的'宗教'之概念有很大区别,许多新兴宗教根本就不具备宗教之'要素'。但这并不因此就否认它们是一种宗教组织,相反,这恰恰是新兴宗教的一大特点。"对于这种"处于'发生期'的新宗教",罗伟虹认为应有以下五大特征:"(1)有一个卡里斯玛式的教主,信徒相信他是救世主;(2)教义体系的混杂,吸收主流宗教以外的各种信仰;(3)强调超自然元素和对宗教的神秘体验,制造神圣和神秘的氛围,激发信徒的宗教狂热情绪;(4)强调个人的宗教经验,和内在意义的寻求;(5)强调宗教的现世效用,追求快乐、健康、财富,入世性强。"不过,这些特征并不是都适应所有新兴宗教,因此在界定、说明某一新兴宗教时,不少学者强调仍需要具体问题具体分析,应有具体区分和区别。

新兴宗教的研究有其现实性和敏感性,这对学者而言乃是在情理之中,因为不少新兴宗教仍有着巨大变动和变化,各个新兴宗教之间亦存有复杂的差异和不同,所以对其信仰意义和社会作用及影响的评价就需慎之又慎。应该说,所谓"邪教"现象仅是当代新兴宗教发展中的个别或少数特例,并不具备普遍意义。因此,中国当代学术界注意并强调二者之间的必要区分,对之形成客观、公正的认识。从总体来看,新兴宗教的研究已在宗教学理论研究范围中展开,亦是当代宗教研究中的重要话题,人们对其已有一些基本认知和评说,前面两章也曾论及。但学术界近些年来因了解现实突发事件的需要而更多地加强了对“邪教”现象的观察、研究，并在一定程度上形成了专门的研究领域，从而与新兴宗教的研究有了明显的分流，也已不再为宗教学理论系统的研究所全部涵括。至于对整个新兴宗教的探讨、研究，则处于探索之中，仍有很大的学术空间可供挖掘、发现。其学术归类、研究方法、分析评价等，都在被相关领域的研究者所探询、摸索。这样，中国当代学术界对新兴宗教的研究、对其学科的体系化仍有着广远的学术前景。

永不改变的信仰*

——关于艺术家张羽(节选)

邹建平

张羽其人,一言难尽。生活中有磨难,他自诩为"苦夫",我仍觉不尽然。有多厚多深的苦,必积蓄有多厚多深的人生经验,内中必有丰富琳琅。这对一个艺术家何其重要!离异的婚姻是一种痛苦,多病的体质也使艺术家在投入紧张的艺术劳动后苦不堪言,而现实中的画家敏感,易于激动,无数个黑夜是圆睁着双眼暗自度过(张羽晚上大多失眠不能入睡)的。这种诗人般的气质使张羽对女性既崇尚又怀疑。而笔下的女人神圣温文,画家向往的是一种母性般的保护,纯朴文静般的女性。也许,生活对他是个死结,永远解不开!因为我们这些人是为了信仰而活着,基于此,张羽和我,在真实的场景中蘸下血和汗的真,去莫斯科温登翰街干下一番与艺术无关的事业。19 世纪诞生于德黑兰的先知巴哈欧拉(Bahá'u'lláh),为其终生的事业遭受流放、囚禁,信仰始终不变。巴哈欧拉痛苦的生活,奠定了他思想发展的基础,在他辞世一百年以后,逐渐获得了全世界各民族百万人民的崇拜。生活中张羽有多苦,唯只有艺术能解脱,艺术便是上帝!这个死结,唯有上帝能解开。至此,依据巴哈欧拉祈求医治的祷文,为其艺术家张羽免除苦难:

我恳求你,以你恩赐之水洗涤我,使我脱离一切折磨、苦难,疾病及所有的虚弱和无力。以此代作祝福!

……

* 原载殷双喜主编:《张羽:一位当代艺术家的个案研究(1984~2008)》,湖南美术出版社 2008 年版。

张羽心象*

——张羽《随想集》审美识(节选)

邓平祥

释迦牟尼——耶稣——老庄——浮士德——巴哈欧拉

这一串名字是我们考察张羽《随想集》在精神上和心灵上的人物线索。释迦牟尼是佛祖,耶稣是基督教圣父,老庄是中国古代大哲学家,浮士德是歌德笔下的人物,巴哈欧拉稍为陌生一点,他是19世纪伊斯兰教的先知①,是张羽东欧之游后所钦佩的圣人。这几位大人物所处时空不同,但有三点是相通的:一是笃信精神和信仰的力量;二是为信念而苦苦求索百折不回的精神;第三则是劝善抑恶,拯救人性。

张羽的《随想集》首先在标题中使用了佛家、道家和基督教术语,如"定慧"、"顿渐"、"忏悔"等等,但是张羽本意却不是阐释这些词语的意义,而是以此为借镜,来表达自己的多种情境、多种领悟、多种体验等等。而这种表达又是引向形而上、引向精神性的,它是由心灵展开而复归到人的灵魂的。

* 原载殷双喜主编:《张羽:一位当代艺术家的个案研究(1984~2008)》,湖南美术出版社2008年版。

① 此处有误,应为巴哈伊教的先知。——编者注

巴哈伊教*

熊坤新主编

巴哈伊教又称为“大同教”、“巴哈教”，是 19 世纪中叶伊朗贵族巴哈欧拉在伊斯兰教巴布教派基础上创立的一个世界性的新兴宗教。它是当今世界事务非常积极的参与者。它在联合国的很多组织中有观察员。目前有 600 万信徒，在世界 200 多个国家和地区有它的组织和代表，所以它自称为“除了基督教之外的一个分布最广、最普遍的宗教”。其总部设在以色列海法，称“世界正义院”。巴哈伊信仰的三大核心是上帝唯一、宗教同源、人类一家。它的组织机构包括地方灵体会、总灵体会以及世界正义院。巴哈伊的主要经典是《白扬经》、《至圣经书》、《笃信之道》和《七谷书简》。

* 原载熊坤新主编：《宗教理论与宗教政策》，中央民族大学出版社 2008 年版。

印度风情（节选）*

[美]张明磊

我初时以为这朵大莲花是象征印度的，因为印度的国花是以莲花为标志的。谁知竟是一座寺庙，不能不令我耳目一新，天下众多庙观，说大说奇有之，但不及这寺庙独具一格而又形象奇特。原来这寺庙矗立于一个四层高的平台上，最上的三层共用了 27 片莲瓣，即每层 9 片，凸显出这一朵硕大无朋的莲花。但与其说这莲花是盛开于平台之上，不如说是冒出于水池而亭亭净植，因为在第三层的平台上，浚有九个连通的小水池，让最外那重九片莲瓣出水怒放而低贴于池面。第二层是要突出九片莲瓣将放而未放尽的姿势，最高的第一层，则见九片莲瓣拢作一团，像是一个饱满的蓓蕾，含苞待放，呈现一派茁长的生机。佛家喜欢用莲花譬喻净土。宋代文士周敦颐对之则有更高的评价："出淤泥而不染，濯清涟而不妖。"我想眼前这朵大白莲，也许是带出了这个意思吧？

原来这朵大白莲，其高接近 35 米，承托巨莲的平台，底层的边长也有 74 米，周围绿草如茵，树影摇曳，环境优雅。无疑这朵莲花是用钢筋和水泥造其骨架的，再在表面贴上白色的大理石片，造型独特，形象逼真，在通体的洁白中，散发出一派清新纯洁的气息，所以印度人视之为"当代的泰姬陵"。它是由伊朗人费利保兹·萨夏伯设计的，可谓独运匠心，并落成于 1986 年。因状如莲花，当地人称之为"莲花庙"，又叫"灵曦堂"，想必这是中国同胞起的名字。这是一座信奉巴哈伊教的寺庙。所谓巴哈伊教，也称"大同教"，创于 19 世纪中叶，是一个具有积极意义的新兴宗教，这个宗教却没有教条的约束，也没有经文的背诵，更没有偶像的崇拜，完全不存在神化的色彩，是一个真诚、至善，主张种族、国家、宗教融合，热爱人类，崇尚科学，维护世界和平的宗教。当我步入圣堂时，但见只有几排石椅，便空无一物，宁静自在，让人坐下来默默沉思，荡漾胸间的烦积，从而超凡入圣地，走向清净无争的大同境界。

从莲花庙出来，我意识到，此刻真要挥别印度了。

* 原载[美]张明磊：《行走亚非 13 国》，广东旅游出版社 2008 年版。

《伊斯兰教史》中相关介绍*

金宜久主编

谢赫派　谢赫派的创建者是谢赫·阿赫默德·阿沙伊(1741～1826)。谢赫派认为,十二个伊玛目作为神旨的体现,是安拉意愿的解释者,发挥作用的创造动因;如果他们不存在,安拉就不会创造任何事物;他们是创造的第一因。他们产生了整个的神圣行为,但自身没有或不具备任何力量;他们仅仅是转达的器官。在末日学上,谢赫派否认肉身的复活,认为人拥有两种身体:一种是由临时元素构成,"就像一件衣袍,人们有时候穿上,有时候脱下",这些临时元素在坟墓中溶解;另一种是在临时元素腐蚀成尘末时继续存在,它是难以捉摸的东西,且属于肉眼看不见的世界,它在今世复活,然后去天国或火狱。关于安拉的知识,谢赫派认为存在两种:一种是基本的知识,和偶性无关;另一种是新的被创造了的知识,这种知识就是实际存在的知识,而伊玛目是获得这些知识所通过的"门"。谢赫派把安拉规定的秩序赋予特殊重要性。此外,他们解释先知的奇迹,不是从物质意义上,而是运用比喻,以理性主义的方法来解释。谢赫派的这些理论被十叶派乌里玛宣布为"异端",并一度遭到迫害,但谢赫派的理论为巴布派教义的产生铺平了道路。

巴布运动　自19世纪30年代,欧洲资本通过对波斯的商品输出大量涌入,使波斯封建经济受到巨大冲击。商品经济的发展破坏了旧有的土地关系,大批农民失去土地,生活没有保障,新兴地主阶级乘机兼并土地,增加地租,加重了农民的负担。在外来商品竞争下,手工业者也面临着破产的威胁。外国资本的侵入激化了波斯的阶级矛盾。1848～1852年,终于爆发了反对封建压迫和殖民掠夺的巴布运动。

巴布运动的创始人米尔札阿里·穆罕默德出身于波斯南部设拉子的一个棉布商人家庭,后来成为谢赫教派的信徒和首领。早在青年时代,他就撰写过《朝觐指南》,表达了他对隐遁伊玛目复临的信仰和期待。1844年,他提出:"第十二伊玛目和他的信徒之间,存在着中介,这个中介的原型即四道相继的'巴布'(门),通过这些门,第十二伊玛目在隐遁期间保持与其信徒的联系。"他宣称自己就是"巴布",人们通过这座"知识之门",即可了解期待的救世主的旨意。不久以后,他在麦加朝觐见时更宣称自己为"马赫迪",即期待的救世主。其使命是铲除人间不平,建立正义之国。消息传开后,国王极为惊恐,于1847年将他逮捕入狱。官方的教士则视他为"异端",予以抨击。1847～1850年,巴布在大不里士狱中完成了《默示录》,后来成为巴布教派的经典。巴布认为,人类社会各个时代依次传递向前发展,每个时代皆有其特定的制度和律法,旧的制度和律法必将随着时代的结束而被废止,

* 原载金宜久主编:《伊斯兰教史》,江苏人民出版社2008年版。

代之以新的制度和律法。但新的制度和律法不能由凡人制定,只能由神主差遣的"先知"颁布。巴布宣称他即是受托而降世的新先知,《默示录》是高于一切的代替旧经典的新圣经。因此,摩西的《旧约全书》、耶稣的《新约全书》、穆罕默德的《古兰经》都必须让位于《默示录》,现存的一切制度和律法也应按照《默示录》的精神加以修订。

巴布宣传的思想的正义王国反映了波斯的贫民和小商人的愿望。在这个幻想的世界里,没有压迫,没有剥削,人人平等,过着幸福美满的生活。为实现这一理想,他提出了一些具体措施:保障人身自由,尊重财产所有权、继承权,以及偿还负债,支取商业利息,统一币制,修复交通等。根据该派教义,"19"这一数字具有神圣性。巴布规定简化宗教礼仪,取消妇女面戴面纱的戒律。每年为 19 个月,每月为 19 日,并成立 19 名公众领袖组成的委员会。他所采取的宗教改革以后为巴哈教(巴哈伊)所继承。

巴布原打算诉诸封建统治阶级以实现他的主张。他被囚禁后,接替他领导这一运动的侯赛因·穆罕默德·巴尔福鲁什被迫转向人民群众,争取大批支持者,转入武装起义。1848 年 9 月,巴布教徒在伊朗北部巴赞德兰省发动武装起义,迅速发展到全国。到 1849 年 2 月,起义队伍发展到 10 万余人。巴布在狱中仍与外界保持着联系,号召信徒为建立神圣的"正义之国"战斗到最后一滴血。1850 年 7 月,巴布在大不里士监狱遇难,大批巴布信徒惨遭杀害。1851 年,巴布教派运动被镇压下去,起义领袖在战斗中相继阵亡。巴布运动转入低潮。在残酷的斗争环境中,巴布教派不可避免地发生了分裂。

巴哈派　巴布教派成分复杂,缺乏统一的思想和行动纲领。巴布起义失败后,内部发生分裂,后来产生了不同于巴布教义的巴哈派。该派由巴布的早期信徒之一米尔札·侯赛因·阿里(尊号"巴哈乌拉")所创。

巴哈乌拉出生于乌赞德兰省的封建贵族世家,因不满朝政,卷入巴布运动。1852 年,巴布教徒于德黑兰谋刺伊朗国王纳希德西(1848～1896 年在位)未遂,大批教徒遭到杀害。他因涉嫌被捕入狱,1853 年获释后,家产被查抄,本人亦被逐出伊朗。他先抵巴格达,继续布道行教,被尊为"哈里发"。不久,其异母弟与他争夺教权。在波斯国王的请求下,奥斯曼政府从中干预,于 1863 年将他"邀请"到君士坦丁堡,其异母弟仍派出信徒与他争夺教权。奥斯曼政府遂遣其异母弟至塞浦路斯岛,巴哈乌拉被押解至叙利亚的阿卡。在其后的教权争斗中,巴哈乌拉势力渐大。在近 40 年的受逐和囚禁生活中,巴哈乌拉埋头于写作,其著作后来成为巴哈派的经典。他提倡一种普世宗教,主张上帝是独一无二的,宗教是一元的,人类是一体的。以后,这成为巴哈教义的核心。他认为上帝可以有不同的名称,诸如神、安拉、天主等,只是不同的人赋予他不同的称谓,实质是一样的。上帝的旨意通过差遣的先知连续不断地显现,因而各主要宗教的先知,包括亚伯拉罕、克里希南(印度教)、摩西(犹太教)、琐罗亚斯德(祆教)、释迦牟尼(佛教)、耶稣(基督教)、穆罕默德(伊斯兰教)、巴布和巴哈乌拉等,均为同一上帝所差遣。在社会学说上,他主张忠于政府,拥护国家的法制、政策;号召以博爱来消除贫富差别、人与人之间的不平等,最终实现人类一体、世界大同。

巴哈乌拉晚年长期侨居国外,靠奥斯曼帝国苏丹发给的津贴为生,不再介入政治斗争。为改善屡遭迫害的国内广大信徒的处境,他同波斯国王达成妥协,责令他们隐瞒信仰,承认什叶派为国教,作为国王的顺民。但仍有大批信徒因不满于国王的统治而逃亡国外,散居于奥斯曼、印度、缅甸、叙利亚、埃及、苏丹等地。19 世纪末,经一个叙利亚商人的介绍,巴哈派传入美国芝加哥等地。进而演变为独立的宗教——巴哈教。此后的巴哈教同早期的巴布派已无共同之处,而形成新的世界性的宗教。

中国特色的公民社会：当代中国的时代呼唤（节选）*

周直　王世谊主编

从20世纪80年代中后期开始至今，人们看到，伴随市场经济而来的绝不仅仅是收入的增长、物质的富裕和生活水平的提高，相伴而随的还有许多的社会问题：如贫富悬殊，贪污腐化，人际关系紧张，人情淡薄，金钱至上的拜物教盛行，心灵空虚，人的心理和精神问题日益严重，毒品泛滥，犯罪猖獗等等。正如《毁灭或新世纪秩序》一书中描述的那样："人性之扭曲，行为之堕落，人格被贬低，信心受动摇，纪律神经松弛，良心之声哑然，体面与廉耻被混淆，责任、团结互惠与忠诚的概念被曲解，欢乐与希望的美好的感觉日渐消失。"①

* 原载周直、王世谊主编：《公民社会与社会创新》，南京出版社2008年版。

① 巴哈欧拉（Bahá'u'lláh）：《毁灭或新世纪秩序》导言，转引自世界正义院：《世界和平的承诺》，澳门新纪元国际出版社1997年版，第5页。

阿富甘尼(节选)*

[瑞士]葛碧建　葛安妮　[美]傅亚伦　艾迪丝著,万兆元　王安民译

这是一个关于一个人的爱改变了另一个人的心灵的故事。

阿博都·巴哈是一位伟大的教师,他一生都在帮助别人。当他住在阿卡的时候,当地有一个名叫阿富甘尼的人非常讨厌他,认为他和他的朋友都是很坏的人。这个人对阿博都·巴哈的仇恨非常强烈。在街上遇到阿博都·巴哈时,他就用衣服捂着脸,以免自己看到阿博都·巴哈。

阿富甘尼无家可归,只好住在寺院里。他很穷,需要食物和衣服,但没有人愿意接济他。阿博都·巴哈给他送去食物、衣服和其他东西。阿富甘尼会接受,但从来没有谢过阿博都·巴哈。日子就这样一天天过去了,阿富甘尼一直从阿博都·巴哈那里得到日常所需,可他非但不感谢阿博都·巴哈,相反还会诅咒他。然而阿博都·巴哈却从未对他有过不好的感觉,或对他的行为感到生气,而是全心全意地爱他。阿富甘尼愈是无情,阿博都·巴哈给予他的爱和仁慈就愈多。这样的情形一直持续了二十四年。

一次,阿富甘尼生病了,卧床不起。几天过后,阿博都·巴哈觉察到几天没有见到阿富甘尼。后来他打听到阿富甘尼生病了,就立即前去探望他。那可怜的人住在一个肮脏破旧的地方,病情很严重。一看到阿博都·巴哈,阿富甘尼马上捂住脸,不想看这个来访者。阿博都·巴哈带来了一名医生,为他准备食物和药。这时,阿富甘尼的心依旧是一块黑暗的石头,充满了仇恨。他会把一只手伸给医生检查,用另外一只手捂住脸,以免看到阿博都·巴哈。阿博都·巴哈仍然以仁慈对待他。最后,阿富甘尼从病情中恢复过来了。

阿博都·巴哈派人给他送去了肥皂洗澡,还送给他衣服。终于,阿富甘尼的心被改变了,他的心田开始长了一朵美丽的玫瑰——一朵爱的玫瑰。一天,他来到阿博都·巴哈的房间里,扑倒在他的脚边,像一个孩子一样地哭道:"我的主人啊!请原谅我吧,请原谅我吧。二十四年来您对我行善;二十四年来我却对您尽做罪恶的事。现在,我知道我错了。原谅我吧,原谅我吧。"阿富甘尼哭泣着,非常后悔他以前的行为。

阿博都·巴哈拉过他的手,把他扶起来,用爱和仁慈驱走了他的悲哀。

* 原载[瑞士]葛碧建、葛安妮,[美]傅亚伦、艾迪丝:《成功跨越学习困难》,万兆元、王安民译,社会科学文献出版社2008年版。

巴布教徒起义*

符文军主编

19 世纪 40 年代末，帝国列强侵入带来的沉重灾难，伊朗人民起义不断发生。

“巴布”的意思是门，表示即将降临人世的救世主的意志通过此门传达于人民，这是巴布教的创始人赛义德·阿里·穆罕默德提出的神秘学说。他号召人们相信救世主——马赫迪的力量，能够拯救处于水深火热的人们。后来，他干脆自称为马赫迪，并著一部《默示录》论述自己的学说。

伊朗在 19 世纪中叶处于卡扎尔王朝统治之下。内部统治极其混乱，人民生活困苦不堪。俄、英、法、美等国列强先后强迫伊朗签订了不平等条约，瓜分了它的领土并侵占了它的主权。其中：仅俄国就占领了格鲁吉亚、北阿塞拜疆等大片领土。伊朗赔款两千万卢布，俄国还取得了一系列特权，如领事裁判权、自由贸易权、减免税等特权。随后，英国也强迫伊朗签订此类条约。从而，伊朗变成了半殖民地半封建国家。

内部受封建主的横征暴敛，外部受列强的烧杀抢掠，各个国家不断向伊朗输出商品，使伊朗的手工业和农业遭到严重破坏，农民和手工业者陷入贫困；封建统治者内部出卖官爵，贵族和官吏把土地出卖给商人高利贷者，土地私有化进一步盛行；封建主为了维护自身的利益，加强对人民的剥削，促使农民阶级和地主矛盾不断激化；一些商人和小手工业者由于社会地位低下，不断受到排挤、生活条件不断恶化等等，导致了伊朗各地不断爆发起义，其中规模最大的就是巴布教徒起义。

巴布教徒分为两大派，以巴布为首的代表城市和新地主阶级的一派。他们幻想建立一个没有封建暴政和外来侵略的国家，梦想着人人平等的和平王国。巴布要求财产要人人平等，平分封建统治者和外国资本家的财产。废除一切刑法和苛捐杂税，保护私有财产不受侵犯，保障人身自由，严守商业通信秘密等一系列的政策。巴布教徒反对暴力，主张用和平的方式，说服封建统治者进行改革。1847 年封建统治者逮捕了巴布。另一派是人民派。这一派主张用暴力武装推翻封建统治，建立一个人人平等，没有剥削，没有压迫的国家。这一派的领导人是穆罕默德·阿里·巴尔福鲁升。

1848 年 9 月，穆罕默德·阿里·巴尔福鲁升领导巴布教徒在伊朗北部的马赞德兰省发动起义。两万多起义军英勇抗战，打败了王军的进攻。后来王军用欺骗手段使起义者放下了武器，起义者遭到大肆屠杀，大批巴布教徒死于王军的屠刀之下。但巴布教徒继续坚持斗争，队伍又不断壮大起来，到 1849 年全国的巴布教徒已经达到十多万人。第二年 5 月，巴布教徒在赞兼再次发动起义，建筑堡垒和防御工事，灭敌人 8000 多人。

---

* 原载符文军主编：《世界上下五千年》，时事出版社 2008 年版。

1850 年 6 月，尼里兹也曾爆发巴布教徒起义。为了打击巴布教徒起义，国王下令处死了巴布。巴布教徒也遭到了血腥镇压，他们只好采取隐蔽的恐怖活动。

巴布教徒起义虽然失败了，但给封建王朝以沉重的打击，它在客观上也是一次反封建、反殖民主义的农民起义。巴布教徒起义最终的失败，也有其主、客观原因：起义的队伍中，主要是手工业者、城市贫民和一部分郊区农民，没有带动起广大的人民群众；起义不是在全国范围内开展起来的；起义时各个组织联系不够紧密，并且在战略上主张消极防守，没有采取进攻和灵活的游击战；封建统治者身后有外国殖民国家的支持，使起义者寡不敌众；巴布教徒相信封建统治者的伪善诺言，自动放下武器。巴布教徒起义告诉人们，不要轻信封建统治者的诺言，人民只有彻底推翻封建主义的统治，才能获得真正的自由和独立。

伊朗巴布教徒起义*

王春良　刘文涛主编

巴布教是19世纪40年代前期创建的一个伊斯兰教教派，其创建者名叫赛义德·阿里·穆罕默德。阿里自称“巴布”(阿拉伯语“门”的意思)，宣称新救世主(马赫迪)即将降临，通过此门向人民传达旨意，在人间建立“正义王国”，这里没有压迫和暴政，人人平等，生活幸福。19世纪时伊朗沦为半殖民地，封建专制和外国资本的压迫交织在一起，人民过着水深火热的生活，无以为生，所以广大民众纷纷皈依巴布教，希望过上平等幸福的生活。人民生活的恶化和斗争形势的发展使巴布教在民间广泛传播，在巴布教信徒中涌现出一些接近民众的著名人物，在他们宣传发动下，各地纷纷爆发了巴布教徒的起义，一时间各地纷起响应，试图实现巴布教的理想。起初，起义军连战皆捷，影响迅速扩大。后来王室调集了重兵，疯狂围攻起义军。起义最终被镇压下去，巴布也被捕，遭到杀害。起义失败的主要原因是没有明确的斗争纲领，缺乏广泛的支持和组织性，在战略上也犯了严重错误。巴布教起义虽然带有浓厚的宗教色彩，但仍是伊朗人民的一次伟大的反封建起义，沉重打击了伊朗的封建势力和外国侵略者。

* 原载王春良、刘文涛主编：《世界历史大事编年精要》，星球地图出版社2008年版。原文有图，此处未录。

灵明堂与巴布派的历史接触之可能性探讨*

王建平

本文的主旨并非是想论证中国西北地区的苏非教团——灵明堂曾是伊朗历史上的伊斯兰教什叶派中的巴布派之支脉，因为今天的灵明堂无论如何从宗教教义、修行和性质上来讲是典型的伊斯兰苏非神秘主义组织，而巴布派作为今天巴哈伊教派的先驱也已经基本上成了历史的遗迹与苏非派无关，所以严格来说灵明堂与巴布派在教派组织上没有很大的干系。本文通过大量的历史资料分析和佐证以及笔者的社会调查，其意图无非是向读者指出，中国苏非教团的宗教思想来源和文化来源是多元化的，作为中国苏非教团组织中的灵明堂，它不仅传承了阿拉伯和波斯伊斯兰世界中的苏非神秘主义思想和礼仪，不仅吸收了中国传统的儒家思想和佛教、道教宗教教义和修持方法，而且它在宗教思想上甚至包容了向伊朗什叶派正统教权挑战的巴布派之“巴布”的观念。这个事实正如专门研究中国西北苏非派的专家、已故的美国学者约瑟夫·弗来彻(Joseph Fletcher)指出的那样，处于伊斯兰世界边缘的中国穆斯林历史绝非是孤立于其他穆斯林的历史①，恰好相反，中国穆斯林居住区和中国穆斯林社会是最易于受伊斯兰世界中心地带各种新的宗派思想甚至各种“异端”思想影响，并产生深刻的社会反响的地区和组织。

一、问题的提出

1996 年在阅读马通先生的著作《中国伊斯兰教派门宦溯源》时，我注意到甘肃省兰州灵明堂道主马灵明的苏非思想中有“巴布”的观念。1998 年 10 月，当我为中国社会科学院世界宗教研究所与美国太平洋地区发展和教育研究所联合举行的《宗教、文化和伦理国际研讨会》担任翻译工作时，我和专门从事于什叶派和巴哈伊信仰研究的英国学者摩佳·摩门(Moojan Momen)博士谈起了灵明堂的创始人马灵明先生苏非思想中的“巴布”概念。摩门博士建议我对中国西北地区的跨宗教现象应该继续研究，因为灵明堂所在的中国西北在历史上是著名的丝绸之路经过地区，渗透了各种不同的

* 原载台湾《新世纪宗教研究》2003 年 9 月第 2 卷第 1 期，后收录于王建平：《露露集：略谈伊斯兰教与中国的关系》，宁夏人民出版社 2008 年版。

① 约瑟夫·弗来彻(Joseph F. Fletcher)："The Naqshbandiyya in Northwest China"(中国西北部的纳格昔班迪教团)，参见比阿翠斯·曼泽(Beatrice Forbes Manz)主编的 *Studies on Chinese and Islamic Inner Asia*(《有关中国和伊斯兰世界内亚地带的研究》)，Aldershot：Variorum，1995 年，第 11 章(XI)，第 3 页。

思想文化，它还是波斯宗教、印度宗教、阿拉伯伊斯兰教和中国宗教接触和互动作用的地带。像灵明堂这样的中国苏非教团与伊朗的巴布派运动发生可能的历史联系应该说是非常值得的研究对象。

受这一想法的鼓舞，我尽可能地阅读了我所找到的有关兰州灵明堂的资料，并与摩门博士不时地以电子邮件的方式交换意见，探讨灵明堂与巴布派的历史联系这一问题。摩门博士还认为，如有可能，应该对灵明堂进行一次历史调查。2001 年 1 月 23 日至 2 月 4 日期间，我专门去了兰州和附近地区就灵明堂和巴布派影响的历史联系可能性问题进行调查研究，下面是我的调查结果和一些初步看法。

巴布在阿拉伯语 The Báb 中的意思是门，在 19 世纪伊朗的巴布派的教义中被解释为人们所渴望的救世主[①]，即该派领袖巴布阿里·穆罕默德，他是通向真理之门。在伊朗什叶派教义中认为，第十二伊玛目马赫迪隐遁了，他在世界末日时降临人世，消除人间不幸、不义和不平，建立幸福、公正、平等的“正义王国”，给人民带来千年福祉。巴布是马赫迪与人民之间的一扇门户，马赫迪的意志将通过巴布转达给人民。[②]

与中国其他苏非教团不同的是，属于嘎德林耶苏非派的灵明堂明确地包含有自认“巴布”或救世主的代表，或真理的门这一被正统伊斯兰教视作“大逆不道”的观念。“巴布”一词出现于马灵明的遗嘱中。它是这样说的：“吾俩是巴布门首答应的应答人的龙。”[③]这里的“吾俩”是阿拉伯语 Aulyá，即 wálí 的复数，意真主的朋友，或苏非圣人中品级很高的人。马通先生在调查中也记录了马灵明的《遗言》，其中有“无俩是巴布门首的天命”这样一句。[④] 马灵明的弟子马向真阿訇或被称为“尕阿訇”[⑤]的，在《赞无俩大道》一文中说：“无俩无俩真无俩，真脉来自白格达(即巴格达)，巴布门上有天命，伊斯兰教不二传。”[⑥]他在《无俩三字文》中进一步说：“无俩道，归真路，巴布门，在此处，有天爷，有规矩，一化三，三归一。”[⑦]对这里数位“一”和“三”的问题，马通先生在他的社会调查中是这样解释的：灵明堂有两种说法，第一种的“一”指的是伊斯兰教，“三”指虎非耶、嘎德林耶和秘传的仅继承人知道的“则可若”(阿拉伯语 dhikr，即对主和圣的赞念)；或者是嘎德林耶、虎非耶和灵明堂。第二种的“一”指“真主之妙”，“三”是指圣人、贤人和一般常人。[⑧] 清楚的事实是，灵明堂的“巴布”观念与巴布派中的“巴布”概念是比较类同的，都将“巴布”看作是通向真理的门，而自己是转达真理的人或代表，通过巴布此门走向建立正义、平等社会的道路。

上述口碑和记载资料所牵涉到灵明堂与“巴布”一词的关系方面有两种争议观点。灵明堂西道

---

① 参见杨生茂、张芝联、程秋原主编：《世界通史》(近代部分)上册，人民出版社 1972 年版，第 458 页。

② 参见赵伟明：《近代伊朗》，上海外语教育出版社 2000 年版，第 149 页。

③ 该遗嘱是我从灵明堂信徒 83 岁的老人汪玉光先生那里第一次听到的，后来又从现任灵明堂教主汪寿天先生听说过。2001 年 1 月 29 日我在广河县三甲集镇时遇到了灵明堂教众原兰州市某学校校长马如其先生，他赠送我一份灵明堂转抄的《灵明上人传略》，其中也有这样的说法，只不过将“巴布”写成“八部”。参看《灵明上人传略》，抄本，第 2 页。

④ 参见马通：《中国伊斯兰教派门宦溯源》，宁夏人民出版社 1995 年版，第 132 页。

⑤ 在中国西北地区，“尕”是小的意思。

⑥ 关于灵明堂教门源自巴格达的问题，灵明堂信众、83 岁的汪玉光先生告诉我：“我们的教门是从巴格达来的，有事实根据。”他指的根据就是灵明堂教众广泛流传的这一口碑资料。汪老是东乡县唐汪村人，是灵明堂第三代教主汪寿天的哥哥。汪玉光从小就居住在灵明堂(兰州下西园)，他为马灵明拱北看守了 20 年，还在灵明堂第二代教主单子久先生门下多年学习 13 本经。2001 年 1 月 24 日与汪玉光先生交谈的笔记。

⑦ 马向真：《清真哲学奇语录》，第 82 页、第 195 页。但在我收集的抄本中，这些引言应该分别是 101 页和 105～110 页，且有一处将“无俩”写成“五俩”。

⑧ 参见马通：《中国伊斯兰教派门宦溯源》，前揭书，第 130 页。

院负责人马占海阿訇认为灵明堂与巴布派没有任何联系。他对笔者说，有的书将马灵明遗嘱中出现的“巴布”一词上做文章，从而把灵明堂与巴布派运动联系在一起，这是不对的。我们灵明堂是逊尼派，走的是伊斯兰教正道，而巴布派是什叶派，它背叛了伊斯兰教，所以成了邪教。有人专断地将灵明堂与巴布教派硬是扯在一起，这既不符合历史事实，也没有任何根据。①

当然，马占海阿訇对把灵明堂与巴布派的联系一起的观点持有批评态度是基本上出于他所认为的逊尼派是正统派、什叶派是歪门邪道这样的是非标准。由于巴布派发源于什叶派，所以灵明堂不应该与巴布派有任何干系。这种先入为主的主观思想倾向不是我们研究历史所取的态度。

另外一种意见为灵明堂的几位老人所支援。灵明堂的现任主持汪寿天先生在与笔者交谈中说，灵明堂的思想是受巴布派的教义所启发的。“马灵明25岁时(1877年)，嘎德林耶派的静杜子“巴巴”②将苏非学理传给了他，并传给他了真脉。这事发生在榆中县，当时马灵明为躲避战争祸乱而逃亡到那里，并在那里居住了一段时期。马灵明从巴巴那里接受了机密后，他那天晚上立即出发回兰州。这次的苏非学理传授不仅将四大门宦的教义传给了马灵明，而且还将巴布派的思想传给了他。”③

二、对问题的进一步分析

汪寿天先生谈到的静杜子巴巴指的是来自新疆喀什噶尔拱北的苏非谢赫(阿拉伯语，长老)。其实，喀什噶尔拱北(阿拉伯语，陵墓)应该是喀什噶尔附近的阿帕克和卓的拱北。这条材料还可以为灵明堂信众所流传的抄本资料所证实，但在马灵明受教于静杜子巴巴的时间上表现有分歧：

“[道祖马灵明]勤修苦炼到40岁时，西元1892年(光绪十八年)④从圣地或喀什道堂来了一位篩海(长老)静杜子尊者号‘外丰永地尼’，送来了吉托(传教凭证)亲授于道祖，从此公开传教，继穆圣真脉之光，任道统之首席。”⑤

也许马灵明在25岁时第一次获得了苏非主义知识，而到了40岁时获得了传教凭据第一次公开传授苏非教理。传授人是静杜子巴巴，这位苏非老人家也许在两个不同的时间内分别授受马灵明知识，也许是两位不同的苏非在不同的场合中教育了马灵明。不能排除这样的可能性，即马灵明在25岁和40岁时接触了由不同的神秘主义者包括巴布派或巴哈伊信仰的传教师所传授的不同精神思想文化的养分。

然而在灵明堂记载的历史中，有好几处将静杜子巴巴的名字与大香巴巴混同起来了。当谈论到灵明堂与巴布派运动的联系时，汪寿天老人家还与我说起大香巴巴向马灵明传教的事情：阿拉伯苏

① 参见笔者与马占海阿訇谈话记录，2001年1月28日晚。

② 关于“巴巴”(Bábá)一词，在波斯语中是爷爷的意思，在维吾尔语等东突厥语系中不仅是指爷爷，还专门指宗教操守非常好，德高望重的老人。在一些回族居住区中，巴巴除了有上述的含义以外，还有朝觐过麦加的“哈吉”意思。

③ 采访汪寿天先生的记录，2001年1月25日。

④ 原抄者记录是“1883年(即光绪十九年)”。后与灵明堂教众、70来岁的张志毅先生核对材料，他认为这是笔误，应该是光绪十八年，即1892年。

⑤ 马兴禄口述，马老校长记录，韩寿修改：《兰州灵明堂道堂简历》，1994年农历3月25日整理，王建平抄于2001年1月25日至26日，灵明堂，抄稿第2页。

非塞利姆在广河县三甲集向马灵明传了机密，大香道祖的灵魂敲响了道祖太爷（灵明堂教众对创始人马灵明的尊称）的心坎。① 这里的塞利姆一定与其他史料所赋予大香巴巴称号的哈比本拉西的名字互相混淆了。比如，根据一位马灵明弟子记载的《香太师简史》所说：

"太师，道号海必本拉西，印度代海来文一人也，为发扬古教，济救世人，背井离乡，游学异邦。至耶曼（也门）、白格达（巴格达），人赛海日道堂功修。侍奉沙海（长老）海立理尊者十八年。一天获得灵梦：在一兵马教坊中，向东射两箭，落下龙一盘，凤一只。禀告道长。长恭喜曰：'汝往中国，调养大贤。'遵命就程，竟于一八七七年九月抵达兰州。师徒相遇，遂传道焉。太师全体芬芳，清香扑鼻，故皆呼曰"香巴巴"。归返至肃州，逢燹乱，舍身归真。时在光绪四年正月初一日也。"②

一则更早些记录香太师与马灵明会面的史料以更形象的笔触说道："马灵明二十五岁时，即1877 年（清光绪三年九月九日），有一个通称'大香巴巴'、名叫哈比本拉西的人来到甘肃兰州，自称原籍是印度得海来文义人，曾在巴格达的筛海日外勒丁耶道堂求过学，学习的是嘎德林耶学说。这次到兰州，和马一龙（马灵明）邂逅相逢，谈得十分投机。后在海四太爷拱北柏树之间，授灵明以嘎德林耶古教。越三月，又在绣河沿清真寺③后院水井之旁，传至圣真脉之光，让道统代位之席，并吩咐传教条件，交给传教凭据。不久，哈比本拉西返回故里，在返乡途中，于 1878 年（光绪四年正月初一）在肃州（今甘肃酒泉）遇兵劫而亡。"④

这两则史料都指出：哈比本拉西（香太师或大香巴巴）于 1877 年即马灵明 25 岁时来到兰州，传授了就学于也门和巴格达、印度或伊朗（因为"得海来文义"或"代海来文一"大概是"德黑兰"的译音）地区的苏非神秘主义思想。假如这两则记载是可靠的话，那么，哈比本拉西在巴格达或许在伊朗学习伊斯兰教神秘主义，这时间大约在 1850 年，也是巴布教派的起义被伊朗统治者残酷地镇压下去了，而且巴布的主要弟子巴合欧拉流放在巴格达。虽然巴布教派几经数次屠杀，但它在巴合欧拉的领导下，巴布派运动转入地下活动，并继续向教派的信徒们传播巴布的思想。我认为，哈比本拉西也许很可能与巴合欧拉在巴格达、伊朗、印度和中亚的追随者们接触，并从巴布派教义中接受了某些伊斯兰教神秘主义思想。

假如我们将上述这三则历史记载都结合起来并组成一个有秩序的事件的话，我们就会发现它们的细节是非常相似的：一位有着不同名字的巴巴从阿拉伯和伊朗或印度经由中亚和新疆的喀什噶尔到达兰州传授混合了巴布教派思想的伊斯兰苏非神秘主义。其结果是，这样的传教活动启蒙了 25 岁的马灵明，他到了 40 岁时建立了一个新的苏反闸宦派。这些史料还告诉人们说，当这位巴巴向马灵明传授了苏非学理后，在返回阿拉伯故土（更可能是回伊朗）的路上遭劫而害。所以，根据对上述材料的分析，我可以演绎出下列两个方面：首先，静杜子巴巴（经名：外丰永地尼）和哈比本拉西巴巴应该是同一个人，因为这两位巴巴有着同一个称号即"大香巴巴"或"香太师"。名字的不同主要由于年代的长远，在这样的长时间过程中，灵明堂教众对自己历史的记忆和保存方面的口传众说及传抄资料难免有互相混同和错讹。其次，静杜子巴巴和香巴巴塞利姆或哈比本拉西也许分别是两个苏非

---

① 参见 2001 年 1 月 25 日与汪寿天先生交谈的记录。

② 马向真：《清真哲学奇语录》，阎奇峰手抄，第 99～100 页。在此感谢西道院教长马占海阿訇，他允许我复印他所珍藏的数据，同时也感谢西道院寺管会主任的协助。

③ 该寺至今仍存在着。我在兰州对灵明堂的历史调查期间还去看了一下，它号称兰州最古老的清真寺之一。

④ 《兰州灵明拱北教史》，参见马通先生的《中国伊斯兰教派门宦溯源》所引用的手抄本资料，第 130～131 页。

或巴布派传教师，他们在不同的时期内将他们的神秘主义知识进行传授。这两种可能性都存在，第一种推测也许更合乎事实。

那么，香巴巴的祖籍是何地，什么时候来到中国，上述的哪一种说法更可信？这问题本身在确凿证据发现以前暂时无关紧要，因为所有记载的史料都确证了这样一个事实，即来自西域（伊朗、阿拉伯或印度等）、满体散发芬芳香味的老巴巴曾求学过巴格达和也门，他（他们）长途跋涉来到了兰州，将苏非教义包括巴布派思想传授给了马灵明，后者在1877年至1892年期间成立了灵明堂。

在追溯香太师与马灵明相见事件的一些别的资料在时间方面和巴巴的名字上显示了很大的差异。比如，有的说，“从道祖的西力系勒（阿拉伯语 silsilat，意苏非道谱、传系）来看，他的道统源于明末清初。相传圣裔廿五辈之后大香道祖哈密顿地尼（南疆哈木大尼人）接受了耶门（也门）白格大地（巴格达）乃格是板顶耶、尕地愣耶道堂的学理，把真主真机漏托给海祖太爷、米太爷、马太爷、石尕阿訇、木爷、白肚子等七辈传光，他们肩负护印任务等待真人授印”①。这则资料的作者将伊朗的哈马丹（哈木大尼）错误地认识为南疆的一个地区。他还将香太师与马灵明相遇的事件和新疆白山派领袖阿帕克和卓因和黑山派争权失败后隐居时到西北河湟地区的回回村落中传授虎非耶苏非教义的事件混为一谈。②

灵明堂第二代教主单子久③的弟子、今年93岁的马万瑞先生也持有相同的观点，即生活于17世纪的哈密顿地尼将苏非真理传授给了建立于19世纪与20世纪之交的灵明堂。“道祖的教门是真谛传真道，由‘也曼百格达吉’的‘沙黑（长老）’（宋朝年间）传于大香道祖‘哈米栋吉尼’（明朝年间）又传于‘哈比本拉吸’（清朝乾隆年间）上了。”④他又说：“［灵明堂］名称是一思目杂提（Ismu D̲hat，阿拉伯语，名字属性），占道是也曼百格达吉的沙海香耳则子哈米栋吉尼额目尔口唤上传与哈比本拉吸又传与哈尼法通拉吸（Ḥanífatu'lláh，马灵明的经名——笔者注）上了。”⑤

这里的疑惑是：一个生活于17世纪的人如何能与生活于19世纪中的人见面呢？或者是宋朝年间的苏非怎能向明朝年间的苏非传授苏非真机呢？作为本人是苏非的马万瑞先生对此毫不怀疑，他认为真主能创造奇迹，能通过神灵帮助相隔遥远的两代人心灵交流和通话。在苏非传统中，黑孜尔（K̲hiḍr），伊斯兰教中隐藏的先知能在生者和死者之间、相隔数代人之间、先知穆罕默德和他的信徒之间以及地理区域上相隔遥远的地区的不同人们之间建立联系和交流。在我田野调查中所收集的资料中，我发现灵明堂的道谱的内容中也证实了这样的说法：“至圣（即穆罕默德）降世而道复始，封印万圣，真机传四配（阿拉伯帝国早期历史上的四大哈里发）。继天方诸辈贤贵圣后裔、二十五辈自乃格什板顶耶、嘎吉忍耶道堂传至哈什（喀什）海目达尼道堂大香道祖哈米冬吉尼第授受道统十一代而秉受机密护印，亲传者待光阴末尾古土布（阿拉伯语，轴心；苏非中的高乘人士）敖西之真光方真脉流行也。”⑥

---

① 马兴禄口述，马老校长记录，韩寿修改：《兰州灵明堂道堂简历》，前引文，第2页。

② 关于阿帕克和卓到西北内地传教的详细事迹可参见马通先生的著作《中国伊斯兰教派门宦溯源》，前揭书，第131～132页。

③ 单子久的“单”应发 shàn 的音，马通先生在《中国伊斯兰教派与门宦制度史略》第287页中写为“陕子久”，这大概是同音异写的笔误。

④ 马万瑞口述，马杰礼执笔：《道祖的生平》，载《灵明堂史记》，油印本资料，1990年3月，第5～6页。

⑤ 马万瑞口述，马杰礼执笔：《道祖的纲典》，载《灵明堂史记》，前揭文，第11页。

⑥ 摘自灵明堂总堂三华门左边砖墙上镌刻的《道统简述》，笔者抄录于2001年1月25日，灵明堂拱北。

根据灵明堂道统传谱和向兰州马灵明泄露苏非机密的其他材料来看，我们将有关大香巴巴的断断续续的记述串联起来作个小结，一些线索可以从下述的事实中发现：

大香巴巴（香太师）的名字：静杜子或外丰永地尼——塞利姆——哈米顿地尼（哈米栋吉尼）——耳则子·哈米栋吉尼·额目尔。

时间：16 世纪——17 世纪——18 世纪——19 世纪。

地点：阿拉伯、也门、巴格达、印度的得海来文义（也许是伊朗的德黑兰）、哈马丹、喀什噶尔、兰州。

传授真机：嘎德林耶——苏非神秘主义——嘎德林耶和纳格希班迪耶［虎非耶］包括巴布派思想。

在灵明堂的历史调查中我注意到香太师的忌日在他返回阿拉伯（伊朗）家乡路经肃州被害后为灵明堂的教众所每年纪念。纪念仪式总是在中国农历正月初一日举行。根据灵明堂信众纪念香太师忌日的事实，我相信，20 世纪上半叶在灵明堂群众中流传的《兰州灵明拱北教史》抄本和马向真阿訇的《清真哲学奇语录》也许更可靠些或更接近事实。因为在灵明堂的道统记录中，从哈马丹（或喀什）来的香巴巴哈米栋地尼（哈密顿地尼）在他出发到兰州前在巴格达和也门学习过相当一段时间。1877 年至 1892 年期间，他在兰州启蒙了马灵明的苏非思想和巴布派教义。如此的记载与向马灵明传授苏非学理和巴布思想的哈比本拉西或静杜子巴巴这样的人物非常相似。由此观之，哈比本拉西或静杜子巴巴很有可能是波斯人而非阿拉伯人，也有可能从喀什噶尔来的波斯人。材料记载哈比本拉西或塞利姆是阿拉伯人，这因为他们在巴格达和也门学习了 18 年之久并掌握了非常好的阿拉伯语知识。人们认为他（他们）来自喀什噶尔拱北，那是因为他们从伊朗经由南疆的喀什噶尔长途跋涉到兰州的，或者也许他们在喀什噶尔的阿帕克拱北住过一段时间。这就是为什么灵明堂的信众将香太师或香巴巴与生活在 17 和 18 世纪的阿帕克和卓混淆起来了，所以，他们恐怕将名字、时间、辈分朝代及地点都搅杂在一起了。各种资料中记载的有关大香巴巴传授马灵明苏非真机所出现的名字、年代和地点等歧异情况恐怕应归咎于陈述口传和文字记载资料的漫长过程，在这样漫长的历史时期里，各不同辈分的灵明堂教众参与了这样的描述和记述自己的历史，其结果出现差错和颠倒混淆势必难免。

三、中外史料的互相验证

现在我们有必要讨论一下香巴巴（静杜子巴巴）和 19 世纪中期在伊朗风卷云涌的巴布教派思想之间接触的可能性问题。我对这一历史联系的解释是基于下列逻辑思维推断的基础上。首先，伊朗地区在历史上通常是向中国传播其宗教，特别是伊斯兰教的主要源泉之一。在贸易和文化上连接波斯帝国和中国的交通要道丝绸之路是伊斯兰教传入中国的主要通道。来自伊朗、中亚地区和阿拉伯的许多穆斯林士兵、商人、工匠、学者和苏非传教师就是通过这条丝绸之路到达中国，因此，波斯和中亚的穆斯林在形成中国穆斯林社团的过程中发挥了主干作用。即便在 16 世纪以后印度洋的航海交通取代了丝绸之路在欧亚大陆之间的贸易、经济和文化联系的杠杆作用之后，丝绸之路仍然是沟通中国与伊斯兰教世界之间穆斯林朝觐和苏非神秘主义传播的交通要道。这一点可以为中国穆斯林社团中的文化生活中根深蒂固的许多波斯生活习俗和波斯语词汇等事实所佐证。它证明波斯伊斯兰教在历史上一直长驱直入中国穆斯林社会、渗透进中国的伊斯兰教。其次，伊朗和中亚地区是中国苏非教团或门宦的主要发源地，中国苏非教团的衍变、分化和发展以及苏非神秘主义思想的传播与波斯和中亚地区的苏非教团有着十分密切的联系。在中国的纳格希班迪教团(哲赫林耶和虎非耶)、嘎德林耶、库不林耶、切斯提耶等教团创立者和苏非神秘主义思想修行都可以溯源到波斯和波斯化的中亚地区。① 再次，中国又是历史上伊朗的什叶派和其他宗教异端派在受到宗教迫害和政治镇压以后逃难寻求庇护的地方。当伍麦叶王朝镇压什叶派、哈瓦利及派时，阿拔斯王朝镇压什叶派等其他政治反对派时，后来萨法维王朝镇压苏非派时，这样的例子一遍又一遍地重复过。在伊斯兰教传入中国之前，当阿拉伯人征服了波斯的萨珊王朝后，许多萨珊王朝的达官贵人包括王子都逃难到中国避难定居。还需补充的是，历史上的火祆教、摩尼教、景教无不如此。所以，当伊朗当局在全国残酷地镇压了巴布教派的起义、处决了巴布派运动的首领之后，该派的一些教徒或跟随者为躲避恺加尔统治者的镇压和迫害而流亡中国逃生是完全有可能的。巴布派的流亡者，或巴布派幸存者的后代们也许头冠香巴巴(暗含做香料生意)、哈比本拉西、哈米栋丁尼或静杜子巴巴等这样的名字，踏上了古代的丝绸之路从伊朗经过中亚、喀什噶尔到达兰州来谋生或进行宗教教育。由于兰州处于著名的丝绸之路上，且又有很大的穆斯林聚居区，这些有着很好程度的波斯语、阿拉伯语知识的巴布教徒自然在兰州的穆斯林中受到欢迎。因为中国穆斯林在延聘阿訇的问题上，主要的标准之一是看他的阿拉伯语和波斯语的知识。第四，由于巴布教派的思想被看作异端来对待，以及什叶派伊斯兰教在中国占绝大多数逊尼派穆斯林中视作歪门邪道，因而对什叶派产生敌意，在这样的情况下，大香巴巴(静杜子、塞利姆，或哈比本拉西，或哈米栋丁尼)不得不伪装成苏非，并在中国的苏非分子中间教授苏非神秘主义，同时在中国穆斯林社团里有选择性地传播巴布思想。在这样假设的可能性基础上，来自伊朗或印度的巴布教派思想的传播沿着丝绸之路的通道于19世纪末碾转来到了中国西北，并终于与其中的一个苏非教团——灵明堂发生了接触，这可能一点都不足怪的。无论如何，波斯的思想养分和种子通过社会、文化和经济的渠道嫁接到中国的西北地区的这样景象在过去和现在已经重复了许多次了。

在我们将巴布派思想和灵明堂道祖马灵明的苏非思想的逻辑联系整理得更清楚以前，我们有必要简略地介绍一下19世纪巴布派运动领导人及其该派起义的历史。

巴布派运动创建者赛义德(圣裔)阿里·穆罕默德(1820～1851)出生于伊朗设拉子经营棉花生意的商人家庭。他在今天伊拉克卡尔巴拉的谢赫派著名学者赛义德卡兹姆·拉斯迪指导下学习伊斯兰教。谢赫学派主张的理论是:第十二伊玛目，伊斯兰教的救星玛赫迪不久将复临世界。该派认为，在玛赫迪隐遁了将近一千年后，也就是这个世界充满痛苦和悲哀的时刻，他来到世上，结束地球上不平等的状态。

1844年赛义德阿里·穆罕默德宣布自己是“巴布”及赛义德卡兹姆·拉斯迪的继承者。他写了《默示录》(阿拉伯语Bayán)一书。巴布的使命是在马赫迪复临世界以前向人们揭示真理。1848年伊朗发生了一系列的巴布派教徒组织的起义。国王(沙赫)监禁“巴布”于马库(Mákú,1847年)，并于1851年在赤赫利奇(Chihríq)处决了他。这场规模浩大的巴布派起义被伊朗国王和统治阶级残酷

① 关于这一观点，可以参见笔者向1999年5月在伊朗德黑兰举行的毛拉沙德拉哲学思想国际研讨会递交的英文论文“Historical Link Between Persian Súfís and Tariqs in China”(《波斯苏非和中国塔利格的历史联系》)，该论文翻译成中文又发表在《回族研究》杂志1999年第4期。

地镇压了。此后,巴布运动的一部分幸存者逃到伊朗周围的边远地区。毫无疑问,一些巴布派教徒逃亡到中亚和印度,后来以巴哈伊教派的名义生存下来。很有可能的是,个别巴布派成员落难到中国,作为苏非而生活于中国穆斯林中间隐藏下来以躲避在伊朗的严厉迫害。

使我强烈相信马灵明建立的灵明堂与伊朗的巴布派思想有可能发生联系的另一个理由是来自巴哈伊教的一则历史史料。摩佳·摩门博士在一年前寄给我的一封电子邮件中这样说道:"我一直在做有关一位在亚洲进行过广泛旅行的巴哈伊传教师的研究工作。这位传教师的名字叫杰玛尔·阿凡提(Jamál Effendi)。他曾经旅行到过拉达克(今巴基斯坦的克什米尔境内——笔者注),然后走向叶尔羌(即今天新疆维吾尔自治区的莎车——笔者注)。这条旅行路线也许使他最初选择了朝东南方向沿着喀喇昆仑山脉的边缘行进并进抵西藏。由于严寒的气候,杰玛尔·阿凡提冻伤了,并感染到他的双脚,他被迫在叶尔羌停留了六个月,这段日期大概在 1888 年至 1889 年的冬天,或 1889 年至 1890 年的冬天。我在思考,是否马灵明在叶尔羌遇见他了,或听说了有关巴哈伊派的教义,然后把它传回甘肃省?"[①]根据灵明堂的口述和记载资料,事实上马灵明从未去过新疆。然而,他的弟子临夏人靠福和兰州人单子久曾经在新疆多次作过广泛的教务旅行和弘扬灵明堂式的具有巴布思想的苏非教义活动。

后来,摩门博士在寄给我的一篇他写的论文中更明确地指出,伊朗马赞德兰人杰玛尔·阿凡提(原名苏莱曼汗,即上述去过新疆叶尔羌的人)在德黑兰皈依了巴布派信仰。后来受巴布的门徒巴哈乌拉的指示,到过中亚(阿富汗和今天的乌兹别克斯坦、塔吉克斯坦)、印度(包括今天的巴基斯坦和孟加拉)、锡兰(今斯里兰卡)、缅甸、泰国、马来亚、新加坡,甚至远到印度尼西亚作过广泛的旅行。他在当地穆斯林社团中进行巴哈伊教的传教活动。他用波斯语、阿拉伯语、突厥语、乌尔都语和印地语以及他在当地突击学习的本地语言向穆斯林群众和其他人们讲解巴布的思想和巴哈伊教的主要原理。他传教的主要方式之一是把自己打扮和伪装成一个苏非托钵僧进行宣教,并在护照上标明自己的身份是苏非谢赫,还常常以谢赫贾玛鲁丁的名字出现。在他个人不倦的努力下,不少地方有成百上千的人皈依了巴哈伊教。这些接受巴哈伊信仰的新皈依者不仅有什叶派和逊尼派穆斯林,还有印度教徒和佛教徒。其中甚至有当地的王公贵族。有一次仅在缅甸曼德勒一地,就有 6000 人信仰了巴哈伊教。[②] 从这里的描述可以想见,杰玛尔·阿凡提是一位非常有魅力的巴布思想的宣传者,如果他真的到达了叶尔羌并居住了六个月的话,那么我们不难相信,他在新疆南部地区将巴布思想灌输给了某些维吾尔族穆斯林和来自甘肃等地且在那里学习苏非学理的回族穆斯林。

四、对中国苏非教团——灵明堂受"巴布"教派思想影响在逻辑上的推测

根据摩门博士提供的资料,我们可以作进一步的分析,即杰玛尔·阿凡提(谢赫贾玛鲁丁)于 1888 年至 1890 年期间可能到过中国新疆的莎车(叶尔羌)以及邻近地区进行过宣传巴哈伊信仰的

① 摩佳·摩门(Moojan Momen)博士于 2000 年 8 月 27 日写给我的英文电子邮件。

② 参见摩佳·摩门:《对杰玛尔·阿凡提穿越亚洲的宣教活动的记述及其作用的分析》(*An Account of the Activities and an Analysis of the Role of Jamál Effendi in the Propagation of the Bahá'í Faith throughout Asia*),此文系作者在英国纽卡索举行的巴哈伊信仰国际研讨会宣读的论文。

传教活动。由于冻伤,他在莎车呆了6个月。从阿凡提一生的宣教经历来看,他个人作为传教师应该是非常有宣教经验并很有魅力、很有感染力的人。因为在他所过之处,有时会有整个村的穆斯林群众皈依了巴哈伊信仰。他打扮成苏非苦行僧的模样,过去的传统教育可以证明他具有很高的苏非神秘主义学理的水平。从巴布和巴哈欧拉的著作来看,比如巴布的《默示录》和巴哈欧拉的《七道峡谷》,都反映出他们本身是伟大的宗教神秘主义思想家和体验者。所以,在巴布教派和巴哈伊信仰中,不乏宗教神秘主义学者。作为伊朗人的杰玛尔·阿凡提毫无疑问地对鲁米、加米、哈菲兹等波斯苏非神秘主义诗人的苏非神秘诗是非常熟悉的。所以,当阿凡提到达新疆宣传巴哈伊信仰和巴布思想时,他肯定受到了中国穆斯林的热烈欢迎。仅凭阿凡提的波斯语和阿拉伯语知识,就足够使得中国穆斯林肃然起敬并拜为老师而行弟子礼了。这一点可以从清朝康熙年间赵灿的《经学系传谱》一书中回味到。[①] 况且,鲁米、加米和萨迪等的苏非神秘主义杰作是中国穆斯林传统经堂教育的教材课本。从这些事实可以推断,杰玛尔·阿凡提在新疆莎车及其地区宣传巴哈伊信仰时,不可能在他身后没有留下他传授过巴布思想的弟子。就算他遭到了信仰正统逊尼派的维吾尔族和回族穆斯林的抵制,他也可能将巴布思想与苏非神秘主义思想一起掺和着灌输给他们了,从而在中国穆斯林社团中留下了巴布思想和观念的痕迹。如果我们将兰州的灵明堂史料和巴哈伊信仰历史中发现的史料对照起来分析的话,那么,我们可以顺理成章地说,静杜子巴巴(外丰永地尼)、哈比本拉西、哈米栋吉尼(哈密顿地尼)、塞利姆等人也许就是杰玛尔·阿凡提在中亚、印度和新疆传教时所收留的弟子,也许是杰玛尔·阿凡提的弟子的弟子。这些弟子将从阿凡提那里所传授的混合有巴布思想的苏非知识又再传授给了在兰州的马灵明了,或者是马灵明的弟子在新疆进行教务活动时遇到了阿凡提或阿凡提的弟子,接触了巴布思想,或者深化和传播了巴布思想和教义。如果我们再次联系前面介绍的灵明堂史料来观察和分析,那么不妨可以这样说:如果灵明堂的创始人马灵明于25岁(1877年)受苏非学理和巴布思想启蒙的话,那么他可能接触了来自伊朗和中亚的巴布教派逃难者,或者是遇上了杰玛尔·阿凡提在中亚和印度地区传教后所教授的弟子,这些弟子又继续旅行传教,将巴布思想带到了兰州,传授给了马灵明;如果马灵明在40岁那年(1892年)被授受了苏非真脉和巴布思想,那么他接触了杰玛尔·阿凡提在南疆地区传教时(1888～1890年间)所教育的弟子,因为阿凡提的弟子被启蒙了巴布思想后又继续在南疆地区宣传老师的思想和主张,有的可能到中国内地来传教而到达兰州。加之灵明堂流传的资料里提到了静杜子巴巴、哈比本拉西、哈米栋吉尼(哈密顿地尼)、塞利姆的来处:巴格达、德黑兰、哈马丹、印度、喀什噶尔等,这些地名又正好与杰玛尔·阿凡提所传教地区大体一致。加之马灵明创立了灵明堂后,他和他的继承人一直不断地派弟子到南疆地区联络,进行教务活动,以扩大和强化灵明堂的包含有巴布思想的苏非实践传统。[②] 凑巧的是,杰玛尔·阿凡提与灵明堂史料中的"香太师"或"香巴巴"兴许也有点联系,因为阿凡提逝世后,别人为他写的墓志铭上有"真主之爱的芳香"这样的赞誉。所有这些都清楚地指出,马灵明的灵明堂与巴布教派以及后来的巴哈伊信仰的思想交流和接触的可能性大概是确确实实存在的。也许这样的接触和交流的

---

① 参见赵灿:《经学系传谱》,杨永昌、马继祖标注,青海人民出版社1989年版。

② 关于这一点,灵明堂的著名活动家马仁普留下的手稿《玉龙上人传略》记载了马灵明弟子靠福和单子久曾数度并长时间地在新疆一带活动的事迹。靠福甚至在哈密建立了以自己名字命名的灵明堂分堂——靠福堂。我在兰州对灵明堂的历史进行调查中,一位来自青海民和县姓马的灵明堂阿訇告诉我,说他在六七十年代还在南疆进行过秘密的教务活动,说南疆的不少维吾尔穆斯林是灵明堂成员。2001年1月28日晚,当我与灵明堂西道院的马占海阿訇交谈中,他还肯定地对我说,灵明堂在新疆大约有2万名成员。

路线有好几条，时间有分别，地点有好几处，接触物件也可能有好几个。任何一种可能性都不能排除。也就是说，马灵明在其一生中不止一次地接触了巴布思想。这一点可以为当今的灵明堂主持人汪寿天老人家说得很清楚："来自中国以外的巴巴不仅将四大门宦的苏非教义传给了马灵明，而且还将巴布派的思想传给了他，由此成立了灵明堂。"①"我们的教门是从巴格达、也门和南疆来的。"②

此外，马灵明成立的灵明堂对"巴布"这一概念的理解应该说与赛义德阿里·穆罕默德的"巴布"理解是非常接近的。在巴布教派中，"巴布"具有神圣的性质，其使命是在马赫迪复临世界以前向人们揭示真理，引导人们走正道。而灵明堂是如何理解"巴布"的含义的？马灵明在其遗嘱中说："吾俩是巴布门首答应的应答人的龙。"他将自己和自己的继承人都标榜为"吾俩"，即真主的亲近朋友和品级非常高的苏非圣徒，并比拟为"龙"，所以在他和继承人的十辈传谱上都取名为"龙"，而他们仅仅是巴布门首前的代理人。如果我们再对照灵明堂第三辈道祖汪寿天先生在兰州五星坪重建道堂的八卦宫立木盛典上的讲话时，我们就会有更清楚的印象：

"灵明堂是什么？灵明堂是真主依斯俩目真教立在地面上的一面旗杆，是天际地面的定盘心，是贵圣安息的地方，是众多斯达尼③朝圣的地方。"④这样的宣言其实已经非常明确地指出灵明堂的教主具有通向真理的门的地位和作用，他们是巴布的代表和代言人。

总而言之，灵明堂的创始人马灵明的苏非思想以及灵明堂的建立和发展应该说是与伊朗的巴布教派思想有着内在的一定接触和联系。这种巴布派思想的影响由于在中国正统逊尼派穆斯林占绝对主导地位的环境氛围里只能以独特的苏非神秘主义教团形式的外壳得到生存和发展。当然，灵明堂所受伊朗什叶派巴布教派的影响由于通过遥远的地理距离间隔和漫长历史的接续以及不同民族、语言的转述而对"巴布"思想的理解变得支离破碎和发生异化，这是不可避免的历史现象。

---

① 笔者个人采访汪寿天老人家的记录，时间为2001年1月25日下午。

② 汪寿天老人家回忆马灵明先生的事迹，时间为2001年1月27日上午，参见笔者的笔记。

③ 波斯语 Dustán，Dust 的复数，意教胞、朋友和信众。中国穆斯林见面时的互称。

④ 马兴禄口述，马老校长记录，韩寿修改：《前言》，载《兰州灵明堂道堂简历》，前引文，第1页。

巴哈伊教花园*

王昌义　吴珉珉

一

早就知道耶路撒冷是三大宗教的圣地，后来又知道以色列北部的海法和阿卡是巴哈伊教的圣地。

去以色列以后，听说巴哈伊教的花园很美，该教总部又一再邀请我们去参观，我们便找了一个机会去见识了一下。

接待我们的总部秘书长介绍了巴哈伊教的情况。

巴哈伊教也是一神教，创始人是巴哈安拉(阿拉伯语意为“上帝的光辉”)。由于他主张“地球乃一国，万众皆其民”，巴哈伊教也被称为“大同教”。信徒有500多万，分布在200多个国家和地区。它的总部“世界正义院”就在海法市的卡尔迈勒山，上面有该教先知巴孛的陵殿。巴哈安拉的陵殿在海法附近的城市阿卡。巴孛陵殿和巴哈安拉陵殿便成为巴哈伊教信徒朝圣的两个主要场所。

巴哈伊教主张男女平等，消除贫富悬殊，普及教育，世界和平，以及戒杀、戒偷、戒淫、戒赌、戒毒等。有些内容同其他宗教的主张也差不多，但是强调团结、宗教包容。

它的宗教习惯并不复杂。祈祷没有严格要求，简单灵活。饮食没有限制，但不饮酒。同穆斯林一样，每年有斋戒期，但时间只有19天。平时有个“灵宴聚会”，每19天聚会一次。在一起朗诵经典、议事，配有简单食物和饮料，也是一次社交活动。

巴哈伊教没有专门神职人员，管理机构分地方、国家和世界三个等级，每级机构由选举产生的9人组成。教徒要服从所在地的政府和法律，可以担任非党派性的政府职务，但不得介入党派政治活动。财政来源靠信徒自愿捐赠，不接受任何形式的外界赠予。

总部的管理人员有500多人，来自不同国家。他们大多是志愿者，不领工资，食宿由总部负担。我们见到几名从新加坡、英国来的华裔女孩。她们已在里面服务一段时间，服务年限没有规定。

* 原载王昌义、吴珉珉:《中东散记》，东方出版中心2008年版。原文有图，此处未录。

二

在参观巴孛陵殿之前，我们好奇地问，既然巴哈伊教的创始人是巴哈安拉，为什么这里放着巴孛的陵殿，而巴哈安拉的陵殿又在另一个地方？秘书长向我们讲了一段巴哈伊教的历史。

1844 年 5 月，伊朗希拉兹城青年商人穆罕默德·阿里将自己更名为巴孛(阿拉伯语意为“大门”)，宣布他代表着一道门，上帝的另一位使者即将从这道门出现。他强调“精神与道德的重生”，主张废除穆斯林的一些法律，而代之以新的法律。他将这个新的宗教运动称为“巴比运动”。在尊崇伊斯兰教的奥斯曼帝国，巴比运动对当时宗教和国家权威构成了挑战，巴孛因而多次遭受囚禁。巴哈伊教认为，巴比运动就是自己信仰的先驱，巴孛就是巴哈安拉的先驱。

巴哈安拉原名侯赛因·阿里，1817 年出生于德黑兰。其父是伊朗政府的大臣。巴哈安拉年轻时不愿步入仕途，而致力于慈善活动。1844 年，他成为巴孛的积极追随者。在巴孛被害后，他也被捕，在德黑兰的监狱里待了 4 个月，然后就开始 40 年的流放生活。1863 年在流放途中，他向一批信徒宣称，自己就是巴孛预言的那位“使者”。1868 年，他被遣送到阿卡，专心著述，度过生命的最后 24 年，去世后被安葬在与其居住楼房毗连的一间房内。

巴哈安拉在去世以前，要他的儿子阿卜杜勒在卡尔迈勒山上为巴孛建造一处安息地。卡尔迈勒山面向地中海，因相传古代盛产果木，原名“果木园”。1909 年，巴孛的陵寝最初很简陋，后来根据阿卜杜勒的要求，开始修饰。卡尔迈勒山也就成为巴哈伊教的管理中心和精神中心。1987 年，一项复杂的陵殿装修工程开始启动，历时 10 年，耗资 2.5 亿美元，全部由信徒捐款。

我们参观时，陵殿已建成，准备在 2001 年举行落成仪式。

三

巴孛陵殿分 3 层，底层呈正方形，四周有一个每边由 6 根意大利花岗岩的石柱组成的回廊，石柱的上面是伊斯兰风格的拱形装饰。中间一层呈 6 边形，每边有伊斯兰风格的拱形门窗。顶层由 12 根白色意大利石柱托着一个金碧辉煌的穹顶。穹顶由 1.2 万块在荷兰镀金的鱼鳞形金叶组成。整个建筑融合了东西方建筑艺术的风格。

我们看了巴孛的灵堂。灵堂很素净，正中有一块灵幡，上面用波斯文绣着：“唯有被宽恕的尊贵的你，没有其他的神”。秘书长向我们解释，巴哈伊教认为，上帝只有一个，巴孛和巴哈安拉是继亚伯拉罕、摩西、释迦牟尼、耶稣和穆罕默德等人之后的天使。

陵殿在整个花园的最高处。走出陵殿向四周俯瞰，那花园外观的庄严华丽，建筑结构的独具匠心，整体风貌的和谐协调，确实令人流连忘返，不愧是海法市一道崭新、亮丽的风景线。

花园沿着卡尔迈勒山的西北坡顺势而下，共修建了 19 个露台，延伸长约 1 公里，高达 225 米，宽约 60 米到 400 米不等，据建筑设计师说，19 个露台是为了纪念巴孛和他的 18 个门徒。

露台小路两侧是许多美丽的小花园，还有大量松树、橄榄树和野生花卉苗圃，全年都生长各种颜色的植物、青草和其他灌木。为了使园中的花草树木适应山的土质、阳光射向、临海和风向等自然环境，建筑师选择了300多种植物。既考虑到植物的外形、颜色，还要考虑节约用水，防止土壤流失和保护山区环境。植物大多从国外引进。

花园的建造遵循和谐、对称和有序等原则。这些露台形成9个同心圆，它们的线条和曲线都以陵殿为中心。设计师得意地告诉我们，在晚上，整个花园都沐浴在灯光中，仿佛一道道光波从陵殿射出来。在白天，太阳光透过柏树缝隙，反射在绿色草坪起伏的表面，形成光线的层层涌动。白天的不同时间，在表面反射和显示的光线色度也不同，它同柏树的深绿和橄榄树的银灰绿形成强烈的对比。

露台石梯两侧是水道，水流沿着水道而下，直至山脚下的入口广场。广场上不仅有大理石小瀑布和涓涓细流，还有一个在16个钻石形状的清澈水池中央的星形喷泉，形成两层光亮透明的水表面。当你沿着露台走下广场时，放眼满园春色，耳旁水声潺潺，顿感心旷神怡。

设计师在谈到建筑这座花园的艰辛时还介绍说，为了获得对称的效果，弄平崎岖不平的山面，曾移走一部分山体。每个露台实际被“镶嵌”在山坡上，没有伸出的部分。否则，会影响总体和谐。海法市政当局也给予全力支持。在最底层露台的脚下，市政当局将对面的本·古里安大道的一段移走2米，以便与露台的中央石梯形成一条直线。这样，从山顶极目远眺，地中海水天一色，舟船点点。从山脚直视前方，中心大道人流如潮，车水马龙。海法市长称它为“世界第八大奇迹”。

随着花园的建成，游客人数将大幅增加。后来，我听说在落成仪式举行后的3个月内，就有10万名观光客，这对于一个不到30万人口的城市，意味着什么就不言而喻了。

巴孛陵寝（摄于1909年）

阶梯花园开幕（摄于2001年）

巴哈伊教*

章亚南　陈泽梁主编

巴哈伊教是当今世界发展最快的宗教之一。创立不到 200 年，已有教徒 500 多万，分布在世界近 200 个国家和地区，已成为一个独立的世界性宗教。

一、巴哈伊教的形成

巴哈伊教产生于 19 世纪中叶的伊朗，脱胎于伊斯兰教的巴布教派。

19 世纪中叶，西方资本主义列强进入帝国主义发展阶段，伊斯兰国家遭受西方殖民主义国家的侵略、瓜分和奴役，先后沦为殖民地或半殖民地，广大伊斯兰国家不仅成为它们商品倾销市场和原料供应地，而且也是它们资本输出的投资场所。在帝国主义势力和本国封建主的统治下，伊斯兰国家的社会危机和民族矛盾日益严重，各国人民反抗殖民统治和封建压迫的斗争不断出现高潮，有的以民族大起义的形式出现，有的是在伊斯兰教旗帜下以教派斗争形式进行。其中，发生在伊朗的巴布教派运动就是一个典型的例子，并由此孕育产生了新的宗教——巴哈伊教。

伊朗巴布教徒起义(1848～1852)是在阿里・穆罕默德发动下揭竿而起的，他自称“巴布”(意为信仰之门，指教徒唯有通过伊玛目之“门”始能认识真主)和新时代的“先知”，宣称玛赫迪(什叶派穆斯林中盛行玛赫迪转世思想，认为最后的伊玛目就是玛赫迪，“玛赫迪”意为被引入正道的人)即将降世，并将在人世间建立起平等、公正与幸福的“正义之国”。他主张废除封建剥削，实行财产公有，并提出随时代前进，每个时代都可有自己的“先知”，要以他的《默示录》取代《古兰经》，建立自己的新教义。1847 年巴布被捕，巴布教派被镇压。其他追随者也相继遭杀害或流放、逃亡到伊拉克。此后巴格达一名叫巴哈欧拉的波斯贵族宣称自己就是巴布生前所说的上帝的新使者(先知)，是世上各种宗教所预言的显示者，并与其追随者一起创立了巴哈伊教。

二、巴哈伊教的教义与经典

巴哈欧拉一生大部分时间在监禁与流放中度过，他在狱中写了一百多部著作，阐述巴哈伊教教

* 原载章亚南、陈泽梁主编:《涉外工作常识》，上海第二军医大学出版社 2008 年版。

义。他认为巴哈伊教是一神教，神是独一的、全能的，世上各宗教虽然对神的称谓不同，如称之为上帝、安拉，或者佛、主等，但都来自同一神圣的根源。因此，巴哈伊教不要求教徒放弃自己原有的宗教信仰，可以自由出入各种宗教庙宇、寺院、教堂参加膜拜神佛。承认亚伯拉罕、克里希南、摩西、琐罗亚斯德、释迦牟尼、耶稣、穆罕默德、巴布和巴哈欧拉 9 人都是神的使者，主张各民族和各宗教间消除偏见，创立世界共同的语言，实现世界大同。在对待社会问题上，主张积极入世，关心世俗生活，实现世界大同。要求人们诚实、正直、爱国、为所有国家利益服务、反对战争、男女平等、消除贫富差别、普及教育，以建立"天下一家"的世界新秩序。但反对信徒参加公职竞选和政治活动。巴哈伊教的经典主要是巴布和巴哈欧拉的著述，有戒律集《至圣经》、阐述基本教义的《确信经》、警语汇集《隐言经》、揭示人的灵魂寻找生活目的所经历 7 个阶段的《七条山谷》等。这些经典已被译成多种语言与方言，在全世界各地流传。巴哈欧拉死后，传位给了他的长子阿博都・巴哈，阿博都・巴哈又传给了其长女之子索基・爱芬迪。

三、巴哈伊教的组织系统与宗教活动

索基・爱芬迪建立了巴哈伊教独特的教务系统，分为 3 级组织：一是基层教会，称"地方灵体会"，只要是年满 21 周岁的成年教徒，都可参与选举，选出 9 人管理教务，任期 1 年。凡是教徒人数超过 9 人的地方都可建立地方灵体会。二是一个地区与一个国家设立总灵体会，由各基层灵体会选出 9 名总灵体会委员，任期也是 1 年。三是全世界建立"世界正义院"，由各总灵体会选出 9 人组成中央教会委员会，负责指导全世界巴哈伊教的教务及发展规划。现世界正义院设在以色列国的海法市。此外，巴哈伊教还在各大洲修建宏伟庄丽的灵曦堂，建筑呈九面形，附有教育文化活动中心。这些灵曦堂是巴哈伊教在各洲的母堂，世界性的崇拜上帝的场所。现已建有 8 处灵曦堂，分别坐落在美国的威尔迈特、德国的法兰克福、乌干达的堪培拉、澳大利亚的悉尼、巴拿马的巴拿马城、印度的新德里、西萨摩亚的阿皮亚、以色列的海法。同时，巴哈伊教还创办了许多社会经济福利事业，共有 25 家巴哈伊教出版社，参与联合国环境发展规划。它的"巴哈伊国际社团"是联合国经济与社会委员会及儿童基金会的咨询机构，在亚洲各地建立了 300 多所培训学校与中心，在其他第三世界国家开设识字班和农村卫生保健训练班。现在全世界有 118000 多个巴哈伊教活动中心，2 万多个基层灵体会，在 150 个国家设有总灵体会。

玛格丽特的故事(节选)*

黄鹤峰

七十岁的玛格丽特,依然美丽健康,充满活力。作为巴哈伊教在美国的元老,她应邀去了巴哈伊教的圣地——以色列的海法。那儿离耶路撒冷不远。那里埋葬着巴哈伊教的预言家拔伯。他因为宣告有一位先知将要出现,被当时的伊朗政府以妖言惑众而处死。他的追随者把他葬在那里。

巴哈欧拉随之告诉人们,他就是拔伯所预告的先知。许多人相信他。随着他的影响力越来越大,伊朗政府把他投进了监狱。后来还被流放到当时边远的地方,就是现在的以色列。他死在监狱里后,他的儿子阿卜杜巴哈去世界各地传教,才使巴哈伊教发扬光大。

巴哈伊教的标志是九角星,在海法的中心建筑物是九角形的,建在山顶上。围绕着从山下拾级而上的台阶两旁,是由万花栽成的瑰丽的花坛。那是为恭候上帝的来临而修建的。在世界每个大洲,都有一个成九角形建筑的巴哈伊教中心。北美的巴哈伊教中心在芝加哥。

"九"的意思是,巴哈欧拉是上帝派来的第九个先知。他们认为人类社会在不断发展变化,所以,每一个阶段,上帝都会派来一个先知。以前的先知有释迦牟尼、亚伯拉罕、摩西、耶苏、默哈默德、琐罗亚斯德、克瑞绪那、拔伯。他们每十九天聚会一次,读经,祈祷、讨论本地区事宜。每年在三月,斋戒三星期。也就是在那期间,日出后和日落前,不吃东西。特别的教规有:不喝酒、不抽烟、结婚要经过双方家长同意。

从圣地回来不久,巴哈伊教的一位先生向玛格丽特求婚,她有些犹豫。她想与赫博破镜重圆。他们一直保持联系。离婚后,各自都结过婚,然后又都死了老伴。他们正商量着一起住段日子试试。

"赫博那时住在加州,有一座三居室的房子。他请我去看望他,我有些心动。像蒲公英在黑夜里紧紧地合起来的花瓣,太阳出来后重又舒展开来一样。我急不可待地向他飞去。他在机场焦急地等待着……"

"可一见面,我们彼此之间感到因陌生而产生的深切失望。我们很多年不见,他走向我,象征性地拥抱了一下。那一刻,我已经觉得不妙。我们的身体离得这么近,可心却隔着万水千山。"

"那幽静浪漫的烛光晚餐和抒情的乐曲,也因为与心境的不和谐而显得虚假、做作。如同在丧礼上,吹奏欢乐的圆舞曲。"

我问:"你去之前,有没有想过会有什么样的结果?"

"当然想过。可是,如果我不去,会给自己留下终身的遗憾。"玛格丽特说得很肯定:"他是一个很

* 原载[美]融融、瑞琳主编:《一代飞鸿:北美中国大陆新移民作家短篇小说精选述评》,中国文联出版社 2008 年版。

好的人!"

我看着她茫然的眼神,想不明白她为什么要和口口声声称赞的大好人分开。这是一团解不开的谜,包括她自己。

"你们在一起住了多久?"

"不到一个星期,我就像来时一样急切地走了。他的家里收留着几个失足青年。他想帮助他们,使他们有吃有住,然后想一想如何回到社会并重新做人。他把房门的钥匙都给他们,让他们像在家一样的自由。家里的杂乱也是促成我很快离开的一个原因,最主要的还是我们相对无言的尴尬。我喜欢热闹,大家在一起说说笑笑。他喜欢安静,所以选择住在北加州的小镇尤里卡。那里没有巴哈伊中心,而巴哈伊信仰对我像水和食物一样重要。"

玛格丽特还是与巴哈伊教的那位先生结了婚。第四次婚姻比第一次更短暂。因性格不合,玛格丽特很快从那所大房子里搬了出来,住进老人公寓。她在那个环境幽雅的公寓一住二十多年。最后这次是分居,没办离婚手续,所以她保留了那个先生的姓。

巴哈伊教在台湾早期的传教活动略论*

陈进国

一、前言

巴哈伊教,或称"巴哈伊信仰"(Bahá'í Faith),1844 年创立于波斯(今伊朗)。该教是由波斯伊斯兰教什叶派之一,巴孛(The Báb)教派演化而成的独立之世界宗教。创始人是后被尊为该教"先知"的巴哈欧拉(Bahá'u'lláh)[①],阿布杜·巴哈('Abdu'l-Bahá,1844～1921)和沙基·爱芬迪(Shoghi Effendi,1897～1957)则是巴哈欧拉之教位的继承者和思想阐释者。[②] 该教是目前全球成长最快速的新兴宗教之一,现巴哈伊教信徒(Bahá'í,意为"巴哈欧拉之追随者")已达 500 多万,遍布世界 205 个国家和地区,远超于伊斯兰教和佛教的传播范围。巴哈伊教积极参与推动世界和平、反对贫困、加强环保、普及教育及保护妇幼权益等运动,对各国或地区的政治、社会和文化生态产生了深远的影响。

---

* 原载《台湾宗教学会通讯》2001 年第 8 期,后收入陈进国:《隔岸观火:泛台海地区的信仰生活》,厦门大学出版社 2008 年版。

① 巴哈欧拉是尊称,源于波斯文,意为"上帝的荣耀",原名密尔萨·胡赛因·阿里·努里(Mírzá Ḥusayn-'Alí Núrí),本为波斯贵族。1850 年巴孛教派创始人阿里·穆罕默德(Mírzá 'Alí Muḥammad,1819～1850)被处死,门徒分为阿里派(领袖叶海亚)和巴哈伊派。密尔萨因涉嫌刺杀国王而被捕并于 1853 年被流放到伊拉克。他在那里宣称自己是上帝派来布教的使者,自称巴哈欧拉,自此该派被正式称为"巴哈伊教"。1867 年他重申自己就是巴孛所预言要出现的上帝(主)的圣使马赫迪。1892 年逝世于今天以色列的阿卡城。其著译作有《至圣书》、《笃信之道》、《隐言经》、《七山谷书》等计 100 多部。

巴哈伊教义主要包括:(1)上帝唯一、独一。"上帝"、"耶和华"、"阿拉"都是指那唯一、独一至高的神,他并不专属任何宗教,那唯一的神自始至终都与人类在一起。(2)宗教是同源的、相对的、演进的。所有的正信宗教都来自上帝,各宗教尽管表面不尽相同,但其灵性本质却是完全一致的,因此宗教间不应相互排斥而成为社会分裂之因。(3)每个人应独立追求真理。人类对上帝负有不可推卸的追求真理责任。(4)排除各种偏见。(5)两性平等。(6)普及教育。(7)科学与宗教并行不悖。(8)遵守法律,服从政府。(9)订定国际间一种共同语言。(10)制定国际间一种共同货币。(11)设立国际间纷争的仲裁机构。(12)用灵性方式解决经济问题。该教的最著名口号是巴哈欧拉之言:"地球乃一国,万众皆其民。"显示了其世界主义的思想立场。

② 巴哈欧拉在临终前,指定长子阿拔斯·阿芬第为其著作和思想的阐释者,从而为巴哈社团确立了新领袖和新教主。在主持教务期间,阿拔斯在北非、欧洲、远东、澳大利亚和美国、加拿大等地建立了众多分支机构和宗教社团。他被尊为阿布杜·巴哈(意为"光辉之奴",巴哈欧拉之后的最大权威)。其主要著作有《巴黎片谈》、《圣约与遗嘱》和《已答之问题》等。沙基·爱芬迪是阿布杜·巴哈的长女之子。阿布杜·巴哈临终前指定沙基·爱芬迪为巴哈社团的继承人和巴哈伊教义的阐释者,即"圣护"。沙基一生主要从事翻译和注释巴哈伊经典,是将巴哈伊经典从波斯文和阿拉伯文译成英文的主译者,作为巴哈伊教义的唯一阐释者,他确保了教旨的一致,从而大减少了巴哈伊教分裂成派的危险。二人为巴哈伊教发展为世界性宗教起了相当重要的作用。

巴哈伊教传入中国甚早,最初的译名为"巴哈的主义",后译为"大同教"。据载,1862 年就有外籍信徒(巴哈伊教无职业传教士,每位教友都应有尽力弘教之义务)到上海经商。早期的中国教徒多为留学人员。1924 年,曾任广东省蚕丝改良局局长的留学生廖崇真(1921 年入教)将美籍教友马莎·路特(Martha Root)引荐给孙中山,扩大巴哈伊教在中国大陆的影响。① 20 世纪 30 年代,前清华大学校长曹云祥入教,在上海成立了"大同教社",专门翻译出版该教的典籍。他认为巴哈伊教同中国的"大同"思想及孙中山的"世界大同"主张有相契之处,故译为"大同教"。② 唯信奉者较少,再加上政局的动荡,巴哈伊教在中国大陆流传并不广,影响力也不大。1949 年中华人民共和国成立后,巴哈伊教几近销声匿迹了。改革开放后,中国大陆的巴哈伊教信徒又呈逐渐上升趋势,只是较不为国人所知耳。③

巴哈伊教在台湾又译名为"巴海世界教"或"世界巴海信仰"、"巴海大同教",该教在台之中文教名,直至 1992 年 4 月 27 日才被正式更名为"巴哈伊教"。巴哈伊教在中国大陆走向衰微之际,也正是其在台湾传教和发展之时,现它已成为台湾新兴宗教中的一股强势的力量。有关台湾巴哈伊教的研究甚少,本文拟借助 20 世纪 60 年代台湾省警务档案资料,以及教界所整理的 50～60 年代的传教资料④,介绍该教在台湾的早期传教情况。

二、巴哈伊教的传入

巴哈伊教(大同教)何时并以何种方式传入台湾,教团及学界的说法略有不同。据巴哈伊教"东北亚区总灵体会"原秘书(1959～1970 年在任)巴巴拉·R·西姆斯的调查,1935 年,在上海经商和传教的胡珊·欧士哥利(Husayn Uskuli)曾为购买茶叶到访台湾,他带去一些中文版的巴哈伊教的书籍给许多人,他可能是第一位踏足台湾的巴哈伊教徒。⑤ 瞿海源亦认为欧士哥利"最先将大同教

---

① 参见雷雨田:《孙中山与大同教》,载《世界宗教文化》1998 年 1 期。路特著有回忆录《中国文化与大同教》,详述她在中国的传教活动及同孙中山的交往经历。

② 曹云详译有:《新时代之大同教》、《已答之问题》、《巴黎片谈》、《意纲经》等,他可能是用中文向国内介绍巴哈伊教著作的第一人。

③ 1995 年 9 月联合国第四届世界妇女大会在北京召开,巴哈伊教派出庞大的代表团与会,并在会内外积极宣传其教义与社会主张,从而又开启了该教在中国大陆活动的新纪元。

④ 目前中国大陆有山东大学和中国社科院两个巴哈伊研究中心,并已发表不少有关巴哈伊教的论文。巴哈伊教在台湾早期的传教情况,学界研究甚少。瞿海源《重修台湾省通志·住民志·宗教篇》之《大同教》一节(第六章第四节,台湾省文献委员会 1992 年 4 月版)和李桂玲《台港澳宗教概况》之《台湾宗教》篇(东方出版社 1996 年版)皆有介绍。较详细和可靠之论著则有:原任巴哈伊教"东北亚区总灵体会"秘书(1959～1970 年在任)的巴巴拉·R. 西姆斯女士(Barbara R. Sims)的 *The Taiwan Bahá'í Chronicle: A Historical Record of the Early Days of the Bahá'í Faith in Taiwan*(Tokyo,1994),她从世界正义院、东北亚区总灵体会及台湾总灵体会及当事人中搜集大量资料,以编年体的形式记录巴哈伊教在台湾早期的活动情况,内文中附有珍贵历史照片。何凤娇编之《台湾省警务档案汇编——民俗宗教篇》之《外来宗教的查禁与取缔(二)壹、大同教》(台湾"国史馆"1996 年印行)则收集了不少当局暗中调查巴哈伊教的档案资料。

⑤ 参见 Barbara R. Sims,前揭书,第 3 页。

教义传入台湾者"。但却说他是在 1941 年"将大同教传入台湾"的。[①] 二人对欧氏入台年代说法不一,但皆认定他是将巴哈伊教带入台湾第一人。当时是否有随欧氏信教者则不得而知了。

第二次世界大战结束后,一些在美入教的中国巴哈伊教信徒返回中国,他们中的一部分人以及原来在上海、南京等地之该教信徒,亦在 1949 年入台,这可能是台湾最早的一批中国巴哈伊教徒。他们常为后来入台传教的外籍教友同台湾人的联络穿针引线,有的成为早期传布巴哈伊教的核心力量,如朱耀龙、张天立、袁冕先、阮绪袠、王之南等。其中朱耀龙被认为是台湾第一位巴哈伊信仰者(1947 年在美入信),"圣护"(the Guardian of the Bahá'í Faith)沙基·阿芬迪曾亲自写信予他,鼓励他克服任何阻碍,坚定信仰之路。1953 年 10 月,王之南(笔名吉伦)率先在台湾中华日报(1953 年 10 月 15 日)上介绍巴哈伊教的历史及基本教义。[②] 降自 1953 年,台湾依然只有零星的巴哈伊教信徒,谈不上组织性的传教活动。

20 世纪 50 年代初,"圣护"沙基·阿芬迪制定了"十年东征"(Ten Year Crusade,1953～1963)计划,其中要求"美国巴哈伊教总灵体会"负责在亚洲的日本、韩国、菲律宾及中国澳门、台湾地区的传教活动,"英国巴哈伊教总灵体会"则负责香港的传教工作。[③] 为达成"圣护"交付的使命,始有一批批外籍教友来台从事传教活动。这些传教者大抵可归为三类:

(一)代表"圣护"短期来台指导教务的"圣辅"

先后来台的"圣辅"[④](Hand of the Cause)有齐克欧拉·卡哈登(Zikrulláh Khadem,1953.10/1955.11)、爱丽珊达小姐(Miss Alexander,1956/1958/1962)、嘉拉勒·卡哈珍(Jalal Khazeh,1957)、穆哈嘉博士(Dr. Muhajir,1963/1964/1966)、费色斯通(Featherstone,1966/1972)、塔拉欧拉·萨姆达瑞(Ṭaráẓu'lláh Samandarí,1966)等。圣辅们大多来台多次,他们积极宣传巴哈伊的教义和社会主张,解决教友信教中遇到的问题,参加各种弘教活动,并亲自发展教徒,从而有力地推动了台湾巴哈伊教的发展。如卡哈登是首位来台的圣辅,曾发展了洪黎明(第一位本省籍巴哈伊教信徒)、左利时(大学教授)、汪厚仁等台湾第一批的巴哈伊信徒。[⑤] 爱丽珊达早在 1923 年就随路特到中国,堪称中国通。穆哈嘉来台次数最多,曾亲自到原住民地区传教,并鼓励教友到乡村去宣传巴哈伊信仰。[⑥]

---

① 参见瞿氏前揭书,第 901 页。瞿氏谓其资料"系由台湾省大同教会苏洛曼暨吉显江两位先生提供者"(第 902 页),按:苏洛曼(Sulaymán)曾任台南大同教中心主任及大同教台湾总灵体会董事长,且是欧士哥利的女婿。而吉显江曾任大同教台湾总灵体会的代理秘书,故瞿氏所说应有一定根据。但欧士哥利是在写与"圣护"沙基·阿芬迪之信中提到他 1935 年入台的,沙基在 1955 年 7 月 1 日曾回信盛赞欧氏在中国开展了富有成效的工作,并赞扬他为巴哈伊教奉献了女儿和女婿(指苏洛曼夫妇)(见 Barbara 前揭书,第 3 页)。故 Barbara 的说法应更为可靠些。大陆学者李桂玲称"该教在 1947 年传入台湾"(李前揭书,236 页),则不知据何推知,不足为凭。

② Barbara R. Sims,前揭书,第 5～6 页,内附有王之南所发《一个毫无神秘性的宗教》一文复印件及"圣护"致朱耀龙的信函。瞿海源称"由大陆来台之该教教友定居台湾四五年后,始恢复在台南开始传教,最初乃作家庭式之集会。"(前揭书,第 901 页)值得商榷,如袁冕先、王之南、阮绪袠等来台教友,亦在台北传教,是首届台北地方灵体会成员。参见 Barbara R. Sims,前揭书,第 62 页。

③ Barbara R. Sims,前揭书,第 2～3 页。

④ 圣辅是教主巴哈欧拉、教长阿布杜·巴哈和圣护沙基·阿芬迪在不同的时间所委任的。今天全球只剩两位而已,他们两位都是非常高龄的老人,将来过世后,即无圣辅一职了。此系台湾巴哈伊教总灵体会的 Mr. Thomas Lee 的解释。特此致谢。

⑤ Barbara R. Sims,前揭书,第 5 页。

⑥ Barbara R. Sims,前揭书,第 36 页。

(二)短期的旅行性质的传教者

因美国总灵体会负有对台传教责任，故来台之美籍人士较多。早在1952年，戴维·埃尔(Dr. David Earl)和琼斯·麦赫瑞(LT. Col. John McHenry)就已入台旅行传教(travel teachers)。1953年则有拉菲(Rafi，爱尔兰籍)和米尔德瑞德·莫特荷登(Mildred Mottahedeh)夫妇。60年代有卡劳和·斯科勒夫妇(Mr. Carl and Mrs. Loretta Scherer，后为澳门巴哈伊教的Pioneers)、穆罕默德·莱比(Muḥammad Labíb)、特拉尼(G. V. Tehrani)、威廉·马克斯威尔(Dr. William Maxwell)、托深·卡拉克(Miss Tyshon Clark)、奥华·道哥赫特(Mrs. Orpha Daugherty)、罗瑞汀和贝磁·玛塔兹女士(Noureddin and Mrs. Behjat Mumtazi)、罗候拉尔(Rouhollah Mumtazi)、卡·派门(K. Payman)等，其中有些是随"圣辅"来台的"辅委"(Auxiliary Board Member，顾问助理)，如斯科勒女士、奥华女士、派门、罗候拉尔等。有些则后来转定居台湾，如卡拉克。这些传教人士常到台湾的大专院校宣讲巴哈伊的教义、社会主张，并亲自到偏远的原住民地区传教。

(三)受其他巴哈伊教总灵体会指派来台的"拓荒者"

美籍传教人士还是占多数。如恺施·科莱格夫妇(Keith and Mrs. Edith Danielsen-Craig)1958年最早来台。60年代则有戴尔夫妇(Dale and Mrs. Barbara Enger)、查理·邓肯(Charles Duncan，亦曾是辅委)、熊士腾(John Huston)、查理·威布什夫妇(Charles and Wynn Bush)、亨利·查威斯(Henry Jarvis)、施汀博士(Dr. Sidney)和爱沙贝勒女士(Mrs. Isabel Dean)、埃比麦哥(Abbie Maag)、哈威·雷德琛夫妇(Mr. and Mrs. Harvey Redson)；受日本"东北亚区总灵体会"委派来台的有马来西亚籍教徒袁其良、梁达墀、吉显江以及巴巴拉·R.西姆斯女士(Barbara R. Sims)等；伊朗籍则有苏洛曼夫妇(Mr. and Mrs. Sulaymaní)和玛莉·莫林女士(Mrs. Mehri Molin)等。[①] 这些拓荒者(Pioneer)呆得较长时间(有的在台任外教)，有些是地方灵体会和总灵体会的负责人，是台湾巴哈伊教早期传教的中坚力量，特别是苏洛曼夫妇，系在"圣护"之所订目标的激励下来台的(1954年11月入台)，他们参与和领导了台湾巴哈伊教各级组织的建立和教务的拓展，将毕生精力献给了台湾的巴哈伊信仰。

外籍教友在台湾的传教，标志着该教的传教事业开始走上组织化和规范化的轨道，并为20世纪70年代后该教的繁盛期奠定坚实的基础。"圣护"沙基所订立的十年目标(1953～1963)以及"世界正义院"规划的九年计划(the Nine Year Plan，1964～1973)阶段，堪称是台湾巴哈伊教的"外籍人士传教时代"。

三、组织机构的建立

巴哈伊教的全球组织结构大体有三层次：位于以色列海法的世界正义院(the Universal House of Justice)，在各国的总灵体会(the National Spiritual Assembly)，以及在总灵体会下之地方灵体会

① Barbara R. Sims，前揭书，第67页。

(the Local Spiritual Assembly),每级皆由经民主选出的九位委员或董事组成,以统筹、负责各级的教务工作。巴哈伊教的组织体系,堪称是一种接近科层式的,集管理和传教为一体的体制,很便于教团的统一领导。[1] 苏洛曼夫妇入台后,就积极筹组台湾的地方灵体会和总灵体会,并争取当局承认巴哈伊教为合法之宗教。

1954 年,台湾已有了一个由 10 位巴哈伊信徒构成的小组,由于他们分散在台南、台北、桃园、左营和嘉义等地,还不够资格组成"地方灵体会"。苏洛曼夫妇先后约见了这些教友,并举办了一个研究班,以便他们能深入了解巴哈伊教义,同时进一步吸纳新信徒。至 1955 年,台湾的巴哈伊教信徒已达成 21 位,1956 年,台南的教友已有了 10 位,初步达到了筹建地方灵体会的规定人数。为了能有资格派代表参加 1957 年"东北亚区巴哈伊教总体灵会"(the National Spiritual Assembly of the Bahá'ís of North East Asia)选举,1956 年 4 月 21 日,首个"巴海大同教地方灵体会"在台南成立,并选举杜光昭女士为参加 1957 年会议的代表。[2] 该会先由"东北亚区巴哈伊教总灵体会"直接管辖和指导。这为日后台湾其他"地方灵体会"及"总体灵会"的成立奠定了组织基础。

台南"地方灵体会"成立后,一直争取当局承认巴哈伊信仰。1956 年 12 月他们向"内政部"提出了登记申请,1957 年"圣辅"嘉拉勒·卡哈真(Jalal Khazeh)专程来台,同苏洛曼去"内政部"申请承认巴哈伊教为宗教,皆被婉拒。但卡哈真指示:尽管巴哈伊教友尚少,但"地方灵体会"应继续运作。[3] 1957 年 4 月 21 日,第二届台南"巴海大同教地方灵体会"的九名委员选出,与首届的成员没多大变化,只是改任朱耀龙为主席,苏洛曼为秘书。台南地方灵体会能够相对健康的运行,这无疑应归功于苏洛曼的敬业。

1958 年 4 月 11 日,恺施·科莱格夫妇(Keith and Edith Danielsen-Craig)亦来台传教,他们同王溥澄等促成了台北"地方灵体会"的诞生,并由科莱格女士任主席,洪黎明任秘书。这是在台湾成立的第二个地方灵体会。但该灵体会的发展可谓一波三折。1959 年、1960 年、1962 年、1964 年,该会都因教友数不够,而根本无法组成(要有 9 名成员),数次被迫由灵体会转成小组。[4] 在"圣护"规定的目标阶段(1953～1963),该教之组织建设无疑是滞后的,这可能跟外籍传教士尚未大批来台协助传教,及东北亚区总体灵会无法有效开展传教工作有关。[5] 1967 年 3 月,台北地方灵体会"经由市政府核准,并报由内政部核备有案"[6]。从而开启了巴哈伊教合法化的一扇窗子。

---

① 这种组织形态是有其历史渊源的:阿布杜·巴哈于 1908 年起草了《圣约与遗嘱》,详述了巴哈欧拉所指示设计的巴哈伊中心机构的本质和职权,它们是"圣护"和"世界正义院"。沙基·阿芬迪被阿布杜指定为"圣护"。沙基去世后,教权不再世袭传承,改由各国总灵体会选出的世界正义院行使。1963 年 4 月 21 日,首届世界正义院成立,以无记名投票选出来自四大洲的具有三大宗教文化背景(犹太教、基督教和伊斯兰教)的 9 名成员。世界正义院每五年选举一次,其职责是对全球之巴哈伊社团的成长和发展提供指导。在世界正义院下各国设总灵体会,亦由 9 人组成,由不记名投票方式选举产生。总灵体会下再设地方灵体会,亦由 9 人组成,管理地方巴哈伊行政及传教事务。[参见蔡德贵:《对巴哈伊教基本状况之分析》(上),载《宗教学研究》1999 年 1 期,第 98～99 页]

② Barbara R. Sims,前揭书,第 14～15 页。杜光昭是首位在台的巴哈伊教女性教友。她因签证问题未能赴日与会,后由苏洛曼夫妇代表台湾参加选举。

③ Barbara R. Sims,前揭书,第 24 页。

④ Barbara R. Sims,前揭书,第 25～26 页。

⑤ 台湾"安全局"之《大同教在台继续扩张的影响与防制对策之研究》载:"苏洛曼来台之后,最初在台南地区传教,当时之发展,极为缓慢。1964～1965 年以后由于美籍传教士邓肯、丁力信(夫妇)及熊士腾等相继来台活动,逐渐开展。"(见何凤娇前揭书,第 481 页)

⑥ 何凤娇,前揭书,第 483 页。

按世界正义院为“东北亚区总体灵会”所制订“九年计划”，在组织建设方面，台湾教区应达成如下目标：设立一个总灵体会；扩大教区到30个，将地方灵体会的数量增至9个。① 由于东北亚区总体灵会远离台湾本土，管理不便，1965年，台湾巴哈伊教“总管理委员会”(the National Administrative Committee)获准成立，主要负责处理台湾的教务活动，为成立总灵会作准备。该会开展了行之有效的工作，至1966年底，登记的教友数猛增至488人(青年和成年)，教区扩大到达47个，屏东、花莲两地方灵体会相继成立。上述不俗成绩，部分是由于外籍传教者的积极推动。② 成立台湾总灵体会的条件已基本具备。

1967年4月，“大同教台湾总灵体会”终于组成，苏洛曼夫妇被选为董事。在世界正义院看来，台湾总灵体会的组成颇具有标志性的意义，因为这是在中国国土上的首个总灵体会。③ 世界正义院给台湾总灵体会重订了新的目标，诸如：要有100个大同教的教区，并成立20个地方灵体会；完成5个地方灵体会组织之登记；将大同教纳入国际灵体会之组织等。④

1968年3月间，苏洛曼捐赠了台币31万元作经费，“财团法人台湾省台南市巴海大同教地方灵体会”获准登记，董事长为连清榜。⑤ 1970年12月，“财团法人大同教台湾省总灵体会”亦终获准登记，苏洛曼任首届之董事长，董事则包括吉显江、苏洛曼夫人、玛莉莫林(Mehri Molin)、林贻谋、曹开敏、游施和、晏贝依丽(Elizabeth Yen)、咸帝尔等。⑥ 巴哈伊教获准登记之时，正是台湾经济起飞之时，该教终于步入一个发展速度较快的时期。

从1953年台湾被纳入传教教区起，到1970年获准成为合法宗教，巴哈伊教在台的组织发展，应该说基本达到该教最高机构的预期目标。这与“圣护”及世界正义院的关切和规划是分不开的。如“圣护”沙基·阿芬迪就一直关切着台湾地区灵体会的建设，经常派“圣辅”来做指导，或亲自发函鼓励教友们发心护教，这无疑给台湾传教者们极大的鼓励与鞭策。⑦ 世界正义院曾于1967年向“中华民国总统府”呈送《博爱宣言》书，⑧推动该教传教的合法化。当然，苏洛曼等外籍传教者为组织发展费心甚多。

但巴哈伊教在台湾早期的组织建设，亦存在着一些问题。

一是一些地方灵体会的领导出现断层，无法有效地开展组织活动。例如“自美籍教士熊士腾(John Huston)及邓肯(W. Duncan)返美后，花莲大同教无人领导，等于解体，一切宗教仪式全部停顿”。⑨

二是地方灵体会缺少传教经费，组织管理能力也不足。台湾“地方灵体会”的活动经费，“主要来

---

① Barbara R. Sims，前揭书，第40页。

② Barbara R. Sims，前揭书，第41～44页。

③ Barbara R. Sims，前揭书，第51页。

④ 何凤娇，前揭书，第484页。另参见Barbara R. Sims，前揭书，第51页。

⑤ 何凤娇，前揭书，第492页。

⑥ Barbara R. Sims，前揭书，第57页。该页附有1970年台湾总灵体会的“法人登记证书”复印件。

⑦ 1956年6月，沙基肯定“台南首个福摩莎地方灵体会的建立，具有重要的历史意义。它是在那个独特而充满着希望的国度成立的首个世界性的巴哈伊信仰机构。如今它是必然要赐予彼地人民灵性之礼物的中心。”(Barbara R. Sims，前揭书，第16页)1957年初，沙基又致函“东北亚区巴哈伊教总灵体会”，称该会“将为包括日本、韩国、福摩莎、澳门、香港、海南岛、萨林岛等辖区内的地区灵体会的出现铺平道路。”(同上，第18页)，笔者自译。

⑧ 何凤娇，前揭书，第489页。

⑨ 何凤娇，前揭书，第506页。

源为'世界正义院'之拨补，次为'美国大同教国家灵体会'与'东北亚（日本）国家灵体会'之支（疑为资字之误）助及教友之捐献"[①]。但毕竟是杯水车薪。如花莲地方灵体会"因没有建屋费，结果在花莲市和平街沟边游汉鼎之家，以每月300元的租金，立租约半年。便平常除挂一个'巴海大同教花莲中心'字样的木牌在门口，并放置若干巴海教义的书籍在里面外，并无人居住在内，亦无人管理"[②]。

三是在戒严体制下，由于巴哈伊教尚未受各方普遍了解，老百姓或教友都怕惹祸，引发了教团组织的不稳定。如花莲教友在"感到受怀疑的情形下"，"认为信教不但未得精神安慰，反有不测之虑，所以每个教友都很不愿意参加集会，且想离开。因此巴海大同教在花莲的发展，除非总会申请得政府许可，并对每个教友有相当的保证外，已无希望"[③]。而台北教友则几欲让成员不足的地方灵体会迁出本地。[④] 地方灵体会发展的困境，反过来也促动了巴哈伊教争取早日合法登记的迫切感。

四、教务活动的开展

在建立和健全地方灵体会和总灵体会等机构的同时，台湾的巴哈伊教徒运用各种灵活有效的策略，开展各种宣教活动，以提高巴哈伊教的地位，扩大巴哈伊教的影响。

（一）举办各种传教会和夏令营[⑤]

台南地方灵体会成立后，就积极开展各式教务活动。1956年11月11日，该会举办了全台第一次传教会议，并邀请当时还是"辅委"的爱丽珊达小姐作该教在中国之发展史的主题演讲。1957～1958年，该会每周六有个晚会，周日则有炉边聚谈，共同探讨教义或传教事宜。1957年10月17日，该会在台南举办"巴孛诞辰"纪念会。1963年4月，台湾巴哈伊举行"巴哈欧拉声明100周年"纪念会，并借助一些报刊和电台进行了宣传。1965年12月，在"圣辅"穆哈嘉博士的建议下，"总管理委员会"举办了较大规模的传教会议，有来自中国台湾、香港以及日本、南韩和马来西亚的25名代表参加了该会议。各代表介绍了巴哈伊教在远东各国及地区的传布情况。1966年11月，苏洛曼在台北举办了一个40人的公开会议，"圣辅"塔拉欧拉在会上谈了灵性教育的重要性。1967年11月，"巴哈欧拉诞辰150周年"举行，有100人参加，台湾的报纸和电台都作了简要的报道。1968年4月，梁达墀在鹿港集教友聚会，宣扬巴哈伊教的教义及在未来世界的地位。

1957年9月28～30日，该会举办首届台湾巴哈伊夏令营活动，有来自台北、台南、左营和嘉义的教友近20名参加了活动。夏令营的活动内容，包括进行中、英和波斯文祈祷，宣讲巴哈伊教之教义及历史等。1958年10月10～12日，第二届夏令营在台北国际饭店举行，有33人参加，时任亚洲区"圣护"的爱丽珊达宣讲了阿布杜·巴哈的《圣约与遗嘱》。1959年10月10～12日，第三届夏令营在台南巴哈伊中心举行，已有47人参加（不全是教友），琼埃尔（Mrs. Joy Earl）任主席。1960年11月，

---

① 何凤娇，前揭书，第483页。
② 何凤娇，前揭书，第507页。
③ 何凤娇，前揭书，第508页。
④ Barbara R. Sims，前揭书，第26页。
⑤ 具体参见 Barbara R. Sims，前揭书，各小节以及警务档案各篇，不一一注出。

第四届夏令营在台北召开。与前三届不同的是，几乎所有的营员都是中国教友。1963 年 11 月，台北和台南的教友各举办了夏令营。1965 年台北和花莲也分别举办了夏令营。传教会和夏令营活动的举办，既加深了教友对巴哈伊信仰的理解，提高了灵体会的凝聚力，也扩大该教在台湾地区及在其他国家兄弟灵体会的影响。

(二)积极向知识阶层、青年及原住民传教

在巴哈伊教发展的第一阶段(1953～1963)，台湾的巴哈伊信徒不多，但大多是知识阶层。1965 年“总管理委员会”的成立，带来该教发展的小高潮。新增的信徒也有一半是知识青年。[①] 档案载，1967 年底，“在台湾地区共有教徒五百余人，教徒中多为高级知识分子”[②]。知识阶层和青年之所以构成该教信徒的主体，一是该教教义较易引发他们的共鸣。譬如该教强调人类必须独立追求真理，提倡普及教育，反对科学与宗教之对立，反对暴力和犯罪，关心伦理道德之建设，鼓吹其宗旨与中国大同思想相符合。二是与倾向性的传教策略有关。1967 年 12 月 17 日，台湾总灵体会召开会议，“决议以各机关、社团、学校为对象”[③]。机关、社团、学校正是知识分子和青年较为集中的地方。外籍传教士亦以学校师生为传教对象。部分外籍人士从事外语教学，亦吸引不少知识青年。事实上，也只有这些知识分子或青年教友，才可能“在短期内变成当地的教育与文化之杰出典范”[④]。

1964 年，“圣辅”穆哈嘉就认为，台湾乡村信仰的大量转变是可能的，他鼓励并带动了教友到乡村包括原住民区传教。积极向山地传教，是 1967 年世界正义院给台湾总灵体会所订的传教目标之一。吉显江曾表示，从 1968 年开始，在台所有各村落建“大同村”，使该教在台能普及并发扬光大。花莲和屏东是山胞(原住民)较聚集的地区，也是巴哈伊教早期传教的重心之一。1965 年初，邓肯、熊士腾等到花莲原住民区“重点布教”，“宣导该教之真理与精神”，“九种族人加入信大同教，其中以‘阿美族’与‘达鲁克族’教友最多”[⑤]。

据档案所载之《台湾巴海大同教成年教友录》(1968)，在 377 位教友中，花莲的教友数占三分之一(123 人，当然不全是山胞)，[⑥]足见山地传教是取得了一定成绩的。巴哈伊教反对种族偏见，反对歧视，反对贫困，关心人权及妇幼的权益，宣扬一切宗教同源、平等等主张，较易为那些长期处在社会生活边缘的山胞接受。特别是该教“准许教友参加其他宗教”，不排拒其他宗教徒参加本教的立场，对于有相对固定信仰的山地人(如基督教和本族原始宗教)而言，亦具一定吸引力。其次原住民大多住在边远乡村，教育程度普遍较低，传教者在不畏艰难传教的同时，主要实施城乡差别对待的策略：“对于乡间传教，不必要求像城市内之信徒一样。只求其能了解服从，认为大同教是他们之家即可。”[⑦]再者，由于受日本的文化殖民的影响，台湾许多乡村老人及原住民，只会讲日语而不懂国语

① Barbara R. Sims，前揭书，第 41 页。

② 何凤娇，前揭书，第 483 页。

③ 何凤娇，前揭书，第 489 页。

④ 何凤娇，前揭书，第 488 页。

⑤ 何凤娇，前揭书，第 480 页。

⑥ 档案所列《台湾巴海大同教成年教友录》，可能是台湾总灵体会为筹备选举所整理的。瞿海源前揭书之《大同教教友分布表》(成人教友)，备注谓“本表资料属于哪一年度并不能确定，可能是 1966 年左右的统计”(第 902 页)。该表与档案所录略有差异：教友分布区同，但所录教友数则为 416 人。如瞿氏资料属实的话，当是 1968 年之后的统计。按档案只列教区和人名，本文所说数字，系整理后之统计。资料将秀林、凤林、富里、玉里、南富等属花莲之地区单独列出，统计时列入花莲县计算。

⑦ 何凤娇，前揭书，第 488 页。另参见 Barbara R. Sims，前揭书，第 41 页。

(Mandarin Chinese)，针对这种情况，传教者赠送该教的日文小册子，用日语布道。[①]总之，巴哈伊教在山地的成绩绝非偶然的，尽管其在该地区的组织机构并不健全，管理水平也相对落后。

（三）翻译和出版巴哈伊教文献

随着巴哈伊教的扩展，翻译和出版该教的文献显得相当迫切和必要。而曹云详早期翻译的文献如《新时代之大同教》、《已答之问题》（同孙颐庆合译）、《巴黎片谈》、《意纲经》等，已很少在市面上流传或再印。为此，1958 年东北亚区总灵体会任命一个"译审委员会"，由戴尼琛·科莱格女士任该会秘书。在科莱格女士的努力下，1960 年，《新时代之大同教》修订再印。委员会最初印了 500 本，让台湾教友人手一册。为满足需求，后来加印 1000 册。1961 年，则印了一本新的祈祷书。1962 年台湾市面上已有 5 种汉译（由英文译来）小册子，即《巴亥教（大同教）》（*the Bahá'í Faith*）、《大同教问答》（*Bahá'í Answers*，袁冕先 1958 年译）、《拱心石》（*the Keystone*）、《大同教之基本事实》（*Basic Facts of the Bahá'í Faith*）、《巴海传教指南》（*Bahá'í Teacher's Manual*）。1963 年，《巴黎片谈》（*Paris Talks*）修订后重印 1000 册，并在 1966 年再印 2000 册。1965 年《新园》（*the New Garden*，曹开敏译）和《一个世界性之信仰》（*One Universal Faith*）亦各印 1000 册。[②] 该教的日文月刊及日文新祷词等亦在乡间流布。

1965 年，"圣辅"穆哈嘉建议台湾"总管理委员会"（总灵体会之前身）将有关该教的书送到学校、图书馆和监狱中去，该会按其建议行事，扩大了印书量。[③] 1972 年，台湾巴哈伊教出版社成立。巴哈伊中文文献的印刷出版，不仅使教友能深入地领会教义，也使得社会对该教有了相对准确的认识。

（四）兴建传教中心和灵曦堂

为了拓展教务活动，须有相应的活动场所。早期该教教务难以拓展，跟无独立的活动场所亦有相当大的关系。苏洛曼初来台南时，是租借房子举办活动的。1959 年 10 月，苏洛曼夫妇捐款兴建了台南巴哈伊中心，作为教友祈祷、诵经和举办其他传教活动的场所。如 1963 年 1 月 18 日，台湾第一例巴哈伊婚礼就在该中心举行。[④] 1967 年，在"圣辅"穆哈嘉的策励下，由美国总灵体会和东北亚区总体灵会捐助的台湾巴哈伊教中心（Ḥaẓíratu'l-Quds，意为总办公室）终在台北建立，随后一系列的庆祝活动和宗教活动都在此举办。而灵曦堂（《阿格达斯经》称之为 Mas̱hriqu'l-Ad̲hkár，意为"在拂晓时赞颂上帝的场所"）则是巴哈伊教的宗教象征。一般底座为九边形，设九门，象征对世界各宗教之信徒开放。灵曦堂是教徒祈祷、礼拜和沉思的场所。巴哈伊教主张服务须以礼拜为中心，而礼拜则须表现于服务。故灵曦堂不仅是巴哈伊教的宗教中心，也是服务社会，造福人群的场所。在这意义上，建造灵曦堂堪称教徒的神圣的宗教义务。[⑤] 兴建灵曦堂是世界正义院为台湾总灵体会所订的目标之一，1972 年，台湾总灵体会在台北林口购买了土地，为后来兴建灵曦堂奠定了基础。如果以灵曦堂的建设作为衡量发展的重要指标的话，那么在"九年计划"时期（1964～1973），台湾的巴哈伊

---

① 何凤娇，前揭书，第 481～482 页。另参见 Barbara R. Sims，前揭书，第 56 页。

② Barbara R. Sims，前揭书，第 38～39 页。因时过境迁，无法确证当时的译法，个别译名系笔者揣译。

③ Barbara R. Sims，前揭书，第 42 页。

④ Barbara R. Sims，前揭书，第 37 页。1973 年巴哈伊教婚礼的法律效力获台湾官方的承认。

⑤ 参见周燮藩：《美国巴哈伊社团访谈》，载《世界宗教文化》1995 年 3 期。

教依然还是处在奠定和巩固传教基础的阶段。该教的相对快速发展，是在 1973 年后，特别是 80 年代中期以来的事。

（五）积极加强同巴哈伊教总部及其他地区灵体会的良性互动

一是主动接受世界正义院及其他地区"总灵体会"（主要是美国巴哈伊"总灵体会"和"东北亚区总灵体会"）的管辖或指导，如大批"圣辅"或"辅委"来台指导。

二是派代表积极参加有关巴哈伊教的国际活动，主动邀请外籍人士来台协助传教等。1955 年 11 月，苏洛曼夫妇代表台湾地区参加了在日本举行的巴哈伊教亚洲传教会议（the Nikko Conference）。1963 年 4 月 23 日苏洛曼同朱耀龙参加了在伦敦举行的首届巴哈伊教世界大会。1967 年 10 月，苏洛曼代表台湾地区教友到新德里出席亚洲区巴哈欧拉宣教 100 周年的纪念会。1967 年总灵体会邀请精通闽南语、国语、马来语、英语的吉显江任该会代理秘书。① 在戒严体制之下，这些层面的互动推动了巴哈伊教在台的良性发展，也引来台湾官方的猜疑和调查。

五、台湾当局的查禁

据档案资料，台湾当局约是在 20 世纪 60 年代初暗中展开对巴哈伊教之调查的。1965 年 11 月前后，"台湾省警务处"因发现该教在花莲用日文书刊传教（按：花莲地方于 1965 年 2 月由美侨熊士腾才开始传教的）。② 向"民政厅"函"查大同教在本省各地传教有否登记"之事。③ 同年 12 月，又电令花莲警察局按相关号令规定，"予以警告大同教嗣后不得使用日文书刊传教"，并密切注意查处和具报该教"有无不法活动"。④

1966～1967 年，"国家安全局"发现巴哈伊教"以高级知识分子为其吸收对象之后，曾多方搜集有关该教之国际背景，以及其在台组织人事与活动资料"，随后将分析结论函告"内政部"，但"内政部"于 1967 年 3 月"准许该教'台北灵体会'之设立"。⑤ 为了防制巴哈伊教在台湾继续扩张问题，"国家安全局"于 1967 年 10 月函请"中五组迅速在政策上作一决定"。⑥ 同年 12 月，"国家安全局"呈上《大同教在台湾继续扩张的影响与防制对策之研究》，提出在"宗教法"制定之前，"（一）拟请本党中央协调内政部，尔后对于'大同教'设立组织之登记申请，应设法予以搁延。（二）拟请本党知识青年党部协调救国团运用关系劝阻大专学生或教职员参加'大同教'之组织与活动。（三）拟请警备总司令部协调各情治单位，继续搜集'大同教'之政治背景及组织与活动等资料，如发现其有非法活动之事证——尤其是破坏社会秩序及役政时，即依有关法令予以查处。"⑦1968 年 2 月和 5 月，"国家安全局"又呈交《有关大同教在台活动之后续情况资料》、《大同教最近在台动态》等。

① 何凤娇，前揭书，第 488 页。
② 何凤娇，前揭书，第 507 页。
③ 何凤娇，前揭书，第 480 页。
④ 何凤娇，前揭书，第 481 页。
⑤ 何凤娇，前揭书，第 484 页。
⑥ 何凤娇，前揭书，第 485 页。
⑦ 何凤娇，前揭书，第 485 页。

1967年12月27日，"台湾省警务处"向各地方警察局、所发了密件《令搜集大同教非法活动资料表》(警外字第43242号)，要求"针对该教继续扩张之情势注意其向辖内之蔓延随时列表具报"。1968年1月15日，又抄发《对大同教在台组织与活动情报搜集要项》(警外字第2552号)予以台北警察局，兹列其要项：

一、各地负责人之基本资料、言行交往、政治背景及可疑资料。

二、审查该教所发行之传教刊物，搜集不妥文字资料。

三、该教今后在台发展计划及外籍传教士之言行活动资料。

四、该教所吸收信徒成分分析及重要信徒之言行动态。

五、台湾大同教与各国间该教组织联系关系、有无阴谋作用。

六、该教经费来源及今后在台兴办教会事业计划内容。

七、该教世界组织对国际政治事务所取立场。

八、其他教会领袖人士对该教之看法与态度情形。

九、搜集该教超越宗教范围之活动或破坏社会秩序、妨害役政之不法事宜，并请省警务处依有关法令取缔。[①]

1968年6月4日，令高雄警察局"加强有关大同教在台组织与活动之情报搜集"。1968年5月18～19日，巴哈伊教在台北进行第二届"总灵体会"选举，"台湾省警务处"密令"查该巴海(大同)教是否为合法宗教团体，其传教内容及方式如何？有无涉及邪教活动？违反公序良俗情事？"(警外字第45850号)。[②] 1968年6月14日，"台湾省警务处"密电"国家安全局"和"台湾省警备总司令部"，呈《大同教在各地活动状况汇报资料》(警外字第66038号)。相关情治部门还派人伪装加入该教。如花莲县警察局外事巡佐樊哲伟，花莲港警所外事巡佐聂长运，鹿港大同教地方灵体会委员张元琼等。

档案所录的是1965年至1968年期间当局对巴哈伊教的调查情况。情治部门之所以展开调查，大抵有几方面的因素：

(1)台湾当局在20世纪50～60年代开展复兴中国文化运动，以消除台湾文化的日本化因素，提升中华民族意识，故对任何可能增强"日本认同"的组织或活动相当敏感。由于巴哈伊教受日本"东北亚区总灵体会"的指导，又在乡村或原住民区以日文书刊公开传教，自然免不了受怀疑。档案提及："该大同教在我国境内，竟公然以日文书籍传教，实有影响我民族意识及对山胞国语文之进行，更可助长本省同胞思念日本人之心理，倘任其传布，无形中对民族精神与文化又遭受侵受，影响民心，违反国策莫此为甚，实应严格取缔。"[③]

(2)将防制巴哈伊教同反共牵扯在一起。巴哈伊教"人类皆同宗，故须统一"之主张，"似与倾共、容共之'教会合一'运动有关"，"该教之目标与'普世教协'之相标相似，如铁幕国家内亦有'大同教'之存在"云云。

(3)情治部门认为，巴哈伊教有关教友不得参加政党，或选举与教义相违的政党执政，应奉行教义申请免服兵役，在斋戒日(每年19天)不得工作等主张，破坏社会秩序及役政，除第一条理由较充

---

① 何凤娇，前揭书，第485～487页。

② 何凤娇，前揭书，第497页。

③ 何凤娇，前揭书，第497页。

分外，其他似乎有些牵强附会，因为“国父”孙中山曾经认同巴哈伊教教义，又将如何解释呢？

巴哈伊教最终并未遭到查禁和取缔，而是在两年后获得合法地位。此中缘由，因资料所限，只能略说大概。诚如档案所载的，防制巴哈伊教之扩张，“必须先行制定‘宗教法’始能有所依据”[①]。依戒严法11条第2款，“有碍治安者”“得解散之与限制或禁止人民之宗教活动”[②]，而贸然动用戒严法，又易引起妨害宗教活动之误会。巴哈伊教并未有任何违反治安之事实，亦未卷入任何政治。此外，该教一直在争取申请法人登记，更谈不上是非法结社。贸然查禁一个由大批外籍人士及知识精英构成的宗教社团，无论如何都是不明智的。所谓的查禁和取缔之事，也就不了了之了。

六、结语

综上所述，巴哈伊教在台湾的早期传教活动，与外籍传教士的积极推动是分不开的。在传入台湾的20年里，该教建立了相对完善的组织机构，并开展了一系列教务活动。由于受当时较一元化的社会政治环境的影响，此外教团自身亦存在着一些问题，巴哈伊教在台湾的早期发展无疑是较缓慢的。随着台湾社会朝多元化发展，目前巴哈伊教在台的教徒已成倍的增长，达数万之众，并遍布于台湾各大城市及乡镇中。其发展态势，值得关注。

① 何凤娇，前揭书，第484页。
② 何凤娇，前揭书，第351页。

巴布运动*

王俊荣

巴布运动是19世纪上半叶，在什叶派的伊朗爆发的一次宗教改革运动，其兴起有宗教文化背景，但主要是针对现实，为反对封建主义而宣传和推行的宗教改革，建立人间的正义王国。巴布运动的领导者赛义德·阿里·穆罕默德出身于棉布商家庭，青少年时代赴纳杰夫和卡尔巴拉（伊拉克境内什叶派圣地）学习宗教知识和阿拉伯文，深受当时流行的什叶派谢赫学派的影响。撰有《朝觐指南》，表达了他对什叶派"隐遁"的伊玛目复临人间的信仰和期待。1844年，他提出，在末代"隐遁"伊玛目与信徒之间存在中介，这个中介即四道相即出现的"门"（巴布），伊玛目在"隐遁"时期通过四座门与信徒保持密切联系。他还肯定，真主只信赖一位经由"知识之门"到达"知识之门"者，而他本人便是一位受命于真主的马赫迪。按照什叶派圣训，真主是"知识之城"，阿里（什叶派首任伊玛目）则是进入"知识之城"必经的门户。在什叶派的伊朗，巴布之说有深厚的群众基础，故而追随者甚多。信徒被派往各地宣传巴布运动的主张，号召人民铲除人间不平，建立正义之国。巴布希望创建的"正义之国"，反映了伊朗小商人、小手工业者和城市市民的意愿。因为自19世纪30年代起，欧洲资本通过商品输出涌入伊朗，使伊朗的封建自然经济受到冲击。商品经济的发展改变了旧有的土地关系，大批农民失去土地，生活没有保障。在外来商品竞争下，手工业者和小商贩也面临破产的威胁。而在巴布宣传的理想的国度里，为人们描绘的是没有剥削压迫，没有欺诈，人人平等，过着幸福美满的生活的图画。为此，他提出应保障人身自由，尊重财产所有权和继承权，承认贸易和签订合同的绝对自由，允许对赊欠贷款征收利息，政府不得强迫信徒交纳赋税，以及统一币制，修复交通等。在宗教思想上提倡简化宗教礼仪，改革传统伊斯兰教法与世俗法，规定每年只需斋戒19天，不必在规定的时间和地点进行经常性的礼拜，除葬仪外，不必举行集体仪式；净礼不是必行之事，仅属嘉许行为；还取消了妇女戴面纱的规定。1874年，由于统治者的镇压，一批信徒被捕入狱，巴布本人也被囚禁于大不里士监狱。巴布在狱中完成的《默示录》后来被奉为巴布教派的经典。他的核心思想是：人类各个时代依次传递向前发展，每一时代皆有特定的制度和律法，旧制和旧法随着时代的结束而被废止，代之以新制和新法。但新的制度和律法并非由人制定，而只能由真主差遣的先知颁布，巴布便是奉真主之命颁布律法的新先知，《默示录》是高于一切旧经典的新圣经。摩西的《旧约全书》、耶稣的《新约全书》、伊斯兰教的《古兰经》，皆须让位于《默示录》，现存的社会制度和律法也应按《默示录》的精神予以修订。1848年，巴布信徒在后任领导人侯赛因·穆罕默德·巴尔福鲁什领导下于北部马赞德兰省发动起义，其矛头针对封建统治者、外国殖民者以及附庸于封建统治阶层的宗教上层。次

* 原载秦惠彬主编：《伊斯兰文明》（修订插图本），福建教育出版社2008年版。原文有图，此处未录。

年，义军达10万余人，波及全国。1850年，巴布在大不里士遇难，大批信徒惨遭杀害。巴布运动在统治者的残酷镇压下宣告失败。

巴布运动失败后，由内部蜕化产生出不同于巴布教派的巴哈伊教。其领导人是巴布早期的信徒米尔扎·侯赛因·阿里，该派得名于他的尊号巴哈乌拉。他原为马赞德兰省一封建贵族，因不满朝政而卷入巴布运动。曾被捕入狱，后又被流放，在长达40年的囚禁生活中，巴哈乌拉埋头写作，钻研巴布教派文献资料，最终创立了巴哈伊教。他与巴布教义的主要分歧在政治与社会原则上。它不提倡武力，主张忠于政府，拥护国家法制，号召以博爱消除贫富差别，实现社会平等，而最终目标是实现人类一体、世界大同。故而在宗教思想上提倡普世宗教，认为宗教是一元的，人类是一体的，上帝只有一个，可以有不同的名称，天主、真主、佛主等等；上帝的旨意通过差遣的诸先知不断显现，犹太教的摩西、祆教的琐罗亚斯德、佛教的释迦牟尼、基督教的耶稣以及穆罕默德、巴布、巴哈乌拉，都是体现上帝旨意的先知，而在巴哈乌拉身上显现得最充分的（巴哈乌拉相当于犹太教的弥赛亚、基督教的耶稣），他是人们期待的救世主马赫迪。

巴哈伊教以自己独立的经典、教义和礼仪得以发展，今天除伊朗外，在西欧、南北美洲、非洲和澳大利亚等地都有信徒在传播。该派还在欧亚设有一些专门的国际性机构，参与教育、环保等世界性事务与活动，还有自己的宣教机构与刊物。它早已不再是属于伊斯兰教的派别，而被学者们当作一种新兴宗教进行研究。

巴哈伊教在澳门的会所*

许　政

1. 概述

巴哈伊教是阿拉伯文 Bahá'iiyah 的音译，也有意译为大同教、博爱社、巴哈教等。巴哈伊是光辉、美丽的意思。创始人米尔扎·侯赛因·阿里·努里(Mírá Ḥusayn- 'Alí Núrí，1817～1892)①被称为"巴哈欧拉"(Bahá'u'lláh)的音译，意为"安拉的光辉"。巴哈伊教是从伊斯兰教什叶派的巴布教派中分化独立出来的。1850 年，巴布教派的创始人赛义德·阿里·穆罕默德(Siyyid 'Alí Muḥammad，1819～1850)被处死，教徒们分裂成为两派，其中一派叫巴哈伊派，最后演化为巴哈伊教。尽管巴哈伊教源于伊斯兰教，但绝不是伊斯兰教，因为不仅巴哈伊教宣布彻底脱离伊斯兰教，而且伊斯兰教世界也不承认它是伊斯兰教中的一个派别。巴哈伊教拥有自己完整的信仰、原则和法规，是一个统一的、新兴的宗教。

巴哈伊教是一种提倡普世的宗教。它认为，安拉是独一无二的、全知的、全能的，是宇宙的缔造者，也是世间万物和人类的创造者、启动者和支配者。安拉虽然是独一无二的，但是可以取不同的名称，如上帝、神、天主、佛陀等，因此世界各大宗教均得到承认，并且各大宗教的先知都是安拉的使者，如亚伯拉罕(犹太人始祖)、克里希南(印度教)、摩西(犹太教领袖)、琐罗亚斯德(袄教即琐罗亚斯德教创始人)、释迦牟尼(佛教创始人)、耶稣(基督教领袖)、穆罕默德(伊斯兰教创始人)、巴布(巴布运动创始人)以及巴哈欧拉，所有先知的本质是相同的，唯一性是绝对的。巴哈伊教通过宽容和智慧将上帝的唯一性与宗教的同源性结合起来。

巴哈伊教强调"地球乃一国，万众皆其民"。虽然人类有肤色种族的不同，风俗、习惯、气质、性格、思想观点等方面的差异，但这正是人类既同源又多元的标志，正是上帝万能、上帝恩惠的象征。就如同花园里的花朵接受同一泉水的浇灌，感受同一和风的吹拂，享受同一个太阳的照耀，但却开出不同的花朵，结出不同的果实。正是丰富多彩才使得花园魅力无限。同样的道理，人类不应该因为差异、偏见而相互残杀，所以，巴哈伊教提倡世界和平，反对"异教"、"圣战"的观念。

---

* 原载许政:《澳门宗教建筑》，中国电力出版社 2008 年版。原文有图，此处未录。

① 巴哈伊教创始人米尔扎·侯赛因·阿里·努里生于伊朗德黑兰，年轻时是巴布教派信徒，1863 年宣称自己是真主安拉的使者，自称巴哈欧拉，一生写下一百多部著作，其中《至圣书》(*Kitáb-i-Aqdas*)是巴哈伊教的信徒核心;《笃信之道》(*Kitáb-i-Íqán*)建构巴哈伊教义的骨架，探讨宗教最本质的问题;《隐言经》是巴哈伊教的伦理核心，体现真主与人的灵魂相沟通。

巴哈伊教是一个适应现代生活和未来社会发展的新型宗教。巴哈伊教规定，信徒如果接受巴哈伊信仰，不必放弃原有的宗教信仰，仍然可以保持犹太教、基督教、伊斯兰教、佛教、耆那教、锡克教、琐罗亚斯德教、道教等宗教背景，尊崇原来宗教的经典，但是要放弃人为的教条和偏见，在歧异中实现统一，而且，信徒还可以自愿地和独立地去追求真理，可以用自己的语言和传统的方式去理解和实践巴哈伊信仰。宽容、灵活、务实、创新是巴哈伊教的特点，也是巴哈伊教得到迅速传播的原因。

巴哈伊教曾有过一段世袭传承的过程。巴哈欧拉死后，长子阿拔斯・阿芬第[①]('Abbás Effendi，1844～1921)继任教主，称作阿布社・巴哈('Abdu'l-Bahá，"光辉之奴"的意思)，他是继巴哈欧拉之后最大的权威，阿布杜・巴哈临终前，指定长外孙邵基・阿芬第[②](Shoghi Effendi，1897～1957)成为新一代教主，邵基过世之后，教权不再世袭，改由各国长老会选出的世界正义院行使。1963 年 4 月 21 日，第一届世界正义院产生，以不记名方式投票选出 9 名成员，他们来自四大洲的三大宗教文化背景(犹太教、基督教和伊斯兰教)。从此，世界正义院每五年选举一次，作为最高行政管理机构，其职责是对全球巴哈伊社团的成长发展起指导作用。世界正义院之下是设立在各国的总灵体会(或称长老会)，由 9 人组成，以不记名投票方式选举产生。总灵体会之下是地区灵体会，也由 9 人组成，管理地方巴哈伊行政事务。1957 年全球已有 40 万巴哈伊信徒，分布在 250 个国家、地区或殖民地。1991 年，根据 1992 年《大英百科全书》的统计，全世界已有 540 万巴哈伊徒，分布在亚洲、非洲、美洲、欧洲、澳洲的大多数国家，在 175 个国家有总灵体会。

在中国，1949 年以前已有巴哈伊教徒，新中国成立至改革开放前，巴哈伊活动停止。改革开放之后，巴哈伊教徒迅速增长。在中国台湾、香港和澳门，巴哈伊教已经取得合法的宗教团体地位，设有地方灵体会。至 1992 年，中国台湾有 14000 名教徒。至 1993 年，香港有 2500 名教徒。20 世纪 80 年代后期，澳门有 2000 多名教徒

2. 圣地建筑群

以色列北部港口城市海法(Haifa)是巴哈伊世界中心所在地，也是先驱赛义德・阿里・穆罕默德安息的地方，赛义德・阿里・穆罕默德被信徒们尊称为巴布(the Báb，波斯语中是"智识之门")，巴布陵寝和梯形花园建在海法城内的卡梅尔山上。

巴布陵寝是由加拿大建筑师威廉・麦克斯韦尔(William Maxwell)设计的，他以理性的方式，集众家之长，使建筑造型别具一格。整座建筑带有浓郁的阿拉伯风格，这使人联想到巴哈伊教的发源地在伊朗。但令人惊讶的是，设计者将代表伊斯兰教与代表基督教的建筑元素从容不迫地放在一起：入口门廊的阿拉伯尖券由古罗马组合柱式(科林斯与爱奥尼柱式的结合)支撑着，布满伊斯兰纹

---

① 阿拔斯・阿芬第('Abbás Effendi，1844～1921)在主持教务期间，建立北非、欧洲、远东、澳大利亚和美国等地众多的分支机构和宗教社团、使巴哈伊教遍布世界各地，因此他是继巴哈欧拉之后最大的权威，称作阿布杜・巴哈('Abdu'l-Bahá，"光辉之奴"的意思)。他最主要的作品是 1908 年起草的《圣约与遗嘱》，书中详细概括巴哈欧拉指示设计的巴哈伊中心机构的本质和职权——"圣护"和"世界正义院"，世界正义院是监督巴哈伊社团的国际行政秩序。

② 阿布杜・巴哈死后，邵基・阿芬第(Shoghi Effendi，1897～1957)很小就学习英语，年轻时先在贝鲁特的美国大学读书，后到牛津大学深造，精通波斯语、阿拉伯语等多种语言，是巴哈伊经典从波斯语译成英语的主要翻译者。作为唯一的授权解释者，他对巴哈伊信仰的发展有着极其深远的影响，保证教旨一致，避免分裂。

样的建筑主体则源自文艺复兴教堂——采光亭、大穹隆和鼓座的组合。这种平静坦然的并置姿态颇为与众不同，既没有折中式建筑惯用的过度处理，也没有当下流行的拼贴式建筑的散漫随意。然而，这种形式上的无限宽容似乎更加清晰准确地表达了巴哈伊教所要承载的宗教世界主义。

1987年，巴哈伊世界中心任命加拿大籍（原籍伊朗）建筑师法理博·萨巴（Sahba）[①]主持设计陵寝花园，并且负责卡梅尔山上巴哈伊世界中心的建筑工程，此项工程包括研究中心，图书馆和国际会议中心，共60000平方米。整座墓园轴线对称，从山顶至山脚绵延1公里，垂直高度225米，最大坡度63度。墓园布局以巴布陵寝为圆心，向四周扩散9个同心圆，构成9级梯田花园，每级平台对称布置水池、花池等小品，每层小品各具特色。每级梯田之间又有两层，中间设有休息平台，这样新建的9级梯田花园总共18层，加上陵寝所在的平台花园就是19层。19对于巴哈伊教徒来说是一个特别的数字[②]。

"为了美丽的以色列"委员会因其辉煌、独特和与环境的完美结合授予巴布陵寝梯田花园1999年度的马格希姆（Magshim）奖。2001年5月陵寝花园正式对外开放，游客蜂拥而至，无形中巴哈伊教被更多的人认识和接受，巴哈伊教的地位在全世界进一步得到巩固。

3. 澳门的会所

巴哈伊教徒对中国有着深厚的感情，而这份感情是有宗教根据的。巴哈欧拉的继承人阿布杜·巴哈在100多年前就说过："中国拥有世界上最丰富的物质和精神资源，其前途必然光明无比。""中国有最大的潜力，中国人追求真理最为诚挚。""在中国，一个人可以教育培养许多崇高的人士，他们将成为人类世界中的明亮烛灯。"这些语录常常被教徒们传颂、抄写，并悬挂在客厅的墙上。

巴哈伊教最早于1917年传到中国东北，自1923年4月起，陆续向北京、天津、济南、南京、上海、苏州、杭州、武汉等地传教。1924年春天，美国的巴哈伊教徒罗德女士（Miss Martha L. Root）来到广州，经过朋友廖崇真先生的引荐，和孙中山先生会面，向孙先生介绍巴哈伊教，并且颇得孙先生称许。1930年9月6日和7日两天，罗德女士在广州政府的无线电台演讲，9月23日的《广州市政日报》出版《罗德女士演讲专号》，由廖崇真先生翻译刊出包括《国际新教育》、《世界语运动》、《什么是巴海Bahai运动?》等演讲稿。这是巴哈伊教在中国最重要的早期传教活动。

1935年，巴哈伊教在中国译名为"大同教"。1980年全球华人教徒同意正名为"巴哈伊教"，但在中国台湾仍以大同教命名。1987年1月31日，大陆的《光明日报》有一篇署名车宁慈撰写介绍巴哈伊教的文章《"二十世纪的泰姬陵"——莲花庙》，文中仍沿用大同教一名。

1953年，巴哈欧拉的曾孙邵基·阿芬第提到澳门是当时130个还没有巴哈伊教的地区之一。同年10月20日，来自美国加州的法兰西斯·希拉女士（Frances Heller）到澳门传教，12月8日，美

① 萨巴1948年生于伊朗，1972年德黑兰大学艺术系获建筑学硕士学位，毕业后参与设计各类建筑，其中有北京的伊朗大使馆，1976年，巴哈伊世界中心从来自世界各地的45名建筑师中选择萨巴设计位于印度新德里的灵曦堂。1987年，莲花造型的灵曦堂完工并引起世界轰动，被誉为"二十世纪的泰姬·玛哈尔"。

② 巴哈伊教徒视十九为神性与圣性相统一的数字。巴哈伊日历以太阳年为依据，一年有十九个月，每月十九日，第十九个月为斋戒月。

国威斯康星州的舍勒夫妇(Carl and Loretta Scherer)紧随其后。舍勒是巴哈伊圣护委任的亚洲9位顾问之一。1954年7月15日,严沛峰成为第一位信奉巴哈伊教的澳门居民。1954年11月8日,Manuel Ferreira成为澳门最早信奉巴哈伊教的葡萄牙人。1955年1月,夏(唐)童容女士成为澳门第一位女性巴哈伊,并介绍她的丈夫张先生信仰巴哈伊教。1956年,张先生翻译一些巴哈伊祷文,并出版了一部巴哈伊书籍,这些资料不仅在澳门使用,而且在其他地方流传。在1957年以前,澳门一直隶属于美国巴哈伊总灵体会的亚洲传教委员会。1957年东北亚巴哈伊总灵体会成立后,澳门受管辖。1958年4月21日,澳门成立第一个巴哈伊地方灵体会,由4名葡萄牙人,3名中国人和2名美国人组成。1960年澳门地方灵体会首次全部由中国人组成。1974年信徒发展到50多位,并在湾景楼设立了巴哈伊中心,此时,香港和澳门在同一个总灵体会的管辖之下,澳门的两名信徒还被选为总灵体会的成员。

20世纪80年代是澳门巴哈伊教的突变时期,有大量渔民入教。1984年澳门成立了巴哈伊中心,同年在氹仔成立巴哈伊地方灵体会,这是在澳门发展的第二个地方灵体会。1988年在路环成立了第三个地方灵体会。80年代后期是巴哈伊教发展的高潮时期,信徒增加到2000多人,共有澳门半岛、氹仔、路环和渔民社区4个地方灵体会。

1989年4月澳门正式成立总灵体会,与香港总灵体会分离,成为世界上第150个总灵体会。总灵体会成立之时,世界巴哈伊教的精神领袖罗巴尼夫人特意从加拿大赶来祝贺,澳门总督也特意派代表到会庆祝。总灵体会共由9位成员,在每年的4月21日～5月2日的雷兹万节选举。1993～1994年间的领导人是崔绍卿女士,她除了总灵体会的专职工作外,还从事贸易方面的英文翻译。其他领导人的文化程度也很高,多从事科技或商业工作。

澳门的巴哈伊社团积极参与社会活动,1988年开办一所非盈利中学——"联国学校",这是目前澳门唯一一所教授英语和普通话的双语学校,招生对象主要是新移民。学校成立之初只有6名学生,第二年学生增加到100名,1990～1991年间有学生220名,1991～1992年间有学生262名,来自24个不同国家,学校接受澳门政府的资助。进入90年代,巴哈伊教逐渐得到社会认同,1992年初巴哈伊教正式登记成为一个合法的宗教社团。信徒通过张贴广告、组织文艺会演等形式向市民宣传巴哈伊教义,扩大影响。

澳门的巴哈伊社团与世界巴哈伊组织关系密切,罗巴尼夫人曾多次访问澳门。1989年2月,澳门巴哈伊组织派遣6名信徒前往以色列海法"朝圣",1993年9月澳门的巴哈伊代表团首次访问大陆。

在澳门除了天主教、新教、佛教、妈祖等主流信仰以外,还有诸如琐罗亚斯德教、巴哈伊教,以及华人庞杂的自然崇拜。我们很容易发现澳门存在着选择多种"精神家园"的机会。虽然这些规模不大的"小堂"、"小庙",很难以艺术眼光审视,很难从建筑角度评价,但是它们所承载的文化蕴含却极其深厚。当不同文明的冲突与差异严重困扰人类之时,澳门文化的相对多样性有着人类终极关怀的重大意义。

巴哈教*

[英]加布里埃尔　吉维斯著,高师宁　周齐译

巴哈伊信仰遵循的是 19 世纪伊朗马赫迪运动的创始人巴哈欧拉的教导。其追随者们相信,是巴哈欧拉将他们与什叶派穆斯林的隐遁伊玛目联系了起来。

米尔扎·侯赛因·阿里·努利(巴哈欧拉,Mírzá Ḥusayn-'Alí Núrí, 1817～1892);赛义德·阿里·穆罕默德(巴布,Siyyid 'Alí Muḥammad,1819～1850);索基·爱芬迪·拉巴尼(Shoghi Effendi Rabbani,1897～1957)

巴哈教是一种比较新的宗教,起源于 19 世纪的伊朗,现在全世界大约有两百万信众,南亚和非洲信徒的增长尤其快速。巴哈教的根基在于什叶派穆斯林的末世论教义,不过,它超越了它的各种源头而成为具有自身特色的一种独立宗教。尽管在伊朗仍然是最大的宗教少数派,但是自伊斯兰教革命之后,巴哈教经历了非常艰难的处境。

巴哈教的先驱是赛义德·阿里·穆罕默德,被称为巴布(意为"门"),他出生在设拉子,因反对当时的政权在大不里士被杀害。1844 年,他宣布说,世界上所有宗教都在盼望着的上帝的使者即将出现。巴哈教信徒相信巴布就是那个上帝的使者,其使命是让人类为米尔扎·侯赛因·阿里·努利(巴哈欧拉)的到来而做准备。当巴布被杀害之后,巴哈欧拉被关押在德黑兰,正是在这个期间,他接受了给予他的启示。被释放之后,他又被流放,并在整个中东地区旅行和教学,直到 1868 年才最后定居于巴勒斯坦的阿卡。正是在那里,他写作了《毅刚经》,这部著作概述了其追随者们要遵守的种种基本原则和律法。1892 年,巴哈欧拉死于阿卡,葬在附近名叫巴基的地方。对于巴哈教信徒来说,巴基仍然是最神圣的地方,因而以色列也是他们的圣地。

巴哈教信徒视巴哈欧拉为新时代的先驱者,在那个新的时代,人类将走向世界大同,所有的男女一律平等,一种世界语言(英语)将得到发展,一切人类事务中再无暴力存在。巴哈教信徒对其他所有宗教持宽容态度,他们相信所有宗教潜在的统一性,因此对宗教体验的种种不同形式持开放态度。

世界正义院(位于以色列海法)

巴哈欧拉的孙子索基·爱芬迪·拉巴尼(被称为"圣护")逝世后,巴哈教的领导便成为由其成员选举产生的一个机构(管理团)。世界正义院也是巴哈伊信仰的管理委员会,于 1963 年成立,当时有九个人当选。以后每五年进行一次选举。

* 原载[英]加布里埃尔、吉维斯:《流派·宗教卷》,高师宁、周齐译,生活、读书、新知三联书店 2008 年版。

巴布圣殿(位于以色列海法)

巴布圣殿坐落在俯瞰着大海的卡麦尔山。这个圣地包括修建在山上不同平台的多个风景如画的花园。坐落在这个圣地上的巴布圣殿与巴哈欧拉圣殿,都是巴哈教信徒朝圣的主要中心。

澳大利亚 悉尼的巴哈教崇拜堂;**印度** 德里的莲花殿;**以色列** 海法的巴伊雅致·卡鲁姆(巴哈欧拉之女儿)的陵墓;阿卡附近巴基的巴哈欧拉圣殿。

近 20 年来我国巴哈伊教研究简述*

吕耀军

巴哈伊教的建立，虽只有短短百余年的历史，但其迅猛的发展态势，引起国内外学者的重视。随着时间的推移，对这一新兴宗教的研究，愈发显得重要。中国对巴哈伊教的研究，是从 80 年代后期才开始起步的。在近 20 年中，研究的领域和深度在逐步扩大。国内已有数篇介绍巴哈伊教历史、教义、经典等方面的论文，也出现了研究巴哈伊教的专著。本文拟对近 20 年来，国内关于巴哈伊教研究的主要成果做一梳理，以供学者研究时参考。

在早期，关于巴哈伊教的介绍，散见于有关伊斯兰教的著作中。在论及伊斯兰教的“新兴教派”时，常常视巴哈伊教为脱胎于巴布教派的新兴宗教。金宜久主编的《伊斯兰教概论》①、《当代伊斯兰教》②、《伊斯兰教史》③，张文建《信主独一——伊斯兰教》④都有巴哈伊教或称之为巴布教、巴哈教的论述。任厚奎、罗中枢主编的《东方哲学概论》⑤、姚鹏等主编的《东方思想宝库》⑥，卞崇道等主编的《东方思想宝库》⑦，或涉及到巴哈伊教的观点，或收录了巴哈伊教的经典如《隐言经》、《确信之道》等。戴康生主编的《当代新兴宗教》⑧、闵家胤的《进化的多元论——系统哲学的新体系》⑨，李桂玲编著的《台湾澳宗教概况》⑩、国家宗教局宗教研究中心主编的《世界宗教总览》⑪等书，都有巴哈伊教的介绍。一些工具书，对巴哈伊教也有收录，如《大不列颠百科全书》、《中国大百科全书》、《宗教大词典》、《宗教词典》、《中国伊斯兰百科全书》、《伊斯兰教词典》、《伊斯兰教小辞典》、《港澳大百科全书》等。

国内目前有两个巴哈伊教研究中心。山东大学巴哈伊教研究中心成立于 1996 年，是国内成立的第一个研究巴哈伊教的中心。该中心蔡德贵所著的《当代新兴巴哈伊教研究》⑫，首次以专著的形

* 原载曹中建主编:《中国宗教研究年鉴(2005～2006)》,宗教文化出版社 2008 年版。

① 青海人民出版社 1987 年版。

② 东方出版社 2004 年版。

③ 江苏人民出版社 2006 年版。

④ 世界知识出版社 1999 年版。

⑤ 四川大学出版社 1991 年版。

⑥ 中国广播电视出版社 1990 年版。

⑦ 吉林人民出版社 1994 年版。

⑧ 东方出版社 1999 年版。

⑨ 中国社会科学出版社 1999 年版。

⑩ 东方出版社 1996 年版。

⑪ 东方出版社 1993 年版。

⑫ 人民出版社 2001 年版。

式，对巴哈伊教的历史、发展现状、宗教哲学、宗教制度，在中国的传播及影响，做了介绍。中国社会科学院世界宗教研究所巴哈伊教研究中心成立于2000年。在研究巴哈伊信仰方面，成绩斐然。已经举行了3届巴哈伊教学术研讨会。吴云贵主编的《巴哈伊教研究论文集》①，收录了国内外专家的论文36篇。对巴哈伊教历史、教义、传播发展，进行了更加专业性的分析和探讨，是世界宗教研究所对巴哈伊教研究的初步成果。在宗教类核心期刊《世界宗教研究》、《世界宗教文化》上，也有数篇关于巴哈伊教的文章。研究类的有蔡德贵的《巴哈伊教作为当代宗教的独特教义》、金宜久的《巴哈教的世界主义》，吴云贵的《从〈确信之书〉看巴哈伊教的渊源》。文化类的有李桂玲的《巴哈伊教在台港澳地区的发展及现状》，周燮藩的《美国巴哈伊社团访谈》，黄夏年《访美见闻》，雷雨田的《孙中山与大同教》，高玉春的《巴哈伊教与中庸之道——兼论与儒教的中庸和佛教的中道的关系》，蔡德贵的《巴哈伊教》，吕耀军的《巴哈伊教〈亚格达斯经释义〉》、《巴哈伊教的诺露兹节》。

世界宗教研究所的金宜久先生，是改革开放以来最早介绍巴哈伊教的学者。其在《巴哈教今昔》②一文中，对巴哈伊教做了初步介绍。闵家胤的《巴哈伊教》③与《马克思主义、巴哈伊教和一般进化论》④，山东大学巴哈伊教中心蔡德贵教授的《巴哈伊教》、《对巴哈伊教基本状况之分析》⑤，陈耀庭的《一种产生中东，流行世界的新宗教——巴哈伊教》⑥，陈霞的《巴哈伊教概述》⑦，这些文章都对巴哈伊教做了介绍。内容涉及巴哈伊教的历史传系；巴哈伊教的教义学，包括一神教理论，先知观念，天堂地狱观念；巴哈伊教的社会主张，如世界主义、世俗性，服从政府，宗教与科学的关系，普及教育等。巴哈伊教的组织结构、教务组织的现代性等等。基本上得出了相同的结论，即巴哈伊教"是一种新兴宗教，它源于伊斯兰教，但又不是伊斯兰教"。

关于巴哈伊教的研究，随着认识的深入，研究内容逐渐在扩展。马通《巴布的理想》，王宇洁《巴布教派和早期巴哈伊教在伊朗的发展和传播》，李桂玲《巴哈伊教在台港澳地区的发展及现状》，朱明忠《巴哈伊教在印度》，周燮藩的《美国巴哈伊社团访谈》，对国外巴哈伊教的传播、发展做了介绍。雷雨田《孙中山与大同教》、王建平《灵明堂与巴布派的历史联系》，吕耀军《巴哈伊教的诺露兹节》则是对国内巴哈伊教的见闻或介绍。对巴哈伊教教义的研究，也是近年对巴哈伊教研究深化的表现。蔡德贵《巴哈伊教——作为当代宗教的独特教义》一文，以巴哈伊教的经典为据，探析巴哈伊教宗教世俗化，世俗宗教化的现代特征。吕耀军《巴哈伊教《〈亚格达斯经释意〉》则对巴哈欧拉诸经典中的"律法著作"——亚格达斯经作了介绍。王佃利《巴哈伊教的家庭妇女观》⑧，实则是对巴哈伊不同经典关于妇女理念规定的抽取。另外，还有论及巴哈伊教宗教建筑的。曲韵的《巴布的陵寝，梦中的波斯花园》⑨，《上帝的葡萄园》⑩，张皆正的《纯洁的巴赫伊教礼拜堂》⑪皆属此类。

① 中国社会科学院世界宗教研究所内部印刷，2001年与2003年。
② 化名沈青，载《世界宗教资料》1985年第2期。
③ 载《民主与科学》1994年第1期。
④ 载《国外社会科学》1991年第4期。
⑤ 载《宗教学研究》1999年第1、2期。
⑥ 载《当代宗教研究》1990年第2期。
⑦ 载《宗教学研究》1994年第1期。
⑧ 载《中华女子学院山东分院学报》1996年第2期。
⑨ 载《时尚旅游》2003年第4期。
⑩ 载《中外文化交流》2004年第6期。
⑪ 载《世界建筑》1990年第2期。

学者更多是从宗教研究的角度，看待巴哈伊教的发展。认为巴哈伊教的兴起和发展，显然为宗教史的发展，提供了生动的事例。宗教世俗化是巴哈伊教能迅速传播的原因。在冯今源《巴哈伊教迅速发展原因初探》一文中，认为巴哈伊教迅速发展的原因，在于其“重视伦理道德，重视与当代社会相适应，特别是提出了独具特色的平等观”。金宜久认为“巴哈教徒积极的社会参与和政治参与，是巴哈教在当今迅速发展的基本原因”。李维建则指出巴哈伊教传播的原因在于其的现代性、世俗性。巴哈伊教的“世界主义”也是学者关注的重要问题，其构成了巴哈伊教的主旨。蔡德贵在《巴哈伊信仰的世界主义》[①]一文中，对其内容做了具体介绍。指出世界主义的核心思想是“地球乃一国，万众皆其民”。金宜久在《巴哈教的世界主义》一文中指出：“宗教混合主义”是世界主义构成的思想基础。“巴哈乌拉关于上帝的普世之爱的神学思想，为巴哈教的世界主义定下了基调。”在《关于巴哈教研究的几个问题》一文中，金先生进一步指出，就宗教思想而言，巴哈伊教主张的世界主义，实质上是一种“泛宗教主义”。但在社会主张上，仍有其认同之处，必须接受巴哈乌拉制定的 12 条根本原则，由此引申出有关社会政治主张。

尽管巴哈伊教以现代性而著称，但从其教义来看，仍脱离不了传统宗教对其的影响，在这一点上，学者们取得共识。金宜久认为巴哈乌拉关于上帝显现的观点，阿布杜·巴哈关于上帝与宇宙同为永恒的观点，表明了“巴哈教宣扬的是宗教混合主义，而宗教混合主义不过是苏非神秘主义泛神论思想的体现”。巴哈教的世界主义，是苏非泛神论思想在它所处时代，有关社会和政治问题的应用。对于这一问题，沙秋真女士在《巴哈欧拉的神秘主义“显现”》一文中，做了进一步论证，指出“巴哈欧拉的神秘主义思想，源于伊斯兰教苏非主义和什叶派”。这表明任何宗教的产生，不是无本之木，无源之水，都有其产生的宗教根源和社会背景。李维建在《巴哈伊信仰与现代性》[②]中指出，通过对巴哈伊教历史、教义的考察与审视之后，发现它仍符合宗教的定义。作为一种完全意义上的宗教，巴哈伊信仰具有宗教所有的构成要件：对神灵的崇拜（上帝）、特定的宗教礼仪（礼拜、祈祷等）、固定的宗教活动场所（灵曦堂或其他宗教的活动场所）、信仰这种宗教的人（巴哈伊）、宗教经典[③]、固定的宗教组织（灵体会）等。可见巴哈伊信仰属于一种不折不扣的一神论的新兴宗教，只是它的现代性特征太过明显或过于张扬，几乎掩盖了其作为一种宗教的本质属性。

一些学者通过巴哈伊教与中国新儒学的比较，以期得出儒学现代化的启示。高玉春的《巴哈伊教与中庸之道——兼论与儒教的中庸和佛教的中道的关系》一文，以巴哈伊教与儒教、佛教相同的中庸观念，证明在巴哈伊教、儒教与佛教文化中，信仰主体有着相同的思维模式、思维方式。巴哈伊教的社会主张，就是力图在各种极端中寻求一种中道。倡导消除贫困，爱国与爱世界的一致性，倡导建立神圣世界秩序。蔡德贵的《东方文化及其发展趋势研究》[④]，从东方宗教的世界化趋势中，分析了巴哈伊教的产生。蔡德贵、牟宗艳的《儒学现代化应向巴哈伊汲取什么》[⑤]中，视巴哈伊教对其母体宗教伊斯兰的一种改革，主张“儒家应该从巴哈伊汲取一些现代化思想，并学习其发展模式”。这一思想，在蔡德贵、牟宗艳的《儒学与巴哈伊信仰：和谐社会思想之比较》[⑥]中，进一步得到提倡。通过

① 载《中国社会科学院研究生院学报》2005 年第 6 期。
② 载《文史哲》2004 年第 1 期。
③ 《至圣书》等巴哈欧拉的著作。
④ 载《中山大学学报》1998 年第 6 期。
⑤ 载《海南大学学报》1998 年第 3 期。
⑥ 载《历史学问题》2007 年第 1 期。

对儒学与巴哈伊教相比较，从理论成长的相同和相异，对人类现世存在的关注相同等方面，力图寻找了一种在中国文化背景下，理解巴哈伊教的新思路，颇具有以儒家文化解构巴哈伊思想的特点。

巴哈伊教被学者看作一个由神学宗教向伦理宗教过渡的宗教。近年来的研究表明，巴哈伊教尽管历史相对较短，但其特有的传播方式和途径，促使国内学者转换研究宗教的传统思维。在这领域，逐渐出现了若干专家，研究的深度和内容在扩大。但总体来说，目前国内的有关研究，仍显单薄。特别是对巴哈伊教的基础性研究方面，包括宗教经典、宗教教义的研究。只有加强对巴哈伊教的研究，洞悉现代宗教演变的线索和趋势，才能从根本上解决宗教在社会发展中的引导问题。另外，加强对巴哈伊教在国内发展现状的研究，也是国内宗教学者值得注意的新课题。

从"众神狂众"到"信仰自由"*

——意大利人的信仰世界(节选)

杨晓军　赵素花

巴哈伊教,旧称大同教,也叫巴哈教、白哈教、比哈教,是由巴哈欧拉在伊斯兰教什叶派的一支巴布教派的基础上创设的一种新教。1921 年传入意大利,至 1973 年就出现了 28 个地方灵体会。该教在宗教上主张先知一体,认为人类是上帝所有创造物中最高贵和最完善的。人有永恒的灵魂,灵魂脱离肉体后会以新的形式独立存在。巴哈伊教主张万教归一,天下人皆为兄弟,强调社会伦理,不重视甚至否认宗教仪式,主张废除种族、阶级和宗教偏见,最终目标是全世界的各国都放弃民族独立和国家主权原则,取消国界,共用世界通用语,从而实现世界的大同。

* 原载杨晓军、赵素花:《意大利人》,东方出版社 2008 年版。

从同情巴哈伊教看其宗教观*

周加才

我2000年出访以色列，在海法市参观了巴哈伊教①圣地，翻阅了我国驻以色列使馆和该教总部给我们提供的相关资料，特别是巴哈伊教倡导世界大同、天下一家，故也称之大同教，因而产生了一定的兴趣。2001年我赴香港、澳门考察宗教时，特地去了澳门巴哈伊教中文出版社，向他们索要了许多中文资料，专门撰写了"巴哈伊教简介"一文。此文介绍了巴哈伊教的产生、教义、组织机构、宗教生活、组织发展状况。特别是其教义中提出的人类一家，世界上所有的人不分民族、种族都应该一律平等，维护和平反对战争，建立世界统一语言，逐步取消国家建立全球性的实体，实现宗教与科学的和谐，各宗教本质上同源，主张各宗教之间的和谐，强调任何宗教都应服从政府、遵守法律，过宗教生活时没有专职的神职人员，提倡"工作就是崇拜，服务就是祈祷"的理念等等。我觉得教义新颖，而且具有现代性、开放性、宽容性、创造性的特点。正因为如此，它已成为20世纪80年代以来传播速度最快的宗教之一，据有关资料显示，它已传播到两百多个国家和地区，成为在分布范围上仅次于基督教的宗教。故把此文送给丁光训主教审阅，征求他是否可以把此文收入我撰写的《宗教工作探索》(宗教文化出版社2002年出版)一书中，丁老阅后说，过去我对巴哈伊教仅仅是听说过，没有做过专题研究，不过从你文章中介绍的情况看，我的印象是可以的，我历来主张各宗教间相互尊重，因此讲几点意见：1.完全可以把《巴哈伊教简介》纳入你的《宗教工作探索》一书中，使更多的人了解巴哈伊教；2.你在对巴哈伊教介绍时总要有你的观点和看法，我认为评价应当高一些；3.我们各个宗教如果都能像巴哈伊教那样，可见世界要太平得多。

有一次在闲聊中，当丁主教得知我撰写的《巴哈伊教简介》一文没有收入《宗教工作探索》一书中，又建议我在《金陵神学志》上发表，后遵嘱已发表。

---

* 原载周加才：《爱无止境：我所尊敬的丁光训主教》，译林出版社2008年版。

① 巴哈伊教（或称巴哈教、大同教）：创建于19世纪的波斯，现有遍布两百多个国家（或地区）逾600万信徒。巴哈伊教创始人为伊朗人米扎尔·侯赛因·阿里，他后来被信徒们称为巴哈欧拉，意思是"真主的光荣"，由此产生巴哈伊教的教名。根据巴哈伊教的教训，宗教的历史是神差遣先知，对人类进行教化的进化过程。神派遣历代圣使亚伯拉罕、摩西、佛陀、琐罗亚斯德、基督、穆罕默德和巴孛。巴哈欧拉是其中最新的一位。巴哈欧拉认为全人类同是一族，巴哈伊在阿拉伯语中意为"神在黎明时传达旨意的地方"。

巴哈伊教源自伊斯兰教什叶派，但由于教义发展已脱离了伊斯兰教的观点，形成一个新的宗教，巴哈伊教没有神职人员和地方教堂，现在每个大洲建有一"灵曦堂"，分别位于美洲的美国伊利诺伊州威尔米特，大洋洲的澳大利亚悉尼、非洲的乌干达坎帕拉、欧洲的德国法兰克福，中美洲的巴拿马、亚洲的印度新德里、太平洋的萨摩亚，另有一所在南美洲的智利圣地亚哥。每座宇宙都有九面，每面有一大门，代表可以从各方向进入。巴哈伊教义的三个核心原则为：上帝唯一、宗教同源、人类一家。

1935年清华大学校长曹云祥开始翻译巴哈伊教经典时，认为其主张与中国传统儒家思想的"世界大同"理想相通，故将其翻译为"大同教"，1991年正式更名为"巴哈伊教"。

从丁主教的态度，足见其有多么宽阔的胸襟，他一贯倡导的各宗教应互相尊重、和谐相处的开放的宗教观是何等鲜明。

其实，丁主教平时在处理这些问题时，思想一直是比较开放的。例如，在一次金陵协和神学院的院务会上谈到离婚的人能不能按立为牧师时，有人认为不行，有人认为可以，丁主教的意见是，要看这个人的总体表现，不能简单地看是否离过婚。丁主教认为在基督的教规教义中没有明文规定，离过婚的人不能做牧师，但基督教长期以来有这个传统观念。现在这个传统观念在西方也逐渐淡化了，西方信教人的比例比我们高得多，离婚率也比我们高得多，如果还固守这个传统，那将会遇到许多困难。在我们中国这个传统之所以还那么牢固，除基督教的传统外，还有我国特有的封建残余势力中不准离婚的传统的影响。从这些具体例子也可以看出丁主教开放的宗教观。

阿哥拉堡　印度国家博物馆 莲花庙（节选）*

学诚大和尚

参观完国家博物馆，代表团还参观了印度巴哈伊教的莲花庙。这座莲花庙因其建筑外观状如莲花而得名，寺庙外有大片绿茵茵的草坪衬托，宛如莲花在碧波中盛开。它建成于1986年，高34米，底座直径74米，由三层花瓣组成，全部采用白色大理石建造。底座边上有9个连环的清水池，烘托着这巨大的"莲花"。德里莲花庙的形状之所以采自莲花，与印度的历史有一定关系。莲花在印度教和佛教中被人奉为神物与圣花，在当代印度人心目中又贵为国花，所以这座庙宇刚建成时就备受印度人的喜爱。莲花庙的内部陈设十分简单，只是一个高大空阔的圣殿，既无神像，也无雕刻、壁画等装饰物件，唯在光滑的地板上安放着一排排白色大理石长椅。白色是该庙最主要的色调。进庙的教徒以及参观的人也不需进行什么特殊的仪式，只要脱鞋进殿，走到大理石椅前就座，然后沉思默祷就行。巴哈伊信仰创立于19世纪中叶的波斯，经过一百多年的发展，巴哈伊教已成为一个拥有500多万信徒、分布在200多个国家和地区的独立的世界性宗教，其世界教务行政中心设在以色列的海法。巴哈伊教创始人密尔萨·胡赛因·阿里（Mírzá Ḥusayn-'Alí Núrí，1817～1892）被尊称为巴哈欧拉，即"神的光辉"。他宣称：他创教的目的在于改造个人和社会，以达到人类的大团结、世界的大和平，即"地球乃一国，万众皆其民"的宗旨。巴哈伊教徒在印度仅占总人口的2%，多为富人。巴哈伊教的教堂设计均为莲花变形。

* 原载成蹊编著：《和尚·博客：学诚大和尚博客文集之二》，华文出版社2008年版。

伊斯兰教的主要教派(节选)*

丁金光

巴布教派是 19 世纪中叶在伊朗产生的反封建的宗教政治派别,其创始人赛义德·阿里·穆罕默德自称为“巴布”,即新教义之“门”。1844 年,巴布以先知马赫迪身份公布《默示录》,声称穆罕默德时代已经过去。《古兰经》已陈旧,必须以新的“圣经”《默示录》来代替,必须由安拉指派新的先知来完成拯救的任务,而“巴布”就是这样的新先知。他宣传要建立一个没有封建主、没有外国资本家的新国家,这个国家没有压迫,人人平等,过着幸福的生活。在他看来,新的巴布主义国家,应当表达中等阶级而首先是商人的利益。巴布教派还反对进清真寺、朝觐圣地和其他伊斯兰教宗教仪式。1847 年巴布被捕,1850 年 7 月巴布受难。以穆罕默德·阿里·巴尔福鲁什和侯赛因·波什鲁耶为代表的教徒深入群众传播巴布的教义,并发展成为全国规模的武装起义,起义失败后,教派分裂,出现了巴哈教派。

巴哈教派产生于 19 世纪的巴格达,创始人侯赛因·阿里(1817～1892)自称巴哈安拉,意为“安拉的光辉”,著有《至圣书》,主张所有的人,不分种族、民族和社会地位都是兄弟,互相真诚相爱,互相信任。该教要求宽容异教,废除圣战,实现“世界和平”,建立“正义王国”,取消国界,用世界语组织统一政府,取消或简化宗教仪式,强调个人对安拉的忠诚。该派强调做“安拉的奴隶”,绝对服从最高的宗教领袖和一切现存政权。该教主要分布在伊朗等地。

---

* 原载丁金光主编:《世界民族与宗教》,甘肃民族出版社 2008 年版。

德里的莲花寺、印度门、甘地陵园*

董贻正

今天要去德里，从杰普尔到德里也是200多公里，同阿格拉到杰普尔的距离差不多。而且今晚要乘坐19:30的班机去加德满都，要求提前3小时到机场。如果依赖上次去杰普尔的时间出发，那在德里的时间就所剩无几了。因此，导游建议早上6时出发，大家都欣然同意了。这条路要比阿格拉到杰普尔的好得多，因此车速也快些。11时许就到达德里。

德里是印度的几朝古都，公元前100年左右，土邦王德里在此建立城堡，并以自己的名字命名。12世纪末，突厥人自阿富汗入侵印度，定都德里，史称德里苏丹国。此后德里几经兴衰，1849年，英国占领印度全境，殖民地的印度首都被迁往加尔各答。直到1911年印度首都才重返故地，并开始在德里之南兴建新都，1931年完工，这就是新德里。1947年印度独立时定新德里为首都。德里由新德里和旧德里两个市区组成，总人口1280万，低于孟买的1600万人和加尔各答的1300万人。

第一站是莲花寺。位于新德里，其正式名字是巴哈伊教灵曦堂，是"巴哈伊信仰"这一世界性宗教组织建造的。建筑物由27瓣白色的混凝土"花瓣"组成，外铺一层意大利大理石，以其状似莲花而得名，根本不像一般宗教组织寺庙的建筑，在建筑内部，也没有一个神灵塑像或画像。工程始于1980年4月，1986年12月24日竣工。整个建筑由9个大水池围绕，灵堂建筑也呈九边形，"九边形"是分布在世界各地所有7座灵曦堂的共同特征，因为"9"是数字中最高的一个。堂顶到地面的高度为34.27米，中央大厅的座位有1300多个。内部结构没有梁柱，全由27个"花瓣"支撑，无论是外表，还是内部结构，造型优美、简洁，四周绿色的树木、草坪，衬托出洁白的莲花，给人以一种圣洁之感。全部场地共26.6公顷，包括办公大楼、会议厅、图书馆和信息中心等。

巴哈伊教是1844年5月23日由波斯的一位名叫巴孛(意为灵性之门)的青年创立的，以后由巴哈欧拉(意为上帝的荣耀)及其长子阿布杜巴哈(意为上帝的仆人)进一步发扬。1921年，阿布杜巴哈死前，又委任他曾孙为这一组织的监护人。这个宗教组织不供奉任何神灵。在整个莲花寺内外，都没有见到任何一个神像。它的教义看起来都很好。提倡"人类一家"，巴哈欧拉说："一个人爱自己的国家不值得骄傲、唯爱全人类者才应得之。地球仅一国，万众皆其民。"其他的教义还有一独立探求真理；一切宗教的基础相同；科学与宗教达致和谐的必要，男女平等，消除一切偏见；普及义务教育；世界和平等。这看起来像个政治组织。不过有一点我觉得还是很有特点的，就是他们是通过特

* 原载董贻正：《亲历世界：一位七旬老人的旅行笔记》，中国电力出版社2008年版。

色建筑这一载体,来吸引人们的眼球,从而引起人们的关注。在莲花寺的门口,就看见有马来西亚的一位女华侨,见到我们就向我们宣传。

午饭后,又乘车经过总统府、议会大厦。总统府是一座宫殿式建筑,原名维多利亚宫。议会大厦坐落在总统府北面,是一座圆盘形建筑。但同在杰普尔参观"风之宫"一样,都是坐在车上"巡视",远远地眺望,主要是时间来不及了。从总统府到印度门的大街两旁,分布着许多政府机构,如外交部、国防部等。我们一直到达"印度门",才下车游览摄影。印度门类似巴黎的凯旋门,但稍为小些,高 42 米。这是纪念第一次世界大战时参加英军作战牺牲的 7 万印度士兵的,是英国人建造的。透过印度门的门洞,可以看到其后还有一座纪念亭,这是纪念 1971 年印巴战争的。印度门周围,绿树葱茏,碧草如茵,景色秀丽。

最后去了甘地陵园。这位当年印度独立运动的缔造者、国父圣雄甘地 1948 年 1 月 30 日 79 岁时遭印度教的狂热分子暗杀,死后骨灰撒入"神圣的恒河",现在的陵园遍栽树草,环境庄严肃穆,正中有一块黑色方形大理石,但没看清上面写些什么。20 世纪 50 年代中期周恩来总理曾在此栽下一棵常青树,但不清楚位于何处。由于时间关系,也来不及去寻找。进入陵园前也要脱鞋,收费 1 卢比。但从上面通道上远眺,则无须脱鞋。

在德里,留下了不少遗憾。按原定日程,还要去印度最大的清真寺——贾玛清真寺,以及旧德里,但最后都来不及去了,就急急忙忙地赶赴机场。晚上 9 时许,抵达加德满都。导游 Shiva 来接。住额菲尔斯宾馆(The Everest Hotel)。从名称来看,宾馆应该是相当不错的。进门时,工作人员献上花环。在大堂等候办理手续时,发现墙上有好多有关神话传说的雕刻。

认识印度文化的意义（节选）*

郁龙余

经过几千年的宗教自由竞争，印度宗教虽然种类众多，但从信众人数和影响力来分析，主次还是分明的。由吠陀教—婆罗门教一路发展下来的新婆罗门教即印度教，占有主导地位，教民占国民总数83%左右。历史上作为婆罗门教反对派的佛教，虽然一度非常兴盛，几乎成为国教，但后来由于种种原因，或与印度教合流，或外出弘法，到13世纪左右，佛教在印度境内几乎绝迹。进入现代，由斯里兰卡、中国、东南亚佛教人士回填，特别是印度低等种姓皈依佛门，才使之起死回生。然而，信徒人数至今未能超过国民总数1%。信徒人数占第二位的是伊斯兰教，占总人数的12%左右。基督教、锡克教、耆那教还有其他一些宗教，人数都不多。

需要指出的是，由于印度的宗教环境比较宽松，所以一些外来宗教在印度获得快速发展。巴哈伊教是一个比较特别的宗教，它宣扬"四海一家"，不排斥任何宗教，在世界各地发展迅速，特别在印度。德里的莲花庙因其造型宏丽而成为新的标志性建筑，在世界巴哈伊教徒中影响很大。巴哈伊教在当代世界发展最快宗教中居第二位，增长率为1.7%①，这要归功于印度因素。其他各种增长最快的宗教，如伊斯兰教、锡克教、耆那教、印度教、基督教，也都与印度因素有关。这种因素除了高出生率之外，自由的宗教信仰环境也是极重要的。

---

* 原载北京外国语大学亚非学院编：《亚非研究》（第二辑），时事出版社2008年版。

① 参见美国《外交政策》杂志网站，2007年5月16日文章《全世界增长最快的宗教一览表》。

引人注目的新宗教——巴哈伊教*

庞秀成

巴哈伊教是目前在世界上传播速度极快、极广的新兴宗教，在西方是一个受人关注的研究领域。该教的历史肇始于近代，它的崛起，一方面说明了宗教现代化的某些问题；另一方面从更广的意义上，在一定程度上为传统文化的现代转折也提供了一些有价值的借鉴。该教的特点是积极入世，关心世俗生活，实现其世界大同的宗旨。具体主张有：要求信徒忠于其政府，并以无私和爱国的方式为国家利益服务，但反对教徒参与公职竞选及参加政治活动；普及教育；维护世界和平，建立世界新秩序，反对任何战争；限制自然资源的开发等。

一、巴哈伊教历史观形成的背景

(一)宗教背景

伊朗成为什叶派国家始于 16 世纪初。萨法维帝国君主伊斯玛仪一世统一波斯后，宣布效忠什叶派十二伊玛目派。什叶派学说得以发展，学者和教士队伍壮大。到 19 世纪上半叶，不断有人向教法权威挑战。上层宗教领袖(伊玛目)、高级宗教学者(毛拉)及教法学家(乌里玛)作为特权阶层和君主封建统治的精神工具根据政治需要解释《古兰经》。对于正统宗教的挑战主要来自赛义德·阿里·穆罕默德。他受谢赫派理论熏陶，于 1844 年宣布自称“巴布”(阿拉伯语“门”)，即救世主马赫迪与世人之间的一扇门户，也就是“通向真理之门”。同年自称“卡因”(阿拉伯语“救主”)，通过其著作《默示录》废除了伊斯兰教法，制定了新的道德准则、政治制度、经济制度、文化习俗、民法准则和宗教仪式的细则。他提出宗教同源、男女平等、废除私有制、贸易自由等思想。在巴布教徒看来，历史就是上帝依据人类的成长阶段周期性地向世间派遣先知的历史。巴布声称，穆罕默德的启示周期已于 1844 年结束，现在要结束不公平的封建统治者和贪得无厌的穆斯林教长们的强权势力。

巴布教义意味着对伊斯兰根基及什叶派神职人员所享有的权力和地位的威胁和挑战，因此，立教不久即被视为异端。巴布及其教徒虽无推翻政府意图，但还是遭到了迫害、逮捕和镇压，因而被迫起义。纳西尔丁沙下令将巴布处死，巴布教起义受挫。1863 年门徒巴哈欧拉自称马赫迪，分裂出温

* 原载《中国与世界简报》2009 年第 1 期。

和的巴哈派，即后来的巴哈伊教。巴哈拉提出一系列改革巴布教的思想，具有强烈的和平主义倾向，要求宗教宽容，摒弃了巴布教没收非教徒财产和向非教徒发动圣战的教规，通过和平方式实现世界统一，建立“正义王国”。20世纪初，巴哈欧拉之子阿布杜巴哈的欧美之旅回答了欧美哲学家、神学家、思想家及社会名流提出的宗教及社会改革问题，标志该教成熟。

(二)社会及政治背景

俄、英等国先后通过不平等条约在伊朗获得了自由贸易和领事裁判权。由于战乱和封建割据等原因，民族资本主义(主要是手工纺织业和商业)的发展受到限制。该世纪中叶的伊朗已沦为半殖民地国家，腐败的卡加尔王朝对内压迫国民，对外投降帝国主义，出卖国家主权。国王拥有最高的权力，土地归国王、贵族及高级教士所有，民族矛盾、阶级矛盾上升。农民、中小商人、下级教士普遍感到需要变革现实，实行改革。

(三)理论背景

伊朗早期的宗教思想家米尔·达马德的智慧论关于主的本体辐射或显现，回归主的纵向系列等级以及“统一中产生多样”的观念；穆拉·莎德剌的神智论关于“存在”的多样性统一以及世界在时间中不断创造、生成、更新的观念是巴哈伊教历史哲学的基础。但最直接理论哲学来源是十二伊玛目的支派谢赫派关于马赫迪降临思想。此外，奴赛里派、苏菲派的神秘主义和神智论、穆尔太齐赖派的人的自由意志说、伊斯玛仪派的认识论和历史观以及伊斯兰照明哲学等都是巴哈伊历史观的思想资源。

二、巴哈伊教历史观的基本内涵

(一)最终实现和平的历史观

阿博杜巴哈旅英期间在伦敦市圣堂(9月10日)首次总结出巴哈伊三个核心教义：上帝唯一、人类一家和宗教同源。巴哈伊基本教义有10条左右，“如果用两个字总结巴哈伊的教义，那就是‘团结’”。上帝只有一个，人类只有一个，人类的分歧不是根本的。不同的宗教实际是上帝在不同时期启示给人类的相对真理。将所有民族都团结在一起，组成一个和平统一的全球社会的纪元已经来临。在人类历史上作为一个启示周期起点的巴哈欧拉，其最高使命是实现人类的统一，建立民族间的团结。巴哈伊教将人类的历史赋予道义和责任，这就是和平。但是和平这个道义和责任不再由超世的神担当，而是由现世的人担当。阿布杜巴哈说，六千年的历史向人类世界表明，人类尚未摆脱战争、争斗、谋杀和流血。战争的根源在于人类的宗教偏见、种族偏见、政治偏见和爱国偏见(即“有限的爱国主义”或狭隘的爱国主义)。六千年来各个民族相互仇恨，现在仇恨当消除，战争当止息。让我们团结起来，相互友爱。向着光明迈进。没有哪一方面比全面的真正意义上的和平更能贯穿人类演进的普遍愿望，正因如此巴哈伊信仰和平作为这一演进周期的终极目标。

(二)实现政治和意识形态统一的历史观

该教认为国际社会组织结构的统一,既是人类演进走向统一的证明,也是人类实现和平、团结和统一的手段。实现大同是人类演进的目标,到目前为止,人类先后经历了家庭的统一、部落的统一、城市—国家的统一、民族的统一。而民族一体化的建构作为一个历史阶段已经结束,现在人类正经历着世界的一体化进程。国家各自为政造成的世界无政府状态已经到了巅峰,世界正走向成熟,因此必须放弃对极端民族主义、国家至上主义的膜拜,承认人类一家、世界一体的事实和原则,建立一个恒久的最能体现这一原则的具有生命力的机制。

在巴哈伊基本教义中,由巴哈欧拉提出并阐释和描绘的世界统一的管理机构的建立业已成为人类史无前例的演进目标,人类统一的标志之一就是建立"世界议会"和"世界法庭"。阿芬第详尽地阐明了建立这一世界新体制的原则:"世界新体制的目的绝不是破坏现有的社会基础,而是扩大这个基础,改造其体制,以满足一个不断变化的世界的需要;它不压抑人们心中正常而理智的爱国热情。它的目的既不是泯灭人们心中神圣而理智的爱国热情,也不是消除为避免因过度的集权所造成的恶果而建立的必要的民族自治体制。既不忽视也不企图抑制用以区分民族和国家特征的种族特征、风俗习惯、历史传统以及语言和思想等诸方面的差异。"

(三)渐进性启示的历史

巴布教通过巴布的《默示录》表达了历史是一个周期渐进的过程的思想,即渐进性启示(Progressive Revelation)。巴布认为伊斯兰教时代已经结束,巴布教派开创的时代已经到来。人类社会的各个时代,是依次按周期递嬗发展的。当旧的时代结束之时,新的时代必然到来,超过旧时代,与该时代不相适应的旧制度、旧法律也随之废除,代之以与新时代相适应的新制度、新法律,理由是上帝从来不中止他的创造。这就意味着历史在不断更新中前进,不同时代有不同圣道的宣示,即不同的宗教知识适应于不同时代。

三、与西方历史观的比较及总体评价

评价巴哈伊历史观就要联系巴哈伊教整个的信仰体系的基本特点。巴哈伊被教外人士评论为具有鲜明特征的现代型宗教。

巴哈伊教神义史观与伏尔泰等自然神论者的观点不同在于神创造了人类同时通过定期向人间派遣先知干预人类的历史。该教提出的一个非历史性的前提是人类一家和宗教同源,这样渐进性启示的宗教历史性绝不否定各个宗教同源下的平等。同样强调共时状态下的平等也不否定不同宗教的历史性。在神义和人义的关系上揭示出了历史的确定性和不确定性之间的辩证关系。该教是通过神义而强调人义,又通过人的道义建立历史的发展计划而实现神义。历史目标的最终实现取决于人对现实目标的选择而不是消极等待神的安排。这就是历史的不确定性根源。巴哈伊典籍中引述了大量科技成就、经济基础、组织结构、普遍需求等历史依据证明人类走向统一的必然性。上帝定期向地球派遣先知的不确定性是巴哈伊神义史观的一个悖论。

概括出巴哈伊信仰的特点，有助于我们理解巴哈伊信仰的非传统性以及巴哈伊的历史观的特异性。蔡德贵先生将巴哈伊信仰概括出九个特点，即现代性、开放性、超越性、世俗性、宽容性、融合性、务实性、灵活性和创造性。根据这一框架，我们仅从开放性、超越性和世俗性三个侧面对巴哈伊历史观进行总体评价：首先，它的现代性在于它适应了全球一体化的趋势，预言了人类除了经济走向一体化之外还要走向政治统一、信仰统一。如果将人类历史的主旋律定位在和平之上的话，那么通过暴力求得和平只是短暂的、局部的。巴哈伊教的现代性还表现在它坚决反对因袭和盲目模仿祖先和前人。指出“如果某个人的父亲是基督徒，他自己也就是基督徒；一个佛教徒必须是一佛教徒的儿子，这绝对是一种因袭模仿。人类必须独立而公正地研究每一种真理”。

其次，就其超越性而言，如果说20世纪50年代中叶前后欧美史学教材开始倡导真正意义上的全球史观的话，那么巴哈伊信仰在其诞生时的19世纪中叶就已经具有了不带偏见的将各民族放在同一平台之上的“全球历史观”了，这在战争频繁，种族、民族和宗教冲突还相当严重的时代就能勾画出未来人类和平的图景确实具有超越性。

第三，巴哈伊历史观属于神义史观，但又是世俗性很强的历史观，因为它不否定人的自由意志，不否定人类现实存在的价值从而把人类引向天国，而是赞美现实的存在，相信人可以把现实的和平作为整个启示周期努力的目标来设计自己的历史。作为宗教，巴哈伊教坚持神义史观；作为现代宗教，它坚持世俗理想的人生目的；作为普世宗教，它相信自有史以来人类尚未实现的具有普遍意义的美好理想就是和平。巴哈伊的历史蓝图既没有脱离世俗社会，也没有脱离人类可以经过努力而达到的潜在能力。

目前巴哈伊宗教的组织机构——作为非政府组织的咨询机构在联合国建立有巴哈伊国际社团。

巴哈伊教神秘主义源流*

吕耀军

巴哈欧拉 1863 年离开巴格达，公开巴哈伊教前的早期作品，神秘主义色彩浓厚。重要的有被巴哈欧拉称为“最神秘的作品”——《七谷书简》，“天启神秘中的宝藏”——《隐言经》，还包括《四谷书》、《确信之道》和《神圣奥妙之精华》等。在这些经典中，苏非主义所强调的静观、沉思或者入迷的神秘体验，神圣的爱、神光论、神迹观念，以及经文的隐义解释等神秘主义情愫明显。正如该宗教圣护守基阿芬第所言，“宗教信仰的核心是把人与神统一起来的神秘主义感情，与所有别的神圣宗教一样，巴哈伊教信仰具有神秘主义的基本特征”。神秘主义对巴哈伊早期教义的形成、传播，有着重要的影响。

在流放巴格达期间，巴哈欧拉与苏非神秘主义者关系密切。由于巴布教派的分裂，巴哈欧拉曾经退隐至伊拉克北部库尔德山区的苏莱曼尼亚，隐居了两年多。后来因为其学识，他被看作是苏非的谢赫，受到库尔德城苏非教派纳克什班底教团的礼遇，曾被邀请到他们的隐修地“扎维叶”做客。巴哈欧拉常常以诗赋的形式，与他们探讨关于苏非精神修行等神秘主义问题。其中，以《无形永恒世界的斟酒者》和《鸽子赋》最为著名。《圣鸽赋》是一篇与著名的阿拉伯诗人，同时也是苏非大师的伊本·法里德所作的诗歌诗韵相同的诗。作品主要运用诗歌和引喻的语言，表达巴哈欧拉的宗教经验和感情，如他与人格化的“天国少女”的对话，表达他的信仰的渴望，他的殉难的苦痛和希冀，以及不同精神世界的荣耀和本性。巴哈欧拉的作品中还包括一定的宗教祷词，如被称作“长篇医治祷文”，皆属于此类。这些以波斯语或阿拉伯韵律表现出来的诗歌，被巴哈伊信众视为具有无比的妙处，它们被咏唱以“创造了一种出神和入迷的气氛”，激起“灵魂内部敬畏和惊颤之情”。

巴哈欧拉返回巴格达后，仍与库尔德的苏非学者保持联系，宗教思想日渐成熟，就某些神学观点和苏非修行问题彼此交流。著名的《七谷书简》和《四谷书》就是以书信的形式，对涉及的宗教修行进行了探讨。《七谷书简》是回答卡迪里教团苏非首领穆哈伊丁的问题，该作品展示了灵魂内在晋升的奥秘，描绘灵魂朝着目标发展的七个阶段，包括探寻之谷、爱之谷、知识之谷、一体之谷、满足之谷、惊奇之谷、真穷与绝对虚无之谷。《四谷书》是巴哈欧拉写给卡库科城卡迪里教团“光荣且无争议的领袖”阿卜杜尔·拉赫曼的信，指出了慕道者经历的四种类型，分别是坚守宗教律法而追随真理的人，通过理性与心智追随真理的人，通过自己的内心和对上主的爱追随真理的人，以及在前三条道路上并行不悖的人。认为最后一类人代表了最高、最真的寻求真理的方式。《七谷书简》和《四谷书》有意

* 原载《世界宗教文化》2009 年第 2 期。

模仿苏非经典作品风格，强调苏非的主题，表明巴哈欧拉对苏非学者之间关系的密切和苏非思想相当程度的熟悉。

巴哈欧拉在巴格达时期的作品，还有诗篇《光之经文书简》、《河之书》、《关于"他是"的评注》、《哈德格书简》、《确信之书》、《隐言经》、《神圣奥妙之精华》、《荣耀归于伟大的上帝》、《芳香的人》、《绝色的姑娘》、《耐心篇》和《圣洁的水手》等。这些作品内容虽涉及宗教体验、伦理和教义多个问题，但都具有"神秘主义"的本质特点。巴哈欧拉于 1858 年在巴格达所书的神秘主义的散文诗《隐言经》，是一部宗教和伦理诫命的诗歌集。主要对巴哈伊教的伦理规定，作了明确的阐述。这部经典的上下两卷分别用阿拉伯文和波斯文的散文诗体写成，以神秘主义的爱为主线，强调造物主对创造物的爱，人类对上帝的爱。强调社会生活中的道德伦理，认为每个人心中隐藏着永恒美德，主张正义、谦恭、满足、感激、宽容、赡老育幼、慷慨和安贫，反对贪求、炫耀、妄语、无聊争辩、嫉妒、游手好闲、虚荣和傲慢。《确信之书》和《神圣奥妙之精华》被看作是阐述巴哈伊教教义学的主要作品。《确信之书》是在创造性地解释什叶派教义和基本信仰的基础上写成，以上帝圣使(先知)的名义，对涉及教义的若干问题，包括上帝的同一性和不可知性，不同历史时期先知的使命，坚韧和努力工作的救赎，天堂和地狱等基本的神学命题，作了巴哈伊教式的阐述，表明了其宗教思想的成熟。同时也对信仰者关于"末日审判"、"封印使者"、隐遁与复活、灵魂晋升、生与死等疑惑的问题作了解答，确立了巴哈伊教义学的主要内容。《七谷之书》和《确信之经》所关注的主题，在《神圣奥妙之精华》进一步被强调。这些论题包括"字面理解经文的危险"，"经典暗示的新的上帝显现者即将来临的迹象和征兆"，"神圣启示的延续"以及对诸如"末日审判"和"复活"的新解释。这些作品虽然包括深奥的或"神秘主义"的部分，但以一种更容易被理解的风格写成，从而容易被不同层次的乌莱玛或不熟悉苏非特定术语的人所理解和接受。

巴哈伊教对神秘主义的术语和思想的运用，受其特定时空环境的影响。巴哈伊教的早期信徒都是伊朗什叶派内部谢赫学派的追随者，作为巴布运动的先驱，谢赫学派的创始人阿赫默德·艾哈萨仪主张用神秘主义的方式来解释真主启示，以寻求宗教合法性的存在。巴哈欧拉继承和沿用了这种重视经文隐义解释的原则，对什叶派宗教教义和传统作了新的解释，形成巴哈伊教义的主要内容。他给予先知神秘主义的解释，把他们比喻为"上帝之发光体"、"上帝之灯"、"上帝的显示"和"真理太阳的显现者"。巴哈欧拉从《古兰经》的经文隐义说，引证先知的连续性，认为这些显现者是"最有成就者、最与众不同者和最优秀卓绝者"。巴哈欧拉强调信仰"确信之道"——巴哈伊教的意义，认为只有信仰巴哈伊教，修行者内心的"寻求之灯，奋斗之灯，希望之灯，献身之灯，热爱之灯，着迷之灯，出神之灯"，将在寻求者的内心被点燃。上帝之爱的仁慈和风，飘荡于信仰者灵魂，谬误之黑暗将被驱散，怀疑和疑虑之迷雾将消弭，知识之光和确信之道将会围绕信仰者，在那个时刻，"神秘的预兆将带来精神的欣喜潮水，来自于上帝之城的光芒灿烂如黎明，通过知识之号音，将唤醒内心、灵魂和来自于沉睡状态的精神"。与传统苏非一样，巴哈欧拉也强调对上帝的爱，神爱论在其经典中多次出现，如在《隐言经》中强调，"人之子啊！我爱你的创生，所以我创造了你。你也要爱我，好让我能说出你的名字，用我生命之精神将你的灵魂充实"。再如"爱我，我就会爱你。不爱我，我的爱就无从给你"。在《七谷书简》中，巴哈欧拉把这种爱从对象上作了划分，主要包括上帝与生灵，生灵与上帝，生灵与生灵之间的爱，其中，上帝之爱是最高的。他强调，要突破人们与其爱主之间的蒙蔽，需要认真的和热情洋溢的努力，"没有耐心，寻求者在这旅程上不能抵达任何所在，或获得任何目的"。

尽管巴哈伊教义学是在苏非语境下形成，但与伊斯兰苏非神秘主义有着明显区别。在坚持谢赫巴布传统思想基础上，巴哈欧拉强调上帝的完全的卓越性和无与伦比，认为人永远不可能知道上帝本体之秘密，这一点与传统神秘主义和启示宗教的上帝观是截然不同的。传统神秘主义认为，上帝的概念独自基于个人心醉神迷的经历。而启示宗教认为，上帝是非个人的，敬畏上帝才是信仰者的本分。在巴哈欧拉的作品中，上帝神圣本体之卓越性被强调，其超越了人的理解力和想象力。上帝“自亘古超越人类的本质，也将永远这样。无人曾知晓他，没有任何生灵曾觅得通往他本体之路”，上帝“隐蔽于无以言表的自我神圣中，将永久地秘藏于他的不可知本质的神秘中”。基于此论点，巴哈欧拉明显拒绝追求精神体验的苏非个人，可以获得与主合一或在上帝中“寂灭”的观点。在巴哈欧拉的作品中，“爱主”与“与主合一”是两个分离的，不同层次的概念。喜爱上帝，并不等同于个人能通过修炼而与上帝合一。更为重要的是，虽然巴哈欧拉强调精神修炼的神秘主义过程，但他强调神秘主义的旅程，要遵行基本的宗教法规，不能偏离神圣律法的要求，这种思想在他的《七谷书简》表现明显，他强调追求真理者须遵循宗教律法“以使他自律法之杯得到滋养，获悉真理之奥秘”。这种精神修炼与遵行教法结合的要求，驱散了被某些苏非所坚持真理的获得，意味着在某种程度上超越律法的思想。在“一体之谷”中，巴哈欧拉明确地对他的一体思想与神秘主义观点作了区别，对神秘主义关于灵魂与上帝的一体作出新的解释。

巴哈欧拉特别强调，“上帝的显现者”在人的精神生活中的作用，认为关于上帝的知识和神圣意志，只有通过先知才能传递给人类。尽管巴哈伊教承认过去和现在神秘主义的贡献，赞赏神秘主义者在精神道路上的努力，但反对神圣的启示能通过神秘主义者个体修行领悟上帝意志的观点，坚持只有不同时代的新先知，才能承担这种职责和功能。另外，在巴哈欧拉神秘主义思想中，神秘主义修行方式与伦理之间也有着明显的重叠。在《确信之道》里，巴哈欧拉概述了“真正的探索者”所必须具备的品质，不仅包括这种超脱和入迷的神秘主义品质，而且更应具有尘世的伦理品质，如仁慈和避免背后诽谤。这种强调精神追求和实际生活中的伦理融通，与苏非主义和巴布传统中对形而上学的强调，形成鲜明对照，构成独特的态度。巴哈欧拉的早期教义学作品，如《确信之道》、《隐言经》和《神圣奥妙之精华》，在巴哈伊教社团内部迅速普及，被广泛地传抄和誊写。

巴哈伊教神秘主义，为巴哈欧拉吸引信众，传播教义提供了一种柔性的方式。在巴哈欧拉时期，许多苏非成为巴哈伊信徒。在巴格达，巴哈欧拉虽写了诸如《七谷书简》、《四圣书》几本类似于苏非的神秘主义著作。但从阿卡开始，巴哈欧拉似乎通过巴哈伊教神秘主义，组织和指挥了一场在阿拉伯、土耳其和印度逊尼派世界传播巴哈伊信仰的一场运动。这些神秘主义者以托钵僧的装扮，旅行于这些地方，传播巴哈伊教。他们运用巴哈欧拉的《七谷书简》和《四谷书》以及其他神秘主义诗歌，向其他人传播巴哈伊教教义，如喀兰达在拜访了巴哈欧拉后，通过叙利亚、伊拉克和安纳托利亚旅行，传教布道；贾巴尔·阿芬第在巴哈欧拉的建议下，以苏非托钵僧的装扮，游历了土耳其人领土，传播巴哈伊信仰，后来其继续以同样的方式遍及印度、东南亚地区；艾利亚胡在阿卡拜访完巴哈欧拉以后，在逊尼派世界以托钵僧的装扮旅行。喀山的赛义德哈希姆，在巴哈欧拉的建议下，花费了七年的时间，游历于伊拉克、叙利亚和阿拉伯半岛，传播巴哈伊教。

巴哈伊教义的普世伦理观与“底线伦理”的比较[*]

庞秀成

一、引言

人类可公度之道德可否实现充分的学理证明？具有实证精神的当代学者，特别是支持“底线伦理”的学者，认为在主要的宗教文化中实际上已经存在这样一些基本的伦理规范和信念，即“你希望人怎样待你，你也要怎样待人”。这个信念公称为“金规则”(Golden Rule)，存在于琐罗亚斯德教、耆那教、佛教、印度史诗、犹太教、基督教、伊斯兰教等的宗教文化典籍中。所用之“言”不同，所表之“意”无异，是意一言多，“理一分殊”。康德的“绝对命令”或“普遍公平法则”是“理性”版本的“金规则”：“要按照这样的准则去行动，这些准则同时可以为自身的目的而作为自然之普遍法则。……在任何情况下，都要把人作为目的而不仅仅作为手段来对待。”[①]《论语》中有“己所不欲，勿施于人”《颜渊第十二》和“我不欲人之加诸我也，吾亦欲无加诸人”《公冶长第五》以及“己欲立而立人，己欲达而达人”《雍也第六》。新兴宗教巴哈伊教创始人巴哈欧拉(Bahá'u'lláh，1817～1892)也说：“自己不希望对自己做的事情，不应希望对别人做。”[②]普世伦理倡导者发现四条道德禁令共存于世界多个古老的宗教之中，即“不可杀人、不可偷盗、不可说谎、不可奸淫”。这一学理考证肯定了普世伦理的可能性。但在探讨普世伦理的内涵、内容探究方法、实践路径之前，首先应该明确普世伦理是一个全人类不断构建的未完成的任务和谋划，它并不等于一个时期、一个国际社团或者个人制定的普世伦理宣言或宪章。其次，普世伦理自古以来就已是个客观化了的适应不同时代的存在，只是全球化进程持续到最近才有机会和可能挖掘比较已经存在的伦理共识。第三，普世伦理允许人类对它有不同的版本解读，目的是将我们的共识呼唤出来。第四，普世伦理是动态的，具有历史相对性和暂时的共度性，任何宣言或宪章都不是终点。对于它们的批判性审视可以从非宗教伦理学出发，也可以从宗教伦理学出发，还可以把它们与某一宗教的普世伦理观相比较。

巴哈伊教是一个近代发展起来的普世宗教，发展速度惊人。一个半世纪就已成为分布范围仅次于基督教的世界宗教。“它的崛起，一方面说明了宗教现代化的某些问题；另一方面从更广的意

* 原载《东北师范大学报》(哲学社会科学版)2009年第3期。

① [德] 康德：《康德著作全集》(4)，人民大学出版社2005年版，第437页。

② Bahá'ú'llah, *Gleanings from the Writings of Bahá'u'lláh*. Wilmette: Bahá'í Publishing Trust, 1976, p. 265.

义上，在一定程度上为传统文化的现代转折，也提供了一些有价值的借鉴。”[①]因此，不能不引起以儒学为传统然而儒学却被排斥在现代化大门之外的汉语学界的重视。作为普世宗教，它的教义能够从全人类的伦理价值出发将情感理想主义与现实理智主义结合，并不断保持它们的平衡。国务院宗教研究中心编的文件证实：“巴哈欧拉除规定教义外，还阐述了该教丰富的社会伦理思想，其特点是积极入世，关心俗世生活，实现其世界大同的宗旨。具体主张有：……要求信徒忠于其政府，并以无私和爱国的方式为国家利益服务，但反对教徒参与公职竞选及参加政治活动；……普及教育；维护世界和平，建立世界新秩序，反对任何战争；限制自然资源的开发等。据此社会伦理思想，巴哈伊教徒努力争取为人类服务，实现人类天下一家、世界大同的教旨。”[②]从巴哈伊教视角出发可以看出巴哈伊教伦理思想的特点，也可发现代表“底线伦理”的两个宣言（见下文）的局限性。此外，通过比较和评价伦理宣言来审视普世伦理，还可以为建立和谐社会以及为以伦理为核心的儒学现代化所面临的问题提供思路。

二、巴哈伊教基本教义的阐明过程

各大宗教的保守性在于宗教的绝对真理观。巴哈欧拉宣布宗教真理具有历史相对性，是同一个太阳在不同地点的破晓。[③] 该教的圣护守基·阿芬第解释说：宗教真理不是绝对的，而是相对的。“神圣启示”连续不断，世界上所有伟大宗教起源上都与神圣的根本原则和谐一致，根本目的完全一致，发挥的作用相互补益，其差别是非本质的，其使命代表了人类社会不同阶段的精神演进。[④]近代穆斯林世界各宗教派别“排他主义”强烈，但巴哈伊教则宣扬人类同根同种、所有宗教同源、世界大同、团结和平，主张独立探求真理，反对因袭和模仿。正是这些基本教义将其自身从伊斯兰教中独立出来。巴哈欧拉将这一大同思想概括为“地球乃一国，万众皆其民”[⑤]，认为世界是一个“多样性统一”(Unity in Diversity) 或变化合一的世界。其后，“多样并存，大同团结”便成为巴哈伊教的基本哲学信条和伦理基础。

巴哈欧拉之子阿布杜巴哈('Abdu'l-Bahá，1844～1920) 阐释说，宗教的本质是实现人类团结和消除战争的事业，“如果宗教成为厌弃、仇恨和分裂的根源，那还不如没有宗教”[⑥]。宗教面临的重要课题，就是寻找一个能以前所未有的和平魅力使世界多民族融为一体的基础，负起人类普遍的道德责任。“偏见、战争和剥削都是人类未成年的表现。今天人类正经历着不可避免的混乱，也是人类即将集体进入成年期的标志。”[⑦]国家之间的永久和平是人类进步的重要阶段，但不是最终目的。最高目标是世界各民族团结友爱，亲如一家。人类可预期的两个和平阶段是战争休止和国际合作

---

① 蔡德贵：《当代新兴巴哈伊教研究》，人民出版社 2006 年版，第 631 页。

② 宗教研究中心：《世界宗教总览》，东方出版社 1993 年版，第 77～78 页。

③ Bahá'u'lláh, *The Kitáb-i-Íqán: The Book of Certitude*, Translated by Shoghi Effendi, Wilmette: Bahá'í Publishing Trust, 1950, p. 171.

④ Shoghi Effendi, *The World Order of Bahá'u'lláh*, Wilmette: Bahá'í Publishing Trust, 1955, p. 58.

⑤ Bahá'ú'lláh, *Gleanings from the Writings of Bahá'u'lláh*, Wilmette: Bahá'í Publishing Trust, 1976, p. 250.

⑥ 'Abdu'l-Bahá, *Paris Talks*, Wilmette: Bahá'í Publishing Trust, 1995, p. 130.

⑦ 世界正义院：《世界和平的许诺》，澳门巴哈伊总灵体会 1992 年版，第 5 页。

组织创立的"小和平"(Lesser Peace) 和人类一家的"大和平"(Most Great Peace)，两个阶段都需要人类付出极大的努力。

对话和磋商在巴哈伊教中具有教义的地位。巴哈欧拉在流放期间，向欧洲强国的国王和统治者及罗马教皇发出信函，召唤他们高举公义旗帜，用其力量来终止苦难和战争，这是东方主动向西方发出的普世伦理对话的邀请。巴哈欧拉认为，磋商的标准高于谈判和妥协。他说："凡事必要磋商。磋商是指路的明灯，天赋之悟力通过磋商才变得成熟。"[①]磋商见于不同领域、社团、阶层、性别、民族、教派等等之间，是集体努力取得成功的关键。巴哈伊世界中心——世界正义院(2002) 致函全球宗教领袖时申明："巴哈伊社团自从创建以来一直都是跨宗教活动的积极推动者"，主张跨宗教对话必须抛弃宗教偏见，放弃宗教狂热主义、排他主义、种族主义及狭隘民族主义，放弃认为自己的信仰"赋有特权或者就是终极真理"之类的声称，从"人类一家"出发，宣扬宗教的宗旨是友爱与和平，肩负起友爱与和平之重任。[②]

巴哈伊教的这种气度、责任感来自于其普世主义的基本教义，阿布杜巴哈的欧美之旅(1911～1913) 向基督教世界阐释巴哈欧拉的基本教义或全球伦理思想，成为世界宗教史上宗教对话的典范。他在伦敦首次总结出巴哈伊三个核心教义[③]：上帝唯一、人类一家和宗教同源。随后又首次总结了该教的基本教义：第一，独立探索真理，反对盲目因袭传统；第二，人类一家，男女平等，消除种族、宗教和阶级偏见；第三，宗教是友爱、统一和团结的根本；第四，宗教与科学相互交织，好比人类腾飞的双翼；第五，各个宗教所表达的真理是一个，因为现实只有一个；第六，人类社会所有成员一律平等，亲如手足；第七，消除贫困，穷人亦应满足日常衣食；第八，通过选举建立世界仲裁委员会，解决国与国之间的争端；第九，只有物质文明不能满足人类的需求，人类幸福的根本在于建立精神文明。这些基本教义无一不是从全人类角度提出的解决人类面临的重大伦理问题的方向。巴哈伊基本教义条目于 20 世纪初已经稳定，不同场合表达的条目数量、顺序和解释略有变化。阿布杜巴哈认为这些教义从内涵上讲都是首创的，没有哪一个宗教领袖或先知提出或阐述过。巴哈伊世界中心——世界正义院(1985) 重申了这些基本教义，但适应现实，增加了许多内涵，如"运用精神原则解决社会问题"[④]。应该说这些条目是世界性的，是普遍的伦理目标，标志着人类成年时代应遵循的伦理信念。

三、巴哈伊教基本教义的学理基础和实践导向

巴哈伊教的基本教义不仅是单纯的伦理规范，还是伦理信念。它关注人类普遍的善行和福祉，具有很强的实践性。它具有深厚的哲学基础，经得起学理上的证明和批判。巴哈伊教继承了伊斯兰阿拉伯哲学的精华，认为世界分为微观世界和宏观世界。宏观世界的层次分别是矿物、植物、动

① Bahá'u'lláh, The *Kitáb-i-Íqán*: *The Book of Certitude*, Translated by Shoghi Effendi, Wilmette: Bahá'í Publishing Trust, 1950, p. 189.

② The Universal House of Justice,"Letter to the World's Religious Leaders", http://bahai-Library. com/uhj-religious-leaders-2002.

③ Shoghi Effendi, *God Passes By*, Wilmette: Bahá'í Publishing Trust, 1974, pp. 281-282.

④ 世界正义院:《世界和平的许诺》,澳门巴哈伊总灵体会 1992 年版,第 13～20 页。

物、人类。人的身体与动物共同拥有自然本质，服从自然规律。人类的第二个本质是智慧本质，体现人类的集体智慧，如语言和科学等社会活动，是对自然的第一次超越。人类微观世界不同于动物、植物和矿物的微观世界，在于人类有灵性，即能够反思过去，预知未来。这是神圣的超自然的本质，即第三个本质。对于自然本能的克制和调节表现为个人的修养。智慧本质和超自然的本质是精神本质，智慧本质支配着自然，超自然本质才使人不断摆脱自然本质的束缚，不至于沉沦而回到动物状态。① 该教普世伦理的基本主题是人类的基本道德生活及其普遍价值规范，其基本教义体现三种本质的超越和发挥，分别对应于美德伦理、社会规范伦理和信仰伦理。这一综合性系统的三个基本层次是终极信仰的超越层次、社会实践的交往层次和个人心性的内在人格层次。其中，终极信仰的超越层次与个人心性的内在人格层次又常常相互交织、相互渗透。李绍白将巴哈伊教基本教义分为基本教义（包括上帝唯一、宗教同源、人类一体等），社会教义（宗教与科学和谐、男女平等、普及教育等）和个人生活义务与准则（祈祷、斋戒、传教、忠于政府等）。②充分体现了这种层次性，即终极信仰——社会——个人。

在信仰层面上，“人类一家”是起始点，蕴含着爱与和平的根基，其终极目的是“终极善”（Final Good），是全人类的统一或“至大和平”，即所谓的“黄金时代”（the Golden Age）。“人类一家”是教义的主线，是理由。永世和平与友爱是承诺和目的。在前者的背后是对人类灵性本质的认定，是对终极善的同意。这一教义将人类的种族、肤色、民族、国籍等都看成是没有高低贵贱之别的偶然区别。普遍伦理离不开人性的至善本质，因此人的自我反身关系（即个人自我反思）和人际关系也是巴哈伊教关注的问题。突出特点是，它不仅要揭示普世伦理关系，还要深入研究个人自身、人际和人类整体这三者之间的内在关联及其普遍价值。它承诺的普遍伦理离不开人性的至善本质的信念，其宗教哲学的核心原则是“人类一体”，从而形成乐观、健全的普世伦理意识，并将这一信念直接投射到实践层面上。“人类一家”的伦理意义在于我们有责任相互爱护。这种强烈的责任意识不是天赋的自然权利意识。防范相互仇杀的社会契约意识没有超越自然本质，是兽性的状态“君子协定”，是人性缺失状态的掩饰，是道德缺失状态的补救。“人类一家”不是道德比喻，而是实质性的，当代已有了科学的证明。宗教表达人类一家的理念是诗化的比喻，如具有启发性的人体比喻和果树比喻。巴哈欧拉在 100 多年前致维多利亚女王的一封信中，把世界比喻为人体，说明“多样并存，大同团结”的国际社会模式。人体需要健康，世界需要秩序、合作与和平。这当然不同于柏拉图在“理想国”的人体比喻。还有“同一树之果实，同一枝杈上的树叶”③以及“地球乃一国，万众皆其民”④的比喻。“人类一家”又与“宗教同源”互为表里。由人类一家析出的和平是指方方面面的和平，而不是仅仅与战争相对待，体现于国家、民族、种族、宗教、阶级、政党、领域、文明、性别等等之间的协商、对话。“人类一家”、“宗教同源”之下的主题是“男女平等”、“消除人类所有偏见”。巴哈伊基本教义中，有的属于宗教信仰和伦理信念，即所谓的“信纲”，如“人类一家”、“各宗教之本质同源”等。有的属于伦理规范，如“消除人类所有偏见”。有的是管理手段，如“建立世界正义院”。有的具有明显双重性，如“独立寻求真理”，但教义之间都能互相支援和说明。

---

① 'Abdu'l-Bahá, *Foundations of World Unity*, Wilmette: Bahá'í Publishing Trust, 1945, pp. 48-52.

② 参见李绍白:《人类新曙光：巴哈伊信仰》,澳门巴哈伊出版社 1995 年版,第Ⅱ～Ⅳ页。

③ Bahá'u'lláh, *Gleanings from the Writings of Bahá'u'lláh*, Wilmette: Bahá'í Publishing Trust, 1976, p. 288.

④ Bahá'ú'lláh, *Gleanings from the Writings of Bahá'ú'lláh*, Wilmette: Bahá'í Publishing Trust, 1976, p. 250.

巴哈伊教的普世伦理通过个体美德伦理实现。这种至善目的通过责任意识的建立来实现，即在人类整体的善中定位个体的伦理责任及其价值，而不是首先强调个体权利的保护。1993 年 6 月 14 日，在联合国可持续发展第一次会议上，作为联合国非政府组织的咨询机构，巴哈伊国际社团为大会提供的参阅文件《世界公民意识：为可持续发展建立的全球伦理》①认为，尽管联合国环境与发展委员会 1992 年 6 月通过的《21 世纪议程》提出了为实现可持续发展的科学知识及技术，但并没有提出全球伦理的个人义务，建议应该推动“世界公民意识”（world citizenship）的广泛认同，其内涵包括原则、价值观念、态度和行为，作为《21 世纪议程》和《里约宣言》（《里约环境与发展宣言》的简称，即后来的《地球宪章》，1992 年 6 月 14 日联合国环发大会通过）的补充。报告还特别援引了“多样性的统一”、“我们共同的人类社会”这些概念，详尽提出了世界公民的教育计划和公共意识培养方案。可持续发展的关键是培养世界上每一个人的世界公民意识，接受人类一家的概念。没有这种全球伦理，世人便不会在可持续发展中成为富有建设性的积极参与者。2001 年巴哈伊世界中心拟制了一份反腐报告并在海牙举行的“第二届全球反腐论坛”上发表。基本观点是，人类文明是一个不断觉醒的精神过程，建立一个“没有腐败的公共环境”需要个人、团体和机构的道德能力建设。②总之，巴哈伊教在伦理实践上与人类的物质生活和精神生活紧密相连，其实践性品格是杰出的。

四、巴哈伊基本教义与“底线伦理”的比较

1993 年 8 月 24 日至 9 月 4 日，在美国芝加哥举行的世界宗教议会第二届大会上通过了《全球伦理——世界宗教议会宣言》（下称“宣 1”），起草人是德国杜宾根大学神学教授汉斯·昆（Hans Küng，又译孔汉思）。③这是有史以来人类首次达成的最低限度的伦理纲领。这份宣言产生后，美国开普敦大学教授、宗教之间或意识形态之间对话的著名倡导者斯威德勒（Leonard Swindler）也提出了一份《全球伦理普世宣言》（下称“宣 2”）④的草案，并经多次国际会议讨论，考虑范围从宗教界扩及非宗教界。两份宣言堪称“底线伦理”的代表。二者具有共同特征，因而可以放在一起同巴哈伊基本教义比较。

两份宣言起草人都具有深厚的西方文化背景，同时又都是宗教文化方面的专家，因而他们心目中的伦理都不是纯粹经验的或纯粹理性的，如“宣 1”提到的构成宗教及精神生活基础的“终极实在”和“宣 2”在解释宣言的依据和目的时提到的构成“生活终极意义”的“超越者”，表明宣言的伦理价值带有超验的意义，但混合着悲观主义的情绪，整体上并没有张扬这一终极观念，反而压抑了这一诉求，这是对世俗主义的让步和对来自后现代主义冲击和批判的妥协。“宣 1”对于普世伦理的界定充分表明了这一点：“所谓‘世界伦理’，我们并不是指一个世界性的意识形态，或者一个‘单一的

---

① “World citizenship: A Global Ethic for Sustainable Development”, statements. http://www. bahai. org/documents/bic/world-citizenship.

② 参见巴哈伊世界中心：《在公共机构中抵制腐败与确保公正：巴哈伊观点》，澳门新纪元出版社 2002 年版，第 3 页。

③ 参见[德] 孔汉思、库舍尔编：《全球伦理——世界宗教议会宣言》，何光沪译，四川人民出版社 1997 年版。又见“The Parliament of the World's Religions: Declaration Toward a Global Ethic”. astro. temple. edu / dialogue/ Antho/ kung. htm-34k. 2009-3-12.

④ “Universal Declaration of a Global Ethic”. astro. temple. edu / ~ dialogue/ Center/ declarel. htm. 2009-03-12.

统一宗教'超越所有现存的诸宗教，更不是指其中一个宗教宰制所有其他宗教。我们心目中的世界伦理是指，'有约束力的价值、不可取消的标准，以及个人态度的基础共识'。没有这样的对于世界伦理的基础共识，迟早每个社团会被混乱或专制所威胁，而个人也会绝望。"相比之下，巴哈伊教将所有的伦理教义都纳入神圣至善的一元并从中获取道德资源，表现出乐观向上的理想主义。

两份宣言都基于最低限度的伦理共识，自下而上，确信这样才可以取得普世性。用罗尔斯的术语表达就是"最低的最大化"。两份宣言都承认一种全球伦理并非要取代高级伦理，它应该是终端开放的，"宣 1"对四个禁令的推衍及"宣 2"的"中程原则"都体现了这一点。这种现实主义态度虽值得肯定，但可能轻视了人类对终极善追求的本性，暗示人类无论当下还是未来都不可能在订立一定历史阶段内的最高标准上达成共识，从而采取自下而上的推论。宣言以古代先知或哲人对人类伦理关系的智慧性思考为基础支撑当今的普世伦理大厦显得势单力薄，因为抽出这种表层的共性会失掉它们在各自文化中的丰富性（如古代希伯来先知的十诫中的四诫，佛教"八正道"中的"正语"和"正业"）。巴哈伊基本教义则自上而下，不是从"金规则"或道德禁令出发，也不从现实经验中的危机中寻找根据，而是从至善的高度观照现实生活，用至善的演绎方法启发具体的道德行为。

两份宣言都强烈地表达了对个人权利和自由的维护和尊重，带有西方自然权利论和功利主义人权论的倾向。"宣 1" 的核心原则是"每一个人都必须受到人的待遇"，"宣 2"在"前提"中强调"每个人均拥有不可剥夺和不可侵犯的尊严"，在"基础原则"中有"只要不侵犯他人的权利"，"……每个人都有自由行使和发展一种能力"这样的表述。这种普世伦理的人权模式或路径是"天赋人权论"的表达。由于个人主义的特质与普世主义目标的矛盾，使得它们达成普遍道德的可能性值得怀疑。巴哈伊基本教义首先关注人类整体内部各个群体和部门等是否和谐或和平，它不是在分析个体自然权利的基础上推出个人和集体的道德规范，而是在整体的内部普遍和谐与和平的基础上确定个体的道德规范，即从理想的整体中抽出个体价值观的同时使个体得到最大的尊重。两份宣言所依据并置于核心地位的"金规则"以自身为尺度去思考"他者"，是与自我中心主义、我族中心主义以及人与自然关系的人类中心主义一脉相承的。哈贝马斯批判了"金规则"的自我中心主义，指出"只有在我的视角与所有其他人的视角更多符合一致的前提下，才会是正确的"①。巴哈伊教承认个人权利平等，但将他置于人类一家、友爱和正义之下，权利的平等由个人平等、男女平等扩大到民族、种族平等。相对于权利，巴哈伊强调的是义务，义务的正当理由来源于人类一家的信仰。

两份宣言都承袭了康德的绝对命令作为无条件的道德禁令，即在任何情况下，都要把人作为目的而不仅仅作为手段来对待，它们将理性与感性剥离开来，用这种不可取消和无条件的"应该"将感性排挤出去以期达到普遍化。然而人是理性和感性的混合物，没有情感理由的"应该"不会成为普遍的服从。人类实践理性的高尚行为无法完全用理性本身获得解释。虽然现代的西方不再普遍地或强烈地相信"原罪"和"因果报应"，但宣言却反映了人性本恶的信条，认为人类行为需要规范，于是便以四个禁令（见"宣 1"）作为演绎普世伦理的基础。问题是我们能否把普世伦理仅仅看作是普遍规范伦理，而置道德信念和美德品格于不顾。实践已证明，没有充分深厚的个人美德基础，任何普遍的社会规范伦理都不可能成为发乎其内的实际行动。只有建立信仰，才能产生善行的意愿。巴哈伊教否认人的原罪，认为人性介于神性和兽性之间，人虽有高尚的潜质，但需要教育，因此从

① ［德］哈贝马斯:《哈贝马斯在华讲演录》,人民出版社 2002 年版,第 36 页。

伦理教育出发运用感性经验解说基本教义，将感性与理性结合起来，说明人类的普遍功利和正义。

两份宣言是“现代性”道德的产物，以解决全球化过程中的伦理问题为目标订立的伦理规则。由于对自身原有的进步主义社会文化理想的压抑，这种即时的价值取向可能因为过于现实主义而不会产生拉动达成更高伦理共识并促进行动的动力。将信仰搁置起来解决不了信仰与理性的关系问题。然而，欧洲并不缺乏这样的传统。同唯理主义与经验论不同，德国的莱辛在其哲学论文《论人类的教育》(1780）中运用历史的辩证的观点描绘了人类从道德他律走向道德自律的历史过程，试图将历史与启示结合起来，同时表达了宗教真理的相对性。“教育不可能一举将所有东西都传授给人，同样，上帝在给予启示时，也必须遵循一定的顺序，必须恪守一定的尺度。”①他把人类的认识、历史或接受的启示分成三个阶段：幼稚时期(体现在犹太教中)，少年时期(体现在基督教中)，成熟时期(又称启蒙时期)。② 他认为前两个时期，人类的行为靠直接的、感性的或间接的、精神的奖惩来推动。成熟时期的人只因为是好事才去做好事，并不为得到报偿。他乐观地预言，这个成熟时期一定会到来。③ 可见，东西方都有共同的心声，认识到人类普遍的教育计划的成熟阶段应该有更高一级的教育读本或要求。但从历史角度看，可以说两部宣言没有继承西方已有的历史进步传统。莱辛的相对真理观和历史进步思想与巴哈伊教的历史观颇为相似，其间的历史关联值得研究。巴哈伊教主张宗教同源，真理面前人人平等，不是将世界各宗教武断地归入不同成长阶段，而是它把全人类的精神进步放在一个历史坐标内进行伦理推论。按照这一进化推论，“底线伦理”是为人类幼年或少年而制定的(其实它们早已存在)。巴哈伊教的历史进步主义的价值观预言，人类已走过童年、青少年正进入历史上的成人期，这就是巴哈伊教的“渐进式启示”④。人类社会是一个逐渐走向集体成熟的有机体，眼下所处的时代是即将步入成年时代的青年时代，是不稳定的躁动时代。意味着人类在理智和能力上都已成熟，但青少年时期的“纪律”在成年期已归属“他律”的法规，成年人需要更高的自觉和自律，需要商谈与合作，需要世界公民意识。

在逻辑证明及语言的使用上，两份宣言都从基本前提(即人权公理)出发进行演绎论证，最基本的公理也就是绝对命令，无须论证和怀疑，然后一步步演绎推理，整个过程体现了逻辑主义的西方学理旨趣。“宣 1”根据四条禁令推演出内涵丰富的由四种人际伦理构成的文化生活指令。如第一条可推出包括非暴力和尊重生命的文化，第二条可推出公平的经济秩序和团结的文化，第三条可推出互信的生活和宽容的文化，第四条可推出男女平等互助、人权平等的文化。问题是类推项之间的内涵差别较大，四条禁令是否存在这种潜在的丰富内涵值得探讨，伦理学毕竟不同于逻辑学和几何学。在语言使用上，尽管它们力图使用全人类通用的语言，但是将人权、民主、自由、平等、博爱等放在一起所构成的话语体系，加上种种的西方宗教文化的倾向性，就不可能具有普世性。这些概念的基础是市场经济、民主政治、科学理性和以现代时刻为时代精神的即时性价值取向。相反，巴哈伊教的基本教义，无论形上的信仰还是形下的实践并没有那种分析理性的印记，也不渲染东方神秘主义的色彩。所使用的语言具有意象性的平易和通用性，其关键话语是和平、正义和在此基础上的平等。

---

① ［德］莱辛：《论人类的教育：莱辛政治哲学文选》，刘小枫选编，朱雁冰译，华夏出版社 2008 年版，第 103 页.

② 参见［德］莱辛：《论人类的教育：莱辛政治哲学文选》，第 106、117、126 页。

③ 参见［德］莱辛：《论人类的教育：莱辛政治哲学文选》，刘小枫选编，第 126 页。

④ 'Abdu'l-Bahá, *Foundations of World Unity*, Wilmette: Bahá'í Publishing Trust, 1945, p. 9.

在伦理探究方法上，两份宣言受到多种探究方法的影响。两者都承认有必要通过对话达成共识，但又不期望建立一种普遍的信仰或意识形态。它们的对话主要是寻找共识，是静态的文本比较，即通过比较，找到了各个主要文化早已存在的伦理共识和道德禁令，认为这是对平行对话模式的运用。“宣 1”的作者汉斯·昆提出了“自我批评”模式以期达成伦理共识①，对话是相互理解。斯威德勒宣称人类已从“独白时代”走向“对话时代”，并将对话列为宣言的基础原则。但两份宣言都放弃达成人类共同信仰的路径。另一方面，两份宣言又基于公理规范和先验的伦理预设推演出普遍有效的伦理规范。然而，它们具有明显的人权模式的探究倾向，自由和人权成为探究伦理规范的主要路径。正因如此，应斯威德勒之邀对其“普世伦理”方案做出回应的宗教学家、巴哈伊教学者莫门(Moojan Momen) 博士虽然肯定了“金规则”在世界伦理范式转移中的起点作用，对于人类所处的“第二枢轴时代”（Second Axial Period）以及“对话时代”有相当程度的共鸣，但是对于宣言中的自由主义色彩有审慎的忧虑，认为宣言尽管取极小式的“底线伦理”进路而不提上帝，但是缺少一个积极跃升的源泉。② 谙熟西方哲学的杜维明和了悟东方哲学的刘述先虽然对于宣言的开创意义持赞同的态度，但是他们看到宣言的起草者因缺乏对东方的深入研究而未能成功地跳出西方的窠臼。③由于巴哈伊教不是为了达成某种伦理契约而设立基本伦理信条，因而它探究伦理原则的路径虽是超验的，但是它并不迷恋于玄理，相反十分重视社会正义和个人美德的修养。巴哈伊教重视平等对话，同时又坚定地持守人类同源、宗教同源的核心信仰，因而蕴含着更深厚普世伦理的基础。

---

① 参见[德] 汉斯·昆:《世界伦理构想》,周艺译,三联书店 2002 年版,第 106 页。

② Moojan Momen,“To a Global Ethic: A Bahá'i Response”, in Leonard Swidler, Ashland, eds., *For All Life: Toward a Universal Declaration of a Global Ethic*, Oregon: White Cloud Press , 1999, pp. 131-144.

③ 刘述先:《从比较的视域看世界伦理与宗教对话——以亚伯拉罕信仰为重点》, www. guoxue. com/ discord/ content / lsx 2. htm 34K. 2009-01-17.

简论巴哈伊之上帝创物与老子之道生万物的异同*

万丽丽

巴哈伊教发源于19世纪中期的伊朗，由巴布与巴哈欧拉两位先知创立，该教宣扬上帝唯一、宗教同源、人类一家。由于教义简洁，形式灵活，受到广泛欢迎，目前已成为世界上分布第二广的世界性宗教。而老子哲学产生于公元前5世纪左右，即中国历史上的春秋末年，一般认为老聃为其创始人。该哲学的要义是"人法地，地法天，天法道，道法自然"，由于文约义丰至今对中国及至世界文化都有深刻的影响。上帝创物与道生万物则分别是上述两个出现时间、地点乃至主旨迥异的思想系统的基本命题。把这样的两个命题放在一起进行比较似乎有些牵强。但笔者却认为尽管上帝创物与道生万物这两个命题各自存在的背景悬殊，它们的具体含义却的确有几分相似之处，当然，它们的差异更是显著的。本文就将对这两方面即二者的同与异进行分析。

一、上帝创物与道生万物之同

其实，无论是上帝创物还是道生万物，其含义都不外乎三个方面：第一，何为上帝或道，它有什么性质，为什么说它创或生了万物。第二，上帝或道是如何创或生万物的，又创或生了什么样的万物。第三，生成了的万物与其生者即上帝或道的最终关系如何，是统一还是分离？如果是统一的，又是如何统一的？巴哈伊的上帝创物与老子的道生万物在上述三方面都可找到许多类同点。

首先，就第一方面即上帝和道的本质和特性而言，不管是巴哈伊的上帝还是老子的道实际上都是宇宙间不可抗拒的创生力，它不仅是宇宙的根源，同时也是宇宙的本质和最终目的，其性质是绝对的、超越的。比如，巴哈伊认为，上帝是"神圣的本体"，"不可知的本质"①"他的形象反映在整个创造界的明镜中"②，"领悟上帝的存在是一切事物的开始，严谨地遵守他普实于天地的神圣旨意是一切事物的终极"③，他是"自生自在者"，"其起源无始点，其结束无终点"。④

《老子》则曰："有物混成，先天地生。寂兮寥兮，独立而不改，周行而不殆，可以为天下母。吾

* 原载《学术论坛》2009年第3期。

① 巴哈欧拉：《巴哈欧拉圣典选集》，马来西亚巴哈伊总灵体会属下之委员会1992年版，第3页。

② 巴哈欧拉：《巴哈欧拉圣典选集》，第36页。

③ 巴哈欧拉：《巴哈欧拉圣典选集》，第1页。

④ 巴哈欧拉：《巴哈欧拉圣典选集》，第29页。

不知其名，字之曰道。"[①]即在天地之前，有一混成之物，它独立地存在而永远不变，循环往复地运行而永不休止，可以把它当作天下之根源，我不知道它的名字，把它叫作道。可见，道就是"万物之母"，即宇宙之根源。作为"万物之母"的道"迎之不见其首，随之不见其后"[②]，"视之不可见，听之不可闻，用之不可既"[③]。它是"无状之状，无象之象"[④]，"万物恃之以生"[⑤]，且"归焉"[⑥]。

其次，在第二方面即万物的生成过程方面，老子和巴哈伊都坚持万物的产生是从无中生有，一中生多。先看一下巴哈伊的表述，"最初上帝是独一的，除他之外，一切皆空"[⑦]，"他从虚无之中创造了万事万物，从无有之中创造了最精巧优美的组成部分"[⑧]。很明显地在起源时只有一种物质，同一物质以不同的面貌出现在每种元素中，于是产生了不同的形态。这些不同的形态，在产生时渐渐固定下来。每个元素开始独具特性。但是这种固定并非凝固不变的，要经过相当长时间后才达到圆满和完美的存在。然后这些元素被组合、组织并结合成无数的形式，或者说，从这些元素的组织与结合中产生了无数的生命。[⑨]

老子的观点也很明确，《老子》四十章言，"天下万物生于有，有生于无"[⑩]，四十二章又说，"道生一，一生二，二生三，三生万物。万物负阴而抱阳，冲气以为和"[⑪]，即道萌生了宇宙的元气。在这元气之中，又分化出阴阳两气，即万物发展的动力，二气的交合产生和气，万物得到和气即开始生长，从而演化出了千姿百态的万事万物。归根结底，有生于无，万物源于一。

除此之外，二者还都根据万物从上帝或道那里所得之属性的不同把它们分成了不同的类别。比如根据万物之灵魂即万物所得上帝之属性的不同，巴哈伊把上帝的创物分成了三类：物，凡人，先知。而根据所分得之道即德的不同，老子处的万物也分成了三类：物，人，圣人。在第三方面即万物与上帝或道的关系上，巴哈伊与老子的共同之处是：都强调人与上帝或道的统一，其统一的根本途径就是穷其本性，去其欲望。巴哈伊认为，作为人之本质的灵魂，是"上帝的迹象"，也就是说，在人的本性中潜藏着上帝的所有完美属性，人只要能够使这些潜藏的美质显现，就可趋向完美的境界，实现与上帝的统一。而"本源赋予于人的这些性能"[⑫]之所以不能显现是因为它被世俗的欲望所遮掩，就如同太阳会因镜面上有灰尘和浮渣的覆盖而无法反射出来。因此，"只有擦拭去世俗的欲望和限制所造成的浮渣与尘埃，潜藏在人类本质内对上帝依赖的本性才会从隐蔽的帐幕后显现出来，如神圣启示之一般灿烂，同时其显灵出的荣耀将如旗帜一般插植在人的顶峰"[⑬]。

---

① 冯达甫：《老子译注》，上海古籍出版社 1994 年版，第 58 页。
② 冯达甫：《老子译注》，第 31 页。
③ 冯达甫：《老子译注》，第 83 页。
④ 冯达甫：《老子译注》，第 31 页。
⑤ 冯达甫：《老子译注》，第 81 页。
⑥ 冯达甫：《老子译注》，第 80 页。
⑦ 巴哈欧拉：《巴哈欧拉圣典选集》，第 30 页。
⑧ 蔡德贵：《当代新兴巴哈伊教研究》，人民出版社 2002 年版，第 46 页。
⑨ 参见阿布杜巴哈：《已答之问题》，马来西亚巴哈伊国家灵体会 1967 版，第 182～183 页。
⑩ 冯达甫：《老子译注》，第 96 页。
⑪ 冯达甫：《老子译注》，第 102 页。
⑫ 巴哈欧拉：《巴哈欧拉圣典选集》，第 6 页。
⑬ 巴哈欧拉：《巴哈欧拉圣典选集》，第 6 页。

老子更明言“五色令人目盲，五音令人耳聋，五味令人口爽”[①]，声色使人迷失了本性。要想“常德”足即人之天赋本性足必须“镇之以无名之朴”，“无名之朴夫亦将无欲”。[②] 总之，要得道，必须无私无欲。老子在谈及对真理的认识时曾用了四个字“涤除玄览”，这四个字亦可被看作是人之去欲明道的过程。涤除即洗垢除尘，玄览即深观远照，也就是说人之私欲成见如镜上之尘垢，只有清除它才能使人深观远照，发现道及万物包括人的本来面目，进而显现它。

二、上帝创物与道生万物之异

尽管巴哈伊的上帝创物与老子的道生万物在许多方面都有共同点，但是由于其产生背景的悬殊，二者仍然存在极为明显的差别。为了方便起见，我们依旧按照第一部分论述的顺序对二者的差异作一简单说明。

(一)他生力与自生力

就上帝之本质而言，虽然如前所述，无论是巴哈伊的上帝还是老子的道，都是宇宙间不可抗拒的创生力，但是对万物来讲，巴哈伊的上帝却是一种外在的他生力，而老子的道则是一种内在的自生力。为什么这么说呢?

我们知道，根据巴哈伊的观点，万物之所以产生是由于上帝的创造即上帝的本质是完美的，出于爱，他把自己完美的属性投影到创物界，于是有了万事万物，可见万物的产生并非是自然的，而是人为的。而这人为的力量——上帝虽然在创造万物的过程中显示了自己的属性，但是它的本质却永远高超于万物之上，从未下降、分离甚至于进到万物之中，换句话说，上帝虽然创造了万物，但他和其创物之间却没有任何直接联系，他永远是他，万物永远是万物，对于万物来讲，上帝永远是与它们有别的、在它们之外独立存在的推动力，即他生力。

老子的道则不同。虽然老子在论述万物的生成过程时曾用了“道生之”三个字，似乎万物的生成也源于道的人为运作。但他在《老子》第四章叙述道的运行法则时却提出了一个重要概念“道法自然”[③]。何谓“道法自然”?《广雅·释诂》：“然，成也。”道法自然即道法自成，也就是道取法自己生成的样子，凡事顺其本然，听其自然。因此，从这个意义上讲，道生万物并非是指道创造或者生产了万物，而是道辅万物之自然，任万物自生自成，在这里作为宇宙原动力的道不过是万物所以生和成的依据和条件。正如老子所言：“道之在天下犹川谷之于江海”[④]，这一依据和条件既独立于万物之外，又遍在万物之中，道就是宇宙万物的自生力、内生力。

(二)有为与无为

就万物之生成过程来看，虽然无论是巴哈伊还是老子都认为上帝或道是从无中生有，一中生

---

① 冯达甫:《老子译注》,第 27 页。
② 冯达甫:《老子译注》,第 86 页。
③ 冯达甫:《老子译注》,第 60 页。
④ 冯达甫:《老子译注》,第 77 页。

多，并都根据它们赋予万物之属性的不同把后者分成了不同的种类，但巴哈伊与老子所各自表述的上帝或道在这一过程中的作用方式却是根本不同的，简而言之，上帝是有为，而道是无为。这是什么意思呢？

有为并不是能为，而是依我而为，顺我而动，在巴哈伊那里就是依上帝而为，顺上帝而动。我们来看一下巴哈伊的有关表述。巴哈伊讲，上帝的本质是完满的，出于爱而他创造了万物，目的是为了使每一种造物都能反映出它的一种或多种属性。可见，从一开始上帝对万物的产生就是有为的、主动的，换句话说，万物从诞生的那一刻起就经由了他意志的运作并是为了他本身的缘故。而在此后的运行中，万物更无时无刻不被他的旨意所笼罩，他一方面命定了一切除他之外无法探索的事物，包括他的本质，另一方面又出于慈悲和仁爱，“促使其神圣指引的圣阳和神圣团结的表征向世人显现，并且注定这些圣洁者赋有与他同一源本的智识”①。他一方面选择了人并赋予人高于其他创物的优越性和能力，另一方面又谕定每一种创物在其界域里都是完美的。总之，“他为所欲为，并依其所悦而命定一切”②。他是强大的，拥有并宣示着他独家的，无可置疑的，贯穿有生之界的主权，天地间所有的生灵都要经过他的秤量，然后判其命运：他可以使任何他所中意的人致富，也可以一声令下让富贵者的财产全部消失。“倘若在他的眼里，这个世界有任何价值的话，他绝不会允许他的敌人占有它，连小得像芥菜粒一样的东西，他也不会允许他们占有。”③他的光芒令人震惊和目眩，他的威严令人敬畏和赞颂。他是“无所不有者，至高无上者”④……这，就是巴哈伊所描述的上帝，有为并且能为的上帝。虽然在巴哈伊那里上帝已不再是男性化的偶像，但是在巴哈伊对上帝之有为过程的表述中，我们却依然感觉到了其父性的色彩。

与上帝的有为恰恰相反，老子之道的作用方式是无为的，无为不是不为，而是因物而为，顺物而动。《老子》在第四章中说：“道冲，而用之或不盈”⑤，“冲”即空虚无形，“道冲”即道是空虚无形的。道既然是虚空，那么它就没有自己的实体，没有实体自然也就没有喜好利益，没有创造万物的动因。因此所谓道生万物，如同上面所讲的实际上是道顺万物而生，即道只是承顺了万物的发展，受到万物的推动而发展。与上帝在万物生成过程中的主动与强大相比，道在这一过程中的性质是被动的、柔弱的。它虽然是被动的、柔弱的，但是由于它善于给予万物并成全万物，因此它的作用广大无边，无处不在，万物皆恃之以生并以之为归。尽管如此，它的态度依然是谦卑的，老子曾用 12 个字来描述这一谦卑的含义即“生而不有，为而不恃，长而不宰”⑥，意思就是道虽然蕃生了万物，却并不因此把万物据为己有，虽然作育了万物却并不因此而矜持自高，虽然统帅着万物却并不因此而自视为主宰。它“寂兮，寥兮”⑦，就那么默默地、无声无息地存在着。如果说在巴哈伊那里上帝之于万物体现了一种父性，那么老子的道则体现了母性。

---

① 巴哈欧拉：《巴哈欧拉圣典选集》，第 4～5 页。
② 巴哈欧拉：《巴哈欧拉圣典选集》，第 18 页。
③ 巴哈欧拉：《巴哈欧拉圣典选集》，第 48 页。
④ 巴哈欧拉：《巴哈欧拉圣典选集》，第 15 页。
⑤ 冯达甫：《老子译注》，第 10 页。
⑥ 冯达甫：《老子译注》，第 118 页。
⑦ 冯达甫：《老子译注》，第 58 页。

(三)同在与同一

就万物与上帝或道的关系看，虽然无论巴哈伊或老子都坚持万物包括人和上帝或道最终是统一的，但是由于我们在第一个问题里所讲的上帝或道之本质的不同，决定了它们各自统一程度也是不同的。即在巴哈伊那里，人和上帝的统一最终只是“同在”，用巴哈伊的话说就是“亲近上帝及到达了他的尊前”[①]。而在老子那里人却可真正的与道为一，此时道在人中，人亦在道中，人道混而不分，同而为一。

① 巴哈欧拉:《巴哈欧拉圣典选集》,第7页。

药物滥用和药物依赖预防中的社会心理因素(节选)*

[加]A. M. Ghadirian 著,刘荣涛译

根据 Bahá'í 教育理论,人的本体是思想,而非肉体。人类智慧和理解力作为"上帝赐予人类最伟大的礼物"具有重要价值。活在这个世界上被视为一次精神之旅,其目的是通过不断地测试、试验以完善自我、发觉自己的潜能而服务人类。接受这一观念意味着远离自我陶醉、自我放纵并越来越清晰地认识到人们的需要。有了这样利他主义的态度,人生就能抓住众多机遇和挑战为个人和社会的进步服务。

* 原载《中国药物依赖性杂志》2009 年第 6 期。

张欣:不谈财富谈慈善*

牟小浦

谁是"工业女王"? 谁是资本女猎手? 谁是慈善夫人? 谁是红颜知己? 谁是缪斯女神? 商界女性们的一小步,是中国商业和社会进步的一大步。

张欣:有"信仰"的人有福了。

很多人认为,张欣是一个让商界男性黯然失色的女人。但显然她本人并不这么认为。"我是一个没有任何女权意识的人。"她说,"男人和女人就像一只鸟的一对翅膀,少了哪个都不行。"

事实的确如此,起码张欣身边所有的女朋友都无法想象,如果没有潘石屹,张欣会怎样。反之亦然。

2009 年 4 月,我们见到张欣的时候,她刚刚被美国《福布斯》评为"全球最有影响力的女富豪"之一,排在奥普拉、eBay 前 CEO 惠特曼等后面。但是,张欣非但对于商业女性话题不感兴趣,还觉得女富豪这个词有点刺耳。"真难听啊。"她笑着说。

事实上,现在张欣只对很少的东西感兴趣:慈善、孩子、信仰、贫困地区学校厕所。在她不感兴趣的名单上,则是楼盘、财富、销售数字。"我就是这么感觉的,财富今天在你这儿,明天可以到别人那里去。在的时候不要太欢喜,去的时候也不要太忧伤。"

这可不像前几年的张欣。SOHO 中国上市后,张欣和洪晃的碰面机会变少了。洪晃偶尔见着她,一副嘴角上火的样子,说,"晃,你知道我要跟多少人说股票的事吗?"

再往前几年,张欣被冯仑说成地产圈的"大野洋子",是查建英眼中"龟的故事",优雅的沙龙女主人,喜欢与文化人艺术家为伍,热衷于谈论"城市的灵魂"……但她自己后来承认,回国改变了她,从一个浪漫主义者变成了"一个追逐市场的人"。中国商人从富到贵的进化之怪现象,也一度使她迷失。

直到她专心做起慈善,选择教育的现代化(尤其是精神教育)作为 SOHO 中国基金会的重点。

像很多企业家做慈善一样,张欣一开始也属于事件驱动型,"非典"时搞"中国精神"活动,东南亚海啸时也捐款,但后来发现这种目标不明确、没有系统性的做法效率不高。软硬件也要结合——他们在潘石屹的老家甘肃天水推广"儿童美德工程项目",但这些贫困学校面临的最大问题是没有一个像样的厕所,于是后来就有了老潘要花 100 万元建厕所的争论。

去年 6 月 12 日,四川地震一个月以后,SOHO 中国基金会组织一些作家、教授、NGO 举行小型

* 原载《新生意》2009 年 8 月号,有删改。

慈善讨论会。张欣在发言时好几次提到盖茨基金会。她说:“盖茨有个说法很棒:做慈善不仅是 Capital(资本),还是 Human Capital(人力资本)。我希望慈善能够进入 SOHO 中国的公司文化,员工们都能够来做义工。”

她还想呼吁更多的人参与推动文明进程。今年 3 月 26 日,张欣邀请剑桥大学校长艾莉森·理查德来华做了一次小型教育研讨会,强化“学”与“商”的关联。

女性会天然比男性更容易从事慈善事业吗?袁岳说:“白手起家的男性企业家做慈善的时候会比较苛刻,他们推崇自我奋斗,更希望捐赠对象靠自己的能力。女性则要温和很多,她帮你是因为她爱你。”

是的,张欣爱。“我 14 岁离开北京,19 岁之前一直在香港做女工。当时最大的梦想就是上学,接受好的教育。”而在英国剑桥念书,左翼知识分子的氛围激起了她的共产主义情结。那时候她最高的理想是要去世界银行、IMF 这样的机构工作,帮助第三世界国家消除物质和精神贫困。如今,财富和基金会让她重新实现梦想。

有意思的是,张欣当年的毕业论文是关于私有化。她推崇罗素,对于民主和自由有很多向往。但命运安排张欣成为世纪之交北京的一位房地产开发商,她开始反思安·兰德夫人的客观自由主义。“格林斯潘是她的追随者,但最后也承认市场没有能力管制自己。”

无论是潘石屹盖公益厕所,还是李连杰让灾民按手印(保证捐赠效果),张欣说:“我觉得人最关键的还是要有一个灵性的光芒,能够参与到人类的进步中来。”

这样的话接近一名信徒——张欣就是一名信徒。2005 年,张欣在刘索拉的影响下接触到了巴哈伊教。该教“人类一家”的教旨与儒家思想的“世界大同”相通,跟现代文明也并不矛盾。它直接影响了张欣近些年的状态,“因为我现在有信仰,我觉得生活每一天、工作每一分钟都是一种祈祷。”

张欣给我们现场传教:“有道德的人总是致力于变革社会。对于我们每个人的精神品质发展而言,这个尘世,这个我们创造的社会,是必不可少的修行之地……”

在洪晃眼中,她认识十几年的这位好朋友最大的变化是:“城府越来越好,就是她不着急了。张欣是一个越有钱就对别人越宽容,对社会责任感特别强的人。”

因此也就不难理解张欣既不觉得“花钱比赚钱还难”,也不追求慈善的职业化和专业化了。她甚至问我们:“什么叫非公募基金会呀?”她也不喜欢言必称盖茨基金会,“并不是说我们非得是一个清教徒才可以去做慈善。不用把它想得特别复杂,那反而设立了门槛,其实每个人都能服务,连我十岁的孩子每周都去做义工。”

张欣承认,自己的慈善事业还处于摸索和探讨的阶段,还是“婴儿期”。“什么东西能打动你的心?这是一个标准。如果有一颗纯洁的心,一定会有最好的结果。”

所以跟洪晃、俞渝等人的“姑奶奶俱乐部”也办不下去了。张欣不喜欢清谈:“这些有才华的人要行动起来,不能老是怀旧,一定要参与社会进步,这是最重要的,不然你的才华都变得没有用处了。”

采访快结束的时候,有个工作人员走过来,把女 Boss 的 Prada 包拿回办公室。他不小心推了张欣的椅子,张欣一个趔趄,差点摔倒。她做了一个受惊吓的表情,又回头说“谢谢”。作为一个信徒,张欣的情绪已经很少再有起伏了。

神意笼罩的大地(节选)*

喻　静

也许没有任何种族根基的巴哈伊教对印度而言更有一番特殊意义,虽然它的推广和发展像世界语那样让人起惑。1935 年时任清华大学校长的曹云祥翻译该教经典时为之命名"大同教",正是看到了该教接纳了世界上主要宗教的奠基者和中心人物,强调回归人的本性,抛弃偏见,珍惜和宽容种族和文化的多元化。巴哈伊教经典认为,种族主义、民族主义和种姓制度的教条是人为的,妨碍人类团结的,人类团结是现今世界宗教和政治的最重要的问题,新德里的巴哈伊教堂是世界上九座教堂中的一座,莲花造型精美绝伦,叹为观止。脱鞋走进,空旷的大堂不立偶像,清净寂然。任何教派的人都可以进来,或静默,或祈祷。即便如我们这些无宗教信仰者,在此哪怕止语片刻,亦可卸下尘劳,让本心安然。

* 原载喻静:《如是》,文化艺术出版社 2009 年版。

伊斯兰阿拉伯的文化(节选)*

蔡德贵

"他们在实用与抽象科学上发展的速度和文学一样快。在实验科学、医学、解剖学、化学、物理、地理、数学、天文各方面,阿拉伯人都是领先全球。他们发明了一种新而独特的建筑风格,糅合了典雅和力感,并且采用了自然光。这种建筑风格可以在印度、爪哇、中国、苏丹和整个俄罗斯地区看到;他们发展了各式各样的工业,改良了农业和园艺;借着引进、使用航海用的指南针,他们的船通行四海,而商队维系了帝国内各省的贸易,他们运送着印度和中国、土耳其斯坦和俄罗斯、非洲和马来群岛的产品。

"辉煌的巴格达市充满了清真寺与宫廷、学识的殿堂和芬芳的花园,成为伊斯兰世界里其他都市争相模仿的对象,如巴斯拉、布卡拉、格拉那达和哥多华等都市。据载,哥多华在最繁华的时候有二十万户上百万的人口。人们在入夜以后可以走在铺设很好,又直而又有照明长达十六公里的街道上……而在欧洲的巴黎,数百年以后还没有铺设路面的街道,伦敦也还没有公共照明呢!……尽管基督教和伊斯兰教对立着,但不可避免的,伊斯兰教先进的文明影响了欧洲的生活和思想。透过伊斯兰在西西里和闪耀聪慧的西班牙等前哨站,透过回教学者的智能和回教大学的资源,透过商人、外交人员、旅者、军人、水手、重新被征服的农人,新观念、新技术、新态度从伊斯兰世界传给了西欧。"①

东方新兴宗教的世界化趋势东方世界的宗教不止三大宗教,也不止十大宗教,日本的神道教、中国的道教、阿拉伯地区的萨比教,等等,都是古已有之又延续至今的有世界意义的宗教。东方世界还有一些新兴宗教,如产生于伊朗的巴哈伊教、产生于日本的大本教,都在全世界有一些影响,尤其是巴哈伊教有日益扩大的世界化趋势,已引起世界的注意。巴哈伊教是伊朗人米尔扎·侯赛因·阿里(1817~1892)所创立的一个新宗教。创始人通常被称为巴哈欧拉(意为"安拉的光辉")。这个新兴宗教起源于伊朗设拉子人米尔扎·阿里·穆罕默德(通称"巴布")于 1844 年所创立的巴布运动,而巴布运动又源自伊斯兰教什叶派十二伊玛目派在伊朗的支派谢赫教派,但后来该派公开宣布彻底脱离伊斯兰教,因此,巴哈伊教应被看作是脱离了伊斯兰教的新宗教。巴哈伊教主张安拉是不可知的,不是人所能形容的,安拉要通过使者显示自己。因此,易卜拉欣(亚伯拉罕)、穆萨(摩西)、琐罗亚斯德、释迦牟尼、尔萨(耶稣)、穆罕默德、巴布、巴哈·安拉,他们是一体的,都是安拉在地上人间的代表。该教的宽容性在于,它承认人是安拉创造的万物中最高贵和最完善的,人有永恒灵魂,可以在脱

* 原载蔡德贵:《筷子、手指和刀叉:从饮食习惯看文化差异》,世界知识出版社 2009 年版。

① 阿迪卜·塔赫萨德:《巴哈欧拉的天启》第 1 卷,李定忠译,转引自《巴哈欧拉:故事与记录》,新纪元国际出版社 2004 年版,第 29~30 页。

离肉体后以新的形式存在;天堂和地狱是灵魂与安拉联系的象征,亲近安拉会导致幸福和无穷的快乐,而远离安拉会导致罪恶和灾祸;诅咒一切偏见和异端,宣称宗教的目的是促进亲善和和谐,并认为宗教与科学有一致性;维护男女平等的权利、机会,坚持义务教育,减少贫富差距,废除神学院,禁止奴隶制、禁欲主义、行乞和出家,坚持一夫一妻制,不允许离婚,强调要严格服从政府;没有什么入教仪式,任何人都可以成为该教信徒;戒绝麻醉剂和酒或可能影响精神的任何物质……正是由于该教的宽容性,到 20 世纪初已具有世界规模,在非洲、土耳其、高加索一带、印度、缅甸、埃及、苏丹、远东、澳大利亚和美国、东南亚及太平洋地区都有很多信徒;在中国台湾地区,该教被称为大同教,这是由于它提倡世界大同的思想。到 1992 年,巴哈伊教已拥有 600 多万虔诚信徒,近年来在美国的势力发展很快。[①]

① 参见宗教研究中心编:《世界宗教总览》,东方出版社 1996 年版,第 80 页。

当代主要新兴宗教的基本状况与趋势（节选）*

何希泉

"巴哈伊教"创立于 19 世纪中叶的伊朗，由伊斯兰教派生出的巴布教分离而成，创始者为侯赛因·阿里（1817～1892），被信徒们称为"巴哈安拉"（Bahá'u'lláh，意为"安拉的光辉"），"巴哈伊教"由此而得名。"巴哈伊教"的创立和发展过程充满坎坷，侯赛因曾屡遭迫害，后期被逐出伊朗，于是在土耳其、伊拉克等国家游动传教，晚年定居于巴勒斯坦的阿卡城，后来在这里病逝。"巴哈伊教"主张，主宰世界的至高无上的神（上帝、真主、佛）是统一的，不同的宗教实质上是同源的，而分为不同民族、居住在不同地区的人类实属一家，主张宽容异教，废除圣战，建立统一的"正义国家"，实现全世界和平。"巴哈伊教"在 20 世纪发展得很快，到 60 年代时在全世界的信徒已达到了 40 万；到 90 年代时有 500 多万名信徒分布在世界各地的 230 多个国家和地区中。"巴哈伊教"的最高管理机构叫"世界正义院"（Universal House of Justice），本部设在以色列的海法市。"巴哈伊教"还在 160 多个国家和地区设有"总灵体会"，在全世界设有 2 万多个"分灵体会"，并专门建立有 10 万多个信徒团体的聚居中心。①

* 原载李俊清主编：《传承与创新：当代公共管理理论与前沿问题研究》，人民出版社 2009 年版。

① 参见曹春宁：《浅析新兴宗教及其趋向》，载《宗教学研究》2001 年第 2 期。

新兴宗教研究(节选)*

卓新平

在对美国新兴宗教的研究中,则以对巴哈伊教的研究最为深入、全面。中国学术界的这一研究在20世纪初就已开始,在20世纪末则达到高潮。1949年之前,1924年1月《国民日报》、《上海时报》曾对美国巴哈伊信徒玛莎·路特在华活动作过报道,相关文章有:《什么是巴海运动?》(1930)、《巴哈伊教的卓越贡献》(1932)、《新时代之大同教》(1933)等;1978年以来的相关描述或研究论文则包括沈青的《巴哈教今昔》(1985),车宁慈的《“二十世纪的泰姬陵”——莲花宫》(1987),宫静的《访印见闻——宗教信仰的现状》(1989),张皆正的《纯洁的巴赫伊教礼拜堂》(1990),陈耀庭的《一种产生中东,流行世界的新兴宗教——巴哈伊教》(1990),闵家胤的《马克思主义,巴哈伊教和一般进化论》(1991),牟群的《宗教建筑与现代艺术的合璧——巴哈伊建筑览胜》(1991),李桂玲的《巴哈伊教在台港澳地区的发展及现状》(1995),周燮藩的《美国巴哈伊社团访谈》(1995),傅聚文的《巴哈伊教近年发展的概况与特点》(1995),王佃利的《巴哈伊教的妇女观》(1996),金宜久的《论巴哈教的世界主义》(1997),雷雨田的《孙中山与大同教》(1998),蔡德贵、牟宗艳的《儒学的现代化应从巴哈伊汲取什么?》(1998),吴晓群的《试析巴哈伊信仰的上帝观》(1998),蔡德贵的《对巴哈伊教基本状况之分析》(1999)、《世俗思想的宗教化和宗教世界的世俗化》(1999)、《“天堂”里的“袖珍”大学》(1999)和《东方文化发展的大趋势》(1999),高玉春的《巴哈伊教与中庸之道——兼论儒教的中庸和佛教的中道的关系》(1999),牟宗艳的《孔孟所代表的儒家社会思想与巴哈伊教社会思想之比较》(1999),李-安东尼著、常新译的《和解他者:美国巴哈伊信仰作为基督宗教与伊斯兰教的成功综合》(2000)、《巴哈伊的宗教进步本质观》(2000),简宁的《献给巴哈欧拉》(2000),蔡德贵的《当代新兴宗教——巴哈伊教》(2001)等。此外,李桂玲编著的《台港澳宗教概况》(1996),戴康生主编的《当代新兴宗教》(1999)等都有专章介绍、研究巴哈伊教。这一领域的最新成果则有蔡德贵的专著《当代新兴巴哈伊教研究》和吴云贵主编的《巴哈伊教研究论文集》(第一集),前者为对巴哈伊教的系统勾勒和阐述,后者则收录有中国学者研究巴哈伊教的十多篇论文。此外,山东大学于1996年成立了巴哈伊研究中心,中国社会科学院世界宗教研究所亦于2000年成立了巴哈伊研究中心。关于这一领域研究的概况,蔡德贵撰有《中国近年来的巴哈伊研究》专文,对之加以回顾和概括。

* 原载卓新平主编:《20世纪中国社会科学·宗教学卷》,广东教育出版社2009年版。

人类关系的统治者模式（节选）*

[美]里安·艾斯勒著，程志民译

在霍梅尔的新"道德"秩序中，不仅纵容而且实际上命令暴力扣押美国外交官作为人质，并把伊朗投入反伊拉克的"圣战"中，任何不服从现有政权的人都被宣布为反伊斯兰的罪犯，可以处以监禁、拷打，甚至死刑。既不允许言论自由，也不允许出版自由。任何建立反对党的企图都被污蔑为异端。① 而且在 1983 年，10 名巴哈伊教派妇女，包括伊朗第一位物理学家、一位音乐会女钢琴家、一位护士和三位十几岁的女大学生，因信仰男女平等和组织妇女而获罪，并被公开处死。②

总之，那些总是把强人统治重新强加在妇女和男人头上的人认为，所谓的妇女问题——例如合法的优生自由和平等权——是小问题。事实上，如果我们看一下右派的行动——从美国的新右派到他们在西方和东方的宗教副本——就可以发现，对他们来说，使妇女退回到她们传统的服从地位是一个最优先考虑的问题。③

然而，具有讽刺意味的是，大多数献身于这些理想——如进步、平等与和平——的人仍然看不到"妇女问题"与所要达到的进步的目标之间的联系。对于自由主义者、社会主义者、共产主义者和从中间派到左派的其他人来说，妇女解放是一个次要的或表面的问题——即便涉及这个问题，也要在我们这个地球所面临的"更重要的"问题解决之后。

---

* 原载[美]里安·艾斯勒：《圣杯与剑：我们的历史，我们的未来》，程志民译，社会科学文献出版社 2009 年版。

① 参见布伦纳：《霍梅尔的伊斯兰共和国梦》。

② 参见《妇女国际网络新闻》第 9 期（1983 年秋）。这些信奉男女平等的妇女并不是因她们的信仰而被处死的第一批巴哈伊派教徒。塔希里——建立巴哈教派信仰的巴伯的最初信徒之一——在赴死刑时宣称："只要你们愿意就可以杀死我，但你们无法阻止妇女的解放。"（引自约翰·赫德尔斯顿：《地球只是一个国家》，巴哈出版信托公司 1976 年版，第 154 页）

③ 艾斯勒和洛耶的《开创自由》将深入考察这个问题。

莎河与我*

[加]东方白

告诉我，莎河，到底是东方文明胜过西方文明，还是西方文明胜过东方文明？我听过多少人说："中国文明乃世界之冠"，可是他们却用西方的影印机翻印东方的古书，用西方的钢筋水泥盖东方的佛寺。他们上班不坐东方的轿而坐西方的汽车，他们来外国不坐东方的帆船而坐西方的飞机。其实世界的文明本来就像天边的彩虹，正因为它的多种色彩，才使人惊奇它的雄浑与壮丽。谁能说红色比绿色高贵？谁能说黄色比蓝色纯洁？它们许有定性的不同，我们何必加以定量的比较？

对岸的教堂我都进去过，我不知听过多少牧师与神父说："只有我们的神才是真神，只有我们的宗教才是真正的宗教"，难道众神都如尼采说的"笑死了"吗？我可宁相信百合一(Bahá'í)说的："神只有一位，只因人殊而异相。"听那对岸的钟声！它们声调虽不同，却不都在向世人诉说同一个爱字？看那教堂的尖塔！它们颜色虽不同，却不都指向同一个天空？你可以叫他"耶和华"，他可以叫他"阿拉"，而我宁愿叫他"道"。

告诉我，莎河，人为什么对"此时此地"——这糟糠之妻那么薄情不忠？他们睡在这妻子的怀里却梦着"他时他地"那虚幻的女人。有几个人能擒住"现在"，享受他的"周遭"？多少人活在现在却去伤感逝去的岁月？多少人来到异乡却去感伤离去的故土？我们永远用"此时此地"去感伤"他时他地"，明天又轮到明天的"此时此地"来感伤今天的"他时他地"，我们这样日夜感伤，不是要感伤终老直到步入坟墓？

* 原载袁通麟选编：《海外华文文学读本·散文卷》，暨南大学出版社2009年版。

海法和西加利利的巴哈伊圣地*

舒醒　李红浪　李星主编

中文名称：海法和西加利利的巴哈伊圣地；**英文名称**：Haifa and Bahá'í Holy Places；2008 年第三十二届世界遗产委员会根据世界文化遗产遴选标准 C(Ⅲ)(Ⅵ)列入《世界遗产名录》，编号：1109。

海法位于以色列北部，是以色列第三大城市和最大的港口城市，与非洲、欧洲隔海相望，属于典型的地中海气候。海法是以色列的工业重镇，以色列最重要的几家大型石油化工企业、科技工业中心以及现代工业园均建在此。海法气候宜人，是地中海东岸最重要的旅游胜地之一。

世界遗产委员会评价：海法和西加利利的巴哈伊胜地（以色列）入选的理由是它们体现了巴海浓厚的朝圣传统，以及它们所蕴涵的关于宗教信仰的深刻内涵。这一遗产由分布在阿卡和海法 11 个地方，与宗教创始人有关的 26 座建筑、纪念碑和遗址组成，其中包括位于阿卡的巴哈欧拉圣陵和位于海法的巴伯陵墓，此外，还有房屋、花园、公墓和用作教务行政、档案室和研究中心的大规模新古典主义风格的现代建筑群。

景区介绍

巴哈伊教因它的创立者而得名。伊朗贵族巴哈欧拉于 19 世纪 40 年代创立了该教，他宣扬世界和平、男女平等等观念，认为宗教之间没有分歧、对立。目前在全世界拥有 500 多万信徒，分布在 232 个国家和地区。巴哈伊圣地作为世界上第一个与近代宗教有关的建筑群被列为世界文化遗产。

巴哈欧拉圣陵

巴哈欧拉晚年定居在以色列北部古城阿卡，专心于著述和会见前来觐见的巴哈伊教徒，宗教社团的事务则交由其长子阿巴斯艾芬迪处理。1892 年 5 月 29 日，巴哈欧拉病逝，享年 75 岁，安葬在阿卡城内的巴基（意为“快乐”），巴哈欧拉圣陵现为巴哈伊教国际活动中心之一。

---

* 原载舒醒、李红浪、李星主编：《亚洲世界遗产》，华南理工大学出版社 2009 年版。

巴伯陵寝

这里被视为海法市的标志性建筑。它由加拿大建筑师威廉姆·麦克斯韦尔设计,陵寝的墙壁由意大利大理石砌成,体现了古典罗马建筑风格,还有花岗石石柱和镀金圆顶,圆顶高 40 米,上面覆盖着 14000 片镀金瓦片,显得庄严而高贵。

巴哈伊花园

巴哈伊花园位于海法的卡梅尔山上,是由以巴伯陵寝为核心依山建造的 18 级梯级花园以及世界正义堂、文化研究中心等建筑构成。它是由加拿大籍建筑师法理博·萨巴主持设计和建设的。花园以其苍翠、简洁和对称的波斯风格著称,同时兼具印度和欧洲园林风格。花园从山顶到山脚延伸约 1000 米,垂直高度达 225 米,最大坡度 63 度,台阶两侧遍布绿草、花木及雕塑。巴哈伊花园的工程十分浩大,直到 2001 年才正式完工。目前每年的维护费用大约在 400 万美元。

相关链接

- 海法

与耶路撒冷相比,海法虽然也饱受战火侵扰,但它依然是平静的,阿拉伯人和犹太人基本和平相处,是中东地区难得的和平典范。海法的电影艺术世界闻名,每年秋季在海法举行的国际电影节是中东地区最重要的电影盛会,吸引了越来越多的电影人前往参加。

- 巴哈欧拉

巴哈欧拉(1817～1892 年),出生于伊朗德黑兰。他在 1863 年从现有的伊斯兰教什叶派思想中创建了一种新的教派,而被信徒称为“巴哈欧拉”,意思是“上帝的荣耀”。他的宗派后来成为了巴哈伊教。

修缮前的巴基大厦西面(约摄于 1929 年)

巴基大厦西面入口(摄于 20 世纪 90 年代)

巴哈伊庙*

于彤　刘志刚

德里城一直向东南，在快到达巴哈伊庙的路上，远远可以看见洁白的在地面上盛开的一朵大莲花，巴哈伊庙也因此以“莲花庙”更为人所知。莲花庙的周围是大片的青翠草坪，9个水池环庙而建，看起来莲花就像浮在水上，十分灵动。

莲花庙的里面非常简单，花蕊透进来的天光照亮着整个高阔的空间，在这里你看不到任何神像、繁复的装饰或者寓意着什么的壁画，只有光洁的地板上摆放着的一排排白色大理石长椅。参观者不论信仰哪一宗教都可以坐在这里祈祷，也没有性别限制或者其他禁忌（要脱鞋）。

巴哈伊教

1844年，伊朗人米尔扎·侯赛因·阿里（Mírzá Ḥusayn-'Alí Núrí）创建此教，信徒们称他为巴哈欧拉（Bahá'u'lláh），意思是“真主的光荣”。也是教名的来源。巴哈伊教义的伟大之处，或者说他们有着最美好的理想：世界大同，全人类同是一族，世界上只有一个上帝。他派遣的历代圣使有亚伯拉罕、摩西、佛陀、琐罗亚斯德、基督、穆罕默德和巴孛。

巴哈伊有13条核心教义：

1. 全人类是一个整体；
2. 巴哈伊教徒要独立地寻求真理，不迷信先知和传统；
3. 人类的所有宗教基本思想都是一致的；
4. 所有的宗教、种族、阶级、民族的偏见都应该受到谴责；
5. 宗教和科学应该协调起来；
6. 男女平等；
7. 普及义务教育；
8. 创造普及世界的统一语言；
9. 消灭极端贫困和财富集中；
10. 成立世界最高法庭，解决国家之间纠纷；

* 原载于彤、刘志刚：《不可思议的印度》，广东旅游出版社2009年版。

11. 劳动是一种信仰，消灭游手好闲和无所事事；

12. 正义是人类社会和宗教的最高原则；

13. 人类的最终目的是建立持久普遍的和平。

1948 年，巴哈伊教已被联合国承认。

巴哈伊教徒在全世界仅有 600 多万，但却是世界上分布第二广的宗教（仅次于基督教），出现在 247 个国家和地区，包括 2100 个人种、种族和部落团体。其圣典有 800 种文字翻译。

然而从巴哈伊教成立之初至今，一些国家的教徒们一直受到来自主流宗教和权力的迫害。像 2006 年 12 月 16 日，埃及的最高法院判决政府不承认巴哈伊宗教。

此教也在 1924 年由美国的罗德女士传到中国。当时名为“巴海运动”。约在 20 世纪 30 年代，巴哈伊教传至香港、澳门。1935 年，巴哈伊教在中国又译名“大同教”。1980 年，经过全球华人教徒的一致同意，更名“巴哈伊教”（除台湾仍称“大同教”）。

近现代的伊斯兰教（节选）*

周燮藩

除了现代主义与传统主义的斗争外，这一时期还发生了一系列新的教派运动，成为群众性反帝反封建斗争的主流。这些教派运动反映了两种基本不同的倾向：一是力图恢复早期伊斯兰教的朴素形式，一是要以新的教义来发展伊斯兰教，两者都间接地否定了中世纪占统治地位的教义。兴起于阿拉伯半岛的瓦哈比教派（18世纪中叶），是伊斯兰教内部作出的第一个宗教反应。在因西方资本主义侵入而加深的社会危机中，瓦哈比派提出了“复古”的改革主张，体现了阿拉伯民族情绪的高涨。该派教义在印度等地的传播，以及苏丹的马赫迪运动、北非的赛努西运动等，都卷入了反帝斗争之中，对以后的“宗教复兴”运动留下了深远的影响。伊朗的巴布教派用巴布的《默示录》代替《古兰经》，新的教义在一定程度上反映了商业资产阶级的利益和要求。它的发展酝酿成了一场人民大众反对封建专制主义的起义（1848～1851）。巴布派遭到残酷镇压后，才分化出巴哈教派并衍变为一个新的世界主义宗教——巴哈教。起源于印度的阿赫默迪亚运动，也代表第二种倾向，被一些穆斯林视为“异端”。

* 原载金宜久主编：《伊斯兰教》，中国社会科学出版社2009年版。

伊斯兰教的新兴教派(节选)*

金宜久

伊斯兰教进入近代以来,这种新变化的出现完全是人们对《古兰经》经文的理解和解释有关。根据伊斯兰教的正统观念,它认为,穆罕默德是“先知的封印”(33:40),在他以后不再有先知和使者。然而,在近现代的发展中,为满足人们精神生活的需要,在先知和使者问题上,一些人自称为新先知、新使者,从而导致伊斯兰教内部的新变化,出现了新兴的教派。这向人们提供了三个值得重视的典型事例。

其一,巴哈教派。19 世纪中叶,从波斯伊斯兰教什叶派的谢赫学派教义主张中兴起巴布教派。巴布教派被波斯当局镇压后,从中衍生出巴哈教派。1863 年,巴哈乌拉(1817~1892)自称先知,同时也被他的追随者承认为先知。20 世纪以来,该教派越是得到愈来愈多的不同国籍信徒的拥戴,它也就越是从混合主义方面发展它的教义。随着时间的推移,它很自然地与伊斯兰教决裂并演变为新的世界性宗教——巴哈教(或大同教,有人根据它的译音,称它为“巴哈伊”)。

……

不管巴哈教派(巴哈教)和阿赫默底亚教派如何强调混合主义教义,还是“黑穆斯林”如何排斥异己、坚持信仰,它们有一个共同点,即认为它们的创始人是新先知、新使者,他们带来的是新使命。尽管它们在所在国遭到不同程度的歧视、冷遇或反对,但它们都得到了相当的发展。这同它们的主张适应了信仰者的精神、心理的需要是分不开的;同时,与它们的社团强调互助、互济的做法,也在一定程度上满足了一部分信众现实的物质需要也是分不开的。上述事例表明,伊斯兰教的发展有它自身独特的表现和规律。伊斯兰教在发展过程中发生分化是不可避免的。巴哈教的兴起是它由内而外发生分化的一个例证。“伊斯兰民族”的分裂,以及那些自认为是“穆斯林”而又并非穆斯林的黑人最终真正信仰了伊斯兰教,这是由外而内认同于伊斯兰教的一个例证。阿赫默底亚教派虽受到歧视、反对甚至被视为“异端”,被开除教籍,但他们甘愿孤立,仍坚持伊斯兰的信仰,并不因此而另立新教。这说明它从宗教内部坚持自身独特的信仰。上述事例是伊斯兰世界的现实。伊斯兰教在近现代以来提供的这三个事例是否具有普遍意义,有待于它的主客观条件今后的发展与变化,目前尚难以断言;可是,这些事例本身所说明的问题是其他世界宗教还未能提供的。其独特的意义也正在此。

* 原载金宜久主编:《伊斯兰教》,中国社会科学出版社 2009 年版。

伊斯兰教的社会运动（节选）*

金宜久

就宗教性和政治性的社会运动而言，通常采取两种不同的形式。它或是自上而下的由当政者出面组织、领导的社会运动；或是自下而上的由教派或是社团组织发动、领导并反对当政者的社会运动。不管它采取何种方式，大致有以下几种不同的模式。

其一，以先知的面目出现的社会运动。前述的19世纪下半叶以来巴哈教派运动、阿赫默底亚教派运动以及20世纪30～70年代中叶美国黑人穆斯林运动（"伊斯兰民族"）等，即属此。

其二，以"圣裔"、马赫迪（或救世主）和巴布（原义为"门"，这里有引导世人到达真理之境的"代理"的意义）名义出现的社会运动。如中世纪还权给先知家族的合法主义运动、北非的穆拉比特运动和穆瓦希德运动，19世纪的苏丹马赫迪运动、波斯的巴布教派运动。1979年麦加清真寺事件和1980年尼日利亚卡诺事件中的马赫迪再世等，就采用了这类名义。

* 原载金宜久主编：《伊斯兰教》，中国社会科学出版社2009年版。

《辞海》中相关词条*

夏征农　陈至立主编

巴布教派(Bábí)　近代伊斯兰教派别。19 世纪中叶伊朗人赛义德·阿里·穆罕默德(Siyyid 'Alí Muḥammad,1819~1850)所创。1844 年阿里利用什叶派关于马赫迪"救世主"的信仰,自称"巴布"(阿拉伯语和波斯语 Báb 的音译,意为"门"),是信徒通往"救世主"的门。1845 年阿里自称为新的先知,提出伊斯兰教先知穆罕默德的时期已经逝去,《古兰经》和教法都已陈旧,须代之以巴布的《默示录》。主张财产公有,男女平等,简化或修订伊斯兰教宗教仪规和刑罚制度。该教派得到下层群众的拥护。1847 年阿里被捕后,在下层阿訇和商人领导下,1848 年起在马赞德兰、津章和尼里士等地发动起义,都遭镇压。阿里在 1850 年被处死。后教派分裂,1863 年巴布门徒米尔扎·侯赛因·阿里(Mírzá Ḥusayn-'Alí Núrí, 1817~1892)宣称自己是巴哈欧拉(意为"上帝的荣耀"),建立巴哈派。此派于 1981 年宣布脱离伊斯兰教,称"巴哈伊教"。

巴布教徒起义　见"巴布教派"。

巴哈伊教(Bahá'í Faith)　亦译"大同教"。1863 年伊朗贵族米尔扎·侯赛因·阿里(Mírzá Ḥusayn-'Alí Núrí,1817~1892)自称"巴哈欧拉"(意为"上帝的荣耀"),在巴格达宣称受命为上帝新使者,建立"巴哈派"。1981 年正式脱离伊斯兰教而创立。早期受伊朗当局迫害。20 世纪 60 年代已传播到世界众多国家和地区。教务机构名"灵体会",专门活动场所称"灵曦堂"。核心教旨为:上帝唯一,宗教同源,人类一家。鼓励教徒积极参与社会生活,为人类服务,努力实现天下一家、世界大同。没有专职教士,不强调崇拜礼仪。经典主要是历代教主的著作,如《确信经》(基本教义)、《至圣经》(戒律集)、《隐言经》(修身警语)等。

* 夏征农、陈至立主编:《辞海》,上海辞书出版社 2009 年版。

《宗教词典》(修订本)中相关介绍*

任继愈主编

巴哈教(Bahá'í Faith)　世界新兴宗教。亦称"巴哈伊"、"巴哈信仰"、"巴哈社团"、"巴哈伊教"、"博爱社"、"大同教"等。源自伊斯兰教十叶派十二伊玛目派的巴布教派。其创始人米尔扎·侯赛因·阿里(Mírzá Ḥusayn-'Alí Núrí, 1817～1892),出身于波斯(今伊朗)的名门贵族,1844年开始追随当时极其活跃的巴布教派,系它的重要成员。1850年巴布被当局杀害,巴布教派受到波斯当局镇压。米尔扎·侯赛因·阿里成为巴布教派的领袖之一。1852年因参与反波斯国王的活动而被捕入狱。他获释后,在被流放到巴格达期间,部分信徒跟从他到巴格达。巴布教派内部发生争夺领导权的斗争后,其追随者日众,影响日增,被再次放逐到土耳其的伊斯坦布尔(以后又放逐到阿得里亚堡[Adrianople]和阿卡['Akká],今以色列的海法附近)。1863年4月,他在离开巴格达前,宣称自己受命为"巴哈乌拉"(或"巴哈欧拉",Bahá'u'lláh。Bahá'í的原义为"光辉的"、"荣耀的"。故该词有"主的光辉"或"主的荣耀"之义),即巴布预言的"真主应许要来的人"、"真主的显圣者"。此后,巴布教派发生分化,形成以他为首的巴哈教派。最初,他的追随者仅限于波斯境内的和随同他流放国外的民众,以后,随着他的信徒向欧美等国家的迁移,他的影响扩大到欧美一些国家。对他的监控放松后,他于1877年6月离开阿卡监禁地,先后迁入玛兹洛伊庄园和"巴基"(Bahjí)宅第。他通过书写信件向欧美一些国家的知名人士宣教布道,同时指定他的长子阿布杜·巴哈('Abdu'l-Bahá, 1844～1921)为他的继承人和他的思想和著作的阐释者。1911～1913年,阿布杜·巴哈应欧美各地巴哈社团之邀,赴各国传播巴哈的主张和思想,随后在欧美和澳大利亚发展大批信徒,经过阿布杜·巴哈和他的长女之子沙基·爱芬迪(Shoghi Effendi, 1897～1957)的宣教活动,终于使巴哈教派逐渐演变为独立的世界性宗教——通称"巴哈教"。"巴哈乌拉"制定的12条原则成为该教的基本教义和社会主张。包括信仰"上帝独一"、"宗教一源"、"人类一体",世界各大宗教的使者均为上帝于不同时期派遣人间传播宗教使命的"圣显",主张男女平等、消除一切偏见、普及教育、忠于所在地的政府、使用世界语、独立研究真理、解决经济问题(消除贫富差别)、建立社会正义等。系"无教士的宗教"。教徒祈祷前应举行洗沐仪式。基本宗教仪式有义务祈祷、斋戒、朝圣和缴纳所得税(即收入的1/10)。主张视工作为崇拜,教徒应传播上帝事业、发展信徒,禁戒烟酒、偷盗、通奸、谋杀、多妻,不参与政治活动,并应遵守圣日的有关活动。仿效巴布教派的有关教历(每年分为19个月,每月19日的年历),主要节目有"雷兹万节"、"诺露兹节"(即新年)等。除奉巴布的《默示录》为神圣经典外,还奉"巴哈乌拉"的有

* 原载任继愈主编:《宗教词典》(修订本),上海辞书出版社2009年版。

关著作(如《隐言经》、《意纲经》、《亚达经》、《七谷经》等)为神圣经典。阿布杜·巴哈和沙基·爱芬迪的著作在教内具有显要地位。20 世纪 20 年代,该教教义与有关著作经由北洋政府驻伦敦总领事曹云祥介绍到中国。1931 年,曹曾译该教著作为汉文(如《已答之问题》、《新时代之大同教》等),并称该教为"大同教"。1937 年廖崇真译有《大同隐言经》,1973 年曹开敏亦译有《大同隐言经》并公开出版。1963 年该教成立最高权力机构(国际社团,或中央教会)——世界正义院(院址在海法[Haifa]),被联合国委任为经济与社会委员会咨询机构。世界范围内约有 600 万信徒(1996),地方灵体会 18000 个(1991),国家或地区的总灵体会 165 个。1954 年苏格曼夫妇于台南创立"巴哈伊中心",该教随后在台湾发展迅速;目前,在大陆也有该教信徒的活动。

灵性的芬芳*

燕 燕

天色渐晚，窗外刮着北风夹杂着雪粒。我点了一份烧制得难以下咽的东西打发晚餐。看着窗外烦恼的天气，思索明天尽早完成采访计划——尽快离开这个天冷服务态度更冷的旅馆。这时，寂寥的小饭店到了快要打烊的时刻，服务员开始无精打采地架椅子扫地。进来了一个年轻人，风尘仆仆满身寒气，身背着巨大的背囊。他显得极度疲劳，步履蹒跚地坐在我旁边的桌子前开始点菜，我注意到他点的全是素菜，但是，服务员冷淡地告知，没了。要下班了！还有什么？只有面条！那就来碗面条，热乎就行！他是浓重的南方口音，戴着眼镜，乱蓬蓬的头发，深色羽绒衣加上旅游鞋，很像个大学生。从装束上看，可能是来此地旅游的过客。

稀里哗啦地开始吃并不热乎的面条，他开始剧烈地咳嗽，肺腑发出了可怕的空洞的回声，然后，他感觉好像是生怕声音惊动了周围就餐的客人，不好意思地用餐巾纸捂住自己的嘴，屏住生理反应的痛处。他轻声问一个好奇看他的服务员："小姐，请问哪里能买到……感冒药?"服务员漠然地摇头说药店早关门了。他的脸上露出了无助与无奈的神情，又打听登记住宿的情况。出门在外，我不忍看作为旅人的他那痛苦状，从包裹中拿出了自备的感冒药，递给了他。他愣了一下，初次打量着邻桌的我，有些惶惑。我主动说："别客气，你用吧。"他有些不安地致谢，打算付钱给我，我拒绝了他。他歉意地说："我好像有些发烧……那我不客气了噢，我吃了。"接下来我们随意聊天，他告诉我他名叫子鸿，是到这里看古长城断壁残垣的，"山上没有一个人，很荒漠很怀旧有一种残缺美，我在山上冻了一夜。"果然是个出惊捣怪的旅游爱好者。

我帮助他登记住房的时候，看到了他的护照，才知道他有个洋名字，是个"外国人"。他喜欢随遇而安地住宿在途中的小旅店，还习惯于沿途施舍穷人……

后来，他经常寄给我一些他在世界各地旅游后的文章和照片。他还是个巴哈伊教徒，是我认识的华人中唯一一个为了信仰生活的人。他总是利用休假自助式旅游，住价格最低的旅店，接触最底层的劳苦民众，触摸最古老最原始的民族文化遗迹，关注世界各地的人权问题和环保现状。他的文章中更多的是他孩童般看待世界的眼光和观念，充满了灵性的美丽……

认识他和他太太之前，我孤陋寡闻地对"巴哈伊"这个世界性宗教一无所知。

我的教育结构与人生感受中没有"宗教体验"，没有他们所体验的无限宁静。我的精神品质是不是有所残缺？尽管我也经常面对浩渺无边的天宇沉思叹喟，幡然悔悟人性的渺小与欠缺。但我怎么

* 原载燕燕：《女人独自上路》，中国妇女出版社 2009 年版。

没有承纳神灵于自身的自觉？我有对于面对“高尚”下跪的虔敬感，对所有催人肠断的人类痛苦的敏感，为苦难悲悯流泪的同情心，对毁灭的恐惧——我都有，我是懂得爱与恨的人。

在遇到他们之前，我一直以为自己是个理想主义者，现在，我惶惑。我的理想主义的土地是否需要重新耕耘？

可是，他们的根也是中国人。黄皮肤，黑眼睛，只不过是移植到海外的土地上的细小分支。

人类历史告诉我们：人若没有对某种不可摧毁的东西持续不断的信仰，便不可能活下去。我小心翼翼地了解朋友们的宗教信仰，观察他们。

俄罗斯大文豪托尔斯泰曾这样写道：“巴布的教义必定有个伟大的将来……我全心全意地同情巴布教，因为它教导兄弟之情以及平等的原则，也教导牺牲物质的生命为上苍服务……”

简明大不列颠百科全书每年都统计一张各宗教人口表，全球现有550多万巴哈伊。在200多个国家有团体，地理分布上仅次于基督教。创立巴哈教的“巴哈欧拉”1817年生，原是波斯贵族，原名侯赛因·阿里，19世纪40年代以“穷人之父”闻名。他原来是伊斯兰教什叶派信徒，与巴布教领袖阿里·默海摩德即巴布结成联盟。1850年波斯政府以叛逆罪将巴布处死，又将他赤足戴枷送进监狱，后历经长达四十多年流放，监禁受迫害的生活。他在苦难岁月将教派教义发展成为内容广泛的学说，主张万数归一，天下皆为兄弟。他强调社会伦理，不重宗教仪式，主张废除种族的、阶级的以及宗教的偏见。他们谴责一切迷信和偏见，强调宗教的目的在于友爱与和谐，它必须与科学协调，提倡独立探寻真理，促进人类和平与进步、提倡男女平等、重视教育、消除贫富差别、禁止奴役酷刑行乞以及出家、(提倡)一夫一妻制、强调服从政府、推崇服务精神……这个宗教区别于其他的还有：本质的超自然、国家、完全非政治性非集团性，绝对反对种族歧视；没有神权、没有牧师、没有宗教仪式、全赖教友的自由捐助和义务服役来维持。现在，巴哈伊教的世界中心设在以色列的海法，1987年还获得过联合国授予的“和平使者”勋章。

在整个西方哲学思想史中，上帝、自然与人以及这三者的关系，一直是讨论的中心课题。人可以没有宗教，但是不能没有信仰。西方一大批著名自然科学家和艺术家的信仰，是对大自然和谐、美丽、庄严秩序的由衷赞叹。爱因斯坦的宗教观也是他终生求索宇宙之奥秘，析天地之美，达万物之理不可穷竭的源泉。

我的学识浅薄，无法体悟子鸿夫妻所信仰的深度。然而，“哲学原就是怀着一种乡愁的冲动到处去寻找家园”，人类在精神上的寻觅是共同的。“何处是归程？长亭更短亭”不可名状的苍茫寂寥在心灵萦绕不止……至少，我对他们为人立世的态度，那种格外重视无私“服务社会和他人”这一点很赞赏，与我们自小受到的教育“为人民服务”异曲同工。

滚滚红尘，人的本性、情志、素养与情感教育、爱心滋润，真善美的熏陶那么重要啊！应当与山川明月，草叶沙砾与人类同在。

子鸿与瑞芬夫妇就是这样热心助人。一个身高仅有1.69米、体重不到60公斤的30岁男子，长期生活在瑞士、新加坡，中国香港、澳门等地的华裔白领，竟然在成年后8次无偿献血，这个事实也许让人觉得不可思议，也感到惊讶(在我的经历中前无古人)。当我再听说他们作为工薪阶层却经常捐款捐物救助贫寒人家的故事，还有志愿参加许多公益活动的那种不可遏止的热情，更让我深深地感动。我说他们是外国的“活雷锋”恐怕是有过之而无不及。子鸿的父亲是个移民马来西亚的农场主，他自小受的是东西方两种文化的教育，在新加坡完成了学业，到瑞士读过饭店管理专业“MBA”，按说经济收入完全有能力过上白领阶层的舒服悠闲生活。子鸿夫妇工作敬业，家庭生活除了日常必需品外，没有豪宅、汽车、名牌衣物，日子俭朴而快乐，业余时间全部用于服务社会，节余的钱都捐献给了慈善事业。他们与我在国内见到的许多同龄青年人生存状态具有很大反差：对物质与名利的淡漠！

烦嚣世事，难觅云高风清的淡泊。

瘦弱的子鸿像个永动机，不知疲倦地总在为了社会公益事业奔忙着，他在信上说："若没有一个高层次的灵性世界让我们向往，人生奋斗努力的意义未免太无价值了！我相信人的灵性是不灭的。生活越苦难，考验越多，灵性的发展也越成熟。人也越能从灵性中散发出芬芳……一个人不需要拥有很多物质、财势、地位，真正的价值在内心的崇高，驻有永恒不变的力量。"

他们在绮丽浮躁的风尚里，自有定力，潜于心悟与体验。他们积极进取，格外关心现实社会生活的一切，看到内地报纸上反映的社会上的钱权交易等腐败现象和社会道德滑坡暴露出许多人性丑陋的事情，他们痛心疾首，那种正义感和社会责任感实在令人感慨。他总爱与我讨论不休，他在信上说："信仰是全世界的金钥匙，唯有它才能开启潜伏在每个人内心的灵性潜能；唯有它才能帮助我们发挥最多的潜力。没有高尚，人类将会成为停留在本性和文化环境的俘虏，只滞留于那些与躯体生存相关的品性上。假如没有神圣指引，贪婪、自私、不诚实、腐败等就不可避免。"

热血青年的所有秉性都体现在了这个在国外长大的人身上，他活得很纯净，也很平凡，但在平凡中那种不懈追求，散发着灵性的芬芳，也默默激励着远方的朋友……

宗教大历史*

[法]让·德吕莫　萨比娜·梅尔基奥尔-博内著，余磊译

今天，尤其是在西方，人们发现传统宗教受到质疑，方位标记模糊不清，但同时也看到了"一种新的宗教因素"、一种以多个要素的并列为特征的"灵性的觉醒"，这些要素有时来自不同的传统。因此人们把这种现象称为"拼凑组装"、"自选宗教"、从"宗教超市"里买来的各种要素中得出的诸说混合。但什么是"诸说混合"呢？该词在这里表示两种或多种宗教体系的融合。古希腊—罗马文化接纳埃及和波斯的诸神。这些神中包括密特拉，笃信他的人们希望能从他那里获得永生。犹太教徒、基督教徒和伊斯兰教徒对于唯一的神的信仰使他们拒绝这些混合。然而从 16 世纪起，欧洲人开始在欧洲之外扩张，从而引起了基督教外表掩盖下的非洲传统宗教信仰的出现，这种现象尤其发生在被运往美洲的奴隶们身上。随后进一步产生了真正诸说混合的宗教信仰，例如当代巴西的乌姆邦达教，它把基督教的三位一体和圣人与非洲的神灵融合在一起。

两个世纪以来的国际化进程使地球上的各大宗教之间有了越来越多的联系。逝世于 1886 年的婆罗门罗摩克里希纳从他的神秘主义体验中获得了所有宗教统一的信心。1893 年，第一届世界宗教大会借世博会之机在芝加哥召开。在同一时期，"普世信仰"或称巴哈伊教开始传播，这种信仰产生自一名在 1850 年被处死的伊朗人巴布及其后继者先知巴哈欧拉①的宣讲。巴哈欧拉的后人将巴哈伊教信仰传到了美洲和欧洲。该教派得到了联合国的承认，是当代新宗教的典型。② 它的 500 信徒崇拜摩西、佛陀、耶稣和穆罕默德，思考《讨拉特》、《圣经》、《薄伽梵歌》和《古兰经》，并声称作为神的独一性的写照，人类种族的单一将导致所有一神教一致的结果。

对世界各族人民的号召

……

哦，你们，世界各族的人民，神的宗教认爱与团结为目标；莫使之成为敌对和冲突的缘由……

我们衷心希望巴哈的人民永远信奉如下圣言：

"看啊！万物皆源于神。"

这句极为光辉的话语，如同骤雨一般，熄灭了笼罩于人心与意识中的仇恨与怨憎之火。通过这

---

* 原载[法]让·德吕莫、萨比娜·梅尔基奥尔-博内：《宗教大历史》，余磊译，上海三联书店 2009 年版。

① 原名米尔扎·侯赛因·阿里，后被巴哈伊教信徒称为"巴哈欧拉"，意为"真主的光荣"。

② 巴哈伊教原是伊斯兰教什叶派的一个教派，但其教义发展脱离了伊斯兰教的观点，形成了一种新的宗教。

独一无二的话语,世界各教派实现了真正团结的光明。

巴哈欧拉,1817～1892,

引自J.-L.埃塞尔蒙,《巴哈欧拉与新纪元》,

巴哈伊教国际委员会,日内瓦

《中国大百科全书》(第 2 版)中相关介绍*

中国大百科总编辑委员会主编

巴哈伊教 新兴的世界宗教,旧称大同教,又译巴哈教、巴海教等。

19 世纪中叶兴起于伊朗,初创时期系由巴布派中分化而来。巴布派创始人阿里·穆罕默德是什叶派伊斯兰教的支派十二伊玛目派的一名学派领袖,是巴哈伊教的先驱。而直接创始人米尔扎·侯赛因·阿里,后称巴哈乌拉(意为上帝的荣耀),是阿里·穆罕默德的门徒。阿里·穆罕默德被推举为谢赫学派首领后,于 1844 年宣称自己是人类与执行天意的伊玛目之间的"门"(巴布),并开始公开宣教。巴布派的传播及引发的起义,遭到卡扎尔王朝的镇压,巴布本人于 1847 年被捕,1850 年遭杀害。侯赛因·阿里出身贵族,因积极参与并资助巴布派的活动而遭迫害,家产被全部没收,本人则两次入狱,最后全家被逐出伊朗。流放期间,他放弃巴布派关于社会改革的激进主张,成为多数派领袖。1863 年,他在巴格达宣布他就是巴布预言的"真主应许的显现者",即他已受命为使者,从而为新的信仰奠定基础。追随者尊称他为巴哈乌拉,该教自此得名。追随者最初仅限于伊朗及西亚各地。1891 年巴哈乌拉指定长子阿布杜·巴哈为其思想和著作的阐释者后,该教在欧美及澳大利亚等地得到传播和发展。1921 年再经阿布杜·巴哈的外孙绍基·埃芬迪的宣教活动,终使该教演化为独立的世界规模的新兴宗教。1963 年该教最高教务行政机构世界正义院的建立,标志着该教进入了成熟的发展阶段。20 世纪 50～80 年代,是该教发展最为迅速的时期。

巴哈伊教的基本教旨为:上帝独一、宗教同源、人类一家。该教认为,各大传统宗教均为上帝在不同时期不同地区降示的启示,是人类整体发展不同阶段的"灵性显现",但巴哈伊教是最新阶段的宗教。各大宗教的创始人都是传达上帝意志的显圣者,来自同一个神圣源泉而只是时代不同,巴哈乌拉则是最新的一位显圣者。巴哈乌拉的使命和该教的宗旨是建立世界大同的太平盛世。该教提倡排除一切偏见、确保男女平等、消除贫富悬殊、建立世界联邦、普及义务教育、使用世界语言,主张独立寻求真理、宗教与科学的追求是殊途同归。在目前则要求消灭战争,实现人类团结和和平,建立新世界秩序。

巴哈伊教奉巴布的《默示录》和巴哈乌拉的《隐言经》、《笃信之道》、《至圣书》、《七谷书简》,以及阿布杜·巴哈和绍基·埃芬迪对其的释义为该教经典。巴哈伊教没有公共的宗教礼仪和圣礼,也没有私人的祭祀仪式。基本的宗教义务有:在教历每月初,即每 19 天聚会一次,称"十九日灵宴会";每

* 原载中国大百科总编辑委员会编:《中国大百科全书》,中国大百科全书出版社 2009 年版。

年的阿拉月从日出到日落斋戒 19 日(3 月 2～20 日);禁戒烟酒,但反对出家和禁欲;每日的义务祈祷,个人私下进行。此外,《至圣书》中对遗产继承、19%的财产税等有具体规定。这些数量众多的律法及道德规范,至今只有在东方生活的教徒遵行。强调男女平等,服从当地政府,不参与政治活动等,以及倡导科学和艺术,重视道德规范。巴哈伊教的教务体制由两部分组成:一是经选举产生的地方、国家灵体会和世界正义院,对宗教事务的管理有决定权;另一部分是由圣辅、洲际顾问及其助理组成的训导体制,其职责是勉励和训导,在实际工作中服从教务行政体制。

巴哈伊教从 20 世纪 20 年代起开始传入中国。清华大学校长曹云祥称该教为大同教。1931 年后,他将《新时代之大同教》、《亚卜图博爱之箴言》、《笃信之道》、《已答之问题》陆续译成中文。1937 年还有廖崇真译的《大同隐言经》。1973 年后,曹开敏译有《大同教隐言经》,梅寿鸿译有《亚格达斯经律法纲要》,并公开出版。

21 世纪初,该教约有信徒 600 万,分布在 190 个国家与 45 个地区,地方灵体会有 2 万多个,国家或地区性灵体会有 175 个,信徒居住中心则多达 10 万个。

巴哈乌拉 Bahá'u'lláh(1817～1892) 巴哈伊教创始人,又译巴哈欧拉。原名米尔扎·侯赛因·阿里(Mírzá Ḥusayn-'Alí Núrí)。生于德黑兰,卒于巴勒斯坦阿卡(今在以色列)。波斯贵族出身,系波斯萨珊王朝王室后裔。其父是伊朗卡扎尔王朝官员。1844 年,追随巴布派领袖阿里·穆罕默德。1850 年巴布派起义失败后,称为巴布派领袖之一。1852 年因涉嫌刺杀国王被囚禁希雅查尔监狱。1853 年全家被放逐至巴格达。1854 年作为"流浪的达尔维希"有过两年的苏非生活。在信徒中影响日增。1863 年 4 月 21 日,在离开巴格达前宣告他就是巴布预言的"圣使者"。1863～1868 年间,先后被放逐于伊斯坦布尔、埃迪尔内和阿卡。

广厦:中国与新世界秩序研究*

[加]乔卡特著,石沉译

写在前面

我们所在的社会正在从家族、部落、国家逐步演化到达一个世界共同体。无论是否意识到,我们都在为创造这一全球大家庭而努力着。

全球化标志着我们已经开始进入人类向往已久的成熟阶段。

这已经不再是一个梦想。实际上,人类社会是否能健康生存下去,取决于我们是否能建立一个世界新秩序。

如果中国在创造物质、文化和精神方面都有着丰富的潜在资源,那么深入全面理解中国的成熟过程与潜在贡献就是很重要的,它会有益于我们面对人类向成熟期发展所遇到的挑战。

这样一个画面呈现在大家面前:当我们对现代化的定义越多地包含了对精神发展的重视(不仅仅着重于物质发展),中国对此的潜在贡献就越明显。

本书包含了我本人的一些想法,同时汇集了他人对这个题目的论述。我希望本书与我们置身其中的生活一样,日后还有机会不断地丰富、修正和完善之。

人类的成熟

1.1　一个全球性的过程

在人类成熟的图表(见图 1)中,我们可以看到世界的各大文明如同道道河川,汇聚于同一海洋。它们相对隔绝地流淌了数世纪,历经一个创建国家时期,之后便是近年来的飞速全球化。各文明交汇合流的同时,人类登上了社会演进的阶梯。社会单位已从家庭,演进到部落、城邦、国家,最后则暗示着列国一家。

在各种地域文明的影响下,社会发展的这些阶段展现在世界的不同地区。从家庭、城邦发展到

* 原载[加]乔卡特:《广厦:中国与新世界秩序研究》,石沉译,中国工人出版社 2009 年版。文中图表序列有改动。

国家的每一步，都提高而非减损了个人的能力。前进的每一步，都为身处其中的个人扩大了机会，这些机会让人类精神得以表现，并将人类精神移植到越来越大的“园地”，直至我们达到了这一巅峰：觉悟到我们的一体性。现在，我们的视线第一次越过同一片水域而彼此相望，带着我们全部的集体经验和文化财富的广博遗产，以供相互探究利用。第一次，你的世界和我的世界融合为我们的世界。

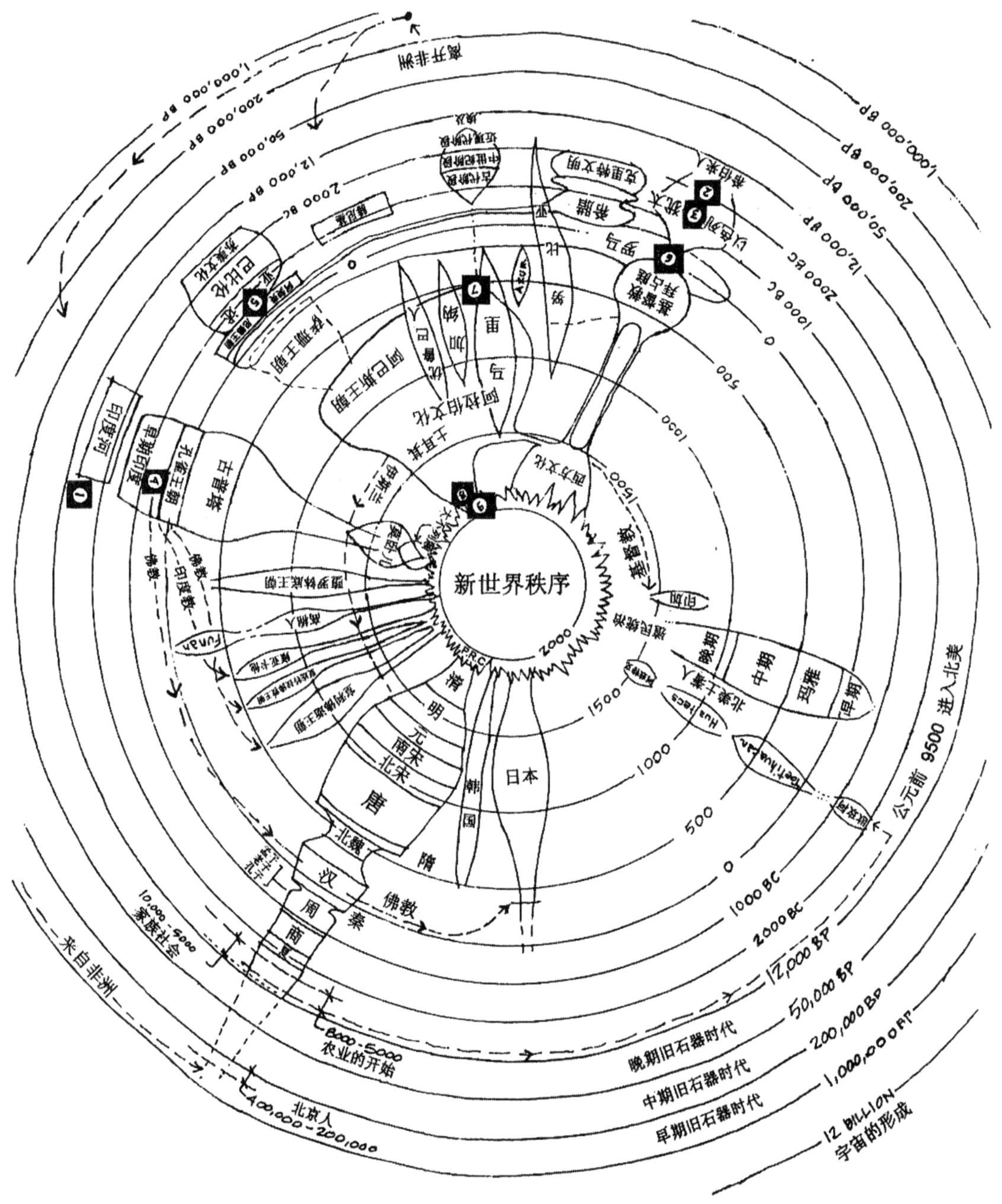

图 1　人类的成熟图表。在 2000 年的光环大致代表着 254 个国家以及国家的独立日。数字代表各宗教的开始：1. 印度教　2. 塞宾教　3. 摩西　4. 释迦牟尼　5. 琐罗亚斯德　6. 耶稣　7. 穆罕默德　8. 巴孛　9. 巴哈欧拉

这种现象背后是什么力量在发挥作用呢?

英国历史学家阿诺德·汤因比(Arnold J. Toynbee)将文明指认为一个过程,一种进取。

……来开创一种社会状态,可让人类全体都能和谐地共同生活,有如一个包容全体的大家庭的成员。我相信,这是迄今所有文明,即便不是自觉地,也是在无意中一直朝向的目标。①

巴哈伊信仰的宗教领袖②阿博都·巴哈(1844~1921),把人类的成长过程比作个人的成熟过程。他说人类已走过了童年和青年的集体阶段,现在正进入期待已久的成熟阶段。每一阶段都划定了社会群体的边界,及合作互助的边界。而今这些边界已扩至整个星球。它们描绘出我们集体成熟的轨迹:我们社会的幼年、童年期,和当前从青春期的国家、宗教及种族对抗向成年期的过渡。我们现在必须获取"新的道德标准,和新的能力",以适应我们新的普遍状况——一个包容全体的大家庭。

一切造物皆有其成熟的阶段或时期。一棵树的生命中的成熟期,是其结果之时。……动物则是达到完全长大的阶段,而在人类王国中,当理智之光获得极致发展并达到最大能力时,人乃臻于成熟……类似地,人类的集体生活亦分阶段和时期。一时,它在经历童年阶段,一时经历青年时期,而今它已进入预示已久的成熟状态,其迹象处处可见……适用于人类历史早期之所需的,既不符合也不能满足今日这崭新而圆满的时期之要求。人类已从先前的局限状态和初步训练中破茧而出。现在,人必须拥有新的道德标准,新的能力。人在青年阶段所拥有的能力和品格今天已不能满足其成熟期的需求了。③

罗马俱乐部前主席欧文·拉兹洛(Ervin Laszlo)说,从进化的观点看,世界作为一个系统,正在迈向更高级的组织秩序,迈向一个全球社会,一个各国协同合作的"大型综合体"。并且,除了像美国、前苏联和中国,这些他称之为"综合体社会"的几个人口和疆土足够多的国家以外,"几乎没有哪个社会发展到了足以独立自治的程度"。

虽然专业型的经济体制当中有几个,像新加坡、韩国等等,设法为自身找到了能够赢利的小生境,但多数的专门型经济体制——即约有120个第三世界国家,既无大量贵重的自然资源储备,又未掌握发达的科技基础设施——发现自身的境况日益难以为继。

着手向下一阶段,一个超国界的社会演进,正是国家自身利益所在。④

戈尔巴乔夫赞同此观点,他说:

在世界如此相互联系之时,还将国家利益摆在世界难题之上,实在是短视之举。⑤

虽然中国是一个相对自治的"综合体"社会,并且其在全球觉醒的早期经受了一个世纪的帝国主义剥削,其领导人仍然说:

没有一个世界政府,国家间的战争就不可避免,此说毫不为过。设立中央政府将是人类的一大进步。有了这样的政府,一个国家的内部秩序就能得以维护。因此没有世界政府,当今的世界便没有秩序。(意译)⑥

由此我们可以得出结论:我们一直都在参与着集体成熟的过程;一个我们刚刚觉察到的过程。

---

① Arnold Toynbee, *A Study of History*, abridged one-volume edition, p. 44.

② 原书为"波斯的先知和作家",应著者乔卡特要求修改为"巴哈伊信仰的宗教领袖"。——编者注

③ 'Abdu'l-Bahá, *Foundations of World Unity*, Wilmette, Bahá'í Publishing Trust, 1968, p. 9.

④ Ervin Laszlo, *The Grand Synthesis*, pp. 137-139.

⑤ Gorbachev, Associated Press, Sat May 8, 9:31 PM E. T.

⑥ Yan Xue Tong, "China Institute Of Contemporary International Relations", quoted in *China Daily* editorial, July 28, 1999.

我们正在参与的有机过程中，一个复杂系统的各种元素极力要组成一个和谐的整体——没有这一整体，各个部分就不能恰当地运作，甚至无法生存。我们正进入成长的必经阶段，一个全球化的动荡时期，社会、政治和精神成熟的前奏。我们可以把人类在文明及其相应信仰体系方面的数世纪的实验，看作是一个训练过程，一个漫长而缓慢的对人类品格的教化，它表现为一个不断前进的文明。

一个全球社会的创建，至少从贸易、交通和通信方面来说，已然在我们眼前展现。

在这幸运的世纪中出现的科学技术进步，预示着地球上社会向前演进的澎湃大潮，并指出了人类的实际问题可能得以解决的手段。确实，科技进步恰好为大同世界的复杂生活提供了管理工具。[①]

1500～1840

陆地马车和海上帆船的最快平均速度为 10 mph

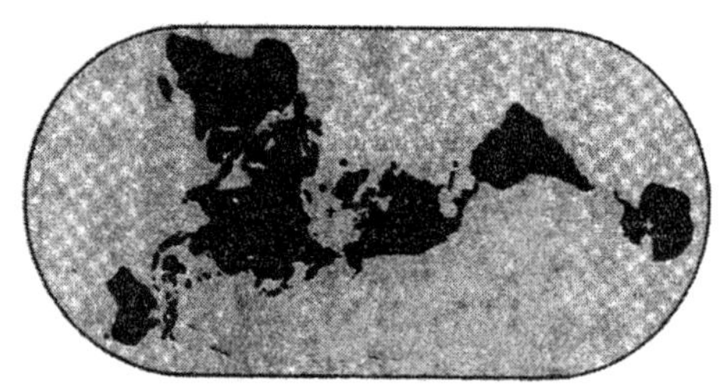

1850～1930

蒸汽火车的平均速度为 65 mph

蒸汽轮船的平均速度为 36 mph

1950s

螺旋式航空器，平均速度 300～400 mph

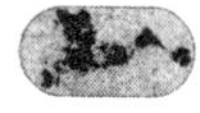

1960s

喷气式载人航空器，平均速度为 500～700 mph

图 2a　逐渐缩小的世界地图

① The Universal House of Justice, *To the Peoples of the World: A Bahá'i Statement on Peace*, Bahá'i Studies Series No. 14, Canada, 1986.

年	公元前500000年	公元前20000年	公元前500年	公元前300年	公元1500年	公元1900年	1925	1950	1965	2008
环球旅行所需时间	数十万年	数千年	数百年	数十年	数年	几个月	几周	几天	几小时	5小时
交通工具	人足(越过冰梁)	步行以及独木舟	带小号帆或桨的独木舟以及驿马	有桨手或畜力的长帆船以及马车	装备指南针的大帆船舰、马队以及多轮马车	蒸汽动力船和铁路(苏伊士和巴拿马运河开通)	轮船、洲际铁路、汽车和飞机	轮船、铁路、汽车、喷气式和火箭式航空器	核动力舰艇、高速铁路以及火箭喷气式飞机	Concorde Mach 2号开始了商业航天旅行(飞行速度是音速的两倍)
陆上每天行进距离(公里)	24	24～32	32	24～40	32～40	480～1440	640～14440	8000～2400	1600～3200	7500～10000
每天行进距离,海上或空中(公里)		32海上	64海上	216海上	280海上	400海上	4800～9600空中	9600～15200空中	300000空中	60000空中
可能的国家大小	无	靠近一个小型湖泊的狭窄山谷	大洲上的一小部分	大洲上的很大一部分以及沿海的居民	大洲上极大的地区以及跨海的殖民地	大洲上更大的地区以及跨海的殖民地	整个大洲以及越洋共同体	全球	全球及其他	全球及其他

图2b 缩小的地球

同样,还有政治和社会前沿的运动:

有利的迹象包括:初创于世纪伊始的国际联盟,与后来基础更为广泛的联合国组织,其迈向世界秩序的步伐日益稳健有力;第二次世界大战以来,地球上大多数国家纷纷独立,标志着建立国家的过程已告完成,这些初创国家可与老牌国家一道参与共同关切的事务;随后,以往相互隔离敌对的人民和群体,在科学、教育、法律、经济和文化等领域进行的国际合作大量增多;近几十年来涌现的国际人道主义组织数目空前;呼吁结束战争的妇女和青年运动普遍展开;普罗大众谋求借助个人通讯来理解事物,而自然产生了不断拓宽的网络。①

世界和平在过去十年间获得了意想不到的发展,这一理想从形式到内容都在展现出来。长久以来似乎不可逾越的障碍已在人类进步之途上瓦解;看似无法调解的冲突也开始屈服于磋商决议的过程;以统一的国际行动来回击武装侵略的意愿正在萌生。其结果是在一定程度上,唤起了广大民众和世间许多领袖对我们星球之未来的一度几近泯灭的希望。②

除非建立起这一全球社会,至少是达成政治上的停战,否则致力于国际、国内和城市的发展问

① The Universal House of Justice, *To the Peoples of the World: A Bahá'í Statement on Peace*, Bahá'í Studies Series No. 14, Canada, 1986.

② Bahá'í International Community, Office of Public Information, *The Prosperity of Humankind*, 1995, p. 1.

题,就像是发了洪灾却只管救助溺水者,而不修筑堤坝。既然我们现在已是一副躯体,真正的国家自治唯有在各个器官和平联结、协同运作之后方能实现。

今日,人类已进入其集体的成年期,赋有能力将其发展的全貌视为一个单一的过程。成熟的挑战在于要承认我们是一个民族,要摆脱我们过去受局限的身份和信条,共同建立全球文明的基础。

确立一个既是进步的又是安宁的,既是动态的又是和谐的社会体制,它给予个人施展创造性和主动性的自由,但乃是基于合作互惠。①

要解决的首要问题是:冲突格局积重难返的当今世界,怎样才能变成一个协调合作主导大局的世界。世界秩序的奠定,只能基于对人类一体的不可动摇的认识——这一精神真理得到了人类所有科学的确认。②

我们亦可推想,这是所有宗教创始人所预言的和平年代的开端。它或许也是中国诗人和贤哲曾梦想的大同时代的早期。

于大同世界,举世趋大同。去国界合大地,去种界同人类。再无战争……

众生平等,无荣于地位阶衔。唯倡智与仁。智以举事成业,兴利助民,而仁以广济众生,普度万民,爱人利物。

……于太平世,人之本性既善,才智既优,则唯以智仁之事为乐。机构日新。公利日增。心智日强。知识日明。举世之民并进仁、寿、极乐、至善与智慧之境。(意译)③

乾称父,坤称母……民吾同胞,物吾与也。……④

1.2 内在与外在平衡发展的需要

就在当今时代似乎正要提供技术和制度手段来创建"大庇天下寒士俱欢颜"的广厦之时,腐败、自私和贪婪、国家主义、恐怖主义、宗教和种族偏见,却严重阻碍了其进程。正当全球化培植互惠互利的国际贸易前景之际,恃强凌弱之加剧又见端倪。

我们有理由发问:"世界是否会被强权国家或企业操控而进一步加大贫富之间的鸿沟?""我们的文化资产,我们对新世界秩序的潜在贡献,是否会被西方喧嚣的物质主义消费至上所扼杀?""战争的周而复始能否终止?""在环境破坏封杀了发展的可能之前,我们能否醒悟过来?""我们真的是处在新纪元的黎明,还是全球灾难的边缘?"

无论前景如何完美,目前的行为模式都不会激发人们对前进过程的信心。产生这些疑问也就自然不过了:全球化究竟是要在保持多样化的前提下统一人类,抑或纯粹是要推动消费主义文化普及全球?它是给大众带来繁荣的体系,抑或仅是持有特权的少数人其经济利益的表达?

---

① The Universal House of Justice, *To the Peoples of the World: A Bahá'í Statement on Peace*, introduction, October 1985.

② The Universal House of Justice, *To the Peoples of the World: A Bahá'í Statement on Peace*, introduction, October 1985.

③ *The One-World Philosophy of K'ang Yu-Wei*, trans. by Laurence G. Thompson, George Allen & Unwin LTD, 1956.

④ 张载:《西铭》。

它将导致一个公正秩序的奠立，还是现存权力结构的巩固？①

阴暗面的存在，表明我们仍欠缺成熟的行为和原则，以及与我们新的"地球村"状况相应的成熟机制。世界的不平衡，显示出我们"内在的"精神发展，并未跟上我们"外在的"物质发展。

不组成群体来相互支撑，人就无法生存。和动物不同，人不能孤立地生存。没有相应的更高层次的理解、合作与互惠，就没有可能达到更高级、更复杂的组织。合作互助是社团的基本运作原则与社会生活的黏合剂：合作互助表现得越多，内在与外在生活的质量就越高。

合乎道德的知识与行为，给物质的发展标定了方向，并加以强化和保护。道德观是富于效力的；精神品质部分地构成了执行革新项目的能力，而精神视野支撑着实施项目的意志。发展的物质经纱与精神纬纱纵横交织。单以物质福利为目标的发展所带来的繁荣会更加捉摸不定，而非相反。人类是相当复杂的。回避人的精神能力，只把人看作是物质世界中的消费者，就大大局限了发展策略，阻塞了更深刻、更丰富、最终也更富能效的动力源泉。成熟意味着我们拥有潜在的"新的道德标准，新的能力"，并必须加以开发利用。阻滞该能力的发展，会进一步导致不稳定。

> 我们知道，社会的前进肇发于那些将社会凝聚起来的理想和共同的信念。意义深远的社会变革，有赖于发展品质和态度以助长建设性的人际互动形态，亦等量地取决于技术能力的获得。真正的繁荣——建立在和平、合作、利他、自尊、正直操行和正义之上的福祉——来源于灵性觉悟与美德之光，以及物质发现和进步。
>
> 这些品质，诸如可信赖、怜悯、克制、忠实、慷慨、谦卑、勇气和舍己奉公，为社团生活的进步构成了无形但却是根本的基础。②
>
> 比较一些强制性的惩罚，威吓或腐败举报热线之类的措施，提高自我节制的能力对社会发展肯定是一种更长远的基础。这种能力的保持和发展会带来精神与物质的同时增强。③

例如，美国的一群社会学家论说其国家的社会健康，因缺乏有意义的生活目标而受损：

> 没有社会效益的工作，放在任何大的社会或道德背景中，本质上都是无意义的，且必然产生疏离感，金钱报酬对此仅有几分安抚。造成疏离感的结果就是工作丧失意义，没完没了的竞争，自我中心的生活，家庭生活的观念与残酷竞争的工作场所之间的分裂，以及注重功利的既无个人意义也无公民美德的教育。④
>
> 经济繁荣和技术发展并非现代化的目标，它们是帮助我们在共同生存的新层次上达到内在和外在成熟的手段。
>
> 除非个体的物质与精神的需求和渴望得到承认，否则发展的努力大多仍将归于失败。人类的幸福、安全和福祉，社会凝聚力，以及经济正义，并非只是物质成功的副产品。相反，它们是从物质及社会需求的满足，与个体的精神满足之间复杂而动态的相互作用中浮现出来的。
>
> 这空前的经济危机，连同其所催化的社会崩溃，反映出人性的概念本身存在着深刻的谬误。因为主流体制的鼓励机制，不但没有得到人们的足够响应，而且基本与世界上的主要问题不接

---

① Dr. Farzam Arbab, *The Lab, the Temple, and the Market*, edited by Sharon Harper, IDRC, Canana, 2000, pp. 1-2.

② *Overcoming Corruption and Safeguarding Integrity in Public Institutions: A Bahá'í Perspective*, Global Forum on Fighting Corruption II, May 2001, the Hague, Nertherlands.

③ 原文中有段引文在下文中重复出现，故此处删去。——编者注

④ Robert Bellah, *Habits of the Heart: Individualism and Commitment in American Life*, New York, Perennial Library, 1985, p. 288.

轨。我们看到,除非为社会的发展找到一种远远超越单纯物质条件改善的意义,否则就连物质改善的目标也无法实现。这种意义必须在生命和动力的精神维度中找寻,且须超越变化无常的经济景象,以及“发达社会”与“发展中社会”的人为分野。①

中国的贤哲也认同,若无正直和正义的滋养,精神活力——气将馁败。并且,获滋养之气可弥漫内外世界之间、“天地”之间的差距。

我知言,我善养吾浩然之气。……难言也。其为气也,至大至刚,以直养而无害,则塞于天地之间。其为气也,配义与道;无是,馁也。是集义所生者,非义袭而取之也。行有不慊于心,则馁矣。②

1921~1922年间任清华大学校长的曹云祥,对于良好品格的重要性及其与发展的关系,亦有类似的强调。

……我们对世上可以促成人类进步的力量加以检视便会发现,现代文明极其有赖于教育和科学;协同行动的能力取决于平等的原则与服务的精神;在政治、财务与行业关系中协调合作的才能必然基于诚实无私之美德……故理所当然,任谁无知,无能合作,不愿无私服务,同时又以喜好压迫良弱,而畏伏于强恶以谋一己私利,这样的人很可能在人类进步前进时退却落后。(意译)③

若把阴暗面视为我们向集体成熟过渡之动荡期的一部分,并非是我们固有本性的表现,而是我们尚欠成熟的成长阶段的体现,我们对全球化过程的信心就会增加。

在过去浩瀚的历史进程中,偏见、战争和剥削曾是尚不成熟阶段的表现,而人类今日所经历的无可避免的骚动,标志着人类正在进入集体的成年——坦率承认这一点,不应成为绝望的理由,而应该是承担建设和平世界这一恢弘大业的先决条件。④

如果我们的信心足够深入,我们就会乐于找寻我们集体成年期所需的“新的道德标准,新的能力”。

1.3 中国对人类成熟的贡献

人类正面临着建立一个和平世界的巨大工程。我们正在寻找“一个为了促进全球繁荣的发展范例”,而那需要“考虑个人和社会的精神和物质特征,来应对这个星球上人民和国家间不断增长的相互联系”⑤。

中国的贡献会是什么呢?

1990年,著名的哈佛大学汉学家费正清(John Fairbank)在他的新书《中国:新的历史》的导言中,称中国为现代性的后来者。他还问道:中国从隔绝状态中浮现出来,只是及时地参与世界的终结,还是借其数千载的生存经验以援救世界?

---

① Bahá'í International Community, Office of Public Information, *The Prosperity of Humankind*, Introduction, 1995.

② 《孟子·公孙丑章句上》。

③ Cao Yun Xiang, Head of Qinghua University, excerpt from the introduction to his Chinese translation of *Bahá'u'lláh and the New Era*.

④ The Universal House of Justice, *To the People's of the World: A Bahá'í Statement on Peace*, Bahá'í Study Series No. 14.

⑤ Bahá'í International Community, *Toward a Development Paradigm for 21st Century*, August1994.

1923 年，作家兼国际事务观察家守基·阿芬迪说：

> 中国，这片土地有其自己的世界与文明，其人口占全球的四分之一(1923 年)，其在物质、文化、精神资源与潜力方面列居各国之首，其未来无疑是光明的。①

1921 年，伯特兰·罗素在北京大学做讲师时，评论中国道："生产而不占有，行动而不独断，发展而不主宰。"②

1917 年，阿布杜·巴哈(巴哈-伊教创始人巴哈欧拉的儿子)说：

> 中国拥有巨大的潜能。中国人极好追求真理且纯真无邪。……真的我说，中国人免除了任何欺诈伪善，可为理想的动机所激励。中国是未来的国家。③

这些对中国寄予高度期望的说法并没有聚焦在中国的商务能力或辛勤工作的能力上，也没有强调中国在 14 世纪前科学技术成就领先于世界文明的辉煌时代。相反，他们主要提及中国的品质，她的社会和精神能量与潜力。这就是中国的潜在贡献吗？

> ……在过去的四十个世纪里，中国在生活之道上必定汲取了许多教训，其思想必定已臻成熟。或许中国要有所贡献。比起相互杀伐，肯定会有更好的方式、更人道的方式来处理国际争端。肯定的，有着四亿民众(1930 年)、四千年文化和广阔的资源，中国必将对人类的和平与进步有所贡献。④

如果我们对中国的精神、哲学遗产做一个简要的调查，我们就会发现中国的精神教育有道家、儒家和佛家的印记。例如，中国由道家衍生出融合正反和化解矛盾的能力——更多地看到系统整体而非二元分立的能力；借儒家精习了如何把精神贯彻到日常生活中；从佛教获取了高洁的灵性，及对物质和灵性之间契合度的敏锐感知。

我们在中国会发现：

- 诗人和贤哲之言所表达的对正义的热爱；
- 对和谐、互惠和对立统一的信念；
- "信仰体系是社会秩序的根基"这一悠久的儒家观念；
- "天下一家"的信念；
- 对完美的热爱，产生了诸多世纪的瑰丽文明；
- 好谋求共识而非借助诉讼来解决冲突；
- 服从的能力；思想开明而少偏见；
- 希望"从事实中找到真理"；
- 喜爱实际地运用知识；钦慕行为而非言词；
- 注重家庭关系，尤其是孝敬父母。

下文摘自广为人知的儒家四书中的《大学》，它是孔子教义的"概要"。千百年来，学童都会背诵

---

① Letter from Shoghi Effendi to the Bahá'ís of the East, 23 January 1923.

② Bertrand Russell, *The Basic Writings of Bertrand Russell*: 1903-1959, edited by Robert E. Egner and Lester E. Dennon, George Allen and Unwin Ltd, 1961.

③ 'Abdu'l-Bahá, Reported in *Star of the West*, vol. 8, April 28, 1917, No. 3, p. 37.

④ James Yen, Intellectual Shock of China, *Star of the West*, 19, Mass Education Movement in China, SW October 1925, 16:7.

它，其主旨已深深地根植于中国的文化中。[1] 简言之，它主张发展的目标应当是昭明美德；其方法包括规范，培养，纠正和调查；此过程将国家内政生活与实现和平发展，将社会福祉与个人精神健康联系了起来。“自天子以至于庶人，壹是皆以修身为本。”个人对真理实情的调查（格物）乃是内在与外在的平衡所依靠的支点。

大学之道，在明明德，在亲民，在止于至善。知止而后有定，定而后能静，静而后能安，安而后能虑，虑而后能得。物有本末，事有终始，知所先后，则近道矣。古之欲明明德于天下者，先治其国；欲治其国者，先齐其家；欲齐其家者，先修其身；欲修其身者，先正其心；欲正其心者，先诚其意；欲诚其意者，先致其知，致知在格物。物格而后知至，知至而后意诚，意诚而后心正，心正而后身修，身修而后家齐，家齐而后国治，国治而后天下平。

中国人的团结意识和社会责任感，至少部分地可以追溯到大乘佛教的教义：

……普度乃基于众生本为一体之念。……个人可净化自己，从而逃离罪业之苦，然只要还有人尚未觉知全体的灵性交流，则任何人的救度皆非尽善。……度人以度己乃佛教所教诲的普世之爱的训示。[2]

如果我们要寻找可持续发展的概念支持的话，我们将发现中国提倡的和谐、关系的重要、平衡、中庸以及集体重于个人的信念等等都给予我们很好的启发。与无限制的扩张、对欲望的满足、获取、消费主义以及个人重于集体等相比，这些不是更吸引人吗？中国艺术的美，她大多数的诗歌，特别是她的园林设计，都体现出人与自然的可持续性与和谐的诸多考虑之一。

迅速审视了中国的社会、哲学、精神遗产后，我们开始明白为什么有如此高的对中国的“资源”与“潜力”的评价。我们在中国的精神基因库里发现了很多活跃和潜藏的因素，都与人类进展到其综合成人期相关。

中国人第一个就会承认他们并没有总是遵循他们的价值观和教诲。他们指出历史上的暴乱。他们也会指出中国当下的问题，如腐败、社会问题、环境恶化，以及不断增大的贫富差距。

当我们去看中国历史上的暴乱时，我们应将其放在这样的背景下：中国在几千年前开始的伟大文明在唐宋时期臻于成熟，随后是长期的没落，直至 1911 年止于末代皇帝。暴乱标志着每一个朝代的兴替，两次领土扩张时期，以及革命和建立中华人民共和国的内战，中国漫长的历史上稳定增长期与分裂混战期交替对比。我们需要注意主要的征服与扩张期发生在元朝与清朝，当时统治中国的不是汉族而是异族。蒙古人（元朝，1268～1368）和满族人（清朝，1644～1912）均来自北方，他们分别占领中国，执掌中国航船之舵。还需要注意的是，在更近的历史时期，中国不曾参与全球殖民统治，但曾受到他国的殖民统治。

尽管战乱频仍，中国在最长的历史时间养活了最多的人口。因此，我们应该将那些不时出现的战乱期视为文明建设之漫漫长路上的困难——或者说是在当时缺少更恰当的方式或方向，而不应将它们视为中国天生的性格。

同样的，中国当前所遭遇的社会和环境问题，以及逐渐增强的“财富不能带来快乐”的不安，都表明了它与其道德标准间的矛盾以及与其精神根源的距离。这种不安同时表明了中国人心理上的价

① 比如：在 1997 年，在北京鼓楼附近的黑芝麻胡同小学，我儿子的家长会上，老师在谈到教育目的的问题时，她说了这样一句话：“我不怕笨，我怕坏。”

② E. A. Burtt, *The Teachings of the Compassionate Buddha*, A Mentor Book, 1955, p. 124.

值系统的活跃程度，仍像飞轮一样在不停地转动。中国古代极受欢迎的诗人杜甫的声音仍在回响：

朱门酒肉臭，
路有冻死骨。
荣枯咫尺异，
惆怅难再述。①

如果我们将这些缺点看作是“一个巨大的历史进程中尚不成熟的阶段的标志”，那么极有可能的是，尽管中国的精神遗产目前看来极为贫弱或受到了强大的威胁，它并没有失落。能认识到这些缺点就已经是成熟的标志之一。

对物质与精神必须携手发展的认识是通过一个世纪的疑问、探索、实验以及汲取教训中不断增长起来的。中华人民共和国成立之后，在贫穷和物质匮乏的时代，首要的任务是集中精力改善中国的物质条件，传统的和革命的美德，诸如克己、适度、为人民服务、中庸、服从等等很少有冲突。中国在“废除长期的不公正和独裁统治方面，为地球上五分之一的人口解除极度贫困方面，以及扫除基于迷信基础上的根源极深的信仰体系等方面”都取得了显著的进展。②

这个进程包括在那场狂热的青春期自我毁灭式的“文化大革命”中对精神遗产的灭绝，那是一场旨在消灭“四旧”（旧思想、旧传统、旧习惯和旧文化）的运动。在 20 世纪 70 年代末期，中国从这种近乎“文化自杀”的状态进入了“一个试图与世界其他地方建立起新的关系的实验和改革的进程”。③与自身传统的关系逐渐成熟，能够以建立有“中国特色”的现代化的眼光去翻检这一巨大的遗产。对一切传统的东西过去只是不加分析地一律排斥之，现在的态度渐渐成熟了，能够从中找到未来繁荣和发展的资源。

1978 年是一个分水岭，门户开放政策既鼓励了外国人又激发了本国人的个人主动性，来参与国家（首先是经济和科学）的重建。中国现在正不断力争现代化以“赶上西方”，一举一动都透露出变迁或“改革”。中国对其现代身份的探究，并未循行褊狭的民族主义道路；相反，中国自由地尝试非中国式的科学、技术、商业方法、法律等等。成熟的一个重要标志就是从封闭到有意识地与外部世界恢复往来。中国正经历“改革”和现代化的挣扎，以“追上西方”。中国已经从消除绝对贫困，到改革开放，发展成为亚洲新兴的经济力量。短短的 30 年时间，中国已经进入了经济飞速发展的轨道，世界也随之体验了她的改革开放，并且为它的发展而投资。

今日的中国摒弃了数世纪以来传统的对科学漠视的态度，而给予科学崇高的地位。④ 科学和高科技现在被视为经济发展的表征和主要方案。中国近来增加了对研究的投资，正摩拳擦掌要成为科学领域中的世界领袖。

可以明显地看到，自从 1978 年的改革开放政策以来，中国正在走向成熟的道路上迅猛前进，她的能力得到了极大的解放。

中国有意识地奋力前行了一百年。中国没有自满，也没有松懈麻痹。进入 WTO，成功申办

---

① 杜甫：《自京赴奉先咏怀五百家》。

② *Thoughts on China*, article by Dr. Farzam Arbab, May 19, 1989.

③ *Thoughts on China*, article by Dr. Farzam Arbab, May 19, 1989.

④ “有两千年，中国人在科学技术方面的历史记载极其令人注目。之后从两三百年前开始衰落了。约瑟夫·尼达姆博士在他的巨著《中国的科学与文明》的前言中，评论古代中国人的科技发现和发明时写道，他们‘常常遥遥领先于同时代的欧洲，尤其是到 15 世纪’。”（载自然科学史研究所、中国科学院汇编：《古代中国的科技与科学》，外文出版社 1983 年版，第 1 页）

2008年北京奥运会和2010年上海世博会，均有助于再度唤起对于中国前途的信心和乐观精神。

然而，最近几年，伴随着成功，中国的现代化进程也出现了阴影。腐败、社会和环境问题持续不断，精神状态萎靡不振的标志越来越明显。腐败在一个将领导工作与道德水准相联系的文化背景中更显突出。与个人自私自利的行为相比，对腐败的容忍可能是对稳定更大的威胁。

现在已经实现了相对的富裕，对少数人先富起来的现象也能够接受，人们不知道除了过舒适的生活外该如何处理这些财富。不同的价值观互相矛盾地混在一起。中国传统中平衡个人和集体权利的习惯导致了中国人对现代社会里为追求物质财富而追求财富的倾向保持着一种深刻的怀疑和警惕。人们逐渐认识到金钱并不能带来快乐，认识到缺少"社会生态"和物质与精神的一致性。中国亲身体验到，物质的高度丰富、技术与科学的发展都不是最终极的目的，也不能确保"和谐社会"。

在向西方开放的近些年来，中国的精神资源被西方世界消费导向的物质主义发展模式所遮蔽的现象日益严峻。中国越是接受去掉了我们精神能力的发展的"现代化"的定义，就越不能看清自己潜在的精神贡献的价值。她对自身卓越理念的鉴识，不仅因为强调物质发展而被抑制，而且因她自谦的本性而被延缓。"的确，我们国家落后"，很多中国人会点头称是，却加强了西方的自我优越感。

科学的进步，尽管导致了物质的发展，却需要与道德进行对话，以公正地、恰当地发挥它的利益与能力。科学技术既可以施展于和平用途，而在腐败的人或者冷酷的或者不明智的人手里也可以应用于破坏性的目的。例如，全人类所痛心疾首的大量核武器、化学武器等等的过度储备，显然是对科学的误用。而在虽不致命，但其危害性更为隐秘模糊的前沿领域我们遭遇到新时代的电脑盗窃和恶意病毒。

1939年，外国人士朱丽叶・布莱登(Juliet Bredon)说道：

> 虽然所有这些现代的进步尤可钦佩并引人注目，但对于中国来说，北京未来的一大问题，是要让新的标准适应中国人的心理。过渡时期常常带来错误和仓促的现代化冒险，而令一切都丧失了个性。在陈旧和崭新的两极之间，钟摆来回往复。要加快运动又不扰乱平衡，是有思想的中国人已开始着手的一项艰难而精巧的任务，他们确信无疑：要么道德伦理和(科学)知识并驾齐驱，要么丧失一切。①

中国发展道路上的阴影是对精神质量的一个警示，提醒人们需要平衡内在和外在的发展。它们是一个信号。现在已经消除了绝对贫困，已经到了将注意力返回到根源的时候了，即"修身"，以改善道德价值和行为。

从历史上看，无论是古代还是现代，中国人都极其明了失去稳定要付出的代价。他们已获得了有意识地谋划透过苦难和成功未来的能力。苦难自有积极的正面价值，它首先是一种能力的资源。中国典籍中高度评价这一过程，如在易经中，还有孟子的描述：

> 故天将降大任于斯人也，必先苦其心志，劳其筋骨，饿其体肤，空乏其身，行拂乱其所为，所以动心忍性，增益其所不能。②

而近些年来缺少物质、精神间的平衡所带来的痛苦与尴尬将挑战中国对更重要的社会问题的深入探索。

---

① Juliet Bredon, *Peking*, 1931, pp. 54-55.

② 《孟子・告子下》。

但是如果将我们时代的真正需求与中国传统里的精粹成果相比较,我们就会发现中国人承载的许多品质、技巧、态度和能力,正是挣扎着迈向成熟时期并抛掉"积重难返的冲突格局"的世界所需要的。发现中国浩繁广博的文化、哲学和精神遗产与新时代的需求多有合拍之处,发现中国能为人类"真正的"现代化作出宝贵的贡献,这会是一个确认,一份欢欣,振奋着中国人的心灵。也许,如费正清所推论的那样,中国的天命不仅是在自己的国家之内实现物质与精神间更有活力的平衡,而且还要与世界分享其经验。

随着中国越来越多地牵涉到其他国家,它可以,通过其自身的范例及其促进世界和平的协同努力,而在新世界文明的发展中,成为更具效力的参与者。中国不需循行他国踩过的旧径;它可以开辟一条新路,直接迈向新世界秩序中一个赋有尊荣的位置,而中国将亲身协助该秩序的建设。①

成熟的诸方面

怎样自然而恰当地处理人与人、人与自然、个人与社会及社会成员与机构之间的关系,现今的观念反映了人类在其发展的早期和尚欠成熟的阶段中所达到的理解水平。如果人类真的在走向成熟,如果地球上的所有居民构成了一个民族,如果正义要成为社会组织的主导原则,那么,由于对日渐显露的这些事实的无知而产生的现有观念,就必须加以重构。②

我尝试着从以下方面来描述我们的集体成熟:

2.1 个人的成熟

2.2 社会的成熟

2.3 信仰体系的成熟

2.4 与权威的关系的成熟

2.5 社团生活的成熟

2.6 男人和女人之间关系的成熟

2.7 文化的成熟

2.8 我们与环境的关系的成熟

2.9 决策制定的成熟

2.1 个人的成熟

个人品质作为基本的发展目标其所赋有的重要性都蕴含在中国的文化里。例如:

儒家学说将治国追溯到齐家,由齐家追溯到修身……它把平天下这一最终目的,和修身这一必然起点,逻辑地联系了起来。(意译)③

新儒家学派的集大成者朱熹(1130~1200),希望合乎天理的统治应注重"全民的自我修养"。他

---

① *Thoughts on China*. article by Dr. Farzam Arbab, May 19, 1989.

② Bahá'í International Community, Office of Public Information, *The Prosperity of Humankind*, Part 3.

③ *The Wisdom of Confucius*, edited by Lin Yu Tang, The Modern Library, New York, 1938, p.22.

强调个人的道德修养是社会秩序和良政的基础。

自天子以至于庶人，壹是皆以修身为本。其本乱而末治者否矣，其所厚者薄，而其所薄者厚，未之有也！①

在中国，“人的素质”这一说法时常在讨论中出现。缺乏素质往往被归结为问题的根源和发展的障碍。

“自然而和谐”是宇宙的根本特性，亦是人不懈追求的理想状态。然而，裙带关系、自私自利、国家冲突、家庭内部和男女之间的摩擦、宗教间的隔阂，都在人类和谐、进步与团结之道上作梗。因而，要消弭争论，抛却好恶而改进人品就势在必行了。但这一目的不能靠惩罚来实现，因为惩罚只能矫正外部的，却不能疗治心里的。此即儒家学派思想何以主张，要让民众行止端正、品性高尚，教育乃是关键而有效的途径，因为人性之本质是与天道相合的。②

孟子说：“知其性，则知天矣。存其心，养其性，所以事天也。”天之道是和谐的，人之道亦是如此。人性的基本表现应是和平宁静的，并与自然（宇宙）秩序合一。那些好挑起争端的人既偏离了人道也背离了天道。教育的责任和功能在于改造和匡正那些离失了人道的人，先匡正其心，再使其行止合乎规则，从而达至社会的和谐。按照中国的传统观念，作为改进品性的手段，教育占有重要地位。③

用类似的语汇，阿布杜巴哈描述了个人的灵性化，个人的精神成熟可作为矫正犯罪的方法及社会和谐的基础。

精神文明会训练每位社会成员，除了可以忽略的少数外，无人会从事犯罪行径。人们会把犯罪看成是奇耻大辱，把罪行本身视为最严厉的惩罚。④

之所以确信道德教育能够成功，乃是根据这一假设：人是可以教化的；人有别于动物，是“天”的反映，有组织社团的才智，生来就有爱与正义的能力。

水火有气而无生，草木有生而无知，禽兽有知而无义，人有、有生、有知，亦且有义，故最为天下贵也。力不若牛，走不若马，而牛马为用，何也？曰：人能群，彼不能群也。⑤

鹦鹉能言，不离飞鸟；猩猩能言，不离禽兽。今人而无礼，虽能言，不亦禽兽之心乎？……是故圣人作，为礼以教人。使人以有礼，知自别于禽兽。⑥

尽其心者，知其性也。知其性，则知天矣。存其心，养其性，所以事天也。⑦

确信道德教育能够成功，还须基于这一假设：人究其本性，并非不可救药地自私而有侵略性。这后一种行为，其产生乃是后天学得的，而非先天所固有。

侵犯与冲突成了我们社会、经济和宗教体系的显著特征，以致许多人已屈从于这一观点：此类行为是人的本性所固有的，因而无法根除。

这种观点一扎根，令人棘手的矛盾便在人类事务中滋生出来。一方面，各国人民都宣

① 《大学》。
② Sun Li Bo, unpublished paper, 1998.
③ Sun Li Bo, unpublished paper, 1998.
④ 'Abdu'l-Bahá, *Selections from the Writings of 'Abdu'l-Bahá*, p. 133.
⑤ 《荀子·王制篇第九》。
⑥ 《礼记·曲礼上第一》。
⑦ 《孟子·尽心章句上》。

称，自己不仅愿意，而且渴望和平与和谐的到来，渴望结束终日缠身的惶恐忧虑。另一方面又不加鉴别地认同这一主张：人不可救药地自私而有侵略性，因而无能建立一个既和平、和谐，又是进步而动态的社会体系，一个既允许个人自由施展创造性和主动性，而又基于合作与互惠的体系。

对和平的要求日益迫切，这一基本矛盾却阻碍其实现。那么，关于人类古代境遇的通常看法所基于的那些假设，便需重新加以评估。经过冷静检视便可证明，此种举动远非人类真性的表达，而是人精神扭曲的反映。确信这一点，全人类就能开动建设性的社会力量——这些力量符合人性，因而会鼓励以和谐与合作采取代战争与冲突。选择这样的做法并不是要否定人类的过去，而是要去理解它。①

不论是政府的对抗体制，渗透于多数民法的辩护原则，对各阶级和其他社会群体之间斗争的颂扬赞美，还是主导了大部分现代生活的竞争精神——冲突以各种形式被公认为人际互动的主要推动力。它还在物质主义人生观的社会组织中另有一番表现——两个世纪以来，这种人生观日益得到强化。②

尤为特别的是，对物质追求的美化——它既是所有这些观念形态的起源，同时又是其共同特征——正是在这里，我们找到了“人的自私和侵略性无可救药”这一谬论滋长的根源。正是在这里，必须为建设一个适合我们子孙后代的新世界清理场地。③

孟子也赞同，人的本性并非是恶的。他把人的精神比作山上的树，山被附近乡民垦伐，被牲畜侵蚀。他问，山貌退化是否归因于山的本性？他宣称：“……虽存乎人者，岂无仁义之心哉？”

牛山之木尝美矣，以其郊于大国也，斧斤伐之，可以为美乎？是其日夜之所息，雨露之所润，非无萌糵之生焉，牛羊又从而牧之，是以若彼濯濯也。人见其濯濯也，以为未尝有材焉，此岂山之性也哉？虽存乎人者，岂无仁义之心哉？其所以放其良心者，赤犹斧斤之于木也，旦旦而伐之，可以为美乎？其日夜之所息，平旦之气，其好恶与人相近也者几希，则其旦昼之所为，有梏亡之矣。梏之反覆，则其夜气不足以存；夜气不足以存，则其违禽兽不远矣。人见其禽兽也，而以为未尝有才焉者，是岂人之情也哉？④

富岁，子弟多赖；凶岁，子弟多暴，非天之降才尔殊也，其所以陷溺其心者然也。⑤

千年来中国一直明白，对个人的道德教育和训练是发展的基础。在全世界人民和各国奋力建设一个全球共同体时，其重要性再次显现。

2.2 社会的成熟

加拿大心理学家侯赛因·丹尼什博士把迈向成熟的转变，描述为从专制型和放纵型转向更成熟的“整合型”社会关系的一个运动过程。

虽然专制型的关系曾经并仍然是人际关系中最常见的，不过还有放纵型和整合型两种。

---

① The Universal House of Justice, *The Promise of World Peace*, Octoer, 1985.

② Bahá'í International Community, Office of Public Information, *The Prosperity of Humankind*.

③ The Universal House of Justice, *The Promise of World Peace*, Octoer, 1985.

④ 《孟子·告子章句上八》。

⑤ 《孟子·告子章句上七》。

……人类成熟时代的莅临，必定与整合型的生活、人际关系的优势相契合。专制型和放纵型展示出童年和青春期发育阶段的特征，而整合型则描绘了一个成熟类型的人际关系，因而，它对于我们理解推动人类由青春期向成年期过渡所需的先决条件来说尤为重要。[①]

他把这些关系模式演绎为人格类型(见表1)。我们也可以把这些类型看作是范围更大的社会状态。

表1　　人格与社会类型

人格类型(民族性格)	特征	世界观	情感与理智特征	与他们的关系
专制型	以权力为导向	二元分立的感知	刻板僵化	屈从于专制
放纵型	以享乐为导向	不加分辨的感知	混乱	无法无天的关系
整合型	以成长为导向	存多样求团结	有创造性	负责与合作

如果我们把上表放在中国，我们可以说中国正在从专制型向整合状态成长。据此观点，我们可以认为专制主义不是永久性的状态，而是成长的一个阶段。

中国围绕君权天授的帝王而组织起来的等级森严、中央集权的社会体制有很长的历史。中国展示出了克制和中庸，对"个人意志从属于社会意志"这一原则的尊重，以及服从的传统。儒家思想强调整体福祉的重要性。比如，它提倡当个人与社会或家庭发生冲突时，个人应放弃自己的利益，即舍生取义。西方往往不把这种克制和中庸、注重群体理解为尊重整体团结或是尊重领导制度，而只是从服从专制"政权"的角度来解释。

更成熟的整合模式的世界观是"存多样、求团结"。现在，这一新的世界观已是所有社会不论是专制型还是放纵型的共同目标。如果我们将彼此视为一个社会有机体的细胞，如果我们认同个人可得益于社会整体的组织，那么理所当然的，个人行为要是能加强整体也必定会加强个人。没有这个基本理念，就不会有动力去参与到集体的命运中，或是去服务他人；合作互惠的原则亦难以实行。

虽然人类社会并非纯粹由一堆互不相同的细胞所组成，而是由个个都赋有理智和意志的个人联合而成；但是突显出人的生物学特性的运作模式，也生动地表明了生存的基本原则。这些原则中最首要的就是存多样以求团结。看似矛盾的是，正是人体组织秩序的完整性和复杂性——以及身体细胞在身体中的完美融合——才允许了身体的各个组成部分充分发挥其固有的独特能力。不论是在为身体的功能出力，还是从整体的安康中撷取养分，任何细胞的存活都不能离开身体。[②]

个人意志从属于社会意志的同时，个人的修身，正像儒家模式所阐述的，仍然是发展的出发点——"壹是皆以修身为本"。

……当个人意志从属于社会意志，其个性并不会在群体中消失，而是在发展中更被关注，从而在前进的潮流中发现自身的位置；而社会作为一个整体，可得益于个体成员所积聚的天资和

① H. B. Danesh, M. D, *Unity: The Creative Foundation of Peace*, Bahá'í Studies Publication, Canada, 1986.

② Bahá'í International Community, Office of Public Information, *The Prosperity of Humankind*, p. 4.

才能。这样的个人不单纯是通过满足其自身的要求，而是通过实现其与人类发展目标的完全合一，来将其潜能充分发挥出来。

这种关系对于文明生活的保持极其重要，它要求社会与个人之间极尽理解与合作；因为需要培养一种风尚以便社会个体成员的所有的潜力得到发展，这种关系必须允许“个性”有“自由空间”，通过自发、主动和多样的形式来确保社会的生命力，从而“维护个性”。①

公民权，在一个成熟的社会环境中，意味着个人的行为同时满足两个目的：分享和表达我们独立的、个人的能力和智慧；以及确保整个社会的活力。尽力创造出后者，才能更好地开发前者。

中国要进行这一过渡，也许比西方社会从较为“放纵”的状态转向成熟更为容易。

2.3 信仰体系的成熟

各信仰体系：同一过程的各个要素

我们一览人类成熟的图表(图 1)，便会观察到以下模式：

- 文明的“河流”
- 这些河流汇入同一海洋
- 各大文明都和某一信仰体系紧密相关

每个文明周期都能追溯到某个强有力的、催发灵性的影响，究其根源，便是其创始人。事实上，诸如印度教、犹太教、佛教、基督教和伊斯兰，这些文明的称呼和信仰体系的称呼，甚至其创始人的名号，大多是可以互换的。与各文明相关联的创始人包括：克利什那和古普塔文明，摩西和犹太王国，琐罗亚斯德和波斯帝国，佛陀对包括中国在内的许多亚洲国家的影响，耶稣和拜占庭帝国，穆罕默德和伊斯兰文明。西方文明于 1500 年从中世纪的千年黑暗中复兴，当归功于伊斯兰的影响。

与这些伟大文明的成熟时期相关联的，有所罗门、阿育王、康斯坦丁、萨拉丁和阿克巴等伟大的君王。中国早期的一位圣王也许是一个文明的创始人。佛教不是起源于中国，但却在中国扎了根。孔子和老子从未声称自己是先知，但他们的教义被拥奉为中国内在生命的根本哲学基础。

本文的附录《文明和信仰体系之间的关系》，列举了若干简例，来说明灵性推动力总有“文明”响应紧随其后的现象，特别是源于摩西、佛陀、耶稣和穆罕默德的文明响应。

各个信仰体系都有一位创始人和一本经书。信仰体系的创始人推进爱与团结的大业，并给出关于其所在时代的律法和社会原则(详见附录)。如果我们认同道德思想大多来源于各大信仰体系，如果我们认同互助互惠是文明的根本，我们就可以论证，通过这些体系的影响，人类天生的道德与精神禀赋逐渐得到发展，使得文明的进步成为可能。世界上的各个宗教提供了伦理秩序和精神根源，由此产生了社会秩序，并结出文明之果，整个进程都是由阳光——造物者的教化所推动的。

---

① Letter from the Universal House of Justice.

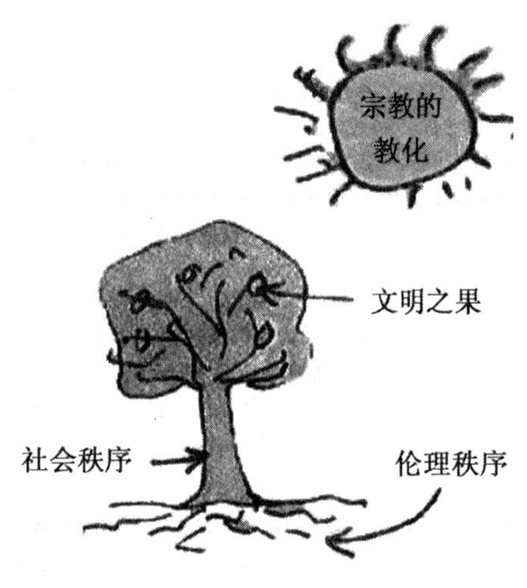

图 3　文明的元素

只要和现世的生存有关，宗教最大的功绩，多在于品格的教化。通过其教义，并通过这些教义所启迪的人生楷模，历代各地的芸芸大众都发展出了爱的能力。他们学会克制其本性中的动物层面，学会为共同的利益作出重大的牺牲，力行宽恕、慷慨和信赖，并将财富及其他资源供给文明进步之用。他们谋划出制度体系，从而将这些道德进步大规模地转化为社会生活规范。无论如何被教条增生所遮蔽，或被宗派冲突所扭曲，克利什那、摩西、佛陀、琐罗亚斯德、耶稣和穆罕默德这些卓绝人物所启动的灵性推动力，都对人类品格的教化发挥了最主要的影响。[①]

他（巴哈欧拉）说，神圣天启是文明的原动力。当天启出现，它对那些回应者的心智与灵魂的转变作用，便复制到新的社会中——这个新社会是围绕他们的经验慢慢形成的。一个人心所向的新的中心浮现出来，它能赢得各种文化背景的民众投效于它；音乐和艺术采用的象征符号，传达出益加丰富、更为成熟的灵感；从根本上重新定义是非观，使得制定关于民法与操行的新法典成为可能；新的机制构想出来，而让前所未知或被忽视的道德责任之驱动力得以表现："他在世界，世界也是借着他造的……"当新的文化演进为一种文明，它进行大量的更新转换来吸收过去时代的成就和洞见。过去的文化中不能被融合进来的特征就会萎缩，或被民众间的边缘分子所接续。上帝之言既在个人意识里也在人际关系中创造新的可能。[②]

但是，每一个文明也都有她的寿命。文明过程的每一次显现，都展示出了内在的有机循环周期，始为朝气蓬勃，继而成熟随后衰落。起初，其信仰体系是伦理行为的主要根源，为文明的幼年和童年期提供了道德基础。当一个信仰体系的生命力处于巅峰，激发出社会秩序、文化和科学上的巨大成就，安定、繁荣、兴盛的文明便产生了。当宗教教化的澄明和动力减弱，当道德戒律的力量松弛了，文明就从内部溃散了。

中国不同朝代文明的兴盛和衰退与佛教在中国的发展有着紧密的关系。在唐宋时期达到鼎盛的成熟期。中国的建筑历史学家梁思成将不同历史时期形容为，充满活力的汉代，成熟优雅的唐宋和僵硬死板的明清。当信仰系统的创造力进入衰退期，其相应的文明体系的发展也停滞了。

---

① Bahá'i International Community, *The Prosperity of Humankind*, Part 4, 1995.

② Bahá'i International Community, *Statement on Bahá'u'lláh*, May 29, 1992.

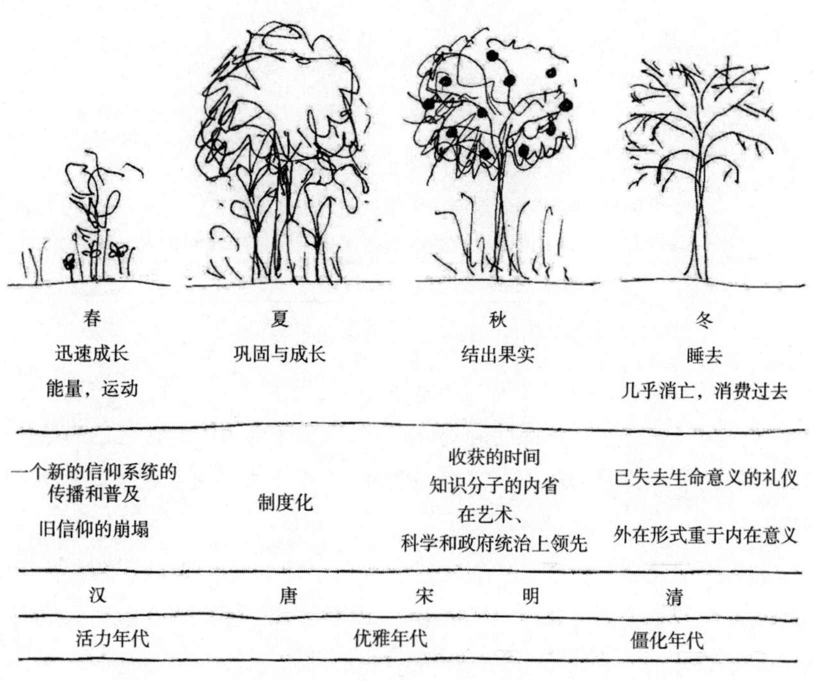

图 4　一个文明的生命周期

如果我们将一个文明的发明创造和科技成就看作是该文明生命循环过程中的必要产品，那么我们就能回答著名的“李氏问题”了。李约瑟（1900～1990），剑桥大学教授，《中国的科学与文明》的主要作者，将其一生投入到发现“中国直至 15 世纪一直是地球上最领先的文明、奉献给人类数百个最广为人知的发明”的工作中。

李约瑟想“探求 500 年前中国突然发生了什么变化，才使得现代科学的发展必须发生在别处，主要是地中海沿岸，而不是中国。现实情况是很明显的：在 15 世纪中叶，中国所有的科学进展基本都陡然停止，欧洲那时却担当起了发展世界文明的领导角色。为什么会是这样？”[①]“为什么中国不能保持她的早期优势和创造优势？”“为什么中国人停止了尝试？”[②]

15 世纪中期正好与中国由佛教衰退开始引起文明创造力走下坡路是重叠的。很自然的是，当这一循环要结束的时候，其在科学发明进步方面也开始衰退。

感谢李约瑟，他使我们能够认识到中国在科学技术发展史中的重要作用。按照他的研究，中国的发明与科学概念是欧洲农业进化的基础。而农业进化是工业进化的基础，而这些都是现代科技发展的基础。

中国在科学上的领导地位下降与其长期的文明生命的终结相一致，其文明生命在几千年前由宗教所推动，最近的一次由佛教助力。随着这个信仰系统的创造力的亏蚀，它的果实也枯萎了。

① Simon Winchester, *The Man Who Loved China*, Harper Collins, New York, 2008, p. 190.

② Simon Winchester, *The Man Who Loved China*, Harper Collins, New York, 2008, p. 260.

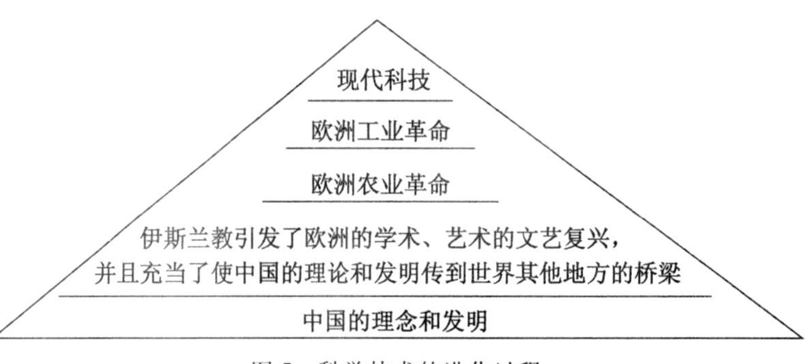

图 5　科学技术的进化过程

在中国的生产力也开始走下坡路的同时，伊斯兰的最富创造力的时代也已终结。以穆罕默德开始的文明将其领导者的火炬传递给地中海南岸与欧洲，点燃了文艺复兴之火。如果没有穆罕默德，欧洲还将沉睡在长达 1000 年的黑暗年代。

伊斯兰给欧洲带来的礼物包括来自世界各地也包括中国的文化知识。伊斯兰在将中国的科学及工程技术引入欧洲起到了关键的作用。在很多领域，中国的发明和其在欧洲的应用之间的时间差超过 1000 年。

> 如果世界上的国家和人民相互间有更清晰地了解就更好了，就能在东西方之间的认知鸿沟上架起桥梁。总之他们是，而且几个世纪以来一直是，建造一个世界文明的紧密伙伴。今天的技术世界是一个东西方合作的产物，直至最近尚无人能想象得到它的发展程度。现在是东方和西方都应该认识并了解中国的贡献的时候了。而且，最重要的是，要让今天学校里的孩子们认识到这一点，他们这一代人将把这些知识吸收到他们对世界的基本认知里。当如是，中国人和西方人才能平等相看，认识到他们是真正的全面的伙伴。①

贯穿历史，"信仰体系与文明"的过程在各个时期和地域里的相似性，不同信仰体系的伦理信条在本质上的和谐一致，以及我们由穴居先民向世界公民的晋升——都暗示着文明和信仰体系间的关系是一个持续进步、不断前行的过程。该过程的目的，如汤因比所提出的，是要：

> ……来开创一种社会状态，可让人类全体都能和谐地共同生活，有如十个包容全体的大家庭的成员。我相信，这是迄今所有文明，即便不是自觉地，也是在无意中一直朝向的目标。②

我们可以说，没有什么单独的"宗教"，精神教育的过程也从来不是只有一个。我们曾将其各种不同的面貌曲解为相互独立、相互排斥的现象。我们可以把它看作是一所"大学"，以前是在分开的校区里，而今正进入同一个全球"校园"。当我们面向历史上各大信仰体系迄今所达到的地步，我们是在看旧课本，和我们童年与青春期的课堂行为。如果过去的各大信仰体系都是一个前行的、晋升的"内在"教育体系的一部分，则我们要做的不是抛弃该教育过程，而是要进行一番更新，要有一套与我们同一个星球的世界相适应的新的教育课程。

① Robert, *The Genius of China*, 1998, p. 12.

② Arnold Toynbee, *A Study of History*, abridged one volume edition, p. 44.

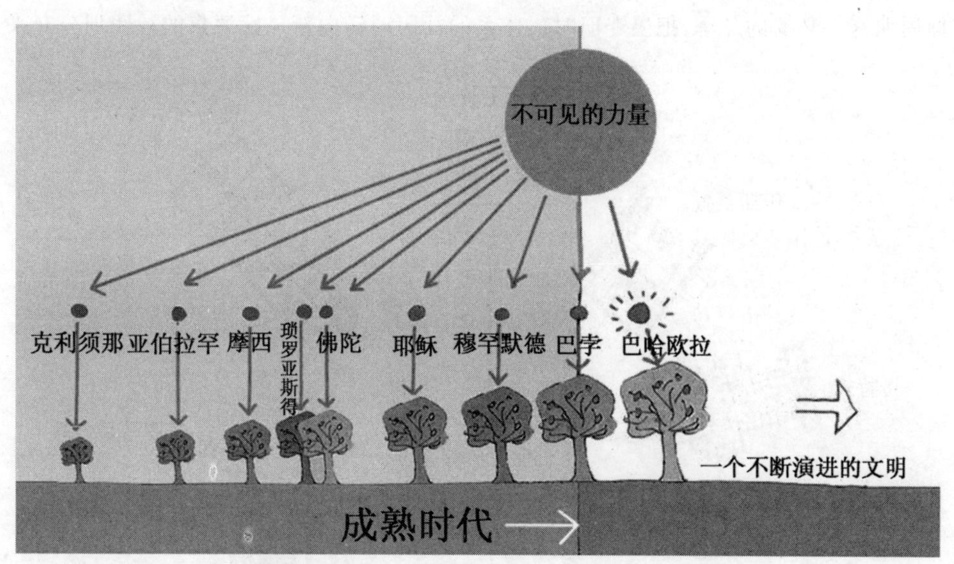

图 6　同一精神教导的过程

列教皆有其在天之源而从之。溯其源，三圣无异也。(意译)

天下同归而殊途，一致而百虑。①

既然视为一个过程，则任何信仰体系若主张唯我独尊，便毫无根据了。这样的主张并未看到所有体系共通的统合意向。这也是为什么一个旧的信仰体系，一旦其生命力耗尽，便再也无法作为重建的基础。这就需要真理的再生，而不是复述真理，需要一轮新的春天，真实精神的一次复活。虽然从一个"(信仰)周期"到下一个周期，真理会再次回响，甚至是原原本本地重申，但真正的更生力量却已传递给了新出现的信仰体系。

我们称之为文明的整个事业本身，是一个精神性的过程。在此过程中，人类心智不断创造出更为复杂而有效的手段，来表达人类与生俱来的道德和理智能力。……该现象是不断再现的；它没有开始也没有终止，因为它是演进的秩序所固有的基本现象。②

纵然从该过程中得到滋养，人类却从未理解过它。相反，人们围绕着自己精神经验的每一段落，都分别构建了一个宗教体系。贯穿历史，宗教推动力一向因矛盾与苦痛冲突的结局，而屡受羁绊。③

就如科学和法律总是趋向越来越精确地定义实体而时常被更新一样，宗教也必须获得更新。信仰体系的"生命之水"的效力，具有清洁净化的功能；但是，不断使用也是一个不断污染的过程。比如，刘子健(James T. C. Liu)推崇宋代新儒家为"道德先验论者"，但后来他说，"新传统主义完全渗透到文化中，以致它丧失了转化的力量。"

随着信仰体系的生命力减弱，它就逐渐不再管理人们的行动或对人们加以规范了。随着社会的成熟，信仰体系中的社会教义便失去了切实性。范围扩大了的科学不再和宗教同声相和。信仰体系降格为外在的形式、外表和仪式，而缺乏内在的意义。它们和发展的新阶段毫不相干以致必须被抛

---

① 《周易・系辞下》。

② Bahá'í International Community, *Who is Writing the Future?* Part 1, 1999.

③ E. A. Burrt, *The Teachings of the Compassionate Buddha*, *A Mentor Book*, p. 4.

弃。信仰周期这一必要的冬季，把墨守旧时代体系的社团同转向新灵感源泉的社团划分开来。

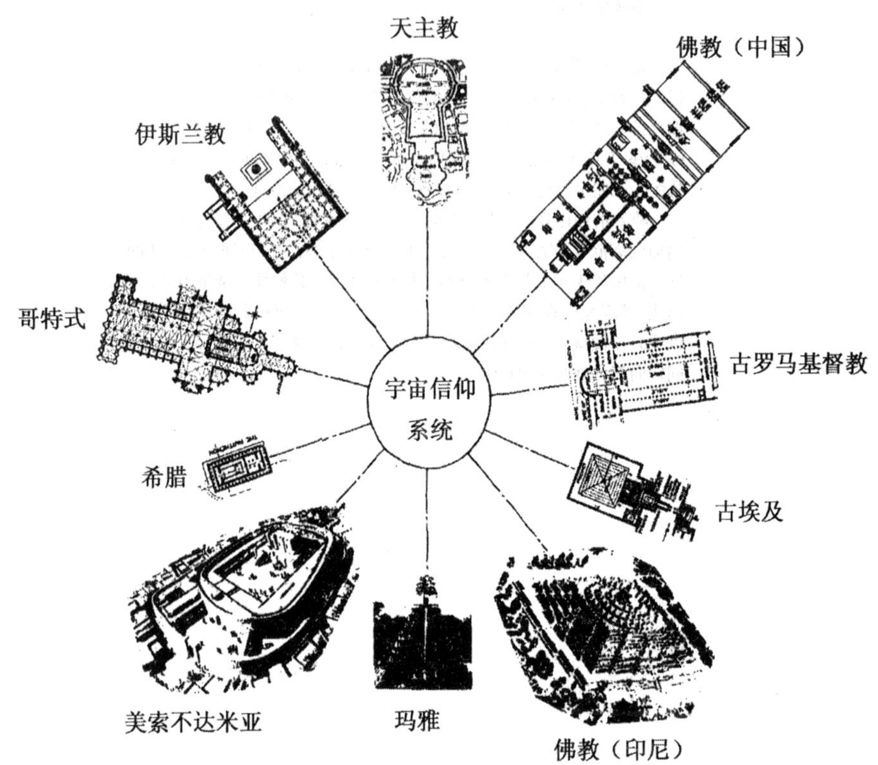

图7　人类信仰的汇合

宗教是神性实质的外在表达。因而，它必须是活的，富于生机的，运动的，进步的。倘若它没有运动和进步，它就没有了神性的生命；它是死的。神性的法则是持续活动的和演进的，因而，对这些法则的启示必定是进步的和连续的。一切事物都受制于革新。[①]

以前的信仰体系虽然跨越了国家和种族的边界，但未能成为世界性的。例如，佛教很合中国的口味，而基督教和伊斯兰教却罕能渗入汉人当中。那时人类尚不足够成熟以接受世界性的体系，也无交通和通信等基础设施提供支持。然而，所有这些信仰体系，普世性已潜存其中，让我们为那备受期待的圆满的日子预先做好准备。

今天有许多人，对宗教的第一印象便是偏见、迷信、无理性的盲目服从、暴力甚至战争，都冠以宗教之名。倘若这些就是所谓的宗教的果实，那我们丢掉它岂不是更好？关于这些不无道理的印象其根源何在，以下所作的区分可提供一些解释：

(1)道德教义和社会教义之间的区别

虽然各体系的道德教义都基本相同，例如"爱你的邻人"这一主题贯穿了所有体系；但各体系中关于婚姻、遗产、饮食等等的社会教义则随着人类的发展而发展变化。然而，一个体系里数世纪的积习，使得放弃根深蒂固的传统而迈向新一级的社会律法原则并非易事。

---

① 'Abdu'l-Bahá, *The Promulgation of Universal Peace*, p. 139.

(2)原始经书和人为添加的成分之间的区别

信仰体系创始人的著述,有别于信徒经年累月所添加的非本质的仪式与习惯。后人添加的这些有的已经模糊了甚至歪曲了原始信息,使其主旨更加难以把握,更不用说其总体的演进目的了。这样混淆了真理也就遮暗了进步之途。世界信仰体系的创始人是——

人类的第一位教师。他们是普世的教育者,他们定立的基本原则是寰宇进步的肇因和要素。后来蔓延开的形式和仿制品无益于那种进步。相反,它们是上天教育者所奠定的人类基础的破坏者。它们是遮蔽实质之阳的乌云。①

(3)"经书"和某些宗教领袖的行为之间的区别

进一步加剧混淆的是某些宗教领袖的行为,通常是在文明的后期阶段,他们出于无知或对权力的热衷,固守着不合时宜的制度,这些制度必定要在新周期里升起的太阳面前消散。他们没有指引他们的大众朝向新光源,反而抗拒它,甚至鼓动迫害其创始人及其追随者。例如,犹太宗教领袖迫害耶稣;基督教领袖掀起了对穆斯林的迫害。这些都是明确的表征,显示该周期结果的时期正在逝去。

真正的宗教是人间的爱与契合之源,优秀品质的发展之因;但人们固守着仿制品和伪造品,忽视了那统合一切的实质:他们因此被剥夺而与宗教的光辉无缘。他们尊奉从父辈和先祖那里继承下来的迷信。这迷信盛行若此,以致他们撇掉神明真理的天界光华,而坐在模仿和想象的黑暗中。本是要助长生命的,反变为死亡之因;本应是知识之明证的,现在成了无知的凭据;曾是人类本性崇高之要素的,却表明了其堕落。因此,宗教家的领域渐趋狭窄黑暗,而物质主义者的范围却拓宽并得到发展;因宗教家固守仿制品和伪造品,忽视并丢弃了神性,以及宗教的神圣实质。②

信仰体系名义下的暴力和偏见,是对其原初宗旨的歪曲,并不能抹杀其价值;知识之火在孩童或无知者手里会是危险的。衰落腐朽中的信仰体系无法体现其价值;瓦解是衰落的表征,是一个周期所固有且必需的,周期会翻新而再度开始,聚集起新的强大力量。

衰败时期过后,转折点到来。强光逝而复返。革去故也,鼎取新也;与时偕行,故无害。(意译)③

如果信仰体系是前后相续的,而前一个体系的生命力业已耗尽,我们就需要一个崭新的开始。倘若我们演进的下一步是人类家庭成为一体,则相应的,我们需要一个世界性的、契合我们时代需求的生机勃勃的信仰体系。

我们的世界近来紧密地融为一处,以及过去一两百年间学识与发明急剧加速,都暗示着一个新的文明周期——首次以全球规模——已经开始了。倘若信仰体系会驱动人类成长的新阶段,则此突飞猛进的整合与瓦解背后的那股力量必定已然存在。它在哪里?创始人是谁?

这一更新的信仰体系必须是普世的,必须实现世界各地民众的宏愿,并有能力激发文明的全球勃兴,而各文化能在其中"以不断变化的模式相互作用"。它必须给予"人类心智……更为复杂而有效的手段采表达……其……固有的道德和理智能力"。该信仰体系的伦理规范应当是各个宗教所共有的"爱你的邻人"之基本主题的复兴;其社会原则必须涉及世界公民在这全球化的星球上的组织形式。

---

① 'Abdu'l-Bahá, *The Promulgation of Universal Peace*, p. 85.

② 'Abdu'l-Bahá, *Foundations of World Unity*, Bahá'í Publishing Trust, Wilmette, 1972, p. 71.

③ 《易经》。

巴哈伊信仰

1863年，一位波斯要员的儿子巴哈欧拉，在流放于伊拉克巴格达期间，宣称自己就是这样一个更新的信仰体系的开创者。他宣称自己要发出的是一系列递进的启示中最近的一个。他的核心讯息和目标，是人类的一体。

> 须把世界当作人的躯体，虽于创世之初乃健全完美，但由种种原因，染患了严重的失调与疾病。它未得一日安适，病情反而日渐加剧，因它历受无知医师的治疗，那医师任随己欲，谬误深重。若经一位精干医师的照料，躯体的某一部分一度痊愈，其余部分却罹患如故。全知者，全智者如此告知你等。
>
> 主所命定为医治全世界的极效药方与至强工具的，是世界众民联合在一个普世的圣道，一个共同的信仰中。除非经由一位熟练、全能、受启发的医师之方，否则绝无法实现此点。诚然，这是真理，其他皆为谬误。[①]

1918年，在致海牙和平委员会的一封信中，巴哈欧拉的儿子阿布杜巴哈写道：

> 巴哈欧拉的教义之一是，尽管物质文明是人类世界进步的一个手段，但在它与神圣文明结合之前，想得到的人类幸福这一结果，是不会达成的。思之，一小时的光景，这些战舰就能把一座城市变为废墟，这是物质文明的结果；同样，克虏伯炮、毛瑟枪、炸药、潜艇、鱼雷艇、武装飞行器和轰炸机——所有这些战争武器都是物质文明的恶果。如果物质文明结合了神圣文明，这些猛烈的武器就绝不会发明出来。不，人类的精力会完全投入到有益的发明中，集中在有益的发现上。物质文明就像玻璃灯罩。神圣文明才是灯本身；没有光，玻璃罩便是黑暗的。物质文明就像躯体。无论它如何绝顶优美，典雅极致，它也是死的。神圣文明就像是灵，躯体由灵获取生命，否则它就成了尸体。因此显而易见，人类世界需要圣灵的气息。没有灵，人类世界就是无生命的；没有这灯光，人类世界就是一片黑暗。因自然界是动物的世界。除非人再次从自然界出生，即是说，超脱于自然界，否则人本质上还是动物；正是上帝的教义将这个动物转变为有灵魂的人。[②]

根据巴哈欧拉曾孙守基·阿芬第所言，我们的成熟不仅仅是在阐明一个理想。它是人类社会的一场深刻的有机改变，带来与其新状况相匹配的机制，亦即人类演进必然的圆满成就。

> 不要有任何误解。人类一体的原则——巴哈欧拉所有教义所环绕的轴心——绝非无知的激情主义之爆发，或模糊的虔诚希望之表达。不应把它的呼吁仅仅视同于再度唤醒人间兄弟情谊和亲善精神，它的目的也不单单是培育个别民族和国家之间的和谐合作。较于任何古代的先知所得以提出的，它的内涵更为深刻，它的主张更加伟大。它的信息不仅适用于个人，它更首先牵涉到必定连结所有国家和民族为同一个人类大家庭成员的那些基本关系之性质。
>
> 它并非只构成了一个理想之阐述，而是不可分割地联系着：
>
> • 一个充分体现其真理、表明其有效性并永保其影响力的机制。
>
> • 它意味着当今社会结构的一次有机改变，这一改变世界从未经历过。

① Bahá'u'lláh, *Gleanings from the Writings of Bahá'u'lláh*, p. 254.

② 'Abdu'l-Bahá, *Foundations of World Unity*, p. 27.

• 它构成了一个大胆且遍及全球的，对国家信条之陈旧口号的挑战——这些信条一度盛行，且必将按照天尊所设计并控制的一般情形，让步于一个根本不同于并无限优越于世界所曾构想之事物的新福音。

• 它所要求的不啻为整个文明世界的重建与非军事化——该世界在其政治机关，灵性抱负、贸易金融、文字语言等生活的所有重要方面有机统一，而其联邦单位的民族特征依然无限多样。

• 它代表着人类演进之圆满——该演进最初始于家庭生活的诞生，随后的发展达成了部落的团结，接着导致城邦的建立，再后扩展为独立的主权国家制度。

正如巴哈欧拉所宣示的，人类一体之原则恰如其分地赢得这一郑重声明的支持：达至这惊人演进中的这最后阶段，非但必要而且不可避免；其实现正快速临近，并且，缺少源自上帝的力量，无任何事物能成功地确立这一原则。①

巴哈伊信仰承认上帝的一体和他众先知的一体，坚持无束缚探索真理的原则，谴责一切形式的迷信和偏见。巴哈伊信仰教导，宗教的基本目的是促进和谐一致，宗教必须和科学并行不悖，宗教构成了和平、有序而进步的社会唯一而终极的基础。

反复教诲两性享有均等的机会、权利和特权的原则，提倡义务教育，消除极端贫富，将本着服务精神进行的工作提高到崇拜的等级，推荐采用国际辅助语言，为奠立和维护世界永久和平提供了必要的机构。②

巴哈伊信仰是世界独立宗教中最年轻的一个。其创始人巴哈欧拉，被巴哈伊信徒视为上帝使者系列中最近的一位，该系列一直延伸到有记载的历史以前，包括亚伯拉罕、摩西、佛陀、克利什那、琐罗亚斯德、基督和穆罕默德。

巴哈欧拉的信息中心主题是，人类是一个单一的种族，其统一在一个全球社会中的日子已届临。巴哈欧拉说，上帝已启动历史性的力量，正摧毁着传统的种族、阶级、教条和国家间的樊篱，并将适时引发一个世界性的文明。地球众民面临的首要挑战，是接受其一体性这一事实，并协助统一的过程。

巴哈伊信仰的目的之一，是帮助这一点的实现。体现着地球上大多数国家、种族和文化的约六百万巴哈伊组成的全球社团，正在为巴哈欧拉的教义付诸实施而工作。他们来自 2000 多个不同的部落、人种和族群，生活在 235 个国家和附属地区。大不列颠年鉴（1992 年）称巴哈伊信仰是世界上地理分布第二广的宗教，仅次于基督教。

他们的经验将成为一个源泉，鼓励着所有同样把人类视为一个全球家族，把地球视为一片故土的人们。

2.4 与权威的关系的成熟

随着人类的成熟发展，大众与领导者之间的关系也在发展。我们需要逐渐地摆脱以权威崇拜为导向的社会体系，走向以合作、承担社会责任为特征的成长型社会体系。从历史角度看，中国与西方存在于两种完全不同的体系中：西方以个人自由为基础的体系和中国以中央集权为基础的体系。长

① Shoghi Effendi, *The World Order of Bahá'u'llah*, p. 42.

② Shoghi Effendi, *Extracts from United States Bahá'í News*, No. 85, 1934(7).

期以来按照西方的观点，中国和“东方社会主义阵营”迟早都要向西方的“民主方向”发展。但过去三十年的历史来看，中国人运用东方的哲学理念，平稳地完成了经济体制的改革，保持了社会的基本稳定。现任政府更是直接提出建立“和谐社会”的目标，尽力化解各种社会力量的冲突。这使我们看到，基于不同的历史发展轨迹，东西方在未来可能做到殊路同归。

在这里，我们仅从个人自由和党派制的角度来探讨这个问题。

个人自由

如果在一个成熟的社会中，人际关系是基于相互负责和合作，那么这就意味着个人的自由必须受到限制。我们在 2.1 节中提到，“如果我们接受个人能够从社会整体组织中受益，那么符合逻辑的推论就是，个人行为在强化了社会整体的同时也强化了自己”。

为了保证整体的利益，团体的权益应大于个人的权益。因此，个体的自由应基于了解社会整体关系并由此调整自己的行为去适应社会的能力。

自由的质量与个人的知识和训练有关，中国人很明白这一点。对以下这段引文，中国人已是耳熟能详，乃至常常不用岁数来识别一个人的年纪，而是看一个人和自由的关系有多成熟。

三十来岁称为“而立”之年——立足坚稳的发展阶段；四十来岁称为“不惑”之年；五十来岁则“知天命”——明白命运的意义；六十来岁“耳顺”，能明辨优劣；七十来岁，“从心所欲”却不逾越规矩。人们懂得，真正的自由是经过毕生的学习过程之后才能达到的。自由有界限，它不应“逾矩”。

这种对自由的理解使中国人具有冷静应对生活中的矛盾冲突的能力。尽管当今的中国的年轻一代非常崇尚“自由”，但根深蒂固的克己理念使他们对很多其他国家，尤其是和宗教组织成员有牵连的国家所发生的自我毁灭的暴力冲突大惑不解，同时也对美国允许个人携带枪支的法律很惊讶。

比如，中国大多数城市人遵守一个子女的法律，因为他们认为需要这种严厉的措施来预防人口过多的后果。有谁感谢过中国的克己，因为中国控制了世界人口的数量？如果你在中国的城市里，在高峰时段挤过公共汽车，你就会切身体会到人们为什么能够理解计划生育政策的逻辑。尽管会有棘手的副作用，即一个子女的政策会助长溺爱孩童，并且会减少照顾年迈父母的子女，但中国依然坚持不懈。缺少社会福利体系，要在农村生存是很艰难的。生活要靠养儿子，因为儿子将来会留在家里。这一需求和一个子女的政策相冲突，导致了女胎的流产。这个问题还会持续，直到教育水平提高了，以及有更多的退休金规划就位。

中国人的克己遏制了那种会导致社会不稳定的颠覆行为，这种克己并非只是畏惧外部的威吓。中国人把领导者看作是由“水”即人民所支撑的船。人民懂得，水的目的应该是载舟的，而非覆舟。

西方往往不把这种做法看作是维护自由之举，却认为这种做法缺乏自由。尽管如此，我们仍然认为这些中国的传统经验更符合人类走向成熟的方向。中国的克己文化在当今金融危机中，对比无限度消费的西方文化更显得“可持续”一些。

当然，我们并不是说中国数千年形成的以封建家长、长官意志为主宰的文化已经消亡，实际上，中国通向理想社会的道路还很长。

党派制

在成熟的社会中，我们将从一种充满对立意识的体制转换到另一种和谐统一的体制。在新的体制中，取代对立竞争，自我利益最大化的是通过公众参与、磋商调和，达到团体利益最大化。正如一对争吵不休的父母不能管好一个家庭，一个成熟的社会不可能由一个时时处于对立争斗的政府机构管理。

西方对民主的定义通常是指民选政府，以及多党制和不受约束的对政府行为加以批评的自由。多党制是出现于以追逐权利为目的的不成熟社会体系中。这种带有相互监督制约的体系在防止滥用权力时是有必要的。但当我们的重点转移到建立以公正和团结统一为原则的新体系时，这种以对抗为基础的政府机制就该淘汰了。

对于中国人来说，千百年来适应的是一个不可分裂的权力中心。政治体制中的“在野党”或“反对党”的概念是与其传统道德及知识系统相矛盾的。多党制对中国不单是一种外来的概念，而且可能引起国家分裂，甚至内战，造成适得其反的效果。在中国向成熟社会发展的进程中，没有必要重复西方的对抗性多党制过程。中国应该沿着自己的传统道路，扩大和改进目前的各级人民代表的选举，强化民众参与和磋商的过程，使之更具有民选的意义。

2.5 社团生活的成熟

在社会组织中有一个层面大于家庭而小于城市，我们称之为“社团或社区”。我们在村庄、街区和中国的“单位”里能够体验到社团生活的一些方面。因为世界大多数地区是从权威式社会结构转变过来的，这些初级的“社团”是由村里的头面人物、有权势的人或者指定的人所领导的。朋友的圈子、共同利益集群、校友会、网友组织等都有一些社团的特征，但是没有实际的存在地点。

所有上述提到的组织都曾经或者仍然正在增进人类的成长和进步，但是现代世界的一些现状需要创造更成熟的形式的社团。当我们的能力和教育不足时，为了满足我们的需要，我们可以被领导者——好的或坏的——由上至下地管理。

随着教育的改善以及知识的迅速传播，我们每个人的能力获得了快速的提升。相应的“参与和要求进步”的能力的增长需要一个新的环境，以便每一个社会成员的未知的潜能都能够被拓展，而新的社会和管理形式能够安全地导引这股新兴的能量。

随着社会模式的不断整合，我们需要身边有个地方，在那里我们可以表达和体验创造力、责任感以及携手合作。

社会发展由于从多方面吸取营养变得更加负责，高层次的社会单位如城市、国家和全球需要更广泛的草根阶层民众的参与。

根据上面的这些现状，我们可以将社团重新定义为一个由个人、家庭和各类组织自发形成的团体，这个团体会创办各种机构和活动，其目标是大家一起为圈内和圈外的人提供服务以改善综合的生活质量。

中国习惯于群体意识，常常会说“集体”。虽然其渊源还在佛教进入中国之前，但这一观念由于大乘佛教强调通过救度群体来救度个人而得到了强有力的推动。中国的集体感与和平倾向是构建社团的宝贵基础。

集体感针对的通常是家庭、朋友和全体中国人。目前的社会结构从较大的范围，如族群、国家和城市，一下子跳到了工作场所、家庭和个人这些较小的范围上。工作单位一度也是某种社团，但这一机制正在消失。城市、区政府、街道委员会等等各有一级行政单位，但它们更多的是行政的，而非社会的。还有一些小型社团，但仅限于老同学、同事以及家庭的圈子。

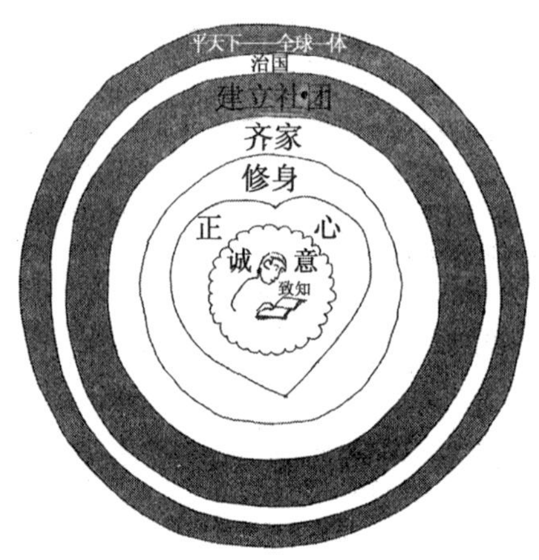

图 8 社会与个人的关系 本图在《大学》的描述框架中增加了"社团生活"一环

1935 年，林语堂（1895～1976）在他的《吾国与吾民》一书中指出，儒家教义《大学》，贯穿了各层次的社会组织，独漏掉了社团。从国家到家庭的跳跃即可为证。团结和忠诚在这两个层次上还能发挥作用，但在中间层次上意义就弱了。

> 古之欲明明德于天下者，先治其国；
>
> 欲治其国者，先齐其家；
>
> 欲齐其家者，先修其身；
>
> 欲修其身者，先正其心。

也许在过去，这些社会结构已经足够。孔子应该也会同意在社会的阶梯上再增加"社团生活"一环，因为当代社会和社会中的个人已经成熟了。中国开放以来最明显的特征之一就是个人能力的增强，不论男女。随着中国超越了专制型的社会结构而趋向成熟，亿万民众在自行决定如何将其能量和天赋疏导出来。人们自择教育和职业，自创生意，国内国外哪里有工作机会就去哪里。专业的服务态度开始取代家长作风。一个巨大的能量库正在形成，只待引流。

如果我们能够找到一个社会和管理机制来导引这股不断增强的个人的潜能，城市就会变得更有效率，城市生活也会极大改善。目前这种在家庭和朋友圈子外隐匿身名的状况，越来越多的城市区域被高墙和保安隔离开来，反映了对陌生人的恐惧，也是缺乏社区/社团的结果。我们需要离家较近的机构和外围来提供相互的支持与合作，就像家庭内或朋友的圈子内的相互支持和相互关系带来利益和安全感。同样，在一个友好的、管理完善的社团层面扩展相互支持和相互关系的界限，将更大的拓展利益和安全感的范围。

> 对我来说，发展规划和策略的一个主要挑战便是，怎样创建一个全球化社会的机构群，一个将社会各个阶层联结在一起、它们之间也能够互相联系的结构网络，使之逐渐成为全球所有居民都能够方便使用的共同财产。否则，我担心，全球化对大多数人来说恐将沦为边缘化的同义词。[①]

就这一社会层面的接触有很多怀疑和提防。即便是好人也会迟疑。隔绝和匿名的渴望主要来源于害怕我们所不认识的人会提出无边的、不可控的要求；一旦你开始帮助某人也许就再也无法中

① 法赞·阿柏博士：《实验室、庙宇，以及市场》，IDRC，2001.

止他对你的要求。

这种恐惧是有道理的；在居民小区这个层面没有相关的管理机构来应对这种情况。如果没有相关的机构的发展以及社会质量和技巧的成熟，此类社团的延伸就不可能出现。信息的分享、需要和服务间的对接、信任的扩展，都需要在社团层面有新的组织形式和领导力。

如果参与社会真正是生活的一部分，则城市的孩童可以参与社区服务，作为学校课程的重要部分。让他们更亲密、更实际地敞开面对周围的社会，能开阔他们目前的"学习—家庭作业—电脑游戏"的活动范围。这反过来又会给他们的学习带来更明确的目的感。孩子们更容易想象如何把他们所学的应用到周围世界的需要上。对这种社会教育多加重视，还会让孩童有更多的代理兄弟姐妹可以交往，从而减轻独生子女家庭的困难。在服务中成长，这样的氛围也会减少自我中心。

青年能为社团的建设作出宝贵的贡献。目前在中国，青年人的大部分时间都是为了在强调分数的学习中取得好成绩。这很容易把他们与生活隔绝开，而限制了他们的社会性成长。如果社团服务能够被认可，青年人可以参与到诸如低龄人的教育中，他们也会力行真正的服务，负起某种程度的责任——其实他们已经为这种责任做好了准备，只是从未付诸使用。如果教育体系包括社团建设的参与，一些人力资源亦可从较强的学校向较弱的学校流动。这就将与现在这种过分强调学科分数而分裂各学校的状况有一个鲜明的对比。学校间并不互相交流，反而是根据各校考入大学的人数来排名造成学校间的竞争。参与社团工作还会给予青年人以机会，不靠约会来了解异性。当你看到一个人怎样工作，怎样与他人互动，怎样行使责任等等，你会更了解他。

在基层社会里，创造和参加社团活动不仅给人们提供了服务与接受服务的机会，更会大大增强人与人之间的相互了解和了解的深度。人们也会通过丰富活泼的社团活动，发现他们当中富有领导才能的人物，从而使日后的社会选举更为深入和更有成效。

中国的"集体"意识和和平的处世态度将是社团建设的宝贵基石。信任的圈子需要扩大。一个成熟的信仰体系的标志就是它能够有助于创建成功的社团生活。

到目前为止，我们还是在一个固定的范围内讨论社团问题。

在今天互联网与快速交通迅速发展的时代，不同地方的社团可以有很多新的渠道相互交流。而社团给人们带来的收益则逾越了它的地理范畴，从同一城市到世界任一城市。

从始于 1844 年的电报的发明开始，城市迅速地成为遍布全球的网络中的结点。主要的构成现代城市的技术因素出现于 1877～1889 年的 12 年间。通过这些发明，城市得以朝着水平和垂直方向扩展；城市的工作、娱乐和家庭生活时间能够轻易地延长到夜晚；人们在城市里或城际间的相互接触也大为快捷简便。

尤其是随着国际电信的普及，城市有了新的维度和目的，城市正变成整个星球网络的一部分。它们正在成为全球化文明的基础设施。城市，及其内部的社团成为所有个人据此获取世界资源的基础，同时为建立一个全球社会努力。从理论上讲，城市越是发挥这种功能，城市的潜力就越能得到开掘和提升。

表 2　　各种发明及其诞生的时间

发明	时间
蒸汽机	1781
铁路	1800
电报	1844
电话	1877
白炽灯	1880
摩天楼	1880
有轨电车	1885
地铁	1886
汽车	1889
电梯	1889
无线电通信	1901
飞行器	1908
电视	1920
计算机	1930
互联网	1980

2.6 男人和女人之间关系的成熟

妇女能顶半边天。①

世界过去一直由武力所统治，男人因身体和心智的品质更为强悍好斗，而凌驾于女人之上。但天平在移动，武力正失去分量，而女人所擅长的心智的机敏、直觉、爱与服务的灵性品质，正获得优势。因而，新的时代将是少些男性气质，而更充满了女性理想的时代，或者更确切地说，是男性与女性的文明要素更为均衡的时代。②

只要专制型主导大局，妇女，就像少数群体一样，不得不去更了解男人，而胜过了男人对女人的了解。男人公然或无意间表露的专制的、传统的态度，会让女人受挫。对于中国妇女的高自杀率，这会有几分解释。③ 妇女正在幕后等待，比其他人更迫切地要求得到更好的机会来施展她们的潜能。中国有许多非常成熟精干的单身妇女，她们似乎不大可能找到一位好丈夫，尽管男人的数目比妇女多。许多妇女嫁人好像是甘心要默默无闻地做丈夫的教育者。

男人假想的优越性还会继续压抑妇女的雄心。④

这种不幸，其部分原因在于，妇女更多地认同人类生存的性质基本上是合作的。男人还处于专

---

① 中华人民共和国开创者毛泽东的著名口号。

② J. E. Esslemout, *Bahá'u'lláh and the New Era*, U. S. edition, 1976, p. 156.

③ 北京，1991 年的一天早上，我离开我在宣武门的家，看见人行道上有具女尸盖着塑料布，手伸在外面。她是从 12 层楼上跳下来的。人们说是因为她生了女孩，而她家人要的是男孩子。

④ 'Abdu'l-Bahá, *The Promulgation of Universal Peace*, U. S. edition, 1982, p. 76.

制型的时候，妇女已经展示出整合型的某些特征了。

男人更被竞争、控制这些更属于青春期的态度和习惯所累。男人的成熟是自治、脱离他人、独立和个人成就。顾及人际关系与合作，好像是软弱的表现。①②

女人的确更有一种精妙的才能，可涵容他人的需要且轻而易举。我的意思是说，女人较男人更善于首先看出他人的需要，而后又深信能满足他人的需要——这让女人既能回应他人的需要，又不会觉得有损她们的身份感。

……服务他人是一项基本的原则，女人的生活就是围绕着它组织起来的；男人就远非如此了……

尽管任何社会都有竞争的一面，但社会要存在，就必须有起码的一点合作。（我把合作定义为扶助并增进他人的发展，同时推动自身发展的行为。）当然很清楚的是，我们尚未达到很高层次的合作生存。就现有的范围来说，妇女已承担了更多的责任来维持合作生存。尽管她们不会为此大事张扬，但妇女在家庭中会坚持不懈地努力，以缔造出某种合作体系，能照顾到每个人的需要。虽然作为我们家庭基础的不平等前提大大阻碍了她们的作业，但总是妇女在笃行努力。③

为家庭生活和子女教育肩负了数世纪的责任，便得妇女作好了准备，来为人类的进步做出关键的贡献；她们更为推动当今世界的专制型向整合型过渡的社会而装备起来。建设更加亲和的社团生活，这一需求将为发展自我同时服务他人提供更多机会。妇女很有可能成为这一事业中的领导者。

……直到最近，发展自我同时服务他人的机会还鲜有存在；实质上没有哪个社会形态可以将二者结合并举……对于男人来说，发展自我兼顾服务他人的情景，似乎复杂得无法可想。但对于女人却没有那么复杂。

传统的经济模型中，世界被看成是一个充满了自我意识为中心的独立的消费者，这已过时了。新的模型会将环境因素和社会因素综合考虑。群体的利益，家庭与社团的重要性都应在经济活动中兼顾到。而在这些方面妇女的经验恰恰可以做出出色贡献。④

在我们成熟的新阶段，女童教育具有了新的重要性。经由母亲传给下一代，合作与服务的态度更容易传播开；如古谚所言，“教男教一个，教女教一家。”⑤如果财力短乏而不得不做一个选择的话，女孩应比男孩更有优先受教育的权利。

即使纯粹从经济的观点出发，世界银行首席经济学家也说，为培训下一代而培训妇女“……和世界上任何其他投资相比，很可能获得更高的回报率……打破贫困循环最有效的方式是投资女童教育。在低收入国家，让女童也和男童一样受到中级教育所花的费用，比起这些国家国防经费的 10% 还要少。低收入国家的父母未能在女儿身上投资，是因为他们没有指望女儿能为家庭作出经济上的贡献。”在中国农村，女儿会离开娘家住到丈夫家里。在短期内——

① Carol Gilligan, *In a Different Voice*, Harvard Press, 1982.

② 要在北京乘公共汽车的时候玩一种游戏，我从不会输。那就是不看司机，猜猜司机是男是女，如果车子停了还往产倾，停车时刹车很猛，而且速度很快，我就知道司机是男的。如果加速减速平缓，速度适中，我就知道司机是女的。女司机不觉得自己是在赛车，非得争先；她们会考虑到站在过道里的乘客。刹车或启动太猛会把他们晃得站立不稳。

③ Dr. Jean Baker-Miller, *Toward a New Psychology of Women*, Beacon Press, Boston, Second Edition, pp. 62-63.

④ Dr. Jean Baker-Miller, *Toward a New Psychology of Women*, Beacon Press, Boston, Second Edition, pp. 62-63.

⑤ Agnes Jung, *Unveiling India*, *A Woman's Journey*, 1987, p. 92.

女孩不像男孩那样宝贵——于是女孩要留在家里做家务而让她的兄弟上学——这一预言就自圆其说了，却让妇女陷入了被忽视的恶性循环中。另一方面，受过教育的母亲更有能力出去赚钱，而能面对完全不同的一番选择。她很有可能少生孩子，但她能让孩子更健康，注重每个孩子的发展，保证女儿也有公平的机会。她女儿的教育又使得女儿下一代的女童更有可能和男童一样受到教育而且健康。恶性循环就这样变成了良性循环。①

妇女的解放，两性间全面平等的实现，是和平的最重要先决条件之一，虽然对此少有公认。

否认这种平等便是对世界半数人口施行不义，并助长了男人的不良态度和习惯——它们从家庭被带到工作场所和政治生活，并最终带进国际关系中。从道德、从实践或是从生物学上，都找不到任何依据能证明否认男女平等是正当的。只有当妇女在人类进取的所有领域里被迎入全面的伙伴关系中，才会营造出能让世界和平得以出现的道德和心理风尚。②

教育妇女是消除和终止战争的有力措施，因为妇女会施展全部的影响力来反对战争。妇女抚养孩童，教育青年长大成人。她们会拒绝交出儿子去牺牲沙场。确实，她们将是促成世界和平与国际仲裁的最大因素。肯定，妇女将废除人间的争战。因为人类社会由男性和女性这两个互补的要素构成，除非二者都得以完善，否则人类的幸福与安定便无保障。因此，男人和女人的地位和标准必须达到平等。③

如果"中国在物质、文化和精神资源和潜力方面列居各国之首"，如果妇女在迈向服务与整合型人际关系范例时首当其冲，则整个世界都应侧目于中国妇女——首中之首！

2.7 文化的成熟

当下的历史暗示着：一个世界共同体不仅是不可避免的，甚而它正是世界被创造的目的。伴随着新信仰体系的到来而兴起的文化，曾把先前相互分离的民族联系起来。例如，佛教连接了中国和印度；基督教在黑暗时代（欧洲中世纪）之前连接了中东和罗马属地；伊斯兰教连接了希腊、罗马属地和阿拉伯、波斯、印度以及中国。今天，全球各处都浸没在世界性的剧烈的文化交汇中，概莫能免。并且，在社会演进的每一步——从家庭、部落、城邦到国家——个人表达的机会和能力都得到了扩展，这暗示着随着我们进入世界文明的这个阶段，又有可能产生进一步的扩展。

那将是协同增效的创造性的交互作用，还是适者生存？中国文化将会怎样？

很像基因库在人的生物性的生命及其环境中所起的作用，数千年来形成的文化财富浩瀚的多样性，对于正在经历集体成年的人类其社会与经济的发展是至关重要的。这一财富所代表的遗产，必须得以在一个全球文明中结出果实。一方面，各种文化的表现形式需要受到保护，以免被时下当道的物质主义势力所窒息。另一方面，各种文化必须在不断变化的文明格局中得能以交互作用，且不受党派政治目的所操纵。④

中国革命成功地"废除长久以采的非正义的统治结构，为地球五分之一人口战胜赤贫，并扫清了

① Lawrence Summers, Chief Economist, World Bank, Essay for Scientific American, *The Most Influential Investment*, 1992(8).

② The Universal House of Justice, *To the Peoples of the World: A Bahá'í Statement on Peace*, Bahá'í Study Series No. 14, p. 13.

③ 'Abdu'l-Bahá, *The Promulgation of Universal Peace*, U. S. edition, 1982, p. 104.

④ Bahá'í International Community, *The Prosperity of Humankind*, 1995.

根深蒂固的迷信习惯”。正如鲁迅所说的,有些东西是要抛弃的。

> 要保存我们的民族性,须先确定它们能否保存我们。有特色的东西未必就好,为何非得保存呢?因为是中国的痈疽就要留着吗?(鲁迅,意译)

这一过程,时而猛烈,对中国文化的各个方面都加以质疑。

从文化大革命的极端恢复过来之后不久,正当旧账被一笔勾销,正是在这一脆弱的转折点,中国向西方敞开了大门,外国文化随即涌入。中国的现代化得到了明显的收益,可是她在文化、传统和精神生活方面付出了怎样的代价?对于和其他文化交互作用,中国人的感受是复杂的。中国的文化表现形式正在“被时下当道的物质主义势力所窒息”吗?进入全球共同体和全球文化的行列既引起了恐惧也唤起了希望。

比如,李道增教授的以下言论就表达了前者。他们这些博学者的特殊贡献包括保存和研究了体现在中国古典和乡土传统里的广阔的民居资源,他们是文化基因库的一个重要部分的看护人。李道增教授虽然希望古代文化能得到创造性的转化,但他看到目前的文化全球化过程只导致了“冲突和妥协”。

> “全球化”正在成为最新的思想潮流。随着经济、金融、科学和技术的发展,全球化的意义似乎比较容易被人们理解。可是,“文化全球化”在任何意义上都是站不住脚的。将来世界的文化发展很可能是“全球化”和“地方化”之间冲突和妥协、互动和对话的结果。……地方文化是城市的“灵魂”。我们要从上述的三个不同层面来理解传统的地方文化,并对我们的古代文化进行创造性的转化,这样才能有助于我们目前的实践。①

他和同事们相信,中国的文化资源中蕴含着很多物质和社会可持续发展的法则和解决办法,蕴含着一个浩瀚的精神激发和意识觉悟体系。到传统的乡镇和少数民族村寨旅行调研,为他们提供了一个放松和灵感的资源。在这里,文化“基因库”的密度令人精神一振。其中还包含着手工技艺——它在现代建筑运动之前,一直是成熟的建筑语言不可或缺的成分。以进步的名义丢弃或毁坏这一财富令他们极为痛心。

在现代的语境中重新诠释中国古代建筑和城市风格,这个过程必定需要该文化基因库的资源。当研究要深入下去的时候,基因库的资源还会留下多少呢?

美术家和音乐家也有同样的担忧。例如,中国从事金属雕塑和油画的年轻艺术家杨冕,说外国的影响是一种文化压迫形式,并导致了感觉的钝化。

> 不崇尚历史,不参与文化圈子,建筑在中国到处都是一个模样。没有个性,没有地方文化传统。这不能归咎于政治力量。是我们的文化在受压迫并且变得迟钝,才导致了这种情形。我们城市的建筑工艺规程,只是开发商在不违反什么规定的条件下他们个人喜好的产物。开发商追求的是利润,要利用市场销售伎俩。我们只需要看一看我们城市里的所有房地产项目,就能发现它们全是一样的筒子楼,出现在广告里却打着“欧式”、“欧陆风格”、“罗马花园”、主题社区、高尚住宅、亲水园林等等旗号。(意译)

音乐家谭盾痛惜传统的消失,他要寻找一幅精神地图,以借此挽回脆弱的民间乡土文化。尽管他看到现代化切断了中国的魂和根之间的联系,他还是在技术中看到记录和传播的手段,而有助于

① Li Dao Zeng, "Global Localization and Creative Transformation," *World Architecture*, 2004(1), p. 85.

保存正在湮没的脆弱的文化元素。

北京[法新社] 1981年,谭盾作为音乐学院的学生访问他的出生地湖南时,看到一位老人以石奏乐,对风而歌,这种萨满式的音响令谭盾颇为着迷。“他在进行他原始的歌唱:对天地风云倾谈,与往世来生对歌,”这位曾获得奥斯卡奖的作曲家说,“我惊呆了。”20年后当谭盾作为著名的作曲家再次采到村子寻找那位老人时,他伤心地发现,老人已过世了。“那老人给我的记忆太深了,美妙绝伦。可是突然间它就消失了,我意识到其他的每一样东西也在消失。”谭盾在一次采访中对法新社说。

这位居住在纽约的作曲家说,正在湮没的中国乡土民族传统,让他汲取了音乐灵感,也令他魂牵梦萦。谭盾说,在中国危悬的经济发展面前,乡土传统的泯灭迅如摩天大楼的拔起。“在每个地方,传统都在消失,”他叹息道。“这非常严重,因为在中国,发展来得太快了。发展令人目眩的时候,我们必须非常小心地保存文化和传统。”

为村里那位老人的离世所触动,谭盾决心用他的音乐来帮助保存他所热衷的脆弱的乡土民间文化。“肯定有什么办法可以挽回即使已经失去的东西,就像一幅精神地图一样,”他说。

谭盾深切的失落感激发他创作了多媒体作品《地图》:为大提琴、录像和管弦乐队而作的协奏曲,古老和现代、视觉和音响的混合。去年由大提琴家马友友和波士顿交响乐团首次公演的这部鼎新之作,意在唤起对湖南少数民族濒临灭绝的音乐文化的关注。协奏曲展示了土家族、苗族和侗族演奏的传统笛箫和铙钹,吹树叶和轮唱——一种远距离传递人声的技法。

“《地图》是很个人化的旅程……试图把东西追回来,试图让声音永恒,试图让传统永恒,”谭盾说。“我希望,技术要是能和传统结合起来的话,技术会变得人性化,并且能寻回传统。”谭盾说该作品也是他寻根的一次精神之旅。他说,“我试图找到另外的道路,一条看不见的途径,回到我在湖南的家。”

“在古代,你要凭借听声音来试着找出道路:那种感觉给人以强大的灵感。”他告诉北京的观众,他希望中国人在置身于快速现代化的时候,也能找到途径与他们古代的根相连。“我希望通过《地图》,人们能找到另一条回家的路,不是靠自行车,船或者飞机,而是循着看不见的道路回家——这条路连接着我们的魂和我们的根。”作曲家说。

农村人得不到鼓励去做别的,一有机会去附近正在发展的市镇上打工,他们往往会首先丢掉他们的传统。比如,在富一点的村子里,人们常常抛弃木头框架、砖墙和土瓦做的传统房屋,而要粉刷过的或贴了琉璃瓷砖的混凝土砖建筑。虽然结果既艳俗又拙劣,但他们的选择很明确:新型房屋更宽敞、干燥、暖和,能通电还有室内水管。并且,对他们来说,这看起来更“现代”。

我们还有什么理由抱持希望呢?在历史早期,约公元200至800年间,外来影响曾一度渗入中国,但其结果迥异。从印度传来的佛教,有数百年的时间不但没有窒息中国的精神,事实证明它反而解放了中国的精神。公元800年以后,它屈服于其物质上的成功,滥用其权力,并受到压制,它的影响就衰退了。以下论及的是佛教的正面影响时期,虽然说的是建筑艺术,但也同样适应于当时中国文化的各个方面。

中国著名建筑设计师戴念慈教授和梁思成教授描述了这一过程。

始自公元四世纪,东方和西方的文化进行了一次碰撞融合,由于佛教东传导致了中国建筑的可观巨变。在印度和西亚文化的影响下,中国建筑翻开了新的一页,进入了建筑文化的唐宋时期(6～13 世纪)。当时的建筑大师,在接受外来影响方面,并未采取机械移植外国有生力量的方式。相反,通过消化吸收,他们创造出他们自己的一些新东西。……接着,"……日本的许多古建筑强烈地受到了中国的影响,但他们假装这就是日本的特色"。(意译)①

佛教传入中国大概是在基督纪元伊始。虽有记载,早在公元三世纪之初就有佛塔建造,但我们今天已经没有五世纪中叶以前的佛教遗址了。然而,从那时起,直到十四世纪后期,中国建筑的历史便主要是佛教(和少量道教)寺庙和宝塔的历史了。(意译)②

清华大学建筑学院的创始人梁思成,说佛教启发了中国的美术和建筑。他在《中国建筑图画史》一书的序言中说:

读者不要奇怪,这里呈现的绝大多数建筑实例,是佛教的寺庙、宝塔和墓冢。在各个时期各个地方,宗教都为建筑创造,提供了最强大的推动力。

因早期的这番交互作用颇具创造力,戴教授希望它能再度发生。

所有这些先例都使我相信,在接受西方建筑技术的同时,亚洲当代建筑师能够凭借消化、吸收和融合东西方文化,创造出他们自己的独特的建筑新文化。

亚洲国家大多有着一个共同特征:它们都有自身的古代文明。由于地理和自然条件的差别,民族和种族的不同,及历史进程的迥异,每个文化都有其自身的鲜明特点。它们都有过辉煌的时刻,但后来(也许日本除外)由于各种原因都落后于欧洲国家。随着我们进入 20 世纪,尤其是到了后半叶,我们再次投身于同样的任务:在最短的时间内赶上西方发达国家。为了这个目的,我们必须学习他们现代的科学和技术,以及先进的思想和经验。那么,这就是东西方文化何以在这里交汇;不可避免的冲突之后就是某种程度的融合。

我相信,由这些冲突融合,将呈现出丰富多样的新文化。它们将成为世界文化大家庭中颇具价值的一分子。(意译)③

吴良庸教授痛心于地方文化多样性的销蚀。

在强大的全球经济和文化的冲击下,20 世纪经历了传统文化多样性的销蚀,即地域特征的销蚀,其结果就是城镇的灵魂失去了视觉上的定位。(意译)④

他把文化指称为灵魂,一个地方的精神。虽然文化多样性在销蚀,他也看到了充满活力的建筑家们在受到另一种文化的滋养后回到了他们的本土,创造出杂交以新元素但仍反映着浓厚地方文化的现代建筑。这种情形令他萌生了希望。

与此同时,20 世纪也看到了根植于地方的建筑勃兴,增添了世界建筑文化的丰富性。20 世纪初,各国有造诣的建筑师来到北美想做番事业,包括萨里南在早些时候,格罗皮乌斯和密斯·范德罗在战后来到北美。这新兴的国家对他们的作品产生了持久的影响。美国的一些建筑师,像莱特,来到亚洲领受东方文化的养分,回国后开创了他自己的美国风建筑。同时,亚洲的一些

① Professor Dai Nianci, paper presented at Qinghua conference, "*Modernization and Traditional Culture—One of the Problems Confronted by the Asian Architect*", September 1989.

② Liang Se cheng, *A Pictorial History of Chinese Architecture*, MIT Press, 1984, p. 31.

③ Professor Dai Nianci, paper presented at Qinghua conference, "*Modernization and Traditional Culture—One of the Problems Confronted by the Asia Architect*", September 1989.

④ Professor Wu Liang Yong, *Looking Forward to Architecture of the New Millennium*, Keynote Speech for the XX UIA Congress, Beijing, 1999.

建筑师去西方学习，然后回到本国来发挥自己的天赋，例如，日本的槙文彦(Fumihiko Maki)，印度的柯里亚(C. Correa)，和中国的吕彦直、梁思成等等。

这都表明了可以吸收不同的文化来作为地方新文化的成分。同时，他们最优秀的作品也表明他们不是和周围环境相隔离的。所以世界是个大花园，花卉杂交可以创造出时代的新品种来。(意译)①

为了提高这一杂交过程的丰富性和可能性，他建议：

我们应像保护生物多样性一样保护地方(文化)多样性。(意译)②

如同佛教影响中国的情形，哪里有精神性的影响，哪里就有促成中国文化繁盛的那种消化、吸收与融合的过程。当前对全球化的疑惧，是由于发觉了"物质主义消费至上的文化入侵"这一缺乏心灵因素的过程。在相互尊重和吸引的状况下，文化交互能催生出无穷的创造性嬗变。无情的物质主义标准将大量的文化表现形式打入了"落后而毫无价值"的冷宫。

要义在于，没有一个精神的基础，全球化必将导致冲突和妥协，而"文化全球化在任何意义上都是站不住脚的"。如果我们把人类看成是一个家庭，它被一系列诱发文化的信仰体系所驱策而步入成熟之途，或者视作一个有机整体，其生命力仰赖文化多样性的丰富"基因库"，那么，要紧的是要找到谭盾的"精神地图"，作为由精神所激励的发展的一个根基。

就像人体一样，在一个活的系统中，整体维系着部分的生存。用生态学上的协同增效来作比喻，则意味着社会、经济、技术、智力和精神生活都是相互依赖的；任何方面缺少了多样性都会伤害整体的进步。文化景观好似河流和海洋。各种地方风味位于河流的上游；同时，它们哺育着全球文明的海洋。维持生命的水，从海里蒸发后又回来更新地方景观。输入的品种越丰富，整体的美和力量就越宏大。

基于一个世界性的信仰体系，并视人类为一个家庭的一个新世界体制，必将重视其文明的构成要素，并需要发挥成年人相互尊重、欣赏甚至热爱彼此的差异以及在创造性的协作中相互信任的能力。动力来源于统一的视景，比如中国人说的"天下一家"，多样和差别只会使一座"花园"更美丽。

中国参与世界文明的创造，不仅会与世界分享她自己的遗产，而且会引发李道增教授所希望的"我们古代文化的创造性转化"。在精神所激励的人类社会中交互作用，最终可能是保存和振兴中国文化遗产的唯一希望。

2.8 我们与环境的关系的成熟

环境危机也表明外部现实和我们内在视景之间需要平衡的动态关系。

……事实证明，正在被复制的经济增长模式是如此有害于环境，必须对其存活能力提出质疑。通过可持续的发展过程来给世界所有民众带来繁荣，这一挑战不能只凭借应用技术和调整当今世界组织结构来应对。它要求彻底离弃物质主义哲学——此类哲学造成了今天潦倒的贫困与不负责任的富裕并存的局面。③

---

① Professor Wu Liang Yong, *Looking Forward to Architecture of the New Millennium*, Keynote Speech for the XX UIA Congress, Beijing 1999.

② Professor Wu Liang Yong, *Looking Forward to Architecture of the New Millennium*, Keynote Speech for the XX UIA Congress, Beijing 1999.

③ Dr. Farzam Arbab, *The Lab, the Temple, and the Market*, edited by Sharon Harper, IDRC, Canada, 2000, pp. 1-2.

自然的承受力能无限地满足人类的任何要求，基于这一信念的理论，其谬误现已无情地暴露出来。一个极端重视扩张、获取以及满足人民需求的文化也不得不承认，单靠这些目标本身来导出发展方针是不现实的。

可持续发展所需的一些美德和态度，诸如中庸、平衡与协同，长久以来为中国的哲学家和圣贤所体认。中国的美术家在广阔的山水画里把人物描绘得很小，反映出对自然的敬畏、谦卑之情和对美的尊崇。

祸莫大于不知足；咎莫大于欲得。故知足之足，常足矣。①

甚爱必大费；多藏必厚亡。故知足不辱，知止不殆，可以长久。②

圣人不积，既以为人己愈有，既以与人己愈多。③

虽然后来，中国对生态环境的掠夺式占有大大增多了，但中国还是展示出许多可持续发展的特点。有限的土地资源和中国人的实用、中庸、节俭，产生了土地利用的最佳效果，斯巴达式的生活方式，以及处于食物链低端的饮食习惯。中国城市最重要的一个可持续的特征是其最佳的疏密度（不太密，也没有铺得太开）。自行车广泛地用作了交通工具；几乎都是朝南建房以吸收太阳能；私营的非正规的纸张、玻璃、塑料、器具和家具回收颇为广泛；为初创公司提供了大量的“孵化器”建筑。还有自愿的节育，至少是在城市地区。

然而，这种对可持续发展的暗合，比起自觉之举，更多些侥幸。随着财富的增长，最佳城市结构和节约能源的生活方式还会被侵蚀，除非环境意识和教育增强。“富裕舒适”这样的普通志向，可能会侵蚀并抹除现存的可持续特征。

2.9 决策制定的成熟

磋 商

巴哈欧拉倡导的“磋商”程序，是重新构思所有人际关系的中心。巴哈欧拉的忠告是：“凡事必要磋商。……天赋之领悟力通过磋商才变得成熟。”

在追求真理方面，“磋商”所要求的标准，远远超越现在商议时经常采用的谈判及妥协方法。现时在社会上盛行的“抗议文化”，不但不能成功地追求到真理，反而是这过程的严重障碍。磋商的目的是使大家在任何事情上都能对个中的真理达到一致的认识，并在任何时刻能够选择最明智的行动。辩论、宣传、抗衡方法及派别组织等长久以来常常被使用的集体行动方法，都是有损这目标的。

巴哈欧拉提倡的磋商过程要求参与者把自己视为整体的一员，将全体的利益和目标放在个人的观点之上。大家在坦率及礼貌的气氛下进行讨论。各方所提出的意见并不属于某个人而是归于集体所有，任由集体来决议取舍或改善，谋求能最完善地达到目的。磋商成功的大小，是看在什么过程上，参与者不论本身在磋商时最初有怎样的意见，而都支持全体的最后决定。在这种条件下，一旦发现一项决议在实践中有缺点，就容易重新考虑。

如此来看，磋商是人类社会事务中履行正义的具体表现。磋商是集体努力成功的关键，因此是

① 《老子·第四十六章》。
② 《老子·第四十四章》。
③ 《老子·第八十一章》。

所有可行的社经策略不能缺少的基本部分。诚然，只有在每个社经计划上以磋商作为策划原则，人民的参与才能有成效；而社经策略的成功则是有赖于参与者的投入与努力程度而定。巴哈欧拉的明训是："只有履行正义，人才能提升至其真正地位。只有通过团结，才能拥有力量。只有经由磋商，才能获得福利与幸福。"[①]

（注：以下这些材料是给中国的社会工作者们准备的，着重谈了共同磋商以及家庭生活。我们读这些材料时，可以将文中的"家庭"替换成团体企业、组织、婚姻、议会等，以适合你的需要。）

进行共同磋商需要有成熟的素质，它培养和促使人们用成熟的态度来互相对待，并得到逐渐走向成熟的锻炼，要达到这样的成熟磋商，正确的教育和引导是必不可少的。

建立目标对成功的磋商而言是十分重要的。

好的目标应是发掘达到各方利益最大化的行动路径，如果参与磋商的成员动机不在于此，而在于获得或保持他的权力，赢得这场争论或仅仅是为了挽回面子，这些动机只能阻碍磋商的正常进行，而磋商也不可能成功地达到应有的目的。

成功的磋商需要人们具有良好的素质。而进行共同磋商是帮助人们发掘并获得良好的素质。

纯洁的动机，为他人服务的愿望、耐心谦逊、开放的心态（自愿为作出最好的正确决定而抛开个人的喜好恩怨）和训练有素的思维方式（具备识别和及时采用正确原则的能力）。彼此之间正确的尊重可以通过言语和行为表达出来，没有尊重亦就没有信任，没有信任也就不可能很好地利用人与人之间的差别。威胁与恐吓压制了胆小温顺的人。蛮横无理招致怨恨。同样的一个家庭为了解决家庭成员中出现的问题，不能持僵持态度。团结的思想和行动建立在彼此接受差别的基础上，而不是互相否认和反对，家庭成员彼此苛求一致性就和个人身上的那种自高自大，自我中心主义一样不受欢迎。

以下所列是成功磋商必备的几个因素：

- 建立全部的事实
- 决定采用的原则
- 讨论问题
- 作出决定并且使成员团结统一地去执行

家庭中的谈话成过于散漫或抑制。当我们就一个敏感的决定需要磋商时，根据共同磋商的原则及过程，自我约束和合理程度的自由便能达到和谐一致。

因为没有自我约束也就无所谓自由，存在的只是控制与服从的关系。

建立事实

有些家庭的磋商因为一开始大家不能同意所列举的事实而以失败告终。这不是因为他们找不到坚实可信的事实证据，而是参加磋商的家庭成员们仅有自己的行为方式，就会拒绝接受不利于他们的事实情况。

原　则

原则上为使磋商顺利进行，成员们必须花费一定的时间对即将来用的原则达到基本统一，在一

---

① Bahá'í International Community, Office of Public Information, *The Prosperity of Humankind*, Part 3.

个团体中执行正义，表达彼此间的关爱，是统一的基础。

讨　论

磋商中最重要的是要有正确统一的目标，而不是意见的一致。不同意见的冲撞往往会迸发出真理的火花，因为意见的不同绝不是人们性格上的冲突。

每个人都应该充分表达他的意见，并且确信自己的意见对整个讨论是有所贡献，每个人都应坦诚、礼貌、谦逊地表达自己的意见。羞涩的人鼓起勇气直抒己见。而自我滔滔不绝的人应该注意简短和应自我控制。

我们应该以开朗的态度倾听所有的意见并对之作出公正的判断。大声吵闹、冷嘲热讽以致谩骂都只能让彼此产生敌对的情绪并掩盖了真理，妨碍磋商正常进行。选取一位主席来主持磋商保证所有人都参加讨论认真听取别人意见，且就意见本身讨论，保证无任何人控制或随便转化讨论的方向。这对磋商是大有帮助的。

对参加磋商的团体来说，每一个意见都是朋友呈送的礼物。我们不应该把意见与提出意见的人同一而论。即，这个意见可以被修正，发展甚至于被拒绝而不至于伤害任何人的私人感情。如果参加磋商的朋友采取了正确有效的方法，无论他们最初的意见如何，他们将看到最终采取最有效行为的过程，如此，在磋商的过程中，一个人可能完全改变他最初的意见而不觉得失了脸面。实际上这是一种成熟的反映，同时也是一种最有弹性，敏锐的发掘，解决问题的途径的技巧。

显然，一个正确的磋商目标可以为灵性的发展提供良好的环境，而这种灵性的素质对创造一个美好的家庭是大有帮助的。

作出决定

如果共同磋商的过程进行得顺利，那么作决定则是最容易的一环。这决定必须也是一个一致性的决定。如果磋商中达不到这种一致性，那就应该以大多数的意见为准。每一位成员都应当尊重这一磋商团体所作的决定，即便他不赞成最终的决议，也必须以服从和完全信赖的态度去执行。

统　一

统一本身就会使大众受益。假如一个决议不能被统一地服从执行时，我们永远无法确定是这个决定本身的错误还是意见分歧造成的流产；如果大家同心协力的去执行，即便决议是错误的，也会很快被发现，并得到及时的修正；决定是正确的，则它的受益会马上被感觉到。

附录：文明与信仰体系之间的关系

本书曾经简略讨论了佛教和巴哈伊与人类社会文明建设之间的关系。在这里，我们需要回顾一下灵性推动力总有“文明”响应紧随其后的现象，特别是源于犹太教、基督教和伊斯兰教的文明响应。

犹太教

那时，以色列各部落四散漂泊，摩西召集、联合并教育他们，因而他们获得了高度的能力和发展。摩西使他们由卑下转为荣耀，由贫穷变为富有，去其恶行而代以美德，直到他们达至鼎盛——使得所罗门统治的光华展露，他们的文明也名扬东西各方。比如，苏格拉底从希腊而来，求教于犹太学者。当他返回故国，却因宣扬自己在以色列学到的观念，即“一神”和灵魂不灭的思想，而被迫自杀。①

基督教

耶稣到来之时，犹太文明已然衰败。他说，他来是要：

聚集摩西的那些迷途的部落或离散的羊群。他不仅牧养以色列的羊群，还召聚了迦勒底、埃及、叙利亚、古亚述和腓尼基的民众。这些民族深怀敌意，凶如猛兽，极欲彼此相残，但基督将他们集合起来，凝聚团结在他的圣道中，并在他们之间奠立了爱的联系，以致他们抛弃了仇恨和战争。②

在数百年间，他的教诲所启发的文明显现出来。

那时，基督徒优秀品格的明证之一，是他们献身于博爱善举，并创办了医院和慈善机构。比如，整个罗马帝国第一个建立公共诊所，让穷人、受伤者和无助者接受医疗的是康斯坦丁大帝。这位伟大的君王是第一个拥护基督圣道的罗马统治者。他不遗余力地投身于推广《福音书》的原则；以往罗马政体实质上不过是一种彻头彻尾的压迫体制，而他将其牢固地建立在适度和正义之上。他蒙福的名字如同晨星光芒四射，穿透了历史的黎明，他的地位和声誉归于世上最高贵、最文明的人士之列，至今仍被各派的基督徒所传颂。

生活在公元2世纪的希腊医生兼哲学家伽林，就国家的文明写过一篇论文。他不是基督徒，却证实了宗教信念对文明的症结所发挥的非凡功效。他基本上是说，‘我们当中有一群人，他们是拿撒勒人耶稣的追随者，耶稣已在耶路撒冷被杀。这些人确实浸透着令哲学家美慕的道德原则。他们信仰并敬畏上帝。他们寄望于上帝的恩眷，因此避免了所有不足取的行为举动，而倾向于值得赞美的伦理道德。他们终日奋力以求行为可嘉，以求促进人类福利；故而实质上他们人人都是哲学家，因为这些人已深得哲学的主旨精华。这些人的道德令人赞叹，即使有的还不识字。③

微观与宏观世界之间存在对应关系，宇宙具有和谐结构，凭借中心、圆形和球体的数学符号可理解上帝……这些信念在文艺复兴时期获得了新生，并从视觉上表现在文艺复兴时期的教堂上。……建筑对于文艺复兴时期的人们来说，其严格的几何结构，均衡和谐的风格，平和安谧的外形，最重要的是其球形的穹顶，都在回荡着，同时揭示着上帝的完美，万能和仁善。

文艺复兴时期的建筑师……深信，宇宙的和谐，除非在空间上，通过为服务宗教而构思的建筑来加以体现，否则就无法完全展示出来。④

伊斯兰教

当耶稣的影响力开始衰退，欧洲进入千年的黑暗时期之际，穆罕默德出现了。其间，在南方，阿

① 'Abdu'l-Bahá, *Foundations of World Unity*, Bahá'í Publishing Trust, Wilmette, Illinois, 1972, p. 22.
② 'Abdu'l-Bahá, *Foundations of World Unity*, Bahá'í Publishing Trust, Wilmette, Illinois, 1972, p. 22.
③ 'Abdu'l-Bahá, *Foundations of World Unity*, Bahá'í Publishing Trust, Wilmette, Illinois, 1972, p. 56.
④ Rudolf Wittkower, *Architectural Principles in the Age of Humanism*, Academy Editions, 1998, p. 39.

拉伯的游牧部落……

> 四处流散，在没有法律的状况下生活在沙漠里，各部落间冲突流血不断，没有哪个部落能免遭攻伐毁灭的威胁——值此危难关头，穆罕默德出现了。他把这些野蛮的沙漠部落聚集起来，使他们和解，团结一致，因而停止了敌对战争。阿拉伯民族迅即崛起，直到其疆土向西拓至西班牙和安达卢西亚。①

> 那至高先知之火焰在麦加之灯里燃起以前，未开化的汉志民族在地球的所有民族当中是最粗野蒙昧的。他们凶残，习性顽劣，且世代结仇，在各种历史记录中皆有据可查。那时，世界上的文明民族甚至不把麦加和麦地那的阿拉伯部落当作人类看待。……这些部落如此蒙昧难驯，在无信仰时期，他们甚至会活埋自己七岁的女儿……然而，在……穆罕默德出现之后，因由完美之矿藏……施与他们教育，神明律法赐予他们福佑，他们在短期内便聚集在神性一体之原则的庇所中。随后这粗野的民族达到了如此高度的人性完美与文明，令他们的同代人大为惊异。一向嘲笑奚落阿拉伯人为毫无见识之辈的那些民族，现在却热切地寻觅阿拉伯人，访问阿拉伯国家以期获得启迪和文化、技术技能、治国之道、艺术科学。……这粗野卑劣的一支，在如此短暂的时间内攀升至人类完美的最高峰，这是穆罕默德先知身份之合法性的最伟大的证明。②

欧洲受惠于伊斯兰教这一事实，而今更为人知并已被公认。伊斯兰教把欧洲带出了黑暗时代，并推向了文艺复兴时期。

> 以罗马为中心画两条线，一条向东延伸到博斯普鲁斯海峡的亚洲海岸，一条向西跨过比利牛斯山脉，几乎所有位于这两条线以南的地中海国家，在我们所说的时代（约公元900年），都生活在"真主独一，穆罕默德是真主的使者"的信条中。现在我得讲讲这两条线是怎样向欧洲推进的：东线是凭借军事力量，西线是凭借理智力量。两条线以罗马为轴心转动；时而张开时而夹紧，一时威胁要从两端弯过来，把变异的基督教世界攥在掌心；一时又因它们围起的列国最后的阵痛，而各自退回并全线震颤，但只后退片刻便又夹得更紧了。似乎有看不见的手臂从非洲炎热的沙漠伸出，要把欧洲拢在掌中，试图合起手来给变异的基督教世界③以可怖而致命的一压。虽然遇到挣扎抗拒，但那不祥的手最终还是攥紧了。从历史上看，我们说就是那时的压力促成了改革。④

---

① 'Abdu'l-Bahá, *Foundations of World Unity*, Bahá'í Publishing Trust, Wilmette, Illinois, 1972, p. 23.

② 'Abdu'l-Bahá, *Secret of Divine Civilization*, Bahá'í Publishing Trust, Wilmette, Illinois, pp. 87-88.

③ 杜雷波使用了"变异的基督教"(paganizing Christianity)一词，意指基督教在穆罕默德的年代里所处的状况，那时，基督教已从康斯坦丁的荣耀时代跌下，约在公元500年后，落入实利主义的腐败领袖的掌控中。

"感谢那些起身传扬《福音书》之教义的神圣灵魂的训导，一个何等牢固的优秀品格的基础（在康斯坦丁的时代）奠定下来。多少小学、学院、医院以及能让失去父亲的穷困孩童接受教育的机构得以创建，多少人牺牲了个人利益而献出一生的时间来教化大众'以期获主的喜悦'。

"然而，当穆罕默德的灿烂美质即将破晓世间之时，掌管基督教事务的权力已落入无知的教士手中。自神恩之域轻拂的天堂微风已然沉寂，伟大福音的律法，奠立世界文明的基石，均荒废无果。这全是由于滥用，以及看似姣好而内里污秽之人的行止。

"欧洲的著名历史学家在全面描述早期、中世纪和现代的状况、风俗、政治、学识和文化时，一致记述道，从基督纪元的6世纪初到15世纪末的十个世纪所构成的中世纪期间，欧洲从各方面来看都是极端野蛮黑暗的。其主要原因是那些被欧洲民族称作灵性和宗教领袖的僧侣，已丢弃了服从神圣的诫命与天降的福音教诲方可获得的持久荣耀，而与当时暴虐专横的世俗政体之统治者串通勾结。他们闭目不视永恒的荣耀，竭尽全力增进彼此的世俗利益和转瞬即逝的好处。最终乃至大众成了这两个集团手中的绝望囚徒，而这一切导致了欧洲各民族的宗教、文化、福利与文明体系的全面崩溃。"('Abdu'l-Bahá, *Secret of Divine Civilization*, Bahá'í Publishing Trust, Wilmette, Illinois, pp. 85-87.)

④ John W. Draper, *The Intellectual Development of Europe*, Harper and Brothers, 1905, pp. 1-2.

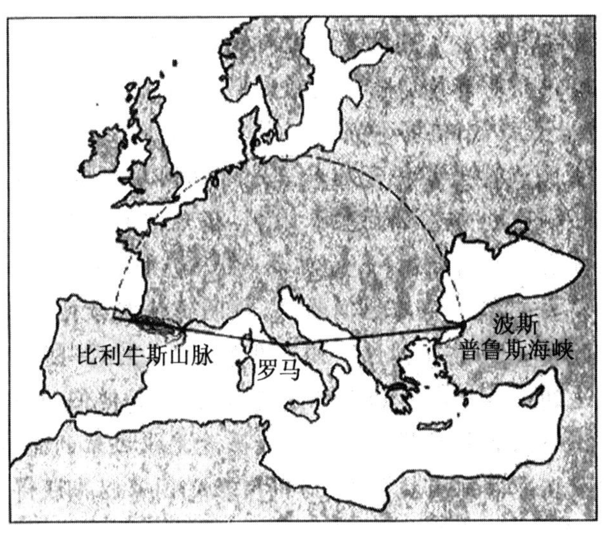

图 9　欧洲与地中海地图

西线凭借理智力量：

在伊斯兰时代的早期，欧洲各民族便从安达卢西亚（西班牙南部）的居民所实践的伊斯兰教中获得了文明社会的科学和艺术。全面细致地考查历史记载，就会确定这一事实：欧洲文明的主要部分来源于伊斯兰教；因为穆斯林学者、神学家和哲学家的所有著作，都逐渐在欧洲得以收集，并在教学中心和学术集会上经过缜密周详的考量辩论，之后便对其中有价值的内容加以利用。今日，大量穆斯林学者的著作在伊斯兰国家已无迹可寻，但却能在欧洲的图书馆里找到。并且，通行于欧洲各国的法律和原则整体上，在相当大的程度上确实来源于穆斯林神学家的法学著作和法律裁决。①

那些熟知欧洲史实，以真实和正义感而特出的欧洲知识分子一致承认，无论从哪一点来说，他们文明的基本要素都来源于伊斯兰教。

……作者（杜雷波）指出了整个欧洲文明——其法律、原则、制度，其科学、哲学、各种学识，其文明的礼仪习俗，其文学、艺术和工业，其组织、纪律和行止，其可嘉的品格特性，甚至法语的许多通用词汇，是如何源自阿拉伯的。他对这些要素逐一详加考查，甚至点出了每项要素从伊斯兰传入的时期。他还描述了阿拉伯人来到西方，来到现在的西班牙，如何在短时间内便在那里建立了发达的文明；他们的管理体系和学术杰出到了何等的高度；他们如何稳固地创建并良好地规范了学校和学院，以教授科学和哲学、艺术和工艺；他们在文明的艺术方面如何携领风骚，又有多少欧洲显要家族的子女被送往科尔多瓦、格拉纳达、塞维利亚和托莱多的学校，以求取文明生活的科学和艺术。他甚至记述了一个名叫格尔伯特的欧洲人来到西方，就读于阿拉伯辖区的科尔多瓦大学学习艺术和科学，并在返回欧洲后如此腾达，最终晋升至天主教会领袖的地位而成为教皇。②

东线凭借军事力量：

欧洲文明的开端要追溯到伊斯兰纪元七世纪，具体情况是：回历 5 世纪将近结束时，教皇或

① 'Abdu'l-Bahá, *Secret of Divine Civilization*, Bahá'í Publishing Trust, Wilmette, Illinois, p. 89.

② 'Abdu'l-Bahá, *Secret of Divine Civilization*, Bahá'í Publishing Trust, Wilmette Illinois, pp. 92-94.

基督教的领袖叫嚣说耶路撒冷、伯利恒、拿撒勒等基督教的圣地已落入穆斯林的统治之下。他煽动欧洲的国王和平民发动一场他所谓的圣战。他的喧嚷激昂甚嚣,使得欧洲各国皆尽响应。参加十字军东侵的国王们率领无数军旅越过马尔马拉海向亚洲大陆挺进。那时,法蒂玛王朝的哈里发统治着埃及和一些西方国家,叙利亚国王也就是塞尔柱王朝的君主大多时候也臣服于他们。简言之,西方的国王们带领无数军队进攻叙利亚和埃及,叙利亚的统治者和欧洲的国王持续争战,为时两百零三年。欧洲援军不断加入进来,西方统率们一次又一次发起猛攻并夺取了叙利亚的每座城堡,而伊斯兰的国王们又一次次地将它们夺回。最后,萨拉丁在回历693年(公元1315年)将欧洲的国王和军队逐出埃及和叙利亚沿岸。他们一败涂地,回到欧洲。在十字军东侵的这些战争中有数百万人丧生。总之,从回历490年(公元1112年)至693年(公元1315年),欧洲的国王、将帅和其他领袖不断往来于埃及、叙利亚和西方之间,当他们最终全部返回家园时,便将他们在两百余年间在穆斯林国家中观察到的一切引介到欧洲,诸如政体、社会发展、学识、学院、学校和雅致的生活方式。欧洲的文明便从那时开始了。[①]

伊斯兰是连接中国与欧洲的重要桥梁。

穆斯林们在引用一句圣训时充满自豪"学问,虽远在中国,亦当求之"。它指出了寻求知识的重要,即便意味着要远途跋涉直至中国,尤其是在先知穆罕默德的时代,中国被认为是当时最先进的文明。伊斯兰教传入中国在'Uthman ibn Affan(Allayhi Rahma)哈里发即第三个哈里发时。打败了拜占庭、罗马人和波斯人后,'Uthman ibn Affan在回历29年(公元650年)先知离世后十八年派了一个使团去中国,在先知的舅舅Sa'ad ibn Abi Waqqaas(艾比·宛葛素A1layhi Rahma)的率领下,邀请中国皇帝加入伊斯兰教。在此之前,阿拉伯商人在先知在世的时候已经将伊斯兰教带入了中国,尽管不是有组织的活动,尽管只是他们在丝绸之路(陆地与海上)上旅行的分支。

尽管在阿拉伯的历史上对此事件只有零星的记载,在中国历史上有简要的纪录,据《旧唐书·西域传》记载,唐永徽二年(651年)大食国遣使第一次来华,抵达长安(今西安),参见唐高宗李治。中国的穆斯林将此事定为伊斯兰教正式传入中国。

据传皇帝敕建中国的第一座清真寺——位于广州的"怀圣寺"。十四个世纪以来一直保存完好。中国最早的穆斯林聚居区也是建在广州这个港口城市。倭马亚王朝和阿巴斯王朝共派遣过六个使团到中国,都受到了中国人民的热情接待。定居中国的穆斯林最终给中国带来了巨大的经济冲击和影响。

在宋朝(960~1279)它们几乎控制了全部进出口贸易。

事实上,那段时间的市舶使职位一直由穆斯林把持。明朝(1368~1644)一直被认为是伊斯兰教在中国的黄金时代,穆斯林也完全地融入了汉族社会。[②]

① 'Abdu'l-Bahá, *Secret of Divine Civilization*, Bahá'í Publishing Trust, Wilmette, Illinois, pp. 90-91.

② http://Chinese-school.netfirms.com/Muslims.html.

结束语

我来自加拿大，已经在中国(主要是北京)生活了23年。我的妻子何红雨是中国人，我的两个13岁和18岁的儿子，都在北京成长读书。我最开始在天津大学教建筑设计，后来一直在北京做建筑师。

我不是一个职业作家或学者，但在这里的经历促使我将自己关于中国的一些想法写下来。初到时，我见到的是一个感觉陈旧的、较为传统保守和缺乏自信的中国。二十多年来，我和这里的人民一起共同见证了中国向一个更自信更向全球开放的转变过程。中国的崛起和我们所面临的创造和平统一新世界的挑战绝不是一个巧合，而是一个必然。

最近发生的金融危机是一个信号，它显示出人类在成熟过程中面临的深层精神危机。我们必须从不成熟的分裂走向成熟的联合。从我阅读到的中国哲学、诗歌和宗教作品中，从我见到的中国人当中，我感到中国恰恰应对世界走出危机有所贡献。

本书的前一部分主要是陈述了这一观点。后一部分探讨了关于包括中国在内，我们都要经过的成熟过程。当然，关于成熟的很多范畴我们可以添加进来，比如婚姻、家庭、教育等。同时，每一个领域都需要更深的探讨。我在这里提到的想法主要还是在原则层面，需要有更多的工作来研究现实中的实施策略。我也意识到其他人可能对解决这些重要的社会问题有不同的原则，但我希望我在这里所展示的能对大家的研究提供一些基础性材料。

昨天晚上，我的大儿子，他现在是北京大学国际关系学院一年级新生，给我演示了他和他的小组将要在课堂上作的报告。题目是“核武器:它是避免战争的威慑物吗?”这个题目主要是针对印巴核冲突的。他们的结论是，在理性世界中，应用大规模杀伤武器来避免相互攻击是有逻辑性的。但从太空看，国界是不存在的，是一种人为概念。从这种角度看，依赖于使用武器，特别是核武器，作为解决国际争端的方法是非常荒唐的。如果新一代的想法进化到这种水平，这个世界是有希望的。

Joe Carter

2009年3月1日

“共建和谐:科学、宗教与发展”暨学术研讨会综述*

马 景

2009 年 10 月 20～21 日,“共建和谐:科学、宗教与发展”学术研讨会在澳门举行,此次会议由中国国家宗教事务局和澳门巴哈伊教总会主办,中国社会科学院世界宗教研究所巴哈伊研究中心和全球文明研究中心协办。来自中国大陆以及香港、澳门等地的近 120 名学者、社会科学工作者、巴哈伊信仰者等出席了这次会议,会议收到论文近 70 篇。

国家宗教事务局四司吕晋光司长、巴哈伊教澳门总会主席江绍发博士、中国社会科学院世界宗教研究所金泽副所长等在开幕式上致辞。吕晋光强调本次研讨会选定在中华人民共和国国庆刚过,澳门回归祖国纪念日前夕这个特别的时刻在澳门举办,具有重要的历史意义。她表示包括巴哈伊教在内的澳门宗教界人士真诚拥护“一国两制”,爱国爱澳,支持特区政府依法施政,服务社会,造福人群等方面做出了积极贡献。江绍发博士代表东道主致辞,他说,积极开展对话,探讨共同关注的问题是社会行动话语构建的主要成分。在建设一个和谐社会的过程中,话语构建无疑具有积极和建设性作用,这也是新崛起的巴哈伊社团文化的一个主要成分。金泽副所长在开幕式上致辞时表示,改革开放的 30 年是国家与宗教并行发展进步的 30 年。宗教界不断适应社会的发展进步,努力发挥积极作用,也为自身的发展与进步迎来了黄金时期。他从“和谐”、“文化”和“慈善”三个角度阐述了宗教在中国社会的价值和作用,并表示拥有亿万信众的中国宗教,一定会顺应时代的要求,为国家的发展、民族的复兴、人民的福祉做出特殊的贡献。

本次研讨会就多项议程进行了广泛而富有成效的研讨,主要有:

第一,科学发展观与对待宗教。吕晋光指出,用科学发展观对待宗教是与时俱进,做好宗教工作的必然要求,必须认识宗教存在的长期性、群众性和复杂性,应当尊重人权,遵循国际准则和国际法制,全面贯彻宗教工作方针,发挥宗教界认识和信徒群众的积极作用。贾建平以科学发展观视域中的宗教为题,探讨了宗教信仰者在经济发展中的作用,指出,宗教信仰者是推动经济发展的有生力量,热心公益,能为经济发展营造良好的和谐气氛。哈英敏以巴哈伊教为例,在“信仰的纬度下”主要探讨了科学与宗教在发展观形成中所发挥的作用,以及二者之间关系。

第二,宗教与科学的关系。蔡德贵以美国的发展为例,指出,科学并不能解决经济问题,精神问题没有办法靠科学解决,在面临国际纷繁复杂的变化之际,宗教可以解决科学无法解决的一些问题,宗教在当今的国际社会中还“大有用武之地”。庞秀成从现实国策、学术角度以及现实需要方面为出

* 原载《世界宗教研究》2010 年第 1 期。

发点，重点探讨了科学与宗教的概念、界定以及相互之间的关系。马景从新文化运动入手，回顾了新文化运动中对科学与宗教的界定，以及当时知识分子对宗教的批评态度，指出在科学发展给宗教界带来的冲击的同时，中国基督教学者和伊斯兰教学者对宗教与科学关系的诠释与回应，推动了科学与宗教的对话与调适。王宏海探讨了科学与巴哈伊教之间的关系，界定了科学、宗教与哲学的界说，分析了新兴宗教巴哈伊教的现代性、开发性、超越性、世俗性、宽容性、融合性、务实性、灵活性和创造性等特点，指出，巴哈伊教在可持续发展中可以发挥重要的作用。

第三，现代社会中的宗教。陈建光主要以香港为例，探讨了香港宗教界在构建和谐氛围的经验和模式，指出香港"没有政府规范用以定义、操纵和管理宗教"，宗教团体全是"自发、自愿、自治、自由"地发挥各宗教的优势，不断地为社会提供丰富的精神食粮及实质的贡献。徐以骅以宗教与当代国际关系为例探讨，认为当今国际政治与国际关系中，宗教的作用越来越从隐性转为显性，全球化的趋势更放大了宗教对国际关系和各国政治的影响。指出从目前国内外的研究来看，跨学科实证研究以及超越描述性个案研究而建立宗教作为自变和因变量影响国际事务的理论框架应是宗教国际关系/政治研究学术的后续发展。吕耀军探讨了宗教现代发展的新范式，主要以巴哈伊教为例，认为巴哈伊教作为一种新兴宗教，在当今社会中，仍然面临着诸多问题，其中最主要有：与现代社会关系的问题，与科学的问题以及与传统宗教的关系问题。如何处理好这三层关系仍然是巴哈伊教需要努力解决问题。汪燕鸣以世俗化与新兴宗教的关系为题，探讨了新兴宗教如何面临世俗化的问题。

第四，巴哈伊教的研究。吴云贵研究员在多年研究巴哈伊教的基础上，对如何理解巴哈伊教所主张的"宗教同源"之说，如何理解巴哈伊教视域中的宗教与科学的关系，以及如何理解全球精神文明建设的五项指标提出自己独特的看法。他认为宗教与科学属于两种不同的世界观和方法论，一个是知识，一个是信仰，既有互相对立的一面，又有"和而不同"的一面，二者相互尊重。刘陆晶主要探讨了巴哈伊教的和谐观，指出巴哈伊教和谐观主要体现在人与自然的和谐，人与社会的和谐以及人与内心的和谐。并对巴哈伊信仰者在全球实践和谐理念作了相关的考察。刘诗雅、许宏、杨晓平等主要从不同的角度探讨巴哈伊的教育理念以及在世界巴哈伊教徒中的实践。

第五，社会转型与道德重构。胡德平探讨了中国社会道德危机的原因，指出四个方面的原因，第一是中国人割断了自己道德的根，破坏道德的本；第二是市场经济的冲击，第三法制的不健全，第四信仰的缺失。认为在当今社会道德重建已成为中国社会迫在眉睫的问题，宗教界应该积极发挥宗教道德的约束功能，进一步为构建和谐社会做出应有的贡献。郭长刚以社会转型与道德秩序重构为题，探讨了宗教的社会功能，历史上宗教在社会转型中扮演的角色以及新兴宗教在当今社会转型中应如何发挥作用，积极为社会服务。

第六，其他宗教方面，还有一些学者从儒教、道教、佛教、基督教、伊斯兰教的视角，探讨了宗教与科学的关系，以及在新的历史条件下，各种宗教如何发掘其蕴含的和谐理念，进一步为构建和谐社会，和谐世界奉献各自的余热。

尽管这次会议的主题围绕着"科学、宗教与发展"，但探讨的议题比较广泛，内容比较丰富，参加人数也很多。闭幕式中，主办方、协办方以及与会学者对这次大会进行了比较深入的总结和反思，并确定了下次会议的主题以及举行时间。

巴哈伊教学术研讨会综述*

李维建

2010 年 9 月 21 日，巴哈伊教学术研讨会在中国社会科学院世界宗教研究所召开。研讨会由世界宗教研究所巴哈伊研究所中心主办，来自中国社会科学院多个研究所、山东大学、宁夏大学、香港全球文明研究中心以及社会各界热衷于巴哈伊教研究的学者共 30 余人参与讨论。

作为一种新兴的世界宗教，巴哈伊教主张“宗教同源，世界一体”，以其调和传统与现代、宗教与科学的现实姿态，已在全世界赢得了 600 余万的追随者。近年来，在中国大陆宗教“回暖”的整体态势下，巴哈伊教也呈现出较快的发展趋势。巴哈伊教现象逐渐引起各界学者的关注，大陆已成立多家巴哈伊教研究机构。这次巴哈伊教学术研讨会就是在这种情况下召开的。

这次会议共收到论文 16 篇，分为以下四个主题展开讨论：一、“巴哈伊教与社会”；二、“巴哈伊教思想研究”；三、“巴哈伊教：宗教比较与对话”；四、“各国巴哈伊教考查”。周卡特博士（全球文明研究中心）以《巴哈伊灵曦堂的内涵与对人类拓展计划的潜在影响》为题的发言，认为巴哈伊灵曦堂建筑不是单一的宗教建筑，而是包括巴哈伊圣殿、医院、救济穷人的药房、接待旅人的馆舍、教导孤儿的学校、老弱病残者之家、高等研究的大学及其他慈善建筑为一体的建筑群，这表明巴哈伊教的使命不只是使人信仰，还肩负“重振人类的（灵性与物质）生活”的目标。巴哈伊教强调“个人的作用在于通过同情、关怀和教育方面的义举为人类服务”。周燮藩研究员的发言在分析了宗教与科学的关系后，认为巴哈伊教关于科学与宗教、理性与灵性的关系的解说，有着非凡的价值。要提高人的能力，包括理性的和灵性的，去实现科学方法与宗教智慧的协调互补。要使世界各民族的能力达到能够满足当前复杂需求的程度，就必须同时开发理性和信仰两种资源。若不依靠那些赋予人生以方向和意义的普遍精神公理，发展的举措也不会带来物质福利切实长远的改善。麦泰伦教授则讨论巴哈伊教选举的现代意义，他通过美国著名的“布朗诉教育局案”，认为巴哈伊教的选举体制对“选贤唯能”与“多样性”兼容并举，它首先考虑的还是“选贤唯能”。吴云贵研究员主要探讨了巴哈伊教的神秘主义思想，他认为巴哈伊神秘主义至少有两个源头：一是伊斯玛仪派，另一个源头是苏非神秘主义传统的历史影响。王凤研究员则认为，巴哈伊教的思想源头可具体定位什叶派中的谢赫学派和巴布教派的思想。关于苏非哲学与巴哈伊思想的比较研究中，王俊荣研究员提出了二者宗教追求上的区别：苏非“在个人与真主交流之中所获得的那种修养和境界，将成为苏非个人奉行的生活之道和行为准则，主要体现为‘个人善’。而巴哈伊教则将这种个人与上帝的交流转变为人与人的交流，把信仰与社会实

---

* 原载《世界宗教研究》2010 年第 6 期。

践统一起来。每个巴哈伊信徒与其他社会成员一起为整个社会的改良而努力，主要体现为'社会善'"。蔡德贵教授综合各方面的资料，对清华大学校长曹云祥与巴哈伊教的关系进行了梳理，认为曹云祥是清华真正的创建者，以前的教育史研究显然没有注意到曹云祥对中国教育的贡献。王希博士比较了巴哈伊教与伊斯兰教形而上思想的相似之处，认为不仅在巴哈伊信仰和伊斯兰教之间，而且是在所有的启示宗教之间，都存在着共同的精神结构，它会在具体的信仰和宗教层面表现为诸多的共性或近似性。黄奎副研究员认为，通过对比伊扎布特、巴哈伊教的意识形态，可以得出结论：以"斗"为根本特征的伊扎布特与以"和"为最终诉求的巴哈伊教，显示出伊斯兰复兴运动中两种截然相反的意识形态取向，也给中国的国家意识形态构建提供了新的发人深思的异域镜鉴和思想标靶。李林博士认为，巴哈伊教主张的天下一家，宗教同源的主张本身就蕴含了一种以积极的态度和正面方式应对当代宗教多元现象的思想。因此，理解巴哈伊宗教多元论的独特之处构成了当代宗教多元论的一个必不可少的内容。马景博士则探讨了什叶派乌里玛对巴哈伊教态度的转变过程。

本次会议最具特色与实践性的部分是关于"各国巴哈伊教的考查"一组的讨论，吕耀军、李维建、战萍、王宇洁等学者以个人实际田野调查为基础，介绍了乌干达、美国、中国大陆、以色列等地的巴哈伊教发展状况及面临现实问题，并提出了个人看法，对与会学者全面深入认识巴哈伊教提供了第一手的信息。

与会学者通过这次研讨会，获得了新的信息，加深了对巴哈伊的理解和理论思考，颇有收获。

从整齐一律到“杂乱”有章*

——当代西方建筑赏析(节选)

彭一刚

整齐一律,似乎比和谐统一更高一个层次(参看黑格尔《美学》第一卷第二章,朱光潜译),也更容易用文字来表述。这里所选的一个典型的例子便是印度新德里的大同教礼拜堂。就和谐统一,它似乎有胜于文艺复兴时代著名建筑圆厅别墅(Villa Rotonda),然而它却是 20 世纪 80 年代的产物。它的整齐一律显而易见,也就是属于凡丘里宁可不要的那一类。然而,可以确信,它还是美的。它至少具有与传统形式美并行不悖的几个特征:其一,是单纯性,即构成整体的组合要素具有同一性,均呈花瓣形状的壳体。尽管它们在大小、陡缓、曲率等方面不尽一律,但均属同一类别的相似形。这样,就为整体的统一和谐奠定了稳固的基础。其二,是向心性,即构成整体的基本要素环绕着一个中心,呈辐射形状的排列,共有三层,第一层向外,第二、三层向内,从整体看,具有强烈的向心和收敛感。这是一种秩序感极强的组合方式,第一层的外向和第二、三层的内向正好构成对比和变化,这是传统形式美所不可或缺的基本条件。其三,韵律感,这是组合要素的重复性和组合上的条理性所赋予的。特别应当指出的是,这种重复不是简单的重复。而是一种有机、变化的重复;其四,象征性,即从整体看犹如一朵含苞待放的莲花,由于不了解大同教的教义,不知道选择这种象征是否具有特殊的针对性,但仅凭直觉就可以联想到莲花,人们便习惯地称之为“莲花教堂”。这四点,均集中地体现了形式美的原则,所以理所当然地会引发人们的美感。或许,以凡丘里的眼光看来,不免是“显而易见的统一”,但无可否认的事实是,它毕竟是美的,能够为业内、业外的众多人士所欣然接受。

* 原载彭一刚:《彭一刚文集》,华中科技大学出版社 2010 年版。原文有图,此处未录。

宗教学(节选)*

段德智

巴哈伊教(Bahá'í)源自伊斯兰教什叶派,是在革新伊斯兰教的基础上形成的一个新宗教。它创建于19世纪,其创始人为伊朗人米尔扎·侯赛因·阿里(1817～1892),被其信众称作巴哈欧拉,意即"真主的光荣",被视为神差遣的最新一位先知。其宗教信仰的核心内容为:上帝唯一,宗教同源,人类一家。据有关材料,该教会信众目前已经发展到600多万,遍布世界上200多个国家和地区。该组织在纽约和日内瓦的联合国机构内设有办公室,积极参与了联合国多个下属组织结构,如"联合国经济及社会理事会"、"联合国儿童基金会"和"联合国妇女发展基金会"等。如果说摩门教主要是在革新基督宗教的基础上形成的,巴哈伊教主要是在革新伊斯兰教的基础上形成的,国际创价学会(Soka Gakkai International)则主要是在革新佛教(Et莲宗)的基础上产生出来的。国际创价学会成立于1975年,其创始人和领导人为池田大作(1928～)。该组织的前身为创价学会,由信奉Et莲佛法的牧口常三郎(1871～1944)于1930年所创。国际创价学会主张将其宗教信仰应用于日常生活,提升自我,发掘智慧,改良社会,积极推广世界和平、地球一家的理念。据有关资料,该组织目前已经拥有1200多万会员,分布于全球190多个国家和地区,是联合国承认的少数几个NGO(非政府组织)宗教社团组织之一。对于现当代新宗教和新宗教运动,一些学者曾给予积极的评价,肯定其在现当代社会变革中的正面意义。例如,蒙特利尔学者苏珊·帕尔玛(Susan J. Palmer)就曾经断言:"它们就像那种能够放大社会变迁的镜子残片。"她还进而认为,一个社会对"新宗教"的反应是检测这个社会健康与否的重要指标,从中可以发现这个社会对于变迁和其他文化冲突的开放程度。针对一些学者将"新兴宗教"与"邪教"混为一谈的做法,她主张用"新宗教"或"新宗教运动"取代"新兴宗教"这一术语。

* 原载段德智:《宗教学》,人民出版社2010年版。

圣土上又一朵宗教之花*

高秋福

初次得悉，确实感到有点匪夷所思。在犹太教和基督教皆奉为圣土的以色列，竟还创立有另一种宗教。这种宗教的创立者，不是犹太人，也不是阿拉伯人，而是波斯人。波斯人创立的宗教，其神殿和总部不在现今的伊朗，而是伊朗视之为寇仇的以色列。

这是我在以色列西北部海港城市海法所亲见。海法位于地中海东岸，背靠海拔 480 米的卡梅尔山。在面对大海的山坡上，建有不少美丽的花园。其中有一个碧草如茵、绿树连枝、浓荫遮天，称为波斯花园。花园之所以这样命名，是因为园子深处有一座同波斯人密切相关的神殿。神殿是一座四层的塔形建筑，下面三层是白色，四周有高大的拱形门楣。最上层是金光闪烁的圆锥形穹顶。原来，这是 1909 年由波斯人修建的巴哈伊教的神殿。里面埋葬着这个教派的先驱、波斯人巴布的遗物，还有这个教派创始人、波斯人巴哈·哈拉的长子和继任人阿巴斯·艾凡迪的遗骸。

巴哈伊教是伊斯兰教诸多教派长期争斗的产物。伊斯兰教创始人穆罕默德去世以后，穆斯林社会在谁应继承他的事业问题上发生严重分歧。分歧起初导致上层社会分裂，最后导致穆斯林之间发生战争，使伊斯兰教分裂成逊尼和什叶两大教派。逊尼派占据主导地位。什叶派属于少数，但派系却相当多，相当复杂，且不断分化，形成众多的支派。其中，一个支派宣称，伊斯兰教救世主，隐遁的第十二代伊玛目马赫迪将重返人间，革新伊斯兰教，消除人间不平。这个支派被称为十二伊玛目派，流行于现今伊拉克南部以纳杰夫为中心的地带，并在 10 世纪中叶之后的上百年间实际上控制了巴格达的哈里发政权，这个教派不断扩展自己的势力和影响，16 世纪初在邻国伊朗被刚刚兴起的萨法维王朝奉为国教。

19 世纪初，半封建、半殖民地的波斯发生激烈政治动荡，各种思潮纷起，宗教上也出现改革的要求。这时，十二伊玛目教派开始分化。1844 年 5 月，在西南部的设拉子，棉农商人出身的米尔扎·阿里·穆罕默德宣称，隐遁的伊玛目与其信徒之间存在一个中介“巴布”（信仰之门），他自己就是巴布。随后，他又宣布，他是救世主马赫迪，其使命是铲除人间的不平，创立平等、公正、幸福的“正义之国”。他的这一宣告很快传播到伊朗各地，被称为巴布教派。政府和传统教士皆视巴布教派为“异端邪说”，严厉打击和镇压，将巴布本人投入监狱。巴布的信徒与 1848 年发动起义，武装反抗封建王朝的统治。1850 年，巴布被处死，其信徒有两万多人遭屠杀，还有更多的则遭到关押和流放。

---

* 原载高秋福：《别样风情是中东》，新世界出版社 2010 年版。原文有图，此处未录。

在巴布的众多信徒中，有一个叫米尔扎·侯赛因·阿里，出身豪门大户，仗义疏财，深得民心。起义失败后，他逃到奥斯曼帝国统治下的巴格达。1863 年 4 月，他宣称自己是巴布生前预言的“巴哈伊”（真主的光辉），生前指定的真主的“新使者”，并自称“巴哈·安拉”。他这一宣布又引起巴布教派的分裂，其追随者遂另立新教，称巴哈伊教。奥斯曼帝国当局担心创立新教会引发新的冲突，遂将巴哈·安拉遣送出巴格达。1868 年，巴哈·安拉从君士坦丁堡被押送到巴勒斯坦东北部地中海沿岸的阿卡。在阿卡被囚期间，他撰写了后来被称为巴哈伊教经典的《至圣书》和其他一系列著作，将巴布教派的教义发展成为一个比较完整的体系。他的信徒尊其为继亚伯拉罕、佛陀、基督、穆罕默德之后“新近出现的先知”。1892 年，他客死在阿卡附近的巴赫基。他的长子阿巴斯·艾凡迪执掌教门，称为阿卜杜拉·巴哈，全权负责诠释其父的精神遗产。从此，巴哈伊教的神学主张逐渐形成体系，影响越来越大。

人们对巴哈伊教始终有不同的看法。有人认为，它不过是伊斯兰教什叶派中的一个支派。但其信奉者却认为，巴哈伊教虽然起始于什叶派，但巴哈·安拉及其继任人在吸收作为母体的伊斯兰教的基本教义的基础上，又吸收其他宗教的合理教理，还与时俱进，吸收其他各种合理的社会思想，已使巴哈伊教发展成为一个像伊斯兰教、基督教、佛教那样独立的新兴宗教。

巴哈伊教的核心教旨是：上帝唯一，宗教同源，人类一家。所谓“上帝唯一”，是指巴哈伊教是唯一神教，认为神是独一无二的、全能的、超自然的精神实体。所谓“宗教同源”，是指巴哈伊教倡导普世宗教思想，认为世界上各种宗教对神灵的称谓有上帝、安拉、佛陀、真主等不同，但神灵本身只有一个，所有宗教实际上是“名异实同”。所谓“人类一家”，是指世界上所有的人，不分国家、民族、阶级、信仰、文化，都是神灵的儿女，理应相亲相爱，共同努力建设一个全球一体的大同世界。巴哈伊教主张积极入世，服从政府领导，为国家利益服务，不参与政治活动，反对暴力，反对战争，维护世界和平。巴哈伊教要求信徒培养良好的品德，主持正义，男女平等，一夫一妻，普及教育，自食其力。

巴哈伊教将伊斯兰教繁杂的宗教礼仪简化，主张每天只在早、午、晚做三次简短的礼拜。教徒可以自行祈祷，祈祷形式不拘，所诵经文可以是本教的经典，也可以是《圣经》、《古兰经》或其他宗教的经文。巴哈伊教没有专职教士，认为人类已经进入成熟期，每个人都能解读圣训。因此，它组织人将圣训翻译成 800 多种语言，让信徒通过读经、祈祷、自省等方式自主解决精神上和生活中遇到的问题。巴哈伊教规定，任谁都可以发展新教徒。新教徒入教不举行洗礼或其他仪式，只要坚信教理，填写个表格上交灵体会即可。在日常生活中，巴哈伊教不反对舒适和豪华，但反对行乞苦行和禁欲主义，认为神灵最痛恨无所事事的闲人和不劳而食的乞丐。

巴哈伊教的这些宗教与社会主张，既符合 19 世纪与 20 世纪之交人们普遍寻求社会变革的心理，也没有触动各国当权者的现实利益。因此，除在伊朗被视为“异端”和“非法”之外，巴哈伊教在世界各地得到迅速而顺利的传播。当年，阿卡及其附近地区，居住的大多是信奉伊斯兰教的阿拉伯人，他们很容易接受这种同伊斯兰教教义相近的巴哈伊教教义。从他们开始，巴哈伊教很快传播到奥斯曼帝国统治下的土耳其、埃及、北非、高加索等地。20 世纪初，阿卜杜拉·巴哈出游欧美，又将巴哈伊教传播到美国和西欧各国。这样，一个脱胎于伊斯兰教什叶派、历史只有上百年的教派，逐渐发展成为一个独立的、世界性的新宗教。据海法神殿散发的一本中文小册子宣称，现在，在全世界两千一百多个民族和部落当中，巴哈伊教已有信徒五百多万。巴哈伊教在联合国总部派驻有代表，是联合国经济和社会理事会、儿童基金会的合法成员，得到国际社会的广泛承认。

在海法参观巴哈伊教神殿时，我同来自美国和黑非洲的两名工作人员进行过交谈。原来，巴哈伊教虽然没有专职教士，但却建有严密的教务体系。凡是有九个以上教徒的地方，都建立基层组织地方灵体会。地方灵体会较多的地区和国家，则建立总灵体会。在全世界范围内，建有中央教会总部，名叫世界正义院。从神殿花园出发，沿着卡梅尔山的山道盘旋而上，在不太陡峭的山坡上，我看到一大片白色的建筑物。其中规模最大者，白墙、白柱、白穹顶，威严而壮观，这就是世界正义院的大楼。正义院成立于 1963 年，由世界各地的信徒选举的九名成员组成，每五年改选一次。它是巴哈伊教的立法机构，指导全世界巴哈伊教的精神和行政事务，保护世界上所有巴哈伊教的圣地和资产。大楼左方是巴哈伊教国际教学中心，右方是巴哈伊教经学研究中心和国际档案馆。这些机构连同神殿、圣墓都集中在卡梅尔山上，卡梅尔山在巴哈伊教徒的心目中已成为一座圣山。据了解，从世界各地到这里朝拜、讲经、研习的，每年有几十万人。

巴哈伊教的神殿相当于伊斯兰教的清真寺，有个专名叫"灵曦堂"。巴哈伊教认为，上帝的名字只能在清晨的曦光中呼唤，然后对其膜拜。呼唤与膜拜的地方因此称为灵曦堂。现在，全世界共建有灵曦堂八座，分别在美国伊利诺伊州的威尔迈特、巴拿马的巴拿马城、德国的法兰克福、乌干达的坎帕拉、澳大利亚的悉尼、西萨摩亚的阿皮亚、印度的新德里和以色列的海法。这些灵曦堂是世界性的膜拜神灵之所，是巴哈伊教在世界各地的神殿的母堂。我曾有幸参观过其中的四座。我发现，不同国家的灵曦堂建筑风格不同，但主体有一个共同点，就是都有一个穹顶，穹顶呈九面形。据说，巴哈伊教认为，"九"是一个具有神秘特性的数字，代表人类生活的丰富多彩，而"一"则是表示多彩的万物终归一统。最早的灵曦堂于 1907 年修建在现今的土库曼斯坦，后被苏维埃政权没收，改为美术馆，1948 年大地震时坍毁。悉尼、坎帕拉和海法的灵曦堂都是后来建造的，拱顶由九块金色的弧状体拼成，酷似清真寺。新德里的灵曦堂可能是受佛教建筑的影响，九块弧状体形成一个盛开的莲花状。修建在坎帕拉基布利山上的灵曦堂，当地人称为基布利清真寺。大概是由于乌干达的巴哈伊教徒并不太多的缘故吧，我发现，祈祷的人很少，灵曦堂显得相当寥落。新德里的灵曦堂则总是人群熙攘。但是，仔细分辨一下就可发现，这些人大多不是巴哈伊教的信徒，而是看热闹的旅游者，因为灵曦堂对所有的人都开放。

以灵曦堂为支点，世界各地，特别是发展中国家的巴哈伊教，现在都经办诊所、医训班、托儿所、养老院等福利性设施。有的还经营农技培训、植树造林、工艺制造等项目，为当地培训人才，提供就业机会。还有的开办学校、识字班、保健班、戒酒班，普及科学文化知识，提高道德水平。这些表明，巴哈伊教越来越世俗化，因而也越来越受到普通百姓的欢迎。

海法是以色列仅次于耶路撒冷、特拉维夫的第三大城市。在 1948 年爆发第一次阿以战争之前，这里有人口 5 万，基本上都是阿拉伯人，但战后大多逃离。现在这里的人口增加到 25 万，绝大多数是犹太人。这里的巴哈伊教信徒大约上千人，基本上都是阿拉伯人。他们遵照教规同犹太人和平相处。他们在海法的神殿，经过十年多修整，到 2001 年 5 月焕然一新，成为一个从卡梅尔山脚起有十九个阶梯的壮观而美丽的大花园。阿卡是海法北边二十多公里处的一个小海港，巴哈伊教创始人巴哈・安拉曾在这里被囚禁、生活二十四年。他的故居和陵墓在小城的北区,由来自世界各地的信徒轮流义务照看。

巴哈伊教发端于伊朗,扎根于以色列,然后传播到世界各地。巴哈伊教被称为继犹太教和基督教之后"绽放在以色列这片古老圣土上的一枝新的宗教之花"。在巴哈伊教徒的心目中,阿卡就像耶稣诞生地伯利恒,海法的卡梅尔山就像耶路撒冷的圣殿山,是"一个新兴宗教的圣地"。

巴哈伊教*

卓新平

在此我还想谈一下巴哈伊教。它在源头上属于第一大宗教河系，即从19世纪伊朗伊斯兰教“什叶”派巴布教派发展演变而来，最早由巴哈欧拉所倡导，并发展出该教自己的经典，于1863年开始其组织形态，因在伊朗遭禁止而向外发展。后由阿卜杜巴哈传入欧美，逐渐形成其全球发展态势。该教虽然规模不大，但因它强调多教合一、世界一家的“大同”思想而获得普遍共识，被许多国家所认可。这种圆融会通的态度使之得以从两河流域汇向蓝色的大海，并传达了一种三大河系共归于大海的意向。其教义强调“人类一体”、“天下一家”、“地球一村”、“宗教同源”、“上帝独一”的“世界大同”、“宗教一统”思想。因此，20世纪初，曾任北洋政府驻伦敦总领事、后于20年代任清华校长的曹云祥在接受该教并将之推广到中国时乃称其为“大同教”。迄今中国学术界对将之译为“巴哈伊教”还是“巴哈教”仍存有分歧，但前一称呼得到较为普遍的使用。其组织形态较为松散，没有神职人员，总部为设在以色列海法的世界正义院，由9人集体领导。各地总灵体会及灵体会负责成员多为兼职，礼拜活动场所称为灵曦堂，其设计非常独特、造型格外漂亮。目前其信徒约600万人，分布在全世界232个国家和地区，在175个国家及地区有总灵体会。这种分布之广在世界各宗教中位于第二，仅次于基督教。由于巴哈伊教在其教义中公开表明不反对政府，其社会实践又注重社会公益和责任，因而其国际社团被联合国委任为经济与社会委员会咨询机构。这个宗教很值得我们关注，其整合、共构的思想在一定程度上也代表了未来宗教的发展方向。

* 原载卓新平：《学苑漫谈：讲演集》，中国社会科学出版社2010年版。

构建与重构宗教生活（节选）*

[美]莱斯特・库尔茨著，薛品　王旭辉译

除了出现那些慎重的、调和性的宗教传统，像巴哈伊信仰（Bahá'í Faith），一种新的灵魂对话也正在变得日益普遍。1893年，在芝加哥世博会上，首届世界宗教会议中来自不同宗教传统的代表，共同探讨他们的共同点与差异。一个世纪后，第二届世界宗教大会召开——同样是在芝加哥——探讨在世界宗教传统之外建构一种人类伦理共识的可能性，并构造一个制度性的基础，一种类似于宗教联合国的组织，以鼓励在不同传统的宗教领袖间继续对话。

毫无疑问，宗教多样性会在下一个千年的地球村中留下印记——只要人类生活持续存在——并且主要议题可能不是怎样消除不同传统与视角的宗教冲突，而是如何促进建设性和创造性而非破坏性的冲突。

* 原载[美]莱斯特・库尔茨：《地球村里的诸神：宗教社会学入门》，薛品、王旭辉译，北京大学出版社2010年版。

儒学与巴哈伊信仰比较研究*

蔡德贵

第一章 概述

一、何谓儒学

(一)儒——农业文明的产物

近代著名学者章太炎先生指出,“儒有三科,关达、类、私之名”,“达名为儒,儒者,术士也”,“类名为儒,儒者,知礼、乐、射、御、书、数”,“私名为儒,游文于六经之中,留意于仁义之际,祖述尧舜,宪章文武,宗师仲尼,以重其言,于道为最高”②。他把“儒”分为广狭不同的三种。广义的“儒”有两种,第一种是外延最大的,泛指一切术士。如《史记·儒林列传》“秦之季世坑术士”,世人谓之坑儒。这种儒知天文占候,多技而无所不能,诸有术者统统包括在内。第二种外延稍小一点的“儒”,是通“六艺”(即礼、乐、射、御、书、数)之人。这两种“儒”都是广义的,有相通之处,在孔子的时代都是这样用的,孔子说过的“女为君子儒,毋为小人儒”(《论语·雍也》),正是指这种广义的“儒”。

狭义的“儒”,是汉代刘歆在《七略》中所概括的:“儒家者流,盖出于司徒之官,助人君顺阴阳、明教化者也。游文于六经之中,留意于仁义之际,祖述尧舜,宪章文武,宗师仲尼,以重其言,于道为最高。”《汉书·艺文志》接受的,就是这种意义的“儒”,我们今天所说的“儒”,也是指此而言的。凡是符合《七略》所说范围的,我们都把他叫作“儒家”。儒家学派实际上就是以孔子为宗师、崇奉其学说的学者群,从孔子到今天的当代新儒家,涵盖中国历史两千五百多年。

孔子以后,儒家分为八派:子张之儒,子思之儒,颜氏之儒,孟氏之儒,漆雕氏之儒,仲良氏之儒,孙氏(荀子)之儒,乐正氏之儒。实际上八派里最重要的是孟子和荀子两派。所以,参与春秋战国百家争鸣和文化融合的,主要就是孔子、孟子、荀子三大家。

---

* 蔡德贵:《儒学与巴哈伊信仰比较研究》,山东大学出版社 2010 年版。该书是山东大学犹太教与跨宗教研究中心承担的“教育部人文社会科学重点研究基地项目”之一“儒学与巴哈伊信仰比较研究”的最终成果。第六章《儒学和巴哈伊信仰的教育思想》中的第一部分“儒家的教育思想”系笔者与梁宗华教授合作的成果,第七章《儒学与巴哈伊信仰:和谐社会思想之比较》和第九章《儒学应该向巴哈伊信仰吸取什么》中的第一部分“巴哈伊信仰的经验”,是笔者与牟宗艳副教授的合作成果。在此对两位合作者致以谢意。——蔡德贵(以上为原《后记》中内容,稍作修改后放于此处。——编者注)

② 章太炎:《国故论衡·原儒》,载汤志钧编《章太炎政论选集》,中华书局 1977 年版,第 489~491 页。

提起孔子，尽人皆知。褒之者称他为“圣人”、“至圣”、“先师”，以至“大成至圣先师文宣王”、“素王”。贬之者骂他为“孔老二”、“腐儒”、“封建阶级的卫道士”。无论是褒还是贬，有一点是永远不可能改变的，即：孔子是中国的，作为思想家的孔子会永远活下去，中国文化和孔子永远有一种扯不断的联系，永远也摆脱不了孔子的影响。

孔子既是中国古代最有影响的思想家，又是一位大政治家、大教育家。从汉代以后到“五四”运动，中国历史上没有一个人能和他相比。作为儒家学派的创始人，孔子在封建社会一直享有独尊的地位。他的思想和学说，既是封建社会的正统，在漫长的封建社会中始终起着支配作用，又对中华民族文化的形成起着促进作用，孔子的名字因此和中华民族紧密地联系在一起，这在中国社会里家喻户晓，尽人皆知。现代学术界往往对儒学的评价偏重于保守，认为儒学不与时俱进。事实上，这是对儒学认识的一种偏见。孔子是主张变化的，“齐一变，至于鲁，鲁一变，至于道”(《论语·雍也》)。庄子对惠施说：“孔子行年六十而六十化。”成玄英注：“与时俱也。”(《庄子·寓言》)后人总结说：“行年六十，而后知五十九之非。”孟子说：“孔子圣之时者也。”(《孟子·万章下》)变化要通过交流，孔子问礼于老聃。《史记·老子韩非列传》载：“孔子适周，将问礼于老子。”老子曰：“子所言者，其人与骨已皆朽矣，独其言在耳。且君子得其时则驾，不得其时则蓬累而行。吾闻之，良贾深藏若虚，君子盛德，容貌若愚。去子之骄气与多欲，态色与淫志，是皆无益于子身。吾所以告子，若是而已。”孔子尝谓弟子曰：“鸟，吾知其能飞；鱼，吾知其能游；兽，吾知其能走。走者可以为罔，游者可以为纶，飞者可以为矰。至于龙，吾不能知其乘风云而上天。”

在中国传统文化中，齐文化和鲁文化具有举足轻重的地位。经过长期的历史选择，形成了鲁文化为主体、齐文化为补充的格局。鲁文化是农业文明的产物，其典型是儒家文化；儒家文化是仁者型文化。齐文化是工商文明的产物，其文化成分是复合的而不是单一的；齐文化是智者型文化。

儒家文化之所以是仁者型文化，是农业文明的产物；齐文化之所以是智者型文化，是工商文明的产物，是由鲁、齐两国的地理环境、经济条件、经济政策、政治方针和民情风俗等方面的差异造成的。

齐文化和鲁文化的不同，首先是由地理环境不同而引起的。齐国是沿海国家，鲁国则是内陆国家。齐国是一个典型的沿海国家，齐地是典型的沿海区域，有很长的海岸线，《尔雅·释地》载，“齐曰营州”、“齐有海隅”。《禹贡》篇说这里“海滨广斥”、“海物唯错”，所以这里盐碱地很多，进贡的东西也是盐和各种各样的海产品。鲁国则是典型的内陆国家，这里“厥草唯繇，厥木唯条”，到处都有芳草冒出新芽，树木在不断地长出新的枝条。内陆国家是以农业为主的，所以《尔雅·释地》载：“鲁有大野。”

关于两国的不同地理环境，史载：齐国“齐带山海，膏壤千里”，“宜桑麻，人民多文采布帛鱼盐”，首都临淄“亦海岱之间一都会也”。(《史记·货殖列传》)司马迁说：“吾适齐，自泰山属之琅邪，北被于海，膏壤二千里。”(《史记·齐太公世家》)战国时，其疆界是“南有泰山，东有琅邪，西有清河，北有勃海”(《史记·齐太公世家》)。鲁国则在泰山之阳，是处于洙泗之间的一片丘陵地带，《史记·货殖列传》和《汉书·地理志》都说：“邹、鲁滨洙泗。”

由地理环境之不同，又引起两国经济条件之不同。齐国是沿海经济，存有多种经济类型：农耕、渔业、制盐业、运输业、手工业。这种经济类型在太公建国初期就已确定，《史记·太公世家》就说太公时期“通工商之业，便鱼盐之利”。齐桓公时期，“设轻重鱼盐之利，以赡贫穷，禄贤能”。到战国时，齐国的商品经济已经相当发达，其首都已经成为远近闻名的商业大都市：“临淄之中七万户……临淄甚富而实，其民无不吹竽鼓瑟，弹琴击筑，斗鸡走狗，六博踏鞠者。临淄之途，车毂击，人肩摩，举袂成幕，挥汗成雨，家殷人足，志高气扬。"(《史记·苏秦列传》)这里有"五民"，即士、农、商、工、贾，"临淄，海岱之间一都会也，其中具五民"(《汉书·地理志》)。在齐国，商人们"群萃而州处……以其所有，易其所无"，工匠们也是"群萃而州处……旦暮从事"(《国语·齐语》)。

鲁国则不同，一向只重视农业，商品经济极不发达。在鲁国，百姓"择瘠土而处之"，因为瘠土可以养成热爱劳动的品格，"沃土之民不材，逸也；瘠土之民莫不向义，劳也"。他们所从事的只是农业，所以"君子务治而小人务力，动不违时，财不过用"(《国语·鲁语上》)，说的就是不违农时、致力于农业的情况。这里"宜五谷桑麻六畜，地小人众，数被水旱之害，民好畜藏……好农而重民"(《史记·货殖列传》)。鲁国人过的是择瘠处贫、自给自足的生活。

由地理环境(尤其是经济条件)之不同，又引起其他方面如经济政策、政治方针、民情风俗等的差异。首先是经济政策的差异。《汉书·地理志》载，"太公以齐地负海舄卤，少五谷而人民寡，乃劝以女工之业，通鱼盐之利，而人物辐辏"，采取的政策是"修道术，尊贤智，赏有功"。在这种政策的刺激之下，齐国生产出的"冰纨绮绣纯丽之物，为冠带衣履天下"。而鲁国所采取的政策则是针对农业经济的，如"敬事而信，节用而爱人，使民以时"(《论语·学而》)，后来鲁宣公所采取的"初税亩"也是针对农业经济的。

其次是政治方针的差异。齐国重视霸道和法术，齐桓公九合诸侯，一匡天下，依靠的主要就是霸道和法术。后来的管晏之法大多也都是谈霸道和法术。当然，齐国也重视"礼"，太公修政"简其礼"，但齐国的统治术是把法治和礼治结合起来，而且是以法治为主的。而鲁国则重视王道，尚礼义，向来以尧、舜、周公为楷模，以礼为本，实行礼治，保存宗法制度，所以鲁国的宗法关系非常牢固，法治在鲁国行不通。春秋时期少正卯被诛杀，战国时期法家人物吴起到鲁国任职，但很快被赶走，都是明证。

再次是民情风俗不同。齐国"民阔达多匿智"(《史记·齐太公世家》)，"其俗宽缓阔达，而足智，好议论，地重，难动摇，怯于众斗，勇于持刺，故多劫人者，大国之风也"(《史记·货殖列传》)，"齐俗贱奴虏"，"逐渔盐商贾之利"，"齐赵设智巧，仰机利"(《史记·货殖列传》)，"夫齐之水遒躁而复，故其民贪粗而好勇"(《管子·水地》)，"其士多好经术，矜功名，舒缓阔达而足智。其失夸奢朋党，言与行谬，虚诈不情，急之则离散，缓之则放纵。始桓公兄襄公淫乱，姑姊妹不嫁，于是令国中民家长女不得嫁，名曰'巫儿'，为家主祠，嫁者不利其家，民至今以为俗"(《汉书·地理志》)。其他许多典籍也都提到过齐国民俗风情方面的特异之处，如《礼记·乐记》引用子夏的话说："郑音好滥淫志，宋音燕女溺志，卫音趋数烦志，齐音敖辟乔志，此四者，皆淫于色而害于德，是以祭祀弗用也。"庄子目"齐谐"为"志怪者"(《庄子·逍遥游》)，以齐国徘谐之书多记怪异之事。南朝齐、梁之际的文艺评论家刘勰在《文心雕龙》中也多次提到齐俗，如"齐威(王)性好隐语"，好"谐"，"谐之言，皆也。辞浅会俗，皆悦笑也。昔齐威酣乐，而淳于(髡)说甘酒"(《谐隐》)。邹衍"养政于天文"，其说"心奢而辞壮"(《诸子》)。刘勰承认齐风是确实存在的，他引用魏文帝曹丕的话说，"论徐干，则云：'时有齐气。'"(《风骨》)据陆侃如、牟世金先生说，齐气是指齐地之气，特点是比较舒缓，属于阴柔的一类。唐代徐坚等编撰的《初学记·雅乐》也说："郑音乱雅，齐音害德。"宋代朱熹所说的"齐俗急功利，喜夸诈"，也是指此而言的。齐国之所以有这些民情风俗，就是由齐国经济基础决定的。正像《吕氏春秋·上农》所说的"民舍本而事末，则好诈，好诈则巧法令，以是为非，以非为是，不如农人之朴实而易治"。而鲁国则"有周公遗风，俗好儒，备于礼，故其民龊龊……地小人众，俭啬，畏罪远邪。及其衰，好贾趋利，甚于周人"(《史记·货殖列传》)、"鲁人俗俭啬……家自父兄子孙约,俯有拾,仰有取,世代行贾遍郡国。邹、鲁以其故多去文学而趋利"(《史记·货殖列传》)。鲁国"民涉度,幼者扶老而代其任。俗既益薄,长老不自安,与幼小相让","好学,上礼义,重廉耻"(《汉书·地理志》)。朱熹也承认鲁俗是"重礼教,崇信义,犹有先王之遗风焉"。

然后,齐、鲁之间的学术文化也是不同的,各有其不同的特点。

齐文化具有很强的兼容性。齐国是沿海国家,开放程度比较高,对外来文化能够兼收并蓄。齐文化中先后容纳了儒家、法家、墨家、阴阳家、纵横家、农家、兵家、方技、术士、方士等等百家之学,成为春秋战国时期百家争鸣的主要基地。"天下谈客,坐聚于齐。临淄、稷下之徒,车雷鸣,袂云摩,学者翕然以谈相宗。"(戴表元《齐东野语·序》)

鲁文化则是单一性的文化。鲁文化是在鲁国单一农业经济基础上产生的文化,以儒家思想为宗,排他性特别强,因为只有儒家思想才适合农业社会的国情需要。

齐文化具有很强的变通性。代表齐文化的《管子》曾经指出:"圣人者,明于治乱之道,习于人事之始者也,其治人民也,期于利民而止,故其位齐也。不慕古,不留今,与时变,与俗化"(《管子·正世》),就是指齐文化所崇尚的是变革精神。

鲁文化则表现出守常性。鲁国一直保存先王之遗风,所谓"周礼尽在鲁矣"就是指此而言,因此鲁文化倾向于保守,不主张变革。《论语·先进》载:"鲁人为长府。闵子骞曰:'仍旧贯,如之何?何必改作?'子曰:'夫人不言,言必有中。'"孔子所赞同的"仍旧贯"是反对"改作"的,至于"齐一变至于鲁,鲁一变至于道"中的"变",齐、鲁也是有异的。齐变是改革,而鲁变是振兴,并不是改革。因为在孔子看来,齐变至鲁,是要变功利为礼教,变夸诈为信义。鲁变至道则仅是举废兴颓,以复周公之旧,扶衰救弊以还文武之初。

齐文化是智者型文化。作为沿海国家,齐国的环境颇有似于地中海沿岸的国家,"水滨以旷而气舒,鱼鸟风云,清吹远目,自与知者之气相应"(王夫之《读四书大全说》)。在齐国,科学技术比较发达,天文学家甘德、邹衍,医学家扁鹊,军事家孙武、孙膑,逻辑学家公孙龙,修辞学家邹奭(被称为"雕龙奭"),方仙道者徐福,等等,或是齐国人,或长期在齐国居住过。科学著作《考工记》、医学著作《素问》等等也是出在齐国。

鲁文化是仁者型文化。作为内陆国家,鲁国多山地丘陵,"山中以奥而气敛,日长人静,响寂阴幽,自与仁者之气相应","乐水者乐游水滨,乐山者乐居山中"。(《读四书大全说》)孔子一生大多数时间居住在鲁国,在齐国居留时间极短,一部《论语》中只有一处提到海,就是:"道不行,乘桴浮于海。从我者,其由与。"(《论语·公治长》)孔子是在周礼行不通的情况下才想漂洋过海的。孟子在齐国居留的时间比孔子长,所以对海的感触也比孔子深。《孟子》一书提到海的地方有九次,体会比较深的一句话是:"观于海者难为水,游于圣人之门者难为言。"(《孟子·尽心上》)鲁国文化的主干是"尊尊而亲亲"(《汉书·地理志》),孝悌是仁的根本,这是适合农业国家的国情的。

最后,要由此深入一步,说一下为什么中国传统文化是以儒学为主体的,或者说是以鲁文化为主体的,而不是以齐文化为主体的。关于这方面的问题,学术界有过不少讨论,可谓仁者见仁、智者见智。这里提出的观点,可能是陋见。造成这种局面的原因很多、很复杂,但其中一条大家都没予以充分注意的原因就是:齐国是海洋国家,鲁国是内陆国家;齐文化是沿海文化,鲁文化是内陆文化。只有以内陆文化为主体的鲁文化才会成为统一中国的主导文化。

战国时期齐、秦最强于诸侯，齐国在经济方面有很大优势，但最后被秦国所灭。统一中国的是秦国，而不是齐国，这就有其历史必然性在起作用。齐国作为海洋国家，它想统一中国，想按自己的模式来改造其他地区，但从当时整个中国来说，除齐国和吴越之外，其他绝大部分地区均为内陆地区，所从事的大多是单一农业经济，因此不可能接受齐国比较开放的沿海经济模式。而秦国则不然，它所在的地区是内陆，也从事农业经济，所以它以农业经济的模式来统一中国，广大内陆地区都可以接受。秦国一向崇尚法家，秦统一中国之后，曾有焚书坑儒的举动。但历史事实证明，在封建社会，大陆国家只能有一种经济即农业经济，意识形态也只能以与农业经济相适应的儒家思想为主体，这就是鲁文化。秦没有提倡儒家思想，反而镇压儒家，所以很快灭亡了。汉代秦立，马上意识到这一点，所以推行了"罢黜百家，独尊儒术"的政策，这就和整个中国作为大陆国家、农业国家的格局相适应，所以汉代出现了空前的大繁荣，以后在长期封建社会中，中国一直保持着大陆国家的特色，思想界也始终是以鲁文化为主的。宋代以后虽然有过儒、释、道三教合一的趋势，但儒学作为主体的地位，在整个封建社会中却始终没有动摇。

(二)儒的恒定性与变通性

儒是农业文明的产物，经过漫长的历史发展，逐渐演变成中国封建社会共同的价值观和普世伦理。正像乔羽所写的《千古孔子》的歌词所说的，"百年千年万年，昨天今天明天，多少亭台楼阁早已化作瓦砾一片，多少功名利禄早已化作过眼云烟，你仍旧是你，你仍旧是你，你是一位善解人意的朋友，永远活在众生之间，活在众生之间"。在孔子的思想里，已经蕴含了一些可以称得上普世伦理的内容，如"己所不欲，勿施于人"。这样的话今天的人们还很难做到，即使到更高的社会，能做到这一点也很不容易。孔子和其后继者将儒学凝固为"天不变，道亦不变"的恒定的孔孟之道，这就是三纲六纪。陈寅恪先生在《悼王国维先生挽词并序》中说："中国文化之要义，在于《白虎通》之三纲六纪。"三纲是君为臣纲、父为子纲、夫为妇纲；六纪是父亲的兄弟、自己的兄弟、族人、母亲的兄弟、师长、朋友。这九个方面的关系处理好了，社会就稳定了。在当代社会里，仍然存在这九个方面的关系，只是需要加以变通，使这九个关系都照顾到相互之间的利益，不要再强调单一方面的主导关系，比方说君臣关系要演变成国家和人民的关系，而且这个关系是相互之间的关系，国家与人民是相辅相成的。其他关系，也要互相照顾到对方的利益。这样，只要辩证地处理这九个方面的关系，任何社会都可以保持稳定。这正是儒学恒定性的一面。

但儒又不是静态的，而是动态的，儒学根据时代的变迁而不断地改变自己的形态。儒产生和演变的历史是对此有力的证明。

儒最初是一切术士即知识分子的通称。经过孔子、孟子、荀子诸位大师的努力，形成了儒家学派。在《庄子》中，儒已经有了学派的意义了，如《田子方》中的"儒士"、"儒者"，就是戴儒冠、穿儒服的学者，《徐无鬼》中的"儒墨杨(朱)秉(公孙龙)"已明确是指学派了。

儒学随着时代的变迁不断改变形态，所以在战国至清代就有了汉儒、唐儒、宋儒、明儒、清儒等不同时期的儒家学派。近代以来，则产生了新儒家。

作为儒家学派创始人的孔子，被称为"圣之时者"。儒家学派的思想内容，也是因时而进、与时俱进的。因此，儒是分为不同层次的。

儒学从产生到现在，已经有两千五百多年。儒学虽然产生在中国，但影响却波及海外。在东方，形成了范围十分广大的"儒教文化圈"。然而,虽同属"儒教文化圈",中国儒学与东方其他儒学也是有区别的,如韩国儒学、日本儒学和新加坡等国家的儒学。在东方儒学之外,还有属于西方世界的"西儒"。可见从世界范围来说,儒学是被划分成很多层次的。

事实上,即使是中国儒学,也并非铁板一块。从学派的纯杂程度来分,儒家学派大致可以分为四种类型:独尊儒术型、儒道互补型、三教合一型、四教会通型。这些学派的形成是受文化交流影响所致,即使是独尊儒术型,也离不开交流,只不过是对交流有所选择罢了。

"罢黜百家,独尊儒术"是汉代董仲舒最早提出来的,但他并没有做到独尊儒术,比如在他的思想中杂糅了许多齐学的内容。这说明独尊儒术是非常难的。而从儒学道统来说,真正恪守孔子学说的只有战国时的孟子,唐代的韩愈,宋代的安定、泰山、横渠、涑水四派,真可以说是凤毛麟角。儒道互补型又可以分为两种:一种是儒家思想与道教思想互补,如北宋濂溪、百源诸派;另一种是儒家思想与道家思想互补,如魏晋玄学。三教合一型是宋代以后儒家学派中势力最大的一派,程朱、陆王诸派概莫能外。四教会通型是明代以后出现的儒学新派别,有两种类型:基督教与中国传统文化的会通和伊斯兰教与中国传统文化的会通。至于近代以后出现的新儒家,则是中国传统文化与西方文化融合的产物。

这些事实统统说明,儒学是动态的,而不是静态的。

(三)包容精神:儒家文化不曾中断的主因之一

在世界四大文化体系中,中国文化被认为是唯一没有中断的文化体系。中国文化之所以没有中断,其中最重要的原因之一,就是中国文化有很强的包容性。正是这种包容性,维系了中国文化脉络的绵延不绝,它所哺育出来的民族精神维系了我们民族的生生不息。中国传统文化以其包容性而成为世界四大文化体系中唯一没有中断的文化体系。

在世界四大文化体系中,古埃及文化和古巴比伦文化是如何中断的以及中断的原因,学术界至今也没有得出一个统一的结论。现今的西方文化已经可以确认不是古希腊文化的延续。因此,在世界四大文化体系中唯有中国文化一枝独秀地维持到现在,而且还在不断地发展壮大。其中原因何在?一个不可忽视的因素就是中华民族的民族精神起了很大的作用。民族精神是一个民族赖以生存和发展的精神支撑。对中华民族的基本精神,尽管有不同的见解,但有一条却是众所公认的,那就是厚德载物、自强不息精神。其中厚德载物内含着中华民族的包容精神。

中国传统文化的包容性首先体现在厚德载物思想上。在中国传统文化中,对自然的理解是:天地最大,它能包容万物,天地合而万物生、四时行。从这种对自然的理解中可引申出做人的道理:人生要像天那样刚毅而自强,像地那样厚重而包容万物。中国的传统文化是以儒家文化为代表、为主体的文化。维系中华民族精神的主体文化是儒学。儒学在两千多年的中国社会里,在思想方式、行为规范、道德礼仪等各个方面,对中华民族长期起着支配作用。它主张泰山不辞细壤,故能成其大,河海不择细流,故能就其深。这种精神使中国文化具有巨大的包容性,对外来文化向来不排斥。可以说,中国文化之所以博大精深,川流不息,正是由于其海纳百川的精神。

中国传统文化的包容性还集中体现在儒家文化多元开放的文化理念上。孔子的"君子和而不同",《周易大传》的"天下一致而百虑,同归而殊途",都主张思想文化的多元开放。这种多元开放的文化理念,一方面使儒学不断吸收和融合其他各家各派的思想,成为一种绵延不绝的思想体系;另一方面极大地影响了中国文化，使之形成了兼收并蓄的传统，并生生不息。“沧海不遗点滴，始能成其大；泰岱不弃拳石，始能成其高。”中国文化绵延不绝，正是中国传统文化本身包容、兼收并蓄的结果。

中国历代思想家多主张海纳百川、兼收并蓄。在儒家初创之时，创始人孔子作为鲁文化的代表，与齐文化的代表晏婴是有矛盾的，在齐鲁“夹谷之会”上，他们还曾发生过公开的争执，后不欢而散。但孔子并不因此而排斥齐文化。孔子正视文化差别，主张用先进的华夏文化消除差别，实现华夷一统。他教育弟子子夏要做君子儒，不做小人儒，提倡君子坦荡荡，胸怀要宽广。在传播自己的学说失败后，孔子虽然慨叹要乘桴浮于海，但他还是在故国仔仔细细地整理各种文化典籍，使得《五经》能够保存下来。他不因为《诗经》中有齐文化内容而删掉齐诗，这正是他胸怀宽广的体现。他对儒学以外的文化传统的继承和吸收确实有大家的风范，绝不像比他晚几百年的西方恺撒大帝那样，只会喊：“我来，我看，我征服！”对别国的文化缺乏尊重、缺乏包容精神。孔子还主张“学而时习之，不亦说乎！”其中之“学”，无疑也包括向外族人民学习。

孟子把孔子誉为“集大成”者，对孔子思想的包容性大加赞美。他继承了孔子的这种胸怀，认为海洋的博大胸怀是人类应该效法的，发出了“观于海者难为水”的慨叹，其很多主张极大地丰富了中国传统文化中的包容思想。

荀子在齐国时是稷下学宫的祭酒（相当于现在的大学校长）。他主持学宫的时候，实行开明的政策，延揽列国名流，汇集百家学说，兼容并包，来去自由。这一做法使得不同的学说、不同的观点一时间如雨后春笋般破土而出，各家各派也不断地取人之长、补己之短，从而造就了中国学术史上前所未有的百家争鸣局面。

汉代，董仲舒提出的“罢黜百家，独尊儒术”主张，被人理解成只要儒术，不要别的思想派别。这其实是一种误解。事实上，董仲舒仅是在统治思想方面主张用儒术，而从学者层面说，他是不排斥其他学派的。他的著作《春秋繁露》吸收了很多阴阳家的思想学说。正是在阴阳家思想的基础上，他才提出了著名的“天人感应论”。

汉代之后，儒家吸收了道家和道教的一些思想，逐渐形成了儒道互补型的儒家学派。宋明时期，又吸收了佛学的一些思想内容，从而形成了三教合一型的儒家学派。不管是程朱的理学派，还是陆王的心学派，都是三教合一型的儒家。大思想家朱熹主张学习是一个人终生的事业，要活到老，学到老。理学派和心学派都以包容的心态从道家、道教和佛学中学到了不少东西。在多种文化的碰撞中，相互吸纳，相互补充，是中国文化生生不息的动力所在。

近代杰出学者蔡元培在任北大校长时，充分发掘中国传统文化中的包容精神，实行兼容并包、学术自由的方针，推行了一系列的重大改革，主张为学问而学问。在这种宽容的研究气氛下，保守派和激进派都同样有机会争一日之短长。这一时期成为北大历史上最辉煌的时期，也是大师辈出的时期。这其中，包容精神发挥了巨大的作用。

到当代，学术大师季羡林和新儒家的许多代表人物，他们大多致力于融合多元文化，期望以此为儒学和中国传统文化开出新生命。不管是熊十力、牟宗三，还是冯友兰，他们都注意从东西方的各种思想文化中吸收营养。海外新儒家更是注意多元文化的对话和汇合。如杜维明和他的同事在哈佛大学建立了波士顿儒学，形成了对话派的风格，不仅和西方文化对话，也和东方文化对话，主张从文化多元的角度来看儒家传统所具有的精神资源，这正是中国传统文化包容性的影响所致。成中英在夏威夷大学建立了诠释派的新儒家体系，被称为“本体诠释学”。这种“本体诠释学”观点，正如他自己所说，最早见之于《易传》所说的“一阴一阳之谓道”。“一阴一阳”是既差异对立，又相生相成的。“本体诠释学”亦可说为“本体辩证学”或“辩证体性”，因为它包含了多种对立互成的范畴，以及包含了时间发展性与空间包容性的统一前提，因而“本体诠释学”既可用来建立现代化的中国哲学，也可用来丰富现代化的西方哲学，使两者世界化。“辩证体性”可以说正是中国文化包容性存在的内在根据。

中国文化对外来文化的包容性是以其强大的同化力为前提的。它用这种强大的同化力去影响和改造外来文化，使之具有中国的特色。中国文化的包容性是吸收外来文化的重要基础，没有这样一个基础，不仅不能消化、吸收外来文化，还有可能被同化，从而丧失自己的文化特色。但是由于中国固有的传统文化根基深厚，并且富于包容精神，其结果是不断吸收、同化外来文化。外来文化的进入丰富了中国文化，却并没有使中国文化丧失其本色。一切外来文化一旦进入中国，便开始了中国化的进程。中国社会强烈的宽容气氛，甚至使得一些独立性很强的外来文化，也在不知不觉中融合于中国文化的整体之中。

中国文化向来主张有容乃大，大乃久。文化上的包容性，使中国文化在内部形成了丰富多彩、生动活泼的局面，在外部则向世界开放，不断接受异质文化的激发和营养，从而使自身具有更强的生命力。充分发掘和弘扬中国文化中的包容精神，首先要求我们要自觉地、不断吸纳外来文化，借鉴其他文化的优秀成果，像季羡林先生所说的那样既拿来又送去，把外国的好东西拿来，把自己的好东西送去，这叫做拿来主义和送去主义的结合。只要有利于文化发展和建设，都要毫不犹豫地拿过来，这是我们今天弘扬传统文化中的包容精神的题中应有之义。这是第一点。

第二点，弘扬中国传统文化中的包容精神，也是全球化浪潮的发展之所需。中国文化的包容性来自于儒家求同存异的宽广胸怀，这宽广胸怀又来自于儒家的天下一家思想。亲睦众生，和合万邦，是儒家一以贯之的主张。孔子向来主张泛爱众。《论语・学而》：“子曰：弟子入则孝，出则悌，谨而信，泛爱众，而亲仁。行有余力，则以学文。”这“泛爱众”便是爱所有的人，“自一人之心以达于四海之远，自千古之前以至于万代之后”，万物一体，天下一家，万国一人，此思想后来由其弟子子夏发展为“四海之内，皆兄弟也”(《论语・颜渊》)。儒家的这种思想正好与今天全球化的趋势相一致。

目前，全球化趋势不断加快。人们提出，全球化所要求的人类素质包括：天下一家的胸襟与眼界，以天下为己任的情怀与实践，胸怀开阔，兼容并蓄，反对一切不正义、不公平的行为，树立为人类服务的人道主义理想，关心和争取世界的和平、和谐。这些思想与中国传统文化中的包容精神正好不谋而合。

21世纪是一个多元文化并存的世纪。弘扬和培育民族精神，必须在世界各种思想文化的相互激荡中，充分发扬中国传统文化的包容精神，取长补短，互相促进。诚如此，中华民族的伟大复兴一定能够实现。

(四)儒文化的现代功能

儒家文化不仅有历史作用，也有现代功能，但是儒家文化的现代功能需要努力去开发。儒文化的现代功能，主要可在两个方面开发。

其一，开发儒文化的天人学，实现生态平衡。

儒学提倡天人合一思想是众所周知的。这种思想认为天道与人道、自然与人之间是相通、相类和统一的，孔子强调“巍巍乎唯天为大”(《论语·泰伯》)，因此，人不应该“欺天”(《论语·子罕》)，而应该“畏天命”(《论语·季氏》)，“知天命”(《论语·为政》)，因为“不知命，无以为君子”(《论语·尧曰》)。《易传》提倡“大人者，与天地合其德，与日月合其明，与四时合其序，与鬼神合其吉凶”(《文言》)，天人合一成为人类追求的理想境界。孟子提倡“仁者无不爱”，要求做到：“亲亲而仁民，仁民而爱物。”(《孟子·尽心上》)《中庸》提倡尽性，“尽人之性”，“尽物之性”，“能尽物之性，则可以赞天地之化育，可以赞天地之化育，则可以与天地参矣”。人与天地万物融为一体，就能够实现宇宙的整体和谐，做到“万物并育而不相害，道并行而不相悖”。荀子提倡对草木鱼畜“不夭其生，不绝其长”，使“万物皆得其宜，六畜皆得其长，群生皆得其命”(《荀子·王制》)。董仲舒更主张“天人之际，合而为一”(《春秋繁露·阴阳义》)。人类如果得罪了自然，破坏了自然，自然就要发出警告，甚至降灾祸以报复。为了不受自然的报复，张载提倡万物一体、民胞物与，程颢提倡“仁者以天地万物为一体”(《二程遗书》卷二)，王守仁主张人与鸟兽、草木、瓦石“皆为一体”，要做到“一体之仁”(《大学问》)。儒家的这种天人合一学说重视人与天的相通，强调人类只有尊重自然规律、服从自然规律，才能得到自然的赐予和恩赐；反之，破坏了自然，只会尝到自然报复的苦果。这种天人学告诉我们，要时刻注意保持生态平衡，爱护大自然中的一草一木、一鸟一石。有了生态平衡的意识，才有可能逐步实现生态平衡。

其二，开发儒文化的伦理学，实现社会的稳定。

儒家的伦理学涉及人与社会的关系、人与企业的关系、人与人的关系，提出了处理这些关系的一些基本准则。

在人与社会之间，儒家向来关注社会的统一和稳定，提倡天下一家。《礼记·礼运》提出“以天下为一家，以中国为一人”。为了实现天下一家，必须树立天下为公的思想，此即“大道之行也，天下为公，选贤与能，讲信修睦”。这就要求把个人、家庭、国家、天下看作一个统一的整体，一切都从天下一家着想，做到“格物、致知、修身、齐家、治国、平天下”，一步步实现社会的稳定。在日益现代化的今天，市场经济不断推动工业化和都市化两大进程，家庭与社会组织结构趋于松散，产生了一些不稳定因素。在此形势之下，要用儒家的忠恕来调节，忠要求积极为人，“己欲立而立人，己欲达而达人”(《论语·雍也》)，恕则要求推己及人，“己所不欲，勿施于人”(《论语·卫灵公》)。将这种忠恕推及人际关系，既能减缓人与人之间的紧张对峙与冲突摩擦，又能促进人与人之间情感上的亲近；推及社会，就可以孕育出敬业乐群的工作观，使社会管理趋于合理。

人与企业或单位之间的关系，也可以运用儒家伦理来调节。企业经营者应遵从“放于利而行，多怨”(《论语·里仁》)的古训，把追求企业利润和国家利益、人民利益结合起来，一味追求企业利润，会遭到消费者报复。企业领导应以身作则，遵守国家和企业的法令、方针和规章制度，领导者“其身正，不令而行；其身不正，虽令不从”(《论语·子路》)，“其身正，天下归之”(《孟子·离娄上》)。对自己严格要求，对部下则坚持“和为贵”(《论语·学而》)，就可以使企业保持凝聚力。日本企业运用儒家的伦理功能，创造出一种“《论语》加算盘”或“《论语》加计算机”的模式，在企业内部实行日本式经营，用三种神器即终身雇佣制、年功序列制和集团主义的核心观念来经营家族式企业公司这一命运共同体，取得了很好的成效。

在人与人的关系方面，要提倡仁爱、忠信和中庸之道。要用爱己之心去爱人，做到“老吾老，以及人之老。幼吾幼，以及人之幼”(《孟子·梁惠王上》)。人与人之间以诚相见，“忠信，礼之本也”，所以要“主忠信”(《论语·学而》)。奉行中庸之道，就可以做到不偏不倚，保持人际关系的平衡与和谐。

因此，中庸应成为最高的美德，“中庸之为德也，其至矣乎”（《论语·雍也》）。人际关系和谐了，社会自然也就和谐稳定了。

当代社会的主题是稳定和发展。综上所述可以看出，鲁文化的伦理功能可以保持社会稳定，齐文化的智力功能可以促进社会发展，齐鲁文化相互补充，就可以建立起“仁智合一”的观念形态。仁为主干，旨在保持社会稳定，稳定才能保证发展；智为辅助，旨在促进社会发展，发展才能巩固稳定。这正是“仁者安仁”、“智者利仁”的境界和本义之所在。

（五）儒学的发展离不开文化交流

季羡林先生最近一些年来多次强调文化交流是人类社会前进的动力之一，全人类都蒙受文化交流之利。如果没有文化交流，这个世界不知会是什么样子。把这个观点用到儒学的发展历史上，同样是合适的。①

儒学从它产生的那天起，其命运就跌宕起伏，充满变数。两千五百年来，儒学所遭遇的曲折难以计数，但是在遭遇曲折和坎坷之后往往又奇迹般地恢复生气。究其原因，就是因为儒学与儒学以外的思想文化进行了不断的交流。由于文化交流，儒学既不断受其他思想文化的影响，又不断影响其他思想文化，从而不仅儒学保持了生命和活力，也使儒学的世界影响不断扩大。儒学发展到今天，已经成为世界思想文化遗产的一部分。1988 年，在巴黎召开的“面向 21 世纪”第一届诺贝尔奖获得者国际大会上，一批国际著名学者和诺贝尔奖得主探讨了 21 世纪科学的发展与人类面临的问题。会议临近结束时，获得 1970 年诺贝尔物理学奖的瑞典科学家汉内斯·阿尔文博士发表了非常精彩的演说，得出了如下结论：“人类要生存下去，就必须回到二十五个世纪之前，去汲取孔子的智慧。”

对于这段话，笔者曾经加以引用，但是引用的说明不是太准确，把它误认为大会结束时发表的宣言。笔者在 1992 年《齐鲁学刊》上发表的《东方各国的儒学现代化》，引用了马来西亚华文《南洋商报》1990 年 4 月 9 日发表的《儒家思想与现代社会研讨会报道》一文中所述的话：1988 年 1 月，七十五位诺贝尔奖获得者聚集巴黎，在会议宣言中明确声明：“如果人类要在 21 世纪生存下去，必须回头到两千五百年前去汲取孔子的智慧。”据说更早刊登这一说法的是山东的《走向世界》杂志 1989 年第 5 期的文章《古今人对孔子的评价》，是由新加坡东亚哲学研究所所长吴德耀写的，其中有一段话：“1988 年 1 月，全世界的诺贝尔奖得奖人在法国巴黎开了一次会议，结束时做了一个破天荒的宣言说：‘如果人类要在 21 世纪生存下去，必须回首 2500 年，去吸取孔子的智慧。’”他也是把这段话误认为会议的宣言。后来这句话的真实性受到过怀疑。一直到 2003 年，中国国家图书馆图书采选编目部副主任顾犇研究员经过多年的调查，确认了这次会议的存在，并且在访问澳大利亚时，经过多方联系找到了《堪培拉时报》十五年前的原文。《国际先驱导报》2003 年 1 月 17 日发表了胡祖尧的文章《诺贝尔奖得主推崇孔子？悬案十五年终揭晓》，文章说：1988 年 1 月 24 日，澳大利亚的《堪培拉时报》发表了一篇发自巴黎、题为《诺贝尔奖获得者说要汲取孔子的智慧》的文章，文章的作者是帕特里克·曼海姆。该文称，1988 年在巴黎召开的“面向 21 世纪”第一届诺贝尔奖获得者国际大会上，一批国际著名学者和诺贝尔奖得主探讨了 21 世纪科学的发展与人类面临的问题。在会议的新闻发布会上，汉内斯·阿尔文博士发表了非常精彩的演说。他是 1970 年获得诺贝尔物理学奖的瑞典科学

① 参见季羡林：《论东西文化的互补关系》，载《中国儒学年鉴》创刊号，商务印书馆 2001 年版。

家，他在其等离子物理学研究领域的辉煌生涯即将结束的时候，得出了如下结论："人类要生存下去，就必须回到二十五个世纪之前，去汲取孔子的智慧。"显然，这段话不是会议的宣言，而只是学者个人的观点。但是这并不影响这段话的重要性，它证明儒家的思想已经得到了世界的认同。

但到今天，国内学术界和普通民众仍有不少人在问，儒学到底会走向何处？近代以来，儒学命运多舛，从太平天国、义和团运动、"五四"运动到"文化大革命"，都对孔子有过不同程度的冲击，尤其是"文化大革命"，几乎把孔子彻底打倒。但"文革"之后不久，在 20 世纪 80 年代，很快又出现了讨论儒学的现象，出现了儒学复苏的迹象，最近还出现了把儒学新教化的呼声。要回答这个问题，必须认真回顾儒学的历史命运，从文化交流的视角来观察儒学的发展，可能会对儒学的命运有一个清楚的看法。

原始儒家由仁学到仁政、王霸道，思想文化的交流已经开始。

儒学，从孔夫子创立到现在有两千五百多年的历史了。在这两千五百多年的历史里，儒学的命运一直是不平坦的。如果可以大致划分一个时期的话，那么，孔子、孟子、荀子三位大师基本上属于原始儒家，即最早的儒家。

孔子一生坎坷，饱经忧患。他有报国济世之才，也有匡扶社稷之力，却被国君敬而远之。在鲁国，他有幸从政，有不少政绩，但终因与当权者政见不同而离职，开始了周游列国的生涯。十四年中，他带领弟子游历了十几个国家，东奔西走，席不暇暖，得到的却是颠沛流离，饱尝辛酸：宋国遇险，匡城被围，陈蔡绝粮，因谗去卫，"栖栖惶惶，知其不可为而为之"(《论语・宪问》)，潦倒落魄之态"若丧家之犬"(《史记・孔子世家》)。孔子自己哀叹："道不行，乘桴浮于海，从我者，其由与！"《论语・公冶长》无可怀疑的是，孔子在这种经历中已经和其他的思想文化发生了交流。他问礼于老聃，在齐国闻韶乐，这些都是文化交流。

通过这种交流，孔子建立了一套完整的仁学体系。仁是处理人与人之间关系的准则，仁要具体落实到爱人上，而爱人不是抽象的，要通过恭、宽、信、敏、惠、敬、忠等条目的实施来处理好人与人之间的关系。由这种仁爱之心推广发展到施行仁政，便可以得天下。所谓的仁义、仁学就是我们今天所说的人学的一部分。孔子所提倡的仁爱，就是人人要有爱人之心。孔子提出了一个最基本的要求(类似于今天的道德金律)："己所不欲，勿施于人。"这是一个非常高的道德标准，孔子在那样一个时代，能提出那样一个思想，建立起一套仁学的思想体系，是非常难能可贵的。

孟子生当战乱之世，其时"杨朱、墨翟之言盈天下"(《孟子・滕文公下》)，他以"正人心、息邪说，距诐行，放淫辞"(《孟子・滕文公》下)为己任，觉民救世，自发地去保卫儒家道统。孟子接续孔子的思想，提出了一套完整的仁政思想体系，提倡"穷则独善其身，达则兼济天下"和"富贵不能淫，贫贱不能移，威武不能屈"(《孟子・滕文公下》)的人格精神，对后世产生了极大的影响，被尊奉为仅次于孔子的"亚圣"。"道既通，游事齐宣王，宣王不能用。适梁惠王于不果所言，则见以为迂远而阔于事情"，在"天下方务于合从连衡，以攻伐为贤"的情况下，"述唐虞三代之德，是以所如者不合"，只得"退而与万章之徒，序诗书，述仲尼之意，作孟子七篇"(《史记・孟子荀卿列传》)。他享受过"后车数十乘，从者数百人，以传食于诸侯"(《孟子・滕文公下》)的尊荣，其声势之大，超迈前贤，但终其一生也是与失意和挫折为伍的。孟子本来是邹国人，后来长期在齐国居住。作为一个儒家思想继承者，他并不拘于儒家思想。儒学发展到孟子的时候，吸收了很多齐文化的内容，吸收的结果是孟子把孔子的仁学思想发展成一种仁政的学说，由仁爱之心发展为统治者要关爱自己的百姓，要施仁政。孟子发展了孔子的"礼治"和"德政"思想，提倡"王道"，主张"仁政"，并以此到各国游说诸侯。孟子非常重视孔子"己所不欲，勿施于人"的说法，提倡贤者处世，乐则与天下同乐，忧则与天下同忧，"乐民之乐者，民亦乐其乐；忧民之忧者，民亦忧其忧。乐以天下，忧以天下，然而不王者，未之有也"(《孟子·梁惠王下》)。孟子所说的"王道"，是"以德行仁"。他认为："行仁政而王，莫之能御也。"(《孟子·梁惠王上》)就是说，以"仁政"统一天下，是谁也阻止不了的。他认为实行"仁政"首先要争取"民心"，统治者应以"仁爱之心"去对待民众。他还提出要重视民众。他说："民为贵，社稷次之，君为轻。"(《孟子·尽心下》)仁政主张是以性善论为理论依据的。性善论的基本含义和深刻之处在于强调人性首先应当是人的社会属性，而不是人的自然属性；肯定人生价值，鼓励人们追求完满的人生境界，带有强烈的理想主义色彩，由此确立了儒家特有的价值取向。

第三位大师荀子虽不是齐国人，但长期居住并游学于齐国。荀子作为孟子之后的儒家代表人物，"有秀才"，在齐王"聚天下贤士于稷下"(《风俗通义·穷通》)之时，他"最为老师"(《史记·孟子荀卿列传》)。荀子吸收诸子百家之长，成为诸子百家学说的集大成者。荀子的思想对中国两千多年的封建社会产生了广泛而深远的影响，以至于近代学者谭嗣同说："二千年之政，皆秦政也……二千年之学，皆荀学也。"(《仁学》)在入齐游学之前，荀子曾到秦国见过秦昭王。昭王问："儒无益于人之国?"荀子回答说："儒者法先王，隆礼义，谨乎臣子而致贵其上者也。人主用之，则势在本朝而宜；不用，则退编百姓而悫，必为顺下矣。虽穷困冻，必不以邪道为贪。无置锥之地，而明于持社稷之大义。呜呼而莫之能应，然而通乎财万物，养百姓之经纪。势在人上，则王公之材也；在人下，则社稷之臣，国君之宝也；虽隐于穷阎漏屋，人莫不贵之，道诚存也。仲尼将为司寇，沈犹氏不敢朝饮其羊，公慎氏出其妻，慎溃氏逾境而徙，鲁之粥牛马者不豫贾，必蚤正以待之也。居于阙党，阙党之子弟罔不必分，有亲者取多，孝弟以化之也。儒者在本朝则美政，在下位则美俗。儒之为人下如是矣。"对于昭王"然则其为人上何如"的问题，他回答："其为人上也，广大矣！志意定乎内，礼节修乎朝，法则度量正乎官，忠信爱利形乎下。行一不义，杀一无罪，而得天下，不为也。此若义信乎人矣，通于四海，则天下应之如欢。是何也？则贵名白而天下治也。故近者歌讴而乐之，远者竭蹶而趋之，四海之内若一家，通达之属莫不从服。夫是之谓人师。诗曰：'自西自东，自南自北，无思不服。'此之谓也。夫其为人下也如彼，其为人上也如此，何谓其无益于人之国也!"(《荀子·儒效》)

荀子也曾在赵与临武君在赵孝成王前议兵，提出"善用兵者"、"在乎善附民"，以"王兵"说折服临武君的"诈兵"说，赵孝成王和临武君都称"善"(《荀子·议兵》)，但赵王"卒不能用"。于是他只好离开父母之邦而到齐国。当时齐国是齐王建在位，但朝政由"君王后"(襄王后)控制。荀子向齐相进言，论述齐国内外大势，劝他"求仁厚明通之君子而托王焉与之参国政、正是非"，并对"女主乱之宫，诈臣乱之朝，贪吏乱之官"的弊政进行批评。结果"齐人或谗荀卿，荀卿乃适楚，而春申君以为兰陵令"(《史记·孟荀列传》)。荀子在楚为兰陵令也不是一帆风顺的。他任职不久，就有人向春申君进谗，于是他只好离楚而回到赵国。在家邦之地，荀子算是得到了较高的礼遇，被任为"上卿"。在齐国都城遐迩闻名的稷下学宫里，他曾"三为祭酒，最为老师"，并在那里培养造就了一大批学者。这个学宫，非常类似于今天的高等学校，但又不是纯本科学校，而是带有研究院性质的学校，近似今天的大学加社会科学院。战国时期的许多大思想家孟子、荀子、宋钘等都到过稷下，还有一些名不见经传或者后人知道并不多的，如淳于髡、邹衍、邹奭等，所谓九流十家，都在稷下学宫里聚集过。所以，荀子在这里曾"三为祭酒，最为老师"，实际上是稷下学宫的学术领袖。他的思想更多地吸收了齐文化里道家和法家的思想，使儒学达到了一种王道和霸道并重的地步，但是从本质上又没有离开孔子思想。所以，在原始儒学的三位大师那里，已经有了细微的差别，这些差别与思想文化的交流是有紧密联系的。

尽管三位儒家大师付出了极大的努力，但儒家思想在当时众多的思想流派里，还只是百家中的一派，或者说九流中的一派。战国中期以后，儒家的地位稍微有一点提高，和墨家的思想被并称为“显学”。

原始儒家的三位大师，孔子被尊为“至圣”，孟子为“亚圣”，荀子为“后圣”，但是他们的儒学之路都不平坦，这也预示着以后儒学的发展之路也不会平坦。值得注意的是，如上所言，早在原始儒家那里，思想文化间的交流就已经开始了。作为儒家创始人的孔子问礼于道家创始人老子，孟子在齐国稷下学宫与淳于髡切磋，荀子则在稷下吸纳百家之学，这些交流使儒家从起初就保持了一种活力，从孔子的仁学发展到孟子的仁政，再发展到荀子的王霸道，从而使儒家能够生生不息。

从九流十家到独尊儒术，仍然离不开交流。

秦始皇采取“焚书坑儒”的政策，儒家思想受到了很大的冲击。到了汉初，儒家的学说依然没有受到重视。刘邦称帝之前，儒生郦食其前去求见，沛公麾下的骑士曰：“沛公不好儒，诸客冠儒冠来者，沛公辄解其冠，溲溺其中。与人言，常大骂。未可以儒生说也。”郦生不得已，只得以一个狂生酒徒的身份求见。“郦生至，入谒，沛公方踞床使两女子洗足而见郦生，入，则长揖不拜，曰：‘足下欲助秦攻诸侯乎？欲率诸侯破秦乎？’沛公骂曰：‘竖儒！夫天下同苦秦久矣，故诸侯相率攻秦，何谓助秦？’郦生曰：‘必欲聚徒合义兵诛无道秦，不宜踞见长者。’于是沛公辍洗，起摄衣，延郦生上坐，谢之。郦生因言六国从横时。沛公喜，赐郦生食，问曰：‘计将安出？’郦生曰：‘足下起纠合之众，收散乱之兵，不满万人，欲以径入强秦，此虎口者也。夫陈留，天下之冲，四通五达之郊也，今其城中又多积粟。臣善其令，请得使之，令下足下。即不听，足下举兵攻之，臣为内应。’于是遣郦生往，沛公引兵随之，遂下陈留。号郦生为广野君。”（《史记·郦生陆贾列传》）刘邦称帝后，儒生陆贾常于身边称《诗》、《书》，刘邦大骂：“乃公居马上而得之，安事诗书！”陆贾曰：“居马上得之，宁可以马上治之乎？且汤武逆取而以顺守之，文武并用，长久之术也。昔者吴王夫差、智伯极武而亡；秦任刑法不变，卒灭赵氏。乡使秦已并天下，行仁义，法先圣，陛下安得而有之？”高帝“不怿而有惭色”，乃谓陆生曰：“试为我著秦所以失天下，吾所以得之者何，及古成败之国。”“陆生乃粗述存亡之征，凡著十二篇。每奏一篇，高帝未尝不称善，左右呼万岁，号其书曰《新语》。”（《史记·郦生陆贾列传》）

汉王朝创立之初，刘邦很为如何约束自己手下的将领们而犯愁。叔孙通知汉高祖有厌烦之心，趁机上言：“夫儒者难与进取，可与守成。臣愿征鲁诸生及臣之弟子共起朝仪。”汉高祖问：“得无难乎？”叔孙通说：“五帝不同乐，三王不同礼。礼者，因时世顺人情者也。臣可颇采古礼与秦仪杂就之。”他随即建立了一套繁琐的礼仪制度，“皇帝辇出房，百官执职传警，引诸侯王以下至吏六百石以次奉贺。自诸侯王以下莫不振恐肃敬。至礼毕，复置法酒。诸侍坐殿上皆伏抑首，以尊卑次起上寿。觞九行，谒者言‘罢酒’。御史执法举不如仪者辄引去。竟朝置酒，无敢欢哗失礼者”。享受了三拜九叩首的皇家礼节，汉高祖有了深刻体会，言：“吾乃今日知为皇帝之贵也。”（《史记·刘敬叔孙通列传》）

此后儒家思想的重要性开始被汉朝统治者所注意，但是汉初的几代皇帝并没有把儒学看得多么重要，因为他们信仰的是当时称为“黄老之学”的道家思想，认为用黄老道家的“无为而治”之术可以缓解社会矛盾。但是作为最高的封建统治者，他们不可能长期“无为而治”。到了汉武帝时，就“废黜百家，独尊儒术”，正式确立了儒家思想在中国思想界的统治地位。

汉武帝是一个开明的皇帝，他多次“举贤良对策”。其中，儒家大师董仲舒在《天人三策》里提出了一个响亮的口号,“罢黜百家,独尊儒术”,希望汉武帝能够废黜其他各家思想,把儒家思想的大旗竖立起来。董仲舒虽然提倡“罢黜百家,独尊儒术”,但他本人实际上并没有做到独尊儒术。我们看看他的著作《春秋繁露》,把儒家、道家及阴阳家的思想融为一体,尤其是吸收了齐国阴阳家邹衍的很多思想。所以,董仲舒的思想也是文化交流的结果,其思想体系被称为“天人感应”论的神学目的论。他之所以要建立所谓的“罢黜百家,独尊儒术”体系,主要是要把儒家和阴阳家融合为一体,让百姓看来,他们的统治是符合天意的。所以,汉武帝以后的中国历代皇帝都把“奉天承运,皇帝诏曰”作为诏书的开头语。实际上,这一点并不是纯儒家的,而是儒家和阴阳家思想结合的结果。也就是从这个时候开始,儒学开始了它自己的分野,这个分野从董仲舒之后可以分为三大块:一块是政治儒学,一块是学术儒学,一块是民间儒学。

政治儒学是从汉武帝开始的历代皇帝都采取的儒家和阴阳家相结合的思维模式。从那时起,几乎每一个皇帝都到泰山去封禅。所谓封禅就是向天下百姓告知,当朝皇帝是受之于天的,所以皇帝又被称为“天子”。从那个时候开始,政治儒学实际上就被皇帝独霸了。本来应该说,在政治儒学里,孔庙有一些作用,但是,孔庙作为政治儒学的一个工具,并没有很好地发挥作用。孔庙后来是作为民间儒学的一个载体发挥作用,其民间儒学的作用比政治儒学的作用反而更大一些。学术界有人提出儒学的博物馆化,所谓博物馆化,就是说儒学不存在了,只能在博物馆里和历史教科书上找到。这个观点,如果用在政治儒学上,应该说是非常恰当的。它作为儒学为封建帝王服务的那部分,确实是走向死亡了,而且在现实社会中,也不再有其作用了。但是另外两类儒学和政治儒学情况就完全不同了,尤其是学术儒学。从学术儒学领域来看,从孔子、孟子、荀子一直到今天,它经历了五个比较大的发展阶段,第一个阶段是“儒术独尊”的阶段。他们基本上是在百家争鸣中“儒术独尊”,是比较纯净的儒学。但是即使是“儒术独尊”,儒学里边也有文化交流的成分。

新里程碑:三教合一与四教会通,开创思想交流的新局面。

孔、孟、荀以后的多数儒家对外部文化都有所吸收,有的是对道家,有的是对道教,有的是对佛教。这样就形成了第二个阶段的学术儒学:儒道互补型。这个类型的儒学,以魏晋时期最突出。魏晋时期,儒道互补型的儒学分两个方向:一个是儒家思想和道家思想互补,另一个是儒家思想和道教思想互补。魏晋时期不少的思想家(包括魏晋玄学的很多名人)应该说都属于这种儒道互补型的儒家。后来,佛教在中国的势力越来越大,很多思想家也注意到佛教里面确实有儒家思想里所没有的内容。如它的抽象思维水平非常高。所以到宋明时期,很多思想家开始从佛教里吸收一些形而上学的内容来补充儒家思想,建构儒家的形上体系。

从宋代开始到明末完成的“宋明理学”,基本上就是第三个阶段的儒学,或者说第三个阶段的学术儒学,即“三教合一”型的儒学。不管是以程朱为首的理学派,还是以陆王为首的心学派,他们大体上都是如此。不过,程朱突出的是理,而陆王突出的是心,一个是强调了客观,一个是强调了主观。这明显也是文化交流的结果。

第四个阶段,是在明末清初。这个阶段,出现了儒家的一个新里程碑,那就是“四教会通”的儒家。所谓的“四教会通”又分为两个方向:一个是儒、释、道与基督教会通。基督教进入中国后,遭到过不少挫折,一直到明末才在某一种程度上立住了脚,开始有人来系统地研究基督教。就是在这个时候,形成了一小部分把儒家、道家、佛家和基督教这四种思想融合为一体的学者,比如徐光启。但是这些学者是从中国人的角度来理解基督教的。所以,我认为到现在为止还并没有形成过有中国特色的基督教，就是因为还没有人把这四种学说非常有机地结合在一起，因此这个方向上的"四教会通"基本上是失败的。另一方向的"四教会通"，就是儒、释、道、清的融合。所谓清，就是今天的伊斯兰教，那时叫清真教。伊斯兰教传入中国经过了极其漫长的时期，最早把伊斯兰教传入中国的人基本上是商人，如阿拉伯商人、波斯商人、土耳其商人。一开始，他们把主要的精力放在经商方面，没有做文化交流的工作。在开始的几百年中，伊斯兰教只是在信仰伊斯兰教的那些人中传播，没有和中国传统文化很好地结合起来。到了明末清初，这些阿拉伯人、波斯人或者土耳其人的后裔逐渐地和中国社会融合在一起，慢慢地形成了中国一个个少数民族，涌现出大批文化交流的人才，尤其在回族里面，出现了像李贽这样的精英(李贽的父亲就是一个伊斯兰教徒)。此外，以刘智、王岱舆、马复初等人为代表的思想家，把儒、释、道和伊斯兰教非常巧妙地结合在一起，而且用儒家的基本概念来解释伊斯兰教的一些范畴，取得了非常好的效果。其中的王岱舆写了一本书叫《清真大学》，实际上是用伊斯兰教的观点来解释儒家思想。该书已由美国哈佛燕京学社杜维明领导的一个小组翻译成英文。《清真大学》在美国出版以后，引起很大的反响。他们没有想到，在明末清初的伊斯兰思想家里面，竟然有这样一位抽象思维程度很高的学者。这一类型的学者，现在不仅仅是在中国受到重视，而且在国外(如美国的哈佛)也都受到重视。所以，四教会通型学者的影响不可小看，他们的思想结晶也是文化交流的产物。

儒家发展到今天，已经进入了一个新的阶段。这个阶段，我把它叫做"多元融合型"。这个多元融合型的儒学，实际上开始于当代新儒家。当代新儒家，不管是梁漱溟、熊十力，还是后来在港台的唐君毅、牟宗三、徐复观、张君劢，实际上都是把东西方的各种思想文化融合在一起。所以在牟宗三等学者的哲学体系里面，既可以看到中国哲学，也可以看到西方哲学，甚至还可以看到印度哲学的影子。当代新儒家的思想，不仅是对儒学(或者对儒家思想)简单的重复，而且是一个重新的架构。国内很多学者充分肯定新儒家的工作，而我个人觉得，新儒家的路子好像走错了。为什么走错了？新儒家的好多代表人物都是沿着更为抽象的方向来发展儒学。以最著名的牟宗三为例，他把西方哲学的很多概念和中国儒家的一些概念结合起来，提出了一些甚至连哲学家也解释不通的理论。比如说，他有一句极易引起争议的话，叫作"良知的自我坎陷"。良知本体，作为能够认识自我的本体，本来通过像王守仁那样的"良知人皆有"，可以发挥良知的作用，使人去做善事。但是牟宗三提出"良知的自我坎陷"，这个良知本体怎么自我"坎陷"？牟宗三在自己的著作里没有说清楚，而当代新儒家(包括牟宗三的一些学生)也解释不清。所以，像这样的哲学概念，越来越玄，普通老百姓是不可能理解的。普通百姓不可能理解的概念，于社会何益呢？

所以，当代新儒家有些人走的路子是不对的。可是当代新儒家有一些学者培养的学生(我这里说的，主要是指杜维明和成中英)和他们老师走的路子实际上已经不完全一样了。最近一两年，我特别注意美国的这些儒学研究者，并写成了一篇文章，叫作《试论美国的儒家学派》。有的人提出疑问，说儒学是中国人的特产，怎么美国还有儒家学派。但是，现在事实明摆着，美国确实是出现了两个有显著特色的儒家学派。这一点都不奇怪，因为儒学既是中国的，也是世界的，每个世界公民都有权发展儒学，美国学者也不例外。

美国的儒家学派，一个是波士顿儒家，另一个是夏威夷儒家。波士顿儒家这个概念不是我首先提出的，而是由波士顿儒家代表人物白诗朗(John H. Berthrong)首先提出的。波士顿儒家以查尔斯河为界，分为两派，就是以杜维明为首的一派和以白诗朗为首的一派，他们不同的地方仅在于一派尊重孟子，一派尊重荀子，共同点就是都主张对话。所以，我把波士顿儒家概括为“对话派的儒家”，其基本观点就是在当今社会里东方文化和西方文化应该对话。尤其是杜维明，他和塞缪尔·亨廷顿是同事，但多年以来，亨廷顿提倡“文明冲突论”，而杜维明坚持认为文明之间不应该冲突。文明之间除了对立的一面，更应该对话和沟通，尤其是在世界一体化步伐加快的时候，只有通过对话，才能缓解矛盾，才能够加强交流。我认为杜维明他们所做的这种工作，是很好的。他们多次召集儒家和伊斯兰教、儒家和基督教对话。在哈佛大学，几乎每几年都要举行一次对话会议。我觉得对话的结果是非常好的，可能会议上会有一些争论，而争论对于促进文化之间的沟通交流作用非常大。除了坚持对话，波士顿儒家发挥的另外一个作用，就是坚持把儒家思想通俗化，尤其是把儒家的一些经典翻译成美国普通百姓能够接受的英文版经典。我觉得这种工作对传播或者扩大儒家影响是功德无量的。

从夏威夷儒家来讲，它的代表人物是成中英。成中英本人也是当代新儒家的学生，但是，他特别注重用现代话语来注译儒家的著作，所以夏威夷儒家也可以定名为“诠释派儒家”。诠释派儒家和对话派儒家的根本不同，就是诠释派不仅注意儒家思想的通俗化，同时也注意用现代话语来解释儒家的传统经典。这个工作如果做好了，传统文化的现代化就有了基础。所以，我觉得儒家思想发展到今天，确实是到了多元汇合型的阶段。如果夏威夷儒家和波士顿儒家所代表的那一种方向能够得到继承和发扬光大的话，如果大陆学者都能像他们一样把儒学的普及当作自己工作的一个重点的话，儒学的命运可能会更好一些。如果学者把儒学关在书斋里面，仅仅作为自己研究的对象，儒学怎么可能复兴呢？只有广大群众都能接受、听懂儒家，它才可能成为有用的儒学。

从 20 世纪 90 年代初起，我特别注意有关“实用儒学”的研究，曾写过一篇文章，题目是《实用儒学刍议》，发表在 1996 年的《东岳论丛》上。大意是现代的儒学研究，不应该再争论儒学的是非功过。因为现在即使在学术圈里，还有人否定儒家思想，认为它一无是处。最近互联网上还有人发过这样的一篇文章：中国最大的弊端就是孝道文化，说孝道文化害死了中国人，害死了中国。实际上，这样的文章是非常极端的。从另一个角度来讲，将儒家吹捧得无以复加的也有。显然，在这个领域里我们永远也争不出一个结果来，所以更应该注重儒学的实用化。

儒学世界化，找到与现代社会接轨之契合点。

现在，学者们应该花大气力，花大工夫去做的，就是认真地回到儒家的经典著作里，把儒家经典著作里面能和现代社会接轨的、能为现代社会所用的东西挖掘出来，使它成为一种实用的儒学。当今社会有人已经这样做了，如香港孔教学院院长汤恩佳先生，一直把学院作为推广儒家思想的试验场。香港孔教学院让学生们从小学开始读儒家的经典著作，使经典和现代接轨的思想发挥作用。他们做得是不错的。另外，在新加坡，李光耀担任总理期间，在中学里推广过“儒家伦理”，作为当时宗教教育的一门课程。据说开设这门课程的结果是在中学生里出现了新的气象，一般的中学生对西方的物质主义比较鄙薄了，犯罪率也比较低。和新加坡学者交流的时候，感觉他们对那一段推广时期非常有好感。从内地来讲，山东有两个企业对于儒家思想的推广做得比较好。一个是海尔，总裁张瑞敏对中国传统文化非常了解，他盖的一个海尔大楼就是根据天圆地方的中国传统建筑思想设计出来的，而且在他的治疗理念里，也用了很多儒家的思想。另外一家企业是威海的钓鱼竿生产厂家，叫光威渔具集团。光威集团的老总陈光威把儒家以礼义为核心的思想作为厂训，在经营的过程中也取得了非常好的效果。所以，如果能够把儒家思想里和当代社会接轨的东西挖掘出来，肯定会有所作为的。儒学在国内发展来说，大致就是这么一个思路。

然后，再看看儒学在国外的影响。日本近代实业之父涩泽荣一写了一本非常有名的书，叫《论语与算盘》。这本书一开始译成中文的时候，国内很多学者提出疑问，《论语》怎么和算盘结合在一起？实际上，涩泽荣一在这本书里阐述了一种基本思想，叫做道德经济合一论。就是说，一个人在经商的过程中，不能光顾赚钱，应该时刻记住孔子的话：不义而富且贵，于我如浮云。这就是说，不仁义的事不要做，不仁义的钱不要赚，只有把道德放在第一，把利润放在第二，用《论语》管住算盘，企业才能够做得好。这个《论语》加算盘的理论，在日本影响非常大。翻译成中文后，在中国的企业界也有非常好的影响。所以，如果我们能真正挖掘出它和现代社会接轨的内容，儒家完全可以更有生命力。

现在很多人已经认识到，儒学不仅是中国的思想文化，而且是世界的思想文化。也就是说孔子不仅是中国的孔子，也是世界的孔子。孔子作为十大思想家之首，已经得到世界的公认，历史也证明了这个观点。孔子的思想早在公元 1～2 世纪就走出中国国门，首先传到朝鲜。在公元 3 世纪，朝鲜学者王仁带着一本《论语》到了日本。所以，从公元 3 世纪开始，日本也有了儒学。从朝鲜儒学和日本儒学来看，虽然它们都接受了儒家学说，但是这两个国家儒家学说的发展，又有所不同。朝鲜（包括后来的韩国）儒学中较为突出的是朱子学，就是程朱理学里面朱熹的思想。而日本的儒学受孔子的影响较大。孔子以外，影响最大的是王阳明（王守仁）。阳明学在日本的明治维新过程中发挥了巨大的作用。

另外，儒学也非常早地传到了越南。有人认为在秦朝时期儒学已经进入了越南。但在越南，儒学的命运比较坎坷。尤其是近代以来，从法国占领越南以后，儒学的地位一直比较低。

儒家思想传入西方，被确认的准确时间为 1593 年。据北京大学著名学者朱谦之教授的研究，1593 年意大利人利玛窦首先将《四书》翻译成拉丁文，由此西方世界第一次知道了孔子，知道了《论语》，知道了儒家的思想。后来法国的伏尔泰、德国的哲学家莱布尼茨，都系统地研究过《易经》或者孔子的思想，而且深受孔子的影响。莱布尼茨正是在系统研究《易经》的基础上提出了二进位制，而这一发明在西方世界影响是非常大的。

可见，孔子的思想不仅仅在中国，在东方的日本、韩国和越南，甚至在西方世界，影响也是非常大的。1988 年 2 月，七十五位诺贝尔奖得主在巴黎开会，瑞典物理学家汉内斯·阿尔文博士在会议结束时作了一个结论性的发言，最后有这么一句话："如果人类要在 21 世纪继续生存下去的话，那就必须回头到两千五百年以前的孔子那里去汲取智慧。"对于诺贝尔奖得主的这一段话，应该这样来理解：人生在世，要处理三个方面的关系：一是人与自然之间，二是人与人之间，三是人自身的精神和肉体之间。而在这三个方面，儒家都提出了很多非常成熟的观点。在人和自然方面，儒家特别提出"天人合一"，这个天人合一的思想被白居易的诗句通俗化为："谁言群生性命微，哺雏觅食故飞飞。劝君莫打三春鸟，子在巢中待母归。"这种思想对解决环境危机肯定会发挥非常大的作用。

在第二个方面，即人与人之间（或者人与社会之间）的关系，过去很多人认为儒家的思想多数是消极的。可是大学者陈寅恪却提出"中国文化之要义，具于《白虎通》三纲六纪之说，其意义为抽象理想最高之境"。哪三纲呢？就是"君为臣纲，父为子纲，夫为妻纲"。六纪呢？即"诸父有善，诸舅有义，族人有序，昆弟有亲，师长有尊，朋友有旧"。诸父，这是父亲叔伯这一辈；兄弟是第二纪；第三纪诸舅，就是母亲这一系。然后，族人就是自己家族里面的一批人。最后是师长和朋友。这是六纪。对这句话，当时他的学生季羡林非常不理解。中国文化之要义，怎么就是这三纲六纪呢？在经过一段时间深入的研究，尤其是经过了长期的实践以后，季羡林对这段话有了新的认识。作为一个留学德国近十一年的学者，季羡林先生非常了解西方文化。半个世纪以后，他突然大彻大悟到：人生在世，人与人间的关系就是这三个方面的“纲”加六个方面的“纪”，这九个方面就包含了中国文化的主要精神。如果这九个方面的关系处理好了，那社会就稳定了。但是这九个方面，尤其是三纲，季羡林认为必须加以改造。“君为臣纲”，应该改造为国家和人民的关系，国家爱人民，人民爱国家，国家就稳定了。“父为子纲，夫为妻纲”，也不要作为单方面的关系来强调，应该把绝对的服从变成一种平等的关系。这三方面的关系处理好了，再加上另外六个方面的关系，那么社会肯定稳定。这些年，季羡林先生多次写文章肯定三纲六纪的作用。

就人自身来讲，活在世上，灵与肉肯定要不断发生冲突，就是精神世界和物质世界不断产生矛盾。尤其是在市场经济高度发展的今天，利欲熏心者大有人在，而且挣钱越来越多，还是找不到自己位置的也有。那么在这样的情况下，如何解决人自身肉体和精神的矛盾？儒家特别提倡修身养性，以此不断节制自己的欲望，将其限制到最低的程度。

在这些方面贯彻儒学，对当今社会确实可以起到一个稳定的作用。所以，从今天的观点来看，儒家的思想虽然产生于两千五百年以前，但是直到今天仍是有活力的。而且，对它有生命力的部分，我们不是认识清楚了，而是还有很多没有认识清楚。

我们应该用现代人的眼光来挖掘儒家思想，挖掘其能够和当代社会接轨的内容。而从文化交流的观点来看，更应该把儒学当作一个动态的思想体系，用开放的心态迎接儒学的发展，不断地吸收外部的思想文化因素，补充儒家的思想，发展儒家的思想。同时也使儒学为我们今天所用，改变我们今天的人生，使我们的社会更稳定、更繁荣。从这个角度来看，儒家的命运是好的，前途是很光明的。

二、何谓巴哈伊信仰

看似宗教，又似非宗教；看似在批评宗教，实际上又在捍卫宗教；看似与科学矛盾，实际上又提倡宗教和科学携手；看似世俗，实际上又是宗教——这就是巴哈伊教给人的一些初步印象。实际上，这正是巴哈伊教的独特之处。

巴哈伊教，又译“巴哈教”、“白哈教”、“比哈教”、“巴海教”、“巴赫伊教”、“巴哈伊教”、“巴孩教”、“白衣教”、“白益教”等，是阿拉伯文“Bahá'í”的音译。也有意译为“大同教”、“博爱教”的，或既有音译又有意译的“伯哈尔大同教”、“巴海大同教”等，不一而足。巴哈伊，意为光辉、容光焕发、美丽、漂亮等，指跟随巴哈欧拉的人。该教的得名，源自创始人——伊朗的米尔扎·侯赛因·阿里·努里(Mírzá Ḥusayn-'Alí Núrí，1817～1892)被称为“巴哈欧拉”(Bahá'u'lláh的意译，意为“安拉的光辉”)，而他的先驱则是萨义德·阿里·穆罕默德(Siyyid 'Alí Muḥammad，1819～1850)，被称为“巴布”。该教是一种新兴宗教，源于伊斯兰教，但又不是伊斯兰教，因为不仅该教公开宣布彻底脱离伊斯兰教，而且伊斯兰教世界也不承认它是伊斯兰教中的一个教派。

这种新兴宗教作为当代最活跃的宗教之一，主张宽容、开放，人应独立探求真理，自主寻求真理，人类团结，宗教应带来友爱和睦，宗教与科学一致，克服宗教、种族或派别的一切偏见，人的生存机会均等，法律面前人人平等，世界和平，宗教不应干预政治，两性平等，妇女应受教育，圣灵的力量是人的灵性发展的原动力等。其独特意义在于更为积极地切入现实的社会生活之中，提出了一套主要包括上帝独一论、先知连续显现论、人类一体论、宗教同源论、天堂地狱论、宗教科学协调论等的理论，在社会思想等许多方面表现出世俗化的特点。国家宗教局局长叶小文在《邪教问题的现状、成因及对策》中指出，新兴宗教之中，有的逐渐自成一体，有的又朝着两个方向发展：一个是往上靠，努力朝着传统、主流的宗教靠拢，走向制度化，如巴哈伊、哈盖伊、摩门教；一个是往下沉，反正政府也不承认，大家也不喜欢，就走向神秘，走向极端，走向颓废，走向反政府、反社会，最终成为异端、邪教。新加坡净空法师则认为，在所有宗教里面，体现和认识时代危机的，巴哈伊教算第一。他认为该教能在这么短的时间在全世界有如此规模的发展，就是因为契机。人一接触，真的衷心欢迎。因为该教提倡的是整个世界的和平，全人类的团结、互助和合作。

(一)上帝独一论

巴哈伊教提倡一种普世宗教。它认为普世宗教只有一个，即巴哈伊教。该教不再用伊斯兰教的“安拉”来称呼最高本体和世界的创造者，而是用基督教的“上帝”来称呼。但其已经不是基督教原本意义上那种三位一体的上帝，而是独一的、没有任何可比性的上帝。它主张上帝是独一无二的、全知的、全能的，是宇宙的缔造者，也是世间万物和人类的创造者、启动者和支配者。上帝绝非有形的男性化偶像，而是神圣不可知的精神本体。上帝是宇宙万物的原动力和终极目的，完全超越人的一切属性。巴哈欧拉说：“所有赞美都归于上帝的一致，所有荣誉都属于他——宇宙的万军之主和无与伦比、无比荣耀的统治者。他从虚无之中创造了万事万物；他从无有之中创造了最精巧优美的组成部分；他将他的创造物从极其谦卑和濒临灭绝的危险中拯救出来，然后把他们带进不朽荣耀的天国。除了他包罗万象的恩典和渗透一切的仁慈以外，任何事物都不可以达到这一点。”①

巴哈伊教认为，上帝有不同的名称，如“上帝”、“安拉”、“神”、“天主”、“佛陀”，但实质却是一致的、统一的。他是宇宙的核心、宇宙的最终目的和本质。他是不可知之本质，是神圣的本体。自古至今，他一直隐藏在他亘古的本质中，并停留在他的实体内，而永远不会暴露在凡人的视野下，他将永远超越于一切感官之上，并且无法描述。② 对上帝的崇拜，要表现为服务人类所从事的“工作”，这样的教义在宗教历史上是独一的。

阿布杜巴哈对《圣经》中上帝所说“让我按我的模样造人吧”进行了解释，认为这里的“模样”并非指外貌，因为神的本质并不局限于任何形式的外观，而是指神的本质特性，如公正、仁爱、恩泽全人类、忠贞、诚实、慷慨、对万物慈悲为怀，所以上帝的模样指神的美德，而人理应成为接受神性荣光的容器。③

巴哈伊教认为，人可以攀登道德与灵性的顶峰。信徒们以一颗纯洁和献身的心转向上帝，并且超脱物外以达到这个地位。人的最大成就就是除上帝之外超脱一切。人的灵魂依其超脱的程度不同，而获得不同程度的信仰与晋升。但超脱和弃世不同，一位僧侣终日躲在寺院里，不做裨益人世的事就是弃世；相反，一位终生享受荣华富贵的人却可能是个超脱的人。巴哈欧拉反对弃世的人。人和上帝之间有三种障碍，只有超越这些障碍才能到达上帝尊前。第一个障碍就是执著于这个凡界，第二个障碍就是执著于来世及来世所要给人的东西，第三个障碍就是执著于名誉和地位。人的行为只有在为爱上帝而做，而不计回报的情况下才是受赞美的，否则就是执著。人应该将自己的生命好

---

① 《巴哈欧拉圣言选集》，第 64～65 页。转引自威廉·汉切尔、道格拉斯·马丁《巴哈伊教——一个新崛起的世界宗教》，新加坡总灵体会 1993 年版，第 72 页。

② 参见《巴哈欧拉圣典选集》，马来西亚总灵体会 1992 年版，第 3～4 页。

③ 参见阿布杜巴哈：《世界团结之基础》，马来西亚巴哈伊总灵体会 1993 年版，第 98 页。

好安排，以便能服务信仰。如果人能毫无私心、动机纯正地去追随上帝之道，他的生命就会受到上帝的祝福，他的灵魂就会显现出上帝的力量和属性。假如他追求这些执著以满足他的自我，他就会被剥夺上帝的慈悲与恩典。

巴哈伊教认为，现代社会的影响往往对人的灵魂有害。它没有教人类过服务与牺牲的生活；相反，它教人类如何以成就为傲。孩子从小就被训练去发展自我，追求成功与权力。巴哈伊教就是要倒转这种现象。人的灵魂必须学习谦卑、无我，如此才能超脱于名誉和地位之外。人类要烧掉任何人和上帝之间的帷幕，只有这样，人才可以看到上帝的美和光辉。这里的其中一种帷幕就是自我。当人尝试提升自己、求取名声时，事实上他是在与自然之道背道而驰，这样的人会阻碍自己得到上帝所给他的恩典。尽管在外表上他是成功的，可是事实上他却没能实现他被创的目的。真知和学识之间的差别在于，前者会造成谦卑，而后者往往造成虚荣与争名。

现实中的人类不只是转向刚愎任性和没有信仰，甚至连宗教语言都失去了。宗教的主题就是围绕着上帝的显圣，也就是各大宗教的创教者。人在认识他们的路上，最大的障碍就是他们都以寻常无学识、无权力的凡人外表出现，许多人就因此拒绝了他们。只有那些拥有灵性之眼的人才能亲见他们肉身之后的光华，这就是上帝的律法，他借此来衡量谁善谁恶。创造的原则之一乃是：除非人获得了领受的能力，他是不能获得上帝的恩宠的；而恩典之中，又以认知上帝的显圣为最大的恩宠，然而这却不是无代价的；人必须要洁净他的心镜，这样真理的太阳才能照射在这面镜子上。

巴哈伊教认为，人的灵魂，也就是理智力，是从上帝的诸世界所放射出来的；人的各种能力，不论是肉体的或灵性的，都是灵魂的表现。例如，每一种感官的能力都源自于灵魂，每一种灵性品质都因之而起。但这并不是说，这些能力加起来就是灵魂。灵魂是不可知的。在认知了无法对灵魂有充分的了解后，就必会承认，任何人或造物对那活神、那不减光华的太阳、那古远的永存之日的奥秘进行探究的努力都是徒劳的。

（二）先知连续显现论

巴哈伊教认为，上帝的旨意要通过亲自差遣的诸先知连续不断地显现，因而各大宗教的先知都应该得到承认，如亚伯拉罕（犹太人始祖）、克里希南（印度教创始人）、摩西（犹太教领袖）、琐罗亚斯德（祆教即琐罗亚斯德教创始人）、释迦牟尼（佛教创始人）、耶稣（基督教领袖）、穆罕默德（伊斯兰教创始人）、巴布（巴哈伊教创始人）、巴哈欧拉（巴哈伊教创始人），都是上帝差遣的先知。[①] 所有先知的本质是相同的，他们之间的唯一性是绝对的。所以，推崇某些先知而不敬重其他的先知，是不容许的。但是，先知们在这个世界中启示的分量必然会有差异，每一位先知所传报的信息都是独特的，每一位都以特定的言行方式来显现自己，由此之故，他们的伟大性才具有差异。巴哈伊教在同一个时期有两个先知——巴布和巴哈欧拉。这也是巴哈伊教的独特之处。

巴哈伊教认为，上帝派遣先知降世的目的有二：一是要把人类从无知的黑暗中解放出来，指引他们迈向真知的光明；二是要确保人类的和平与安宁，并为人类提供建立和平的途径与方法。[②] 这样，先知和现实世界都是神的体现，每一位先知都有一个预言的周期，穆罕默德的天启应持续至少一千

① 参见金宜久主编：《伊斯兰教史》，中国社会科学出版社 1990 年版，第 498 页。

② 参见《巴哈欧拉圣典选集》，第 9～10 页。

年，而巴哈欧拉启示的周期至少要延续五十万年，因此巴哈伊信仰应该被视为一个循环的鼎盛期，即一系列连续的、预言性的和演进性的启示之最后阶段。[①] 正如有的学者所说：近代产生的巴哈伊教虽然坚持唯一神的信仰，但将世界上各大宗教的创始人都看作这位唯一神的“显现”，有效地消解了一神教与其他宗教的紧张关系。[②]

为什么每一位显圣降世时都受到当时人的反对和拒绝？巴哈伊教给出的第一个原因是，当时的人都盲目跟随教士，而大部分教士都是反对新先知的。第二个原因是，新的显圣带来新的教义，他废除了旧的律法，建立起新的秩序，这种巨大的改变使宗教领袖们不悦，视它为对旧权威的挑战，因而会倾尽全力去反对他。第三个原因是，每一个宗教都留下了一些征兆，供后世找寻下一个显圣。不幸的是，后世的人都按它的字面意思来找寻，因此无法辨识出新的显圣。第四个原因是，新显圣所经受的考验往往令人难以接受，以致时人无法相信他是新的显圣，比如摩西出现时还被误认为是杀人者。

(三)人类一体论

巴哈伊教主张，现实世界的所有人，不分男女，都是上帝的儿女，人人都是平等的，不管种族、肤色、社会地位如何，人类皆兄弟，应该统一和谐，真诚相爱，互相信任。整个人类是一个统一的独特种族，是上帝创造物的顶点，是创造的生命和意识中最高的形式，能够与上帝的神灵交往。巴哈欧拉说：“你们是同一棵树上的果实，同一树枝上的叶子，用最虔诚的爱、和谐及友情与大家相处吧……团结之光如此强大，它能照亮整个地球。”[③]他一再强调“地球乃一国，万众皆其民”[④]。

阿布杜巴哈也指出，人类有肤色、种族之不同，风俗习惯、口味、气质、性格、思想观点方面存在广泛的差异，这正是人类既一致又多样化的标志，是完美的象征和上帝恩惠的揭示者。这正像花园中的花朵，“不管种类、颜色和形状有所不同，但是，由于它们受到同一泉水的浇灌而清新，受到同一和风的吹拂而复活，受到同一阳光的照耀而成长，这一多样性便增添了它们的美和魅力”，“如果花园里所有的花草、树叶、果实、树枝和树都是同一形状和颜色，这将是多么的不悦目！不同的颜色和形状，丰富及装饰了花园，而且还增进了它的艳丽”[⑤]。既然人类是一致的，那么就不应该继续生活在充满冲突、偏见和仇恨的混乱世界里，为此，巴哈伊教反对人与人之间互相作对和互相残杀，反对伊斯兰教有关“圣战”的教义。巴哈欧拉在书简 Súriy-i-Asháb 里规劝信徒起来传扬他的道，并警告他们说刀剑不能给信仰带来胜利。圣道必会靠着纯洁的行为、超脱和坚信而获得崇隆，如果否认圣道的人攻击他们，他们就要以他话语的力量打败他们，而不是诉诸武力。

巴哈欧拉还告诫教徒们避免激起骚乱和离间，这样可以保护灵魂免于不敬神，使社会免于腐败。教友们绝不可参与任何会导致些微的离间和不和的活动。他劝他们要像逃避毒蛇一样逃避它们。巴哈伊教一方面废除了上帝圣书中任何会引发人类争斗、敌意和不和的东西，另一方面又奠定了可以带来和谐、体谅和完全恒久团结的先决条件。人们要避免，或者说是逃离任何会带来不和的事物。

① 参见邵基·阿芬第：《巴哈欧拉之天启》，澳门巴哈伊出版社 1995 年版，第 8 页。

② 参见金泽：《民间信仰的聚散现象初探》，载《西北民族研究》2002 年第 2 期。

③ 《巴哈欧拉圣言选集》，第 288 页。

④ 《巴哈欧拉圣言选集》，第 250 页。

⑤ 阿布杜巴哈：《生活之神圣艺术》，第 109～110 页。转引自威廉·汉切尔、道格拉斯·马丁：《巴哈伊教——一个新崛起的世界宗教》，第 76～77 页。

世界正处于大骚乱当中，人类的心正陷于极端的混乱迷惑中。全能的慈悲的上帝以正义之光照耀人类，使他们能够发现那些在任何时刻、任何状况下都能裨益他们的事物。

(四)宗教同源论

和人类一致的原则相联系，巴哈伊教还提倡宗教同源的原则。巴哈欧拉阐明了这样的基本原则："宗教的真理不是绝对的而是相对的，神圣启示是一个相继发展和逐渐演进的过程，全世界所有伟大宗教的起源是神圣的，它们的基本原则完全和谐一致，它们的目标和意旨是一致和相同的，它们的教义是同一真理的不同角度，它们的作用是互补的，它们的差异是存在于教义中的次要方面，它们的使命代表人类社会灵性发展的连续阶段。"[①]因此，各种宗教之间不应敌对，千万不要使宗教成为纷争及不和的因素，或仇恨与敌意的根源，对一切宗教和各教派的信徒均应一视同仁，采取宽容的态度。人的宗教派别之不同，不应成为相互敌对和疏远的根源，也不应成为和平、安宁和友好交往的障碍。巴哈伊教的灵曦堂也表现出这种宽容的特色。

巴哈伊灵曦堂，是阿拉伯文"Mashriqu'l-Adhkár"(提到上帝之名的黎明之处)的意译。灵曦堂要以最完美的形态建立起来，它的唯一功能就是崇拜上帝。在里面只可以阅读或朗诵上帝的话语，也规劝父母要教导儿女敬畏上帝的话语，好让他们能在灵曦堂内朗诵。全部巴哈伊灵曦堂都欢迎各界的来宾，虽然每座都有各自极为不同的建筑风格，但其共同点在于有九边侧面及一个正中圆顶，象征着人类的多元性及本质上的合一。现在世界上的七座巴哈伊灵曦堂都有九个入口。巴哈伊教禁止在灵曦堂的墙上悬挂任何图像或雕像，也由于信仰内没有教士，因此没有人领做礼拜。礼拜时禁止使用乐器，只由人来朗诵或阅读上帝的话语并且歌颂上帝。巴哈欧拉启示了三篇义务祷文(长、中、短篇)供教徒们每日记诵。前两篇还含有某些下跪的动作，这些动作旨在提升人的献身和服务创造者的精神。上帝的话语之最深层意义是超越、独立于言语之外的。既然巴哈欧拉是波斯人，上帝的话语就是以波斯文或阿拉伯文启示的。如果上帝的显圣是另一个国家的人，他的启示当会以另一种语言来表现。

巴哈伊教认为宗教偏见在于：(1)狭隘的信仰原则，只承认自己的信仰是正统和正确的，其他一切宗教均为异端；(2)教条化和僵化，认为宗教真理是绝对的、永恒不变的，因此固守宗教教条不放；(3)因循传统，传统的宗教逐渐失去探索真理的活力，成为世代因袭的习俗。[②] 神圣的宗教并不是分歧与争执之道，假如宗教成了对抗与冲突的根源，那么，倒不如没有宗教。宗教应成为国家的活跃因素，假如它成为人类死亡之因，那么它的不复存在对于人类来说反而是一种福祉和裨益。[③] 因此，巴哈伊教提倡人与人之间要放弃一切偏见和斗争，发扬个人的高尚道德和友爱精神，维护世界和平，实现世界大同。巴哈伊教对宗教极端主义持反对的态度，认为宗教冲突的起因在于教派之间的分歧，解决的办法在于宗教融合。

传教在巴哈伊信仰里是最重要的事。传教被认为是各种正直行为里最光荣的事，是"诸善行里最有功德者"。传教的先决条件是"按巴哈伊教义生活"，"一定要以正直和值得赞美的性格装饰自身，这样他的话语才能吸引那些受他召唤的人的灵魂。如非如此，他不能期望能影响听众"。传教的

① 邵基·阿芬第：《号召寰宇》，马来西亚巴哈伊总灵体会 1992 年版，第 2 页。

② 参见李绍白《人类新曙光——巴哈伊信仰》，澳门巴哈伊出版社 1995 年版，第 51～52 页。

③ 参见阿布杜巴哈：《世界团结之基础》，第 22 页。

目的不在于增加教徒数量，而是为了将一个灵魂带领到上帝处，因此教友们应以爱和谦卑的态度接近大众，最重要的是，他们应将巴哈欧拉的蜕变力量带给人们，而不是自我。教友传扬教义应依赖巴哈欧拉的力量，这样才会成功。巴哈欧拉经常教导教徒们如何传教：在他所给的指示里，最重要的就是为慕道者祈祷，并要求对方也如此做，这样上帝的确认才会降临，使他的眼睛能对圣道的真理睁开。另一个建议则是：开始传教时，先以过去的宗教史和它的创教者的故事开始。如此一来，听者就可以对自己的信仰和创教者有正确的了解，然后他就可以明白了解今日的圣道了。

巴哈伊的律法规定，成年教友每日须在自己的房内念义务祷文，可是教内无人可强制执行这条律法，教友个人要为自己的行为负责，祈祷时并应面对巴哈伊的朝向（Qiblih）。

巴哈伊教指出，敬拜上帝并不仅靠祈祷和仪式，别的因素也很重要。人在崇拜时还应当作到：动机诚恳、服从他的创造主、任何时刻都用真爱转向上帝、以灵来和他灵交、视他时时刻刻在身旁、以言行来赞美和荣耀他、热切祈求他赐予坚信、传扬他的圣道、实行他的教义、在每日的生活里服务人类……这些行为都是崇拜上帝的要点。光靠祈祷不能使上帝喜悦，一定要继之以服务。尽管崇拜上帝是人的最大责任与生命的目的，但如果一个人终生忙于崇拜上帝，却没有纯洁的行为，没有能有助于促进圣道的灵性品质，他的崇拜行为对他无益，也不会有结果。

巴哈伊教认为，神赋予人此生的最高地位是服务。只有当信徒以全然的谦卑与服务精神服务圣道时，大能力才会从天降临。任何以满足私欲为动机的服务，在上帝的眼里都是不会被接受的。

（五）天堂地狱论

巴哈伊教承认天堂地狱是存在的，但对它们赋以新意，认为天堂可以看作是接近上帝的一种状态，地狱则是远离上帝的一种状态。每一种状态都是个人在灵性方面努力发展或是缺乏发展的自然结果，灵性进步的钥匙即是跟随上帝显示者所指之道。巴布有言："天堂者，能认识及敬爱造物，而自修完善，俾死后得进天堂，而享永久之道也。地狱者，不认识造物，不能修到完善之境，而失却天恩也。至于物质之天堂、地狱等，皆属理想而已。"①

因此，巴哈伊教鼓励个人要对上帝忠诚，做上帝的仆人，按照上帝的启示和旨意办事，这样就可以获得幸福，从而过着天堂的生活。反之，违背上帝的意愿，不执行上帝的旨意，就会遭受无限的痛苦，从而过地狱般的生活。而服从上帝，也要服从最高的宗教领导人和现存世间政权。所以，巴哈伊教提倡服从政府的法律和政策，以便维护社会的正常秩序和社会的稳步发展，避免社会动乱的发生。对政治的疏离，也是巴哈伊教的独特之处。巴哈伊教提倡尊重政府，效忠政府，服从当地法律，不参与政治。巴哈伊信徒不可在行为或言语上涉入政治事务。许多人甚至认为今日世界的制度中再没有比政治更腐败的东西了，透过这种制度，人类最卑下的性格都表现了出来，因为政治的动机就是自利；它所利用的工具大部分都是阴谋、妥协和欺骗；它所产生的果实大部分是不和、争斗和破坏。巴哈伊全球性的原则：人类一家、真诚、诚实、正直、爱和友谊的精神与今日运作的政治原则完全背道而驰。

与此相联系，巴哈伊教主张，为保持社会稳定和连续性，也要继承和发扬各民族的优秀文化，只有这样，也才能建立人类的新综合文化。人类将随着一个全球文化的诞生和崛起，而显现其辉煌的

① 爱斯孟：《新时代之大同教》，台湾省大同教出版译述委员会 1970 年版，第 11 页。

宏旨。[①]

(六)宗教与科学协调论

巴哈伊教义强调宗教与科学不是敌对关系,而是并行不悖的,它们的本质一致。阿布杜巴哈指出:“宗教和科学是人类智慧飞向天空的两只翅膀,有了它们,人类的灵魂就能前进。缺少任何一只翅膀都是不可能飞起来的。假若有人勉强只用宗教的翅膀去飞,他就会堕入迷信的深渊;假若他仅用科学的一翼去飞,他不仅不会有进步,反而会掉入物质主义的泥潭。现在各种宗教都陷落到迷信的实践中。既不与他们所表述教义的真正原理相一致,又与现代科学结论相抵触。许多宗教的领袖相信宗教之重要,在于某些现成的教条的遵从,仪式和礼制的奉行!他们教导那些受他们所谓心灵诊治的人们作(有)同样的信仰。这些人牢牢地被钉死在表面的形式上,对于内在的真理倒反而莫名其妙了。”[②]他反对将宗教变成盲目、无意识地顺从某些教士的戒语,认为真正的宗教不应该反对科学、趋向黑暗,倘若宗教能与科学和谐,相互促进,致使人类陷入悲惨之境的许多仇恨和歧视就可以避免了。因此巴哈伊教反对盲从,鼓励独自探索真理,“人不应借他人之目来看,不该以他人之耳来听,也不应用他人的大脑来思考。上帝设计人的时候令每个人都有其天赋、能力与责任。那么,依靠你自己的思维来判断、遵从自己寻求来的结果吧!否则,你会完全被无知的恶狼吞噬,并失去上帝的仁惠”[③],而要寻求真理,就必须普及教育。

教育在巴哈伊信仰里是十分重要的。巴哈伊教认为,知识犹如人的翅膀,又像爬升用的楼梯,每个人都有义务获取。不过,应获取的是裨益世人的知识,而不是始于言语、终于言语的知识。知识是人真正的财宝,是光荣、恩典、喜悦、崇隆、欢欣和快乐的来源。因此,在上帝的眼里,各种崇拜上帝的方法之中,最好的就是教育儿女并训练他们追求完美,没有任何其他的行为比这更高贵的。在新时代里,教育和训练儿童在上帝的书中被视为义务而非自愿;父母有义务尽全力训练儿女,用知识养育他们,用科学和艺术抚养他们。如果他们忽略了这件事,就要在严肃的上帝面前负责并受到责难。

巴哈伊教认为,从一开始,孩童们必须受到神圣的教育,必须提醒他们要缅怀他们的上帝。孩子们如果接受巴哈伊的教育,他们就能够在今生与来世进步,并且内心充满欢喜。最重要的是,如果用巴哈伊的方式来养育孩子们,他们将能够在今生和来世都找到快乐。如果不这样,他们会被哀伤和痛苦所攻击,因为人要在灵性上才能找得到快乐。

由于教育在巴哈伊教义中所占的重要性,巴哈欧拉高度地赞美了老师等教育工作者。在亚格达斯经中,教友的遗产要分为七种,最后一种就是分给教师。阿布杜巴哈在一篇书简里形容教师的服务是真正地崇拜上帝,极有功德。

巴哈伊教认为,宗教对科学所能产生的影响是毫无疑问的,历史上充满着这种例子。阿布杜巴哈提到摩西把以色列人从法老的手中解救出来,给他们自由与公义,使他们得以建立一个伟大的文明,以致一些伟大的希腊哲学家都特地前往圣地,学习他们的知识。同样,基督教也带来了一个传遍西方世界的文明,它扫除了罗马制度,而代之以一种全新的生活方式。它启发了亿万人的心灵,建立起一个学习与知识的新基础。最杰出的例子来自于伊斯兰教。伊斯兰教的发源地是阿拉伯半岛,在

① 参见邵基·阿芬第:《号召寰宇》,第1页。
② 阿布杜巴哈:《巴黎片谈》,第129页。转引自李绍白:《人类新曙光——巴哈伊信仰》,第110页。
③ 阿布杜巴哈:《巴黎片谈》,第129页。转引自李绍白:《人类新曙光——巴哈伊信仰》,第110页。

先知穆罕默德降世以前，那里是蛮荒之地。借着伊斯兰教的教化，半岛成为学问与知识的温床。它的学者和科学家为多种艺术与科学奠定了良好的基础，甚至后来传到基督教世界，使他们的生活起了革命性的变化。

（七）社会财富论

对社会财富问题，巴哈伊教提出了一些很有价值的主张。一方面，该教认为人追求幸福是合理的，过舒适和豪华的物质生活是理所当然的事，人可以住豪华住宅，使用金银器皿，穿丝绸服装，使用玫瑰露和高级香水，允许倾听歌曲和享受音乐。为此，它不仅承认私有制的合法性，而且主张贸易自由，甚至认为可以放适度的高利贷。另一方面，该教又认为人们的财产不会给自己带来什么好处，富人只是由于无知和缺乏理智才占有财产和拥有财富的，一旦他们意识到这些财富是无益的，他们就会把自己的财产统统分出去。富人是可怜的，因为他们只知道去追求财富，而忘记了对死亡和后世的考虑。巴哈欧拉说："你们要知道，真确的，财富乃一道巨大的藩篱，横隔在寻求者与其所寻、爱慕者与其所爱之间。富人，绝不可能到达他（指上帝）尊前之天庭，也不可能进入那知足与顺命之城，只有极少数例外。凡是不受其财富阻碍得以进入永恒之国、亦不曾让财富剥夺不朽之域的富人有福了。"又说："切莫因贫穷而烦恼，也别自信于富贵。因为富贵紧跟着贫穷，贫穷又紧跟着富贵。然而，一贫如洗却拥有上帝的，此乃一件奇妙的礼物。切莫小看其价值，因为最终它将使你富于上帝里。这样，你将明白这句话的意义：'实质上你们皆为穷人。'以及这句圣言的含义：'上帝乃一切之拥有者。'"所以他号召："洗去财富之污秽，以平静舒坦地进入贫穷之境；如此你便能从那超脱之涌泉畅饮永生之甘醇。"①

巴哈伊教谴责托钵和禁欲苦行，反对离群索居，认为类似的行为不会带来灵性进步，在上帝的眼里没有功德。巴哈欧拉描述了人类的崇高地位，要人类拥有高尚的品格，做可以提高荣耀和高贵的事。巴哈欧拉禁止告解，因为那会带来羞辱。人应该向上帝忏悔，请求他宽恕。一个人向另一个人认罪，请求恕罪是不可以的，也不会得到神的宽恕。

巴哈伊教认为，人的灵性世界与物质世界原则是相同的。巴哈欧拉说，这个存在界上的每一个东西在上帝的所有世界里都有一个对应的东西。所以，这俗世里所运作的律法和原则在上帝的世界里也一样是在运作着。所不同者，后者是在层次更高的层面运作，具有层次较低者所没有的特性罢了。举例来说，主导树的生命的一些原则就和主导人的生命的原则相似。树的根深入泥土中以吸取养分，维持树的生命。但是树干、树枝和树叶却向相反的方向生长，情形一如人生。人一方面要从物质上求取肉身的存活，一方面又要超脱物外，追求灵性的生命。假如树木有知，选择向地下生长，树木就绝不能开花结果，反而要腐烂枯萎。人如果只追求物质的俗世生活，不顾灵性生命的需要，他也必要腐朽死亡。反之，如果人能超脱，就可以受到真理阳光（上帝的显圣）的照射，他的灵魂就会结出果实，生出信心的灵，这就是创生的最终目的。

巴哈伊教对自由的看法也和世俗大不相同。今天全世界的人都追求自由，捍卫自由。但巴哈欧拉对自由另有不同的定义。有些人渴望自由，并以此为傲。这种人无知。自由最终会带来骚乱，它的火花无人可灭。自由的表征和代表就是动物；适合人的是服从那些可以保护他免于无知、防卫他

① 巴哈欧拉：《隐言经》，澳门巴哈伊总灵体会1994年版，第44、46页。

免受离间者之害的种种限制。自由使人逾越中庸之道，侵害自己高贵的地位；自由将人降至极度的堕落与邪恶。人好比一群羊，需要牧人来保护。这确实是真理，真确的真理。巴哈伊教允许某些情况下的自由，但在其他情况下拒绝认可。真正的自由在于人服从上帝的诫命。如果人类遵循这一从启示之天所降下的原则，他们一定会获得完美的自由，这种对人类有益的自由在完全地服务上帝——那永恒的真理之外，是找不到的。任何尝过它甜美滋味的人必会拒绝拿它来交换天地。因此巴哈欧拉谴责绝对自由的观念。任何社会或国家如果允许绝对自由的存在就不会有进步。即绝对自由如果存在，社会就会陷入无政府状态。

巴哈伊教希望建立起一种新的世界体制，人类原先有秩序的生活应该被这独一、美妙的制度所革新。巴哈伊教认为，这个制度，世人之肉眼未曾目睹过。随着 20 世纪结束前"次和平"的到来，一种新而可以将人类从战争的阴影中解放出来的政治架构就会产生，世界上一些受到启发的人，所追寻的巴哈欧拉之社会与人道教义和原则，都会被融合到这个政治架构中。新世界体制有一个特点：个人并无权利，只有机构才有权利，任何人如果违反了这项标准，就是执著于个人的权利，会被剥夺掉上帝的恩典。对一个巴哈伊来说，要超脱个人权利可能是最困难的，克服个人权利的束缚也许要持续一辈子。如果他了解到他的道德本不属于他，而只是反映了上帝的属性罢了，那他就可以解脱出来，变得真正谦卑，这也是神给人的最崇高地位。

巴哈伊教提倡磋商。磋商要在爱和团结的气氛下进行，因为神圣智能之天被磋商和仁慈两盏明灯所照亮，磋商是引路的导灯，能赐予理解。事情不论大小，都应磋商而后再采取行动。若没有磋商就不要采取重大步骤。彼此之间要相互关切，要协助对方的计划。相互间要忧伤与共，彼此交好，直到人类变成一体。

为了从制度上限制极端富裕，巴哈伊教提出了所谓"胡库古拉"的所得税税收政策。这种政策规定，凡巴哈伊教徒拥有十九个米卡尔（1 米卡尔略重于 3.5 克）黄金的财产，就有义务一次性地从中拿出 19%，向巴哈伊社团缴纳所得税。居室等固定资产可以免缴。此后，每年结算时，在扣除一切开销后，如果剩余还超过十九个米卡尔，那么每超过一个米卡尔的黄金，均应该缴纳 19% 的所得税。这样的制度可以有效地限制极端的富裕。巴哈伊信仰的经费，全部由信徒们自愿捐献。对巴哈伊基金作奉献是每位成员的特权，巴哈伊信仰不接受外界的捐献。

巴哈欧拉的这些主张，基于这样的理论基础：尘世的物质文明虽是人类进步的途径之一，但只有当物质文明与精神文明结合起来，才能达到理想的目标——人类幸福。物质文明如同一个玻璃球，精神文明如同光源，没有光明时，玻璃球只是漆黑一片。物质文明又如同躯体，无论多么别致、典雅与美丽，它本身是缺乏生机的；而精神文明有如灵魂，躯体的生命来自灵魂，没有灵魂时它仅是行尸走肉。[①]

巴哈伊教主张，为了提高精神文明程度，人要限制自己的物质欲望。凡是追寻世俗的欲望与专心于物质享受的人，不能算作巴哈伊的信徒。一个人若能路经遍布黄金的河谷，而仍如浮云般毫不迟疑地直行而过，不屑回顾，才是真正信奉上帝的人。[②]

（八）对宗教仪式的态度

巴哈伊教对伊斯兰教的宗教仪式进行了彻底改革，它主张简化甚至取消一切宗教仪式，因为通

① 参见阿布杜巴哈：《世界团结之基础》，第 32 页。

② 参见《巴哈欧拉圣典选集》，第 19 页。

向上帝的道路是隐蔽的。①

如果要礼拜，那么一天三次就足够了，即晨礼、晌礼、宵礼。清真寺中的集体礼拜要予以废除，每个教徒只需单独礼拜。旅行时，整个礼拜只用一个磕头礼就可以完成，甚至只用口诵"赞美安"就算完成。净礼只洗手、脸、脚，或清水浸浴即可。巴哈伊教历法一年有十九个月，每月十九天，另加闰日。年终是斋月，斋月过完之后是新年的元旦。婚礼废除了诵祷词，仅由长老会派人证婚。巴哈伊教将所有的宗教义务简化为九项：每日祈祷，斋戒，勤奋工作，传播上帝的事业，禁烟禁毒，遵守婚姻制度，服从政府，不参与政治，不得中伤他人。②

在这九项义务中，巴哈伊教重视祈祷，认为人只有通过祷告才能与上帝联系。《至圣书》这样论证说："每天早晚吟诵（或背诵）上帝的语言。忽略了这点的人，便是不忠于上帝的规诫与他的圣约。凡今日放弃祈祷的人，便是已经背弃上帝的人。"③但是这种祈祷只是形式上的，真正的祈祷是工作和为人类服务。凡人能竭其所诚，只要他是被为人类服务的热忱动机所激励，就是崇拜上帝，为人类服务以满足其需要，就是崇拜，就是祈祷，因为人性最高的表达方式便是服务。个人灵性纪律之目的，在于将灵魂从自我的困惑中解放出来，加深对人类的认同，并将精力集中于为他人服务上。④

巴哈伊信仰并无神职人员。因为巴哈伊教认为人类已进入成年时期，每个人都能自己去寻找和探索上苍之天启，经过个人的独自祈祷、反思和与别人磋商而对生活要题作出抉择。巴哈伊教的组织形式是灵体会，成员由选举产生，负责此信仰在地方和全国的事务。全体成年信徒皆可以平等地被选，而选举遵循无记名及少数服从多数原则。这也是出于人类已经渐趋成熟的考量。因此，巴哈伊教得到很高的评价，"在所有声称有神圣权威的当代积极宗教中，唯一毫不含糊、一心一意地为团结统一人类而工作的是巴哈伊教"⑤。

总之，巴哈伊教主张诸先知是一体的，都是上帝在地上的代表，是上帝的具体体现，而上帝是世界的中心。人类是上帝创造物中最高贵和最完善的，有永恒的灵魂，灵魂脱离肉体后会以新的形式独立存在。它主张万教归一，宗教同源，天下皆为兄弟，强调社会伦理，不重视甚至否认宗教仪式，主张消除种族、阶级和宗教偏见，放弃民族独立和国家主权的原则，取消国界，以实现"地球乃一国，万众皆其民"的地球村思想。世界语应作为世界的通用语言，用它来组织、建立统一的世界议会，用以实现世界大同的理想。⑥ 从各种语言当中选出一种语言和文字，要不然就创造一种语言和文字，在全世界的学校里教授。这样，孩子只需学习两种语言就够了，一种是母语，另一种则是全球通用的语言。如果人类谨守这点，整个地球就会像一个国家一样，而人类就可以从学习和教导各种语言的痛苦中解脱出来。在书简 Ishráqát（灿烂）当中，巴哈欧拉说全球要采用一种共同的辅助语言。他说这样可以为保护人类的团结提供一个工具，并有助于交流和相互了解。在书简中，巴哈欧拉赞美阿拉伯语的表达性与流利性，并说没有任何其他语言在多样性上可和它相比。他又进一步说，假如世人都说阿拉伯语，上帝会喜悦。

---

① 参见《巴哈欧拉圣典选集》，第 19 页。

② 参见《中国伊斯兰百科全书》"谢赫学派"条，四川辞书出版社 1994 年版。

③ 转引自李绍白：《人类新曙光——巴哈伊信仰》，第 196 页。

④ 参见威廉·汉切尔、道格拉斯·马丁：《巴哈伊教——一个新崛起的世界宗教》，第 165 页。

⑤ 华伦·瓦格：*The City of Man*，第 117 页。转引自威廉·汉切尔、道格拉斯·马丁：《巴哈伊教——一个新崛起的世界宗教》，第 129 页。

⑥ 参见乔治·塔拉比什主编：《哲学家辞典》，贝鲁特先锋出版社 1987 年版（阿拉伯文），第 171 页。

巴哈伊教独特的宗教观告诉我们，宗教确实会适应社会和生产力的发展而随时改造、改变自己。巴哈伊教在一百六十年的时间里不断发展壮大的历史则告诉人们，只有消除宗教偏见，坚持团结统一，完成宗教的现代化转换，才能使宗教保持活力，并有益于全球社会的发展。巴哈伊教的成功之处，就在于它最早完成了宗教的现代转换，所以保持了和全球社会发展同步的态势。这是我们研究宗教时应该特别注意的。

在当代世界，人们往往由于受到宗教极端主义的影响而对宗教有所误解，忽视了宗教和世俗社会接轨的一面。现今社会，宗教和世俗社会之间的关系错综复杂。一方面，宗教和世俗社会的那种紧张关系依然存在；另一方面，有些宗教和世俗社会之间的鸿沟正在逐步缩小，甚至在某些方面，有的宗教正在和世俗社会趋同，最主要的表现就是宗教的世俗化和世俗的宗教化。对世俗的宗教化，我们都有所感觉，身边的宗教徒在增加而不是减少就是明证；而对宗教的世俗化，我们往往反应迟钝，但是宗教的世俗化实际上早在一百五十多年以前就开始了，只是那时人们还认识不到。宗教世俗化的典型例子是新兴世界宗教——巴哈伊教。巴哈伊教以世俗化为主要标志，成就了一个独特的宗教，形成了自己独特的宗教观。

第二章　儒学的双重性和巴哈伊信仰的世俗性

一、儒学的双重性

有关儒学、儒教的争论，无论是在国内还是在国外，都由来已久。《文史哲》杂志 1998 年第 3 期发起过一场有关儒是“学”还是“教”的讨论，季羡林先生和张岱年先生等都参与了讨论。笔者认为：儒学不是宗教，但在历史上曾经起到过宗教的作用。可以说儒学、儒教是一体的，是一而二、二而一的关系。

（一）儒：“学”与“教”的双重品格

儒作为一种职业，最早是殷民族礼教的教士，保存殷人的宗教典礼，穿殷人的服装，在六七百年中，逐渐成为治丧、相礼和教学等各种活动的教师。这说明儒的职业是与宗教活动有关的。从孔子开始，逐渐形成儒家学派。儒作为一种思想体系，既是“学”，又是“教”，也有宗教因素存在其中。何以见得？有儒家代表人物和经典为证。

我们先看代表人物，以孔子、孟子、荀子、董仲舒、韩愈、朱熹、王守仁为例。作为儒家始祖的孔子，在其思想中，既有“学”，又有“教”。关于孔子和其他儒家代表人物的“学”，似乎不用多说，所有学者都注意到了；而其“教”，很多学者是不承认的。即使承认其“教”，也是在“说教”之“教”或“教化”之“教”的意义上承认的。事实上，孔子的思想中，确有宗教因素，不注意是不对的。孔子说“畏天命”（《论语・季氏》），“不知命无以为君子”（《论语・尧曰》），弟子颜渊死时，说“噫！天丧予！天丧予！”（《论语・先进》）在遭受迫害时，说“天生德于予，桓魋其如予何！”（《论语・述而》）“天之将丧斯文也，后死者不得与于斯文也！天之未丧斯文也，匡人其如予何！”（《论语・子罕》）在困境中，孔子表现出对超自然的力量、超人间的力量——天命的信仰和敬畏，说明他有宗教心理的追求，一种对终极境界和终极关切的追求，这正是孔子思想中宗教性因素所致。

孟子也肯定天命的存在，说“莫之为而为者，天也；莫之致而至者，命也”(《孟子·万章上》)；又说“君子行法以俟命而已矣”(《孟子·尽心下》)，“莫非命也，顺受其正，是故知命者不立于岩墙之下。尽其道而死者，正命也；桎梏而死者，非正命也”(《孟子·尽心上》)。他认为天命是人伦道德的根源，而人伦道德又是天命的体现。“存其心，养其性，所以事天也；夭寿不贰，修身以俟之，所以立命也。”(《孟子·尽心上》)他提倡“尽其心者，知其性也；知其性，则知天矣”(《孟子·尽心上》)。归根结底，孟子崇拜的还是天的权威，他的最高范畴还是天。这也是孟子有宗教需求的表现，是孟子思想中有宗教性的证明。

荀子常被学者们誉为唯物主义的哲学家，是没有宗教因素的。其实不然。确实，荀子提倡“天行有常，不为尧存，不为桀亡”、“明于天人之分”(《荀子·天论》)，且反对迷信，主张“善为《易》者不占”(《荀子·大略》)，但荀子把“诚”看得高于一切，认为“诚心守仁则形，形则神，神则能化矣”，认为“天地为大矣，不诚则不能化万物”(《荀子·不苟》)，把“诚”抬高到这样的地位，不能不说与宗教情怀有关。而且，荀子也肯定“神道设教”的办法，认为求雨的活动“以为文则吉，以为神则凶”(《荀子·天论》)，这“以为文”就是“神道设教”，属于宗教性特征之表现。荀子还承认上帝的存在，如说“皇天隆物，以示下民。或厚或薄，帝不齐均”(《荀子·知赋》)，“皇天”、“帝”显示着天帝的神通广大，这明明是对旧时代人格神的承认。这样看来，就连这位被尊为唯物主义者的荀子，也难免有宗教性的一面。

董仲舒在儒家发展过程中是个非常关键的人物，过去对这一点认识是不够的。董仲舒在战国时邹衍“天人相类”思想的基础上，又吸收了齐学中的其他思想因素，想把儒学改造成儒教。他试图建立起“天”的绝对权威，使“天”有近乎“上帝”的意义，“天者，百神之大君”(《春秋繁露·郊语》)，目的是建立起地上君主的绝对权威。“天人之际，合而为一”(《春秋繁露·深察名号》)，他努力建立天与人之间的联系，即神权与王权的联系，主张“唯天子受命于天，天下受命于天子”，“王者承天意以从事”(《春秋繁露·尧舜汤武》)，“春秋之法，以人随君，以君随天”(《汉书·董仲舒传》)。以“天”为最高范畴，董仲舒建立起天人感应论、三统说、灾异说，这些都是真正的宗教学说。在他的思想中，宗教性的因素比其他任何儒家学者都要多。如果沿着此路发展下去，有可能建立起中国的“国教”。但是很可惜，董仲舒思想中的天人感应论，思想信仰的层面逐渐减少，而术的成分增多，逐渐被演化出一套谶纬迷信，完全堕落成专讲灾异祥瑞的宗教巫术，受到人们的批判，后来又受到当权者的禁止，终使儒学没有完全演变成宗教。

韩愈作为儒家学者，排佛、反佛，同时他反对道教的立场也非常明显。由此出发，可以把他看作无宗教因素的思想家。但事实上，在他的思想中，也有明显的宗教性。在谏唐宪宗迎佛骨表中，他承认“上天监临”(《昌黎先生集》卷三九)，认为儒家的“道”不但合乎人性，而且合乎“天意”，主张“郊焉而天神假，庙焉而人鬼飨”，“天地神，昭布森列，非可诬也”(《昌黎先生集》卷一八《与孟尚书书》)。韩愈承认鬼神是存在的，“无声与形者，物有之矣，鬼神是也”(《昌黎先生集》卷一一《原鬼》)。他甚至相信有妖怪存在，认为人受“魑魅”蛊惑能变成妖怪。韩愈相信有有意志的天存在，这个天可以赏善罚恶；又有一个鬼神系统，帮助天去赏善罚恶。这样看来，韩愈是有神论者，且是多神论者。这就说明在韩愈的思想中，宗教性是并不缺乏的。

朱熹是宋明理学的集大成者，同时也是儒、释、道三教合一的思想家，这似乎已成公论。而王守仁是心学的集大成者，同样也是儒、释、道三教合一的思想家，也没有异议。其实不管是理学派还是心学派，整个宋明理学其实都是三教合一的产物。这在学术界已成定论。然而还有另一面，不管是朱熹，还是王守仁，他们都从《大学》、《中庸》等儒家典籍中汲取了不少宗教性的因素，篇幅所限，此不详论。这也充分证明了整个宋明理学都有宗教性的一面。

对以上各儒家代表人物的分析已经充分证明了儒家思想中宗教性的一面。那么，儒家经典又如何呢？因为已经谈到孔子和孟子思想中的宗教性因素，所以，在这里就不再费口舌去谈《论语》和《孟子》了。“四书”中的《大学》和《中庸》有没有宗教性呢？

《大学》引《太甲》说“顾是天之明命”，又引《诗》说“殷之未丧师，克配上帝；仪监于殷，峻命不易”，引《康诰》说“唯命不于常”，肯定“导善则得之，不善则失之矣”。《中庸》更提倡“诚者，天之道也。诚之者，人之道也”，并认为“至诚之道，可以前知。国家将兴，必有祯祥；国家将亡，必有妖孽。见乎蓍龟，动乎四体。祸福将至，善必先知之，不善必先知之，故至诚如神”，“天命之谓性，率性之谓道，修道之谓教”，“鬼神之为德，其盛矣乎”，“郊社之礼，所以事上帝也，宗庙之礼，所以祀乎其先也。明乎郊社之礼、禘尝之义，治国其如示诸掌乎”。这些内容同样都是宗教性的表现，毋庸置疑。

“五经”中的宗教性因素比“四书”要多得多，《诗》、《书》、《易》、《礼》、《春秋》中有关“上帝”、天命、命的思想比比皆是。《诗》中的《雅》大多是贵族庙堂乐歌，不少篇章是敬奉天地、祖先的祭歌，不乏天命鬼神思想，如《大雅・云汉》就有大旱之年祭祀天地、祈求神明免灾赐福的场面。不少诗作宣扬天命观，散布对天地鬼神的崇拜，使人们慑服于天地鬼神的权威。《颂》则是鬼神宗庙祭祀歌舞之乐，颂神、颂祖或祭悼之词，如《维天之命》、《昊天有成命》、《执党》(上帝是皇)、《思文》(克配彼天、帝命率育)、《臣工》(明昭上帝)，其宗教性不言而喻。《书》中天、天命、上帝的概念也很多，如《汤誓》“有夏多罪，天命殛之”、“夏氏有罪，予畏上帝”、“尔尚辅予一人，致天之罪”，《盘庚》“先王有服，恪谨天命”、“予迓续乃命于天”，《召诰》“祈天永命”，都是具有宗教性的明证。《易》作为卜筮之书，其宗教性毋庸置疑。《礼》之宗教义，上述《大学》、《中庸》已经提及，不需重复。《春秋》中有很多微言大义，经三传之发挥，宗教性更为明显，如《左传》“天其殃之也”(襄公二十八年)，“天命”(襄公二十九年)，“天命未改”，“天所命也”(宣公三年)，“所谓道，忠于民而信于神也”(桓公六年)，“秋七月，有神降于莘”(庄公三十二年)等等，也多得很。至于《公羊传》，则更把宗教性加以发展和扩大，含有浓厚的以元统天、以天统君的天人之学的意义，并建立起天人感应的神学目的论体系，此不备论。

综上所述，儒家代表人物和代表著作都有明显的宗教性因素。由此构成了儒之“学”和“教”的双重品格，也就说明儒学与儒教本来就是一体的，不能截然分开。

(二)是儒教中国还是儒学中国?

既然儒学与儒教是一体的，不可分的，那为什么在中国一般人都不接受“儒教”的概念，而接受“儒学”的概念呢？此事体大，不可不分辨清楚。

在“儒”中，可以说，“学”与“教”是一对矛盾。在这一对矛盾中，“学”大多处于矛盾的主要方面，人们往往只看到这一主要方面，而忽视了“教”的次要方面。因此，池田大作认为中国正像孔子“不语怪力乱神”所代表的，不是用固定的三棱镜去观察事物，而是把目光对着现实，从实际中探索出普遍的规律来，因此中国是最早和神诀别的国家。[①] 而吉川幸次郎博士则把中国定名为“无神的文明”。

① 参见池田大作：《我的人学》，北京大学出版社 1992 年版，第 347 页。

因为在中国文明中找不到像基督教、伊斯兰教中那样的神。[①] 这种说法不无道理。中国一般被认为是没有国教的国家，普通中国人尤其是汉族人宗教观念很淡漠。但即使这样，能不能就说中国是没有儒教的呢？要回答这个问题，首先要对“儒”进行分析。我同意这样的分析，把中国的儒学分为政治之儒、学术之儒和民间之儒三个层次。

中国的政治儒学继承了邹衍、董仲舒以来的天人感应论，奉行“奉天承运，皇帝诏曰”，把皇权当作上帝所赐，建立起了一套神权政治。中国的皇帝动辄用这一套吓唬百姓，他们所吸收的儒学，是其中的宗教性内容，而对儒学中的道德哲学部分，则向来不闻不问，更不用说以儒家的道德哲学来约束自己了。

中国的学术儒学可以分为四种类型：独尊儒术型、儒道互补型、三教合一型、四教会通型。这四种类型，都有宗教性因素。而且越是到后来，宗教性越强。但能不能说中国的学术儒学就是儒教呢？我认为还不能，因为即使是宗教性很强的四教会通型儒学，其矛盾的主要方面也还是“学”，而不是“教”。

中国的民间儒学包括庙宇等建筑物中的儒学和《三字经》、《千字文》等通俗读物及汉族民俗中的儒学，其中渗透着不少宗教因素。而且在孔庙等场所举行的活动有很多宗教仪式，是典型的宗教活动。但中国普通汉族百姓有多少人去孔庙进行宗教活动呢？无人对此进行统计，据我们估算，人数不会太多，肯定不会占到汉族总人口的三分之一。至于在一般汉族百姓中，有多少人把“儒”当作宗教来看待，更是无法说清楚的。因此，从整体上来说，我认为民间儒学构不成宗教。

那么，为什么会有“儒教”的说法呢？

儒教的概念，早已有之。“儒教”的“教”字，最先有教育内容和教育方法的含义，如《史记·游侠列传》中有“鲁人皆以儒教”，就是此类。后来，“教”字又有思想体系的含义，如三国《吴书》中有“孔老设教”，宋元之际刘谧的《儒释道平心论》说“儒教在中国，使纲常以正，人伦以明，礼乐刑政，四达不悖，天地万物以育，其功于天下大矣。故秦皇欲去儒而儒终不可去”，都属于此类。近代以来，出现了“孔教”的概念。“孔教”有两种用法，有在宗教意义上使用的，如陈焕章、康有为。陈焕章认为宗教是人类不能外者，中国在两千五百多年以前便有了凡有血气莫不尊崇的孔教，他尊孔子为黑帝降神、素王受命的中国特出之教主，要人宗祀孔子以配上帝，诵读经传以学圣人。但陈焕章所说之孔教，并不是严格西方意义上的神道宗教，而是一种人道宗教。孔教派力倡“尊崇孔教”，是为了保存国粹，维系人心，目的在于熔国粹于一炉以抗击新思想，被当时的人们指斥为笼络一切学派。

在我们的近邻朝鲜和韩国，也早有“儒教”的说法。但在开始时，一般也是与“儒术”、“儒学”、“儒道”同义的，是一种统治国家的理念。1899 年，朝鲜李氏王朝的高宗皇帝有意把儒学宣布为宗教，却遭到儒生们的反对。不过，今韩国成均馆馆长崔根德先生认为，儒学试图对普通人的日常生活（包括人们的行为和活动）施加直接的影响，是宗教而非哲学的任务，从这一意义上把儒学说成是宗教或准宗教，亦未尝不可。可见，韩国的儒教也并不是严格意义上的宗教。

日本也有不少学者使用“儒教”这一概念，但其意义比较含混，大多是把儒教当作一种学说，而非宗教。当然也有少数人认为儒教是宗教，而且把儒教的精神纳入日本人的精神生活之中，出现过神（神道教）儒合一论。

20 世纪 80 年代，著名学者任继愈先生曾连续发表《儒家与儒教》（载《中国哲学》第 3 辑，三联书

---

① 参见池田大作：《我的人学》，第 347 页。

店 1980 年版)、《论儒教的形成》(载《中国社会科学》1980 年第 1 期)、《儒教的再评价》(载《社会科学战线》1982 年第 2 期),提出原始儒学本身有进一步发展成宗教的可能,而到汉代以后,儒家逐渐演变成宗教,宋明理学的建立标志着中国儒教作为宗教的完成,它信奉的是天、地、君、亲、师,把封建宗法制度与出世的宗教世界观结合起来。支持任先生观点的有中国社会科学院世界宗教研究所和其他单位的研究人员。近几年,李申先生重申任先生的观点,且出版了一部《中国儒教史》(上下两卷)(上海人民出版社 1999 年、2000 年版)。该书出版后,在学术界曾引起重大反响,有可能重新引起争论。

中国学术界也有反对任先生观点的学者,主要有何克让、李国权、崔大华,代表性文章是前两人合写的《儒教质疑》(载《哲学研究》1981 年第 1 期)和崔大华的《"儒教"辨》(载《哲学研究》1982 年第 6 期)。据笔者片面的接触,国内很多学者都不同意儒学是宗教的说法,他们认为中国历史上有过的"儒教"之"教",是教化之"教"、名教之"教"、学说之"教",而非宗教之"教"。他们认为真正意义上的宗教,是一种信仰的学说体系,有教主、教义、教规、经典,随其发展还会有教派,这些儒学都不具备。且儒学不讲出世,不主张有一个讲来世的天国。

通过以上的论述,可见"儒"虽然有宗教性的因素,但还不构成严格意义上的宗教,中国的儒学始终未上升为国教。直到今天,中国还是一个没有国教的国家。所以,中国是儒学中国,而不是儒教中国。

(三)儒学、儒教之得失

我们已经论述过,在"儒"中既有"学"的成分,也有"教"的成分。因此儒学、儒教虽然是同具于一体之中,但"学"与"教"名称不同,作用也不同。

儒学作为一种思想学说,是中国传统文化的主体,对中国人的思维方式、行为方式起过非常大的影响。但进入近代以后,在太平天国运动、义和团运动、五四运动中,儒学受到了不同程度的冲击,尤其是经过"文化大革命"的剧烈冲击,儒学的影响越来越小。到今天,在普通中国青年中,很多人已经不知儒学为何物了。

从儒学本身已经产生的影响来看,我注意到一个与宗教影响不同的现象。作为一个宗教徒,不管是伊斯兰教徒,还是基督教徒,他们都是从小就熟读宗教经典,宗教中的道德金律已经牢牢地深入到他们的灵魂之中。所以,基督教徒和伊斯兰教徒在思想理念中已经解决了如何做人的问题。而中国因为没有国教,也没有作为国家理念的道德金律,所以,我们始终要强调做人的问题。在学术界,学者也强调做人、做学问同样重要,甚至认为做人更重要。这就使我们不得不把做人摆在十分突出的地位,下大气力去解决做人的问题。

在如何做人方面,不能说儒家没有自己的主张,修身之道应该说就是儒家的做人之道。儒家提倡通过修身养性使人成为君子、圣人、贤人。但从孟子开始,儒家提倡尽心、知性、知天的认识路线,把如何成圣锁定在心的领域;又提倡性善论,使人人都有善性成为普遍定律。经过明代心学大师王守仁的推动,演变出一套"满街筒子都是圣人"的泛圣论。这样,你是圣人,我也是圣人,你有做圣人的一套办法,我也有做圣人的一套办法。结果成圣就没有客观标准了。王守仁启发一个"梁上君子"致良知的故事充分说明,提倡性善论会让人人都自诩性善者,做事的动机都是善的。性既然是善的,那就用不着外界的约束,任性去发展就是了。道德失范是性善论的必然结果。

在宗教世界里,不管是基督教,还是伊斯兰教,都经过了至少一千四百多年的不懈努力,树立起了上帝或真主最高和绝对的权威。即使尼采喊出"上帝死了"，也没有完全动摇上帝至高无上的地位，而且一般人是只知道上帝而不知道尼采的。上帝作为能管理人的外在力量，在人的心灵深处起着主宰作用，使人对其时刻怀有一种敬畏之心。这敬畏之心时刻提醒人们，不管做什么事，都有一个外在的力量在监视着自己。做善事，上帝会给予奖赏；做恶事，上帝会给予惩罚。人类历史证明，有这样一个上帝管着人类，比没有要好得多。一套天堂、地狱的赏罚系统，再加上人类自己制定的法律、规章，社会的管理机制应该说就相对完整了。而儒家经过发展演变，最后由王守仁把"心"说成是最高实体，天的权威被破坏了。再加上中国自古以来法制就不健全，结果"无法无天"便成为必然。"文化大革命"就是这种"无法无天"的最有力证明。而"文化大革命"作为"无法无天"的产物，既否定了"天"的权威，就难免否定"儒"的权威了。事实上，在"文化大革命"中，"儒"是首先被冲击的对象，孔夫子被打入"老二"行列，直到今天还没有完全翻身，这不能不说是"儒"的悲剧。如果"儒"真正是一种宗教，任何人要打倒"儒"，恐怕都是不容易的。有人在北京的一所中等学校里作过一次调查，结果是大多数学生不知道孔子，全部学生都没有读过《论语》。如果"儒"是宗教，还有人不知道孔子、没有读过《论语》吗？

确实，儒学是伟大的，它伟大到能消化一切外部或外来的文化和宗教，如道教、佛教都不得不被同化，被纳入到儒学的体系之中。但也正因为这种伟大，它最终未能形成宗教，没有产生一套宗教的道德金律。这又是儒学的可悲之处。现在年轻人接受泰坦尼克号、可口可乐、麦当劳、肯德基比接受儒学要容易得多，这是应该引起注意的大问题。他们不知道儒学，将来再过几代还会有人知道儒学吗？

鉴于上述现象，有些香港同胞和海外华人正在致力于把儒学演变成宗教（有人主张"儒"本来就是宗教，无须演变，但须强化其宗教功能）。他们的动机有二：一则他们看到当代新儒家虽在形上学方面作了不少努力，但儒学并未真正复兴，新儒家还不时被当作新文化保守主义者来批判，因此，仅通过形上学不可能复兴儒学，故有将儒学宗教化之必要。二则宗教的重要性越来越被人所注意，以致有人说 21 世纪将是宗教的世纪。到 1990 年，全世界总人口有 52 亿多，而宗教人口超过 42 亿，占总数的 4/5。至今仍有活力的世界九大宗教是：基督教、伊斯兰教、犹太教、印度教、佛教、耆那教、锡克教、道教、巴哈伊教（中国旧称"大同教"）。其中仅有道教是土生土长的中国宗教，其绝对无法与其他宗教相抗衡。香港汤恩佳先生接手孔教学院后，请求将孔教定为国家宗教，力主建立一个真正有中华民族特色的宗教"孔教"，以应时代之需。汤先生吸收日本创价学会将佛教演变为俗人宗教的经验，意图把儒学变成像创价学会那样的宗教。他主张，中国人应有中国人之宗教，中国人之宗教是道德、伦理、人性的宗教，因人之性而取体中和，用中庸为最胜义，融情理于一炉，化人神于一体。他认为，一个国家这样大，一定要找出一个合乎中华民族传统的宗教，以应人民之需、时代之需，借以启发民智，填充由于"文革"而造成的道德真空，以恢复良知，培养民德。如果再不重视，再不想出善法，当心其他宗教会来给中国人换祖宗，中华民族的文化和信仰会面临肢解及同化的危险。因此，作为永久的策略，他主张用孔子思想与其他宗教信仰竞争最为恰当，用宗教方式去推崇孔子的思想，才能稳步发展儒学的理论。①

"儒"是否能变成真正的宗教，是一个值得深思的问题。中国人一向缺乏宗教情怀，再加上来自"文革"的严重冲击，中国人的宗教情怀几乎被扫地出门。但从最近一些年来看，中国宗教徒也有增

① 参见汤恩佳：《在孔子铜像揭幕典礼上的讲话》（河南淮阳弦歌台，1996 年 5 月 3 日）。

加的趋势，基督教、天主教信教人数增加较快。从这一方面来看，汤恩佳先生的“孔教”在一定程度上得到推广，也不是全无希望。然而，没有高屋建瓴的统筹，没有高层的大力支持，恐怕是很难建立起“孔教”的。

原因何在？我认为，近代以来，中国人对宗教有很深的偏见。人们在很长时间里都牢记着马克思的一句话：宗教是人民的鸦片。但很少有人知道马克思的另一句话：“宗教是这个世界的总的理论，是它的包罗万象的纲领，它的通俗逻辑，它的唯灵论的荣誉问题，它的热情，它的道德上的核准，它的庄严补充，它借以安慰和辩护的普遍根据。”[①]就是在现代社会里，宗教也还是有其合法存在的根据。但是，由于特殊的国情，要人们马上去接受一个儒教，又是很困难的。很多人对儒教的否定，已经证明推广儒教是十分困难的，也可能是吃力不讨好的事情。所以，据笔者个人的浅见，与其去无休止地争论“儒”是不是宗教，或花大力气去说服人们接受“儒”是宗教的说法，还不如扎扎实实做些普及儒学的工作。当前，最值得推广的是儒家伦理中的普世因素。如果能把这些普世因素挖掘出来，使其成为像宗教那样的道德金律以指导人们的实践，是完全可能的。比方说，《论语》中的“己所不欲，勿施于人”。季羡林先生就说过，“用不了半部《论语》就能治天下，用这八个字就能治天下”[②]。我认为，只有这样，才能重新树立起儒学的权威，使儒学的价值观重振雄风。

所以，笔者的结论就是，儒学、儒教一体，用不着再去争论是儒学还是儒教，要花点力气把儒学中的普世因素挖掘出来，把它变成道德金律，普及到民间，起到教化的作用，就算完成了一项大任务。这也是笔者过去写过的《实用儒学刍议》所提出的主要思想。

二、巴哈伊信仰的世俗性

巴哈伊教作为一种“普世宗教”，完全是一种俗人的宗教。它废除了教主世袭制，废除了“圣战”和“异教徒”的概念。其基本教义包括：自由地追求真理，人类一家，宗教乃爱与和谐之因，宗教与科学携手，世界和平，使用一种世界性语言，普及教育，男女机会均等，公正待人，为大众服务，消除极端之富裕与贫困，使神圣的精神成为生活中的动力。该教建立了一套世俗的教务行政制度，消除了职业性的传教职位及施洗，行政机构由选举产生。行政机构的任务是为教徒提供更多的机会，以响应巴哈伊教为人类服务的计划，这就使新教徒感到他们加入的是一个社团，而不是一个教区。该教反对教条主义和形式主义，甚至没有入教或其他宗教仪式，没有公开或集体性祈祷，提倡每一个信徒自行独立探求真理，不提倡盲目崇拜和服从，提倡民主和磋商。这些主张和运作系统都很接近世俗社会，从而使该教从整体上看更像一个慈善性的国际社团，而非宗教组织。事实上，它在联合国的几个组织机构尤其是非政府组织和环保组织里的服务，已经为其赢得了国际世俗社会的欢迎和尊敬。

巴哈伊教既是最年轻的世界宗教，也是最具现代性的宗教，其集中体现便是对现代化作出积极响应，最早试图完成宗教由传统向现代的转换。巴哈伊教创始人巴哈欧拉强调，人类整体也像一个人一样，有婴儿期、孩童期、青年期，而今天人类已进入早已被预言过的成熟期的门槛。在这一时期，对祖先信仰的教条式模仿已经过时，虽然那些信仰曾经是宗教演变之轴心，但现在已不再能结出正果；顽固地坚持和教条式地硬套古代信仰，已成为人类间仇恨的中心和主要来源，成为人类进步的障

① 《马克思恩格斯选集》第1卷，人民出版社1995年版，第1页。

② 《季羡林文集》第14卷，江西教育出版社1998版，第497页

碍，战争和冲突的原因，和平、安宁和幸福的破坏者。因此，宗教主要本质的改革和更新构成了现代思想之真正精神。①

人类已有能力认识到自身的发展过程乃是一个不可分割的整体，人类之被创造，乃是为推进一个不断演进的文明②而迈向成熟所面临的挑战，是要承认全人类是同一种族的人民，要从各种派别和信条的局限中解放出来，奠定全球文明的基础。为此，巴哈欧拉又强调，一个全球性社会的繁荣必须基于这样一些基本原则：消除形形色色的偏见，两性间完全平等，世界宗教的同源性，消除极端贫富，普及教育，科学与宗教的和谐，在保护自然环境与发展科学技术之间保持平衡，基于集体安全和人类一家的原则建立一个世界联邦体系。地球乃一国、万众皆其民、人类一家的思想已经普及到更多的人群和种族。对于当代社会的各种问题，巴哈伊教都十分关心，并采取了一种特殊的、有时是变革性的解决办法，对传统宗教的一些基本要领也进行了更新。如在巴哈伊信仰中，上帝并非一种有形的、男性化的偶像，而是不可知之本质、万物之精髓、神圣之本体，是宇宙的原动力和终极目的，完全超越人的一切属性。天堂，是做善事接近上帝的一种精神完美状态；地狱，是远离上帝的一种状态。对祈祷，不再重视宗教仪式，而是主张为人类服务的工作就是祈祷。重视行动，轻视说教，认为信仰的精髓在于少说多做，凡言多于行者，其生不如死。认为人真正的敌人是自己，提倡普世之爱，甚至要爱自己的敌人。另外，取消"教主"、"异教徒"、"圣战"等传统宗教的概念，也都是该教进行价值重构努力的一部分。由于这些努力，该教成为最有活力且发展最快的新兴世界宗教。

在对宗教与现代化问题的思考和讨论中，虽然有的学者已经提出，现代化或许能引起世俗化，但世俗化只是宗教对现代化作出反应的一种可能形式，因为现代化本身所衍生的问题也会导致人们对宗教产生新需求，从而导致宗教复兴。③

就目前世界上宗教发展的状况来看，这两个倾向确实都是存在的。但还应该看到，越是在宗教复兴的国家，宗教越是容易出现世俗化的倾向，以顺应宗教与现代化不相适应的形势。巴哈伊教的世俗化，就是这种现象的一部分。

在巴哈伊教的初创阶段，其宗教世俗化倾向已经表现出来。当巴布号召他的追随者们从伊斯兰教传统的律法"沙里阿"中解脱出来之时，这种世俗化便开始了。一位名叫塔荷蕾的女教徒在参加一次宗教会议时，做出了一个非常大胆的举动：她当众揭开当时传统妇女所戴的面纱。正统的什叶派穆斯林因此而指责巴布信徒是无神论者。塔荷蕾的行动，带来的是一个新时代的特征：打破妇女不享有平等地位的种种戒规，她所引发的是宗教领域里的一场妇女解放运动，这成为宗教世俗化的一种尝试。

到巴哈伊教创立之后，经过巴哈欧拉、阿布杜巴哈、邵基·阿芬第三代人一贯持续的努力，巴哈伊教完全变成了一种"俗人的宗教"。他们废除了教主世袭制，建立了一套世俗的教务行政制度，消除了职业性的传教职位及施洗，没有主教的权威及特权，行政机构要经过民主选举产生，选举过程是开放式的，不预定候选人，不允许私下接触，投票者本人享有最大的选择和自由。由这样的民主方式选出的行政机构，其主要任务是为信徒提供机会，以响应巴哈伊为人类服务的计划。这就使新入教的信徒感到他们加入的是一个社团，而不是一个教区，这样的行政教务机构，"没有任何形式的教士

---

① 参见阿布杜巴哈：《世界团结之基础》，第 121～123 页。

② 参见《巴哈欧拉圣典选集》，第 50 页。

③ 参见杜红：《对宗教与现代化问题的思考》，载《宁夏社会科学》1996 年第 4 期。

制度，既无牧师，也无宗教仪式，并且完全由其忠诚的追随者们的自愿捐献来维持。巴哈伊信徒们忠于他们的政府，热爱他们的国家，而且急欲时时刻刻促进它的福利。然而他们同时又把全人类当作一个整体，深深地关心它的切身利益，不会犹豫把每一个特殊利益，不论是个人还是区域性或者国家性的，隶属于高于一切的全人类的利益之下”①。

由于巴哈伊教不设置专职的神职人员，如牧师、僧侣、祭司、阿訇等，从而避免了其他一些宗教很容易给教外人士造成的神秘印象。巴哈伊教没有职业传教士，教务不是由某些专门或指定人士所从事，而是每一个信徒应尽的义务。同时，巴哈伊教也不像有些宗教那样要求信徒恪守宗教教条，它反对教条主义和形式主义，甚至没有其他宗教那样严谨的入教仪式，它不重视公开或集体性祈祷，更重视心灵的信仰。它提倡每一个信徒独立自行探求真理，反对盲目崇拜和服从。在行政管理上，它引入了选举制度，提倡民主和磋商。这种世俗性是巴哈伊教所独具的，是它区别于其他宗教的最显著特征之一。

巴哈伊教尊重科学，提倡科学，这也表现了它的世俗性。一般来说，宗教与科学总是两股道上跑的车，但是科学所取得的惊人成就迫使宗教不得不认真看待科学，天主教是非常典型的例子。天主教曾致力于抵制现代化与世俗化的浪潮，但到 20 世纪 60 年代，天主教内部也发出了“赶上时代”的改革呼声。但直到最近一些年，罗马教廷才对伽利略事件认错道歉，并把它作为一种调节自身以适应现代世界的举措。

但巴哈伊教从其创始就努力适应现代社会的需要。巴哈欧拉指出，上帝赐给人类的最伟大的礼物就是理智，巴哈伊教徒要运用理智来研究所有的存在现象，包括那些属于精神的本质，而其研究工具就是科学的方法。阿布杜巴哈更明确地说：“宗教必须符合科学与理性，否则它就是迷信，上帝已创造了人，使他能察觉存在之真谛，并赋予他思维，或称理性，以发现真理。因此，科学知识和宗教信仰必须符合对人这一神圣机能的分析。”“真正的宗教和科学之间没有矛盾。如果一种宗教站在科学的对立面，那么它就是纯粹的偏见；知识的反面就是无知。”人有一种天赋智能，有用这种智能探索外部世界奥秘的能力，这种天赋智能的结晶就是科学，其力量可以探索并理解造物及其遵循的法则，所以，人类最高贵、最值得称颂的成就，就是科学知识和成果。这就是人的宗教信仰必须符合科学的理由，宗教和科学的本质应该是一致的，因为如果真理只有一个的话，那么，一件事物绝对不可能在科学观点上是假的，而在宗教观点上是真的。“如果宗教信仰和观点与科学的标志相反，那么它们仅仅是迷信和空想；因为知识的反面是无知，无知的产物就是迷信。毫无疑问，正确的宗教和科学是一致的。”

既然科学的真理是已经被发现的真理，宗教的真理是天启的真理，二者之间就没有也不应该有矛盾，而应该使它们之间互相补充。对此，阿布杜巴哈论述说：“宗教和科学是两只翅膀，人的精神力量乘上它们飞向高处，有了它们，人的灵魂才能取得进步。只有一只翅膀的人就不能飞行了。……另一方面，他如果只用科学的翅膀飞行，也不能取得进步，而只会掉进没有希望的唯物至上的泥坑。……许多宗教领袖认为，宗教的意义主要在于坚持规定的教条，坚持行使礼俗和仪式。他们教导人们像他们所信仰的那样关心自己的灵魂得救。他们顽固地遵守外表形式，将它与内部的真理混淆起来。”因此，他希望宗教和科学互补，认为科学与宗教的实践所产生的结果将会加强而不会削弱

① 邵基·阿芬第：《今日与明日之向导》，英国伦敦巴哈伊出版社 1988 年版，第 8～9 页

宗教。那时,就会使宗教和科学保持高度一致的和谐:“当宗教从迷信、偏见和不明智的教条中解放出来并同科学保持一致的时候,就会在世界上形成一股团结、纯粹的力量,就会扭转一切战争、不和及争执的局面,然后人类将在真主仁爱的威力下团结起来。”对于这样一种宗教,除了它还保有“上帝”的名称之外,我们不知道它到底还有多少宗教的因素,难怪有人评价巴哈伊教完全是一种俗人的宗教,而这也正是巴哈伊教的另一个特性。

第三章 儒家的大一统和巴哈伊信仰的世界主义

一、儒家的大一统

著名学者杨向奎先生在20世纪60年代、80年代两次在长春讲学,主讲的内容都是《春秋公羊传》中公羊学派的大一统思想。1989年,他将这些讲稿集成《大一统与儒家思想》,由中国友谊出版公司出版。书中杨先生肯定何休为中国两千年来《公羊传》第一解人,其功在董仲舒之上。他肯定大一统学说对于维护中国之一统以及民族间的团结与融合,都起了很重要的作用。中国要一统是中华民族的共识,而这种思想的形成与《公羊传》的鼓吹是分不开的。事实上,大一统思想是儒家一以贯之的思想主张,《公羊传》作了集中论述,其他儒家经典也有很精彩的论述。

儒家经典对天下一家和大一统都是很重视的,在《诗经·小雅·北山》中有“溥天之下,莫非王土;率土之滨,莫非王臣”,《左传·昭公七年》也有“封略之地,何非君土? 食土之毛,谁非君臣?”二者所说言近义同。《论语》中,孔子主张“君子和而不同,小人同而不和”(《子路》)、“君子矜而不争”(《卫灵公》),有子主张“礼之用,和为贵,先王之道斯为美”(《学而》),子夏主张“君子敬而无失,与人恭而有礼,四海之内皆兄弟也”(《颜渊》),都反映了天下一体的大一统观念。而根据《孟子》一书的说法,孔子作《春秋》的目的也是为了国家的统一大业。《滕文公下》说:“春秋之世,世道衰微,邪说暴行有作,臣弑其君者有之,子弑其父者有之。孔子惧,作《春秋》。《春秋》,天子之事也;是故孔子曰:‘知我者其唯《春秋》乎! 罪我者其唯《春秋》乎!’”“孔子成《春秋》,而乱臣贼子惧。”这说明《春秋》中确实蕴含着“大一统”的理念。《礼记·礼运》集中论述了天下一家的思想,指出:“故圣人耐(能)以天下为一家,以中国为一人者,非意之也,必知其请,辟于其义,明于其利,达于其患,然后能为之。”孔颖达疏曰:“孔子说:圣人所能,以天下和合,共为一家,能以中国,共为一人者。”《礼记·礼运》为天下一家所绘的蓝图是:

> 大道之行也,天下为公。选贤与能,讲信修睦。故人不独亲其亲,不独子其子,使老有所终,壮有所用,幼有所长,鳏寡孤独废疾者皆有所养。男有分,女有归。货恶其弃于地也,不必藏于己;力恶其不出于身也,不必为己。是故谋闭而不兴,盗窃乱贼而不作,故外户不闭,是谓大同。

《荀子》又进一步明确提出了“四海之内若一家”和“一天下”、“天下为一”的大一统思想。《王制》说:“四海之内若一家,故近者不隐其能,远者不集其劳,无幽闲隐僻之国,莫不趋使而安乐之。”《非十二子》说:“一天下,财万物,长养人民,兼利天下,通达之属,莫不从服。”《儒效》说:“大儒者,善调一天下者也,无百里之地则无所见其功。”大儒“用百里之地,而千里之国莫能与之争胜;笞棰暴国,齐一天下,而莫能倾也”,因此,大儒“通则一天下,穷则独立贵名”。“用百里之地,而不能以调一天下、制强暴，则非大儒也。”“用大儒，则百里之地久而后三年，天下为一，诸侯为臣。”《王霸》赞扬了汤、武之时“天下为一，诸侯为臣，通达之属，莫不从服”的局面，批评春秋时五霸“非以本正教”、“非以一天下”的分裂局面，而齐桓公“九合诸侯，一匡天下，为五伯长”，是“知一政于管仲”的结果。该篇认为人主之职，能“一天下”，就可以“名配尧、禹”。因为“一天下”是“人情之所同欲”，即顺应了民心。《君道》也歌颂了“天下为一，诸侯为臣”的升平之世和“四海之内不待令而一”的“至平之世”。在《强国》中，荀子对齐相田文说：“贤士愿相国之朝，能士愿相国之官，好利之民莫不愿以齐为归，是一天下也。”《成相》认为“天下为一海内宾”。这些都是天下一家和大一统的主张。

刘师培在《群经大义相通论・公羊荀子相通考》中肯定《荀子》一书多公羊之大义。从上述引证的荀子原文来看，“一天下”确实与《公羊传》中的大一统思想相合。《公羊传・僖公四年》说：“南夷与北狄交，中国不绝若线。”《桓公元年》说：“王者以天下为家。”《隐公元年》说：“何言乎王正月？大一统也。”这里正式提出了“大一统”，但没有进一步的说明。西汉董仲舒对此作了发挥和说明：“春秋大一统者，天地之常经，古今之通谊也。今师异道，人异论，百家殊方，指意不同，是以上亡以持一统，法制数变，下不知所守。”(《汉书・董仲舒传》)在《春秋繁露》中，董仲舒对“王正月”解释说：“何以谓之‘王正月’？曰：王者必改正朔，易服色，制礼乐，一统于天下。所以明易姓非继人，通以己受之于天也。王者受命而王，制此月以应变，故坐科以奉天地，故谓之王正月也。”(《三代改制质文》)《汉书・王吉传》也说：“春秋所以大一统者，六合同风，九州共贯也。”而东汉何休解释为：“《春秋》以元之气正天之端；以天之端正王之政；以王之政正诸侯之卿位；以诸侯之卿位正境内之治。诸侯不上奉王之政则不得即位，故先言正月而后言即位；政不由王出则不得为政，故先言王而后言正月也；王者不承天以制号令则无法，故先言春而后言王。”经过董仲舒和何休的解释，大一统成为中国历代皇帝和儒学政治家的治国理念，是中华民族大家庭中每一个成员孜孜追求的目标。

对于如何实现大一统，儒家学者主张要处理好两大关系：三纲六纪和华夷之辨。

三纲六纪是在三纲五常的基础上提出来的。三纲之说源于孔子和孟子，如孔子强调君君、臣臣，父父、子子，孟子强调父子有亲、君臣有义、夫妇有别，奠定了三纲说的基础。仁、义、礼、智、信这五常之德，也是由孔子和孟子首先提倡的。董仲舒在《春秋繁露》中最先明确提出了“三纲”的概念，认为“王道之三纲，可求之于天”，“君臣、父子、夫妇之义，皆取之阴阳之道”，因此，“君为阳，臣为阴；父为阳，子为阴；夫为阳，妻为阴”。(《基义》)董仲舒把五常之道作为调整三纲关系的基本准则，在此基础上，东汉班固的《白虎通・三纲六纪》，确立了三纲六纪的九大关系：

> 三纲者，何谓也？谓君臣、父子、夫妇也。六纪者，谓诸父、兄弟、族人、诸舅、师长、朋友也。故君为臣纲、父为子纲、夫为妻纲。又曰：敬诸父兄，六纪道行。诸舅有义，族人有序，昆弟有亲，师长有尊，朋友有旧。何谓纲纪？纲者，张也。纪者，理也。大者为纲，小者为纪。所以强理上下，整齐人道也。人皆怀五常之性，有亲爱之心，是以纪纲为化，若罗网之有纪纲而万目张也。

陈寅恪先生对三纲六纪的评价极高，说：“吾中国文化之定义，具于《白虎通》三纲六纪之说，其意义为抽象理想最高之境，犹希腊柏拉图所谓 Idea 者。”(《王观堂先生挽词・序》)其大弟子季羡林先生在一开始读到这段话时，非常不理解，中国文化的定义怎么就是一句话呢？后来经过反复的思考，季先生终于对此有了一种深刻的理解，认为三纲六纪里面包括了爱国主义精神，如君为臣纲这一纲，人君的贤否无关紧要，人君只是一个符号、一个象征，他象征的是文化，象征的是国家。① 三纲六纪"讲的实际上是处理九个方面的关系：国家与人民、父子、夫妇、父亲的兄弟、自己的兄弟、族人、母亲的兄弟、师长与朋友。这些关系处理好，国家自然会安定团结。这正是我们目前所最需要的"②。所以他说："我认为，中国文化的特性最明显地表现在或者可以称为深义的文化上，这就是它的伦理色彩，它所张扬的三纲六纪，以及解决人与人之间的关系的精神。"③如果从抽象意义上来理解，确实能从三纲六纪得出季先生的结论。

为了实现大一统，儒家强调华夷之辨的重要性。"夷"本来是古代华夏族对异族的贬称，最初用于东方民族，称为"东夷"。春秋以后，中原以外被贬称为"南蛮"、"北狄"、"西戎"、"东夷"的四方之族，统称"四夷"。但是后来的"华"、"夷"主要是在文明与否的意义上使用的，《春秋公羊传》就是把有无礼仪作为华夷之界的，并认为凡夷狄之邦，只要遵行礼仪，就应该与华夏民族一样得到同等看待。相反，华夏民族中谁背弃了礼仪，谁就变作"新夷狄"④。简言之，凡遵行礼仪的文明之族，均为华夏大家庭的一员。这正如杨向奎先生所说：

> 华夏文明，在世界上是一种伟大的文化体系。对于中国人民，它是一种向心力、回归的力，它是统一中国的凝聚力，因为它不具有狭隘的民族意识，更不是并吞一切的大民族主义。它是民族意识的升华，它是一种标准、一种水平，达标者为中国、为华夏，落后者为夷狄、为野蛮。中国可以退为夷狄，夷狄可以进为华夏、进为中国。这华夏与夷狄都不是指定某一地区、某一民族，而是一种范畴，用以衡量各族之文化水平，作为大一统的标准与条件。这样的"大一统"，才是真正的一统。我国历史之所以长期处于统一中，这种凝聚力是起了巨大作用的。⑤

今天，儒家提倡的大一统思想，应该得到弘扬。三纲六纪和华夷之辨的抽象意义，无疑应该得到海峡两岸的认可：我们都是中华民族大家庭的成员，理应团结统一在中华民族这面大旗之下。两岸统一的时日，为期不远了。我们期待这一天。

二、巴哈伊信仰的世界主义

当今世界，在宗教派别林立、宗教极端主义日益严重、宗教战争频繁的情况下，巴哈伊教的世界主义有不可忽视的现实意义。

（一）信仰的前提——已知的宗教基本上是一致的

巴哈伊信仰本身就是世界主义的产物。该教产生于伊朗，这在思想史、宗教史上是一个非常奇特的现象，也是一个物极必反的典型实例。众所周知，伊朗是一个奉伊斯兰教什叶派教义为国教的国家，伊斯兰教逊尼派是受排斥的。因为根据什叶派教义，逊尼派违背了该派有关穆罕默德女婿兼堂弟阿里是唯一的正统哈里发的教义。巴哈伊信仰最初就是什叶派中的一个支派。⑥

巴哈伊信仰，也称"巴哈伊教"。该教是一种新兴宗教，它源于伊斯兰教，但又非伊斯兰教。早在

---

① 参见《季羡林文集》第 14 卷，江西教育出版社 1998 年版，第 484～485 页。
② 《季羡林文集》第 14 卷，江西教育出版社 1998 年版，第 509 页
③ 《季羡林文集》第 6 卷，江西教育出版社 1996 年版，第 404 页。
④ 参见《公羊传·昭公二十三年》。
⑤ 《春秋经传国际学术讨论会专刊·序言》，载《管子学刊》1998 年增刊。
⑥ 详见蔡德贵：《当代新兴巴哈伊教研究》，人民出版社 2001 年版，第 36～39 页。

1925 年，埃及的伊斯兰教宗教法庭就作出这样的决定：巴哈伊信仰是一个完全独立的新宗教，它有自己完整的信仰、原则及法规。因此，绝无任何巴哈伊教徒可被当作伊斯兰教徒。①

巴哈伊信徒坚持认为该教从一开始就是一个独立的新兴宗教，而非某个宗教的一部分或者支派。巴哈伊教确实完全有别于伊斯兰教，因为“根据巴哈伊信仰本身的解释，它并非为了重建或改良伊斯兰教而创立，而自命其根本是源自上苍的新行动、新恩惠及新圣约。其信仰及法规之基础是巴哈欧拉所启示的新圣言，因此，巴哈伊信徒绝非是伊斯兰教徒”②。所以英国著名历史学家阿诺德·汤因比得出结论说：“巴哈伊教是一个独立自主的宗教，如同伊斯兰教、基督教和其他受公认的世界宗教一样。巴哈伊教不是其他宗教的一个教派。它是另一个宗教，地位和其他受公认的宗教相同。”③汤因比认为人类文明发展的最终目的和归宿就是实现四大宗教的全教会社会，这是人类文明发展的最高境界，对上帝的模仿不会使人失望，可以使人保持精神上的强大的凝聚力，“如果没有神的参加，就不能有人类的统一”④。显然，巴哈伊教的基本主张符合汤因比全教会社会的思路。

巴哈伊教的基本教义由巴布和巴哈欧拉的多部著作阐述出来。巴布的主要著作《白杨经》(*Al-Bayán*)，又译为《默示录》、《宣示经》等，系统阐述了巴布的教义、律法及礼仪和社会改革的主张，宣布人的智慧与能力将被从迷信中解放出来，那时将出现全新的学术与科学，甚至连小孩的知识都会远远超过现在的所谓饱学之士。巴布的教义创立了一个崭新的、富于生命力的社会的概念，同时又保留了大部分听众和读者所熟悉的文化和宗教成分。⑤ 因此，《白杨经》成为巴布信徒的根本经典，被用来取代《古兰经》。1848 年，其门人正式宣布脱离伊斯兰教。1850 年，阿里·穆罕默德被处死，其门徒流亡到伊拉克，分裂成两派：一派叫阿里派，领袖为叶海亚；另一派叫巴哈伊派。后者演化成巴哈伊教，成为一个统一的新兴宗教。巴哈伊教的创始人为米尔扎·侯赛因·阿里·努里，他年轻时即成为巴布的信徒，后来自称“巴哈欧拉”，从此，该派便被正式称为“巴哈伊教”。巴哈欧拉一生写下了大量著作，其中主要有《至圣书》(*Kitáb-i-Aqdas*)，又译为《亚格达斯经》、《笃信之道》(*Kitáb-i-Íqán*)、《确信》、《意纲经》等，《隐言经》、《七山谷书》以及其他经典，总共有一百多部。

《默示录》确立了巴哈伊教的独立宗教意义，它提出的基本思想是：巴布所开创的新时代已经到来。人类社会的各个时代是依次按周期递嬗发展的，当一个旧的时代结束，一个新的时代必然到来，新时代一定会超过旧时代。每一个时代都有自己的特殊制度与法律，当旧的时代结束，与该时代相适应的旧制度、旧法律也要随之废除，而以新的法律、新的制度来代替旧法律、旧制度。但新法律和新制度都不能由普通人制定，而必须由安拉派来的“新先知”来制定。摩西和《旧约》、耶稣和《新约》、穆罕默德和《古兰经》，都是不同时代的产物，曾代表不同的时代。而今，巴布就是代替旧时代而出现的新先知的先锋，而《默示录》则是新时代律法和制度的总汇。现存世界中的一切，都应按照《默示

---

① 参见邵基·阿芬第：《神临记》，巴西巴哈伊出版社 1986 年版(阿拉伯文版)，第 453 页；威廉·汉切尔、道格拉斯·马丁：《巴哈伊教——一个新崛起的世界宗教》，第 197 页。

② Udo Schaefer, *The Bahá'i Faith and Islam*, p.113. 转引自威廉·汉切尔、道格拉斯·马丁：《巴哈伊教——一个新崛起的世界宗教》，第 197 页。

③ 阿诺德·汤因比 1959 年 8 月 12 日致土耳其伊斯坦布尔的 N. Kunter 博士的信。转引自威廉·汉切尔、道格拉斯·马丁：《巴哈伊教——一个新崛起的世界宗教》，第 3 页。

④ 汤因比：《历史研究》，上海人民出版社 1966 年版，第 129 页。

⑤ 参见李绍白：《人类新曙光——巴哈伊信仰》，第 270～271 页。

录》来衡量，一切律法和制度均应依它来重新制定。①

《默示录》还主张，安拉作为至高无上的存在，其本体是绝对存在的，也是超自然的，因而人是不能直接认识安拉的，而巴布本人因为是新先知的先锋，因此他自己就是反映安拉的镜子，是认识安拉、认识真理之"门"，认识安拉必须通过他才能实现。这一点使他被什叶派穆斯林视为异端，因为伊斯兰教认为穆罕默德是"先知的封印"，即安拉向人类派出的最后启示者。而且，该书还宣称，安拉的第二位使者即将降临，他将比巴布更伟大，其使命是引导一个和平殷实的纪元。这样，巴哈伊教就有了与其他任何宗教都不同的独特之处：同一个宗教有两个先知。巴布认为，"七"和"十九"是两个神圣的数字，一切信仰和制度都要以这两个数字为依归。安拉有七种德性：前定、注定（宿命）、意定（决断）、意愿（意志）、允准（应允）、末日和启示，安拉由这七种德性来主宰世界。而人相信世间一切事物都由安拉预定和安排，按照安拉的旨意去行动也就成为该教派的基本信仰。要掌握自己的命运，就必须相信安拉，相信安拉所派遣的新使者，相信新天经《默示录》。而要理解安拉启示的深奥意义，也必须崇信神圣而吉利的数字"十九"。从此出发，该教派规定，每年为十九个月，每月为十九天，另有四天闰日，全年为三百六十五天。宗教领袖委员会要由十九个人组成，来决定宗教和社会中的一切重大问题。因为"十九"又是安拉本体的数量表征，安拉有十九个美名，所以每天都要用安拉的一个美名来命该天的名称。此外，信徒每年要封斋十九天，每天要诵读十九段《默示录》。② 巴布否认伊斯兰教法所规定的宗教功课与教律，主张伊斯兰教的功课要彻底改革。他主张简化宗教仪式，礼拜、斋戒、净礼都可以从简进行。礼拜不必在规定的时间和地点进行，只在举行葬礼时规定一些必要的集体仪式。这样，信徒可以自由礼拜，而不必受集体的限制，也不必受礼拜时间、地点的限制，每人都可以在自己方便的时候就地礼拜。斋戒不需要三十天，只用每年最后一个月十九天即可。该教还否定了伊斯兰教圣地麦加的地位，规定巴布的出生地为朝觐圣地。

在宗教戒律方面，巴布也提出了一些改革措施。该教派严禁教徒饮酒、赌博、乞讨，严禁向乞丐施舍，严禁任意伤害人命、破坏社会秩序和违犯社会公德，还废除了妇女戴面纱以及男子不许穿丝绸和佩戴黄金首饰的伊斯兰习俗。巴布教徒塔荷蕾成为第一个揭去面纱的伊朗妇女，成为令人尊敬的妇女解放的典范。

对现存的社会制度，巴布的改革主张主要有：男女一律平等，不仅有同等的财产继承权，而且男女均可以离异和再婚。应该重建一个没有压迫、没有剥削、人人平等的正义社会。在这一社会中，人身自由得到保障，财产所有权、继承权均受到尊重。商业和一切交易自由进行，商人有自己的特权，支取商业利息为合法，不受任何限制，商业经营可以畅通无阻。它还主张偿还债务、统一币制、便利交通等。同时，该教还强调社会要有崇高的道德标准，要着重于心灵与动机之纯洁，倡导教育和有益的科学。③

巴布的这些改革主张，并非空穴来风，它是当时伊朗社会深刻矛盾的必然反映。19 世纪初，英、法、俄等西方强国的势力开始渗入波斯社会，它们的资本以商品输出的形式大量涌入伊朗，冲击了伊朗的封建经济。商品经济的发展，外国资本掠夺的加剧，以及国内的封建剥削的日趋严重，打破了原有的土地关系，大批农民失去土地。农民不得不忍受地租、高利贷的残酷剥削，城镇的手工业生产

① 参见于可主编：《世界三大宗教及其流派》，湖南人民出版社 1988 年版，第 483 页。

② 参见王志远主编：《伊斯兰教历史百问》，今日中国出版社 1989 年版，第 90 页。

③ 参见《巴哈伊》，澳门巴哈伊出版社 1992 年版，第 19 页。

者、小商人在外来商品的倾销和冲击下也面临破产的威胁。这使得伊朗社会阶级矛盾日趋激化。在这内忧外患之际，爆发了伊朗巴布运动(1848～1852年)。巴布的主导思想是以工业化的出现为标志的，形成于加速工业化时期。

(二)"地球乃一国，万众皆其民"的地球村思想的形成

巴布的这些主张已经有很多世界主义的成分，它为巴哈伊教义的制定创造了条件，也为巴哈伊教义的世界主义奠定了基础。虽然巴哈伊教义与巴布的主张既有异也有同，但由于巴哈伊教是在巴布运动的基础上产生的，且《默示录》也一度是巴哈伊教的经典之一(只是后来才被《至圣经》所取代)，所以两者之间的联系是非常紧密的，巴布被理所当然地尊为巴哈伊教的先驱。阿布杜巴哈在谈到巴布本人时说："这位杰出的人物以巨大的力量震撼了波斯原有的宗教、道德、环境和风俗习惯，同时创立了新的教规、律法和新的宗教。""他把神的教育传给愚昧的民众，在波斯人的思想、道德、风俗和环境上产生了惊人的效果。"[①]

巴布所阐述的思想，由巴哈欧拉加以系统化和完善化。巴哈欧拉写下了100多部著作，把巴哈伊教体系化，使之成为一个独立的、典型的新兴世界宗教。[②]

巴哈伊教继承了伊斯兰教的一神论学说，提倡一种普世宗教。它认为普世宗教只有一个，即巴哈伊教。该教主张，安拉是独一无二的、全知的、全能的，是宇宙的缔造者，也是世间万物和人类的创造者、启动者和支配者。巴哈欧拉说："所有赞美都归于上帝的一致，所有荣誉都属于他——宇宙的万军之主和无与伦比、无比荣耀的统治者。他从虚无之中创造了万事万物；他从无有之中创造了最精巧优美的组成部分；他将他的创造物从极其谦卑和濒临灭绝的危险中拯救出来，然后把他们带进不朽荣耀的天国。除了他包罗万象的恩典和渗透一切的仁慈以外，任何事物都不可以达到这一点。"[③]

巴哈伊教认为，安拉虽是独一的，但可以取不同的名称，如上帝、神、天主、佛陀，虽然称谓不同，实质却是一致的、统一的。他是宇宙的核心、宇宙的最终目的和本质。他是不可知之本质，是神圣的本体，自古至今他一直隐藏在他亘古的本质中，并停留在他的实体内，而永远不会暴露在凡人的视野下，他将永远超越于一切感官之上，并且无法描述。[④] 独一的上帝和同源的宗教成为巴哈伊教世界主义的真正基础。

阿布杜巴哈对《圣经》中上帝所说"让我按我的模样造人吧"进行了解释，认为这里的"模样"并非指外貌，因为神的本质并不局限于任何形式的外观，而是指神的本质特性，如公正、仁爱、恩泽全人类、忠贞诚实、对万物慈悲为怀，所以上帝的模样指神的美德，而人理应成为接受神性荣光的容器。[⑤]

安拉的旨意要通过亲自差遣的诸先知连续不断地显现，因而各大宗教的先知都应该得到承认，如亚伯拉罕(犹太人始祖)、克里希南(印度教)、摩西(犹太教领袖)、琐罗亚斯德(祆教即琐罗亚斯德教创始人)、释迦牟尼(佛教创始人)、耶稣(基督教领袖)、穆罕默德(伊斯兰教创始人)、巴布(巴布运

---

① 转引自李绍白：《人类新曙光——巴哈伊信仰》，第269页。

② 参见蔡德贵：《当代新兴巴哈伊教研究》，第40～41页。

③ 《巴哈欧拉圣言选集》，第64～65页。转引自威廉·汉切尔、道格拉斯·马丁：《巴哈伊教——一个新崛起的世界宗教》，第72页。

④ 参见《巴哈欧拉圣典选集》，第3～4页。

⑤ 参见阿布杜巴哈：《世界团结之基础》，第98页。

动创始人)、巴哈欧拉,都是安拉差遣的先知。[①]

所有先知的本质是一致的,他们之间的唯一性是绝对的。所以推崇某些先知而不敬重其他的先知,是不容许的。但是,先知们在这个世界中启示的分量必然会有差异,每一位先知所传播的信息都是独特的,每一位都以特定的言行方式来显现自己,由此之故,他们的伟大性才具有差异。安拉派遣先知降世的目的有二:一是要把人类从无知的黑暗中解放出来,指引他们迈向真知的光明;二是要确保人类的和平与安宁,并为人类提供建立和平的途径与方法。[②]

这样,先知和现实世界都是神的体现,每一位先知都有一个预言周期,而巴哈欧拉启示的周期至少要延续五十万年,因此巴哈伊信仰应该被视为一个循环的鼎盛期,即一系列连续的、预言性的和演进性的启示之最后阶段。[③]

巴哈欧拉在他受迫害的时间里,撰写了大量的书信和作品以传播他的教义,他向一些东方、欧洲和美洲的国王和君主、教皇庇护九世、伊斯兰国家的君王以及其他宗教的领袖寄发了他的使命并发出号召:尽快地统一起来,为建立起一个共同的信仰和持久的世界和平而努力。而阿布杜巴哈不顾年迈体弱,访问了埃及、欧洲和北美的一些国家,以传播巴哈伊信仰。在欧洲,他访问了布达佩斯、维也纳、日内瓦、斯图加特、埃斯林根、巴德梅根特海姆、巴黎和伦敦。作为牛津大学毕业生的邵基·阿芬第则将巴哈伊教的主要经典译成英文出版,促进了教义的传播。继承其事业的是他的夫人拉巴尼,拉巴尼是西方人,加拿大籍,这更为教义在西方世界的传播提供了方便。由于这些努力,最新一版的《不列颠百科全书》按地域的分布把巴哈伊教列为仅次于基督教的第二种世界性宗教。巴哈伊教在联合国有常驻机构,是联合国的咨询成员。而世界正义院则是巴哈伊社团的最高行政机构,位于以色列海法市的卡梅尔山上。它致力于建立新世界秩序,建立世界性政府——国际裁判所,推动世界联邦的形成。这样的一些行动都为其世界主义的推广作出了贡献。

(三)世界性的管理秩序

巴哈伊教为了贯彻世界主义原则,制定出了一套系统的世界性管理秩序。

巴哈伊教面临着如下严峻的局势:在当今世界范围内,有许多重大国际问题都是与宗教问题联系在一起的,在未来社会中,稳定和不稳定因素很可能都由宗教势力所决定。伊斯兰教由于积极入世,又多以政教合一的形式出现,是一支在某种程度上能够左右世界局势的力量。对于这一点,只要对联合国成立以来的历史稍加回顾就不会有丝毫怀疑。

联合国成立以来,宗教问题出现了许多新动向,宗教极端主义非常活跃,各种原教旨主义不仅有理论,而且提出了许多行动纲领,并付诸具体活动。在中东,各种恐怖活动有增无减,埃及总统穆巴拉克、约旦国王侯赛因和巴勒斯坦民族解放领袖阿拉法特都是多次遇刺,又多次死里逃生,以色列总理拉宾遇刺身亡……这一系列恐怖活动都与宗教因素有关。刺杀萨达特总统的埃及穆斯林兄弟会成员哈利德在行刺前留给他姐姐的便条上写着:“请谅解我,我所做的一切都是为了仁慈和权威的真主。我自己什么也不要。我不寻求晋升,也不想得到奖赏。”他的姨妈去探监时问他:“你是否考虑过

---

① 参见金宜久主编:《伊斯兰教史》,中国社会科学出版社 1990 年版,第 498 页。

② 参见《巴哈欧拉圣典选集》,第 9～10 页。

③ 参见邵基·阿芬第:《巴哈欧拉之天启》,第 8 页。

你的行为会为父母带来什么后果?"他的回答是:"没有,我只想到真主。"[①]这种心态可以说是许多原教旨主义者所共同具有的。

世界邪教组织活动十分猖獗,如"人民圣殿教"、"太阳圣殿教"、"大卫教"、"天堂之门"、"全世界高级计算机宗教组织"、"奥姆真理教"、"科学教",以及中国内地的"灵灵教"、"主神教"等等,都是邪教一类的宗教组织。邪教组织虽然五花八门,但它们与宗教有明显区别,用正教来反对邪教是非常有效的方法。

在巴哈伊教看来,宗教的根本目的是要团结全人类,促进友爱精神,使人类获得幸福。倘若宗教使人类分裂或互相敌视,那么它的存在便是多余的。宗教好比医治疾病的灵丹妙药,如果它使疾病恶化,便有害而无益了。巴哈伊教强调宗教对人类的维系作用。"宗教是世界上建立秩序、为全人类带来和平富足的伟大工具。""宗教是保护全人类幸福的坚强堡垒,因为敬畏上苍能使人类谨守善行,杜绝邪恶之举。"[②]但宗教既是灵光,也可能成为障碍。巴哈欧拉倡导各宗教抛弃前嫌,实现人类大同的至高愿望。

巴哈欧拉主张,须以母语教导孩子。但为了团结全人类,每个人除了应懂得母语之外,必须多学一种世界辅助语言。世界各国必须派代表及专家研究磋商,决定采用一种语文作为世界辅助语,在所有的学校里教给儿童。这样一来,世人的思想便能沟通。处理事务时,理事会成员之间必须互相磋商。他们须以坦诚的、礼貌的和不持偏见的讨论,决定一件事最好的方向,从而达到磋商的目的。如不能取得一致就进行投票,以大多数赞成者为准。

巴哈伊教按照世界主义的原则确立了自己的行政机构,各级理事会对巴哈伊社团的一切宗教性事务具有管辖权。鼓励和辅导理事会及各信徒的一批经验丰富、精明干练的人物被委以另一部分教务行政,叫"洲际顾问",每次任期五年,目前共有八十一名洲际顾问。巴哈伊教的管理体制也很有特色。历史上的许多宗教内部等级森严,除了有被称为"教皇"之类的人君临教徒和苍生,又有按教阶排列的大小教士。他们往往因对教义的理解不同而分裂,形成派系,甚至酿成战争。更有一班南郭先生混杂其间,披着宗教的外衣谋取社会地位和安逸生活,甚至骄奢淫逸,无恶不作。有鉴于此,巴哈伊便不设职业性的传教士,都以巴哈伊朋友相称,没有高低贵贱的等差。而经典的解释权是到邵基·阿芬第为止。其组织体制有地方灵体会、国家总灵体会和世界正义院(在以色列的阿卡城),可以上通圣灵。这三级机构都以无记名投票方式选举九位教友在一定任期内组织活动。巴哈伊教在联合国有常驻机构,是联合国的咨询成员。

为了推行世界主义的主张,巴哈伊教提倡一种平等的经济思想,主张把精神准则应用到经济体制中,形成了以消除极端贫富为核心的经济观。巴哈伊教认为,上帝是独一的,是宇宙万物包括人类的创造者。既然全人类都来自于统一的上帝之创造,所有宗教也都源自于同一个上帝,没有本质上的不同,那么,全人类不管是属于哪一个种族或肤色,都应该是人类大家庭的成员,应该是团结统一的。但在现实社会中,人类并不是团结统一的;相反,社会动乱不断发生。其中的原因之一,就是贫富的两极分化。世界上一小部分人掌握着极大的财富,基本上控制着生产和分配的权力,而世界人口中的绝大多数则生活在极其贫困的状况之中。这种状况不仅在同一个国家存在,而且在国际间存

① 穆罕默德·海卡尔:《萨达特遇刺记》,新华出版社1987年版,第295页。

② 邵基·阿芬第:《号召寰宇》,第17页。

在着。一些高度工业化的国家拥有巨大的财富，而其他大多数国家则被剥夺了生活必需品，其资源得不到有效的开发和利用。物质利益方面严重的不平衡，使贫富之间的鸿沟越来越宽，造成了经济上严重的不平等，导致了其他不公平现象的产生。巴哈伊教认为，这种严酷的社会现实说明现行的社会经济制度不足以修复社会的失衡现象。巴哈欧拉通过《致维多利亚女皇书》，向全世界的各国统治者发出警告说：

你们要一起商议，并将你们的心思只用于关注人类的利益以及改善他们的处境。……要把世界视为人类之躯体，虽然这躯体被创生时是完整和完美的，却由于各种原因已备受灾祸和弊病的折磨。它一天也未能安宁，甚至越病越重，因为它落入了庸医手里，而那些庸医驱策着他们世俗欲望之野马，已可悲地走入歧途。即使在某个时候，某个有才能的好医生曾对它精心调理，使得躯体的某部分得到康复，但其他部分仍然如从前一样受着病苦的折磨。这些就是那全知者、全智者告诉你们的。……主为整个世界之康复而命定的特效药和最有力的工具乃是：全世界的人民要团结在一个全球性事业中，团结在共同信仰中。要达成这个目标，除了通过一位医术高明的、全能的、被赋予灵感的神医之力量之外，别无他途。真确地，此乃真理，除此之外，都只是谬误。[①]

如何用神医的高明医术来医治这个社会呢？阿布杜巴哈给出的药方就是重整经济。阿布杜巴哈论述说：对人类经济标准的重新调整及均衡化是有关民生的问题。显然，在现有的政府体制和状况之下，当一些人生活在十分舒适并远远超过他们实际所需的环境中时，穷人则陷入极度贫困的境地。从上帝至大平等的宣示中可知，穷人将获得酬劳和充分的扶助，在人类经济环境中将会有一次重新的调整，以便在将来不再会有畸形的富裕或令人难堪的贫困。他认为，对社会经济的重整是极其重要的，因为它能确保世界的稳定，因此，除非经济得以重整，否则人类将无法获得幸福和繁荣。但是，对涉及国计民生的经济法所作的重新调整又必须具有实效，以使全人类能按照他们各自的地位生活在极大的幸福中。[②]

社会经济需要重整的原因在于，人类社会与生物界不同。所有的生物都可以孤立存在，一棵树可以生长在荒漠，一只动物可以生活在大山，它们不需要相互间的合作与团结，也能享受到极大的安逸和快乐。而人类则不同，人类不能孤独地生活，需要相互之间的合作与帮助。本来，全人类同属一个大家庭，都来自于上帝的创造，应该非常和谐地生活在一起，相互之间充满爱心地过日子。但很可惜，现实社会中由于缺乏和谐的关系，因而导致"一些人尽享安逸，而另一些则处于极度悲惨的境况中；一些人得到满足，而另一些却忍饥挨饿；一些人衣着华贵，而另一些人则衣不蔽体，食不果腹"。原因是什么呢？阿布杜巴哈认为，这是由于人类这个大家庭"缺乏必要的互惠和均衡，这个家庭的事务安排不当，缺乏一个完善的法则，已制定的所有法则不能确保幸福，没有带来舒适"。因此，需要经过重整经济，"给这个家庭制定一种法则，以使其所有成员共享平等的安宁与幸福"。[③]

可见，重整经济可以实现平等，改变家庭中的一员忍受极度的痛苦和卑贱的贫穷而其他成员尽享舒适的状况，阻止贫穷的恶化，而"阻止贫穷产生的最佳途径是：建立并实行社会律法来避免少数豪富而多数赤贫的贫富悬殊现象"。所以，"巴哈欧拉教义之一是对人类社会中生活资料的调整，在

---

① 转引自邵基·阿芬第：《巴哈欧拉之天启》，第 82～83 页。

② 参见阿布杜巴哈：《未来经济》，新德里 1989 年版，第 10 页。

③ 阿布杜巴哈：《未来经济》，第 11～12 页。

这种调整之下，可以使得人类的生活在财富及生计方面不会出现两极分化”[①]，尽量做到平等。但是平等不是平均，在现实社会中绝对平等只能是一种幻想，是不可能实现的，即使在短时间之内实现了，也不可能长期维持下去。现实社会是需要秩序的，一旦绝对平等的存在成为可能，那么整个世界的秩序就将被打破。而要使秩序得到正常的维持，等级的保存就是必需的，“因为社会需要财务人员、农民、商人及体力劳动者，如同军队必须由司令、军官及士兵所组成一样，不可能人人都当司令，也不能人人当军官或士兵。在社会结构中，每个人都必须是称职的；每个人均按其能力大小发挥其作用，但必须公正地给予所有人同等的机会”[②]。差别是客观存在的，“一些人富有才智，一些人智力平平，另一些则缺乏悟性。在这三种人中，有的是秩序，而不是平等，在智者和愚笨者之间怎么可能该是平等的呢？”所以“等级能力上的不平等是一种自然的特征，必然地将会有富有者，也会有人缺乏生计，但是，在整个社会中，将会有价值和利益的均等与重新调整”。[③]

那么，怎样去实现平等呢？巴哈伊教提倡，“平等产生于人们自愿与他人分享的意愿之中。平等的获得如同富有者与普通人在财富方面的平等一样，高贵者应出于自由意愿和为了他们自己的幸福，而关心自己并照顾穷人。这样的平等就是人类崇高德行和高贵品质的表现”[④]。

可见，平等的实现要靠富有者的仁慈来实现，所以，在巴哈伊教看来，“仁慈比平等更伟大”，因为“平等是通过强力获得的，而仁慈则是一种自愿的行为（或是一种选择的方式）。善行使人趋于完美，但此种善举并非强制出来的。富人应对穷人仁慈，即应出于他们的自愿而给予穷人帮助。穷人则不应该强迫富人这样做，因为强制在人类事务中带来不和，破坏秩序。仁慈是一种自愿的善行，它为人间带来和平，将人类引入光明的境界”。[⑤] 巴哈伊教反对用强制性的手段实现平等，主张用启发内心的自觉来实现平等。该教极力让富人相信，让上帝最为欣悦的事就是为穷人着想，因为穷人更接近上帝，基督降世时，追随者、信仰者主要是穷人和地位卑下者就是对此观点的证明。穷人的生活充满了困苦，经受着连续不断的严峻考验，他们的希望仅在于上帝，所以一心朝向上帝。为此，富人一定要尽可能帮助穷人，即使牺牲自我也在所不惜。灵性的条件并不取决于是否拥有世俗的财富，物质上一贫如洗时，更可能产生灵性之思维，贫穷是朝向上帝的动力，因此富人应该多为穷人着想，给予穷人帮助，以便使自己能更接近上帝。

当然，启发富人的内心自觉并不是万能的，还要通过制定法律来限制富人越来越富，以实现经济上的平等。阿布杜巴哈论述说：

> 人类个体之间在能力上的差别是客观存在，不可能所有人都一样，也不可能所有人都同样明智。巴哈欧拉所启示的原则是用以实现人类不同的能力的调整。他说，任何可能在人类管理中实现的事情都受到这些原则的影响。当他所制定的法律得以实现时，在社会中不可能出现百万富翁，同样也没有极端的贫穷。这将通过调整人类不同的能力来实现。社会最重要的基础是农业，是土地之耕作，所有的人都必须是生产者。
>
> 社会中的每个人，只要他的收入与其个人的生产能力相符，他便可免交税，直至达到调整的

---

① 阿布杜巴哈：《世界团结之基础》，第 39 页。
② 阿布杜巴哈：《世界团结之基础》，第 39 页。
③ 阿布杜巴哈：《未来经济》，第 19～20 页。
④ 阿布杜巴哈：《未来经济》，第 18 页。
⑤ 阿布杜巴哈：《未来经济》，第 56 页。

> 效果。也就是说，一个人的生产能力与其需要将通过税收而趋于相符和协调。如果他的需要超出了他的生产能力，他将得到足够数量的补助，从而达到平衡或调整的目的。因此，税收将与能力及生产成果相称，在社会中将不会出现穷人。①

这正是巴哈伊教提倡经济重整的基本思路，而其实现则要靠两种基本的经济制度：一种是合作制，另一种是调节制。

关于合作制。合作是巴哈伊教一个非常重要的概念。该教认为，所有的人都是同一个上帝的仆人，属于同一个人类，住在同一个地球上，受同一个天国的庇荫，这样就使人类存在一种自然关系，存在一种兄弟关系和依赖性，因此，互助与合作就是人类幸福的必要原则。阿布杜巴哈指出，人类不能单独地生活，他需要与他人不断合作与互惠。如独自生活在旷野中的一个人，最终将会饿死，他不可能永远地自给自足。因此，他需要与人合作与互惠。上帝创生的人类如一体，是一个大家庭，都应该在完美的幸福与安宁中生活，"因为，人类的每一成员都是整体的一分子。任何一个成员若在受苦或遭受疾病的折磨，所有其他成员也就必然相应受苦。比方说，眼睛是人类的器官之一，如果眼睛受害，将会累及整个神经系统。因此，如果整体中的一个成员受到了痛苦的折磨，实际上，从同情关系的角度来看，所有的人将分担此痛苦，因为这(受难的)是一群中的一个，是全体中的一部分。有可能一个或一部分在受难，而另一个成员安然无恙吗？不可能！因此，上帝希望全人类同享完美的幸福与安逸"②。

人类同属一个家庭，但却存在两极分化，贫富悬殊，就是因为这个大家庭缺乏必要的互惠互助及合理分配，缺乏一个完美的律法。以前制定的所有律法都未能保证幸福，它们没能为人类提供安逸。因此，要为这个家庭制定出一种律法，通过它能使所有成员都可以通过解决贫富悬殊的问题而共享最大的安康与幸福，而对整体的社会秩序却没有任何的伤害。这个律法要贯彻这样一条基本原则：人类的最大成就要由群体中所有成员来分享，每个人都极其幸福与安乐地生活。③ 这就是合作制要贯彻的基本原则。

关于调节制。巴哈伊教认为农民比其他阶级更为重要，所以提出先在农民中贯彻调节制。每个村庄都要建一个总仓库，里边存放农产品收入税、牲畜收入税、矿产税、无继承人者遗产、土地里发现的任何财富。农产品收入税视农民每年收入而定，如果收入与支出相等，就不收税；如果收入是两千元，而支出是一千元，那就收取什一税；如果收入是一万元，甚至是两万元，那就收取四分之一作为高收入税；如果收入是十万元，而支出是五千元，那就收取三分之一的税；如果收入是二十万元，而支出是一万元，那就收二分之一的税，这样仍可有九万元的盈余。用这种比例计算法确定收入税的数额，税收的全部都归总仓库。总仓库要拿出一部分作紧急支出，如一个农民支出达一万元，而收入仅有五千元，那就从总仓库支出五千元，使他生活不至于窘迫。孤儿、无劳动能力者如盲人、老人、聋人等，都将得到照顾。这些收入还要用于创建学校，教育儿童。村民选出几位智者任理事，来管理这仓库。仓库在支付了所有的费用后仍有盈余，剩余部分须上缴国库。实行这种制度，农村群体中的每个人不需要受任何人的恩惠，就能过上安乐幸福的生活，而等级将保留下来，秩序便得以维持。但关于农产品收入税以外的几种收入，巴哈伊教的有些规定合理，有些不合理。牲畜税与农产品收入税

① 阿布杜巴哈：《世界团结之基础》，第40～41页。
② 阿布杜巴哈：《世界团结之基础》，第42～43页。
③ 参见阿布杜巴哈：《世界团结之基础》，第44页。

一样，收入越多，征税的比例也就越大，是可行的。无继承人的死者的遗产也好处理。但巴哈伊教认为，如果某人在土地上发现一眼矿，自己可占三分之二，三分之一缴总仓库；某人在路上拾到财物，三分之二归自己，三分之一交总仓库；某人发现一处宝藏，自己拿三分之二，三分之一归总仓库。这些原则可能适合当时的社会情况，但是违背社会主义国家基本法律的，是不能接受的。

在工厂，则要用调节制来限制少数人过度的资本膨胀，保障大众的基本需求。必须制定适当的法律，既维护劳动大众的利益，也使资本家的权益受到保护。财产、矿产、工业产品的拥有者应该将其收入与雇员分享，并将其利润的一部分分给工人，使雇员在工资收入以外，还能从企业的总收入中获得部分利益。厂主除了应支付工资外，还要按照能接受的程度，将四分之一或五分之一的利润分给工人以作花红；或者，工人与厂主平分利润或好处。比方说，每个拥有 1 万股份的工厂，要将其中的两千股份给它的雇员，并将股份写在他们的名下，使得他们肯定能得到这份利益，其余部分则归资本家所有。在每月月底或每年年底，在支付所有的开支和工资以后，所剩的收入将按股份的数额在劳资双方之间分配。[①]

在调节制之下，工业奴隶制将被废除，托拉斯也将完全消失，尤其竞争也将不复存在。巴哈伊教认为，竞争和工业奴隶制是现代人类社会的两大问题，必须加以解决。自然界中最根本的特征是为生存而斗争，其结果是适者生存，但在人类社会，适者生存的法则却是一切灾难的源头，它导致战争、冲突、敌意和仇恨。[②] 在经济生活领域，造成经济上不公平的基本原因之一，就是过多的挥霍和巨大无谓的竞争。不可否认，在生产工具不太发达的历史时期，有限的竞争无疑会刺激生产，但是现在必须以合作取代它，因为在现代社会支配下的人力和物力，必须是为了全人类的长远利益，而不是为了少数人的短期利益，只有当合作取代竞争并作为有组织的经济活动基础时，才能实现这一点。[③]

巴哈伊教提倡的调节制和合作制是以私有制为基础的，它承认私有财产的神圣不可侵犯性，认为人类需要追求财富，通过劳动积累起来的财富是值得肯定和赞扬的。所以巴哈伊教义接受财产和私有制观念及私人经济首创精神，但这种私有制并不赞成每个人的收入都应该一样。人的需要和能力有自然的差别，社会中的某些服务工作应该比其他服务得到更多的报酬。当然，收入应该确定一个极限，人人都有能满足自己基本需求的最低收入，如果其收入不能满足他分内的需求，他将获得公众基金的补偿。但一个人的收入也不应该过高，要通过渐进的征税制度和其他措施，来阻止个人积累超过某一限定的财富。这正是巴哈伊教主张实行两种经济制度的用意所在。

巴哈伊教认为，经济不公平的最终根源是人类的贪婪。因此，要真正解决经济问题，需要人在基本态度上作出改变。如果每个人都自私、贪婪和世俗，即使有最完美的经济计划也不会起任何作用。要真正圆满地解决当今世界经济危机，需要人类心灵的内在改变，因为“整个经济局势的根基，在本质上原是神圣的，并且和人的心灵世界是紧密相连的”。

与此相联系，巴哈伊教主张，人类社会要发展，不仅要有物质文明，而且更要有精神文明。在巴哈伊教看来，人类的光荣与崇高显然是某种超越物质财富的东西。物质上的安乐仅是枝叶，人类崇高之根源乃是良好的品德，这正是人类本质的装饰。人的美德是神圣之显现、天国之恩典，是崇高的情感，是对上帝的爱和认知；是睿智多才、理性的洞察力、科学的发现能力；是公正与平等、信任与仁

① 参见阿布杜巴哈：《世界团结之基础》，第 49 页。

② 参见阿布杜巴哈：《未来经济》，第 70 页。

③ 参见威廉·汉切尔、道格拉斯·马丁：《巴哈伊教——一个新崛起的世界宗教》，第 90 页。

爱，是自然的勇气、天赋的刚毅；是尊重他人的权利、谨守信约；是在所有的情况下都刚正不阿；是在任何条件下都服务于真理；是为全人类的利益牺牲自己的生命；是友爱尊重所有民族；是遵从上帝的教义；是为神圣的天国服务；是指引民众、教育世人，如此等等才是人类之财富。①

至于物质的财富，如果追求合理，运用得当，那也是值得赞扬的。比方说，如果财富是通过个人的努力和上苍的恩典，从经商、务农或从事艺术和工业中获得的，并且这财富被用于慈善的目的，那么这样的财富是值得高度赞扬的。尤其是当一个见多识广、聪明机智的人想方设法使大众普遍富裕起来时，就再没有比这更伟大的事业了。巴哈伊教认为，在上帝眼中，这会被当作最高的成就，因为这样一个仁善者能够满足许多人的需要，并使他们的安乐和幸福得到保障。"假如大众是富裕的，财富就是可歌颂的。然而，如果只有少数人拥有过度的财富，而其他人过着穷困的生活，并且财富没有带来任何果实或益处的话，那么，这财富对于其拥有者来说就只是一个负担。另一方面，假如财富是用以传播知识，用以建立小学或其他各种学校，用以鼓励艺术和工业的发展，用以抚养孤儿或穷人——总之，假如将财富用于社会福利——那么，财富的拥有者就将在上帝和世人面前被视为世上最卓越的人，被当作天国之民。"②

当今的世界，贫困问题愈益严重，人们为解决贫困问题提出了各种方案。这些方案都认为现存的资源或者利用科技可以开发的资源足以缓解甚至根除这种长久的人间疾苦，但是均未能奏效，原因就是科技的发展以优先解决一些与百姓真正利益无甚关联的问题为目的。巴哈伊教认为，倘若要为世界解决贫困这个重担，首先要重排社会发展目标的优先次序。"要做到这点，需要立下决心来寻求适当的价值观；这将是对人类的精神及物质资源的严峻考验。一些宗派教条分不清知足与听天由命的态度，宣扬贫困是人间生活的固有特征，只有死后才能摆脱它。如果依然让这些教条把宗教束缚着，宗教与科学携手寻求新价值观的过程便会遇上极大的障碍。宗教精神要能够有效地帮助人类争取物质福利，就必须从它所来自的神圣灵感泉源找寻新的精神概念和原则。而这些概念和原则应该适合一个在人类事务上建立团结与正义的时代。"③

正是出于这样一种精神原则的考虑，巴哈伊教提倡一种新商业道德模式。这种新商业道德模式把表面看来是背道而驰、不可相提并论的两个领域——"商业"与"心灵修养"联系到了一起。在传统商业道德观看来，"商业"意味着实用、实际与利益至上，而"心灵修养"则意味着超逸、振奋与神妙的体验，所以许多人认为商业与道德没什么关联，甚至认为商业根本就不是道德的，而心灵修养则往往被视为道德与伦理价值观的本质。巴哈伊教则努力将商业与精神价值观联系到一起。作为这方面的代表，捷克管理学中心访问教授桃乐丝·马西博士提出了一些独到的见解。她指出，国际商业环境近年经历了巨大的改变。在今天，管理方法的理论偏重的是个人价值（而非机器工具）、集体决议（而非上层主权）、齐心合力（而非独断独行）、创造财富（而非开采资源）。她要改变一下，"我们现在开始采纳的观念是以精神价值观作为基础的。虽然，我这种观点不是所有的人都同意，但如果实际上是跟着这样的路线走，用什么名堂来形容它都不是重要的。因为，以我今天所谈的价值观来经营的商业，真的比墨守成规的企业兴隆"④。

① 参见阿布杜巴哈：《已答之问题》，马来西亚巴哈伊国家灵体会 1967 年版，第 78～80 页。

② 阿布杜巴哈：《神圣文明之奥秘》，美国巴哈伊国家精神议会 1957 年版，第 24～25 页。

③ 世界正义院：《人类之繁荣》，巴哈伊国际出版社 1995 年版，第 11～12 页。

④ 《欧洲巴哈伊商界论坛提倡新道德模式》，载《天下一家》1995 年 4 月号。

正是由于巴哈伊教重视灵性，所以当世界宗教议会发表《走向全球伦理宣言》时，巴哈伊教的代表胡安娜·康拉德等六人首先在该宣言上签字。该宣言称："宗教并不能解决世界上的环境、经济、政治和社会问题。然而，宗教可以提供单靠经济计划、政治纲领或法律条款不能得到的东西，即内在取向的改变，整个心态的改变，人的心灵的改变，以及从一种错误的途径向另一种新的生命方向的改变。人类迫切需要社会的和生态的变革，但是人类对灵性更新的需要也同样迫切。作为宗教的或灵性上的人群，我们立志献身于这项任务。宗教的灵性力量可以提供一种基本的信赖感，一种意义的根基，终极的标准和精神的家园。当然，宗教要得到信任，就必须消弭出自宗教本身的冲突，消除相互之间的傲慢、猜疑、偏见甚至敌对的形象，从而表明对信仰不同的人们的各种传统、圣地、节期和仪式的尊重。"①

为了推行世界主义，巴哈伊世界采取了很多具体措施。从这些措施看，巴哈伊的思想主张并不是空想主义的，而是可以具体操作的。巴哈伊信徒积极参与联合国非政府组织的和平运动，在诸如此类的会议上，积极参与《地球宪章》等文件的制定，并发表了《世界和平之承诺》、《人类的繁荣》、《所有国家的转折点》、《致全球宗教领袖函》等宣言，以实际行动和言论表明他们对人类和平事业的关心，以期对世界和平进程有所贡献。也正是由于这一系列积极活跃的行为，该教在一百五十多年的时间内成长为分布范围仅次于基督教的世界宗教。作为一种宗教，它不单要求一般意义上的人类和平，更注重以积极开放的态度去寻求与其他宗教的和解与交融。巴哈伊着力于组织讨论世界环境、人权等问题的会议，通过此类活动增进与其他宗教的关系。同时，本着求同存异的原则，巴哈伊在其现行的组织机构体系（以世界正义院为核心的各级灵体会）内，着重提倡并推行磋商等原则，以期为未来社会提供一项行之有效的政治原则。不管这种磋商制度适应范围如何，巴哈伊此举的意义是使求同存异在现代社会中有一种可见可行的方式。在解决实际问题的国际、国内环保大会上，时常能听到巴哈伊的声音，有些是非常切合实际的建议，这也正是它备受现代人注意的原因之一。1990 年 8 月，巴哈伊国际社团向联合国环境发展大会筹备会提交了国际环境立法必要的声明。该教还参与组织了 1995 年世界九大宗教与环保会议，参与了圣文基金会的环保运动，并且曾在里约热内卢环保会议等国际会议上提交建设性的建议和章程，建立了和平纪念碑，诸多的媒介亦被巴哈伊用来宣传报道世界环保信息。凡此种种，都可以让人们切切实实地看到巴哈伊的环保意识和它对现实生活所起的作用。巴哈伊社团最着力从事的另一事业，是努力改善教育和妇女的状况。在世界各地，尤其是发展中国家的落后偏远山区，办教育成为巴哈伊传播信仰的重要方式。他们在印度的村庄创办学校，在南美的穷乡僻壤设立电台，在帮助人们传播信息的同时，对落后部族进行精神启蒙。此外，他们还在澳门创办了巴哈伊小学，在玻利维亚、哥伦比亚创办了大学等。通过创办这些学校，巴哈伊的精神得到传播，他们以"教育抗衡仇恨"的宗旨得到世人认可，因此在巴哈伊教徒中，既有大量高级知识分子，也有落后部族的土著居民，他们把巴哈伊精神普及到了尽可能广泛的层面上。

① 孔汉思、库舍尔编：《全球伦理——世界宗教议会宣言》，四川人民出版社 1997 年版，第 13 页。

第四章　儒学和巴哈伊信仰对其他文化的继承

一、儒学的多元融合

多元性是当代中国文化和世界文化发展的必然趋势。近代以来中国文化的发展历程，呈现出海纳百川的气势，积淀了丰厚的遗产与底蕴，使其在中外文化的沟通与交流上表现出优势与活力。中国近代历史上产生的所谓海派文化，是中华本土文化和外来文化交汇的结果，它经历了一个对外来文化冲撞、筛选、认同、异化和提升的过程。海派文化的主要特征是对多元文化的融合，它为儒家文化的发展提供了可资借鉴的模式。所有的世界文化遗产都是人类共同的财富，对于任何一种文化我们都不应排斥，而应虚心地吸取其精粹，同时更要看重和保持自己文化的蕴意与品位。

西方有学者说，像中国这样的国家有自己的民族特征，因此是不可能长久地被一种外国文化所迷住的。但一种模式不可能永世不衰，我们在民族文化发展上不可妄自尊大。五六千年华夏文化的底蕴与资源有待世人发掘，我们不能要么一成不变地维持传统，要么"全盘西化"，而应在多元文化共存的格局下，尊重本土文化，在此基础上积极吸取外来的优秀文化，来催化引发自身的发展。在文化形态方面走出一条创新之路，这就是多元融合型儒学出现的逻辑前提。

(一)鲁"变至于道"和儒"道不变"的铁律

笔者在《文史哲》2003 年第 2 期发表的笔谈中曾提出：孔子是中国的，也是世界的。孔子既是时间人，又是空间人。从时间上来说，孔子跨越了两千五百多年，经过多次文化交流，形成了四种类型的儒学：独尊儒术型、儒道互补型、三教合一型、四教会通型，今天已经到了形成多元融合型儒学的时候了。从空间上说，儒学不仅是中国的，也是世界各国的共同文化遗产。除了中国儒学，还有日本儒学、日本的孔子，韩国儒学、韩国的孔子，新加坡儒学、新加坡的孔子……甚至还有法国的儒学、法国的孔子，美国波士顿儒学、西儒……这些儒学都是文化交流的产物。国外的儒学也会进一步融合，多元融合型儒学的出现也是毋庸置疑的。从时间和空间上说，多元融合型儒学的出现都是必然的，而且已经成为部分事实。

乔羽所写的《千古孔子》歌词说："百年千年万年，昨天今天明天，多少亭台楼阁早已化作瓦砾一片，多少功名利禄早已化作过眼云烟，你仍旧是你，你仍旧是你，你是一位善解人意的朋友，永远活在众生之间，活在众生之间。"这里说出了孔子的永恒性，这是其两千五百多年不变的地方。

两千五百多年不变的是孔子之道。孔子主张"齐一变，至于鲁，鲁一变，至于道"(《论语·雍也》)，认为齐国是主张霸道的国家，必须变为主张王道的国家，而鲁国在周公之后是奉行周礼的模范，但鲁国还需要变一下才能"至于道"。霸道必须变为王道、仁道，而王道、仁道的实现"在明明德，在亲民，在止于至善"(《礼记·大学》)。"止于至善"的楷模是"尧舜之世"，因此孔子对"尧舜之世"称颂不已，孟子则直接揭示了唐虞之隆的本质："尧舜之道，孝悌而已矣。"(《孟子·告子上》)孝悌出于维护人伦纲纪，孔子和其后继者将儒学凝固为"道之大者，原出于天，天不变，道亦不变"(董仲舒《天人三策·第二策》)。恒定的孔孟之道，就是三纲六纪。对于纲纪，近代学者王国维先生在《殷周制度论》中说："周之所以纲纪天下，其旨则在纳上下于道德，而合天子、诸侯、卿、大夫、士、庶民以成一道德之团体。周公制作之本意，实在于此。"他指出纲纪就是一种人际关系，其核心在陈寅恪先生的《悼王观堂先生挽词并序》中又得到了进一步阐述：

吾中国文化之定义，具于《白虎通》三纲六纪之说，其意义为抽象理想最高之境，犹希腊柏拉图所谓 Eiaos 者。若以君臣之纲言之，君为李煜，亦期之以刘秀；以朋友之纪言之，友为郦寄，亦待之鲍叔。其所殉之道，所成之仁，均为抽象理想之通性，而非具体之一人一事。夫纲纪本理想抽象之物，然不能不有所依托，以为具体表现之用。其所依托表现者，实为有形之社会制度，而经济制度尤其最要者。故所依托者不变易，则依托者亦得因以保存。吾国古来亦尝有悖三纲，违六纪，无父无君之说，如释迦牟尼外来之教者矣。然佛教流传播演盛昌于中土，而中土历史遗留纲纪之说，曾不因之以动摇者，其说所依托之社会经济制度，未尝根本变迁，故犹能借之以为寄命之地也。

三纲是君为臣纲、父为子纲、夫为妇纲，六纪是诸父（父亲的兄弟）、兄弟（自己的兄弟）、族人、诸舅（母亲的兄弟）、师长、朋友。这九个方面的关系处理好了，社会就稳定了。在当代社会里，仍然存在这些关系，只是需要加以变通，照顾到相互之间的利益，不要再强调单方面的主导关系。比方说君臣关系要演变成国家和人民的关系，二者之间是相辅相成的。涉及到其他关系，也要互相照顾到对方的利益。父子关系可演变成父母与子女的关系，诸父演变成父亲的兄弟姐妹，兄弟演变成兄弟姐妹，诸舅演变成母亲的兄弟姐妹。只要辩证地处理这九个方面的关系，任何社会都可以保持稳定。这正是儒学恒定性的一面，即儒"道不变"的铁律。

然而儒学并不是固定不变的，它会随着时代的变迁不断改变形态，所以从战国至清代就有了汉儒、唐儒、宋儒、明儒、清儒等不同时期的儒家学派，近代以来，则产生了新儒家。儒学也会在传播的过程中随着地域的不同产生地域的特性，如《论语》在传播过程中就有齐、鲁之分，宋明理学中的濂、洛、关、闽四大学派也是有很大区别的。中国儒学不管是怎么完整的统一体，里面都有许多学派，这是谁也不否认的。这些学派或以地域分，或以人物分，不管怎样划分，都是有区别的。而中国的儒学与"儒教文化圈"其他国家如韩国、日本和新加坡等国的儒学，都是不同的。至于与属于西方世界的"西儒"，区别就更大了。可见从时间和地域范围，儒学都是有很多层次的。然而不管区别多么大，儒学的本质又都离不开"道"，变来变去，都要"至于道"，否则那就不是儒学了。

从文化交流和学派的纯杂程度来分，历史上的儒家学派大致可以分为四种类型：独尊儒术型、儒道互补型、三教合一型、四教会通型。这些学派的形成是受文化交流影响所致。即使是独尊儒术型，也离不开交流，只不过是对交流有所选择罢了。

真正独尊儒术的儒学几乎是很少存在的。"罢黜百家，独尊儒术"（董仲舒《天人三策·第三策》）是汉代董仲舒最早提出来的，但他并没有做到独尊儒术。在他的思想中，至少已经杂糅了许多齐学的内容。这说明独尊儒术是非常难的，连提出者都做不到。从儒学道统来说，真正恪守孔子学说的只有战国时的孟子、唐代的韩愈和宋代的安定、泰山、横渠、涑水四派，可以说是凤毛麟角。儒道互补型又可以分为两种：一种是儒家思想与道教思想互补，如北宋濂溪、百源诸派；另一种是儒家思想与道家思想互补，如魏晋玄学。三教合一型是宋代以后儒家学派中势力最大的一派，程朱、陆王诸派概莫能外。四教会通型的儒学是明代以后出现的儒学新派别，有两种类型：基督教与中国传统文化的会通和伊斯兰教与中国传统文化的会通。基督教与儒教的会通不是成功的，没有形成中国特色的基督教学派。伊斯兰教与儒学的会通是比较成功的，出现了有中国特色的伊斯兰教学派，如刘智、王岱舆、马复初等明末清初的思想家都是四教会通型的伊斯兰教学者。

由此可见，儒家学派并不是一成不变的，而是随着历史的发展不断发生变化。就宋、元、明、清四朝而言，儒家内部的分野相当明显，有学派一百多个，其中注重音韵训诂的汉学系统和注重义理发明的宋学系统就泾渭分明。而从学术流派的归属上来看，四朝的儒家学派大致可分为独尊儒术型、儒道互补型、三教合一型、四教会通型，现将这四种类型分述于下。

(二)独尊儒术型

所谓独尊儒术型的儒家学派，是指恪守先秦儒家孔子、孟子、荀子传统和基本精神的学派。孔子、孟子、荀子的思想虽也有差别，但基本精神是一致的，就是荀子大醇而小疵也与孔子相去不远。但即使他们被尊为独尊儒术型，其思想也是文化交流的产物。孔子曾向老子问礼，在齐国闻《韶乐》，三月不知肉味，主张“齐一变，至于鲁，鲁一变，至于道”。孟子也在齐国居住多年，深受稷下学宫思想家们的影响。荀子自己曾三为祭酒，最为老师，受稷下的影响也非常大。他们的思想都是在文化交流之中成长起来的。汉代以后，真正恪守儒家一派思想的，更是不多见。即使如董仲舒，被称为“汉代大儒”，且提出了“罢黜百家，独尊儒术”的主张，但其思想中显然已杂有阴阳家的思想，这是学术界普遍承认的事实。到宋代，真正独尊儒术型的儒学家已经很少，大致看来，仅安定、泰山、横渠、涑水四派而已。

安定学派为胡瑗所创。该派以仁义礼乐为学，创立了以经术教授吴中的“苏湖教法”，“科条纤悉具备，立经义、治事二斋，经义则选择其心性疏通、有器局、可任大事者，使之讲明《六经》。治事则一人各治一事，又兼摄一事，如治民以安其生，讲武以御其寇，堰水以利其田，算历以明数是也”。该派以“明体达用之学”为“政教之本”，提倡“命者禀之于天，性者命之在我。在我者修之，禀于天者顺之”，“进退周旋，皆合古礼”。所以宋神宗称赞该派“得孔、孟之宗”(《宋元学案·安定学案》)。

泰山学派以北宋初的孙复为代表。该派与安定学派共同初创宋代理学体系，建立了重要的原则和概念。其学上承唐代名儒陆淳，教学与著书以治经为先，发明治道，强调以尊王为本，主张“欲治其末者，必端其本，严其终者，必正其始”(孙复《春秋尊王发微·隐元年春王正月》)，宣扬道统论，推尊儒家道统人物，认为董仲舒、扬雄、王通、韩愈等人“始终仁义，不叛不杂”(《睢阳子集·与张洞书》)。该派提倡独尊儒术而反对佛老各家，治经时注重探寻义理，不惑传注，开宋代用义理解经的风气。全祖望评论该派“高明”、“刚健”，与安定相比，各有千秋，“宋世学术之盛，安定、泰山为之先河，程朱二先生皆以为然。……各得其性禀之所近。要其力肩斯道之传，则一也”(《宋元学案·安定学案》)。

横渠学派亦称“关学”，以北宋张载为代表。“其学以《易》为宗，以《中庸》为的，以《礼》为体，以孔、孟为极”，坚决反对道家有生于无、道教长生不死、佛教把世界看成虚幻等观点。张载提倡遵循古礼，教人洒扫应对进退之礼，使关中风俗一变而至于古。他慨然有志于“为天地立心，为生民立命，为往圣继绝学，为万世开太平”，继承儒家传统的人道思想，综合“大同”、“宗法”思想，提出了著名的“民胞吾与”说，认定“民吾同胞，物吾与也”，即天地是人的父母，仁者以天地万物为一体，人类是同胞，应亲之，万物是朋友，应友之，孝亲原则适用于一切人。(以上引文均见《宋元学案·横渠学案》)

独尊儒术型的另一典型是涑水学派，以北宋司马光为代表。司马光崇奉西汉扬雄，精研《法言》、《太玄》三十余年，酷爱《左氏春秋》，于学无所不通，唯不喜佛老之学。他“孝友忠信，恭俭正直，居处有法，动作有礼”(《宋元学案·涑水学案》)，论君道则曰：仁、明、武，论治道则曰：官人、信赏、必罚，是他“平生力学所得”(《宋元学案·涑水学案》)。该派主张“礼”是“辨贵贱，序亲疏，裁群物，制庶事”(《资治通鉴》卷一)的工具，以礼整治纲纪，使“尊卑有等，长幼有伦，内外有别，亲疏有序，然后上下各安其分，而无觊觎之心”(《易说·履卦》)。司马光被程颐尊为与张载、邵雍一样的“不杂者”(《宋元学案·涑水学案》)。

此外，像范仲淹及其弟子也属独尊儒术型学者，被朱熹推崇为“一生粹然无疵，而导横渠以入圣人之室，尤为有功”。其“先天下之忧而忧，后天下之乐而乐”(《宋元学案·高平学案》)，将孟子“老吾老以及人之老，幼吾幼以及人之幼”(《孟子·梁惠王上》)的思想大大推进了一步，具有更为宽广的儒者胸怀，被后世儒家奉为楷模。

(三)儒道互补型

儒道互补型又可分为两种：一种是儒家思想与道教思想互补，另一种是儒家思想与道家思想互补。

儒家思想与道教互补，主要有葛洪、北宋濂溪学派和百源学派。

葛洪的思想十分庞杂。他既吸取了儒家的伦理道德学说，与儒家思想有着极为密切的关系，又继承和发挥了道家的思想，他对道家的一些基本概念加以神秘化的解释，建立起了一套道教的理论体系。葛洪学兼道儒表现在：在养生方面，他主张依照道家的原则，见素抱朴，不为物役，天真自然，不事雕饰；在经世治国方面，他又赞同儒家的方式，重视教化。葛洪指出：“夫道者，内以治身，外以为国”(《抱朴子·内篇·明本》)，“欲求仙者，要当以忠孝、和顺、仁信为本。若德行不修，而但务方术，皆不得长生也”(《抱朴子·内篇·对俗》)，“欲求长生者，必欲积善立功，慈心于物，恕己及人，仁逮昆虫，乐人之吉，愍人之苦，周人之急，救人之穷，手不伤生，口不劝祸，见人之得，如己之得，见人之失，如己之失，不自贵，不自誉，不嫉妒胜己，不佞谄阴贼，如此乃为有德，受福于天，所作必成，求仙可冀”(《抱朴子·内篇·微旨》)，极为明确地提出了求仙要以儒术为本的思想。“儒教近而易见，故宗之者众焉，道意远而难识，故达之者寡也。道者，万殊之源也，儒者，大淳之流也。”(《抱朴子·内篇·塞难》)

对于儒道之间的关系，葛洪主张应以道为本。他认为：“仲尼，儒者之圣也；老子，得道之圣也。……三皇以往，道治也。帝王以来，儒教也。谈者咸知高世之敦朴，而薄季俗之浇散，何独重仲尼而轻老氏乎？是玩华藻于木末，而不识所生之有本也。何异乎贵明珠而贱渊潭，爱和璧而恶荆山。不知渊潭者明珠之所自出；荆山者和璧之所由生也。且夫养性者，道之余也；礼乐者，儒之末也。所以贵儒者，以其移风易俗，不唯揖让与盘旋也。所以尊道者，以其不言而化行，匪独养生之一事也。若儒道果有先后，则仲尼未可专信，而老氏未可孤用。仲尼既敬问伯阳，愿比老彭，又自以知鱼鸟而不识龙，喻老氏于龙，盖其心服之辞，非空言也。与颜回所言，瞻之在前，忽然在后，钻之弥坚，仰之弥高，无以异也。”(《抱朴子·内篇·塞难》)“道者儒之本也，儒者道之末也。”(《抱朴子·内篇·明本》)“凡言道者，上自二仪，下逮万物，莫不由之。但黄老执其本，儒墨治其末耳。”(《抱朴子·内篇·明本》)儒道虽有本末，但是“本不必皆珍，末不必悉薄”(《抱朴子·外篇·尚博》)。本末只有先后之分，并无尊卑之别，如“锦绣之因素地，珠玉之居蚌石，云雨生于肤寸，江河始于咫尺”(《抱朴子·外篇·尚博》)。

濂溪学派简称“濂学”，以周敦颐为代表。周敦颐以《周易》为宗，将宋初道士陈抟讲修炼成仙之术的《无极图》、儒家的《中庸》和阴阳五行等思想材料加以融合铸造，为宋代以后的理学家提供了“无极"、"太极"等宇宙本体论的范畴和演化模式。他以无极而太极的命题解决了多样性与统一性关系的问题,认为太极的自我运动分化出阴阳二气,二气五行之精妙凝合又产生出万物。他所提出的"主静立人极"的伦理观,规定了"万一各正,小大有定"(周敦颐《通书·理性命》)的等级秩序。该派虽吸收道教思想,但其思想主体是儒家,而道教是补充。

百源学派是以北宋邵雍为代表的学派,又称"象数学派"。其代表作《皇极经世》吸收道教思想,运用易理、易数推究宇宙起源、自然演化和社会历史的变迁,把象和数作为宇宙形成和发展的根源,认为宇宙的本原是太极,太极生出天地,天生于动,地生于静,动之始生阳,动之极生阴,阴阳交互作用而生成水火土石。又认为"道为太极"、"心为太极"、"万化万事皆生乎心"(邵雍《皇极经世·观物外篇》)。邵雍深得后来宋代理学家的称赏,程颢称其为"振古之豪杰",朱熹称其胸襟中的学问"能包括宇宙,始终古今"(《宋元学案·百源学案》)。该派不仅在当时有很大影响,且在元、明、清三代也有一大批追随者,形成了绵延不绝的象数学派,是融合儒家和道教思想的典型代表。值得指出的是,在儒家思想和道教互补的学派中,已经有佛教影响的痕迹,因为道教虽然是中国土生土长的宗教,但却又是受到佛教一定影响的宗教。

儒家思想与道家互补的,主要代表为北宋临川学派。该派因王安石为江西临川人而得名,又因王安石推行变法革新,故称"新学"。王安石不仅精于儒家经典《诗》、《书》、《周礼》,而且精于道家经典《老子》。他所提出的"万物一气也"、"生物者,气也"(王安石《洪范传》)的观点,系统地阐述了自然界变化运动的规律和过程:元气生成阴阳冲气,阴阳冲气生成"五行","五行"又构成万物,万物在毁灭之后再复归于元气。他认为物"皆各有耦"、"有对",认识到事物对立矛盾存在复杂性,对立面相互依存,"无春夏之荣华,无秋冬之凋落","轻者必以重为依,躁者必以静为主"(王安石《道德经集注》)。王安石的基本倾向是取道家元气自然论来补充儒家思想,因此其思想的基本格调仍是儒家思想,如"仁义礼智信,天下之达道","以仁义礼智信修其身而移之政,则天下莫不化之"(《宋元学案·荆公新学略》)。

(四)三教合一型

应该说,宋、元、明、清四朝的大多数儒家学派属于三教合一型。

隋唐以来,三教之间互相吸收融摄,逐渐兴起儒、佛、道三教合流的思潮。隋朝的王通和北宋的张伯端都是三教合一的早期提出者。王通站在儒家的立场上,提出儒、佛、道"三教可一","子读《洪范说议》,曰:三教于是可一矣"(《文中子中说·问易》)。张伯端提出"教虽三分,道乃归一"(《悟真篇》)。理学中的程朱学派和陆王学派,都是三教合一型的学派。

程朱学派的基本力量是伊川学派和考亭学派(伊川学派因程颐号伊川而得名,考亭学派因朱熹在福建建阳考亭讲学而得名)。以程颢为代表的明道学派,因程颢号明道而得名,但程颢更多地表现出心学倾向,既以理为宇宙本源,又以人心之仁为理之体现,为后来陆九渊、王守仁开启了心学之源。程氏兄弟和朱熹所创立的儒学流派合称"程朱学派",它们普遍带有三教合一的色彩。

程颢从十五六岁开始,"闻周敦颐论学,泛滥于诸家,出入于老释者几十年,返求诸《六经》,而后得之",程颢坦然表白"吾学虽有所授受,'天理'二字却是自家体贴出来"(《二程集·外书》卷一二)。黄百家评论"天理"二字说:"盖吾儒之与佛氏异者,全在此二字。吾儒之学,一本乎天理。而佛氏以理为障,最恶天理。先生少时亦曾出入老释者几十年,不为所染,卒能发明孔、孟正学于千四百年无传之后者，则以‘天理’二字立其宗也。”（《宋元学案·明道学案》黄百家案语）但是，程颢的心性之学和悟的思想，显然融有中国佛教的内容。诚如叶适所言，程颢所言“皆老、佛、庄、列常语”，虽“攻斥老、佛至深，然尽用其学而不自知”（叶适《习学记言序目》卷一五）。当然，这种现象也可以用钱穆的话加以解释，即“不入虎穴，焉得虎子，明道盖于老释异端用心特深，故能针对老释而发扬孔子之大道与儒学之正统，其事端待明道而始著”（《朱子新学案》代序），但也并不否认程颢对佛教确有继承与融会处。

程颐的思想虽与其兄有异，但二人受佛教影响却是一致的。他经常瞑目静坐，虽有“世言伊川终生不看佛书”之说，但其心性学说、禁欲主义均与佛教有渊源关系。而且和二程有渊源关系的诸多学派，如北宋和靖、豫章，南宋汉上、西山、湖湘、武夷、玉山、荥阳、五峰、南轩等，也大多带有三教合一的倾向。

以朱熹为代表的考亭学派，或称“闽学”、“晦翁学派”，该派三教合一的倾向也极为明显。朱熹“出入于释老者十余年”（《白田草堂存稿》卷七），他虽然表白自己“于释氏之说，盖尝师其人，尊其道，求之亦切至矣，然未能有得”（《朱熹文集·答汪尚书》），并批判佛教空虚寂灭，义理灭尽，“禅学最害道”，“大而万事万物，细而百骸九窍，一齐都归于无。终日吃饭，却道不曾咬着一粒米，满身著衣，却道不曾挂着一条丝”，因此“异端之害道，如释氏者极矣”（《朱子语类》卷一二六）。但是，谁也不会否认华严宗的“一即一切”、“四法界”之说对朱熹的理一分殊说的影响，朱熹的理一分殊还借用佛教的月印万川之喻来说明：“释氏云‘一月普现一切月，一切水月一月摄’，这是那释氏也窥见得这些道理。”（《朱子语类》卷一八）而人人有一太极、物物有一太极的学说，则是朱熹借鉴了华严宗的因陀罗网境界。他的一多关系论“一理之实而万物分之以为体”、“万个是一个，一个是万个”（《朱子语类》卷九四），是佛教禅宗“一法遍含一切法”的翻版；而其一旦豁然贯通的工夫，则是脱胎于禅宗的顿悟说。受考亭学派影响，南宋巽斋、定川、北溪、木钟、东发、勉斋、鹤山，宋元之际鲁斋，元代静修、萧同，明代崇仁、河东各学派，也都自然地带有三教合一的倾向。

陆王心学同样也是三教合一型的儒家学派。陆学在当时已被宗朱者诋为“狂禅”，陈北溪指出“象山教人终日静坐，以存本心……今指人心为道心，便是告子生之谓性之说；蠢动含灵，皆有佛性之说；运水搬柴，无非妙用之说”（《宋元学案·象山学案》）。王阳明更是深受佛教、道家影响，他“始泛滥于辞章，继而遍读考亭之书，循序格物，顾物理吾心，终判为二，无所得入。于是出入于佛老者久之。及至居夷处困，动心忍性，因念圣人处此，更有何道。忽悟格物致知之旨：圣人之道，吾性自足，不假外求。其学凡三变而始得其门”（《明儒学案·姚江学案》）。

这里并未详细论及程朱、陆王受道家影响之处，原因是：其一，中国佛教本身是印度佛教不断中国化而形成的，印度佛教在中国化的过程中已经吸收或融会了道家或道教的内容，这是一个基本的事实；其二，朱、陆之间长达数年的有关无极、太极的辩论，已经明确地揭示出他们都有受道家影响之处，因此，有人指出“于太极上加无极二字，乃是蔽于老氏之学”，无极之学“其来历为老氏之学明矣”。（《宋元学案·象山学案》）

后世受到陆王影响的学派，如南宋慈湖，元代静明、宝峰，明代白沙、甘泉、泰州、江右、蕺山，清代康有为、谭嗣同，也都有三教合一的特点。至于和会朱陆的各派，如南宋晦静、深宁，元代草庐，明代东林，清初颜李，自然也有这种特点。

综上所述，宋明理学中的大多数学派虽然均属于儒家学派范畴，但他们都是三教合一型的儒家。正如任继愈所说：“周、程、张、朱、陆、王诸大家，在青少年时期都有‘出入于佛老’的治学经历”，“如果仔细考察，会发现宋、明诸儒并没有真正反对佛教，倒是可以认为他们是佛教的直接继承人。也可以说，他们是接着佛教的一些中心问题，沿着他们的路线继续前进的"。① 这可以说是不移之论。

(五)四教会通型

四教会通型的儒学有两种类型：基督教与中国传统文化的会通，伊斯兰教与中国传统文化的会通。

早在公元三四世纪，基督教就已传入中国，而真正传教成功的则是利玛窦，因此他被称为明末清初西学东渐的奠基人。

利玛窦之后，邓玉函、龙华民等人又先后供职中国朝廷，得传教之便利。清雍正元年(1724 年)，朝廷开始禁教。1775 年，基督教传教活动中断。嘉庆十六年(1811 年)，马礼逊等人又来华传教。第一次鸦片战争之后，一大批西学著作出版，林则徐、梁廷枏、魏源、徐继畬、李善兰等人主动了解和吸收西学。第二次鸦片战争之后，新的通商口岸开放，各教会学校和译书机构的创办使各种西书得以大量出版。曾国藩、张之洞、李鸿章等高级官吏对西学从疑忌变为信服，西学影响逐渐深入，甚至光绪帝本人也研读西书。1900 年以后，更有严复、马君武等人系统翻译和介绍西书，严复的译作《天演论》、《原富》、《群学肄言》、《法意》、《穆勒名学》及自著而成的《原强》，都是中西文化会通的结果。

对中西文化会通的反思，有几种具代表性的观点。一种是中西相合且同源说，它认为中国文化是西方文化的源头活水，古代的中学西被过程使西方获益。郑观应和黄遵宪是这种观点的代表，郑观应认为"古人名物象数之学，流徙而入泰西"②。黄遵宪认为"泰西之学，其源盖出于墨子"(《日本国志·学术志》)。这是西学中源说。第二种是中道西器说。郑观应的西学中源说肯定了"中学其本也，西学其末也"，因此对中、西学的态度应该是"主以中学，辅以西学"(《盛世危言·道器》)。王韬将之具体化为"以中国纲常名教为原本，辅以诸国富强之术"，"器则取诸西国，道则备自当躬"。(《弢园文录外编》)第三种是中体西用说，康有为、梁启超、孙家鼐、沈寿康等人均持此说。康有为认为"中学体也，西学用也，无体不立，无用不行，二者缺一不可"③。梁启超说："夫中学体也，西学用也，二者相需，缺一不可。体用不备，安能成才！"④京师大学堂学长孙家鼐主张该学堂"自应以中学为主，西学为辅；中学为体，西学为用"。沈寿康也主张"夫中西学问，本自互有得失，为华人计，宜以中学为体，西学为用"⑤。这种观点的基本思想就是孙家鼐所说"中学有未备者，以西学补之；中学其失传者，以西学还之；以中学包罗西学，不能以西学凌驾中学"，也就是中体西用说的代表人物张之洞所说"新旧兼学，四书五经、中国史事、政书、地图为旧学，西政、西艺、西史为新学，旧学为体，新学为用"，"中学治身心，西学应世事"(《劝学篇·会通》)。

伊斯兰教与中国传统文化的会通也是一个漫长的历史过程。大量穆斯林沿海陆两条丝绸之路进入中国，伊斯兰文化和中国文化经过长期相互吸纳，形成了一种独具特色的四教会通型的中国文化。

---

① 任继愈：《佛教与儒教》，载文史知识编辑部编《佛教与中国文化》，中华书局 1988 年版，第 14 页。

② 《盛世危言·道器》，载《郑观应集》上册，上海人民出版社 1982 年版，第 242 页。

③ 《东华续录》卷一四五《奏请经济岁举归并正科并各省岁科迅即改试策论折》(光绪二十四年五月二十日)。

④ 《奏议辑揽·军机大臣总理衙门遵筹开办京师大学堂折》。

⑤ 《匡时策》，载 1896 年 4 月《万国公报》。

伊斯兰教自唐代传入中国，到元初及明代已经五百年。到明末清初，在中国思想界出现了一批“学通四教”的学者，他们既精通伊斯兰教义，又通晓儒学、道教与佛教的内容，他们把这四种学说融合在一起，形成了一种新的思想体系，其特点是“天方(阿拉伯)经语略以汉字译之，并注释其义焉，征集儒书所云，俾得互相理会，知回、儒两教道本同源，初无二理”(蓝煦《天方正学·自序》)。这些学通四教的思想家建立起了以“真宰说”为核心的本体论、以认主学为核心的认识论、三纲五常与五功相结合的伦理观。

“真宰说”是刘智所创立的。真宰的别名还有“真一”、“主宰”、“真主”等，是伊斯兰教独一神安拉的意译。真宰是超越天地万物之上、先天地万物而存在的实有，是能化生万物的精神本体，是宇宙和天地万物的总根源。刘智的思想很有代表性：“太空冥冥，有真宰焉。独一无二也，无相至妙难以言喻也。凡有匹偶，或可言喻，皆受造之物，非造物之主也。天地万物，皆有匹偶，皆可言喻，真宰之所生化者也。真宰则先天地人物而有者也。”(刘智《天方典礼·真宰篇》)真宰的特性是：其一，前无始，后无终，大无外，细无内。其二，无形似，无方所，无遐迩，无对待。其三，无动静，无变化，无形迹。“真宰”一语借自庄子《齐物论》中“若有真宰，而特不得其朕”。同时，它又吸收了宋明理学奠基者周敦颐《太极图说》中的万物化生说，肯定了真宰化生万物的本体论意义：“真宰无形，而显有太极。太极判而阴阳分，阴阳分而天地成。天地成而万物生，天地万物备而真宰之妙用贯彻乎其中。天地万物既备，乃集气水火土四行之精，造化人祖阿丹于天方之野。”(刘智《天方典礼择要解》卷一《原教篇》)这样一个真宰，还是一切理气的总根源：它“不牵于阴阳，不属于造化，实天地万物之本原也。一切理气，皆从此本然而出。所谓尽人合天者，合于此也。所谓归根复命者，复于此也。是一切理气之所资始，亦一切理气之所归宿”(刘智《天方典礼择要解》卷一《原教篇》)。

认主学的基本观点是人与宇宙万物都是真宰本然的体现，人的真宰能力也是真宰给予的。所以，人应该“以认识主宰为先务”，“认得主宰是造化天地万物者，是我之心性所从以出者，则根脚正定不为歧妄所动摇矣”(刘智《天方典礼择要解》卷一《原教篇》)。而要认识真宰，有两种方法：其一是尽心知性，“今日由尽心而得以知性，由知性而得以认识主宰，此后天之事也”(刘智《天方典礼择要解》卷一《原教篇》)，尽心知性又要与修身相联系，“不得于性外求身，亦不能于身外见性”(刘智《天方典礼·谛言篇》)，通过修身而明心，明心而见性，见性而认识真宰。其二是理性推理，通过“视夫天地之造化、日月之运气、昼夜之舒卷、寒暑之代谢以及种种安排、色色布置，历万古而常然，恒生生而不息，则知必有主宰者默运其间”(刘智《天方典礼·认识篇》)。伊斯兰教的伦理观本是以人与安拉的关系为核心的五功说，而学通四教的学者们则将儒家的三纲五常与五功结合起来。他们主张，三纲中的“君为臣纲”是基础，“命曰天子，天之子，民之父也。三纲由兹而立，五伦由此而立”(马注《清真指南》卷五《忠孝》)。儒家的人伦五常仁、义、礼、智、信被称为“五典”，是天理当然之则、一定不移之礼，可与念、礼、斋、课、朝的伊斯兰教“五功”并列。立五功就是尽天道，克服身心性命之累；立五典是尽人道，五功与五典相互结合，互为表里，也就既尽了天道，又尽了人道，做人的义务也就算完成了，“敬服五功，天道尽矣。敦崇五典，人道尽矣”(刘智《天方典礼择要解》卷一《原教篇》)。从以上三个方面可以看出，这些四教会通型的学者既可以被看作是吸收了中国传统文化的中国伊斯兰学者，也可以被看作吸收了伊斯兰教的中国儒学别派，是四教会通的另一种类型。

(六)几点结论

在上述基础上加以思考，我们似乎可以得出如下几点结论：第一，思想史上的任何一个学派都不可能是一成不变的,儒家学派就是这样。宋、元、明、清四朝儒家学派之所以有异彩纷呈的局面,就是因为他们不断吸收外来思想因素。儒家学派从独尊儒术型到儒道互补型、三教合一型、四教会通型的纵向逻辑发展,正是中国传统文化不断吸收外来文化以丰富自己的体现。第二,继承和创新之间是一种辩证关系。对优秀的文化遗产要继承,但绝不应一成不变地照搬照套,历史上的思想不可能完全解决现实的问题,只有根据现实情况不断进行创新,才能更好地继承,使传统思想焕发出生机和朝气。不创新的继承是没有出路的。正因为四朝儒家学派能不断创新,才使儒家学派保持活力至今,如果他们都只是一味继承而没有创新,儒家学派可能早已不存在了。第三,新思想的产生是本土文化和外来文化不断融合的结果。四朝儒家学派中的儒道互补型、三教合一型、四教会通型都是在不断吸收外来文化的基础上形成的。儒道互补型也并不是中国本土文化的融合,因为道教已经吸收了外来佛教的不少因素,并不是道家在单一方向上的延伸。一个民族要发展,就必须不断吸收外来文化的成果,正确解决好"拿来"的问题。中华民族向来有海纳百川的气魄,从来不把外来先进文化拒之门外。在21世纪的今天,更应该这样。第四,外来思想只有在中国化之后,才能为广大中国人所接受,才能有生命力。佛教传入中国两千多年,起初学派众多,但只有中国化较好的禅宗流传甚广。利玛窦之所以成功,是因为他注意将基督教中国化,在儒学中寻求与基督教的结合点。伊斯兰教在中国影响大的教派也是征集儒书注释伊斯兰教义,知伊、儒道本同源。由此也可以证明,全盘西化是不可能的,即使在全球一体化实现之后,世界各民族也不可能全盘西化。各民族仍然要保持自己的民族特点,有民族性才有世界性,世界性只有融入民族性才能起作用。至于近代以后出现的新儒家,有一些则是中国传统文化与西方文化融合的产物。这些新儒家把西方的形上学套进儒学的框架,企图构造出新的儒学。但他们基本上是失败的。梁漱溟影响较大,但梁漱溟是多元汇合型的新儒家。而他之后的新儒家,尤其是仅融合中西的新儒家,很难形成大的影响,因为他们已经流于虚空之学。

孔子是因时制宜、因地制宜、与时并进的。儒学发展到今天,应该被赋予新的生命。通过文化交流,吸收外来文化的精华,使它成为多元融合型的儒学,就是儒家的新生命。

(七)多元融合型儒学的出现

"五四"以来,儒学面临着来自三方面的威胁和挑战:"打倒孔家店"的反孔,军阀以及地方封建势力的尊孔,全盘西化论的非孔。

五四新文化运动明确提出了"打倒孔家店"的口号,激烈否定中国传统文化。新文化运动的矛头主要指向封建礼教和宗法观念,把孔子当成"孔教"教主来批判。在他们看来,儒学作为"儒教"起着维护封建统治的作用。这在当时对冲决封建罗网起到了决定的和积极的作用,但由于新文化运动采取了激烈的矫枉过正的政治态度,在客观上促成了现实中的反孔灭儒风尚,无形之中造成了对传统文化的破坏,使包括儒学在内的传统文化元气大伤。正如吴宓所指出的:"自新潮澎湃,孔子乃为攻击之目标。学者以专打"孔家店"为号召,侮之曰孔老二。用其轻薄尖刻之笔,备致诋祺。盲从之少年,习焉不察,遂共以孔子为迂腐陈旧之偶像,礼教流毒之罪人,以谩孔为当然,视尊圣如狂病。……摧毁孔庙,斩杀儒者,推倒礼教,打破羞耻,其行动之激烈暴厉,凡令人疑其为反对文明社会,匪特反对孔子而已。”[①]更为严重的是，20世纪60～70年代的“文革”把反孔进一步推广扩大，用扫“四旧”和砸烂一切“牛鬼蛇神”的极端手段，把传统文化破坏殆尽，尤其是使传统道德不复存在。儒学遭此劫难，令文化界感到无比的震惊和愤慨。吴宓说，孔子降生两千多年来，“常为吾国人之仪型师表，尊若神明，自天子以至庶人，立言行事，悉以遵依孔子、模仿孔子为职志。又隆盛之礼节，以著其敬仰之诚心”。但是，时至今日，“孔子在中国人心目中之影象，似将消灭而不存矣”。[②]

儒学面对的第二种挑战是极右势力对孔子和儒学的利用与践踏。民初以后大小军阀和地方封建势力恢复孔教，举行祭孔仪式，在各级学校规定尊孔读经，极力把“孔教定为国教”，企图“以礼教立国”，把儒学变为他们统治人民的工具。绰号“狗肉将军”的山东军阀张宗昌督鲁期间就是这样做的。这位将军斗大的字不识一升，以“三不知”闻名于世：不知自己手下有多少兵，不知自己有多少钱，不知自己有多少小老婆。但在这样一个文化底蕴丰厚的省份，他又不甘心被文化人瞧不起。为了标榜自己敬重文化人，礼贤下士，他于是附庸风雅，依靠武力重刻颁布了《十三经》。在每年举行的祭孔典礼上，主持人就是张宗昌。他穿着长袍马褂，行三跪九叩之礼。一个无恶不作的军阀，这时居然一副正人君子样、圣人之徒像，满脸正气，义形于色。除了践踏孔子，他们还能做些什么呢？真正是对孔子的“隆杀”。

儒学面对的第三种挑战是全盘西化论。近代以来，中国遭受了西方帝国主义的侵凌和欺压，有的思想家从中国积贫积弱的现实中得出结论，中国要富强，必须实现彻底的改革，效法西方。

在成为马克思主义者以前，陈独秀和李大钊都有过西化论的倾向。陈独秀认为只有用民主和科学这两种西方武器，才能战胜传统的迂腐，开出中国崭新的前途，所以中国应“建设西洋式之新国家，组织西洋式之新社会”[③]。李大钊也力主“出全力以研究西洋文明，以迎受西洋之学说”，“竭力以受西洋文明之特长，以济吾静止文明之穷”[④]。陈独秀和李大钊成为马克思主义者以后，思想有所转向，放弃了西化论。后来陈序经和胡适成为西化论的突出代表。

最初在新文化运动的时候，胡适就提出了要全盘接受西方文化的观点，他虽然主张选择接受西方文化，却觉得谨小慎微的选择是不可能的，并且也是大可不必的。1935年1月《文化建设月刊》发表了萨孟武、何炳松等十教授的《中国本位文化建设宣言》，宣言以文化保守主义态度谈中国本位文化建设，受到胡适和陈序经等人的激烈批判。胡适肯定自己是主张全盘西化论的，但又认为文化自有一种惰性，所以全盘西化的结果自然会出现一种折中的倾向。陈序经所不满意的恰恰就是这种折中的倾向。他要坚持的是彻底的全盘西化，因为过去和当今的中国，事事都落后，样样不如人，只有彻底和全盘的西化，才能与西洋并驾齐驱。所以全盘的西化是中国救亡的必由之路。彻底西化就是以西方社会为榜样全面学习，精华糟粕兼收并蓄，只有这样才能彻底否定中国传统。陈序经竭力提倡西方文化的个人主义，认为“救治目前中国的危亡，我们不得不要全盘西洋化。但是彻底的全盘西洋化，是要彻底的打破中国的传统思想的垄断而给个性以尽量发展其所能的机会。但是要尽量去发展个性的所能，以为改变文化的张本，则我们不得不提倡我们所觉得西洋近代文化的主力的：个人主

① 吴宓：《孔子之价值及孔教之精义》，载1927年9月22日《大公报》。
② 梅光迪：《评提倡新文化者》，载《学衡》1922年第1期。
③ 《记陈独秀君演讲词》，载《新青年》第3卷第3号。
④ 《东西文明之根本异点》，载陈崧编：《五四前后文化问题论战文选》，中国社会科学出版社1985年版。

义"①。不能否认,陈序经的出发点是想使中华民族走向复兴和强盛,企图为中国的救亡图存找到一条出路,但是这种理论否定了文化的民族性和历史承续性,因此在本质上是不能实现的。陈序经和胡适提倡的全盘西化论,在 20 世纪 60 年代的台湾和 80 年代的大陆学术界分别被人重提。代表人物李泽厚对全盘西化论作了一次修正,提出了"西体中用"的口号,同样也否定了文化的民族性和历史承续性。②

反孔、否孔和非孔对中国传统文化造成的破坏是非常大的,但是对这些破坏的应对之策,就是广采博收,吸取世界各种文化的精华,铸造多元融合型的儒学。面对儒学的三种挑战,新儒家提出了复兴儒学的口号,希求通过复兴儒学来光大儒学。但是实践证明,儒学的复兴是失败的,也是不可能实现的,新儒家的一些代表人物虽然尽了自己的极大努力,但复兴儒学到今天始终是一句空话。道理非常简单,儒学不能靠固守来保存,也不能靠往形而上的玄学方向发展来保存,书斋式的儒学不能满足社会的需要,儒学是必须改造方能复兴的。

文化交流是人类社会前进的动力之一,这是季羡林先生的著名观点。事实确实如此。日本和韩国由于开展和中国的文化交流,吸取儒学精华,结合本国的传统文化,使日本儒学和韩国儒学成为多元融合的成功范例。日本儒学与神道教结合、与兰学融合,形成的日本儒学是和中国儒学有别的。日本的儒学在明治维新的变革中发挥了巨大的作用。韩国儒学也是与东西方的文化融合,而不是单一的引进儒学。另外新加坡在上世纪进行的儒家伦理运动是新加坡推行多元文化的一部分,之所以在某些方面取得了一定的成功,就在于该运动的背景属于新加坡多元文化的一部分。国外儒学多元融合的经验,为我国学者提供了借鉴。

在 1884 年,27 岁的康有为开始形成了一套"合经子之奥言,采儒佛之微旨,参中西之新理,穷天人之奇变;搜合诸教,披析大地,剖析古今,穷察后来"③的治学理路,为多元复合型儒学的滥觞。自此以后,特别是从"五四"运动以后,儒学为了应对来自多方面的挑战,开始从世界各种文化中吸取营养,逐渐形成了多元复合型的儒学。

当代新儒家的开山鼻祖梁漱溟先生是新儒家的代表人物,也是多元复合型儒家的代表人物。他最早将东方印度和西方的思想进行系统研究,并把它们纳入自己的思想体系。他先投身革命,后因对政局思想失望,转而醉心于佛法,对印度哲学进行系统研究,在北京大学讲授《印度哲学概论》。自 1918 年前后,他由佛归儒,著《东西文化及其哲学》而成为新儒家不可置疑的代表人物。梁漱溟的思想是典型的多元复合型儒学。他自己也承认,一生思想大致分为三期:第一期是接受近代西洋思想,以功利派的人生思想为主;第二期是从西洋功利派的人生思想折返到古印度的出世思想;第三期是从印度出世思想转归到儒家思想。

熊十力作为新儒家的另一个代表人物,其思想融会了中国、印度和西方的思想,开创"新唯识论"儒学,建立了以"仁心"为本体、"体用不二"、"翕辟成变"、"冥悟证会"、"思修交尽"为纲的哲学体系,融本体论、宇宙论、人生论、价值论、认识论、方法论于一炉。贺麟先后在美国奥柏林大学、芝加哥大学、哈佛大学和德国柏林大学游学,接受了西方的科学方法,主张"儒化西洋文化",以"理性为体,而以古今中外一切文化为用",显然是提倡多元融合儒家文化的。"东圣西圣,心同理同","吸收基督教

① 杨深编:《走出东方——陈序经文化论著辑要》,中国广播电视出版社 1995 年版,第 139 页。
② 参见蔡德贵《中国哲学流行曲》,山东人民出版社 2000 年版,第 357~358 页。
③ 楼宇烈:《借古为今乎? 恋古非今乎? ——〈康有为学术著作选〉编后》,载《书品》1989 年第 2 期。

之精华，以充实儒家之礼教”，使儒学哲学化；“吸收基督教之精华，以充实儒家之礼教”，使儒学宗教化；“领略西洋之艺术，以发扬儒家之诗教”，使儒学艺术化。①

在多元复合型儒学的开启者中，最值得重视的是起初被误解为保守派、而在几十年之后才被认识清楚的学衡派领军人物吴宓。吴宓先赴美国弗吉尼亚大学留学，后来因为慕美国著名新人文主义文论家白璧德(Irving Babbitt)之名，又进入哈佛，与梅光迪一同师事白璧德。他以倡导古典主义、捍卫固有文化为己任，在文学研究上特别重视文学的伦理作用，是白璧德教授在中国的真传弟子。他开启了中国的比较文化研究，从比较文化的角度详细论证了建立多元复合型儒学的必要性，为建立多元复合型儒学奠定了理论基础。吴宓对世界文化进行了分类，提出古希腊苏格拉底和犹太耶稣代表西方文明，中国孔子和印度释迦牟尼代表东方文明。古希腊、犹太、中国和印度四大文明犹如四根支柱，支撑着世界文明的大厦，孔学就是这大厦必不可少的支柱之一，必须以儒学作为未来文化建构的基础。真正的新文化应是由古今中外一切真善美的文化因素融汇而成，“宜博采东西，并览古今，然后折中而归一之”②。“中国之文化以孔子为中枢，以佛教为辅翼；西洋之文化以希腊罗马之文章哲理与耶教融合孕育而成。今欲造成新文化，则宜于以上所言四者为首当着重研究，方为正道。”③吴宓坚决反对以抹杀传统为标志的民族虚无主义和以全盘西化为标志的“西体西用”主义，注重对东西文化进行平等研究，互为参照，寻求融通，在比较中揭示儒学及中国文化的现代价值，以之作为吸收西学，重建中国文化的基本前提。吴宓主张对四大文化都要“观其全，知其通，取其宜”。“全者，谓宇宙之事物义理皆有两方面。皆为二元。二者相反相成，兼容并蓄，以致中道。中也者，调和一多。观其全，就是无偏无党，不激不随，一多兼具，博览古今东西。通者，谓洞悉诸多事物间实在之关系，明其因果。知其通，就是沟通东西，观其异同，探求真知正见。宜者，谓针对现时此地之实际情况而立言，故切中利病而不致拘泥。取其宜，就是仁智合一，情理兼到，知行合一，执两用中，追求个人修养与完善，重建社会和谐，完善道德，从根本上改良社会。”④

吴宓实际上提出了“中学为体，外学为用”的思路，认为全、通、宜是理解和实行“克己复礼”、“行忠恕”、“守中庸”三条法则的钥匙和前提，也是融通其他三大文化的基础，强调不同文化形态的融通。他论述说：“理论方面，则须融汇新旧道理，取证中西(注意这里的西是外)历史，以批判之态度，思辨之工夫，博考详察，深心领会，造成一贯之学说，阐明全部之真理，然后孔子之价值自见，孔教之精义乃明。”⑤

因为在他看来，“孔子者，理想中最高之人物也。其道德智慧，卓绝千古，无人能及之，故称为圣人。圣人者模范人，乃古今人中之第一人也”⑥。孔子本身已成为“中国文化之中心。其前数千年之文化，赖孔子而传；其后数千年之文化，赖孔子而开；无孔子，则无中国文化”⑦。很自然，多元融合型儒学的建设必须以中国文化为中心和主体，必须以孔子为中心和主体。吴宓自述其思想的形成时说：“宓曾间接承继西洋道统，而吸收其中心精神。宓持此所得之区区以归，故更能了解中国文化之

① 参见舒大刚主编：《中国历代大儒·新心学家贺麟》，吉林教育出版社1997年版。
② 吴宓：《白璧德中西人文教育谈·编按》，载《学衡》1922年第3期。
③ 吴宓：《论新文化运动》，载《学衡》1922年第4期。
④ 王泉根主编：《多维视野中的吴宓》，重庆出版社1999年版，第242页。
⑤ 吴宓：《孔子之价值及孔教之精义》，载1927年9月22日《大公报》。
⑥ 吴宓：《孔子之价值及孔教之精义》，载1927年9月22日《大公报》。
⑦ 吴宓：《孔子之价值及孔教之精义》，载1927年9月22日《大公报》。

优点与孔子崇高中正。"[①]儒家道统体现了中华文明绵延不绝的价值及精神，集中在一种理想人格，即圣贤人格："中国古代之文明，一线绵长，浑沦整个，乃黄帝尧舜禹汤文武周孔之所创造经营，亦即我中华民族在此东亚一隅土地生存栖息者智慧之所凝聚。此文明之全体，可称为儒教文明。孔子集其大成。……此文明之中心，有一理想人格在。古代及后世之中国文学作品无论大小优劣皆描写此种理想人格……全部中国历史，乃此理想人格所演成之若干幕长剧。时至今日，吾中华民族价值及精神，亦维系此理想人格残辉余荣。"[②]

值得尊敬的是，吴宓对这种思想坚持了一辈子，直到"文革"批孔，他还不顾年老体衰和生命安危，挺身而出，宁可掉脑袋，也反对批孔。后来季羡林在为《第一届吴宓学术研讨会论文选集》(陕西人民教育出版社 1992 年版)所作的序言中写道："将近六十年前，我在清华大学外国语言文学系读书时，听过雨僧先生两门课……一方面我们觉得他可亲可敬"，"但是另一方面，我们对他非常不了解。""我们对他最不了解的是他对当时新文学运动的态度"，"这种偏见在我脑海里保留了将近六十年，一直到这一次学术讨论会召开，我读了大会的综合报导和几篇论文，才憬然顿悟：原来是自己错了"。"我痛感对不起我的老师，我们都应该对雨僧先生重新认识，肃清愚蠢，张皇智慧，这就是我的愿望。"[③]事实上，季羡林和他当时的同学有一个成见，把胡适、陈独秀和鲁迅等人划在新派，把吴宓等人所代表的学衡派划在旧派，认为旧派复古保守，开历史倒车。所以他们无不崇拜新派，厌恶旧派。

在这种"中学为体，外学为用"的思路下，许多著名学者都从东西方的思想宝库中吸取营养，丰富和完善中国思想文化，建构多元复合型儒学。

冯友兰在北京大学文科哲学门毕业后，到美国哥伦比亚大学攻读博士学位，接受了大量西方的思想，尤其是杜威的思想，建立起一种多元复合型儒学的思想体系——"新理学"。

唐君毅早年接受西方哲学，受詹姆士、英美新实在论、布莱德雷、康德、黑格尔的影响，由西方唯心论转入中国儒学。

牟宗三早年研习西方哲学，也研究印度和佛教哲学，后来高标王守仁致良知之教，将康德的道德形上学接续于中国哲学，建立起以"智的直觉"一以贯之的思想体系。

张君劢在日本早稻田大学、德国柏林大学学习过，受倭铿、柏格森等生命哲学家和康德哲学的影响，后来，又在印度钻研印度哲学，建立了知识论和伦理学并重的思想。

徐复观在日本明治大学和陆军士官军校学习过经济和军事，留学归来后，先是投身戎马生涯，五十岁以后从事学术研究。他受熊十力影响很大，对儒学采取一种批判的态度，对传统文化中之丑恶者，抉而去之，唯恐不尽；对传统文化中之美而善者，表而出之，惧有所夸饰。这是从多元文化的角度对儒学形成的看法。

当代带有儒家思想色彩的学者季羡林、饶宗颐等人，也大多是在通习了东西方文化之后，又回归到儒家思想的。季羡林的"河东河西论"是多元文化汇合的典型。作为东方鸿儒的季羡林，幼时接受了系统的国学教育，其叔父编的《课侄选文》是理学的代表作品。在山东大学附设高中上学期间，山大校长王寿彭是清末状元，他提倡读经，学校开设了国学课程。到德国留学时，接触了大量东西方的各种文化，系统掌握了梵文、巴利文、吐火罗文、英语、德语、法语、南斯拉夫语、俄语，他把世界文化分

① 吴宓：《空轩诗话》，载《吴宓诗集》，中华书局 1935 年版。
② 吴宓：《民族生命与文学》，载 1931 年 10 月 19 日《大公报・文学副刊》。
③ 《季羡林文集》第 14 卷，江西教育出版社 1998 年版，第 31 页。

成四大文化体系：中国文化、印度文化、伊斯兰阿拉伯文化、犹太—希腊—罗马—欧美文化，对东西方各种文化进行过系统的比较，最后认定儒家的天人合一思维方式是拯救人类的正途。

饶宗颐作为国学泰斗，正如季羡林在为饶宗颐《清晖集》作的序中所说："选堂先生读万卷书、行万里路，世界五洲已历其四（南美洲没有去）；华夏九州已历其七；神州五岳已登其四。先生又为性情中人，有感于怀，必发之为诗词，以最纯正之古典形式，表最真挚之今人感情，水乳交融，天衣无缝，先生自谓欲为诗人开拓境界，一新天下耳目，能臻此境界者，并世实无第二人。"季羡林誉饶宗颐为学界泰斗，学富五车，中外兼通，对于中印关系的论断更富有创见，"能于人所共知又习而不察之处，独辟蹊径，发为文章，言前人所未言，予学人以无穷启迪"①。

饶宗颐对季羡林的天人合一论，进行了自己的补正。在北京大学百周年纪念讲堂的学术论坛上，他曾说：季羡林先生，多年以来，倡导他的天人合一观。以我的浅陋，很想为季老的学说，增加一小小注脚。我认为"天人合一"不妨说成"天人互益"，一切的事业，要从益人而不是损人的原则出发和归宿，《阴符经》说："天人合发，万变定机。"苏轼说的"天人争挽留"，是天与人所要共同争取的。

作为响应，大洋彼岸的美国儒学也建构了有不同特点的多元复合型儒学学派：波士顿儒家、夏威夷儒家和待建构完善的历史派儒家。

作为沟通中西学界的桥梁，陈荣捷通过典范性的翻译注释和专题性研究，使西方学术社群在最高层面上理解了中国儒家的学术思想。②

波士顿儒家以查尔斯河为界，形成以南乐山与白诗朗为首的河南派，以杜维明为首的河北派。河南派以波士顿大学神学院为中心，南乐山是该神学院院长，他认为儒学不只是与中国特殊的历史情境有关，西方学者只能研究儒家，而不能成为儒家，他宣称自己就是儒家，对当前儒家思想在比较哲学和神学方面所带来的影响和贡献具有强烈的兴趣。他从其原创性的哲学目标出发，力图在丰富而复杂地吸收柏拉图、皮尔斯、美国实用主义、泛亚洲佛教和儒家思想、基督教神学而形成的孕育体之内，为古典的西方理性形而上学或思辨哲学传统重新注入活力。因此他日益迷恋于对儒家思想的分析。波士顿儒家的出现，就是源于南乐山关于全球现代思想丰富资源的利用之中。而白诗朗认为，儒学实际上已经成为国际性运动，儒学将成为欧洲思想自我意识的一个方面，会在太平洋和北大西洋找到听众。

河北派以哈佛大学杜维明教授为代表，他注重孟学，沿着思孟、陆王、牟宗三的系统，强调心性修养的重要性，着力于人文精神的重建。在他领导之下，中美两国学者不断开展文化交流。杜维明对于儒学如何进行第三期发展的问题也谈得较多，认为儒学第三期发展必须对西方文明所体现的而儒家传统所缺乏的价值做出创建性的回应，比如科学精神、民主运动、宗教传统乃至弗洛伊德心理学所讲的深层意识问题。其次，还要解决儒学和当前中国文化的相关性问题以及儒学在中国大陆和东亚其他国家的生存条件和再生契机等问题。在前两者的基础上，儒学还应"和世界各地的精神传统进行互惠互利的对话、沟通"，比如可以和基督教、天主教、佛教、印度教、犹太教、耆那教、锡克教、神道教及各种地方宗教进行交流，"走出一条充分体现'沟通理性'的既利己又利人的康庄大道来"。③

夏威夷儒家是诠释派儒家，以成中英为代表，郝大维、安乐哲、田辰山等人均属于该派。这并不

① 《季羡林文集》第14卷，江西教育出版社1998年版，第469页。

② 参见白诗朗：《儒家宗教性研究的趋向》，彭国翔译，载《求是学刊》2002年第6期。

③ 杜维明：《儒家传统的现代转化》，中国广播电视出版社1992年版，第467～468页。

是说杜维明就不涉及诠释，也不是说成中英不涉及对话，而是说杜维明以对话为主，成中英以诠释为主。从美国的儒学来看，本来还有余英时对儒家的历史研究和韦伯的儒学观有很深的研究，发展下去，能够大有作为，形成一个儒家的历史学派。可惜的是，余英时至今还没有形成一个有传承关系的学派，形成这一学派，还有待时日。不过，这样的历史背景为今天儒学适应全球化准备了充分的条件。

不管是对话派还是诠释派，美国的新儒家都是把中国儒学和东西方文化有机融合起来了。他们的贡献不仅使西方人更多地了解了儒学，而且使儒学丰富和发展了自己的内容，使动态的儒学向着多元融合型迈进了一大步。这应该是儒学的进步和发展。如果说大陆新儒家把儒学往形上学方面发展，从而使儒学的生命有所窒息的话，那么美国的当代新儒家则在延续儒学的生命方面作出了自己的努力。正是大陆当代新儒家的“山穷水尽疑无路”，开出了美国当代新儒家的“柳暗花明又一村”。

从当代新儒家对外部文化的态度来看，儒学的全面复兴是不可能的。儒学的复兴应该说是有条件的，那就是在吸收外来文化的基础上，丰富和发展儒学的内容，使之不断适应时代的需要，与时并进，这样的儒学才是有生命力的儒学。事实上，儒学从它产生的那一天起，就没有排斥外部文化，而是适时地吸收外部文化，丰富和发展了自己。儒学的这一特性决定了中国文化的主流永远不会排斥任何外部的先进文化，决定了中国的传统文化主流是会融合其他各种世界文化的。

二、巴哈伊信仰与其他宗教的联系与区别

（一）巴哈伊信仰对其他文化的继承

在融合各教的基础上，巴哈伊信仰提倡一种普世宗教。它认为只有一个普世宗教，即巴哈伊教。该教不再用伊斯兰教的安拉来称呼最高本体和世界的创造者，而是用基督教的上帝来称呼。但这个上帝已经不是基督教原来意义上那种三位一体的上帝，而是独一的、没有任何可比性的上帝。它主张，上帝是独一无二的、全知的、全能的，是宇宙的缔造者，也是世间万物和人类的创造者、启动者和支配者。上帝绝非有形的男性化的偶像，而是神圣不可知的精神本体。上帝是宇宙万物的原动力和终极目的，完全超越人的一切属性。巴哈欧拉说：“所有赞美都归于上帝的一致，所有荣誉都属于他——宇宙的万军之主和无与伦比、无比荣耀的统治者。他从虚无之中创造了万事万物；他从无有之中创造了最精巧优美的组成部分；他将他的创造物从极其谦卑和濒临灭绝的危险中拯救出来，然后把他们带进不朽荣耀的天国。除了他包罗万象的恩典和渗透一切的仁慈以外，任何事物都不可以达到这一点。”①

上帝虽是独一的，但可以取不同的名称，如上帝、安拉、神、天主、佛陀，虽然称谓不同，实质却是一致的、统一的。他是宇宙的核心，宇宙的最终目的和本质。他是不可知之本质，是神圣的本体，自古至今，他一直隐藏在他亘古的本质中，并停留在他的实体内，而永远不会暴露在凡人的视野下，他将永远超越一切感官之上，并且无法描述。② 对上帝的崇拜，要表现为服务人类所从事的“工作”，这样的教义在宗教历史上是独一的。

① 《巴哈欧拉圣言选集》，第 64～65 页。转引自威廉·汉切尔、道格拉斯·马丁：《巴哈伊教——一个新崛起的世界宗教》，第 72 页。

② 参见《巴哈欧拉圣典选集》，第 3～4 页。

阿布杜巴哈对《圣经》中上帝所说"让我按我的模样造人吧"进行了解释,认为这里的"模样"并非指外貌,因为神的本质并不局限于任何形式的外观,而是指神的本质特性,如公正、仁爱、恩泽全人类、忠贞、诚实、慷慨、对万物慈悲为怀,所以上帝的模样指神的美德,而人理应成为接受神性荣光的容器。①

(二)巴哈伊信仰的宗教同源

宗教的派别一直存在。据说基督教自产生以来已经分化出2400多个教派,而伊斯兰教自创立以来也产生了1300多个教派。这些教派在本质上有什么区别?它们之间有根本的利害冲突吗?显然没有。在当今世界,宗教派别五花八门,宗教冲突不断发生。宗教之间的分歧日益成为世界纷争的原因。它们的分歧有必要吗?如果我们能够从张伯端的三教归一和巴哈伊教的宗教同源吸取一些营养,无疑会起到一些积极的作用。

巴哈伊教是在巴布思想的基础上产生的,而巴布已宣布脱离伊斯兰教,所以巴哈伊教绝不是伊斯兰教,这已为埃及逊尼派伊斯兰教法庭的判决结论所证实:巴哈伊教是一种完全独立于伊斯兰教之外的新宗教,因此,正如佛教徒、婆罗门教徒或基督教徒不可被看作穆斯林一样,任何巴哈伊信徒,都不可被看作穆斯林,而任何穆斯林,亦不可被看作是巴哈伊信徒。②

总之,巴哈伊教已经彻底脱离伊斯兰教,伊斯兰教也不承认巴哈伊教是该教中的一个教派,因此巴哈伊教绝不是伊斯兰教,而是一种新兴的世界宗教。但是,因为它是从伊斯兰教分化出来独立而成的新宗教,又与伊斯兰教有联系。

(三)巴哈伊教与伊斯兰教的联系

从联系方面来说,巴哈伊教继承了伊斯兰教的一神论立场。

在犹太教、基督教的基础上,伊斯兰教构筑起彻底的一神论体系。独一的安拉是这一体系的核心,"万物非主,唯有真主"是这一独一性的高度概括,而与此相联系的是安拉有如下一些特性:

(1)安拉是独一无二的,他没有配偶或子嗣,他未产,亦未被产,他永远受到万物的祈求和仰赖,无开始,无终止,无一与他对等的。③

(2)安拉是至仁至慈的,是万有的保障,是公平的至尊的主。他是万物的创造者和监督者,是万物的起始者,也是万物的终结者。他能使人生,能使人死。他无时不在,无处不有,是无所不在的永恒的唯一的真神。④

(3)安拉是仁慈的,是万物的供养者,他是慷慨的,也是和蔼的;是多恕的,也是温和的;是宽容的,也是特慈的;是独一的,也是公正的。⑤

简言之,安拉是独一的,并且是永恒不灭的。他无形无体,是整个宇宙的创造者,是万王之王,万主之主。他无处不在,无时不有,没有开始,没有结束。他对自然万物和人类的恩典是数不清的。

① 参见阿布杜巴哈:《世界团结之基础》,第98页。

② 参见邵基·阿芬第:《神临记》,第365页。转引自威廉·汉切尔、道格拉斯·马丁:《巴哈伊教——一个新崛起的世界宗教》,第197页。

③ 参见《古兰经》112:1~4。

④ 参见《古兰经》57:1~6;59:22~24。

⑤ 参见《古兰经》3:31;11:6;35:15;65:2~3。

巴哈伊教接受了伊斯兰教的这种一神论观念，不管是把安拉叫做上帝、上苍，还是真主，他都是无形无体的精神本体，既超乎万物之外，又贯乎万物之中，既是万因之因，又是无因之因。对这样一个安拉，人类无法领悟其伟大无比的神圣的本体，而只能明白其本质。巴哈欧拉论述说："你们无疑了解这一真理：未被看见者绝不能使他的本质成为肉身，将他的本质启示给人。他如今超越，过去一直超越所有可以被描述、可以被感知的事物。……永远对凡人的眼睛隐蔽着的他，唯有通过他的圣使才能被认知，而圣使对其使命的真实性所作的举证，以证明他自身的位格者最为充分。"①

（四）巴哈伊教与伊斯兰教的区别

伊斯兰教是在犹太教、基督教的基础上产生的，它吸收了这两大宗教的不少思想资料，是两大一神论传统的延续，伊斯兰教的伦理准则也与犹太教十分相似。②

1. 伊斯兰教与基督教的区别

伊斯兰教与基督教的区别是十分明显的，主要表现在四个方面：

(1)伊斯兰教反对基督教的原罪说。基督教认为人类始祖亚当和夏娃在伊甸园受蛇诱惑，违背上帝命令，偷吃了禁果，此罪成为全人类的共同罪过，且延续到今天的人类，成为人类一切罪恶和灾祸的根由。即使刚出生，甚至刚出生就死去的婴儿，也是带有与生俱来的原罪，仍需要基督的救赎。而伊斯兰教坚决否认人有原罪之说，这对于人类来说，自然是一种解放。

(2)伊斯兰教坚持彻底的一神论，坚持安拉独一说，反对基督教的圣父、圣子、圣灵三位一体的观点。基督教虽然宣称上帝只有一个，但包括圣父、圣子、圣灵三个位格。圣父是独一上帝(天主)全能的父，创造有形无形万物的主。圣子在万世以先，为圣父所生，万物都借他受造。圣灵是主，是赐生命的，从圣父出来，与圣父圣子同受敬拜，同受尊荣。基督教认为这三个位格虽各有特定位分，却又完全同具一个本体，同为一个独一的真神，而不是三个神，但又非只是一个位格。对三种位格的说法，伊斯兰教认为它只会使上帝只有一个的理论不够严谨。

(3)伊斯兰教只承认先知，不承认救世主。伊斯兰教承认每一个民族都有一位先知，但先知也是凡人，既不能创世，也不能救世。耶稣基督只是众先知中的一位，不是救世主，除耶稣基督之外，还有许多先知，而穆罕默德是最后一位先知，故称封印先知。所以伊斯兰教认为，世界上无论何人何地，都不应受到崇拜，除了安拉，任何人或物都不能成为祈祷对象，不应为了人世间短暂一生的好处而向安拉以外的人或物祈祷，因此，伊斯兰教徒只向安拉跪拜，而不向任何人低头作揖，哪怕他是国家元首，也无权享受只有安拉才得以享受的跪拜。

(4)伊斯兰教没有基督教的教会戒律，不设教会，也没有天主教意义上的宗教组织，因为根据伊斯兰教理论，伊斯兰教不设牧师，没有圣徒，没有僧侣统治集团，也没有圣礼。更没有一个人能超越凡人之上，处于普通信徒与安拉之间。伊斯兰教只允许有研究神学的理论家，有《古兰经》注释家、评注家，也有宗教法官为世俗当局提供咨询。然而不允许有中央教义机构，没有相当于主教、红衣主教、红衣主教团一类的职位，也没有教皇，人与安拉之间用不着中间人。因为没有圣礼，所以任何人都不需要特殊声望或等级来履行圣礼。没有神职人员，所有穆斯林都是平等的，都可以领头做礼拜

① 《巴哈欧拉圣典选集》，朱代强、孙善玲译，(澳门)新纪元国际出版社 2004 年版，第 4 页。

② 参见蔡德贵：《阿拉伯哲学史》，山东大学出版社 1992 年版，第 84 页。

或者布道。

2. 巴哈伊教与伊斯兰教的明显差别

从安拉的独一性方面来说，巴哈伊教与伊斯兰教是基本一致的。巴哈伊教承认安拉的独一，也承认先知，但它与伊斯兰教也存在明显的差别。这种差别主要表现在：

(1)伊斯兰教承认以前各大宗教各有一位先知，而穆罕默德是最后一位先知，因为穆罕默德已经顺利地完成了安拉差遣的使命，所以穆罕默德之后安拉不再需要派遣新的先知。巴哈伊教则否认这一点，承认穆罕默德之后，还可以有新的先知，每一个先知都代表一个时代，因为“通过这真理之阳的教导，所有人都将获得进步与发展，直到能充分地表现他们内在的真实自我被赋予的潜能。就是为了这个目标，在每一个时代、每一个启示期，上苍的先知以及他所拣选的圣哲出现于人们中间，表现出来自上苍的力量和只有永恒者才能显现的大能”①。

因此，巴布是先知，巴哈欧拉也是先知，而巴哈欧拉先知的启示期要延续至少一千年。这与伊斯兰教绝不一致，是伊斯兰教正统派所坚决反对的。

(2)伊斯兰教不允许任何一个人超越凡人之上，处于普通信徒和安拉之间，穆罕默德也不能例外。而巴哈伊教却继承巴布的传统，主张先知是人与上帝之间的中介，上帝借先知才得以显现，所以，普通人不仅要服从上帝的戒律，也要接受先知的引导，服从宗教领袖的领导，认为“认知了他们就如同认知了上帝，倾听他们的召唤就如同倾听上帝的声响，验证了他们启示的真理就如同验证了上帝的真理。背弃他们就等于背弃上帝，不信奉他们就等于不信奉上帝。他们每一位都是连接此世与天界的上帝之道，并且代表天地间上帝真理的准则。他们是人世中上帝的显示者，他真理的明证和荣耀的表征”②。

(3)伊斯兰教不设国际级中央教义机构，巴哈伊教却设立国际最高机构世界正义院，以协调和管理全世界巴哈伊的行政事务和教务。世界正义院在1963年成立后，由九人组成的委员会被赋予权威，在巴哈欧拉一切没有明确提及的事情上立法，并且有权随着时代的变化而变更自己的立法，这样就使得巴哈伊律法具有弹性，而非墨守成规。世界正义院自成立至今，已向世界范围发布了一些重要文告，如《世界和平的承诺》(1985年)、《人类之繁荣》(1995年)等。巴哈伊还设立国家级总灵体会和地方级总灵体会，不仅用以管理宗教事务，而且可以对各类重大问题作出决策。

(4)巴哈伊教不像伊斯兰教那样有复杂的宗教礼仪。伊斯兰教有五大功课：念功、拜功、斋功、朝功、课功，从身、心、性、命、财五个方面，尽其礼，以达于天，即“身有礼功，心有念功，性有斋功，命有朝功，财有课功”(刘智《天方典礼择要解》)。而巴哈伊教则主张简化宗教礼仪，礼拜每天二三次即可，每天必须选择三条必诵祷文之一来诵读。斋功缩短为十九天，圣战被取消。不朝拜麦加，而只拜巴哈欧拉的陵墓。阿布杜巴哈甚至认为斋戒只是一种表记，“斋戒为一种表记。斋戒者，避肉欲也。禁食无非避免肉欲耳，除作为表记外，并无他义也。且斋戒非完全不食也。印度有一教派完全禁食。不食虽不至死，但人之智力受损失。若人因不食而弱其身脑，则不足事奉造物；因其力量减少，不足以有为也”③。

(5)伊斯兰教虽然提倡人人平等，人类皆兄弟，但并没有明确提出世界大同的思想。而巴哈伊教

① 《巴哈欧拉圣典选集》，朱代强、孙善玲译，(澳门)新纪元国际出版社2004年版，第43页。

② 《巴哈欧拉圣典选集》，第5页。

③ 爱斯孟：《新时代之大同教》，曹云祥译，台湾省大同教出版译述委员会1970年版，第121页。

则明确主张全人类要实现大同,要组织一个全球性的超级政府。阿布杜巴哈论述说,在过去的宗教周期里,虽然也建立了和谐,但由于缺乏途径,因而未能达成全人类的统一,大陆与大陆之间被遥远的距离所阻隔,甚至同一大陆的各种族人民也几乎不能相互交往或进行思想交流,无法达到统一。今天,交通、通信的途径大增,使得地球上的五大洲实质上成了一大洲。人类家庭的所有成员,也越来越变得相互依赖,谁也不可能再自给自足了。因而全人类的统一是可以在今天达成的,具体表现在七个领域的统一:政治领域里的统一,世界性事业中思想的统一,自由的统一,宗教的统一,各民族的统一,人种的统一,语言的统一。[①] 伊斯兰教提倡天下穆斯林是一家,天下穆斯林是兄弟,对非穆斯林往往不以兄弟相待,而且没有提出明确的世界大同思想;而巴哈伊教则明确主张"地球乃一国,万众皆其民",主张全人类要实现大同,要组织成世界议会组织,用世界语来组织政府。

(6)巴哈伊教不像伊斯兰教那样提倡一套严谨的生活习俗。伊斯兰教的饮食禁忌包括:所有各种令人兴奋或晕醉的酒类饮料,猪肉及其制品,用利爪或牙齿杀害其他动物的野兽、掠食的鸟兽、爬行类的动物,其他非偶蹄的动物,以及未经屠宰而致死包括自己死亡的鸟、兽肉及其制品和一切动物的血;禁止各种形式的赌博、偷盗;禁止婚姻以外的性关系,以及所有在大庭广众面前有可能招惹诱惑、挑激欲念、引起怀疑,甚至显示粗鲁下流的言谈、举止、仪态以及服饰;女子除眼、手以外,全身都是羞体,要求女子的衣着要把身体的所有部分都遮住,只有手和脸可以露在外边,若不用面纱将头脸遮盖起来,不将全身遮起来,就是冶容诲淫;也不允许女子正视陌生男子;男子则不准穿丝绸衣服,不准佩戴金银首饰等。巴哈伊教的宗教禁忌则不那么严格,除了违背社会公德的行为如赌博、偷盗,以及麻醉剂、饮酒等,其他的宗教禁忌要少得多。它主张男女平等,女子不戴面纱,男子可以佩戴金银首饰,穿丝绸服装,凡是有利于人类健康的食品包括猪肉都是可以食用的。巴哈伊教绝对禁酒和伊斯兰教是一样的,而对吸烟,巴布在创教之初,就明确提倡禁烟。而巴哈欧拉在早期吸一点烟,但他最终完全戒掉了,后来颁布《至圣经》,里面没有明确禁止吸烟,所以有些教友也就没有戒烟,但因为巴哈欧拉对吸烟总是表示厌恶,所以巴哈伊教基本上也是禁止吸烟的,认为"烟草肮脏、气味难闻、令人作呕,吸烟是一种邪恶的习惯","危害尽管缓慢,但对健康极为有害",因此"是令人深恶痛绝的"。至于类似于鸦片一类的毒品,巴哈伊教更是绝对禁止,因为它们会"牢牢附着在灵魂上,所以,吸食者的良心泯灭、头脑中的记忆被抹掉,感知遭削弱。它把活者变为死者。它扑灭了人的本性之火"。巴哈伊教徒应该"摆脱一切污秽,戒除所有不良嗜好"。

从社会生活方面来说,伊斯兰教提倡集体主义原则,每星期五,要求教徒都要到清真寺去做聚礼,即使不是聚礼日,平时的礼拜也最好在一起进行,以体现穆斯林之间的兄弟关系。巴哈伊教虽然提倡世界大同,但却把个人的宗教生活看得比集体生活更为重要,所以它废除聚礼,祈祷是义务的,只是依靠个人的自觉行为。可以不去清真寺,而是根据自己的意愿决定做还是不做,在此地做还是在彼地做。

以上仅是非常初步的,而且是相当粗略的分析。从都是宗教来说,伊斯兰教与巴哈伊教有许多共同点。但巴哈伊教还是把伊斯兰教的安拉改换成上帝或者上苍。而从这两种宗教的基本教义、仪礼、宗教生活来看,它们之间的区别也是很明显的。所以简短的结论是:巴哈伊教不是伊斯兰教中的一个教派,而是一种新兴的世界宗教。由于它有更为现代化的内容和更为简化的宗教仪式,更宽容、

① 参见邵基·阿芬第:《新世界体制之目的》,澳门巴哈伊出版社1995年版,第81~82页。

更开放、更世俗化，就更有可能为更多的人所接受，所以在20世纪60年代以后巴哈伊教取得了惊人的发展，它在东西方强劲的发展势头证明了这一点。对这种宗教的发展趋势，是需要认真研究的。

第五章　儒学的道德经济合一论和巴哈伊信仰的新商业道德模式

一、儒学的道德经济合一论

儒家的伦理哲学强调做人的重要性，做人的根本问题是要处理好三种关系：天人关系、人际关系、人自身与思想的关系。天人关系前边已经述及，此不备论。与儒家伦理哲学密切相关的儒家管理哲学涉及的方面很广，其核心是强调道德经济合一论、义利合一论，突出以人为本的管理哲学。儒家强调管理哲学首先要解决的问题是人自身的管理，或者说是自我管理。人自身的管理要通过修身来解决。修身，自古以来被称作"务本"的功夫，是对孔子"君子务本"(《论语・学而》)的发挥。《大学》强调"富润屋，德润身"，非常重视人自身的道德建设。按照儒家的观点，不管是企业领导者，还是一般员工，如果人人都能做到"克己复礼"，也就可以做到自我管理。在完成自我管理的前提下，进行企业管理，就要容易一些了。在儒家看来，企业管理要突出道德与经济的合一，义与利的合一，崇德与广业的合一。《易经》强调"利者，义之和也"，《大学》强调"生财有大道"、"以义为利"，都是道德经济合一论的典型表述。日本企业家涩泽荣一认为，《论语》中有算盘，算盘中有《论语》，指出："据《论语》把算盘，四方商社陆续竞兴。……是《论语》中有算盘也。《易》起数，六十四卦莫不曰利，是算盘之书，而其利皆出于义之和，与《论语》见利思义说合，是算盘中有《论语》也。算盘与《论语》一而不二。……世人分《论语》、算盘为二，是经济之所以不振。"[①]在用儒家思想进行管理方面，日本企业界做得好于中国企业界，所以有一种说法，孔子讲道理，日本实践道理。现在中国企业界应该急起直追，迎头赶上。

我们可以运用儒家伦理来调节人与企业或单位之间的关系。企业经营者应遵从"放于利而行，多怨"(《论语・里仁》)的古训，把企业利润和国家利益、人民利益结合起来，一味追求企业利润，会遭到消费者报复。企业领导应以身作则，遵守国家和企业的法令、方针和规章制度，领导者"其身正，不令而行；其身不正，虽令不从"(《论语・子路》)，"其身正，天下归之"(《孟子・离娄上》)。对自己严格要求，对部下则坚持"和为贵"(《论语・学而》)，就可以使企业保持凝聚力。日本企业开发儒家的伦理功能，创造出一种《论语》加算盘或《论语》加计算机的模式，在企业内部实行日本式经营，用三种神器(即终身雇佣制、年功序列制和集团主义的核心观念)来经营家族式企业公司命运共同体，取得了很好的成效。

中国在一定范围内，也开始推广儒家管理哲学，如香港孔教学院、山东威海光威集团、青岛海尔集团都为此作出了一定的贡献。东方文化圈内也出现了一些儒商集团，它们在用儒家伦理整治企业伦理方面取得了一些经验。如光威集团提出了"孝为大，礼为先，俭为本，勤为根"的厂训，作为广大

① 廖庆洲：《儒家的企管哲学》，联经出版公司1983年版，第36页。

员工的行为准则，在此基础上，又形成了“自力更生，艰苦创业，团结拼搏，追求卓越”的企业精神和“科技进步，质量万岁，勇于超前，争创一流”的兴业宗旨，其厂训中就渗透着儒家伦理。如果能把这些企业的经验很好地总结一下，上升到一定高度，然后在一定范围内推广并取得进一步的经验之后，就有可能在一国、数国之内把儒家伦理推广开来，逐步形成普世伦理，参与全球伦理的创建。

美国著名未来学家约翰·奈斯比特致力于社会经济研究长达四十多年，曾自豪地认为自己是一个“商业通”、“市场通”，他在其名著《亚洲大趋势》中不无感慨地说：“在本(20)世纪 90 年代以前，西方还在主宰一切。他们制定了‘游戏规则’。日本人就是遵从了这些规则而获得经济腾飞的。但现在，亚洲人——除日本人外——是按照他们自己的一套规则办事，并同样稳操胜券。即使日本也将被新崛起的东南亚各国抛在后面，也会由强大的中国及海外华人势力控制经济发展的走向。”“当今，西方需要东方远胜于东方需要西方。”他在分析了亚洲的现代化不等同于“西化”，呈现出的是特有的“亚洲模式”之后，主张这种亚洲模式不论现在或将来，都不会实行给国家经济带来极大负担的社会保险和福利制度。在亚洲的文化体系中，家庭照顾好每一位成员是首要任务，强调个人的责任感。在此背景之下，他强调考虑一个问题——是否应以这种亚洲式的个人与家庭价值观来带动全球的经济复苏呢？他本人考虑的结果是：“‘世界’一词过去曾意味着‘西方世界’。今天，全球大趋势迫使西方人接受一个事实：东方在崛起。东方人和一些西方人已开始明白，我们正迈向一个亚洲化的新世界。操纵世界的轴心已从西方转入东方。亚洲曾经是世界的中心，现在它将重振昔日风采。”①这里的“亚洲化的新世界”，指的是在儒家伦理与现代市场理性相结合而形成的亚洲模式指导下的世界。这些国外知名学者所持有的观点是值得注意的。波士顿大学神学院院长南乐山以儒家自称，且肯定儒学实际上已成为国际性运动，将在太平洋和北大西洋世界找到新的听众，也将变成欧洲思想自我意识的一个方面。鉴于西方儒学研究的新趋向，有的学者预言：儒学作为价值信仰的一种类型，已进入全球意识，它不仅可以为中国、东亚地区的人士提供安身立命之道，亦会成为西方人士信仰方式的一种可能性选择。②

二、巴哈伊信仰的新商业道德模式

中国古代有一种说法：“仓廪实则知礼节，衣食足则知荣辱。”(《管子·牧民》)但是事实证明，这并不是绝对的，而是相对的。在一定的时候，它会起作用；但是在有些时候，它不一定起作用。所以也有一句话，说“饱暖思淫欲，饥寒起盗心”。饱暖思淫欲，经济条件好了，不一定道德就高尚了。人类文化现在面临着深重的危机，表现在人的物质追求与精神追求严重失衡，人的物欲在动机的驱动下，已到了赤裸裸的无以复加的地步。20 世纪 70 年代，韩国学者赵永植先生的《重建人类社会》举例说，以发达国家而论，如美国“这个值得惊叹的物质王国，能使在其中生活的人们过着古代帝王都羡慕的丰富豪华的生活”，可是社会治安、社会风气却日趋恶化，“越是物质文明发达的社会，人们越会感到不幸福，相反的，疏远、无力、不平、不满、自虐以及精神衰弱却成比例地急速增加。这种现象可以简单地比喻为‘逆境创造人类，顺境产生怪物’。科学技术文明的急速发展和知识的‘爆炸’积聚，使人类患上了狂妄自大和知识消化不良症，也即精神的丧失过程”③。事实证明，只有把精神原

① 约翰·奈斯比特：《亚洲大趋势》，外文出版社、经济日报出版社、上海远东出版社 1996 年版，第 4～8 页。

② 参见彭国翔：《从西方儒学研究的新趋向前瞻 21 世纪的儒学》，载《孔子研究》2000 年第 3 期。

③ 赵永植：《重建人类社会》，东方出版社 1995 年版，第 178 页。

则运用到经济领域，才能使人的道德摆脱经济利益的驱动而朝向崇高。在这方面，巴哈伊信仰提出了很多有价值的思想。巴哈伊教是一种宗教信仰体系，而不是经济体制，而且巴哈伊教的创始人也都不是专业的经济专家，没有什么经济学专著。因此，巴哈伊教对经济问题的看法和贡献，都是间接的。与上帝独一论、宗教同源论、人类一体论相一致，巴哈伊教提倡一种平等的经济思想，主张把精神准则应用到经济体制中，形成了一种以消除极端贫富为核心的经济观。

（一）经济重整的必要性

巴哈伊教认为，上帝是独一的，是宇宙万物包括人类的创造者。既然全人类都来自于统一的上帝之创造，所有的宗教也都源自于同一个上帝，没有本质上的不同，那么，全人类不管属于哪一个种族或肤色，都应该是人类大家庭的成员，应该是团结统一的。但在现实社会中，人类并不是团结统一的。相反，社会动乱不断发生。社会动乱的原因之一，是贫富的两极分化。世界上一小部分人掌握着极大的财富，他们基本上控制着生产和分配的权力，而世界人口中的绝大多数则生活在极其贫困的状况之中。这种状况不仅在同一个国家存在，而且也在国际间存在着。一些高度工业化的国家拥有巨大的财富，而其他国家则被剥夺了生活必需品，其资源得不到有效的利用和开发。物质利益方面严重的不平衡使贫富之间的鸿沟越来越宽，造成了经济上严重的不平等，并由此导致了其他不公平现象的产生。巴哈伊教认为，这种严酷的社会现实说明现行的社会经济制度不足以修复社会的失衡现象。巴哈欧拉通过《致维多利亚女皇书》，向全世界的各国统治者发出警告说：

> 你们要一起商议，并将你们的心思只用于关注人类的利益以及改善他们的处境。……要把世界视为人类之躯体，虽然这躯体被创生时是完整和完美的，却由于各种原因已备受灾祸和弊病的折磨。它一天也未能安宁，甚至越病越重，因为它落入了庸医手里，而那些庸医驱策着他们世俗欲望之野马，已可悲地走入歧途。即使在某个时候，某个有才能的好医生曾对它精心调理，使得躯体的某部分得到康复，但其他部分仍然如从前一样受着病苦的折磨。这些就是那全知者、全智者告诉你们的。……主为整个世界之康复而命定的特效药和最有力的工具乃是：全世界的人民要团结在一个全球性事业中，团结在共同信仰中。要达成这个目标，除了通过一位医术高明的、全能的、被赋予灵感的神医之力量之外，别无它途。真确地，此乃真理，除此之外，都只是谬误。①

如何用神医的高明医术来医治这个社会呢？阿布杜巴哈给出的药方就是经济的重整。阿布杜巴哈论述说：对人类经济标准的重新调整及均衡化是有关民生的问题。显然，在现有的政府体制和状况之下，当一些人生活在十分舒适并远远超过他们实际所需的环境中时，穷人则陷入极度贫困的境地。从上帝至大平等的宣示中可知，穷人将获得酬劳和充分的扶助，在人类经济环境中将会有一次重新的调整，以便在将来不再会有畸形的富裕或令人难堪的贫困。他认为，对社会经济的重整是极其重要的，因为它能确保世界的稳定，因此，除非经济得以重整，否则人类将无法获得幸福和繁荣。但是，对涉及国计民生的经济法所作的重新调整又必须具有实效，以使全人类能按照他们各自的地位生活在极大的幸福中。②

① 转引自邵基·阿芬第：《巴哈欧拉之天启——新世界秩序之目的》，第82～83页。

② 参见阿布杜巴哈：《未来经济》，第10页。

社会需要经济重整的原因在于，人类社会与生物界不同。所有的生物都可以孤立存在，一棵树可以生长在荒漠，一只动物可以生活在大山，它们不需要相互间的合作与团结也能享受到极大的安逸和快乐。而人类则不同，人类不能孤独地生活，人类需要相互之间的合作与帮助。本来，全人类同属一个大家庭，都来自于上帝的创造，应该非常和谐地生活在一起，相互之间充满爱心地过日子。但很可惜，现实社会中由于缺乏和谐的关系，导致"一些人尽享安逸，而另一些则处于极度悲惨的境况中；一些人得到满足，而另一些却忍饥挨饿；一些人衣着华贵，而另一些人则衣不蔽体，食不果腹"。原因是什么呢？阿布杜巴哈认为，这是由于人类这个大家庭"缺乏必要的互惠和均衡，这个家庭的事务安排不当，缺乏一个完善的法则，已制定的所有法则不能确保幸福，没有带来舒适"。因此，需要经过经济重整，"给这个家庭制定一种法则，以使其所有成员共享平等的安宁与幸福"。[①] 可见，经济重整可以实现平等，改变家庭中的一员忍受极度的痛苦和卑贱的贫穷而其他成员尽享舒适的状况，阻止贫穷的恶化，而"阻止贫穷产生的最佳途径是：建立并实行社会律法来避免少数豪富而多数赤贫的贫富悬殊现象"。所以，"巴哈欧拉教义之一是对人类社会中生活资料的调整，在这种调整之下，可以使得人类的生活在财富及生计方面不会出现两极分化"[②]，尽量做到平等。但是平等不是平均，在现实社会中绝对平等只能是一种幻想，是不可能实现的，即使在短时间之内实现了，也不可能长期维持下去。现实社会是需要秩序的，一旦绝对平等的存在成为可能，那么整个世界的秩序就将被打破。而要使秩序得到正常的维持，等级的保存就是必需的，"因为社会需要财务人员、农民、商人及体力劳动者，如同军队必须由司令、军官及士兵所组成一样，不可能人人都当司令，也不能人人当军官或士兵。在社会结构中，每个人都必须是称职的；每个人均按其能力大小发挥其作用，但必须公正地给予所有人同等的机会"[③]。差别是客观存在的，"一些人富有才智，一些人智力平平，另一些则缺乏悟性。在这三种人中，有的是秩序，而不是平等，在智者和愚笨者之间怎么可能该是平等的呢?"所以"等级能力上的不平等是一种自然的特征，必然地，将会有富有者，也会有人缺乏生计，但是，在整个社会中，将会有价值和利益的均等与重新调整"[④]。

那么，怎样去实现平等呢？巴哈伊教提倡："平等产生于人们自愿与他人分享的意愿之中。平等的获得如同富有者与普通人在财富方面的平等一样，高贵者应出于自由意愿和为了他们自己的幸福，而关心自己并照顾穷人。这样的平等就是人类崇高德行和高贵品质的表现。"[⑤]

可见，平等要靠富有者的仁慈来实现，所以，在巴哈伊教看来，"仁慈比平等更伟大"，因为"平等是通过强力获得的，而仁慈则是一种自愿的行为(或是一种选择的方式)。善行使人趋于完美，但此种善举并非强制出来的。富人应对穷人仁慈，即应出于他们的自愿而给予穷人帮助。穷人则不应该强迫富人这样做，因为强制在人类事务中带来不和，破坏秩序。仁慈是一种自愿的善行，它为人间带来和平，将人类引入光明的境界"。[⑥] 所以，巴哈伊教反对用强制性手段实现平等，它主张用启发内心的自觉来实现平等。该教极力让富人相信，让上帝最为欣悦的事就是为穷人着想，因为穷人更接近上帝，基督降世时，追随者、信仰者主要是穷人和地位卑下者就是对此观点的证明。穷人的生活充

① 阿布杜巴哈：《未来经济》，第 11～12 页。
② 阿布杜巴哈：《世界团结之基础》，第 39 页。
③ 阿布杜巴哈：《世界团结之基础》，第 39 页。
④ 阿布杜巴哈：《未来经济》，第 19～20 页。
⑤ 阿布杜巴哈：《未来经济》，第 18 页。
⑥ 阿布杜巴哈：《未来经济》，第 56 页。

满了困苦，经受着连续不断的严峻考验，他们的希望仅在于上帝，所以一心朝向上帝。为此，富人一定要尽可能帮助穷人，即使牺牲自我也在所不惜。灵性的条件并不取决于是否拥有世俗的财富，物质上一贫如洗时，更可能产生灵性之思维，贫穷是朝向上帝的动力，因此富人都应该多为穷人着想，给予穷人帮助，以便使自己能更接近上帝。

当然，启发富人的内心自觉并不是万能的，还要通过制定法律来限制富人越来越富，实现经济上的平等，所以制定律法也是经济重整的重要内容。阿布杜巴哈论述说：

> 人类个体之间在能力上的差别是客观存在，不可能所有人都一样，也不可能所有人都同样明智。巴哈欧拉所启示的原则是用以实现人类不同的能力的调整。他说，任何可能在人类管理中实现的事情都受到这些原则的影响。当他所制定的法律得以实现时，在社会中不可能出现百万富翁，同样也没有极端的贫穷。这将通过调整人类不同的能力来实现。社会最重要的基础是农业，是土地之耕作，所有的人都必须是生产者。社会中的每个人，只要他的收入与其个人的生产能力相符，他便可免交税，直至达到调整的效果。也就是说，一个人的生产能力与其需要将通过税收而趋于相符和协调。如果他的需要超出了他的生产能力，他将得到足够数量的补助，从而达到平衡或调整的目的。因此，税收将与能力及生产成果相称，在社会中将不会出现穷人。[①]

这正是巴哈伊教提倡经济重整的基本思路，而其实现则要靠两种基本的经济制度。

(二)两种基本的经济制度

巴哈伊教提倡两种基本的经济制度：一种是合作制，另一种是调节制。

1. 关于合作制

合作是巴哈伊教一个非常重要的概念。该教认为，所有的人都是同一个上帝的仆人，属于同一个人类，住在同一个地球上，受同一个天国的庇荫。这样就使人类存在一种自然关系，存在一种兄弟关系和依赖性，因此，互助与合作就是人类幸福的必要原则。阿布杜巴哈指出，人类不能单独地生活，他需要与他人不断合作与互惠。独自生活在旷野中的一个人，因为他不可能永远地自给自足，最终将会饿死，因此，他需要与人合作与互惠。上帝创生的人类如一体，是一个大家庭，都应该在完美的幸福与安宁中生活，“因为，人类的每一成员都是整体的一分子。任何一个成员若在受苦或遭受疾病的折磨，所有其他成员也就必然相应受苦。比方说，眼睛是人类的器官之一，如果眼睛受害，将会累及整个神经系统。因此，如果整体中的一个成员受到了痛苦的折磨，实际上，从同情关系的角度来看，所有的人将分担此痛苦，因为这(受难的)是一群中的一个，是全体中的一部分。有可能一个或一部分在受难，而另一个成员安然无恙吗？不可能！因此，上帝希望全人类同享完美的幸福与安逸”[②]。人类同属一个家庭，但却存在两极分化，贫富悬殊，就是因为这个大家庭缺乏必要的互惠互助及合理分配，安排不当，缺乏一个完美的律法。以前制定的所有律法都未能保证幸福，它们没能为人类提供安逸。因此，要为这个家庭制定一种律法，通过它能使所有成员通过解决贫富悬殊的问题而共享最大的安康与幸福，而对整体的社会秩序却没有任何的伤害。这个律法要贯彻这样一条基本原则：人类的最大成就要由群体中所有成员来分享，每个人都极其幸福与安乐地生活。[③] 这就是合作制要贯彻

① 阿布杜巴哈：《世界团结之基础》，第40～41页。

② 阿布杜巴哈：《世界团结之基础》，第42～43页。

③ 参见阿布杜巴哈：《世界团结之基础》，第44页。

的基本原则。

2. 关于调节制

巴哈伊教认为农民比其他阶级更为重要,所以先在农民中贯彻调节制。每个村庄都要建一个总仓库,里边存放农产品收入税、牲畜收入税、矿产税、无继承人者遗产、土地里发现的任何财富。农产品收入税要视农民每年收入多少而定,如果收入与支出相等,就不收税;如果收入是二千元,而支出是千元,那就收取什一税;如果收入是一万元,甚至是两万元,那就收取四分之一作为高收入税;如果收入是十万元,而支出是五千元,那就收三分之一的税;如果收入是二十万元,而支出是一万元,那就收二分之一的税,这样仍可有九万元的盈余。总仓库要拿出一部分作紧急支出,如一个农民支出达一万元,而收入仅有五千元,那就从总仓库支出千元,使他生活不至于窘迫。孤儿、无劳动能力者(如盲人、老人、聋人等)都将得到照顾。这些收入还要用于建学校,教育儿童。村民中选出几位智者任理事,来管理这仓库。仓库在支付了所有的费用后仍有盈余,剩余部分须上缴国库。实行这种制度,农村群体中的每个人不需要受恩惠就能过上安乐幸福的生活,而等级将保留下来,秩序便得以维持。但除了农产品收入税以外的几种收入,巴哈伊教的有些规定合理,有些是不合理的。如牲畜税与农产品收入税一样,按照收入越多,征税的比例也就越大的原则,是可行的;无继承人的死者的遗产也好处理。但巴哈伊教认为,如果某人在土地上发现一眼矿,自己可占三分之二,三分之一交总仓库;某人在路上拾到财物,三分之二归自己,三分之一交总仓库;某人发现一处宝藏,自己拿三分之二,三分之一归总仓库。这些原则可能适合当时的社会情况,但是违背社会主义国家基本法律,是不能接受的。

在工厂,则要用调节制来限制少数人过度的资本膨胀,保障大众的基本需求,必须制定出适当的法律,既维护劳动大众的利益,也使资本家的权益受到保护。财产、矿产、工业产品的拥有者应该将其收入与雇员分享,并将其利润的一部分分给工人,使雇员在工资收入以外,还能从企业的总收入中获得部分利益。按照厂主能接受的程度,工厂将四分之一或五分之一的利润分给工人以作花红;或者,工人与厂主平分利润或好处。比方说,每个拥有一万股份的工厂,要将其中的两千股份给它的雇员,并将股份写在他们的名下,使得他们肯定能得到这份利益,其余部分则归资本家所有。在每月月底或每年年底,在支付所有的开支和工资以后,所剩的收入将按股份的数额在劳资双方之间分配。① 在调节制之下,工业奴隶制将被废除;托拉斯也将完全被消除;尤其将使竞争也不复存在。

巴哈伊教认为,竞争和工业奴隶制是现代人类社会的两大问题,必须加以解决。自然界中最根本的特征是为生存而斗争,其结果是适者生存,但在人类社会,适者生存的法则却是一切灾难的源头,它导致战争、冲突、敌意和仇恨。② 在经济生活领域,造成经济上不公平的基本原因之一,就是过多的挥霍和巨大无谓的竞争。不可否认,在生产工具不太发达的历史时期,有限的竞争无疑会刺激生产,但是现在必须以合作取代它,因为在现代社会支配下的人力和物力,必须是为了全人类的长远利益,而不是为了少数人的短期利益,只有当合作取代竞争并作为有组织的经济活动基础时,才能实现这一点。③

巴哈伊教提倡的调节制和合作制,是以私有制为基础的,它承认私有财产的神圣不可侵犯性,认

① 参见阿布杜巴哈:《世界团结之基础》,第49页。

② 参见阿布杜巴哈:《未来经济》,第70页。

③ 参见威廉·汉切尔、道格拉斯·马丁:《巴哈伊教——一个新崛起的世界宗教》,第90页。

为人类需要追求财富，通过劳动积累起来的财富是值得肯定和赞扬的。所以巴哈伊教义接受财产、私有制观念和私人经济首创精神的必要，但这种私有制并不赞成每个人的收入都应该一样。人的需要和能力有自然的差别，社会中的有些服务工作应该比其他服务得到更多的报酬。当然，收入应该确定一个极限，如果其收入不足他分内的需求，他将获得公众基金的补偿。但一个人的收入也不应该过高，要通过渐进的征税制度和其他措施，来阻止个人积累超过某一限定的财富。这正是巴哈伊教主张实行两种经济制度的用意所在。

巴哈伊教所提倡的两种经济制度是否能取得成功，我们不得而知。但是日本企业家创立的企业经营管理“三神器”却取得了很大成功。“三神器”与这两种经济制度有一定的相似之处。“三神器”之一是终身雇佣制，最高经营者就是家长，雇员是家庭成员。这种制度使雇员把自己的前途与企业、公司的前途紧密联系在一起，雇员有了参与意识和认同感，乐于为公司的利益和荣誉作出贡献。这样，雇员与雇主构成一个命运共同体。“三神器”之二是年功序列制，雇主根据雇员的资历决定其工资级别，从而避免公司内部激烈的经济竞争，维护雇员之间的和谐。“三神器”之三是集团主义，提倡个人应属于团体，团体给成员归属感和安全感，成员对团体有忠诚和献身精神，每个成员都能从这种相互信赖、相互依靠的关系中得到相当的满足。①

这虽然名之曰“三神器”，但也是以合作为主题的。“三神器”推行于公司内部，一个公司就是一个命运共同体，所以取得了成功。而巴哈伊教的经济制度则不局限于一个企业内部，而且适应于企业之间，这就使其带有一种理想主义的成分，不一定会为所有企业所接受。邵基·阿芬第也曾强调：巴哈伊教义的经济思想虽然明确，但还不能充分地有系统地让任何信徒在自己限制的范围内做完全推行的试验，因为社会条件尚未达到运用巴哈伊经济原则的程度。而且，巴哈伊对经济问题的作用应被视为间接的，而不是直接的，巴哈伊主要是一种精神指导原则。这些原则将指导未来的巴哈伊经济学家创立出一个调整世界经济关系的体制。②

（三）精神文明和新商业道德模式

巴哈伊教认为，经济不公平的最终根源是人类的贪婪。因此，要真正解决经济问题，需要人在基本态度上作出改变。如果每个人都自私、贪婪和世俗，即使有最完美的经济计划也不会起任何作用。应该把正当工作看作是每个人的神圣任务，无论穷人还是富人，都应该工作。世界上既不能有好吃懒做的富人，也不能有失业的穷人。工作是每个人在思想上都应该认识到的，是上帝提供的为人生服务的机会。③

巴哈伊教认为当前经济危机的存在不单单是经济问题，仅从经济入手是解决不了的。真正要圆满地解决当今世界经济的危机，需要人类心灵的内在改变，因为“整个经济状况的本质是神圣的，并且与人的心灵世界是密切相关”④。

与此相联系，巴哈伊教主张，人类社会要发展，不仅要有物质文明，更要有精神文明。一百多年前，阿布杜巴哈针对当时的世界和美国的现实情况，深刻地指出：

---

① 参见蔡德贵：《东方各国的儒学现代化》，载《齐鲁学刊》1992 年第 1 期。

② 参见李绍白：《人类新曙光——巴哈伊信仰》，第 137 页。

③ 参见慈领佛士德夫人：《释迦牟尼与阿弥陀佛》，施知本译，马来西亚巴哈伊出版社 1988 年版，第 34 页。

④ 威廉·汉切尔、道格拉斯·马丁：《巴哈伊教——一个新崛起的世界宗教》，第 90 页。

如今,物质文明已经达到了一个先进的水平,但还缺少精神文明。仅仅物质文明是无法令人满意的,它不适合现阶段的情况与需要。物质文明所能带来的利益仅局限于物质世界之中,而人类的精神是不受限制的,因为精神本身是渐进发展的,如果神圣文明得以建立,那么人类精神将会得到提高。

迄今为止,物质文明已得到扩展,现在应对神圣文明加以传播。除非两者步调一致,否则人类将不可能获得真正的幸福。仅仅依赖智力的发展和理性的力量,人类是不可能达至最高境界的,也就是说,仅是依靠有才智的人是不能完成由宗教所带来的发展的。[①]

诚然,当美国人民获得一种惊人的物质文明时,我希望,精神的力量将使这个伟大的国家更加生气勃勃。[②]

在巴哈伊教看来,人类的光荣与高超显然是某种超越物质财富的东西。物质上的安乐仅是枝叶,人类崇高之根源乃是良好的品德,这正是人类本质的装饰。人的美德是神圣之显现、天国之恩典,是崇高的情感,是对上帝的爱和认知;是睿智多才、理性的洞察力、科学的发现能力;是公正与平等,信任与仁爱,是自然的勇气、天赋的刚毅;是尊重他人的权利、谨守信约;是在所有的情况下都刚正不阿;是在任何条件下都服务于真理;是为全人类的利益牺牲自己的生命;是友爱尊重所有民族;是遵从上帝的教义;是为神圣的天国服务;是指引民众,教育世人,如此等等才是人类之财富。[③] 至于物质的财富,追求合理,运用得当,那也是值得赞扬的。比方说,如果财富是通过个人的努力和上苍的恩典,从经商、务农或从事艺术和工业中获得的,并且这财富被用于慈善的目的,那么这样的财富是值得高度赞扬的。尤其是当一个见多识广、聪明机智的人想方设法使大众普遍富裕起来的话,就再没有比这更伟大的事业了。巴哈伊教认为,在上帝眼中,这会被当作最高的成就,因为这样一个仁善者能够满足许多人的需要,并使他们的安乐和幸福得到保障。"假如大众是富裕的,财富就是可歌颂的。然而,如果只有少数人拥有过度的财富,而其他人过着穷困的生活,并且财富没有带来任何果实或益处的话,那么,这财富对于其拥有者来说就只是一个负担。另一方面,假如财富是用以传播知识,用以建立小学或其他各种学校,用以鼓励艺术和工业的发展,用以抚养孤儿或穷人——总之,假如将财富用于社会福利——那么,财富的拥有者就将在上帝和世人面前被视为世上最卓越的人,被当作天国之民。"[④]

当今的世界,贫困问题愈益严重。人们为解决这个问题提出了各种方案,这些方案都认为现存的资源或者利用科技可以产生的资源,足以缓解甚至根除这种长久的人间疾苦,但是均未能奏效,原因就是科技的发展以优先解决一些与百姓的真正利益无甚关联的问题为其目的。巴哈伊教认为,倘若要为世界解决贫困这个重担,首先要重排社会发展目标的优先次序。"要做到这点,需要立下决心来寻求适当的价值观;这将是对人类的精神及物质资源的严峻考验。一些宗派教条分不清知足与听天由命的态度,宣扬贫困是人间生活的固有特征,只有死后才能摆脱它。如果依然让这些教条把宗教束缚着,宗教与科学携手寻求新价值观的过程便会遇上极大的障碍。宗教精神要能够有效地帮助人类争取物质福利,就必须从它所来自的神圣灵感泉源找寻新的精神概念和原则。而这些概念和原

① 威廉·汉切尔、道格拉斯·马丁:《巴哈伊教——一个新崛起的世界宗教》,第92~93页。
② 阿布杜巴哈:《未来经济》,第57页。
③ 参见阿布杜巴哈:《已答之问题》,第78~80页。
④ 阿布杜巴哈:《神圣文明之奥秘》,美国巴哈伊国家精神议会1957年版,第24~25页。

则是应该适合一个在人类事务上建立团结与正义的时代。”①

正是出于这样一种精神原则的考虑，巴哈伊教提倡一种新商业道德模式。这种新商业道德模式把表面看来背道而驰、不可相提并论的两个领域——“商业”与“心灵修养”联系到了一起。在传统商业道德观看来，商业意味着实用、实际与利益至上，而心灵修养则意味超逸、振奋与神妙的体验，所以许多人认为商业与道德没什么关联，甚至认为商业根本就不是道德的，而心灵修养则往往被视为道德与伦理价值观的本质。巴哈伊教则努力将商业与精神价值观联系到一起。作为这方面的代表，捷克管理学中心访问教授桃乐丝·马西博士提出了一些独到的见解。她指出，国际商场环境近年经历了巨大的改变。在今天，管理方法的理论偏重的是个人价值而非机器工具，集体决议而非上层主权，齐心合力而非独断独行，创造财富而非开采资源。她要改变一下，“我们现在开始采纳的观念是以精神价值观作为基础的。虽然，我这种观点不是所有的人都同意，但如果实际上是跟着这样的路线走，用什么名堂来形容它都不是重要的。因为，以我今天所谈的价值观来经营的商业，真的比墨守成规的企业兴隆”②。

巴哈伊商业人士批评说：现行的商业道德模式，认为可以在法律规范和社会道德规律的范围内尽量争取利润，但这是短浅的看法，尤其是在国际商场上，这种方法不能持久，过一段时间后必定会失败。③ 所以新商业道德模式应该改变这种现行模式，认识到商人也是推进社会发展的主要人士。巴哈伊商人关注的问题，往往是通常商人所不留意的，如社区发展、社会正义、环境保护、资源的持续和在商界为妇女争取平等。巴哈伊商界论坛为此经常开展讨论，研究全球经济国际化、一体化带来的新价值观点和工商管理方法，这些新思想包括新职业道德的必要、财富的创造、劳资分享利润和运用磋商作为决策的方法。通过这些研究和讨论，他们认为尽管商家和文化有各自特殊的情况，所以不能规定一式一样的商业道德规范，然而“商业的成功基石是由一些放诸四海而皆准的价值观念所组成的。例如，‘信用’便是世界上任何地方的商业的共同点。普世大众都明白这是任何事业的基础。如果失信于顾客、物资供应商和合资者，一个商人就绝不能成功”④。

如此看来，巴哈伊教提倡的新商业道德模式并没有提出一个普世接受的规范，而只是提出了一个普世应遵循的原则，那就是用精神或灵性力量来解决问题，甚至扩展到经济以外的其他领域。正是由于巴哈伊教重视灵性，所以当世界宗教议会发表《走向全球伦理宣言》时，巴哈伊教的代表胡安娜·康拉德等六人首先在该宣言上签字。该宣言称：“宗教并不能解决世界上的环境、经济、政治和社会问题。然而，宗教可以提供单靠经济计划、政治纲领或法律条款不能得到的东西，即内在取向的改变，整个心态的改变，人的心灵的改变，以及从一种错误的途径向另一种新的生命方向的改变。人类迫切需要社会的和生态的变革，但是人类对灵性更新的需要也同样迫切。作为宗教的或灵性上的人群，我们立志献身于这项任务。宗教的灵性力量可以提供一种基本的信赖感，一种意义的根基，终极的标准和精神的家园。当然，宗教要得到信任，就必须消弭出自宗教本身的冲突，消除相互之间的傲慢、猜疑、偏见甚至敌对的形象，从而表明对信仰不同的人们的各种传统、圣地、节期和仪式的尊重。”⑤

① 世界正义院：《人类之繁荣》，巴哈伊国际出版社 1995 年版，第 11～12 页。
② 《欧洲巴哈伊商界论坛提倡新道德模式》，载《天下一家》1995 年 4 月号。
③ 参见《欧洲巴哈伊商界论坛提倡新道德模式》，载《天下一家》1995 年 4 月号。
④ 《欧洲巴哈伊商界论坛提倡新道德模式》，载《天下一家》1995 年 4 月号。
⑤ 孔汉思、库舍尔编：《全球伦理——世界宗教议会宣言》，四川人民出版社 1997 年版，第 13 页。

宣言提倡的灵性力量，正是巴哈伊教所孜孜以求的。巴布、巴哈欧拉、阿布杜巴哈等代表人物都把精神力量作为自己唯一的依赖。现在，我们再回头看一看阿布杜巴哈在《巴黎片谈》中所说的一段话：

在现时，东方需要物质方面的进步，西方需要精神方面的进步。假若双方交换，东方把精神方面的思想输给西方，西方把科学知识输给东方，那就再好也没有了。

这种互相交换是不可缺少的。

东西方必须团结，互助交换其所需要者。这种团结，可以促成真文化之实现，精神与物质双方并进，都能发扬光大。

如此互相交换，和平又可实现，所有人们能联络一致，坚固地团结起来，达到一个最完美的境地，而世界就会成为一面明镜，反映上帝的恩德。

我们全体，东方与西方国家，当用全部精神和思想，日夜努力，以求达到这高尚的理想，使全世界各国坚固地团结起来，于是人人快乐，处处光明，一齐向上，人类的幸福可得到保障。①

在 20 世纪初，能提出这样的思想，诚属难能可贵之事。但阿布杜巴哈提出了这种思想，却并没有付诸实现。现在的巴哈伊社团虽然在朝着这个方向努力，但取得的成果也仅限于巴哈伊世界。而在中国，由于改革开放以来一直提倡两个文明一起抓，两手都要硬，所以物质文明和精神文明都取得了举世瞩目的成绩。此时再回顾一下阿布杜巴哈在一封书简里所说的话，是非常有意味的。那封书简说："中国是属于未来的国家。""中国有着伟大的潜力，中国人追求真理也最为诚挚。""在中国，一个人可以传导许多人，可以教育培养崇高的人士，他们将成为人类世界中的明亮灯烛。诚然我说，中国人能免于任何狡诈伪善，为崇高的理想奋斗。"②现在中国社会主义所取得的物质文明和精神文明的双丰收，是阿布杜巴哈预言的应验，还是一种巧合？虽然不能有明确的结论，但在中国人民自己信心不足的时候，能看到中国人民灵性的力量，无疑是对中国人民的一种透彻的悟解，仅此，我们可以说阿布杜巴哈是伟大的思想家。

第六章　儒学和巴哈伊信仰的教育思想

一、儒家的教育思想

春秋末期，原有的社会秩序被打破，政治权力的下移构成了学术下移、文化繁荣的必要前提。以传统礼乐制度为主要教育内容的官学，失去了继续存在的阶级基础。适应于新的阶级关系及政治需求，民间兴起私人讲学之风，教育冲破了"官学"的樊篱，从贵族走向平民。孔子顺应时代潮流，开风气之先，创办私学，取得了卓越成效，史称其"以《诗》、《书》、《礼》、《乐》教，弟子盖三千焉，身通六艺者七十有二人"(《史记·孔子世家》)。

孔子的教育有明确的办学方针、系统的教学方法。他通过五十年的教育实践，积累了丰富的教

① 阿布杜巴哈：《巴黎片谈》，第 6 页。

② 转引自李绍白：《人类新曙光——巴哈伊信仰》，第 311～312 页。

育经验，形成了完整的教育思想。

孔子的方针很明确，他认为要用教育来开发人民的智力，为治理国家服务。他的弟子子张所说“君子学以致道”(《论语·子张》)就是这个意思。他提倡“学而优则仕”(《论语·子张》)，学好了去当官从政。孔子相信教育的力量，认为每个人不管是聪明的还是愚蠢的，都有学好的可能性，都可以发挥教育的作用。

孔子的教学方法相当灵活，而且多种多样。他注意根据不同学生的特点而因材施教。子路和冉有都请教孔子这样的问题：“听到一个道理之后就立刻去实行吗?”孔子对子路的回答是：“你有父兄健在，怎么能一听到就去实行而不问问父兄的意见呢?”而对冉有的回答则是：“当然应该立即去做!”这是孔子根据子路和冉有两人的不同特点而采取的教育方法：子路性急躁，所以对他加以节制，防止他草率行事；冉有保守而优柔寡断，所以鼓励他办事要果断。(《论语·先进》)

孔子注意用启发式方法教育学生，他说：“不愤不启，不悱不发，举一隅不以三隅反，则不复也。”(《论语·述而》)一定要到学生本人思考到想不通的时候，再去启发他；学生心里明白了，但说不出来，便继续开导他，使他能有举一反三的能力。如果没有这种能力，孔子就不再教了。他还教育学生，经常温习旧的知识，就会有新的体会、新的启发，这就是“温故而知新”(《论语·为政》)。在教学过程中，孔子注意对学生“循循善诱”，有步骤地对他们加以引导。他强调学与思的结合，学主要是“闻”、“见”，思是思考。他认为光学不思，等于没学，光思不学，容易出错，就是“学而不思则罔，思而不学则殆”(《论语·为政》)。在学习上，孔子提倡求实态度，反对不懂装懂，他说：“知之为知之，不知为不知，是知也。”(《论语·为政》)孔子在教育方面的这些宝贵经验，是我们中华民族的精神财富。当然，孔子轻视“学稼”、“学圃”，即农业生产劳动，对劳动人民也有些看不起，认为“民可使由之，不可使知之”(《论语·泰伯》)，这都是他的缺陷。

孔子是春秋末期第一个大规模兴办私学、教育平民弟子的学者。实际上，儒家学派正是在孔子的私学教授中形成的，儒家学说在思想史方面影响了其后诸子百家的争鸣及两千余年中国历史文化；在教育方面更积累了丰富的教育思想。由此层面而言，孔子其实首先是一个成功的教育家。

孔子对教育的内容进行了根本性变革，把传统的“六艺”教育转化为“六经”教育，把道德教育提到教育的首要位置，德智一体而德为主导；他以“学而优则仕”为教育目的，要把学生培养成有道德、有理想、有治国才干的贤人君子；他对学生一视同仁，倡言“有教无类”，以人性的平等为教育的平等奠下了哲学的基础；他提出了一系列有关教育的原则和方法论，以及关于教师的理论，等等。这一切形成了儒家独具特色的教育思想体系，深刻影响并规定了我国古代教育的发展路向。即使是在已经步入知识经济时代的现代社会，孔子的教育思想仍有其不可磨灭的价值和意义。他的诸多教育理念与现代教育观的契合，愈发显示出人类思想性精神的伟大与永恒。深入解读孔子的教育思想，对于现代教育观念、教育体系的健全、充实及发展实有莫大的裨益。

(一)“学而优则仕”

这是在十年“文革”中被彻底批倒、批臭了的一句话，它被简单地诠释为“读书做官论”，可谓妇孺皆知。其实，在孔子思想里这是一个颇富开创、进取精神的教育理念，其中浓缩着孔子的贤人政治理想，体现了他对于教育目的的全新理解和追求。虽然有其特定的历史含义及局限性，但同时也有着不容忽视的合理性，与现代教育观念相契合。

西周的官学适应于分封制与世官世禄制，教育的目的不是选拔贤才，而是服务贵族世袭政治的需要，受教育主体是各级将来承袭父职的贵族子弟，仕职与学优与否并无直接关系。但到了春秋末期，社会处于政治大变革中，天子大权旁落，王室贵族权力沦丧，诸侯争霸，“政在家门”，形成新的阶级关系。新兴政治势力为了夺权，急需能够解决实际问题的新型人才，世官世禄制难以为继，尚贤使能成为当时激烈政治斗争的客观需要。另一方面，由于部分上层贵族地位下降，下层庶人地位上升，原处于贵族与庶人之间的“士”这一阶层成为上下阶层流动的汇合处，新的士阶层迅速崛起。他们强烈要求依靠自己的才能参与现实政治，而实现这一愿望的重要途径就是以“学”进仕。

正是在这种背景下，孔子提出了“学而优则仕”，明确强调教育的目的是培养能够从事国家政务的贤能之士。孔子基于“为政在人”的政治立场，提倡“举贤才”、“礼贤下士”，在积极从政失败之后，则致力于通过教育培养在上位的君子贤人。在某种意义上，他认为教育亦是为政的一个重要组成部分，“《书》云：‘孝乎唯孝，友于兄弟，施于有政。’是亦为政，奚其为为政？”（《论语·为政》）肯定了教育对政治的影响。他教授弟子的目标就是使其能够出仕从政，以行道义，他指出：“诵诗三百，授之以政，不达；使之四方，不能专对；虽多，亦奚以为？”（《论语·子路》）能否独立办理内政外交之事务，是衡量学习效果的重要标准。他强调仕进的尺度在于“学而优”，而不能取决于身份之贵贱。“先进于礼乐，野人也；后进于礼乐，君子也。如用之，则吾从先进。”（《论语·先进》）

孔子的许多弟子也确已达到了出任从政的标准，从孔子曾经的评价中可知一二：“雍也可使南面”，“由也果，于从政乎何有？”“求也艺，于从政乎何有？”（《论语·雍也》）事实上，亦有一批孔门弟子出任为官。如果学而未优，没有达到从政标准，则不能出任政职，否则会贻害无穷。“子路使子羔为费宰。子曰：‘贼夫人之子！’”（《论语·先进》）愤怒之情溢于言表，显然孔子认为子羔所学尚不足以担当此任；而当弟子能够意识到自己学而未优时，孔子则会非常高兴，“子使漆雕开仕。对曰：‘吾斯之未能信。’子说”（《论语·公冶长》）。他还强调世袭之仕与选贤之仕一样要经过“学”，经由教育才能成为合格的统治人才，所谓“仕而优则学”，这是一个与“学而优则仕”互补的命题，是孔子对于事实存在的世袭之仕开出的药方。

合而言之，孔子把政职与学识联系起来的这种思想，旨在通过教育解决春秋末期贵族不学而仕、士阶层学而不能仕的尖锐矛盾。在“学而优则仕”与“仕而优则学”的理念面前，“氏以别贵贱”、“氏以别智愚”观念受到了猛烈冲击；普通民众追求接受教育的自觉性及热情高涨，孔门弟子三千即是典型例证。虽然孔子不可能摆脱传统宗法观念，仍然坚守“亲亲”原则，主张“故旧不遗”，但“学而优则仕”的教育理念毕竟对推行贤人政治起到了积极的推动作用。如果把学道与出仕割断开来，就完全违背了孔子教育的初衷，这一点孔门弟子都理解得很深刻，子路称：“不仕无义。……君子之仕也，行其义也。”（《论语·微子》）子夏则称：“君子学以致其道。”（《论语·子张》）

在当时的时代背景下，“学而优则仕”固然有其特定的政治价值追求，然而肯定教育对于人类社会文明进步的意义，却契合了教育的根本特质，有其一般合理性。现代教育以培养“负责的、合作的、参与的和独立的公民”（托斯坦·胡森语）为目的，以“人的全面发展”为根本理想，正是基于教育作为人类社会文明进步发展根本途径的文化特质。人们经由知识教育获取生存及生活的基本知识与各种技能，并且这种教育不再只停留于人生某一阶段，而是根据参与社会生活的需要贯穿于人的一生，“继续教育”、“生涯教育”已经成为现代教育体系重要的组成部分。两相观照，如果改“仕”为“事”、“学而优则仕”这一传统教育理念就能进入现代社会生活而获得新的生命活力。“学而优则事”，“事而优则学"。学得好，就让你有事做；事要做得好，还得干中学。因此须活到老，学到老，才不会被社会抛弃乃至淘汰。经过重新诠释之后，孔子教育理念原来内含的政治化价值取向的局限性因此得以纠补，而其现代合理性的一面则得以凸显及充实，从而由传统转入现代教育观念。然而教育不是个别人的事，教育要普及，普及教育的根本是有教无类。

（二）"有教无类"

子曰："有教无类。"（《论语·卫灵公》）即使以提倡教育平等的现代理念衡量之，这也是一个伟大的命题。人类教育的根本精神和理想在这个命题中熠熠闪光，烛照了我们民族两千多年文化教育的历程。

孔子从人性平等出发，肯定平民受教育的权利；从个体差异出发，肯定教育的重要作用。孔子曾提出"性相近也，习相远也"（《论语·阳货》）的著名哲学命题，这正是其"有教无类"教育思想的理论基础。

就前者言，他认为人性都是相近似的，人们的先天本能和素质并无多大差别，在接受教育的权利方面，贵族与平民是平等的。基于此，他提出对于受教育者要本着"有教无类"的教育原则，在教育理念中贯彻其"爱人"的仁爱根本原则。他主张应该尽可能地扩大受教育的对象范围，以利于培养选拔人才，只要诚心向学之人，不拘于门第高低、身份贵贱、德才高低、地域远近，都应予以热心教诲，所谓"自行束脩以上，吾未尝无诲焉"（《论语·述而》）。即使是一个缺点、毛病挺多的人，孔子亦主张，"与其进也，不与其退也。唯何甚？人洁己以进，与其洁也，不保其往也"（《论语·述而》）。他的教育实践中处处体现着这一主张，孔门弟子中有贵族子弟如孟懿子，有贱人如仲弓父，有鄙家子弟如子张；有子贡货殖致富，家累千金；亦有颜回穷居陋巷，箪食瓢饮；更有甚者，竟有大盗如颜涿聚亦就学于孔子，真是各色人等，不一而足。尽管千人千面，性格禀赋各异，孔子均能做到来者不拒，平等施教，子贡称之："君子正身以俟，欲来者不拒，欲去者不止。且夫良医之门多病人，檃栝之侧多枉木，是以杂也。"（《荀子·法行》）即使是对待自己的亲生儿子，孔子亦没有丝毫的偏袒，每一个弟子都享有平等的学习与发展的机会及条件。

就后者而言，孔子认为"习"是造成个体之间差异的主要原因，后天的习染促成圣凡、智愚之别，而"习"作为后天环境的影响，包括个人的主观努力，其中教育的影响则更为重要，教育的基础就在于人性的可塑性。他反复强调人的智愚、强弱并不是绝对的，可以在后天的教育、学习中转化，他相信通过持之以恒的教育、学习，可以化恶为善，化愚为智，"人十能之，己百之；人百能之，己千之。果能此道矣，虽愚必明，虽柔必强"（《礼记·中庸》）。

由此，孔子特别强调教育对于一个人的成长所起的巨大作用。他以对待学习的态度区分人之高下，"生而知之者，上也；学而知之者，次也；困而学之，又其次也；困而不学，民斯为下矣"（《论语·季氏》），"生而知之"一格实际是虚悬的，他实际肯赞的是"学而知之"及"困而学之"者，斥"困而不学者"为最下等。他自己则从不以"生而知之"者自居，而是强调"学"在其生命过程中占据的重要地位，"吾十有五而志于学，三十而立，四十而不惑，五十而知天命，六十而耳顺，七十而从心所欲不逾矩"（《论语·为政》），"我非生而知之者，好古敏以求之也"（《论语·季氏》），各个阶段所得到的成就都是努力向学、不断受到教育的结果。这已不仅仅是教育机会均等的问题，而更蕴含了师生平等的倾向，教学一体实际是"有教无类"更高境界的体现，更能透显教育平等的精神实质。

孔子“有教无类”的教育思想及其实践活动，突破了宗法社会严格的等级制度，富有浓厚的平民色彩及平等精神，对中国传统教育产生了巨大而深远的影响。其后两千多年的封建社会里，在“有教无类”教育理念影响下的官学、私学、私塾等各种形式、等级的学校教育蓬勃发展，任何人只要诚心向学，都有学习和接受教育的资格，甚至越是普通民众、贫家子弟的热心求学，越为人们所敬重、称道，像“凿壁偷光”、“囊萤苦读”、“映雪读书”等居贫苦学的故事成为励人心志的永恒佳话。在以宗法血缘关系为基础的严格的等级制度中，普通民众被限定在金字塔式的等级结构和社会秩序的最底层，个体情感及意志自由皆被严重扼杀，平等自是无从谈起；只有借教育一途，可以在一定程度上冲破自然禀赋及社会等级制度的限制，学习一事，无论智愚贵贱者皆可为之。“有教无类”成为中国传统文化中寄寓平等理想的一面精神旗帜，是中国传统教育文化的宝贵财富。同时，“有教无类”也是对整个人类教育史的伟大贡献，它揭示了人类教育的发展方向，体现着人类教育的根本理想。

时至今日，受教育权固然已成为一种普遍的公民权利，民族、种族、性别、职业、经济状况、宗教信仰等方面的差别，都不能再阻障这种权利，但却仍然限制着教育机会的均等。义务教育作为现代教育解决教育平等问题的重要手段，也无法赋予每一个人均等的教育机会。反思孔子的教育思想，“有教无类”以其与人类平等理想的遥契而具恒常普遍的价值与魄力，这可以成为我们现代教育文化的源头活水。

教育的最终目的不是教育普及，而在于提高全民族的素质，其关键是实施素质教育，这就是孔子的文行忠信之教。

(三)“子以四教:文、行、忠、信”

此言虽简，却涵盖孔子根本的教育内容。可以说，孔子是我国历史上实施素质教育的首倡者及成功实践者。相对于西周官学，孔子创办私学的最本质转变就是对教育内容的变革。与其“有教无类”、“学而优则仕”的教育理念相辅相成，孔子进一步拓展、丰富了教育的内涵，主张应该将一般文化知识与道德的教育结合起来，而以伦理道德的培养为主导。传统官学偏重技能和技术训练的“六艺”教育，在孔子那里演为“六经”的传授和伦理道德等综合素质的培养。

传统“六艺”的基本内容礼、乐、射、御、书、数在孔子的教学中仍是必要的科目，孔子关于礼乐的教育亦有传统的“俎豆之事”、“弦歌鼓舞”等实际礼仪训练内容。但在性质上，孔子的礼乐教育已发生了根本转变，他虽然重视礼仪训练，但已不专注于礼仪的具体形式，而更重视深入探究和领会蕴藏于礼仪之中的精神实质。当孔子对传统周礼进行因革损益，以“仁”释“礼”之后，道德教育在孔子教学中就占据了绝对重要的位置。“子以四教:文、行、忠、信”(《论语·述而》)，“志于道，据于德，依于仁，游于艺”(《论语·公冶长》)，“弟子入则孝，出则弟，谨而信，泛爱众，而亲仁。行有余力，则以学文”(《论语·学而》)，类似这般强调道德修行的言论在《论语》中比比皆是。孔门弟子分列四科，“德行:颜渊、闵子骞、冉伯牛、仲弓。言语:宰我、子贡。政事:冉有、季路。文学:子游、子夏”(《论语·先进》)。“文学”大体相当于文、行、忠、信中的“文”，指一般文献知识;“言语”、“政事”则指处理内政外交所需的知识和本领。“德行”列四科之首，而“德行”中有代表性的弟子，也是孔子最为推许的颜渊——作为孔子最满意的学生——就在于“其心不违仁”，“一箪食，一瓢饮，在陋巷，人不堪其忧，回也不改其乐”(《论语·雍也》)，即使在最艰苦的环境下也能长时期地坚持修习仁德。孔子所谓的“学”本身，主要指向的也是品德修习，“君子食无求饱，居无求安，敏于事而慎于言，就有道而正焉，可谓好学也已”(《论语・学而》),其弟子子夏亦称:“贤贤易色;事父母,能竭其力;事君,能致其身;与朋友交,言而有信。虽曰未学,吾必谓之学也。”(《论语・学而》)

“仁”是孔子道德教育的最高层次,他以“仁”为标准鼓励弟子进德修业。据统计,“仁”在《论语》中出现过一百多次,孔子专门回答弟子问“仁”的地方就有十二处。孔子更多次与弟子讨论恭、宽、信、惠、忠、恕、孝等各种善的品质及具体行为规范,这也都是“仁”所涵括的。孔子把“仁”的标准抬得很高,但又强调“仁”并非高不可攀,“仁远乎哉?我欲仁,斯仁至矣”(《论语・述而》)。他强调客观环境对于道德修为的重要性,“里仁为美,择不处仁,焉得知?”(《论语・里仁》)同时他更重视主观的道德修养和自我意识,“君子无终食之间违仁,造次必于是,颠沛必于是”(《论语・里仁》)。

孔子特别重视诗、礼、乐的教育,他以改编过的“六经”作为教材,注重在一般知识教育中贯彻道德的教育。他多次强调,“兴于诗,立于礼,成于乐”(《论语・泰伯》),“不学诗,无以言”,“不学礼,无以立”(《论语・季氏》),“《诗》三百,一言以蔽之,曰:‘思无邪。’”(《论语・为政》)即以《诗经》而言,学习《诗经》除了可以增益学识,更可以习得做人道理,近事父母,远事君王,是明人伦之道的重要修养途径,“《诗》可以兴,可以观,可以群,可以怨,迩之事父,远之事君,多识于鸟兽草木之名”(《论语・阳货》)。

在教育内容更为丰富的背景上,孔子更加注意教育与现实生活的密切联系,而竭力排除传统的天命鬼神等内容,“季路问事鬼神。子曰:‘未能事人,焉能事鬼?’曰:‘敢问死。’曰:‘未知生,焉知死?’”(《论语・先进》)“子不语怪、力、乱、神”(《论语・述而》)。最典型的表现莫过于他对丧葬、祭祀之礼的教育。孔子认为仁孝应包括对父母丧葬、祭祀之礼的恭守,主张祭祀祖先时要恭敬、虔诚,“祭神如神在”,并坚持为父母守丧三年的规定,但他并非主张以久丧祭祀为手段祈求父母亡灵以及鬼神的福佑,而是以此要求子女“事死如事生”,以示对父母养育之恩的长志不忘,因为“子生三年,然后免于父母之怀”(《论语・阳货》),这实际是对古代传承下来的带有鬼神迷信色彩的丧祭之礼作了新的人文化解释,即丧祭之礼只是为满足人们对亲人孝悌情感的需要。他强调对待死者要像他还活着一样,并不是相信有鬼神存在,而是要寄托哀思,净化感情,以尽人道。这样,孔子基本上排除了宗教迷信在教育中的位置,遂使强调认识社会政治、了解现实人生、追寻生命价值成为中国古代教育的重要传统。

孔子的教育内容虽然以德教为主,但并不排斥一般文化知识及自然科学知识的教育。在作为教材的“六经”中即有大量的古代科技史料,孔子本人的知识是非常丰富广博的,绝非限于德行一隅,《国语》曾载孔子论防风氏之骨、识肃慎氏之矢等事,即为明证。一般认为孔子教育内容有一个最明显的缺陷在于没有生产劳动知识与技能教育的一席之地,樊迟请学稼、学圃,孔子竟答以“吾不如老农”、“吾不如老圃”(《论语・子路》),成为典型的例证。其实,这也与孔子创办私学的教育目的及其政治理想密不可分。孔子要培养的不是农民、菜农,而是国家的行政长官,培养出大批的贤人君子去推行仁德之政,他认为:“上好礼,则民莫敢不敬;上好义,则民莫敢不服;上好信,则民莫敢不用情。夫如是,则四方之民襁负其子至矣,焉用稼?”(《论语・子路》)所以,孔子对教育内容的创新,并不是由纯道德伦理的教育代替才智的教育,而是由传统官学单纯技能、技术训练的“六艺”知识性教育进升到对人的整体素养德才兼备的强调,使智育与德育合为一体,而以德育为主导,并已形成了一个比较完整的体系。德智一体从此成为中国古代传统教育的基本模式。

结合时下教育现状,以现代的视角观之,孔子所倡的这种德智一体而归于仁的教育思想实质上正是提倡人的素质教育,注重“智商”与“情商”的双重培养。现代教育并不是片面的知识系统,“人们期望学校给学生带来变化,不仅仅局限在认知领域,人们期望学校有助于学生形成某些行为和态度,使学生能恰当地欣赏民族文化，接受行为道德和审美的价值观指导”（托斯坦·胡森语），道德人生教育、体质培养、审美教育、信仰教育等都与智力教育一样是现代教育体系的重要组成部分。我们欲建立、健全现代教育体系，在学习西方现代教育经验的同时，孔子的这种教育理念应该而且正在成为中国教育的文化之“根”。

为使学生受到良好的教育，教师更得有好的素质，就如同要给学生一桶水，教师就得有一井水，并不断地将水施与学生一样。为此，孔子也为教师提出更高的标准。

（四）“学而不厌，诲人不倦”

正因为孔子注重人的整体素养的教育，在教授给学生知识的同时更注重培养其思维、实践的能力，注重培养学生的非智力因素，因此，孔子对教师的素质提出了很高的要求。孔子在自己长达半个世纪的教育实践中，总结了一系列关于教师学养问题的宝贵经验，其中尤以“学而不厌，诲人不倦”泽被后世，成为多少师者的座右铭及终身追求。

孔子认为“学而不厌，诲人不倦”是教师学养的首要条件。只有“学而不厌”，不断学习新的知识，更新、增长自己的学识储备，提高、增强自己的能力水平，才能够满足教育学生的需要。学好是教好的基础；“诲人不倦”则是教师更为崇高的品格和精神境界，孔子甚至把它推许为“仁”，“教不倦，仁也”（《孟子·公孙丑上》）。他正是倾注了“仁者爱人”的精神教诲学生，“爱之能勿劳乎？忠焉能勿诲乎？”（《论语·宪问》）。同时，教师本人这种“学而不厌，诲人不倦”的精神又能转而激发学生强烈的求知欲，为学生树立起学习的典范。孔子为师终生，恰以“学而不厌，诲人不倦”为最突出特征，子曰：“若圣与仁，则吾岂敢？抑为之不厌，诲人不倦，则可谓云尔已矣。”（《论语·述而》）无论在什么情况下，孔子从未停止过学习和教人。

由提倡“学而不厌”，孔子形成了教学一体、教学相长的教育理念。他强调在教育与学习的过程中，应该是师生互有帮助，教与学是一个双向互动的过程，作为受体的学生在积极思索后作出回馈，能够进一步促进教师的思考及教学。孔子对学生的教学主要采取问答、讨论的方式，许多问题都是在师生相互切磋琢磨后得出结论。孔子显然把教育弟子的过程视为自己不断得到启发的学习过程。他不赞成学生对老师一味信从，力倡学生在学习过程中要敢于表达自己的体会和不同意见，这样的学生也是老师的学习对象。他曾对颜回提出批评，“吾与回言终日，不违，如愚”（《论语·为政》），“回也非助我者也，于吾言无所不悦”（《论语·先进》），认为颜回只是单向接受老师知识的状态对于自己的教学没有启发和促进。而对于在学习中能够提出独立见解的弟子则非常赞赏，并肯定和赞扬他们给予了自己再次学习的机会，如与子夏论《诗》一节就非常有代表性，“子夏问曰：‘巧笑倩兮，美目盼兮，素以为绚兮，何谓也？’子曰：‘绘事后素。’曰：‘礼后乎？’子曰：‘起予者商也！始可与言《诗》已矣。’”（《论语·八佾》），孔子在此明确表示了子夏对自己的启发和帮助。

可见，孔子并没有把弟子们仅当作学生，而是视之为与自己共同修习理想人格的同学，他一贯主张“当仁，不让于师”（《论语·卫灵公》），“三人行，必有我师焉。择其善者而从之，其不善者而改之”（《论语·述而》），“见贤思齐焉，见不贤而内自省也”（《论语·里仁》），弟子们既是受教育的对象，也是给予自己学习机会的人，教与学的关系其实是表里一体的，能够做到教学相长，“以能问于不能，以多问于寡”（《论语·泰伯》），教师才有可能达到“学而不厌”的境界，保持一种不断学习不断进步的进取精神。

与“诲人不倦”密切关联的是孔子提出了“因材施教”的教育理念，这其实正是“诲人不倦”精神的具体诠释。孔子教学非常注重学生的个体差异，在充分了解学生德行、才智、个性的基础上，他根据各自不同的特点进行有针对性的教学指导，朱熹称：“夫子教人，各因其材。”（《论语集注》）

孔子的因材施教主要表现在两个方面。在宏观把握上，他按照学生的爱好和特长进行分科教育，定向培养，这就使其弟子身通“六艺”，却各有特长，在“德行”科，以颜渊、冉伯牛、闵子骞等为代表，宰我、子贡则擅长“言语”科，“政事”科则以冉有、季路最为突出，子游、子夏则在“文学”科有深厚造诣；就具体教学言，对同样问题，孔子视不同对象给出不同回答，充分考虑到学生实际水平和个性特点。同是问“仁”，孔子对不同的学生给出了多种解释。他对颜渊释“仁”：“克己复礼为仁。一日克己复礼，天下归仁焉，为仁由己，而由人乎哉？”进而复言其目：“非礼勿视，非礼勿听，非礼勿言，非礼勿动。”（《论语·颜渊》）所阐释的显然是“仁”的最高境界，而对司马牛释“仁”则只有一句：“仁者，其言也讱。”（《论语·颜渊》）专门针对其“多言而躁”的缺点发论。其他如学生问孝、问政等，孔子都是根据学生智力和学识的差异进行阐释，难易、深浅、详略、繁简各有不同，以利于学生发挥各自的才能去学习、去践履。

这一切，没有“诲人不倦”的精神是做不到的。同样，不能够“因材施教”，“诲人不倦”亦无从谈起。现代教育对教师素质提出了更为严格的要求，全面开启学生的德性、智力、体质、审美等潜能，培养学生做人、求知、生活、创新的素质，首先需要教师学养尽可能全面地发展，而这种师德的形成，是很需要孔子那种“学而不厌，诲人不倦”精神的。

二、巴哈伊教的教育思想

巴哈伊教是一个十分重视教育的宗教，它所重视的教育不只是宗教教育，而更多地包括世俗的科学知识教育和人文教育。而且，巴哈伊教不只是重视对巴哈伊教徒的教育，还关注于对教外平民尤其是落后的发展中国家民众的教育。

（一）教育的重要性

作为一种世俗的宗教，巴哈伊教认为宗教应团结人心，使战争和纠纷从地球上消失，创造灵性，将生命和光明输入每个人心中。假若宗教成了憎恶、仇恨和分歧的原因，那还不如没有宗教，反而从这种宗教组织中退出来，会成为真正的宗教行为。因为在巴哈伊教看来，就像药剂一样，药剂的功用是在诊病，假若药剂仅能使病人感受更大的痛苦，那就不如抛弃不用。宗教也一样，无论哪一种宗教，假若不能成为爱和团结的原动力，就不能称之为宗教。[①]

所以，进一步来说，宗教并不是一系列的信念，不是一整套的惯例，宗教是制定人类真正生活、激励人类高尚思想、修炼人类品格、奠定人类光荣基础的教育。[②]

换一个说法，宗教的目的是为了获得可嘉的美德、道德的改善、人类精神的升华、真正的生命及神圣的恩典。所有的先知都是这些原则的倡导者，他们中没有人宣扬腐败、堕落和邪恶，都是召唤人类追求尽善尽美，将人类团结于宗教中，规劝世人和睦一致。为此，巴哈伊教反复强调教育的重要

① 参见阿布杜巴哈：《生活的艺术》，澳门巴哈伊出版社 1995 年版，第 57 页。

② 参见《阿布杜巴哈选集》，世界正义院 1978 年版，第 52～53 页。

性,把教育看作是通向上帝之路、实现人类进步的必要手段。

对教育的重要性,巴哈伊教论证说:人好比一座满藏无价之宝的矿山,唯有教育才能使其宝藏毕露,人类才能因而获益。任何人只要默想一下那些自上帝神圣旨意之天堂所施降下的神圣典籍中所启示的圣言,他便会轻易地了解其宗旨是要所有的人团结在一起,犹如一体的灵魂。如此,"天国是上帝的",天灵才能深印在每一颗人心中,并且天赐的恩典、恩惠和慈悲才能环绕着人类。上帝的荣耀是无比崇高的,唯一的真神为自己从来不希求任何事物。人类的忠贞,对上帝没有任何助益;人类的邪恶,对上帝也没有任何伤害。但是,倘若各时代中的学者和智者让人们吸取友爱和亲爱的芬芳,每一颗善解的人心都会领悟到真自由的意义,同时发现无纷扰的和平及绝对安宁的秘密。①

阿布杜巴哈甚至认为,不仅人类需要教育,而且当人们考察世界万物时,就知道矿物界、植物界、动物界和人类世界一样,都是需要教育者的。比方说,假如土地不被开垦,便会杂草丛生;而如果有人类来开垦土地,就会生长出滋养生命的庄稼。因此,显然的,土地需要农夫的耕耘。树木如果没有种植者去管理,就不会开花结果,既无果实,也就是无用的了。但假如得到园丁的细心照料,原先那些无果之树,就会硕果累累。经过耕耘、施肥、接枝等,原来果实枯涩的树木,也会结出甜美的果实。对于动物来说也是如此。动物经训练以后就可以被驯化。而人缺乏教育,就会与野兽无异,甚至凭借物性的支配,会比兽类还要卑劣。反之,人若受了教育,就会如天使一般。②

所以,教育是经济和社会发展的关键之一。正是教育将东西方置于人的权威之下;正是教育产生了大工业;正是教育传播了伟大的科学与艺术;也正是教育启发了新的发明与制度。假如没有教育者,就不会有舒适、文明或人道这些东西了。如果一个人被弃在荒野之中,不见任何同类,他无疑将变成一只野兽。因此,人显然需要教育者。③

巴哈伊教的经典教义,多次反复申述了教育的重要性。如阿布杜巴哈在《世界和平之传扬》中说:

> 正由于无知和缺乏教育是隔阂人类之藩篱,所有的人都必须受到训练和教育。通过这一方法,互相理解之缺乏将得到弥补,人类之团结将巩固和加强。全球教育是一个球性法律。因此,尽其所能教育和指导孩子是每个父亲义不容辞的责任。如果他不能教育他们,作为人民代表之政府团体则必须为他们提供教育的途径。④
>
> 最根本、最迫切的需要是促进教育。除非解决了这个首要的基本问题,否则任何国家要获得繁荣与成功都是不可想象的。民族衰落的主要原因是无知。今天,大众甚至对一般事务都所知甚少,更从何谈起把握理解时代的重大问题与复杂需要之核心?⑤

阿布杜巴哈从正反两个方面用实例论证了教育的重要性。他指出:看看!缺乏教育会使一个民族衰弱、堕落到何等程度!今天(1875 年),从人口来看,中国是世界上最伟大的国家,约有 4 亿多人。由此看来,它的政府应是世上最杰出的,它的人民应是最为人所称道的。然而,正好相反,由于缺乏文化及物质文明方面的教育,中国是所有弱小国家中最软弱无助的。不久前,一小支英法联军

① 参见《巴哈欧拉圣典选集》,第 58 页。
② 参见阿布杜巴哈:《已答之问题》,第 7~11 页。
③ 参见阿布杜巴哈:《已答之问题》,第 7~9 页。
④ 阿布杜巴哈:《世界和平之传扬》,美国威尔迈特巴哈伊出版社 1982 年版,第 300 页。
⑤ 阿布杜巴哈:《神圣文明之奥秘》,第 107~109 页。

与中国开战并取得决定性的胜利，占领了中国首都北京。假如中国政府与人民能早早跟上这个时代科学的发展，假如他们早就熟知文明社会的各项技艺，那么，即使世上所有国家全部出动与之作战，他们也会打败入侵者，侵略者从哪里来的，还得退回到哪里去。相反，比这一事件更为奇怪的是：日本近些年来由于开始觉醒，采纳了当代的先进科技，在民众中倡导科学，发展实业，并竭尽全力将公众思想集中于改革之上，目前日本已获得长足的发展，虽然其人口仅是中国的六分之一，甚至只是十分之一，但它最近向中国提出挑战，并最终迫使其妥协。这就足以证明教育的重要性，教育与文明的各种技艺是如何给一个政府及其人民带来荣耀、繁荣、独立及自由的。①

为了强调教育的重要性，一方面要及早写出有益的文章与书籍，明确指出今日人民之需要和推动社会幸福进步的动力之所在，至少使领导者在某种程度上觉醒起来，使他们能沿着给他们带来永恒光荣的道路努力奋斗。因为包含高尚思想的书籍一经出版，必成为生活主干线上的动力，成为世界之灵魂。思想犹如无边的大海，而存在的表象及各种状况则如同海浪不同的形态及各自的领域，只有当大海汹涌沸腾起来的时候，才会海浪翻卷，将知识之珍珠撒向生活之岸。②

另一方面，则是实现普及教育，甚至在最小的乡镇和村落中开办学校，千方百计让子女进学校念书识字，如果需要，甚至应实行强制性教育，直到一个民族的神经及动脉勃发出生机与活力，所试行的各项措施才能行之有效。一个民族就好比人体，其奋斗的决心与意志就仿佛是灵魂，而一个没有灵魂的身体是无法行动的，每个民族的本性中都存在着极强的活力，教育的普及才能将它完全释放出来。③

但是，可惜在100年前阿布杜巴哈就提倡的普及教育至今并没有实现，所以，1985年10月，巴哈伊教不得不再次敦促世界各国：

> 教育普及事业虽然已经得到各国和各宗教人士的支持，但是，仍然需要各国政府的鼎力相助。因为无知确实是民族衰落和偏见产生的主要原因。一个国家若要成功，就必须实施全民教育。资源的缺乏使许多国家满足这一要求的能力受到限制，这就必然要作出轻重缓急秩序的适当安排。有关决策机构最好优先考虑妇女和女孩的教育，因为正是通过受过教育的母亲，知识的利益才能最有效和最迅速地传遍整个社会。为了符合时代的要求，还应该考虑将世界公民的概念纳入儿童的规范教育之中。④

从这样的基本认识出发，巴哈伊教把教育看作是经济发展中最好的投资。人是至上法宝，因为缺乏教育而使人的潜能被剥夺。通过教育可以使人的潜能得以恢复和提高，而教育不仅仅意味着掌握某方面知识的程序，培养领悟和推理的能力，向学生灌输不可或缺的道德品质。因此，教育理应是发展的根本手段，正是这种全面教育的方面，能使人民投身于财富的创造之中，并促进财富的公平分配。⑤

教育如此重要，巴哈伊教全身心地投入到教育之中，提出了许多教育理论、方法，进行了多方面的教育实践。

---

① 参见阿布杜巴哈：《已答之问题》，第110页。

② 参见阿布杜巴哈：《已答之问题》，第112页。

③ 参见阿布杜巴哈：《已答之问题》，第112页。

④ 《世界和平之许诺》，载《毁灭或新世界秩序》，（澳门）新纪元国际出版社1997年版，第11页。

⑤ 参见《所有国家的转折点——巴哈伊国际社团纪念联合国成立50周年声明》，澳门新纪元国际出版社1997年版，第18页。

(二)教育的类型

巴哈伊教把教育分为三种类型:物质的、人文的和灵性的。

物质的教育是最简单的教育,是关于人身体的生长与发育的,让人知道通过获取身体所需要的食物及物质上的舒适与安逸,使身体健康成长。

为了保证人的身体健康,巴哈伊教在饮食方面几乎没有什么禁忌,认为凡是有利于人的身体健康的食物都是可以食用的,因此,有些宗教中的饮食禁忌被取消。但巴哈伊教反对人们因健康和繁荣而沉浸在物质欲望中,去追求兽性和魔鬼般生活的逸乐。在巴哈伊教看来,物质的世界是一个必朽的世界,是邪恶与黑暗的世界,是兽性与暴行的世界,是嗜血的世界,是野心与贪婪的世界,是自我崇拜的世界,是自私与情欲的世界,是一个未开化的世界,因此,人需隔绝尘世的影响,必须牺牲那些属于外在的物质世界的习性。[①]

只有摆脱尘世的品质,牺牲那凡俗的特性与欲念,才能表现出人的完美。欲望过多,会造成痛苦,比方说,吃得太多,毫无节制,就容易得肠胃病;如果饮酒止渴,不死,也要害一场大病;如果嗜赌如命,最后便要倾家荡产。所以巴哈欧拉在物质的教育方面,告诫说:

> 人们啊,除非饿了,否则不要进食。睡觉时不要喝任何东西。空着肚子运动是好的,这会使肌肉强壮。肚子饱了运动,则非常有害。除非食物都消化了,否则不要再进食补充营养。食物要咀嚼透彻才吞下。如果觉得需要,别忽略了医药治疗。一旦康复了,就把医药搁置起来。应优先考虑食物性治疗。而且避免使用毒品或药物。假如单单一种药草足以治好病,别诉诸综合性的药物……身体要健康,宜禁各种药物,需要时方可妥善应用。
>
> 假如桌上有两种性质互相排斥的食物,别混在一起吃。必须满足于只吃其中一种。
>
> 先吃液态的食物,然后再吃固态的食物。吃一顿轻便的早餐,身上便充满精神。[②]

巴哈伊教特别提倡清洁,认为在生活的各个方面,纯洁神圣、清新雅致都有助于提高人的地位,虽然肉体的清洁是肉体方面的事情,然而它对于精神的生活也有极大的影响,物质上的清洁有利于人的灵魂。所以,巴哈伊教禁止人们食用任何不洁之物,这些不洁之物包括香烟、酒类和鸦片。

吸烟是一种被禁止的事物,吸烟既肮脏,气味难闻,又影响他人,是一种恶癖,其害处显而易见。因此,在上帝眼中,吸烟是不受赞成的,令人讨厌的,对健康极为有害的。吸烟还浪费金钱和时间,使吸烟者成为恶习的俘虏。所以,这种习惯是被理智和经验所谴责的,戒除烟瘾将为大家带来思想的轻松与安宁。而且戒烟以后,人才可能吐气清新,手指干净,头发不再有令人讨厌的难闻气味。

酒精等麻醉剂或幻觉剂、兴奋剂,对人类的肉体和智力的高级能力都有严重的伤害,而且会妨碍灵性的发展,因此禁止以任何形式吸用此类东西。唯一的例外是医生的治疗处方为治病而用,但必须是没有其他可替代品的情况下才可使用。

至于鸦片,在巴哈伊教看来,这东西既臭气难闻又遭人诅咒,人的理智告诉人类,抽鸦片是一种疯狂行为,鸦片是被禁止的,吸食者绝对要受诅咒。鸦片吸食者应完全被弃绝于人类领域之外,因为这种行为会摧毁人之所以为人的根基,使吸食者永远沦为被剥夺的人。因为鸦片腐蚀灵魂,使吸食

① 参见阿布杜巴哈:《人之本质》,美国1979年版,第50～53页。

② 阿布杜巴哈:《生活的艺术》,第41页。

者的良心泯灭,心智被抹杀,理解力被侵蚀一空。鸦片使活人变为僵尸,把自然的热力浇凉。因此,再也想象不出什么东西会比鸦片所造成的危害更大。

巴哈伊教谆谆告诫人们:戒除香烟、酒类和鸦片等毒品,有益于健康和精力,有益于思维的开阔与敏锐,有益于体力的增长。[①]

人文的教育意味着文明与进步,政府、管理、慈善、贸易、艺术与工艺、科学技术、伟大的发明以及完备的机构,这些内容统统包括在巴哈伊教的人文教育里。

人文教育的实施,主要是获取各门学科的知识。而知识分为两类:一为主观性知识,即内在直觉的知识;二为客观性知识,即通过理解而获得的知识。而理解事物,了解万物的实质,从而获得知识,有四种方法。第一种方法是通过感官,通过视、听、味、嗅、触五种感官感受到的都是通过感官而领悟的,但这种方法并非完美,因为它会产生错觉,比方说视觉是感官功能中最重要的,但它照样能产生错觉。造成视觉上的错误是很多的,因此,不能完全信任感官。第二种方法是通过逻辑推理,这是智慧的基石,是理解事物的途径。但哲学家们都用这种方法,他们之间却存在着巨大的分歧,其论点是相互矛盾的。第三种方法是通过传统教义,就是通过圣典中的经文,但这种方法同样也是不完美的,因为传统教义是通过理性逻辑来理解的。而理性本身易出差错,用理性从经文中推论出来的,因此不一定是真理。理性如同天平,圣典文献中的含义好比被称量之物,天平如果不准,称量的东西又怎能保证准确无误呢?第四种方法,就是圣典的惠赐给予人类理解事物的真实途径,只有这种方法是准确无误的。[②]

人文教育的目的在于提高综合素质,所以,举凡世界上的一切优秀文化,都应该作为学习的对象。比方说音乐,它是人类教育与发展的一个重要手段,音乐虽然是物理现象,但它与精神相联,精神可由此手段获得升华,音乐会唤醒人真实、自然的本性,即人的本质。音乐在人际交往中,在塑造人的内在和外在的品性与人格中,都扮演着重要的角色,因为它能激发起生理与精神的情感。诗歌也一样,巴哈伊教认为,诗歌即是词组的对称排列,是经由和谐与韵律产生喜悦的,因此诗歌较之于散文,更能打动人心,情感表达更为有效、完整,因为诗歌有更为精致的组合。就连上苍之教导,也是以赞美诗或是以祷文的形式被悠扬地演唱时才是最动人的。[③] 这样看来,巴哈伊教所提倡的人文教育,包括了我们通常所说的自然科学知识和人文社会科学知识,人应当尽力学到这两种知识,丰富、发展和提高自己。

灵性的教育就是天国的教育。什么是"天国"?巴哈伊教有自己的解释,认为"天国"的外在表现被称为"天堂",但天堂只是个比喻和模拟,并不是一种实体的存在。因为天国并不是一个物质的地方,它是超越时空的。它是一个灵性的世界,一个神圣的世界,也是上帝之权威的中心,它脱离肉体及肉体的一切属性,并且它圣洁超越于人类的一切现象。[④]

灵性的教育要靠宗教来获得,因为宗教是神圣本体的外在表现,"宗教进一步来说,不是一系列的信念,不是一整套的惯例;宗教是制定人类真正生活、激励人类高尚思想、修炼人类品格、奠定人类

① 参见《阿布杜巴哈选集》,第146~150页。
② 参见阿布杜巴哈:《已答之问题》,第297~299页。
③ 参见阿布杜巴哈:*The Compilation of Compilations*, vol. 2, 1991, Australia, pp. 76-78.
④ 参见阿布杜巴哈:《已答之问题》,第241页。

光荣基础的教育”①。

宗教教育的实施，主要靠上帝的启示，因为灌输给所有创造物的能力，都是这个最受赞颂之圣名的启示所带来的直接成果。对此，巴哈欧拉说：

> 想想看上帝以灵性的导师这个圣名的光辉所散发出的启示。你们看这个启示的迹象如何显现在万物中，同时所有的生物如何受到它的影响而改善。此类的教育分为两种：一种是世界性的教育，其影响力遍布万物，鼓舞万物，因此上帝有“万千世界之主”的尊称；另一种教育限于那些来到此圣名庇荫之下的，同时要求这个至大启示庇护的人。那些没有寻求此庇护的人就等于失去了这第二种教育的特权，并且无能享受到灵粮的滋润，而这灵粮乃是经由这最杰出之圣名所负载的天赐神恩而施降的。这两者之间的差距是多么大啊！倘若帐幕能够掀开，那些全心全意转向上帝并且因敬爱上帝而抛世弃俗的人，倘若他们荣耀的地位能显现出来，所有的创造物必会惊慌失措。②

在巴哈伊教看来，宗教有两个主要部分：灵性的部分和实用的部分。灵性的部分永不改变，所有的宗教先知都教导人类同样的真理，给予人类以同样的灵性律法，教人以同样的道德准则，在每个宗教的灵性的、永不改变的律法里所包含的关于道德的一切规范，在逻辑上都是正确的。这是由于宗教与科学的结盟，“宗教和科学是两只翅膀，人的精神力量乘上它们飞向高处，有了它们，人的灵魂才能取得进步。只有一只翅膀的人就不能飞行了。如果有人想试验只用宗教的翅膀飞行，那他就必然跌进迷信的沼泽中。另一方面，他如果只用科学的翅膀飞行，也不能取得进步，而只会掉进没有希望的唯物至上的泥坑”③。实用部分则要随着时代的变更而变更，如“以牙还牙，以血还血”，被巴哈伊教改变成“爱你的敌人，为恨你的人做善事”，严厉的律法被仁爱、慈悲和容忍的律法所代替。

宗教的灵性教育，主要是精神教育。而精神教育的重点，则是道德教育。道德教育要实现的目标，是使人的品格达到卓越与完美。巴哈伊教的卓越与完美有特定的含义，其最终目标是：拥有灵性学识的人必须具备内在外在的完美，必须拥有智慧、才干、洞察力、直觉、谨慎和远见，拥有自制、对上帝的敬仰和由衷的畏惧。④

要实现这一目标，要求三个必要的条件：

第一个条件是保护自己，但保护自己的基本含义是获得灵性与物质完美的品性。“完美的首要品性是学识和思想的文化造诣。巴哈伊教认为，只有当一个人将属于上帝的那些复杂而超出人类知识的现实，《古兰经》中的政治与宗教法律的根本真理，其他信仰之典籍的内容，以及促成强国的进步与文明的规则与秩序的有关知识融会贯通，这超凡的境界才可达到。他还应该通晓体现了其他国家治国之道的法律、原则、习俗、环境、礼仪及物质与道德的优势，精通当今知识的所有有用的分支，研究过去的政府与民族的历史记载。因为如果一个具有学识的人对神圣典籍和神性与自然科学的所有领域、对宗教法学、管理艺术、当代的不同知识以及历史上的伟大事件不甚了解，他便可能在必要时无法胜任工作，而且，这也不符和综合知识的必须条件。”⑤

① 《阿布杜巴哈选集》，第52～53页。
② 《巴哈欧拉圣典选集》，第41页。
③ 《巴黎讲话》，第124～125页。
④ 参见阿布杜巴哈：《神圣文明之奥秘》，第23页。
⑤ 阿布杜巴哈：《神圣文明之奥秘》，第24～25页。

完美的第二个必要条件是正义和公正,“这意味着对一个人自身的利益和自私的便利不加任何考虑,实施上帝的法律时对其他任何事物不做丝毫的关心。这意味着一个人应把自己仅仅视作万有之上帝的一个仆人,在取得灵性的卓著之外,绝不存在区别于他人之企图。这意味着一个人应把社团的利益当作一个单独的个体,把自我视作其肉体形式的一部分,意味着一个人应明确地知道假若疼痛和伤害使那躯体的任何部分遭受痛苦,它必然不可避免地导致其余所有部分遭受痛苦”①。

第三个要求是以完全的真诚和纯正的目的教育大众:“竭尽全力教授他们知识与有用的各门科学,鼓励现代进步的发展,拓宽商业、工业与艺术的范围。促进能够增加人民财富的措施”,“以完全的真诚和纯正的目的,仅为上帝之故,去告诫和动员大众,并以知识之药水澄清他们的视线”。②

此外,完美还包括其他一些要求:“敬畏上帝,通过爱上帝的仆人来爱上帝;保持温和、容忍和镇静;真诚、顺从、仁慈、富于同情心;拥有决心和勇气,可靠、精力充沛、努力进取;慷慨、忠诚、毫无恶意,具有热情和荣誉感,高尚而宽宏,考虑他人的权利。”③只有具备上述诸项要求的人才是完美的人。

与知识拥有者相关的第二个灵性要求是人应当成为其信仰的维护者。有关上帝之信仰必须通过人类之完美、通过优秀的品质和灵性的行为得以传播,人必须以可靠与诚实、节制与谨慎、高尚与忠贞、廉正与敬畏上帝而出类拔萃。拥有信仰的人的特性是正义、公正、容忍、同情、慷慨、体谅他人、坦率、可靠、忠诚、温顺、忠实、坚定和仁爱,反对狂热、偏执、互相指责、夸耀、嘲弄和侮辱他人。④

第三个灵性要求是“抑制激情”。巴哈伊教认为这四个字“是一切值得称赞的人类品质的根基。事实上,这几个字体现了世界之光明,体现了人类所有灵性特征的坚实基础。这是一切行为的平衡之轮,是使人类所有美德保持平衡的手段”,“因为欲望是使饱学之士一生无数收获化为灰烬的火焰,是他们那日积月累的知识之海也无法熄灭的吞噬一切的大火”⑤。欲望会使人远离正义,步入危险而黑暗之途,追随激情与欲望只能使人堕入恐怖之海。

第四个灵性条件就是“遵守主的训诫”。“宗教是世界之光明,人类的进步、成就和幸福来自对载入神圣之书中的法律的遵守。”在人的生命中,“内在与外在的最强大、坚实、持久、护卫着世界、确保人类灵性与物质的完美、保障社会的幸福与文明的建筑即是宗教”。⑥ 所以,“上帝的宗教是人类灵性与物质完美的真正来源,是全人类启蒙与有益的知识之源泉”。⑦

宗教灵性的教育能使人的思维与领悟进入超自然的世界,受益于圣灵的圣洁和风,且能与至高佳境相联系,使人获得各种神圣美德,成为神圣赐福的焦点,使上帝“以自己的样式来造人”得以实现。⑧

这样,人的教育通过物质的、人文的、灵性的,便得以实现,而人类的教师也必须同时具备这三方面的素质。“人类之师必须同时是物质的、人文的及灵性的导师。他需拥有超自然的力量,方能胜任这一神圣导师的职位。假若他不能显示出这种神圣的力量,也就不能教化人类。因为假如他是不完

① 阿布杜巴哈:《神圣文明之奥秘》,第27~28页。

② 阿布杜巴哈:《神圣文明之奥秘》,第28页。

③ 阿布杜巴哈:《神圣文明之奥秘》,第28~29页。

④ 参见阿布杜巴哈:《神圣文明之奥秘》,第30页。

⑤ 阿布杜巴哈:《神圣文明之奥秘》,第32页。

⑥ 阿布杜巴哈:《神圣文明之奥秘》,第41~42页。

⑦ 阿布杜巴哈:《神圣文明之奥秘》,第62页。

⑧ 参见阿布杜巴哈:《已答之问题》,第7~10页。

美的，又何以能给予完美的教育呢？假如他是愚昧的，又何以能授人以智慧呢？假如他是偏颇的，又如何能教他人公正呢？假如他是世俗的，又如何使他人神圣呢？”[①]而具备这所有条件的神圣力量只能是天启，因此，必须经由这种超乎人力的神圣力量去教育这个世界。[②]“而每一个天启都有三个基本特征。第一，解释上帝的本质、人的地位和我们周围的世界等这些事物的真义；第二，引导我们善言笃行，警告我们避开邪恶；第三，将有关宽恕、涤罪和拯救的好消息传达给那些怀有信仰并接受其劝导的人，给人类进步和文明提供新的推动力。”[③]

可见，巴哈伊教虽然将教育分为物质的、人文的、灵性的，但显然最重视的还是灵性的宗教教育。世俗的物质的教育和人文的教育只有与灵性教育结合起来，才能取得实效。

（三）教育的实施与实践

巴哈伊教认为，对人的物质、人文、灵性教育的实施，应该从儿童和妇女开始。

儿童教育之所以被放在首位，是因为“儿童就像青嫩的幼苗，你怎么培育他们，他们就怎么成长。要最耐心细致地教导他们崇高的理想和目标，这样，一旦长大成人，他们就会如同明亮的灯烛一般照亮人间，且不会疏忽大意地、不知不觉地被动物性的欲望与情感所玷污，而是把心思放在获取永久的荣誉和人类所有卓越的成就上”[④]。所以巴哈伊教强调，“在所有服务于上帝的工作中，最伟大的乃是教育儿童，使这些孩子在得救之途上得到恩惠的滋养，如同神圣恩典之珍珠在教育之贝壳里成长，终有一天会镶嵌在荣耀之皇冠上”[⑤]。对儿童的教育，最稳固的基础是科学与艺术的教育，使每个儿童都得到技能与艺术的教育，并达到必要的程度。以神圣的训示来培养儿童，使他们能在神圣的教义中成长，发掘出潜藏在人类心灵里的神圣美德。具有美德的人，生命才有价值。所以巴哈伊教把道德教育放在儿童教育的首位，认为“道德与良好行为的培养比书本知识重要得多。一个清洁宜人、性格温良、品行端正的孩子，即使无知，也胜于一个行为粗鲁、肮脏不洁、品性不良却精通科学与艺术的孩子。因为，行为端正的孩子，即使无知，却有益于他人，而品性不良、行为不端的孩子却是堕落的，对他人有害无益，即使他博学多闻也无用。然而，如果孩子受到训练，既见多识广又品行端正，结果就会是锦上添花”[⑥]。对学校的管理，阿布杜巴哈也提出了非常具体的意见：

> 关于学校的管理，如果可能的话，学童们应穿着同一样式的衣服，即使衣料质地不同也无妨。当然最好是衣料质地也统一；但如果不可能做到的话，也没有什么要紧。学生们越干净越好；他们应该是清爽的。学校所在之处必须空气清新。要细心地培养孩子们，使他们谦恭有礼，行为端正。要不断地鼓励他们，使他们渴望达到人类所有成就的顶峰，教导他们从小树立远大目标，出色地表现自己，忠贞纯洁，高尚无瑕，学会在做任何事情时都具有坚强的决心和坚定的目标。告诫他们不要嬉戏人生，虚度光阴，而须认真地向着自己的目标前进，这样，在任何情况下，他们都会是刚毅而坚定的。[⑦]

对儿童的教育，巴哈伊教特别重视女童教育。女孩有优先教育权，如果一个家庭有两个孩子，一个男的，一个女的，而家庭经济和各方面条件只允许让一个孩子上学，那就毫不犹豫地让女孩上学，

---

① 阿布杜巴哈：《已答之问题》，第 11 页。

② 参见阿布杜巴哈：《已答之问题》，第 11 页。

③ 苏海勒·布什鲁伊：《至圣书——崇高的诸方面》，载《天下一家》1996 年 1～3 月号。

④ 《阿布杜巴哈选集》，第 136 页。

⑤ 《阿布杜巴哈选集》，第 129 页。

⑥ 阿布杜巴哈：《已答之问题》，第 134～135 页。

⑦ 阿布杜巴哈：《已答之问题》，第 135～136 页。

因为将来女孩要成为母亲，而母亲是婴儿的第一位教师，下一代将从母亲所提供的教育中获得较大的益处。另外，这还可以改变在长期历史中女性受到不平等待遇而形成的文化素质偏低的状况。为此，“应特别注意利用一切方式教育女童，教给她们各门知识、良好的举止及正确的生活方式，培养她们优良的品格，如坚贞忠诚，刚毅顽强，果决勇敢，传授给她们持家教子之方及女子所需之一切。如此，当她们成为母亲之后，可从婴儿时起培养她们的孩子具备优秀的品质，端正的行为”①。中国北宋时期苏洵的成才对此是很好的证明。据后人编辑而成的苏轼《东坡诗话》载：四川眉州眉山县有一大贤，姓苏，名洵，字曰明允，号称老泉。此人才高志大，不乐读书，笑傲山林，以自乐，流连诗酒，以为欢。为人仗义轻财，好施乐善。夫人程氏，蜀郡儒家之女，常劝老泉读书，以取科第，老泉不从。一日，因纵酒感疾，闲居在家，见程夫人亲笔写了几句，题在书房壁间：

童年读书，日在东方。
少年好学，日在中央。
壮夫立志，两山夕阳。
老来读书，秉烛之光。
人不知书，悠悠夜长。
嗟尔士子，勿怠勿荒。

老泉叹道：“贤妻诲我深矣！果然人不知书，如长夜漫漫，一无所见。我今年未三十，须发将白，若不读书悔之晚矣。”因而立志攻书，连登上第，官至翰林侍讲兼大理寺丞。后人有言赞曰：

苏老泉，二十七。
始发愤，读书籍。
彼既老，犹悔迟。
尔小生，宜早思。

程夫人所生二子，长名苏轼，字子瞻。次名苏辙，字子由。又一女，名小妹。老泉游宦于四方，程夫人自在府中教训二子，皆成大儒。小妹亦为才女，后人有诗，赞程夫人相夫教子之贤，云：

贤妇从来励丈夫，
老泉三九始通儒。
不是闺中勤警策，
人间那得显三苏。

这个典型事例充分说明了巴哈伊教认为女性教育很重要的观点。

在重视教育的思想指导下，巴哈伊在世界范围内开办了各种演习班和学校，从学前教育、初等教育、高等教育、业余教育等多层面进行教育实践，并摸索出了一些经验。

巴哈伊教在南部非洲的一个小国斯威士兰，开展了学前教育。因为母亲们在家外工作，所以没有时间在家里辅导孩子，巴哈伊社团便依靠受过专业训练的教育工作者的技能、充足的志愿人员以及社团的合作精神，建立了许多学前教育中心，设置了学前教育课程，课程突出了适合斯威士兰国情的特点，用当地的材料辅助教学，采用和斯威士兰文化因素相适应的内容，不时地请母亲们到校讲述斯威士兰的故事。这种教育方式，受到斯威士兰父母亲的欢迎。②

巴哈伊教实施的初等教育，以巴西、印度和澳门地区为代表。巴西的万邦学校是在巴西首都办的，学生主要是各国驻巴西外交官的子女。因此该校的宗旨是在教育学生怀有世界公民意识，学校

① 阿布杜巴哈：《已答之问题》，第124页。

② 参见《斯威士兰的学前教育进展关键在官民合作》，载《天下一家》1993年1月号。

课程采取双语教学:葡萄牙语和英语,强调国际文化交流、道德和宗教精神教育,以便适应孩子们在多元化和互相依存的世界里学有所用的要求。宗教课程不仅包括巴哈伊教,而且包括犹太教、佛教、基督教、伊斯兰教和印度教。孩子们认识别国的人民和文化,是学习的重要内容。该校还对学生实施和平教育,即世界公民教育,因此学生们比较友善,爱结交朋友,而且特别乐意争取经验。学生们被教导要欢迎多样化,而且被鼓励去主动寻找多样化。① 印度的中央邦开办了一所巴哈伊罗巴尼学校,该校的成功之处在于贯彻了教育和社会服务相结合的原则,从而使学生能注意实践课堂里所学到的东西。学校教育不局限在校园里,因为学校是社会的一部分,应当适应社会的需求,因此学校和社会必须是建立起相互作用的关系,使学生认识到为他人服务的重要,以使他们长大后具有为他人服务的精神。为此,环境教育、农业和畜牧业职业教育、宗教教育都是教育课程的重要内容,学到的知识直接服务于邻近的乡村,因此取得了丰硕的成果。② 巴哈伊教在我国澳门地区从 1986 年开办了联国学校,该校强调国际主义精神和道德教育,如和平精神教育、环境保护教育,用普通话和英语双语教学,为 1999 年回归祖国做准备,这在以粤语为教学语言的澳门是极有先见之明的。该校的宗旨是通过教育这样一个“发掘个人潜能和推动社会转变的强有力的手段,培养学生投身文明进步所必须具备的素质,完善他们的品性,提高他们的心智能力”③。

印度新纪元中学是兴办最早的巴哈伊教育项目,创办于 1945 年 8 月。该校的基本宗旨是培养在道德观念与服务态度方面得到优秀发展的公民,注意通过实践培养学生的服务能力。该校还开办精神发展课程,其内容包括灵魂的性质、死后灵魂的继续存在、灵魂的演进与在世间为人类服务有关等。通过该课程的教育,学生们不会去干坏事或伤害别人,因为学生们将永远记住:无处不在的上帝会过问人的行为。④ 该校既提供谋生技能培训,也传授新社会服务观,使学生具有新观念、新心态、服务志愿、不断增强的自信以及服务社会与自身成长之间的关系,使学生在学到技艺的同时,树立起为社会服务的观念。⑤

高等教育是巴哈伊教近年来开始创办的,玻利维亚的努尔大学和瑞士的兰德格学院是开办得很成功的范例。

努尔大学是拉丁美洲玻利维亚第二所比较大的私立大学,由于提供综合学术与实用科目的教育、创新的行政管理及独特的教育哲学观而在教育界得到很高声誉。该校的教育哲学提倡将传统的学术知识及实际经验与一些道德规则的教导相结合,道德规则包括重视社区服务、社会的公义及尊重人类社会的多元多样。不仅教给学生学术科目,而且教给学生生活上的基本原则,如无拘束地独立探索真理,摒除偏见和男女不平等,着重培养的科目有五项主题:个人成长、社区发展、文明的发展、生物科学和领导能力训练。宗教研究涉及世界各大宗教,学士学位课程有六个主修系:农业经济学、商业管理学、商业工程学、实用电子计算机科学、社会通讯学、公共关系与社会进展学。社团意识特别受到重视,学生必须活跃地参与社团生活。该校办学宪章强调要发展每个人的潜能,并且发展整合的、在不断发展的人类文明,特别注意到社会中长期被忽视的乡村地区的所需。⑥

巴哈伊教也不放弃职业教育和开展多种多样的研习活动,研习活动的主旨和首要信息是提倡“多元一体”,任何人,无论有什么差异和不同,既然被创生于世,就要给这个世界一些回报,而解决问

① 参见《培育下一代世界领袖人才》,载《天下一家》1994 年 10 月号。
② 参见《印度的罗巴尼学校为乡村青年提供了优良的教育机会》,载《天下一家》1991 年 9 月号。
③ 《澳门联国学校的德育课程荣获国际赞誉》,载《天下一家》1996 年 4～6 月号。
④ 参见《半个世纪以来,新纪元发展学校树立教育服务先行者的榜样》,载《天下一家》1997 年 10～12 月号。
⑤ 参见《澳门联国学校的德育课程荣获国际赞誉》,载《天下一家》1996 年 4～6 月号。
⑥ 参见《努尔大学:玻利维亚教育界新秀成绩超出举国的预期》,载《天下一家》1991 年 3 月号。

题的最好方式是合作。许多研习组织主动接触沾染种族偏见、有组织暴力和吸毒的青年，用积极的人生价值观和精神原则感化他们，用种种艺术形式传达出消除种族歧视、免于吸毒、妇女解放及其他正面社会原则的主旨。研习团的巴哈伊青年精力充沛、朝气蓬勃，力求高尚情操、严于律己并以身作则：不吸毒、不饮酒、带头在婚前保持节操。[①] 许多巴哈伊组织为问题青少年提供没有吸毒、酗酒和性滥交的场所，注重从多方面去提高个人的尊严和价值观。[②] 职业教育与普通教育一样，也都把道德教育放在首位，这是非常值得重视的一种经验。

总起来看，巴哈伊教的教育思想并不适合在所有学校里全面推广，但有两点是值得所有学校借鉴的：一是特别注重道德教育，把教人如何做人放在首位；二是注重综合素质的提高，不培养书呆子式的学生。这是我们应该注意到的。

第七章　儒学与巴哈伊信仰：和谐社会思想之比较

一、和谐社会的基础是人类三种精神的和谐

一般认为推动人类不断前进的是两种精神，一种是科学精神，一种是人文精神。二者缺一不可，哪一种精神都不能偏废。但是人类还有另一种精神——宗教精神，不管人们承认不承认，它也是人类普遍具有的。这种精神，利用得好，可以为人类造福。利用不好，会给人类带来祸害。事实上是这三种精神的和谐发展推动着人类社会不断进步，不断发展。先进文化的发展，就是要把这三种精神发扬光大。

（一）人类的三种基本精神

人类的三种基本精神有不同的功能：科学精神的主要任务是求真，宗教精神的主要任务是求善，人文精神的主要任务是求美（心灵美）。这三种精神共同作用推动着三种文明（物质文明、政治文明、精神文明）不断向前发展，二者有着难解难分的关系。因此，三种基本精神的和谐，使社会向健康型的和谐社会发展。

自然科学体现科学精神，社会科学体现人文精神，宗教学体现宗教精神。当前，我们需要推崇科学精神，弘扬人文精神，有选择地利用宗教精神。“科教兴国”需要推崇科学精神，以推进物质文明建设的快速发展；“以德治国”需要弘扬人文精神，以推进政治文明的飞跃；利用宗教道德中善的因素为社会主义道德建设服务，利用宗教和社会主义社会相适应的一面，以推进精神文明的提高。科学精神、人文精神的统一，是人类先进文化的集中体现。先进文化的发展，就要把这两种精神发扬光大，同时也不能忽视宗教精神中的积极因素，要将它利用好。

科学精神提倡尊重客观世界，以求真为宗旨。“科学精神主要是指科学主体在长期的科学活动中所陶冶和积淀的价值观念、思维方式和行为准则等的总和。”[③]科学精神在思维方式上的集中表

① 参见《在世界各地，巴哈伊青年举办各种研习活动，倡导兼容美德》，载《天下一家》1997 年 7～9 月号。
② 参见《研习班于精神辅导为青少年带来希望》，载《天下一家》1994 年 1 月号。
③ 罗长青：《试论科学精神及其培养》，载 2001 年 6 月 21 日《光明日报》。

现，是以分析思维为主，其发展的极致是科学主义和工具理性。人们注意到，在工具理性支配下，人会向非人化发展，千人一面。大家都按照机器操作规程去工作，统一于严格的铁的纪律约束之下，每个人都失去了个性，在一定程度上变成了机器人。冷峻的理性要求人类尊重客观规律，做到精确。工具理性的膨胀会破坏人与人之间的亲情，使社会出现不稳定因素，造成科学的负面影响。1955年，包括玻恩在内的52位著名诺贝尔奖获得者在《迈瑙宣言》中心情沉重地告诫人类："我们愉快地贡献我们的一生为科学服务。我们相信：科学是通向人类幸福生活之路。但是，我们怀着惊恐的心情看到：也正是这个科学在向人类提供自杀的手段。"①

科学的精确并不是绝对好的，而是有其缺陷的。变脸技术、克隆技术都是科学发展的产物，如果用得不好，会闹出很大的乱子。原子弹确确实实能杀人，而且能大批地杀人，但能杀坏人，也能杀好人，这也是真真切切的。科学精神不能解决人的道德问题，原子弹被不道德的人利用，会出现什么结果，这是人们很清楚的。

著名台湾学者和女作家苏雪林说："人类运命之惨苦，向为一切宗教哲学家所承认，虽然他们的观点各有不同，大体却是一致的。只有狂妄的科学家以为科学可以给人类带来最理想的黄金时代，因而也可以改善人类的运命，但我总怀疑这是张永不兑现的支票。况且科学没有正确思想的指导，反而会把人类带进痛苦的深渊，欧美文明的结果，和倭寇对欧美文明的模仿所加于我们的残害，难道还不足以告诉我们么？"②

人文精神一般被认为是一种普遍的人类自我关怀，表现为对人的尊严、价值、命运的维护、追求和关切，对人类遗留下来的各种精神文化现象的高度珍视，是对一种全面发展的理想人格的肯定和塑造。人文精神允许人们糊涂，甚至提倡"难得糊涂"。"水至清则无鱼，人至察则无徒"，不是绝对真理，却是相对真理。人文精神的集中表现是人文学科，文史哲的人文体系对人类价值和精神表现予以特别关注，提倡高扬主体意识。从某种意义上说，人之所以为万物之灵，就在于人类有自己的人文特征，有自己独特的精神文化。中国文化的主体被有的学者认为是"内学"，或称"为己"之学，即以身心为主，追求"内圣外王"。即使宋明理学提倡的"理"，也是一种精神（或者是一种"境界"），它不是外在的规律，而是内在与外在的统一，如朱熹所说，是"天人一物，内外一理；流通贯彻，初无间隔"（《朱子语类》卷一七）。中国人文精神在思维方式上的集中表现是以综合思维为主，如宋明理学求"理"的方法就是归纳法，先从世界万物之中归纳出金、木、水、火、土，然后又归纳出男女、乾坤、阴阳，而后是"太极"、"理"，最后强调做人第一、道德至上。中国哲人提倡的"存天理，灭人欲"，不是科学精神的命题，而是人文精神的命题。在物质主义越来越成为时代顽症的今天，对这一命题中的"灭"，如果能把它理解成控制，显然是一个非常积极的命题。

对于科学精神和人文精神之间的关系，历来有不同的表现形式和主张。在科学精神方面，除了中世纪的阿拉伯外东方大多数地方在大多数时间里，都比较欠缺科学精神。和中国文化一样，东方文化在传统上也是注重人文精神的，道德哲学在东方是哲学的主流。中国在16世纪以前，技术比较发达，而科学始终是不发达的。到16世纪以后，中国的技术也开始落后了。相对于西方来说，缺乏科学精神正是中国科学长期落后的原因。这是学术界的共识。西方在古希腊时代，科学精神和人文

① 转引自刘大椿：《在真与善之间》，中国社会科学出版社2000年版，第243页。

② 《人类的命运》，载《东方杂志》第19卷第1号。

精神是并重的，但后来科学精神和人文精神对立，在漫长的中世纪一直如此。到近代，随着文艺复兴，科学精神和人文精神又重新并行不悖了。但20世纪西方世界最大的失败，是在科学失去人文精神控制时爆发的两次世界大战。这一事实证明，科学的发展如果失去人文精神的约束，很容易使物质欲望无限膨胀。物质欲望不能靠科学精神来约束，只能靠人文精神来约束。科学主义者往往强调科学精神的至上性，必然使工具理性成为奴役人类的新枷锁，结果导致人际关系紧张，社会的不稳定因素增加，而人文学者则往往强调人文精神的统帅作用。季羡林先生头几年提出了人文社会科学是帅、技术和自然科学是兵的观点。他指出：社会科学其实起着帅的作用。它对国家的管理、社会的进步、经济的发展、民族的凝聚力都有相当直接的关系。科技当然重要，它是强大的活跃的生产力，能够推动社会的变革。但科技不能脱离那个时代的社会科学的水平和社会技能的制约而起作用。如果社会的管理水平低，吏治腐败，文盲遍地，那就会大大限制乃至抵消科技所能发挥的作用。二次世界大战的经验更告诉我们，现代武器掌握在法西斯手中，实在非常可怕。要知道，掌握科技的毕竟是人类，是一定社会制度下具有一定思想、一定文化素质的人。所以，只重视科技的那种"科学主义"是应该反对的。照我看，社会科学是"帅"，技术科学是"兵"。① 这种观点被有些人认为是偏颇之论。但仔细想一想，也绝非没有道理。就我们国家来说，马克思主义、毛泽东思想、邓小平理论是我们国家的根本指导思想。这是写进宪法的，是全国人民都应该遵守的根本大法。我们想想，在马克思主义、毛泽东思想、邓小平理论中，占主导地位的是什么？难道不是人文精神？难道不是以人文社会科学为主的？毫无疑问，马克思主义中有一部分内容涉及自然科学，但马克思主义的主体是人文社会科学。这是铁的事实。科教可以兴国，但是科教不能治国。治国要靠制度、法律，要靠道德，要靠人文精神。这正是"以德治国"的深意所在。所以，科学精神和人文精神在一个国家里的地位，就如同两只翅膀在一只鸟身上的地位一样，缺一不可。鸟要飞，必须两只翅膀同时作用。一个国家要发展和振兴，也必须同时提倡科学精神和人文精神。一个国家或一个民族，只要同时提倡这两种精神，那么它肯定会成为该时代先进文化的代表。

对于宗教精神，有的学者评价极高，认为宗教是人类文化的母体，是人类一切精神创造活动的资源，是文化的最高层次。哲学、科学、文学艺术和社会伦理都是由宗教派生出来的，并以宗教信念为支柱才能发展。他们还认为，从各种具体的宗教中抽象出来的元宗教精神，是超越时空界限的"全"，是人类心灵的完整状态，是超越人类理性的非理性体验。是至真、至善、至美、至全的无限境界，是人类对绝对的宇宙本源的悟解。②。我们稍微注意一下，就会发现世界七大奇迹除了长城几乎都是宗教精神的产物，或者与宗教精神有关。西方的很多建筑和艺术作品，都与宗教精神有关，有些本身就是宗教精神的产物，如哥特式建筑、名画《最后的晚餐》等等。有不计其数的文学艺术、绘画雕塑、音乐戏剧作品，都是在宗教精神的陶冶下产生的。在中国，很多古迹也是宗教精神的产物，如十三陵、敦煌石窟、孔庙、少林寺、兵马俑等等；如果没有宗教精神，就不会有这些与宗教有关的建筑古迹了。从另外一个角度来说，许多慈善家做出的慈善之举，不能用我们平常所说的觉悟来解释，而是宗教精神或者宗教情怀在起作用。一个人一辈子积蓄的财产一下子捐献出来，救助穷人，救助社会，很多都是宗教精神指使的结果。国内外均是如此。宗教精神之伟大可以确定无疑。但在我们无神论者看

① 参见蔡德贵：《季羡林传》，人民出版社2000年版，第542页。

② 参见胡中孚：《宗教、科学、文化反思录》，第三届全国（国际）传统医学、传统生命科学与传统文化学术研讨府论文（1998.10.24～26）。

来，宗教中绝对有不符合科学的因素，如提倡上帝的存在，肯定不符合辩证唯物主义的科学认识论，是与科学不一致的。但是造出一个上帝，来管住缺乏约束的人类，不仅是必要的，而且是合理的。对于人类来说，上帝显然比理学中的“理”更有威慑力。另外宗教精神中提倡人应该为善的一面，可以化为积极的人文精神，就是在社会主义建设中也可以发挥积极作用，起到人文精神的作用。正如卓新平在《化解冲突——宗教领袖对人类和平的新贡献》[①]一文中所说：

> 宗教精神自远古以来就提倡人与人之间的和平、社会中的安宁和人类心灵的平静与超越。各种宗教以不同的语言和表述来强调“护生”、“至善”、“平和”、“博爱”，宗教领袖以其教诲和行为在人类和平事业中亦树立了光辉的榜样和典范。在中国历史与现实中，不少宗教领袖都提倡一种普世之爱和人人共享之和平，从其宗教教义及传统中阐发其对和平的追求。例如，中国传统宗教中的“仁爱”、“仁者爱人”和以“仁义礼智信”来影响社会的思想；道教回归自然、与自然保持平和，认为万物平等、物我合一，世界和谐的主张；佛教“大悲为首”、“慈悲为怀”、“普渡众生”的精神，等等。这些宗教中的和平精神铸成了中国人“为善”、“致和”、“成仁”、“赞天地之化育”、“为万世开太平”的理想追求，凝炼为“忠孝仁爱、信义和平”的伦理精华，亦展示了中国宗教领袖的人格风范。在协调当代中国社会关系、促进人与人之间的沟通和了解，消除社会矛盾和冲突中，中国宗教领袖亦做出了突出贡献。中国基督教领袖丁光训主教就曾提出“中国神学建设”的创意，从“创造”、“爱”、“真善美”等基督教信理上和“宇宙的基督”之观念上推崇人类的对话与和解，表现出开放、包容、合作、博爱的精神。正是宗教领袖与广大信众的共同努力，宗教的冲突得以不断消除和化解，人类正朝着更多“对话”和“理解”的方向前进。

而且，宗教徒在全世界总人口中占五分之四，这是不能忽视的力量。就是剩下的五分之一所谓不信教的人，也不能说就完全是彻底的无神论了，一点宗教因素也没有了。

应该承认，宗教需要是人类的一种基本需要。宗教会随着社会的发展，而不断地改变自己的形态，会适应生产力发展的需要，不断地调整自己。[②] 宗教精神走向极端，会变成迷信，而宗教精神中的积极因素被发掘出来，可以为当代的社会服务。人类除了追求物质及知识外，也不能忽略个人对宗教精神的需求，即使宗教势力弱化的时候，需要仍然是存在的。只有提升宗教精神的内涵，才能更有效地面对 21 世纪的种种挑战。因此可以说，先进文化是三种精神共存共荣、共同作用而形成的文化。但宗教问题是一个非常复杂的问题，需要充分认识。

过去我们对宗教和科学的关系往往有一定的偏见，只注意到它们相冲突的一面，而忽视了二者关系是复杂的，即除了冲突之外，还有宗教和科学相互促进、相互补充、相互协调的关系。普朗克说过：“宗教与科学之间，绝不可能存在任何真正的对立，因为二者之中，一个是另一个的补充。”[③]1938 年，季羡林先生在德国听了普朗克的最后一场报告《自然科学的界限》，被深深地震撼了。他认为这位量子论的奠基人在实验室里是唯物主义者；在教堂内，又是上帝虔诚的信徒。他亲耳听普朗克说：自然科学的这边，是科学家的；那边，是上帝的。爱因斯坦说：“人所能体验的最美和最深刻的东西是充满神秘的感情。这是宗教和艺术、科学中所有深刻追求的基础。我认为体验不到这一切的人，即使不像一个死人，那也像一个盲人。在我们经验之外，隐藏着为我们心灵所不可企及的东西，它的美

---

① 载王作安、卓新平主编《宗教：关切世界和平》，宗教文化出版社 2000 年版。

② 参见季羡林：《人生絮语》，浙江人民出版社 1996 年版，第 7～8 页。

③ 转引自约翰·夏奎利：《二十世纪宗教思想》，高师宁等译，上海人民出版社 1989 年版，第 299～300 页。

和崇高只能间接的、通过微弱的反光抵达我们，感受到这些，就是宗教。只是在这意义上，我才是一个有宗教感情的人。满怀惊异地预感和寻求这种神秘，谦恭地在心灵上把握存在的庄严结构的暗淡摹本，对我来说，已是足够的了。"当然，他有自己对宗教的独特理解："通向真正宗教感情的道路，不是对生和死的恐惧。也不是盲目的信仰，而是对理性知识的追求。"[①]在 1940 年美国纽约举行的科学、哲学与宗教大会上，爱因斯坦更为详细地论述说：

> 在我看来，一个受到宗教启发的人已经在最大限度内把他自己从自私的欲望的桎梏中解放出来，而全神贯注于那些具有超个人的价值而为他所坚持的思想、感情和抱负之中。
>
> 科学只能断定是什么，而不能断定应该是什么，各种各样的价值判断在其领域之外仍然是必然的。另一方面，宗教只涉及对人的思想和行为的评价：它不能正当地揭示事实和事实间的联系。根据这一诠释，过去在科学与宗教之间广为人知的冲突必须都归因于对上述情形的误解。
>
> 科学没有宗教，是跛足的；宗教没有科学，是盲目的。
>
> 现在宗教领域和科学领域的冲突的主要来源在于人格化的上帝这一概念。科学的目标是确立决定空间和时间坐标中的物体和事件间相互联系的普遍规律。
>
> 我们能够在这些规律的基础上很精确地、很肯定地预言某些领域的现象的随时间变化的行为这一事实深深地根植于现代人的意识之中，即使他对那些规律的内容可能掌握的很少。[②]

今天我们应该注意爱因斯坦的这一著名论断，使宗教精神和科学精神互相补充，保持社会稳定健康地发展。

（二）宗教精神为什么被忽视

就精神文明来说，中国是礼仪之邦，仁义之国。中国人民向来是自强不息，厚德载物，有君子之风。儒家思想从产生的时代开始，就既有宗教性，又有世俗性，它既是人文精神又是宗教精神的体现。儒家文化从孔子开始对天命将信将疑，孟子提倡尽心知性知天，强化了天命的因素，到宋明理学又提出一套"存天理，灭人欲"的思想体系，把儒家文化演变成一种准宗教。这种准宗教有对人性扼杀的一面，但也有对人欲限制的一面。正是这种人文精神和准宗教性的统一，使儒家文化一直延续下来，对中国的精神文明建设作出了贡献。印度文化和阿拉伯伊斯兰文化基本上是宗教文化，自古至今宗教因素占据主导地位。这两种文化中的宗教精神，从本质上是提倡为善的，这是毫无疑问的。但是，这两种文化由于宗教观点或教派不同而引起了各自文化内部或不同宗教之间的纷争和宗教战争。西方基督教文化的宗教精神应该说基本上也是向善的，但是由于历史的原因，基督教内部或基督教与伊斯兰教之间，形成过多次宗教战争，给人类带来不少灾难。不过，西方社会自进入近代以来，人文精神得到弘扬，宗教精神在某种程度上被改造利用。

东西方的历史证明，宗教是一把双刃剑，既可以使人向善，也可以导致战争。宗教精神的基本点应该是爱，提倡人人皆兄弟。但是宗教从爱的愿望出发，却又能够引来派别的对峙，乃至无情的宗教战争、残酷的宗教迫害。正如罗素所说："如果我们都是上帝的子女的话，那么我们全都是一家人。

① 《爱因斯坦文集》第 1 卷，商务印书馆 1976 年版，第 186 页。

② 《爱因斯坦晚年文集》，方在庆等译，海南出版社 2000 年版，第 23～31 页。

但是,那些在理论上采纳这种信仰的人在实践中则总是感到,不接受这种信仰的人不是上帝的子女,而是撒旦的子女,由此,那种仇恨部落之外的人们的古老机制就又恢复了,并且补充以信仰的活力。而这种宗教在方向上都违背了它的初衷。"[①]在当今世界范围内,有许多重大国际问题都是与宗教问题联系在一起的。伊斯兰教由于积极入世,又多以政教合一的形式出现,是一支能够在某种程度上左右世界局势的力量,这一点只要对联合国成立以来的历史稍加回顾就不会有丝毫怀疑。许多具有世界影响的大事,多少总有些宗教因素在起作用,这是不容忽视的事实。正是由于宗教与这么多的大事甚至是战争联系在一起,所以人们对宗教精神产生了怀疑。

当今世界上宗教问题出现了许多新动向,影响了人们对宗教精神的重视,具体表现在以下三个方面:

其一,宗教极端主义活跃,各种原教旨主义不仅提出了一套理论,和许多行动纲领,并付诸具体活动。在中东,各种恐怖活动有增无减,萨达特的被杀,穆巴拉克几次遇刺,约旦国王侯赛因和巴勒斯坦民族解放领袖阿拉法特都是多次遇刺,又多次死里逃生,以色列总理拉宾遇刺身亡……这一系列恐怖活动都与宗教因素有关。刺杀萨达特总统的埃及穆斯林兄弟会成员哈利德在行刺前留给他姐姐的便条上写着:请谅解我,我所做的一切都是为了仁慈和权威的真主。我自己什么也不要。我不寻求晋升,也不想得到奖赏。他的姨妈去探监时问他:你是否考虑过你的行为会为父母带来什么后果,他的回答是:没有,我只想到真主。[②] 这种心态可以说是许多原教旨主义者所共同具有的。

其二,宗教渗透无孔不入。从世界范围来讲,参加世界宗教同盟的有九大宗教:基督教、伊斯兰教、犹太教、锡克教、耆那教、佛教、道教、印度教、巴哈伊教,其中教徒人数最多的是基督教,伊斯兰教徒居第二,而分布范围则是巴哈伊教属第二。事实并不像人们所预料的那样,科学越发展,宗教信仰会越淡薄,而是正相反,宗教徒的人数现在仍呈上升的趋势。有两个权威数字能充分说明这一点:据1980 年《大英百科全书》统计,当时世界上宗教徒约二十六亿人,占当年全世界总人口四十三亿的五分之三。而到 1990 年,据《大不列颠统计年鉴》统计,全世界宗教徒人数为四十一亿,占当年全世界人口五十二亿的五分之四弱一点,比 1980 年增加了五分之四左右。在当今的社会生活中,宗教与社会生活紧密相联,各种宗教也千方百计地对非教徒进行渗透或公开传教。美国有些宗教组织以中国留学生为对象进行宗教渗透,以加入基督教为先决条件,为留学生提供经济资助。此类事例绝不少见。也有宗教在中国内地进行宗教渗透活动,这引起一些唯物主义者的强烈反感。

其三,邪教和迷信的猖獗。当今世界邪教组织活动十分猖獗,如有世界性破坏的"人民圣殿教"、"太阳圣殿教"、"大卫教"、"天堂之门"、"全世界高级计算机宗教组织"、"奥姆真理教"、"雷尔教"、"科学教",中国内地的"灵灵教"、"主神教",也都是邪教一类的宗教组织。邪教组织虽然五花八门,但它们与宗教有明显区别。

邪教在本质上是反宗教的。"邪教"这个词,在我国出版的《宗教词典》和《辞海》、《辞源》等工具书中均没有收录,甚至《大英百科全书》这样的权威工具书都没有设该辞条。这就可见语言词库里还没输入这一信息。既然这样,我们就有必要将邪教与宗教作一点比较。

一般说来,宗教提倡为善,而邪教却提倡为恶,专干一些危害人类的坏事,邪教组织干的坏事包

① 罗素:《权威与个人》,中国社会科学出版社 1990 年版,第 6 页。

② 参见穆罕默德·海卡尔:《萨达特遇刺记》,新华出版社 1987 年版,第 295 页。

括：杀害人命、骗取钱财、奸淫妇女、腐蚀人的灵魂……手段极端残忍，甚至无所不用其极。宗教提倡世界末日审判之说，目的在于警示人类：人生在世，要做善事，否则在末日审判时要进地狱。而邪教则随心所欲地宣布世界末日已经来到，为了使人类摆脱末日的命运，只有依赖邪教、跟随邪教，才能得救。它们以此来毒害人的心灵，挑起是非，制造混乱，扰乱正常的社会秩序，破坏社会的稳定。邪教的危害性在一开始可能并不明显，但是随着时间的增长，还是容易识别的。

迷信活动同样是与宗教有重大区别的。宗教是上层建筑，是社会意识形态，是一种普遍性和持久性的社会历史现象，是人类精神生活一个很微妙的领域，同时也是一种人生价值的托付，科学无法完全取代它，所以，“作为人类对社会人生和宇宙奥秘的一种探索，宗教里有虚幻也有真实，有苦难也有理想，有愚昧也有智慧，有野蛮也有文明，有因循也有创造，有痛楚也有欢乐，凡现实社会所有的一切都能在其中得到曲折的反映。宗教是立体化的、综合的社会体系，有信仰的层面、哲学的层面、实体的层面、文化的层面。宗教有理智的成分，更有感情和心理的因素”①。宗教是一种高级信仰，而迷信则是一种粗俗的信仰，是一种盲目的崇拜，毫无理智地相信星占、卜筮、风水、命相和鬼神等，迷信是和愚昧、落后紧密联系在一起的，是社会的毒瘤。因此，我国政府对宗教和迷信采取的政策是截然不同的：我国《宪法》第三十六条明确规定，公民有宗教信仰自由；而对封建迷信活动，则予以坚决取缔。马克思主义者对宗教的问题特别慎重，但提倡信教自由，“信这种教的和信别种教的一律加以保护，尊重其信仰，今天对宗教采取保护政策，将来也仍然采取保护政策”②。

最近一些年来，邪教和迷信的活动都很猖獗，这是我们应该充分注意的问题。对各种各样的邪教和迷信活动，哲学研究工作者应该时刻注意观察，保持高度的警惕，并随时向有关主管部门提供研究报告。

对于宗教和宗教哲学，我国的研究相对来说比较薄弱，而且还有一些禁区。对宗教的认识大致有三种观点：鸦片论、文化论、需求论。在我国流行的是鸦片论。长期以来，人们总是千百遍地重复马克思的一句话：宗教是人民的鸦片。但很少有人去思考，为什么科学技术越发展，信教的人不是越来越少，反而是越来越多，那么多的人去自觉地吸食鸦片？英国历史学家洛德·阿克顿强调，宗教是历史的钥匙。③ 事实上，宗教也是现实的钥匙，宗教现象对于历史和现实都是有普遍意义的。“长期以来，人们对宗教精神重要性已经确认，宗教是所有人都能理解的通用语言。”④季羡林先生近些年来一再强调需求论：宗教会适应社会的发展、生产力的发展而随时改造自己、改变自己，因为宗教是人类的一种需要。虚幻的需要，还是心理的需要，真正的需要，甚至麻醉的需要，都属于需要的范畴，其性质虽然大相径庭，其为需要则一也。⑤ 从人的认识领域来说，不管人的认识能力有多强，科学多么发达，总会有一些未被认识的领域和不能理解的现象，而“只要人们还有一些不能从思想上解释和解决的问题，就难免会有宗教信仰现象”，“宗教是会长期存在的，至于将来发展如何，要看将来的情况”。⑥ 所以，我们对宗教的存在，用不着大惊小怪，对宗教的作用也不要低估。

① 牟钟鉴：《走近中国精神》，华文出版社 1999 年版，第 274～275 页。

② 《西藏致敬团对西藏地方政府僧俗官员和全体藏族同胞的广播词》，载 1952 年 11 月 12 日《人民日报》。

③ 参见方立天：《人文科学课题中的应有之义——重视开展宗教学研究》，载《高校社会科学研究和理论教学》1996 年第 6 期。

④ 爱德华·萨义德：《东方学》，三联书店 1999 年版，第 21 页。

⑤ 参见季羡林：《人生絮语》，浙江人民出版社 1996 年版，第 6 页。

⑥ 《周恩来选集》下卷，人民出版社 1984 年版，第 267 页。

值得注意的是,宗教徒呈日益上升的趋势,而宗教研究却没有得到加强,研究甚至出现了滞后的现象,形成了十分强烈的反差。社会上至今还有人认为宗教信徒是异己力量,甚至把宗教研究者也划入异己力量,认为宗教研究与宗教活动没有什么两样。事实上,我们国家的各种法律明确规定,宗教信徒同样是国家的主人,宗教信徒的人格、权利同样应当受到尊重。宗教研究者不一定是宗教信徒,但即使是宗教信徒,他的宗教研究和本人的人格、权利,也应该受到尊重。宗教研究者的学术研究和其个人品格都是应该被尊重的。

最近一些年来,中央领导对宗教问题和宗教研究作过一些指示,江泽民在全国统战工作会议上明确指出:应当"利用宗教教义、教规和宗教道德中的某些积极因素为社会主义服务"[①]。李瑞环在会见中、日、韩佛教徒时,希望佛教徒和大家共同努力,一起消除当今社会的消极现象,"使人类向善,使世界光明"[②]。在与宗教团体领导人座谈时,李瑞环又指出:我国各大宗教教义中的许多内容,比如在伦理道德方面的一些要求,与现时代社会发展的趋势,与我们所提倡的精神文明是一致的。宗教界对这些有益于社会、有益于人群的内容,要加以挖掘,加以整理,加以强调。[③] 将传统神学宗教演变成伦理宗教,是宗教家的任务;而挖掘神学宗教中的道德内容,则是道德学家和宗教研究者义不容辞的任务。

鉴于宗教领域里所出现的一些新问题和邪教及迷信活动的猖獗,宗教研究和宗教哲学研究应该受到重视,得到加强。这和我们党的方针是一致的。党的十四届六中全会通过的《中共中央关于加强社会主义精神文明建设若干重要问题的决议》强调说:"中国的发展离不开世界,对外开放是建设有中国特色社会主义的一项基本国策。在国际格局的变动中抓住机遇、扩大开放,有利于我国在独立自主的基础上壮大社会主义经济,有利于吸收和借鉴世界各国先进的科学技术、经营管理方法以及其他一切有益的知识和文化,建设社会主义精神文明。对外开放也会有风险,资本主义腐朽东西会乘机而入。"为了防止在对外开放时会带来一些坏东西,"强调要继承和发扬民族的优秀文化传统和党的优良传统,吸收和借鉴人类社会创造的一切文明成果,反对封建主义残余影响,抵制资本主义思想的侵蚀"。哲学社会科学"对当代世界的新变化和各种思潮,要注意研究,科学分析,正确认识",并强调要"宣传马克思主义民族观和宗教观"。江泽民在北京大学百年校庆的讲话中,也强调"要学有所长,同时努力拓宽知识面,用人类社会创造的一切优秀文明成果丰富和提高自己"[④]。

人类社会创造的一切文明成果也包括宗教文化的成果。对于宗教研究,目前应该注意的有两点:一是要密切注意各大传统宗教的新发展、新动向,同时注意新兴宗教的世界化趋势;二是努力挖掘各宗教中的道德金律,以使其对当代人类社会起到警示作用。至于邪教,则在掌握了确凿证据后,坚决地予以取缔,世界哪一个国家也不会容许邪教的存在。

人类的宗教精神是会发挥巨大作用的。宗教精神可以在人困难的时候给人以慰藉,可以提醒人类时时刻刻做善事。我们知道在"文革"中,宗教被批得"体无完肤",结果是人的宗教精神也荡然无存,人的善性几乎泯灭。所以在"文革"中,恶性事件层出不穷。这是我们一定要记住的严重教训。任何时候都不应当把人正当的宗教需求人为地泯灭掉。对宗教要积极加以利用,宗教本身要适应社

① 江泽民:《在全国统战工作会议上的讲话》,载1993年11月8日《光明日报》。

② 李瑞环:《在会见中日韩佛教徒时的讲话》,载1995年5月23日《光明日报》。

③ 参见李瑞环:《与宗教领导人座谈时的讲话》,载1998年1月24日《光明日报》。

④ 江泽民:《在北京大学百年校庆的讲话》,载《北京大学学报》1998年第3期。

会主义社会。

把科学精神和人文精神同时提倡起来，使它们并行不悖，再把宗教精神中的积极因素充分调动起来，使之为社会主义精神文明建设服务，就会使我们的国家无往不胜，变成强大的物质文明之国、精神文明之国。

(三)中国缺乏宗教精神的原因

中国是一个最缺乏宗教的国家，在一定程度上说，这种观点有其正确性的一面。但是事实上，中国的宗教性隐含在人文精神之中。中国在历史上没有形成自己的主流宗教，中国人是最没有宗教情怀的人，但是中国的人文精神不反对宗教，不反对科技，它内含有宗教精神，当然也含有一定的科学精神，人文精神在某种程度上可以弥补宗教、科技的偏弊。中国传统文化中的儒家和道家都隐含着宗教精神，这可从老子《道德经》、孔子的《论语》中表现出来。《道德经》说“孔德之容，唯道是从”，尊道贵德，把道作为一种最高的宇宙本体来看待。提倡对道要敬畏，如冬涉川，若畏四邻，这类宗教精神体现了宗教家悲天悯人的信仰情怀。《老子》和《庄子》中的宗教精神可以说是俯拾即是，从老子和庄子开出后来的道教，是一点都不意外的。从这一意义上说，中国也并不缺乏宗教。《论语》也讲“祭神如神在”；“获罪于天，无所祷也”；敬天而不敢欺；吉月必朝服；迅雷烈风必变；“死生有命，富贵在天”；叹凤鸟不至，见西狩获麟；孔子有“君子三畏”：畏天命，畏大人，畏圣人之言。儒学敬天而畏天命，怀有诚惶诚恐的宗教精神和信仰情怀。足见儒学有其“宗教性”之内涵，这种“宗教性”，并不是说儒学是具有严密组织的制度化宗教，而是指儒学价值的信仰者们，对于超越的宇宙本体所产生的一种向往与敬畏之心，认为人与这种超越的宇宙的本体之间存有一种共生共感而且交互渗透的关系。这种信仰是一种博厚高明的宗教请操。[①] 儒学与儒教是一而二，二而一的。它内涵着宗教精神和人文精神，起着宗教精神和人文精神的双重作用。正是儒家的这种两重性，掩盖了中国的宗教精神，使一般人看来中国是缺乏宗教精神的。

儒学、儒教既然是一体的，就用不着再去争论是儒学还是儒教，要花点力气把儒学中的普世因素挖掘出来，把它变成道德金律，使之发挥宗教精神和人文精神的双重作用，起到教化的作用。

习惯上中国人被认为是最没有宗教信仰的民族，但是其实中国人并不是没有宗教信仰，他们实际上是多神论宗教信仰者。有人说中国人是见神就拜。其实一般中国人是需要什么神的时候，就信仰什么神。中国人遇到什么惊人的事情，往往会喊“天哪！”这是儒教信仰的结果。想诅咒人的时候信天神，也是儒教的信仰。遇到生命攸关的事情，往往会信仰阎王爷，这是受佛教影响的结果。想发财的时候，就信财神。财神是哪个系统的神？大概是婆罗门教、印度教的神。发生战争的时候，就信关帝神，而这个中国神却是根据佛教造出来的神。想长寿的时候信王母神，该神本来是中国古代神话中的神，后来又成为道教的神。或信太上老君，也是道教的神。不同的神起不同的作用。这些作用有好有坏，但是总体来说，宗教在一般中国人的心目中所起的作用是好的。到“文革”中，什么神都不信了，出现了一段无信仰的时期，或者是信仰危机的时期。事实证明，这一段时期是我们历史上最危险的时期。

① 参见胡中孚：《宗教、科学、文化反思录》，第二届全国(国际)传统医学、传统生命科学与传统文化学术研讨府论文(1998.10.24～26)。

二、儒学与巴哈伊信仰的和谐社会思想

社会发展的转型总会给意识形态领域带来新的动力。新出现的社会问题需要人们对原有的社会思想基础重新进行审视,并从中寻找新的理论依据。而 20 世纪以来,科技文明的胜利和哲学思维的失败构成的矛盾,使人的价值存在成为各种意识形态关注的焦点。怎样在社会现实危机和人的精神危机面前确立人安身立命的场所和精神的归宿,是此时期人文社会科学要解决的根本问题,种种社会思潮的迭起亦源于此。

这个时代的人们,期望的是一种和谐发展的社会状态以及由此而带来的人的精神的提升。于是在西方理论理性的失败中凸显了东方,尤其是中国的实践理性及基于此而构建的社会理想的优越性。这就是源于孔孟的儒家道德优先理想主义重新受到关注的原因。自孔孟创说以来,儒家思想就一直在一种家国天下的使命中构建其"为天地立心,为生民立命,为往圣继绝学,为万世开太平"(张载《近思录拾遗》)的理论大厦。此大厦的基本构成之一部分,就是由对人性的阐述而展开的天下大同的和谐社会思想。和谐理念在中国古老文化之中是一以贯之的优秀传统。天人合一追求的是天人和谐,三纲六纪追求的是人际和谐,修身养性追求的是身心和谐。中国的先秦诸子也都在各自的著述中设想了和谐的社会。从"天下归仁"到"四海之内皆兄弟",到《礼记·礼运》中描述的"大道之行也,天下为公,选贤与能,讲信修睦","圣人乃以天下为一家,以中国为一人",从《春秋公羊传》的华夏夷狄互通互变的一统说到康有为继承春秋之旨加以现代意义的发挥的"种族不分,天下大同",这种天下一家的大同目标始终是儒家一以贯之的和谐社会理想,是孔孟之后人的治学根本。

这一目标也是近一百六十年来新兴的巴哈伊教倡导并着力实现的理想正途。虽然梁漱溟说"宗教的真根据,在出世。出世间者,世间之所托"①,但巴哈伊这一新兴宗教在现代社会获得迅速认同的原因正在于它不是把他世,而是把此世作为其关注的目标,把在世间实现大同的社会理想作为其努力的方向。巴哈伊教义旨在塑造全球一体的秩序,巴哈伊教的使命是要促进人类一家,建立世界和平。巴哈伊的大同社会思想的出发点,也是本着关注人的价值存在的人文情怀,这是它与儒家相通的理想基础。2005 年 10 月,巴哈伊教澳门、香港代表团应国家宗教事务局邀请,访问北京和上海。国家宗教事务局叶小文局长在百忙中抽空接待了代表团。他一再强调,国家主席胡锦涛在 2005 年初的讲话就是要构建一个和谐的社会,而宗教是构建这样的社会的其中一个元素。他知道巴哈伊信仰的大原则是团结人类和建设一个和谐的社会,并且充分地肯定这一点。因此基于这一点彼此就有许多可以合作的机会,例如研讨会或在某些专业方面进行交流与合作。②

巴哈伊的教义自其创始人巴哈欧拉宣布天启之日起,经由其本人,其子阿布杜巴哈和"圣护"邵基·阿芬第及现代巴哈伊教的发展,日益丰富而充实,贯穿于其中的主要社会思想就是"地球乃一国,人类皆其民"的观点。巴哈欧拉在其圣典中反复宣告:"你们乃是同一棵树上的果实,同一枝干上的叶子","除了世界大同,没有任何别的东西可以释放在现代观念支配下出现的巨大生产能量。"③巴哈伊教有三项基本教义:上帝唯一;宗教同源;人类一体。前二者是纯教理上的理论基础,后者则是理想世界模式的基础。尤其是宗教同源为达致宗教和谐打下了坚实的基础:世界上所有的宗教,

① 梁漱溟:《中国文化要义》,学林出版社 1987 年版,第 88 页。

② 参见《港澳巴哈伊教组团访京》,载 2005 年 10 月 29 日香港《文汇报》。

③ 阿布杜巴哈:《世界团结之基础》,第 1 页。

不管是犹太教、天主教、基督教，还是印度教、佛教、道教、伊斯兰教等，均来自同一个本源，原本就是一家，仅是传递上帝信息的信使有所不同。就像大花园中盛开的各种花朵，虽然颜色不同，但都立足大地，面向天空，展现自己的美丽。如果大花园中仅有一枝独放，就是再含露欲滴，婀娜妩媚，也不会令人感到大花园的美丽。阿布杜巴哈详论说："现与昔时相同，真理之灵体如太阳，摩西在东方兴起教导人类，耶稣、穆罕默德亦生于东方，巴哈欧拉与巴布亦生于东方之波斯国，是则灵界之大教师，皆产在东方也。耶稣之太阳，虽出自东方，但其光，在西方亦得见之，其教训之圣光，在西方之荣耀，较其产生之地尤为明显。现今东方各国，需要物质上之进步，而西方需要精神方面的进步。假若彼此交换，东方把精神方面的知识输给西方，西方把科学方面的知识输给东方，那就再好没有了。东西宜联络，如此方能产生真文化，而灵体之精神，亦可在物质中表现之矣。彼此既能交换所长，则太平立致，人类亲密和谐，一切纠纷自免。到此时，世界将如明镜，能反照造物之性质矣。"①

一个已有宗教信仰的人如果信仰巴哈伊教，不需放弃原来的信仰，而巴哈伊教徒也可以自由出入各教的庙宇进行崇拜。这些原则为宗教和谐的实现创造了条件。

巴哈伊的这三项基本理论支点，是其能够获得现代世界认同的原因。1912 年，阿布杜巴哈访问美国，《纽约时报》等各大新闻媒体都以醒目标题连续报道了阿布杜巴哈的演讲及各种活动，将其概括的巴哈伊教义②。普及传播给西方民众，在当时被称为"新时代精神"。巴哈伊教提倡的世界一体、人类一家、宗教和合、文化包容的思想和主张得到很多人的欣赏，它强调宗教与科学和艺术和谐共存的主张，也受到了人们的重视。过去传统宗教在很多人那里只是精神信仰的寄托，是超世的，因而难以获得广泛的认同；另外，中世纪（尤其欧洲）宗教过分干预世俗生活也造成了它在社会生活中的负面影响。这都是宗教在现代社会面临的难题。巴哈伊倡导的人类一体、宗教同源、消除物质主义和自私自利、消除种族主义和军备竞赛、建立世界新秩序等积极入世的思想，符合现代人的思想倾向，也使得它在一百多年的时间内成长为分布范围仅次于基督教的第二大宗教。

在中国第一个较系统地介绍巴哈伊教的学者曹云祥那里，该教被译为"大同教"，这是曹云祥根据其教义思想结合中国的范畴而作的解译。由此可以看出，巴哈伊的社会理想和孔孟的理想正途至少在目标的表现形式上是一致的，而通过对二者深入的研究则可以发现更多的思想上的相似处。这些相似可以表明人类文化的基本价值走向——对人的精神存在和意义存在的关注是共通的，这种共通性为人类文化意识的未来定位提供了一个基本的支点。另一方面，作为哲学或社会思想，总是和宗教有歧异性，而且，由于兴起的时代不同等原因，巴哈伊的社会思想比儒家的社会思想在具体层次的设计上更为现实可行。因此，它在现实中取得了比复兴孔孟理想的新儒家更大的成功，巴哈伊没有把其思想仅仅局限在个人信仰领域和理论探讨领域。这一点，也是非常值得新儒家以及其他一切正在寻求现代化转折契合点的人文思想家借鉴的。我们将在下面的比较中对这些方面的异同作尝试性分析。

---

① 《巴黎片谈》，载李绍白《人类新曙光——巴哈伊信仰》，第 68～69 页；爱斯孟：《新时代之大同教》，台湾省大同教出版译述委员会 1970 年版，第 113 页。

② 如独立追求真理、人类一家、消除偏见、宗教同源、宗教和谐、宗教与科学协调、男女平等、普及教育、消除极端贫富、工作即崇拜、社会公道、采用世界通用辅助语言、建立世界联邦、世界和平等原则。

(一)理论成长中的相通和相异

1. 客观条件——兴起的历史背景的相似处

新思想的形成,尤其是一种社会思想的出现,往往是基于历史中的社会动荡。孔子处在周室衰微、礼崩乐坏、"天下之无道也久矣"(《论语·八佾》)的时代,因"恶紫之夺朱也,恶郑声之乱雅乐也,恶利口之覆邦家者"(《论语·阳货》),而欲复周公之礼以惊醒世人。至孟子之时,时势尤恶,"有理之地,众多居民,王者之不作,未有疏于此时者也。民之憔悴于虐政,未有甚于此时者也"(《孟子·公孙丑上》)。孟子感于斯世,承孔子之脉络,愤然言道:"尧舜既没,圣人之道衰,暴君代作","世道衰微,邪说暴行有作,臣杀其君者有之,子杀其父者有之,孔子惧之,作《春秋》"(《孟子·滕文公下》)。而孟子又面临"杨墨之言肆行天下,孔子之道不著"、"邪说诬民,充塞仁义"的局面,故"以此为惧,闲先圣之道,距杨墨",使"邪说者不得作",以"正人心"、"承三圣"(《孟子·滕文公下》),正是时势的纷乱促使孔孟家国天下理想的萌生。

对于巴哈伊教兴起的背景,我们可以由其兴起历程的简略追述而知其事。巴哈伊教产生于伊朗的卡扎尔王朝(1796～1925)时期,此时是波斯文明全面衰落时期。寇松在《波斯和波斯问题》中写道:"从沙王往下,绝没有任何官员是不接受礼物的……而处刑的方式极其残忍和多样化……在双层压迫之下,人民对政府完全没有责任心,每个人都没有了责任感和廉耻道德。"[①]作为社会信仰支柱的宗教也面临错综复杂的分裂和斗争。1844 年,巴布宣称他是这黑暗中的救世主,是新的起点,从此而开创巴布运动。1863 年,巴布门徒之一侯赛因·阿利又宣称自己为上帝之荣耀的使命,创立了巴哈伊教,他本人则被称为"巴哈欧拉"(上帝的荣耀)。巴哈欧拉之子阿布杜巴哈和"圣护"邵基·阿芬第后来对教义进行了发展,尤其是在社会理想方面吸纳了更多现代的合理的成分,从而使之更为具体和可行。这种发展,主要基于阿布杜巴哈面临的一战前后动荡的世界形势。战前,欧洲这个极度自负的文明摇篮,"自由之炬"的高举者以及世界工商业力量的主流,在可怕的剧变面前也变得束手无策,少数民族问题、失业、军备竞赛等矛盾充斥欧洲。阿布杜巴哈在这种情势下作了一次由欧洲到美洲的周游与和平演讲。在当时情况中,其演讲中阐发出来的现代理性思想得到很多人认同,从而使巴哈伊获得了一种迅速成长的内在契机。

从对其历史背景的分析中,我们看到儒学与巴哈伊教有一点相异之处,即:孔孟著书立说是要拯救人类道德意识的堕落,是要恢复曾经有过的上古之德行,因为人类精神文明是退步的,过去的比现有的更美好,而巴哈伊教则认为,虽然人类物质文明的进步伴随着道德实践的堕落,但人类文明的最高形式——神圣文明则是进步的。李绍白写道:"循环与更新是演进的两个方面,而又互为一体,这种循环是螺旋式上升的","巴哈伊信仰将演进的理论用于解释宗教,这恐怕是最有特色和最有价值的"。[②] 巴哈欧拉以太阳的升起为例,说太阳(神圣文明)初升时,阳光不可太强,否则会刺伤人的眼睛,随着太阳升高,阳光慢慢增强亮度,以适应人的理性理解能力。尽管儒学与巴哈伊教对自己社会思想理论的定位不同,但两者都力图在社会动荡变革中给人们一种可以参考的理论模式。

---

① 李绍白:《人类新曙光——巴哈伊信仰》,第 238 页。

② 李绍白:《人类新曙光——巴哈伊信仰》,第 18～19 页。

2. 思想内在生长点——对人类现世存在的关注

孔孟之说和巴哈伊信仰都将对人的现世存在的关注作为基本的价值指归，都力图为人的安身立命提供精神的指引，反对消极避世，这是它们共通的内在理论生长点。

面对西周后期礼坏乐崩的事实，孔子不像同时代的隐士一样消极避世，而是希望为人的生存提供精神指导。虽然在他的时代，天、神的概念流传已久，并在人们的头脑中占据支配性的地位，是积淀在人们心中的权威力量的代称。孔子不可能摆脱时代、环境的影响，孔子讲君子有三畏，首推天命，他说过"天生德于予"。但孔子所言之天只指称其伦理体系的一部分，并非宗教意义上的人世的创造者和人间律法的缔造者。在他那里，天是第二位而非第一位的，讲天命不是为了让人事天而是为了更好地事人。对鬼、神、天要敬而远之，将精力投入到此世为人事的服务中。季路问事鬼神，子曰："未能事人，焉能事鬼"，"未知生，焉知死"(《论语·先进》)。孟子则明确将天命规定在人意的层次上，他张扬古书中"天听自我民听，天视自我民视"之观点，认为天不是世物人伦的创造者，人类社会才是德性的发源地，通人情即可知天意，"尽其心者，知其性也。知其性，则知天矣"。故人要做的就是"养其性，所以事天也，寿夭不贰，修身以俟之"(《孟子·尽心上》)。培养美好的品格，就是事天的最好方法，不必像宗教徒那样，以获得上帝的恩宠和来世的天堂为最终极的目标和价值指向。孔孟认为做好此世的事就可达到天人合一的状态，因而马克斯·韦伯说："儒教所要求的是对世俗及其秩序与习俗的适应，归根结底，它只不过是为受过教育的世人确立政治准则与社会礼仪的一部大法典。"[①]

与此相似，巴哈伊教作为一种宗教，必然有超越世间的外在追求，但这种被信仰的上帝、天国是一种精神的、理念的外在，并不像传统宗教那样是种实体性存在。而且巴哈伊教义认为，信徒最应关注的是此世的生活，而不是无所作为地期待着来世天堂的幸福，人首先应做好的是现世的事情，期待精神的提升。因而在《亚格达斯经》(《至圣经》)中，巴哈欧拉批评了印度教中的苦修与隐遁，认为"隐遁或禁欲是上帝不允许的"，应该"放弃隐遁而直接步入敞开的世界"，"为自己和他人的利益而忙碌"。与其他宗教相比，巴哈伊在入世性上体现得最明显的就是肯定现世的善恶判断，不期待来世的最后审判。

关心人的现世生活，尤其是关注人的精神生活和价值存在是孔孟和巴哈伊教的社会思想共同的内在生长点。二者都力图建立向里用力之人生和社会。故"君子务本，本立而道生"(《论语·学而》)，本立，则大道可行。若"自天子以至于庶人，壹是皆以修身为本"(《大学》)，则可达到社会状况的根本转变。正如《天下一家》杂志 1992 年第 11 期《最严峻的挑战》一文所言："除非人类的心灵受到激发，和那些使个人和大众为地球和全人类的长远利益而同心合作的价值观受到重视，否则这一切都不能实现。"阿布杜巴哈认为："世界大同是那些重新意识到全人类命运的、复苏了的思想与心灵的相会与溶合。"[②]由此可以看出，关注人——作为文化载体而存在的人及其世俗生活，是这两种社会思想理论生长的内在动因，是它们近来复苏或传播的原因。因为它们为解决人类社会发展给意识形态尤其是哲学带来的难题提供了一种可借鉴的、体现着深刻人文意识的文化价值取向。

(二)大同社会思想的构思中体透出来的人文情怀

之所以选择这两种社会理想进行比较，是由于两者在理想社会状态的设计、理论基础生长点以

① 马克斯·韦伯：《儒教与道教》，江苏人民出版社 1995 年版，第 178 页。

② 阿布杜巴哈：《世界团结之基础》，第 2 页。

及价值取向、形态的构架等方面，虽细节上有所不同，但对人类一体、天下大同的构思有诸多根本相通之处。对于这两种社会思想之间的共同和歧异，将在下面的论述中逐步展开。

1. 对人性美善的自信是其理想构架的基点

相信人性美善，是孔孟和巴哈伊构思大同理想的基点，由美善之人性，才可能也必能生长出美善之社会形态，才能发展出人类社会发展的应然状态、理想正途。两种思想对于此点的论述，为大同社会形成提供了一可能性。

在《论语》中，孔子只讲了一句"性相近，习相远"(《论语·阳货》)，而未明确说此相近之性为善为恶。朱熹注之曰："此所谓性，兼气质而言者也。气质之性，固有美恶之不同矣。"(《论语集注·阳货》)程子则认为这说的是气质之性，非言性之本，本性是无不善的。孔子在其他的言论中，表露了对人之美善可能的自信。他说"我欲仁，斯仁至矣"，认为道不远人，认为行道德之事是人人力所能及的。这种对人性的自信在孔子之处是隐含着的。而此美善之人性的集中体现就是仁。由仁而爱人，此爱人之心是理想社会的可能性基础。有仁德之君子能够周而不比，将此爱人之心流行天下，虽九夷之陋，若君子居之，则何陋之有，爱人，把人视为目的，由爱人而泛爱众，则可将己之理想推行于天下。但是此爱人之心为人自然流露之情，是人最基本的自然亲情之流露，则血缘亲情是仁之本，"弟子入则孝，出则弟，谨而信，泛爱众"(《论语·学而》)。由此亲亲之情，推而广之，则可泛爱众人，这是人类社会达到理想之治的可能性根基。《中庸》所言"仁者，人也"，明确将孔子的"仁"定义为人的本性，并阐发出诚之德，作为物情、天理、人性之根本，"诚者，物之终始"，不诚则无物。天下至诚，则能"尽其性；能尽其性，则能尽人之性；能尽人之性，则能尽物之性；能尽物之性，则可以赞天地之化育"。由人性扩而及宇宙万物之性，相互交汇、赞化，作为宇宙一部分的人类社会，自然也可由此尽性之推演而达到和谐之状态。孟子对此人类基础的论述则更为详尽。他称："人性之善也，犹水之就下也。人无有不善，水无有不下。"(《孟子·告子上》)此善性的具体化就是所谓"恻隐之心"、"羞恶之心"、"辞让之心"、"是非之心"，此四端扩而充之则为四德。由此四端之性而有的四德，并不局限于人之内部，凡"有四端于我者，知皆扩而充之矣，若火之始然(燃)，泉之始达，苟能充之，足以保四海；苟不充之，不足以事父母"(《孟子·公孙丑上》)。这四端(美善之性)就像宇宙中一切与人有关之情的火种，是孔子泛爱众人思想的演化。故人性之美善是孔孟社会理想的基点。

在此应着重指出的是，孔孟对于美善人性的最基本也是最高定位是血缘亲情。"仁之实，事亲是也；义之实，从兄是也。"(《孟子·离娄上》)故爱人之推广，以亲情首当其冲。对"君子之于物也，爱之而弗仁。于民也，仁之而弗亲"(《孟子·尽心上》)一句，朱熹引程子注曰："统而言之则皆仁，分而言之则有序。"(《孟子集注·尽心上》)对人之爱，应有个差等次序。"仁者无不爱也，急亲贤之为务……尧舜之仁，不遍爱人，急亲贤也。"(《孟子·尽心上》)。汤因比以同心圆来比喻儒家的爱有差等说："以自己为圆心，随着向外扩展，爱则逐步减少。这种主张和无差别的普遍的爱相比较……显而易见地易于为人本性所接受"，但尽管有差等，"从爱的范围来看是普遍性的，这是一种把对天下万物的义务和对亲密的家庭关系的义务同等看待的立场"。① 也就是朱熹所讲的人之生本于父母是天使之然的，若推己及人，自有差等。关键是能爱人则人亦爱之，能敬人则人亦敬之，由此而实现社会和谐归

① 《展望二十一世纪——汤因比与池田大作对话录》，荀春生、朱继征、陈国梁译，国际文化出版公司 1985 年版，第 426～427页。

一。如梁漱溟在《中国文化要义》中所说,"由亲亲而仁民,以家人父子兄弟之情推于外,构成伦理本位的社会,自动地放大这圈",这是一种"直从人之所以为人者亦即人之所异乎一般生物的一面出发,这出发点几乎便是终点"。[①]

儒家以人之为人的美善之性而构建社会理想的立场,与巴哈伊教是相通的。巴哈伊教亦认为人有此善性、爱心是天下一家的可能性基础。与基督教不同,巴哈伊教反对原罪的理论。巴哈伊教相信人天生被赋予了主的光辉性,因而人生之初是善的,没有邪恶,唯有美善。"在巴哈伊信仰看来,人类自身具有的一切都是上帝赋予的,一切创造物中没有恶,一切都是善。"[②]巴哈欧拉在《隐言经》中写道:"生命之殿堂乃是我的圣座"(《隐言经》1:58),"你的心乃是我的家园……你的灵魂乃是我的启示之地"(《隐言经》1:59),正如"花藏于苞",造物之灵藏于心。无论人之外表如何丑陋,皆有是灵。正因人是禀着这种上帝之光辉而生的,故巴哈欧拉要求道:"谁都不应该自以为比别人优越,时时在你们心中反省你们是如何被创造的。既然我由同一种物质造生了你们……通过你们的品性行为,由你们的内在生命显现出团结之征象以及超脱之精神,此乃是我对你们的劝戒。"(《隐言经》1:68)人是由同一种物质禀了同样美善之光辉而生成的,人在本性上是相通的,人与人是一致的,人类是一体的。"人属于同一类,属于同一类种族。……全人类都是同一树上之果实,同一花园之鲜花,同一海洋之波浪。……地球是一个家,是全人类的故乡;因此,人类应该略去那些人为的区别和界限。"[③]人类的美善出自造物之美善,人类一体出自造物之一体,故人在本质上的一致性决定了天下大同的可能性和必然性。就如《人权的起源》一文所写:"无论你相信人类是用泥土做成的也罢,或是用DNA做成的也罢,毕竟所有的人都是用相同的物质做成的。"[④]由于人类是住在这地球上的兄弟,心灵、本性是共通而一致的,人与人之间的基本关系就是爱与和谐。这种情感也是人性的基本构成之一。《隐言经》中写道:"朋友啊!在你的心园里,只栽种爱之玫瑰。紧握着挚爱与祈望之夜莺,不要放松。"(《隐言经》2:3)在第58节中又写道:"冲破你的樊笼,像爱之凤凰翱翔于圣洁的苍穹。"要求人们发挥人性之美善,具有博爱之心胸。阿布杜巴哈曾阐述道:"爱是一切物质存在之因……是万物之间的亲密联系。(以元素凝聚力来说明)在人身上,我们还看到更高级的灵性相吸——把人们紧密结合在一起的亲密感,它使人们能友爱地相处。因此人类的最高君王就是爱。"[⑤]造物以美善之性赋予人,以人类心灵为神性启示地,故人唯以博爱之心性才能反映这种光辉的辐射。这样做并不是因为有益于造物,而是因为对人自身的发展有好处。爱万物,爱世人,即是爱上帝,因此爱心是服务于人类的。人类相互的爱是世界和平发展的保障,是天下大同达成的人性基础。世界一体,"第一要件(先决条件)就是绝对的爱和统一体成员的和谐。人们必须摆脱相互疏远,在他们自身中展现上帝的唯一性。因为他们是一海之波浪、一条河中之水滴"。尽管同将人性美善以及由此而生发出的爱人之心作为社会理想的根基,作为人类一体的可能性的基础,巴哈伊所讲之爱与孔孟所述有差等之爱还是有区别的。作为一种宗教,无差别的博爱是其爱的基本含义。巴哈伊认为爱是上帝存在在人性中的基本表现形式,人类作为被创造

① 梁漱溟:《中国文化要义》,学林出版社1987年版,第240~241页。

② 李绍白:《人类新曙光——巴哈伊信仰》,第83页。

③ 阿布杜巴哈:《世界团结之基础》,第23页。

④ 载《天下一家》1993年第4期。

⑤ 阿布杜巴哈:《世界团结之基础》,第92~93页。

物,是通过爱与上帝联系的。对上帝之爱是爱之情感中最崇高者,是一切爱的基石(这与孔孟将血缘亲情之爱作为最基本的爱有差别)。由于对上帝爱的无差别而造成了人世间爱的无差别,而且对世间万物之爱就是对上帝的爱(这是其关注世俗生活的立场体现),因而在具体操作中,最有价值的是对世人之博爱。"上帝的宠爱者必须在挚爱中与陌生人合作,对所有万物展示你的仁慈,不要考虑他们的能力,也不要问他们是否要这种爱。"即使是对你的敌人,也应该以爱对待仇恨,而不是像孔子所说的以德报德、以直报怨。博爱是使这个分散的物质世界联结起来的非凡的力量,是驱动万象的动力因。

以这种来自神性的光辉人性为基础而形成的社会,必然强调灵性的统一。在《世界团结之基础》中,阿布杜巴哈说:"由灵性气息而建立起来的灵性的同胞之爱去团结各国……直到所有国家、民族因为这种由圣灵气息激起的真正的同胞情而团结一致。"①这是由宗教和非宗教确定的终极价值指向不同而决定的。

由以上对人性论社会基础的论述可以看出,无论是从孔孟的人性善还是从巴哈伊教由神性而辐射至人性的唯一出发,将导致的必然是一种不同于现代国家观念的人类一体观,这是西式的哲学思维开不出的,同时它们也不会生出纯西式的自由民主制度。这两者强调"天下"、"地球乃一国"等观念,已消解了现代国家在地域、政体上的区分;而由道德精神的一体化必会削弱西式的民主、自由的必要性,例如巴哈欧拉强调自由不是无节制的,而是基于服从基础的,甚至说"自由最终必然导致叛乱"②。因为自由是一种自然法则,必须以德性等社会力量约束它。因而人在社会中要做的,不是不断要求民主和自由,而是向里用力,认识、体认人性美善和由此而决定的人类一体的关系。"对于这种关系(人类一体)的认识可以导致一种已被证明的人为力量所不能产生的道德力量,这种道德力量将为大多数人期待已久的全球转变提供动力。"③除了科技文明的进步,更重要的是人主观的改造——对人性和人类一体关系的重新认识,两面结合起来,"便造成这圈(人类文化圈)的扩大,一步步放大,最后便到了世界大同、天下一家"④。由精神提升而达到真正的大同社会与现代国家观念相比,"此种反国家主义,或超国家主义深入人心……盖其结果,常增加中国人之组成分子,而其所谓'天下'之内容,乃日益扩大也"⑤。对世界来说,个体意识的转变会增加世界共同体的组成分子,建立起各国、各民族、各种族这无有间隙的世界体制,实现全球文明。正如邵基·阿芬第所说:人类一体的原则,指明了人类社会进化的最终目标,那就是消除国界,消除人类一切纷争,建立天下一家的大同世界。邵基·阿芬第坚称:"'人类一家'(Oneness of Mankind)的原则,巴哈欧拉教义所环绕的中轴,不是单单的无知情绪主义的爆发,或是仅仅表达一个模糊和神圣的期望。它的诉求,不能只被视同为,同胞爱和人类间善意精神的复苏,它也不是只针对培养个人和国家间的和谐合作而已。它的义涵更深,它的宣示比过去所有先知被授意去推动的更伟大。它的信息不仅应用于个人身上,而是主要地关系到,那些连结万国为一家的必要关系之本质。……它意涵着现今社会架构的一个有机改变,一个世界从未经历的改变……它代表着人类演进的顶点。……巴哈欧拉所宣示的人类一家的

① 阿布杜巴哈:《世界团结之基础》,第 88~89 页。

② *The Most Holy Book*, Bahá'í World Center, Haifa.

③ 《地球宪章》,载《天下一家》1992 年第 9 期。

④ 梁漱溟:《中国文化要义》,学林出版社 1987 年版,第 11 章。

⑤ 梁启超:《先秦政治思想史》,中华书局 1986 年版,第 1 章。

原则，带来的是一个严正的断言，即要在这巨大演进中，臻至其最终阶段，它不只必要，更是无法避免。而它的具体实现，则快速地在接近，为达成它的建立，造物主没有不能的力量。"①

在这种以人性为本而致大同的论证和构想思路一致的基础上，作为哲学思想的孔孟之说和作为宗教的巴哈伊亦必然有许多具体的差异，这一点将在下面的论述中进一步展开。

2. 由美善人性而形成理想人格的设定——社会整体的伦理基础

如上所述，这两者倡导的都是一种建立在人性美善自信起点之上的社会思想，此种社会整体必然建立在德化的理想个体的基础上，因而对理想人格的设定是两种社会思想构成的基础。

由美善之人性而生出美善之品格，进一步生出美善之社会，即由内而开出外化之理想。两者对理想品格的设计有诸多相通之处。

应该说中国哲学的基本点就是讲做人的学问。而中国哲学的主干——儒家思想从其源头孔孟开始，就在设计着成圣成贤的道路。在孔子的思想中，"仁"无可争议地成为其核心，也是理想品德的基本构成，几乎可以涵盖其对个体道德要求的一切内容。孟子则将仁德扩充为仁义礼智四德，论述更为具体而详尽。这些基本品格不单在孔孟那里有，在巴哈伊对道德的规定中亦可发现诸多相通之处，大致有以下几个方面。

(1)仁爱、宽容

孔子之"仁"，首先是爱人，此爱人之情的出发点和基本含义就是亲情之爱。"君子务本，本立而道生，孝弟也者，其为人之本与。"(《论语·学而》)作为一个品格高尚的人，最基本的本性应有孝弟之义，不单是君子，即使普通人也是首先应具备的。由此可以看出，孔子设计之道德，不是一些矫饰空虚的格言，而是由自然亲情出发的人类情怀。有此情怀之人，必能体贴别人，对君能忠，对人能恕。所谓"己所不欲，勿施于人"，"己欲立而立人，己欲达而达人"(《论语·雍也》)，品格高尚的人能宽宏大量地对待别人，并能时时将心比心，为他人着想，即孟子所说"老吾老以及人之老，幼吾幼以及人之幼"(《孟子·梁惠王上》)。这种恕的胸襟，如郭沫若所言："每一个要把自己当成人，也要把别人当成人，事实是先要把别人当成人，然后自己才能成为人。"②将这种体认他人之心、之情的情怀视为人之为人的标准。由这种仁爱推广出的三纲六纪就是解决人际关系的准则，如陈寅恪所说："中国文化之要义，具于《白虎通》三纲六纪之说，其意义为抽象理想最高之境。"③三纲就是"君为臣纲，父为子纲，夫为妻纲"，六纪就是"诸父有善，诸舅有义，族人有序，昆弟有亲，师长有尊，朋友有旧"(《白虎通·三纲六纪》)。这亦是巴哈伊教的金律。巴哈欧拉特别提倡团结的重要性，要求人类必须"亲密无间，情谊深厚，团结如一人"④。在巴哈欧拉的教义里，正义是主要的灵性原则之一。团结人类的力量是爱、慈悲和宽容，但团结各国使之成为一个灵性上一统的世界的力量却是正义。⑤ 他指出，"所有的人必须协调他们之间的差异，必须和平团结地在上苍的荫庇下、在他仁爱的树下遵守他的训诫"⑥。

---

① 邵基·阿芬第:《巴哈欧拉的世界体制》，第42～43页。转引自Paul Lample:《创造新思维》，台湾人德文教发展机构2002年版，第137～138页。

② 郭沫若:《十批判书·孔墨之批判》，东方出版社1996年版，第91页。

③ 吴学昭:《吴宓与陈寅恪》，清华大学出版社1996年版，第53页。

④ 《巴哈欧拉圣典选集》，朱代强、孙善玲译，澳门新纪元国际出版社2004年版，第111页。

⑤ 参见阿迪卜·塔赫萨德:《巴哈欧拉的天启》第3卷，李定忠译，新纪元国际出版社2004年版，第312页。

⑥ 邵基·阿芬第编:《咨浩拉著作拾穗》(英文版)，梅寿鸿译，马来西亚巴哈伊出版社1980年版，第2页。

"上苍的先知须被当作人类的神医。他的工作是扶助世界及人类，通过一致的精神，治好人类的分裂。"①"通过至高的圣笔所启示的书简，爱与团结的门已在人类面前被打开了。我们刚才已宣称——我们的话是真理——'与所有宗教的人友善地交往吧'。通过这启示之言，任何致使人们互相背离，造成分裂、不和的事物都已被废除。"②"这个至高至圣的教义，所以出类拔萃、杰出超群，是因为我们一方面把上苍的圣书中造成人类分裂、敌对的篇章涂掉，一方面又铺下了解及团结的要素。"③

巴哈欧拉最担心的是人类的分裂，他真心地希望人类"必须如一手之指，一体之各部分"④。人类"须面向团结的太阳，让它的光辉照耀着"，"必须集在一起"，为了上苍"决心根除引起纷争的因由"，"世界的居民才能成为一个城市的公民，成为同一个王座的占有者"。⑤ 在《团结书简》里，巴哈欧拉解释了团结的一些特性。他说首先就是宗教团结，就是人类须接受同一个宗教，也就是今日的巴哈伊教。当一个国家的多数人接受了他的信仰，政府就可以把他的教义付诸实行。团结的第二个层面就是言辞。言辞的分歧会令说话和听话的人失去上帝的恩典。他也启示道，圣道在用中庸的言语谈论时，会吸引神圣的恩典，如果超过中庸，则会变成灵魂腐朽之因。在这篇书简中，他进一步规劝教友用温和和中庸的方式传教，好让话语具有牛奶对婴儿般的效果。他也警告教友不要在早期拿太多的细节让听者无所适从。就像给婴儿一顿大餐一样，不但不会有益于孩子的生命，说不定会要他的命。团结的第三个层面就是行动。当教友们起来传教并用道德装饰自身，他们的行动就会团结一致。他悲叹过往诸天启的分裂，将之归咎于信徒的不团结，就是这个问题，才使得各宗教的基础被破坏。团结的另一个层面就是信徒们的地位。他们的团结可以使上帝圣道的地位在人类当中提高。世人当中有些人自视高于他人，因而使得世界陷入可悲的状况。他说那些从他启示之洋深饮的信徒才是真正转脸朝向他崇高地平线的人，他们应视自己如同站在同一阶层上，占有同样的地位。巴哈欧拉宣称，自视高人一等就是大罪。

巴哈伊行政教务机构里的团结架构，如果因为某一位委员的自我意识而被破坏的话，大考验和试炼就会接着发生。如果这种事发生了，所有的成员就会经历巨大压力和痛苦，那个灵体就会销蚀。在《团结书简》里，巴哈欧拉说，如果要完全解释团结的所有层面，他要振笔疾书好几年才行，这势无可能，因此他再说明另一个层面——人类的团结。他说人类的团结可以经由对上帝的爱和上帝话语的影响力而达到。当人类转向上帝的话语并谨守它，他们就会团结。⑥ 他相信，"团结之光那么灿烂，它能照亮整个世界"⑦。巴哈欧拉又说："你要明白一个真理：凡是要别人公正，而自己却行不义者，都不是属于我的。"（《隐言经》1:28）"只要你自己还是罪人，就别私语别人的罪过。"（《隐言经》1:27）"凡不愿让别人归罪于你的，就不要推诿于他人。"（《隐言经》1:29）高尚的品德，最首要的要素就是严以律己、宽以待人，这同孔孟所讲的推己及人，己所不欲，勿施于人的原则是一致的。

---

① 邵基·阿芬第编：《咨浩拉著作拾穗》，第 37 页。
② 邵基·阿芬第编：《咨浩拉著作拾穗》，第 45 页。
③ 邵基·阿芬第编：《咨浩拉著作拾穗》，第 46 页。
④ 巴哈伊世界中心编：《亚格达斯经律法纲要》，梅寿鸿译，马来西亚出版（原书无出版年），第 12 页。
⑤ 邵基·阿芬第编：《咨浩拉著作拾穗》，第 105 页。
⑥ 参见阿迪卜·塔赫萨德：《巴哈欧拉的天启》第 4 卷，第 434～435 页。
⑦ 《巴哈欧拉圣典选集》，朱代强、孙善玲译，澳门新纪元国际出版社 2004 年版，第 188 页。

(2)敏于行而慎于言

重行甚于重言是这两种思想都提倡的品德。《论语》中记载:“子张问仁于孔子。孔子曰:‘能行五者于天下为仁矣。’请问之。曰:‘恭、宽、信、敏、惠。’”(《论语·阳货》)“仁者,其言也讱。”(《论语·颜渊》)“刚毅木讷近于仁。”(《论语·子路》)“君子讷于言而敏于行。”(《论语·里仁》)有德行的人不是以巧言令色之虚浮外表来体现仁,而是重于身体力行,在踏踏实实的践履中实现仁,要“言忠信,行笃敬”,切实地去做而不是只说不做,故“古者言之不出,耻躬之不逮也”(《论语·里仁》)。堪称楷模的古圣先贤们都是重行甚于重言的。这条原则亦是巴哈伊教的重要教义。

巴哈欧拉在《隐言经》2:76中说:“给人引导一向通过语言,而现在却要通过行为。每个人必须表现出纯正而圣洁的行为,因为语言是众人皆有的财富,但纯正而圣洁的行为只属于我们所宠爱者。”巴哈伊教倡导践履重于空谈,而实行这一原则的最重要方式就是以工作为事主。“每人都有义务从事某项职业——比如技艺,我们倡导你以工作作为事主的最高表现,不要将你的时间浪费在空洞的祈祷上,应致力于对你和他人都有益的事业。”因此,巴哈伊教禁止施舍,给予乞讨者施舍是被禁止的。这条原则与积极入世的态度结合,是两种思想对品德高尚者的主要要求,也促使孔子、孟子以及巴哈欧拉和阿布杜巴哈都乐此不疲地为推进其社会理想而奋斗,甚至忍受颠沛流离和牢狱之苦。

(3)重义轻利

对义利关系的处理是区分高尚和卑下的重要标志。孔子说:“富与贵,是人之所欲也,不以其道得之,不处也。贫与贱,是人之所恶也,不以其道得之,不去也。”(《论语·里仁》)故“君子喻于义,小人喻于利”(《论语·里仁》)。品格高尚的人不会因不义之财而放弃自己的原则,正如孟子所言:“富贵不能淫,贫贱不能移,威武不能屈,此之谓大丈夫。”(《孟子·滕文公下》)故孟子能受宋、薛之镒而不受之于齐,因为若接受齐之财富,是“无处而馈之,是货之也。岂有君子而可以货取乎?”(《孟子·公孙丑下》)君子的原则并不是弃绝合理的财富,而是拒取不义之财,“不义而富且贵,于我如浮云”,“非其道,则一箪食不可受于人,如其道,则舜受尧之天下不以为泰也”(《孟子·滕文公下》)。取与不取,全在义与不义,这也是君子、小人之界定的标准。

在巴哈伊的信仰中,同样的原则亦被视为一重要品格。巴哈欧拉说:“你就像一把精炼的剑……只要脱出自私与欲望之鞘,你的价值便可璨灿光辉地显露于世人面前。”(《隐言经》2:72)自私和贪婪是使人变得黑暗的障蔽,摆脱了它可使人之美德显露。当然摆脱自私和贪婪并不是禁欲或苦行。巴哈伊教义并不认为人的物质需求是恶的或坏的。事实上,人的身体和生理能力的发展是为了给精神发展提供载体。为了精神的合理发展,物质需求是必需的基础,谋利是人存在的必然要求,只是不能扭曲了人的精神而谋求发展。应该反对的只是对不义之财的贪求。因此巴哈伊教反对赌博这种无益于身心的金钱游戏,反对放纵情欲。

这种反对过分重视物欲、提倡精神追求的原则,对于改善今天的社会现状来讲,具有重要的意义。它提醒人们,为了物质而牺牲精神是得不偿失的。

(4)谦逊、诚信与节制

《论语》中多处描写了孔子在祭庙时和在君王之左右时那种恭敬谨慎之态,这是他作为一个君子之德行的外化。《中庸》则着力强调中、和,并阐发了诚的品格。所谓“至诚如神”、“至成无息”,这是君子处世立身的基本原则,尤其是在交友中,“不挟长,不挟贵、不挟兄弟而友。友也者,友其德也,不可以有挟也”(《孟子·万章下》)。以德会友,相互以诚相待,并且与人为善,是君子处世的原则,有品行的人以德立己，以德处人，“无适也，无莫也”，不偏不倚，节制适中，达到极高明而道中庸，正是所谓“过犹不及”之原则的践行。

君子处世还有一重要原则，就是要安时处顺，服从而中和。虽然孔子和孟子都积极而投入地推行其德化思想，但是现实的遭遇使他们不得不在修身养性中做到安时处顺，“用之则行，舍之则藏”，“暴虎冯河，死而无悔者，吾不与也。必也临事而惧，好谋而成者也”。对于逞一时匹夫之勇而舍命的偏激之行，他们是不赞成的。君子必做到“天下有道则现，无道则隐”（《论语・述而》），才能安身立命。保持君子之德固然可贵，但无谓的牺牲亦是不必要的，要善于保护自己，“治则进，乱则退。横政之所出，横民之所止，不忍居也”（《孟子・万章下》）。为了使德行的载体能安好地保存，不要与暴力作无谓的抗争，要学会在适当的条件下推行自己的教化。而且在具体品德的实现中，亦可因时而权变，不应拘泥于繁文缛节。当告子问及嫂溺以手援之与男女授受不亲的关系时，孟子认为：“不可枉道求合，言直己守道，所以济时，枉道徇人，徒为失己。”（《孟子・离娄下》）由这种安时处顺的品德和权变性可知，人应在社会中各安其位，守其本分，如《中庸》所言：“素富贵，行乎富贵；素贫贱，行乎贫贱；素夷狄，行乎夷狄，素患难，行乎患难。”安于其位以行其德，则为君子，若“虽有其德，无其苟位，亦不敢作礼乐焉”。故而孔子看到季孙氏八佾舞于庭，则愤愤然曰：“是可忍，孰不可忍？”（《论语・八佾》）《易・系辞传下》说：“天地之大德曰生，圣人之大宝曰位，何以守位曰仁。”能在世事变迁中安守其位，可保身之全，也可安邦定家，可避灾祸。

巴哈伊教教义亦主张处理人际关系要本之于中庸。巴哈伊教认为，贫富两极分化是不公平和不道德的，是人类和谐的根本障碍。巴哈欧拉曾说：如果一件事实被推至极端，就成为罪恶之源。因此不要越过中庸的界限。与朋友交往要谦逊有礼，摈弃任何有损团结的言行。比如“除非朋友乐意，谁也不应擅自进入其屋宇；切莫宁随自己的意志而不顾朋友的意愿”（《隐言经》2:43）。对朋友要真善，“尚留有一丝嫉妒之残滓的心绝不会达到我永恒的国度”。它还非常强调道德之标准在不同时代有不同变化。有德之人会因地、因时而权变地实践道德原则。巴哈伊教义认为神圣文明本身就是不断进步的，人的言行标准也随之而变。信仰者以及全人类应不断适应这种变化而调整自己，在不同时代接受不同天启。对每个人来讲，不要因贫穷潦倒而悲苦，也不要因荣华富贵而忘形，“即使顺境降临于你，别喜欢，即使屈辱降临于你，也莫忧愁，因为这两者都会烟消云散，不复存在”（《隐言经》）。应以超然的态度对待顺、逆，即学会逆来顺受。因而巴哈伊教虽然认为现行制度是不合理的，却从不支持信徒反对政府，“巴哈伊禁止信徒从事任何有可能损害社会的行为，更不能从事任何不忠或颠覆政府的活动”，“信徒必须忠于政府”。[①] 这也是其和平主义的一种重要表现方式。

此外，孔孟和巴哈伊教对于美德的成就都有一种近乎殉道式的执著投入。孔子说：“志士仁人，无求生以害仁，有杀身以求仁。”（《论语・卫灵公》）虽然应尽量全身保生，但志士仁人至少应有这样一种态度。故孟子说：“天将降大任于斯人也，必先苦其心志，劳其筋骨，饿其体肤，空乏其身，行拂乱其所为，所以动心忍性，增益其所不能。”（《孟子・告子下》）唯能忍受此种磨难而坚韧不拔，才可成就美德。故孔孟和巴哈欧拉都能忍受颠沛流离之苦而矢志不渝，因为他们相信“真正的热望渴望着苦难”，人对主的爱必因悟性启发不足而备受阻挠，但只要有信仰就不会被压垮。在这种信念下，才能成就个体的修养。

---

① 李绍白：《人类新曙光——巴哈伊信仰》，第 212～213 页。

(5)不同的伦理体系

这种对理想人格的设计，其实也就是对社会个体伦理道德的设计，上述两种伦理虽然有诸多方面的一致性，但它们有一种根本的区别即道德力量的来源不同。它们分属自律道德和他律道德。

孔孟的伦理观是一种自律道德体系。人性善，是人生而具有的，并非是后天增生的。后天的修养给人的只不过是培养和生发此美善之性的手段。而此德性的种子是内在于人心的，主体成为善的是自为的，而不是他为的。孔子说："仁远乎哉？我欲仁斯仁至矣。"(《论语·述而》)朱子注曰："仁者，心之德，非在外也，放而不求，故有以为远者，反而求之，则即此而矣。"(《论语集注·述而》)此仁性不是来自天的命令或世间的强权，而是近在人身的，主体的主观性是行仁成德的先决条件，"为仁由己，而由人乎哉？"(《论语·颜渊》)孔子说："人能弘道，非道弘人。"(《论语·卫灵公》)朱子注曰："人外无道，道外无人。"(《论语集注·卫灵公》)在《论语》中，处处可见此类道德主体自律的论述，体现着对道德主体自律的自信。《中庸》言："天命之谓性，率性之谓道，修道之谓教。"人的天然之性的自然流露就是可行之道。就如孟子讲人之四善端是道德的生长点，对此德性之生机的发展、扩充、培养是道德主体决定的，由内而外显的过程，起决定作用的是内部因素。"仁者如射，射者正己而后发，发而不中，不怨胜己者，反求诸己而已矣。"(《孟子·公孙丑上》)若主体之心端正，则行为必然合乎道义之的。人见赤子将入井而救之，是内在德性的自然显发而非受着外在的命令。"此善性，非由外铄，我固有之矣。"人能否发此善性而为德行全在于自己，"求则得之，舍则失之，求在我者"，"万物皆备于我，反身而诚，乐莫大焉"。(《孟子·尽心上》)此话讲的就是万物之德之生机，皆与吾心之良能良知是相通之理，故不必外求德性。由这种自律道德原则而决定其伦理核心必然是人。道德是为人的，而非为了他在——上帝。故奉此伦理之主体无论做什么都是无所为而自然而然地去做。成仁成德不是为了外在的目的(无论物质的或精神的)，只是为了成就此内心的德性，是为人的和自为的。

而作为宗教的巴哈伊则是一种他律的道德体系，由于教义认为每个人的灵性来自于主的神性，而世界和社会亦是主创造的，则人间法则必是主给予的。对人来说，行善是主规定的，行仁施义是为彰显主赋予人的美性以讨主的欢喜。而在上帝之眼的监视下，避免邪恶是因为畏惧上帝的惩罚。阿布杜巴哈说："神圣的宗教的基本原则是团结和仁爱。假如宗教令人间产生分歧，那么它便是一个破坏者，而非神圣者；因为宗教意味着团结和结合，而非分裂。"①人的最美好的本质，就是灵性本质，是通过圣灵气息输予人的，是永恒的、不可消亡的超自然之本质。这种来自上帝的德性，第一表现当然就是对上帝的信仰和爱，这与孔孟推血缘亲情之德为至高的观点截然不同。虽然在实践的层次巴哈伊主张将精力投注于此世，关注现世的人的生存，但从精神的层次讲它的宗教本性决定它以上帝(主)为形式和目的上的最高关注点，从而形成了奠定在他律基础上的伦理体系，人在世间生活的最崇高根源是上帝的美善。因此孔孟之道德是自为的和为自的(为自己的)，而巴哈伊的伦理是他为的、为他的(为上帝)。这就决定了它们的道德教化，启发人性、良知的方式上的必然差别。对此下面将展开论述。

3. 由内而开外的理想社会体制实现路径

人格对行为的制约，就是个体通过行为将德行外化的过程。作为行为者的主体，总是在社会中占据一定位置的人。因而理想人格不仅仅也不可能只具有优越的内在品格而不将之外化(不外化显

① 阿布杜巴哈：《世界团结之基础》，第26页。

现则无所谓德与不德），个体必然要自觉地承担某种社会角色，并发挥个人品性。具有强烈社会责任感的孔孟及其门人和巴哈伊信徒，在实践中将其德行思想外化，形成的就是一个德治社会。这种社会的最理想状态就是天下大同，并且两者对此天下大同社会之达成与体制的构思框架有诸多共通之处。

(1)德治仁政为治世之根本

有德之人治天下，必以德治为基本手段，这是孔孟最推崇的治国手段。首先就统治者人选的取舍来说，德性的高低是根本的标准。孟子说："唯仁者，宜在高位，不仁而在高位，是播其恶于众也。"(《孟子·离娄上》)他敢直言不讳地讲杀桀纣非杀君，是杀一匹夫。因此从根本上来讲，孔孟的思想是反阶级而以德治为根基的社会构想。《论语·为政》曰："为政以德，譬如北辰，居其所而众星拱之。"有德之人居位，众人自然就会追随而臣服。孔子曰："道之以政，齐之以刑，民免而耻，道之以德，齐之以礼，有耻且格。"单纯依靠刑法律令，并不能从根本上达到治理的目的，唯有以德教临之，方可使民心悦而诚服。故统治者为政之先，要"正"，"名不正则言不顺，言不顺则事不成，事不成则礼乐不兴，礼乐不兴则刑罚不中，刑罚不中则民无所措手足"(《论语·子路》)。只有确立了合乎礼义的政治秩序，才可能使刑罚贯彻。而立名之基本就是君臣父子之义，所谓"立爱自亲始，教民睦也；立敬自长始，教民顺也；教以慈睦，而民贵有亲，教以敬长，而民贵用命。孝以事亲，顺以听命，错诸天下，无所不行"(《礼记·祭义》)。由亲亲之义推而广之，则大化天下。而此"仁厚肫挚"之情却只可演化出礼俗，生不出严格意义上的社会法律，无情无义的法律亦不是孔孟赖以治国平天下的措施。统治者要达到真正的天下平治，唯有修德、正身以齐家治国安天下。"上者，为民之表"，"表正则何物不正?"(《孔子家语·王言解》)为政者修好仁德，在万民之前树立一个品格典范，天下自然而治。如孔子所言"君子之德风，小人之德草，草上之风必偃"(《论语·颜渊》)，在上者的典范力量远远大于刑法之制的力量。统治人民能乐以天下，忧以天，则不需借助外在强制措施，就能达到尧舜那样的无为而天下归一。"无为而治者其舜也与？夫何为哉？恭己正南面而已。"(《论语·卫灵公》)当然，这未免有些理想化。

强调德治，必然反对武力战争。当孔孟之世，诸侯争霸，人民备受战乱流离之苦，"今天下之人牧，未有不嗜杀人者也，如有不嗜杀人者，则天下之民皆引领望之"(《孟子·滕文公下》)。在这种状况下，"唯不嗜杀人者能一之"。不嗜武力，则可得民心，得民心则得天下，桀纣之失天下，在于失民心，尧舜得天下，在于得民心。若仅靠武力，以力假仁，虽为霸而有大国，民非心服；唯以德服人者，人民心悦而诚服，则王矣。有王德，"行王政，四海之内皆举首而望之"，"故齐楚之大，何畏焉"。(《孟子·滕文公下》)孔孟反对非正义战争，但并不否定正义之师的作用。《论语·宪问》章中，说孔子闻陈诚子杀简公，沐浴而朝，请讨之；齐人伐燕，齐宣王问孟子，孟子回答："取之而燕民悦则取之。……取之而燕民不悦，则勿取。"(《孟子·梁惠王下》)取与不取的标准在义与不义。天下归一的途径在德政而非武力，这亦是巴哈伊教的重要主张。

现代社会中，巴哈伊的反对武力、德治天下的思想主要表现为呼吁精神(尤其是灵性)的统一，张扬世界和平。《隐言经》中，主对暴虐之徒说："缩回你的暴虐之手，因为我已誓言绝不宽恕任何人的暴行。"(2:64)在《世界团结之基础》中，阿布杜巴哈指出：在战争重荷之下，这个虚弱厌战的世界痛苦地呻吟着，这些连续不断的危机，其后果积累起来，便使社会的根基动摇了。"和平与友谊是建设与进步的动力。……不同元素和谐地结合在一起，但当诸元素出现不协调互为排斥时，就会出现分解与消亡。"[1]因此对于世界秩序来说，战争就意味着动乱，而且"以往世纪的战争从未达到今天战争的残酷程度，古代时两个国家打起仗来，只会有一两人牺牲，在本世纪一天之内毁掉十万条生命也是可能的"。人类似乎变得越来越残酷，越来越不珍视人的生命存在。但实际上，"人类根本没有必要如此凶残"，除非必要，为了反对恶势力，人们完全应该而且可以避免使用武力，若每一方都避免使用武力，则世界和平就有达成的希望，为了人自身的利益，在国际和平建立以前，如果能将神圣原则在人间广为传播，让全人类都知道战争是人类基础的破坏者，则战争可以避免。

因此，巴哈伊教将对人的精神的教化看作是社会和平稳定的根本。外在的、强制的手段只能控制表层而不能从根本上解决问题，教义认为人类社会有两种惩罚措施，一是法律的，但法律只能阻止明显的犯罪，对隐藏的罪恶则鞭长莫及。理想的措施就是信仰上帝的宗教，既阻止明显的犯罪，也能防范隐恶。

在此，需强调的一点是，虽然孔孟思想和巴哈伊教都主张内治胜于外治，但宗教和非宗教的区别体现的主要一点就在于以德致和的这种理想大同状态是以什么为最根本归宿的。孔孟之思想非宗教，故只讲此世，不讲来世。在社会意识形态领域起根本作用的只是生于此世、长于此世的人的人伦物理。德治是以人之德治人，世界大同的基础是由俗世间产生的人伦道德，而作为宗教的巴哈伊与之不同。

虽然巴哈伊在实践中将现世作为其基本的主要的关注领域，但此俗世的统一基础则是宗教情感的认同。宗教的认同、和谐是世界统一的堡垒，宗教教义的歧异是世界冲突的根本原因。偏见和纷争是阻碍人类和平进程的路障。阿布杜巴哈曾说："在宗教方面，人类自己炮制的教义及伦理习俗已过时并毫无生命力，不仅如此，确实它已成为人间敌对的原因。……所以我们的责任是在这个灿烂的世纪里，探索神圣宗教的本质，寻找人类世界大同的根本实质。"[2]他们将宗教认识的统一作为改变众人精神、天下大同的基础，对于如何消除宗教偏见，巴哈伊教以其宗教同源理论提供其可能性论证的基础。"现实之阳（灵性真理）只有一个，但破晓的地点不尽相同（即各宗教产生和形成不同）……但太阳还是那同一个太阳。"[3]因此，"神圣的宗教虽然在名称及命名上不同，但实质上是一致的。……真理之言无论由谁说出，一定是神圣的"[4]。如果人类故步自封于传统宗教的偏见，必将给自身造成损失。但如果人类能认识到这种本质，能够去异求同，世界上各教信徒达到和谐之境，这种理想的灵性关系的形成，将人类的心灵团结起来，这样，全人类将得到"升华"。因此，若全世界人人在精神上都皈依到神圣文明的统领之下，则人类社会不必依靠刑法、暴力来维持秩序，可以称得上是无为而治了。

在上帝唯一、宗教同源、人类一体的原则下，形成的理想大同社会必然是宗教统领下的社会。"神圣教义已被揭示"，"除了理想的手段，灵性的力量……显然再没有什么力量可以消除世间的种种弊病"。在世界正义院的《地球宪章》中写道："能够令全球更正方向，朝着资源可承担的将来发展，其间所需要的改变意味着人类历史上罕见的牺牲精神……宗教的力量能把人的优良质量发展到最高境界。"[5]在这种归宿的设计上，巴哈伊和孔孟之说是不同的。

① 阿布杜巴哈：《世界团结之基础》，第 18 页。
② 阿布杜巴哈：《世界团结之基础》，第 16 页。
③ 阿布杜巴哈：《世界团结之基础》，第 7 页。
④ 阿布杜巴哈：《世界团结之基础》，第 11 页。
⑤ 载《天下一家》1992 年第 8 期。

但无论他们最高理想的本质是什么，他们提倡的这种以德治世、反对暴力、呼吁和平的政治原则对于现在人类世界的良性发展是有借鉴意义的。他们所应解决的，是如何使这种原则在现代社会中得到较好的贯彻，这一点，对于承孔孟之衣钵的新儒家更为重要。

(2)和以致异的理想途径

《中庸》开宗明义地写道："中也者，天下之大本也；和也者，天下之达道也。""致中和，天地位焉，万物育焉。"在孔孟的社会理想中，除德治而致大同外，和平反暴力的另一含义是不同个体、不同群体的求同存异，和睦共处。以德化天下蛮夷，以人伦和天下，使天下同归而殊途，殊途而同归，相互谦逊礼让、容忍，所谓"礼之用和为贵"。如梁漱溟所说："有见于人类生命之和谐，人自身是和谐的；人与人是和谐的；以人为中心的整个宇宙是和谐的。""彼此遇到问题，即互相让步，调和折中以为解决。"[①]这种和谐不是要人们去掉个体或本民族的个性，而是在协商中达成一致。和不可不有礼，而用礼又不可不和。"君子和而不同，小人同而不和。"(《论语·子路》)朱子注之曰："和者，无乖戾之心。同者，有阿比之意。"(《论语集注·子路》)"和者"是在存异基础上真正达成共识；"同者"，虽表面随比，实质上却是心存二意。故孟子说："夫物之不齐，物之情也。或相倍蓰，或相什伯，或相千万，子比而同之，是乱天下也。"(《孟子·滕文公上》)虽然德治天下是一致的，而此德随不齐之物情有不同显现，不必强求同一，只要能认同此理，就达到天下大同的目的了。正所谓："天下何思何虑，天下同归而殊涂，一致而百虑。"(《易·系辞下》)只要大家都能体认此仁义之心，个体能在群体意识认同中和睦相处，就可以达到真正的大同。

这种和以致异正是巴哈伊所倡导的。邵基·阿芬第对统一的目标解释说："一方面它否认过度的集权，而另一方面它又否认有一律化的企图。它的口号是'多样性的统一'。……'当多种层次的思想气质和性格由同一种力量的作用和影响联结在一起时，人类的完美才会显露。'"[②]正如一座花园里，只有一种花不会构成它的美丽，必须有各种各样的花才能形成花园的美丽。对于世界大同的基础——宗教的统一，巴哈伊教认为只要能"人皆同源，就上帝创生造人时的本意而言，人类原为一体，种族及肤色之别是后来才有的"[③]。因此它所倡导的宗教统一是在对宗教同源的认同基础上各教协调，相互宽容、开放，而不是放弃原有的信仰，"他们的统一崇高神圣，仁慈荣耀，是存在于同一本体的一系列不同形式之间的统一"[④]。正是由于贯彻这种原则，才使得这种新宗教在传统伊斯兰势力盛行的中东能够成长起来。该教为达到这种和以致异的目的所设计的基本途径之一就是磋商。巴哈伊团体的各种决策通常以集体磋商的形式产生。巴哈欧拉认为磋商可以增进理解，是一盏引路的明灯，能促使人类共识的达成。后来阿布杜巴哈又规定了成员之间绝对友爱、并且必须向上帝祈祷等条件。切实将此制度贯彻到巴哈伊集体生活的是邵基·阿芬第，他认为作为基本行政法则之一的磋商应适用于巴哈伊的一切集体活动，而且该制度的完善也将为人类未来大同世界的形成提供一条切实可行的途径。

在这种和以致异的团体中，奉行的是相互协商和容忍。虽然不要求去除个体和部分的特殊性，但也反对绝对的自由。人与人必须相忍让、宽容，在和中求共存，因此那种无节制的自由是巴哈伊所

---

① 梁漱溟：《中国文化要义》，学林出版社 1987 年版，第 88 页。

② 邵基·阿芬第：《巴哈欧拉天启》，第 85～86 页。

③ 阿布杜巴哈：《世界团结之基础》，第 37 页。

④ 阿布杜巴哈：《世界团结之基础》，第 68 页。

反对的。寻求个人极度权利的自由会使人丧失了更多的自由，真正的自由是对自己本能的克制。"奉行这种原则的巴哈伊社团，可以说是整个地球上最多样化的人类组织，但也是世间最团结的组织。多样化与团结——这两个极端并存于巴哈伊社团中。"①这种精神也使得两种社会思想更有吸引人之处。

（3）重教化的社会功能

由于将社会理想构建于个体的品性的塑造上，对个体的教化培养必然成为两种社会思想实践的出发点。在此，用"教化"比用"教育"一词更合适，因为两者皆认为对人的品德的培养是教人的根本目的，技能、知识的培养是次要的。

孔子作为中国古代的至圣先师，首创有教无类之举，其目的便是将德行推致天下。在《论语》中，充满的都是孔子对其门徒德行上的指点，"子以四教，文、行、忠、信"（《论语·述而》）。因此当有人问及稼穑之事时，孔子曰："吾不如老圃。"（《论语·子路》）不屑于（或不注重）此类问题。他所讲的知，就是知人。他讲："智者不惑。"其智是对仁义的了解。他讲述自己治学生涯，是为了达到知天命，天命乃天所代表的，体现人伦的道德，知天命就可从心所欲而不逾距。如《中庸》所言："天命之谓性，率性之谓道，修道之谓教。"终其一生所学所致，都是安身立命的德性之学；其终生所教者，亦是人伦物理，君臣父子之仪。"教化之所以必要，则在启发理性，培植礼俗，而引生自力。"②故孔子说要诲人不倦。人虽心中有此良知、良能，但必得思，不思则不得，道德主体的主观努力必不可少，圣人的教化亦非常重要。《孟子·万章上》借伊尹之口说："天之生此民也，使先知觉后知，使先觉觉后觉也。予，天民之先觉者也。予将以斯道觉斯民也。非予觉之而谁也？"这是对教化之功的认同，也是对圣人的使命的肯定。《孟子·公孙丑上》中更是对此大加推重："见其礼而知其政，闻其乐而知其德，由百世之后，等百世之王，莫之能违也。自生民以来，未有夫子也。"但无论圣人的地位多么重要，其状态多么难以达到，其行迹是可以追随的，其所知不过是人伦物理。由日常琐碎生活体现出来，百姓日用而不知，圣人则先得我心之同然，他们并不是不可企及的神化的个体，只是人类中拔乎其萃者而已，是一个社会道德的典范。

在宗教中，对人的德行质量的教化亦是首位的。巴哈欧拉曾说："人是至尊之宝。缺少适当的教育，即剥夺了他的天赋"，"人是一座丰富无价的宝藏，唯教育能使其显现珍藏，使人类从中获益"。③故身为父母者，有义务使子女受教育，若有此能力而不实施此义务，则是不可宽恕的。而且对教育的重点，巴哈伊也提出："无论职业训练的需求或其他实用性需求的教育，教育的目标必须较这些需求更长远些，应着重唤醒人对人类天性的潜能的一份感知。"④巴哈伊尤为重视女性教育，因为女性将成为人母，是新生代成长中的第一位导师，对社会的发展起着关键作用，如果一个家庭中只有一个受教育的机会，应该给女孩。

但是此人类天性的唤醒，首要的是对人的灵性的唤醒。巴哈伊教认为知识可分为一般知识和灵性知识，后者无疑更为根本。"除了我的圣美，你的眼要漠视一切；除了我的圣言，你的耳要罔闻一切；除了对我的知识，要摒弃你所学的一切。"（《隐言经》2:11）这种强调有否定人类社会知识的价值

① 载《天下一家》1993年第11期。

② 梁漱溟：《中国文化要义》，学林出版社1987年版，第10章。

③ 李绍白：《人类新曙光——巴哈伊信仰》，第123页。

④ 李绍白：《人类新曙光——巴哈伊信仰》，第128～129页。

之嫌。知识的分别决定了教育也分为物质的、人类的、灵性的。灵性的是最真的,旨在求神的美质,只要人能以自己的圣洁之心去事主,就能够从神圣之光的迹象中得其一瞥。因此,圣使的功用就是点燃人们心中的圣火,促使人不断追求真正的本质。对于圣使(圣人)启发良知的功能,这两种思想都予以肯定。但是对圣使本身的特质,两者则有不同确定。圣人在孔孟那里是普通人由致知致学达到的理想道德典范,是可望而可即的。但巴哈伊教则认为凡人的教育培养不出圣使,他必须具有天赋的智识,无须依靠求学于学校,即靠直觉而不是靠他人的指教成长起来。而且即便是圣使,也不可能完全认识神圣知识,只能部分地反映其神圣本质的一部分。这种对人的认识能力的限制,与孔孟对人的理性认知能力的充分自信有着截然不同的取向。

(4)具体层面上的设计

在社会理想的设计中,两种思想都有理想化成分,但其鲜明的入世情怀和立足现世生活的生长基点又决定了它们必然关注理想社会的现实基础。

子贡问政事,子曰:"足食、足兵,民信之矣。"(《论语·颜渊》)统治者有美好的品格固然重要,没有坚实的物质保障如何取信于民呢?对于劳苦大众,必先富之,庶之,然后才可教之。"君子不以口誉人,则民作患,故君子问人之寒,问人之饥。"(《礼记·表记》)因为普通民众未具君子之德,君子穷能固守,小人穷则乱。"民无恒产则无恒心,苟无恒心,放辟邪侈,无不为矣。"(《孟子·梁惠王上》)故王者必使民有恒产。为达到民富国强,孟子劝王者使民不违农时,数罟不入库池,斧斤以时入山林,则可使天下财富物足。更具体的还有"五亩之宅",家畜豢养,百亩之田耕作,庠序之教,"贡者较数岁中以为常"等,赋税中"野九一","国什一",按官位不同而分配田亩等。孟子的设计虽比孔子更具体些,亦不过是小农社会的粗线条勾勒而已,他们的时代也决定了他们不可能有合于现代标准的更为详尽的设计。只是他们重视理想社会实现的物质基础的思路虽与巴哈伊一致,但关键是儒家社会思想没有在现实层面上作出适当调整。

相对来说,由于产生和成长时代背景而决定巴哈伊对于理想社会现实体制和基础的设计更为详细,在许多著作中,都有关于这些问题的论述。而且随着时代进步,越是后期的巴哈伊著作对此的阐述越合于现代观念,其中很多方面已得到具体实施。

巴哈伊教认为人类社会的演进分以下几阶段:第一阶段是旧社会崩溃;第二阶段是旧秩序毁坏后局势趋于稳定;第三阶段就是世界大同。在大同的理想社会中,消除贫富两极分化,但亦不实行绝对的平均主义,以税收的形式调节社会收入;在企业内部调整劳资关系和利益分配,发展一种新型商品经济。比如巴哈伊社团之一——欧洲巴哈伊商界论坛实施的"东欧服务工程",就是要采纳以精神价值观为基础的新的商品经济观念,虽然短期内获利不明显,但其长期利益则会远远超出于现在运行的这种商品观之上。在理想社会中应普及教育,提高人的素质,巴哈伊社会本身正广泛地实施这种措施,他们在许多落后国家和地区建立了教育机构、技术培训中心等。强调男女平等,尤其在婚姻制度上主张给予男女一样的婚姻自由权,而且允许教徒与非教徒的结合。主张消除军备竞赛,建立统一的、对各国均有威慑力量的世界军事力量;成立高于一切国家之上的世界联邦(世界政府)。关于这种理想体制,他们认为其宗教组织——世界正义院可以作为借鉴模式之一,其中正在实施的选举制、磋商制、来自圣启的律法等都可作为初级制度模型加以参考。另外,他们还提出使用一种世界语言、世界货币等,这在中国近代承孔孟之道统的康有为著作中亦有类似设计。目前巴哈伊社团正积极参与世界环保、人权、妇女问题等各种国际焦点问题的解决。到 1996 年,它已成为分布在二十多个国家和属地、拥有六百多万信徒、分布范围仅次于基督教的第二广泛的大宗教。

但从巴哈伊教参加国际事务的诸项活动中，我们可以看到，它虽然积极致力于推行其主张，但却反对参政。这一点与孔孟截然不同。孔子认为："不仕无义。"他说："如有用我者，吾其为东周乎?"(《论语・阳货》)他执著地希望能参与到国家政事中去，因而虽屡遭挫折，仍坚持知其不可而为。孟子面临的是一种甚于孔子之世的乱世，但他仍极有信心地宣称"如欲平治天下，当今之世，舍我其谁也?"正是这种执著，使他在齐不为用之际，宿三昼才恋恋不舍地离开，还想着："王庶几改之。"他们都在一种伟大使命感的促使下，积极地献身于从政的活动。

而巴哈伊教认为现行的政体是不可取的，参与其中的活动是增加它的恶的功能的发挥。因此"教徒对政治问题应毫不参与，依世界目前的情况来看，宗教的事情不应与政治混在一起"①。但是不参政不意味着禁止教徒履行政治义务或从事国际事务，他们主张以非政府组织的形式参与世界活动，近年来巴哈伊在非政府社团的环保、教育、提高妇女地位等方面取得了许多成绩。

三、两种社会思想对意识形态领域未来发展的启发

综观儒家和巴哈伊的社会思想，两者都以"大同"、"天下一家"为其外在形式的最高表现，推崇的都是一条由内圣而外王的实践路径。但从以上的比较中，我们也可以看出，二者的差别也是很明显的，最根本的差别可以归结为：孔孟代表的理想正途是将现实理想化的模式，而巴哈伊教奉行的(或其主旨所在)是将理想现实化。孔子和孟子是从民众的现实生活出发而设计其社会思想，出发点和归结点虽然都是人世，但其中具体设计和最终归宿设计却又是超现实的理想主义，力图建立伦理化的制度模式。"(孔子)认为在他所阐释的这种伦理社会观的原则支配下，存在于当时封建关系中的这种人与人之间的社会关系便可以巩固起来，破绽可以弥补起来。"②由人性善而成仁义之人格，再至王道之社会。正是这种基于现实而又力图超越现实，甚至在理论基础上(人性善)也超越现实的理想主义，使得孔子和孟子在其生活的社会中处处碰壁。

巴哈伊教奉行的则是将理想现实化的模式。作为一种宗教，它属于他律的伦理体系，其社会思想的出发点和归宿点是外在的最高存在(尽管它并不是实体性的)。上帝的教义"构成人的生活，促使人们去思考，调整人的品格，并构成人之为人的永久的荣耀的基础"。但是该教立足此世，关心人类现实生活的价值倾向，又促使它将对最高存在的爱、景仰和奉献转投到此世的生活中，希望在这里将最高理想现实化，力图在这个地球上，在活生生的人类世界上建立人间的天国。加之该宗教成长的历史背景更接近现代，他们又借鉴了以往宗教的弊端，使其社会思想中理想化、脱离现实的成分减少，代之以更多合于时代特色的、切实可行的具体措施。这种转变，避免了有些宗教现代化过程中的影响力逐渐缩小到私人领域的趋向。巴哈伊的兴起，代表着一种新趋向：无论是宗教还是一般的人类社会政治思想，要获得生存的契机和发展活力，必须立足现实，冲破传统禁域，寻求新经验，并在思想上实现真正意义上的现代化转变。这正是被重新加以审视的儒家思想面临的问题所在。

儒学复兴的问题和它与现代化接轨的问题提出已久，但除理论界有一些探讨外，对实际社会生活并未产生真正的影响，原因就在于："它没有能够提供一种有利自身现代化发展的现实性内部动

① 李绍白：《人类新曙光——巴哈伊信仰》，第140页。

② 吕振羽：《中国政治思想史》，三联书店1949年版，第85页。

力。面对现代化的挑战，儒学的反应首先是消极的。"[①]理想主义"内在论"（把一切行为最终归结为道德领域内的问题）传统在某种程度上阻碍了儒学向功利主义的现实发展。按约瑟夫·李文森关于儒学的现代化问题的观点，传统儒家的"道"一元论中，未曾有过非人的客观世界，未曾有过功利主义的经济，也未曾有过能发挥职能的社会，一切都融合为一个未分化的整体。即便他的观点有失偏颇，但也提醒儒家学者：儒家的人本主义精神以及由此而衍生的社会思想中的人文原则，对现代人类文化有借鉴意义，只是它自身又未能真正实现具体意义上的现代化转变。这样，就增加了现代人对这种思想理解和接受上的难度，必须适当调整，吸收现代文明观念，才能成功地与现代化接轨。这是我们探讨儒家社会思想现代化中应认真思考的问题。

通过对两种社会思想的比较，我们可以发现它们的差别。但也很重要的另一点则是从其相似的基本精神中得出的启示——以人的精神价值的确立，对人之为人的存在的关注为基本的价值取向。这种基本的相似性是孔孟的安身立命之说为新儒家复活的原因，同时也决定了巴哈伊教近一百年成长为分布范围位居第二的世界宗教。人本主义，是人类目前发展所需要的，亦是现代社会为文化意识领域确立的价值标准。

从人类社会目前发展的状况来讲，科技文明的过度发展固然带给人前所未有的物质享受，但实践理性却未能成功地给人以精神上的指引，西方传统的主客二分思维方式使人在理论理性的胜利面前感到人之为人的价值的失落。尤其是世界对立格局的结束，使"我们对智慧的追求落空了。……形成了自身真空，并且留下了庸俗的物质主义"[②]。在这种时候，人类需要对自身进行深刻透视，并能由此而寻求强大的精神支柱和继续前进的动力。在西方，虽然康德早已认识到"心中的道德律"和"头上的星空"对人同等重要，但他未能给人在传统的主客二分之间架起合理的桥梁。科技文明在现代的日益胜利，使人的生命精神陷入困境。应付这种困境，要求人们关注内在精神生命的确立，需求一种人道及人性的透视，以萌发新的价值观和希望，这是前述两种社会思想价值得以凸显的原因。

牟宗三在《中国文化的特质》一文中说道："这个特有的文化生命（中国文化）的最初表现，是在：它首先把握'生命'；《尚书·大禹谟》里说：'正德利用厚生'。这是中国文化生命里最根源的一个观念形态。"他的话点明了中国传统文化的根就在于对人的生命存在——尤其指人之为人的精神生命的深刻体透。这个根，自孔孟之处就可发现它的种子。他们讲人的安身立命，不是教人如何生物地或化学地了解生命，而是如何在精神领域心灵世界或价值世界确立人的人格。孟子从根本上出发，认为人之异于禽兽者就在于人心内的四善端，失此四端则失去了做人的资格，"人之所以异于禽兽者几希"，这"几希"之处就在这一点人的精神。因此朱子注曰："人物之所以分实在于此。众人不知此而去之，则名虽为人，而实无以异于禽兽。"孔孟都力图从人之根本上认识人，并由此而生发开去，为人心立其大，树立道德人格。自古希腊以来，西方文化在人客二分的基础上，将人的目光过多地投注到外在世界上，力图从对立的世界中寻找人存在的位置。这种做法与上述孔孟思想的路向是相对立的，中国人希望从自身寻找存在的根据，有些文化生命，则可以体认大全，在精神上自同于大全，这是其他物类达不到的。阿布杜巴哈论述说：

人类在其存在之初，在地球的怀抱中，就像一个在母体中的婴儿一样，逐渐成长发育，经历

① 黄秉泰：《儒学与现代化》，社会科学文献出版社1995年版，第16页。

② 罗马俱乐部：《第一次世界革命》，转引自《天下一家》1992年第4期。

不同的形态，不同的模样，直到呈现为现在这样的优美、和谐、力量和能力。

人类起初肯定是不具备现在这样的可爱、优美和雅致的。他只是逐渐地形成这种形态，这种模样，这种美丽与优雅的……人类在地球上的成长发展，到他达致现在的完美，就类似于胎儿在母体中的生长发育：两者都是逐渐地从一种状态变化到另一种状态，从一种形式到另一种形式，从一种模样到另一种模样，因为这是宇宙体系和神圣定律所要求的。

也就是说，胎儿经过不同的状态，度过不同的阶段，直至达到这种形态，显现出理智和成熟的迹象，才真正体现出“赞美归于上帝，最善之创造者”这句话的含义。

同样地，人类在地球上的存在，从起始到现在，其中必也经历了漫长的岁月，度过了许多不同的阶段。但从生存之初，人类就是一个独特的种类。如同胎儿在母体中，起初是一种很奇怪的形状，然后这胚胎从一种形状变成另一种形状，一种模样变为另一种模样，直至以一种最优美完善的形态诞生于世。但胎儿即使是在母体中形态奇异，与现在完全不同时，也仍是一种高级生命的胚胎，而非动物之胚胎，其种类及本质并未改变。人类的某些器官以前存在，现已消失，但其痕迹依然可见，这并不能用来证明生物种类的不稳定性和非本源性，至多它只能证明人的形状、体态和器官已经进化了。人类始终是一个独特的种类，是人类，而非动物。只因为胎儿在母体中经历了不同的形态，从第一个阶段过渡到第二个阶段时彼此大不相同，就可将其作为种类有了更改的证据吗？难道可以说胎儿起初是动物，由于器官的渐次发育进化，遂成为了人吗？不，绝不是的！这种想法是多么幼稚而无所根据啊！因为人之种类的本源性和人类之本质的稳定性，其证据是明显确凿的。[①]

……人类，在可见的造物中，是最高级的特殊生物体，包含了矿物、植物和动物的质量，加上一种在较下界中绝对没有的理想的天赋，以智慧探索外部世界之奥秘的能力。这种天赋智慧的结晶就是科学。这是人类独有的特征。这种科学的力量可以探索并理解造物及其遵循的法则。此天赋能够发现物质世界的奥秘，是唯有人类才有的能力。因此，人类最高贵、最值得称颂的成就就是科学知识和成果。[②]

人之所以能超自然，就在于人的理性精神。虽然作为一种宗教，巴哈伊教强调的是灵性精神，强调的是心灵世界中的信仰，但这种信仰，亦有别于传统宗教的实体性信仰。阿布杜巴哈对此有进一步解释，即天国是人之精神的完满状态，指摆脱愚昧之黑暗，得到真理，充满德行；地狱是精神不完满状态，沉淹于情欲；灵魂是指人类所有的一切精神与意识特质的总和；复活的观念是与肉体无关的，指的是一种精神的永存。上帝对人的最高的要求就是要求人类精神的提升，灵魂的进步和完善。

人的灵魂是超凡的，它不受肉体与心智的弱点的影响。一个生病的人，表现出衰弱的表征，是由于肉体与灵魂之间的联络有了障碍，因为灵魂是不受任何肉体的病痛所影响的。……当灵魂脱离了肉体以后，它将表现得那么高超，它表现的力量那么伟大，没有任何世俗的力量能够跟它匹比。……试想那被云层遮蔽的太阳，你可见到它灿烂的光辉被减弱，然而，实际上它的光源是保持不变的。人的灵魂可比喻作太阳，世界上的物质则应比喻作人的肉体，只要两者之间没有外在的障碍物，肉体将完全地反射着灵魂的光，而且受它的力量支持。但当一块布阻塞在它

---

① 阿布杜巴哈：《已答之问题》，第183～184页。

② 阿布杜巴哈：《世界团结之基础》，第55页。

们两者之间时，那光的强度便显得微弱了。……人体的灵魂便是照耀其肉体的太阳，靠着这灵魂的照耀，肉体便得到扶持。

应该这样解释。……当灵魂脱离了肉体以后，它将继续进展到亲临上帝的境界。其状态不受任何岁月及世态变迁的影响，它将与上帝的天国，他的主权，他的统治与威力同垂万古。[①]

目的就是在人间建立人性的天国。曹云祥这样评价："方（尤指中国）的哲学家们遇有忧虑时便深刻反省，巴哈伊是一种深刻反省的新方式。东整个世界此刻在呼求灵光，目前人们对巴哈伊教义及解释这些教义的书籍显示极大的兴趣……其原因在于此。……严肃的思想家们和正致力于深刻反省人类心灵，并正从上帝寻求精神指导的人们，不妨借鉴并了解一下来自巴哈欧拉的预言的价值。"[②]"人类社会正在迈向现代化，而任何国家民族的现代化都不是孤立的过程。这过程的特征之一，就是全球相互依存的程度极高。"[③]面对这种现实，人们对外界的知识掌握得越来越多，并逐渐成为人认识自身的桎梏，国家与国家在利益对立基础上难以进行深层的沟通。这时，人应将关注的目光转向自身，把人的精神生命的存在看作最高的本质存在。在此点上，东方可以为西方提供借鉴。而孔孟为代表的儒家社会思想也正是在这一点上和巴哈伊的社会思想相通，它们共同的对内在文化生命的关注应为现代社会所吸取。任何一种社会思想，必须将对人的价值存在的肯定放在首位，人文情怀是价值取舍的根本标准。借用黄秉泰的话说就是："在这样一个后工业社会中，形式化官僚主义的缺乏人情味的逻辑、技术上的效率和科学的合理主义占了上风，人道主义的以人为中心的儒学文化也许就有可能通过后门进来，以便把缺乏人情味的社会重新人化。"[④]

目前，在对传统思想的挖掘中，人们谈得最多的是天人关系与环境保护的问题。儒学中说的天人合一，与西方哲学中将天、人视为两个对立的主客体的思维传统相反，它讲求的是天人之间的和谐。现代新儒家将其发展为与环境保护相一致的理论，对此论述颇多。但这些论述往往只是在学术讨论会的范围内提出，在解决实际问题的国际、国内环保大会上，却很少甚至几乎没有儒家学者的呼吁或提议。而在这类会议上，却时常能听到巴哈伊的声音，有些是非常切合实际的建议，这也正是它备受现代人关注的原因之一。1990 年 8 月，巴哈伊国际社团向联合国环境发展大会筹备会提交了国际环境立法必要的声明。该教还参与组织了 1995 年世界九大宗教与环保会议，参与了"圣文基金会"的环保运动，并且曾在里约热内卢环保会议等国际会议上提交了建设性的建议和章程，建立了和平纪念碑，杂志等媒介亦被巴哈伊用来宣传报道世界环保信息。凡此种种活动，都可以让人们切切实实地看到巴哈伊的环保意识和它对现实生活所起的作用。

巴哈伊社团最着力从事的另一事业，是对改善教育和妇女的状况所做的努力。在世界各地，尤其是在发展中国家的落后偏远山区，办教育已成为巴哈伊信仰传播的重要方式。他们在印度的村庄创办学校，在南美的穷乡僻壤设立电台，在帮助人们传播信息的同时，对落后部族进行精神启蒙。他们在澳门办巴哈伊小学，在玻利维亚、哥伦比亚等地办大学，通过这些学校传播巴哈伊的精神。他们以"教育抗衡仇恨"的宗旨得到世人认可，因此在巴哈伊教徒中，既有大量高级知识分子，也有落后部族的土著居民，他们把巴哈伊精神普及到尽可能广泛的层面。而儒学，虽然孔子本人就是大教育家，

---

① 《巴哈欧拉圣言选集》，第 153～156 页。

② 李绍白：《人类新曙光——巴哈伊信仰》，第 317～319 页。

③ 杜红：《对宗教与现代化问题的思考》，载《宁夏社会科学》1996 年第 4 期。

④ 黄秉泰：《儒学与现代化》，社会科学文献出版社 1995 年版，第 16 页。

儒学本身也提倡己欲立而立人的言传身教，可是教育并没有被后来的新儒家很好地利用，作为对世界产生积极影响的途径。

除此而外，一些束缚社会向现代化迈进的儒学传统也未能得到彻底而有效的改造，一些积极的思想也未能进行成功的现代化转换，于是整个儒学未能对人们产生更深刻的影响；而巴哈伊恰恰却在呼吁平等、人权及保护妇女儿童权益的实际行动中，使其形象在发展中国家的人们眼中更加光亮，使教义更能吸引人们。

对社会未来发展的路径和实现大同世界的方式，儒学和巴哈伊教都认为和平、求同存异是一种最可取的途径。但是儒学这种精神在现代新儒家那里只是理论上的分析，未见有更多的发挥和形而下层次的推广，更谈不上对现代国际社会生活有什么重大的影响。而这些作为巴哈伊创教之初就已有之的思想，巴哈欧拉和阿布杜巴哈都为贯彻这种精神而四处演讲、呼吁，为推进和平运动，甚至不惜忍受牢狱之苦。现代巴哈伊信徒则积极参与联合国非政府组织的和平运动，如积极参与诸如《地球宪章》等文件的制定，并发表《世界和平之承诺》、《人类的繁荣》、《所有国家的转折点》等宣言，以实际行动和言论表明他们对人类和平事业的关心，以期对世界和平进程有所贡献。也正是由于这一系列积极的行动，使该教在一百五十多年的时间内就成长为分布范围仅次于基督教的世界性宗教。作为一种宗教，它不单要求一般意义上的人类和平，而且更注重以积极开放的态度去寻求与其他宗教的和解与交融。巴哈伊着力于组织讨论世界环保、人权等问题的会议，通过此类活动拉近与其他宗教的关系。同时，本着求同存异的原则，巴哈伊在其现行的组织机构体系（以世界正义院为核心的各级灵体会）内，着重提倡并推行磋商等原则，使之逐步健全，希望能为未来社会提供一项行之有效的政治原则，不管这种磋商制度适应范围如何，巴哈伊此举的意义是使求同存异在现代社会中有一种可见可行的方式。

通过比较可以看出，儒家思想与巴哈伊教含有诸多与现代化一致，并可对现代化发展提供强有力精神支持的内涵。尤其是有关和谐社会的思想对构建当代和谐社会、和谐地区乃至和谐世界都有积极意义，尽管韦伯断言儒教精神与工业文明占上风的现代社会相排斥，但东亚特殊经济模式的成功，新兴的巴哈伊教与儒家思想的诸多相似之处，都使我们有理由相信儒学也蕴含着与现代合拍的特质——人文主义精神及由此精神而衍生的一系列社会观。阿布杜巴哈论述说，在过去的宗教周期里，虽然也建立了和谐，但由于缺乏途径，因而未能达成全人类的统一，大陆与大陆之间被遥远的距离所阻隔，甚至同一大陆的各种族人民也几乎不能相互交往或进行思想交流，无法达致统一。今天，交通、通信的途径已大增，使得地球上的五大洲实质上成了一大洲，人类家庭的所有成员也越来越变得相互依赖，谁也不再可能自给自足了。因而全人类的统一是可以在今天达成的，具体表现在七个领域的统一：政治领域里的统一，世界性事业中思想的统一，自由的统一，宗教的统一，各民族的统一，人种的统一，语言的统一。① 虽然儒学与巴哈伊教给我们提供了和谐社会的思想资源，但是和谐社会、和谐地区乃至和谐世界的建设是一个长期而艰巨的任务，不仅需要思想家的思想资源，更需要实践家的实际行为。巴哈伊社团在这方面作出了很多努力，为儒学思想的实现开出了一条路子，但儒学的和谐思想在根本上则需要全社会实用化地去推广实现。

---

① 参见邵基·阿芬第：《新世界体制之目的》，第 81～82 页。

第八章　提倡天下一家和人类一体思想的意义

冷战结束之后的当今世界仍然充满着不和谐。究其原因，既有大国霸权主义的因素，也有恐怖主义的因素。可以说，大国霸权主义和恐怖主义、宗教极端主义是一对孪生姐妹，有一种此长彼长、此消彼消的关系。其思想根源都与"老子天下第一"有关，离开了人类一体、世界主义的原理。在当前的形势之下，提倡儒家的天下一家和巴哈伊教的人类一体思想，是非常必要的。它们是克服大国霸权主义和恐怖主义、宗教极端主义的双解药，值得大力弘扬。

产生在中国的儒学是一种东方文化，产生在伊朗的巴哈伊教也是一种东方文化。这两种文化有许多共性，比如说都重视精神生活，不排斥其他文化，是综合型文化；在社会思想方面主张天下一家、世界大同；在伦理思想方面，主张性善论；在方法论方面主张中庸之道，反对走极端，重视教育，提倡仁爱和平。但这两种文化毕竟在时间的纵向上相距两千多年，所以生硬地将它们放在一起比较不一定是恰当的。如何处理这两种文化的关系呢？这是儒学和巴哈伊教研究者不能不涉及的问题。

季羡林先生在近十几年的许多文章中多次强调，东西方文化之间的最大差异，在于东方文化是一种综合的思维方式，而西方文化是一种分析的思维方式。此论一出，国内学术界反映强烈。有撰文支持季羡林先生的，也有反对的。在我们看来，季羡林先生抓住了两种文化的本质特征，确实指出了东、西方文化的本质区别。同属东方文化的儒学与巴哈伊教都是综合思维的产物，它们的综合思维方式也可以叫做"大同观"，其核心思想是天下一家、世界主义。儒家的天人合一与社会大同，都是大同观的表现，而巴哈伊教所表现出的大同观范围更广，因此，国内第一位介绍巴哈伊教的学者、前清华大学校长曹云祥就干脆把巴哈伊教意译为"大同教"。"大同教"这一名称，在台湾地区和海外华人圈子里使用的时间非常长，直到 20 世纪 90 年代，才统一为"巴哈伊教"的名称。

大同观作为一种思维方式，不同于现代西方社会学界、经济学界的"趋同论"。"趋同论"强调的是随着现代大工业的兴起和普及，各种不同的社会形态及其政治结构、经济模式、文化制度、生活方式等将趋向同一。西方经济学家和社会学家的看法虽然不尽一致，但也有共同之处，那就是都把"趋同"理解为社会主义制度向资本主义制度发生变化，因此，是社会主义趋同于资本主义。此说描述了社会主义和资本主义在国民经济运行机制方面的一些相似现象，然而忽视了两种社会经济制度在生产资料所有制及分配制度方面的本质差别。这就使"趋同论"成为一种机械的拼凑。在西方世界流行过的"混合经济论"，也与此相类似。事实证明，"趋同论"既不能使资本主义摆脱严重的经济危机，也不可能成为一种思维方式。

近些年来，国内哲学史界提出了一种"和合论"。如果把"和合论"当作一种思维方式来看待，那就与这里提出的"大同观"相类似。下面我们就对这两种大同观加以分析。

一、儒家的天下一家思想

儒家的人类一家思想，其思想基础是天人合一论，具体展开是社会大同论。

(一)天人合一的宇宙秩序

传统上，中国哲学史研究者一般都不认为儒家哲学中有宇宙学的内容，但却一直承认儒家哲学涉及许多天人关系的问题,正是"天人合一"思想构成了儒家宇宙秩序的核心。

宇宙之中,天地是本来就和谐一体的。自然界是一个有秩序地运行着的整体。① 儒家经典之一《乐记・乐论》中指出:"乐者,天地之和也;礼者,天地之序也。和,故百物皆化;序,故百物皆别。"《乐记・乐礼》又说:"地气上齐,天气下降,阴阳相摩,天地相荡,鼓之以雷霆,奋之以风雨,动之以四时,暖之以日月,而百物兴焉。如此,则乐者,天地之和也。"虽然是以音乐为例来谈和谐,但是仍然涉及自然界的和谐。《中庸》则直接描述了自然界和谐的美景:"今夫天,斯昭昭之多;及其无穷也,日月星辰系焉,万物覆焉。今夫地,一撮土之多,及其广厚,载华岳而不重,振河海而不泄,万物载焉。今夫山,一卷石之多,及其广大,草木生之,禽兽居之,宝藏兴焉。今夫水,一勺之多,及其不测,鼋蛟龙鱼鳖生焉,货财殖焉。"自然界的和谐成为天人和谐的基础。

天人和谐在儒家的思想系统里居于非常重要的地位。这种和谐思想,提倡天道与人道、自然与人类之间的关系是相通、相类和统一的关系。这是儒家学者一以贯之的思想。

孔子提出"天何言哉! 四时行焉,百物生焉,天何言哉!"(《论语・述而》)人不应该"欺天"(《论语・子罕》),应该"畏天命"(《论语・季氏》)、"知天命"(《论语・为政》)。《易传》说:"大人者,与天地合其德,与日月合其明,与四时合其序,与鬼神合其吉凶。"天人合一成为儒家追求的理想境界。孟子提出"仁者无不爱"(《孟子・尽心上》),《中庸》说"能尽人之性,则能尽物之性;能尽物之性,则可以赞天地之化育;可以赞天地之化育,则可以与天地参矣"。人与天地万物融为一体,就能够实现整个宇宙的整体和谐,做到"万物并育而不相害,道并行而不相悖"。为此,荀子提倡对于草木鱼畜都要"不夭其生,不绝其长",做到"万物皆得其宜,六畜皆得其长",群生(包括人类在内)才能"皆得其命"(《荀子・王制》),才能正常生长和发展。董仲舒提出"天人之际,合而为一"(《春秋繁露・深察名号》),他把天人合一向天人相类发展,认为"天亦有喜怒之气,哀乐之心,与人相副,以类合之,天人一也"(《春秋繁露・阴阳义》)。人如果得罪了自然,自然就要发出警告,甚至降下灾祸以报复。张载在《西铭》中说:"乾称父,坤称母……民,吾同胞;物,吾与也。"乾坤可以看作是天地的代称,天地是万物和人的父母,天、地、人三者浑然一体,处于宇宙之中,因为三者都是"气"凝聚而成的物,天地之性就是人之性,因此人类是我的同胞,万物是我的朋友,万物与人的本性是一致的。但天下万物又不是绝对平等的,严格的等级界限是先天存在的。张载在《正蒙・动物》又中说:"生有先后,所以为天序,物之既形而有秩,知序然后经正,知秩然后礼行。"这套天人合一的秩序是不能破坏的,破坏了,这个世界就要失序,人类就要受自然报复。为了不受自然的报复,程颢要求"仁者以天地万物为一体"(《二程遗书》卷二),朱熹对此进行了充分的表述:"盖天地之心,其德有四,曰元亨利贞,而元无不统。其运行焉,则为春夏秋冬之序,而春生之气无所不通。故人之为心,其德亦有四,曰仁义礼智,而仁无所不包。"(《朱子文集》卷六七《仁说》)王阳明要求人与鸟兽、草木、瓦石"皆为一体",做到"以天地万物为一体"的"一体之仁"(《王阳明全集・大学问》)。做到了天人和谐,宇宙才有可能和谐。

儒学重视与人与天的相通,以达到天人协调、和谐与一致的境界。这样的思想,强调人只有尊重自然规律、顺从自然规律,人才能得到自然的赐予和恩惠;反之,只会身受其害,破坏了自然只会尝到自然报复的苦果。

---

① 参见杨瑞文:《〈弘扬儒学(东方太平正义)缔造21世纪世界和平〉宣言》,载韩国程朱学会编:《国际性理学研究》创刊号(2000年),第684页。

正是儒家思想中蕴含着这种人与自然要和谐一致的思想，所以世界上的很多有识之士才号召到孔子中去寻找人类与自然彼此能和平共处的智慧。人称"现代大儒"的日本人冈田武彦，也把儒学思想同克服现代人因科技进步而产生的忧虑结合起来。他认为科学文明的进步一日千里，但本来应该贡献与人类共存繁荣的科学文明反而产生了危害人类生存的弊害。在此前提之下，在拯救人类的对立斗争中，万物一体论基于人我共存的人道主义立场，对不同的思想、文化和宗教采取兼容并包的态度，是一种宽容的、具有普遍性的思想①，因为儒家期望与物一体从而实现理想的人、理想的社会，与物为体就是使物各得其所，实现万物生存的理想的态度②。这正说明儒家的宇宙学即天人之学是一种整体性的大生命观，它与当代生态学相一致，同时又表现出热爱生命、泛爱万物的纯朴情感，在中国生态环境虽然局部有所改善、整体却在继续恶化的情况下，我们应当依照儒家天人一体的思想，吸取现代科学的最新成果，建立起生态哲学，从而向更高级的生态文明转型。③

儒家的"天人合一"学说把天看作大宇宙，人是小宇宙，人是天的缩影，人副天数，而且人性也来自天性。人作为小宇宙，不仅要保持与大宇宙(天)的和谐一致，而且人与人之间、人的内在自我和外在表现之间，也应该是和谐一致的，有一些规范性的关系制约，而这些关系也就是儒家的实用伦理学所要解决的问题。天人合一体现出一种宇宙秩序，难怪马克斯·韦伯把儒教理性看作是一种秩序的理性主义。而由于对宇宙和谐的提倡，也就导致了"儒家的唯一终极目的就是实现社会的和谐——宇宙和谐在人世间的影子"④。

(二)三纲六纪的社会秩序

社会的和谐是社会正常秩序得以维持的关键。在儒家看来，社会秩序的建立是一套复杂的系统工程，其中，"礼"作为儒家社会秩序的核心，起着十分重要的作用。而礼的运用，应该以"和"为中心，有若所说"礼之用，和为贵"(《论语·学而》)是和谐的社会秩序论的集中表述，《中庸》甚至把"和"看作"天下之达道"。如田辰山 2002 年 2 月 25 日在美国夏威夷大学举办的"孔子思想与世界和平"学术研讨会上的发言所说，儒家的纲常礼仪不是一种单线式的统治阶梯关系，而是一种对以仁为根本基点的正当的互动关系的追求。它包括内部关系和外部关系，从个人、家庭推衍到国家，依次建立起一套三纲六纪的社会秩序。

为了实现礼的社会秩序，儒家认为要把仁爱作为社会秩序和谐论的出发点。孔子向来提倡"仁者爱人"的思想。通过从政的实践，孔子形成了自己的政治社会观——"仁学"思想，其核心是"爱人"(《论语·颜渊》)。"仁"这个名词在孔子以前就有人提出来了，但没把它当作一个重要的哲学范畴来使用。孔子大量地使用了"仁"这一概念，把它发展成一个重要的哲学范畴。据统计，在《论语》一书中"仁"字共出现了 109 次，有 105 次是单独出现的，有 4 次是和其他字复合出现的。孔子的"仁"既是处理人与人之间关系的最高道德标准，又是决定社会生活的普遍原则。《论语》中有两段话最能说明"仁"的基本精神。一是"樊迟问仁。子曰：'爱人。'"二是"克己复礼为仁"(《论语·颜渊》)。这两

① 参见冈田武彦：《儒教的万物一体论》，载《儒学国际学术会议讨论会论文集》，齐鲁书社 1989 年版，第 40～41 页。

② 参见冈田武彦：《孔学的运用》，载《孔子研究》1989 年第 3 期。

③ 参见牟钟鉴：《生态哲学与儒家的天人之学》，转引自傅云龙《海峡两岸首次儒学学术讨论会综述》，载《孔子研究》1992 年第 1 期。

④ 汪德迈：《新汉文化圈》，陈彦译，江西人民出版社 1993 年版，第 161 页。

段话之间并无实质性的矛盾。“爱人”是仁的主要内容,“克己复礼”是实现仁的途径。孔子回答学生樊迟问“仁”,说是“爱人”(《论语·颜渊》),具体就是“泛爱众,而亲仁”(《论语·学而》),“老者安之,朋友信之,少者怀之”(《论语·公冶长》)。在孔子仁爱思想的启发下,他的学生子夏提出了“四海之内皆兄弟”(《论语·颜渊》)的著名论断。他的继承人孟子则说:“仁者爱人。”(《孟子·离娄下》)

爱人不光是爱自己和自家人,还要做到“老吾老以及人之老,幼吾幼以及人之幼”(《孟子·梁惠王上》)。能做到这一步,就可以收到“爱人者人恒爱之”(《孟子·离娄下》)的回报。由此出发,进一步做到“亲亲而仁民,仁民而爱物”(《孟子·尽心上》)。仁者爱人要在仁政上体现出来。孟子将其仁政思想建立在“恻隐之心人皆有之”的论断之上:“人皆有不忍人之心。先王有不忍人之心,斯有不忍人之政矣。以不忍人之心,行不忍人之政,治天下可运之掌上。”(《孟子·公孙丑上》)这样,由爱亲人而爱百姓,由爱百姓而爱万物,就可以实现仁政。仁政实现了,天下自然安定和平。

宋代张载把这一思想进一步发挥成“民胞物与”的命题和“万物一源”的思想。“民胞物与”(《正蒙·乾称》)要求尊高年之长辈,慈孤弱之幼辈,把那些有病有灾、无依无靠之人,均看作“吾兄弟之颠连而无告者”(《西铭》)。他把孔子的“仁者爱人”扩大到“仁者爱物”,表现出“为天地立心,为生民立命,为往圣继绝学,为万世开太平”的儒家风范。他强调说:“性者万物之一源,非有我之得私也。唯大人为能尽其道,是故立必俱立,知必周知,爱必兼爱,成不独成。”(《正蒙·诚明》)这里的“兼爱”,也就是“仁爱”,就是视人如己,“以爱己之心爱人,则尽仁”(《正蒙·中正》)。近代的孙中山先生继承这一思想,把仁爱看作是中国的好道德,认为把仁爱恢复起来,再去发扬光大,便是中国固有的精神。仁爱学说成为中国传统美德的核心,成为中国人处理人际关系和国际关系的基本准则。因此,仁爱常被儒家学者尊为“全德”,可以延伸到忠恕、孝悌、克己以及智、勇、恭、宽、信、敏、惠等美德,也可以延伸到仁政、德治。

“仁者爱人”包括的面相当广泛。它要求统治阶级内部互相尊重,要贯彻“一以贯之”的“忠恕之道”(《论语·里仁》)。“忠”要求的是积极为人。“己欲立而立人,己欲达而达人”(《论语·雍也》),就是要设身处地为别人着想,自己要站得住,也要使别人站得住;自己要事事行得通,也要让别人事事行得通。“恕”要求的是推己及人,“己所不欲,勿施于人”(《论语·颜渊》),就是自己不喜欢的事,也不要强加给别人。在统治阶级内部人人都贯彻了“忠恕之道”,就能做到“君使臣以礼,臣事君以忠”(《论语·八佾》),君主以礼来使用臣子,臣子用忠心来服事君主,这样就可以消除统治阶级内部的矛盾。但孔子的时代统治阶级内部的矛盾主要表现为新兴封建地主和旧贵族之间的矛盾,用这套“忠恕之道”来调和矛盾,实际上是不可能的。从这里可以看出孔子的政治立场是偏向于保守的。

“仁者爱人”还要求统治阶级能做到“举贤才”(《论语·子路》)。孔子主观上可能是想通过举贤才来更好地推行“周道”,但以个人的是否贤能为取士的标准,实际上却是对周代以血缘亲属关系为标准来授官封爵的“周道”的否定,这就为普通士人中间的贤人参与政治开了方便之门。孔子主张要不计较小错误,把优秀人才提拔起来,要让优秀人才在邪恶人之上,这样就能使邪恶的人变得正直,即“举直错诸枉”(《论语·颜渊》)。孔子强调统治阶级只要选贤于众,“博施于民而能济众”(《论语·雍也》),就能使“不仁”的人难以立足,达到统治天下的目的。

社会和谐、家庭和谐、群己和谐的核心是贯彻儒家的纲纪学说。陈寅恪先生在《悼王国维先生挽词并序》中说:“中国文化之定义,具于《白虎通》三纲六纪之说。”季羡林先生对此的解释是:这里实际上讲的是处理九个方面的关系:君臣、父子、夫妇、诸父、族人、兄弟、诸舅、师长、朋友,也可以解释成国家与人民、父母与子女、夫妻、父亲的兄弟姐妹、族人、自己的兄弟姐妹、母亲的兄弟姐妹、师长、朋友。这九个方面的关系处理好了,就是使这九对关系都能相互照应,相互尊重,形成一种平等的关系,而不是像在儒家思想那里只强调单方面的服从关系,就可以保证社会和谐、家庭和谐、群己和谐。社会和谐安定是和平的基础,而家庭和谐是社会和谐的基础。中国俗语说"家和万事兴",曾国藩解释说:"夫家和则福自生,若一家之中,兄有言,弟无不从,弟有请,兄无不应,和气蒸蒸,而家不兴者,未之有也。"①又说:"兄弟和,虽穷氓小户,必兴;兄弟不和,虽世家宦族,必败。"②所以,曾国藩坚持"和气致祥"的观点,认为"凡一家之中……和字能守得几分,未有不兴,不和未有不败者"③。

(三)治国安邦的国家秩序

治国安邦的国家秩序要通过修齐治平论、中庸论、大同论来实现,由此构成了儒家国家秩序的和平论。

修齐治平论是儒家内圣外王思想的核心内容,它主张格物、致知、修身、齐家、治国、平天下。修身是关键,《大学》对此进行了全面的论述:"古之欲明明德于天下者,先治其国;欲治其国者,先齐其家;欲齐其家者,先修其身;欲修其身者,先正其心;欲正其心者,先诚其意;欲诚其意者,先致其知;致知在格物。物格而后知致,知致而后意诚,意诚而后心正,心正而后身修,身修而后家齐,家齐而后国治,国治而后天下平。自天子以至于庶人,一是皆以修身为本。"孟子说:"人有恒言,皆曰'天下国家'。天下之本在国,国之本在家,家之本在身。"(《孟子·离娄上》)修身使人人都能树立起家国一体的观念,为国家的稳定和长治久安作出贡献,从而也为天下的长治久安作出贡献。政治家如果能化除私欲,达到身心的和谐,获得精神与物质的平衡,就会逐渐去平衡社会与众生。修身是通过克己而实现最高的精神境界和觉悟,而不是伪装和压制自己的人性。事实证明,人的欲望可以通过心灵的净化而去除。修身克己,然后才能够谈得上齐家、治国、平天下。因此儒家提倡的诚意修身、维护人伦道德、实现和谐相处,作为人们提高理性、维护社会秩序及世界和平的指导思想,日益显其重要。

中庸论是实现和谐的方法论。中国文化骨子里存在着中庸与平和的思想,儒家提倡"中庸"。和谐是儒家要达到的目标,而要达到和谐的目标,需要采用中庸的方法。中庸也可叫"中行"、"中道"、"中和",都有同样的意思,即"和而不同"与"过犹不及"。其核心含义是要求人们在待人处世的社会实践中,坚持适度的原则,把握分寸,恰到好处,无过无不及,从而实现人格完善、社会和谐。孔子说:"中庸之为德也,其至矣乎!"(《论语·雍也》)《中庸》里他把这种方法看作区分君子和小人的标志,强调"君子中庸,小人反中庸",认为天地万物只有各得其"中",才能相互依存,"致中和,天地位焉,万物育焉"。上古之世,尧治理社会"允执其中"(《论语·尧曰》),盘庚"各设中于乃心"(《尚书·盘庚》),周公倡行"中德"(《尚书·酒诰》),用刑力求"中正"(《尚书·吕刑》),都是中庸方法的具体运用。有了中庸的方法,就可以实现和谐的目的,所以《中庸》说:"中也者,天下之大本也;和也者,天下之达道也。"儒家大力倡导以理节情,以道制欲,力图让人们保持一种乐而不淫、哀而不伤、怨而不怒的中庸和平的心态,主张"和谐宁静"、不引起心灵震荡的"中和心态"。

大同论是儒家社会思想的理想境界。儒家社会大同思想始萌于《尚书》和《诗经》。《尚书·洪

---

① 《曾国藩全集·家书卷一》,辽宁民族出版社1997年版,第7127页。
② 《曾国藩全集·家书卷一》,第7133页。
③ 《曾国藩全集·家书卷六》,第7357页。

范》提出了“王道”，就是“无偏无党，王道荡荡”。《诗经》中的《伐檀》、《硕鼠》反映出反对剥削、反对罪恶战争、向往乐土的思想。孔子的“均无贫”主张，也是一种大同论，“丘也闻有国有家者，不患寡而患不均，不患贫而患不安。盖均无贫，和无寡，安无倾”（《论语·季氏》）。孟子把仁政思想和大同思想结合起来，认为通过行仁政，“推恩足以保四海，不推恩无以保妻子。古之人所以大过人者，无他焉，善推其所为而已矣”（《孟子·梁惠王上》）。儒家集中论述大同思想的是《礼记·礼运》篇：“大道之行也，天下为公，选贤与能，讲信修睦。故人不独亲其亲，不独子其子，使老有所终，壮有所用，幼有所长，鳏寡孤独废疾者皆有所养。男有分，女有归。货恶其弃于地也，不必藏于己；力恶其不出于身也，不必为己。是故谋闭而不兴，盗窃乱贼而不作，故外户不闭。是谓大同。”该篇还说：“天下为一家，中国为一人。”这种大同社会的特点是：以公有制为基础，实行财产公有，即财物“不必藏于己”；各尽所能，为社会做贡献，即出力“不必为己”；进行社会分工使壮有所用，幼有所长；实行民主，讲究信用选贤举能；消除私有观念，使人不独亲其亲，不独子其子；消除战争，实现和平，社会安定没有各种刑事犯罪。这种大同社会蓝图是一片和平景象。

汉代董仲舒所提倡的“大一统”和公羊派所提倡的公羊三世说，也都是大同思想。实际上，不仅是儒家，其他思想家也有很多人提倡大同思想。研究者把中国古代的大同思想划分成六种类型：(1)依托远古，向往原始社会，勾画出大同社会的美妙蓝图，如儒家的大同论，道家的“小国寡民”、“至德之世”都属这种类型。(2)人间的社会追求采取了非人间的境界，如佛教的“净土”、“极乐世界”，道教的“仙境”。(3)用形象的语言塑造出大同社会的意境，如小说家和诗人的作品：陶渊明的“桃花源”、康与之的“西山隐处”(《昨梦录》)、李汝珍的“君子国”(《镜花缘》)等。(4)政治家和社会改革家对社会方案的制订，如孟子、东汉何休、北宋张载的井田制，战国农家许行的“君臣并耕”，魏晋鲍敬言的“无君无臣”论。(5)属于空想思想家的社会试验，如东汉张鲁举办的“义舍”，明代何心隐创立的“聚合堂”以及禅宗的“禅门规式”等。(6)农民起义提出的行动纲领和斗争口号，如唐代黄巢、王仙芝的“均平”、“天补”，宋代方腊、杨幺的“等贵贱、均贫富”。[①] 这些都是大同思想的不同表现。

(四)天下一家的世界秩序

儒学在长达两千多年的中国社会里对中华民族在思想方式、行为规范、道德礼仪等各个方面，长期起着支配作用。“天人合一”和“中庸”、“和谐”的思想成为儒家追求的最高价值原则，这一原则贯彻到国家治理和国家关系方面，是提倡王道政治，反对霸道政治，试图建立起天下一家的世界秩序。

儒家的王道要贯通天、地与人，使其达到和谐的关系：“古之造文者，三画而连其中，谓之王。三画者，天地与人也，而连其中，通其道也。取天地与人之中以为贯而参通之，非王者孰能当是?”（《春秋繁露·王道通三》）王道政治治理国家贯彻“和”的原则：“有国有家者，不患寡而患不均，不患贫而患不安。盖均无贫，和无寡，安无倾。夫如是，故远人不服，则修文德以来之；既来之，则安之。”（《论语·季氏》）“政宽则民慢，慢则纠之以猛：猛则民残，残则施之以宽。宽以济猛，猛以济宽，政是以和。”（《左传·昭公二十年》）“成于和，生必和也；始于中，止必中也；中者，天地之所终始也，而和者，天地之所生成也。夫德莫大于和，而道莫正于中，中者，天地之美达理也，圣人之所保守也，诗云：‘不刚不柔，布政优优。’此非中和之谓与！是故能以中和理天下者，其德大盛，能以中和养其身者，其寿

① 参见陈正炎、林其锬：《中国古代大同思想研究》，中华书局(香港)1998年版，第9～10页。

极命。"(《春秋繁露·循天之道》)把和作为德之最大者,表明和谐是儒家追求的最高道德目标。

王道政治把和谐看作最高道德目标,把道德作为最大的实力,强调个体与社会的和谐,强调家庭秩序与社会秩序、世界秩序的和谐,就是最高的道德,不主张把武力作为获取实力的根本办法。要实现和谐,孔子提出了仁礼结构,这种结构贯穿着由仁爱之心到礼制的思想。仁与礼是孔子伦理思想的两个根本原则,仁是处理人与人关系和做人的道德规范,礼是社会秩序。两者既有区别又有联系,做到仁,才会自觉遵守礼;遵守礼才能成为仁人,"克己复礼为仁"(《论语·泰伯》),是很高的境界。

在儒家看来,爱是社会和谐的根本,亲睦众生、和合万邦是儒家一以贯之的主张。孔子向来主张泛爱众。《论语·学而》:"子曰:弟子入则孝,出则悌,谨而信,泛爱众,而亲仁。行有余力,则以学文。"这"泛爱众"便是爱所有的人,就是把爱推广到无远弗届,"自一人之心以达于四海之远,自千古之前以至于万代之后"(《王文成公全书·书朱守乾卷》)。爱人必须有宽广的胸怀。儒者的宽广胸怀来自于儒家的天下一家、世界大同思想。从爱自家人到爱其他人,"老吾老以及人之老,幼吾幼以及人之幼"(《孟子·梁惠王上》)。万物一体,天下一家,万国一人,此思想由孔子弟子子夏发展为"四海之内,皆兄弟也"(《论语·颜渊》)。"仁"作为处理人与人之间关系的准则,要具体落实到爱人上。由仁爱之心推广到仁政,就可以得天下。儒家向来主张"水则载舟,水则覆舟",得民心者得天下,"桀纣之失天下也,失其民也。失其民者,失其心也。得天下有道:得其民,斯得天下矣。得其民有道:得其心,斯得民矣"。(《孟子·离娄上》)把儒家的这些思想应用到当代的社会实际,当政者时刻考虑到人民的利益,把仁爱之心推及普通百姓,时刻想到减轻人民的负担,使人民不仅能得以解决温饱问题,而且能有愉快的心情,社会怎么会不和谐?社会和谐了,国家还会治理不好吗?

有了仁爱之心,然后再推行礼仪,制定出法律制度,让人民去遵守,就可以维护国家和社会的安宁。所以孔子主张以礼治国,提出"道之以政,齐之以礼","约之以礼","不学礼,无以立"。(《论语·季氏》)礼在孔子的伦理思想体系中占有重要的地位,是社会秩序的核心。在父母活着时,"事之以礼",父母死的时候,"葬之以礼"。(《论语·为政》)恭、慎、勇、直都要受制于礼,因为"恭而无礼则劳,慎而无礼则葸,勇而无礼则乱,直而无礼则绞"(《论语·泰伯》)。在儒家看来,礼的制定就是为了稳定社会秩序。"礼起于何也?曰:人生而有欲,欲而不得,则不能无求,求而无度量分界,则不能不争。争则乱,乱则穷。先王恶其乱也,故制礼义以分之,以养人之欲、给人之求。使欲必不穷于物,物必不屈于欲,两者相持而长,是礼之所起也。"(《荀子·礼论》)所以"礼"是从天子到庶人,人人必须遵守的行为规范,最高标准是做到"非礼勿视,非礼勿听,非礼勿言,非礼勿动"(《论语·颜渊》)。孔子的弟子有子说:"礼之用,和为贵,先王之道斯为美;小大由之。有所不行,知和而和,不以礼节之,亦不可行也。"(《论语·学而》)"和为贵",就是强调社会各等级之间关系的协调与和谐。如果脱离维护宗法等级制的内涵,这种强调协调与和谐的观点在处理人际关系上,亦不失为一种有社会普遍意义的原则。如果这一原则得到实施和普遍推广,是不难实现理想社会,建立天下一家的社会秩序的。

在理想的天下一家的社会秩序中,不应该存在包括战争在内的暴力现象。所以儒家主张"慎战",孔子"所慎:斋、战、疾"(《史记·孔子世家》),他非常欣赏"善人为邦百年,亦可胜残去杀矣"(《论语·子路》)的说法。源于"仁者爱人"的道德原则,他认为战争暴力不应该进入"仁"的理想和谐社会,"季康子问政于孔子曰:如杀无道,以就有道,何如?孔子对曰:'子为政,焉用杀?子欲善而民善矣'。"(《论语·颜渊》)。据《孟子》记载,孔子认为在一个充满"仁"的和谐社会里,不存在战争暴力相对抗现象,"仁不可为众也,夫国君好仁,天下无敌"(《孟子·离娄上》)。行仁是不容易的,需要三十年的积累："如有王者，必世而后仁。"(《论语·子路》)而行了"仁政"的国家就可以使"近者说，远者来"(《论语·子路》)。国家治理得好，人民高兴，不用移民到国外，而远处的人都要被吸引来。《中庸》说："凡为天下国家有九经，曰修身也，尊贤也，亲亲也，敬大臣也，体群臣也，子庶民也，来百工也，柔远人也，怀诸侯也。"柔远人，是善待远方的宾客。善待不是一般的对待，而是加恩于人。

因此，在一个和谐的社会里，是不需要战争的，战争是有罪的，"善战者服上刑"(《孟子·离娄上》)。在天下一家的社会秩序里，不应该出现霸权，霸权的表现形式是"搂诸侯以伐诸侯者"，"以力假仁者霸，霸必有大国"。(《孟子·公孙丑上》)所以推行霸权的春秋"五霸"是"罪人"(《孟子·告子下》)。"春秋无义战"的事实证明，现实社会并不总是和谐的，总会发生战争暴力。其原因何在？儒家认为是由于争夺，"今之人性，生而有好利，顺是，故争夺生而辞让亡焉……从人之性，顺人之情必出于争夺，合于犯分乱理而归于暴"(《荀子·性恶》)。如果争夺民利的暴君出现，他残害民众，不行仁政，在这样的情况下，儒家主张以"仁义之师"进行"诛一夫"的战争。"攻其国，爱其民，攻之可也。"(《司马法·仁本》)应该把战争当作铲除人间邪恶的工具，"彼兵者，所以禁暴除害也，非争夺也。故仁人之兵，所存者神，所过者化"(《荀子·议兵》)。"故不战而胜，不攻而得，甲兵不劳而天下服，是知王者之道也。"(《荀子·王制》)这样就使战争观念发生了变化，战争成为推行"仁义"的工具："力者，德之役也。"(《荀子·富国》)救民于苦难之中的战争暴力也符合正义，"礼乐征伐自天子出"(《论语·季氏》)，是"以至仁伐至不仁"(《孟子·尽心下》)。"天吏"可以讨伐"无道"，"为天吏，则可以伐之"(《孟子·公孙丑下》)。儒家"禁暴除害"的战争观念，对当今和未来的世界和平正在显示出越来越重要的意义。

"万国咸宁"，邻邦友好，天下一家，永世太平，是儒家和中国文化自古以来就孜孜以求的目标。从天人合一的宇宙秩序、三纲六纪的社会秩序、治国安邦的国家秩序，到天下一家的世界秩序，形成了一套完整的儒家秩序和平论。中国人民酷爱和平得到世界有识之士的认同。英国哲学家罗素作为有先见之明的西方学者早就指出过："(中国人)统治别人的欲望明显要比白人弱得多，如果世界上有'骄傲到不肯打仗'的民族，那么这个民族就是中国。中国人天生的态度就是宽容和友好，以礼待人并希望得到回报。尽管中国发生过很多次战争，中国人天生的面貌仍是非常平和的。"[①]他在《中国问题》一书中，又说："中国至高无上的伦理品质中的一些东西，现代世界极为需要。这些品质中我认为和气是第一位的。"这种品质"若能够被全世界采纳，地球上肯定会比现在有更多的欢乐祥和。"[②]17世纪初，英国学者罗伯特·勃顿在其著作中也称赞中国人"和平而安静"。[③]

中国人对和平的追求是自古及今一以贯之的。与此形成鲜明对照，古希腊文化崇尚武力和战争。恺撒大帝奉行"我来，我看，我征服"的政策，对别国的主权和文化缺乏尊重。恺撒的行为和古希腊文化崇尚暴力和征服的思想是一致的，古希腊思想家赫拉克利特就说过："战争为万物之父，也是万物之王。它使一些人成为神，使一些人成为奴隶，使一些人成为自由人。"[④]世界少一分霸气，就多一分和平的希望。但愿世界能够从崇尚武力转变到崇尚和平。假如都能崇尚和平，把自己的国家治理好，又善待世界各国，世界秩序不就安定了吗？

目前，全球化的大势不可阻挡。全球化要求的人类素质包括："天下一家"的胸襟与眼界，"以天

① 转引自汤恩佳：《传统文化与现代化》，载2000年7月14日《中国演员报》。

② 《李瑞环在英中贸易协会上的演讲》，载2002年5月30日《人民日报》。

③ 《李瑞环在英中贸易协会上的演讲》，载2002年5月30日《人民日报》。

④ 周辅成编：《西方伦理学名著选辑》上卷，商务印书馆1964年版，第12页。

下为己任”的情怀与实践，排除宗教狂热、种族优越等野蛮现象，胸怀开阔，兼容并蓄，反对一切不正义、不公平的行为，有“为人类服务”的人道主义理想，关心、争取世界的和平与和谐。这些思想正好是儒家长期提倡的。中华民族信奉天下一家的文化普世主义，中国在加入世界贸易组织之后，很快融入世界体系之中，说明儒家文化的胸怀是适应世界化潮流的。中国不会被排斥在世界之外，世界不能没有中国。没有中国的世界是不能称之为世界的。

（五）结语

综上所述，可以说儒家的思想学说是一种讲述秩序的和平学说。正如汤恩佳先生所指出的，在历史上大大小小14600多次的宗教战争中，孔教从未发动过战争，其名言是“和为贵”。他认为孔教的理想只是要使“天下为公”的“大道”思想行诸世界，把人世间实实在在地建成“大同”世界这个人间天堂。“大同”世界是和平、公义的世界。根据孔子“天下为公”的思想，世界不是任何人的私产，应该以“公义”作为衡量得失、分辨是非的准则。因此在大同世界里，可以“选贤与能”，以“品德”、“才能”作为选拔人才的标准，也可以“讲信修睦”，以“诚实”、“和睦”作为人与人之间甚至是国与国之间应有的相处态度，用“一以贯之”的“道”，去处理人间万事，从个人到家庭，再到社会、国家，层层深入，相辅相成。个人能够“正心”、“修身”，人与人之间自然不能发生什么阴谋诡诈与“盗窃乱贼”之事。引申到国家与国家之间的关系，不也同样没有阴谋诡诈与“盗窃乱贼”之事？作为这种和平学说的补充，孔子“不语怪力乱神”（《论语·述而》），提倡“远人不服，则修文德以来之”（《论语·季氏》）；孟子提倡“善战者服上刑”（《孟子·离娄上》），反对“争地以战，杀人盈野；争城以战，杀人盈城”（《孟子·离娄上》）的不义战争。[①]《周易·乾》彖词说“乾道变化，各正性命，保合大和，乃利贞。首出庶物，万国咸宁”。中国从来主张天下一家，同邻邦友好相处。《尚书·尧典》描述出“百姓昭明万邦协和”的美景，万邦协和，四海太平，是享有“礼仪之邦”美誉的中华民族一贯追求的目标。当然儒家并不是无原则地反对一切战争，更不是惧怕战争，对于正义战争，儒家是不反对的。在迫不得已的情况下，儒家还不得不参加一些抵抗侵略的战争。如果迫不得已需要参加战争，儒家提倡作战要勇敢，把勇作为“三达德”之一，和知、仁同列。落后就要挨打是历史的规律，为了不挨打，就必须努力发展我们的国力，建设先进文化。这正是发展是硬道理的深意所在。但是中国的和平文化不是反对一切战争，而是反对不义战争。当侵略者侵占我们的国土时，中国人民不会坐以待毙，而是会奋起反抗，英勇杀敌。这和中国的和平文化是不矛盾的。

我们高兴地看到，2003年美国《环球》杂志刊载了美国国务院官员哈斯对中国的一个新看法：中国经济迅速成长，成就惊人；中国的军力获得前所未有的发展，军费正在翻番；中国的政治稳定。但是，中国不是威胁。中国最为突出的需要，是一个发展经济的稳定时期，中国绝不会主动制造麻烦和危险。无论从现实还是历史的角度来看，中国都没有理由成为危险，成为代价高昂的大国竞争甚或冲突的由头。一个强大、和平、繁荣的中国是可以预见的。美国对华政策的目标，应该是两国致力于建立一种共同目标基础上的、适应新时代的、真正的“冷战后”新型关系。这种思想符合中国的实际情况，符合美国的利益，符合世界的利益，应该取代中国威胁论。

---

① 参见汤恩佳：《孔子思想与世界和平》，载2002年4月9日《大公报》。

二、巴哈伊信仰的人类一体观

作为巴哈伊教的重要代表人物，阿布杜巴哈将巴哈伊教的基本教义归纳为以下各主要观点：自由地追求真理；人类一家；宗教乃爱与和谐之音；宗教与科学携手；世界和平；使用一种世界性辅助语言；普及教育；男女机会均等；公正待人；为大众服务；消除极端之富裕与贫困；使神圣的精神成为生活中的主要动力。从这个概括不难看出，巴哈伊教的基本思想涉及的几乎全是人类本身的问题，虽也有宗教、上帝等核心概念，但即使这些概念也越来越失去宗教的神秘性，而越来越多地带有世俗性和现代性，甚至可以说，巴哈伊教是一种由神本论向人本论过渡的宗教。其人本化思想的核心，就是人类一体观。

巴哈伊教的人类一体观涉及到的人学思想异常丰富，这里重要探讨的是其相互联系紧密的几个方面：人类一家的基础、人的本质、人与社会、两个文明、宗教的本质、人的认识标准、教育之重要等。

（一）人类一家的基础

巴哈伊教的人类一家思想，是建立在这样的理论基础之上的：所有人类都是上帝的子民，人类既是一体的又是多样的，人类的产生是为了推进不断演进的文明。

在巴哈伊教看来，人类都是上帝的子民，起源是完全相同的。巴哈欧拉在《隐言经》中以上帝的口吻说：

> 你们是否知道我为何由同样的尘土创造了你们？谁都不应该自以为比别人更优越。时时在你们心中反省你们是如何被创造的。既然我由同一种物质造生了你们，你们必须如同一个灵魂，以同一双脚走路，用同一张嘴进食，并在同一片土地上居住，如此通过你们的品性行为，由你们的内在生命显现出团结之征象以及超脱之精神，此乃我对你们的劝诫，光之民众啊！不要忽视此训言，你们才能从奇妙的荣耀之树上摘取神圣之果实。（《隐言经》1:68）

上帝如何以尘土造人？巴哈伊教继承了基督教有关上帝根据自己的影像造人的观点，但赋予了自己的新意。

长期以来，人们以为上帝用尘土造人的说法是神话，认为生命起源于海洋，但美国科学家在20世纪90年代用实验证明“生命起源于黏土之中”。这项研究是20世纪60年代英国桥拉斯哥大学研究人员开始的，他们最先提出了导致生命产生的化学演变是在黏土中进行的“生命黏土生成说”。美国国家航天局的科学家为了证明这一理论，进行了长达二十多年的一系列实验，结果发现，普通黏土具有储存和输送能量的功能，而这两种功能对生成生命来说是必不可少的。根据这一结果，推论大约在四十亿年前，黏土像一座化工厂，利用这种能量将一些无机物原料加工为合成分子，这些合成分子又演变成第一个生命。这项成果当然是初步的，但至少为进一步研究提供了合理的依据。对于各种生命起源的状况，阿布杜巴哈论述说：

> 无疑，万物源于一：一切数字起源于一而不是二。因此很明显地在起源时只有一种物质，同一物质以不同的面貌出现于每种元素中，于是产生了不同的形态。这些不同的形态在产生时渐渐固定下来，每个元素开始独具特性。但是这种固定并非凝固不变的，要经过相当长时间后才达到圆满和完美的存在。然后这些元素被组合、组合并结合成无数的形式，或者说从这些元素的组织与结合中产生了无数的生命。

……

人类在地球上的存在，从起始到现在，其中必也经历了漫长的岁月，度过了不同的阶段。但从生存之初，人类就是一个独特的种类。如同婴儿在母体中，起初是一种很奇怪的形状，然后这胚胎从一种形状变成另一种形状，一种模样变为另一种模样，直至以一种最优美的形态诞生于世。但(人类)胎儿即使是在母体中形态奇异，与现在完全不同时，也仍是一种高级生命的胚胎而非动物的胚胎，其种类及本质并未改变。[①]

人与动物的区别，就在于人是上帝按自己的影像造出来的。巴哈欧拉说："隐蔽于我远古的存在里，于我本质的亘古永恒里，我知道我对你的爱；因此我创造了你，把我的形象镌印于你，并把我的圣美启示于你。"(《隐言经》1:1)

阿布杜巴哈进一步论证说：

根据《旧约》之言，上帝说过，"让我们按自己的形象创造人，像我们一样"。这意味着人是上帝之影像，也就是说，上帝之种种完美与神圣美德，都反映和启示于人之真谛里。就像太阳之光芒照射在一个光洁的镜子上被完全璀璨地反射。因此同样地，圣美之品质与特征也从一棵纯洁的心灵深处闪耀出来。这就是人乃上帝最高贵之创造物的一个证据……

让我们现在更具体地探讨人如何是上帝之影像，以及什么才是量度和评价人的标准或准绳。这个标准不可能是其他，只能是启示于他的神圣美德。因此，每一个赋予神圣品质的人，反映着上天之道德与完美的人，体现理想的与值得称赞的品性的人，真正是上帝之影像。[②]

值得注意的是，在巴哈伊教的概念中，"上帝"并不是一种有形的男性化偶像，而是不可知之本质，万物之精髓，神圣之本体，是宇宙的原动力和终极目的，具有完全超越人的一切属性。在巴哈伊教看来，存在之世界，即这辽阔无际的宇宙，是没有始点的。在这一宇宙之中，不可能有创造者而无创造物，也不能想象有供养者而无受供养者。因为神的一切称号与属性都要求造物的存在。如果假设有一段时间里只有造物主而无创造物，这一假设也就否认了造物主的存在，那么现在也就不会有任何存在。上帝之存在周围本原之精，是亘古永存的，无始无终，因此，这个存在之世界，这个无边无际的宇宙，也就既无始点也无终点。宇宙既不会限于无序又不会毁灭，整个存在之宇宙是永恒不灭的。[③]

既然人类出自于完美的上帝之创造，所以人就被赋予上帝的影像，这种影像不是具体的，并非指外貌，因为巴哈伊教的上帝的本质并不局限于任何形式的外观，而是指上帝的本质特性，如公正、仁爱、忠贞诚实、对万物慈悲为怀，因此上帝的影像指上帝的美德，人理应成为接受神性荣光的容器，从而形成上帝的影像，所谓"上帝之影像"是指人具有上帝完满之美德。所以，所有人类的起源都是一体的，"你们是同一棵树上的果实，同一树枝上的叶子，用最虔诚的爱、和谐及友情与大家相处吧"[④]。这就是巴哈伊人类一体的原则。这一原则被当作巴哈伊教的核心原则，邵基·阿芬第把"人类一体"称为巴哈欧拉的教义所环绕的轴心。[⑤]

这种人类一体观告诉人们，人类原先出自一个种族，后来也始终是一个种族，所有"种族优越感"

① 阿布杜巴哈：《已答之问题》，第 180～184 页。

② 阿布杜巴哈 1912 年 4 月 30 日在美国伊利诺伊州芝加哥亨得尔大厅促进有色人种全国协会第四届年会上的讲演，载《巴哈伊》，澳门巴哈伊出版社 1992 年版，第 51 页。

③ 参见阿布杜巴哈：《已答之问题》，第 180～184 页。

④ 《巴哈欧拉圣言选集》，第 153～156 页。

⑤ 参见邵基·阿芬第：《巴哈欧拉之天启——新世界秩序之目的》，第 86 页。

的理论都是巴哈伊教所坚决反对的。身体上的差异，如肤色、毛发只是表面的，与种族优越感毫无关系。一个人可能是白种人、黑种人、棕种人、黄种人、红种人，但这都不影响所有的人都是上帝的子民，“肤色不是判断估量之标准，并且它是毫不重要的，因为肤色在本质上是偶然性的。人的灵魂与智慧才是根本性的……因此，让大家都知道肤色或种族是毫不重要的。凡是上帝之影像者，是上帝种种恩典之显示者，就能在上帝的门槛前被接受——不管他的肤色是白是黑还是棕色，这毫无关系。人不是仅仅因为身体之特征而称其为人的，神圣度量与判断之标准是他的智慧与灵魂”①。

但是，巴哈伊教同时又认为，人类一体的原则并不否认人类之间的差别，因此，人类一体是多样性的一体，而不是单一性的一体。肤色、性格，甚至思想观点方面存在差异是正常的。为此，阿布杜巴哈指出：

如果有人争论在这世界上是无法实现真正的和永久的团结，是因为全世界的人民在风俗习惯、口味、气质、性格、思想和观点方面存在着广泛的差异：我们对这个问题的回答是，差异有两种：正如争论和不和的精神所说明的那样，一种是造成破坏的原因，怂恿敌对的民族和国家相互冲突；而另一种是多样化的标志，是完美的象征和秘密，是上帝恩惠的揭示者。

想一想花园中的花朵，不管种类、颜色和形状有所不同，但是由于它们受到同一泉水的浇灌而清新，受到同一和风的吹拂而复活，受到同一阳光的照耀而成长，这一多样性便增添了它们的美和魅力。如果花园里所有的花草、树叶、果实、树枝和树都是同一种形状和颜色，这将是多么地不悦目！不同的颜色和形状，丰富及装饰了花园，而且还增进它的艳丽。同样的，当不同的思想、气质和性格在同一媒介的力量和影响下结合在一起时，人类无上的美和荣耀将会被揭示和显现出来。无他，仅有统治和超越所有事物本质的圣言之神力能协调人类和人民不同的思想、情感、功能和信仰。②

同样，人类被分为男人和女人也不影响人类一体的原则，因为“人类有双翼——一翼是女人，另一翼是男人。只有这两翼都同等地成长，人类之鸟才能飞翔。如其中一翼弱小无力，就不可能飞得起来”③。

巴哈伊教这种人类一体的原则，已被许多思想家和科学家所接受，如美国古生物学家理查德·利基(Richard E. Leakey)就用下列语言对此作了认同：“我们是同一个种类，同一个民族。地球上每一个人都是现代人的一分子。我们所看到的各民族间地理学上的差异，只不过是同一个基调中生物学上的细微差别而已。人类在文化方面的才智使得他能以多种多样而又迥然不同方式创造和发展。这些文化常常千差万别，但不可视为人类的分野所在。相反，文化的真正含义应该是：它们是专属于人类的最高宣言。”④

整体的人类从远古发展进化到今天，经历了不同的发展演化阶段，正如个体的人要经历婴儿期、童年期、青春期，然后会经历影响一切的变化走向成熟一样，整体的人类也已走过了他的童年期，现在已经进入青春期，处在成熟期的门槛上。邵基·阿芬第指出：“人类必须经历的漫长婴儿期和童年期已成为过去。现在人类正体验到种种动乱，是人类进展最骚乱的青春期的时期。当此青春的鲁莽

① 《巴哈伊》，第51页。

② 阿布杜巴哈：《生活之神圣艺术》第109～110页。转引自威廉·汉切尔、道格拉斯·马丁：《巴哈伊教——一个新崛起的世界宗教》，第76～77页。

③ 《阿布杜巴哈选集》，第302页。

④ 转引自巴哈伊国际社团：《所有国家的转折点》，澳门新纪元国际出版社1997年版，第30页。

和激烈的情感达到高潮，随后必须是被成年期所特有的冷静、智慧和成熟的意识所逐渐取代。然后人类才达到成熟期，并将使人类获得最终发展之必须依赖的所有力量和能力。”①最终人类必将进入成熟期，人类社会会发生本质的变化：

> 那个神秘的、渗透一切的然而又难以确定的变化，我们把它当作是个人生命中必然会有的成熟阶段。这些变化必定会在人类社会组织的延展中，以同等形式体现出来。在人类的集体生活中迟早会达到类似的阶段，在世界关系中产生更加惊人的奇迹，将这样富裕的潜力赋予全人类。这些潜力通过以后的几个阶段，将提供最终完成人类崇高使命所需要的重要推动力。②

随着全人类的团结一致和全球文明的形成，一个新的社会结构将会出现。在这一社会结构中，合作和互惠将占主导地位，利益冲突会减少或消除，创造出一个新层次的人类意识，即人类基本一致的成熟期也就真正到来了。所以，阿布杜巴哈的结论是：人类起源同一，所有成员源自同一家庭。因此，实质上人类同居一家。上帝并未创造任何差别。他创生人类如一体，使得这个家庭可能在完美的幸福与安宁中生活。③

（二）人的本质

有关人的本质，巴哈伊教涉及到的领域主要是人之所以区别于动物的本质属性和人性善恶的问题。

在巴哈伊教看来，偌大一个宇宙，所有的存在物一共可以分为四大类：矿物、植物、动物和人类。矿物领域是存在的最低级、最基本的领域，包括以原子、分子、以太或更为细小的物质单位组成的有空间、有形式的物质存在之领域。植物领域是原子、分子按照一种特殊的规律和完美的秩序组合而形成的生命，并按照一种自然而有秩序的规律生长、生殖和新陈代谢的存在领域。动物领域也是由原子、分子按照一种特殊的规律和完美的秩序组合而形成的生命，但动物除了有生长、生殖和新陈代谢的功能外，还有一种感觉的功能，只是其感官可以感觉到的东西有极大的局限性，而且只有同类才能对之有一种知觉。人类则是存在物中最高级的特殊生物体，具有用智慧探索外部世界奥秘的能力。阿布杜巴哈论述说：

> 假如我们以洞察一切的双眼去看这个物质世界时，我们发现众生万物可类分为：第一是矿物，就是说，以不同形态的组合而出现的东西或物质。第二，是植物，具备矿物的优点，加上增长或生长的能力。第三，是动物，具有矿物与植物的性质，加上感官感觉的能力。第四，是人类，在可见的造物中，是最高级的特殊生物体，包含了矿物、植物和动物的品质，加上一种在较下界中绝对没有的理想的天赋，以智慧探索外部世界之奥秘的能力。这种天赋智慧的结晶就是科学。这是人类独有的特征。这种科学的力量可以探索并理解造物及其遵循的法则。此天赋能够发现物质世界的奥秘，是唯有人类才有的能力。因此，人类最高贵最值得称颂的成就就是科学知识和成果。④

很明显，在上帝所创造的四种存在物中，人类是最高级的。之所以最高级，是因为人的本质含有

---

① 《巴哈欧拉圣言选集》，第 202 页。
② 转引自威廉·汉切尔、道格拉斯·马丁：《巴哈伊教——一个新崛起的世界宗教》，第 78 页。
③ 参见阿布杜巴哈：《世界团结之基础》，第 42 页。
④ 阿布杜巴哈：《世界团结之基础》，第 55 页。

三个层次:第一个层次是躯体,这是人类被赋予的一种外在的或自然的本质,这一层次属于物质性或动物性的层次,它是从物质世界中产生出来的。从躯体的角度看,人也属于动物界,人与动物的身体都是由各种元素所组成,为引力定律所结合,服从于自然律。这一层次既有人与动物共有的,又有人所特有的。共有的部分是人与动物一样,也拥有感觉器官,会感受到冷、热、饥、渴等,是这一层次本质中低级的一方面,会使人转向物质的一面,转向人的本性中肉体的一面。人受这种物性品质的诱导,可能会从崇高的地位坠下,变得比本来低于人的动物还要野蛮,还要不公,还要卑鄙,还要残酷,还要恶毒。人与动物的区别是:动物的感觉功能是强于人类的,但是动物只是感官的奴隶,受感官的约束,任何在其感官之外的、它们所不能控制的事物,是它们永远也不能明白的,而人却能超越感官。之所以能超越感官,是由于人的本质的第二个层次,即理性的或智慧的本质。人类智慧的本质支配着自然中人类所享用着的科学发现和成果,人类能够揭示曾是自然中深奥的隐秘,变不可见为可见。人赖此能从已知的事物推论出未知的事物,并发现以前未知的真理。第三个层次,是人具有一种发现隐藏之奥秘的功能,正是此功能使人和动物区别开来,这就是人的灵魂。

根据巴哈伊教的教义,人的真正本质是灵魂。灵魂又叫精神。在人的肉体之外,有一个由上帝创造的理性灵魂,它不是物质的实体,不依赖于肉体。灵魂在人的肉体形成时就产生了,但肉体死亡以后,灵魂继续存在。灵魂才是人的本质所在和意识的所在地。对此,巴哈欧拉论述说:

> 须知,人的灵魂是超凡的,它不受肉体与心智的弱点的影响。一个生病的人,表现出衰弱的表征,是由于肉体与灵魂之间的联络有了障碍,因为灵魂是不受任何肉体的病痛所影响的。……当灵魂脱离了肉体以后,它将表现得那么高超,它表现的力量那么伟大,没有任何世俗的力量能够跟它匹比。……试想那被云层遮蔽的太阳,你可见到它灿烂的光辉被减弱,然而,实际上它的光源是保持不变的。人的灵魂可比喻作太阳,世界上的物质则应比喻作人的肉体,只要两者之间没有外在的障碍物,肉体将完全地反射着灵魂的光,而且受它的力量支持。但当一块布阻塞在它们两者之间时,那光的强度便显得微弱了。……人体的灵魂便是照耀其肉体的太阳,靠着这灵魂的照耀,肉体便得到扶持。应该这样解释。……当灵魂脱离了肉体以后,它将继续进展到亲临上帝的境界。其状态不受任何岁月及世态变迁的影响,它将与上帝的天国,他的主权,他的统治与威力同垂万古。①

灵魂之所以不灭,是因为“灵魂不是由元素组合成的,也不是由许多矿物结合成的,它是一个不可分割的东西,因而它是永存的,它完全在物质创造体系之外,它是不灭的”②。这是阿布杜巴哈对灵魂不灭所作的补充说明。

对于灵魂能离开肉体而独立存在和灵魂的永存,巴哈伊教的代表人物都试图作出逻辑上的证明。其中一个最重要的证明便是梦境。巴哈欧拉证明说,一个人沉睡在住所中,门户紧闭,但突然间会发现自己已身处远方的城市中,而人却又不曾移动自己的身体。在梦境中,人不用眼睛,可以看见;不用耳朵,可以听见;不用舌头,可以说话。这种梦中所出现的一切实景,或许会在十年以后的外部世界亲眼看到。③

阿布杜巴哈进一步分析证明说:人类灵魂的力量及其理解力属于两种类型,以两种不同的方式

---

① 《巴哈欧拉圣言选集》,第153~156页。

② 阿布杜巴哈:《巴黎讲话》,第91页。

③ 参见:《七谷书简》,载《透视》,国际文化出版公司1995年版,第18页。

理解、行动：一种是通过工具和器官的，灵魂用眼看，用耳听，用舌讲，灵魂经由器官和工具，通过眼睛在观察，通过耳朵在倾听，通过嘴巴在演说。另一种则不借助工具和器官，如在梦境中，不用眼睛，也能看见；不用耳朵，也能听见；不用舌头，也能说话；不用脚，也能走路。灵魂常常在睡梦中看见的情境，却能在几年后相继发生的事件中显现出来。清醒中不能解决的问题，却能在睡梦中解决。人在清醒时，两眼所见只是很短的距离，两腿所行也只是很短的距离；而在睡梦中，人在东方甚至能看到西方，一眨眼的工夫，人已横跨东、西方。因为灵魂游历的方式有两种，一种是不借助工具的灵性的游历，另一种是借助工具的实体的游历。① 既然灵魂可以离开肉体而行动，那么灵魂自然可以脱离肉体而存在，即使肉体不存在，灵魂也可以存在，灵魂是可以永存的。

正是由于灵魂的存在，将人与动物区别开来。在发明与洞悉事物方面，在感官功能方面，动物比人类在某些方面都要强，以记忆力为例，一只鸽子飞到一个遥远的国度，它会再飞回原地，因为它记住了路途。狗也有很强的记忆力。其他功能，如听觉、视觉、嗅觉、味觉、触角等方面，动物也可能比人类强。但动物却不能洞悉理性的事物，动物只能看见它视力范围内的东西，在视力范围之外的就不能觉察，也不可能想象到。人却能从已知的事物证明出未知的事物，并发现以前未知的真理。动物是感官的奴隶，受感官的约束；任何在感官功能以外的不能控制的事物，动物是永远也不能明白的。而人则具有一种发现隐藏之奥秘的功能，把人与动物区别开来，这就是人的灵魂。②

灵魂何以能成为人与动物区别的根本所在？阿布杜巴哈指出：人有两种本性，一种是精神的、高尚的，另一种是物质的、低劣的。在一种本性中，人接近上帝，而在另一种本性中则只为尘世而活着。在人身上可随时发现这两种本性的迹象。在物质的本性中，人表现出虚伪、残酷与不公，这都是低级本性的流露。而在人神圣的本性中，则表现出友爱、仁慈、善良、真知与公正，这都是高尚本性的表现。每一个良好的习惯，每一种高贵的品质，都来自于人的精神本性，而一切不完美与罪恶的行为都出自于物质本性。所以，人既能够行善，也能作恶。倘若人行善的意志占主导地位，克服了作恶的倾向，那么此人就可以称为一个圣洁者；如果人拒绝上天的完美品质，屈服于自己的邪恶欲望，就与禽兽无异。③

在人的灵魂与躯体之间有一种媒介，阿布杜巴哈有时把它称为"思智"，有时把它称为"魂"。当人让灵魂经由它启发其领悟力时，人就包容了一切创造物。因为人作为万物之灵与进化之顶峰，在人之中蕴含了一切低于人的界域。经由这种媒介，在灵光之照耀下，人闪烁的思智使之成为造物之冠。另一方面，如果人不开启思智朝向灵魂之恩赐，而是转向物质的一面，转向本性中肉体的一面，就将从崇高的地位坠下，变得比本来低于人的动物还要低贱。受圣灵之气息滋养的魂或思智的灵性品质，如果从未被使用过，就会逐渐衰退、萎缩，直至无能；而其物性品质若被一再运用时，就会使人变得比本来低于他的动物还要野蛮，还要卑鄙，还要残酷，还要恶毒得多。如果思智或灵性品德得到强化，以至于控制其物质性的一面，那么人就会变得圣洁，其人性变得如此荣耀，以至天庭之美德都显现于他身上，闪耀着上帝的仁慈，激励着人类的精神进步，因为他已成为照亮人们道路的明灯。④

就这样，巴哈伊教极力证明灵魂是人的本质所在，灵魂即人类所具有的一切精神与意识特质的

① 参见阿布杜巴哈：《已答之问题》，第 225～229 页。

② 参见阿布杜巴哈：《已答之问题》，第 185～190 页。

③ 参见阿布杜巴哈：《人之本质》，美国 1979 年版，第 24～25 页。

④ 参见阿布杜巴哈：《人之本质》，美国 1979 年版，第 12～15 页。

总和，有时也指这种特质所显示的力量，或者指人的智慧和思维。灵魂有一定的神秘性，巴哈欧拉有时把它叫做上帝的表征，天堂的宝石，认为其真质连最有学问的人也不能了解，其奥秘没有任何敏锐的心智能够揭示出来。[①]

但是，透过这种神秘的一面，我们应该看到巴哈伊教是追求精神灵性的，人不仅要过物质生活，而且更要过精神生活，精神生活比物质生活更为重要，这对于在现代化过程中过于追求物质生活的人来说，无疑是一种清醒剂。

（三）人与社会

巴哈伊教没有明确提倡人的本质属性是社会性，但对人与社会的关系进行了许多有益的探讨。

巴哈伊教认为，人是必须在社会中生活的，人与人之间应该互相帮助。阿布杜巴哈指出：人类的最高需求是合作与互助。人们亲善与同盟之纽带愈坚强，在一切人类活动的领域建设性与成就性就愈强大。[②] 在自然界中，有一些生命能够独自生存，譬如一棵树，可以不需要别的树提供帮助和合作而生存下去。有一些动物也是离群索居，但对人类来说这都是不可能的。合作与相互联系对他的生活和生存来说是必不可少的。通过联系与相聚，人类才会得到个人和群体的与发展。比方说，如果两个村落之间相互进行交流与合作，那么可以肯定，每一方都可以获得发展。同样，两个城市之间互相交流，两方都会获益并取得进步。如果两个国家之间达成一个相互合作的基本识见，则它们各自与相互的利益都会获得巨大的进展。[③]

当今的世界已进入巴哈伊教所主张的青春期，正在向成年期转化，逐步趋向成熟，而今天世界到处出现的动荡与改变正是这种转化所具有的特征。在这一新时期中，人与社会的各种基本关系，必须发生相应的变化。这些基本关系涉及人与自然、个人与集体、家庭、个人与社会机构诸方面。在人与自然的关系方面，人类再也不能对大自然持掠夺性的态度，历史已经证明，个人和团体的贪婪、不断积累财富，只会加重对环境的破坏。人们只注意自己的利益，就会忽视大自然的一体性。必须选择与自然和谐的态度，清醒地认识到资源的开发与利用，要基于对生态的动力性平衡和宇宙一切有机生命之间的无限关系网的了解。[④] 在个人与集体方面，要改变人与人之间是一种社会统治关系的观点，要使个人与集体之间的关系达到更成熟的状态，要注意社会秩序的精神特性。每个人都应该认识到，个人的满足不在于统治别人，而在于为他人作出贡献，这样创造出一个能使每一个成员都能发挥他的潜力的社会。[⑤] 在家庭中，既不能有重男轻女的观念，又不能有过分强调忠实于家庭而使个人不能对社会负责任那种家庭观念。[⑥] 在个人与社会机构方面，应该改变历史上个人对自由的欲望和社会机构对服从的要求之间长期处于一种紧张状态的事实，建立起一种新观念，这就是承认真正的自由基于自制，而不顾他人的自由必然导致过分，而社会机构必须保证不成为少数人自私愿望的工具或统治人民的方法，而是成为使群众的才能、能力和集体力量顺利贡献于社会的渠道。[⑦]

① 参见李绍白：《人类新曙光——巴哈伊信仰》，第 74 页。
② 参见阿布杜巴哈：《世界和平之传扬》，美国伊利诺伊威尔米特巴哈伊出版社 1982 年版，第 338 页。
③ 参见阿布杜巴哈：《世界和平之传扬》，第 38 页。
④ 参见罗兰：《道德教育》，澳门巴哈伊总灵体会 1994 年版，第 18～19 页。
⑤ 参见罗兰：《道德教育》，第 19～20 页。
⑥ 参见罗兰：《道德教育》，第 20 页。
⑦ 参见罗兰：《道德教育》，第 20 页。

为了使个人与社会之间的关系保持团结与和谐，巴哈伊教特别提倡一种磋商的原则，因为“磋商使人获得更清醒的认识，将猜想转变为确定性。它是在黑暗的世界中给人指引的一束光。对于任何事情来说，都有并将继续有一个完善与成熟的阶段。领悟这一天赋的成熟通过磋商而显露出来”①。

共同磋商的目的是探求真理：“表达意见的人不应把自己的观点当作是正确无误的，而应作为对团体意见达到一致的贡献，因为当两种意见恰巧一致时，真实之光就显露出来了，正如火产生于燧石与火镰碰撞之时。人们应当以安详、平静和坦然的态度来衡量自己的见解。在提出自己的意见之前，应该仔细考虑别人已经提出的意见。如果发现已经提出的意见更接近真理和更有价值，就应当立即加以接受，而不是有意固执己见。”“真正的磋商是在友爱的态度和气氛下的精神聚会。参加磋商的成员应以和睦亲善的精神相互友爱，以取得圆满的结果。爱和友情是根本所在。”②这种磋商的原则，显然基于人类一家的基本理论。

在人类社会中，有两种文明是必须共存的：一种是物质文明，另一种是精神文明。两者步调一致，才能真正使人类得到幸福。阿布杜巴哈在 20 世纪初就指出，当时物质文明已经达到了一个先进的水平，但还缺少精神文明。仅仅有物质文明是无法令人满意的，它不适应现阶段的情况与需要。物质文明所能带来的利益仅局限于物质世界之中，而精神是不受限制的。他针对当时东西方的现状，指出：“如今东方需要物质进步，而西方渴求精神思想。如果西方为获取精神的启迪，以其科学知识与东方相交换，那就是再好不过也没有了。这必是一种赠礼的交换。东西方必须相互团结，各补所缺。这种团结将促使一种真正文明之实现，这种文明将是精神与物质共同发展的文明。”③

巴哈伊教把物质文明看作玻璃球，精神文明是光，没有光的玻璃球还是黑暗；物质文明像人体一样，无论它多么美，多么优雅，还是个死体，精神文明像人的心灵，人体从心灵得到活力，没有心灵就变成死体。对于整个人类也一样，如果没有精神文明，只有物质文明，人类也就没有生命。④ 只有将物质和精神的完美结合在一起的文明才是真正的文明，或称神圣文明。⑤

宗教是神圣文明中不可忽视的重要因素，起着举足轻重的作用。宗教的本质是爱，是团结，因此，真正的宗教是人间爱与和谐之源。“宗教是世界之光。人类的进步、成就与幸福源自对圣典所制定之律法的遵从。”“在现实时候中，无论内在或外在，宗教都是一座内外结构最为宏大的堡垒，它最牢固可靠，最坚韧持久，护卫着人类世界。它确保人类精神和物质上的完美，并保卫着社会文明与人类幸福。”⑥但是，可惜的是，尽管神圣宗教的真理始终如一，世界各大宗教均来自于同一个上帝，但现今人类却深陷于模仿与幻觉中不能自拔。迷信掩盖了根本的真理，世界一片黑暗，宗教之光被淹没不见了。这种黑暗助长了差距与分歧，出现了众多的仪式和教条，由此导致了宗教派系之间纷争的出现，忽视了统一的本质，因而无法接受宗教的荣光。“宗教本意要带来生命，却导致了死亡；本应是知识的证据，如今却成了无知的证明；曾是崇高人性的因子，如今却成了人性堕落之源。因此，宗教信仰者的国土日益缩小黯淡，而拜物主义者的疆域却不断扩展。”⑦

---

① 《巴哈欧拉》，马来西亚巴哈伊出版委员会 1988 年版，第 2 页。

② 《巴哈欧拉》，第 9 页。

③ 《巴黎片谈》，第 6 页。

④ 参见罗兰：《道德教育》，第 18 页。

⑤ 参见阿布杜巴哈：《已答之问题》，第 185～190 页。

⑥ 阿布杜巴哈：《神圣文明的隐秘》，第 71～73 页。

⑦ 阿布杜巴哈：《世界团结之基础》，第 73 页。

为此，阿布杜巴哈主张宗教革新，“宗教是神圣本质的外在体现，因此必须富有生命与活力，且需要不断运动发展。假如宗教停滞不前，它就缺乏神圣的生命，就是死的。神圣原则总是充满活力、不断进化的。因此启示这原则的宗教也必须是持续发展的”①。巴哈伊教根据时势的发展和需要，及时地废除了“圣战”、“异教徒”等概念，正是革新思想的具体贯彻。

和一般宗教不一样，巴哈伊教主张人不应该盲从和模仿，而应独立去探讨真理。阿布杜巴哈说：“上帝赋予人用来探寻的双目，人借此可以发现认识真理；他赋予人双耳，使他可以听到本质的信息；他赋予人理性思维，他因此能够为自己发现事物。这是人的天赋，是他用来寻求本质的工具。人不应借他人之目来看，不该以他人之耳来听，也不应用他人的大脑来思考。上帝设计人的时候令每个人都有其天赋、能力与责任。那么，依靠你自己的所谓来判断、遵从自己寻求的结果吧！”他又说：“每个人都有责任去寻求本质，别人的探索代替不了自己的追求。”“因此人人都必须独立地去追求。世代相传的思想信仰是不够的，因为拘泥于此仅会产生形而上学，而形而上学总是错误的向导及失望之根源，去追求本质吧，那么你会摘取真理与生命之果。”②

巴哈伊教之所以提倡人应该独立探索真理，是因为通常人们所宣称的真理的四个标准都是有缺陷的。这四个标准是：感性认识、理性、传统、灵感。阿布杜巴哈指出，感性标准是不可靠的，看一面镜子以及镜子中反映的影像，这些影像并非物质形态之存在，感官时常受骗，人无法区别实质和假象。理性标准同样不可靠，理性就是思维，人类理性在本质上是有限的，它经常会导致错误的结论，不可能全部地了解真理之本源。传统也不值得信赖，因为宗教的传统无非是对经典的理解和阐释的记录，而这些阐释和理解都是通过人类理性的分析，而理性分析已被证明是不可靠的。灵感之不可靠是因为它就是人类心灵的冲动，但邪念也是人类心灵的冲动。所以所有人类的判断标准都是有缺陷的，受限制的。③ 人要通过独立地追求，去获得圣灵，圣灵本身就是光明，就是知识，通过圣灵，人类的思想得到了激发，被赋予正确的结论和完美的知识。④ 但是，提倡人独立地去探求真理，并不是否认人应该接受教育，相反，巴哈伊教十分重视教育。巴哈欧拉指出：“人应是至上法宝，但缺少教育一直剥夺了人的潜能。人是一座含无价之宝的富矿。唯教育能使它显露，使人类从中受益。”⑤

阿布杜巴哈进一步说明：“自然的世界是不完美的，经过教化的世界才完美。也就是说，训练和文明将人类从自然界的危难之中解救出来。因此，教育是必要的和义务的。然而，教育的类型很多。如身体锻炼，使人健康发育。还有学校和大学提供的理解力和心智的教育。第三类教育是精神教育。人若吸入圣灵的气息，便会升华到道德的境界，为圣恩之光所指引。而只有通过那‘永在之太阳’的光芒和灵性的生机勃发才能达到这道德的境界。”⑥这可见要取得圣灵，必须通过精神教育。

至此，我们粗浅地探讨了巴哈伊教有关人学思想的基本轮廓。对于当代人来说，巴哈伊教的人学思想最值得珍视的是人类一体观和对人的精神灵性的高扬及对教育的高度重视，认真地继承这种思想，将使人类获得极大的裨益。

① 阿布杜巴哈：《世界团结之基础》，第 86 页。
② 阿布杜巴哈：《世界团结之基础》，第 78～80 页。
③ 参见阿布杜巴哈：《世界团结之基础》，第 51～53 页。
④ 参见阿布杜巴哈：《世界团结之基础》，第 53 页。
⑤ 《巴哈欧拉拾穗集》，世界正义院 1978 年版，第 260 页。
⑥ 阿布杜巴哈：《世界和平之传扬》，第 329～330 页。

第九章　儒学现代化应向巴哈伊汲取什么？

一、巴哈伊信仰的经验

思想文化和物质生活在社会发展过程中是相互依存和相互渗透的。马克思在《德意志意识形态》中说过，那些发展着自己的物质生产和物质交往的人们，在改变自己的这个现实的同时也改变着自己的思维和思维的产物。雅斯贝斯、帕森斯等人认为，人类从历史的轴心时代（公元前800～前200年）经历了哲学的突破以后，就有了进行自我理解的普遍框架，这个框架包括中国孔子开创的儒学体系，希腊苏格拉底、柏拉图的理性主义，以色列的“先知运动”以及印度的佛教等。而且他们认为，从这一时期以后，人类社会每一次新的飞跃，“轴心潜力的苏醒”和“轴心期潜力的回归”，总是成为物质发展的精神总动力。

应该说，历史发展的史实也的确在某种程度上印证了这种观点。随着物质文明向现代化的进展，精神文化和物质生活的互动性要求人文学科为人类提供一个新的动力支持。儒学和产生于东方、生长于东方的宗教（如伊斯兰教等），由于其生成的社会物质水平的落后，而一度被排斥在现代化的大门之外。自20世纪80年代起，人类在日益发达的科技包围中，开始意识到自己正逐渐成为其所创造的严密社会组织中的一个部件，正在丧失其活生生的、富于情感理智的主宰者的地位；而带来高科技文明的西方哲学思维传统，面对人们的精神焦虑，则越来越陷于工具理性之中，似乎也显得无计可施。因此，西方的有识之士开始呼唤价值理性的回归。于是，生长在东方社会的儒学和宗教，重新成为人们关注的热点。

对此，可以通过近年来世界人文思想领域内的两个亮点——儒学和新兴的巴哈伊教——的比较分析来说明。巴哈伊教在1844年形成于波斯（今伊朗），是在伊斯兰教支派巴布教的基础上生长起来的。一百五十多年来，它已成为分布范围仅次于基督教的世界性宗教，发展速度惊人。它的崛起，一方面说明了宗教现代化中的某些问题；另一方面，在一定程度上也为传统文化的现代化转换提供了一些有价值的借鉴。这里将通过对儒学和巴哈伊在其相似层面上现代化程度的不同表现，来说明儒学的现代化问题。

史华兹说过：现代化是合理的社会行为日积月累的努力，这种努力所追求的，就是寻找一种有效率而且合理的手段，会达到越来越大的，对社会环境和自然环境的控制，以造福于人类这个目的。[①] 在这种努力的进程中，技术理性主义曾一度将儒学代表的人本精神排除在外。但随着努力的积累，人们对“合理”的理解，有了更深的认识。这种“合理”，更多地包含着由文明进步带来的对人的文化生命的认证。儒学及宗教在这种背景之下发挥的“轴心期潜力”，就为新价值体系提供了一个人本主义精神的坐标系。

道森也指出：“当今世界混乱之原因，或在于否定精神实在的存在，或在于想把精神秩序与日常

① 参见史华兹：《共产主义与中国：变化中的意识形态》，纽约 Atheneum 公司 1970年版，第167～169页。

生活事务当作互不相干的两个独立领域。”[①]前者指的是宗教面临的问题，后者指的是西方哲学中的理性主义框架中产生的问题。与之相对应，儒学自孔孟创立学说之日起，强调的就是正在被现代生活所淡化的对人内在生命的深刻透视。这种特殊的生命文化，不能由西方的传统思维开拓出来。虽然康德认识到“头上的星空”和“心中的道德律”同样重要，但他始终未能在这两者之间架起沟通的桥梁。而儒学和巴哈伊教，正是在这一点上显示出它们的优势，也正是在这一点上，形成它们的共通之处和其现代化进程中的可比性。

在东西方文化碰撞交融的时期，备受关注的儒学思想本该迅速获得处于精神饥渴中的人们的认同，但现实却是：尽管现代新儒家对儒学理论的发展越来越精深，体系也越来越精巧，但儒学始终未能在现实中发挥它应有的理论引导能力，未能对其发源地——中国的新价值观的形成产生深刻的影响。在西方社会，它只是学者在书斋中才谈论的话题，它的热度仅局限在理论圈子之内。

在儒学的“轴心时代”，孔孟的著书立说不是为了建构一种脱离人伦世界的超世哲学。它的立足点、关注点，是人们此世踏踏实实的生活，其目的是为人的社会确立一部规范的大法典。同时，它又有一种超越现状的理想主义色彩，即将伦理规范定位为高于现实的、无处不适用的最高规范。因而儒学具有双重的潜在功能，这种双重性又是矛盾的。在情感上对古圣先贤的上古之礼的依恋，对现实社会政治制度理智主义的认同，以及在实际行为上的参与。在这种双重性中，孔子和孟子保持了微妙的平衡：一方面致力于理想主义的伦理理论的建构，另一方面积极参政、授学。这种平衡，在后来的儒家那里被破坏了。从汉代开始，已有了这种端倪，后来的宋明理学，又将情感上的理想主义过分发展了，使之距离现实越来越远，清代的训诂学、考据学又彻底抛弃了理想主义。这就必然使儒学在刚与现代化遭遇时，便被拒斥在现代化的大门之外，似乎儒学只能成为学者书斋中的玩偶。正如黄秉泰所言：“当儒学关于现存社会制度的矛盾减少时，儒学就丧失其社会效用和社会的参与。”[②]后来的儒家又把它神圣化，成为一种超越时空的、泛世的、永恒的文化，将孔子的构想绝对化，忽视了社会现实的相对性。如果中国后来的儒学绝对化的习惯得以清除，古代儒家意识形态的灵活性又得以恢复并进行新的变革，那么儒学与当今现实社会生活或许会结合得紧密些。

但事实与期望相反。儒学的现代化问题，虽然自 20 世纪 80 年代起就已开始成为学界谈论的焦点，如关于儒家思想将“整个政治构造，纳入理论关系中”[③]，将“延续变成一种保护性的防御性的概念”[④]，关于它的等级观和男女地位观等与现代进程不合拍的思想内容，在学理上讨论得可谓多矣。但是，能将儒学中的内容结合于现实生活，却少之又少。儒家传统，甚至包括极有价值的内容，复而不兴，这是现代新儒家面临的难题。

就此而言，前所述及的宗教领域中的巴哈伊教，倒是做了较成功的尝试。巴哈伊教的人本主义精神、家国天下的社会理想，都与儒家思想有些许相通之处。但是，在现代化的进程中，它却取得了较儒学更为显著的成功。同时，这种成功也正说明了宗教传统现代化的一些趋向。

汤因比说过，现存的各高级宗教，目前都面临一场情感与理智的冲突，而它们的前途，也在相当

① 道森：《论秩序》，纽约 1939 年版，第 6 页。
② 黄秉泰：《儒学与现代化》，社会科学文献出版社 1995 年版，第 157 页。
③ 《梁漱溟文选 · 儒学复兴之路》，上海远东出版社 1994 年版，第 175 页。
④ 狄百瑞：《东亚文明 · 五个阶段的对话》，江苏人民出版社 1996 年版，第 100 页。

大程度上取决于如何认识、解决这场冲突。而且,在他看来,"这场冲突原因在宗教内部"①,宗教与现代化之间的冲突,主要表现为对先知启示的情感依恋与科技理性的冲突,其尖锐性甚至使其丧失了妥协解决的可能性。为此,汤因比提出:"除非人们认识到,同一个字眼真理,在哲学家、科学家的用法中和先知们的用法中并不是指相同的实在,而是一个用来表述两种不同经验形式的同形异义词。"②这要求宗教作出的让步就是:不要再把先知启示放在高居不下的位置上,应在神的领域中为人的精神争得更大的地盘。同时,要求宗教关注人的现实生活,从中汲取探讨人类意识深层的驱动力。

巴哈伊教可视为传统宗教向现代化成功迈进的一例。对其母体宗教伊斯兰来说,从本世纪中期,伊斯兰世界出现了种种社会、宗教改革,但无论是霍梅尼、凯末尔等政治家,还是阿富汗尼、阿布杜、艾敏等伊斯兰学者,他们都只提出或实行了种种理论的、形式上的改变。政治改革家改变的是宗教的仪式、制度,对宗教的根本精神未有触动;宗教学家对宗教与科学和现代生活的关系有新的认识,但具体到宗教教义中却不多。在解决这种脱节的矛盾中,巴哈伊教作了有益的尝试。

巴哈伊教认为,传统与现代化之间的动力性相互作用,是一个相关领域,其中察觉潜藏的道德价值能力起着至关重要的作用。现代化的变革过程要求人们能够自觉地正视自己的文化和传统信念。在该教教义中,有多处对传统宗教教义与现代人类文明要求不相符合的内容作了明显的修改。它取消了圣战的教义,呼吁和平,主张人类一体;明确反对一夫多妻制,主张男女平等;它并不反对现代商业的营利行为,而是鼓励人们积极从事造福人类的事业;尤为重要的是,它放弃传统高级宗教间对立纷争的敌视态度,极力主张各宗教在平等、认同、磋商的基础上进行沟通,在求同存异的多样化形式中实现各宗教的统一。这对传统教义来说,是最重要的一项革命。巴哈伊认为宗教的真理就像人类共同拥有的一个太阳,只是破晓的地方不一样,体现的形式不一样,但真理就是那一个,所以各宗教教义根本上是相通的。该教奠基人之一阿布杜巴哈说:"在宗教方面,人类自己炮制的教义及伦理习俗已过时并毫无生命力,不仅如此,确实它已成为人间敌对的原因。……所以我们的责任是在这个灿烂的世纪里,探索神圣宗教的本质,寻找人类世界大同的根本实质。"③这种宗教宽容精神是解决目前宗教前途的两种矛盾冲突之一的有效途径。对解决汤因比所言的另一种冲突:先知启示情感与人类科技文明及其创造物的冲突,巴哈伊教义中亦有明确的态度。阿布杜巴哈说:"宗教必须符合科学与理性,否则它就是迷信。上帝已创造了人,使它能察觉存在之真谛,并赋予他思维,或称理性,以实现真理。"④而且该教创始人巴哈欧拉亦曾将宗教和科学比喻为人类前进中的两只翅膀。当然他们所讲的相互协调作用,并不是要以生硬的态度科学地解释宗教,或让宗教干扰科学发展的轨道,而是力图寻求社会功能的互补。正如汤因比所说,现代科学和高级宗教齐心合力理解上帝的造物:变幻莫测的人类精神。

巴哈伊在教义中实施的深层革新,触及到宗教精神的根本,这就为它取得成功奠定了基础。它对教义中提到的一些传统宗教概念的新诠释,也使它更易为现代人所接受。如它对上帝、天国、地狱、灵魂、复活等的理解是:上帝既不是拟人的实体高踞于天堂的宝座操纵着世间事务,也不是泛神

---

① 张志刚:《宗教文化学导论》,东方出版社1996年版,第188页。

② 汤因比:《历史研究》(英文版),Ⅶ卷,第97页。

③ 阿布杜巴哈:《世界团结之基础》,第16页。

④ 阿布杜巴哈:《世界和平之宣扬》,美国伊利诺州巴哈伊出版社1982年版,第287页。

意义上的精魂包含在一切事物之中，上帝是不可知之本质；天国是人之精神的守满状况，摆脱了愚昧之黑暗；地狱是人的精神的堕落状态，沉湎于情欲；灵魂是指人类一切精神与意识特质的总和；复活的观念是与肉体无关的，指精神上的永存。[①] 这些新的诠释和深层的变革，使巴哈伊教符合了现代社会的逻辑和需要。

前面已经谈到，自宋明理学后，儒家思想中情感理想主义与平衡被破坏，至清代更向极端发展。在现代新儒家那里，关于"大伦理学"、"小伦理学"，关于"改变社会规范的内在价值之源"，关于"良知坎陷"等理论对传统的说明和阐释可谓多矣。但平民百姓和西方社会对最一般、最浅层的儒学思想仍是所闻不多。不过东亚"四小龙"经济的腾飞，使人们从中看到了儒学希望。从日本实现儒学现代化的历史中，我们也可得出一些启示。

当 1853 年西方现代化浪潮冲击岛国时，日本爱国志士的现代化行动的精神支柱和思想依据，都是从日本儒学中寻找的。日本儒学之所以能成功地适应现代化的挑战，其原因在于内部具有转换新机制的活力。当中国儒学传入日本的时候，它只不过为德川幕府的统治提供了一个可利用的理论工具，但日本学者保存了其原始的实用意识形态特色。藤原惺窝把程朱和陆王折中地调和到一起，建立了德川的新伦理体系；林罗山则把儒学和神道教调和起来。"日本儒学家为了实际利益对儒学做的手脚成日本儒学的共同模式。"[②]这种模式被沿袭下来，当日本面临现代化冲击的时候，一系列的移植转化，使来自西方的民族主义、科学运动、功利主义及民主平等观念，被较好地吸收到以儒家思想为支柱的日本文化意识中，并在教育制度、管理模式等具体层面上，得到较好的融会贯通，形成日本特殊的现代化文明。在日本模式中，古典儒学的实用倾向得以保存。它未堕入儒家永恒主义和泛世主义，而是摆脱了宋明理学中高度抽象化和玄理化的学风，为日本人探求现代化发展道路，提供了内在动力。日本模式为儒学现代化提供的另一启示是：必须吸收儒学中积极的有价值的因素，并将之推进到具体而又可操作的层面，这才是对它的真正发展。

前已述及，儒学和巴哈伊教在人文主义精神、国家天下的社会理想等方面具有相通之处。由此而决定了它们在具体的内容如对人的伦理品格设计，对现代生活方式的观念等方面都具有很多相似但非等同之处。

儒学和巴哈伊都强调精神至上，重义轻利，同时也认识到物质的发达是精神超升的基础。只是，原始儒家有轻视、蔑视工商行为的倾向。理论上，儒学认为人类社会应建立在一定的物质基础上，而现实中，它又否定或不鼓励有才之士从事工商活动，因而就使精神与物质潜藏着分离的倾向。这就使儒学，尤其是中国理学，不会以积极的态度参与到现代社会的工商活动之中去。巴哈伊则在现代社会中坚持对工商业及科技文明活动的参与。其教义及其对教义的阐释均涉及现代社会生活的内容，如关于法律应维护劳动大众利益，关于劳资关系的论述以及发达国家与不发达国家的经济平衡等方面。巴哈伊信徒在很多地方还建立了新型的巴哈伊商业社团，正在实施的"东欧服务工程"，目的就是为发达国家以及发展中国家，尤其是为刚解体不久的前苏联和东欧其他国家的商业经济发展提供更合理的、有利于良好价值观形成的意识引导，力图建立一种以精神价值观为基础的新型商品经济观念。依照这种观念，虽然短期内获利不丰，但其长期利益却要远远超出现在流行的商品观。

① 参见李绍白：《人类新曙光——巴哈伊信仰》，第 72～80 页。

② 黄秉泰：《儒学与现代化》，社会科学文献出版社 1995 年版，第 483 页。

巴哈伊教以积极、肯定的方式从事现代商业活动，一方面是对伊斯兰传统中否定利息行为观念的改革，更重要的是凸显了以实际行动实施教义改革的意义。

对社会未来发展的路径和实现大同世界的方式，儒学和巴哈伊教都认为和平、求同存异是一种最可取的途径。但是在现代新儒家那里儒学这种精神只是理论上的分析，未见有更多的发挥和形而下层次的推广，更谈不上对现代国际社会生活有什么重大的影响。但这些思想在巴哈伊创教之初就已有之，巴哈欧拉和阿布杜巴哈都为贯彻这种精神而四处演讲、呼吁，为推进和平运动，甚至不惜忍受牢狱之苦。现代巴哈伊信徒则积极参与联合国非政府组织的和平运动，如积极参与诸如《地球宪章》等文件的制定，并发表《世界和平之承诺》、《人类的繁荣》、《所有国家的转折点》等文件，以实际行动和言论表明他们对人类和平事业的关心，以期对世界和平进程有所贡献。也正是由于这一系列积极的行动，使该教在一百五十多年的时间内就成长为分布范围仅次于基督教的世界性宗教。作为一种宗教，它不单是要求一般意义上的人类和平，而是更注重以积极开放的态度去寻求与其他宗教的和解与交融。巴哈伊着力于组织讨论世界环保、人权等问题的会议，通过此类活动拉近与其他宗教的关系。同时，本着求同存异的原则，巴哈伊在其现行的组织机构体系(以世界正义院为核心的各级灵体会)内，着重提倡并推行磋商等原则，使之逐步健全，希望能为未来社会提供一项行之有效的政治原则，不管这种磋商制度适应范围如何，巴哈伊此举的意义是使求同存异在现代社会中有一种可见可行的方式。

目前，在对传统思想的挖掘中，人们谈得最多的是天人关系与环境保护的问题。儒学中说的天人合一，与西方哲学中将天、人视为两个对立的主客体的传统思维相反，它讲求的是天人之间的和谐。现代新儒家将其发展为与环境保护相一致的理论，对此论述颇多。但这些论述往往只是在学术讨论会的范围内提出，在解决实际问题的国际国内环保大会上，却很少甚至几乎没有儒家学者的呼吁或提议。而在这类会议上，却时常能听到巴哈伊的声音，有些是非常切合实际的建议，这也正是它备受现代人注意的原因之一。1990 年 8 月，巴哈伊国际社团向联合国环境发展大会筹备会提交了国际环境立法必要的声明。该教还参与组织了 1995 年世界九大宗教与环保会议，参与了“圣文基金会”的环保运动，并且曾在里约热内卢环保会议等国际会议上提交了建设性的建议和章程，建立了和平纪念碑，杂志等媒介亦被巴哈伊用来宣传报道世界环保信息。凡此种种活动，都可以让人们切切实实地看到巴哈伊的环保意识和它对现实生活所起的作用。

巴哈伊社团最着力从事的另一事业，是对改善教育和妇女的状况所做的努力。在世界各地，尤其是发展中国家的落后偏远山区，办教育已成为巴哈伊信仰传播的重要方式。他们在印度的村庄创办学校，在南美的穷乡僻壤设立电台，在帮助人们传播信息的同时，对落后部族进行精神启蒙。在澳门办巴哈伊小学，在玻利维亚、哥伦比亚等地办大学，通过这些学校传播巴哈伊的精神。他们以“教育抗衡仇恨”的宗旨得到世人认可，因此在巴哈伊教徒中，既有大量高级知识分子，也有落后部族的土著居民，他们把巴哈伊精神普及到尽可能广泛的层面。而儒学，虽然孔子本人就是大教育家，儒学本身也提倡己欲立而立人的言传身教，可是教育并没有被后来的新儒家很好地利用对世界产生积极影响。

除此而外，一些束缚社会向现代化迈进的儒学传统，也未能得到彻底而有效的改造，一些积极的思想也未能进行成功的现代化转换，于是未能对人们产生更深刻的影响；而巴哈伊却在呼吁平等、人权及保护妇女儿童权益的实际行动中，使其形象在发展中国家的人们眼中更加光亮，使其教义更能吸引人。

通过比较可以看出，儒家思想含有诸多与现代化一致并可对现代化发展提供强有力精神支持的内涵。尽管韦伯断言儒家精神与工业文明占上风的现代社会相排斥，但东亚特殊经济模式的成功，新兴的巴哈伊教与儒家思想的诸多相似之处，都使我们有理由相信儒学含着与现代合拍的特质：人文主义精神及由此精神而衍生的一系列社会观。

儒学虽是一种学术思想，但它自创说之日起，其目的就是为了经世致用，这也应该是儒学在现代发展中的一个根本目的。实用儒学和其他实用科学一样，尤其注重对现代社会的发展和人类精神家园的重建。应该说明的是，实用儒学与明清时兴起的实学并非一个概念。实学是17世纪以来，受西方科技知识冲击后出现的实用之学，它是为了摆脱宋明理学的樊篱而走向经验科学，是一个历史概念。实用儒学则是一个现实概念。实用儒学与新儒学亦有区别，它不是为了理论上的重建，而是为了使儒学中有价值的内容能为现代社会利用。① 与实用儒学的发展模式类似的是，巴哈伊同样注重教化，通过在印度乡村的技术学校、南美的培训中心和澳门的语言学校，来传扬其精神。

从上文与巴哈伊的比较中可以看出，儒学面临的问题，就是它还没有能够从现代生活范式中汲取足够的动力，以促进儒学现代化转换内部活力的形成。而巴哈伊则走了一条将理想付诸现实化的道路，它力图将上帝天国建立在人间。因而，它着力做的是将其触角伸到现代社会，以汲取其宗教发展的营养和动力，同时在现实操作中，不断使教义与现实磨合发展。这正是儒学所缺少的，也是它未能成功地与现代化接轨的症结所在，因此儒家应该从巴哈伊汲取一些现代化思想，并学习其发展模式。

从巴哈伊和儒学面对的问题来说，就是如何将传统与现代接轨的问题，具体地说就是如何将观念的东西转化到可操作层面的问题。在这一过程中，不论是宗教，还是一般人文学科，都应相互沟通和借鉴，即采取一种开放的态势，这是一个根本的大前提。正如有的学者所指出的："传统社会的真正危机，不在于西潮的冲击与入侵，而在于……权威性格阻碍了政治的现代化与民主化。"②若儒学抱住其内向、保守的态度，不能形成由内部深层的开放而辐射到外部的开放态势，便不能真正汲取到有价值的养分，以促成内部生机的形成也不能创新。从前面述及的巴哈伊对科学、宗教的态度中，可以看到它既有宽容的精神，也有开放的品格。儒学作为一个历史悠久、体系庞大的学说，要适应现代化的要求就必须面向现实的层面，并从社会生活各个层面汲取其营养，充实到体系中，增强与现代社会的磨合力。从体系上来说，对从西方涌来的功利主义、专业分工的伦理秩序和情感的中性化以及国家民族观，若能采取一种开放的态度，则有利于在传统精神的根基上，确立一种多维的价值观，形成一个有大容量的多面体系，恰如巴哈伊的九面灵曦堂所表征着的一种开放精神一样。

这种真正的拿来主义，是立足于儒学体系本身，在保持其基本精神的基础上的革故鼎新，积极主动地实施从内到外的开放，向巴哈伊等汲取有益的东西以为己用。这对在现代社会条件下，将儒学真正发展成为具有世界意义的文化体系，对群体意识失落、环境问题、资源问题等，都有重要意义。

儒学的劳动、节俭、勤奋、谦逊等品质，对现代社会发展都有着极高的价值，但也潜藏着被深化论述或泛化推广的可能性。但不论如何，现代新儒家都应将百姓日用而不知或不知又不用的传统文化

① 参见蔡德贵：《实用儒学刍议》，载《鲁文化与儒学》，山东友谊出版社1996年版，第282页。

② 郑志明：《中国意识与宗教》，（台北）学生书局1993年版，第76～77页。

在与现代生活模式的磨合中，推而广之，以负起儒学应担当的新的历史重任。

二、实现儒学、儒教一体化

儒学与儒教既有区别，又有一致，是一而二，二而一的，应该实现其一体化。

儒最早作为一种职业，是殷民族礼教的教士，保存殷人的宗教典礼，穿殷人的服装。在六七百年中，它逐渐成为治丧、相礼和教学等各种活动的教师。这说明儒的职业是与宗教活动有关的。从孔子开始，逐渐形成儒家学派。儒学作为一种思想体系，既是"学"，又是"教"，也有宗教因素存在其中。

在孔子以前，中国的古代典籍中有很多有关上帝、帝、天、天命的概念，它们虽然有些区别，但大体上是一致的，都是说明在人的主体之外，存在一个独立的神的本体。这个神的本体是不依赖于人的存在而存在的。

中国先民是相信上帝和天命的，古籍中不乏这方面的记载。《尚书》中用"帝"、"上帝"来称呼主宰之天，"天"、"帝"、"上帝"是可以通用、并用的，如《尚书・益稷》"傒志以昭受上帝，天其申命用休"，《尚书・康诰》"唯时怙，冒闻于上帝，帝休。天乃大命文王，殪戎殷，诞受厥命"等，天、帝是有主宰性的外在本体。《尚书》中也用"上帝"、"皇天"、"皇天上帝"、"昊天"、"旻天"等来称呼主宰性的外在本体。《尚书・高宗肜日》："唯天阴骘下民，相协厥居"，"唯皇上帝，降衷下民。"《尚书・汤诰》："唯上帝不常，作善，降之百祥；作不善，降之百殃。""上天孚佑下民，罪人黜伏。"《尚书・君奭》："我亦不敢宁于上帝命，弗永远念天威越我民"，"格于上帝"，"在昔上帝割申劝宁王之德"，"亦唯纯佑秉德，迪知天威，乃唯时昭文王迪见冒，闻于上帝"。《尚书・立政》："尊上帝"、"丕厘上帝之耿命"、"敬事上帝"。《尚书・多士》："上帝引逸"，"唯时上帝不保，降若兹大丧"，"今唯我周王丕灵承帝事"，"予亦念天"，"时唯天命。无违，朕不敢有后，无我怨"，"灭殷，受天明命"。《尚书・汤誓》："有夏多罪，天命殛之"，"予畏上帝，不敢不正"。

这些概念基本是一致的，《史记・封禅书》集解引郑玄云："郊者祭天之名，上帝者，天之别名也。神无二主，故异其处。"孔安国云："帝亦天也。"《月令》云："命有司大雩帝，用盛乐，以祈谷实。"郑玄云："雩上帝者，天之别号，允属昊天，祀于圆丘，尊天位也。"《史记・五帝本纪》集解引郑玄云："昊天上帝，谓天皇大帝"；《史记・五帝本纪》索隐："帝，天也。"

这些概念正如东汉马融注《尚书・舜典》"类于上帝"的"上帝"所说："上帝，太一神，在紫微宫。""上帝，太一神，天之最尊者。"唐孔颖达在《诗经・长发》《毛诗正义》中说："天皇大帝，神之最尊者也，为万物之所宗，人神之所主。"他们都肯定了"上帝"是太初独一、至高无上、天上最尊贵、万神中最尊贵的神，是创造宇宙万物的始祖，是人类和众神的主宰，也是人类敬畏的对象。

在《诗经》中，这样的上帝概念也很多。《诗经・小雅・菀柳》："上帝甚蹈，无自昵焉。""上帝甚蹈，无自瘵焉。"《诗经・大雅・文王之什・文王》："上帝既命，侯于周服。""殷之未丧师，克配上帝。""昭事上帝，聿怀多福。""上帝临女，无贰尔心！"《诗经・大雅・皇矣》："皇矣上帝，临下有赫；监观四方，求民之莫。""上帝耆之，憎其式廓。乃眷西顾，此维与宅。"《大雅・生民之什・生民》："上帝不宁"，"上帝居歆"。《诗经・大雅・板》："上帝板板，下民卒瘅。"《大雅・荡之什・荡》："荡荡上帝"，"疾威上帝，其命多辟"。"匪上帝不时，殷不用旧。"《诗经・大雅・云汉》："后稷不克，上帝不临"；"昊天上帝，宁俾我遁！""昊天上帝，则不我虞。敬恭明神，宜无悔怒"。《诗经・周颂・执竞》："上帝是皇。"《诗经・周颂・臣工之什・臣工》："明昭上帝，迄用康年。"《诗经・鲁颂・閟宫》："上帝是依，无灾无害";"无贰无虞,上帝临女"。《诗经·商颂·长发》:"昭假迟迟,上帝是祗。"

在礼经中也有"上帝"的概念,如《中庸》所描述的"郊社之礼,所以事上帝也;宗庙之礼,所以祀乎其先也";魏征《隋书·志·礼仪》:"《礼》:'王者祀昊天上帝,则大裘而冕,祀五帝亦如之。'""祀昊天上帝,则苍衣苍冕;祀东方上帝及朝日,则青衣青冕;祀南方上帝,则朱衣朱冕;祭皇地祇、祀中央上帝,则黄衣黄冕;祀西方上帝及夕月,则素衣素冕;祀北方上帝,祭神州、社稷,则玄衣玄冕。"

值得注意的是,中国先民早期的"天"的观念明显带有外在神灵的意义,所以人类对它有敬畏感,如"敬天之怒,无敢戏豫,敬天之渝,无敢驰驱"(《诗经·大雅·生民之什》),"我其夙夜,畏天之威"(《诗经·周颂·清庙之什》),"荡荡上帝,下民之辟;疾威上帝,其命多辟"(《诗经·大雅·荡之什》),"唯尔多方探天之威,我则致天之罚"(《尚书·多方》)。但是到春秋战国时期,中国人的思维方式渐趋成熟,形成了一套系统的天人合一整体思维方式,人和天有合一的趋势,就使人对天的敬畏感减弱。

(一)天人合一思想的长处和局限

作为一种思维方式,天人合一有其优长之处。它把天看作大宇宙,把人看作小宇宙,注重天人之间的和谐和共生共存,对于保护地球有其不可忽视的作用。这种作用因人类对天的畏惧而产生。

对天人合一这种思维方式来说,因为它降低了天的地位,抬高了人的地位,所以解放了人的思想。从帝王方面来说,他们自然是天的代表,代替天来统治万民,"奉天承运,皇帝诏曰",诏诰的这个开头语给皇帝无形中增加了多少威风,让万民对皇帝有一种不可名状的恐惧感,起码在心理上都畏惧皇帝,这对巩固皇权可以起到莫大的作用。它把天的权威转移到帝王身上,使帝王有了等同于上帝的地位,从而也就使帝王的统治更加专制。中国历史上的一些开国皇帝,哪怕原先出自于流氓一类,只要登基做了皇帝,靠这种威风,摇身一变就成了天子,就可以君临百姓进行统治。刘邦、朱元璋都是这种类型的皇帝。中国儒家的孟子,主张:"天降下民,作之君,作之师,唯曰其助上帝,宠之四方。"(《孟子·梁惠王下》)而从一般人方面来说,也可以成为和天平起平坐的主体,可以有自己的独立意志。孟子初步奠定了这种思想的基础,完整地提出了一套"尽心"、"知性"、"知天"的认识路线,"尽其心者,知其性也。知其性,则知天矣。存其心,养其性;所以事天也。夭寿不贰,修身以俟之;所以立命也"《孟子·尽心上》。宋代,程朱理学一派完善了这种思想,程颐提出:"只心便是天,尽之便知性,知性便知天。"(《程氏遗书》卷二上),而发展到陆王心学一派则把理与心统一起来,把先天的理安置到人心之中,称理即是心,心即是理,良知成为人人皆有的,虽愚夫愚妇也都在那腔子里,都有一点灵明。从此前提推论开去,很自然地出现了王阳明后学的那种"满街筒子都是圣人"的观点。在这种观点指导下,人人都提高了自己的地位,这对尊重人的个性来说自然是很有利的。难怪在阳明学日本化的心学的指导下,导致了日本明治维新的成功,使其在东亚最先进入了近代社会。但是有些坏人干坏事的时候,也可能会说出自良知或良心的指使,所以良心就有了不确定性。

各家各派都认为自己的"理"是正确的、善的、美的,而且还认为依自己的"理"而行,必然会得到"善报";违背自己的"理"而行,必然会有"凶恶"的结果。然而世间也有善人得不到好报,恶人反而能够荣华富贵甚至长寿的情况。如伯牛是好人,却害着治不好的病,孔子对此无以归之,只得归之于"命"。但是孔子病危,子路请求祈祷,并且征引古书作证,孔子又婉言拒绝。楚昭王病重,拒绝祭神,孔子赞美他"知大道"(《左传·哀公六年》)。子路问孔子如何服事鬼神,孔子答说:"未能事人,焉能事鬼?"子路问死是怎么回事,孔子答说:"未知生,焉知死?"(《论语·先进》)孔子的态度是:"君子于其所不知，盖阙如也。”（《论语·子路》）孔子讲祭祀，讲孝道，讲三年之丧，是利用古礼来为现实社会服务。他不相信鬼神的实有，却也不去公开否定它，而是利用它。对卜筮，孔子引《易经》“不恒其德，或承之羞”（《论语·子路》），提倡不必占卜。

由于这种天人合一的思维方式贯彻了中国思想史的始终，所以中国的一部“二十四史”，无不以“究天人之际，通古今之变”（《史记·太史公自序》）为己任，从而使中国没有自己的信仰史。中国的历史纪年非常清楚，不像印度的历史那样理不清楚历史线索，恐怕这是原因之一，因为中国历史学家的一个主要任务就是要把上天交给帝王权力的线索搞清楚。

这样的天人合一思维方式是一种整体性思维，它和西方分析性思维是不同的。侯玉波指出：整体思维包含了在看待问题时的联系性、变化性、矛盾性、折中性、和谐性。整体性主要表现在两个方面：用辩证和整体的观点看待和处理问题。辩证观念包含三个原理：变化、矛盾及中和。变化论认为世界永远处于变化之中，没有永恒的对与错；矛盾论认为万事万物都是由对立面组成的矛盾统一体，没有矛盾就没有事物本身；中和论体现在中庸之道上，认为任何事物存在着适度的合理性。与中国人不同，美国人则更相信亚里士多德的形式逻辑思维，它强调的是世界的统一性、非矛盾性和排中性。受这种思维方式影响的人相信一个命题不可能同时对或错，要么对，要么错，无中间性。整体观则反映在看待问题时对事物与其背景关系的看法上，中国人在看待问题时所采取的认知取向是整体性的，强调事物之间的关系和联系；相反，西方文化中的人则用分析式的方式处理问题，强调事物自身的特性。这种整体性与分析性的对立与东西方的传统有着密切的关系，由于中国人把世界看成是由交织在一起的事物组成的整体，所以他们总是力图在这种复杂性之中去认识事物，对事物的分析也不仅仅限于事物本身，而且也包括它所处的背景与环境。与中国人不同，源于古希腊的西方人则认为世界由无数个可以被看成是个体的事物组成，每一个个体都有自己的特性，可以从整体中单独分离出来。因此，使得集中注意力于某一个体、分析它所具有的特性并控制其行为成为可能。[①]

正是有这种分析性的思维方式，才使西方人能够最终接受来自东方沙漠的基督教所创造的上帝的观念。由此也造成西方很早就有“物质”、“空间”、“时间”、“运动”的概念，那是分析思维的结果，而我们在同样的时候却只有“道”、“仁”等含义颇多的概念，这是综合思维的结果。有趣的是，思维方式的差异甚至影响到吃饭餐具的区别，如中国人使用筷子，显然是综合思维方式的表现，两根简单的筷子，巧妙地运用了物理学上的杠杆原理，考虑了综合的因素；而西方人使用刀叉，显然是分析思维方式的表现。阿拉伯谚语说：“智慧寓于三件事物之中：佛兰克人的头，中国人的手，阿拉伯人的舌头。”[②]佛兰克人指的是希腊人。希腊人的头脑很聪明，与分析的思维方式有关，所以后来在希伯来和希腊文化基础上产生的西方文化，科技就发达。中国人的手很灵巧，与运用筷子有关，是综合思维方式造成的结果。因为用筷子进食，可以训练手的灵活，刺激大脑，提高智力，使人心灵手巧。另外，中餐的制作方式也是综合的，炒菜很典型，而西餐的制作则是与分析思维方式有关的，肉是肉，菜是菜；中餐的就餐方式是合餐制，而西餐的就餐方式是分餐制。我们可以设想，像豆腐这样的食品，如果不是综合思维方式指导的话，是不可能研制出来的。因为它的制作过程，是非常复杂的，用分析的

---

① 参见侯玉波：《思维方式与中国人对疾病的认知》，第四届华人心理学家国际学术研讨会暨第六届华人心理与行为科际学术研讨会论文，台北，2002 年 11 月 9～12 日。

② *al-Jáhiz*, *Majmú'at Rasá'il* (*Cairo*, 1324), pp. 41-43. 转引自希提：《阿拉伯通史》上册，马坚译，商务印书馆 1979 年版，第 105 页。

思维方式是切割不出来的。

这样的综合思维方式，使我们看问题比较全面，遇事不但要看人本身，还注意到与人相关的一些事情，但往往导致有时忽视对事情本身的分析。用辩证和联系的观点看问题，也会使我们在想问题时辩证有余而逻辑不足。[①] 由于整体性思维导致中国人分析的逻辑思维薄弱，分类能力较差，所以我国古代科学发展不够好，只是技术发展较好，这是重要原因之一。另外，这种思维方式的副产品是容易形成模棱两可的处事态度，与此相类，息事宁人，瞻前顾后，优柔寡断，折中调和，安于守成，都是其消极的表现。

（二）发挥儒教作为道德宗教的作用

池田大作认为中国正像孔子"不语怪力乱神"所代表的，不是用固定的三棱镜去观察事物，而是把目光对着现实，从实际中探索出普遍的规律来，因此中国是最早和神诀别的国家。而吉川幸次郎博士则把中国定名为"无神的文明"。因为在中国文明中找不到像基督教、伊斯兰教中那样的神。[②] 这种说法不无道理。中国一般被认为是没有国教的国家，普通中国人尤其是汉族人的宗教信仰很淡漠。

但即使这样，能不能就说中国是没有宗教的呢？

如果说中国有宗教，那只能说中国的宗教是道德宗教，而不是神学宗教。正如牟宗三所说："自事方面看，儒教不是普通所谓宗教，因它不具备普通宗教的仪式。它将宗教仪式转化而为日常生活轨道中之礼乐。但自理方面看，它有高度的宗教性，而且是极圆成的宗教精神。"[③]布莱德雷（F. H. Bradley）说："宗教其实就是在人之存在的每个面向中，体显善之全貌的一种努力。"阿诺德（Matthew Arnold）说："宗教就是一种由感情加以升华了的德行。"[④]他们所说都是这种道德意义上的宗教。如果儒学体现有宗教感，也是这种充满人文精神的宗教情操。从这个角度，我曾经提出儒学儒教一体论的观点，认为儒学与儒教是一而二、二而一的。

从儒家道德宗教的角度，其作用主要表现在以下三个方面，就是在处理人和自然的关系、处理人和社会的关系、处理人自身的身与心之间的关系中表现出来。

在处理人和自然的关系方面，儒学重视人与天的相通，以达到天人协调、和谐与一致的境界。这样的思想，强调人只有尊重自然规律、顺从自然规律，人才能得到自然的赐予和恩惠；反之，只会身受其害，尝到自然报复的苦果。正是儒家思想中蕴含着这种人与自然要和谐一致的思想，所以世界上的很多有识之士才号召到孔子中去寻找人类与自然彼此能和平共处的智慧。人称现代大儒的日本人冈田武彦，也把儒学思想同克服现代人因科技进步而产生的忧虑结合起来。他认为科学文明的进步一日千里，但本来应该贡献于人类共存繁荣的科学文明反而产生了危害人类生存的弊害。在此前提之下，在拯救人类的对立斗争中，万物一体论基于人我共存的人道主义立场，对不同的思想、文化和宗教采取兼容并包的态度，是一种宽容的、具有普遍性的思想。[⑤] 因为儒家期望与物一体从而实

① 参见董毅然：《中国人为何在逻辑思维上比美国人差》，载 2004 年 12 月 6 日《北京科技报》。

② 参见池田大作：《我的人学》，北京大学出版社 1992 年版，第 347 页。

③ 牟宗三：《中国哲学的特质》，台湾学生书局 1963 年版，第 99 页。

④ 转引自 William P. Alston，"Religion"，edited by Paul Edwards，*The Encyclopedia of Philosophy*，New York：The Mcmillan Company & the Free Press，1967，vol. 7，pp. 140-145.

⑤ 参见冈田武彦：《儒教的万物一体论》，载《儒学国际学术会议讨论会论文集》，齐鲁书社 1989 年版，第 40～41 页。

现理想的人、理想的社会，与物为体就是使物各得其所，实现万物生存的理想的态度。① 这正说明儒家的宇宙学即天人之学是一种整体性的大生命观，它与当代生态学相一致，同时又表现出热爱生命、泛爱万物的纯朴情感，在中国生态环境虽然局部有所改善、整体却在继续恶化的情况下，我们应当依照儒家天人一体的思想，吸取现代科学的最新成果，建立起生态哲学，从而向更高级的生态文明转型。② 儒家的"天人合一"学说把天看作大宇宙，人是小宇宙，人是天的缩影，人副天数，而且人性也来自天性。人作为小宇宙，不仅要保持与大宇宙(天)的和谐一致，而且人与人之间、人的内在自我和外在表现之间，也应该是和谐一致的，有一些规范性的关系制约，而这些关系也就是儒家的实用伦理学所要解决的问题。天人合一体现出一种宇宙秩序，难怪马克斯·韦伯把儒教理性看作是一种秩序的理性主义。而由于对宇宙和谐的提倡，也就导致了"儒家的唯一终极目的就是实现社会的和谐——宇宙和谐在人世间的影子"③。

在处理人和社会的关系方面，儒家向来注重社会和谐、家庭和谐、群己和谐，而其核心是贯彻儒家的纲纪学说。陈寅恪先生在《王观堂先生挽词并序》中说："吾中国文化之定义，具于《白虎通》三纲六纪之说。"④三纲六纪之说就是有些学者所主张的礼教，实际上是处理社会关系的法规。季羡林先生对此的解释是：这里实际上讲的是处理九个方面的关系：君臣、父子、夫妇、诸父、族人、兄弟、诸舅、师长、朋友，也可以解释成国家与人民、父母与子女、夫妻、父亲的兄弟姐妹、族人、自己的兄弟姐妹、母亲的兄弟姐妹、师长、朋友。这九个方面的关系处理好了，就是使这九对关系都能相互照应，相互尊重，形成一种平等的关系，而不是像在儒家思想那里只强调单方面的服从关系，就可以保证社会和谐、家庭和谐、群己和谐。社会和谐安定是和平的基础，而家庭和谐是社会和谐的基础。

处理人自身的身与心之间的关系方面，儒家特别重视修身养性。修齐治平是儒家内圣外王思想的核心内容，它主张格物、致知、修身、齐家、治国、平天下。修身是关键，《大学》对此进行了全面的论述："古之欲明明德于天下者，先治其国；欲治其国者，先齐其家；欲齐其家者，先修其身；欲修其身者，先正其心；欲正其心者，先诚其意；欲诚其意者，先致其知；致知在格物。物格而后知致，知致而后意诚，意诚而后心正，心正而后身修，身修而后家齐，家齐而后国治，国治而后天下平。自天子以至于庶人，壹是皆以修身为本。"孟子说："人有恒言，皆曰'天下国家'。天下之本在国，国之本在家，家之本在身。"(《孟子·离娄上》)修身使人人都能树立起家国一体的观念，为国家的稳定和长治久安作出贡献，从而也为天下的长治久安作出贡献。政治家如果能化除私欲，达到身心的和谐，获得精神与物质的平衡，就会逐渐去平衡社会与众生。修身是通过克己而实现最高的精神境界和觉悟，而不是伪装和压制自己的人性。事实证明，人的欲望可以通过心灵的净化而去除。修身克己，然后才能够谈得上齐家治国、平天下。因此儒家提倡的诚意修身、维护人伦道德、实现和谐相处，作为人们提高理性，维护社会秩序及世界和平的指导思想，日益显其重要。

作为儒家道德宗教的主要成分，上述儒家对三种关系的处理在当代的重要性往往被忽视了。但是实际上，它对当代的很多伦理问题是可以用现代的观点加以解释或者解读的。比如过去对三纲的

---

① 参见冈田武彦：《孔学的运用》，载《孔子研究》1989 年第 3 期。

② 参见牟钟鉴：《生态哲学与儒家的天人之学》，转引自傅云龙：《海峡两岸首次儒学学术讨论会综述》，载《孔子研究》1992 年第 1 期。

③ 汪德迈：《新汉文化圈》，陈彦译，江西人民出版社 1993 年版，第 161 页。

④ 吴学昭：《吴宓与陈寅恪》，清华大学出版社 1996 年版，第 53 页。

消极解释,被韩国学者赵骏河用一种新解释所代替,他在其著作《东方伦理道德》中把三纲的“纲”解释成模范作用,认为三纲的“君为臣纲,父为子纲,夫为妻纲”就是君主成为大臣的模范,父亲成为儿子的模范,丈夫成为妻子的模范,颇具新意。[①] 如果当权者真的能够对下级起模范作用,父亲对儿子起模范作用,丈夫对妻子起模范作用,或者是相互起模范作用,那么这个世界肯定会非常和谐。对这些方面的问题,学者应该花一些力气来重新认识和解读,使儒家的道德思想能够为当代所用。

从儒学本身已经产生的影响来看,我注意到一个与宗教影响不同的现象。作为一个宗教徒,不管是伊斯兰教徒,还是基督教徒,他们都是从小就熟读宗教经典,宗教中的道德金律已经牢牢地深入到他们的灵魂之中。这些道德金律教育孩子从小就知道应该如何做人、如何做事,而且伴之于一个人的一生。所以,基督教徒和伊斯兰教徒在思想理念中已经解决了如何做人的问题。而中国因为没有国教,没有作为国家理念的道德金律,所以,我们始终要强调做人的问题。在学术界,也是强调做人、做学问同样重要,甚至认为做人更为重要。这就使我们不得不把做人摆在十分重要的地位,下大气力去解决做人的问题。

在如何做人方面,不能说儒家没有自己的主张,儒家的修身之道应该说就是做人之道。儒家提倡通过修身养性,使人成为君子,成为圣人、贤人。但儒家从孟子开始提倡尽心、知性、知天的认识路线,把如何成圣锁定在心的领域;又提倡性善的人性论,使人人都有善性成为普遍定律。经过明代心学大师王守仁的推动,演变出一套“满街筒子都是圣人”的泛圣论逻辑。这样,你也是圣人,我也是圣人,你有你做圣人的一套办法,我有我做圣人的一套办法。结果如何呢?自然成圣就没有客观标准了。王守仁启发一个“梁上君子”致良知的故事充分说明,提倡性善论的结果,会让人人都自诩为性善者,做事的动机都是善的。性既然是善的,那就用不着外界的约束,任性去发展就是了。道德失范是性善论的必然结果。

宗教世界里,不管是基督教,还是伊斯兰教,都经过了至少一千四百多年的不懈努力,树立起上帝或真主最高和绝对的权威。即使尼采喊出“上帝死了”,也没有完全动摇上帝至高无上的地位。而且,一般人是只知道上帝而不知道尼采的。上帝作为能管理人的外在力量,在人的心灵深处起着主宰作用,使人对这种外在力量时刻怀有一种敬畏之心。这敬畏之心,在时刻提醒人们,不管是做什么事,都有一个外在的力量在监视着自己。做善事,上帝会给予奖赏;做恶事,上帝会给予惩罚。人类历史证明,有这样一个上帝管着人类,比没有一个上帝管着人类,要好得多。一套天堂地狱的赏罚系统,再加上人类自己制定的法律、规章,社会的管理机制应该说就完全了。而儒家经过发展演变,最后由王守仁把“心”说成是最高实体,天的权威被破坏了。再加上中国自古以来法制就不健全,结果就会导致“无法无天”的现象发生。“文化大革命”就是这种“无法无天”的最有力证明。而“文化大革命”作为“无法无天”的产物,既否定了“天”的权威,也就难免否定“儒”的权威了。事实上,“儒”在“文化大革命”中是首先被冲击的对象。“儒”的威信被扫荡殆尽,孔夫子被打入“老二”行列,直到今天,还没有完全翻身。这不能说不是“儒”的悲剧。如果“儒”真正变成一种宗教,恐怕任何人要想打倒“儒”,都是不容易的了。有人在北京的一所中等学校里作过一次调查,结果是大多数学生不知道孔子,全部学生都没有读过《论语》。如果“儒”是宗教,还有人不知道孔子、没有读过《论语》吗?

确实,儒学是伟大的,它伟大到能消化一切外部的或外来的文化和宗教,如道教、佛教,都不得不

① 参见赵骏河:《东方伦理道德》,吉林人民出版社2004年版,第28页。

被儒学同化，被纳入到儒学的体系之中。但也正因为儒学的伟大，使它最终没有形成宗教，没有变成一套宗教的道德金律。这又是儒学的可悲之处。现在年轻人接受泰坦尼克号、麦当娜、可口可乐、麦当劳、肯德基比接受儒学要容易得多。这是应该引起注意的大问题。现在的年轻人不知道儒学，将来再过几代还会有人知道儒学吗？

"儒"是否能变成真正的宗教，是一个值得深思的问题。中国人是最缺乏宗教情怀的，再加上"文革"的严重冲击，中国人的宗教情怀几乎被扫地出门。但从最近一些年来看，宗教徒在中国也有增加的趋势，基督教、天主教都增加得较快，这一点，我们无须隐讳。从这一方面来看，汤恩佳先生的"孔教"在一定程度上得到推广，也不是全无希望。然而，没有高屋建瓴的统筹，恐怕是很难建立起"孔教"的。

原因何在呢？在中国，人们长期受到马克思主义教育，形成了崇信唯物主义的传统。即使不崇信马克思主义的人，他们也不愿意有一个外在的教主来管着自己。尤其是人们很长时间都牢记着马克思的一句话：宗教是人民的鸦片，但人们很少知道马克思的另一句话："宗教是这个世界的总的理论，是它的包罗万象的纲领，它的通俗逻辑，它的唯灵论的荣誉问题，它的热情，它的道德上的核准，它的庄严补充，它藉以安慰和辩护的普遍根据。"①就是在现代社会里，宗教还是有其合法存在的根据。这是用不着大惊小怪的。但是，由于中国特殊的国情，要人们去马上接受一个儒教，又是很困难的。很多人对儒教的否定，已经证明推广儒教是十分困难的，也可能是出力不讨好的事情。所以，据笔者个人的浅见，与其去无休止地争论"儒"是不是宗教，或花大力气去说服人们接受"儒"是宗教的说法，还不如扎扎实实做些普及儒学的工作。当前，最值得推广的是儒家伦理中的普世因素。如果能把这些普世因素挖掘出来，变成像宗教那样的道德金律，用以指导人们的道德实践，是完全可能的。比方说，《论语》中的"己所不欲，勿施于人"，季羡林先生就说过，用不了半部《论语》就能治天下，用这八个字就能治天下。我认为，只有这样，才能重新树立起儒学的权威，使儒学的价值观重振雄风。

综上所述，儒学儒教是一体的，用不着再去争论是儒学还是儒教，要花点力气把儒学中的普世因素挖掘出来，把它变成道德金律，起到教化的作用，普及到民间，就算完成了一项大任务。简单一句话就是：要发挥儒家道德宗教的作用。

三、儒学应该向实用化方向发展

儒学作为一种学术思想，在经历了独尊儒术型、儒道互补型、三教合一型、四教会通型的四个形态的发展后，遭到"五四"以来"打倒孔家店"的反孔、军阀以及地方封建势力的"尊孔"、全盘西化论的"非孔"三种势力的挑战，为应对这种挑战出现了当代新儒家。但是当代新儒家虽以复兴儒学为己任，却没有使儒学复兴取得成功。原因在于当代新儒家没有注意到，儒学自它创说之日起，目的就是为了经世致用，这也应该是儒学在现代发展中的一个根本目的。学者普遍认为孔子开创的儒学，具有崇实黜虚的优良传统。"古之儒者，立身行已，诵法先王，务以通经适用而已，无敢自命圣贤者。"(《四库全书总目提要·子部·儒家类序言》)从孔子起，儒家学者就重视学以致用的问题，他说："诵诗三百，授之以政，不达，使于四方，不能专对，虽多，亦奚以为？"(《论语·子路》)《论语·里仁》载：

① 《马克思恩格斯选集》第 1 卷，人民出版社 1995 年版，第 1 页。

"子曰：'君子欲讷于言而敏于行。'"他反对知而不行或"言而过其行"的人。孔子要求士做能"躬行"的"君子儒"，政治目的的实现不能靠光说不做，而是需要去实干。

在学与用、言与行的关系问题上，战国时期的稷下学者也大都注重现实，强调经世致用。《史记·鲁仲连列传》正义引用了《鲁仲连子》中的一个故事，说稷下先生田巴能言善辩，但不太注重解决实际问题，只知道"毁五帝，罪三王，服五伯，离坚白，合同异"。所以鲁仲连批评他，说现在的问题是解决实际问题，眼下齐国的处境很困难，敌军压境，大敌当前，"楚军南阳，赵伐高唐，燕人十万，聊城不去，国亡在旦夕"。在这种情况下，应该拿出良策妙计。如果设有良策妙计，只知高谈阔论，那只不过是夜猫子叫，人人讨厌，你也别再说了。田巴羞愧得"终身不谈"。后来，鲁仲连看到齐将田单攻聊城岁余不下，就写了封信，用箭射到城中，送给燕将。这封信从眼前利益和长远利益的关系方面，从燕将围聊城非智勇忠的行为方面，从历史上类似事件的教训方面，劝燕将撤离聊城。燕将看到这封信，"泣三日，犹豫不能自决。欲归燕，已有隙，恐诛；欲降齐，所杀虏于齐甚众，恐已降而后见辱。……乃自杀"(《史记·鲁仲连列传》)。聊城从而得以收复。其他如"为人排患释解纷乱"的事，鲁仲连也做了不少。类似上述的故事主人公(即务实的学者)还有一些，但鲁仲连是其佼佼者。荀子对这种学风曾加以总结，说："知之不若行之，学至于行而止矣"，"知之而不行，虽敦必困"。(《荀子·儒效》)这种强调学用一致的风气是学宫中的一种正气。孟子强调"当务之为急"(《孟子·尽心上》)，稷下齐国法家也强调"事莫急于当务"(《管子·正世》)，"言必中务，不苟为辩"(《管子·法法》)。这都是说要注重解决当务之急的现实问题，不要脱离实际，空发议论。稷下先生们一般都是带有修务图治精神的，甚至像邹衍这样"作怪迂之辩"的，其五德终始的理论也是为新制度的出现服务的。其他先生们也都"各著书言治乱之事，以干世主"。至于稷下先生们在自然科学领域的建树，多数更是为解决当时生产实践中出现的问题服务的。如《考工记》，其中不仅记录了采矿、冶金、兵器制造、制革、制陶、造车、建筑、日用品制造等技艺，而且还把与这些技艺相联系的金属学知识、凹面聚光的光学知识、勾股弦定理等数学知识、振动的声学知识、滚动摩擦的力学知识、惯性以及空气动力学知识等等，作为解决实际问题的理论加以总结。这些无一不是稷下先生群体注重现实、经世致用学风的例证。

当代新儒家忽视了这种传统，所以复兴儒学没有成功。鉴于此，现在的儒学研究，除了在学理的层面出新之外，应该着重下力的是把儒学往实用化的方向上发展。笔者的《实用儒学刍议》①谈到这个问题，与刘宗贤合作主编的《当代东方儒学》(人民出版社2003年版)重新强调了这个问题。

实用儒学和其他实用科学一样，应该特别注重对现代社会的发展和人类精神家园的重建。应该说明的是，实用儒学与明清时兴起的实学并非一个概念。实学这一概念在唐代就出现过，它本来与经世致用是一致的。但是最近一些年来学术界探讨的实学思潮，则是指17世纪以来，受西方科技知识冲击后出现的实用之学，它是为了摆脱宋明理学的樊篱而走向经验科学，是一个历史概念。实用儒学和经世致用应该永远是一个现实概念。实用儒学与当代新儒家有明显的区别，它不是为了儒学理论上的重建，而是为了使儒学中有价值的内容能为现代社会所利用。

我们的邻国日本在儒学的实用化方面有很好的经验。当1853年西方现代化浪潮冲击岛国时，日本爱国志士进行现代化行动的精神支柱和思想依据，就是从日本儒学中寻找的。日本儒学之所以能成功地适应现代化的挑战，其原因在于内部具有转换新机制的活力。当中国儒学传入日本的时

---

① 载《东岳论丛》1996年第6期。

候，它只不过为德川幕府的统治提供了一个可利用的理论工具，但日本学者保存了其原始的实用意识形态特色。藤原惺窝把程朱和陆王折中地调和到一起，建立了德川的新伦理体系；林罗山则把儒学和神道教调和起来。“日本儒学家为了实际利益对儒学做的手脚成日本儒学的共同模式。”①这种模式被沿袭下来，当日本面临现代化冲击的时候，一系列的移植转化使来自西方的民族主义、科学运动、功利主义及民主平等观念，被较好地吸收到以儒家思想为支柱的日本文化意识中，并在教育制度、管理模式等具体层面上得到较好的融会贯通，形成日本特殊的现代化文明。

在日本模式中，古典儒学的实用倾向得以保存。它未堕入儒家永恒主义和泛世主义，而是摆脱了宋明理学中高度抽象化和玄理化的学风，为日本人探求现代化发展道路，提供了内在动力。日本模式为儒学现代化提供的另一启示是：必须吸收儒学中积极的有价值的因素，并将之推进到具体而又可操作的层面，这才是对它的真正发展。

可惜的是，中国儒学自宋明理学以后，儒家思想中的情感理想主义与现实之间的平衡被破坏，至清代更向极端发展。在当代新儒家那里，关于“大伦理学”、“小伦理学”，关于“改变社会规范的内在价值之源”，关于“良知自我坎陷”等理论对传统的说明和阐释很多。但平民百姓和西方社会对最一般、最浅层的儒学思想仍是所闻不多。“东亚四小龙”经济的腾飞，使人们重新看到了儒学的希望。

儒学实用化是当代儒学发展的一种趋势，也是针对当前中国在发展现代化经济时，往往忽视思想领域对中国特色的教育和灌输的倾向而提出的对策。“儒学之实用化”提出应建构系统性的儒学实用体系，为实际应用而改造儒学，对其至今有指导意义的积极面注意挖掘，而对其消极面则存而不论。当代儒学与现代化结合成功的经验，很多表现于实用层面，但目前对儒学的应用研究，还缺乏系统性和体系化。总之，儒学要与现代社会接轨，从现代生活范式中汲取足够的动力，就应确立实践的机制，进一步向实用化的方向发展。

当今世界，经济全球化的趋势，地球村的形成，价值观的趋同倾向，都使得全球一体化的进程越来越明朗化，形成一种不可逆转的趋势。儒学作为世界多元文化的一种，日益受到世人的重视，也必然会参与全球一体化的进程。世界全球化的趋势使儒家伦理成为普世伦理的可能性在增加，也使儒学在世界范围的实用化有了可能。自 2004 年在世界各地建立的孔子学院，在一定程度上可以成为推行儒学实用化的载体。传统儒学崇尚统一、爱好和平的世界主义倾向、“和而不同”的思想，可以为未来全球一体、多元文化并存、世界秩序的建立提供重要的理论资源和文化资源；儒家“天人合一”的综合性思维和“己所不欲，勿施于人”的道德金律，都带有普世伦理的意义和实用化的色彩。故在当代全球化的趋势下，儒家伦理有成为普世伦理的可能，也有在世界范围内推行的可能。

从国内方面来说，在目前情况下儒学的实用化，就是要配合和谐社会的建设。和谐社会实际上是三方面的和谐：人和自然的和谐，人和社会的和谐，人的精神和肉体的和谐，而在这三方面，儒学都可以发挥实用功能，能够解决好在社会三种关系方面长期困扰人类的问题即天人关系、人际关系和人自身的肉体与精神之间的关系。

儒学实用化正确解决三种关系的表现是：

在人和自然方面，应该达到“天人合一”之境。儒学讲究“天人合一”，注重人与自然的和谐。如《易·乾卦》上说，“夫大人者，与天地合其德，与日月合其明，与四时合其序，与鬼神合其吉凶，先天而

① 黄秉泰：《儒学与现代化》，社会科学文献出版社 1995 年版，第 483 页。

天弗违，后天而奉天时”。只有尊重自然，顺从自然规律，人才能得到自然的恩惠，否则只会深受其害。儒家还认为，在大自然的整体中，人不仅是整个自然的一部分，而且是其中被赋予灵魂和精神的那一部分，人“可以赞天地之化育”，并可“与天地参”(《礼记·中庸》)。因此人们对自然的态度不应该是伤害和肆意利用，而是要爱护和谨慎从事。对此，日本的现代大儒冈田武彦认为儒学的万物一体论、天人合一论，基于天人共存、人我共存的立场，是一种宽容的具有普遍性的思想，足以帮助免去现代社会的弊病。[①] 对自然界中，一草一木一鸟一兽都要爱护，它们也是自然的一部分，而作为人类，就应该和自然和谐。天人和谐、天人合一的思想，对解决环境生态危机肯定会发挥非常大的作用。这个天人合一的思想，被一些诗句通俗化，如“劝君莫打三春鸟，子在巢中待母归”。

在人与社会之间的关系方面，做到和谐才能保证社会的稳定。社会如何和谐？陈寅恪先生提出“中国文化之要义，具于《白虎通》三纲六纪之说，其意义为抽象理想最高之境”[②]。三纲就是“君为臣纲，父为子纲，夫为妻纲”。六纪就是“诸父有善，诸舅有义，族人有序，昆弟有亲，师长有尊，朋友有旧”(《白虎通·三纲六纪》)。诸父是父亲叔伯这一辈。诸舅是第二纪，就是母亲这一系。第三纪是族人就是自己家族里面的一批人。兄弟，是第四纪。最后是五纪师长和六纪朋友。人与人间的关系就是这三个方面的“纲”加六个方面的“纪”，这九个方面就包含了中国文化的主要精神。如果这九个方面的关系处理好了，那社会就稳定了。但是这九个方面，尤其是三纲，必须加以改造。君为臣纲，应该改造，如君改造为国家，臣改造为人民，就是把君和臣的关系，改造成国家和人民的关系。那么国家爱人民，人民爱国家，国家就稳定了。父为子纲，夫为妻纲，也不要把它作为单方面的关系来强调，绝对的服从，应该把它变成一种平等和相互的关系。那么这三方面的根本关系处理好了，再加上另外六个方面的关系也处理好了，那社会肯定稳定。事实上，三纲六纪在儒家思想中属于“礼”的范畴，而礼作为相互之间的关系，不能被撕裂，而应该被统筹实行，“礼者，履也”(扬雄《法言·修身》)。如曾子所说：“夫行也者，行礼之谓也。夫礼，贵者敬焉，老者孝焉，幼者慈焉，少者友焉，贱者惠焉。此礼也，行之则行也，立之则义也。”(《大戴礼记·曾子制言上》)

在人自身灵与肉的关系方面，要不断修身养性，做到不愧屋漏。就人自身来讲，活在世上，肯定要不断发生灵与肉的冲突，就是心灵的精神世界和身体的物质世界不断地矛盾。尤其是在市场经济的今天，利欲熏心的大有人在，而且挣钱越来越多，还是找不到自己位置的也有。那么在这样的情况下，如何解决人自身肉体和精神的矛盾？应该特别提倡修身养性。通过修身养性不断节制自己的欲望，把自己的物质欲望限制到最低的程度。修身养性的关键是正确对待物质欲望。人活在世界上，首先需要衣食住行，必须满足一定物质欲望的需求，否则人就无法生活。需要是人类进行社会活动的初始原因，但是人类为了需要的满足，既可以激发积极性，创造出人生的辉煌，也可能走向纵欲和贪婪，毁掉自己的一生。应该怎样去对待需要、对待人的物质欲望？是无限制地去追求物质方面的高层次享受，使饮食男女的欲求得到高度满足，还是控制欲望或者禁绝欲望？理学因为提倡“存天理，灭人欲”，而被指斥为用“理”杀人。人是不能灭欲的，灭欲就等于不让人有物质追求，使人无法生活。所以禁欲说和灭欲说在现实社会中是行不通的。寡欲说和节欲说是可以提倡的。寡欲用流行的话来说，可以叫做“抑制激情”。这四个字是一切值得称颂的人类品质的根基。事实上，这四个字

① 参见蔡德贵：《儒学与21世纪》，载《国际展望》1993年第2期。

② 吴学昭：《吴宓与陈寅恪》，清华大学出版社1996年版，第53页。

体现了人类所有灵性特征的坚实基础，是一切行为的平衡之轮，是使人类所有美德保持平衡的手段。因为欲望是使饱学之士一生的无数收获化为灰烬的火焰，是他们那日积月累的知识之海也无法熄灭的吞噬一切的大火。欲望会使人远离正义，步入危险而黑暗之途，追随激情与欲望只能使人堕入恐怖之海。人类通过抑制激情和寡欲，最后能够做到：富足时能够慷慨，贫穷时不要失望。一个人如果在路经遍布黄金的河谷时，也能够视如浮云，毫不迟疑地直行而过，不屑回顾，这样的人才是真正抑制了激情、控制了欲望的人。一个人如果在遇到一个绝代佳人时，他的心灵丝毫不会被贪恋美色的阴影所吸引，这样的人才是真正值得称颂的人。

目前，儒学向实用化方向发展的任务，就是努力为解决这三个关系作出其应有的贡献。

《巴布宗教思想研究》序言*

蔡德贵

当今的宗教研究，新兴宗教的研究比较薄弱，而新兴宗教中巴哈伊教的研究又是薄弱中之薄弱者。在巴哈伊教的研究中，巴布的研究更是弱中之弱。全世界对巴布的研究，屈指可数。我们知道，美国明尼苏达州立大学的 Nader Saiedi 博士，是少有的投入极大精力来研究巴布的学者。他花费 8 年以上的时间，写出有关巴布研究的专著，实在是难能可贵的。而在中国，就我所知，许宏博士的这部《巴布宗教思想研究》是第一部研究巴布的专著。

但是在中国的历史教科书中，巴布是伊斯兰教和巴哈伊教研究中出现频率很高的人物，是研究者都注意到的重要人物或者核心人物，但同时也是最难以读懂的人物。读者对巴布的印象可能是非常片面的。

在中国过去的伊斯兰教史研究中，巴布被写成伊朗农民起义的领袖、伊斯兰教的改革者或者叛逆者。在最早涉及巴布的研究者中，纳忠先生发表在《云南大学学报》1956 年第 1 期的长篇论文《伊朗巴布农民运动及对"巴哈主义"的批判》是代表作。这篇文章对巴布的背景材料介绍极为详尽，所据资料尤其是阿拉伯文的资料比较充分。许永璋的《试论 1848～1852 年伊朗巴布教徒起义》[①]和张友伦的《1848～1852 年伊朗巴布教徒起义》[②]相继发表；张桂枢也为商务印书馆的《外国历史小丛书》撰写了《伊朗巴布教徒起义》(北京，1962 年)。这些文章不能说对巴布研究没有贡献，但是限于时代的局限，有些问题没有解释清楚，比如巴布与巴哈欧拉的关系问题，就没有按照事实说清楚，有的观点甚至认为巴哈欧拉是巴布的叛逆者，这是需要依据真实的材料进一步明确的。

在巴哈伊教看来，巴布是巴哈伊教的第一位创始人，只有通过他这一扇"知识之门"，才能达到认识上帝的正确信仰。巴布的宗旨是建立保障人身自由权、私有权和人人平等、没有压迫的"正义王国"。前苏联学者谢・亚・托卡列夫曾著《世界各民族历史上的宗教》一书，该书第 24 章有《巴布教派与巴哈教派》一节。但这部著作给人造成的误解非常大，它把巴哈伊教仍然看作伊斯兰教的一个分支，而且说"巴布鼓吹人人平等、友爱——无疑仅限于信道之穆斯林。巴布自称为先知的继承人，负有向世人宣布新律法的使命。巴布的教说为神秘主义观念所充斥，近似泛神论。……(巴哈欧拉)仍鼓吹人人平等、人人对土地所获均有权享用，如此等等；然而，他不承认暴力和公开斗争，鼓吹友爱、宽容、逆来顺受——似为基督教观念濡染所致。穆斯林教义和律法，经巴哈欧拉改铸，趋于平和。新说被赋予其鼓吹者之名……它与民众情绪不相契合，更盛行于知识界。于是巴哈教说，作为伊斯

* 原载许宏：《巴布宗教思想研究》，人民出版社 2010 年版。

① 《郑州大学学报》1996 年第 1 期。

② 《历史教学》1996 年第 9 期。

兰教之业经修琢、改革和现代化之说，在西欧和美洲寻得追随者”。[①] 他的著作的翻译出版是在我国改革开放之后，其观点对国内学者影响很大，类似的观点在当代国内学术界仍然有很大的影响力。

真实的历史情况是这样的：1844 年 5 月 23 日，赛义德·阿里·穆罕默德自称“巴布”，在伊朗的设拉子向一个年轻的神学家穆拉·侯赛因启示《古兰经》优素福章的评注之后，向他说：“这个时刻，在未来的许多年代，将被当作是最伟大、最有意义的节日庆祝。”然后他宣告惊人的消息：上帝之日已经临近，他本人就是伊斯兰教经典中许诺过的“那位将升起者”、“卡义姆”。人类正站在一个新纪元的门槛上，人类生活的各个领域将剧烈动荡和重新建构。他自己就是人类必须经由的那道“门”。“今日，东西方的国家和人民，必须赶紧趋向我的门槛，寻求仁慈的我的恩泽。任何犹豫不前的人，必将蒙受可悲的损失。”[②]“巴布”在阿拉伯语中是“门”的意思，表示救世主马赫迪的意志，将通过此门传达给人民，把人们引入美好的境界。之后，他在伊朗各地广为传教。他用宗教的语言给人们勾画出一幅“正义王国”的美好蓝图。在这个王国里，人人平等，没有欺压，大家都过着快乐、幸福的生活。

在巴布的感召下，一些旧传统被废除，旧习惯被改变。1848 年，在一次巴哈欧拉参加的 81 名教徒的集会上，巴布的第一位女信徒塔荷蕾，突然揭去面纱出现在众人面前，成为这个新时代的表征。这在传统的，即使看一眼她的倩影，都会被认为是不当之举的伊斯兰社会，是一种何等大胆的行为。信徒们的生活习惯随之发生了革命性的改变，他们的崇拜的态度经历了突然性的基本转变，热诚的崇拜者向来所谨守的祈祷仪式都被彻底地抛弃了。甚至少数自己的同伴都认为改变得太过激进，近乎异端。[③]“由新教义的诞生开始，绝对避免任何暴力行动，忠于政府，否定采取圣战。”[④]就是在这次集会上，巴布的追随者宣布：全体脱离伊斯兰教及其教法，并对这种新信仰和伊斯兰教的关系做出了一个明确的结论，巴布的启示不是伊斯兰教的一个分支，而是一个新的独立信仰。

巴布指出，上帝在派遣他的先知穆罕默德当天，已经预定了他的先知周期之终止。[⑤] 巴布的宗教不是伊斯兰教，也不是另一个别的什么宗教，而是巴哈伊教的重要组成部分。这在巴布在世时，就已经确定了。巴布传导的教义与伊斯兰教的态度“形成一个鲜明的对比”，英国医生科米克对此作了善意的称颂，认为巴布的教义与基督的教义是相似的。[⑥] 法国驻伊朗大使康特·戈比诺(Count Gobineau)以及欧内斯特·勒南(Ernest Renan)、柯曾勋爵(Lord Curzon)和英国剑桥大学教授布朗(Browne)都作了同样的肯定。巴布自己也认同这一点，他认为自己的教义无论是在精神上还是目的上，都与基督的教义是一致的，而基督也是为他的出现铺路的。他的著作中也曾经引用过基督教的一些话。[⑦]

巴布对先知的态度与伊斯兰教有了明显的区别。伊斯兰教承认穆罕默德是最后一位先知，称封印先知。而巴布却承认先知的连续显现，他指出：“当一切存在完全仰赖每一天启期中的崇高实体之宝座时，你们当中有谁能挑战他们呢？诚然，上帝自无始之始至今日为止，一直都使反对他们的人完

---

① 谢·托卡列夫：《世界各民族历史上的宗教》，魏庆征译，中国社会科学出版社 1985 年版，第 605～606 页。

② 纳比尔·阿仁：《破晓之光》，梅寿鸿译，马来西亚巴哈伊出版委员会 1986 年版，第 45～46 页。

③ 参见纳比尔·阿仁：《破晓之光》，第 217 页。

④ 纳比尔·阿仁：《破晓之光》，第 424 页。

⑤ 参见世界正义院汇编：《励心集》，苏英芬译，台湾大同教巴哈伊出版社 1990 年版，第 27 页。

⑥ 参见 G. 汤士便德为《神临记》英文版写的《引言》，鸥翎译，未刊本。

⑦ 参见 G. 汤士便德为《神临记》英文版写的《引言》。

全灭绝，并经由真理之力量决定性地证明了真理。"①他把自己定位为那位将升起者，预言另一位全人类期待着的所有经典的许诺者，"上帝之宇宙性圣使"即将出现，而他自己的出现则是为他铺路的，而且将为之而牺牲。他提出："我是那神圣的原点，万物由它而产生……我是上帝之圣容，其光辉永不黯淡；我是上帝之光，其光芒永不消失……上帝已选定把天堂的所有钥匙放在我的右手，而把地狱的所有钥匙放在我的左手……凡是承认了我的人便已经了解真确的一切，并已获得善美的一切……上帝用以创造我的物质并非那用以塑造其他人的泥土。"②"我凭天界与地上的主发誓：我的确是上苍的仆役，我已经被指定为上苍的明确证明的肩负者"；"我是天堂的女仆，是由光的圣灵产生的"。③所以他在1844年5月23日对他的第一个信徒毛拉·侯赛因说："你是第一位相信我的人！诚然，我说，我是巴布，是通往上帝之门，而你就是巴布之巴布，是门之门。最初必须有18个人自发自愿地接受我并承认我的启示是真实的。既无需事先告诫，又不必事后邀请，他们每一位都在独自地寻找我。等到他们人数达到18个时，其中一位要被选出，陪伴我到麦加和麦地那去朝圣。在那里，我将把上帝的旨意转告给麦加的市长。"④在《默示录》中，巴布宣称，自己的启示只是"上帝之宇宙性圣使"天堂无数树叶中的一片，他和他以前的使徒一样，都是为这个"上帝之宇宙性圣使"铺路的。⑤ 而《默示录》所预言的"上帝之宇宙性圣使"即巴哈欧拉。这样就在创教之初确立了两个先知会同时出现的特例。这是过去任何一个宗教都没有过的。

巴布说："你若能记诵那上帝所要显圣的他的一句话，这要好过记诵整本的《默示录》，因为在那日，那一句话可以救你，而整本的《默示录》却救不了你。"巴布并证实巴哈欧拉的崇高地位，说巴哈欧拉可以将先知的地位赐给任何人。他这样说："如果他要使地球上的每个人都成为先知，所有的人在上帝的眼里都是先知——当上帝所要显现的那一位启示之时，地球上所有的人就依他的意旨而成为那种人——因为，除非透过他的意旨，否则上帝的旨意是不能显示的；除非透过他的所愿，否则上帝的愿望是不能显现的。他真确是全然征服的，全然有力的，至为崇高的。"⑥

巴布号召说：当巴哈之阳在永恒之地平线上璀璨照耀时，你们必须拜谒于他的宝座前。他对巴哈欧拉的力量和显圣的地位深信不疑："你们所有人被创生出来，是为了让你们去寻求他的亲临，并达至那崇高而荣耀的地位。确实，他将从他仁慈之天堂降下有益于你们的东西，而任何由他恩赐的事物都将令你们能够独立于全人类……确实，如果他乐意，无疑他可以通过他自己所说出的一个字使万物复兴。真确地，高于并超越于所有这一切，他乃是无比威力者，全能者，万能者。"⑦

伊斯兰教认为《古兰经》是安拉颁降的最后而且是唯一完整而没有经过任何改动的天启经典。而巴布则径直宣布：《默示录》"真实是我们对一切造物的决定性证明，世上的所有人民在其言辞之启示前皆失去力量。它珍藏了过去与未来的所有经典之全数。"⑧在此基础上，巴哈伊教先后有百多部

① 转引自巴哈伊世界正义院选录：《励心集》，第21页。

② 邵基·阿芬第：《巴哈欧拉之天启 新世界体制之目的》，澳门巴哈伊出版社1995年版，第35～36页。

③ 世界正义院编：《圣言与默思——巴孛，咨浩拉，阿都咨哈之言》，梅寿鸿译，马来西亚咨亥（即巴哈伊）出版社，无出版年，第3页。

④ 纳比尔·阿仁：《破晓之光》，第47页，参见秀那索拉比改写《纳比尔手记》，杨英军译，澳门新纪元国际出版社2004年，第20页。

⑤ 参见邵基·阿芬第：《巴哈欧拉之天启 新世界体制之目的》，第28页。

⑥ 参见阿迪卜·塔赫萨德：《巴哈欧拉的天启》第2卷，李定忠译，新纪元国际出版社2004年版，第157页。

⑦ 巴哈伊世界中心编辑部编：《神圣辅助的力量》，澳门新纪元巴哈伊出版社1999年，第14页。

⑧ 巴哈伊世界正义院选录：《励心集》，第26页。

经典颁布，这也是与伊斯兰教有根本区别的。

巴布的生活习惯也与伊斯兰教有了一些区别，如伊斯兰教有一条戒律，虔诚的穆斯林不能使用银杯，而巴布却使用银杯喝水，且用它来招待客人。[①] 巴布对伊斯兰教的教历也大胆进行了彻底废除，把每年的 12 个月，改为每年 19 个月，每月 19 天，最后 4 天是闰日。而且确定了自己宗教的节日。

巴哈伊教的核心教旨有三条：上帝唯一，宗教同源，人类一家。巴布确立了这些基本原则，而巴哈欧拉具体阐述了这些原则。

巴布主张一神论，认为上帝是独一而全能的，是超自然的精神实体。在巴布的著作中，反复肯定和强调上帝是无可匹敌者，无与伦比者，真实者，是自有永有者，除上帝之外无神明，上帝是天上与地下，以及其间一切之王国的至高无上之主，是万王之王。上帝造物，说要有它，它就有了。他指出："诚然，我是上帝，除我以外无神祇，除我以外之一切皆是我的造物"，"我已颁令，凡接受我的宗教者，也应相信我的一体性，我已将这个信仰与对你的纪念相联结"[②]，这个最高的神，就是"在万物之前存在，在万物之后存在，也将在万物之外存在的上帝"，"是知晓万物的上帝，高超于一切之上"，"是以慈悲待万物，审判万物，监察涵盖万物之上帝"[③]。因此，"宗教的第一与首要条件是认识上帝"[④]。作为信徒，就应该赞美上帝"本质之一体性"[⑤]，"自亘古以来"，"（上帝）一直也将永远是唯一的真神"，除上帝"以外之一切皆为匮乏与贫穷者"[⑥]。但是，对于这样一个至高无上的上帝，人的认识是不能达到的，因为上帝的"地位太高超，是赋有理解力者之手所不及"，上帝的"内涵太深奥，是人的心智与领悟之河所无法流溢者"[⑦]。巴布强调人类一家，"在上帝同一与不可分割的宗教里，你们当成为真正的兄弟，免于区别。因为诚然，上帝希望你的心成为信仰里反映你兄弟的明镜，则你可在他们身上反映自己，他们亦反映于你。这是上帝，全能者之真道"[⑧]。巴布明确宗教同源的原理，认为世界各大宗教虽然对神的称谓不同，如称之为上帝、安拉、佛、主等，但神灵本身是统一的，并且各种宗教本质上都来自同一神圣的根源；因此，一个已有宗教信仰的人若再信巴哈伊教，不需放弃原信仰，而巴哈伊教徒也可以自由出入各教庙宇进行崇拜。巴布也清楚地把自己的宗教和伊斯兰教作了区别，提倡对上帝的祈祷是个体的行为，不需要去做集体的礼拜，"在祷告的时刻必须独处一室的理由是，你乃可全神贯注于对上帝的纪念，你的心得以在所有时候为他的圣灵所激励，而不为如面纱般隔绝于你最钟爱者之外，勿以你的舌头从事对上帝的唇部崇拜，而你的心却未相对地转向那崇高的荣耀之峰，以及那神交之焦点"[⑨]。

鉴于此，虽然巴布自认为是一个无比伟大之启示的卑微前驱，但巴哈欧拉把他称为那允诺再临的卡义姆，他是如此一位神圣启示者，他证实了那很快将要代替他自己的那位更高超的启示之杰出

① 参见纳比尔·阿仁：《破晓之光》，第 20 页。
② 巴哈伊世界正义院选录：《励心集》，第 25 页。
③ 巴哈伊世界正义院选录：《励心集》，第 33 页。
④ 巴哈伊世界正义院选录：《励心集》，第 17 页。
⑤ 巴哈伊世界正义院选录：《励心集》，第 36 页。
⑥ 巴哈伊世界正义院选录：《励心集》，第 38 页。
⑦ 巴哈伊世界正义院选录：《励心集》，第 40 页。
⑧ 巴哈伊世界正义院选录：《励心集》，第 6～7 页。
⑨ 巴哈伊世界正义院选录：《励心集》，第 14 页。

卓越。阿布杜巴哈则肯定巴布"创设新规则,新法律和新宗教"。[①] 邵基·阿芬第说:巴布的地位"虽然逊于巴哈欧拉,却被赋予了与他一起掌握这个至高天启之命运的统领权","以其青春的光辉照耀着这幅心灵的画卷,他有无限的温柔,不可抗拒的魅力,无比卓绝的英勇",他与巴哈欧拉是"两位独立却又迅速相承接的神圣显示者",有"奇迹般释放出来"的"奔流力量"。[②] 巴哈伊教以外的人也认同了巴布作为创立者之一的巴哈伊信仰是一种新宗教的地位。俄罗斯学者皮沃瓦洛夫在《宗教:本质和更新》[③]中说,巴哈伊教被称为"新世界思维的原理","用现代神学、科学、哲学和政治学语言把佛教、基督教和伊斯兰教结合起来",其主旨"是以神话形式体现人类(它教诲不断成熟的人们)对立面的统一和斗争规律"。

美国前副总统戈尔说:巴哈伊教是那些最新的普救济世宗教派别中的一个。其教义不仅告诫我们要正确看待人类与自然的关系,还必须重视文明与环境的关系。可能是由于其主导思想形成于加速工业化时期,巴哈伊教派看起来十分注重这一大变革中的精神含义并对这一变革有着鲜活的描述:"我们无法把人类的心灵与其自身之外的环境分离开来,并且宣称一旦变革其中之一,一切都会得到改善。人与自然是一个有机整体。人的内在生命塑造了环境,而其本身又受到环境的深刻影响。一方作用于另一方,人类生活中每一个影响深远的变化都是双方相互作用的结果。"巴哈伊教派的神圣典籍中还有这样的警句:"常常被学识渊博的艺术与科学的阐释者们大加吹捧的文明,如果让它逾越适用的界限的话,将给人类带来极大的灾难。"[④]而英国学者尼尼安·斯马特则认为,巴哈伊信仰带有进化论的色彩,在教义上倾向于宗教真理的相对性,以及所有宗教本质上的一致,对各种形式的宗教经验,包括沉思方面的发展都很关注。它对那些为传统宗教之间的冲突感到不满并进行反思的人,有极大的吸引力。虽然脱胎于什叶派伊斯兰教,并抓住隐遁伊玛目的概念,使用了末世论的主题,"但它已经发展成一个全然不同的信仰,拥有自己与众不同的和现代化的特点。它是精神革命的范例,在世界文化之全球化状态出现前,它就敏锐地意识到了这一点,并为这个一体化的世界做了宗教方面的准备"。[⑤]

巴布出现之后,人类在物质与灵性文明上都发生了惊人的进展。科学上的发现在很短的时间里,产生前所未有的增加,建立起难以置信的联络网。巴哈欧拉的信仰就是靠这个工具传遍整个地球的。这个现象是早期的巴哈伊信徒们所不能想象与相信的。巴布曾经说过,人类要建立一套快速的传播系统,这样,"上帝将要显现的那位"的消息才能传达全世界。现在,一切都实现了,整个世界变成一个国家。当人类的知识在灵性与物质上都能平衡发展时,一种神圣的文明才能出现,巴哈欧拉的启示就是要在人类社会中创造这种平衡。当这种平衡达到之后,就会出现巴哈伊文明。上帝的知识要充塞、主导人类的灵魂,高贵的性格和神圣的道德就成为人类的特性,人类的成就会进入一个全新纪元。巴布作为巴哈伊教创始人之一的地位是巴哈欧拉所确立的,任何人都不能对此有任何一点动摇。巴哈欧拉断言:"现在,宣告上帝之圣言者不是别人,正是再次显现的原点。"[⑥]他说:"我们

① 参见李绍白:《人类新曙光——巴哈伊信仰》,第 269 页。
② 邵基·阿芬第:《巴哈欧拉之天启　新世界体制之目的》,澳门巴哈伊出版社 1995 年版,第 1～2 页。
③ 《哲学译丛》1994 年第 4 期。
④ 阿尔·戈尔:《频临失衡的地球——生态与人类精神》,陈嘉映等译,中央编译出版社 1997 年版,第 230 页。
⑤ 尼尼安·斯马特:《世界宗教》,高师宁、金泽、朱明忠等译,北京大学出版社 2004 年版,第 537～538 页。
⑥ 转引自邵基·阿芬第:《巴哈欧拉之天启　新世界体制之目的》,澳门巴哈伊出版社 1995 年版,第 49 页。

真确地相信,那名号称为巴布的他,是由上苍——万王之王——的意旨派遣下凡来的。"[①]

巴哈欧拉在《瓦法书简》里说:"想想看巴扬原点的启示——他的光荣是受尊崇的。他宣布那第一个相信他的人是穆罕默德——上帝的信使。如果一个凡人和他争辩说这人来自波斯,那人来自阿拉伯,或这人叫侯赛因,那人叫穆罕默德,这样是适当的吗?不,我凭着上帝之名起誓——他是崇高、最伟大的。当然任何聪明有理解力的人都不会对限制或名字在意,他注意的是穆罕默德所赋有的——也就是上帝的圣道。这种有理解力的人也会考虑侯赛因和他在上帝圣道所占有的地位,上帝是全能、崇高、全知和全智的。既然第一位接受巴扬天启的信徒被赋予类似穆罕默德——上帝的信使——的统权,所以巴布宣布他就是后者的复临和复活。这种地位超越了所有的限制和名字,在这里面只看得到上帝。他是独一的、无比的、全知的。"巴布的启示预告了上帝之日即将到临,它有特别的意义,拥有巨大的潜能。就像一粒种子,拥有一棵大树的潜能一样,他的圣道生出一个比他的信仰还要大的信仰。巴哈欧拉赞美巴布,说他是"所有先知和信使的本质所环绕的点"、"他的层级超越所有的先知"、"信使之王"和"精华中的精华"。他的信仰揭开了为期 50 万年的巴哈伊周期。他的早期信仰者中有一些是众先知和受拣选者的复临。比如说,巴布给第四位"活神的字母"毛拉·阿里·比斯塔米(Mullá 'Alíy-i-Basṭamí)伊玛目阿里的地位。这位伊玛目在什叶派伊斯兰教徒的眼中是穆罕默德的正统继承人。[②]

巴哈欧拉对巴布的评价极高:"他将为穆罕默德曾为之事,他将毁掉他之前的东西,一如'真主的使者'曾毁掉那些先他而来者所立的规矩那样。"[③]"知识就是二十七个字母。众先知曾启示的所有知识是其中两个字母。迄今为止,没有人晓得比这(两个字母)更多的知识。但是,当卡义姆崛起时,他将致使余下的二十五个字母显现人间。"想想看,他宣称,知识是由二十七个字母所组成,并把从亚当起直至"封印"为止的所有先知视为是仅仅两个字母的阐释者,认为他们仅将两个字母带到了人间。他还说,卡义姆将启示余下的全部二十五个字母。[④]

巴哈欧拉祝愿众生的生命皆奉献给他——巴布,那位"万众之主",那位"至为崇高者"。他曾专门给各城的神职者启示了一篇书简。在这封函件中,他充分陈述了他们当中的每一个人对他的否定和拒绝分别属于什么性质。"因此,赋有洞察力的人们啊,你们可要警醒啊!"他之所以要谈及这些神职者的对抗,旨在驳斥巴扬之民,将在那位"被祈求者"(慕斯达格斯)显现之日、在那个"末后的复活日"中可能提出的这样一种异议:"在巴扬天启期里,曾有好些神职者接受了他的信仰,而在后一个天启(期)里,为何连一个神职者都不曾承认他的声明呢?"他的目的是要向人们作出警告,免得他们罔顾天禁,因执著于一些愚蠢的想法而令自己失去了福分,而无缘朝拜那位"圣美之尊"。"是呀,我们所提及的那些(已接受了巴扬天启的)神职者,大部分都不是很有名气,借着上苍的恩典,他们全都洗脱了俗世的虚荣,避免了权欲之陷阱。""此乃真主的恩典;他乐意给谁就给谁。"[⑤]阿布杜巴哈说:"他完全孤立地,以一种超出想象的方式,在那以宗教狂热主义闻名的波斯人中托起了圣道,这个杰出的灵魂以如此超凡的能力崛然而起,以至于动摇了波斯的宗教、道德、社会状况及其风俗习惯的支柱,

① 邵基·阿芬第编:《巴哈欧拉著作拾穗》英文版,中文版由梅寿鸿翻译,马来西亚巴哈伊出版社 1980 年版,第 34 页。
② 参见阿迪卜·塔赫萨德:《巴哈欧拉的天启》第 4 卷,李定忠译,新纪元国际出版社 2004 年版,第 438~440 页。
③ 巴哈欧拉:《确信经》第 2 卷,第 56 页。
④ 参见巴哈欧拉:《确信经》第 2 卷,第 56~57 页。
⑤ 巴哈欧拉:《确信经》第 2 卷,第 53 页。

并制定起新的规则、新的律法，建立起了一个新的宗教。”①

许宏博士对巴布的研究用力颇多，在山东大学攻读博士学位期间，有机会到巴哈伊教世界正义院和珍妮特博士、胡达博士切磋，获得她们的极大帮助。珍妮特博士（Dr. Janet Khan）是澳大利亚人，其丈夫彼得·汗博士（Dr. Peter Khan）当时是世界正义院 9 位成员之一，原籍巴基斯坦旁遮普邦，后来加入澳大利亚国籍。珍妮特 1965 年从美国密歇根州移居澳大利亚昆士兰，在昆士兰大学获得心理学博士学位，1982～1983 年担任澳大利亚巴哈伊主席，自 1983 年来到海法，在文献研究中心工作了 27 年之久，对巴哈伊教经典有很深入的研究，已经出版了 3 部著作和很多论文，是个资深研究员。她的著作大部分是运用巴哈伊精神回答社会问题。胡达博士（Dr. Hoda Mahmoudi）是美国人，原籍伊朗，她曾经担任过美国北部伊利诺伊大学芝加哥艺术与科学学院的院长，在此之前她担任公司副总裁和奥利韦学院的院长。她相信宗教能够唤醒灵魂的潜力，她在很多方面都有杰出的研究成绩，比如正式的行政组织、医学社会学、出版等领域以及跨国研究和妇女研究。她现任文献研究中心主任。还有其他学者都对许宏的论著有所帮助，这些帮助对许宏驾驭众多文献起了很大的作用。

但是，巴布研究毕竟是难啃的核桃，而许宏是否能够完全把握，还很难下结论。唯有读者是可以作出结论的。读者的意见会对以后的巴布研究起到推动作用。

该书出版之际，许宏博士索序于我。“成命”难违，但学力所限，是否拿捏得准，愿读者原谅则个。

2010 年 8 月 7 日立秋日

① 《阿布杜巴哈著作选集》，曾佑昌译，新纪元国际出版社 2004 年版，第 24 页。

巴哈伊教*

[英]迪·菲利普斯等著,王子夏译

信徒:巴哈派教徒(Bahá'ís)。

信仰:所有宗教合一;和谐相处;男女平等。

尊崇:信巴哈欧拉(Bahá'u'lláh),每日背诵祷告文,斋戒。

典籍:《至圣书》(*Kitáb-i-Aqdas*),内容包括巴哈欧拉的法理和精神信仰。《必然之书》(*Kitáb-i-Íqán*)收录了关于信仰的认知和上帝的本质。

* 原载[英]迪·菲利普斯等:《世界人口》,王子夏译,上海科学技术文献出版社 2010 年版。

世界宗教的象征符号及其解释*

卓新平

2000 年 8 月 28 日至 31 日，在联合国总部召开了“世界宗教与精神领袖千年和平峰会”，世界各种宗教亦得到了自我展示和亮相的机会。为了达到以联合国框架来共聚世界宗教的效果，体现其多元共在、和平共处的立意，这次大会设计了一个蕴含了世界各种宗教于一体的标志。该会标乃围绕联合国标志符号而表示出代表世界各教的象征符号，共包括十三种宗教。它虽然不能涵括世界所有宗教，却大体反映了当今世界宗教及其与相关文明相连的全貌。

在这一标志里面，我们能看到各个宗教反映其自身的宗教标志或象征符号。印度教在此以其典型的梵文符号为标志，表示“梵”在其宗教中的核心意义；印度教信仰传统可以追溯到古代婆罗门教，“婆罗门”(Brahman)与“梵”(Brahma)的表达方式关系密切，印度教亦可翻译成“新婆罗门教”；“梵”既指作为“创造之神”、“众生之本”的印度教主神“梵天”，更指超越一切时空和因果关系的最高实在者“梵”，一切神祇都不过是“梵”的高低不同阶段的各种化现，“梵”表达了“梵我一如”、“同一不二”的最高存在，体现了一种永恒的秩序。第二种标志是印第安人的宗教象征，在此代表原住民的宗教。其符号是一个太阳图，表现了东西南北四等分的宇宙整体，体现出一种相互交融、模糊混沌的世界观。第三个是锡克教的标志，它反映了印度教与伊斯兰教的结合，锡克教徒的特点是男子佩戴双剑，而其双剑则象征着宗教与世俗的双重权威。第四种是神道教的符号，即其神社之门的标志，神道教是日本人最为看重的宗教。第五种为犹太教的象征标志，即大卫之星，为两个等边三角形交叉重叠而成的六芒星，又称大卫之盾：两个三角一个象征上帝、世界和人，另一个象征创造、天启和救赎；而两星包括的七部分亦有七体合一之意，七在犹太教中也是非常神圣的数字，多象征上帝创造天地的七天。第六种是中国道教的太极图，古代对太极图的解说很多，其中也有整体交融、对立统一的寓意，即通过其阳中有阴、阴中有阳来表示。第七种是基督教的十字架标志，十字架本为古罗马帝国的刑具，因耶稣被钉死在十字架上而成为基督教的象征，表示绝对与相对、永恒与现实的沟通，以及耶稣实现了神人的结合。第八种是伊斯兰教的新月符号，伊斯兰教有观察新月以定其斋月的制度，强调“见月封斋见月开斋”的规定，因此新月对其有着特殊意义；与基督教救助组织红十字会相对应，伊斯兰教则有红新月会。第九种是耆那教的标志，其信徒有着对无限循环的生命之轮的关注和重视。第十种即佛教的象征表示，法轮为对佛法的喻称，象征佛法传承不息，像轮子一样旋转不停，四处传扬，而轮上八条横梁则象征释迦牟尼一生传授的八件大事，以引导人们通向至善的八条道路。第十

* 原载吾敬东、张志平主编：《对话：哲学与宗教》，上海三联书店 2010 年版。

一种是琐罗亚斯德的标志，为其光明之神阿胡拉·玛兹达的形象，其特征是一位长着胡须的君王、立于带翼的圆盘之中。第十二种是巴哈伊教的标志符号，亦为新兴宗教的代表，因它在其中最有影响。九角之星有着多元求同、共构的意蕴，“九”在其象征中最有代表性。巴哈伊教的总部在以色列的海法，称为世界正义院，由九名成员组成，代表着三大宗教的传统，即基督教、犹太教、伊斯兰教。其理念为合一的宗教，在最初传入中国时也被译成大同教，它主张九教同一，即犹太教、印度教、琐罗亚斯德教、佛教、基督教、伊斯兰教、巴哈伊教、耆那教、锡克教，即认为这九教都来源于同一个上帝，体现出“多样性的统一”；它还承认九大先知之说，即亚伯拉罕、摩西（犹太教的先知，在伊斯兰教和基督教中也得到承认）、克里希南（印度教）、琐罗亚斯德（波斯宗教）、释迦牟尼（佛教）、耶稣（基督教）、穆罕默德（伊斯兰教）、巴布和巴哈欧拉（巴哈伊教）；另外其信徒还有九项义务，即祈祷、斋戒、勤奋工作、传布神的事业、禁烟毒、遵守婚姻、服从政府、不参与政治、不中伤他人。最后这一种是儒教的标志，即用“离”卦作象征，对此很多中国人也是第一次了解到，其象征为两个阳爻之间有一个阴爻，这个“离”卦标志着“上升的太阳”，有火、日、南、夏等意，“离”即“丽”，有附着之意，如“阴”附于“阳”、火附于燃烧物，但又强调附着的两物也必然会是分离的，含有辩证的意思，其中表示了男女、刚柔、强弱、阳阴、君臣、奇数偶数、积极消极等之辩证关系及和合共在。在这次世界宗教大会上，各大宗教都出来亮相，并展示了自己的宗教象征符号。

从全球化的意义上来讲，现在的世界各种宗教都有一种全球性发展的趋势。基督教、佛教和伊斯兰教是传统意义上的世界宗教，但印度教、犹太教等民族宗教现在也明显获得其全球性发展，而巴哈伊教等新兴宗教一开始发展的态势就是全球化的。这些世界宗教所关心的有哪些基本问题呢？可以说主要包括世界的创造、来源、发展及其归宿问题，即创世论、末世论问题，然后是人的命运与人的有限性问题，先问世界，然后问自我；最后是整体与局部的关系、有限与无限，对立统一的问题。

巴布宗教思想述要溯源*

吴云贵

19 世纪中叶，以什叶派伊斯兰教为国教的伊朗，曾经兴起一个以宗教改革为主旨的运动，史称“巴布运动”。“巴布”（The Báb），意思为“门”。“门”在什叶派传统中的基本含义是指“中介”，普通信众只有经过这一“桥梁”，才能与处于“隐遁”状态的宗教领袖（称伊玛目）保持联系，接受其秘密指导。“门”的教义思想，广泛流传于什叶派主流的十二伊玛目派中间。后来由于“隐遁”伊玛目长期下落不明，热切期盼自己的宗教领袖重现人间从而“使大地重见光明”，成为民众表达社会意愿的一种重要方式。所以“巴布”这一尊号本身，使人联想到与什叶派传统密切相关的一种宗教政治意涵。

巴布的真名为阿里·穆罕默德（1819～1850），其短暂的一生几乎就是为宗教理想而奋斗、继而殉教的一生。巴布出生于伊朗南部设拉子市的一个商人之家，宗教思想上倾向于由两位长老开创的谢赫学派，而与主流的乌苏勒学派对立。1843 年谢赫学派最后一位长老去世前，曾指令其弟子在全国各地寻找一位继承人。此时适值伊斯兰教历 1260 年，也是“隐遁”伊玛目失踪一千年。因此，千年之际受命的新教主肩负着重大的历史使命。他不仅要继续传承谢赫学派的思想，而且要以救世主的名义结束旧时代，开启一个新时代。1844 年 5 月 23 日夜晚，寻找新先知的使命终于有了结果。一位谢赫学派成员在伊朗南部设拉子城偶然遇到一位名叫阿里·穆罕默德的青年，认定此人即是谢赫学派应许即将“显现”的新先知“马赫迪”或“卡伊姆”。这位青年自称为“巴布”，但其含义明显有别于什叶派历史中所用及的这一尊号。

1844 年 12 月 20 日星期五，巴布运动迎来历史转折点。这一天，巴布在麦加禁寺殿堂上公开宣布，他本人就是民众热切期盼的新先知“卡伊姆”。从此，不断通过言论和著述来提升卡伊姆的地位，不断扩充卡伊姆的权能和使命，成为巴布运动的显著特色。巴布以颁布“天启”的名义留下了两部主要著作。较早完成的一部经注学著作，名为《自立的美名》（*Qayyúmu'l-Asmá'*），以评注《古兰经》优素福章为基本内容，意在证明经中所言希伯来先知优素福与巴布的人格精神完全一致。晚期在失去人身自由的逆境下撰写的《巴扬经》（*The Bayán*），被巴布信徒视为自己的经典。这部用波斯文撰写的经典，原计划写 19 章，但只写到第 9 章。巴哈伊教信徒认为，巴布的后继者巴哈欧拉的《确信之书》（*Kitáb-i-Íqán*）为《巴扬经》的续篇，尽管二者的思想观点不尽相同。

1850 年 7 月 9 日，巴布以传播“异端邪说”的罪名被处死在大不里士。巴布开创的信仰周期只持续了 19 年的时间。尽管如此，巴布的宗教思想，包括其渊源和历史影响，仍值得深入研究。

* 原载《世界宗教文化》2011 年第 2 期。

一、以新先知的"重视"作为宗教与社会改革的动力

巴布的宗教思想不只是他个人的思想。作为谢赫学派年轻的领导骨干，巴布所肩负的历史重任是推进宗教与社会改革，并以激进的宗教思想挑战当时在伊朗居主导地位的什叶派上层统治权威。一位伟人早在一百多年前曾深刻地指出，传统是一种巨大无形的力量。天性保守的宗教传统更是如此。因此，要从根本上改变某种被认定为不合时宜的旧传统，这种激进思想往往需要披上古老传统的神圣外衣，而经常采取的形式则是"圣化"这些思想，将它们包装为"神圣启示"。按照伊斯兰教传统，只有真主的使者和先知有资格发布启示，借助天启为民众的生活提供指导。但历史留存下来的这一机制，随着"封印先知"穆罕默德的去世早已不复存在。这意味着在"后先知时代"，人们很难在法理和道义上接受一个新先知的概念。但在现实中，不论在逊尼派还是什叶派社团中，人们往往把改革和复兴与某一应运而生的新先知联系起来；而且，每当百年或千年岁首来临之际，人们呼唤新先知的声音就会变得尤为强烈和急切。如果说这种传统宗教思想的兴起有某种周期性和必然性，那么在人数相对较少的什叶派社团中，新先知运动必然要表现为对该派"隐遁"伊玛目"复临"或"回归"的热切期盼。因为什叶派宗教传统不可能离开伊玛目教义和信仰谈论伊斯兰教的改革与复兴。因此，巴布从一开始就把新先知卡伊姆的"重现"作为运动强大的精神动力，因为许多伊朗民众坚信，只有新先知有权质疑和挑战强大的传统势力。巴布在领导新先知运动中，围绕着卡伊姆"复临"问题，试图论证和回答以下几个问题：

第一，新先知"重现"的神圣依据问题。对什叶派信徒而言，所谓"卡伊姆"显现人间之说，实际上也即该派信徒对其长期下落不明的宗教领袖"依然健在"的一种信念和愿望。这种信念和愿望的文字依据，以该派伊玛目传达和记录的"圣训"至为重要。巴布没有提出过新的依据。

第二，新先知的身世问题。有的"圣训"指明，"复临"的卡伊姆来自伊斯兰教先知家族，名字叫穆罕默德。巴布自称为先知的后裔，名字为阿里，穆罕默德，刚好符合"圣训"中规定的两个条件。

第三，关于卡伊姆的名分和地位。什叶派信徒对"隐遁"伊玛目的期盼，反映了该派传统的宗教社会史观。他们坚信只有本派的伊玛目才能最终使他们脱离苦海，走向光明的未来。什叶派社团改变社会历史地位的诉求，使他们对"回归"的伊码目充满期待。巴布宣称，作为时代之主的卡伊姆身上可以看到四种"迹象"：一是摩西的恐惧和期待；二是耶稣谈论的救世主；三是优素福（约瑟）遭遇的监禁和自我掩饰；四是与穆罕默德相类似的一部天经。巴布心目中的卡伊姆体现了不同历史时期四位先知的品格和遭遇，而所谓"卡伊姆"也即巴布本人。

第四，关于新先知社会历史使命问题。重新确立先知的历史使命和社会作用，可以说是巴布宗教思想的基础和核心。这同巴布及谢赫学派对宗教信仰本质的理解直接相关。巴布强调，上帝（真主，下同）的本体、本质是人的感官无法视见和认识的，人们只能通过"上帝的美名"（属性）去感悟上帝的存在和权能；但即使用这种方式去理解上帝，也只限于上帝的使者和先知，他们作为上帝的"代言人"所颁布的律法即神圣律法，即"上帝的圣言"。新先知最重要的社会使命，是废除阻碍社会进步的旧制度、旧法律，并以新的启示和律法开启一个新时代。

第五，关于卡伊姆"重现"的日期问题。对于谢赫学派而言，卡伊姆"回归"的具体时间并非一个

学理问题，也不是一个需要“推算”的问题。实际上当谢赫学派首领于 1844 年“内定”巴布为“卡伊姆”这位新先知的“化身”（称为“显现”）时，这一年因正值什叶派末代伊玛目失踪一千年而具有特殊意义，所以被确定为新先知“亮相”最合适的时间。但为了增加几分神秘色彩，需要把简单的故事讲得复杂一些。巴布后来引证什叶派第六代伊玛目萨迪传述的一则“圣训”，断言卡伊姆“显现”的时间是常人莫解的奥秘。据说有 7 组上帝启示的神秘阿拉伯文字母可以揭示新先知“显现”的日期，当最后一组神秘字母（艾列弗、俩目、米目、拉仪）结束时，新先知便会回到人间。

二、以宗教同源、上帝同一和历史周期论为宗教思想的基础

宗教同源、上帝同一、人类一体、世界大同，是人们对当代新兴宗教巴哈伊教基本宗教理念的一种概括和描述。人们把这一世界主义和整合人类宗教的理想同巴哈伊教的创始人巴哈欧拉的名字联系在一起，但宗教同源、上帝同一等宗教思想首先是由巴布所阐述的。巴哈欧拉的贡献是在新的社会历史环境之下进一步丰富和发展了这一思想信仰。

巴布关于宗教同源、上帝同一和人类历史按照一定周期递进发展的思想，散见于他晚期著作，特别是《巴扬经》经文之中。作为新兴教派的宗教领袖，巴布的基本出发点不是要构建一个全新的宗教理论体系，而是要以上帝代言人的名义，挑战伊朗当时的宗教体制和统治秩序。巴布对伊朗什叶派上层的保守僵化、独断专横强烈不满，但巴布本人同样是在伊斯兰文化背景下成长起来的，因而他在论述宗教问题时还严重依赖《古兰经》和伊斯兰教传统。巴布所能做的，只限于根据现代社会发展需求对传统思想进行新的解释。巴布的许多新思想、新观念，实际上是在重新解释伊斯兰教什叶派宗教传统的过程中阐发的。

宗教同源、上帝同一思想，从根本上讲，是巴布以伊斯兰教“信主独一”为基础的宇宙观和创世论得出的必然结论。巴布在《巴扬经》开宗明义的第一章中集中论述了上帝通过“主命”、凭借万物的“数值”创造宇宙万物的思想。他强调指出，根据“一生万物”的信仰，宇宙万物是由反映上帝意志的“元始统一”、“元始意志”或“元点”不断扩张而来；万物在“上帝之阳”的照射、哺育下最终达到成熟和完美，同时为下一次“复活”准备了条件。巴布以上帝代言人名义发布《巴扬经》，其根本目的正是为了使人们通过这部经典，从“万物”中看到神圣启示，从“元始意志”中看到灵性的权能和力量。巴布所谓“元始意志”或“元点”，是指上帝的“第一个创造物”，亦指各个时代的宗教先知。但在巴布时代，这一先知系列只限于亚伯拉罕系统的“启示宗教”。巴布强调，就神圣渊源而论，历史是这些先知们所代表的各个宗教，都可以归结为无形的为可视见的、统一上帝的“元始意志”。巴布的解释，将宗教形态上的“多”与宗教渊源和本质上的“一”统一起来。这是一种独特的解释，旨在用上帝的同一性来整合历史上的各种宗教。

巴布认为，宗教同源、上帝同一的思想，可以在《古兰经》中找到依据。例如，伊斯兰教所讲的信真主和信使者，其含义原本就包括相信穆罕默德及其以前的诸先知是安拉的使者，相信《古兰经》以及以前所降示的经典。《古兰经》还明确告诫穆斯林，不要与信奉天经的人争论信仰问题，因为他们“崇拜的是同一个神明”。(29:46)

巴布的另一重要宗教思想是所谓"历史周期论"。巴布在《巴扬经》第二章第七节中比较系统地论述了这一问题。他是在讨论如何理解复活日问题时提出历史周期论的。巴布认为所有什叶派信徒都误解了复活日的确切含义。在他看来,所谓复活日并非指某一天,而是指某一特定的时间段。巴布提出,复活日是指历史上各个时代的先知(称为"实在之树")以各种名字出现之后直到消失之时这一整个过程。例如,他明确谈到,从耶稣受命拯救人类到耶稣升天是摩西的复活时期,因为上帝的启示在那个时间段是通过那个"实在之树"显示的;上帝在福音书中见证的,正是上帝在摩西时代所见证的。从真主的使者出现到归真之日,为耶稣精神的复活时期。同样,从巴布出现之日到殉教之时,实际上也是《古兰经》开始"复活时期"。而《巴扬经》的复活时期则始自另一位新先知(称为"上帝将通过他显示之人")出现之时。

概而言之,按照"历史周期论",人类历史是由共同的上帝的意志决定的。但上帝的启示不是一次完成,而是由各个时代体现上帝精神的先知们分阶段、递进完成的,因而对上帝的信仰是绝对的,而对上帝启示的信仰则是相对的。

巴布的"历史周期论"是原创的还是引进的?这是研究者们关注的重要问题之一。一种观点认为,什叶派三大支派之一的伊斯玛仪派早在巴布之前就提出过"七阶段论"的历史周期论,其基本观点与巴布的观点酷似,因而巴布很可能受到该派伊斯玛仪教义的影响。此说是否言之成理,尚有待进一步研究。

三、用神圣数字、神秘字母等宗教象征来表达神秘主义思想

巴布经常引用一则"圣训",据此宣称真主有四大美名,其中三个已经公布,而那个秘而不宣的美名,根据"圣约",由巴布代表。巴布还引用什叶派第六代伊玛目萨迪克的言论,宣传人类知识好比27个字母,从前所有先知启示的只有两个字母。但当新先知出现时,他会使其余的25个字母显现意义。巴布的上述言论表明,他在对宗教教义的解释上更加重视经文启示的"隐义"。巴布将他"启示的经文"乃至全部著作都称作"巴扬"(波斯文的含义为"揭示"、"展示"),更进一步证实,揭示宗教的神秘主义意义是他作为新先知的基本使命。

巴布在《巴扬经》中广泛使用神圣、吉祥的阿拉伯数字,不是用文字概念而是用"圣数"来表达一些词语概念,或者作为某种象征。仅以他使用频率最高的"圣数""19"为例略予说明。

在巴布的著作中,数字"19"以四种用法最为常见。一是用"19"来代表"神圣灵魂"。巴布在解释什叶派"大复活"概念时,断言在复活日来临时最早复活并叩拜真主的是19颗"神圣灵魂"。他们是穆罕默德、圣女法蒂玛、什叶派的12位伊玛目及其代表"四门"。其中穆罕默德作为"前世之始"、"后世之末",具有双重身份。二是用"19"来代表巴布的18位圣徒。巴布称其得意弟子为"永生者字母",加上作为"元点"或"永恒存在"的巴布,刚好"19"。数字"19"之所以成为"圣数",一种说法是因为《古兰经》(74:30)谈到,"真主只把管理火狱的19人打造成天神"。三是用"19"来表示真主创世的方式或宇宙的结构。在创世论上,《巴扬经》给出了一种神秘主义的解释,认为上帝是根据事物的神秘数字、数值创造宇宙万物,万物是"元点"成倍数扩张的结果。由于受造物每一层次都用"19"来表

示，所以表示宇宙结构的公式为：19×19＝361。受此宇宙论的影响，《巴扬经》的结构也是按此模式设计的，以“19”作为单元，全书分为19章，每章分为19节。

圣数“19”的其他用法也体现了逢19进1的原则，如独一的真主有19个美名，巴布教历每年19个月，每月19天，天堂和火狱各有19道门之说等等。

除“圣数”外，巴布还经常用神秘字母作为宗教象征来表达某些概念。用数字和字母来表达宗教概念，不是巴布的首创，这种神秘主义方法主要是为了阐释经文启示的隐义而采用的。据说伊斯玛仪派和伊本·阿拉比等苏菲大师都曾采用过这种解经方法。巴布使用神秘字母以三个事例尤为引人注目。

首先，用“永生者字母”将人的属性提升到真主的属性。“永生者”是真正的99个美名之一。巴布认为“永生”和“自立”是真主最重要的两大属性，而二者在他的经注学著作中得到应验。在《巴扬经》中，巴布自称为“自立者”(维护万物者)，而他的18个弟子则成为“永生者字母”。“字母”也指人，特别是人的精神、灵魂，巴布因其名字由七个字母组成，而自称为“七字母”。

其次，用神秘字母来解释天堂、火狱。巴布断言，所有什叶派信徒实际上都未真正弄明白《古兰经》中所谓“天堂”、“火狱”的含义。天堂和火狱是指真主对某件事情赞许或反对的一种态度。“天堂的字母”是指经文的精神原型在天堂，而“火狱的字母”是指其精神原型在火狱。

最后，通过对神秘字母的解释表达多种不同的象征意义。历史上用喻意的方法来解释《古兰经》是广为流行的经注学方法之一，巴布的经注多采用这一方法。例如，他在注释《古兰经》黄牛章经文时就对本章开端前的三个字母(艾列弗、俩目、米目)作了喻意式的解读。巴布的一种解读认为，字母“艾列弗”指安拉及其使者穆罕默德，二者又是俩目、米目所代表的阿里和法蒂玛的“原因”。这种创世论的解释，其突出特点是用字母组合来表示阿里与法蒂玛的结合，进而用合成词“库恩”(Kun)来表示“存在”，特指万物因真主的“召唤”而进入实在状态。在经注问题上，巴布有些类似15世纪的胡鲁夫派，甚至相信最完美的启示真理隐藏在经文的字母背后，字母不仅是记录语言的符号，也是宗教幽玄奥义的精神象征。

参考文献

1. *Shorter Encyclopedia of Islam*, Leiden, 1961.

2. *Encyclopedia of Islam*, IV, Leaden, 1978.

3. Siyyid 'Alí Muḥammad, Persian Bayán, Ṭihrán, 1946, ongoing translation by Dr. Denis MacEoin, Research Fellow, Durham University.

4. Nader Saiedi, *Gate of the Heart: Understanding the Báb*, Association for Bahá'í Studies and Wilfrid Laurier University Press, 2008.

从当代巴哈伊教的灵性看宗教和科学的关系*

周燮藩

目前，全世界的金融危机正在趋于触底反弹，但是对于危机的反思尚未结束。在中国，改革开放在取得辉煌成就的同时，也附带着产生了一系列新的问题；这些问题很早就引起社会的议论和政府决策部门的关注。针对发展中的弊端，政府提出要以人为本，之后又提出科学发展观，旨在纠正以GDP为唯一目标的盲目发展，要求注意农村发展，关怀弱势群体，防止环境污染，以利于整个社会的可持续发展。如何更好地发挥宗教固有的社会功能，也纳入决策者的思考之中。由此而引发的反省和思考仍在继续，有些看法和结论，与巴哈伊世界社团的多次呼吁相对照，令人有所见略同、不谋而合之感。因此，就科学、宗教和发展的若干初步思考，作点粗浅的探讨，也许不为无益吧。

一

科学和宗教常常被人视为对立和冲突的两端：宗教建立在非理性的基础之上，是对超自然力量的盲目崇拜和虚幻信仰，而科学则是人类理性的成就，是关于客观世界的实证的知识体系。更为激进的说法则是：科学属于唯物主义、无神论的思想体系，宗教信仰则属于唯心主义、有神论的思想体系。这种说法已经属于意识形态的判断了。相对温和的说法则认为“科学涉及事实，宗教关乎价值科学是事物的陈述，宗教是信念的表达。科学探究物物关系，宗教思索人神关系。科学探讨外在、客观的物质世界；宗教却关注内在、主观的心灵世界。科学真理是大众承认的绝对真理，宗教信仰则因人而异，宗教真理只能是个人的、相对的。”换言之，科学是理性、知识的活动，宗教则是感性、心性的活动。科学的终极实在是自然，宗教的终极实在是道德。二者分属不同领域，不同范畴，因涉及的对象不同而互不相干，不应相提并论。

这些说法貌似有理，但经不起历史的审视。无论是宗教史还是科技史都显示出，最初人类社会所产生的文化中，宗教与科技是无法分割的。先民们在生产活动中发明了工具和技术，又需用宗教的观念作出初步的认识。许多知识和技术要通过宗教仪式来保存和传承。对于客观世界的整体认识，则要通过长期的体悟和象征、比喻或神话来说明。这一时期的人类文化特征，可以界定为一种宗教文化。宗教以对世界的总体认知而涵盖一切，因而一切生产科技活动均在这种宗教氛围中存在和

---

* 原载《世界宗教文化》2011 年第 2 期。

发展被认定为交融互渗的原始宗教和原始科学。

至此必须辨明,这里所说的"科学"不是泛指意义上的"科学",即通常等同于"正确"、"合乎理性"、"符合客观规律"的"科学",如"科学的发展观"中的科学,而是指类似现代自然科学的严格意义上的科学。这种意义上的科学,首先是指分门别类的各种学科,如数学、生物学、物理学等等。其次,这些不同门类的学科是逐渐发展、更新的。在不同的历史时期,不同的地理文化环境中,不同的"科学"——指不同的门类和知识积累——与宗教的关系是复杂而有异的。从科技史看,概括地说,宗教与科学并非截然对立的;就原始的宗教与科学的关系而言,两者都是人类把握世界的方式,有重合、交融、互渗的一面。可以认为,在古代社会,宗教在人类文化中占有支配的地位,因而早期的科学认知、生产技术等,尚无独立的地位,没有彼此冲突的因由。从认知论上说,宗教和科学都以人和世界为认知的对象,并相应提出对人和世界的解释。从科技角度看,由于受当时的社会生产力所限,认知的领域狭窄,理论的水平极低,尚不能对一些宽广和高深的问题做出解释。因而当时人类对自身和世界的认知,尚需要借助神话和想象,由此产生宗教的解释或教义,其中不乏一些富有智慧的猜测和天才的假设,也代表当时人类认知的最高水平可以说当时的一切知识在解答方法上都属于宗教性的解答。随后,由于人类社会的进步,科学技术也发达起来,以往由宗教传统或神喻等阐释或独揽的认知领域,逐步淡出宗教领域。

关于科学和宗教之间错综复杂的关系,伊恩·巴伯在《科学与宗教:历史和现代的争议》中,提出了四种不同的模式:冲突、独立、对话和整合。后来的学者在研究中又提出一些其他的模式,比如:敌对、对比、接触、确认、谨慎调解、并容、进化论的高扬、吸纳等。在中国,综合言之,大体有三种主张:宗教和科学对立说、分隔说和后起的整体认知说。其中宗教与科学对立或冲突的模式,非常深入人心,而论据则为16~19世纪的西欧。

现代科学兴起于欧洲,因此早期的科学发展与基督教会的冲突非常显著。16世纪和17世纪初的天文学革命,哥白尼、布拉厄、开普勒提出和论证的太阳中心说,否认传统的地球中心说。传统的地心说以托勒密的天文学为基础,得到《圣经》某些章节的支持,成为神学著述的内容。后来,伽利略因为对哥白尼学说的维护而招致教廷的迫害,成为科技史上的一段公案。17世纪末和18世纪,牛顿的古典力学提出,控制地面物体运动的力学三大定律同样控制着行星的运动,从而排除了上帝存在的必要。牛顿机械论宇宙观的成功,在基督教方面引导出"自然神论"的兴起。到19世纪达尔文提出进化论后,对基督教的神学基础产生了极具破坏性的冲击,使得科学与宗教的论战达到了高峰。

这一段历史经由爵德伯的《宗教与科学冲突史》和怀特的《基督教世界中神学与科学交战史》等书的流传,使宗教与科学冲突和战争的说法流行起来。到上个世纪,美国新教的基要派及其与进化论教学的法律诉讼,更让人留下不可磨灭的印象。但是随着对历史的研究不断深入,我们今日不应该再以简约的提法来看待这段历史。

西欧是现代科学的发源地,但在中世纪时代,基督教曾经处于万流归宗的至尊地位。它不仅在思想上处于绝对统治的地位,而且在政治上、经济上、思想上和文化上都拥有主导权。自16世纪宗教改革以来,西欧发生了剧烈的社会变革和经济变革。科学革命是和社会革命共同发展的,科学家和教士一般来说分属新旧两个阵营,是敌对和冲突的两方。例如在法国,在启蒙运动中,教士和宗教受到嘲讽和贬损,以现代科学思想为支柱的百科全书派,否定对理性和信仰的调和,传播从传统的宗教权威中解放出来的意识。18世纪法国大革命爆发后,享有特权的教士和贵族被打倒,自由、平等成了革命的目标。及至革命最狂热时期，传统的宗教被取缔，教会财物被没收，也就是理性崇拜和恐怖专政时期。在相对保守的英国，大约在 1840～1890 年的 50 年间，科学获得了社会的尊重，逐步确立了地位。这是宗教神职人员与科学专业人员之间争夺主导地位的斗争，目的是要决定谁将在 19 世纪后半叶取得文化支配权。达尔文学说的发表似乎是为这场斗争增加了科学论证:这是一场智力上最优者的生存斗争。1860 年 6 月，英国自然科学协会在牛津召开会议。根据流传的说法，牛津主教威尔伯福斯在会上大肆嘲弄进化论，说他愿意知道，“究竟是从祖父这一边，还是从祖母这一边，对方宣称自己是猴子的后代”。但他马上遭到赫胥黎的痛斥，辩论结果证明威尔伯福斯只是一个无知而又傲慢的牧师。之后，到 19 世纪末，神职人员就倾向于被描绘为科学的敌人。宗教和科学关系的冲突模式，更加广泛地被社会接受，人们常常以贬损和蔑视的方式描述宗教及其代表人物。

这段历史的影响虽延续至今，但关于科学与宗教互动关系的研究也在不断展开。在严谨的历史考证面前，认为 19～20 世纪科学与宗教的关系只是冲突或战争的模式的观点完全站不住脚。大量的历史资料说明，在现代科学的兴起时，科学与宗教关系中的一些因素存在错综复杂的互动作用。

二

宗教和科学一样不只具有单一的含义，而是类似维特根斯坦所称的“族类相似概念”。不同种类的宗教以及其方方面面松散地形成了一簇特征，没有一个宗教拥有全部的特征，但每一个宗教都有其中的一些特征。例如基督教包含了对至上存在的崇拜，而佛教则没有;但它们在另一方面都具有相似之处，因为两者都对实在、最高的善做了综合性的解释，并且提供了获得最高善的方法。

就宗教和科学的关系而言，不同的宗教，同一宗教内的不同教派和人物，在不同历史时期和地区，会有不同的模式出现。整体而言，宗教有古老的历史，继承了先民们的文化遗产，成为一种传统文化，自然具有保守性。在古代和中世纪，宗教对当时的科技是利用的多，反对的少。近代以后的西欧，基督教会通常被视为传统的监护人，与激进的新观念总是处于对立的地位。这并不一定是基督教神学的必然结果，但却好似反映了西欧中世纪时期基督教会扮演的社会角色。

然而，传统宗教的守旧性并不局限于基督教和西欧。有学者认为，绝大部分科学理论的发生都是对一个地区的统治文化所带来的限制的反叛。所以，科学就是一个颠覆性的活动，这几乎可以视为一种定义。对于阿拉伯数学家和天文学家欧麦尔・哈亚姆来说，科学是对伊斯兰教造成的智力约束的反叛;对于 19 世纪日本的科学家们来说，科学是对他们文化中根深蒂固的封建主义的反叛。在西欧，科学的进步不可避免地要与当时的文化传统发生冲突，现代科学必须突破希腊哲学和科学的框架才能进步。所以，科学与传统文化的紧张状态，就经常被视为科学与基督教之间的对抗。

大约从 17 世纪起，先前普遍的宗教观念一步步地被同样普遍的自然主义观念所取代。至 20 世纪，日心说、天体力学、进化论等新理论几乎完全取代了旧观念。自然主义创造了我们的文化现实。首先，这得益于科学的两个假设:一是科学能够极其详尽地描述物质宇宙，在任何一点上都无需寻求神的力量。一是由于人类的邪恶和自然灾难而始终存在痛苦和苦难的现实。这两点为自然主义假设提供了强有力的支持，至少当它针对一个拟人的上帝概念时，自然主义有了令人信服的力量。其次、也是更重要的，科学技术有了突飞猛进的成功，彻底地改变了人们的生活，也改变了大多数人的思想。科学逐步揭示了物质世界是如何运作的，并在许多领域转化为技术，为人类谋求福利。这一变化如此有效而实际的深入日常生活，以致一般人不再去理解它，而是通过它去理解其他一切事物。在这样的现实面前，宗教从包罗万象退守信仰领域，将认知世界留给科学并对其精确表述加以赞许。

对于这种解释必须面对科学史的一个重大问题。这就是1922年冯友兰先生在国外发表的一篇著名文章所提出的：为什么中国没有科学：解释中国哲学的历史和结果。他说："我们可以问：欧洲为何能将其注意力由天转向地，而中国在那个时候未能由内面转向外面？我回答……我认为斯多亚派是欧洲思想中的'自然'的脉络，而在基督教之兴起之前，斯多亚派教训人们如何侍奉内在于人的神。但是，后来的基督教教导人们如何侍奉外在的神。人不再是一个自满自足的存在者，而是一个罪人。因此，欧洲的精神界多在证明上帝的存在方面下了功夫。哲学家们通过亚里士多德的逻辑与对自然界的研究而证明上帝。按照大部分的经院哲学家来看，哲学和科学的作用是解释《圣经》的内容。现代欧洲继承了这种对外界的知识与检验精神，它只替换了'上帝'为'自然'，替换了'创世论'为'机械论'罢了。历史是连续的，在中世纪的欧洲与现代的欧洲之间没有清楚的分界线"。冯友兰说的是，外在超越的宗教信仰，使欧洲人的注意力由内面转向外面，使人们成为"证明者"和"检验者"。现代科学的基本精神与西欧中世纪对外在世界的兴趣及其学术方法是一贯的。

用现代科学史的话来说，现代科学勿庸置疑是欧洲文化的产物。尽管文化古国如希腊、印度、中国等都曾经出现科学的曙光，但只有宗教改革后的欧洲成为17世纪现代科学崛起的摇篮，以至于今日几乎所有的科技文明都与这段历史与文化有关。欧洲文化在现代科技文明史的独特地位令历史学家深感惊讶与困惑。这清楚地说明，17世纪现代科学的崛起并不是历史自然发展的结果。换言之，现代科学必须在某种特殊的文化土壤中才能生成茂盛。这种特殊文化土壤的必要元素之一就是宇宙秩序的存在以及这种秩序的合理性与可知性。

由此有人认为，现代科学知识必须奠基于一些确定的知识论假设上。比如宇宙万物不是神灵的化身或居所，其运行稳定有序，内含的规律合理且可以认知。内在的结构可以与数学方程式相对应等。这些科学知识论的假设多属于超越科学方法和实证的形而上学范畴，是其自身所不具备的，而基督教的宇宙观却正好预设了现代科学知识所必需的概念框架。在《圣经》的创世观中，宇宙不是受人们膜拜的神灵，既非永恒，也非神圣，而是由上帝创造，稳定有序。偶发且有序的宇宙表明，科学的知识必须是后验的。只有经过观察、实验以及推论或理性分析，人们才能逐步地真正认识宇宙《圣经》的创世观，因而推动了以实验为基础的现代科学。而在中国，虽然曾经有过辉煌的科技成就，也有过数千年的太平盛世，但是其历史上却没有出现哥白尼、伽利略、牛顿一类的科学家，也没能造就西欧那样的现代科学的基础。中国科学技术史的专家李约瑟的看法与冯友兰的观点大致相同，认为是中国的宗教观所使然。类似的宗教观亦可见于其他古代文明，以至于与其哲学、文艺相比，这些古代文明的科技未能灿然完备而延续于世，形成可与欧洲现代科学相媲美的独立完整体系。要强调的是，《圣经》的创世观只是在现代科学兴起所必需的特殊文化土壤中，提供其中必要的元素之一，并非唯一或充分的元素。假若没有现代社会兴起的历史条件，现代科学也未必会在彼时彼地崛起；反之，那些没有《圣经》创世观影响的地方，在现代科学的影响下也可继续投身和推进科技的发展。

在当代，科学和宗教的关系又出现一种新的复杂情况。由于科技的发展给人类社会带来空前巨大的影响，在带来物质财富的同时也在产生一系列的问题。现代科技的一些最新进展，都对人类存在方式，尤其是伦理和道德提出了新的拷问。这时，人们自然会想起爱因斯坦的名言："科学没有宗教就像瘸子，宗教没有科学就像瞎子。”而怀特海的话则进一步解说：“宗教符号赋予人们生命的意义，科学模式赋予人们改造环境的能力。宗教与科学的影响如是之大，人类历史未来的方向将取决于现代人如何看待科学与宗教的关系。”因为，现代科技使得人的力量得到了高度放大，以至于任何重大失误都可能造成整个人类的生存危机。

面对生存危险，人们重新呼唤人文、呼唤神圣。因为科技的发展就是世俗化、现代化的发展。发展到了今天，神圣的领域几乎消失殆尽。但是，人类文化是需要神圣保障的。唤回或重建，不能也不可能倒退回前现代的神圣文化去。不过，至少文化的核心部分——价值体系，必须要有神圣保障，因为人的尊严是神圣的，在人类文化的核心中，人的尊严体现在他的精神追求和道德品质上，不受利害得失左右。可以说，人的尊严就是精神灵性的尊严、道德的尊严。

因此，否认了神圣的价值保障，也就是失去了人的尊严，失去了灵性精神和道德的尊严。这正是现代主义以去神圣化开始，后现代主义以否认人性告终的历史教训。给人们的启示是，宗教在面对科技带来的危机时，可以努力恢复和重建新的价值体系，不仅超越世俗的现代性和后现代性，成为价值规范的神圣保障，而且还能跨越前现代的神圣文化，吸收现代文化包括科技在内的文明成果，融合成一种新文化类型，提供灵性精神的高度和道德的界线。

三

今天，有的宗教因在历史上与科学发生的冲突，至今还没有厘清与科学的关系；有的则尚未完成现代化转化，对于现代科学的认识还需待以时日。新兴的巴哈伊教产生于“人类成熟时期”，它没有背负历史的包袱，对宗教和科学的关系有一个简单明快的认识，主张实现宗教和科学的和谐。

巴哈伊教的核心是系统阐述人的精神实质以及支配现实世界运作的法则。它不仅将个人视为精神的存在、一个“理性的灵魂”，还坚信人类整个文明本身也是一种精神过程；在此过程中，人类的头脑和心灵，逐步创造出更为复杂的和有效的方式，来表达他们与生俱来的道德和心智能力。这里，不仅强调人的灵性精神实质，也强调人类历史的灵性精神过程。因此，绍基·埃芬迪说：“宗教信仰的核心是把人与上帝统一起来的神秘主义感情，与所有别的神圣宗教一样，巴哈伊信仰也具有神秘主义的基本特征”。他强调的也是灵性、精神性，即宗教性。

巴哈伊教认为，只有一个上帝，即宇宙的创造者。横贯历史，上帝已通过一系列的使者向人类显示了自己。每一位神圣使者都创立了一个宗教。这一系列的使者作为神圣教育者，传达了一个与历史同步的、普世适用的“上帝的计划”，旨在教育人类认知神圣的造物主，并培养人类的灵性、知识和道德能力，其目的一直是为一个全球性的、不断演进的文明铺路。

这就是巴哈欧拉关于上帝、宗教、人类及其灵性之教义的精髓。巴哈伊教常常将这些信念简单地表述为：“上帝唯一、宗教同源、人类一家。”与此相配合的理解是，人的本性从根本上是灵性的。虽然人在地球上以物质躯体存在，但每个人的本质特征却被不可见的、有思维能力和永恒不朽的灵魂所定型。从整个宇宙看，阿布杜·巴哈区分五种类型的灵性：动物的、蔬菜的、人类的、信仰的和圣灵。信仰的灵性是上帝赋予的，乃是唯一授予人类灵性以“永恒生命”的灵性。信仰是巴哈伊灵性生命所必须的，如《至圣之书》第一节所言：“上帝对其仆人的第一条诫命是他的启示的降示，和他的身份(即神圣使者、上帝的显现)出现的知识;他是他任命的已创造的世界中的代表。获得这种知识的他,已达到所有的善,而不知道这一切的他,即使履行所有的善动,仍属邪恶的世界"。对巴哈伊教而言,灵魂不朽意味着是通向上帝不可认识之本质的旅程的继续;天堂地狱都是象征,前者代表信徒走向上帝的旅程,后者则是有意拒绝信仰而行恶事者所迷误的、通向毁灭的不归之路。

所以,巴哈伊教认为,灵魂使躯体充满生气,并且使人有别于动物。灵魂只有通过与上帝的联系,经山神圣使者的媒介,才会培育出内在的灵性,得到成长和发展。这种灵性的联系通过连续的祈祷,学习"神圣教育者"传达的天启经典,去爱上帝、道德自律并服务人类而得到滋养,正是这种过程赋予灵魂以信仰的灵性,赋予生命以意义。

灵性的培育有显然的益处:首先,人类不断培育灵性,也就是不断发展出那些构成个人幸福与社会进步基础的内在品性。这些品性包括虔诚、勇气、爱等等,当这些品性越来越多地显现,社会作为一个整体也随之不断进步。其次,灵性的培育能使人深入领悟并遵从上帝的旨意不断认识和接近上帝,使人为彼世作好准备。灵魂在身体死后继续生存,并开始一条通向上帝的灵性旅程。在这条旅程上不断进步,在传统的术语里被比作"天堂"。如果灵魂没有进步,也即停留在远离上帝的状态中,这在传统的基督教或伊斯兰教术语中也被称为"地狱"。

来自上帝的新的神圣使者的出现,代表了历史上的关键点,他们中的每一位都释放出一股清新鲜活的灵性冲击力,激励着个人的新生和社会的进步。巴哈欧拉的启示,以及伴随他的灵性冲击力,尤其意义深远,因为它对应着人类的成熟期。

正是在这种观念的基础上,巴哈伊教关于科学与宗教、理性与灵性关系的解说,有着非凡的价值。在巴哈欧拉的教诲中,科学与宗教是把握真实存在的两条不同而和谐的途径。这两条途径从根本上看是相容并且互相促进的。因此,巴哈伊教认为,纵观历史,文明一直有赖于科学和宗教两大知识体系指引其发展,疏导其智力和道德力量。科学方法使人类对于支配着物质实体——并且一定程度上也支配着社会自身运作的法则和作用过程,形成融贯的理解。宗教的洞见则为人生目的和源动力这类最深层的问题提供理解。历史上,每逢这两股力量协同动作之时,民众和文化就能摆脱陋习,取得科技、艺术和道德上的更高成就。事实上,行动是知识的产物,因而科学和宗教是人类意志的工具或表达手段。换言之,科学技术是人类理解宇宙物质方面的工具,然而,它不能够指导我们如何使用这些知识,而上帝的启示则授予人类价值观如目的性之基础,对道德观、人类生存的目的、我们与上帝的关系等等,这些科学不能解答的问题提供了答案。

由此,巴哈伊教强调,宗教教诲不应与科学知识对立,否则就成了迷信。真正的宗教不应为教条所累,要传扬与已知的科学真理毫不抵触的精神和道德真谛。科学与宗教木质上互不相容的论点,并无实质性的依据。除了理性之外,科学发现的过程本身还需要想象力和直觉等能力,不能简单地视为一步一脚的固定程序。爱因斯坦称为"感觉最深奥的理性和最灿烂的美",只能从其最原始的形式所作的直觉感悟中获得,"正是这种认知和这种感情构成了真正的宗教感情。"因此,历史上有名的理性和信仰的二分法其实是错误的。理性和灵性是人的两种互补的禀赋,都对发现和理解真相的过程起作用,都是社会把握真理的工具。

但是,在历史上科学与宗教总是被人视为具有内在的矛盾性,甚至是水火不容的人类活动。宗教激发活力的功能常常屈从于教条主义、迷信及宗派等势力,这是无可否认的历史事实。现在回顾,启蒙运动是把人的思想从宗教正统和信仰狂热的桎梏中解放出来的重要转折点。但在否定宗教的同时，启蒙运动也摒弃了宗教提供的核心价值规范，造成了理性与灵性之间很深的并存在至今的二元对立。充斥于现代生活的冷漠、猜疑和堕落的唯利是图，即人为割裂理性和灵性的恶果。

今日，巴哈伊教充分认识到科技迅速发展所带来的深重危机，指出"技术的发展由经济、社会和政治的多种因素所促成，然而，当前的技术发展主要由市场力量驱动，而市场并不反映世界人民的基本需要。"至今如何应对，巴哈伊教总体的态度是乐观的。因为在上个世纪初，巴哈欧拉多次预言，20世纪是个"光明的世纪"，并催促我们，在我们时代的苦难和分崩离析中，去寻找那股将人类意识解放出来，并使之演进到新阶段的运作力量。巴哈伊教强调，要保障科学所产生的悟识和技术能够被适当地应用于人类各阶层和各方面的活动，就必须依赖精神意志和道德原则的力量。这是——至少在今时今日应该是——不言而喻的真理。在科学与宗教关系上，"体现科学成就的理解力和技能，必须由精神和道德原则加以引导，以确保它们能得到正确的运用。"为此，要提高人的能力，包括理性的和灵性的，去实现科学方法与宗教智慧的协调互补。要使世界各民族的能力达到能够满足当前复杂需求的程度，就必须同时开发理性和信仰两种资源。若不依靠那些赋予人生以方向和意义的普遍精神公理，发展的举措也不会带来物质福利切实长远的改善。发展过程本身也不会自行产生目标以巴哈伊教的灵性观视之，尽管问题依然存在，而且越来越严峻，但他们还是充满自信：灵性之泉随时随地都会自然奔涌而出，它不会无限期地被当代社会的瓦砾所压制。无需先知先觉的洞察力，你就会领悟到：新世纪开端的数年，将要释放出的能量和愿望会远远强于长久以来阻止其表达的、累积的陈规陋习、错误偏见和沉溺放纵。

参考文献

1. 江王盛等编：《桥：科学与宗教》，中国社会科学出版社 2002 年版。
2. 霍伊卡：《宗教与现代科学的兴起》，四川人民出版社 1991 年版。
3. 巴伯：《科学与宗教》，四川人民出版社 1993 年版。
4. 雷立柏：《张衡，科学与宗教》，社科文献出版社 2000 年版。
5. 卓新平编：《宗教比较与对话》第一至三辑，社科文献出版社 2000 年版、2001 年版。
6. 《谁在书写我们的未来——巴哈伊全球愿景》，新纪元出版社 2009 年版。
7. 全球繁荣研究所：《科学、宗教与发展——若干初步思考》，新纪元出版社 2009 年版。

巴哈伊教的发展话语构建初探*

邱永辉

在新兴宗教初创阶段，被宗教社会学家称为“克理斯玛”(charisma)型的教主所具有的非凡魄力和卓越才能，通常使新兴团体朝气蓬勃。但这个“英雄时代”会随着“神圣家族”光环的消褪而很快结束，此后新兴宗教能否成功延续，很大程度上取决于其后继领导人能否建立有效的民主管理机制，更为关键的是取决于新兴社团能否不断地回应新时代的要求，并创造性地解决其信徒及其所生活的时代面临的新问题。这是研究者观察新兴宗教的“后代”的一个焦点，也是新兴宗教本身能否发展为一个制度性乃至世界性宗教的关键。巴哈伊教被一些中国学者称为“未来宗教”，其主要原因是该教一直胸怀世界，面向未来，并有志于为解决人类社会当下的重要问题做出贡献。

发展、可持续发展及其困境，无疑是全球化时代世界各国(特别是发展中国家)必须面对的问题，巴哈伊教社团及其由巴哈伊教所激发的组织对此进行了大量的研究尝试。在巴哈伊组织、社团及其相关机构的文本中“发展”一词的最终含义是“一个历史进程”，一个人类总体发展或全球发展的进程，即在现有的文化和文明的基础上，构建一个体现人类一体、世界大同的新秩序。巴哈伊教的有关思想和实践，被吴云贵教授称为“社会发展观”；而巴哈伊团体本身则旗帜鲜明地声称，其所作所为是在“推动一场关于‘科学、宗教与发展’的‘话语构建’”。① 我将其称为“发展话语构建”，是基于这场话语构建的中心论题是发展，而讨论的主要内容和关键点，是在发展进程中如何处理宗教与科学的关系。本文即是对于巴哈伊教所推动的发展话语构建的一个初步的研究尝试。

一、发展话语构建的历史背景

巴哈伊教及其组织所推动的发展话语构建，作为一个系统的和推广性的构建工作，始于20世纪末，以1999年巴哈伊全球繁荣研究所的组建作为标志，以其在印度、巴西、乌干达、中国等国家和地区的研究项目为代表性工作。但是，作为一个有关宗教、科学和发展问题的研究性探讨和实践，其开

* 原载《世界宗教文化》2011年第2期。本文是笔者2010年出席巴哈伊全球繁荣研究所召开的“宗教多元与民族和谐”会议并访问巴哈伊世界正义院的成果之一。笔者的出访和本文的写作得到了巴哈伊世界正义院委员法赞·阿巴伯博士、社会经济发展署负责人苏娜·阿巴伯夫人、全球繁荣研究所海勒·阿巴伯所长、巴哈伊亚洲顾问团顾问麦泰伦先生、巴哈伊全球文明研究所宗树人博士、中国国务院发展中心民族发展研究所赵曙青所长的大力支持和热忱帮助，特致诚谢。

① 参见吴云贵：《巴哈伊社会发展观若干问题之思考》和巴哈伊全球繁荣研究所：《推动一场关于“科学、宗教与发展”的“话语构建”》。两文均载《共建和谐——科学、宗教与发展研讨会文集》，澳门新纪元出版社2010年版。

端则可追溯到 20 世纪 70 年代。

(一)全球化时代人类社会面临的发展困境

第二次世界大战以后,随着帝国主义殖民体系的瓦解,世界经历了前所未有的经济转型,并且见证了一系列的、使当时的"落后国家"取得"发展"的行动。最初,发展领域仅是发展经济学家的关注点,随后则成为一项席卷全球的宏大事业,各国政府、国际机构、私营部门以及不断增加的非政府组织等,纷纷卷入其中。但伴随这个发展进程的,是西方文明的迅速扩张。这一扩张将启蒙运动的福与祸传遍了全球的每一个角落。随着揭开迷信的面纱而来的,是排斥理想的粗俗思想和"成者为王"口号。因此,发展政策及其实践不是持续渐进的,成效更值质疑。早在 20 世纪 80 年代初期,衰落的迹象就已经显现,一些观察家甚至将整个 20 世纪 80 年代称为"迷失的年代"。

不愿迷失的思想者观察到发展项目带来的不发展结果和出现的乱象:一是贫困,不是绝对贫困,"而是伴随社会团体纽带的断裂而来的令人难以忍受的后果";二是环境问题,"陈旧的经济增长方式对环境的破坏是如此严重,以至于环境的存继都成了问题"。如联合国《1992 年世界发展报告:发展与环境》里所说,"人类面临着可持续发展与公平发展的双重挑战"。各国发展项目的困境作为一种动力,导致了发展思想的演进,更多的人开始思考:新的发展是否应当导致对人自身发展的不断关注,文化、价值、传统和世界观是否都应当被视为发展规划及其实施过程的关键因素。这是巴哈伊教的思想家、科学家所关注的问题,也是巴哈伊教致力于"发展话语构建"的出发点。

(二)宗教需要建构精神话语系统

巴哈伊发展话语建构的先行者和领导人是美国量子物理学家法赞·阿巴伯(Farzam Arbab)博士。他 1971 年在哥伦比亚参加跨学科团体组织的农村发展研讨会和社区活动时,发现乡村地区的生活现实与跨学科团体精心设计的计划之间有着巨大鸿沟,并暴露出无法回避的矛盾。其中世界银行等机构推进的公平,在理念和实践之间的"参与"差距,形成了最大的挑战。于是,阿巴伯与一些巴哈伊教的朋友开始着手建立自己的活动框架,这就是科学应用与教育基金会①。该机构至今在哥伦比亚仍是一个成功的发展项目,因其在教育和发展领域运用的精神原则获得了国际声誉。

阿巴伯博士的有关论述主要集中在《实验室·庙宇·市场——对科学、宗教和发展的交互作用的反思》②一书中,他为该书写作了《引言》和第四章,即"对科学、宗教与发展的探讨"。在建构初期,他提出的问题是:全球化是否果真能使人类团结一致?全球化是否只会推动消费主义文化的普遍化?全球化是广大人民幸福的承载者抑或只是少数特权者经济利益的代名词?它将导致公正社会秩序的建立还是会巩固现行的权力结构?那种认为纯物质主义的发展道路应被抛弃的主张得到了广泛支持,但问题是,发展理论和实践怎样才能获得精神性的前景?他认为,巴哈伊的发展话语建构

---

① 科学应用与教育墓金会(Fundación para la Aplicación y Enseñanza de las Ciencias, FUNDAEC),了解该机构的理念和活动,可查阅其网站 www.bcca.org/services/lists/noble-creation/fundaecl.html.

② 沙伦·M.P.哈珀主编:《实验室、庙宇、市场——对科学、宗教和发展的交互作用的反思》(*The Lab, the Temple and the Market: Reflections at the Intersection of Science, Religion and Development*, edited by Sharon M. P. Harper.),张继涛等译,广东人民出版社 2006 年版。

的目的在于"创造世界文明，这样的文明既体现人类的团结一致，又体现人类的多样性"[①]。

阿巴伯博士于1993年入选巴哈伊教国际执行理事机构理事，至2010年仍供职于世界正义院。笔者在以色列访问期间，曾经询问：巴哈伊教为什么重视话语构建？他说，当科学已有话语系统时，宗教需要构建精神话语系统。前者由科学家构建，后者则由先知开始构建并不断前进，科学话语对人类物质文明作出了贡献，也带来许多问题，精神话语的构建当对精神文明作出贡献。

二、发展话语建构

如今的巴哈伊教团体拥有话语构建的三个"实践"路线：一是社会经济发展署以非宗教的方式与世界各国合作，进行研究和从事社会经济方面的发展项目。二是全球繁荣研究中心（ISGP）以及设在香港的世界文明研究中心（IGC）以研究项目的形式，为自己或其他非政府组织实地进行的发展项目提供精神原则和人员培训，在此过程中启发人们以不同的语言表达精神原则，实现物质和精神的平衡发展。三是巴哈伊国际社团以向联合国提供咨询报告等形式，参与世界的和平与发展进程。本文主要讨论巴哈伊教如何通过"研究项目"促进发展话语的构建，其中包括法赞·阿巴伯的早期研究项目和巴哈伊的第二条实践路线的研究项目。

（一）走出"二元分立"——法赞·阿巴伯的建构努力

阿巴伯博士无疑是巴哈伊有关发展话语构建的"天才人物"。他坚信能够创造一种替代性的发展策略，把精神性原则用于乡村地区的社会经济之中。他在回答一系列的实际问题的过程中，通过解构已有的发展话语，为巴哈伊社团后续的发展话语建构奠定了重要基础。

首先，解构"内在"与"外在"的二分：在乡村发展研究中，巴哈伊团体提出的第一个问题便是：村民在多学科、多机构的发展干预中应该扮演什么角色？法赞·阿巴伯发现，二战以后的政府组织和非政府组织干预穷人发展的行动，都属于外部干预式的培训；许多发展组织都坚定地采取了外来者的立场，因此旨在帮助村社发展的项目，总是在要求当地人参与并遵从既定的模式。当这种模式出现明显弊端时，批评者则批评发展项目本身，也批评村民不自觉地执行潜在的预设，实际上强化了既定的发展模式。法赞·阿巴伯认为：钟摆从家长制的一个极端，摆到对文化自治或文化自治的赞颂的另一个极端，都是从前的发展话语中有关"内在与外在二分"的反映。

其次，解构"我们"和"他们"的二分：在"二战"后发展经济学家们的眼里，乡村意味着"物质的贫乏和人的落后"，而村民则是"愚昧迷信、不思进取、生性懒惰之人"。法赞·阿巴伯发现，"发展理论极不重视的一个根本性问题"就是，"外部干预式的发展项目显现了一种将区隔奉为规范的社会结构——将人们区分为'我们'和'他们'，两者要么相互冲突、相互党争，要么相互协商、相互合作以及跨越界定彼此的边界相互帮助"[②]。因此，我们越是以"我们"和"他们"的方式思考，就离服务对象越

① 法赞·阿巴伯：《引言》，载沙伦·M.P.哈珀主编：《实验室、庙宇、市场——对科学、宗教和发展的交互作用的反思》，第2页。

② 法赞·阿巴伯：《对科学，宗教与发展的探讨》，载沙伦·M.P.哈珀主编：《实验室·庙宇·市场——对科学、宗教和发展的交互作用的反思》，第193～194页。

远。因此，我们"必须学会从服务对象的立场看待这个世界，并且与他们一道改造世界"①。发展不是发达国家送给不发达国家的装满各种计划的"礼包"，而是一个所有人以各种方式参与的过程。

第三，解构"传统"与"现代"的二元分离：在原有的发展设计中，那些为项目定下基调的经济学家和社会学家，十分关注传统与现代的二元分立，这使他们热衷于在所谓的现代社会中创造并强化有关机构，认为发展项目就是为穷人建设好一个现代世界。但结果往往是大多数人不但饱受贫困之苦，而且日益被现代机构所排斥。阿巴伯认为，大多数传统机构本身并非完美无缺，在现代化的社会变迁中甚至已经与高速变动的社会脱节，没有为那些只能被动地看着自己的生活秩序分崩离析的人们提供替代品，结果技术先进的社会与大多数人的世界之间的鸿沟日渐扩大。因此，现存的发展理论实践不能为多数国家和地区确定发展道路。他认为主要的挑战是如何制定适用于全球社会的制度、构建在各层面（从地方到国际）将社会凝聚起来的网络，即创建"地球村"全体村民共同致富的制度。否则，全球化就会变成民众边缘化的代名词。②

最后，解构"宗教"与"科学"的二分对立：据法赞・阿巴伯的观察，世界各国已经进行的强调"二分"的发展项目，许多都是以科学的名义进行的。在他看来，这完全是误解科学的结果。巴哈伊教对科学的定义是"一个知识和实践体系"，笃信科学在推动人类文明前进的大业中起着关键作用，因此巴哈伊信徒普遍地对人类的科学遗产及其创造成就的潜能敬畏有加。巴哈伊信仰同时认为，"如果科学不能达至真理，那么除了留下一堆空想外，将一无所有"③。因此，宗教与科学是"和而不同"和相互补充的。巴哈伊教强调，人类社会的发展道路必须源自以宗教的精神和道德准则去引导，但宗教也必须将其置于科学的监督之下。有了它们的帮助，人类就能认识到蕴藏于自身的高贵品格、自由意识和团结精神的力量，并学会用这些力量来建设一个永不停滞的文明。

综上，阿巴伯博士一直致力于用巴哈伊教的观念和原则去发现一个更加全面、更富于参与性的发展模式。他通过自己创办的组织，实施以精神原则为指导的具体方案。这种理论与实践相结合的方法，成为了巴哈伊社团及其研究机构在发展话语构建中的基本方法。

（二）走向"人类一体"——在发展中国家建构发展话语

巴哈伊团体话语构建的第二条"实践"路线，主要是通过"全球繁荣研究所"以及新近在香港成立的"全球文明研究中心"实现的。自 2000 至 2010 年 10 年间，这些研究机构通过在印度、巴西、乌干达和中国等发展中国家的研究项目和实践经验，积极推动了一场独特的发展"话语构建"④。

1. 印度的经验：21 世纪的印度已被视为一股新兴的力量，甚至崛起中的大国。可在联合国人类发展指数排名中，印度在 177 个国家中位列 127，至今仍有 4 亿文盲，有三分之一的人口日均生活费不足 1 美元。印度社会结构中反映出的极端不平等和迈向自由市场体系的间断努力，使巴哈伊社团

---

① 法赞・阿巴伯：《对科学，宗教与发展的探讨》，载沙伦・M. P. 哈珀主编：《实验室・庙宇・市场——对科学、宗教和发展的交互作用的反思》，第 193～194 页。

② 法赞・阿巴伯：《对科学，宗教与发展的探讨》，载沙伦・M. P. 哈珀主编：《实验室・庙宇・市场——对科学、宗教和发展的交互作用的反思》，第 203 页～204 页。

③ BPT1997，72：3. 转引自沙伦・M. P. 哈珀主编：《实验・庙宇・市场——对科学、宗教和发展的交互作用的的反思》，第 207 页。

④ The Institute for Studies in Global Prosperity，ISGP：*Science，Religion and Development：Promoting a Discourse in India，Brazil and Uganda*.

认识到，其“发展话语构建”到了“转折路口”。于是，全球繁荣研究所准备了一份概念方面的文章，标题是《科学、宗教与发展——若干初步思考》，并在2000年新德里举办的有关讨论会上发表。为帮助、协调、保持和推动这场话语构建，印度巴哈伊国家总会建立了秘书处，旨在成为一个不断扩展(机构和网络、政策制定者与学者传播论文)的中心。它通过与伙伴机构合作，把这场话语构建带到印度不同的邦(省)；其次，通过圆桌会议、研讨会和战略会议，继续促进有影响力的执行者开展工作，随着机构数量的不断增加以及个人的参与，渐渐地使一场“话语构建”初具形态。①

在促进话语构建的10年间，发展计划者和参与者对于宗教和科学的认识中的一些误解得到了澄清。在印度这样一个拥有历史悠久的巨大宗教遗产的国家对于宗教的认识仍然处于进步和深化之中。话语构建参与者确认宗教仍是世界上大多数人生活的重要部分，是人们的世界观、道德标准、信仰和价值观的源泉，它维系生活的希望并赋予其意义；但是，人们也注意到历史上有许多以宗教名义发起的大浩劫，历史上的乞讨、奴役、独裁、战争和种族歧视，正是以宗教的名义存在或持续存在的。在印度，贬低妇女地位的经文被用来证明剥夺妇女平等权力和机会的合法性。关于科学的认识方面，参与者所收获的新认识如下：首先，科学实践经常被等同于技术应用；其次，因为科学探索的是自然界，并且绝大部分考虑的是物质世界，经常与唯物主义混淆；最后，精神原则对于科学知识成果有着重要的意义。参与者普遍强调将宗教所强调的精神原则用于发展的重要性。于是，话语构建的工作转向了落实层面，即精神原则在机构和社会层面上意味着什么。

在将精神原则应用于发展实践方面，全球繁荣研究所派驻印度的一位研究人员，在印度巴哈伊国家总会的帮助下，通过与印度的其他非政府组织(如 Seva Mandir，意即“服务神庙”)合作，不仅通过广泛讨论，帮助人们将精神原则运用于各个发展项目，还通过从事项目调查，观察在运用精神原则和科学方法的实践中，生成了哪些新知识和学习经验，使研究课题成为一个学习的领域。这种研究方法重在利用其他与繁荣相关的“话语构建”中有关科学和宗教的概念框架，比如经济活动、管理、教育和技术等等，理解发展话语构建的更广阔含意，并希望通过各种“话语构建”的相互关联和相互影响，积极影响印度的社会转型。②

2. 中国的试验：2009年10月，巴哈伊教澳门总会与国家宗教事务局宗教研究中心在澳门共同举办“共建和谐——科学、宗教与发展研讨会”，这是有关发展话语构建的又一努力，也是其工作的亮点之一。在大会上，全球繁荣研究所用两篇文章分别介绍了该所在巴西和印度的经验，即通过科学、宗教与发展的讨论，在巴西促进了“新意识的觉醒”，在印度则推动了一场“话语构建”。

上述会议可视为巴哈伊社团在中国“引入”发展话语构建的努力。在实践方面，2009年的8月至12月间，为了支持四川汶川大地震的志愿者活动，香港全球文明研究中心针对志愿者、学生、社会服务者，在成都和昆明开展了一系列的工作坊③，旨在于通过个人和机构的能力建设使其更有效地参与到各个领域的服务中去。在成都的三期工作坊由四川大学本科生、不同专业的研究生和中国电子科技大学的一个学生社团组成。工作坊讨论的概念，如人类精神的高尚性中的美感吸引、渴望知

① 参见巴哈伊全球繁荣研究所：《推动一场关于“科学、宗教和发展”的“话语构建”：印度的经验》，载《共建和谐——科学、宗教与发展研讨会文集》，澳门新纪元出版社2010年版，第23页。

② The Institute for Studies in Global Prosperity, *May Knowledge Grow in Our Hearts: Applying Spiritual Principles to Development Practice—The Case of Seva Mandir*.

③ 工作坊的学习材料《探讨社会行动》(DSA)为哥伦比亚“科学运用与教育基金会”设计的社区发展、社会服务与道德领袖教育体系中的一系列课程。工作坊所有教材的基本理念是“行走服务人类之道”。

识等，成为引导、支持和激励工作坊学生参与社会活动的知识。例如一名心理学专业的学生，最初去绵竹是想去给小孩子做心理辅导，认为经历过地震后他们有受过创伤后产生的精神压力、心理紊乱。但他逐渐发现，其实大多数孩子都很健康，参加工作坊期间所探讨的人的潜力和人性高贵的问题，帮助他在做行动计划的时候把重点放在开发孩子的潜力方面，把孩子看待为一座"满藏无价之宝的矿山"。①

巴哈伊团体先后在一些国家引入了发展话语构建，在印度是2000年、在巴西是2001年，在乌干达是2001年。相比之下，在中国引入发展话语构建较晚。从研究层面看，全球文明研究中心实施的项目处于初始阶段，其特点是以工作坊的形式开展学习和促进探讨，并进而将学习到的理念用于个人或社团的实践。在"宗教、科学与发展"的讨论方面，则未见诸相关材料。

三、巴哈伊与发展话语构建及其对中国的启示

综上所述，巴哈伊发展话语构建的基本特点是：第一，它体现了巴哈伊教的核心教义人类一体；第二，它的主旨和核心是以精神原则指导发展实践。第三，它的方法是站在道德伦理的高度，以一种亲和的、谦卑的态度，与不同宗教文化背景的人们共同探讨。巴哈伊团体所推动的发展话语构建经验，可以为今日中国提供一定的启示。

（一）推动体现核心思想的话语建构

巴哈伊教义最根本的原则是"人类一家"。巴哈欧拉说："一个人爱自己的国家不值得骄傲，唯爱全人类者才应得之。地球仅一国，万众皆其民。"笔者认为，巴哈伊教所推动的发展话语构建的核心概念，正是其"人类一家"的教义。在回答笔者关于巴哈伊发展话语建构的独特之处时，法赞·阿巴伯说："总体说来，巴哈伊所说的进步，是人类社会的进步，巴哈伊教导中并无'个人救赎'和'上帝的选民'等概念。……巴哈伊的历史使命是与人类社会共同进步。因此，在话语建构中，我们的独特之处是'一体、一家'(Oneness)。"②因此，巴哈伊教如何推动体现核心教义的话语构建，对于具有"天下一家""世界大同"理想的中国人，是可以提供一些启示的。

巴哈伊社团在关于全球繁荣的讨论中，特别强调"发展伦理"，强调大多数人的观点，即经济自由化和全球化不会自动促进国家的繁荣，这些趋势实际上已经使贫富差距恶化，绝大部分人群被摒弃在受益者之外。真正的发展需要人类意识的转变，需要人们独立探索真理，需要强调公平正义作为治理人类社会的原则，需要使"人类一家"成为一个深刻的信念。

为此，巴哈伊教提倡以精神途径解决经济问题。落实在巴哈伊教所推动的发展话语构建上，其主要工作则是"开发精神原则"并向各种发展项目提供"精神原则"。在发展话语构建中，巴哈伊强调在发展领域，物质与精神的一种必要的互动应该发生在原则层面。物质文明的动力从根本上讲来自科学的推动，它来源于人类的理性和智慧的广泛应用。但是，这些应用必须符合精神文明的原则并

① 舒蒙萌：《参与式行动研究：与参加震后社区服务的学生志愿者团队合作的一点初步省思》，未刊稿。
② 2010年10月12日，法赞·阿巴伯委员与笔者的对话。

且受其支配，否则，物质进步的后果将是祸福各半。以精神原则指导发展实践，也成为了巴哈伊发展话语构建的主要目标。

巴哈伊团体使用“精神原则”而非“宗教原则”，源于现实世界，也源泉于其“宗教同源”的思想。巴哈伊团体在研究项目实施中发现，即使像在印度这种宗教历史悠久的国度，许多人对宗教仍然保持着不信任，并且有许多批评之声，甚至提出由精神代替宗教的问题：“假定要取代这些以宗教名义的陋习，难道我们不应该将宗教置于一旁，开始探索发展中的精神概念吗？将我们的词讨论导向个人和集体的精神经历不是更好吗？难道我们不是正在提及指人们根据自己的信仰在他们的崇拜和实践个人行为中体现出诸如爱、慷慨、同情的品质吗？”[①]巴哈伊教对于“一切宗教的基础相同”的信念，使其项目实践者能够认真聆听不同宗教信仰的人所具有的不同的精神经历，并注意到不同宗教背景的人们对于同一精神原则的不同阐述，从中归纳（开发）的精神原则因此被广泛接受。

（二）以精神原则指导发展实践，促进社会主义精神文明建设

巴哈伊思想家注意到，在当今世界，我们很难让人信服发展实践应受到精神原则的指导。在中国亦如此。“目的决定手段”的陈规长久以来受到许多中国人的追捧，以至于成为了一种文化特征；巴哈伊教的发展话语构建初探人们对于“实践是检验真理的唯一标准”的功利性理解，使得诸如教育、医疗、环保、社会工作、社会科学研究等对社会至关重要的领域受到忽视。经过30多年的改革开放和经济持续发展，中国社会已经意识到必须改变“让一部分人先富起来”的临时策略，使“公正”成为发展战略的基本立足点。可以说，在反思过去的发展经验和教训的基础上，促进一场发展话语构建，是今日的中国社会必须进行的工作。例如，如何体现、如何促进公正，虽然在今日中国仍是众说纷纭，但公正作为一个精神原则，是中国文化和人类精神的迫切需要。因此有必要让全社会认识到，政府行为和社会行动的每一个阶段，从政策的出台到计划的制定，再到具体项目的实施，公正原则理应拥有最终的发言权。

巴哈伊教主张，一个国家的真正繁荣，必须包括物质的繁荣和精神的繁荣两个方面，这与中国共产党的第十二次全国代表大会提出的在建设物质文明的同时努力建设社会主义精神文明，有异曲同工之妙。当然，二者的具体含义不尽相同。经过改革开放30多年的发展，今天的中国社会已经意识到，强调精神文明建设的战略地位刻不容缓，因此提出：“在社会主义时期，物质文明为精神文明的发展提供物质条件和实践经验，精神文明又为物质文明的发展提供精神动力和智力支持，为它的正确发展方向提供有力的思想保证。社会主义精神文明建设，是关系社会主义兴衰成败的大事。”[②]

巴哈伊教思想家承认，科学和宗教属于不同的知识体系，但也十分强调二者在运行之中有一部分是交叉重叠在一起的，因为物质和精神不可能截然分开，因此提倡以“互补性原则”和“和而不同”的思想，“深入研究人类的精神遗产，而不是草率地做出评判”。在价值多元的社会中加强凝聚力并实现社会稳定，必须寻求基本的价值共识。今天的中国社会在提升精神生活时，也许会更多地发掘非宗教形式的精神传统，也特别强调发挥宗教在经济与社会发展中的积极作用。这些都向宗教研究

---

① 巴哈伊全球繁荣研究所：《推动一场关于“科学、宗教与发展”的“话语构建”：印度的经验》，载《构建和谐——科学、宗教与发展研讨会文集》，第27页。

② 中国共产党第十二届中央委员会第六次全体会议1986年9月28日通过的《中共中央关于社会主义精神文明建设指导方针的决议》。

者提出了任务，即为了走向一条物质和精神齐头并进的发展道路，我们应当研究各个宗教传统，挖掘其在今天的正功能和独特贡献。

(三)话语构建的方法论借鉴

法赞·阿巴伯博士早年的构建努力，即向人们展示出其精神的、道德的、亲和的甚至谦卑的态度，并且特别强调其伦理高度。在其对于“内在”与“外在”、“我们”与“他们”的二分的批判中，巴哈伊教信徒所阐述的思想，不仅是基于巴哈伊教“人类一家”的核心教义，也可以诠释为基本的“发展伦理”。巴哈伊教深信人类生来就是高贵的，因此对人类的未来充满乐观情怀，它同时反对不切实际的空想，即认为人类将本能地避免恶行，因此对人类尊严的信念和对教育、知识的信念紧密相连。这是巴哈伊团体致力于服务人类的逻辑思考。

在世界各国的实践中，巴哈伊社团在话语构建中如何理论联系实际，向中国社会(包括知识分子)提供了大量可供学习的案例。例如，构建话语过程中，必须解决如下问题：怎样促进探讨？怎样才可以在不说教、不贬低他人的前提下给人们的思想带来改变？怎样让个人和集体做好准备，抵制正大行其道的物质主义力量且同时逐渐稳步地推动社会的转变？

成功构建的话语可能成为一种“权力”，但构建话语则更多地是一种能力。因此，强调“话语权”的国人应当认识到，致力于“中国认识”的话语构建，是“中国道路”的重要组成部分，而提高我们自身的话语构建能力，则十分关键。现在是中国知识界反思自己的话语构建之时，笔者写作此文，旨在与学术同仁共同反思。

乌干达巴哈伊教考察*

李维建

一

在伊斯兰教和基督教、天主教到来以前，撒哈拉以南非洲的宗教以部落结构为基础，形成斑驳陆离的本土宗教信仰生态，其多样性、原生性、部落性，似非洲原始热带丛林中的植物一样丰富多彩。[①]公元10世纪始，伊斯兰教从印度洋和北非两个方向进入该地。殖民时期，伊斯兰教、基督教、天主教都获得了飞速发展，普世性宗教“战胜”了非洲原始的部落宗教，其宗教面貌彻底改观。

随后，犹太教、印度教、锡克教、巴哈伊教陆续登上这块大陆，最为引人注目的是巴哈伊教。20世纪中叶前，巴哈伊信仰者很少，到目前的信仰者已有100多万，肯尼亚、乌干达、刚果（金）、赞比亚、南非、坦桑尼亚等国家的巴哈伊人口都在15万以上。在宗教竞争如此激烈的情况下，为什么出现“巴哈伊现象”？有学者认为，或与巴哈伊教自身的宗教特色有关：它具有突出的现代性、包容性、开放性和务实性。[②]或是因为非洲社会的土壤适合巴哈伊教的生存与发展，抑或兼而有之？2009年，笔者带着这样的疑问，在乌干达做了为期3个月的考察。个案调查的结论并不足以解释巴哈伊教在撒哈拉以南地区的发展历程，但至少能为问题的解决提供些许线索和思考的方向。

乌干达位于东非高原的维多利亚湖北岸，面积约23万平方公里，人口约2500万，曾孕育了古老的非洲黑人文明。近代以来，作为英国东非殖民统治的中心，其经济与文化的发展水平均居前列。自独立以来，乌干达政治形势相对稳定，其经济状况在东非位居第二。乌干达几乎全民信教，其宪法规定政教分离。现实中各宗教间竞争激烈，各种宗教宣教机构活动频繁。但在现代政体框架之下，各宗教组织基本上在宪法和法律范围内活动，和谐共存。巴哈伊教自1950年传入，迄今已有60年的历史。按照巴哈伊教的国际规划，首先在世界各个大洲建设一座灵曦堂[②]，非洲的灵曦堂就位于乌干达首都坎帕拉，被称为“非洲圣殿之母”。这凸显出乌干达在非洲乃至全球巴哈伊教中的重要地位。

---

* 原载《世界宗教文化》2011年第2期。

① 参见蔡德贵：《当代新兴巴哈伊教研究》，人民出版社2002年版。有关非洲传统宗教的具体描述，可参见［英］帕林德：《非洲传统宗教》，张治强译，商务印书馆2014年版。

② 以巴哈伊教圣殿为中心，包括用于教育和人道服务等的建筑综合体。

目前,关于乌干达巴哈伊教真正学术意义上的研究尚未展开。相关资料主要有以下几个方面:(1)巴哈伊教国际社团的连续出版物《巴哈伊世界》①。(2)近年来巴哈伊出版的有关非洲的作品,涉及一些乌干达的内容。其中《伊诺克·奥林伽》②是乌干达巴哈伊教奠基之一奥林伽的传记,提供了巴哈伊教 20 世纪 50~70 年代在乌干达发展的历史资料;《非洲壮行记》③记录了守基·阿芬蒂的遗孀鲁希伊于 20 世纪 70 年代以乌干达为中心在非洲大陆的各社区间旅行、视察的见闻录。(3)一些巴哈伊教网站也刊载有关信息,如巴哈伊世界新闻服务网④等。本文中的资料除注明来源之外,主要为笔者在实地调查中所得。

二

(一)乌干达巴哈伊教的历史

乌干达巴哈伊教起始于国际巴哈伊教社团有计划的宣教工作。1950 年,美国、英国、埃及、伊朗等国的巴哈伊社团共同合作,派遣志愿者赴坎帕拉,开始其传教计划。1951 年,有三位乌干达人成为巴哈伊信徒,前述伊诺克·奥林伽为其中之一。

此后,守基·阿芬蒂发起了为期两年的"非洲计划"(1951~1953)宣教工程,撒哈拉以南的巴哈伊教的巨变由此开始。1952 年,乌干达第一个地方灵体会在坎帕拉成立。1953 年,来自世界各国的巴哈伊志愿者在 14 个地区,成立了 17 个地方灵体会,将一些文献翻译成当地语言。"十年传教计划"(1953~1963 年)收效更为显著。乌干达作为英国殖民地,对移民的限制较少,相比非洲其他地区,更有利于巴哈伊志愿者的宣教运动。1954 年,信徒人已数达 500 名。乌干达各地方灵体会直接受"中东非洲国家灵体会"指导。1957 年,位于坎帕拉的灵曦堂开建。次年,巴哈伊教在政府部门获准登记。

经过 10 年的艰难开拓,乌干达巴哈伊教在 60~70 年代中期进入快速发展期。1963 年末,已设有 554 个地方灵体会,各地巴哈伊组织 389 个。1977 年,乌干达已拥有非洲最大的巴哈伊社区。

1977 年 9 月,艾敏政府禁止了巴哈伊教的活动,伊诺克·奥林伽被谋害,标志着乌干达巴哈伊教进入受迫害期。巴哈伊教发展的强劲势头被扼止。1979 年艾敏政府被推翻,巴哈伊教重新开始活动,于 1981 年重建国家灵体会。在重建和巩固的同时,巴哈伊教组织以多种形式对外宣教。据国家灵体会所统计的参加各级宗教课程学习的情况看(表 1、表 2),目前仍处于快速稳定的发展中。

---

① 英文名为 *The Bahá'í World*,该系列出版物由位于以色列海法的巴哈伊世界中心编辑出版。

② Rúḥíyyih Rabbání, *Enoch Olinga*, Bahá'í Publishing Agency, Nairobi, Kenya, 2001. 伊诺克·奥林伽(1926~1979)原为基督教徒,成为巴哈伊信徒后因其突出贡献被任命为圣助。后被害,被视为乌干达巴哈伊教的殉教者。

③ Violette Nakhjavani, *The Great African Safari: The Travels of Amatu'l-Bahá Rúḥíyyih Khánum in Africa*, 1969-1973, George Ronald, 2002.

④ 网络资料:http://news. bahai. org.

表 1　　乌干达全国参与巴哈伊宗教课程学习人数情况[①]　　2009 年 4 月 9 日

课程[②]	课程 1	课程 2	课程 3	课程 4	课程 5	课程 6	课程 7
学员人数	4723	1707	1127	711	127	441	344

(二)乌干达巴哈伊教的宗教与社会交往

乌干达巴哈伊教不是自我封闭的组织，注重各种形式的社会交往，包括宗教与世俗性的，宗教内部及宗教间的交往。世界正义院非常重视乌干达在非洲的重要地位与作用，经常派人视察和指导。鲁希伊曾多次到乌干达，发表演讲、参观各地机构并指导工作。乌干达巴哈伊早期历史上的著名人物穆萨·巴纳尼和奥林伽都被选为圣助，后者还是巴哈伊世界议会的第一任主席。1963 年，乌干达巴哈伊教的开拓者之一纳赫伽瓦尼进入世界正义院工作。

表 2　　乌干达各区(相当于省)主要巴哈伊教学习小组学员人数情况[③]　2009 年 4 月 9 日

学习小组	课程 1	课程 2	课程 3	课程 4	课程 5	课程 6	课程 7
坎帕拉	325	207	169	121	27	76	69
南卡穆里	678	179	91	67	8	26	24
帕迪雷	298	126	60	37	12	29	17
瓦基索	129	64	44	29	11	19	10
卡穆迪尼	100	42	32	22	2	11	11
西伊甘加	372	136	59	19	0	12	12
卡拉帕塔	583	262	169	135	9	74	58
姆巴莱	58	23	18	13	9	10	9
卢伟莱	94	70	46	22	11	16	12
卡玛卡	574	289	170	128	10	69	48
金贾	75	35	26	26	17	26	16
奥图博伊	270	71	49	38	4	29	19
总计	3556	1504	933	657	120	397	307

根据乌于达政府的普查，2000～2002 年全国有巴哈伊信徒约 19000 千人；据世界宗教资料档案联合会(Association of Religion Data Archives)估计[④]，乌干达巴哈伊教有 78500 人至 10 万人。

乌干达巴哈伊教与其他国家的组织联系密切。有些活动在世界正义院组织下展开，有的在各国

① 资料来源于乌干达巴哈伊教国家灵体会。

② 此课程为巴哈伊教内部学习宗教知识的系统教材，共七册。学生通过学习由浅入深了解巴哈伊教。

③ 资料来源于乌干达巴哈伊教国家灵体会。

④ http://en. wikipedia. org/wiki/Bah%C3%Al′ %AD_Faith_in_Uganda.

灵体会之间展开，更多的则是各种民间组织间的活动。坎帕拉的巴哈伊圣殿分别于 1985、1967 年成为大陆间巴哈伊会议的举办地，来自世界各地的代表共商宗教发展议题。

除艾敏政府后期外，巴哈伊社团与政府维持着良好的关系。多位总统，都曾参观过巴哈伊圣殿，或者参过巴哈伊教的活动。巴哈伊社团配合政府管理，参与各种有利于社会发展的项目，与各级政府部门保持密切联系合作。乌干达巴哈伊社团与学术界关系良好，经常资助学术活动，开展宗教对话，宣传巴哈伊理念，探讨宗教问题。

乌干达巴哈伊致力于与宗教组织建立友好关系。其许多组织和活动都欢迎其他宗教徒参加。巴哈伊开办的学校中还招募基督徒和穆斯林作教师。巴哈伊教希望通过扩大社会交往拓展生存与发展空间。但在与其他宗教的交往中，巴哈伊社团也遭遇到一些挫折，发展宗教间关系的计划实施并不理想。因为与其他宗教事实上的竞争关系，有些地方社团与其他宗教社团发生过比较激烈的冲突。

乌干达巴哈伊教积极参与社会建设，在教育、扶贫、防病治病等领域成效显著，也得到民众欢迎和政府认可。乌干达属欠发达国家，且各种热带疾病多发，巴哈伊组织的慈善活动致力于解决现实生活中的苦难，独立或与其他非政府机构合作，普及防病治病知识，提高民众生产生活技能。

笔者调查期间，乌干达巴哈伊机构正在实施名为“社会行为预备”的庞大教育计划。此计划实际上是一项全国开展的基础教育活动，对象包括儿童和成年人，着重于语言能力、数学能力、科学能力、社会服务能力的培养，旨在全面提高民众的文化水平和谋生技能。学生只需要付课本费。该教育计划科目的设置因其科学性、系统性和实用性，初步实施已取得了成功。巴哈伊组织正与乌干达教育部门沟通，进一步扩大规模。

乌干达法律允许宗教机构自办的学校传播宗教知识。巴哈伊组织在实施这项教育计划时，将自己的理念融会在教材中，以润物细无声的方式传授给学生，在提高受教育者文化水平和创造技能的基础上，再进行宗教教育。这些教育活动有助于提高当地的教育水平，受民众的欢迎和政府的支持。

巴哈伊社团开办有许多幼儿园和学校，并有周末学校、儿童班、青年会、巴哈伊骨干培训班等形式。由于乌教育落后，巴哈伊基金会还在偏僻的乡村资助教育活动。通过与政府教育部门沟通，它们被批准在巴哈伊学校及基金会资助的教育机构中发行自编文化课和宗教教材。这些教育机构面向所有人开放。事实上，在偏远乡村，受教育者多数为基督徒和穆斯林。学生以儿童为主，也有少数成年人。巴哈伊教育机构的教师并非都是巴哈伊，也有许多高水平的其他宗教信徒。

(三)宗教仪式的包容性

巴哈伊教在宗教同源的观念下承认各宗教皆为神圣的天启宗教仪式中体现得最为直观。巴哈伊教强调现代性，但其宗教气氛却非常浓郁，宗教仪式种类多而特别。平时的仪式在各地灵体会或教徒家中举行，更多的则各种类型的学习性集会。聚会中除祈祷外还有文艺节目，一般是非洲传统音乐。小规模聚会比较特别的一项活动是参加者谈对巴哈伊教的体会与体验，包括学习的体会，宣教经验等。大规模的活动在坎帕拉的圣殿举行。

当然，由于坎帕拉是信徒相对集中的地方，即使平时的聚会也在圣殿举行。周日的聚会通常有 200 人左右，仪式庄严肃穆，有专门的礼仪人员和唱诗班。祈祷与文艺节目的程序也是提前安排好的，两者穿插进行。祈祷时，祈祷者在众人前面朗读宗教经典，经典不限于巴哈伊经典，可以是圣经、古兰经,可以是印度教经典,甚至《老子》中的选段。朗诵和演讲的语言可以是英语、法语、乌干达当地语言或任何语言。尽管巴哈伊教源自伊斯兰教,但总体上看,其宗教仪式与圣殿内的布局与基督教更相近一些。

(四)乌干达巴哈伊教具有强烈的国际背景

巴哈伊教强调“全球一家”。乌巴哈伊教是国外巴哈伊志愿者有目的、有计划宣教的结果,其信徒中外国人占有一定比重,领导层尤其如此。在过去60年中,来自世界各地的志愿者深入城乡各地,即使最偏僻的部落也留下志愿者的脚印。许多志愿者家庭长期坚持在这里工作,与当地人通婚,甚至成为乌干达公民。国家灵体会的九名核心成员中,有四名是国际人士。而影响最大的巴哈伊基会基玛尼会(Kimanya)中,管理层都是国际人士。

国际资金在维持宗教运作中发挥重要作用。乌经济落后,来自信徒的宗教奉献不多,国际巴哈伊社团的经济支持显得尤为重要。这些资金主要投放到教育及与国际巴哈社团的联系方面。国际资金支持下的巴哈伊教育对巩固信仰至关重要,不但能有效地防止信徒流失,还推动了社团的扩大,强化了各地社团间的联系。如果在人员和资金方面失去国际支持,短期内乌巴哈伊教的未来不甚乐观。

三

总体看来,当前巴哈伊教仍是作为外来新兴宗教存在于乌干达多元宗教并存的社会中。这种局面的形成有赖于多种因素的推动。就外部环境而言,除20世纪70年代短暂的迫害外,巴哈伊教一直处于宽容的社会环境中。政治环境对宗教基本宽容和尊重,社会认可宗教自由,个人改宗不会受到政府的干预。巴哈伊教自身特色鲜明的宗教思想与努力作用更大。它主张“宗教同源,全球一体”,各宗教应当和谐共存,这使一百多年来见证了无数宗教冲突的民众接触到了全新的理念。它包容性、现代性、国际性、世俗性、开放性、社会参与性等特点,吸引了一批对原有宗教信仰失望且追求现代生活的年轻人。在巴哈伊社团看来,乌干达社会的发展与巴哈伊教的发展彼此联系,因而它以社会改革者与推动者的形象、而不仅是宗教形象广泛地参与社会,以实际行动改善社会,彼此受益。

同时,巴哈伊教虽然在规模和资金等方面不足以与基督教、天主教相提并论,但与同属外来小宗教的印度教相比,它不受民族身份的束缚,视野开阔,收获也更丰富。包容性使巴哈伊教“有容乃大”,对本土文化充满尊重。

在发展的同时,乌巴哈伊教也有一些困难需要解决。第一,如何巩固现有信徒的信仰。由于此前发展较快,部分新信徒信仰并不稳固,一些人居在偏远的部落地区,缺乏与更广阔的巴哈伊社会的联系,有少部分人放弃信仰的现象。第二,巴哈伊教的本土化遇到挑战。一方面,巴哈伊教对本土文化持宽容态度,另一方面,其现代全球视野、甚至后现代式特立独行的观念,与某些传统观念产生龃龉。巴哈伊教认识到,过度的本土化可能意味着信仰的丧失,但对部落传统文化的拒绝则阻碍宗教的发展。第三,如何处理与基督徒和穆斯林的关系。巴哈伊教在寻求生存与发展空间过程中,已与基督宗教和伊斯兰教产生了一定程度上的竞争。第四,过度国际化不利于乌巴哈伊教的可持续发展。巴哈伊教以超宗教、普世性的全球视野，在全球范围内调配人力与物力资源，促进宣教事业。国际力量主导着乌巴哈伊教的发展，使其形成依赖性，独立发展能力不足。

当代人要不要宗教，需要什么样的宗教？乌干达巴哈伊教的发展中不但留给我们肯定的答复，还有许多启发。新兴宗教的魅力除了源自自身的宗教性因素，如宗教哲学、观念、组织形式等方面外，更源自服务社会、解决信众精神与物质需要的诚意与能力。夸夸其谈的宗教必定失去市场。乌干达巴哈伊教在发挥宗教灵性力量的同时，大力拓展宗教社团的"物性功能"，给信众以"看得见，摸得着"的实际帮助，这种"送温暖"式的支持抚育了信众心中灵性的成长。这种"灵性"与"物性"并重，甚至"物性淹没灵性"的"推广策略"有一个底线：不干预政治，不干预个人事务。看似世俗，却重灵性；重视灵性，却又世俗，同时恪守宗教遵循政教分离与尊重个人尊严的原则，真诚地解决信众的信仰与物质难题，这就是巴哈伊教在乌干达发展的动力所在。

在解析巴哈伊教时，通常认为现代性与世俗性是最重要的理解工具。事实上世俗性可以看作为现代性的一个方面，如何理解现代性与巴哈伊教性之间的关系，存在一定的张力。世俗化导致宗教衰落乃人所共知的论断，巴哈伊教何以将现代性当作自身的优势与利器？对乌巴哈伊教的考察似乎能提供一点答案。在巴哈伊教社团内部的宗教活动中带有浓厚的宗教氛围与宗教虔诚，并无多少"现代"痕迹。也就是说，巴哈伊教对灵性世界的追索并未改变，每位信徒正是因为灵性生活的需要才加入进来。但是当远观巴哈伊教并未因为拥抱现代性而去宗教性，宗教的核心并未改变，改变的只是外在的部分。这种外部的改变使其具有了现代色彩与吸引力。

关于乌干达撒哈拉以南巴哈伊教的关系，我倾向于以多样的眼光来分析。乌于达在巴哈伊教的全球布局中占有重要地位，撒哈拉以南地区更为重要。但撒哈拉以南各国国情差别巨大，宗教生态多种多样。个别不等于整体，巴哈伊教的全球并不主张消灭地方性。虽然非洲唯一的巴哈伊教圣殿位于乌干达，但是它无权干涉它国的巴哈伊教事务。以上对乌干达巴哈伊的考察，并不足以全面认识撒哈拉以南的巴哈伊教，对此仍需要更多的调查与研究。

巴哈伊教灵曦堂建筑艺术*

周卡特编译

在阿拉伯语里，"迈什里古勒—埃兹卡尔"（Mashriqu'l-Adhkár）一语意为"对上帝的赞美发源之地"。巴哈欧拉、阿博都·巴哈和守基·阿芬第赋予该词如下几种含义：它指巴哈伊信徒聚集咏诵经文圣典、崇拜并赞美上帝；也指一座专门用于此类崇拜活动的建筑，即灵曦堂；还指灵曦堂周围的建筑综合体，其中设有对所有宗教信徒开放的教育和慈善等服务机构。巴哈欧拉授命灵曦堂要建在每个巴哈伊社区的中心，只有巴哈伊信徒才可以为它的修建和动作捐助资金。

在灵曦堂周围修建的附属建筑也是迈什里古勒—埃兹卡尔综合体的构成部分。其中包括为穷人开设的医院和药房、旅社、孤儿学校、养老机构、高等研究学院，以及面向所有人（无论其种族、文化和宗教背景）开放的"其他慈善援助机构"。这些附属建筑后来被守基·阿芬统称为社会服务机构，旨在减轻苦痛、救济穷人、提供庇护、慰藉和教育。

阿博都·巴哈将迈什里古勒—埃兹卡尔解释为一座拥有"灵性影响力"的"物质建筑"，称其"对生活的每一方面都有着巨大的影响"。它不仅是一个祈祷与崇拜的场所，还必须能够激发人们为重建为类生活而会诸行动。围绕灵曦堂修建的附属建筑把崇拜上帝和服务人类紧密联系起来。灵曦堂里对上帝的祈祷和赞美继而转变为灵曦堂外对他人的怜悯、关心及教导。

为与巴哈伊信仰的祈祷活动保持一致并体现信仰所强调的包容性，灵曦堂的大厅以及在其中举行的活动始终保持着一种简单的形式。大厅内没有画像，也无祭坛、布道坛或者固定的讲台。没有演讲，没有布道及其他复杂仪式。因为巴哈伊信仰没有专门的神职人员，所以祈祷活动没有专人主持。在活动中，受邀的朗读者可以是任何宗教的信徒，可诵读或吟唱巴哈伊或其他宗教的经典。

灵曦堂在外形方面有三个要素：圆形、九面、围绕以九座有通道的花园。之所以强调数字九，是因为在巴哈伊教看来，最大的个位数九象征着完美、全面与整合。根据古阿拉伯 Abjadiya 字母数值体系，每个字线分别对应一个特定的数值，每个词既有其文字含义，也对应一个数值。数字九正是阿拉伯词语"Bahá"（"光明"、"荣耀"）对应的数值，两者可以互换。有趣的是，灵曦堂与中国的一些传统建筑，比如北京天坛、河北承德普乐寺有相似之处，天坛有八面，普乐寺有九面。

巴哈伊社团在全球共修建过八座灵曦堂，现存七座巴哈伊灵曦堂，分别位于七个大洲。第九座灵曦堂尚在建设当中。本文将对这九座灵曦堂分别予以介绍。

---

* 原载《世界宗教文化》2011 年第 2 期。本文主要内容编译自 Badiee Julie，"Mashriqu'l-Adhkár"（2009），*Bahá'í Encyclopedia Project*. Evanston，Illinois，National Spiritual Assembly of the Bahá'ís of the United States.

一、阿什哈巴德灵曦堂

第一座迈什里古勒—埃兹卡尔综合于 1902～1904 年间建成，位于现土库曼斯坦首都阿什哈巴德市，时属沙皇俄国。当时该地的大发展既有俄国人也有伊朗人，其中一些伊朗居民是巴哈伊信徒。因为什叶派教徒对巴哈伊教普遍持敌对态度，许多新来的巴哈伊居民都避免公开自己的身份。然而 1889 年的一次危机改变了一切。当地最有名的一位巴哈伊信徒哈吉·穆罕默德·里达·伊斯法哈尼在集市上被受到什叶派教士唆使的人刺死。俄国当局对这种犯罪行为极为重视，并展开了调查。凶手供认不讳，并以其罪行为荣，最终受审定罪。在该案件审理过程中，法官要求在座的巴哈伊信徒单独坐在法庭的一个区域，许多人因此第一次公开了自己的身份。此后，巴哈伊社团成为受正式认可的宗教社团之一。他们获得了在伊朗或其他地方所不能享受的自由。随着当地社团的不断壮大，信徒们要求建立自己的社会机构，以体现巴哈伊的道德准则，例如男女平等以及必须为所有人提供道德和学科教育，因而着手修建这座灵曦堂。

这座灵曦堂整体上由阿博都·巴哈设计，随后亚兹德的建筑师阿克巴尔·巴纳在阿博都·巴哈的指导下完成修建。在其鼎盛时期，它涵盖供旅客休息的招待所、男校和女校、幼儿园、药房、图书馆和公共阅览室，其发展高度至今未被超越。

俄国革命十年后，当局开始对巴哈伊社团的活动加以限制。一些巴哈伊社区成员在此期间被抓捕或被驱逐出境。1938 年巴哈伊社团被强行解散，所有成年男子和一些活跃的妇女，总共约五百名巴哈伊信徒或被驱逐出境，或被关入监狱，或遭流放。灵曦堂也不再对巴哈伊开放，而被改造为博物馆。1948 年的一次地震将阿什哈巴德城的大片区域夷为废墟，灵曦堂也遭到严重破坏。20 世纪 60 年代初，大雨造成了进一步的破坏，之后这座灵曦堂被拆除。

二、威尔梅特灵曦堂

这是西方的首座灵曦堂，建在北美大陆的心脏地带。受阿什哈巴德灵曦堂的启发，1903 年芝加哥的巴哈伊信徒提出修建灵曦堂的设想，并得到阿博都·巴哈的大力支持。

1912 年 5 月 1 日，阿博都·巴哈于访问北美期间亲自为这座位于芝加哥郊区威尔梅特的灵曦堂奠基。在 1920 年的美国和加拿大巴哈伊年会上，与会的代表们决定选用加拿大建筑师路易·布儒瓦提交的设计图。在接下来的十年里，布儒瓦住在工地上的一间工作室里致力于灵曦堂的建造工程，直到 1930 年离开人世。整座建筑于 1953 年 5 月完工。

这座建筑的主体是一个拥有优美圆形穹顶的九角星。穹顶的九道装饰弯梁在离底部 58.2 米高的顶点处汇合。整个建筑很像一个温室，以钢铁为骨架，其他部分以玻璃填充。碎白石英、白石英砂以及可塑成细致形状的新型白水泥制成的预制混凝土嵌板，悬挂在玻璃“窗”内侧和外侧的骨架上。每块嵌板上都装饰有大量的花型图案及各大宗教的象征符号。经过雕刻的墙板上有许多镂空可透光，在灵曦堂内部形成了一种光彩夺目同时又色彩斑斓的景象。到了晚上，灵曦堂内部射出的光线使之成为一座耀眼的灯塔,飞行员可参照它驾机驶向奥黑尔机场。巴哈伊灵曦堂目前已成为芝加哥地区著名的标志性建筑和旅游景点,在2007年就吸引了超过25万的游客前往参观。

这座位于密歇根湖边的灵曦堂在巴哈伊的历史上有着独特的地位。守基·阿芬第将它描述为"巴哈欧拉的追随者们所修建的最为神圣的庙宇"及"巴哈伊第一个世纪的巅峰荣耀"。

三、坎帕拉灵曦堂

这座灵曦堂的修建工作于1957年守基·阿芬第去世前一个月开始。1958年1月26日,在应守基·阿芬第的要求而召开的巴哈伊洲际会议上举行了奠基仪式,总共约有1000千名信徒来到了仪式现场。守基·阿芬第的遗孀、圣辅鲁希伊·拉巴尼(Rúḥíyyih Rabbání)和非洲第一位圣辅穆萨·巴纳尼(Músá Banání)出席了这次仪式。当时还在服丧的鲁希伊·拉巴尼正经受着巨大的悲恸,但在举行奠基仪式那天却是一身白装出席以示欢庆。当她走入会场时,所有人都起立表示尊敬,并表达了他们对她的爱和关心。

在2001年8月2日举行的纪念巴哈伊信仰在乌干达建立50周年的庆祝会上,乌干达卫生部长向两千名听众宣读了乌干达总统约韦里·穆塞韦尼的一份声明。在这份声明里,他赞扬了巴哈伊信仰在"团结来自不同信仰、种族、肤色的人民"和"赋能于妇女"的工作中所做的贡献。

四、悉尼灵曦堂

守基·阿芬第把依照他的指示所修建的第二座灵曦堂称为"整个太平洋地区的首座灵曦堂"与"澳新大陆的首座灵曦堂"。这座灵曦堂的设计是他和查尔斯·梅森·里米合作完成的,建筑地点选在悉尼以北20公里的小山上。整个建筑于1961年9月落成。

和威尔梅特的灵曦堂一样,悉尼的灵曦堂也创新性地使用了碎石英和混凝土混合的材料。它的圆穹顶最高处离底部有39.6米高,里面可容纳600个座位。上面的装饰性雕刻设计同样可使阳光照进灵曦堂,使内部光影交错。作为悉尼风景优美的北海岸上一座标志性的建筑,它常常成为指引轮船和飞机的航向标。悉尼的巴哈伊灵曦堂每年会吸引超过2万名游客。

五、法兰克福灵曦堂

1953年,守基·阿芬第号召德国巴哈伊社团在"十年计划"期间在法兰克福地区修建欧洲首座灵曦堂。最初找到的几个地点都遭到基督教会势力的反对,未获批准。之后,在民众有关宗教自由的呼吁下,1959年巴哈伊获得了修建许可,选址于法兰克福以西25公里一个小村庄朗恩海恩。

法兰克福建筑师托伊托·罗霍尔的设计最终被选中,并得到守基·阿芬第和德国—奥地利巴哈伊国家灵体会的同意。它的设计为九个入口通往一个回廊,回廊围着落地窗,置身其中就可将灵曦堂的属地和周围的乡村一览无遗。高达 28 米的穹顶上分布有 540 个透明的菱形洞孔，光线可从各个角度照射其中。

1937～1945 年纳粹执政期间，巴哈伊信仰在德国曾经一度遭禁，此后由于宗教偏见，修建灵曦堂的计划曾经几度搁浅。但是今天，公众对待巴哈伊和灵曦堂的态度已发生了很大的转变。2005 年德国巴哈伊信徒在该灵曦堂的国家中心举行了百年大典招待会，当地政要和各界人士出席了活动。

六、巴拿马灵曦堂

拉丁美洲的首座灵曦堂坐落在巴拿马城以北的松索纳特山上，它是 1964～1973 年“九年计划”中，世界正义院的国际目标之一。从世界各地提交的约 50 份作品中，世界正义院选择了英国建筑师彼得·蒂洛森的设计方案。依靠新科技，其高达 28 米的抛物线形穹顶是按照贝壳原理建造的。穹顶的厚度仅约 10 厘米，并通过计算机技术辅助其实现。穹顶的混凝土是运用“喷浆处理法”来添上去的，这种方法当时在巴拿马还是第一次使用。等到混凝土成型以后，拱顶的外部再以硫璃瓦铺盖。

考虑到巴拿马的湿热气候，灵曦堂的开口处都未装玻璃，以保持室内的通风和凉爽，这带来全新的视觉效果。桃花心木制的座位放置在水磨石地板上。红色大理石碎片做出的抽象图案装饰着四周的墙壁，依稀让人回想起古代美洲建筑上精美的装饰。

七、萨摩亚灵曦堂

太平洋群岛上的首座灵曦堂落成于 1984 年。它坐落在萨摩亚最大的人口中心附近的一处高地上，俯瞰着 14.5 公里外海岸边上的阿皮亚小镇。

1979 年 1 月 27 日，圣辅鲁希伊·拉巴尼代表世界正义院与萨摩亚国家元首塔努马菲利第二殿下共同为灵曦堂奠基。塔努马菲利是世界上第一位成为巴哈伊的在职国家元首。这座灵曦堂的设计是由伊朗出生的加拿大建筑师侯赛因·阿马纳特完成的，他的构思运用了传统的萨摩亚房屋的设计形式。这里的灵曦堂周围有很大的花园，花园里种植着 60 多种当地的植物和树木。

八、新德里灵曦堂

1977 年 10 月圣辅鲁希伊·拉巴尼代表世界正义院为新德里灵曦堂奠基。1986 年灵曦堂的落成仪式吸引了来自 114 个国家的 8000 人参加，鲁希伊·拉巴尼再次代表世界正义院出席了仪式。

这座灵曦堂是由出生于伊朗的加拿大籍建筑师法里博尔兹·萨赫巴构思设计，看起来如同一朵有九个花瓣的莲花漂浮在九个连环的清水池上。莲花在所有的印度宗教神话中都是灵性和美的象征。建筑师以这种设计承认了这些宗教的基本信仰，又暗示了承受着巴哈欧拉的到来，新的“一朵圣花开始绽放”。

莲花的花瓣用一种独特的技术建成，在建造过程中要一次性不间断地往模子里填充白色混凝土，以避免出现接缝。其中使用的双曲面模壳由细木工匠所制作。当外部的花瓣都完成以后，每个花瓣再用双曲面的大理石包起来。这些大理石都是采自希腊，并在意大利加工制作而成。

这座灵曦堂的建造靠得不是尖端设备和技术，而是印度最丰富的资源——人力。参与工程的技术人员、工程人员、工匠和工人多达8百余人。为了满足建设人员的需求还专门修建了宿舍、日托服务中心和小学。在炎热的夏季，工人们在相对凉爽的晚上使用泛光灯工作。工人们运用传统的技术和设备，以看似低端的方法成功地完成了这项高端的工程。虽然印度气候炎热，但灵曦堂内没有安装任何机械的空气调节设备，而是通过建筑顶端的一个开口将下面的空气抽到上面，经清水池冷却过后再从侧面注入内部。截至2007年，该灵曦堂已经吸引了460万游客，成为世界上访问人数最多的建筑之一。建筑师和建筑本身都赢得了国际认可，并出现在无数的电视节目和纪录片中。

九、圣地亚哥灵曦堂

作为2001～2006年“五年计划”的国际目标之一，世界正义院于2001年4月着手在智利首都圣地亚哥修建南美洲首座灵曦堂。在提交的120份设计图中，世界正义院于2003年6月最终选用了多伦多哈里里·彭塔里尼建筑公司的西亚马克·哈里里提交的方案。他的设计是把整个建筑做成一个被半透明的西班牙雪花石膏和压铸玻璃包裹的穹顶，就如同一座“光之殿堂”。这份设计图赢得了众多建筑刊物的称赞，并于2007年获得颇负盛名的《建筑》杂志大奖，它被一位建筑评论家比作“一片悬浮在天空的云彩，一场建筑学上的迷雾”。整个建筑宽高为30.4米，里面可容纳600个座位。

这座仍在建设中的灵曦堂位于圣地亚哥以北的一座小山顶上，为花园和广场所环绕。智利政府已经把这里指定为纪念国家独立200周年的少数几个官方项目之一。

在世界正义院2001年4月的文件中写道，随着巴哈伊信仰的发展进入一个新时期，在条件允许的情况下，洲际灵曦堂建设的完成也将为迈什里古勒—埃卡尔发展的下一阶段——建设国家灵曦堂——做好准备。只要条件许可，每一个国家灵体会都已为其首座灵曦堂的修建购买了地基，到2007年为止，世界各地已经确定的国家灵曦堂修建地点为123个。

从海法的巴孛陵殿和巴哈伊世界中心，到海法以北的巴哈欧拉陵殿，我们同样可以感受到由世界各地灵曦堂所体现出的对美的追求。2008年联合国教科文组织世界遗产委员会宣布位于以色列的巴哈伊圣地拥有“显著的普世价值”，应该被列入人类文化遗产。它们现在也加入了埃及金字塔、印度泰姬陵、英国巨石阵以及中国长城等世界知名建筑的行列。

简论当代伊朗宗教管理的特点（节选）*

冀开运

巴哈伊教，旧称大同教，阿拉伯文 Bahá'í 的音译，意为光辉、容光焕发、美玉、漂亮。该教的得名，源自创始人伊朗的米尔扎·侯赛因·阿里·努里（Mírzá Ḥusayn-'Alí Núrí，1817～1892）。他自称"巴哈欧拉"（Bahá'u'lláh，意为"安拉的光辉"）。该教源于伊斯兰教，但又不是伊斯兰教。巴哈伊教源于谢赫派，而谢赫派是十二伊玛目派的一个支派，十二伊玛目派又是什叶派的主流，什叶派却是伊斯兰教的少数派。1844 年伊朗人赛义德·阿里·穆罕默德创立巴布教，至今仅有 163 年的历史，这在世界独立宗教中是最年轻的。当时伊朗属于恺加王朝。巴布教一诞生，伊朗封建王朝和宗教界就宣布其为异端宗教，其创始人在 1847 年被捕，1850 年被处决。巴布教宣布自己就是获得第十二伊玛目知识的通关之门，继而宣布自己就是迈赫迪，是先知的再现，可以传达真主的启示。这种思想瓦解了伊斯兰教正统信仰的理论基石。[①] 1850 年巴布教分化为阿里派和巴哈伊派，后发展为独立的巴哈伊教。该教的领袖和主要成员受到过历代伊朗政府的迫害，有的被执行枪决，有的被流放异乡，教徒人数也少得可怜。在 1921 年巴哈伊教的真正创始人巴哈欧拉之子阿布杜·巴哈逝世时，全部教徒也不过 10 万人，大部分为伊朗人，分别居住在伊朗或中东其他地区，少部分居住在印度、欧洲和北美的 35 个国家，教徒已增至 40 万，分布到 250 多个国家和地区(其中殖民地)。1963 年 4 月 21 日第一届巴哈伊教世界正义院诞生之时，教徒人数仍保持在 40 万。而到 1985 年，教徒人数猛增至 350 万。而根据 1922 年版《大英百科全书》之统计数字，到 1991 年全球已有 540 万巴哈伊教徒。他们分布在 205 个国家和地区。根据巴哈伊统计学者的数字，1992 年已扩大到 232 个国家和地区。[②] 巴哈伊教是信徒增长速度最快的宗教，成为在分布范围上仅次于基督教的宗教。

伊朗伊斯兰共和国的缔造者霍梅尼在自己的著作中谴责巴布教徒、巴哈伊教，下令伊斯兰政府清除这些异端。当然值得一提的是，以霍梅尼为首的主流派利用伊斯兰革命委员会、伊斯兰革命法庭和伊斯兰革命卫队也对以大阿亚图拉（the Grand Ayatolla）沙里亚特·马达里（Madrí Sharí'at）为首的什叶派之中的温和派进行镇压。[③] 因为后者的思想与霍梅尼的立国理念相违背。马达里认为

* 原载《西南大学学报（社会科学版）》2011 年第 2 期。

① Mir Ali Ashgar Montazam, *The Life and Times of Ayatolla Khomeini*, Anglo-European Publishing Limited. London, 1994, p. 81.

② 参见蔡德贵：《当代新兴巴哈伊教研究》，人民出版社 2006 年版，第 62 页。

③ Said Amir Arjomand, *The Turban for the Crown: The Islamic Revolution in Iran*, Oxford University Press, 1988, p. 156.

宗教领袖为政府提供精神指导，政府由世俗的专业人士来主持。施政是政府的责任，领袖不应直接干预。当代什叶派世界的三位效法源泉胡里（Musaví Khú'í，1992 年去世）、格帕甘尼（Muḥammad Golpáygání，1993 年 10 月去世）、阿拉齐（Muḥammad ʿAlí Arakí，1994 年 10 月去世）坚持正统的什叶派教义，不接受教法学家的统治，但他们年事已高，不公开反对伊斯兰革命，对当局保持沉默。而伊朗伊斯兰政府他们敬而远之或束之高阁。[①] 1985 年伊朗宗教界和政界公开称呼蒙塔泽里（Montazeri）为大阿亚图拉和尊贵的教法学家，而且是霍梅尼的法定继承人。1989 年 2 月 11 日，伊朗纪念革命 10 周年，蒙塔泽里在圣城库姆接见群众时，不仅对庆祝活动本身颇有微词，而且对过去 10 年的政策失误和极端行为进行了尖锐批评，指责由于内部极端主义、左派主义和政府管理水平低下，伊朗未能实现其革命目标，广大群众对现政权感到失望；伊朗在战争问题上的僵化立场和空洞口号，使世界感到畏惧，导致伊朗国际处境十分孤立。他认为教法学家只能作为整体和集体监护政府，而不是一个教法学家监护政府，更不是一个教法学家凌驾于其他教法学家之上。这与霍梅尼的政治要求背道而驰。同年 3 月 24 日，霍梅尼谴责蒙塔泽里的言行，后者被迫辞去领袖继承人的职务，并被软禁。[②]

伊朗高度政治化的伊斯兰教强调意识形态的一元化领导，维护政权的团结和统一，不会实行权力共享和政治多元化，就绝不会容忍反对派的存在。正因为如此，有学者把伊朗的伊斯兰教称为政治伊斯兰教。

① 参见王宇洁：《伊朗伊斯兰教史》，宁夏人民出版社 2006 年版，第 157 页。

② 参见陈安全：《伊朗伊斯兰革命及其世界影响》，复旦大学出版社 2007 年版，第 414 页。

一个特殊的非政府组织：巴哈伊*

成亚曼

在联合国以世界和平为目标搭建的广阔平台上，活跃着一支不同于主权国家的特殊力量。它以其“世界大同，天下一家”的宗教信仰为基础，已经与联合国各个办公室和专门机构展开了实质性的合作，与其他非政府组织一道致力于普及教育、提高女性地位、维护社会公正、促进可持续发展和联合国改革等方面的事务。这就是基于巴哈伊信仰的巴哈伊国际社团。

巴哈伊教理念

巴哈伊信仰是世界各独立宗教信仰中最年轻的一员，是在伊斯兰教什叶派之一巴布教派的基础上分化出来独立而成的一种宗教，创始人米尔扎·侯赛因·阿里·努里（1817～1892）出生于伊朗德黑兰，一生著有100多部著作。他后来被巴哈伊教信徒们称为“巴哈欧拉”，意思是“真主的光荣”，由此产生了巴哈伊教的教名。

巴哈伊教也是目前世界上成长最迅速的新宗教之一，据2003年版《不列颠百科全书年鉴》统计，巴哈伊教是世界上分布第二广泛的宗教（仅次于基督教），出现在218个主权国家及属地，其圣典迄今已被翻译成了约800种不同的语言。清华大学第五任校长曹云祥先生曾在翻译巴哈伊教经典时，认为其社会主张与中国传统儒家思想的“世界大同”理想相通，故将其翻译为“大同教”，这个名字一直沿用到1990年。

巴哈伊教是一个开放的系统，它不排斥其他任何一种宗教，认为各大宗教虽名称不同但来源相同，而且信奉的本质也是相同的，因此你可以看到在著名的巴哈伊灵曦堂里，有各个宗教的信众在诵读不同的经典，这些也都被认为是巴哈伊的经典。然而，它也不是各大宗教的简单拼凑，它将宗教伦理化、理性化，比起教义的传播更重视行为对人的感化，提倡独立探求精神，不盲从任何信条或信仰。

它的开放性还体现在对世界文化的态度上，珍视和提倡文化的多元性，努力实现“多样性的统一”，追求一种超越国籍、种族、肤色、语言、文化及宗教信仰隔阂的世界文明，种族主义、文化沙文主义、宗教极端势力在这里便没有存在的余地。

巴哈伊教的现代性表现在其对于现代化作出的积极回应，主张一个全球性社会的繁荣必须消除

* 原载《百科知识》2011年第12期。

形形色色的偏见，两性之间实现完全平等，消除贫富极端差距，普及教育，实现科学与宗教和谐，在保护自然环境和发展科学技术之间保持平衡，基于集体安全和人类一家的原则，建立一个世界联邦体系。

在这样的理念基础上，分布在全球的巴哈伊社团通过巴哈伊国际社团的办事机构处理国际社会相关事务。根据巴哈伊教内网站的数据，目前社团成员涵盖了来自全球大多数种族、信仰与文化的人们，包括逾 2100 个不同的种族族群。社团的集体生活采取无记名投票多数制的选举方式产生理事会，管理巴哈伊信仰的地方及国家性事务。所有成年信徒具有同样的选举及当选资格。

巴哈伊国际社团的工作主要由几个专门部门处理，包括：秘书处、驻联合国办事处、公共信息处、环境部、妇女发展部以及其直属社团全球繁荣研究会——一个非营利性的教育和研究组织。巴哈伊国际社团的主要事务部门设于海法市的巴哈伊世界中心，在纽约、日内瓦、巴黎和耶路撒冷设有办事处，在亚的斯亚贝巴、曼谷、内罗毕、罗马、圣地亚哥、维也纳设有代表处。

与联合国紧密合作

巴哈伊教提倡的天下一家理念要求重视实践，将宗教事务与全球治理恰当地结合在一起。国际舞台上，巴哈伊国际社团积极参与各类国际性事务，其与联合国的合作可以追溯到联合国的前身——国际联盟。第一次世界大战之后，巴哈伊社团在瑞士日内瓦国际联盟总盟设立了第一个办公室。到了 1948 年，巴哈伊国际社团成为联合国的一个国际非政府组织，之后就成为联合国框架内非政府组织的活跃力量。尤其是 1970 年以后，巴哈伊社团一直担任联合国经济与社会理事会、联合国儿童基金会、联合国妇女发展基金会等部门的顾问，与联合国环境署、世界卫生组织有着密切的工作关系，还是许多国际非政府组织如“共同未来中心”、“全网络教育”、“促进非洲食物保障”等的成员。现在巴哈伊在纽约和日内瓦的联合国机构内都设有办公室，并主导在联合国框架内建立了环境与妇女发展办公室，经常作为非政府组织的代表在全球发展方面献言献策。

巴哈伊代表在联合国一些相关组织内担任领导，包括非政府组织公共信息行政委员会、宗教性非政府组织委员会、价值观决策会议、联合国改革的新纪元非政府组织网络、妇女地位委员会以及可持续发展委员会。

除了在联合国机构内部提出发展建议之外，巴哈伊国际社团也身体力行，在落后地区尤其是第三世界国家推行了切实有效的行动计划，捐助开发建立了地方医疗诊所、儿童教育中心、社区服务中心等基础设施，结合各地情况推行农务发展计划、戒酒辅导帮助、推动福利开发、保障基本营养等。其中一项由联合国妇女发展基金会及巴哈伊国际社团联合主办的实验计划名为“用传统媒介促进变革”，它在非洲等地以戏剧、歌谣和舞蹈等方式试图提高妇女的地位，别开生面地把有关发展交流的重要观念与促进男女平等结合起来，并以此初步推动整个社区的社会经济发展。像这样的行动还广泛存在于其他各项事业，在联合国机构组织里、在发展中国家最落后的地区，都可以看到巴哈伊人士为了共同发展而积极助人的身影。

信仰支撑和现实影响力

根据巴哈伊教的教义，人类现今已经进入成熟期，正是这一点使得人类一家的统一以及一个和平的全球社会的建立成为可能，这也是巴哈伊积极参与联合国事务的信仰支撑。巴哈伊信仰所倡导的对实现这一目标至关重要的原则包括：摈弃所有形式的偏见；保证妇女与男子享有完全均等的机会；承认宗教真理的统一性及相对性；消除贫富极端；实现普及教育；人人负有独立寻找真理之责任；建立全球联邦体系；承认真正的宗教信仰与理智及对科学知识的追求之间的和谐统一。这些理想原则在很大程度上是与联合国的奋斗目标相一致的。

巴哈伊教提倡每一个信徒独立运用理性和科学探求真理，不应当盲目地崇拜和服从。出于“地球乃一国，万众皆其民”的理念，巴哈伊教徒认为自己是人类社会的一分子，应当尽力为和平、团结和发展的事业做得更多。在这样的理念指引下，巴哈伊国际社团从整体上具备了慈善性国际社团的要素，对于现实世界尤其是全球化时代的国际社会发展表现出极大的关切和责任感，这是巴哈伊教的显著特征，也是巴哈伊国际社团在世界各地进行志愿活动的信仰动力。

联合国作为当今影响力最大、最具权威性的政府间国际组织，通过“集体安全”的方式在缓解地区冲突、协调政治经济关系、提供人道援助、制定未来发展计划等方面起着重要的作用。联合国为巴哈伊国际社团提供了广阔的平台，巴哈伊国际社团在联合国的大力支持下积极行动，它提供的改革建议、制定的发展计划为联合国提供了新的视角和丰富资源，它在提供志愿服务的同时，也为联合国在世界各地的行动增添了亲和力与人文关怀。

中国新兴宗教研究的特色(节选)*

邱永辉

中国学者更重视对成功的新兴宗教之"成功经验"的探索,从中发现宗教团体与政府之间的磨合与妥协情况,从新兴宗教的成功转型中发现一些规律,从新兴宗教的改革和创新中总结宗教与社会相适应的理论,并探讨宗教发展趋势。例如,中国对巴哈伊教的研究,在世界上可谓首屈一指。无论是中国"巴哈伊研究中心"的数量和人员数量上,还是研究成果上,都体现了"未来的国家"(巴哈伊领袖阿博都・巴哈对中国的称呼)对"未来的宗教"(中国学者对巴哈伊教的称呼)的研究热情。从巴哈伊教的先知巴孛的神学、巴哈伊经典、基本教义、发展历史,到巴哈伊的信徒和组织特色、国际服务团体、各种创新行动,中国学者对巴哈伊教的研究,不仅全面具体,而且紧跟该宗教的最新发展,突出了对该新兴宗教的经验总结。

* 原载金泽、邱永辉主编:《中国宗教报告(2011)》,宗教文化出版社 2011 年版。

图书在版编目(CIP)数据

巴哈伊文献集成/蔡德贵等主编. —济南:山东大学出版社,2016.10
ISBN 978-7-5607-5215-0

Ⅰ.①巴…
Ⅱ.①蔡…
Ⅲ.①宗教—文献—汇编
Ⅳ.①B989.3

中国版本图书馆 CIP 数据核字(2015)第 012864 号

责任策划:傅 侃
责任编辑:傅 侃 刘森文
陈 珊 徐琳琳
装帧设计:牛 钧

出版发行:山东大学出版社
社 址 山东省济南市山大南路 20 号
邮 编 250100
电 话 市场部(0531)88364466
经 销:山东省新华书店
印 刷:山东新华印务有限责任公司
规 格:880 毫米×1230 毫米 1/16
153.75 印张 3780 千字
版 次:2016 年 10 月第 1 版
印 次:2016 年 10 月第 1 次印刷
定 价:480.00 元(全五卷)